生产测井导论

（第三版）

郭海敏　著

石油工业出版社

内 容 提 要

本书主要介绍了生产测井方法原理、资料解释及应用，内容涉及生产测井信息处理基础、生产测井方法、射孔工艺技术和套管工程检测技术等。

本书适用于从事地质、油藏工程、测井专业技术人员以及大专院校相关专业师生参考使用。

图书在版编目（CIP）数据

生产测井导论／郭海敏著. —3 版. — 北京：石油工业出版社，2023.5

ISBN 978-7-5183-5892-2

Ⅰ.①生… Ⅱ.①郭… Ⅲ.①生产测井 Ⅳ.P631.8

中国国家版本馆 CIP 数据核字（2023）第 030631 号

出版发行：石油工业出版社

（北京安定门外安华里 2 区 1 号　100011）

网　址：www.petropub.com

编辑部：（010）64523736

图书营销中心：（010）64523633

经　　销：全国新华书店

印　　刷：北京中石油彩色印刷有限责任公司

2023 年 5 月第 3 版　2023 年 5 月第 1 次印刷

787×1092 毫米　开本：1/16　印张：40.75

字数：1045 千字

定价：200.00 元

（如出现印装质量问题，我社图书营销中心负责调换）

序

地球物理测井是石油工业发展中的重要学科和专业之一，长期以来在石油勘探开发中发挥着重要作用，勘探测井被称为寻找油气田的“眼睛”，生产测井被称为开发的“医生”。生产测井是测井技术中的两个重要领域之一，主要用于油气田开发生产驱油效率的动态监测。监测方法是采集储层在二次、三次采油过程中的动态变化信息，并对所测得的信息进行综合分析，可以得到油气水的分布动态，由此了解单井和整个油区的开发动态，从而为调整、优化开发方案及提高原油采收率提供科学依据。生产测井的内容主要包括工程测井、注采剖面测井、套管井地层评价及地质应用四个方面，利用这些结果可以直接观察到流体界面的动态位置，分析注水、注聚合物前缘的变化，同时可以得到井眼及井周几何特性变化规律及现状信息。

本书论述了涉及生产测井过程的几个主要阶段，从注采井网部署、流量、压力、含水、温度、密度测量应用到资料综合解释；从射孔产能预测、水平井测井、套管井地层评价测井、工程测井到综合应用，基本涵盖了整个生产测井技术涉及的各个领域；内容范围从传统方法到新技术应用、从垂直井到水平井、从常规油气到非常规油气均进行了深入浅出的论证，并把作者多年来的研究成果包含在整个著作体系中。通过本书的学习，生产测井工作者可以了解注采井网部署与注采剖面的关系、产能与射孔的关系、产能与剩余油的关系、传统生产测井工艺与现代生产测井技术的关系。全书把测井技术与油藏动态有机结合起来，使读者不但能清楚地了解相应的测井技术，同时也能清楚地知道如何利用处理结果去评价整个油田的生产动态，从而达到拓宽视野及知识面的目的。

国民经济的持续发展对石油资源的需求日益增长，除了寻找新的石油资源之外，更重要的是对老油区进行挖潜，提高相应储层的油气采收率，因此生产测井技术无疑将会发挥越来越重要的作用。本书作者在相关章节中也加入了涉及生产测井发展的一些新技术，如持率成像测井、RST 持率测井、测井多相流动优化解释技术等。总之希望本书的出版能为生产测井工作者提供分析问题的新方法，并开阔观察问题的视野，同时也希望本书的出版能为我国石油工业的发展作出更大贡献。

中国科学院院士

前　言
（第三版）

本书第一版于2003年出版，第二版于2010年出版，主要讲述了生产测井的方法、理论、资料处理解释方法和综合应用等方面的知识，包括生产测井基础、生产动态监测、注采剖面资料解释、套管井地层参数评价、生产测井综合地质应用、工程测井等六个方面内容，基本涵盖了整个生产测井技术涉及的各个领域。以本书为依托的长江大学“生产测井原理”课程于2008年获批国家级精品课程立项建设，2016年8月被教育部正式冠名为“国家级精品资源共享课程”，2022年被评为湖北省一流课程，是长江大学国家一流专业——勘查技术工程的主要课程。

近年来，随着非常规油气的开采，生产测井出现了大量的斜井和水平井。生产测井相应发展了一些斜井、水平井页岩气的动态监测，如水平井流动成像测井、多层管柱里的中子测井。根据学科发展和本书的使用情况，自2020年以来开始进行第三版的修编。

本书第三版以第二版为基础，保持和继承了第二版的主要内容，对部分内容进行了更新和完善。第八章增加了MAPS多阵列成像测井技术，第十章增加了脉冲中子—中子测井。全书既保留了传统生产测井的经典内容，也介绍了生产测井发展的一些新理论和新技术，不但能够使读者清晰地了解相应的生产测井技术，也拓宽了生产测井工作者的视野及知识面。

本书由郭海敏负责统筹编写。长江大学张超谟、章成广、赵宏敏、汪忠浩、宋红伟、宋文广、邓瑞、刘军锋参与了部分内容的写作。褚人杰、吴锡令对书稿进行了审核。

在本书编写出版过程中，中国石油集团测井有限公司的多位专家给予了许多帮助，也得到了中国石油集团测井重点实验室汤天知的支持；谢荣华、刘兴斌和王界益为本书提供了许多现场素材；笔者的研究生张豆娟、侯月明、方伟、朱益华、安小平、郑剑锋、邹存友、郭海峰、郭淑军等在书稿整理过程中做了大量工作，在此谨致以衷心的感谢！

由于知识面有限，书中难免存在不足，敬请读者批评指正。

前　言
（第二版）

生产测井指在套管井中完成的各类测井，包括注采剖面测井、工程测井及套管井地层评价测井，目的是监测井眼几何特性及注采动态。现代生产测井技术的发展可以在套管井中确定动态地层参数；在油藏动态描述中，可以用注采剖面信息确定剩余油饱和度的分布，以及不同油层的油藏压力和渗透率。随着油田开发的不断深入和面临问题的日益复杂，生产测井技术将发挥越来越重要的作用。

生产测井技术的发展始于20世纪30年代。最初只研制了温度计，40年代又研制了压力计和流量计。当时这些仪器只能单参数测量。50年代发展了同时测量的综合产出剖面仪器，一次下井可以同时采集流量、压力、温度、持率、密度等多种信息。进入21世纪以后，流动成像测井、水平井生产测井及特殊生产测井技术日臻完善，相应的处理方法也取得了长足进步。

长期以来，我国生产测井工作者主要把研究注意力集中在单井数据采集和相应信息处理方面，对于处理结果的油藏应用了解较少，出现了一些“只见树木，不见森林”的现象。从拓宽生产测井工作者应用知识面的目的出发，在总结十余年来从事研究生、本科生及专科生教学经验的基础之上，结合与油田长期合作的研究结果，完成了本书的写作工作。本书的内容涉及油藏工程、流体力学、渗流力学、电子学、传感器原理等多门学科的知识，包含了水平井测井、MDT、射孔、三次采油及试井等方面的内容。通过学习可以对生产测井的方法、原理、数据采集、信息处理及资料解释、油藏应用等知识有一个系统全面的了解。由于生产测井技术是一门不断发展和完善的应用科学，希望本书能为生产测井技术的发展尽一份薄力。由于知识面所限，书中不妥之处请读者不吝赐教并纠正。

全书由笔者的老师褚人杰教授和吴锡令教授审核。长江大学张超谟、章成广、赵宏敏和汪忠浩参与了部分内容的写作。在完成本书的过程中，得到了中国石油集团测井重点实验室王敬农和汤天知等的支持；谢荣华、刘兴斌和王界益为本书的写作提供了许多现场素材；笔者的学生宋红伟、张豆娟、侯月明、方伟、朱益华、安小平、刘军锋、李家骏等在书稿整理过程中做了大量工作，在此谨致以衷心的感谢！

目　录

第一章　生产测井及信息处理基础

本章主要论述了与生产测井相关的油气田开发基础。包括油田开发方案设计、渗流、多相管流、采收率提高及油、气、水物性计算等内容。

第一节　油田开发基础

一个含油气构造经过地质、地震、钻井、测井等一系列勘探发现工业油流后，接着就要进行详探并逐步投入开发。油田开发是指依据详探成果和必要的生产性开发试验，在综合研究的基础上对具有工业价值的油田，从实际和生产规律出发，制订出合理的开发方案，对油田进行建设和投产，使油田按预定的生产能力和经济效果长期生产，直至开发结束。油田的正规开发主要包括三个阶段：

(1) 开发前的准备阶段。包括详探、开发试验等。

(2) 开发设计和投产。其中包括油层研究和评价、开发井部署、射孔方案制订、注采方案制订和实施。

(3) 方案调整和完善。

详探是运用各种可能的手段和方法，对含油构造或者一个预定的开发区取得必要的资料，进行综合研究，力求搞清主要地质情况和生产规律，并计算出开发储量，为编制开发方案做准备。油田开发方案的制订和实施是油田开发的中心环节，必须切实、完整地对各种可行的方案进行详细制订、评价和全面对比，然后确定出符合油田实际、技术上先进、经济上优越的方案。但是在油田实际开发前不可能把油田地质情况认识得很清楚，这就不可避免地在油田投产后，会在某些问题上出现一些原来估计不足的地方，使生产动态与方案设计不相符合。因而在油田开发过程中必须不断地进行调整。所以整个油田开发的过程也就是一个不断重新认识和不断调整的过程。

一、准备阶段

1. 详探阶段的主要任务

(1) 以含油层系为基础的地质研究：要求弄清全部含油地层的地层层序及其接触关系，各含油层系中油、气、水层的分布及其性质。尤其是含油层段中的隔层和盖层的性质必须搞清。同时还应注意出现的特殊地层，如气夹层、水夹层、高压层、底水等。

(2) 储油层的构造特征研究：要求弄清油层构造形态，储油层的构造圈闭条件，含油面积及与外界的连通情况(包括油、气、水分布关系)；同时还要研究岩石物性、流体性质，以及油层的断裂情况、断层密封情况等。

(3) 分区分层组储量及可采储量计算。

(4) 油层边界的性质研究，以及油层天然能量、驱动类型和压力系统的确定。

(5) 油井生产能力和动态研究：了解油井生产能力、出油剖面、递减情况、层间及井间干扰情况。对于注水井必须了解吸水能力和吸水剖面。

(6) 探明各含油层系中油气水层的分布关系，研究含油地层的岩石物性及所含流体的性质。

完成上述任务要进行的主要工作有地震细测、详探资料井和取心资料井、测井、试油试采分析化验研究等。

地震细测工作：在预备开发地区应在原来地震测试工作的基础上进行加密地震细测。通过对地震细测的资料解释落实构造形态和断裂情况（断层的走向、落差、倾角等），为确定含油带圈闭面积、闭合高度提供依据。对于断块油藏主要弄清断块的大小分布及组合关系，并结合探井资料作出油层构造图和构造剖面图。

详探资料井：详探工作中最重要和最关键的工作是打详探井，直接认识地层。详探工作进展快慢、质量高低直接影响开发的速度和开发设计的正确与否。因此，对于详探井数目的确定、井位的选择、钻井顺序及钻井过程中必须取得的资料等都应做出严格的规定，并作为详探设计的主要内容。详探井的密度应以尽量少的井而又能精确地认识和控制全部油层为原则来确定。在一般简单的构造上井距通常在2km以上，但在复杂的断块油田上单口探井控制的面积为1~2km^{2}甚至更小。详探井的重要任务是认识含油层的分布和变化，但同时还要兼顾探边、探断层工作。探井可能成为今后的生产井，因此和以后生产井井网的衔接问题也必须予以考虑。详探井的布置原则是结合不同的地质构造、具体研究确定。

通过详探井录井、测井解释、岩心分析和详细的地层对比，弄清油层的性质及分布，为布置生产井网提供地质依据。同时，对主要隔层进行对比，对其性质进行研究，为划分开发层系和生产层段提供依据。在断裂复杂地区还应对断层性质进行研究并做出详细评价。在通过系统取心分析和分层试油及了解到分层产能后，可以确定出有效厚度下限，从而为计算储量打下基础。

油井试采：油井试采是油田开发前必不可少的一个步骤。通过试采要为开发方案中某些具体技术界限和指标提出可行的确定方法。通常试采是分单元按不同含油层系进行的。要按一定的试采规划，确定相当数量能够代表这一地区、这一层系特征的油井，按生产井要求试油后，以较高的产量、较长时期稳定试采。试采井的工作制度以接近合理工作制度为宜，不应过大也不应过小。试采期限的确定要视油田大小而有所不同。总的要求是要通过试采暴露出油田在生产过程中的矛盾，以便在开发方案中加以考虑和解决。试采的主要任务是认识：(1) 油井生产能力，特别是分布稳定的好油层的生产能力以及产量递减情况；(2) 油层天然能量的大小及驱动类型和驱动能量的转化，如边水和底水的活跃程度等；(3) 油层的连通情况和干扰情况；(4) 生产井的合理工艺技术和油层改造措施。此外，还应通过试采落实某些影响开采动态的地质构造因素，如边界影响、断层封闭情况等，为合理布井和确定注采系统提供依据，为此，除了进行生产性观察和生产测井外，还需进行一些专门的测试，如探边测试、井间干扰试验等。

通常情况下试采应分区块进行，因为试采的总目标是暴露地下矛盾、认识油井生产动态。因此，油井的生产要有充分的代表性，既要考虑到构造顶部的好油层、高产井，也要兼顾到边缘的差油层，同时必须考虑到油水边界、油气边界和断层边界上的井，以探明边水、气顶及断层对生产带来的影响。在纵向上试采层段的选择应照顾到各种不同类型的油层，尤其是对于纵向上变化大的多层油藏，层间岩性变化大，原油性质不同，油气水界面交错，天然能量差别大等，也应尽可能地分析有一定产能的试采井，以便为今后确定开发层系和各生产层段的产能指标提供可靠依据。

2. 油田开发生产试验区和开发试验

经过试采了解到较详细的地质情况和基本的生产动态后，为了能够认识油田在正式投入开发以后的生产规律，对于准备开发的大油田、在详探程度较高和地面建设条件比较有利的地区，首先划出一块，用正规井网正式开发作为生产试验区，是开发新油田必不可少的工作。生产试验区也是油田第一个投入生产的开发区，除了担负解剖任务之外，还有一定的生产任务。

1) 生产试验区的主要任务

(1) 研究主要地层。

主要研究油层小层数目；各小层面积及分布形态、厚度、储量及渗透率大小和非均质情况，总结认识地层的变化规律；研究隔层性质及分布规律；进行小层对比，研究其连通情况。

(2) 研究井网。

研究布井方式，包括合理的切割距大小、井距和排距大小及井网密度；研究开发层系划分的标准及合理的注采层段划分方法；研究不同井网和井网密度对各类油砂体储量的控制程度；研究不同井网的产量和采油速度，以及完成此任务的地面建设及采油工艺方法；不同井网的经济技术指标及评价方法。

(3) 研究生产动态规律。

研究合理的采油速度及最大有效产量，油层压力变化规律和天然能量大小，合理的地层压力下降界限，驱动方式及保持地层能量的方法。研究注水后油水井层间干扰及井间干扰，观察单层突进、平面水窜及油气界面与油水界面的运动情况，掌握水线形成规律及移动规律，各类油层的见水规律。

(4) 研究合理的采油工艺及技术，以及增产和增注措施(压裂、酸化、防砂、降黏)的效果。

2) 开发试验应包括的主要内容

(1) 油田各种天然能量试验。包括弹性能量、溶解气的能量、边水和底水能量、气顶气膨胀能量，应认识其对油田产能大小的影响，对稳产的影响，不同天然能量所能取得的各种采收率，以及各种能量与驱动方式的转化关系等。

(2) 井网试验。包括各种不同井网和不同井网密度所能取得的最大有效产量和合理的生产能力，不同井网的产能变化规律等。

(3) 采收率研究试验和提高采收率方法试验。不同开发方式下各类油层的层间、平面和层内的干扰情况，层间平面的波及效率及油层内部的驱油效率，以及各种提高采收率方法的适用性与效果。

(4) 影响油层生产能力的各种因素和提高油层生产能力的各种增产措施及方法试验。影响油层产能的因素是很多的，例如边水推进速度、底水锥进、地层原油脱气、注入水的不均匀推进，存在裂缝带等。而作为提高产能的开发措施应包括油水井的压裂、酸化、大压差强注强采等。

(5) 与油田人工注水有关的各种试验。合理的切割距、注采井排的排距试验，合理的注水方式及井网，合理的注水排液强度及排流量、注水时间及注采比，无水采收率及见水时间与见水后出水规律的研究等。其他还有一些特殊油层注水，如气顶油田注水、裂缝油田注水、断块油田注水及稠油注水、低渗透油层注水等。

(6) 稠油热采、注蒸汽及混相驱替试验。

在试验过程中，生产测井的主要目的是在生产井中确定分层产液量及性质，在注入井中确定吸水层位与吸水剖面、吸汽剖面，检查射孔效果等。

总之，各种开发试验应针对油田实际情况提出，而在油田的开发过程中必须始终坚持试验，因为开发过程本身就是一个不断深入进行各种试验的过程。

在油气勘探开发的过程中，详探及油田开发的准备阶段的各项工作构成一个独立的不能忽视的阶段，是保证油田能科学合理开发所必须经过的阶段，两者可能相互交替进行，如井的布置要穿插进行，注采工程要穿插进行等。

二、开发方案设计方针和原则

油田开发方案是在详探和生产试验的基础上，经过充分研究后，使油田投入长期和正式生产的一个总体部署和设计。开发方案的优劣决定着油田今后生产的好坏，涉及资金、人力投入和经济效益等。

油田开发方案应包括的内容有油田地质情况、储量计算、开发原则、开发程序、开发层系、井网、开采方式、注采系统、钻井工程和完井方法、采油工艺技术、开采指标、经济效益、实施要求。测井和生产测井技术始终贯穿在各个环节中。

油田开发必须依据一定的方针进行，其正确与否直接关系到油田今后生产的经济效益。正确的油田开发方针应根据油田具体情况和长期经验及国民经济的发展要求制定。开发方案编制不能违背这些方针。开发方针的制定应考虑如下关系：(1) 采油速度；(2) 油田地下能量的利用和补充；(3) 采收率大小；(4) 稳产年限；(5) 经济效益；(6) 工艺技术。

在编制开发方案时，必须依据这一方针，制定与之相适应的开发原则，这些原则应对以下几方面的问题做出具体规定：

(1) 规定采油速度和稳产期限。

(2) 规定开采方式和注水或强采方式。

规定利用什么驱动方式采油，开发方式如何转化（如弹性驱转溶解气驱再转注水、注气或注蒸汽、聚合物等）。如果决定注水，应确定是早期注水还是后期注水。

(3) 确定开发层系。

一个开发层系，是由一些独立的、上下有良好隔层、油层性质相近、驱动方式相近、具备一定储量和生产能力的油层组合而成。它用独立的一套井网开发，是一个最基本的开发单元。当开发一个多层油田时，必须正确地划分和组合开发层系。一个油田要用哪几套层系开发，是开发方案中的一个重大决策，是涉及油田基本建设的重大技术性问题，也是决定油田开发效果的重要因素。如何划分和确定开发层系在下一小节中将作专门讨论。

(4) 确定开发步骤。开发步骤指从布置基础井网开始，一直到完成注采系统、全面注水和采油的整个过程中所必经阶段和每一步的具体做法。

①基础井网布置：基础井网是以某一主要含油层为目标而首先设计的基本生产井和注水(汽、气等)井。它是进行开发方案设计时，作为开发区油田地质研究的井网。研究时要进行准确的小层对比工作，做出油砂体的详细评价，为层系划分和井网布置提供依据。

②确定生产井网和射孔方案：根据基础井网，待油层对比工作完成以后，全面部署各层系的生产井网，依据层系和井网确定注采井别，进行射孔投产。

③编制注采方案：全面打完开发井网后，落实注采井别，确定注采井段，编制注采方案。

(5) 确定合理的布井原则。合理布井要求在保证采油速度的条件下，采用井数最少的井网最大限度地控制地下储量以减少损失，并使绝大部分储量处于水驱(气、气驱) 范围内。

(6) 确定合理的采油工艺。

三、开发层系划分的原则

国内外已开发的油田，大多数是非均质多层油田。由于油层在纵向上的沉积环境不可能完全一致，因而油层特性自然会有所差异，所以开发过程中层间矛盾的出现也不可避免。若高渗透层和低渗透层合采，则由于低渗透层的流动阻力大，生产能力往往受到限制；若低压层和高压层合采，则低压层往往不出油，甚至高压层的油有可能窜入低压层。在水驱油田，高渗透层往往会很快水淹，合采时会使层间矛盾加剧，出现油水层相互干扰造成开发被动，严重影响采收率。

在注水油田中，主要油层出水后，流动压力不断上升，全井的生产压差越来越小。这样注水不好的差油层的压力可能与全井的流压相近，因而出油不多甚至无油产出，在逆压差较大时还会出现高压含水层的油和水往油层中的倒流现象。这就是见水层与含油层之间的倒流现象，如图 1-1 所示。这一现象利用流量计测量结果可以区分。因此只有合理划分开发层系才能充分发挥各主要出油层的作用，提高采油速度，缩短开发时间并提高基本投资的周转率。确定了开发层系，一般就确定了井网的套数。多层油田的油层数目往往高达几十个，开采井段有时可达数百米。采油工艺的任务在于充分发挥各油层的作用，使它们吸水均匀和出油均匀，所以往往必须采取分层注水、分层采油和分层控制的措施。目前的分层技术还不可能达到很高的水平，因此就必须划分开发层系，使一个生产层内部的油层不致过多，井段不致过长，以更好地发挥工艺手段的作用。

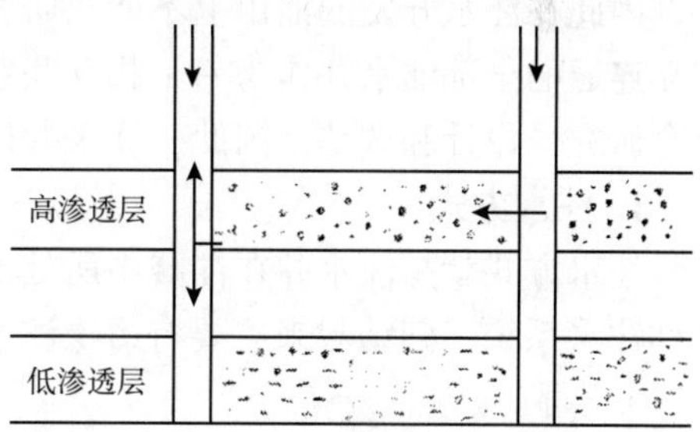

图 1-1　倒流现象示意图

划分开发层系，就是把特征相近的油层合在一起，用一套井网单独开采。划分开发层系应考虑的原则是：

(1) 把特性相近的油层组合在同一开发层系内，以保证各油层对注水方式和井网具有共同的适应性。油层相近主要体现在：沉积条件相近；渗透率相近；组合层系的基本单元内油层的分布面积接近；层内非均质程度相近。通常人们以油层组作为组合开发层系的基本单元，有的也以砂岩组划分和组合开发层系。因为砂岩组是一个独立的沉积单元，油层性质相似。

(2) 各开发层系间必须有良好的隔层，确保注水条件下层系间能严格分开，不发生层间干扰。

(3) 同一开发层系内油层的构造形态、油水边界、压力系统和原油物性应比较接近。

(4) 一个独立的开发层系应具有一定的储量，以保证油田满足一定的采油速度、具有较长的稳产时间。

(5) 在分层开采工艺所能解决的范围内，开发层系划分不宜过细。

综上所述，开发层系的合理划分是油田开发的一个关键部署。若划分的不合理或出现差错，将会给油田开发造成很大的被动，以至于不得不进行油田建设的重新设计和部署，造成很大浪费。这样的教训无论在国外还是在国内都不鲜见。例如有的油田在划分开发层系时，未发现隔层尖灭和油层重叠现象，投产后两层系之间油水互窜。有的油田上下油层驱动方式不同，上部是封闭弹性驱，下部是活跃水驱，合采时相互干扰严重。

四、砂岩油田注水开发

原油在地层中从远离井筒的地方流向井筒，需要一定的动力。一个油藏的天然能量包括边水、底水水压，原生气顶和次生气顶的膨胀，原油中溶解气的释放和膨胀，油层和其中原油的弹性能量等。不同油藏天然能量的类型和大小各不相同，即驱动方式不同。利用天然能量，可以采出一部分原油，但一般情况下只能在一段时间内起作用，且发挥不均衡，难于调整和控制。

利用人工注水保持油藏压力，是采油历史上一个重大转折。从 20 世纪 20 年代末开始到现在已有 90 多年的注水历史。人工注水开发油田的优点是能持续高产、驱油效率高、采收率高、经济效益高、易于控制等。

用人工注水开发油田时，油井与油井之间、注水井和注水井之间存在强烈的相互影响，因此在注水开发的油田上不能只研究单井，必须把油田作为一个整体看待，把油田上相互连通的全部油水井作为一个相互联系、相互制约的开采系统考虑，对整个开发区进行综合研究、设计和调整。因此，注采井网的确定是油田开发设计中的关键问题。

1. 注水方式

注水方式就是注水井在油藏中所处的部位和生产井及注水井间的排列关系。注水方式也称注采系统，归结起来主要有边缘注水、边内切割注水、面积注水和点状注水四种。

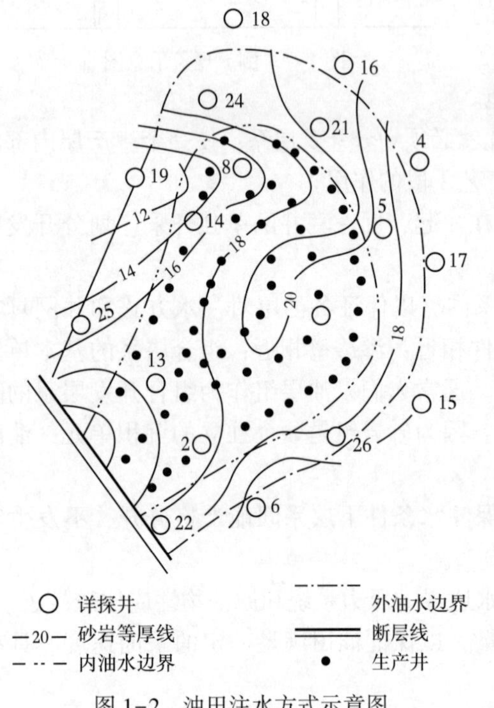

图 1-2 油田注水方式示意图

1) 边缘注水

边缘注水方式采用条件为油田面积不大，构造比较完整，油层稳定，边部和内部连通性好，油层的流动系数（有效渗透率，有效厚度，原油黏度）较高，特别是钻注水井的边缘地区要有较好的吸水能力，能保证压力有效传播。边缘注水根据油水过渡带的油层情况又分为以下三种。

(1) 缘外注水：注水井按一定方式分布在外油水边界处，向边水中注水。如图 1-2 所示为某油田开发井位图。把外油水边界以外的 6 井、26 井、15 井、17 井、4 井、16 井、18 井、19 井、25 井等转为注水井，就构成了边外注水方式。

(2) 缘上注水：一些油田在含水边缘以外的地层渗透率显著变差，为了保证提高注水井的吸水能力和保证注入水的驱油作用，将注水井布在含油层外缘上，或在油藏以内距含油外缘不远的地方。如图 1-2 所示，假如外油水边界以外岩性变差，则可让 25 井、19 井、24 井、21 井、5 井、22 井转注，即构成缘内注水。

(3) 边内注水：如果地层渗透率在油水过渡带很差，或过渡带注水不适宜，可将注水井布置在内含油边界内，以保证注水见效。

苏联的巴夫雷油田面积为 80km^2，平均有效渗透率为 600mD，油层比较均匀、稳定，边水活跃。采用边外方式注水后，油层平均压力稳定在 14～15MPa。注水后的 5 年内，原油日产量稳定，年采油速度达 6%（按可采储量计算）。我国老君庙油田面积较小，有边水存在，L 油层和 M 油层初期采用过边外注水。

边缘注水方式适用于边水比较活跃的中小油田。优越性是油水边界较完整、容易控制、无水采收率较高。若辅以内部点状注水，则可取得很好的开发效果。这种注水方式不适用于面积大的油田。

2) 边内切割注水方式

对于大面积、储量丰富、油层性质稳定的油田，一般采用边内切割注水方式。在这种方式下，利用注水井排将油藏切割成为较小单元，每一块面积(切割区)可以看成是一个独立的开发单元，分区块进行开发调整，如图 1-3 所示。

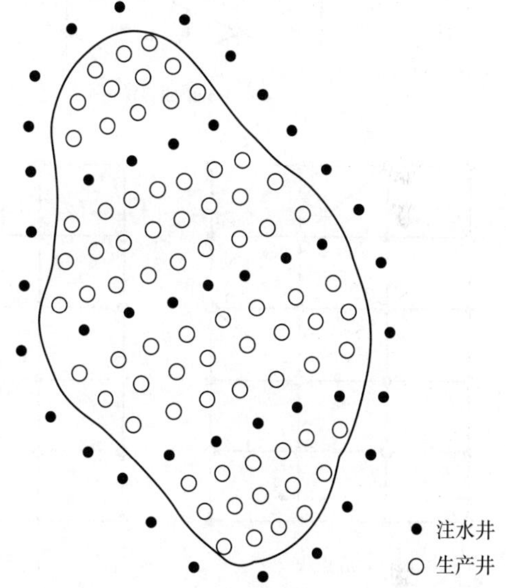

图 1-3　边内切割注水方式示意图

边内切割注水方式的应用条件是，油层要大面积分布，注水井排上可以形成比较完整的切割水线；保证一个切割区内布置的生产井与注水井有较好的连通性；油层有一定的流动系数，保证生产井与注入井间压力传递正常。

大庆油田面积大，采用了边内切割早期注水方式开采。其中一些好的油层(占储量 80%～96%)的油砂体都能延伸到 3.2km 以上，具备采用这一方式的条件。

美国克利—斯耐德油田面积 200km^2，初期靠弹性能量开采并转为溶解气驱方式。为了提高采油速度，研究了四种不同注水方式。采用切割注水方式后，油田由溶解气驱变为水压驱动，油层压力得到恢复，大部分油井保持了自喷。

采用边内切割注水的优点是，可以根据油田的地质特征选择切割井排的最佳方向及切割区的宽度；可以根据开发期间认识到的油田详细地质构造资料，修改已采用的注水方式。在油层渗透率具有方向性的条件下采用行列井网时，只要弄清油层渗透率变化的主要方向，适当控制注入水的流动方向，就可取得较好的开发效果。

这种方式的不足之处是对油层的非均质性适应性较差，对于在平面上油层性质变化较大的油田，往往使相当部分的注水井处于低产地带，注水效率不高，注水井间干扰大。注水井成行排列，在注水井排两边的开发区内，压力不总是需要一致，地质条件也不相同，因此会出现区间不平衡。另外由于生产井的外排与内排受注水影响不同，因而开采不均衡，内排生产能力不易发挥，外排生产能力大，见水快。

在计划采用或现已采用的行列注水油田，为了发挥其特长，主要采用以下措施：选择合理的切割宽度；确定最佳的切割井排位置；辅以点状注水，强化行列注水系统；提高注水线同生产井井底之间的压差等方式提高切割注水效果。

3) 面积注水方式

面积注水方式是将注水井按一定几何形状和一定的密度均匀地布置在整个开发区上，各种井网的特征如图 1–4 所示。根据油井和注水井相互位置及构成井网的形状，面积注水可分为四点法、五点法、七点法、九点法、歪七点法和正对式与交错式排状注水。

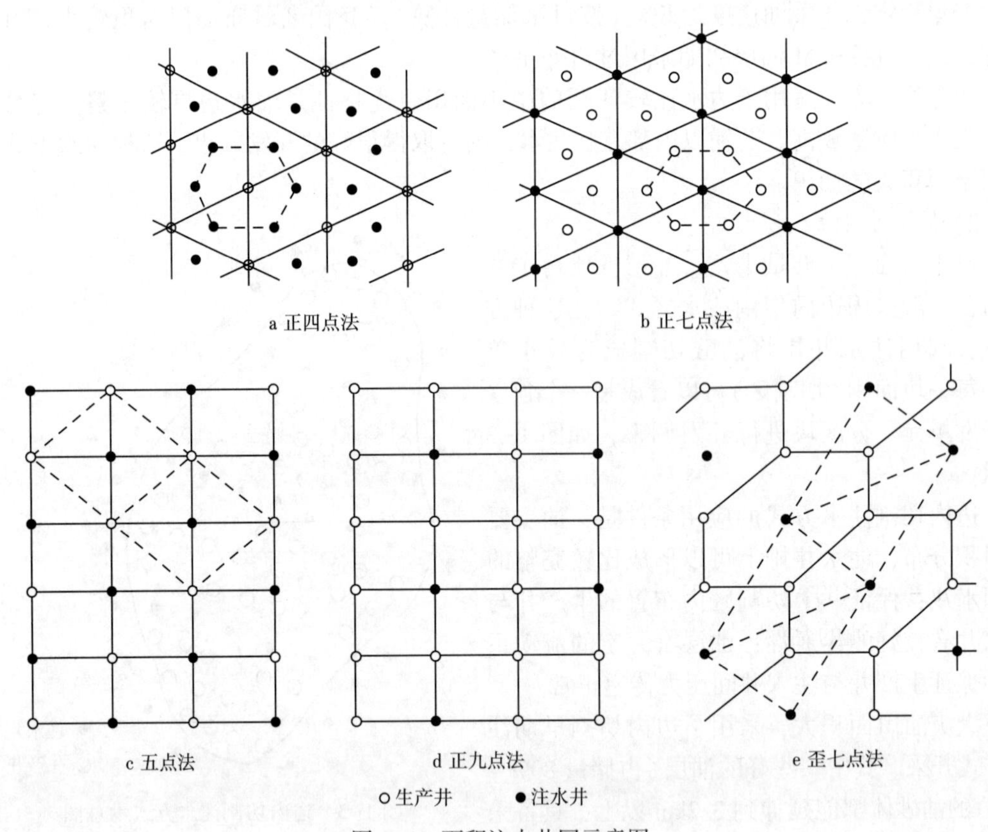

图 1–4　面积注水井网示意图

面积注水方式采用的条件如下：

(1) 油层分布不规则，延伸性差，多呈透镜状分布，用边内切割注水方式不能控制多数油层，注入水不能逐排影响生产井。

(2) 油层的渗透性差，流动系数低，用边内切割式注水由于注水推进阻力大，有效影响面积小，采油速度低。

(3) 油田面积大，构造不够完整，断层分布复杂。

(4) 适应于油田后期的强化开采，以提高采收率。

(5) 油层具备边内切割注水或其他注水方式，但要求达到更高的采油速度时也可考虑采用。

2. 注采井网

从平面上看，注水和采油均在井点上进行。在注水井和生产井之间存在着压力差，并且被流线所连接。在均匀井网内连接注水井和生产井的是一条直线，是这两井间的最短流线，沿这条线的压力梯度最大。于是注入水在平面上将沿着这条最短流线推进到生产井，之后才沿其他流线突入，这就是注入水的舌进现象。水波及区在井网面积中所占的比值就是均匀井网见水时的面积波及效率 η_1，表示为

$$\eta_1=\frac{A_s}{A}$$

式中　A、A_s——分别为油藏面积和波及面积。

体积波及效率 η 和油藏的采收率 η_o 分别表示为

$$\eta=\frac{A_s h_s}{Ah}=\eta_1\eta_2,\ \eta_o=\eta\frac{S_{oi}-S_{or}}{S_{oi}}$$

式中　h、h_s——分别为油藏平均厚度和波及厚度；

η_2——垂直波及效率；

S_{oi}、S_{or}——分别为原始含油饱和度和残余油饱和度。

波及效率与油水的流度比相关，油水的流度比 M 为

$$M=\frac{\dfrac{K_w}{\mu_w}}{\dfrac{K_o}{\mu_o}}$$

式中　K_w——水的有效渗透率，D；

K_o——油的有效渗透率，D；

μ_w——水的黏度，mPa · s；

μ_o——油的黏度，mPa · s。

在一定油层条件下，均匀井网见水时的面积扫油效率取决于井网形状和油水流度比。下面根据不同几何形状的井网分别叙述。

1) *五点法*

五点法井网为均匀正方形(图 1-5)，注水井布置于每个正方形注水单元的中心上，每口注水井影响 4 口生产井，而每口生产井受 4 口注水井影响，注采比为 1:1，属强注强采的布井方式。在地层均质等厚的情况下，流度为 1 时，油井见水时的扫油系数为 0. 72。油井见水后继续生产，面积波及系数将不断增大。面积扫油效率(也叫扫油系数)与流度比有很大关系，流度比越大，同一注水强度时，扫油系数越小。

2) *七点法*

注水井布置在正三角形的顶点，三角形的中心为一口井，即油井构成正六边形，中心为注水井，每口油井受 3 口注水井的影响，每口注水井控制 6 口油井，注采比为 1:2。根据理论计算，在均质等厚地层中，油水流度比为 1 时，见水的面积波及系数为 0. 74，这一方式由于波及系数较高、注采井数较为合理，往往为面积注水时采用。

除了五点法井网、七点法井网之外，还有四点法、歪四点法、九点法、反九点法、直线排状法和交错排状法等井网。井网的选取主要是根据油藏形状和油层特性。不同井网的波及系数与流度比的关系不一样。常用井网大都是由相同单元组成的几何井网，井网根据一个单元内所含的井数命名，以注水井为中心的井网叫反井网。表 1-1 给出了各种井网的几何特征；图 1-5 是相应井网的示意图。除此之外，由于有的油藏面积小或是试验需要，

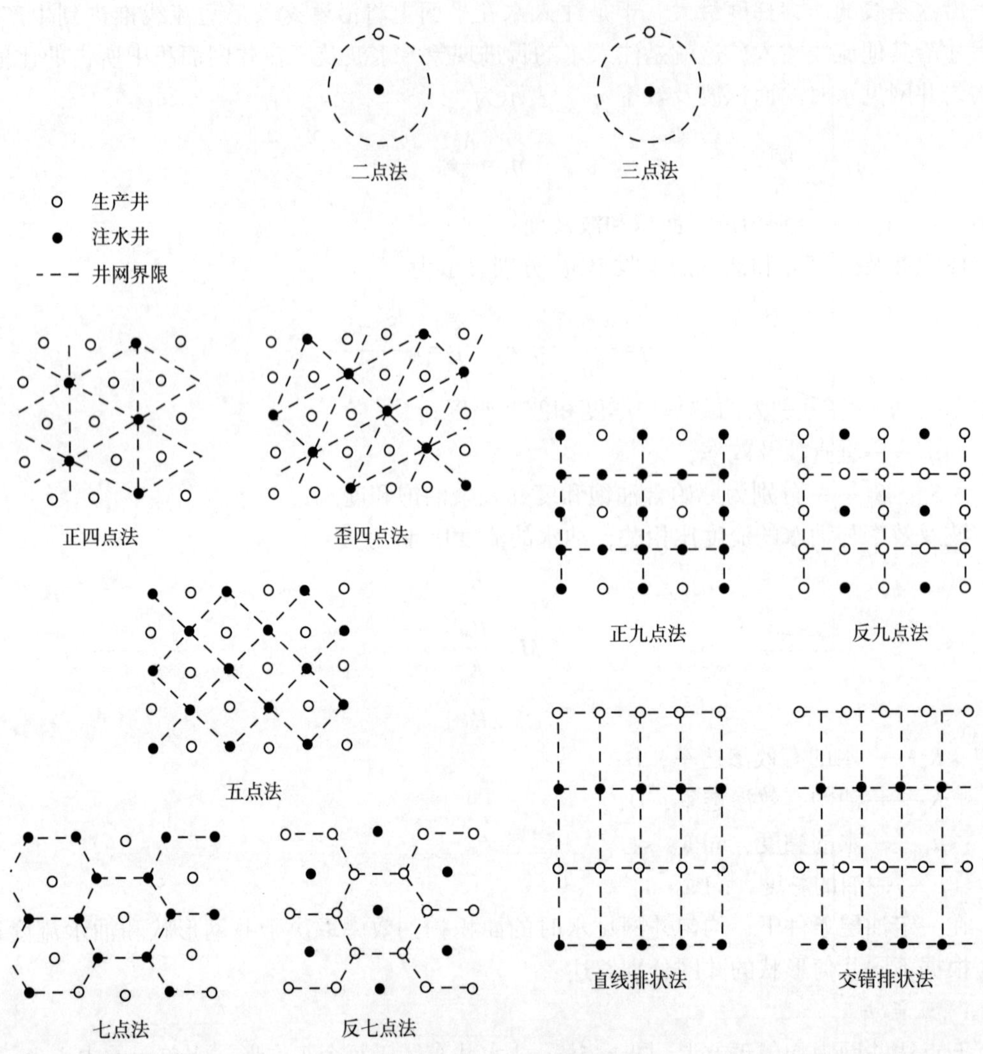

图 1-5 面积注水井网示意图

也可能单独出现二点法井网、三点法井网、反五点法井网及反七点法井网。不同面积注水后波及系数与流度比的试验曲线如图 1-6 至图 1-9 所示。采油井见水后继续注水波及系数要增大。油层渗透率在平面上都是非均质的，且经常表现出一定的方向性，如沿河道砂岩延伸方向的渗透率常高于垂直砂岩体方向的渗透率。若五点法井网的注水井排与最大渗透率方向平行，则波及系数较各向同性层为高（图 1-10）；若五点法井网的注水井排与最大渗透率方向垂直，则波及系数较各向同性层低（图 1-11）。

表 1-1 注水井网特征

井网	正四点法	歪四点法	五点法	七点法	正九点法	反九点法	直线排状法	交错排状法
注水井与采油井的井数比	1:2	1:2	1:1	2:1	3:1	1:3	1:1	1:1
单元几何形状	等边三角形	等腰三角形	正方形	正六边形	正方形	正方形	长方形	长方形

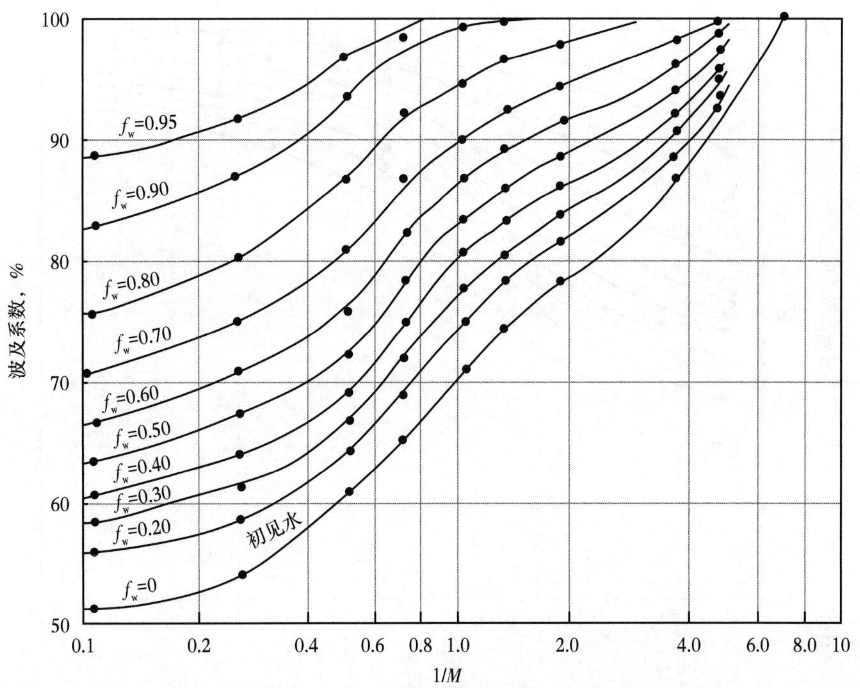

图 1-6　五点法井网的流度比与波及系数的关系图

f_w 为含水率

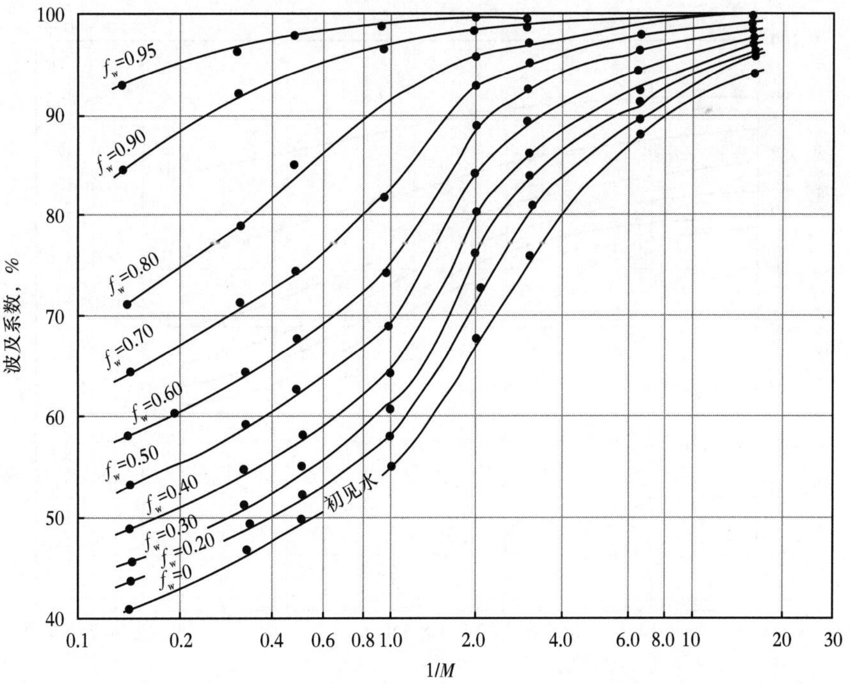

图 1-7　直线排状法井网的波及系数与流度比关系图

井距与排距相等

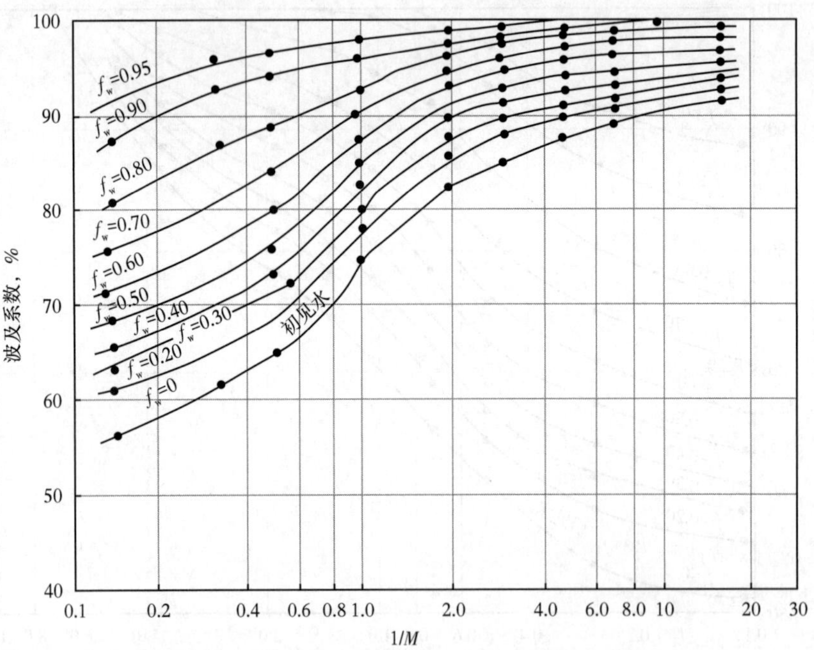

图 1-8 直线交错法井网的波及系数与流度比关系图

井距与排距相等

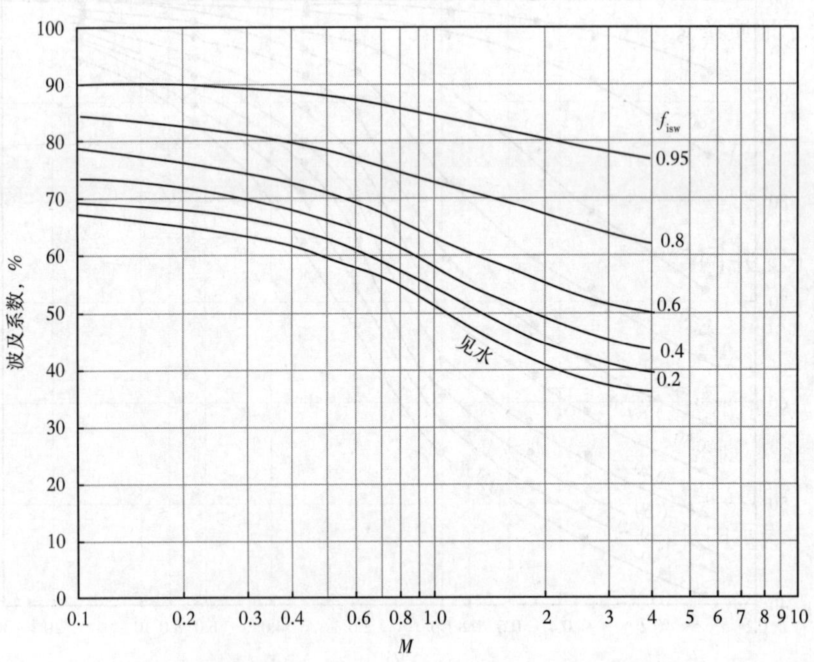

图 1-9 反九点法井网在各种边井含水率(f_{isw})下的波及系数与流度比关系图

角井与边井的产量比为 0.5，边井极限含水率为 0.95

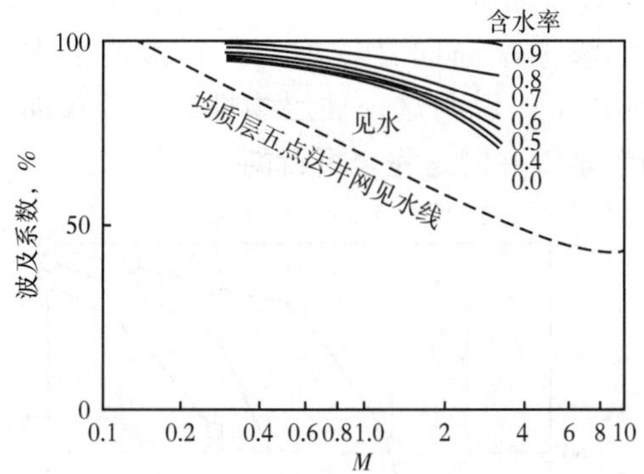

图 1-10 最大渗透率与最小渗透率比值为 16 的水平各向异性层上的五点法井网的波及系数与流度比关系图

最大渗透率方向与注水井排方向一致

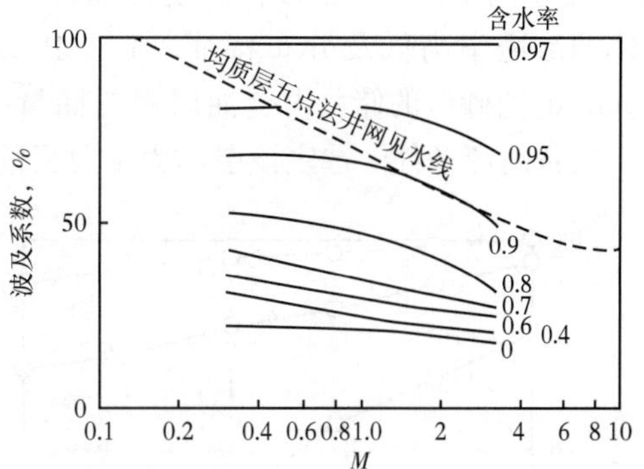

图 1-11 最大渗透率与最小渗透率比值为 16 的水平各向异性层上的五点法井网的波及系数与流度比关系图

最大渗透率方向与注水井和生产井连线的方向一致

压裂是最有效的增产增注手段之一。实践证明，人工压裂造成的地层裂缝绝大部分是垂直于层面的。对于天然裂缝，驱动方向与裂缝方向成 45°角时，见水时的波及系数高于各向同性层。驱动方向与裂缝方向一致时，见水时波及系数降低(图 1-12)。裂缝越长，对见水时的波及系数影响越大。天然裂缝和人工裂缝的方位取决于地质条件。在有天然裂缝的油藏和进行过大量压裂改造的油藏中进行注水时，要考虑裂缝方向。水平裂缝对波及系数的影响相当于井径扩大，随裂缝半径的增大，对低渗透油层波及系数会有所增加。

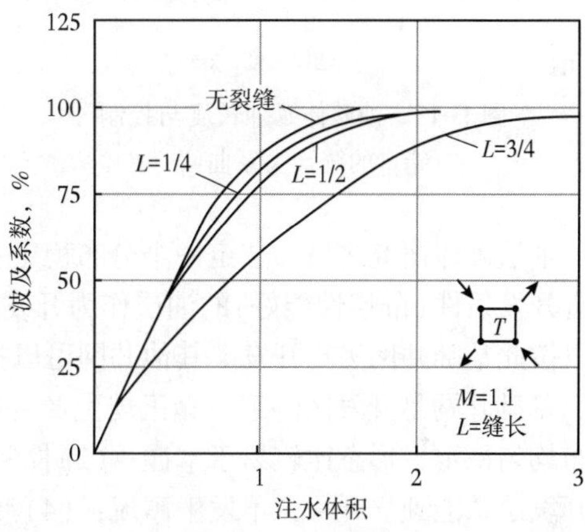

图 1-12 垂直裂缝方向与注水井、生产井连线平行时 L 对波及系数的影响

五、开发井网部署

油田开发的中心就是合理划分层系，部署生产井网。井网研究中通常涉及三个问题：(1)井网密度；(2)一次井网与多次井网；(3)布井方式。在井网密度方面，通常是先期采用稀井网，后期加密。布井次数方面常采用多次布井方式。

1. 油层砂体研究及基础井网布置

油层砂体研究是布置井网的基本工作。研究的问题之一是各油层组的油砂体延伸长度。图 1-13 表示的是三个油层组不同井距可控储量的百分数。由图知，最上面一组油层($P_{上}$ 组)，延伸长度大于 5km 时，其控制储量占总储量的 90%以上，所以是大片连通的。$S_{中}$ 组油层延伸长度大于 5km 的油砂体的储量为 75%左右，3km 以上的为 80%，也是一组比较好的油层。$S_{上}$ 组油层延伸长度大于 5km 的只占 30%储量，3km 以上的只有 50%的储量，1km 以上的也只占 80%。因此，对于这三组油层不能盲目部署开发方案，应依据基础井网取得的补充资料最终落实油层分布并布置开发井。

油层砂体研究的第二个问题是不同类型油砂体的渗透率、压力等参数的变化情况。图

1-14 是不同渗透率的油砂体所统计而得到的储量分布曲线。由图可知，三个油层组的油砂体的渗透率高低及分布特征不同。$P_上$ 组油层渗透率高而且较均匀，其渗透率大于 400mD 的油砂体的储量占全油层组总储量的 80%以上，说明这一油层物性好，分布面积广，具备高产条件。选定该层作为主要目的层布置基础井网是完全可行的。

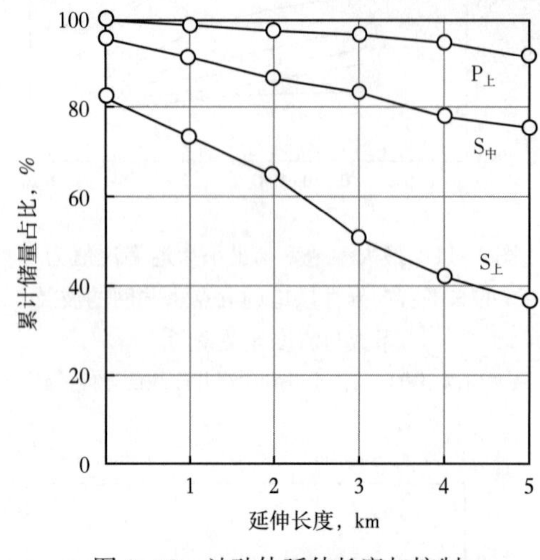

图 1-13　油砂体延伸长度与控制储量的统计关系曲线

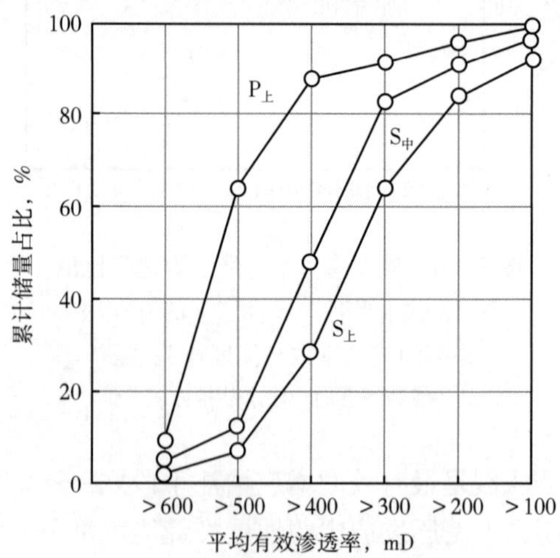

图 1-14　油砂体平均有效渗透率与控制储量关系曲线

油层砂体研究之后，选定一个分布稳定、产能高、有一定储量，已由详探井基本控制并具有开发条件(隔层性能好)的油层作为开发对象布置井网。这套井网叫基础井网。主要油层可以按此基础井网进行开发。其他井网可以按此井网所取得的地质资料进行开发设计。

基础井网是开发区的第一套正规生产井网。它的开发对象必须符合如下要求：(1)油层分布均匀稳定，形态比较易于掌握；(2)控制该层系的储量达 80%以上；(3)隔层良好，确保各开发层系能独立开采，不发生窜流；(4)油层渗透性好，有一定的生产能力；(5)具有足够的储量，具备单独布井和开发条件。

基础井网布置后，依据所取得的详细资料对本地区的地质情况全面解剖，然后部署全开发区各层系的开发井网。表 1-2 列出的是某一开发区根据基础井网进行研究的结果。通过研究对该开发区的地质情况就会有一个深入的认识。

表 1-2　油砂体研究结果统计表

油层组	项目											
	不同渗透率油砂体占本组储量百分率，%				不同延伸长度油砂体占本组储量累计百分率，%				不同面积油砂体占本组储量百分率，%			
	>800 mD	800~500 mD	500~300 mD	<300 mD	>3200 m	≥1600 m	≥1100 m	≥600 m	>10 km^2	10~5 km^2	5~3 km^2	<3 km^2
$S_上$	1.0	0.3	31.4	67.3	58.5	74.2	78.4	81.0	32.1	18.3	7.4	42.2
$S_中$	0.2	6.6	75.5	17.7	80.0	87.4	90.3	93.5	62.3	8.8	8.6	30.3
$S_下$	0.4	6.1	47.1	46.4	45.1	65.8	72.8	80.4	7.1	16.9	26.2	49.8
$P_上$	0.5	62.1	32.1	5.1	96.6	96.6	97.7	98.3	76.4	17.6	3.0	3.0
$P_下$	0.4	2.2	19.2	78.2	30.8	59.8	69.4	76.3	19.7	3.4	11.8	65.1

2. 布井方案

在详细研究及基础井网布置的基础之上。确定出适合本油田开发方式、层系划分、注水方式和井网布置方案。布井方案主要分以下四个步骤。

第一步:划分开发层系,确定本油田用几套井网开发并对每一层系分别布井。

第二步：确定油水井数目。若已给定本开发区的采油速度为 v，地质储量为 N，平均单井日产量为 q，平均年生产天数为 300 天，则可算得本开发区的生产井数为 n，则：

$$n=\frac{Nv}{300q}$$

由此可得井网密度 D：

$$D=n/A$$

式中　A——开发区油层面积，km^2；

n——生产井数，口。

有了油井数目后，即可确定注水井的数目。注水井数取决于注水方式。一般是油井数目的$\frac{1}{3}\sim\frac{1}{2}$。

第三步：布置开发井网。

第四步：开发指标计算和经济核算。表 1-3 是对某开发区的某一层系两种注水方式下的一些主要技术指标和经济指标的计算结果。由表可知，由于此开发层系的地质情况较差，油砂体延伸范围小，不宜采用面积注水，应采用行列注水。

表 1-3　不同注水方式开发指标对比

指标		注水方式	
		行列注水	四点法面积注水
井网密度，口/km^2		5.4	5.5
前 10 年平均单井产量，t/d		12	17
<15t/d 的井数百分率，%		80	35
前 10 年平均采油速度，%		2.5	3.9
对油砂体控制的储量，%		68	80
经济效果	建成万吨原油年产能力所需投资，万元/(10^4t · a)	220	180
	建成万吨原油年产能力所需钢材，t/(10^4t · a)	370	310
	前 10 年平均采油成本，元/t	50	40

六、油田开发调整

无论采用何种开采方式、井网系统、层系划分和驱动类型投入开发的油田。为了延长稳产期提高采收率，都要选择适当时机，进行必要的开发调整。开发调整主要包括层系调整、井网调整、驱动方式调整和开采工艺调整。生产测井技术在开发调整中主要用于提供注采储层及井身结构动态信息。

1. 层系调整

在多层油藏中，往往包含了众多在水动力学上相互连通的含油砂体或单层，有时在注水条件下用一套井网开发是不可能的，需要分成若干个开发层系，用不同的井网开发。例如大庆油田从萨尔图到高台子底部，从压力系统到油水界面的一致性来看，可以认为是一个油藏。如果用一套井网进行开采，则每口井的射孔层段可能长达300m。这样会给开采带来很大困难，由于层间渗透率不同，注水开采时将发生井间干扰现象。油层压力小于流动压力时，会发生倒灌现象。

油田开发过程中，一个层系中的单层之间，由于注采的不均衡产生了新的不平衡，需要进一步的划分。这时可能出现两种情况：(1)在一个开发层系的内部更进一步划出若干个开发层系；(2)在相邻的开发层系中将开发得较差的单层组合在一起，形成一个独立的开发层系。

2. 井网调整

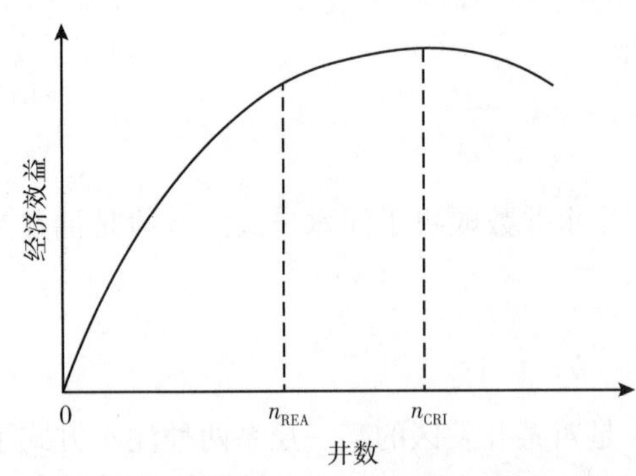

图1-15 经济效益与开发井井数关系示意图

通常认为密井网能比稀井网得到高的采收率。实际情况是在同样的开采制度下，密井网区压降大，有更多的石油向这里流动。把这一原理推广到不同的油藏就不恰当。应从地质和经济两方面考虑井网密度问题。简化油藏为一个均质各向同性储层，随井网密度增加，井间干扰加剧，从而降低了增加井数的增产效果。图1-15表示了经济效益与井数的示意关系。由图可知，开发初期，随井数增加经济效益增加快，当达到合理井数n_{REA}之后，经济效益随井数的增加不明显。若继续增加，达到经济极限井数n_{CRI}之后，经济效益要明显下降。在油田投产初期，应钻生产井的合理井数不应超过油田最终开采井数的80%，余留的20%的井数应考虑在油田开发的中后期调整使用。

加密钻井进行井网调整，可以使开发得比较差的油砂体的效果得到改善；对于已处于直接水驱下的油砂体加密后有利于提高全油藏的产量，但不会有效降低油水比。

还有一种调整是水流方向调整和注水方式调整，如间歇注水等。调整水驱油的流动方向，对有裂缝的油田特别重要，水驱方向与裂缝延伸方向相同时，水驱效果最好。

3. 开采工艺调整

溶解气驱开发的油田，随着压力的下降，油藏的能量不能把油举至井口，需要人工举升。注水油田中，随开发的进行，含水率不断上升，流动压力不断升高，井底生产压差降低，井的产油量不断下降，也需要人工举升，前者用于补充压力不足，后者着眼于提高排液量，我国大部分油田属后一种情况。针对这一情况，油田普遍采用电潜泵和水力活塞泵满足提高排液量的需要，常规有杆泵已不能有效维持正常生产。油田从自喷进入人工举升是一个很大的调整，要经历一个较长的时间。同时应根据注采平衡的要求进行注水调整，包括增加注水井点和提高注入压力等。一般认为注水井的井底压力应低于油藏的破裂压力。当注水井的井底压力高于地层破裂压力时，会出现水窜和油井暴性水淹的情况（克拉玛依油田），此时必须严格控制注水压力，不使油层中的裂缝张开。在某些情况下，允许注水压力高于破裂压力。

矿场实验证明，油井见水并生产到含水率极高(98%)时，水驱油的面积波及系数接近80%，垂向波及系数在4%~80%之间。此时，在高含水情况下通过加密井提高体积波及系数不会有太大效果。着眼点应放在改善垂向波及系数上。采用调剖技术调整吸水剖面，并与聚合物改善驱油效率相结合，可以取得较好的效果。

油田开发的过程是一个不断认识、不断调整的过程。对油田的不断认识是油田改造的基础。油田开发的调整是否有效，取决于对油藏的了解程度。对油藏的认识是对油藏进行地质、地球物理、岩样、流体样品和生产资料研究的综合。生产测井技术是认识动态油藏的一个重要手段。

第二节　油藏流体向井流动

油藏流体的向井流动指原油或其他介质沿渗流通道从地层向生产井底的流动。流动规律满足达西定律。流动状态分单相渗流和多相渗流。

一、单相液体流入动态

根据达西定律或径向压力扩散方程，对于圆形地层中心的一口井，供给边缘压力不变时，其产量公式表示为

$$q_o=\frac{2\pi K_o h(p_e-p_{wf})}{\mu_o B_o\left(\ln\frac{r_e}{r_w}+s\right)}a \tag{1-1}$$

或

$$q_o=\frac{2\pi K_o h(\bar{p}_r-p_{wf})}{\mu_o B_o\left(\ln\frac{r_e}{r_w}-\frac{1}{2}+s\right)}a \tag{1-2}$$

对于圆形封闭地层，相应的产量公式为

$$q_o=\frac{2\pi K_o h(p_e-p_{wf})}{\mu_o B_o\left(\ln\frac{r_e}{r_w}-\frac{1}{2}+s\right)}a \tag{1-3}$$

用平均压力表示时：

$$q_o=\frac{2\pi K_o h(\bar{p}_r-p_{wf})}{\mu_o B_o\left(\ln\frac{r_e}{r_w}-\frac{3}{4}+s\right)}a \tag{1-4}$$

式中　q_o——油井产量(地面)，引入流量计确定的流量时，用 q_oB_o 取代 q_o；

K_o——油层的有效渗透率，mD；

B_o——原油体积系数；

h——油层有效厚度，m；

μ_o——地层油的黏度，mPa · s；

p_e——泄油边界压力，MPa；

$\bar{p}_r$——油井(层)平均地层压力，MPa；

p_{wf}——井筒流动压力，MPa；

r_e——泄油边缘半径，m；

r_w——井眼半径，m；

s——表皮系数，与侵入带、射孔及地层损害程度有关，可由压力恢复曲线求得；

a——单位换算系数(表1-4)。

表1-4 采用不同单位制时的 a 取值

单位制	参数单位					a
	产量	渗透率	厚度	黏度	压力	
渗流力学达西单位	cm^3/s	D	cm	mPa·s	atm	1
法定单位（SI单位）	m^3/s	m^2	m	Pa·s	Pa	1
英制实用单位	bbl/d	mD	ft	mPa·s	psi	0.001127
法定实用单位	m^3/d	μm^2	m	mPa·s	kPa	0.0864

非圆形封闭泄油面积的油井产量公式，可根据泄油面积 A 的形状和油井位置进行校正。具体方法是令 $r_e/r_w=x$，由图1-16查得。

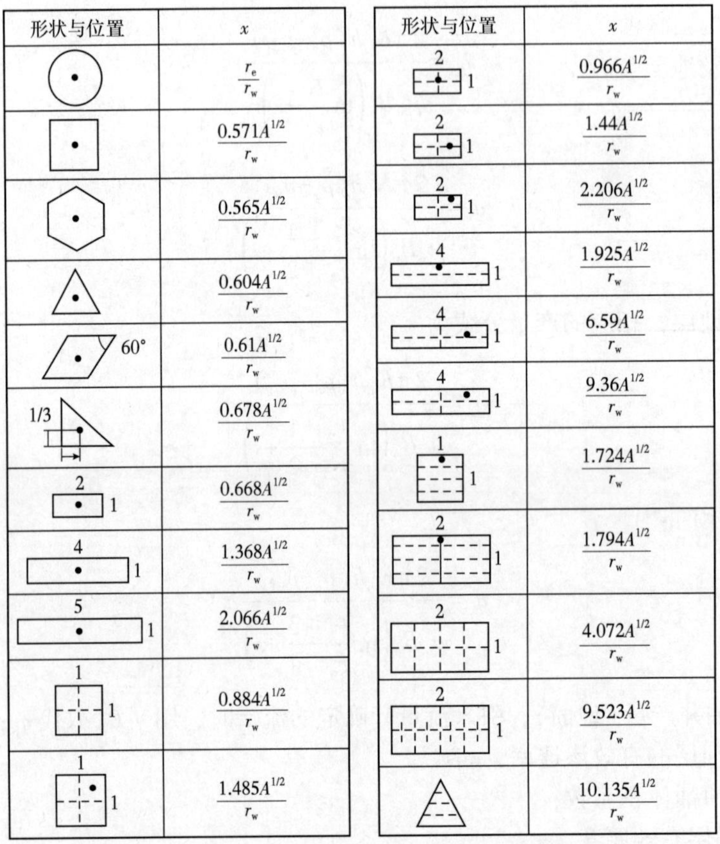

形状与位置	x	形状与位置	x
	$\frac{r_e}{r_w}$	2 1	$\frac{0.966A^{1/2}}{r_w}$
	$\frac{0.571A^{1/2}}{r_w}$	2 1	$\frac{1.44A^{1/2}}{r_w}$
	$\frac{0.565A^{1/2}}{r_w}$	2 1	$\frac{2.206A^{1/2}}{r_w}$
	$\frac{0.604A^{1/2}}{r_w}$	4 1	$\frac{1.925A^{1/2}}{r_w}$
60°	$\frac{0.61A^{1/2}}{r_w}$	4 1	$\frac{6.59A^{1/2}}{r_w}$
1/3	$\frac{0.678A^{1/2}}{r_w}$	4 1	$\frac{9.36A^{1/2}}{r_w}$
2 1	$\frac{0.668A^{1/2}}{r_w}$	1 1	$\frac{1.724A^{1/2}}{r_w}$
4 1	$\frac{1.368A^{1/2}}{r_w}$	2 1	$\frac{1.794A^{1/2}}{r_w}$
5 1	$\frac{2.066A^{1/2}}{r_w}$	2 1	$\frac{4.072A^{1/2}}{r_w}$
1 1	$\frac{0.884A^{1/2}}{r_w}$	2 1	$\frac{9.523A^{1/2}}{r_w}$
1 1	$\frac{1.485A^{1/2}}{r_w}$		$\frac{10.135A^{1/2}}{r_w}$

图1-16 泄油面积形状与油井位置系数

式(1-1)表示的是油井产量与井底流压的关系，反映了油藏某一油层向该井的供油能力，在直角坐标系中是一直线，简称IPR曲线，如图1-17所示，q_{omax} 是流压为0时的产量，叫绝对敞喷产量，主要用于对比同一油田中不同井的动态；J 为采油指数。用采油指数表示上述公式的形式为

$$q_o = J(\bar{p}_r - p_{wf}) \tag{1-5}$$

$$J = \frac{2\pi K_o ha}{\mu_o B_o\left(\ln x - \frac{3}{4} + s\right)}$$

或

$$J = \frac{2\pi K_o ha}{\mu_o B_o\left(\ln x - \frac{1}{2} + s\right)} \tag{1-6}$$

J 是一个反映油层性质、流体参数、完井条件及泄油面积与产量之间关系的综合指标，数值等于单位压差下的油井产量，可以用 J 的数值大小评价分析油井的生产能力。一般用稳定试井确定 J，方法是测得 3~5 个稳定工作制度下的产量及流压绘制该井的 IPR 曲线。单相液体流动时 IPR 曲线为直线，其斜率的负倒数便是采油指数。有了采油指数，可以预测不同流压下的产量，同时可根据式（1-5）、式（1-6）确定地层压力和地层参数（$K_o h$）。对于分层开采的层状油藏，可以利用生产测井流量资料确定分层产量和流压，从而导出各层的采油指数及地层参数。这是对稳定试井技术的发展。

例 1-1　x 井位于 $A = 38971\text{m}^2$ 的等边三角形泄油面积的中心；井眼半径 $r_w = 0.1\text{m}$；由高压物性参数分析得到 $B_o = 1.2$，$\mu_o = 3\text{mPa·s}$；由恢复试井资料求得 $s = 3$。根据表 1-5 的测试资料绘制 IPR 曲线，并求 J、油层压力和地层参数。

表 1-5　x 井实测数据

流压，10^2kPa	111.5	102.6	97.4	91.5
产量，m^3/d	17.4	34.1	45.6	56.8

解：

（1）绘制 IPR 曲线，求 J（图 1-18）：

$$J = \frac{q_2 - q_1}{p_{wf2} - p_{wf1}} = \frac{60-20}{(110-90)\times 10^2} = 0.02$$

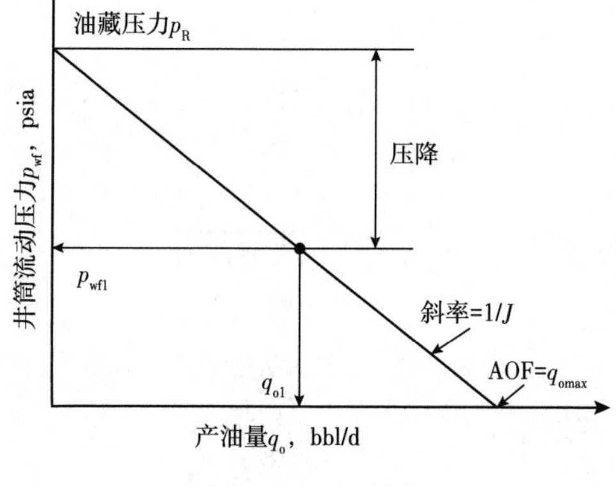

图 1-17　IPR 曲线

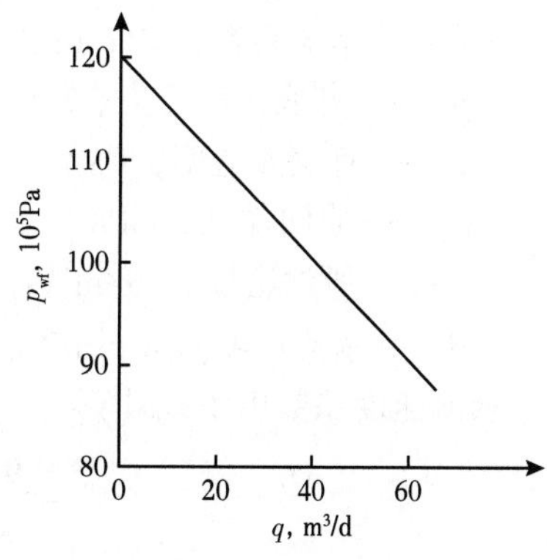

图 1-18　x 井的 IPR 曲线

查图 1-16 知 $x=\frac{0.604\sqrt{A}}{r_w}$，则：

$$x=\frac{0.604\times\sqrt{38971}}{0.1}=1192.36$$

（2）求 K_oh：

$$K_oh=\frac{J\mu_oB_o\left(\ln x-\frac{3}{4}+s\right)}{2\pi a}$$

$$=\frac{2\times10^{-2}\times3\times1.2\times(\ln1192.36-0.75+3)}{2\pi\times0.0846}$$

$$=1.238\text{D}\cdot\text{m}$$

（3）外推直线至 $q=0$ 处，得地层压力为 12MPa。由于改变工作制度后会产生一些误差，(q，p_{wf}) 数据点不可能严格地在一直线上，可采用最小二乘法确定 IPR 曲线的斜率。对于单相流动，由于 IPR 曲线是直线，按上述几种定义求出的采油指数是相同的。多相流动的 IPR 曲线，斜率为变量，按上述几种方法求得的采油指数不同。对于具有非直线型 IPR 曲线的油井，在使用采油指数时，应说明相应的流动压力，而且不能简单地用某一流压下的采油指数来直接推算不同流压下的产量。

当油井产量很高时，井底附近将出现非达西渗流，渗流速度和压力梯度不呈线性关系，达西定律被破坏，称非线性渗流。此时油井产量和生产压差之间的关系可用下列由实验得出的半经验关系表示：

$$\bar{p}_r-p_{wf}=Cq+Dq^2 \tag{1-7}$$

$$C=\frac{\mu_oB_o\left(\ln x-\frac{3}{4}+s\right)}{2\pi Kha}$$

$$D=1.3396\times10^{-18}\frac{\beta B_o^2\rho_o}{4\pi^2h^2r_w}$$

式中 q——油井地面产量，m^3/d；

D——紊流系数，kPa $(m^3/d)^2$；

p_{wf}——井底流动压力，kPa；

K——有效渗透率，D；

μ_o——原油黏度，mPa·s；

ρ_o——原油密度，kg/m^3；

β——紊流速度系数，m^{-1}。

紊流速度系数由下式计算：

$$\beta=\begin{cases}\dfrac{1.906\times10^7}{K^{1.201}} & \text{胶结地层}\\[2ex]\dfrac{1.08\times10^6}{K^{0.55}} & \text{非胶结砾石充填层}\end{cases}$$

在单相流动条件下出现非达西渗流时，可以利用生产测井流量资料确定的产量和压力数据求式(1-7)中的 C 和 D。把式(1-7)写为

$$\frac{\bar{p}_r-p_{wf}}{q}=C+Dq \tag{1-8}$$

由此可知 $(\bar{p}_r-p_{wf})/q$ 与 q 呈线性关系，斜率为 D，截距为 C。

对于油水两相渗流地层，每一相流体边缘压力不变时的产量表示为

水：
$$q_w=\frac{2\pi K_w h(\bar{p}_r-p_{wf})}{\mu_w B_w\left(\ln\frac{r_e}{r_w}-\frac{1}{2}+s\right)}a \tag{1-9}$$

油：
$$q_o=\frac{2\pi K_o h(\bar{p}_r-p_{wf})}{\mu_o B_o\left(\ln\frac{r_e}{r_w}-\frac{1}{2}+s\right)}a \tag{1-10}$$

总的产油指数表示为

$$J=\frac{2\pi ha}{\ln\frac{r_e}{r_w}-\frac{1}{2}+s}\left(\frac{K_o}{\mu_o B_o}+\frac{K_w}{\mu_w B_w}\right) \tag{1-11}$$

式中　B_w——水的体积系数；

K_w——水的有效渗透率，D。

二、油气两相向井流动

油田开发过程中，压力不断下降，当井底压力低于饱和压力时，井底附近原来溶解在油中的天然气逐渐分离出来，出现油气两相渗流区，此时油藏流体的物理性质和相渗透率明显随压力改变而改变。因此溶解气驱油藏的油层产量与流动压力的关系是非线性的。

1. 流量与压力的一般关系

根据达西定律，对于平面径向流，油井的产量公式为

$$q_o=\frac{2\pi K_o h}{\mu_o B_o}\frac{\mathrm{d}p}{\mathrm{d}r}$$

把 $K_{ro}=K_o/K$（相对渗透率）代入上式并积分得：

$$\frac{q_o}{2\pi Kh}\int_{r_w}^{r_e}\frac{\mathrm{d}r}{r}=\int_{p_{wf}}^{p_e}\frac{K_{ro}}{\mu_o B_o}\mathrm{d}p$$

$$q_o=\frac{2\pi Kh}{\ln\frac{r_e}{r_w}}\int_{p_{wf}}^{p_e}\frac{K_{ro}}{\mu_o B_o}\mathrm{d}p \tag{1-12}$$

式中，μ_o、B_o 及 K_{ro} 都是压力的函数，只要找到它们与压力的关系，就可求得积分，从而找到产量和流压的关系。μ_o、B_o 不难由高压物性资料或经验相关式得到，而 K_{ro} 与压力的关系则必须利用生产气油比、相对渗透率曲线确定。

对油和气分别利用达西定律可得到两相渗流时任一时间的当前生产气油比：

$$R_p=\frac{K_g}{K_o}\frac{\mu_o}{\mu_g}\frac{B_o}{B_g}+R_s \tag{1-13}$$

式中　K_g——气的有效渗透率，D；

μ_g——气的黏度；

B_g——气的体积系数；

R_s——溶解气油比。

由已知的压力、温度和流体性质，就可确定出式(1-13)中的 R_s、μ_o、μ_g、B_o、B_g。给出(地面计量或利用生产测井解释结果)R_p 后，就可求得不同压力下的 K_g/K_o。然后利用相对渗透率与液体饱和度 S 的关系曲线(图 1-19) 作出 K_g/K_o 与液体饱和度的关系曲线(图 1-20)。从而就可以求得相应压力下的含油饱和度，并绘出给定生产气油比下的压力与液体饱和度的关系曲线(图 1-21)，利用图 1-21 和图 1-19 就可求得不同压力下的相对渗透率 K_{ro}，这样就可以绘出 $K_{ro}/(\mu_o B_o)$ 与压力的关系曲线(图 1-22)。利用图 1-22 可求得式(1-12)中的积分。取不同的积分下限就可得到不同流压下的产量，并绘出 IPR 曲线。溶解气驱油藏关井后所能测得的是泄油面积内的平均压力 $\bar{p}_r$，而不是泄油面积边缘压力 p_e。用 $\bar{p}_r$ 代替 p_e 后，式(1-12)表示为

$$q_o=\frac{2\pi Kh}{\ln\frac{r_e}{r_w}-\frac{3}{4}}a\int_{p_{wf}}^{\bar{p}_r}\frac{K_{ro}}{\mu_o B_o}\mathrm{d}p \tag{1-14}$$

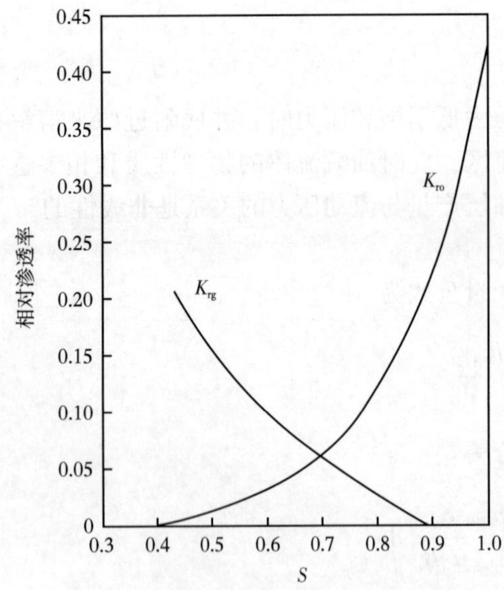

图 1-19　相对渗透率与液体饱和度关系曲线

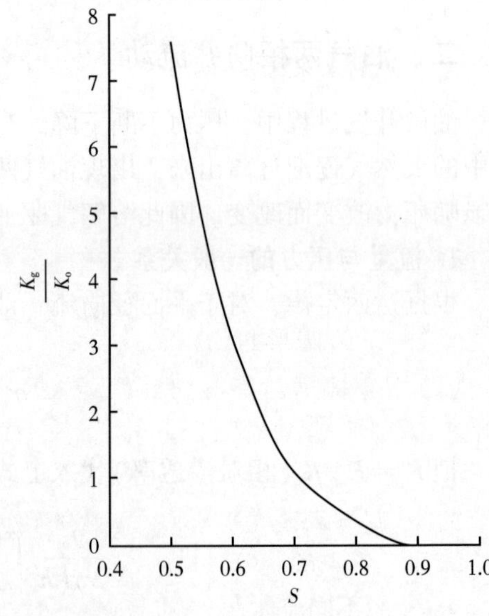

图 1-20　K_g/K_o 与液体饱和度的关系曲线

相应的采油指数：

$$J=\frac{q_o}{\bar{p}_r-p_{wf}}=\frac{2\pi Kha\int_{p_{wf}}^{\bar{p}_r}\frac{K_{ro}}{\mu_o B_o}\mathrm{d}p}{(\bar{p}_r-p_{wf})\left(\ln\frac{r_e}{r_w}-\frac{3}{4}\right)} \tag{1-15}$$

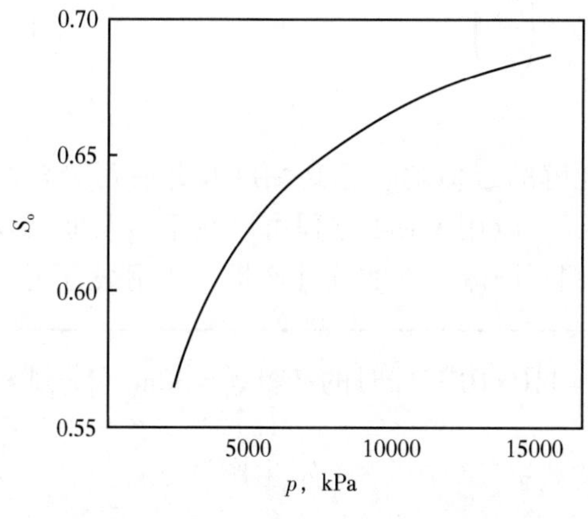

图 1-21　含油饱和度与压力关系曲线

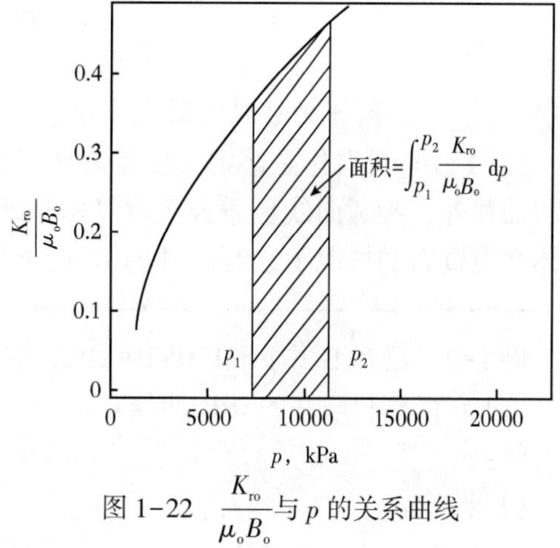

图 1-22　$\frac{K_{ro}}{\mu_o B_o}$与 p 的关系曲线

由式（1-15）知：

(1)生产压差增大时，由于积分面积不能成倍增加，J 与生产压差呈非线性关系。同一油藏压力下，采油指数将随生产压差的增大而减小。

(2)在相同生产压差下，油藏压力高时的曲线面积大于油藏压力低时的曲线面积。因而，溶解气驱油藏，其采油指数将随油藏压力的降低而减小。

(3)采油指数与生产气油比 R 有关。因为不同的 R 有不同的 S_o—p 和 $K_{ro}/(\mu_o B_o)$—p 曲线。

为了预测未来采油指数的变化，必须知道未来的油藏压力及饱和度。显然利用上述方法绘制当前和预测未来的 IPR 曲线十分烦琐。因而在油井动态分析和预测中都采用简便的近似方法来绘制 IPR 曲线。

2. 无量纲 IPR 曲线和 Vogel 方程

1968 年 1 月，Vogel 发表了适用于溶解气驱油藏的无量纲 IPR 曲线及描述该曲线的方程。它们是根据计算机对若干典型的溶解气驱油藏的流入动态曲线的计算结果提出的。计算时假设：(1)圆形封闭油藏，油井位于中心；(2)均质地层，含水饱和度恒定；(3)忽略重力影响；(4)忽略岩石和水的压缩性；(5)油、气组成及平衡不变；(6)油气两相的压力相同；(7)拟稳态下流动，在给定的某一瞬间，各点的脱气原油流量相同。

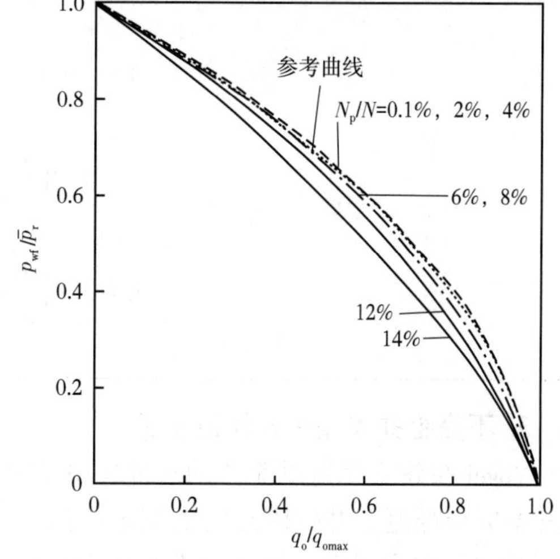

图 1-23　参考曲线与计算的 IPR 曲线的比较

Vogel 对不同流体性质、气油比、相对渗透率、井距及压裂过的井和井底有污染的井等各种情况下的 21 个溶解气驱油藏进行了计算。结果表明 IPR 曲线都有类似的形状，只在高黏度油藏及油井污染严重时差别较大。排除这些情况之后，绘制出了如图 1-23 所示的参考曲线(称 Vogel 曲线)，其中 N_p/N 为采出程度。用方程表示为

$$\frac{q_{o}}{q_{omax}}=1-0.2\frac{p_{wf}}{\bar{p}_{r}}-0.8\left(\frac{p_{wf}}{\bar{p}_{r}}\right)^{2} \tag{1-16}$$

式中 q_{omax}——流压为0时的最大产量。

式(1-16)可看作是溶解气驱油藏渗流方程通解的近似解。除高黏度及井底污染较严重的油井外，参考曲线更适合溶解气驱早期的情况。应用 Vogel 方程可以在不涉及油藏及流体性质资料的情况下绘制油井的 IPR 曲线和预测不同流压下的油井产量，使用很方便。

例1-2 已知B井 $\bar{p}_{r}=130\times10^{2}$kPa，流压 $p_{wf}=110\times10^{2}$kPa 时的产量 $q_{o}=30\mathrm{m^{3}/d}$。试利用 Vogel 方程绘制该井的 IPR 曲线。

解：

(1)计算 q_{omax}：

$$\begin{aligned}q_{omax}&=\frac{q_{o}}{1-0.2\frac{p_{wf}}{\bar{p}_{r}}-0.8\left(\frac{p_{wf}}{\bar{p}_{r}}\right)^{2}}\\&=\frac{30}{1-0.2\times\frac{11000}{13000}-0.8\times\left(\frac{11000}{13000}\right)^{2}}\\&=116.3\mathrm{m^{3}/d}\end{aligned}$$

(2)预测方程为

$$q_{o}=\left[1-0.2\times\frac{p_{wf}}{\bar{p}_{r}}-0.8\times\left(\frac{p_{wf}}{\bar{p}_{r}}\right)^{2}\right]q_{omax}$$

如果不知道油藏压力，只要测得两种工作制度下的产量 q_{1}、q_{2} 及其相应的流压 p_{wf1}、p_{wf2}，可用下式计算油藏平均压力后，再计算 IPR 曲线：

$$\bar{p}_{r}=\frac{B\pm\sqrt{B^{2}+4AC}}{2A} \tag{1-17}$$

其中：

$$A=\frac{q_{1}}{q_{2}}-1$$

$$B=0.2\left(\frac{q_{1}}{q_{2}}p_{wf2}-p_{wf1}\right)$$

$$C=0.8\left(\frac{q_{1}}{q_{2}}p_{wf2}^{2}-p_{wf1}^{2}\right)$$

---

3. 不完善井 Vogel 方程的修正

Vogel 在建立无量纲流入动态曲线和方程时，认为油井是理想的完善井。即油层部分的井壁完全裸露、井壁附近的油层未受污染而保持其原始状况。实际油井并非理想的完善井。就完井方式而言：射孔完成的井为打开性质上的不完善井；为防止底水锥进而未全部钻穿油层的井为打开程度上的不完善井。另外在钻井或修井过程中油层受到污染或进行过酸化、压裂等措施的油井，其井壁附近的油层渗透率会有不同程度的改变，因而使油井（层）不完善。这些因素会增加或降低井底附近的压力降（图 1-24），从而改变了油井向井的流动特性。油井的完善程度可用流动效率 F_E 表示：

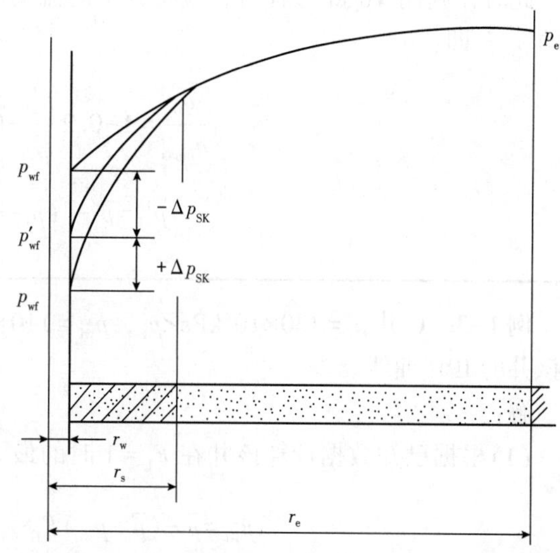

图 1-24　完善和非完善井周围的压力分布示意图

$$F_E=\frac{理想压降}{实际压降}=\frac{\bar{p}_r-p'_{wf}}{\bar{p}-p_{wf}}=\frac{\bar{p}_r-p_{wf}-\Delta p_{SK}}{\bar{p}_r-p_{wf}} \tag{1-18a}$$

$$\Delta p_{SK}=p'_{wf}-p_{wf} \tag{1-18b}$$

式中 $\bar{p}_r$——平均油藏压力，kPa；

p'_{wf}——完善井的流压，kPa；

p_{wf}——同一产量下实际非完善井的流压，kPa；

Δp_{SK}——非完善井表皮附加压力降，kPa。

假定油层未受伤害的渗透率为 K_o，受伤害区的渗透率为 K_s，伤害半径为 r_s。根据稳定流公式，可导出计算 Δp_{SK}的公式：

完善井

$$q_o=\frac{2\pi K_o h(p_e-p'_{wf})}{B_o\mu_o\ln\dfrac{v_e}{r_w}} \tag{1-19}$$

非完善井

$$q_o=\frac{2\pi h\ (p_e-p_{wf})}{B_o\mu_o\left(\dfrac{1}{K_o}\ln\dfrac{r_e}{r_s}+\dfrac{1}{K_s}\ln\dfrac{r_s}{r_w}\right)} \tag{1-20}$$

由式（1-18）至式（1-20）得：

$$\Delta p_{SK}=p'_{wf}-p_{wf}=\frac{q_o\mu_o B_o}{2\pi K_o h}\left(\frac{K_o}{K_s}-1\right)\ln\frac{r_s}{r_w}$$

令：

$$s=\left(\frac{K_o}{K_s}-1\right)\ln\frac{r_s}{r_w} \tag{1-21}$$

则：

$$\Delta p_{SK}=\frac{q_o\mu_o B_o}{2\pi K_o h}s \tag{1-22}$$

由于 r_s 及 K_r 难于确定，所以无法利用式（1-21）确定 s。通常利用压力恢复曲线确定 s。

完善井 $s=0$、$F_E=1$；增产措施后的超完善井 $s<0$、$F_E>1$；油层受伤害的井 $s>0$、$F_E<1$。

由压力恢复曲线得到 s 和 Δp_{SK}后，可由下式计算 p'_{wf}：

$$p'_{wf}=p_{wf}+\Delta p_{SK} \tag{1-23}$$

此时，利用 Vogel 方程时，应将其中的流动压力用理想的完善井的流压 p'_{wf} 代替原方程中的 p_{wf}，即：

$$\frac{q_o}{q_{omax}}=1-0.2\frac{p'_{wf}}{\bar{p}_r}-0.8\left(\frac{p'_{wf}}{\bar{p}_r}\right)^2 \tag{1-24}$$

$$p'_{wf}=\bar{p}_r-(\bar{p}_r-p_{wf})F_E \tag{1-25}$$

例 1-3　C 井 $\bar{p}_r=130\times10^2\text{kPa}<p_b$，$p_{wf}=110\times10^2\text{kPa}$ 时的 $q_o=30\text{m}^3/\text{d}$、$F_E=0.8$，试计算该井的 IPR 曲线。

解：

(1)根据已知数据计算该井在 $F_E=1$ 时的最大产量：

$$\begin{aligned}p'_{wf}&=\bar{p}_r-(\bar{p}_r-p_{wf})F_E\\&=[130-(130-110)\times0.8]\times10^2\\&=114\times10^2\text{kPa}\end{aligned}$$

$$\frac{p'_{wf}}{\bar{p}_r}=\frac{11400}{13000}=0.8769$$

$$\begin{aligned}q_{omax}&=\frac{q_o}{1-0.2\dfrac{p'_{wf}}{\bar{p}_r}-0.8\left(\dfrac{p'_{wf}}{\bar{p}_r}\right)^2}\\&=\frac{30}{1-0.2\times0.8769-0.8\times0.8769^2}\\&=143.253\text{m}^3/\text{d}\end{aligned}$$

(2)预测不同流压下该井的产量：

当 $F_E=1$ 时：

$$q_o=q_{omax}(F_E=1)\left[1-0.2\frac{p'_{wf}}{\bar{p}_r}-0.8\left(\frac{p'_{wf}}{\bar{p}_r}\right)^2\right]$$

$F_E=0.8$，$p_{wf}=90\times10^2\text{kPa}$ 所对应的：

$$p'_{wf}=[130-(130-90)\times0.8]\times10^2=98\times10^2\text{kPa}$$

$$\frac{p'_{wf}}{\bar{p}_r}=98\times10^2/130\times10^2=0.6923$$

$$\begin{aligned}q_o&=143.253\times(1-0.2\times0.6923-0.8\times0.6923^2)\\&=56.53\text{m}^3/\text{d}\end{aligned}$$

按上述步骤计算可得到不同流压下的产量。

式(1-24)适用于 $F_E<1.5$ 的低效流动井。对于高效流动井，Harrison 提供了 $F_E=1\sim2.5$ 的无量纲 IPR 曲线(图 1-25)。可用于计算高流效低压井的 IPR 曲线。

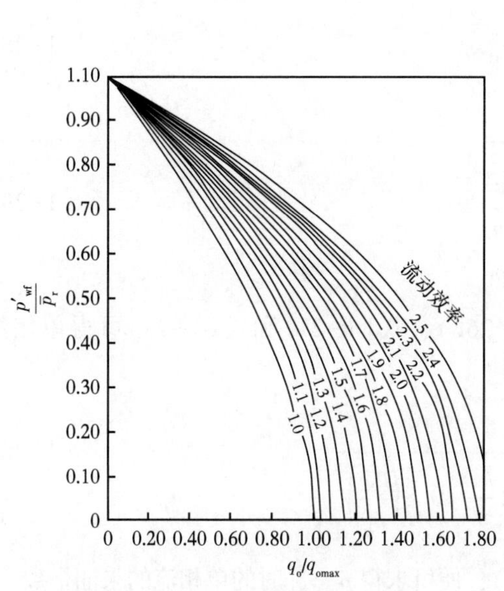

图 1-25　Harrison 无量纲 IPR 曲线

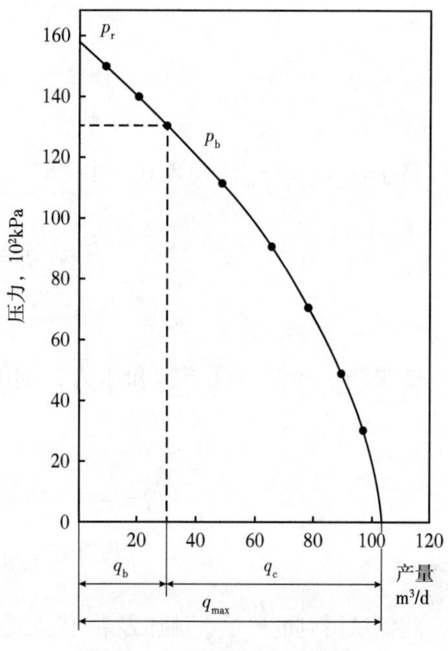

图 1-26　组合型 IPR 曲线

三、单相、两相同时存在时向井流动

许多油井从压力高于泡点压力的油藏生产，但在某一径向位置压力低于泡点压力。因此同时出现单相和两相流动。

$\bar{p}_r>p_b$ 时典型的 IPR 曲线如图 1-26 所示。在 $p_{wf}>p_b$ 时，由于油藏中为单相液体流动，J 为常数，IPR 曲线为直线：

$$q_o=J\ (\bar{p}_r-p_{wf}) \tag{1-26a}$$

流压等于饱和压力时的产量 q_b 为

$$q_b=J\ (\bar{p}_r-p_b) \tag{1-26b}$$

当 $p_{wf}<p_b$后，油藏中出现两相流动，IPR 曲线由直线变成曲线（图 1-26），如果用 p_b 及 q_c 代替 Vogel 方程中的 $\bar{p}_r$ 及 q_{omax}。则可用 Vogel 方程描述 $p_{wf}<p_b$时的流入动态。由此可得：

$$q_o=q_b+q_c\left[1-0.2\frac{p_{wf}}{p_b}-0.8\left(\frac{p_{wf}}{p_b}\right)^2\right] \tag{1-27}$$

分别对式(1-26)、式(1-27)求导可得：

$$\frac{dq_o}{dp_{wf}}=-J$$

$$\frac{dq_o}{dp_{wf}}=-0.2\frac{q_c}{p_b}-1.6q_c\frac{p_{wf}}{p_b^2}$$

在 $p_{wf}=p_b$ 点，上述两个导数相等，即：

$$-J=-0.2\frac{q_c}{p_b}-1.6q_c\frac{1}{p_b}$$

$$q_c=\frac{Jp_b}{1.8} \tag{1-28}$$

将 $J=q_b/(\bar{p}_r-p_b)$ 代入式（1-28）得：

$$q_c=\frac{q_b}{1.8\left(\frac{\bar{p}_r}{p_b}-1\right)} \tag{1-29}$$

如果测试时流压低于饱和压力，则由式（1-26b）、式（1-27）和式（1-28）可得单相油的 J：

$$J=\frac{q_o}{\bar{p}_r-p_b+\frac{p_b}{1.8}\left[1-0.2\frac{p_{wf}}{p_b}-0.8\left(\frac{p_{wf}}{p_b}\right)^2\right]} \tag{1-30}$$

将测试得到的产量、流压及 $\bar{p}_r$ 代入式（1-26b），便可求得 $p_{wf}>p_b$ 时的单相流的采油指数。

例 1-4　已知 $\bar{p}_r=160\times10^2$kPa，$p_b=130\times10^2$kPa，$p_{wf}=80\times10^2$kPa 时的 $q_o=71.45\text{m}^3/\text{d}$。试计算 p_{wf} 为 140×10^2kPa 和 70×10^2kPa 的产量。

解：

（1）计算 J 及 q_b：

$$J=\frac{q_o}{\bar{p}_r-p_b+\frac{p_b}{1.8}\left[1-0.2\frac{p_{wf}}{p_b}-0.8\left(\frac{p_{wf}}{p_b}\right)^2\right]}$$

$$=\frac{71.45}{\left\{160-130+\frac{130}{1.8}\left[1-0.2\times\frac{80}{130}-0.8\times\left(\frac{80}{130}\right)^2\right]\right\}\times10^2}$$

$$=1\times10^{-2}\text{m}^3/（\text{d}\cdot\text{kPa}）$$

$$q_b=J（\bar{p}_r-p_b）=0.01\times（160-130）\times10^2=30\text{m}^3/\text{d}$$

（2）计算 q_c 及 q_{max}：

$$q_c=\frac{Jp_b}{1.8}=\frac{10^{-2}\times130\times10^2}{1.8}=72.22\text{m}^3/\text{d}$$

$$q_{max}=q_c+q_b=72.22+30=102.22\text{m}^3/\text{d}$$

（3）计算 $p_{wf}=140\times10^2$kPa 及 70×10^2kPa 时的产量：

$p_{wf}=140\times10^2\text{kPa}>p_b$，所以用式（1-26）计算产量：

$$q_o=J（\bar{p}_r-p_{wf}）=0.01\times（160-140）\times10^2=20\text{m}^3/\text{d}$$

$p_{wf}=7000\text{kPa}<p_b$，所以采用式（1-27）确定产量：

$$
\begin{aligned}
q_o &= q_b+q_c\left[1-0.2\frac{p_{wf}}{p_b}-0.8\left(\frac{p_{wf}}{p_b}\right)^2\right]\\
&=30+72.22\times\left[1-0.2\times\frac{7000}{13000}-0.8\times\left(\frac{7000}{13000}\right)^2\right]\\
&=77.69\text{m}^3/\text{d}
\end{aligned}
$$

四、单相气井向井流动

气体和液体同属流体。但是，由于气体和液体相态不同，与液体相比气体具有更大的压缩性，因而气体的向井流动与流体不同。气体的向井流动有两种表示方式：一种是指数式，另一种是二项式。指数式由指数式渗流定律得到：

$$q=c\left(p_r^2-p_{wf}^2\right)^n \tag{1-31}$$

式中 p_r——气藏压力，MPa；

q——气产量，$10^4\text{m}^3/\text{d}$ 或 m^3/d；

n——产能方程指数，也叫渗流系数，是表征流动特性的常数，层流时 $n=1$，紊流时 $n=0.5$，处于二者之间时，$0.5<n<1$；

c——产能系数，是与气体性质（黏度、密度）、地层性质（渗透率、孔隙度）有关的参数。

将式（1-31）两端取对数：

$$\lg q=\lg c+n\lg\left(p_r^2-p_{wf}^2\right)$$

在双对数坐标中，q 与 $p_r^2-p_{wf}^2$ 呈线性关系。若以 $\lg q$ 为横轴，$\lg\left(p_r^2-p_{wf}^2\right)$ 为纵轴。则斜率为 n 的倒数。在直线上取一点，读出相应的 $\left(p_r^2-p_{wf}^2\right)$ 和 q，代入式（1-31）可得：

$$c=\frac{q}{\left(p_r^2-p_{wf}^2\right)^n}$$

n 和 c 确定后可以确定最大气产量和预测不同流压的产量。

二项式由二项式渗流定律得到，表示为

$$p_r^2-p_{wf}^2=Aq+Bq^2 \tag{1-32}$$

$$A=\frac{\mu Zp_sT\ln\left(\frac{r_e}{r_w}-\frac{3}{4}+s\right)}{\pi KhT_s} \tag{1-33}$$

$$B=\frac{\alpha\rho_sZp_sT}{2\pi^2h^2T_s}\left(\frac{1}{r_w}-\frac{1}{r_e}\right) \tag{1-34}$$

式中 Z——天然气偏差因子，无量纲；

T_s——标准状态下的温度，K；

p_s——标准状态下的压力，MPa；

T——温度，K；

ρ_s——标准状况下天然气的密度，g/cm³。

对式(1-32)整理得：

$$\frac{p_r^2-p_{wf}^2}{q}=A+Bq \tag{1-35}$$

在直角坐标系上，式(1-35)为一直线，截距为 A，斜率为 B。在直线上取两点：

$$B=\frac{\frac{\Delta p^2}{q_2}-\frac{\Delta p^2}{q_1}}{q_2-q_1} \tag{1-36}$$

求出 B 后，由下式求取 A：

$$A=\frac{\Delta p^2}{q_1}-Bq_1 \tag{1-37}$$

A、B 求出后，最大气流量为 q_{gmax}。则：

$$q_{gmax}=\frac{\sqrt{A^2+4B\ (p_r^2-p_{wf}^2)}-A}{2B} \tag{1-38}$$

再利用式（1-33）可以确定出气藏的渗透率（代入 T_s、p_s）：

$$K=\frac{1.288\times10^{-2}\mu ZT\left(\ln\frac{r_e}{r_w}-\frac{3}{4}+s\right)}{Ah} \tag{1-39}$$

五、多层油藏向井流动

前面所描述的主要是针对单层油藏或层间特性差异不大的油藏。下面介绍层间差异较大而又合采时的向井流动特性，目前油田生产井多为这一类型的井。如果把多层油藏简化为图1-27a所示的情况，并假定层间没有窜流，则油井总的IPR曲线如图1-27b所示，流压低于14MPa后，只有Ⅲ小层工作；当流压降低到12MPa和10MPa后，Ⅰ、Ⅱ小层陆续

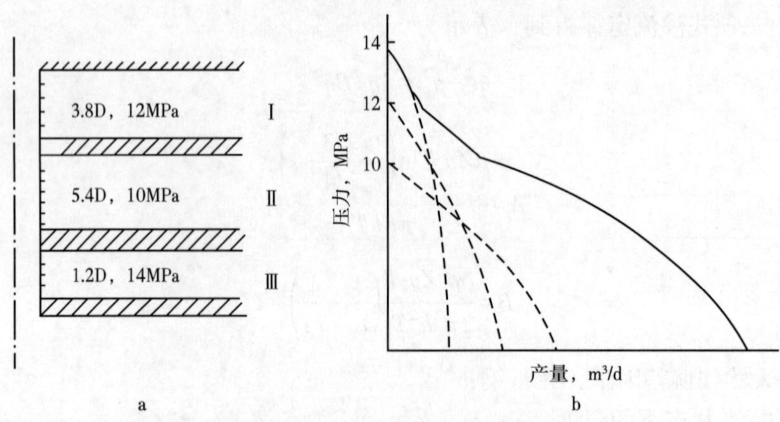

图1-27 多层油藏流入动态

出油。总的 IPR 曲线是分层 IPR 曲线的叠加。其特点是：随着流压降低，由于参加工作的小层数增多，产量增加，采油指数随之增大。

对于多层油藏，合采时会出现单独水淹，而中、低渗透层仍然产油的情况。其油井的流入动态及其含水的变化将与油层、水层的压力和产油及产水指数有关。表 1-6 为分层测试数据。图 1-28 是由数据绘制的 IPR 曲线及含水变化曲线。三条曲线分别代表总产液、产水和产油 IPR 曲线。产油线、产水线与纵轴的交点可求得该井油层、水层的静压分别为 142.5×10^2kPa 和 180×10^2kPa。由产液动态(总的 IPR 曲线)与纵轴的交点可求得该关井时的静压为 153×10^2kPa。图中的 AB 线为在井底流压高于油层压力时水层向油层的转渗动态。其相应的产液指数 J_L、产水指数 J_w 及采油指数 J_o 分别为

$$J_L=\frac{64}{(153-100)\ \times10^2}=1.21\times10^{-2}\text{m}^3/(\text{d}\cdot\text{kPa})$$

$$J_w=\frac{26}{(180-100)\ \times10^2}=0.325\times10^{-2}\text{m}^3/(\text{d}\cdot\text{kPa})$$

$$J_o=\frac{38}{(142.5-100)\ \times10^2}=0.894\times10^{-2}\text{m}^3/(\text{d}\cdot\text{kPa})$$

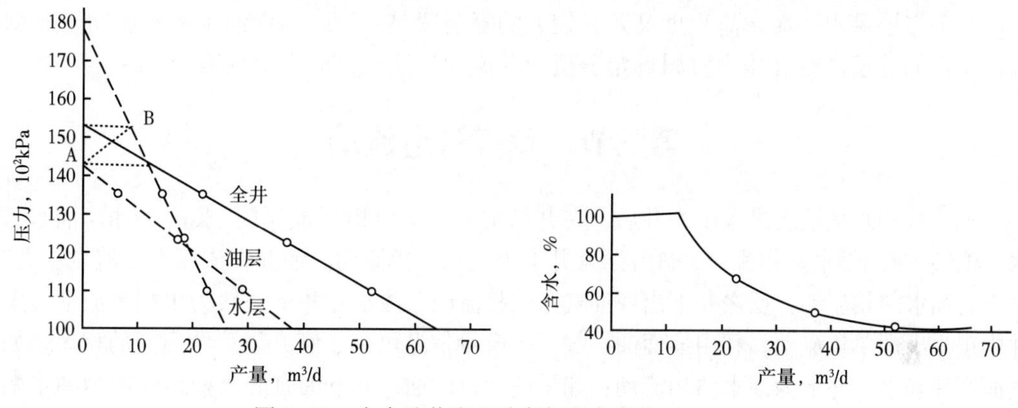

图 1-28　含水油井流入动态与含水变化（$p_{sw}>p_{so}$）

表 1-6　某含水井测试数据

产液量 Q_L m³/d	含水 %	流压 p_{wf} 10^2kPa	产油量 q_o m³/d	产水量 q_w m³/d
22	68.2	135	7	15
37	51.4	123	18	19
52.6	43.8	110	29.5	23

井底流压降低到油层静压 142.5×10^2kPa 之前，油层不出油，水层产出的一部分水转渗入油层，油井含水为 100%。当流压低于油层静压后，油层开始出油，油井含水随之而降低。只要水层压力高于油层压力，油井含水必然随流压的降低而降低。与采油指数是否高于产水指数无关，后者只影响其降低的幅度。这种情况下，放大压差提高产液量不仅可增加产油量，而且可降低含水。

当油层压力高于水层压力时，则出现完全相反的情况。油井含水将随流压的降低而上升，上升的幅度除油、水层间的压力差外，还与产水和采油指数的相对大小有关。对于这种情况，放大压差生产虽然也可以提高产油量，但会导致含水上升(图 1-29)。

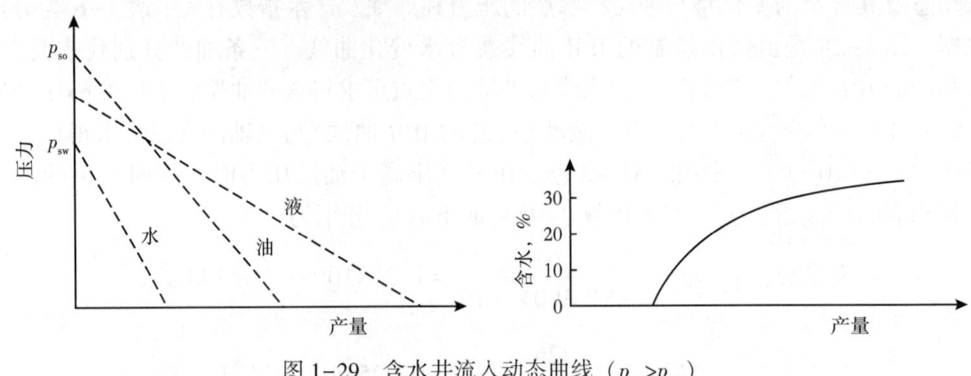

图 1-29 含水井流入动态曲线（$p_{so}>p_{sw}$）

当油层与水层压力相等或油水同层时，含水将不随产量而改变。

根据上面介绍的方法，对于简单情况下的多层含水油藏，可以通过合层测试所得的 IPR 曲线来分析油、水层的情况及含水变化规律。

对于多层见水，而水淹程度又差异较大的复杂情况。可以利用油水两相流动生产测井解释所得的分层产量和压力资料确定分层向井流动特性。具体实例见第十一章。

第三节 垂直管道流动

油、气和水从地层进入生产井后，在井筒中形成了单相(油、气、水)、两相(油水、气水、油气)或油气水三相流动。气井通常井下为气水两相流动。油井在流压大于泡点压力时，井下为油水两相流动，反之井下出现油气水三相流动。注水井井下一般为单相水流动，生产井中很少出现单相流动。利用地面油、气、水产量信息可以了解井下可能出现的相态。如果地面产油和水，井下为油水两相流动；如果地面只产油，井下因有静水柱存在应为油水两相流动；如果地面只产气，井下可能为气水或气油两相流动；如果地面产水和气，井下只可能是气水两相流动。对于地面同时产油气水的井，应根据泡点压力和流动压力的关系确定是油水两相或三相流动。同一口井中，自下而上，压力依次降低，在某一位置，气从油中析出形成三相流动，因此，一口井中也可能同时出现单相、两相和三相流动。

一、单相流动

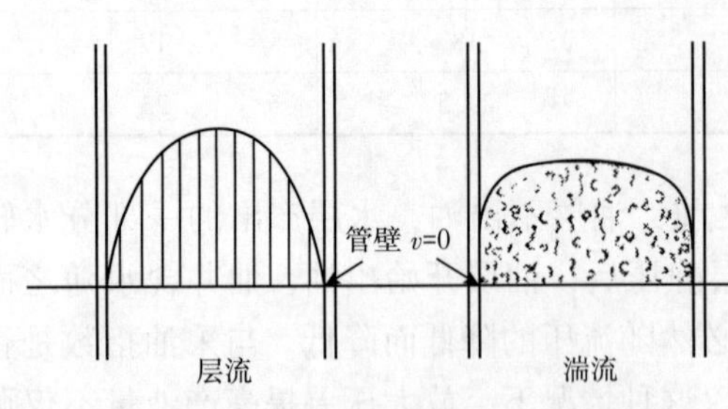

图 1-30 套管中层流和湍流的速度分布

单相流动由于流速不同，存在两种不同的流动状态：层流和紊流(湍流)。层流中，靠近管壁处流速为零，管子中心流速最大，流体分子互不干扰，呈层状向前流动。紊流中，靠近管壁处流速 v 仍为 0，其次有很薄的一层属于层流，沿轴向的速度剖面较平坦，流体分子相互干扰，杂乱无章地向前流动(图 1-30)。

1883 年，雷诺通过实验证实了上述现象，并发现决定是层流还是紊流的因素有四个，组合起来称为雷诺数：

$$Re=\frac{d\bar{v}\rho}{\mu}=\frac{d\bar{v}}{\gamma} \tag{1-40}$$

式中　d——套管内径，m；

$\bar{v}$——平均流速，m/s；

ρ——流体密度，kg/m³；

μ——流体黏度，mPa·s；

γ——运动黏度，m²/s；

Re——雷诺数，无量纲。

大量实验表明，Re 小于 2000 时为层流，大于 4000 时为紊流，介于二者之间时为过渡状流动。式（1-40）中的 $\bar{v}$ 由下式确定：

$$\bar{v}=\frac{4q}{\pi D^2} \tag{1-41}$$

式中　q——体积流量；

D——套管外径。

雷诺数之所以能用来判别流动状态，由量纲分析和相似原理已得到理论上的说明。雷诺数本身反映了惯性力与黏滞力的对比关系：

$$Re=\frac{\rho\bar{v}D}{\mu}=\frac{\rho\bar{v}^2}{\dfrac{\mu\bar{v}}{D}} \tag{1-42}$$

式中　$\rho\bar{v}^2$——惯性力；

$\mu\bar{v}/D$——黏性力。

雷诺数越小，表明黏性阻力占优势，呈层流流动；雷诺数越大，表明惯性力占优势，呈紊流运动。

1. 圆管中的层流运动

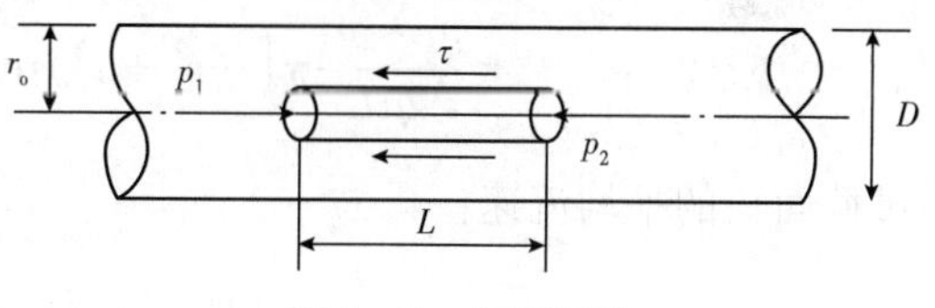

图 1-31　圆管层流

图 1-31 所示为一直径为 D 的圆管，在管中围绕管轴取半径为 r、长度为 L 的液柱。作用于液柱两端的压强为 p_1、p_2，作用于液柱侧面上的切应力为 τ。

由于为稳态层流，所以速度不随时间发生变化，所以作用在液柱的合力为 0，即：

$$(p_1-p_2)\pi r^2=2\pi rL\tau$$

则：

$$\tau=\frac{(p_1-p_2)r}{2L}$$

根据牛顿内摩擦定律：

$$\tau=-\mu\frac{\mathrm{d}v}{\mathrm{d}r}$$

上式中负号表明沿管径方向，速度梯度为负。由上述两式可得：

$$dv=-\frac{p_1-p_2}{2\mu L}r\mathrm{d}r$$

积分得：

$$v=-\frac{p_1-p_2}{4\mu L}r^2+c$$

式中　c——$r=0$ 时管轴处的最大速度。

考虑边界条件：$r=r_o$ 时，$v=0$，则 $c=\frac{p_1-p_2}{4\mu L}r_o^2$，因此

$$v=\frac{p_1-p_2}{4\mu L}\left(r_o^2-r^2\right) \tag{1-43}$$

式(1-43)说明，在层流断面上，速度按旋转抛物面分布。通过管轴的纵剖面的速度分布是一条抛物线。

以 $r=0$ 代入式（1-43）得管轴处的最大速度：

$$v_{\max}=\frac{p_1-p_2}{4\mu L}r_o^2 \tag{1-44}$$

取半径为 r、厚度为 $\mathrm{d}r$ 的圆环形微小面积，液体通过微小面积的微小流量：

$$\mathrm{d}Q=v\times2\pi r\mathrm{d}r$$

通过横截面积的总流量：

$$\begin{aligned}Q&=\int_0^{r_o}\mathrm{d}Q=\int_0^{r_o}v\times2\pi r\mathrm{d}r=\int_0^{r_o}\frac{p_1-p_2}{4\mu L}(r_o^2-r^2)2\pi r\mathrm{d}r\\&=\frac{p_1-p_2}{2\mu L}\pi\int_0^{r_o}(r_o^2-r^2)r\mathrm{d}r=\frac{p_1-p_2}{8\mu L}\pi r_o^4\end{aligned} \tag{1-45}$$

通过截面积的平均流速：

$$\bar{v}=\frac{Q}{A}=\frac{(p_1-p_2)\ \pi r_o^4}{8\pi r_o^2\mu L}=\frac{p_1-p_2}{8\mu L}r_o^2 \tag{1-46}$$

因此

$$\bar{v}=\frac{1}{2}v_{\max} \tag{1-47}$$

式(1-47)说明平均流速是管子中心最大流速的一半。即流量计居中测量时，平均流速为视流速的一半。

2. 圆管中的紊流运动

由于紊流中分子运动存在脉动，因而无法像层流那样推导出管内的速度分布。到目前为止，人们只是在实验的基础上提出一定的假设，对紊流运动的规律分析研究得到一些半经验半理论的结果。

尼古拉兹在理论分析和实验研究的基础上，提出以下紊流速度分布关系式：

$$\frac{v}{v_x}=2.5\ln\frac{yv_x\rho}{\mu}+5.5=5.75\lg\frac{yv_x\rho}{\mu}+5.5 \tag{1-48}$$

式中　y——从管壁起始的坐标；

v_x——切应力防线的流动速度，$v_x=\sqrt{\tau/\rho}$。

式(1-48)表明管内紊流的速度是按对数规律分布的，适用于整个管子，但在层流底层内不适用。

除了尼古拉兹的实验关系式之外，还根据实验结果整理出速度分布的指数公式：

$$\frac{v}{v_x}=8.7\sqrt[7]{\frac{yv_x\rho}{\mu}} \tag{1-49}$$

式（1-49）适用于 $Re<10^5$ 的紊流。速度与 $\sqrt[7]{\frac{yv_x\rho}{\mu}}$ 成比例。随着 Re 的增大，速度还将与其 8 次方根、9 次方根、10 次方根成比例。就生产测井而言，式(1-49)可以描述常见的流动范围。

层流情况下，管内平均速度是中心最大速度的一半。紊流情况下，管内平均流速要大得多。根据式(1-49)得：

$$\begin{aligned}\frac{\bar{v}}{v_x}&=\frac{1}{\pi r_o^2}\int_0^{r_o}8.7\sqrt[7]{\frac{yv_x\rho}{\mu}}\times 2\pi(r_o-y)\mathrm{d}y\\&\approx 0.82\times 8.7\sqrt[7]{\frac{r_o v_x\rho}{\mu}}\approx 0.82v_{max}\end{aligned} \tag{1-50}$$

大量实验证明紊流速度分布近似可用类似式(1-50)表示：

$$\frac{v}{v_{max}}=\sqrt[n]{\frac{y}{r}} \tag{1-50a}$$

$Re<10^5$ 时，$n=7$；$10^5<Re<4\times10^5$，$n=8$。对粗糙管 $n=10$。式(1-50)说明，紊流中平均流速是最大速度的 0.82 倍。对处于层流和紊流间的过渡流动，由于必须同时考虑层流和紊流切应力，用理论描述就更加困难，一般通过实验确定。图 1-32 是包含层流、紊流及过渡流的实验曲线，C_v 是平均流速与中心流速的比值。

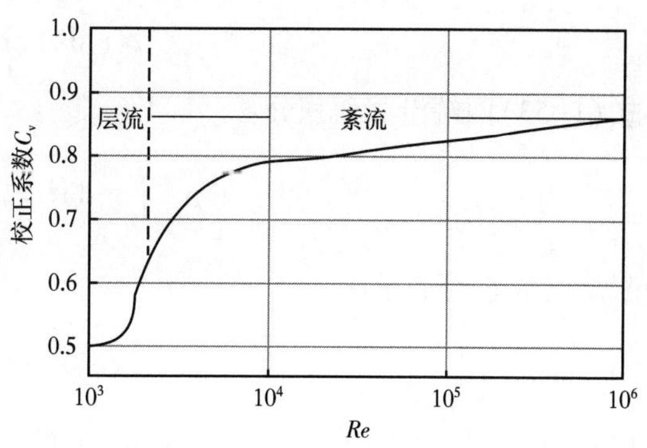

图 1-32　校正系数与雷诺数关系曲线

3. 入口效应

流体流过套管时，由于黏性影响，在套管表面形成一薄层，薄层内的黏性力很大，这一薄层叫附面层。从圆管入口或从射孔层内进入管道的流体，由于附面层的影响，需经过一段距离才能达到完全层流或紊流，这段距离用 L 表示，如图 1-33 所示。L 与流体性质、管径等参数相关。层流中用雷诺数表示为

$$\frac{L}{D}=0.028Re \tag{1-51}$$

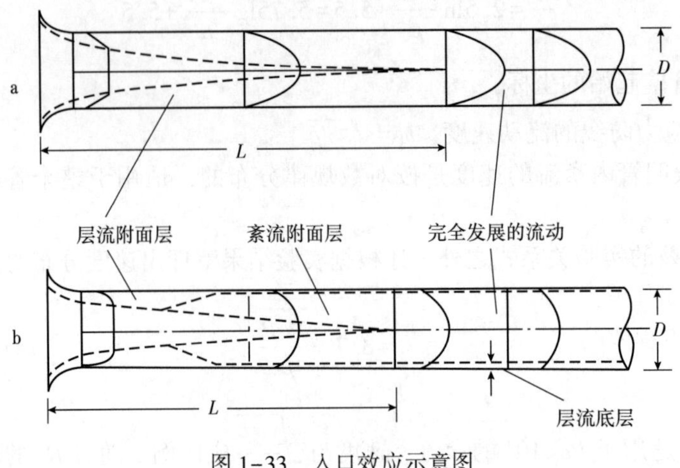

图 1-33 入口效应示意图

若为紊流流动，则

$$\frac{L}{D} \approx 25 \sim 40 \tag{1-52}$$

式(1-52)说明，进入套管的流体要经过 L 的距离才能形成稳定流动。换句话说，若两个射孔层间的距离小于 L，则测井曲线显示的是非稳定流动的情况。生产测井分析人员应注意这一现象，尤其是对气井。

4. 连续方程

在沿套管流动方向上取两个有效流动断面 dA_1、dA_2，相应的流速分别为 v_1、v_2，密度分别为 ρ_1、ρ_2。根据质量守恒定律，在稳定流动条件下有

$$\rho_1 v_1 dA_1 = \rho_2 v_2 dA_2 \tag{1-53}$$

将式(1-53)两端沿截面积分：

$$\rho_{1均} \int_{A_1} v_1 dA_1 = \rho_{2均} \int_{A_2} v_2 dA_2$$

由于总流量 Q 可表示为

$$Q = \bar{v}A = \int_A v dA$$

所以

$$\rho_{1均} \bar{v}_1 A_1 = \rho_{2均} \bar{v}_2 A_2 \tag{1-54}$$

式(1-54)为可压缩流体的连续性方程。对于不可压缩流体，ρ 为常数，则式(1-54)变为

$$\bar{v}_1 A_1 = \bar{v}_2 A_2 \tag{1-55}$$

式(1-55)说明，在稳定条件下，沿套管方向上若没有流体进入时，流体体积流量不变。各有效断面平均速度沿流程的变化规律是平均速度与有效断面成反比，即断面大流速小，断面小流速大。这是不可压缩流体运动的一个基本规律。在生产井内，沿解释层段的压力、温度变化不大时，油、气、水都可看作不可压缩流体。在抽油机井中，常采用集流式生产测井仪器，如图 1-34 所示。集流通道的内径约为 20mm，生产套管的内径为

125mm。根据式(1-55)有

$$\frac{v_2}{v_1}=\frac{\frac{1}{4}\pi\times125^2}{\frac{1}{4}\pi\times20^2}=\frac{125^2}{20^2}\approx39$$

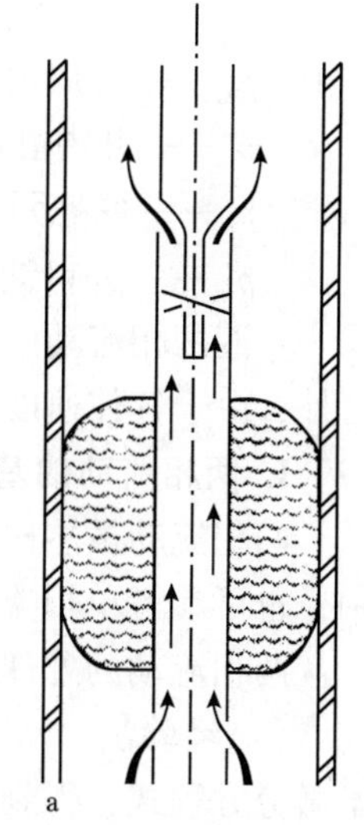

图 1-34　集流式流量计计量原理示意图

说明集流后，速度将是原来的 39 倍。

5. 圆管中的伯努利方程

描述流体质量守恒特性的方程是连续性方程。能量守恒在流体运动中是通过伯努利方程体现的，伯努利方程也叫机械能方程。具体形式：

$$Z_1+\frac{p_1}{\gamma}+\frac{a_1v_1^2}{2g}=Z_2+\frac{p_2}{\gamma}+\frac{a_2v_2^2}{2g}+h_{\mathrm{f}} \tag{1-56}$$

式中　Z_1、Z_2——分别是沿套管方向的两个深度点；

p_1、p_2——分别是两个深度点对应的压力；

v_1、v_2——分别是两个深度点对应的流体速度；

g——重力加速度；

γ——单位体积流体的重度(ρg)；

h_{f}——单位重量流体通过 1、2 两个截面间的平均能量损失；

a_1、a_2——动能修正系数，它是断面上实际动能对按平均流速算出的假想动能的比值，与断面上的速度分布情况有关，若各点速度相同，则 $a_1=a_2=1$。

式(1-56)是一个重要公式，具体可根据流体力学的运动微分方程导出。适用条件有 5 个：稳定流，不可压缩流体，绝对流动，缓变流断面、流量沿程不变。式中的 Z、p/γ、$av^2/(2g)$分别表示单位重量流体的势能(位能)、压能和动能，h_{f} 表示单位重量流体的能量损失。

伯努利方程在实际工程中应用很广。输油输出管路系统、液压传动系统、机械润滑系统等许多流动领域都涉及这一方程的应用。与生产测井有关的是从井底到井口的压力损失计算，压差式密度计摩阻校正，平衡式持水率计电缆速度校正等。

多数情况下，势能和压能比较大，动能项较小，a 一般取 1。进行研究时，若知道流态，则层流时 $a=1.05\sim1.1$，紊流时 $a=2$。

二、气液两相流动

两相流动包括气水、油气两种，由于二者变化规律类似通常称为气液两相流动。对于油、气、水三相流动，有的研究者忽略油水间的差异将其作为气液两相流动。

气举井及绝大多数自喷井中的流动都可归为气液两相流动。液流中增加了气相之后，其流动型态(流型或流态)与单相垂直管流有很大差别，流动过程中的能量供给和消耗要复杂得多。油在上升过程中，从油中不断分离出的溶解气参与膨胀和举升液体。一些溶解气驱油藏的自喷井流压很低，主要靠气体膨胀维持自喷，气举井则主要依靠从地面供给的高压气举升液体。

单相流动中，由于液体压缩性很小，各个断面的体积流量和流速相同。根据水力学概念，油管中的压力平衡表示为

$$p_{wf}=p_h+p_{fr}+p'_{wf}$$

式中 p_{wf}——井底流压；

p_h——井内静液柱压力；

p_{fr}——摩擦阻力；

p'_{wf}——井口油管压力。

气液两相流动中，除了流型发生很大变化外，其压力损失也更复杂。除重力和摩擦阻力外，由于气体速度增加，动能发生变化也将造成压力损失。

1. 两相流动的基本参数

两相流动虽然比单相流动复杂得多，但二者又有共同之处，所以在两相流动的研究中，也可参考单相流动的处理方法。

两相流动的处理方法可分为三种：

(1)经验法。从两相流动的物理概念出发，或者使用因次分析法，或者根据流动的基本微分方程式，得到反映某一特定的两相流过程的一些无量纲参数，然后根据实验数据得出描述这一流动过程的经验关系式。

(2)半经验法。根据所研究的两相流动过程的特点，采用适当的假设和简化，再从两相流动的基本方程出发，求得描述这一流动过程的函数式，然后用实验方法求出式中的经验系数。

(3)理论分析法。针对各种流动型态的特点，使用流体力学方法对其流动特性进行理论分析。

生产测井研究的范围主要在井底射孔层段附近。目前主要采用半经验方法确定分层产液量。对气液两相流动的描述，除了要引用单相流动的参数外，还要使用一些两相流动所特有的参数。

1)体积流量 Q

Q 表示单位时间内流过断面的体积流量：

$$Q=Q_g+Q_l \tag{1-57}$$

式中 Q_g——气相体积流量；

Q_l——液相体积流量。

2)质量流量 G

G 表示单位时间内流过断面的流体质量，对于气液两相流动有：

$$G=G_g+G_l=\rho_g Q_g+\rho_l Q_l \tag{1-58}$$

式中 G_g——气相质量流量；

G_l——液相质量流量；

ρ_g——气相密度，g/cm^3；

ρ_l——液相密度，g/cm^3。

通常油田上给出的是体积流量，可通过密度转换为质量流量。

3)气相实际速度 v_g

$$v_g=\frac{Q_g}{A_g} \tag{1-59}$$

式中　A_g——断面上气相的总面积。

实际上，v_g 是断面上的平均速度，真正的气相速度是气相各点的局部速度。

4）液相实际速度 v_l

$$v_l=\frac{Q_l}{A_l}=\frac{Q_l}{A-A_g} \tag{1-60}$$

式中　A_l——断面上液相所占的总面积；

A——断面总面积，一般为套管截面面积。

同样，它也是液相在所占断面上的平均速度，真正的液相速度应该是液相各点的局部速度。

5）气相折算速度（气相表观速度）v_{sg}

由于两相流动中气液各相在过流断面所占的面积不易测得，所以实际速度很难计算。为了研究方便起见，在气液两相流体力学中引用了折算速度。折算速度就是假定管子的全部过流断面只被两相混合物中的一相占据时的流动速度。因此，折算速度只是一种假想的速度，也称表观速度。

气相表观速度：

$$v_{sg}=\frac{Q_g}{A} \tag{1-61}$$

显然折算速度小于真实速度。

6）液相折算速度（液相表观速度）v_{sl}

$$v_{sl}=\frac{Q_l}{A} \tag{1-62}$$

液相表观速度也小于其实际速度。

7）两相混合速度（总表观速度）v_m

混合速度又称总表观速度，也叫总平均流速，它表示两相混合物在单位时间内流过过流断面的总体积与过流断面面积之比：

$$v_m=\frac{Q_g+Q_l}{A} \tag{1-63}$$

显然：

$$v_m=v_{sg}+v_{sl} \tag{1-64}$$

8）两相混合物的质量速度 v_G

v_G 表示单位时间内流过单位过流断面的两相流体的总质量，即：

$$v_G=\frac{G}{A} \tag{1-65}$$

9）气液滑脱速度 v_{sgl}

$$v_{sgl}=v_g-v_l \tag{1-66}$$

对油水两相流动，两相间的滑脱速度 v_{sow} 表示为

$$v_{sow}=v_o-v_w \tag{1-67}$$

式中 v_o——油的真实速度；

v_w——水的真实速度。

10）持气率和持液率（Y_g、Y_l）

持气率又称空隙率、截面含气率或真实含气率，指在两相流动过流断面中，气相面积占总面积的份额，即：

$$Y_g=\frac{A_g}{A}=\frac{A_g}{A_g+A_l} \tag{1-68}$$

持液率（油、水）又称截面含液率或真实含液率，指两相流动时液面面积占过流断面总面积的份额，即：

$$Y_l=\frac{A_l}{A}=\frac{A_l}{A_l+A_g}=1-Y_g \tag{1-69}$$

由 Y_g、Y_l 的定义可导出 v_{sg}、v_{sl} 与 v_{sgl} 的关系：

$$v_{sgl}=v_g-v_l=\frac{Q_g}{A_g}-\frac{Q_l}{A_l}=\frac{Av_{sg}}{A_g}-\frac{Av_{sl}}{A_l}=\frac{v_{sg}}{Y_g}-\frac{v_{sl}}{Y_l} \tag{1-70}$$

11）体积含液率和体积含气率

体积含气率 C_g 指单位时间内流过过流断面的两相总流量 Q 中气相所占的体积份额，即：

$$C_g=\frac{Q_g}{Q}=\frac{Q_g}{Q_g+Q_l} \tag{1-71}$$

体积含液率 C_l（油、水）指单位时间内流过断面的两相总流量 Q 中液相所占的体积份额，即：

$$C_l=\frac{Q_l}{Q}=\frac{Q_l}{Q_l+Q_g}=1-C_g \tag{1-72}$$

12）质量含气率和质量含液率

质量含气率 Y_{Gg} 指单位时间内流过过流断面的两相流体的总质量 G 中气相介质质量所占的份额，即：

$$Y_{Gg}=\frac{G_g}{G}=\frac{G_g}{G_g+G_l} \tag{1-73}$$

质量含液率 Y_{Gl} 指单位时间内流过过流断面的两相流体总质量 G 中液相介质质量所占的份额，即：

$$Y_{Gl}=\frac{G_l}{G_g+G_l}=\frac{G_l}{G}=1-Y_{Gg} \tag{1-74}$$

13）滑脱比

滑脱比 S 也叫滑动比，指气相实际速度与液相实际速度的比值，即：

$$S=\frac{v_g}{v_l} \tag{1-75}$$

14)流动密度

流动密度ρ'表示单位时间内流过过流断面的两相混合物的质量与体积之比，即：

$$\rho'=\frac{G}{Q} \tag{1-76}$$

两相混合物的流动密度反映两相介质在流动时的密度，因而与两相介质的流动有关。ρ'常用于计算两相混合物在管道中的沿程阻力损失和局部阻力损失。

两相混合物的流动密度ρ'与各相的密度ρ_g、ρ_l，以C_g有以下的关系：

$$\begin{aligned}\rho'&=\frac{G}{Q}=\frac{G_g+G_l}{Q}=\frac{\rho_g Q_g+\rho_l Q_l}{Q}\\&=\rho_g C_g+\rho_l C_l\\&=\rho_g C_g+\rho_l(1-C_g)\end{aligned} \tag{1-77}$$

15)真实密度ρ

设在管道某过流断面上取长度为ΔL的微小流道，则此微小流道过流断面上两相混合物的真实密度应为此微小流道中两相介质的质量与体积之比，即：

$$\begin{aligned}\rho&=\frac{\rho_g A\Delta L Y_g+\rho_l(1-Y_g)A\Delta L}{A\Delta L}\\&=Y_g\rho_g+(1-Y_g)\rho_l\end{aligned} \tag{1-78}$$

当两相介质的实际速度相等时，即$v_g=v_l=v_m$，则两相混合物的真实密度与流动密度相等，证明如下。

先分析滑脱比：

$$\begin{aligned}S&=\frac{v_g}{v_l}=\frac{G_g/(A_g\rho_g)}{G_l/(A_l\rho_l)}=\frac{G_g/(A_g\rho_g)\ AG}{G_l/(A_l\rho_l)\ AG}\\&=\frac{G_g/G}{G_l/G}\frac{\rho_l}{\rho_g}\frac{A_l/A}{A_g/A}=\frac{Y_{Gg}}{1-Y_{Gg}}\frac{\rho_l}{\rho_g}\frac{1-Y_g}{Y_g}\end{aligned} \tag{1-79}$$

当$v_g=v_l$时：

$$Y_g=\frac{\frac{Y_{Gg}}{1-Y_{Gg}}\frac{\rho_l}{\rho_g}}{1+\frac{Y_{Gg}}{1-Y_{Gg}}\frac{\rho_l}{\rho_g}}=\frac{Y_{Gg}}{(1-Y_{Gg})\frac{\rho_g}{\rho_l}+Y_{Gg}} \tag{1-80}$$

再看Y_{Gg}与C_g的关系：

因为

$$G_g=\rho_g Q_g$$
$$G_l=\rho_l Q_l$$

根据质量含气率的定义，有

$$Y_{Gg}=\frac{G_g}{G}=\frac{\rho_g Q_g}{\rho_g Q_g+\rho_l Q_l}$$

将等号右侧的分子、分母各除以ρ_g（Q_g+Q_l），得：

$$Y_{Gg}=\frac{C_g}{C_g+(1-C_g)\dfrac{\rho_l}{\rho_g}} \tag{1-81}$$

同理可得：

$$C_g=\frac{Y_{Gg}}{Y_{Gg}+(1-Y_{Gg})\dfrac{\rho_g}{\rho_l}} \tag{1-82}$$

对比式(1-82)、式(1-80)得：

$$C_g=Y_g \tag{1-83}$$

由式(1-77)、式(1-78)知：

$$\rho'=\rho$$

当$v_g>v_l$时，$Y_g<C_g$，所以$\rho'<\rho$。

上面分析说明用密度计测得的持气率通常小于含气率，亦即持液率大于含液率。

2. 流型过渡

气液沿管柱向上流动时的几何状态，可划分为若干基本形式，即流型。流型的形成取决于流体密度、黏度、管径和各相流量，其中起主要作用的是各相的流量。根据气液相对流量的大小，流型可分为泡状流、弹状流、段塞流、环状流和雾状流。若再细分，在环状流和雾状流之间还可以分出环雾流。各流型的形状如图1-35所示。泡状流动中，气相以气泡状分散在连续液相中，液相为连续相。气泡较多时，许多小泡聚集并形成大泡，大气泡是上部呈圆弧形，下部呈平面状，每一个大气泡后面有许多小泡跟随，这一流型在低压下较易出现，在高压下所占范围较小。如果气相流量进一步增加，圆弧形大气泡几乎充满流道，长度较长。两个大气泡之间由块状液相隔开，其中含有一些小气泡，大气泡四周水膜有时向下流动，这一流型叫段塞状流动，在生产井中出现的范围较广，有气相出现时，射孔层位附近多为这一流型。气相流量增加时，段塞破裂，形成气相中心，并以紊乱的流动将液相向四周排挤，中间是若断若续地含有液相雾滴的气流，液相介质在流道表面形成带有波面的液环，形成环状流，此时气相连续，液相非连续。若气相流量继续增加，液环被破坏，中间的气柱几乎完全占据了井筒的横断面，液体呈滴状分散在气柱中，由于液体被高速的气流所携带，所以滑脱速度趋近0，这一流型为雾状流动。生产测井研究的范围在射孔层附近，常见的流型为段塞流和泡流，在气水井中，气产量较高时，会出现环雾流。

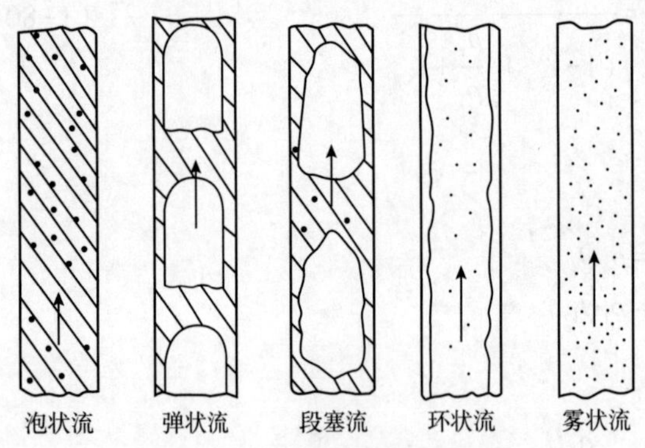

图1-35　气液两相的流型示意图

在一口井中，从井底至井口压力依次降低，流型也从泡状逐次转变成过渡流，如图 1-36 所示。在井底，若流压高于泡点压力时，没有气体存在，为单相油流或油水混合液体。在某一深度处，压力低于泡点压力时，气体开始从油中逸出，形成泡状流动，其中的气泡具有一定的膨胀能量，由于气泡在井筒横断面上所占的比例很小，且气体与液体的密度相差较大，所以气泡容易从液体中滑脱而自行上升。此时，小气泡的膨胀能量没有起到举升作用，这种能量损失称为滑脱损失。

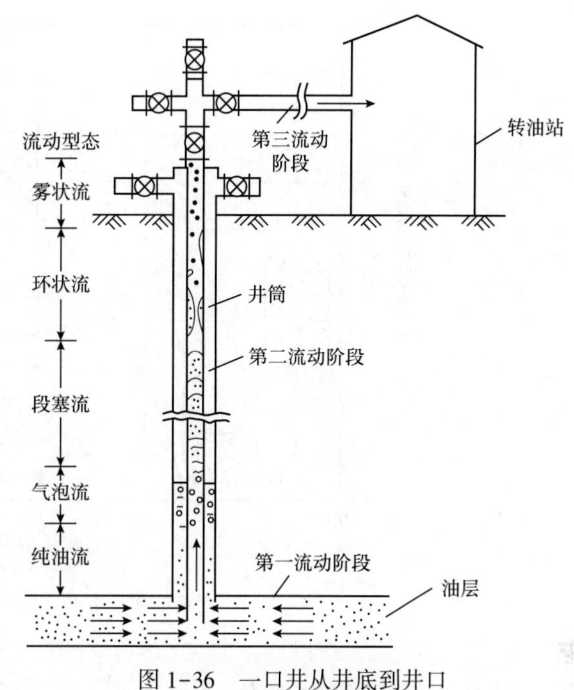

图 1-36　一口井从井底到井口的三个流动阶段示意图

流体在井筒中上升到某一位置形成弹状、段塞流后，井筒内出现一段液体、一段气体的柱塞状流动。这时气柱好像活塞一样推动液体上升，对液体具有很大的举升作用，气体的能量得到充分利用。但是这一段一段的气柱又好像是不严密的活塞，在举液过程中，部分已被上举的液体又沿着气柱的边缘滑脱下来，需要重新被上升的气流举升，这样就造成了能量的损失。因此在段塞流型时，仍有一定的滑脱损失。

环状和雾状流动中，由于液体被高速携带，因此几乎没有滑脱损失，此时，气体的速度增加很快，开始出现明显的加速度损失。

一口生产井中可能同时出现上述几种流型。但是，若气体产量一开始就很高，可能只出现段塞流和环雾流。

3. 流型边界划分

流型在生产测井解释中显得尤为重要，主要是由于不同流型内流速及各相含量不同，且仪器的响应规律不同。许多研究者利用实验手段建立了不同的流型图，用于划分流型。下面主要介绍 Duns-Ros、Orkiszewski、Taitel、Hasan、Troniewski 等的研究结果。

1) Duns-Ros 流型图

如图 1-37 所示，横坐标为无量纲气相速度，纵坐标为无量纲液体速度，各流型的过渡边界如下。

Ⅰ区：
$$0 \leqslant N_{gv} \leqslant L_1 + L_2 N_{lv} \tag{1-84}$$

Ⅱ区：
$$L_1 + L_2 N_{lv} < N_{gv} < 50 + 36 N_{lv} \tag{1-85}$$

Ⅲ区：
$$N_{gv} > 75 + 84 N_{lv}^{0.75} \tag{1-86}$$

Ⅱ区、Ⅲ区间的过渡：$50 + 36 N_{lv} < N_{gv} < 75 + 84 N_{lv}^{0.75}$

式中　N_{gv}——无量纲气速度，$N_{gv} = \left(\frac{\rho_l}{g\delta}\right)^{0.25} v_{sg}$；

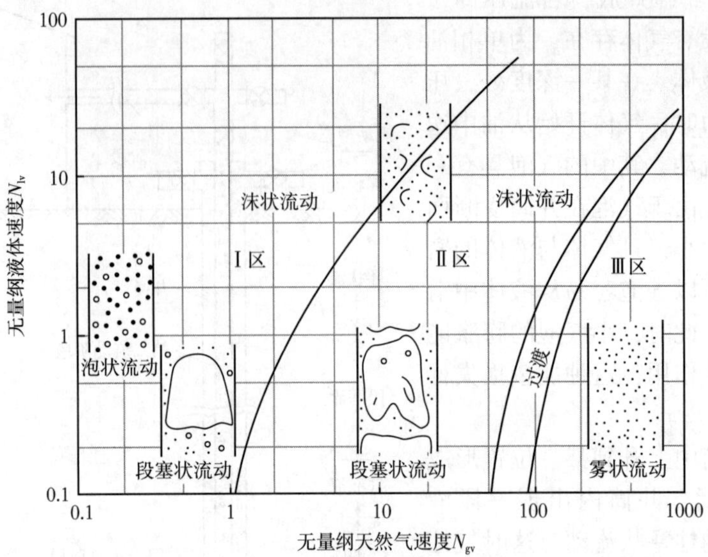

图 1-37　Duns-Ros 流型图

N_{lv}——无量纲液体速度，$N_{lv}=\left(\dfrac{\rho_1}{g\delta}\right)^{0.25}v_{sl}$；

L_1——与直径准数 N_d 相关的量，$N_d=D\sqrt{\dfrac{\rho_1 g}{\delta}}$；

L_2——与 N_d 相关。

L_1、L_2 由图 1-38 确定。Wittorholt 取 $\rho_1=1\text{g/cm}^3$、$\delta=30\text{dyn/cm}$、$D=15\text{cm}$，代入式(1-84)至式(1-86)得到简化的流型过渡边界：

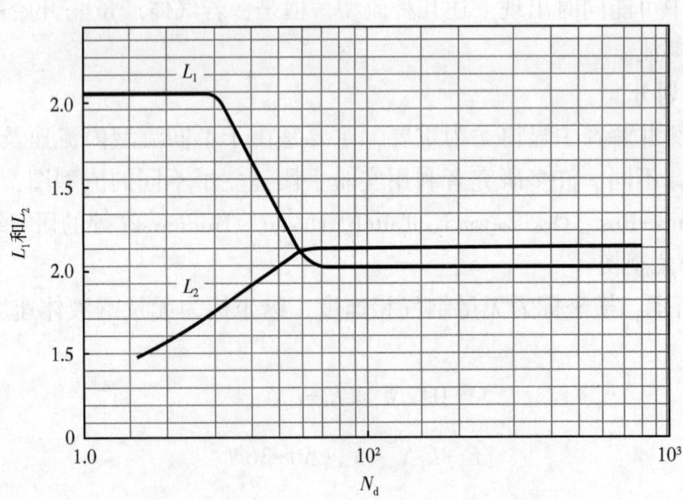

图 1-38　各 L 因子与直径准数 N_d 的关系

泡状流：$Q_g\leqslant 200+1.1Q_1\text{m}^3/\text{d}$；

段塞流：$Q_g\leqslant 10000+36Q_1\text{m}^3/\text{d}$；

环雾流：$Q_g \geqslant 15000+145m^3/d$。

由此可见，若气相流量小于 $200m^3/d$，则为泡状流动。维持段塞流的气相流量下限是 $10000m^3/d$，若取 $B_g=0.01$，则相当于地面产气 $1\times10^6m^3$。即多数情况下井下均为段塞流，当然是对 $D=15cm$ 而言的。

2) Orkiszewski 流型图

流型图与 Duns-Ros 流型图相似。流型边界表示为

泡状流：$Q_g/Q_m<L_B$

段塞流：$Q_g/Q_m>L_B$，$N_{gv}<L_S$

过渡流：$L_m>N_{gv}>L_S$

雾状流：$N_{gv}>L_m$

式中　Q_m——总流量。

$$L_B=1.071-0.2218v_m^2/D,\ L_B>0.13$$

$$L_S=50+36N_{lv}$$

$$L_m=75+84N_{lv}^{0.75}$$

Orkiszewski 流型图与 Duns-Ros 流型图除在泡状流向段塞流的过渡带不同外，其他边界类同。

3) Hasan 流型边界

Hasan 给出的流型边界如下。

泡状流：

$$v_{sg}<0.429v_{sl}+0.357v_t$$

$$v_t<v_{tT}$$

或

$$Y_g<0.25$$

$$v_m^{1.12}>4.68D^{0.48}\left[\frac{g\ (\rho_l-\rho_g)}{\delta}\right]^{0.5}\left(\frac{\delta}{\rho_l}\right)^{0.6}\left(\frac{\rho_m}{\mu_l}\right)^{0.08}$$

段塞流：

$$v_{sg}>0.429v_{sl}+0.357v_t$$

$$\rho_g v_{sg}^2\begin{cases}<17.11g(\rho_l v_{sl}^2)\ -23.2 & \rho_l v_{sl}^2>50kg/m^3\cdot m^2/s^2\\ <0.00673(\rho_l v_{sl}^2)^{1.7} & \rho_l v_{sl}^2<50kg/m^3\cdot m^2/s^2\end{cases}$$

过渡流：

$$v_{sg}<3.1\left[\frac{\delta g\ (\rho_l-\rho_g)}{\rho_g^2}\right]^{0.25}$$

$$\rho_g v_{sg}^2\begin{cases}>17.11g\ (\rho_l v_{sl}^2)\ -23.2 & \rho_l v_{sl}^2>50kg/m^3\cdot m^2/s^2\\ <0.00673(\rho_l v_{sl}^2)^{1.7} & \rho_l v_{sl}^2<50kg/m^3\cdot m^2/s^2\end{cases}$$

环雾流：

$$v_{sg}>3.1\left[\frac{\delta g\ (\rho_l-\rho_g)}{\rho_g^2}\right]^{0.25}$$

式中 v_t——气泡在静液柱上升速度，m/s，$v_t=1.53\left[\frac{\delta g\ (\rho_l-\rho_g)}{\rho_l^2}\right]^{0.25}$；

v_{tT}——段塞流中，Taylor 泡上升速度，m/s，$v_{tT}=0.35\sqrt{gD\ (\rho_l-\rho_g)\ /\rho_l}$；

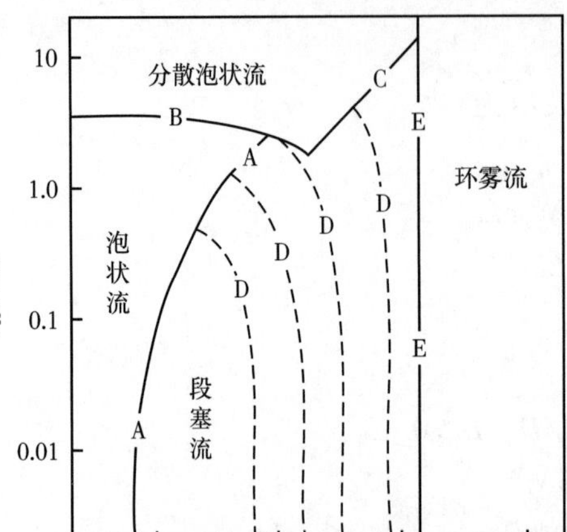

图 1-39 Taitel 流型示意图

v_m——混合流总流速，m/s；

ρ_m——混合流体密度，kg/m³；

δ——界面张力系数，N/m；

ρ_l——液体密度，kg/m³；

ρ_g——气相密度，kg/m³；

μ_l——液体黏度系数，N·s/m²；

g——重力加速度，m/s²；

v_{sl}——液相表观速度，m/s；

v_{sg}——气相表观速度，m/s。

4) Taitel 流型边界

Taitel 等给出的流型图如图 1-39 所示，边界如下。

泡状流：

$$\left[\frac{\rho_l^2 gD}{(\rho_l-\rho_g)\ \delta}\right]^{0.25}\leqslant 4.36$$

段塞流：

$$v_{sl}=3v_{sg}-1.15\left[\frac{g\ (\rho_l-\rho_g)\delta}{\rho_l^2}\right]^{0.25}$$

分散泡状流：

$$v_{sl}+v_{sg}=4\left\{\frac{D^{0.429}\left(\frac{\delta}{\rho_l}\right)^{0.089}}{\mu}\left[\frac{g\ (\rho_l-\rho_g)}{\rho_l}\right]^{0.446}\right\}$$

环雾流：

$$v_{sg}=3.1\left[\frac{g\ (\rho_l-\rho_g)\ \delta}{\rho_g^2}\right]^{0.25}$$

式中 μ——液相动力黏度。

5) Troniewski 流型图

Troniewski 流型图如图 1-40 所示，过渡边界为如下。

泡状流—弹状流（B/P）：　$G=0.05/H$

弹状流—段塞流（P/F）：　$G=1.5/H$

段塞流—环状流（F/A）：　$G=13/H$

环状流—雾状流（A/M）：　$G=50/H$

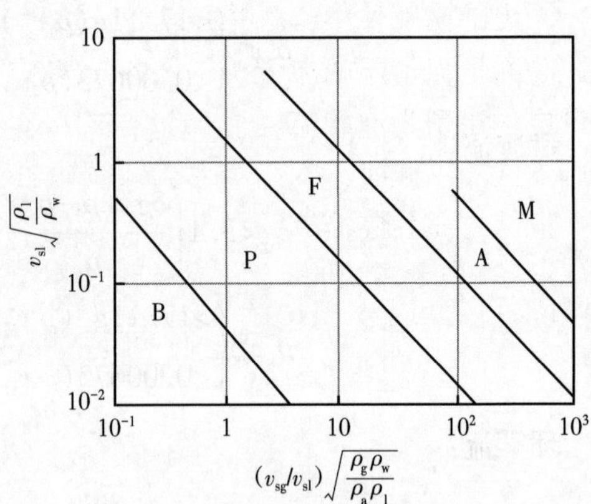

图 1-40 Troniewski 流型示意图

式中　B——泡状流（Bubble）；

P——弹状流（Plug）；

F——段塞流、沫状流（Froth）；

A——环状（Annular）；

M——雾状流（Mist）；

G——纵坐标；

H——横坐标。

6）Aziz-Govier 流型图

Aziz-Govier 流型图如图 1-41 所示，其中：

$$N_x = 3.28 v_{sg} \left(\frac{\rho_g}{\rho_a}\right)^{\frac{1}{3}} \left(\frac{\rho_l \delta_w}{\rho_w \delta}\right)^{\frac{1}{4}} \quad (1-87)$$

$$N_y = 3.28 v_{sl} \left(\frac{\rho_l \delta_w}{\rho_w \delta}\right)^{\frac{1}{4}} \quad (1-88)$$

$$N_1 = 0.51\times (100N_y)^{0.172}$$

$$N_2 = 8.6+3.8N_y$$

$$N_3 = 70\times 100N_y^{-0.182}$$

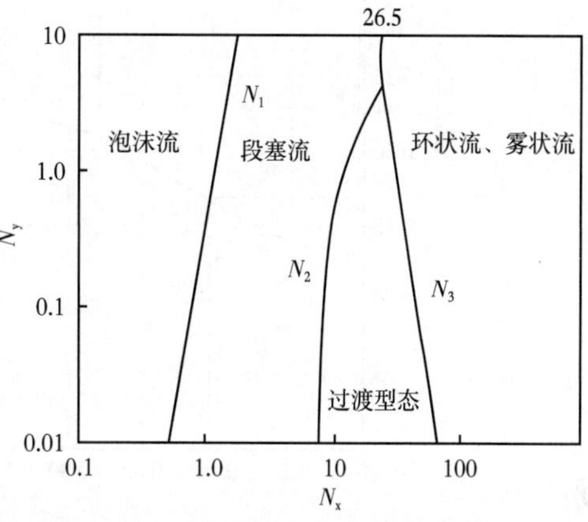

图 1-41　Aziz-Govier 流型示意图

式中　δ——液相表面张力系数，mN/m；

δ_w——标准状态下水的表面张力，mN/m；

ρ_w——标准状态下水的密度，kg/m³；

ρ_a——标准状态下空气的密度，kg/m³。

图 1-42 是按上述流型图计算得到的用压差密度方式表示的流型图。压力梯度可由压差密度计测得。或用密度资料确定，由图 1-42 知：

泡状流	$\rho_m \geqslant 0.692\text{g/cm}^3$
段塞流	$\rho_m < 0.692\text{g/cm}^3$
过渡流	$\rho_m < 0.5\text{g/cm}^3$

这一方法可直接用生产测井资料确定流型。

产出剖面解释中，可用油、气、水体积系数将井口参量转换为井下全流量层的流量和流速判断全流量层的流型。一般各解释层的流型均不比全流量层的流型更为剧烈，即若全流量层的流型为泡状流，那么其他各层也应为泡状流；若为段塞流，其他各层只能是段塞流或泡状流。此时，利用持气率资料和上面给出的密度边界可具体确定流型类型。

从井口向井底换算的方法如下。

（1）计算井下流量：

$$Q_o = B_o Q_o'$$

$$Q_w = B_w Q_w'$$

$$Q_g = B_g Q_g'$$

$$Q_g = Q_o'\left(R_p - R_s - \frac{R_{sw} Q_w'}{Q_o'}\right) \quad (1-89)$$

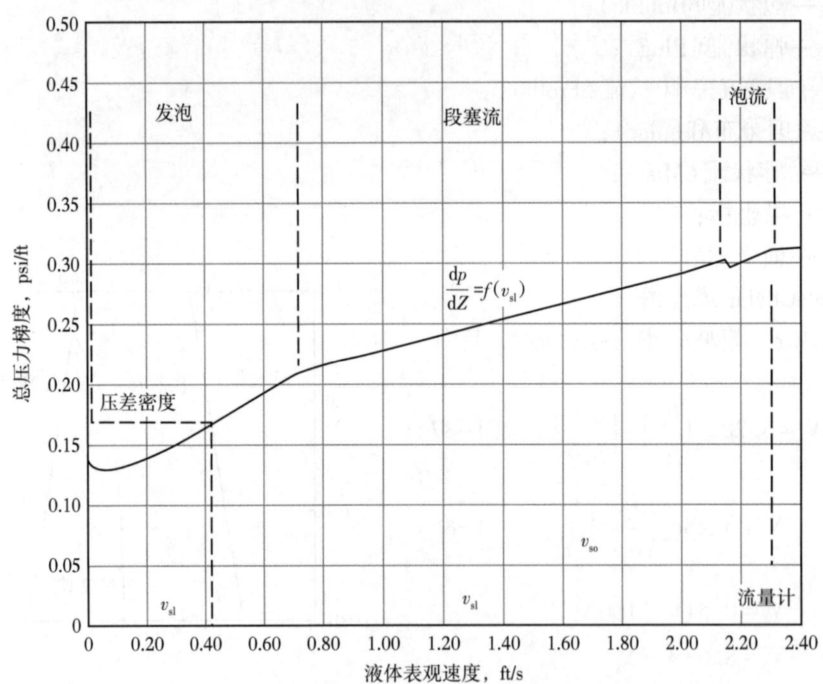

图 1-42 Aziz-Govier 流动方式的分析

(2)计算各相表观速度：

$$v_{so}=Q_o/A,\quad v_{sw}=Q_w/A$$

$$v_{sg}=Q_g/A,\quad v_{sl}=v_{so}+v_{sw}$$

式中 B_o、B_w、B_g——分别为油、水、气的体积系数；

v_{so}、v_{sg}、v_{sw}——分别为油、气、水的表观速度；

Q'_o、Q'_w、Q'_g——分别为油、水、气的地面产量；

R_p、R_s、R_{sw}——分别为生产气油比、溶解气油比和溶解气水比；

Q_o、Q_g、Q_w——分别为油、气、水的井下流量(全流量层)。

(3)利用 PVT 物性计算得出 δ、ρ_l、ρ_g 等参数。

(4)判断全流量层的流型。

利用持气率也可判断流型的具体类型。从上述分析可知，从泡状流向环雾流过渡的过程，实际上是气量增大的过程，即持气率 Y_g 不断增加的过程。已经证明：

泡状流： $Y_g<0.25\sim0.3$

段塞流： $Y_g\geqslant0.25\sim0.3$

1993 年，笔者考查了上述各种流型的特点。取 $\rho_l=0.8\sim1.0\text{g/cm}^3$，$\delta=30\sim50\text{dyn/cm}$，$\rho_g=0\sim0.02\text{g/cm}^3$，进行统计分析，得出通用生产套管气液(气水、油气)两相的过渡边界($D=12.5\text{cm}$)：

泡状流 $Q_g<Q_{gs}+0.389Q_l\text{m}^3/\text{d}$

段塞流 $Q_g<4890\text{m}^3/\text{d}$

$Q_g\geqslant Q_{gs}+0.389Q_l$

式中，$Q_{gs}=85\sim100m^3/d$。

由上述分析可知，只要游离气的流量 Q_{gs} 小于 $100m^3/d$，就可估计井下的流型为泡状流。然后结合持气率和密度资料判断其他各层的流型。

4. 相速度分布和压力梯度

由于两相流动不能简单地归结为单相流的层流和紊流流动，因而处理方法大不同。目前用于研究两相流动的模型有三种：均流模型、分流模型和漂流模型。在均流模型中，采用了两个假定，一是两相介质已达到热力学平衡状态，压力、密度等互为单值函数，此条件在等温流动中是成立的；在受热不等温的稳定流动中基本成立，在变工况、不稳定流动中则是近似的。第三个条件是假定气相和液相速度相等，即：

$$v_g=v_l=v_m$$

因而滑脱速度 v_{sgl}：

$$v_{sgl}=v_g-v_l=0$$

滑动比 S：

$$S=\frac{v_g}{v_l}=1$$

真实含气率（持气率）与体积含气率相等：

$$Y_g=C_g$$

所以真实密度与流动密度相等：

$$\rho=\rho'$$

均流模型的使用情况是雾状流，对于其他流态误差较大。

目前较为普遍的方法是用漂流模型和分流模型（滑脱模型）进行生产测井资料处理。下面详细介绍。

1）漂流模型

漂流模型也称漂移流动模型，它是由 Zuber 和 Findlay 针对均流模型及后面将提到的分流模型与实际两相流动之间存在的偏差而提出的特殊模型。在均流模型中，没有考虑两相间的相互作用，用平均的流动参数模拟两相介质。在分流模型中，在流动特性方面考虑了每相介质，且也考虑了两相界面上的作用力，但是每相的流动特性仍然是孤立的。漂流模型，既考虑了气液两相之间的相对速度，又考虑了孔隙率和流速沿过流断面的分布规律。

首先定义气相的漂移速度为

$$v_{mg}=v_g-v \tag{1-90}$$

液相的漂移速度为

$$v_{ml}=v_l-v \tag{1-91}$$

式中　v——假定气液两相无相对运动时的平均流速，由此知漂移速度反映了气相或液相与均相混合物的相对运动。

其次定义任意量 F 的断面平均值为

$$\overline{F}=\frac{1}{A}\int_A F\mathrm{d}A \tag{1-92}$$

最后，设 Y_g 为持气率的局部值，定义任意量 F 的加权平均值：

$$\hat{F}=\frac{\overline{Y_{g}F}}{\overline{Y}_{g}}=\frac{\frac{1}{A}\int_{A}Y_{g}F\mathrm{d}A}{\frac{1}{A}\int_{A}Y_{g}\mathrm{d}A} \tag{1-93}$$

从漂移速度的定义出发，气相的局部流速可以表示为

$$v_{g}=v+v_{mg} \tag{1-94}$$

则气相流速的断面平均值为

$$\begin{aligned}\bar{v}_{g}&=\frac{1}{A}\int_{A}v+v_{mg}\mathrm{d}A\\&=\langle v\rangle+\langle v_{mg}\rangle\end{aligned} \tag{1-95}$$

气相流速的加权平均值为

$$\hat{v}_{g}=\frac{\overline{Y_{g}v_{g}}}{\overline{Y}_{g}} \tag{1-96}$$

将式(1-94)代入式(1-96)得：

$$\hat{v}_{g}=\frac{\overline{Y_{g}v_{g}}}{\overline{Y}_{g}}=\frac{\overline{Y_{g}v}}{\overline{Y}_{g}}+\frac{\overline{Y_{g}v_{mg}}}{\overline{Y}_{g}} \tag{1-97}$$

对式(1-9)等号右侧第一项的分子和分母同乘以$\langle v\rangle$，则：

$$\hat{v}_{g}=\frac{\overline{Y_{g}v}}{\overline{Y}_{g}\overline{v}_{g}}\bar{v}+\frac{\overline{Y_{g}v_{mg}}}{\overline{Y}_{g}}$$

定义分布系数：

$$C_{o}=\frac{\overline{Y_{g}v}}{\overline{Y}_{g}\overline{v}}=\frac{\frac{1}{A}\int_{A}Y_{g}v\mathrm{d}A}{\frac{1}{A}\int_{A}Y_{g}\mathrm{d}A\ \frac{1}{A}\int_{A}v\mathrm{d}A} \tag{1-98}$$

则式(1-98)变为

$$\hat{v}_{g}=C_{o}\bar{v}+\frac{\overline{Y_{g}v_{mg}}}{\overline{Y}_{g}} \tag{1-99}$$

式中，C_{o}表示两相的分布特性，即流型特性，不同流型内其值不同。

按照加权平均值的定义，式(1-99)可改写为

$$\hat{v}_{g}=C_{o}\bar{v}+\hat{v}_{mg} \tag{1-100}$$

由于$v_{sg}=Y_{g}v_{g}$，所以式(1-96)表示为

$$\hat{v}_{g}=\frac{\bar{v}_{sg}}{\overline{Y}_{g}} \tag{1-101}$$

用〈v〉除式(1-101)等号两侧得：

$$\frac{\hat{v}_g}{\bar{v}}=\frac{\bar{v}_{sg}}{\bar{Y}_g\bar{v}} \tag{1-102}$$

因为 $C_g=\frac{\bar{v}_{sg}}{\bar{v}}$，所以式(1-102)可改写为

$$\frac{\hat{v}_g}{\bar{v}}=\frac{\bar{C}_g}{\bar{Y}_g} \tag{1-103}$$

将式(1-103)代入式(1-99)整理得：

$$\bar{Y}_g=\frac{\bar{C}_g}{C_o+\frac{\overline{Y_g v_{mg}}}{\bar{Y}_g\bar{v}}} \tag{1-104}$$

式(1-104)又可表示为

$$\bar{Y}_g=\frac{\bar{C}_g}{C_o+\frac{\hat{v}_{mg}}{\bar{v}}} \tag{1-105}$$

定义气相的漂移率为

$$J_{mg}=\frac{A_g v_{mg}}{A}=Y_g v_{mg} \tag{1-106}$$

则式(1-104)变为

$$\bar{Y}_g=\frac{\bar{C}_g}{C_o+\frac{\bar{J}_{mg}}{\bar{Y}_g\bar{v}}} \tag{1-107}$$

式(1-104)、式(1-105)、式(1-107)就是漂流模型的基本公式。当两相间无相对运动时，$v_{mg}=0$，$J_{mg}=0$，于是得：

$$\bar{Y}_g=\frac{1}{C_o}\bar{C}_g \tag{1-108}$$

当使用漂流模型确定持气率时，必须知道 C_o 和气相漂流速度的加权平均值 $\hat{v}_{mg}$（或漂移流速的断面平均值 $\bar{J}_{mg}$）。对于生产测井而言，为了习惯上的表示方便，用 Y_g 表示 $\bar{Y}_g$，C_g 表示 $\bar{C}_g$，v_m 表示 $\bar{v}$，v_t 表示 $\hat{v}_{mg}$，则式(1-105)表示为

$$Y_g=\frac{C_g}{C_o+\frac{v_t}{v_m}} \tag{1-109}$$

式（1-109）说明持气率小于含气率。由于 $C_g=v_{sg}/v_m$，所以式（1-109）可改为

$$v_{sg}=Y_g\left(C_o v_m+v_t\right) \tag{1-110}$$

式(1-110)即为气液两相流动用于计算气相表观速度的漂流模型。各参数均为套管截面上的面积平均值。Y_g 由密度测井得到，v_m 由流量计测井得到。C_o、v_t 由实验确定，v_t 通常用静液柱中气泡的上升速度代替。

对于泡状流动 $C_o=1.20$，v_t 由 Harmathy 公式确定：

$$v_{sg}=Y_g\left(1.2v_m+v_t\right) \tag{1-111}$$

$$v_t=1.53\left[\frac{g\delta\left(\rho_l-\rho_g\right)}{\rho_l^2}\right]^{0.25} \tag{1-112}$$

对于段塞流动，C_o 仍取 1.2，v_t 用 Taylor 泡上升速度取代：

$$v_{sg}=Y_g\left(1.2v_m+v_t\right) \tag{1-113}$$

$$v_t=0.345\left[\frac{gD\left(\rho_l-\rho_g\right)}{\rho_l^2}\right]^{0.5} \tag{1-114}$$

对于过渡流，$C_o=1$，v_t 仍用 Taylor 泡上升速度取代：

$$v_{sg}=Y_g\left(v_m+v_t\right) \tag{1-115}$$

$$v_t=0.345\left[\frac{gD\left(\rho_l-\rho_g\right)}{\rho_l^2}\right]^{0.5} \tag{1-116}$$

对于环雾状流动，此时，漂流速度近似为 0，气液分布均匀，即：

$$v_t\approx 0,\ C_o\approx 1$$

则：

$$v_{sg}\approx Y_g v_m$$

即：

$$Y_g\approx C_g$$

一般井下为段塞状和泡状流动。可以采用式(1-111)至式(1-114)完成解释工作。

2)分流模型

分流模型是将两相流动看成是各自分开的流动，每相介质有其平均流速和独立的物性参数。分流模型建立的条件有两个：一个是两相介质分别有各自的按所占断面积计算的断面平均流速；二是尽管两相之间可能有质量交换，但两相之间处于热力学平衡状态，压力和密度互为单值函数。

设 v_{sgl} 表示气液间的滑脱速度，则：

$$v_{sgl}=v_g-v_l=\frac{v_{sg}}{Y_g}-\frac{v_{sl}}{1-Y_g} \tag{1-117}$$

由此得到：

$$Y_g\left(1-Y_g\right)v_{sgl}=\left(1-Y_g\right)v_{sg}-Y_g v_{sl}$$

由于

$$v_{sg}=v_m-v_{sl}$$

所以

$$v_{sg}=Y_g v_m+Y_g\ (1-Y_g)\ v_{sgl} \tag{1-118}$$

$$v_{sl}=v_m-v_{sg}$$

式(1-118)即为计算气相平均速度的分流模型，通常叫滑脱模型。这里，Y_g 表示套管截面上，气相面积占总截面面积的份额，v_{sg}是气相的表观速度。利用式(1-118)计算 v_{sg}时，Y_g 由密度测井确定，v_m 由流量计测井确定，v_{sgl}由实验确定。

对于泡状流动，Griffith 认为 $v_{sgl}=24.6\text{cm/s}$。斯伦贝谢公司给出 $Y_g<0.65$ 时，v_{sgl}可用下式确定：

$$v_{sgl}=30\ [0.95-(1-Y_1)^2]^{0.5}+0.75 \tag{1-119}$$

对于段塞状流动，斯伦贝谢公司仍用式(1-119)。Nicklin 等给出的计算方法：

$$N_b\leqslant 3000$$

$$v_{sgl}=(0.546+8.74\times 10^{-6}Re)\ \sqrt{gD}$$

$$N_b\geqslant 8000$$

$$v_{sgl}=(0.35+8.74\times 10^{-6}Re)\ \sqrt{gD}$$

$$3000<N_b<8000$$

$$v_{sgl}=\frac{1}{2}\left[v_{sl}+\left(v_{sl}^2+\frac{13.59\mu_1}{\rho_1 D^{0.5}}\right)^{0.5}\right]$$

$$v_{sl}=(0.251+8.74\times 10^{-6}Re)\ \sqrt{gD}$$

$$N_b=\frac{1488v_{sgl}D\rho_1}{\mu_1}$$

$$Re=\frac{1488\rho_1 Dv_m}{\mu_1}$$

式中 ρ_1——液体密度，lb/ft^3；

D——管径，ft①；

v_m——流速 ，ft/s；

v_{sgl}——滑脱速度，ft/s；

μ_1——液体黏度，mPa · s；

g——重力加速度，ft/s^2(1ft/s^2=0.3048m/s^2)。

① 1ft=0.3048m。

对于环雾状流动，$v_{sgl}\approx 0$。

3) 压力梯度

将式(1-56)整理，可以得到气液两相流动中压力梯度表示方式。用 $\gamma=\rho g$ 代入，并将两边同除以 Z_1-Z 得：

$$\frac{\Delta p}{\Delta Z}=-\left(\rho g+\frac{\rho\Delta v^2}{2\Delta Z}+\frac{\rho g\Delta h_{\mathrm{f}}}{\Delta Z}\right)$$

式中，负号表示 Z 的方向与梯度方向相反。若取正值，且用微分形式表示，有

$$\frac{\mathrm{d}p}{\mathrm{d}Z}=\rho g+\rho v\frac{\mathrm{d}v}{\mathrm{d}Z}+\rho g\frac{\mathrm{d}h_{\mathrm{f}}'}{\mathrm{d}Z} \tag{1-120}$$

式中 $\frac{\mathrm{d}p}{\mathrm{d}Z}$——单位管长上的总压力损失(总压力降)；

$\rho v\frac{\mathrm{d}v}{\mathrm{d}Z}$——由于动能变化而损失的压力，或称加速度引起的压力损失；

ρg——克服流体重力所消耗的压力；

$\frac{\mathrm{d}h_{\mathrm{f}}'}{\mathrm{d}Z}$——克服各种摩擦阻力而消耗的压力。

考虑井斜对 ρg 项的影响，该项可表示为 $\rho g\cos\theta$（θ 为井筒与垂直方向的夹角）。

令：

$$\left(\frac{\mathrm{d}p}{\mathrm{d}Z}\right)_{\text{举高}}=\rho g\cos\theta$$

$$\left(\frac{\mathrm{d}p}{\mathrm{d}Z}\right)_{\text{加速度}}=\rho v\frac{\mathrm{d}v}{\mathrm{d}Z}$$

$$\left(\frac{\mathrm{d}p}{\mathrm{d}Z}\right)_{\text{摩擦}}=\rho g\frac{\mathrm{d}h_{\mathrm{f}}'}{\mathrm{d}Z}$$

则：

$$\frac{\mathrm{d}p}{\mathrm{d}Z}=\left(\frac{\mathrm{d}p}{\mathrm{d}Z}\right)_{\text{举高}}+\left(\frac{\mathrm{d}p}{\mathrm{d}Z}\right)_{\text{摩擦}}+\left(\frac{\mathrm{d}p}{\mathrm{d}Z}\right)_{\text{加速度}}$$

根据流体力学管流计算公式：

$$\left(\frac{\mathrm{d}p}{\mathrm{d}Z}\right)_{\text{摩擦}}=\frac{f\rho v^2}{2D} \tag{1-121}$$

式中 f——摩擦阻力系数。

将式(1-121)代入式(1-120)得：

$$\frac{\mathrm{d}p}{\mathrm{d}Z}=\rho g\cos\theta+\rho v\frac{\mathrm{d}v}{\mathrm{d}Z}+\frac{f\rho v^2}{2D} \tag{1-122}$$

式(1-122)是适用于各种斜度管流的通用压力梯度方程。对于水平管流 $\theta=90°$，$\left(\frac{\mathrm{d}p}{\mathrm{d}Z}\right)_{\text{举高}}=0$，为了强调多相混合物流动，将方程中各项流动参数加下角“m”，则：

$$\frac{dp}{dZ}=\rho_m g\sin\theta+\rho_m v_m\frac{dv_m}{dZ}+\frac{f_m\rho_m v_m^2}{2D} \tag{1-123}$$

式中　ρ_m——多相混合物的密度；

v_m——多相混合物的流速。

f_m——多相混合物流动时的摩擦系数。

单相垂直管液流的$\left(\frac{dp}{dZ}\right)_{加速度}=0$；单相水平管液流的$\left(\frac{dp}{dZ}\right)_{举高}$及$\left(\frac{dp}{dZ}\right)_{加速度}$均为0。对于气液多相管流，如果流速不大，则$\left(\frac{dp}{dZ}\right)_{加速度}$很小可以忽略不计。

只要求得ρ_m、v_m及f_m就可计算出压力梯度。但是，如前所述，多相管流中这些参数是沿程变化的，而且在不同流动型态下的变化规律不同。在分析第三章中的压差密度计及平衡式持水率计时要用到压力梯度方程。采油工艺设计中这一方程计算管道中的压力损失，计算中的关键问题是研究ρ_m、v_m及f_m的变化规律，不同的研究者提出的方法不同。对于生产测井而言，ρ_m、v_m分别由密度和流量计测得。f_m由图1-43确定，图中摩阻系数用λ表示，Δ/d为管子粗糙度，N_{Re}为单相油、水或其两相混合物的雷诺数：

$$Re=\frac{\rho_l d v_l}{\mu_l}$$

式中　μ_l——液体黏度；

ρ_l——液相密度；

v_l——液相流速。

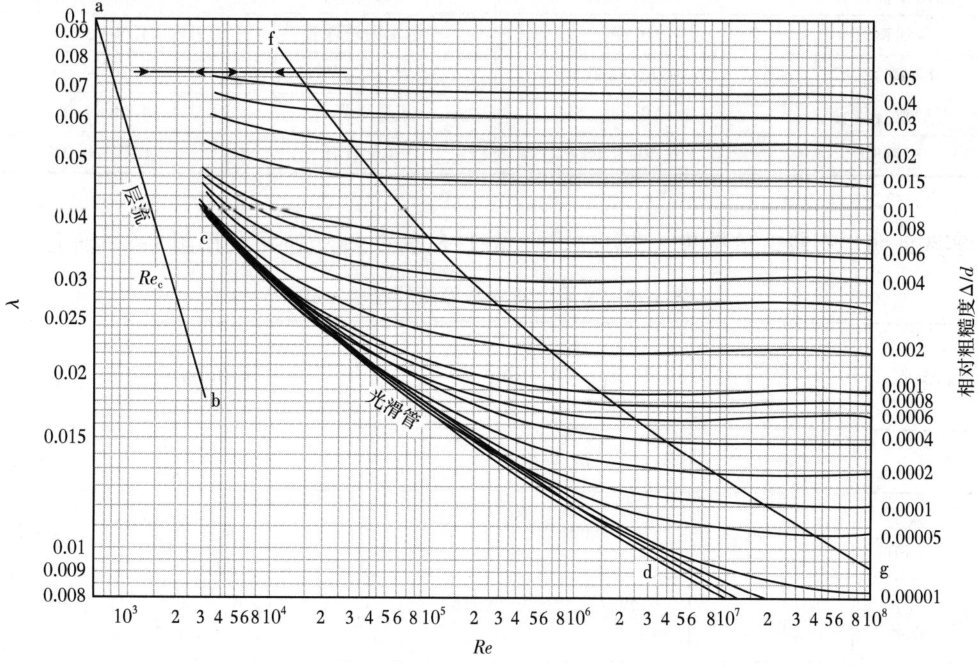

图1-43　摩擦阻力系数曲线

若为油水两相流动，μ_1 可用下面三式计算：

$$\mu_1=\mu_o^{Y_o}\mu_w^{1-Y_o} \tag{1-124}$$

$$\mu_1=\mu_o Y_o+\mu_w(1-Y_o) \tag{1-125}$$

$$\mu_1=\mu_o C_o+\mu_w(1-C_o) \tag{1-126}$$

式中 μ_o——原油黏度，mPa·s；

μ_w——水相黏度，mPa·s。

选择时，通常采用式(1-124)。

在使用图 1-43 确定 λ（或 f_m）时，首先要确定管子的平均绝对粗糙度 Δ，可按表 1-7 确定。图 1-43 采用双对数坐标是为了便于整理实验结果，组成经验公式。由于实验条件不同,得出的结果也有出入。因此各种文献上介绍的经验公式的形式和流态区域的划分标准也不尽相同。下面介绍的是我国输油部门常用的经验公式，对照图 1-43 综合见表 1-8。表 1-8 中的式(1-126a)由理论得出，式(1-126b)称为伯拉休斯公式，式(1-126c)称为伊萨耶夫公式，式(1-126d)称为尼古拉兹公式。尼古拉兹也曾提出对光滑管采用下式

$$\lambda=0.0032+0.221Re^{-0.327}$$

表 1-7　常用管表面的平均绝对粗糙度

管壁表面特征	Δ，mm	管壁表面特征	Δ，mm
清洁无缝钢管、铝管	0.0015～0.01	新铸铁管	0.25～0.42
新精制无缝钢管	0.04～0.15	普通铸铁管	0.50～0.85
通用输油钢管	0.14～0.15	生锈铸铁管	1.00～1.50
普通钢管	0.19	结水垢铸铁管	1.50～3.00
涂柏油钢管	0.12～0.21	光滑水泥管	0.30～0.80
普通镀锌钢管	0.39	粗糙水泥管	1.00～2.00
旧钢管	0.50～0.60	橡皮软管	0.01～0.03

实践证明也有较好的结果。为了方便，表 1-8 中的 Re 范围可利用图 1-44 确定。

表 1-8　常用计算水力摩阻的经验公式

流态类别		相应图上区域	Re 范围 $\left(\varepsilon=\frac{\Delta}{r_o}=\frac{2\Delta}{d}\right)$	常用的经验公式
层流		a—b	$Re\leqslant2000$	$\lambda=\frac{64}{Re}$ (1-126a)
紊流	水力光滑	c—d	$3000<Re<\frac{59.7}{\varepsilon^{8/7}}$	$\lambda=\frac{0.3164}{\sqrt[4]{Re}}$ (1-126b)
	混合摩擦	f—g 左方	$\frac{59.7}{\varepsilon^{8/7}}<Re<\frac{665-765\lg\varepsilon}{\varepsilon}$	$\frac{1}{\sqrt{\lambda}}=-1.8\lg\left[\frac{6.8}{Re}+\left(\frac{\Delta}{3.7d}\right)^{1.11}\right]$ (1-126c)
	水力粗糙	f—g 右方	$Re>\frac{665-765\lg\varepsilon}{\varepsilon}$	$\lambda=\frac{1}{\left(2\lg\frac{3.7d}{\Delta}\right)^2}$ (1-126d)

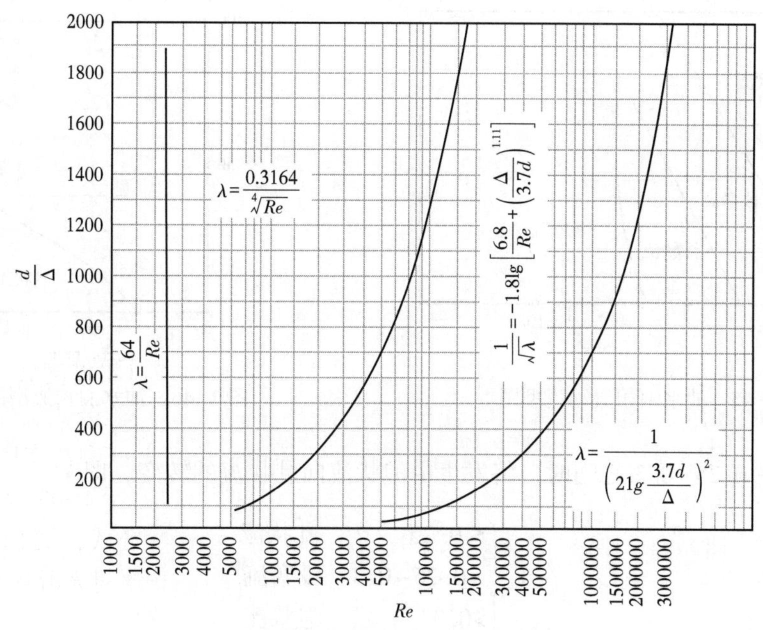

图 1-44　水力摩阻系数经验公式适用范围

三、油水两相流动

流压高于泡点压力(饱和压力)时，井下呈油水两相流动，与气水或油气两相流动相比，油与水的流体性质更为接近，流型、流速分布也有所不同。

1. 流型及边界划分

Govier 等对油水两相流动流型的照相结果，将流型分为泡状流、段塞流、泡沫流和雾状流(乳状流)。泡状流动中，水为连续相，油以泡状向上流动，泡的大小与油的含量相关。段塞状流动中，水仍为连续相，油泡相连形成更大泡体向上运动，泡沫状流动中油水呈互溶状，两相均为连续相，时而间断。雾状流也叫乳状流，此时，油为连续相，水呈泡滴状和油共同上升，此时滑脱速度近似为零。图 1-45 为 Govier 和 Hasan 等提出的油水两相流动流型图 Govier 和 Hasan 的结果相近。Hasan 实验采用油的密度是 0. 8g/cm^3。并采用 64mm 和 127mm 两种不同直径的管子进行实验。由图可知，无论水的流速如何，只有 $v_{so}>$ 0. 1ft/s 时，才有可能发生从泡流向段塞流的过渡，在常见内径为 125mm 的套管中，这一流速相当于 30m^3/d 的油流量，总流量为 33. 3m^3/d；若取 $C_w=90\%$，则 Q_w 为 270m^3/d，总流量为 300m^3/d。这说明，在常见的生产套管中(内径为 125mm 左右)，若总流量不大于 30m^3/d，不管含水率如何，解释层都为泡状流动。笔者在进行油水两相流动实验时也发现了这一现象(图 1-46)。若含水率升高，从泡状流向段塞流进行转变要求油的流量会更高。我国已开发油田生产井的特点是含水率高、产量低，因此，绝大多数井井下为泡状流动。油包水的雾状低含水流动很少见。通常情况下从泡状流过渡到段塞流的近似关系为

$$v_{sw}<10^{1.354(\lg v_{so}+2)-2} \tag{1-127}$$

许多研究者在研究油水两相流动时，通常将其流型分为两类：一类是将段塞流和泡状流合并，统称为泡状流；另一类是乳状流。前者水为连续相，后者油为连续相。研究表

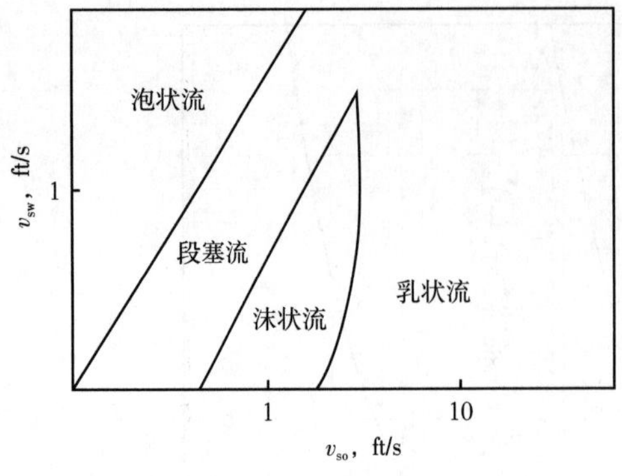

图 1-45 油水两相流动流型图

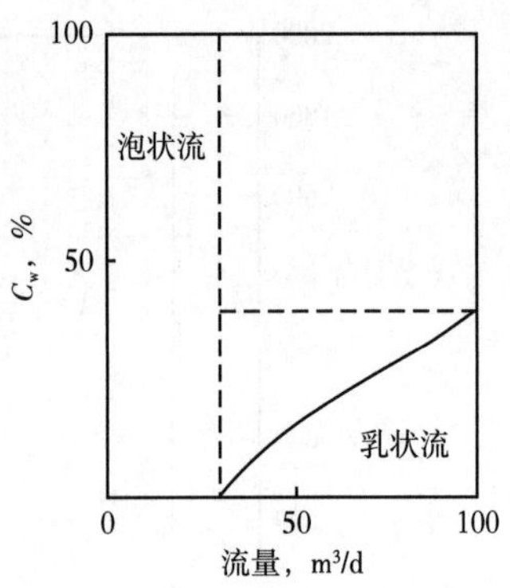

图 1-46 油水两相流型图

明，持水率在 0.25~0.3 之间时，将发生由泡状流向乳状流的转变，即：

$$Y_w\begin{cases}\leqslant 0.25 & \text{乳状流}\\ =0.25\sim 0.3 & \text{段塞流}\\ >0.3 & \text{泡状流}\end{cases}\tag{1-128}$$

Hasan 给出的泡状流到段塞流的转换边界是

$$v_{so}>0.43v_{sw}+0.2v_t\tag{1-129}$$

$$v_t=1.53\left[\frac{g\delta(\rho_w-\rho_o)}{\rho_w^2}\right]^{0.25}$$

生产测井解释时，除全流量层之外，其他各层的 v_{so}、v_{sw} 均为待求结果。因此通常用持水率资料，即式(1-128)判断解释层的流型。式(1-128)是流型从油连续向水连续的过渡边界，严格地讲，应是从段塞流向乳状流的过渡。对于小油泡向大油段塞的过渡边界，Hasan 给出以下判别公式：

$$Y_w\begin{cases}\leqslant 0.7 & \text{段塞流}\\ >0.75 & \text{泡状流}\end{cases}\tag{1-130}$$

泡状流与段塞流的流动规律相似，多数研究者将其归为同类处理，生产测井解释就采用这样的处理方法，即若 $Y_w>0.3$ 就认为是泡状流动。

2. 油水相速度确定

用于油水各相表观速度计算的模型主要分两种：滑脱速度模型、漂流模型。

1）滑脱速度模型

滑脱速度模型的流动示意图如图 1-47 所示。将油水看作是各自分开的流动，油水间的滑脱速度为 v_s。若水的流速是 v_w，则油的流速为

$$v_o=v_s+v_w$$

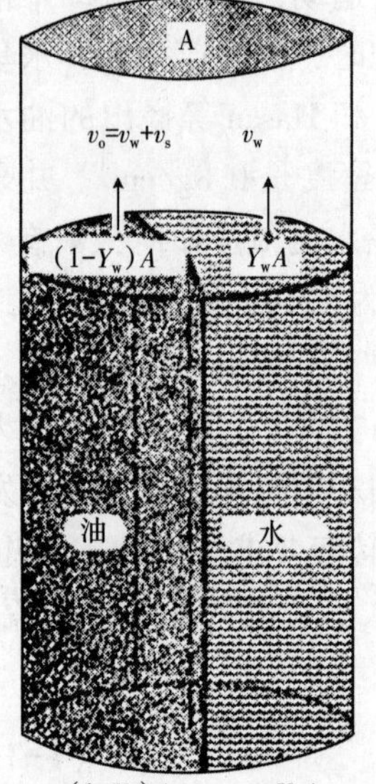

图 1-47 油水滑脱模型示意图

由于
$$v_o=\frac{v_{so}}{1-Y_w},\ v_w=\frac{v_{sw}}{Y_w} \tag{1-131}$$

且
$$v_{so}+v_{sw}=v_m \tag{1-132}$$

式中　v_{so}——油的表观速度；

v_{sw}——水的表观速度。

所以
$$\frac{v_{so}}{1-Y_w}=v_s+\frac{v_{sw}}{Y_w} \tag{1-133}$$

式(1-132)与式(1-133)联立得：
$$v_{so}=(1-Y_w)v_m+Y_w(1-Y_w)v_s \tag{1-134}$$

$$v_{sw}=v_m-v_{so} \tag{1-135}$$

式(1-134)即为确定油相表观速度的滑脱模型。v_{so}确定后，利用式(1-135)即可求出水的表观速度 v_{sw}，与气液两相流动滑脱模型类似。

对于乳状流动，v_s 近似为 0，此时：
$$v_w=v_o$$
$$v_{so}=(1-Y_w)v_m \tag{1-136}$$
$$v_{sw}=Y_w v_m$$

含水率为
$$C_w=\frac{v_{sw}}{v_m}=\frac{Y_w v_m}{v_m}=Y_w \tag{1-137}$$

即：
$$C_w=Y_w$$

对于泡状流动：
$$C_w=\frac{v_{sw}}{v_m}=\frac{v_m-v_{so}}{v_m}=\frac{Y_w v_m-Y_w(1-Y_w)v_s}{v_m}$$
$$=Y_w-\frac{Y_w(1-Y_w)v_s}{v_m} \tag{1-138}$$

式(1-138)说明 C_w 总小于 Y_w。

利用式(1-134)和式(1-138)确定油的表观速度和含水率的主要问题是确定滑脱速度。

通常采用图 1-48 所给出的实验曲线确定 v_s。这一图版对应的计算公式是
$$v_s=39.4\ (\rho_w-\rho_o)^{0.25}e^{-0.788(1-Y_w)\ln\frac{1.85}{\rho_w-\rho_o}} \tag{1-139}$$

式中　v_s——油水滑脱速度，ft/min。

1972 年，Nicolas 在实验基础之上提出的计算公式是

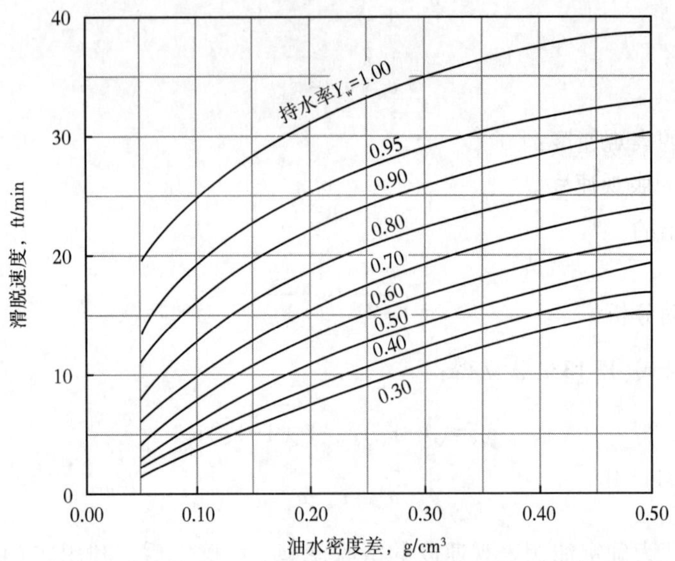

图 1-48　滑脱速度与油水密度差的关系

$$v_s = Y_w^n C\left[\frac{g\delta\ (\rho_w - \rho_o)}{\rho_w^2}\right]^{0.25} \tag{1-140}$$

$$C = 1.53 \sim 1.61$$

式（1-140）中，$n=0.5\sim2$（油泡较大时趋于 0.5，反之趋向 2）。应用表明 $C=1.53$、$n=1$ 时效果良好。

式（1-139）、式（1-140）是目前应用效果较好的两个公式，此外 Zuber 等也给出了计算 v_s 的公式：

$$v_s = \frac{(C_o - 1)v_m + v_t}{Y_w},\ v_t = 1.53\left[\frac{g\delta(\rho_w - \rho_o)}{\rho_w^2}\right]^{0.25}$$

式中　C_o——变量，$C_o=1\sim1.5$。

Hasan-Kabir 给出的模型是

$$v_s = \frac{0.2v_m}{Y_w} + v_t Y_w \tag{1-141}$$

后两种公式可以参考使用。

用式（1-134）除计算 v_{so}、v_{sw} 之外，还可以预测持水率，对该式变形并求解得：

$$Y_w = 1 - \frac{1}{2}\left[1 + \frac{v_m}{v_s} - \sqrt{\left(1 + \frac{v_m}{v_s}\right)^2 - \frac{4v_{so}}{v_s}}\right] \tag{1-142}$$

在全流量层，v_{so} 已知，$v_m = v_{so} + v_{sw}$，用式（1-142）可以求出相应的持水率，采用井下刻度解释时，要用到该式。这一方法也适用于气水和气油两相流动。

Davarzani 等给出了总流速大于 0. 62m/s 时，预测持水率的表达式：

$$Y_w=4\frac{N_{Fr}^{0.0193}C_w^{1.0498}}{Re^{0.0781}},\ N_{Fr}=\frac{v_m^2}{gD} \tag{1-143}$$

式中　N_{Fr}——富劳德数，无量纲。

式(1-143)对于总流速小于 0. 62m/s 的流动不适用。式(1-143)是在内径为 16. 5cm 的管子内由实验得出的，对于与此相差不大的管子也可近似应用。

2) 漂流模型

气液两相流动分析中采用的漂流模型，同时也适用于油水两相流动，具体形式是

$$v_{so}=Y_o\left(C_ov_m+\frac{\mu}{Y_o}\right) \tag{1-144}$$

μ 与式(1-104)中的 $\langle Y_gv_{mg}\rangle$ 表示方法类似，称为油的漂移率，表示为

$$\mu=\langle Y_ov_{mo}\rangle$$

式中　v_{mo}——油的漂移速度。

Zuber 等提出了实用的半理论表示方法：

$$\mu=v_tY_o\ (1-Y_o)^n \tag{1-145}$$

将式(1-145)代入式(1-144)得出漂流模型的一般形式为

$$v_{so}=Y_o\ [C_ov_m+v_t\ (1-Y_o)^n] \tag{1-146}$$

对于泡状流动和段塞状流动，Hasan-Kabir 研究表明，当 $C_o=1.2$，$n=2$ 时，可以得到较好的结果，因此，对于泡状流动和段塞状流动。漂流模型的具体形式是

$$v_{so}=Y_o\left\{1.2v_m+Y_w^2 1.53\left[\frac{g\delta\ (\rho_w-\rho_o)}{\rho_w^2}\right]^{0.25}\right\} \tag{1-147}$$

对于乳状或雾状流动：

$$v_{so}=v_mY_o \tag{1-148}$$

目前，这一模型已在我国油田采用。利用式(1-147)也可以预测解释层的持水率，整理为

$$Y_w=1-\frac{v_{so}}{1.2v_m+1.53Y_w^2\left[\frac{\delta g\ (\rho_w-\rho_o)}{{\rho_w}^2}\right]^{0.25}} \tag{1-149}$$

对于油水两相流，忽略加速度损失后，通用的压力梯度计算方法与气液两相流动类似，具体形式为

$$\frac{dp}{dZ}=\rho_mg+\frac{f_mv_m^2\rho_m}{2D} \tag{1-150}$$

式中，油水两相流动摩阻系数可采用表 1-8 给出的公式确定。如果流速变化很大，譬

如采用集流式生产测井仪器或流体从套管进入油管时，必须考虑加速项的影响，此时：

$$\frac{dp}{dZ}=\rho_m g+\frac{f_m v_m^2\rho_m}{2D}+\rho_m v_m\frac{dv_m}{dZ} \tag{1-151}$$

四、油气水三相流动

在油井中，尤其是较浅的井中，经常遇到油、气、水混合物的多相流动，到目前为止，大多数研究者还只把注意力集中在气液两相流动上，即把油气水三相流动看作两相流动处理。把油水作为同一相处理，如：

$$\rho_l=\rho_o Y_o+\rho_w Y_w$$

$$\mu_l=\mu_o Y_o+\mu_w Y_w$$

$$\delta_l=\delta_o Y_o+\delta_w Y_w$$

式中 δ_l——油水混合表面张力系数；

δ_o——油的表面张力系数；

δ_w——水的表面张力系数；

μ_l——油水混合物的黏度，mPa·s；

μ_o——油的黏度，mPa·s；

μ_w——水的黏度，mPa·s。

与两相流动相比，三相流动的最大特点是在油水混合物中出现了气相，气相的出现，使得同时出现了3个滑脱速度（其中两个是独立的）；另一特点是，气相的出现使得油水的分布复杂，总趋势是降低了油水间的滑脱速度，流型变化较大。

1. 油气水三相流动的流型

目前，对油气水三相流动流型的研究还未见到有公开出版文献的报道。下面介绍作者在大庆测试技术服务中心的模拟井上对油气水三相流动的流型进行初步观察研究的结果。

实验采用的模拟井的内径为12.5cm，气相流量范围为6~650m^3/d，油和水的流量范围2.4~1300m^3/d。用柴油模拟原油，密度为0.825g/cm^3。实验时首先固定油与水的流量，然后依次增大气的流量，对于每一个油、气、水的流动组合，记录流型、流量及密度值；一个循环完成后，改变油和水的流量重复上述过程。表1-9是水的流量为80m^3/d、油的流量为20m^3/d时所得到的结果。其中气的流量从11m^3/d变化到200m^3/d。将泡状流动划分为Ba和Bb两种。Ba型泡状流动中，用肉眼可以区分油泡、气泡在水中的运动轨迹，说明油水、气水、气油间存在着明显的滑脱。Bb型泡状流动中，用肉眼难以区分油、气、水的运动轨迹，可以观察出局部出现水泡，此时，油水间的滑脱速度减小。主气泡的直径约为6cm，在油水中滚动向上，油水相中含有一些小气泡，直径在0.1~1cm之间；S表示段塞流动，此时，油水呈乳状向上流动，用肉眼很难区分两者的界限，可以看到水泡在油中运动，说明油水之间的滑脱速度很小，气塞直径为10cm左右。这一流型与气水两相流动时的段塞状流动相似。

表 1-9　三相流动流型观察结果

气相流量	含气率 %	现象		流型
		油　水	气	
11	9.9	油泡直径为 8mm 左右，在水中上升，径迹清晰，与两相流动相似，存在滑脱	气泡含量很少	Ba
20	16.67	油泡直径为 4mm 左右，在水中向上流动	气泡为 1.5cm 左右向上紊动	Ba
30	23	油泡直径为 2mm 左右，紊动	气泡直径为 2cm 左右	Ba
40	28.57	油水处于半乳化状态，滑脱减小	出现大泡，泡径为 4cm 左右	Bb
50	33.3	油水处于乳化状态，可见 3mm 左右的油泡	出现大泡，泡径为 4cm 左右，程度剧烈	Bb
70	41.17	油水处于乳化状	出现大泡，泡径为 4cm 左右，程度剧烈	Bb

根据以上实验结果作出图 1-49 所示的油气水三相流动流型图，纵坐标为气相流量 Q_g，横坐标表示液相流量（Q_o+Q_w）。这一研究主要集中在低流量区，图中的边界表示为

Ba-Bb：
$$Q_g=30+0.19(Q_o+Q_w) \tag{1-152}$$

Bb-S：
$$Q_g=85+0.389(Q_o+Q_w) \tag{1-153}$$

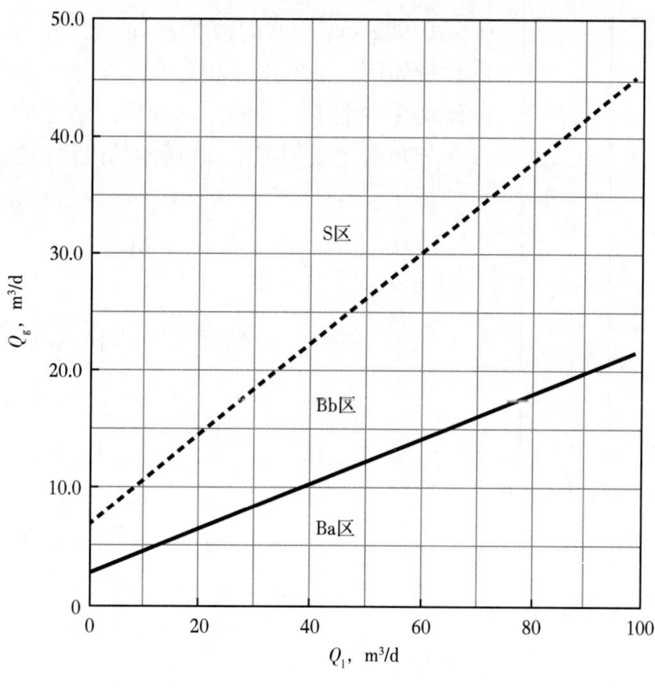

图 1-49　三相流动流型图

从 Bb 到 S 流型的转变与气液两相流动类似。这一结果是在 12.5cm 的管子里由实验得到的，相应的管子常数 P_c 为

$$P_c=\frac{1}{4}\pi\times12.5^2\times1\times3600\times24\times10^{-6}$$

$$=10.6\text{m}^3/\text{d}\cdot(\text{cm/s})^{-1} \tag{1-154}$$

管子常数可以把流速转换成每日的体积流量。式(1-154)的意义是当流速以1cm/s在12.5cm直径的套管流动时，其流量为10.6m³/d。同样，对于内径为2.2cm的管子，可以得到相应的管子常数为

$$P_{c(2.2)}=0.3282\text{m}^3/\text{d}\cdot(\text{cm/s})^{-1}$$

利用式(1-154)，可以把式(1-152)、式(1-153)转变为以速度表示的方式：

$$\text{Ba-Bb}\qquad v_{sg}=2.83+0.018(v_{so}+v_{sw})\tag{1-155}$$

$$\text{Bb-S}\qquad v_{sg}=8.018+0.0367(v_{so}+v_{sw})\tag{1-156}$$

对于$D=2.2$cm集流式仪器，式(1-155)、式(1-156)两边同乘$P_{c(2.2)}$，得到：

$$\text{Ba-Bb}\qquad Q_g=0.928+0.006(Q_o+Q_w)$$

$$\text{Ba-S}\qquad Q_g=2.6+0.012(Q_o+Q_w)$$

上式说明，采用集流式生产测井仪器时，很容易发生段塞状流动，因为其边界是只需要2.6m³/d的气相流量。

2. 三相流动各相流速分布

井底条件下，气的密度为0.01~0.2g/cm³；油的密度为0.6~0.98g/cm³；水的密度为1g/cm³左右。因此，不论各相的含量如何，油气水三相混合系统中气的流动速度最大，水的流动速度最小，油的流速介于二者之间。因此，可以将油气水分布简化成如图1-50所示的简化模型。

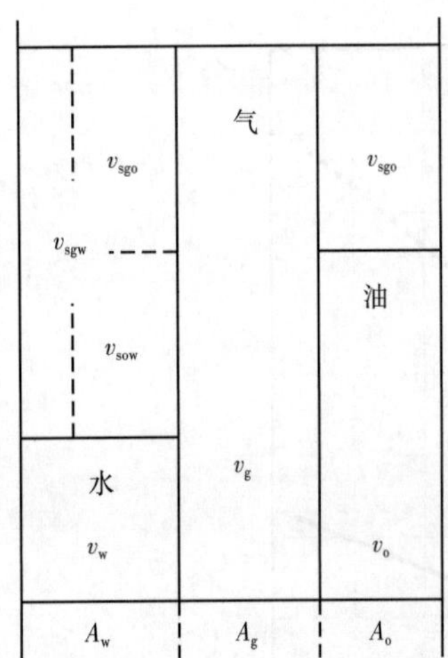

图1-50 油气水速度分布简化模型

由于

$$v_m=v_{sw}+v_{so}+v_{sg}$$

$$1=Y_o+Y_w+Y_g$$

$$v_{sgw}=v_g-v_w=\frac{v_{sg}}{Y_g}-\frac{v_{sw}}{Y_w}$$

$$v_{sow}=v_o-v_w=\frac{v_{so}}{Y_o}-\frac{v_{sw}}{Y_w}$$

$$v_{sgo}=v_g-v_o=\frac{v_{sg}}{Y_g}-\frac{v_{so}}{Y_o}$$

将上述五个方程分别整理得：

$$v_{sw}=Y_w(v_m-Y_gv_{sgw}-Y_ov_{sow})\tag{1-157}$$

$$v_{sg}=Y_g[v_m+(1-Y_g)v_{sgw}-Y_ov_{sow}]\tag{1-158}$$

$$v_{so}=Y_o[v_m-Y_gv_{sgw}+(1-Y_o)v_{sow}]\tag{1-159}$$

或

$$v_{so}=v_m-v_{sw}-v_{sg}\tag{1-160}$$

式中 v_{sow}、v_{sgw}、v_{sgo}——分别表示油水、气水、气油间的滑脱速度；

Y_g、Y_o、Y_w——分别表示气、油、水的持率；

v_{so}、v_{sw}、v_{sg}——分别表示油、水、气的表观速度。

式(1-157)、式(1-158)和式(1-159)或式(1-160)即为用于计算油气水三相表观速度的滑脱速度模型表达式。Y_g、Y_o、Y_w 中任意一项为零，则可得出相应两相流动的表达式。若 $Y_g=0$，则为油水两相流动，此时式(1-157)变为

$$v_{sw}=Y_w v_m-Y_w Y_o v_{sow}$$

上式与油水两相流动中用滑脱速度模型计算水相表观速度的关系式相同。

利用这一模型计算 v_{so}、v_{sw} 和 v_{sg} 时。主要问题是确定 v_{sow}、v_{sgw}。目前，还没有有效的方法。初步研究发现，泡状流动中油水间的滑脱速度为1~6cm/s，段塞状流动中，分布在1cm/s左右。对于气水间的滑脱速度，在泡状流动和段塞状流动中，可采用类似于气液两相流动中给出的方法计算：

$$v_{sgw}=1.53\ (1-Y_g)^n\left[\frac{g\delta\ (\rho_w-\rho_g)}{\rho_w^2}\right]^{0.25}$$

$$n=0.5\sim2$$

或

$$v_{sgw}=30\ (0.95-Y_g^2)^{0.5}+0.75$$

式中，v_{sgw}的单位为cm/s。

对式(1-157)至式(1-159)变形，分别可得：

$$C_w=Y_w\left[1-\frac{Y_g v_{sgw}+Y_o v_{sow}}{v_m}\right] \tag{1-161}$$

$$C_g=Y_g\left[1+\frac{(1-Y_g)\ v_{sgw}-Y_o v_{sow}}{v_m}\right] \tag{1-162}$$

$$C_o=1-C_g-C_w \tag{1-163}$$

式(1-161)至式(1-163)说明，流速提高，C_w 趋近 Y_w，即：

$$C_w\approx Y_w,\ C_o\approx Y_o,\ C_g\approx Y_g$$

同时也说明，持水率总大于含水率，而持气率总小于含气率。

五、烃类相态与油气两相流动

油藏和井内单纯的油气两相流动很少，一般都有水相伴随。石油和天然气是由多种烃类组成的混合物，在地层和井筒条件下，它可以处于单一的液相(油)，也可以处于单一的气相，还可以气油两相共存。处于油相时，表现为油水两相流动；处于气相时，表现为气水两相流动，处于油气两相时，表现为油气水三相流动。究竟处于哪种相态，主要取决于油气数量上的比例及其所处的压力和温度条件。泡点压力是中界点。随油藏开采压力的降低，在油藏或井筒中，烃类流体都会出现由单相转换为两相的过程。油藏烃类的化学组成是相态转化的内因，压力和温度是产生转化的条件。

油藏烃类主要是烷烃、环烷烃和芳香烃，其中尤以烷烃是天然气藏中遇到的最多者。烷烃又称石蜡族烃，其化学式为 C_nH_{2n+2}，在常温常压下，C_1—C_4 为气态，它们是构成天然气的主要成分；C_5—C_{16}是液态，它们是石油的主要成分；而 C_{16+} 的烷烃为固态，即石蜡。除此之外，还含有少量的氧、硫、氮化合物等，它们对石油的颜色、密度、黏度和界

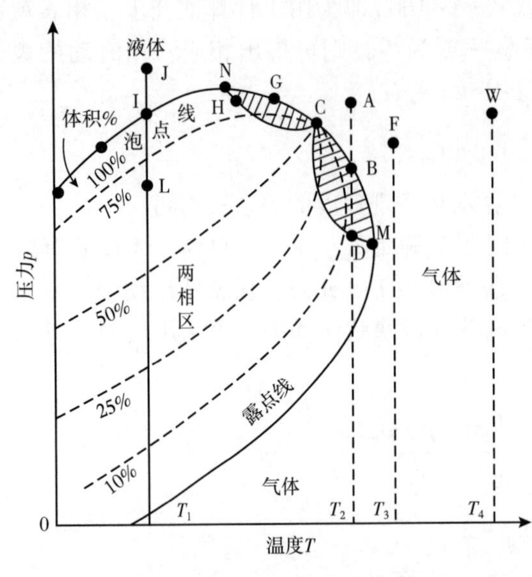

图 1-51　多组分烃类相态图

面张力等性质有较大影响。

1. 多组合烃类相态图

相态图通常用 $p—T$ 图进行研究，$p—T$ 图也称相图。油气属多组分烃类，其相应的相图如图 1-51 所示。C 点为临界点，该点各相的性质相同；M 点为临界凝析压力点，是油气共存平衡的最高压力点，临界点左边的两相区边线为泡点线，右边的两相区边界为露点线；由泡露两线包围的区域为油气平衡存在的两相区。两相区内的虚线为油相(液相)等体积或等摩尔百分数的等值线。划有阴影的面积，为相态反常区，反常区内，所产生的凝析或蒸发现象，都与常态情况相反，常数温度下降低压力(A-B-D 线)或常数压力下增加温度(H-G-A 线)会产生反凝析液体。另外，在常数压力下降低温度(A-G-H 线)或在常数温度下增加压力(D-B-A)都会产生反蒸发气体。

图中不同位置的点，表示不同的油气藏。如温度为 T_1、压力为 I 点压力的油藏为饱和油藏。若温度仍为 T_1，而地层压力位于 J 点，则为未饱和油藏，只有单相液体油存在，而前者为饱和液体(油)。处于 L 点的油藏有油气两相存在，称为过饱和油藏，这种油藏由油区和伴生的气顶所组成，且油区处于泡点压力下，油区处于露点压力下。气顶气一般为湿气，有时为凝析气，很少是干气。

如图 1-51 所示，对于地层温度处于临界和临界凝析之间的 T_2、压力不小于露点压力的地层(B 点、A 点)，地层内有凝析气体。B 点为被液体饱和的凝析气藏，又称饱和凝析气藏；而处在 A 点的为未被液体饱和的未饱和凝析气藏。

对于地层温度大于临界凝析温度 T_3 和 T_4，原始地层压力分别处于 F 点和 W 点的地层则分别储藏着湿气和干气，称为湿气藏和干气藏。

上面的温度和压力点也可能发生在井周附近或井筒之中。在实际工作中，可以利用烃类混合物的组分、产出液体的相对密度、气液比和相态图对烃类流体进行分类。

2. 典型原油的相态图

对在地层中以液态存在的原油，可根据其在地面产出的性质将原油划分为低收缩原油和高收缩原油。图 1-52 和图 1-53 分别是低收缩率原油和高收缩原油的相态图。低收缩原油的相图有两个特点，一是临界点位于临界凝析压力的右边，二是临界温度大于地层温度，且两相区内液体体积百分数等值线靠近露点线。在原始条件下，低收缩原油的油藏，可以是未饱和油藏(A′点)和饱和油藏(A 点)。这类油藏的生产气油比通常小于 $100m^3/m^3$，从地面观察，原油呈黑色或深颜色，地面原油的相对密度大于 0.86。普通的油藏均为低收缩原油油藏。

高收缩原油比低收缩原油含有较大的轻烃组分，油藏温度通常接近于临界温度，两相区的液体等值线并不靠近露点线分布。在原始条件下，高收缩原油的油藏，可以是未饱和油藏(A′点)也可以是饱和油藏(A 点)。地面原油呈深褐色，地面相对密度大于 0.8，生产气油比小于 1500m^3/m^3，有时称为轻质油藏。

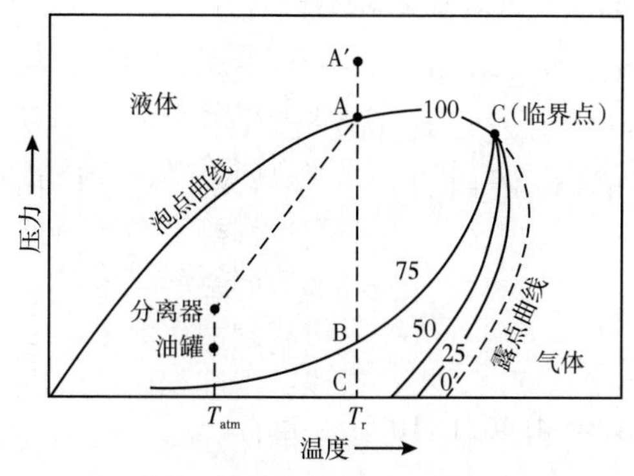

图 1-52　低收缩率原油相态图

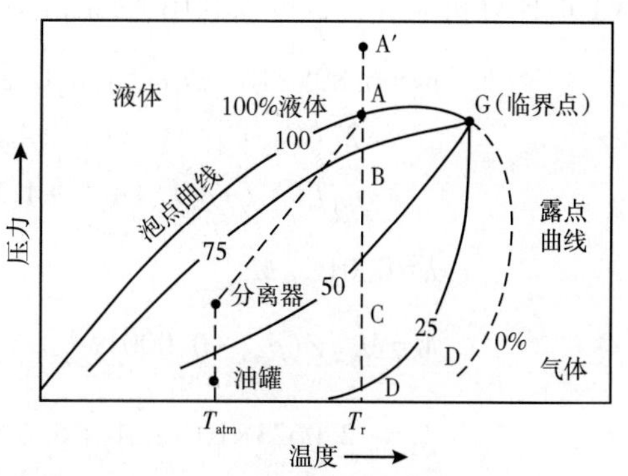

图 1-53　高收缩率原油相态图

3. 天然气的相态图

根据烃类气体的组分和性质，以及烃类混合物在地层中的状态，可将天然气划分为凝析气、湿气和干气三类。

1)反凝析气相态图

图 1-54 是反凝析气的相态图。其临界点的位置，取决于轻烃含量的多少。而实际凝析气藏的温度则处于临界温度和临界凝析温度之间。由凝析气藏可以采出凝析油和天然气。

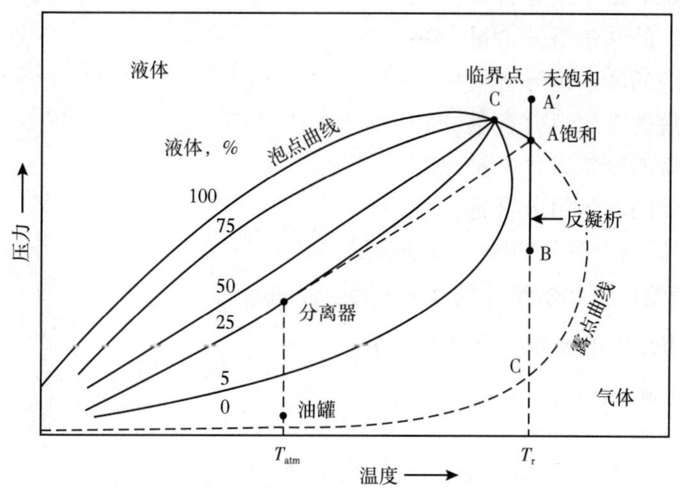

图 1-54　反凝析气的相态图

处于 A′点的凝析气藏，流体是单相气体，随着流体的采出，地层压力以等温过程下降。当地层压力下降到 A 点(露点)压力之后，在地层中会产生反凝析现象。此时的地层孔隙被气体、凝析液和束缚水三相所饱和，当压力由 A 点下降到 B 点的过程中，地层中的反凝析液随之增加，而 B 点的压力位置达到了最大的反凝析液量。如果地层压力仍以等温过程继续下降，则从 B 点开始产生地层中反凝析液的反蒸发现象。这时地面烃类中将含有比高收缩原油较多的轻烃组分和少量的较重的烃组分。

凝析气藏的生产气油比可以高达 12500m^3/m^3，凝析油的密度低于 0.7389g/cm^3，颜色呈浅橘色或浅稻黄色。

在原始条件下，确定凝析气藏露点压力的大小，是一项重要的工作内容。可以通过PVT取样分析完成，也可以利用Nemeth等提供的经验公式加以确定：

$$\begin{aligned} p_d = 6.895\times10^{-3}\exp\{ & A_1[0.2N_2+CO_2+H_2S+0.4C_1+C_2 \\ & +2(C_3+C_4)+C_5+C_6]+A_2\rho C_{7+}+A_3[C_1/(C_7+0.002)] \\ & +A_4T+A_5L+A_6L^2+A_7L^3+A_8M+A_9M^2+A_{10}M^3+A_{11}\} \end{aligned} \tag{1-164}$$

$$L=0.01C_{7+}M_{C_{7+}}$$

$$M=M_{C_{7+}}/(\rho_{C_{7+}}+0.0001)$$

$A_1=-2.0623\times10^{-2}$；$A_2=6.6260$；$A_3=-4.4671\times10^{-3}$；

$A_4=1.8807\times10^{-4}$；$A_5=3.2674\times10^{-2}$；$A_6=-3.6453\times10^{-3}$；

$A_7=-7.43\times10^{-5}$；$A_8=-0.1138$；$A_9=6.2476\times10^{-4}$；

$A_{10}=-1.0717\times10^{-6}$；$A_{11}=10.7466$。

式中 N_2——氮气的摩尔组分含量，%；

CO_2——二氧化碳气的摩尔组分含量，%；

H_2S——硫化氢气的摩尔组分含量，%；

C_1——甲烷的摩尔组分含量，%；

C_2——乙烷的摩尔组分含量，%；

C_3——丙烷的摩尔组分含量，%；

C_4——丁烷的摩尔组分含量，%；

C_5——戊烷的摩尔组分含量，%；

C_6——己烷的摩尔组分含量，%；

C_{7+}——庚烷以上组分的摩尔组分含量，%；

$\rho_{C_{7+}}$——庚烷以上摩尔组分的地面密度，g/cm^3；

$M_{C_{7+}}$——庚烷以上摩尔组分的分子量；

T——地层温度，℃；

p_d——露点压力，MPa；

式(1-164)是由世界范围内480个不同烃类系统的579个数据建立起来的，计算的平均偏差为7.4%。所用资料的变化范围是

$$8.76\text{MPa}\leqslant p_d\leqslant74.39\text{MPa}$$

$$4.44℃\leqslant T\leqslant160℃$$

$$106\leqslant M_{C_{7+}}\leqslant235$$

$$0.733\text{g/cm}^3\leqslant\rho_{C_{7+}}\leqslant0.8681\text{g/cm}^3$$

2)湿气相态图

湿气含有的烃类重组分比凝析气少，相态图的分布范围较窄，且临界点也向低温方向移动，如图1-55所示。湿气藏开采时，整个压降开采期间都保持为单相气体，不发生反凝析现象。只有处于两相区的地面分离器条件下，才有液体产生。这种液体称为凝析油，

主要成分为丙烷和丁烷。开发湿气藏的地面生产气油比高达 17800m³/m³，相对密度低于 0.7796。

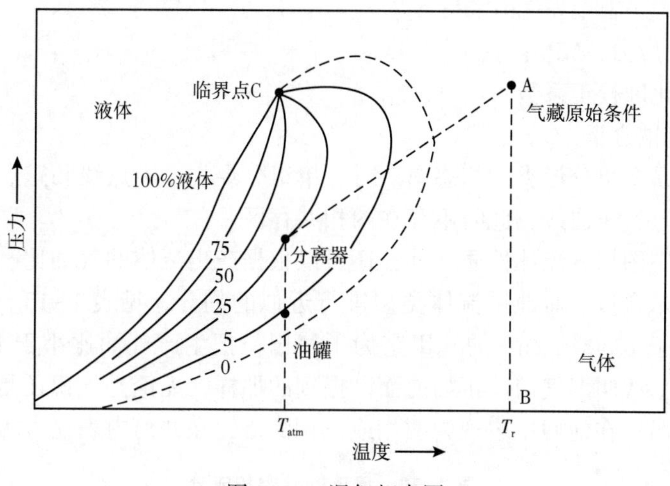

图 1-55　湿气相态图

3) 干气相态图

干气的主要组分是甲烷和少量的乙烷，其他重烃的含量小。典型的干气相态图如图 1-56 所示。开采时在地层和分离器条件下的生产过程都处在两相区之外的单相气体区，不会产生反凝析液体。随着压力和温度的降低，经地面分离器后，能分离出少量白色的凝析油。气井凝析水的产量可由下面的经验公式估算：

$$q_w = q_g \times WGR \tag{1-165}$$

$$WGR = 1.6019 \times 10^{-4} A \left[0.32(5.625 \times 10^{-2} T + 1) \right]^B S_C$$

$$A = 3.4 + \frac{418.0278}{p}$$

$$B = 3.2147 + 3.8537 \times 10^{-2} p - 4.7752 \times 10^{-4} p^2$$

$$S_C = 1 - 4.983 \times 10^{-3} \delta - 1.757 \times 10^{-4} \delta^2$$

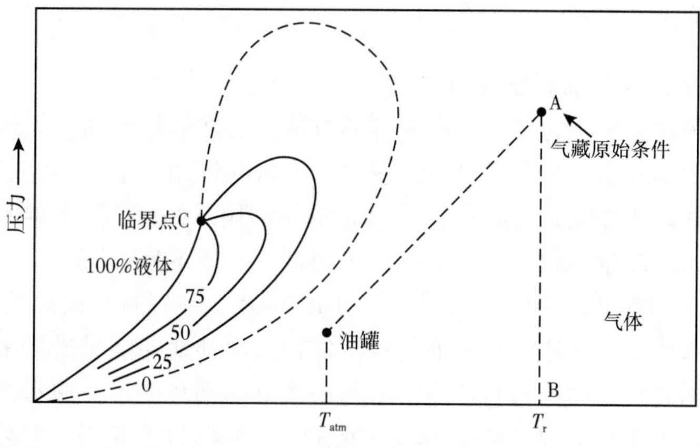

图 1-56　典型的干气相态图

式中 q_w——气井凝析水的产量，m^3/d；

q_g——产气量，$\times10^4\ m^3/d$；

WGR——气水比，$m^3/10^4m^3$；

p——地层压力，MPa；

S_C——矿化度校正系数；

δ——氯化钠含量，%。

以上介绍的是多组分烃类的相态图。对于单组分烃类，泡点线和露点线相互重合成一条线，即所谓的蒸气压曲线，此时不存在两相共存区。

除了利用相态图划分流体性质之外，还可以根据产出流体的气油比、地面原油密度和流体中甲烷的摩尔含量。对地层流体类型进行近似的划分，见表 1-10。实际工作中，常把生产气油比大于 $17800m^3/m^3$ 的气田定为干气田，把生产气油比小于 $17800m^3/m^3$ 的气田定为凝析气田，或叫湿气田。正如前面已提到的那样，无论是气田还是油田，开采时总是伴随有水的产出，在地面中表现为两相或三相渗流，在井筒内表现为两相或三相流动。

表 1-10 流体的分类和成分

烃的分类	气油比 m^3/m^3	凝析油含量 cm^3/m^3	甲烷含量 %	地面液体密度 g/cm^3
天然气	>18000	<55	>85	0.7~0.8
凝析气	550~18000	55~1800	75~90	0.72~0.82
轻质油	250~550	—	55~75	0.76~0.83
原 油	<250	—	<60	0.83~1

第四节 提高原油采收率原理

生产测井技术与采油过程和提高原油采收率技术实施过程密切相连。本节介绍常用提高采收率的方法。

原油采收率是采出地下原油原始储量的百分数，即采出原油量与地下原始储量的比值。一个油藏原油采收率的高低既和相应的地质条件有关，又和现有的采油工艺有关。

一、基本概念

1. 一次采油、二次采油和三次采油

一次采油是依靠天然压力能量进行采油的方法，天然能量包括：天然水驱、弹性能量驱、溶解气驱、气驱和重力驱等。这些能量可以同时起作用，也可顺序起作用，其中溶解气驱更为常见。在高角度倾斜油藏中，重力起主导作用。20 世纪 40 年代之前，主要采用这一方法。由于天然能量不稳定，一般采收率很低，一般不超过 15%。

二次采油：20 世纪 40 年代以后，广泛应用的注水、注气就是最常见的二次采油方法。其特点是：用注水或注气方法弥补采油的亏空体积、增补地层能量进行采油。通常二次采油紧跟在一次采油之后。国内通常是将注水与一次采油同时进行，注水方法在第一节中已做了详细的介绍。苏联几乎 90%的原油靠注水采出，我国目前基本上也采用这一方法。二次采油的平均采收率一般小于 50%，个别情况也有可能达到 70%~80%。

三次采油：其特点是针对二次采油未能采出的残余油和剩余油向地层注入其他驱油工作剂或引入其他能量的方法。可分为三种类型：化学法、热力法和混相驱法。如图 1-57 所示。这些方法中，热力方法应用良好，具有广阔的前景。表面活性剂驱较为复杂，技术上还有待于进一步发展。

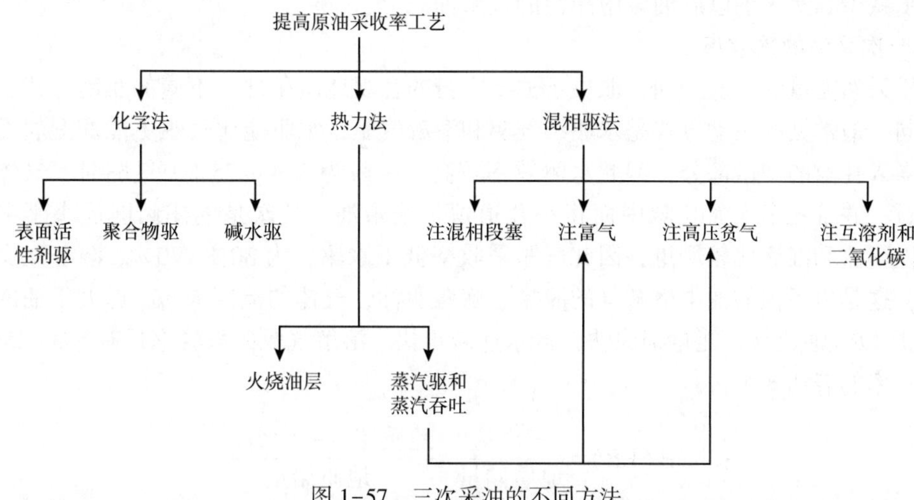

图 1-57　三次采油的不同方法

化学驱分为三种类型：表面活性剂驱、聚合物驱和碱水驱。表面活性剂驱和碱水驱是以形成超低界面张力为基础的。

对高黏度原油（相对密度大于 0.93），当相应储层的孔隙度较高时，可采用热力采油方法。根据其热量在油藏中产生的方式，将热力法分为三种类型：火烧油层、蒸汽驱和蒸汽吞吐。火烧油层时，首先点燃井周附近的原油，然后注气促进燃烧带向生产井移动。连续燃烧带的延伸几乎能清除所有的油藏流体，并在清除过的岩石中留下热量。蒸汽驱是向注入井连续注汽，生产井采油；蒸汽吞吐是在同一口井注汽，又在同一口井采油。注蒸汽比火烧油层易于控制。对于相同井网，火烧油层增产见效时间比注蒸汽慢 25%~50%。

混相驱的原理为，注入一种溶剂如酒精、烃、液化石油气或二氧化碳，这些溶剂能溶解在油藏原油中。注入的溶剂能够减小滞留原油的毛细管力。混相驱的过程是首先注入溶剂段塞，然后注入液气或气相把溶剂和油的混合物驱替出来。混相驱法包括四种：注混相段塞、注富气、注高压贫气、注互溶剂和二氧化碳。

混相段塞法的原理为注入大约等于一半油藏孔隙体积的液态烃段塞，然后注入气体或水把段塞驱替出油藏。注入富气法是，先注入富天然气段塞，然后注入贫气（干气）或贫气和水。高压注贫气的目的是造成原油的反汽化并在原油和气之间形成由 C_2—C_6 成分组成的混相。在注入富气的方法中，中间烃 C_2—C_6 由气体变成油，而在高压注贫气方法中，中间烃 C_2—C_6 由油变成气。

注互溶剂的方法是，注入和油混相又和水混相的溶剂（如醇类），这些溶剂在油藏中形成单相从而达到提高采收率的目的。为保证形成单相，需要足够的溶剂。二氧化碳的混相机理类似于高压注贫气方法。在适当的温度、压力条件下，二氧化碳能形成一个混相前缘，该前缘作为单相流体移动并有效地把原油驱替到生产井。正常油藏温度下，10MPa 以上的压力可以使二氧化碳混相。

目前，用“提高原油采收率”这一术语表示除天然能量、注水、注气采油以外的任何方法。通常用 EOR（Enhanced Oil Recovery）表示。

目前一种正在兴起的 EOR 方法是微生物采油（MEOR），该方法是把经过选择的微生物注入油藏中，然后就地繁殖，其产物在油层中传输并将油驱向生产井。微生物采油有助于进一步减少二次采油以后油藏中滞留的残余油。

2. 一次采油的采收率

仅靠天然能量的一次采油，取决于油藏本身的客观地质条件。不同的驱动方式，采收率也不同。最常见的驱动方式是水驱、气驱和溶解气驱，水驱能比气驱更能润湿岩石，所以更能渗入孔隙的细微部分，因此水驱效率较高，一般为 35%～75%。气驱时，气体不能润湿岩石，并首先窜入大孔隙中而将小孔道留下残余油，其次是气体黏度远小于水的黏度，所以窜流和混流比较严重，因此气驱采收率低于水驱，为 30%～70%。溶解气驱采收率最低，这是由于仅靠油中溶解气的脱出、膨胀驱油，气体的流度 K_g/μ_g 远大于油的流度 K_o/μ_o。所以气油比高，能量损失快，产量递减也快。溶解气驱的采收率只有 5%～25%。

采收率的表达式为

$$\text{采收率(ER)}=\frac{\text{采出量}}{\text{地质储量}}=\frac{\text{地质储量}-\text{残余油量}}{\text{地质储量}}$$

原始地质储量：　$N_o=Ah\phi(1-S_{wi})/B_{oi}$

残余油量：　$N_{or}=Ah\phi S_{or}/B_o$

式中　A——油藏面积；

h——油层厚度；

ϕ——孔隙度；

S_{wi}——束缚水饱和度；

B_{oi}——原始地层油的体积系数；

S_{or}——残余油饱和度；

B_o——当前原油地层体积系数。

将上述两式代入前式得：

$$\begin{aligned}\text{ER}&=\frac{N_o-N_{or}}{N_o}\\&=\frac{Ah\phi\ (1-S_{wi})/B_{oi}-Ah\phi S_{or}/B_o}{Ah\phi\ (1-S_{wi})/B_{oi}}\\&=1-\frac{S_{or}}{1-S_{wi}}\frac{B_{oi}}{B_o}\end{aligned}\tag{1-166}$$

式(1-166)说明，只要能测得原始束缚水饱和度 S_{wi} 及油藏枯竭时的残余油饱和度 S_{or}，即可计算出油藏的采收率。若认为 $B_{oi}\approx B_o$，则式(1-166)可改为

$$\text{ER}=1-\frac{S_{or}}{1-S_{wi}}=\frac{1-S_{wi}-S_{or}}{1-S_{wi}}\tag{1-167}$$

对于溶解气驱油藏，枯竭时：

$$S_{wi}+S_{or}+S_g=1$$

因此

$$ER=\frac{S_g}{1-S_{wi}} \tag{1-168}$$

式中　S_g——枯竭压力下的含气饱和度。

对于水驱油藏，枯竭停止采油时，地层为束缚水，残余油和进入油层中的水（S_{inw}）所饱和，即：

$$S_{wi}+S_{or}+S_{inw}=1$$

所以

$$ER=\frac{S_{inw}}{1-S_{wi}} \tag{1-169}$$

3. 注入工作剂时的采收率

注入工作剂驱油时，一方面地层中由于注水前缘不规则，有的部位可能完全没有受到水的波及，从而形成死油区；另一方面在波及区（水淹）内，从微观上看油也并未全部被水驱走，小孔道中可能原封不动或残留下一定的油滴或形成油膜。因此，注入工作剂（包括注水、注聚合物）的采收率取决于波及系数和洗油效率。

原油采收率（ER）与波及系数、洗油效率的关系是

$$\begin{aligned}ER&=\frac{V_{采出}}{V_{原始}}=\frac{V_{原始}-(V_{未波及}+V_{波及区残余})}{V_{原始}}\\&=\frac{V_{波及}-V_{波及区残余}}{V_{原始}}\\&=\frac{A_s h_s \phi S_{oi}-A_s h_s \phi S_{or}}{Ah\phi S_{oi}}\\&=\frac{A_s h_s}{Ah}\left(1-\frac{S_{or}}{S_{oi}}\right)\\&=M_V M_D\end{aligned} \tag{1-170}$$

其中：

$$M_V=\frac{A_s h_s}{Ah},\quad M_D=1-\frac{S_{or}}{S_{oi}}$$

式中　M_V——体积波及系数；

M_D——洗油效率；

A_s——工作剂扫过的油层面积；

h_s——扫过的油层厚度；

S_{or}——残余油饱和度；

S_{oi}——原始含油饱和度。

可见注工作剂时，采收率是体积波及系数和洗油效率的乘积。M_V、M_D 主要是通过物理模拟、岩心测定、数值模拟及打检查井方法确定的。

对于较均匀的油藏，根据上述影响 ER 的因素，人们得出了不同类型的预测水驱采收

率的经验公式。一种是仅考虑渗透率(K)和原油黏度(μ_o)与采收率的关系：

$$ER=0.214289(K/\mu_o)^{0.1818}$$

上式的适用范围是$K=20\sim5000$mD、$\mu_o=0.5\sim6$mPa·s。

另一类公式考虑的因素较多：

$$ER=0.11403+0.27191\lg K+0.25569S_{wi}-0.1355\lg\mu_o-1.538\phi-0.001067h$$

二、影响因素

原油采收率是波及系数和洗油效率的乘积，因此，影响这两个参数的各种因素均会影响采收率。现场资料表明，地层的非均质性、原油黏度，油藏润湿性等是影响采收率的内因；人为的工作状况如井网的布置、注水方式、油井的工作制度、采油工艺等是影响采收率的外界因素。

1. 油层非均质性

油层非均质性主要是由沉积条件造成的，可划分为垂直剖面上、平面上和结构特征上的非均质三种类型。前两种称为宏观非均质，即岩石孔隙度、渗透率的非均质性，这是影响波及系数的主要因素。孔隙结构特征非均质属微观非均质性，表现为孔隙大小分布、孔隙孔道的曲折程度、毛细管力作用及表面润湿性等，这些是影响洗油效率的主要因素。

1)油层渗透率的非均质性

渗透率的非均质性包括两个方面：一是各向异性，即不同方向上的渗透率不同；二是非均质性，即从一点到另一点的渗透率不同。

油层渗透率在垂直剖面上的非均质性导致油层水淹厚度上的不均，造成单层突进、水淹厚度小及波及效率低等现象。渗透率在平面上的各向非均质性，会导致平面上水线推进不均匀，使有的生产井过早见水和水淹。对于这种情况可通过调整井网及注入井的注入量或生产井的产量来增大水的波及面积。通常使注采系统的水流方向与高渗透率方向相垂直，就会使波及系数大大提高，且不易发生水窜现象。

2)沉积韵律的影响

沉积韵律直接反映岩相、岩性在纵向剖面上的变化。

正韵律油层，其岩性特点是从下而上由粗变细，因此下部渗透率高，上部渗透率低，考虑油水的密度差，结果是油层下部连通好，水流速度快，纵向上水洗厚度小，但水洗层驱油效率高，平面上下部油层水淹面积大且含水上升快。

反韵律油层的岩性特征与正韵律相反。油层从下至上颗粒由细变粗。其水淹规律是：油层见水厚度大、含水上升慢。但驱油效率不高，无明显的水洗层段，大量的原油需要在生产井见水后，继续增加注水量后才能采出。

复合韵律的油层，其岩性变化和顺序兼有正韵律油层及反韵律油层的特征。在复合韵律油层内，油水运动的规律取决于高低渗透带所处的位置。如果高渗透带偏于下部，油层以正韵律为主，这时的油水运动特征大致与正韵律层类似，即底层驱油效率高，顶部低。但与正韵律高渗透层相比，见水厚度更大，水线推进较均匀，水窜现象更轻些。

上述分析表明，为了提高波及系数和洗油效率，必须针对不同油层、不同的油水运动规律采取不同措施。例如，增加水洗厚度是开发正韵律高渗透率层的关键，也是制定措施的依据和出发点；而开发好反韵律油层的最重要的考虑，则是设法提高其洗油效率。

2. 流度比及油层流体黏度对采收率的影响

如前所述，水的流度和油的流度之比为水驱油的流度比(M)：

$$M=\frac{K_w/\mu_w}{K_o/\mu_o}=\frac{K_w}{K_o}\frac{\mu_o}{\mu_w} \tag{1-171}$$

水窜后改注聚合物溶液时，计算聚合物和油的流度比 M_p 时，改用下式：

$$M_p=\frac{K_p/\mu_p}{\frac{K_o}{\mu_o}+\frac{K_w}{\mu_w}} \tag{1-172}$$

式中　K_p——聚合物的相渗透率；

μ_p——聚合物的黏度。

式(1-172)等号右侧分母表示聚合物段塞前方油水混合带的流度。

K_p、K_o、K_w 应在室内用保持天然状态的岩心，测定出其相对渗透率曲线后才能确定。

正如在本章第一节中提到的，流度比的大小直接影响注入工作剂的波及系数，进而影响采收率。对于注入工作剂驱油的情况，要提高采收率必须要控制和调节流度比，使其尽量小于或接近 1，降低流度比的主要方法是提高注入剂的黏度。

如果原油黏度过高，注水时的流度比就过大，驱油效果差。因此，高黏度原油一般不采用注水方法开采。从流度比的表达式(1-171)可知，岩性一定的地层，μ_o/μ_w 是影响采收率的主要因素，对层内非均质严重的实际油藏，这一因素的影响更为严重，驱油效果很差。如对正韵律油层，由于油水黏度差大，当驱动压差不大时，重力分离使得下部高渗透带的水容易流动，底部水淹后，水相渗透率 K_w 增大，因此 M 增大，纵向波及系数减小，层内非均质矛盾加剧。

3. 岩石润湿性对采收率的影响

岩石的润湿性对石油采收率的影响，是由岩石对油和水的润湿性不同所引起的。有的岩心亲水或偏亲水，有的亲油或偏亲油，有的既亲水又亲油。水驱油的过程中，水易于驱净亲水油层内的油。统计资料显示，亲油油层的采收率目前最高只有 45%左右，而亲水油层的采收率可高达 80%。

亲油油层，油优先润湿岩石的固体表面，当水进入亲油孔道时，岩石对油的附着力阻碍油的流动。水的黏滞阻力较油为小，常沿孔道中心窜流。倘若增大注入速度，水窜的超越作用更为显著，水流过后，固体表面就剩下一层油膜，这种油膜就是水驱油后的残余油的形式之一。现场大量实验表明，润湿性对开发效果的影响是明显的，在非均质油层中若出现这种现象，会使油的采收率急剧降低。实验表明亲油与亲水时，采收率可相差 25%左右。

三、残余油饱和度分布和确定

1. 残余油饱和度的基本概念

EOR 方案实施时，首先应了解残余油的分布及数量。经一次、二次采油后，大约还有占原始储量一半或一半以上的石油仍被俘留在岩石的孔隙之内，成为残余油。残余油包括两部分，剩余油和残余油，剩余油指由于波及系数低，水尚未波及的区域所剩下的原油

(即局部死油区内的油)。例如，低渗透夹层内和水绕过带中的残余油；未被井钻穿到透镜体中的油；局部不渗透遮挡(断层、逆掩断层等)处的原油等。这部分油是宏观上连续分布的，其形成与油藏平面和厚度上的宏观非均质性、注采井网的布置以及注入工作剂的流度有关。而残余油是指注入水已扫过但仍然残留、未能被驱走的原油。例如，毛细管力束缚的油；或由于压力梯度小，不能流动的油；或岩石表面的薄膜油等。这类油的分布是微观的，且大多不连续。虽然剩余油和残余油的概念不同，在地下处的状态也不同，但同属未被采出的油，因此通称为注水后的残余油。在研究选用 EOR 方法时，应从两方面考虑：一方面应从如何促使未波及区缩小着手，这可采用调整注采井网系统、增打加密井、调整工作剂的流度；另一方面，应从如何将孔道中的油滴或颗粒表面上的油膜清除出来考虑，可采用注活性剂等方法实现。

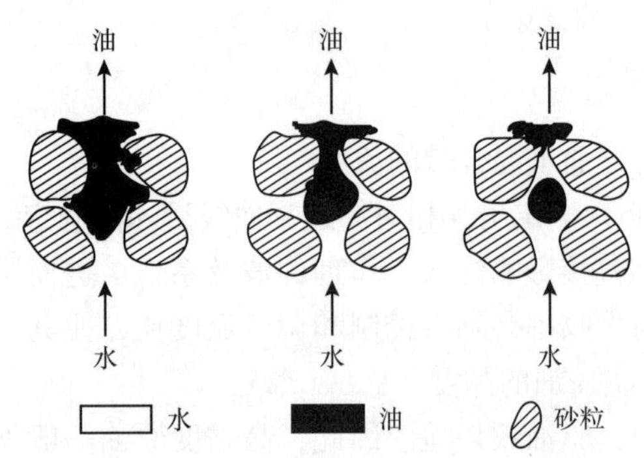

图 1-58　残余油在孔道中存在的状态

每个油层都有自己的残余油分布类型，即使同样类型的油田，残余油的分布类型也不相同。残余油在孔道中存在的状态和数量，主要受岩石表面润湿性和孔隙微观结构影响。由于岩石中的斑状润湿和部分润湿，孔道结构大小各异，使其残余油的形状会千差万别，千姿百态。对于亲水岩石，靠近岩石表面是水，油只存在孔隙中，呈滴状或索状，如图 1-58 所示。对于亲油岩石，由于油对岩石的润湿能力大于水，因此油会紧贴岩石颗粒表面形成油膜。为了使油膜能流动，提高水的洗油能力，降低油水界面张力最为重要，目前，主要是通过注入表面活性剂达到这一目的。

2. 确定残余油饱和度的方法

确定残余油饱和度的主要方法是在水淹区打取心井测定、室内物理模拟、测井及采用注入化学剂的单井示踪方法。

1) 检查井取心

在水淹区打检查井取心分析可获得局部储油层的确切信息，和其他确定残余油饱和度的方法配合使用，可得出更全面的认识。

2) 室内岩心模拟实验

(1) 采用钻井所取的油层岩心或其他岩心，按照地层中水驱油的实际物理过程，根据相似原理，进行驱替实验，可测定出驱替后的残余油饱和度。

(2) 采用地层真实岩心进行分析，得出地层条件下油水的相对渗透率曲线，曲线上对应于 $K_{ro}=0$ 即为相应的残余油饱和度。

(3) 由压汞和退汞曲线的毛细管压力确定剩余油饱和度，如图 1-59 所示，S_{wi} 和 S_{or} 分别表示束缚水饱和度和残余油饱和度。

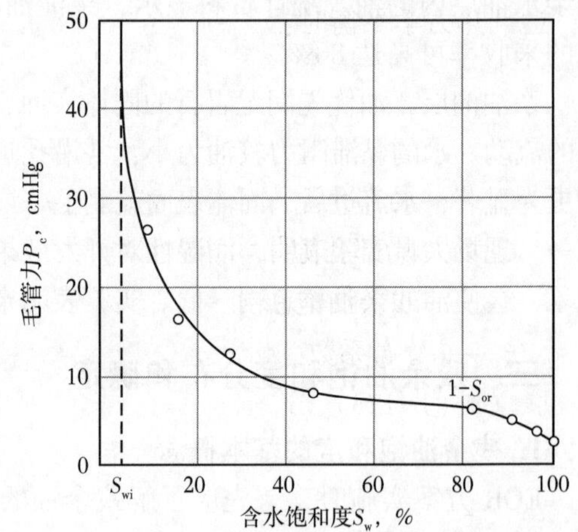

图 1-59　典型毛管压力曲线

3)测井方法

测井方法主要包括测—注—测技术和常规测井(C/O、TDT、中子寿命、核磁共振、介电、电阻率)。用测—注—测技术得到的是残余油饱和度，用常规方法得到的是剩余油饱和度。用测井方法的优点是不用打检查井，且与岩心分析方法相比代表的测试范围更大。测井方法在后续章节还将做详细介绍。

4)单井示踪剂法

单井化学示踪剂法测残余油饱和度，是利用同一口井注入和采出含有化学示踪剂液体的方法测定残余油饱和度。国内自 1983 年投入试验，目前已应用于许多地区。

该方法的基本原理是：示踪剂在油层的固定油相(残余油)和流动水相能按所固有的关系进行分配，符合色谱原理。当把低分子量的酯(如醋酸乙酯)作为示踪剂注进油层以后，遇水发生水解，生成另一种稳定的醇作为第二种示踪剂。其反应式为

$$R-\overset{\overset{O}{\|}}{C}-OR' + H_2O \longrightarrow R-\overset{\overset{O}{\|}}{C}-OH + R'OH$$

酯类（第一示踪剂）　　　　醇类（第二示踪剂）

第一种示踪剂是油溶性的，主要溶解在油里，在水中的溶解量很少，它在油层中的运动速度由油速度和水速度两部分组成；第二种示踪剂是亲水的，它几乎不溶于油而全部溶于水，在油层内与水的运动速度相同。两种示踪剂浓度的峰值到达地面的时间不同，产生一个时间差。这种时间差和残余油量有定量关系。残余油的数量越大，时间差越大。

示踪剂 i 分子进入油层孔道后的运动速度 v_i 包括两部分：

$$v_i = n_o v_o + (1-n_o)v_w \tag{1-173}$$

式中　v_o——残余油分子的运动速度；

v_w——地层水的运动速度；

n_o——溶于油的示踪剂的浓度；

$1-n_o$——溶于水的那部分示踪剂的浓度。

达到热力学平衡时：

$$\frac{n_o}{1-n_o} = \frac{C_{io}S_{or}}{C_{iw}S_w} = k_i\frac{S_{or}}{S_w} \tag{1-174}$$

式中　C_{io}——局部孔隙内油相中示踪剂的浓度；

C_{iw}——局部孔隙内水相中示踪剂的浓度；

S_{or}——残余油饱和度；

k_i——分布系数。

联立式(1-173)、式(1-174)，将 $S_w = 1-S_{or}$代入得：

$$v_i = \frac{(1-S_{or})v_w + k_i S_{or} v_o}{(1-S_{or}) + k_i S_{or}} \tag{1-175}$$

残余油时，油不流动，即 $v_o = 0$，因此

$$v_i=\frac{(1-S_{or})v_w}{(1-S_{or})+k_iS_{or}} \tag{1-176}$$

示踪剂一和示踪剂二的分布系数分别为 k_1 和 k_2。若从注入井到达生产井的时间分别为 Δt_1 和 Δt_2，则：

$$\frac{\Delta t_1}{\Delta t_2}=\frac{(1-S_{or})+k_1S_{or}}{(1-S_{or})+k_2S_{or}} \tag{1-177}$$

若测出 k_1、k_2、Δt_1、Δt_2，则可求出 S_{or}。这一方法在同一口井中也可完成。具体步骤是：首先把第一示踪剂注入地层，关井发生水解产生第二示踪剂，然后开井记录两种示踪剂的到达时间，即可求出残余油饱和度。

四、热力采油

热力采油适用于重油和稠油开采，这类油田原油黏度从几十毫帕秒变化到上千万毫帕秒，如我国的胜利油田、河南油田、辽河油田、克拉玛依油田等。目前世界上将原油黏度大于 50mPa · s，密度大于 0.9g/cm^3 的油藏看作是稠油油藏，水驱效果差(小于15%)。稠油油藏采用热采效果良好，常见的热采方法有三种：蒸汽吞吐、蒸汽驱和火烧油层。

1. 蒸汽吞吐

蒸汽吞吐也叫循环注蒸汽或蒸汽浸泡法。

该方法的过程分三步，首先向生产井注入大量蒸汽(如每米油层注 90t 蒸汽)；然后关井 3~7 天，使热量充分向油层扩散，提高重油的流度；最后开井进行生产。由于注入井与采油井为同一井，故称为单井吞吐。除了能够显著提高流度之外，该方法也起到清洗井筒的作用，并使井筒周围的渗透率得到充分改善，也可促使地层中的流体热膨胀。

蒸汽吞吐开采的适用条件如下：

(1)油层厚、井浅。这样可以减少井筒热损失。一般要求厚度大于 10m，井深不超过 1000m。

(2)油要稠、饱和度高、避免热量损失。一般要求含油饱和度大于 50%，原油黏度大于 200mPa · s。

(3)地层压力高，使原油容易流动。

对于一般的油层，油井进行一次吞吐后，产量会逐渐降低，当产量降低至一定程度时，可以再注蒸汽，进行再次或多次吞吐。严格讲，蒸汽吞吐和酸化、压裂一样是一种增产措施，因为它只是降低了井底附近的原油黏度，并未改变驱动方式。有的井反复吞吐几十次仍有原油采出，但效果依次递减，为此，通常的做法是经过几次吞吐后，将井网改为蒸汽驱。

2. 蒸汽驱油法

蒸汽驱油法也是当前的主要热力法之一。除了由蒸汽吞吐转为蒸汽驱外，也可以一开始就直接采用。该法的驱油过程与注水相同，按蒸汽进入油层的过程可以将其分成三个带：蒸汽带、热水带和高饱和油带。也有的将其分为四个带：热水带前缘加上一个冷水带。如图 1-60 所示。注蒸汽时，首先要选择适当的井网，将蒸汽注入预定的注入井中，使注入井周围形成一个高温蒸汽饱和带。此饱和带的温度与注入蒸汽的温度几乎相等。蒸汽向地层中扩散时，压力逐渐下降，温度也不断下降，形成热凝水带，然后继续驱油形成冷水带，最后形成高饱和油带。在高温饱和蒸汽带内，会发生一些物理化学变化，包括原油热膨胀、部分轻质油蒸发、原油黏度降低且相对渗透率增高。

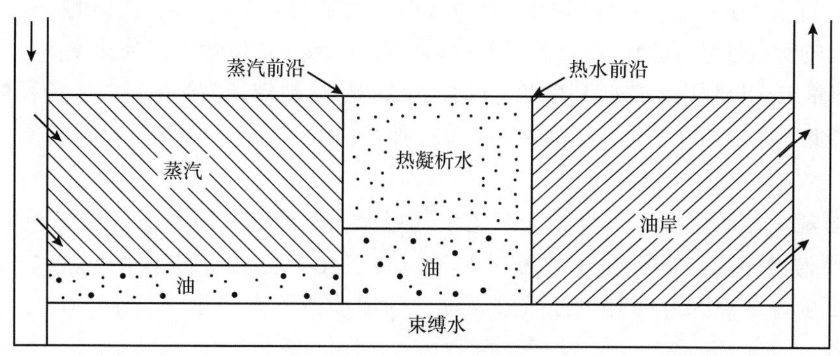

图 1-60　油层注蒸汽过程

为了节约蒸汽，可在注入一定数量的蒸汽后改注热水或冷水，以增加经济效益。这是由于大量注蒸汽后，蒸汽带的温度仍很高，注入热水或冷水后，会发生热交换，形成热水驱。

蒸汽驱要求油层均匀，不存在高渗透带，且油层厚度应大于 6m，井深不超过 1000m。蒸汽驱的缺点是热损耗大，一般需要采出量的 1/3 作为产生蒸汽的燃料，与蒸汽吞吐相比，该法见效晚、难以控制等。但大量现场应用证明，该方法可获得非常高的采收率。

生产上应注意的问题是高温蒸汽的注入或冷却会使套管损坏。在生产井方面，可能出现黏土膨胀、出砂等不利于产油的地层损害。注蒸汽和蒸汽吞吐的热源均在地面，热耗大。改进这一方法的另一途径是火烧油层。

3. 火烧油层

火烧油层有两种方式，即正向燃烧和反向燃烧。

1) 正向燃烧

正向燃烧也称正烧法，是在空气注入井底附近将油层点燃，燃烧前缘从注入井向生产井传播，同时连续注入空气驱动燃烧带穿过油层到达生产井，如图 1-61 所示。

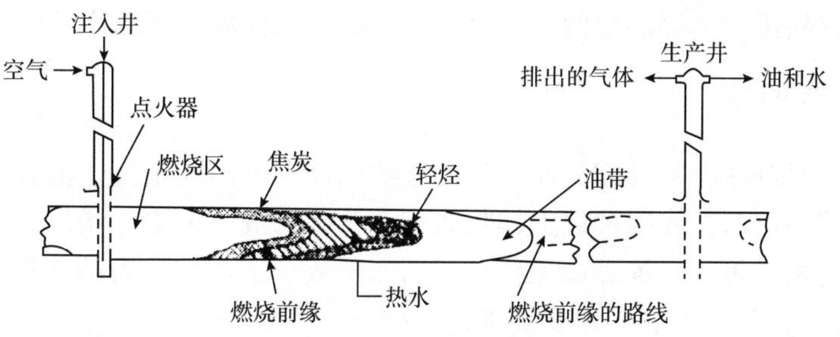

图 1-61　正向燃烧示意图

火烧油层的工艺是：首先选一套注采井网，注入一定的空气，使油层有一定的空气饱和度，提供燃烧必需的氧气。然后井下点火使油层自燃（燃烧温度达 250～500℃）。再继续注入空气，使火线向生产井推进。

靠近注入井的是燃烧区，该区内所有液体都从岩石内被消除；其次是蒸发带，它是火烧的产物(焦炭)。再向前是凝析带，凝析的蒸汽形成热水，凝析的轻质油呈混相来排驱油层油。

如果适当控制注入量，采收率可达 50%~80%，其余的 20%~50%，烧掉的只是 5%~10%。

正烧法的特点是空气流动与火线前缘的移动方向一致、推进快、采油速度高。不足之处是燃烧区的热量未充分利用，热能利用低，只有 20%的热量被带到前缘。此外，前面的油区使废气渗透率降低，燃烧条件恶化，驱油效果下降。弥补这一不足的方法是反向燃烧。

2) 反向燃烧

反向燃烧又称逆烧法，过程是先在生产井点火，然后注入空气，燃烧一段时间后，再将点火井转为生产井，将邻近井转为注入井，注空气驱动原油向原来的点火井(生产井)推进。燃烧前缘从点火井向邻近注气井移动，与原油流动方向相反(图 1-62)。

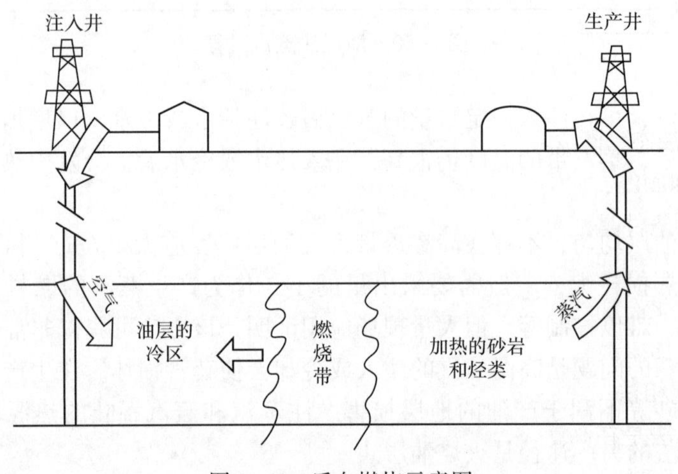

图 1-62　反向燃烧示意图

反向燃烧可将油层加热至 260~270℃，黏度减少到原来的 1/1000，采收率通常可达 50%。一般反烧法所需空气量为正烧法的两倍，且还会烧掉原油的中间馏分。

火烧油层实用的条件是原油饱和度高、油层不能太薄也不能太厚。太薄的油层热损耗大；油层过厚，全面燃烧困难，推进速度慢。同时要求油层岩性尽可能均匀，以保证推进均匀。与注蒸汽相比，火烧油层的工艺水平要求高，因而限制了其广泛的应用。

五、混相驱油法

混相驱油是通过注入一种能与原油呈混相的流体来采出残余油。混相简单的含意是可混合的，混相性是指两种或两种以上的物质相混合并构成一种单一均匀相的能力。如果两种流体能构成混相，将相互掺和而无任何界面，即减少了毛细管力的作用。在理论上，采收率可达 100%，这就是发展混相驱的理论基础。

各种液态碳氢化合物如汽油、煤油、醇以及液化石油气如乙烷、丙烷和丁烷等，液态时都能与原油一次接触混相。根据注入溶剂的性质和形成混相过程的不同，一般将混相驱分为四种：注液化石油气或丙烷段塞、注富气(湿气)、注高压注干气(贫气)、注二氧化碳或氮气。

1. 注液化石油气混相段塞法

该法也叫注 LPG 混相段塞法，是利用液态烃(煤油、汽油等) 或液化石油气(乙烷、丙烷、丁烷)和原油直接混相的特性形成混相段塞。如注入丙烷段塞(以 C_3 为主)，其注入量约为孔隙体积的5%，丙烷段塞后面是用来推动该段塞的天然气或其他气体，或水。段塞在油层内移动，它就把油和可流动的水排驱走。油在前面形成油岸，水在前面流动被采出（图1-63）。

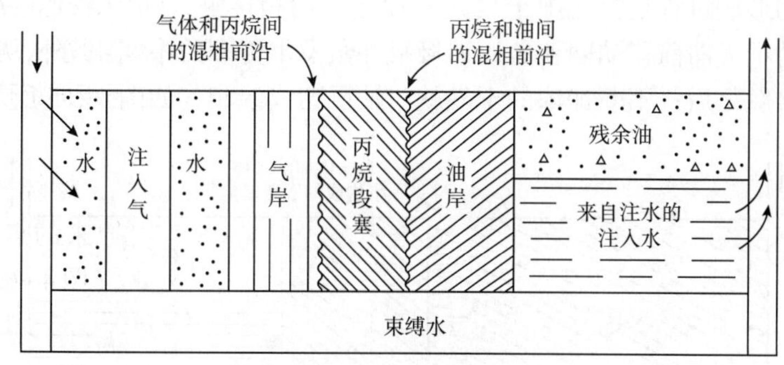

图1-63　丙烷段塞法示意图

只要段塞呈液态，同原油的混相性就能保持。在油层温度下，丙烷保持为液态所需的压力大致范围为20~40MPa，而丙烷与其后的气体之间保持混相压力的大致范围是110~130MPa。

该法的适用条件是油层深，上下盖层好，或油层具有较大倾角，这样注入液化石油气的损失就可减少且能同时回收。

由于注入液化石油气段塞驱油的经济效果不理想，且要求油层条件苛刻，因此多数油田通常靠注富气加以改善。

2. 注富气混相法

注富气混相法是在高压下向油层注入富气（即C_2—C_6占30%~50%的天然气），这种方法亦称凝析气驱动。它是通过富气和原油的多次接触，形成混相驱动段塞。该法要求所注入的气体必须含有大量的C_2—C_6组分，当富气与油相接触时，C_2—C_6组分被剥除而附于油内。新的气体再次与油层相接触，使C_2—C_6再次转移到油中，多次接触之后，油中C_2—C_6含量升高，形成混相。进一步注入气，就导致气体排驱石油。

混相前缘形成后，还需继续注入大量富气，才能使混相性得以保持。一般采用的富气段塞等于油层孔隙体积的10%~20%。段塞后面注入一些价值较低的贫气（甲烷为主）或贫气和水，如图1-64所示。

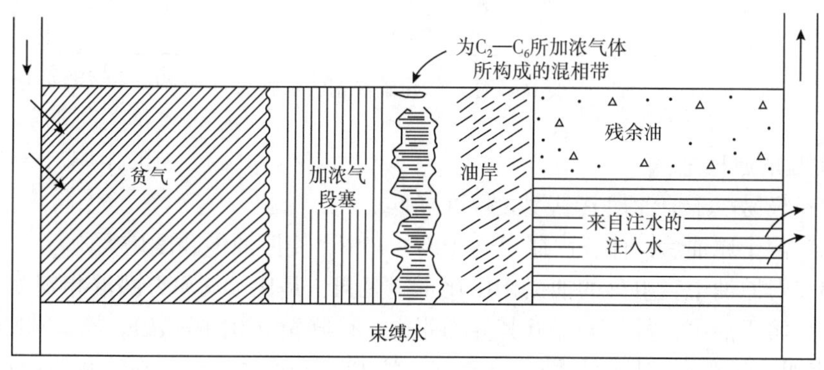

图1-64　注富气混相法示意图

3. 注高压干气法

该法和注富气混相法一样，注入的气体多次相接触才可形成混相，与注富气混相法的不同之处是，C_2—C_6 组分转换方向相反。

混相前缘的形成过程是首先把干气注入油层与油相接触，油中的 C_2—C_6 组分蒸发形成气体。加浓的干气向前移动同新的原油接触并蒸发出更多的中间组分，从而使气体进一步加浓。多次接触之后，不断加浓的干气就与油层达成混相，如图 1-65 所示。

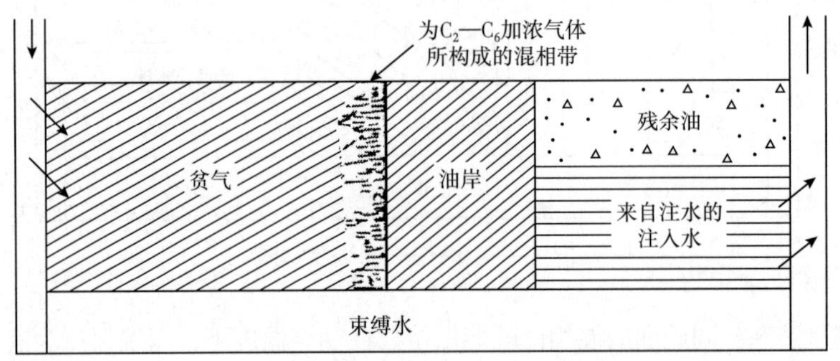

图 1-65　注高压干气法示意图

4. 注二氧化碳混相法

该法与注高压干气法类似。CO_2 和油之间的混相也是通过多次接触完成的。CO_2 从油中蒸发或提取烃类具有很大范围，它能提取 C_2—C_{30} 范围内的组分，从而可以适用于更多的油藏。应用注 CO_2 混相法的注入方案有许多，最有效的方法是水和 CO_2 的交替注入。最初 CO_2 段塞的大小约为孔隙体积的 5%，到累计注入量为孔隙体积的 15%~20%时，才开始纯注入水，如图 1-66 所示。

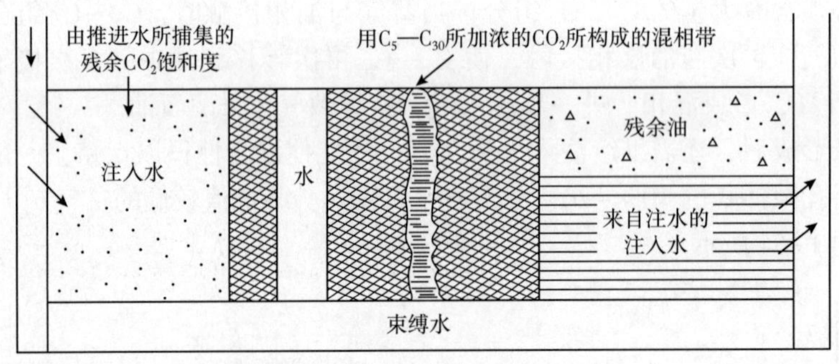

图 1-66　注二氧化碳混相法示意图

CO_2 驱油的原理是：

(1) CO_2 极易溶于原油使其黏度大幅度降低。

(2) CO_2 溶于原油后，体积膨胀可达 10%~40%，使原油饱和度增大。

(3) CO_2 对原油中轻组分的抽提作用比干气更强，是比干气更好的混相剂。

(4) CO_2 溶于油中，可显著降低其界面张力，可降至 0.01dyn/cm。

应用表明，只要有充足的气源，注富气、注 CO_2 和注高压干气在混相驱中很有实用价值。这些方法是以气液质量转换为基础，而不是建立在直接混相上，因此主要用于轻质油（密度小于 $0.8762g/cm^3$）。

注 CO_2 时常遇到的问题是：CO_2 黏度低，容易发生气窜。混相后，原油黏度降低，容易单层突进；需要的气量大，一般采出 $1m^3$ 油需注 $8900\sim17800m^3$ 的 CO_2。

除了注 CO_2 之外，还可向地层中注入惰性气体（如 N_2），注入与注高压干气过程类似。

六、化学驱油法

化学驱法又叫改型水驱化学法，是在注入水中添加各种化学剂，以改善水的驱油及波及性能。化学驱主要包括聚合物（稠化水）驱、活性水驱和碱性水驱三种。

1. 聚合物驱油

聚合物驱油主要是向水中加稠化剂，提高水的黏度，使油水流度比下降，提高波及系数及提高采收率。为了提高注入水的黏度，稠化剂应是卷曲构型的高分子聚合物，分子量从几十万到几百万；其次稠化剂分子应具有亲水的极性基团。除此之外，稠化剂还应满足以下条件：

（1）具有热稳定性，在油层温度下黏度不改变，不产生沉淀伤害油层。

（2）具有化学稳定性，与油层水或化学水不产生化学沉淀，或使黏度下降。

（3）在岩石中不填塞地层，用量少，增黏快，价格低。

通常现场采用的稠化剂有人工合成的聚丙烯酰胺、聚乙烯醇；生物合成的磺原胶；天然的或改性的高分子化合物，如褐藻酸钠、皂夹粉等。不同的油田，可采用不同的稠化剂。

聚合物属非牛顿流体，驱动规律用达西定律描述有较大差距。这一方法主要适用于原油黏度为 5~125mPa·s、温度约小于 94℃ 的油层。注入时应考虑聚合物的不可注入性，若储层黏土及含盐量高，所需的量大。

在油田开发早期，注聚合物较为有效，此时可以避免注水后所形成的清水对聚合物的稀释及黏性指进，并明显延缓油井见水时间，降低含水率。

注聚合物的过程是先注入一个聚合物段塞，段塞约为孔隙体积的 20%。段塞用水来驱动。

注聚合物后，流动阻力系数表示为

$$R=\frac{K_w/\mu_w}{K_p/\mu_p}=\frac{K_w\ \mu_p}{K_p\ \mu_w} \tag{1-178}$$

式（1-178）中，R 的大小表示在油存在的多孔隙介质中，改注聚合物后流度比减少的程度，R 越大，说明聚合物使水相的流度降低得越多，也即驱油效果越理想。

2. 活性剂驱

日常生活中，用肥皂水清洗衣服，同样利用活性剂溶液可以清除岩层的残余油。常见的活性剂驱包括活性水驱、碱性水驱、泡沫驱和胶束—微乳液驱四种。

1）活性水驱

水的表面张力很高，润湿作用较弱，不能全面清除孔壁上的油滴。水中加入活性剂后，水的非极性端吸附在油滴及固体的表面上，从而减小油与壁面的附着力。使油滴悬浮在溶液中被水驱走。这一方法不足之处是若有黏土质点存在，活性剂会被完全吸附，活性水会很快变为清水；同时，活性剂水溶液的黏度仍很低，油水流度比几乎无明显变化，波及效率仍不高，因此，这一方法已很少使用。

2）碱性水驱

为克服活性剂被吸附及活性剂用量大的缺点，并考虑原油中含有各种有机酸，人们将碱液注入油层，酸碱作用就地生成活性剂，达到降低油水界面张力及改变润湿性的目的。具体做法是向水中加入1%～5%的NaOH、Na_2CO_3等碱性物质，将注入水的pH值控制在12～13之间。无机碱来源广、价格合理，因此具有明显的经济优势。

低浓度碱性水驱的主要作用是降低油水界面张力；高浓度碱性水驱时，碱与有机酸作用产生的活性剂吸附在岩石表面，从而改变了岩石的润湿性。原油中的环烷酸类与碱作用生成水包油型的乳化剂——环烷酸钠皂。乳化剂的存在会将油以雾沫形式随水带出，当遇到狭窄的岩石孔隙时，乳化液被捕集，结果是水的流度降低，从而可抑制水的突进，提高垂向波及系数。

若地层中含有镁钙等盐类及黏土，便会与碱反应产生$Ca(OH)_2$类的沉淀。这一反应会增加消耗，降低碱水驱的效果。因此，碱性水驱前提是原油中应有一定量的酸，同时尽量避开含石膏、黏土的地层，并且注入前，应先注入淡水前置液驱替镁钙离子。这一方法的另一局限是不适于原油黏度过高的油藏，此时，流度比过高，改进的办法是在碱水中掺入聚合物溶液。

碱水驱尽管存在一些局限，但现场应用表明，它可将采收率提高10%以上，因此具有良好的应用价值。

3）泡沫驱

泡沫驱是在注入的活性水中通入气体（空气、天然气等），形成泡沫，利用贾敏效应（气阻效应），使水不能任意沿大孔道、高渗透层窜流，从而提高波及系数及提高采收率。

为了改进气水混合物的稳定性，通常在其中加入一定量的泡沫剂降低体系的表面能。常用的泡沫剂是各种类型的活性剂，如烷基磺酸钠、烷基苯磺酸钠等。

评价泡沫性能的三个指标是泡沫质量、平均泡沫结构和泡沫尺寸变化范围。泡沫质量指气泡体积占整个泡沫体积的百分数，泡沫质量大于90%时称为干泡沫，多数情况下泡沫质量可高达97%，即3%为液体，一般泡沫越干越稳定。泡沫质量与流速呈反比，流速增高，泡沫质量减小。平均泡沫结构指泡沫平均大小尺寸。如果平均泡沫尺寸大于岩石孔道半径，就会使单个气泡分开而液膜向前流动。泡沫尺寸大小分布范围指泡沫的大小分布，若分布范围很宽，则不规则性就高。

泡沫进入地层后首先窜入大孔道，大孔道堵塞后，迫使泡沫依次进入较小孔隙驱油，从而提高了波及效率（扫油效率）。泡沫驱的另一个作用是泡沫液和随后注入的驱动剂之间形成一个黏度较高流度小的段塞，减少了与油间的流度比并削弱了黏性指进，从而提高了波及系数。

泡沫驱时，油会使气泡不断破灭，因而泡沫驱更适宜于水淹后的油藏。我国玉门、新疆等油田都进行过这类试验。泡沫驱的不足之处是：由于气液比面很大，需要有较高浓度的泡沫剂（如1%）才能使其稳定，这往往为经济所不允许；同时，庞大的岩石表面对活性剂的吸附作用使驱油效果会受到较大影响。在起泡方式上，地层内起泡不易保证起泡充分，地层外起泡工艺上较为困难。基于这些原因，该法很少单独使用，但在泡沫堵水和吸水剖面调整方面应用得较多。

4）胶束—微乳液驱

胶束—微乳液驱具有上述各种方法的优点，可以同时降低界面张力或混相、增黏及黏度调节、抗吸附等。

实验表明，驱替液和被驱替液之间的界面张力小于0.001mN/m时，毛细管力作用大幅度降低，残余油基本上可全部采出。胶束驱油就是基于这一原理形成的，注入时在油层内形成一个胶束段塞(为孔隙体积的5%~10%)，段塞在前面运动，后面是控制流度的一个加高浓度水的聚合物岸，随之是驱动水，如图1-67所示。下面介绍胶束的形成和特点。

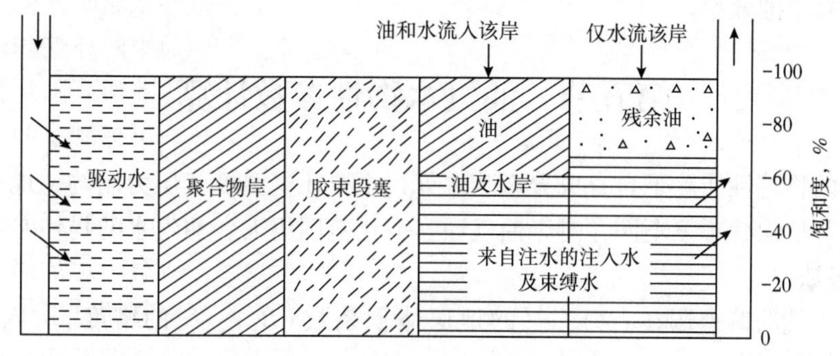

图1-67 注胶束溶液驱油示意图

(1)胶束的形成。

活性剂的浓度较低时，分子将单独分散在溶液中，活性剂的浓度增大到一定程度时，单独分散分子的数量不再增多，转而相互碰撞，活性剂分子亲油基团的吸引力变得突出，形成以烃链(油相)为内核而亲水基外露的分子聚结体，称为胶束。单个胶束由20~100多个活性剂分子组成，其直径为活性分子的数倍，为10×10^{-10}~100×10^{-10}m，胶束是微观的名称，整个体系称为胶束溶液。胶束溶液可以只含活性剂和溶剂(水)。胶束形成过程中，油和水界面逐渐减小，表面张力大幅度下降。

(2)胶束溶液的特点。

胶束溶液的特点是增溶作用，和有机溶剂一样，具有溶解不溶于水的有机物质(原油)的能力。胶束溶液的作用是把油相集中分布在胶束内部，由于油不是以分子状态分散，所以不同于一般的溶液；另外油是处于水外胶束的内部，所以也不是一般的乳状液。乳状液的粒径为1~10μm，比胶束大得多。为了增加胶束溶液的稳定性调节其黏度，通常加入助活性剂和电解质(如丙醇等)。加入助活性剂后，增溶能力大幅度提高，粒径在80×10^{-10}~1600×10^{-10}m范围内，成为一种透明或半透明的水、油、活性剂、醇、NaCl的体系，称为微乳液，因此将胶束驱叫作胶束—微乳液驱。

组成胶束的烃可以用各种石油产品和原油。界面活性剂通常采用磺化油或合成石油磺酸盐。在微乳液中加入电解质(如NaCl)可以改变溶液中的离子势场、调节活性剂的亲油亲水特性。

胶束溶液驱油时，其增溶性可消除驱替液和被驱替液间的界面，达到与地层油的混相作用。胶束液是一种非牛顿流体，黏度与渗流速度相关，驱动时先进入高渗透层，由于流速增大，黏度也增大，迫使其向低渗透区流动驱油，消除渗透率差异，从而可提高波及系数和洗油效率。为了进一步调整流度，通常在胶束—微乳液段塞之后注一定量的聚合物溶液，紧接着是驱动水，这样可以避免驱动水向胶束段塞中的指进和窜流。

胶束—微乳液的适用环境：渗透率为4~1000mD，地层深度为200~2000m，地层温度为16~93℃，油的相对密度为0.8~0.94，黏度为0.8~25mPa·s，含油饱和度为30%~60%。

除了上述四类提高原油采收率的方法外，目前正在发展的方法是微生物采油。具体方法是将选定好的微生物引入井周地层，并以地层作为生长环境逐渐向深处推进，微生物能够忍受地下地质构造中所遇见的各种恶劣环境，如高盐、高压、高温、厌氧，进行繁殖。其食物是剩余烃类，可生长在水中，繁殖于油水界面，从而达到降低界面张力和流体黏度、密度的目的，具体形式是缩短碳氢化合物的分子结构。此外也可以利用微生物封堵高渗透带，提高驱油效率。

第五节 油气水物性参数计算

油气水的物理性质除了自身成分影响之外，主要还受温度、压力制约。地层条件下油气水的性质与地面状态下不同，对于油气而言变化范围更大。油气水的物性参数主要包括以下 17 个参数。

天然气：气的偏差因子(Z)、气的地层体积系数(B_g)、气的密度(ρ_g)、气的黏度(μ_g)、气的压缩系数(C_g)。

地层水：水的体积系数(B_w)、水的密度(ρ_w)、水的黏度(μ_w)、溶解气水比(R_{sw})、地层水的压缩系数(C_w)。

原油：原油的泡点压力(饱和压力 p_b)、溶解气油比(R_s)、原油密度(ρ_o)、原油黏度(μ_o)、原油体积系数(B_o)、原油压缩系数(C_o)、游离气油比(R_{fg})。

在进行生产测井解释及油藏工程计算之前通常都要确定这些参数，确定的途径主要有两种：实验室分析和经验相关式。由于实验条件和实际井况局限，通常不可能取得可靠的区块参数，一般采用下文给出的经验相关式。计算时输入参数包括：温度(T，从温度测井曲线上读取)、压力(p，从压力测井曲线上读取)、地面油产量（q_o，地面计量)、地面气产量(q_g，地面计量)、地面水产量(q_w，地面计量)、地层水矿化度(C_{Cl})、分离器温度(T_{sp})、分离器压力（p_{sp})、天然气相对密度（γ_g)和原油相对密度(γ_o)。天然气的相对密度指标准温度(293K)和标准压力(0.101MPa)条件下，天然气密度与空气密度(ρ_{air})的比值，即：

$$\gamma_g=\rho_g/\rho_{air} \tag{1-179}$$

由于实际气体的状态方程可表示为

$$pV=ZnRT=Z\frac{m}{M}RT \tag{1-180}$$

所以

$$\rho_g=\frac{m}{V}=\frac{pM}{ZRT} \tag{1-181}$$

在标准条件下，气体和空气的状态都可用理想气体定律表示，即可忽略 Z 的影响，将式(1-181)代入式(1-179)得：

$$\gamma_g=\frac{\dfrac{pM}{RT}}{\dfrac{pM_{air}}{RT}}=\frac{M}{M_{air}}=\frac{M}{28.97}$$

式中　n——为气体的摩尔量，kmol，$n=\frac{m}{M}$；

R——气体常数，MPa·m^3/(kmol·K)；

V——气体体积，m^3；

M——气体的分子量，kg/kmol；

M_{air}——空气的分子量。

原油相对密度 γ_o 是标准压力(0.101MPa)和标准温度(293K)下原油密度与4℃条件下纯水密度之比值：

$$\gamma_o=\frac{\rho_{osc}}{\rho_{wsc}}$$

由于 $\rho_{wsc}=1.0$g/cm^3，因此，γ_o 与 ρ_{osc} 在数值上相同，因此人们常把 γ_o 与 ρ_{osc} 在数值上混用。

英制单位通常用 γ_{API} 表示原油相对密度，单位符号为°API，γ_{API} 与 γ_o 的换算关系为

$$\gamma_o=\frac{141.5}{131.5+\gamma_{API}}$$

一、天然气物性参数计算

1. 偏差因子 Z

天然气的偏差因子表示在某一温度和压力条件下，同一质量气体的真实体积真实与理想体积 $V_{理想}$ 之比，即：

$$Z=\frac{V_{真实}}{V_{理想}}$$

根据范德华的对应状态理论，在相同的对比压力和对比温度下，气体的状态相同，对比温度定义为绝对温度与临界温度之比。对比压力定义为绝对压力与临界压力之比，分别表示为

$$T_{pr}=\frac{T}{T_{pc}}$$

$$p_{pr}=\frac{p}{p_{pc}}$$

式中　T_{pr}、p_{pr}——分别表示对比温度和对比压力；

T_{pc}、p_{pc}——分别表示临界温度和临界压力。

Standing-Katz 根据对比压力和对比温度制作了确定偏差因子的图版，如图1-68所示，根据天然气的摩尔组分分析数据可以计算出 T_{pc} 和 p_{pc}：

$$T_{pc}=\sum x_iT_{ci}$$

$$p_{pc}=\sum x_ip_{ci}$$

$$M_a=\sum x_iM_i$$

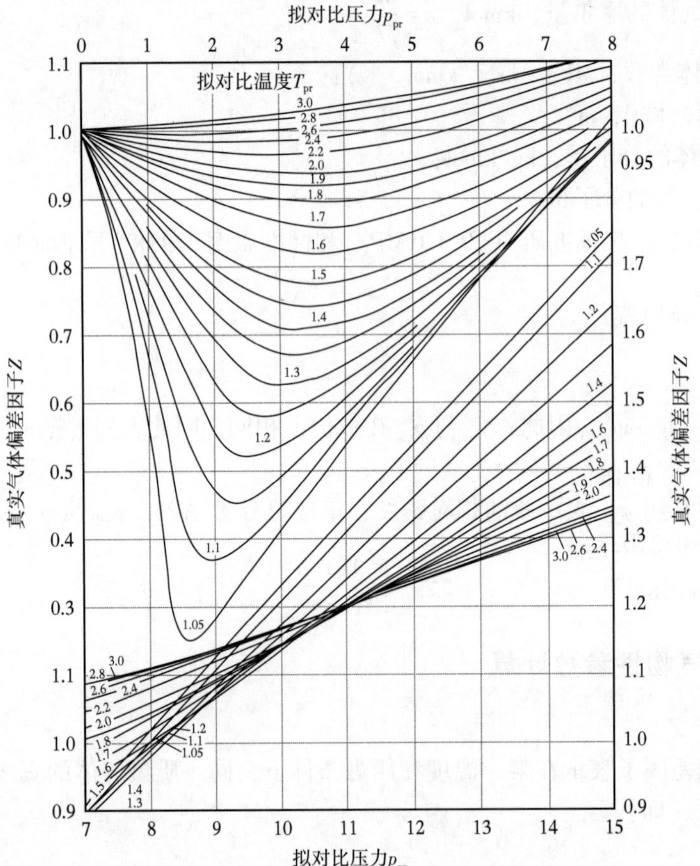

图 1-68　确定气体偏差因子的 Standing-Katz 图版

式中　x_i——第 i 种组分的摩尔含量；

p_{ci}、T_{ci}——分别表示第 i 种组分的临界压力和临界温度；

M_a——天然气的分子量；

M_i——第 i 种气体组分的分子量。

如果现场没有天然气组分分析数据，可以用天然气相对密度计算天然气或凝析气的对比压力和对比温度。

对于干气，当 $\gamma_g \geqslant 0.7$ 时：

$$\left.\begin{aligned} p_{pc} &= 4.8815 - 0.3861\gamma_g \\ T_{pc} &= 92.2 + 176.67\gamma_g \end{aligned}\right\} \tag{1-182}$$

当 $\gamma_g < 0.7$ 时：

$$\left.\begin{aligned} p_{pc} &= 4.778 - 0.2482\gamma_g \\ T_{pc} &= 92.2 + 176.67\gamma_g \end{aligned}\right\} \tag{1-183}$$

Standing（1981）提供的干气相关式为

$$\left.\begin{aligned} p_{pc} &= 4.6677 + 0.1034\gamma_g - 0.2586\gamma_g^2 \\ T_{pc} &= 93.33 + 180.56\gamma_g - 6.94\gamma_g^2 \end{aligned}\right\} \tag{1-184}$$

对于湿气(凝析气)，当 $\gamma_g \geq 0.7$ 时：

$$\left.\begin{aligned} p_{pc} &= 5.1021-0.6895\gamma_g \\ T_{pc} &= 132.2+116.67\gamma_g \end{aligned}\right\} \tag{1-185}$$

当 $\gamma_g<0.7$ 时：

$$\left.\begin{aligned} p_{pc} &= 4.78-0.2482\gamma_g \\ T_{pc} &= 106.11+152.22\gamma_g \end{aligned}\right\} \tag{1-186}$$

Standing (1981)提供的湿气相关式为

$$\left.\begin{aligned} p_{pc} &= 4.868-0.3565\gamma_g-0.07653\gamma_g^2 \\ T_{pc} &= 103.89+183.33\gamma_g-39.72\gamma_g^2 \end{aligned}\right\} \tag{1-187}$$

对于含有 CO_2、N_2 和 H_2S 的酸性天然气，当 γ_g 分布在 0.55~0.9 范围时：

$$\left.\begin{aligned} p_{pc} &= 4.7546-0.2102\gamma_g+0.03\ (CO_2)-1.1583\times10^{-2}\ (N_2)+3.0612\times10^{-2}\ (H_2S) \\ T_{pc} &= 84.9389+188.49\gamma_g-0.93\ (CO_2)-1.49\ (N_2) \end{aligned}\right\} \tag{1-188}$$

式中　CO_2、N_2、H_2S——分别表示二氧化碳、氮气、硫化氢气的摩尔百分含量。

对于含有 CO_2 和 H_2S 气体的酸性天然气：

$$\left.\begin{aligned} &T'_{pc}=T_{pc}-\varepsilon \qquad p'_{pc}=\frac{p_{pc}T'_{pc}}{T_{pc}+\varepsilon\ (B-B^2)} \\ &\varepsilon=66.67\ (A^{0.9}-A^{1.6})+8.33\ (B^{0.5}-B^4) \end{aligned}\right\} \tag{1-189}$$

式中　A——CO_2 和 H_2S 的摩尔组分含量；

B——H_2S 的摩尔组分含量；

ε——校正系数。

该方法是 Wichert 和 Aziz 在 1972 年提出的。

在同时存在 N_2、H_2S 和 CO_2 时，Wichert-Aziz 给出的相关式为

$$p'_{pc}=[(1-N_2-CO_2)p_{pc}+493(N_2)+1071(CO_2)+1306(H_2S)]/145$$

$$T'_{pc}=[(1-N_2-CO_2-H_2S)T_{pc}+227.6(N_2)+547.9(CO_2)+672.7(H_2S)]1.8$$

式(1-182)至式(1-189)中，p_{pc}的单位为 MPa，T_{pc}的单位为 K。

p_{pc}、T_{pc}及 p_{pr}、T_{pr}确定后，即可由图 1-67 确定 Z。在采用计算机处理时，可采用 Dranchuk 对该图拟合所得的下列相关式：

$$Z=1+\left(0.31506-\frac{1.0467}{T_{pr}}-\frac{0.5783}{T_{pr}^3}\right)R_{pr}+\left(0.5353-\frac{0.6123}{T_{pr}}+\frac{0.6815}{T_{pr}^3}\right)R_{pr}^2 \tag{1-190a}$$

$$R_{pr}=0.27p_{pr}/(ZT_{pr})$$

计算时，取 Z 的初值 $Z_0=1$ 代入迭代即可。

当压力大于 35MPa 时，通常用下列公式计算 Z：

$$Z=\frac{1+y+y^2-y^3}{(1-y)^3}-(14.76t-9.76t^2+4.58t^3)y+(90.7t-242.2t^2+42.4t^3)y^{1.18+2.82t}$$

$$y=\frac{0.06125p_{pr}t\exp[-1.2(1-t)^2]}{Z} \tag{1-190b}$$

$$t=1/T_{pr}$$

式中 y——中间变量。

式(1-190b)是 Hall-Yarborough 于 1973 年发表的，p_{pr}可延伸至 25MPa，当 $T_{pr}<1$K 时，建议不采用此法。图 1-67 适用于 $p_{pr}<15$MPa 的天然气，这是一般常见的情况。

除了 Dranchuk 之外，许多研究人员都对图 1-67 的拟合做了工作，Beggs 和 Brill 给出的拟合式为

$$Z=A+(1-A)/e^B+Cp_{pr}^D \tag{1-191}$$

$$A=1.39(T_{pr}-0.92)^{0.5}-0.36T_{pr}-0.101$$

$$B=(0.62-0.23T_{pr})p_{pr}+\left[\frac{0.66}{(T_{pr}-0.86)}\right]p_{pr}^2+\frac{0.32}{10^9(T_{pr}-1)}p_{pr}^6$$

$$C=0.132-0.32\lg T_{pr}$$

$$D=10^{0.3106-0.49T_{pr}+0.1824T_{pr}^2}$$

2. 天然气体积系数 B_g 及密度 ρ_g

B_g 指相同质量的天然气在地层条件下的体积与地面标准条件下的体积之比：

$$B_g=\frac{V_R}{V_{sc}}$$

式中 V_R——天然气的地下体积；

V_{sc}——天然气在地面标准条件下的体积。

根据气体状态方程可得：

$$V_R=\frac{ZnRT}{p}$$

$$V_{sc}=\frac{Z_{sc}nRT_{sc}}{p_{sc}}$$

因此
$$B_g=\frac{p_{sc}ZT}{pZ_{sc}T_{sc}}$$

式中 p_{sc}、T_{sc}、Z_{sc}——分别表示标准条件下的压力、温度和偏差因子。

通常取 $Z_{sc}=1.0$，当 $p_{sc}=0.101$MPa、$T_{sc}=293$K 时，有

$$B_g=3.447\times10^{-4}\frac{ZT}{p} \tag{1-192}$$

由于
$$B_g=\frac{V_R}{V_{sc}}=\frac{m/V_{sc}}{m/V_R}=\frac{\rho_{gsc}}{\rho_g}$$

所以

$$\rho_g = \frac{1}{B_g}\rho_{gsc} = \gamma_g \rho_{air}\frac{1}{B_g}$$

式中　ρ_{air}、m、ρ_{gsc}——分别表示空气密度、天然气质量和空气在标准状况下的密度。

若取 $\rho_{air}=0.001223\mathrm{g/cm^3}$，则 $\rho_g=0.001223\gamma_g/B_g$。

3. 天然气黏度μ_g

天然气黏度是压力、温度及气体组分的函数。在低压条件下，黏度随温度升高而升高。这是由于分子热运动大幅度增加引起的。在高压条件下，气体黏度类似于液体随温度升高而降低。对于压力变化，无论是高压还是低压，μ_g 都随压力升高而升高，这是由于压力升高缩小了分子间的距离。在实验室内进行测量，难以可靠确定 μ_g，通常采用 Lee 等给出的实验结果。

1) Lee 关系式

1966 年，Lee 等发表了以下公式：

$$\mu_g = 10^{-4} K e^{x\rho_g^y} \tag{1-193}$$

$$K = \frac{(9.4+0.02M_g)(1.8T)^{1.5}}{209+19M_g+1.8T}$$

$$x = 3.5 + \frac{986}{1.8T} + 0.01M_g$$

$$y = 2.4 - 0.2x$$

$$M_g = 28.97\gamma_g$$

式中　μ_g——天然气黏度，mPa · s；

T——气体绝对温度，K；

M_g——气体分子量；

ρ_g——天然气密度，$\mathrm{g/cm^3}$，$\rho_g = 3.4844\dfrac{\gamma_g p}{ZT}$。

对含有非烃（H_2S、CO_2 和 N_2）的天然气，采用 Lee 公式时应对式（1-193）中的 K 进行校正，此时表示为

$$K = \frac{(9.4+0.02M_g)(1.8T)^{1.5}}{209+19M_g+1.8T} + K_{H_2S} + K_{CO_2} + K_{N_2}$$

当 $0.6<\gamma_g<1.0$ 时：

$$K_{H_2S} = Y_{H_2S}(0.000057\gamma_g - 0.000017)\times 10^4$$

$$K_{CO_2} = Y_{CO_2}(0.00005\gamma_g + 0.000017)\times 10^4$$

$$K_{N_2} = Y_{N_2}(0.00005\gamma_g + 0.000047)\times 10^4$$

当 $1<\gamma_g<1.5$ 时：

$$K_{H_2S} = Y_{H_2S}(0.000029\gamma_g + 0.0000107)\times 10^4$$

$$K_{CO_2} = Y_{CO_2}(0.000024\gamma_g + 0.000043)\times 10^4$$

$$K_{N_2} = Y_{N_2}(0.000023\gamma_g + 0.000074)\times 10^4$$

式中　Y_{H_2S}、Y_{CO_2}和Y_{N_2}——H_2S、CO_2 和 N_2 的体积百分数。

2）Dempsey 关系式

Dempsey 对 Carr 等的图拟合得到：

$$\mu_g = \ln\left(\frac{\mu_g}{\mu_1}T_{pr}\right)\frac{\mu_1}{T_{pr}} \tag{1-194}$$

$$\mu_1 = (1.709\times10^{-5} - 2.062\times10^{-6}\gamma_g)(1.8T+32) + 8.188\times10^{-3} - 6.15\times10^{-3}\lg\gamma_g$$

$$\ln\left(\frac{\mu}{\mu_1}T_{pr}\right) = a_0 + a_1p_{pr} + a_2p_{pr}^2 + a_3p_{pr}^3 + (a_4 + a_5p_{pr} + a_6p_{pr}^2 + a_7p_{pr}^3)T_{pr}$$
$$+ (a_8 + a_9p_{pr} + a_{10}p_{pr}^2 + a_{11}p_{pr}^3)T_{pr}^2 + (a_{12} + a_{13}p_{pr} + a_{14}p_{pr}^2 + a_{15}p_{pr}^3)T_{pr}^3$$

其中：
$a_0 = -2.4621182$　　$a_1 = 2.97054714$
$a_2 = -0.286264054$　　$a_3 = 0.008054205$
$a_4 = 2.80860949$　　$a_5 = -3.498033$
$a_6 = -0.36037302$　　$a_7 = -0.0104432413$
$a_8 = -0.793385684$　　$a_9 = 1.39643306$
$a_{10} = -0.149144925$　　$a_{11} = 0.00441015512$
$a_{12} = 0.0839387178$　　$a_{13} = -0.186408848$
$a_{14} = 0.020336788$　　$a_{15} = -0.000609579263$

存在非烃类气体时，应对μ_1 做校正，用μ_1'表示：

$$\mu_1' = \mu_1 + \Delta\mu_{H_2S} + \Delta\mu_{CO_2} + \Delta\mu_{N_2}$$

$$\Delta\mu_{H_2S} = [(3.4655579554\times10^{-3} + 0.13994495376291Y_{H_2S})\gamma_g^{0.25}$$
$$-(1.555431743\times10^{-4} + 0.10387255873785\times Y_{H_2S})]\times10^{-6}$$

$$\Delta\mu_{CO_2} = [(-8.38144862453\times10^{-3} + 0.13100017945314Y_{CO_2})\gamma_g^{0.25}$$
$$+(4.5502339816\times10^{-3} - 0.067619212632106Y_{CO_2})]\times10^{-6}$$

$$\Delta\mu_{N_2} = [(-0.0218541077247 + 0.14252577276867Y_{N_2})\gamma_g^{0.25}$$
$$+(0.0154231926824 - 0.04670793427797Y_{N_2})]\times10^{-6}$$

Standing 于 1977 年发表了下列校正相关式：

$$\Delta\mu_{H_2S} = Y_{H_2S}(8.49\times10^{-3}\lg\gamma_g + 3.73\times10^{-3})\times10^{-2}$$

$$\Delta\mu_{CO_2} = Y_{CO_2}(9.08\times10^{-3}\lg\gamma_g + 6.24\times10^{-3})\times10^{-2}$$

$$\Delta\mu_{N_2} = Y_{N_2}(8.48\times10^{-3}\lg\gamma_g + 9.59\times10^{-3})\times10^{-2}$$

4. 天然气压缩系数

在恒温条件下，单位压力改变引起的单位体积的相对变化率，称为天然气压缩系数，定义式为

$$c_{g}=-\frac{1}{V}\left(\frac{\partial V}{\partial p}\right)_{T}$$

式中　c_g——天然气压缩系数；

V——定质量的气体体积，m^3 或 $m^3/kmol$。

要确定 c_g，必须能够求得 $(\partial V/\partial p)_T$，对于实际气体：

$$V=\frac{ZnRT}{p}$$

$$\left(\frac{\partial V}{\partial p}\right)_{T}=nRT\frac{p\frac{\partial Z}{\partial p}-Z}{p^{2}}$$

$$c_{g}=-\frac{p}{ZnRT}\left[\frac{nRT}{p^{2}}\left(p\frac{\partial Z}{\partial p}-Z\right)\right]=\frac{1}{p}-\frac{1}{Z}\left(\frac{\partial Z}{\partial p}\right)$$

由于通常用 T_{pr}、p_{pr}确定 Z，因此可作以下变换：

$$\frac{\partial Z}{\partial p}=\frac{\partial p_{pr}}{\partial p}\frac{\partial Z}{\partial p_{pr}}=\frac{1}{p_{pc}}\frac{\partial Z}{\partial p_{pr}}$$

所以

$$c_{g}=\frac{1}{p}-\frac{1}{Z}\frac{\partial Z}{\partial p}=\frac{1}{p_{pc}p_{pr}}-\frac{1}{Zp_{pc}}\frac{\partial Z}{\partial p_{pr}}$$

或写为

$$c_{pr}=c_{g}p_{pc}=\frac{1}{p_{pr}}-\frac{1}{Z}\frac{\partial Z}{\partial p_{pr}}$$

Matter 等提出的计算 c_{pr}的相关式为

$$c_{pr}=\frac{1}{p_{pr}}-\frac{0.27}{Z^{2}T_{pr}}\left(\frac{\frac{\partial Z/\partial \rho_{pr}}{1+\rho_{pr}\partial Z/\partial \rho_{pr}}}{Z}\right)$$

$$\frac{\partial Z}{\partial \rho_{pr}}=\left(A_{1}+\frac{A_{2}}{T_{pr}}+\frac{A_{3}}{T_{pr}^{3}}\right)+2\left(A_{4}+\frac{A_{5}}{T_{pr}}\right)\rho_{pr}+5A_{5}A_{6}\rho_{pr}^{4}/T_{pr}+\frac{2A_{7}\rho_{pr}}{T_{pr}^{3}}\left(1+A_{8}\rho_{pr}^{2}-A_{8}^{2}\rho_{pr}^{4}\right)e^{-A_{8}\rho_{pr}^{2}}$$

其中：

$$\rho_{pr}=\frac{0.27p_{pr}}{ZT_{pr}}$$

$A_1=0.31506237$　　$A_2=-1.0467099$

$A_3=-0.57832729$　　$A_4=0.53530771$

$A_5=-0.61232032$　　$A_6=-0.10488813$

$A_7=0.68157001$　　$A_8=0.68446549$

二、地层水物性参数计算

地层水的物性参数包括地层水的密度、地层水的黏度、地层水的体积系数、溶解气水比和地层水的压缩系数。

1. 地层水的黏度 μ_w

地层水的黏度与地层压力、地层温度、地层水矿化度 C_w 和溶解度相关。一般情况下受温度影响较大，几乎与压力无关。矿化度升高时，黏度增大，溶解气水比较小，因此对黏度影响不大。

矿化度较低时，可采用 Beggs 等提出的相关式计算 μ_w：

$$\mu_w = \exp(1.003 - 0.01479T + 1.982\times10^{-5}T^2)$$

式中 μ_w——地层水黏度，mPa · s；

T——温度，℉。

矿化度较大时：

$$\mu_w = \mu_{w1}\mu_{w2}/T$$

$$\mu_{w1} = 58.4 + 0.00022C_w$$

$$\mu_{w2} = 1 + 3\times10^{-11}(T-40)p^{1.755}$$

式中 C_w——地层水矿化度。

2. 地层水体积系数 B_w

B_w 的定义为在地层条件下，相同质量水的体积与地面标准条件下所占的体积之比，表示为

$$B_w = \frac{V_{地层}}{V_{地面}}$$

计算 B_w 的相关式为

$$B_w = 0.952 - 2.154\times10^{-4}p + 10^A$$

$$A = 0.1336(2.647\times10^{-2}T - 1) - 1.2676$$

式中，p 的单位为 MPa，T 的单位为℃。也可采用密度计算 B_w：

$$B_w = \frac{\rho_{wsc}}{\rho_w}$$

式中 ρ_{wsc}、ρ_w——分别表示水在标准条件下及在地层条件下的密度，可采用下文给出的公式计算。

3. 地层水的密度

地层水的密度主要受温度、压力及地层水矿化度的影响，溶解气量可使地面水密度降低，但由于溶解气水比较小，因此影响不大。计算 ρ_w 常用的相关式为

$$\rho_w = \rho_{w_1}/(62.4\rho_{w_2}\rho_{w_3})$$

$$\rho_{w_1} = 10^{3.05\times10^{-7}K_w + 1.745}$$

$$\rho_{w_2}=1-1.063\times10^{-6}T^2-1.87\times10^{-5}T$$

$$\rho_{w_3}=1-2.4\times10^{-6}p-1.4\times10^{-5}T+0.0047$$

式中，p 的单位为 psi，T 的单位为℉。

4. 溶解气水比 R_{sw}

溶解气水比指溶解在水中的气体体积，与水的体积之比（换算到标准条件下），用 R_{sw} 表示，R_{sw} 主要与压力相关，随压力增高而增高，温度的影响较小，一般随温度升高而降低。矿化度越高，溶解度越低。计算 R_{sw} 的相关式为（Dodson）

$$R_{sw}=R'_{sw}F_C \tag{1-195}$$

$$R'_{sw}=(0.1032+3.44\times0.0001\times|T-180|)p^{0.615}$$

$$F_C=1-\left(0.079-0.019\frac{T}{100}\right)\frac{K_w}{10000}$$

式中，p 的单位为 psi；T 的单位为℉；R_{sw} 较小，一般为 0.7～3.56m^3/m^3，约为气油比的 1/60。

5. 地层水的压缩系数 c_w

地层水的压缩系数定义为：单位体积地层水在压力改变一个单位时的体积变化率，表示为

$$c_w=-\frac{1}{V_w}\left(\frac{\partial V_w}{\partial p}\right)_T$$

式中，下标“T”表示恒温条件下，c_w 受温度、压力及溶解气水比的影响，计算 c_w 的经验相关式为

$$c_w=1.4504\times10^{-4}[A+B(1.8T+32)+C(1.8T+32)^2](1.0+4.9974\times10^{-2}R_{sw})$$

$$A=3.8546-1.9435\times10^{-2}p$$
$$B=-1.052\times10^{-2}+6.9183\times10^{-5}p$$
$$C=3.9267\times10^{-5}-1.2763\times10^{-7}p$$

式中　c_w——水的压缩系数，MPa^{-1}；

T——温度，℃；

p——压力，MPa；

R_{sw}——溶解气水比，m^3/m^3。

三、地层油物性参数计算

石油主要由烷烃（C_nH_{2n+2}）和少量环烷烃（C_nH_{2n}），以及芳香烃（C_nH_{2n-6}）以不同的比例混合而成。分类没有明显的界线。表 1-11 是按气油比（GOR）、成分、相对密度，把油藏进行分类。油气分类有时也根据黏度进行区分，一般情况下，把黏度为 100～10000mPa·s、相应密度为 0.934～1.0（原油密度 γ_{API}=10～20°API）的油称为重质油；当黏度大于 10000mPa·s（密度大于 1.0g/cm^3）称为沥青。

表 1-11　储层烃类的典型成分、相对密度及气油比范围

类别	气油比范围	相对密度	典型成分					
			C_1	C_2	C_3	C_4	C_5	C_6
干气	∞（没有液体）		0.9	0.05	0.03	0.01	0.01	0.01
湿气	17810	0.70~0.78						
凝析气	890~17810	0.70~0.78	0.75	0.08	0.04	0.03	0.02	0.08
挥发油	530 左右	0.78~0.83	0.6~0.65	0.08	0.05	0.04	0.03	0.2~0.15
黑油	18~445	0.83~0.88	0.44	0.04	0.04	0.03	0.03	0.43
重质油	0	0.90~0.93	0.2 以下	0.03	0.02	0.02	0.02	0.75
焦油和沥青	0	1.0 左右						0.9

与气、水相比，原油的物性由于成分组成复杂因而计算时更为复杂。原油的物性参数通常包括原油体积系数（B_o）、原油的黏度（μ_o）、溶解气油比（R_s）、原油密度（ρ_o）、泡点压力（p_b）等。除了原油的成分之外，这些参数主要受温度、压力及气的溶解度变化影响（图 1-69）。一般情况下，低于泡点压力时，ρ_o、μ_o 随压力升高而降低，而 B_o、GOR（或 R_s）相应逐渐升高，这是由于气的溶解量逐渐增多引起的。压力大于泡点压力后，R_s 保持不变，即所有的气已全部溶解，此时，压力升高，分子距离缩小，ρ_o、μ_o 增大，而 B_o 逐渐减小。一般情况下，原油的物性参数通常采用地面取样复配方法，通过模拟地层条件下的 PVT 组合进行确定，当不具备取样和 PVT 分析条件下，可以通过目前通用的相关经验公式确定，这些相关经验公式，都是利用已开发油田的取样分析数据，经过比较严格的回归分析建立起来的。

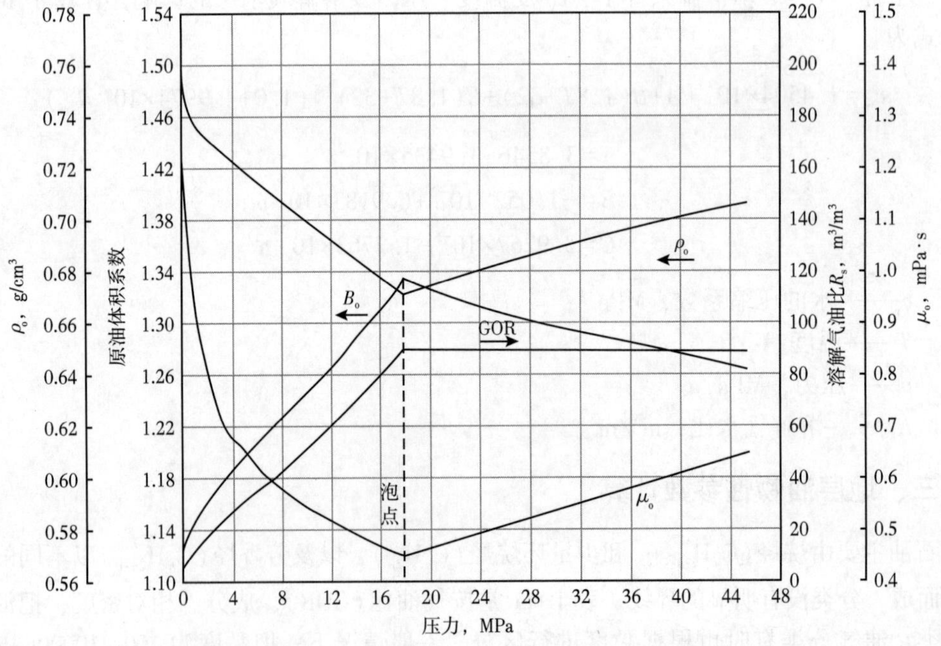

图 1-69　未饱和油藏的 PVT 分析曲线

1. 泡点压力（或饱和压力）p_b

p_b 表示地层条件下，原油中的溶解气开始分离出来时的压力。p_b 大小主要取决于油、气组分和地层温度。确定 p_b 的相关式主要有以下四个。

1）Standing 公式

1947 年，Standing 利用美国加利福尼亚州 22 个油田 105 个泡点压力数据，建立了以下公式：

$$p_b = 18\left(\frac{R_s}{\gamma_g}\right)^{0.38}\frac{10^{0.00091T}}{10^{0.0125\gamma_{API}}} \tag{1-196}$$

式中　p_b——泡点压力，psi；

R_s——溶解气油比，ft^3/bbl；

T——温度，℉；

γ_{API}——原油密度，°API。

式（1-196）的适用范围是

$$p_b = 130 \sim 7000\text{psi}$$

$$T = 100 \sim 258^\circ\text{F}$$

$$\gamma_{API} = 16.5 \sim 63.8^\circ\text{API}$$

$$\gamma_g = 0.59 \sim 0.95$$

2）Lasater 公式

1958 年，Lasater 基于美国、加拿大和南美地区 158 个泡点压力数据，建立了以下相关式。

（1）当 $\gamma_g > 0.5$ 时：

$$p_b = \frac{0.0242\ (T+273)\ (4.2395Y_g^{3.52}+1)}{\gamma_g}$$

$$Y_g = \frac{R_s}{R_s + \dfrac{24056\gamma_o}{M_o}}$$

$$M_o = \begin{cases} 646.9588 - 1372.1287\left(\dfrac{1.076}{\gamma_o} - 1\right) & \gamma_o \geqslant 0.8348 \\ 490.2237 - 857.6273\left(\dfrac{1.076}{\gamma_o} - 1\right) & 0.8348 > \gamma_o > 0.7883 \\ 438.8889 - 730.5556\left(\dfrac{1.076}{\gamma_o} - 1\right) & \gamma_o < 0.7883 \end{cases}$$

式中　p_b——泡点压力，MPa；

Y_g——气体的摩尔分量；

γ_g——气的相对密度；

γ_o——原油的相对密度；

T——温度,℃；

M_o——脱气原油的分子量，kg/kmol；

R_s——溶解气油比，m^3/m^3。

(2)当 $\gamma_g \leqslant 0.5$ 时：

$$p_b = \frac{7.5084\times10^{-3}(T+273)[1.1074\exp(2.7866Y_g-1)]}{\gamma_g}$$

Lasater 公式的适用范围为

$$p_b = 0.331 \sim 39.852\text{MPa}$$

$$R_s = 0.534 \sim 517.38\text{m}^3/\text{m}^3$$

$$\gamma_o = 0.7732 \sim 0.9471$$

$$\gamma_g = 0.574 \sim 1.223$$

$$T = 27.8 \sim 133.44℃$$

$$T_{sc} = 1.112 \sim 41.144℃$$

$$p_{sc} = 0.1034 \sim 4.41713\text{MPa}$$

Lasater 公式对石蜡基原油效果更好。

3) Glaso 公式

1980 年，Glaso 根据北海油田的 26 个样品，以及中东地区、阿尔及利亚和美国的 19 个样品进行分析，得出以下相关式：

$$\lg p_b = 1.7447\lg p_b' - 0.3022\lg^2 p_b' - 0.3946$$

$$p_b' = 4.0876\left(\frac{R_p}{\gamma_g}\right)^{0.816} \frac{1.8213\ (5.625\times10^{-2}T+1)^{0.173}}{124.6285\left(\frac{1.076}{\gamma_o}-1\right)^{0.989}}$$

式中 p_b——泡点压力，MPa；

p_b'——p_b 的相关系数；

R_p——生产气油比，m^3/m^3；

T——温度,℃。

Glaso 公式在 p_b 位于 1.034~48.263MPa 范围内时，标准差为 6.98%；p_b 位于 13.789~48.263MPa 范围内时，标准差为 3.84%。

4) Vasquez-Beggss 公式

1980 年，Vasquez-Beggs 在综合大量样品的基础上提出以下相关式：

$$p_b = \left\{R_s \frac{e^{-C_3[\gamma_{API}/(T+460)]}}{C_1\gamma_{gs}}\right\}^{\frac{1}{C_2}} \tag{1-197}$$

$$\gamma_{gs} = \gamma_g\left(1.0+0.5912\gamma_{API}T_{sc}\lg\frac{p_{sc}}{114.7}\times10^{-4}\right)$$

$$\begin{array}{ll} \gamma_{API} \leqslant 30°API & \gamma_{API} > 30°API \\ C_1 = 0.0362 & C_1 = 0.0178 \\ C_2 = 1.0937 & C_2 = 1.187 \\ C_3 = 25.724 & C_3 = 23.931 \end{array}$$

式中　C_1、C_2、C_3——实验回归系数；

p_b——泡点压力，psi；

γ_{gs}——114.7psi 时的 γ_g；

T——温度，℉；

R_s——溶解气油比，ft^3/bbl。

在实际应用上述公式时，R_s 可用生产气油比 R_p 取代，生产气油比是井口标准条件下，气的产量与油的产量的比值。

2. 溶解气油比

R_s 指地层条件下，溶解气的体积与含有该溶解气的油的体积之比，这两种体积都要换算到标准条件下。R_s 的大小取决于地层内的油气性质、组分、地层温度及泡点压力的大小。原油密度越低，溶解气量越高。计算 R_s 的常用公式，主要有以下几个。

1) Vasquez-Beggs 公式

$$R_s = \begin{cases} \dfrac{\gamma_{gs} p^{1.0937}}{27.64} \times 10^{11.172A} & \gamma_{API} \leqslant 30°API \\ \dfrac{\gamma_{gs} p^{1.187}}{56.06} \times 10^{10.393A} & \gamma_{API} > 30°API \end{cases}$$

其中：

$$A = \frac{\gamma_{API}}{T+460}$$

式中，p 的单位为 psi；T 的单位为℉；R_s 的单位为 ft^3/bbl。

2) Standing 公式

对 Standing 计算泡点压力的公式整理得：

$$R_s = \gamma_g \left(\frac{p}{18} \frac{10^{0.0125API}}{10^{0.00091T}} \right)^{\frac{1}{0.83}}$$

式中，p 的单位为 psi；T 的单位为℉。

3) 斯伦贝谢公司采用的公式

斯伦贝谢公司在 1974 年发表了计算 R_s 的图版，并给出拟合关系式：

$$R_s = KR_p \tag{1-198}$$

$$K = \begin{cases} 0.18 + 0.13 \dfrac{p}{p_b} & \dfrac{p}{p_b} > 0.3 \\ 0.75 \sqrt{\dfrac{p}{p_b}} & \dfrac{p}{p_b} \leqslant 0.3 \end{cases}$$

式中　R_p——生产气油比，ft^3/bbl。

3. 原油的压缩系数

原油的压缩系数 c_o 的定义为在地层条件下，压力变化一个单位时，单位体积原油的体积变化率：

$$c_o = -\frac{1}{V}\frac{dV}{dp}$$

式中　V——被天然气饱和的原油体积。

地层压力高于泡点压力时，原油的压缩系数为常量，因此

$$\frac{dV}{V} = -c_o dp$$

积分得：

$$\int_{V_i}^{V}\frac{dV}{V} = -c_o\int_{p_i}^{p}dp$$

$$\ln\frac{V}{V_i} = c_o(p_i - p)$$

$$\frac{V}{V_i} = \exp[c_o(p_i - p)]$$

式中　V——在压力为 p 时的原油体积；
V_i——在压力为 p_i 时的原油体积；
p_i——原始地层压力；
p——地层压力。

由于 c_o 很小，e^x 可近似地取为 $1+x$，因此

$$V = V_i[1 + c_o(p_i - p)]$$

常用的确定 c_o 的相关式是 Vasquez-Beggs 于 1980 年根据世界范围内取得的 4036 个 PVT 数据分析取得的：

$$c_o = \frac{-1433 + 5R_s + 17.2T - 1180\gamma_{gs} + 12.61\gamma_{API}}{p \times 10^5}$$

4. 原油密度 ρ_o

地层中原油的密度指单位体积内油的质量，表示为

$$\rho_o = \frac{m}{V} \tag{1-199}$$

式中　m、V——分别表示原油的质量和体积。

地层原油中溶解有大量的天然气，因此与地面脱气原油密度相比有较大差异。地层条件下，原油密度主要受油气成分、溶解气量及温度、压力大小影响。由式(1-199)得：

$$\rho_o=\frac{m_{osc}+m_{gsc}}{V}=\frac{m_{osc}+m_{gsc}}{B_o V_{osc}}$$

$$=\frac{\rho_{osc}+\rho_{gsc}\frac{V_{gsc}}{V_{osc}}}{B_o}=\frac{\rho_{osc}+\gamma_g\rho_{airsc}R_s}{B_o}$$

$$=\frac{\frac{141.5}{131.5+\gamma_{API}}+0.0012237\gamma_g R_s}{B_o} \tag{1-200}$$

式中 m_{osc}、m_{gsc}——分别表示地面标准条件下油、气的质量；

V_{osc}——原油在地面标准条件下的体积；

V_{gsc}——溶解气在标准条件下的体积；

ρ_{osc}——标准条件下脱气原油的密度；

ρ_{airsc}——空气密度，取 0.0012237g/cm^3。

通常式(1-200)计算 ρ_o，R_s 的单位为 m^3/m^3，ρ_o 的单位为 g/cm^3。除此之外，哈里伯顿公司采用下列实验相关式计算原油密度。

当 $p<p_b$ 时：

$$\rho_o=\frac{1}{62.4}\times[(A+B)/(A/C+5.615)+D-E]$$

$$A=0.07652\gamma_g R_s$$

$$B=49578.2/(\gamma_{API}+131.5)$$

$$C=-18.15-0.17\gamma_{API}+(1401+1575\gamma_g^2)^{0.5}$$

$$D=2.33\times10^{-4}p_b$$

$$E=2.29\times10^{-2}T-1.374$$

当 $p\geqslant p_b$ 时：

$$\rho_o=\rho_{ob}e^{c_o(p-p_b)}$$

式中 A——与 γ_g 和 R_s 相关的中间变量；

B——与 γ_{API} 相关的中间变量；

C——与 γ_{API} 和 γ_g 相关的中间变量；

D——与 p_b 相关的中间变量；

E——与 T 相关的中间变量；

ρ_{ob}——泡点压力下的 ρ_o，g/cm^3；

c_o——原油压缩系数，psi^{-1}。

5. 原油黏度

原油黏度 μ_o 可定义为原油内部某一部分相对于另一部分流动时摩擦阻力的度量。对于油气运移、聚集和油气田开发，都是一个很重要的参数。设面积为 A，间隔为 dy 的两层流体，上层的流动速度为 $v+\mathrm{d}v$，下层的速度为 v，由于流体分子间内摩擦阻力的影响，如果在上层与下层之间保持 $\mathrm{d}v$ 的速度差，那么上层流体需要作用一个 F 的力。由实验得到下列关系：

$$\frac{F}{A}=\mu\frac{\mathrm{d}v}{\mathrm{d}y}$$

式中 μ——比例常数，称为黏度。

为确定黏度的单位，上式可改为

$$\mu=\frac{F/A}{\mathrm{d}v/\mathrm{d}y}$$

如果剪切应力 F/A 的单位为 $\mathrm{mN/m^2}$，剪切速度 $\mathrm{d}v/\mathrm{d}y$ 的单位取为 $\mathrm{m\cdot s^{-1}\cdot m^{-1}}$，则黏度 μ 的单位应为 $(\mathrm{mN/m^2})\cdot\mathrm{s}$。由于 $1\mathrm{N/m^2}=1\mathrm{Pa}$，因此黏度的单位即为 $\mathrm{mPa\cdot s}$。

地层原油黏度随温度和溶解气的升高而降低。在泡点压力以上时，因受压缩的影响，分子距离减小，作用力增大，黏度随压力的升高而增加。在泡点压力以下时，随压力升高，溶解气量增大，分子距离增大，作用力减小，因此黏度随压力的升高而减小。目前计算原油黏度的常用公式如下，它是 Beggs 等（1975）利用美国岩心公司取样分析的 600 个原油系统的 460 个脱气原油黏度数据和 2073 个地层原油数据建立的。

当 $p\leqslant p_\mathrm{b}$ 时：

$$\begin{cases}\mu_\mathrm{o}=A\mu_\mathrm{od}^B\\ \mu_\mathrm{od}=10^x-1\end{cases}\tag{1-201}$$

$$x=yT^{-1.163}$$

$$y=10^Z$$

$$Z=3.0324-0.02023\gamma_\mathrm{API}$$

$$A=10.715(R_\mathrm{s}+100)^{-0.515}$$

$$B=5.44(R_\mathrm{s}+150)^{-0.338}$$

当 $p>p_\mathrm{b}$ 时（Vasquez 等，1976）：

$$\mu_\mathrm{o}=\mu_\mathrm{ob}\left(\frac{p}{p_\mathrm{b}}\right)^m\tag{1-202}$$

$$m=2.6p^{1.187}\times10^{-0.039p\times10^{-3}-5}$$

式中，μ_od是地层温度下脱气原油的黏度；T 的单位为℉；R_s 的单位为 $\mathrm{ft^3/bbl}$；R_s 用前文给出的 Vasquez-Beggs 公式确定；p_b 用 $R_\mathrm{s}=R_\mathrm{p}$ 时的 Vasquez-Beggs 公式确定；p 的单位为 psi；μ_ob由式（1-201）确定。

这一方法的适用范围是 $R_\mathrm{s}=3.56\sim368.67\mathrm{m^3/m^3}$，$p=0.1013\sim36.30\mathrm{MPa}$，$T=21.13\sim146.23$℃，$\gamma_\mathrm{o}=0.7467\sim0.9593$。

Ghassan 等（1990）利用中东、北非地区 41 个样品 253 个 PVT 数据得出以下适用$p>p_\mathrm{b}$条件下的相关式：

$$\mu_o = \mu_{ob} + 10^{A-5.2106+1.11\lg(p-p_b)}$$

$$A = 1.9311 - 0.89941\ln R_m - 0.001194\gamma_{API}^{\ 2} + 9.2545\gamma_{API} \times \ln R_m$$

$$R_m = 5.614R_s$$

式中，μ_{ob}、μ_o 分别表示原油在泡点压力下的黏度和地层条件下的黏度；R_s 的单位为 m^3/m^3；p、p_b 的单位为 kPa；黏度单位为 Pa·s；μ_{ob}采用式(1-201)计算并作相应单位转换。

该方法的适用范围是 $p=69725.3\sim697339$kPa，$\mu_o=0.096\sim28.5$mPa·s，$\mu_{ob}=0.093\sim20.5$，$p_b=3432.33\sim33538.7$kPa，$\gamma_{API}=15\sim51°$API，$R_s=10.7\sim238m^3/m^3$。

6. 原油地层体积系数

B_o 指地层温度和压力下，溶解了气的油的体积与标准条件下相同质量油的体积之比，即：

$$B_o = \frac{V}{V_s}$$

式中 V、V_s——分别表示地层原油的体积和地面标准条件下的原油体积。

在现场应用中 B_o 通常与流量相关，因此

$$B_o = \frac{q_{owf}}{q_{osc}}$$

式中 q_{owf}、q_{osc}——分别表示地层条件下的流量与标准条件下的流量。

前边的 B_g 和 B_w 实际应用中也可采用这种方式，利用这种方式可以将生产测井中遇到的井口油、气、水产量换算到井下。随着压力增大，B_o 由于溶解气量的增多从 1.0 开始逐渐增大，当 $p=p_b$ 时，达到最大；随后压力增大时，B_o 由于原油受到压缩而减小。

B_o 是压力、温度、溶解气量、原油及天然气成分和相应泡点压力的函数。当压力大于泡点压力 p_b 时，原油处于受压缩状态，根据前述原油压缩系数的定义可得：

$$V = V_{ob}\exp[C_o(p_{ob}-p)]$$

两边同除以标准条件下原油的体积 V_{sc} 得：

$$B_o = B_{ob}\exp[C_o(p_{ob}-p)]$$

由于 $\exp x = e^x \approx 1+x$(当 $x\to0$ 时)，因此

$$B_o = B_{ob}[1-C_o(p-p_b)] \tag{1-203}$$

式中 V_{ob}——原油在泡点压力下的体积；

B_{ob}——原油泡点压力下的地层体积系数。

式(1-203)即为计算 $p \geqslant p_b$ 时地层体积系数的公式，其中 B_{ob}通常采用 Standing 公式计算。

Standing 在 1947 年对 105 个样品数据进行分析计算，得出以下相关式：

$$B_{ob} = 0.972 + 0.000147F^{1.175} \tag{1-204}$$

$$F = R_s\left(\frac{\gamma_g}{\gamma_o}\right)^{0.5} + 1.25T$$

式中 R_s——溶解气油比，ft^3/bbl；

T——温度℉；

γ_g、γ_o——分别为气、油的相对密度。

式(1-204)的算术平均误差为1.17%。

1980年，Glaso得出以下相关式：

$$\lg(B_{ob}-1)=2.91329\lg B'_{ob}-0.27683(\lg B'_{ob})^2-6.58511$$

$$B'_{ob}=0.1813\left[R_s\left(\frac{\gamma_g}{\gamma_o}\right)^{0.526}+(5.625\times10^{-2}T+1)\right] \tag{1-205}$$

式中，R_s 的单位为 m^3/m^3；T 的单位为℃。

该方法的适用范围与前文Glaso提出的泡点压力公式的适用范围相同。

1988年，Muhammad根据160个泡点压力和地层体积系数数据提出以下相关式：

$$B_{ob}=0.497069+0.862863\times10^{-3}T+0.182594\times10^{-2}F+0.318099\times10^{-5}F^2$$

$$F=R_s^{0.742390}\gamma_g^{0.323294}\gamma_o^{-1.202040} \tag{1-206}$$

式中 R_s——溶解气油比，ft^3/bbl；

T——温度，℉。

式(1-206)的使用范围是 $p_b=130\sim3573psi$，$p=20\sim3573psi$，$B_{ob}=1.032\sim1.997$，$R_s=26\sim1602ft^3/bbl$，$\gamma_g=0.752\sim1.367$，$\gamma_{API}=19.4\sim44.60$，气中 CO_2 的摩尔百分含量0~16.38%，气中 N_2 的摩尔百分含量0~3.89%，气中 H_2S 气体的含量为0~16.13%，$T=74\sim240$℉。

当压力低于泡点压力($p\leqslant p_b$)时，部分轻烃气体从地层原油中分离出来，此时 B_o 小于泡点压力下的 B_{ob}。常用计算 B_o 的相关式有下面几个。

(1)Vasquez-Beggs公式($p\leqslant p_b$)。

$$B_o=1+C_4R_s+(T-60)\frac{\gamma_{API}}{\gamma_{gs}}(C_5+C_6R_s) \tag{1-207}$$

当 $\gamma_{API}\leqslant30°API$ 时：$C_4=4.677\times10^{-4}$，$C_5=1.751\times10^{-5}$，$C_6=-1.811\times10^{-8}$。

当 $\gamma_{API}>30°API$ 时：$C_4=4.67\times10^{-4}$，$C_5=1.1\times10^{-5}$，$C_6=1.337\times10^{-9}$。

式中，R_s 的单位为 ft^3/bbl；γ_{gs} 的使用范围与前文计算 R_s 时的相同。

(2)斯伦贝谢公司采用的计算公式。

1974年，斯伦贝谢公司发表了计算 $p\leqslant p_b$ 时 B_o 的公式：

$$B_o=1+k(B_{ob}-1)$$

$$k=\begin{cases}0.18+0.13\dfrac{p}{p_b} & \dfrac{p}{p_b}>0.3\\[2ex] 0.75\left(\dfrac{p}{p_b}\right)^{0.5} & \dfrac{p}{p_b}\leqslant0.3\end{cases} \tag{1-208}$$

7. 总体积系数

总体积系数 B_t 也叫两相体积系数，是在地层压力低于泡点压力条件下，地层油和气体体积与标准条件下油的体积系数之比，即：

$$B_t=\frac{V_{owf}+(R_{sb}-R_s)V_{osc}B_g}{V_{osc}}=B_o+B_g(R_{sb}-R_s) \tag{1-209}$$

式中　B_o——地层压力下的油的地层体积系数；

R_{sb}——泡点压力下的溶解气油比；

V_{osc}、V_{owf}——分别表示标准条件和地层条件下油的体积。

计算 B_t 的相关公式如下。

(1) Glaso 公式。

1980 年，Glaso 发表计算 B_{ob} 公式的同时，也给出了计算 B_t 的公式：

$$\begin{aligned} &B_t=10^x \\ &x=8.0135\times10^{-2}+4.7257\times10^{-1}\lg B_t'+1.7351\times10^{-1}\lg^2 B_t' \\ &B_t'=R_s\frac{T^{0.5}}{\gamma_g^{0.3}}p^{-1.1089}\gamma_o^{2.9y} \\ &y=-0.00027/R_s \end{aligned} \tag{1-210}$$

式(1-210)的使用范围与式(1-205)相同。

(2) Muhammad 相关式。

1988 年，Muhammad 在研究计算 B_{ob} 相关式的同时，发表了计算总体积系数的公式：

$$\begin{aligned} &B_t=0.314693+0.106253\times10^{-4}F_t+0.18883\times10^{-10}F_t^2 \\ &F_t=R_s^{0.644516}\gamma_g^{-1.07934}\gamma_o^{0.724874}T^{2.00621}p^{-0.76191} \end{aligned} \tag{1-211}$$

8. 应用实例

计算原油物性参数时，一般先计算泡点压力，然后依次计算溶解气油比、压缩系数、地层体积系数、黏度和密度。计算气的物性参数时，一般先计算偏差因子，然后再计算气的体积系数、密度和黏度。对于水来说，可以按溶解气水比、体积系数、密度、黏度的顺序进行计算。由于油的成分变化较大，同时又受溶解气量影响，因此与水相比，物性参数的变化范围也较大。

一般情况下，井底原油的黏度在 0.2~10mPa·s 范围内，密度的范围在 0.6~1.0g/cm³ 之间，地层体积系数在 1.2 左右变化。地层水的黏度在 0.2~1.0mPa·s 之间，密度接近 1.0g/cm³。天然气的密度分布在 0.05~0.2g/cm³ 之间，黏度的变化范围是在 0.01~0.07mPa·s 之间，气的体积系数在 0.01 左右变化。

例 1-5　已知 $\gamma_g=0.65$，在标准条件下，温度为 60℉，压力为 14.7psi，$\gamma_{API}=22°API$。利用 Vasquez-Beggs 公式计算地层温度、压力分别为 130℉、765psi 时的 B_o、R_s，并说明

两个参数代表的实际意义。

(1)计算 γ_{gs}。

$$\gamma_{gs}=\left(1.0+0.5912\times22\times60\times10^{-4}\lg\frac{14.7}{114.7}\right)\times0.65$$
$$=(1.0+780.38\times10^{-4}\lg0.1282)\times0.65$$
$$=(1.0-780.38\times0.892\times10^{-4})\times0.65$$
$$=0.6048$$

(2)计算 R_s。

$$A=\frac{22}{460+137}=0.0368$$

$$R_s=\frac{0.6048\times765^{1.0973}}{27.64}\times10^{11.172\times0.0368}$$
$$=\frac{0.6048\times1424.95}{27.64}\times2.577$$
$$=80.35\text{ft}^3/\text{bbl}$$

(3)按 $p<p_b$ 计算 B_o。

$$D=77\times\frac{22}{0.6048}=2800.9$$

$$B_o=1.0+4.677\times0.008035+0.1751\times0.28009-1.8106\times0.28009\times0.008035$$
$$=1.0+0.0376+0.049-0.0041=1.0825$$

$R_s=80.35$，说明井下 1bbl 原油溶解了 80.35ft^3 的天然气（折算到标准条件下）。$B_o=1.0825$，说明地面为 1bbl 的原油由于溶解气的影响在地层条件下为 1.0825bbl。

参 考 文 献

陈钦雷，等，1982. 油田开发设计分析基础［M］. 北京：石油工业出版社.

陈元千，李璗，2001. 现代油藏工程［M］. 北京：石油工业出版社.

郭海敏，1993. 多相流动生产测井解释［D］. 北京：北京航空航天大学.

秦同洛，等，1989. 实用油藏工程方法［M］. 北京：石油工业出版社.

王鸿勋，张琪，1981. 采油工艺原理［M］. 北京：石油工业出版社.

Govier G W，Aziz K，1972. The flow of complex mixtures in pipes［M］. Van nostrand reinhold company.

第二章　井下流量测井

流量测井用于测量井底各射孔层内的流体总产出或注入量，这些流体是油、气、水单相或者是其中的两相、三相混合物。在注入井中用于测量注入水、蒸汽或注入聚合物的量和去向——注入剖面。根据流量测量范围和测量方式，测量流量的仪器包括涡轮流量计、示踪流量计，此外还有新近研制的水流量(WFL)测井仪和声波流量计等。本章就这些仪器的测量原理、测量方法及资料分析方法予以讨论。

第一节　涡轮流量计测井

20 世纪 40—50 年代，人们做了许多研究，把地面流体计量技术引入到井底测量流动剖面。涡轮流量计是一种速度式流量计。它是利用悬置于流体中带叶片的转子或叶轮感受流体的平均流速而推导出被测流体的瞬时流量和累计流量。涡轮流量计是 50 年代研制发展起来的一种新型速度式流量计，涡轮流量计的主要特点是：(1)精度高，单相误差为 0.5%~0.2%；(2)量程宽，最高流量与最低流量比约为 10:1；(3)耐高温高压，耐酸碱腐蚀；(4)重复性能好。由于这些特点，涡轮流量计被广泛地应用于工业生产的各部门，其不足之处是特性和测量精确度受被测流体的黏度、密度影响较大。

一、涡轮流量计分类

生产测井中根据测量方式和测量范围，将涡轮流量计分为连续流量计和集流式流量计。连续流量计包括普通连续流量计和全井眼流量计。集流式流量计包括全集流流量计和半集流流量计两种。

连续流量计测量时可从油管(自喷井)或油套环形空间中(抽油井)下入目的层段进行测量，其示意图如图 2-1 所示。涡轮由两个低摩阻的枢轴支撑，涡轮上装有一块很小的磁铁，流体使涡轮转动时，附近的耦合线圈中便产生交流信号，这些信号通过电缆传送到地面，地面仪器可以记录脉冲频率，得到涡轮每秒钟的转数(r/s)。连续流量计可以顺着流体或逆着流体进行连续或定点测量，仪器外径一般为 1.6875in（自喷井)或 1in（抽油井)。

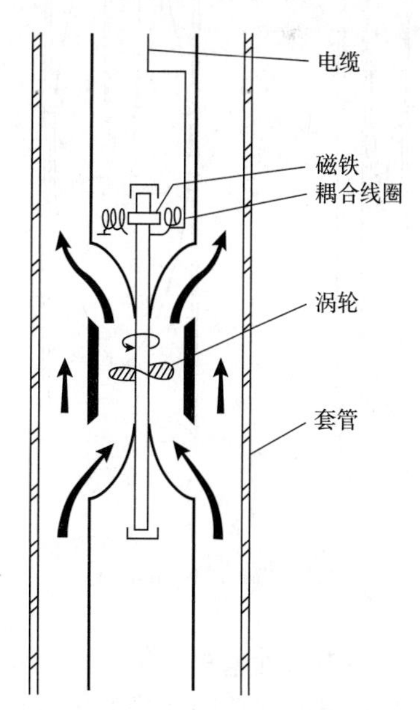

图 2-1　连续流量计测量示意图

全井眼流量计与普通型连续流量计不同的是它有可以伸缩的涡轮转子叶片，通过套管时，转子叶片收缩，到达套管下部的目的测量井段时，叶片可以张开。如图 2-2 所示，全井眼流量计的叶片可以覆盖 60%左右的套管截面。因此可以有效校正多相流动中油、气、水速度剖面分布不均的影响。

连续流量计适用于中高产井，对低产井应采用集流式流量计，这是由于流量低时，流体除了冲击叶片之外，另一部分没有对响应作出贡献。集流式流量计如图 2-3 所示，测量时封隔器皮囊将套管套面封堵，迫使流体进入集流通道。根据连续性方程，质量守恒定律，设集流前后的流速分别为 v_2、v_1，套管套面为 A_1，集流通道的套面为 A_2，流体密度在集流前后分别为 ρ_1、ρ_2，则：

$$\rho_1 A_1 v_1 = \rho_2 A_2 v_2$$

若 $\rho_1 \approx \rho_2$，则：

$$v_2 = \frac{A_1}{A_2} v_1$$

由于 $A_1 \gg A_2$，因此 $v_2 \gg v_1$，因此在低流量层段采用集流式流量计，可以较为有效地消除黏度变化的影响，提高测量精确度。图 2-3 所示的封隔式流量计的集流皮囊是由橡胶制成的，下井时很容易损坏。另外，封隔器内充满的流体来自井下，若封隔器充液泵出现故障，容易发生漏失现象。由于这些原因，斯伦贝谢公司研制了一种新的封隔式流量计叫可膨胀式集流式流量计，如图 2-4 所示。这种流量计使用带有可膨胀环的橡胶集流装置，集流器装在金属罩中，仪器下井时金属罩关闭，对集流器起保护作用，金属罩打开时，它使仪器居中并使集流器张开，同时，仪器自带的液体由泵压入可膨胀环，使仪器与套管间密封。该仪器适用于中低产生产井，最高产量可达 470m^3/d。

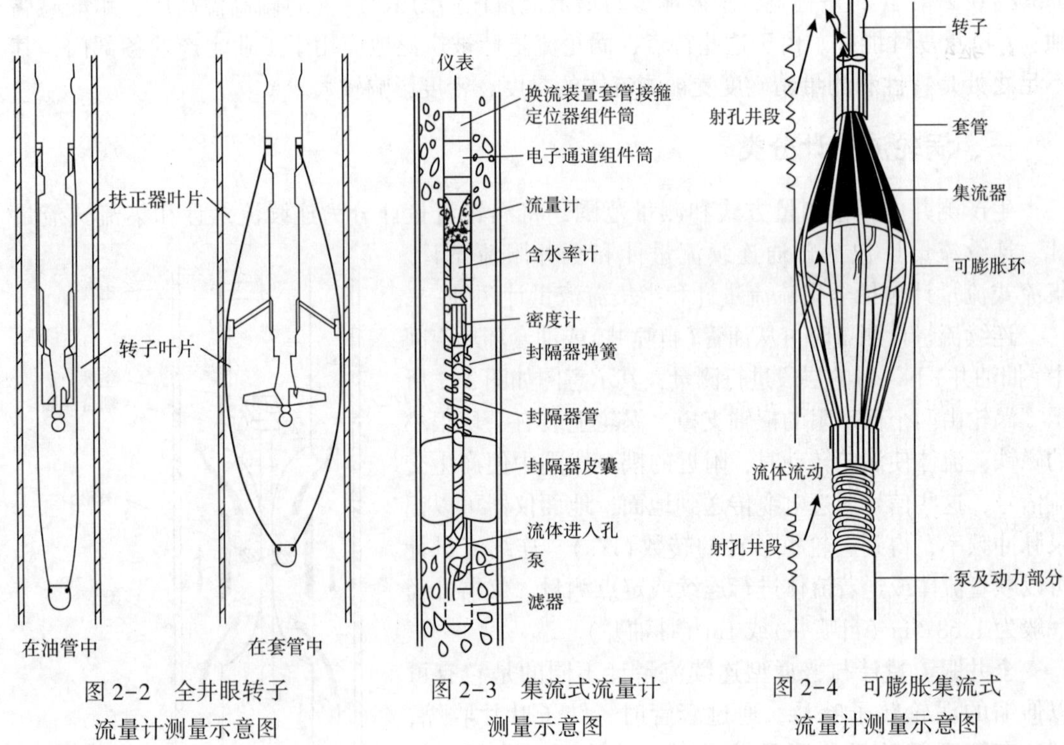

图 2-2　全井眼转子流量计测量示意图

图 2-3　集流式流量计测量示意图

图 2-4　可膨胀集流式流量计测量示意图

国内目前采用的集流式流量计通常在封隔器上开 2~4 个直径为 0.55cm 的圆孔，以便提高流量测量范围及降低集流前后的压差，这种仪器称为半集流仪器，由于集流式流量计的特点，只能定点测量。

二、工作原理

无论是连续流量计，还是集流式流量计，其基本测量元件都是涡轮，因此基本响应原理相似。涡轮流量计是应用流体动量矩原理实现流量测量的。由动量矩定理可知，当涡轮旋转时，它的运动方程为

$$J\frac{\mathrm{d}\omega}{\mathrm{d}t}=T-\sum T_i \tag{2-1}$$

式中　J——涡轮的转动惯量；

$\frac{\mathrm{d}\omega}{\mathrm{d}t}$——涡轮旋转角加速度；

T——推动涡轮旋转的力矩，即驱动力矩；

$\sum T_i$——阻碍涡轮旋转的各种阻力矩。

涡轮起动后，管内流体的流量不随时间变化，作定量流动，即涡轮以稳定的角速度旋转，此时：

$$\frac{\mathrm{d}\omega}{\mathrm{d}t}=0 \tag{2-2}$$

式(2-1)变为

$$T=\sum T_i \tag{2-3}$$

因此稳定流动时，驱动力矩与各种阻力矩相平衡。下面讨论各种力矩的理论表达式。

1. 驱动力矩

假定井筒流体以流速 v_1 沿着轴线方向流动并进入涡轮叶片，而叶片又以圆周速度 u_1 旋转，则流体对于旋转着的叶片的相对速度 W_1 应等于流体的绝对速度 v_1 与 u_1 之间的向量差(图 2-5)，即：

$$W_1=v_1-u_1 \tag{2-4}$$

在叶片出口处，流体对叶片的相对速度 W_2 与垂直管道轴线截面的夹角应等于叶片出口处的结构角 β_2。由于管道流通截面不变，则由不可压缩流体的连续性方程可知，在叶片出口处，流体的绝对速度 v_2 在轴向上的分量应等于 v_1，并且叶片入口处相应点的圆周速度应相等，即$u_1=u_2$，由此可作出出口处的速度三角形。

显然，为使涡轮旋转，在各通路内，只有与圆周速度相同方向的力才做功，即进入涡轮转子的流体在圆周方向发生动量变化，产生推动涡轮旋转的力，使涡轮旋转而做功。列出圆周方向上的动量方程可得：

$$F=(v_1\cos\alpha_1-v_2\cos\alpha_2)\rho Q \tag{2-5}$$

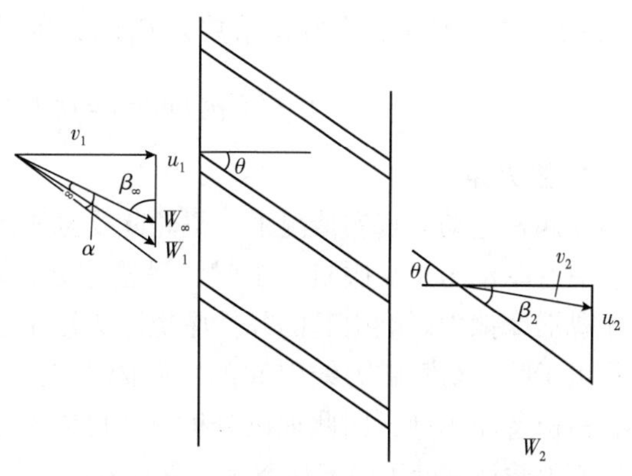

图 2-5　叶片进出口速度三角形

式中　F——驱动涡轮旋转的周向力；

v_1、v_2——分别为进口、出口的绝对速度大小；

α_1、α_2——分别为 v_1、v_2 与圆周运动方向的夹角；

ρ——流体密度；

Q——流量。

由图 2-5 的进出口速度三角形可知：

$$\cos\alpha_1=\cos 90°=0 \tag{2-6}$$

$$v_2\cos\alpha_2=u_2-W_2\cos\beta_2 \tag{2-7}$$

把式(2-6)、式(2-7)代入式(2-5)得：

$$F=(W_2\cos\beta_2-u_2)\ \rho Q \tag{2-8}$$

假设这一驱动力作用在涡轮叶片的平均半径 r 处，则由此产生的驱动力矩为

$$T=rF=(W_2\cos\beta_2-u_2)r\rho Q \tag{2-9}$$

若涡轮旋转的角速度为 ω，则 $u_2=r\omega$，由出口速度三角形可知：

$$W_2\cos\beta_2=v_1\cot\beta_2=v_1\tan\theta \tag{2-10}$$

式中 θ——叶片与轴线之间的夹角。

于是式(2-9)可写成：

$$T=(v_1\tan\theta-r\omega)\ r\rho Q \tag{2-11}$$

假设流道的面积为 A，则 $v_1=Q/A$ 代入式(2-11)有

$$T=\left(\frac{Q}{A}\tan\theta-r\omega\right)r\rho Q=\frac{\tan\theta}{A}r\rho Q^2-r^2\omega\rho Q \tag{2-12}$$

在无阻力的理想情况下，$T=0$，于是：

$$\frac{\tan\theta}{A}r\rho Q^2-r^2\omega\rho Q=0 \tag{2-13}$$

整理得：

$$\omega=\frac{Q\tan\theta}{rA} \tag{2-14}$$

由式(2-14)知，ω 与 Q 呈线性关系。只要检测出 ω，就可得到 Q。

考虑到涡轮流量计的叶片数目是有限的，而且叶片都是有一定厚度，所以出口相对速度 W_2 与垂直管道轴线截面的夹角不等于叶片出口处的结构角 β_2，而是小于 β_2，因此要对式(2-12)进行修正，设修正系数为 $C_1>1$，则式(2-12)变为

$$T=(C_1v_1\tan\theta-r\omega)r\rho Q=C_1\frac{\tan\theta}{A}r\rho Q^2-r^2\omega\rho Q \tag{2-15}$$

2. 阻力矩

在涡轮运动的真实情况下，涡轮除受到驱动力矩外，还同时受到阻碍涡轮的各种阻力矩，只有驱动力矩克服阻力矩时，涡轮才能转动。这些阻力矩包括，流体流过流量计时，由于黏滞摩擦力影响引起的黏性摩擦阻力矩 T_1；叶片转动时，由轴承引起的机械摩擦力矩 T_2；由于叶片切割磁力线引起的电磁阻力矩 T_3。一般情况下 $T_3=C_x\omega$，由比例系数 C_x 较小，可以忽略不计，因此理论分析时，可以不考虑 T_3 的影响。

在涡轮运动处于稳定状态时，驱动力矩 T 与这些阻力矩之和相等，于是式(2-3)可写为

$$T=T_1+T_2 \tag{2-16}$$

1）黏性摩擦阻力矩 T_1

当流体以较低速度流经流量计时，流量计的流动呈层流流动。此时黏性摩擦力矩 $\vec{T}_1$ 可认为是与流体的黏度 μ 和流量近似呈正比关系：

$$T_1 = C_2 \mu Q \tag{2-17}$$

当流体以较高速度流经流量计时，流量计内的流动呈紊流状态，此时 $\vec{T}_1$ 与流体密度 ρ 和流量的二次方近似呈正比关系：

$$T_1 = C_3 \rho Q^2 \tag{2-18}$$

W. F. Z. Lee 在黏性摩擦阻力矩计算时，给出以下公式：

$$T_1 = C_f \rho W_1^2 cl \tag{2-19}$$

式中　C_f——雷诺数的函数；

c、l——分别是叶片的宽和高。

我国研究工作者赵学端等利用流体力学分析方法给出以下公式：

层流
$$T_1 = C_z (\rho\mu)^{0.5} Q^{1.5} \tag{2-20}$$

紊流
$$T_1 = C_w (\mu/\rho)^{\frac{1}{7}} Q^{\frac{13}{7}} \tag{2-21}$$

式中　C_z、C_w——与仪器结构相关的常数。

2）机械摩擦阻力矩 T_2

当流量计由静止起动时，驱动力矩主要是用来克服机械摩擦阻力矩。且在涡轮起动时，由于旋转角度小，因此可以忽略黏性摩擦阻力矩，此时：

$$T = T_2 \tag{2-22}$$

将式（2-12）代入式（2-22）得：

$$\frac{C_1 \tan\theta}{A} r\rho Q^2 - \omega r^2 \rho Q = T_2 \tag{2-23}$$

当涡轮起动时 $\omega = 0$，由此可以得到使涡轮流量计起动所需要的最小流量，即流量计的最小灵敏度流量：

$$Q_{\min} = \sqrt{\frac{T_2 A}{r C_1 \tan\theta}} \sqrt{\frac{1}{\rho}} \tag{2-24}$$

可见 $Q_{\min}$ 主要与 ρ 相关，即 ρ 越大 $Q_{\min}$ 越小；反之，ρ 越小 $Q_{\min}$ 越大。因此在气中 $Q_{\min}$ 值比在油水中的 $Q_{\min}$ 要大得多，而对于密度变化较小的液体来说，$Q_{\min}$ 变化不大。由于气体密度随温度、压力变化而变化，因此流量计的灵敏度将发生变化。

W. F. Z. Lee 在 1960 年给出的计算 T_2 的表达式为

$$T_2 = C_s \rho W_1^2 cl \tag{2-25}$$

式中　C_s——常数。

研究人员也通常把除黏性摩擦阻力矩以外的力矩称为其余阻力矩，用 T_2 表示：

$$T_2 = T_{fh} + T_{ft} + T_{fj} + T_{fe}$$

式中　T_{fh}、T_{ft}、T_{fj}、T_{fe}——分别为轮壳阻力矩、叶顶阻力矩、轴承阻力矩和轮壳端面阻力矩。

利用边界层和缝隙流动理论可得相应的理论表达式：

$$T_{fh}=\frac{1}{2}\rho W_1^2\left(\frac{1.372}{\sqrt{R_{es}}}\right)(\cos\beta_1\sin^2\beta_2)\ zr_h cs \tag{2-26}$$

$$R_{es}=\frac{\rho S_h W_1\sin\beta_1}{\mu}$$

$$T_{ft}=\frac{1}{2}C_{ft}\,\rho\omega^2 r_t C_t tz \tag{2-27}$$

$$T_{fj}=C_{fj}\,\rho\pi l_j\omega_2 r_j^4 \tag{2-28}$$

$$T_{fe}=\frac{1}{2}\pi\mu\,\frac{\omega}{\delta_e}r_h^4 \tag{2-29}$$

式中 C_{ft}、C_{fj}——分别为叶顶和轴承阻力系数。

C_{ft}、C_{fj}——由以下两式确定：

缝隙层流
$$C_{ft}=\frac{2\mu}{\rho r_b\omega\delta_t} \tag{2-30}$$

缝隙紊流
$$C_{fj}=\frac{0.078}{Re^{0.43}\delta_t} \tag{2-31}$$

判断缝隙为层流、紊流的临界雷诺数为

$$Re_\sigma=4.11\left(\frac{r_b}{\delta_t}\right)^{0.5} \tag{2-32}$$

式中 s——叶片在垂直流向上的间距；

z——叶片个数；

r_h——轮壳半径；

S_h——轮壳表面积；

r_t——叶片半径；

t——叶片厚度；

l——轴承长度；

r——轴承内径；

δ_e——叶顶孔隙宽度；

r_b——半径；

δ_t——孔隙宽度。

对不同的研究对象，r_b、δ_t 表示的物理量不同。

从以上分析可知，流体的黏性摩擦阻力影响了涡轮流量计的工作区间，为使其具有较好的仪表特性，应避免在小流量范围内使用，当然由于轴承磨损和压力损失等条件限制，所通过的流量也不能过大。

将式(2-15)、式(2-17)代入式(2-16)得层流状态时的响应方程：

$$\frac{C_1\tan\theta}{A}r\rho Q^2-r^2\omega\rho Q=C_2\,\mu Q+T_2$$

$$\omega=\frac{C_1\tan\theta}{Ar}Q-\frac{C_2\mu Q+T_2}{r^2\rho Q} \tag{2-33}$$

由于 $\omega=2\pi\text{RPS}$，因此

$$\text{RPS}=\frac{C_1\tan\theta}{2\pi Ar}Q-\frac{C_2\mu Q+T_2}{2\pi r^2\rho Q} \tag{2-34}$$

令：

$$K=\frac{C_1\tan\theta}{2\pi r},\quad v_a=\frac{Q}{A},\quad v_t=\frac{C_2\mu Q+T_2}{2\pi Kr^2\rho Q}$$

则式(2-34)变为

$$\text{RPS}=K\ (v_a-v_t) \tag{2-35}$$

式中　RPS——涡轮每秒钟的转数，r/s；

v_a——冲击叶片的流体速度；

v_t——起动速度，与流体的黏度、密度、流量相关；

K——与仪器结构相关的常量。

式(2-35)即为低流速层流时，涡轮流量计的响应方程。

在低流速层流时，由于 Q 较小，μ、ρ 的影响居主导作用。把式(2-15)、式(2-18)代入式(2-16)中可以得到紊流时涡轮流量计的响应方程：

$$\frac{C_1\tan\theta}{A}r\rho Q^2-r^2\omega\rho Q=C_3\rho Q^2+T_2 \tag{2-36}$$

$$\omega=\frac{C_1\tan\theta}{Ar}Q-\frac{C_3\rho Q^2+T_2}{\rho r^2 Q} \tag{2-37}$$

整理得：

$$\text{RPS}=\frac{C_1\tan\theta}{2\pi Ar}Q-\frac{C_3\rho Q^2+T_2}{2\pi\rho r^2 Q} \tag{2-38}$$

令：

$$v_{tl}=\frac{C_3\rho Q^2+T_2}{2\pi\rho r^2 QK},\quad K=\frac{C_1\tan\theta}{2\pi r}$$

于是：

$$\text{RPS}=K(v_a-v_{tl}) \tag{2-39}$$

将式(2-35)、式(2-39)、式(2-24)重新排列可得到涡轮流量计在流量从低到高变化时的响应特性：

实际起动流速
$$v_{\min}=\frac{Q_{\min}}{A}=\sqrt{\frac{T_2}{rC_1\tan\theta A\rho}} \tag{2-40}$$

低流速层流
$$\text{RPS}=K(v_a-v_t) \tag{2-41}$$

高流速紊流
$$\text{RPS}=K(v_a-v_{tl}) \tag{2-42}$$

响应灵敏度(斜率)
$$K=\frac{C_1\tan\theta}{2\pi r} \tag{2-43}$$

理论起动速度
$$v_{\mathrm{t}}=\frac{C_2\,\mu Q+T_2}{2\pi K r^2\rho Q} \tag{2-44}$$

理论起动速度

$$v_{\mathrm{tl}}=\frac{C_3\,\rho Q^2+T_2}{2\pi K r^2\rho Q} \tag{2-45}$$

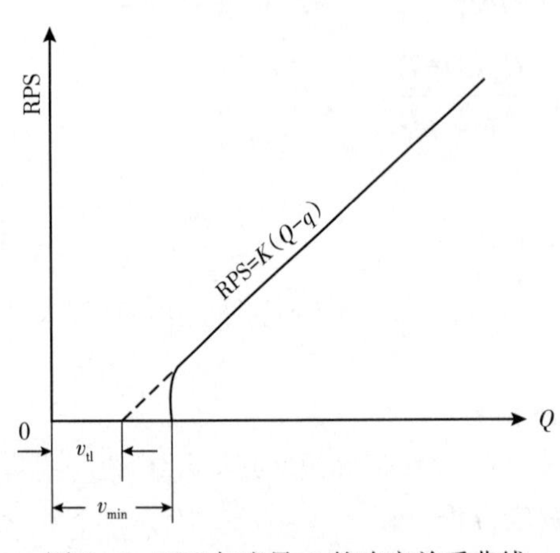

图 2-6　RPS 与流量 Q 的响应关系曲线

理论起动速度 v_{t}、v_{tl} 指叶轮起动后保持叶轮旋转所需的最小速度，一般小于实际速度 $v_{\min}$。$v_{\min}$ 也叫门槛速度。

式(2-40)至式(2-42)的响应示意图如图2-6所示。由上述可知，当涡轮起动时至少应给予 $v_{\min}$ 的冲击速度，涡轮才开始工作，此时，机械摩阻起主导地位，黏性摩阻居次要地位。涡轮起动后，当流速较低处于层流状态时，流体黏性影响较大，响应呈非线性，黏性摩阻、机械摩阻共同影响，其中黏性摩阻的影响更为显著。当流量增加到紊流工作状态时，流体密度影响居主导地位，此时，若密度变化不大，响应则呈线性关系，因此，希望尽可能使流量计在这一范围工作。

三、Leach 响应方程

Leach 等在 1974 年提出了涡轮的响应方程，主要考虑了机械摩擦，没有将流动分为层流和紊流。为了对比起见，下面介绍 Leach 提出的涡轮响应方程。

当只存在机械摩擦时，响应方程为

$$\mathrm{RPS}=\frac{\tan\theta}{2\pi r}v_{\mathrm{a}}-\frac{T_2}{4\pi^2\rho v_{\mathrm{a}} r^3 h} \tag{2-46}$$

式中　h——叶片厚度。

当只存在黏性摩擦时，响应方程为

$$\mathrm{RPS}=\frac{\tan\theta}{2\pi r}v_{\mathrm{a}}-\frac{K_{\mathrm{D}}}{4\pi} \tag{2-47}$$

式中　K_{D}——拖曳因子。

当叶片雷诺数小于 5×10^5 时，拖曳因子为

$$K_{\mathrm{D}}=\frac{G}{\sqrt{Re_1}}=G\sqrt{\frac{\mu}{\rho v_{\mathrm{a}} l}} \tag{2-48}$$

式中　Re_1——叶片雷诺数；

G——常数；

l——叶片长度。

将式(2-48)代入式(2-47)得到只存在黏性摩擦时的涡轮响应方程：

$$RPS=\frac{\tan\theta}{2\pi r}v_a-\frac{G}{4\pi}\sqrt{\frac{\mu}{\rho v_a l}} \quad (2-49)$$

图 2-7 比较了理想状态（$v_t=0$）与具有机械摩擦和黏度以及机械影响的响应情况。由图可知，低流速时机械摩阻和黏性摩阻共同影响响应，当流速增大到一定程度时，机械摩阻几乎不影响响应曲线，而黏性摩阻起主导作用。这与前文的结论相同。

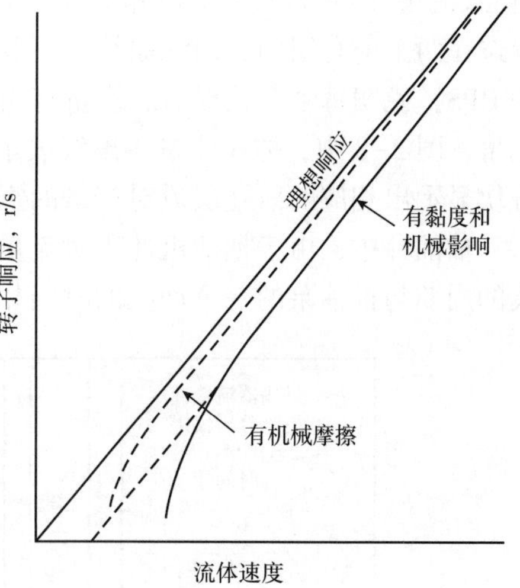

图 2-7　转子响应与流体速度的关系曲线

四、集流式流量计测井响应

集流式流量计适用于中低产自喷井和抽油机井。抽油机井中，仪器外径为 1in，从油管和套管间的环形空间中下入井底，一般情况下油管外径为 2.5in，套管内径为 5in，环空的最大直径为 2.5in。自喷井中，仪器从油管下入井底，仪器外径为 1.8~1.9in。集流式流量计只能是定点测量，定点的位置在射孔层上下。在斜井中通常也采用集流式流量计，可以避免多相流中各相的分离，由于集流式流量计的集流作用，在低流速中的响应比连续流量计要好得多。

1. 测量过程

仪器下入油管下的目的层段时，通过地面控制，流量计停在预定深度上，打开马达，使集流器张开将套管封闭，封闭后从地面监测屏看到的计数率明显比集流前要高得多，以此可以判断集流器（或集流伞）是否打开或打开程度。集流器打开后，井筒流体集流通过涡轮，然后又回到井筒中。涡轮转速在地面以 RPS 为单位记录，每次记录时仪器都精确地定位在测量深度上。单相流中，每次测量典型的记录时间约为 1min。在多相流动中，为了取得可靠的 RPS 平均值，一般需要几分钟。

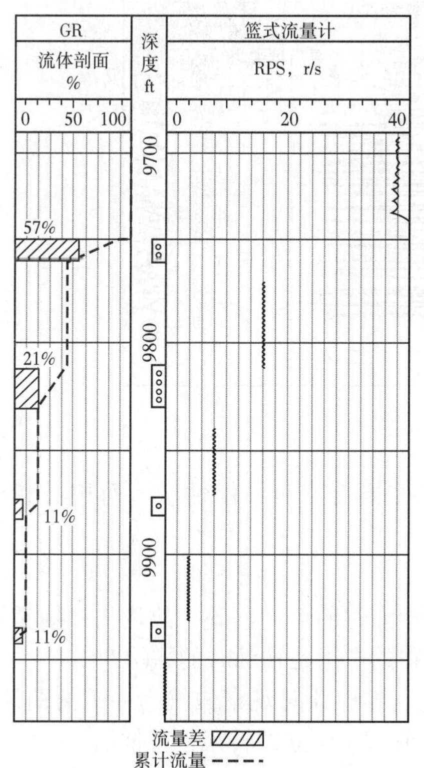

图 2-8　篮式流量计的测井显示

生产井中，通常将仪器下到最深的测点上，一次测量完成后，集流器关闭；进入第二个测点，然后再打开测量，依次完成所有测量。最后关闭集流器，将仪器收回到地面。通常，流量计与其他生产测井仪器组成一个仪器串（含水率计、密度计、温度计、压力计、连续流量计、磁定位、自然伽马）。如果仪器串中的其他仪器需要连续测量，这时集流式流量计应关闭。

集流式流量计在一个点上测量的是其下边各层对总产量的总贡献。对整个测量点进行处理可以得到各射孔层的产出量。

图 2-8 是阿特拉斯公司研制的集流式流量计

(篮式流量计)在自喷井的测量结果。该井有四个射孔井段，用圆圈表示，记录 RPS 的位置选在两个射孔层间，RPS 曲线在测井图的右边。对于每个射孔层，上边的 RPS 高于下边的 RPS，说明每个射孔层对总产量有贡献。利用刻度曲线，每次记录的 RPS 可转换成体积流量，图 2-8 中，体积流量用虚线表示，表示各测量层流量占总流量的百分比。图中阴影方块显示出相应的射孔层段对产量的贡献百分比。

抽油井中，由于抽油机冲程对流量计的影响，RPS 是波动的，如图 2-9 所示。振荡曲线的周期与抽油泵的一个冲次的时间相吻合，波峰在上冲程出现。

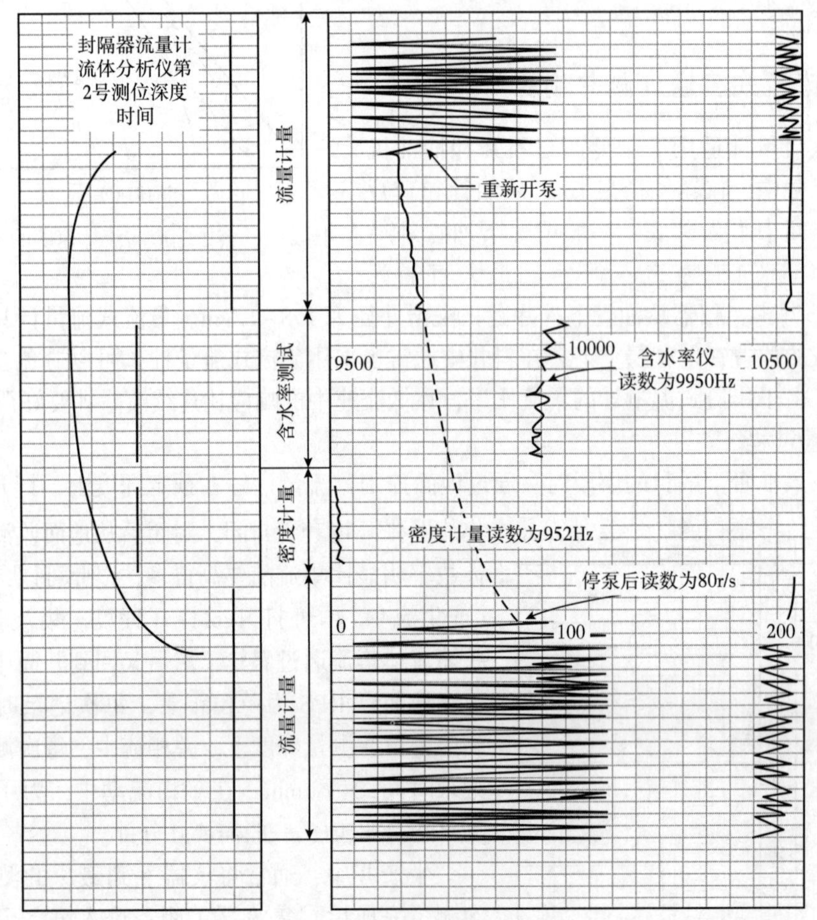

图 2-9 抽油井中的涡轮响应

由于 RPS 曲线的振荡，读取 RPS 平均值的方法主要有三种：停抽法、面积法和计数法。

1) *停抽法*

瞬时停止抽油时，由于动液面尚未恢复，仍保持抽油时的生产压差，故认为停抽瞬间的油井产量与正常生产时基本相同，也即瞬间停抽取得的产量是抽油时的平均产量。

操作方法是，当仪器集流稳定后，使抽油机停止工作，此时观察曲线为一平滑曲线，由波动曲线到平滑曲线的拐点即为取值点(图 2-9)。取值完毕立即转入正常抽油。

停抽法应尽量缩短停抽时间，一般控制在 30s 内，以免影响下一个测点。停抽法适用于生产压差大，采液指数小的井。这类井停抽后，曲线下降缓慢，让其稳定后再取值也不致产生较大误差。对于生产压差小、采液指数大的井，停抽后曲线下降快，且还会出现水击引起的振荡波形，很难取准停抽时的拐点值。在停抽过程中，如果因意外原因停泵时间较长，那么进入下一次测试前的抽油时间可按表 2-1 确定：

$$t_c = \frac{A}{2.44J}$$

式中　t_c——时间常数，min；

A——环形空间的截面积，ft^2；

J——该井的采油指数。

表 2-1　停抽法时间关系列表

停泵时间，min	重新稳定所需的抽油时间，min
>1	4
1	3
0.1	1.5
0.01	0.3
0.001	0.03

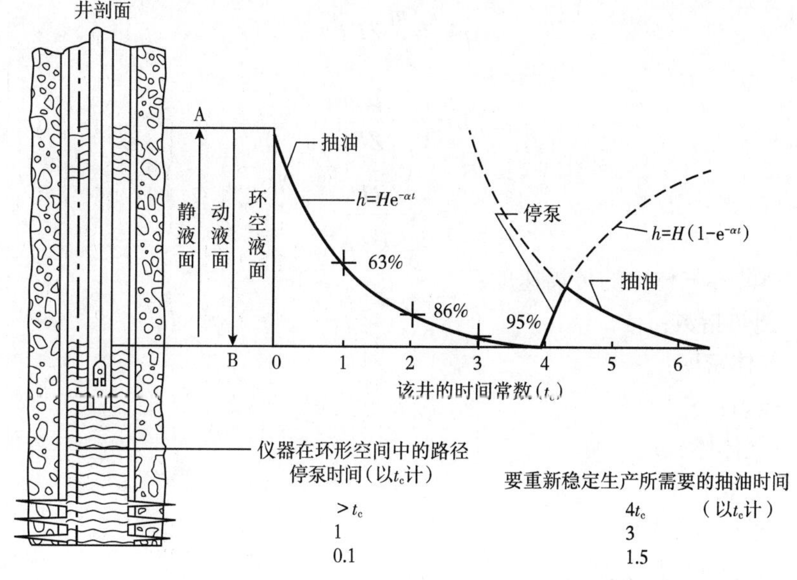

图 2-10　抽油井中的液面稳定过程

采液指数通常是通过动液面分析确定的。环形空间中的液面分析如图 2-10 所示。如果停泵较久，环形空间中的液面就是静液面深度 A，开泵后一段时间，液面就会稳定在 B 处（动液面深度）。AB 这段高度上液柱所形成的压力与流动压力之间的差值，如第一章所述。生产压差 Δp 与流量 q 的关系为

$$q = J(\Delta p)$$

只要一停泵，不管是为了读取 RPS，还是别的原因，井内液面总是按一个指数变化上涨：

其中：
$$\alpha=\frac{2.44\rho J}{A}$$
$$h=H_{AB}\left(1-e^{-\alpha t}\right) \tag{2-50}$$

式中 h——动液面以上的液柱高度；
H_{AB}——动液面与静液面之差；
t——停抽时间，d；
ρ——流体密度，g/cm^3。

反之，重新开泵时，液面会按同样的指数法降低（$h=H_{AB}e^{-\alpha t}$），t_c 为 $1/\alpha$。开泵后，$t_c=1.0$ 时，液面降落63.3%（AB段为100%）；$t_c=2.0$ 时，液面降落95%；$t_c=4$ 时，液面降落98%。因此，停泵读值后，大约需要开抽 $4t_c$ 的时间，才能进入稳定工作状态。

实际工作时，液面深度是采用回声仪测量的。利用声波在环形空间中的传播速度和测量的反射时间来计算A、B的位置 L：

$$L=\frac{vt}{2} \tag{2-51}$$

因为
$$v=\sqrt{\frac{Kp}{\rho}} \tag{2-52}$$

$$pV_g=\frac{m}{\mu_x}ZRT \tag{2-53}$$

所以
$$\rho=\frac{m}{V_g}=\frac{\mu_x p}{ZRT} \tag{2-54}$$

$$v=\sqrt{\frac{ZRTK}{\mu_x}} \tag{2-55}$$

式中 v——声波在气体中的传播速度；
K——绝热指数；
ρ——气体密度；
p——压力；
V_g——气体体积；
m——气体质量；
μ_x——气体分子量；
T——气体绝对温度；
Z——偏差因子；
R——气体常数。

将式（2-55）代入式（2-51）得：

$$L=\frac{t}{2}\sqrt{\frac{ZRTK}{\mu_x}} \tag{2-56}$$

取 $R=8.32kg\cdot m^2$，对式（2-56）进一步化简得：

$$L=8.475t\sqrt{\frac{TZK}{r_g}}$$

式中 r_g——天然气相对密度；

v——声波速度，m/s；

T——环形空间平均温度，K；

K——绝热指数，取 1.28~1.29。

2）面积法

取 RPS 曲线 2 至 3 个比较稳定的周期，在峰值和谷值之间画一直线，使得该线两侧与 RPS 曲线形成的区域面积分别相等。则该线所处位置处的值即为 RPS 的平均值(图 2-11)。

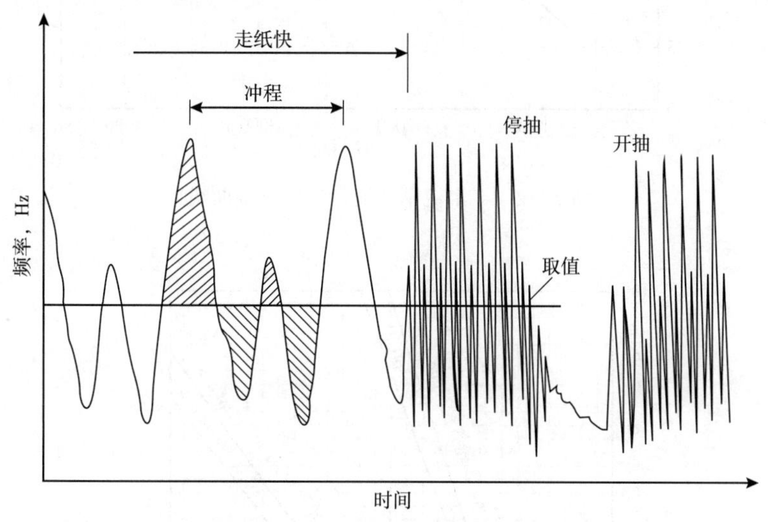

图 2-11 涡轮流量计记录曲线

3）平均计数法

以一定采样间隔，依次读得不同的 RPS（或计数率值），相加得到累计值 $\sum$ RPS。然后除以采样次数 n，即可得 RPS 的平均值。注意取值时间是冲程时间的倍数。

一般情况下停抽法、面积法和计数法都是行之有效的，通常采用面积法，该方法不但适用于生产压差人、采液指数小的井，也适用于生产压差小、采液指数大的井。

2. 集流式流量计的刻度图版

把集流式流量计测得的 RPS（或频率、计数率）转换成体积流量是由刻度图版完成的。把流量计和其他仪器下入地面模拟井中，改变油气水的流量即可得到集流式流量计的刻度图版。由于不同流量计的结构不同，因此刻度图版也不同，但在形状上相似。图 2-12 是半集流流量计在高流量时的刻度图版。适用范围是 1000~4000bbl/d①。图中曲线向下转弯是由流体漏失引起的。

图 2-13 是斯伦贝谢公司在 1974 年公布的集流式流量计刻度图版(ICT 型)，适用范围是 0~450m^3/d。图中显示出外径分别为 $1\frac{11}{16}$in 和 $2\frac{1}{8}$in 两种不同类型仪器的响应曲线，黏度的变化范围为 1~60mPa·s。由于是集流式仪器，且工作在高流量范围，因此，黏度的影响不大。

① 1bbl=0.159m^3。

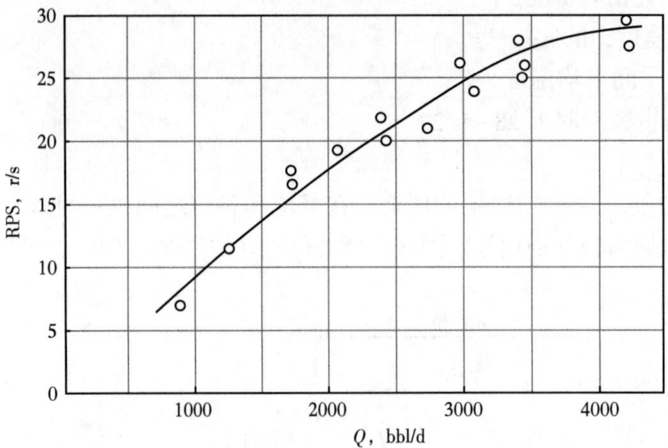

图 2-12　半集流伞式流量计的刻度曲线

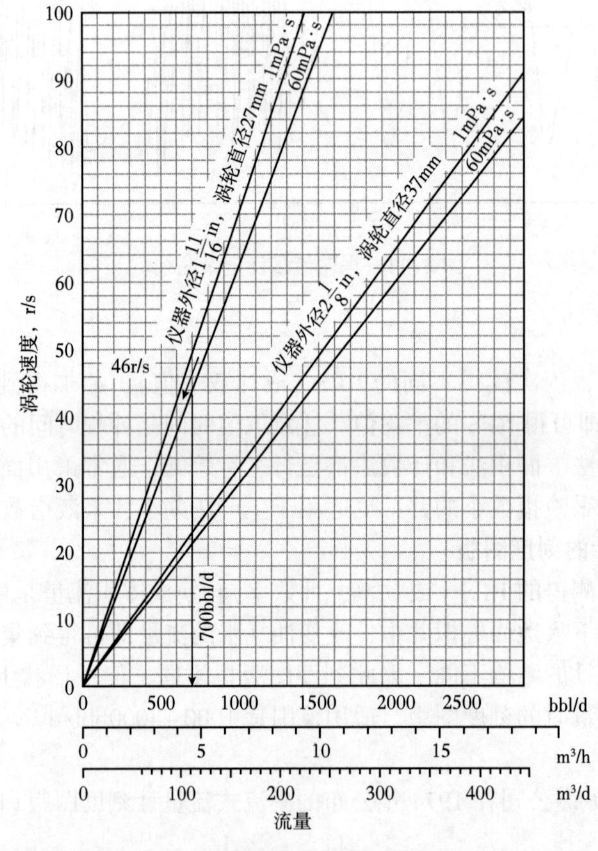

图 2-13　封隔器流量计涡轮的响应关系

图 2-14 是阿特拉斯公司生产的篮式流量计在单相油、单相水及油水两相混合物中的响应。套管内径分别为 2.5in、4.0in、5.0in。图 2-14a 的最高流量是 2400bbl/d，图 2-14c 是由油水各半混合取得的刻度线，图 2-14b 是单相水的刻度线，图 2-14d 是单相油（煤油）在内径为 5.0in 套管中的刻度线。当流量增加到 2000bbl/d 时，RPS 呈线性增加。超过 2000bbl/d

时，RPS继续增加，但斜率降低，这是由于流量较高时，一部分流体不经过集流通道，而通过集流伞或集流器漏失引起。

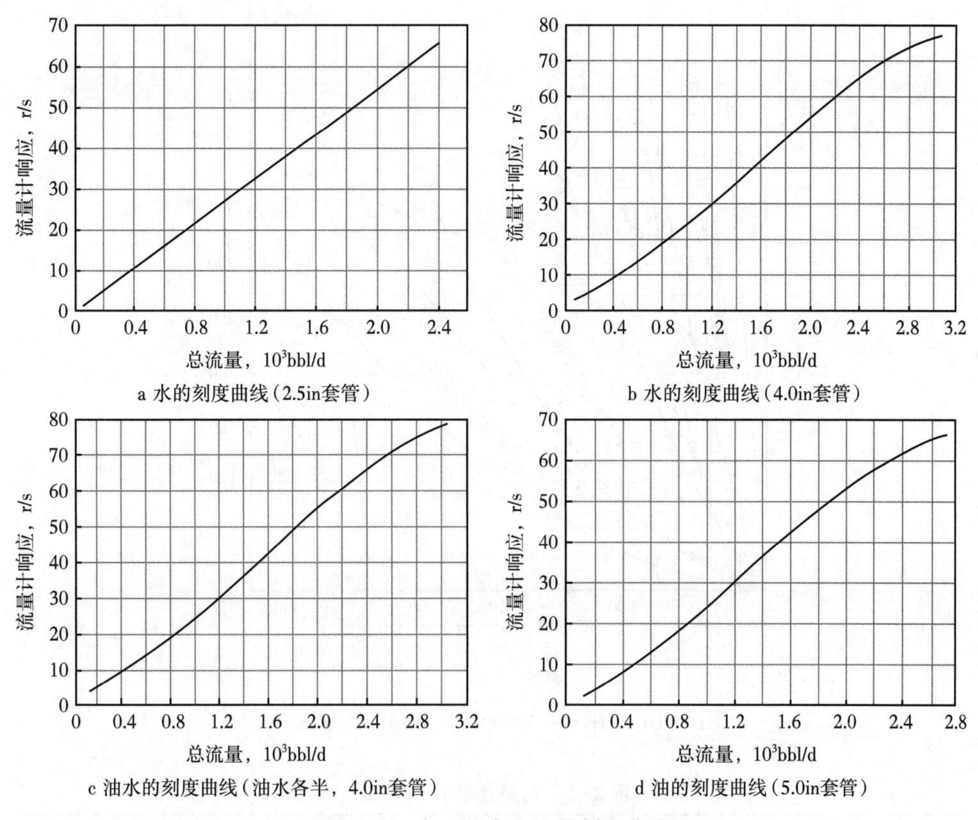

图2-14　水、油水和油的刻度曲线

图2-15是篮式流量计在4.5in套管中实验的响应情况。实验介质是水和油两相混合物，总流量控制为1370bbl/d，含水率的变化范围是0~100%，倾角变化范围为0°、15°、30°和45°。虚线表示响应的平均值，说明篮式流量计的响应在较高流量时不依赖倾角及含水率的变化。

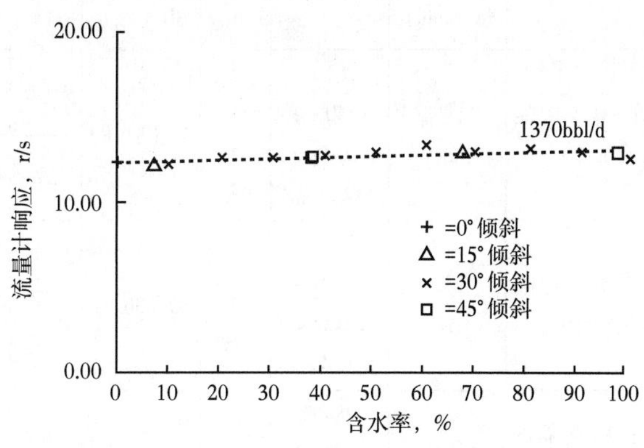

图2-15　篮式流量计的响应

由于集流式流量计测量过程中，在集流伞上下形成了一个压力差，该压力差可以用第一章式(1-151)描述：

$$\frac{dp}{dz}=\rho_m g+\frac{f_m v_m^2 \rho_m}{2D}+\rho_m v_m \frac{dv_m}{dz} \tag{2-57}$$

当dp/dz大于一定值后，仪器将不能正常工作，此时的流量即为集流式流量计的工作上限。图2-16是斯伦贝谢公司生产的ICT型集流式仪表集流前后的压力差变化的实验结果，实线表示黏度为1mPa·s，虚线表示黏度为60mPa·s。当压力降落大于伞的强度及仪器的重量时，仪器则不能正常工作。此时的流量即为工作上限。具体参数见表 2-2。

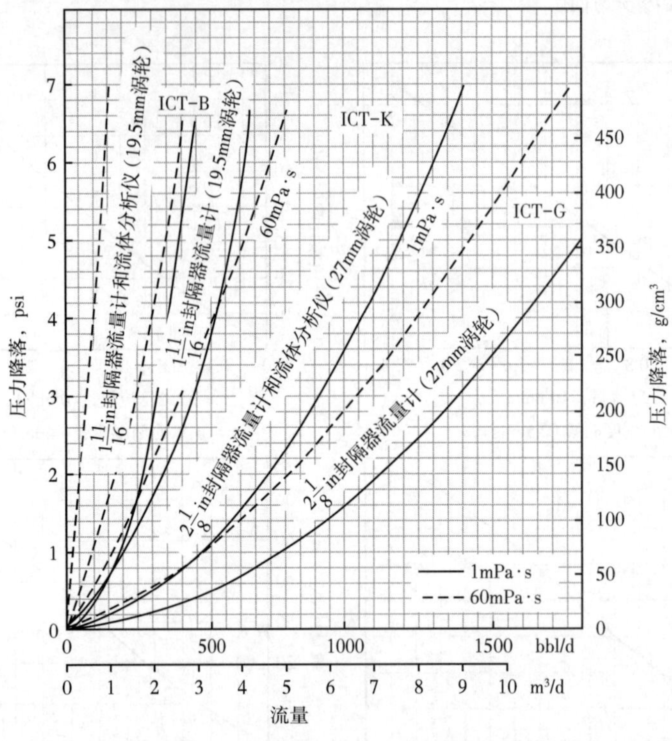

图 2-16 封隔器仪表的压力降落与流量关系

表 2-2 封隔器测试仪性能

仪表	封隔器外直径 in（mm）	最高温度/压力	皮囊直径 in	仪表质量 lb（kg）	涡轮外直径 mm	最小流量 bbl/d	最小流量 L/h	流体黏度 mPa·s	最大流量 bbl/d	最大流量 L/h	平均压降
ICT－B（封隔器流量计）	$1^{11}/_{16}$（43）	284°F（140℃） 10000psi 700kg/cm²	3 5 7 9⅝	70（31.8）	19.5	10	60	1	600	4000	5.6psi
								60	400	2600	0.4kg/cm²
					27	20	200	1	600	4000	5.6psi
								60	400	2600	0.4kg/cm²
ICT－G（封隔器流量计）	2⅛（54）	284°F（140℃） 10000psi 700kg/cm²	5 7 9⅝	80（36.4）	27	20	130	1	1600	10500	5.0psi
								60	1100	7500	0.35kg/cm²
					37	30	200	1	1900	12000	5.0psi
								60	1400	9000	0.75kg/cm²
ICT-J（封隔器流量计＋流体分析仪）	$1^{11}/_{16}$（43）	284°F（140℃） 10000psi 700kg/cm²	3 5 7 9⅝	102（46.3）	19.5	10	60	1	500	3400	9.3psi
								60	320	1500	0.65kg/cm²
					27	20	200	1	500	3400	9.3psi
								60	320	1500	0.65kg/cm²
ICT－K（封隔器流量计＋流体分析仪）	2⅛（54）	284°F（140℃） 10000psi 700kg/cm²	5 7 9⅝	115(52.2)	27	20	130	1	1000	6700	8.5psi
								60	600	4000	0.59kg/cm²
					37	30	200	1	1000	6700	8.5psi
								60	600	4000	0.59kg/cm²

前文给出了集流式流量计在中高流量时的响应分析及刻度图版。低流量情况下，涡轮的非线性响应居主导作用，具体体现在含水率不同时(黏度不同)，RPS 呈非线性变化。图2-17是斯伦贝谢公司生产的集流式流量计在低产油水两相流动中的刻度图版。直线响应为导流式流量计，下部曲线为非导流型。该图版是在内径为 6in 套管内制作的。由图可见，在 0~650bbl/d 的流量范围内，非导流型涡轮呈非线性响应。在同一流量下，含水率越高，RPS越大，这是油水混合黏度及密度影响的结果。图 2-18 是江汉石油学院(现长江大学)与华北油田合作完成的外径为 1in 适用于抽油机井的集流式流量计刻度图版。该图版在内径为 5in 的模拟井上完成，其中油用密度为 0. 825g/cm^3 的柴油模拟。

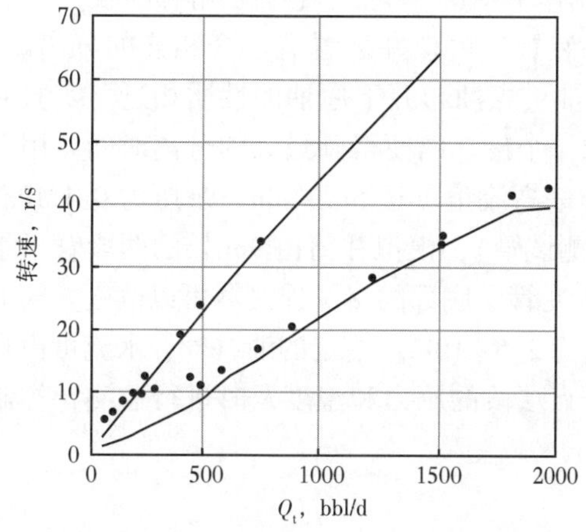

图 2-17　集流式流量计响应图

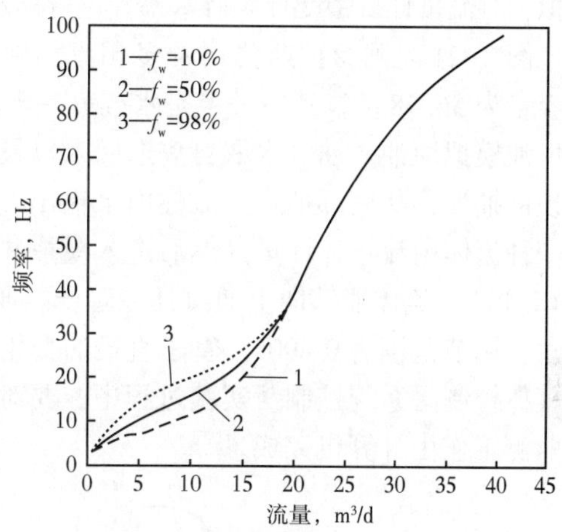

图 2-18　流量计频率与流量关系图

由图 2-18 可知，流量低于 40m^3/d 时，涡轮呈非线性响应。确定总流量时，应首先估算流体的含水率。

当油水相存在气体时，涡轮流量计的响应进一步复杂。图 2-19 是篮式流量计在两相、三相混合物中的响应曲线。在低流量区非线性响应更为剧烈。

图 2-20 是膨胀式导流流量计在气及油水混合流体中的响应曲线。随着密度降低，斜

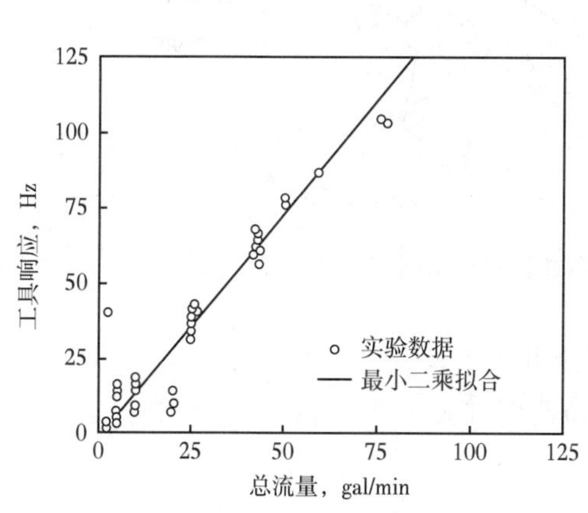

图 2-19　两相和三相流中篮式流量计的响应

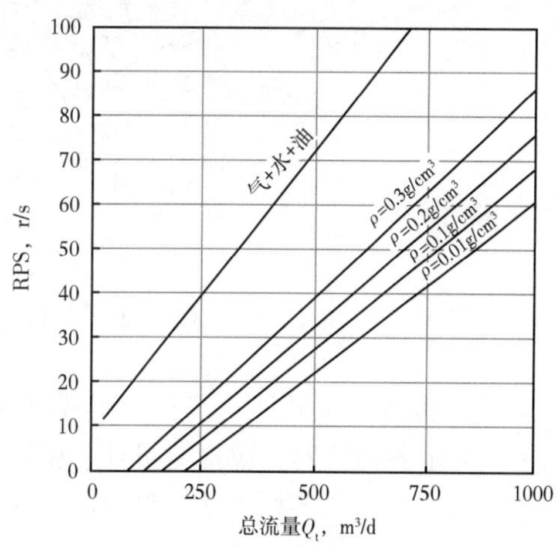

图 2-20　膨胀式导流流量计的响应关系

率减小，灵敏度降低，即同一流量的流体密度越小，RPS 越小。

得到了涡轮响应 RPS 与流量的刻度关系，即可把现场测得的 RPS 转换成总流量。

已知涡轮外径为 27mm，流体黏度为 30mPa · s，涡轮速度为 46r/s。用图 2-13 可以求得总流量为 $93m^3/d$。

五、油气水多相流动模拟装置

流量计的刻度图一般都是在地面模拟井中完成的。模拟井装置一般都是由稳压装置、模拟井筒（测试管）、流量控制及回收分离器部分组成。可以进行变角度、两相和三相流动参数模拟，对流量计、密度计、持水率计进行标定，制作单相、两相、三相流动解释图版。

图 2-21 是阿特拉斯公司的多相流动模拟井装置。模拟井装置有三个相连的分离罐，总容量为 $56.78m^3$。其中一半是水，另一半是煤油，煤油与井下原油的性质相近。实验时用煤油模拟原油。油气水取自离返回入口最远的一个罐，以便得到最大的分离时间。用泵从顶部抽油，从底部抽水。流体由泵输出，泵的最高流量可达 $5m^3/min$，泵压为 0.1MPa。每一种流体由流量计计量，然后进入模拟井筒（测试管），模拟井筒由 9m 长的两段管子组成（U 形），流体能够向上通过任一管子。通过改变管子底部的接头连接器可以改变井筒的倾角，调节范围为 0~90°，管子直径的变化范围为 2.5~10in。给定的油、气、水流量由自动气体控制阀系统控制。实验过程中，要对采样点层段的压力和温度及时进行监测，控制和监测工作由计算机完成。

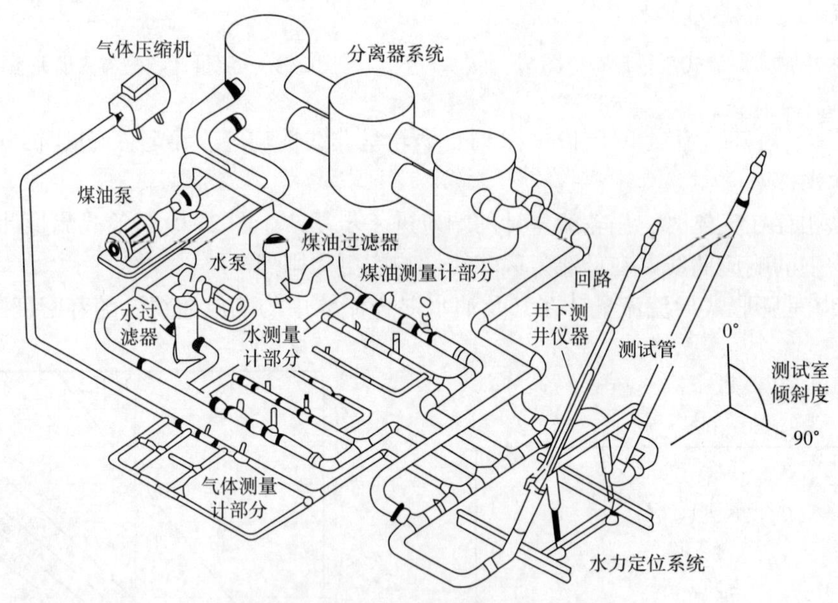

图 2-21 多相流动模拟井装置示意图

在模拟井筒中可开展的实验工作可归纳为以下几个方面：

(1) 标定各种仪器，包括流量计、密度计、持水率计；

(2) 制作单相和多相流动解释图版；

(3) 流型观察及实验研究。

实验的已知参数包括油、气、水流量和含量，油、气、水的密度和表面张力系数。输出参数取决于实验目的。一般来说实验步骤可归纳为以下四步：

(1)下入所要标定的仪器，通常为流量计、持水率计和密度计。考虑仪器长度的影响，模拟井筒较短的井一次只能下入一支或两支仪器。如要测取多个参数时，可分次进行。此时，油气水的流量应保持不变。

(2)改变油、气、水的流量。改变范围取决于实验目的，如高含水模拟或低含水模拟等。

(3)待改变后的油、气、水流量达到稳定时，记录仪器的响应值和流型。

(4)重复下一个测量，直到满足实验要求为止。

譬如，要模拟总流量为 $10m^3/d$、含水率为 80%时流量计、持水率计的响应。首先将这两支仪器下入井中，然后通过计算机控制给定水的流量为 $8m^3/d$，油的流量为 $2m^3/d$。待这两个给定值稳定时，记录流量计和持水率的响应值，然后，更换油水总流量或百分含量进行记录和测量，所有预设点标定完成后，即可制作刻度图版，或进行数学分析拟合相关式。

在大庆、辽河、华北、江汉等油田均建有地面流动模拟装置，许多图表和实验都是在这些装置上完成的。

第二节　连续流量计测井

在注水井中，连续流量计主要用于确定笼统注水时的吸水剖面，在中高产生产井中确定分层总流量。连续流量计测量时，以一定的电缆速度向上或向下穿过射孔层段，也可进行定点测量。

一、连续流量计静态响应

静态响应指电缆速度为 0 时随流量变化的情况。此时，响应应满足式(2-42)，即：

$$\mathrm{RPS}=K\ (v_a-v_{tl}) \tag{2-58}$$

此时 v_a 指冲击叶片的速度，居中测量时代表套管中部的流速。而对于集流式流量计来说，v_a 是所有流体通过集流通道的总平均流速(速度校正系数为 1.0)。图 2-22 是哈里伯顿公司生产的高灵敏度流量计的静态响应曲线。在水中的响应曲线的斜率为 0.04r/s（ft/min），起动速度 v_t 为 3.5ft/min。在气中响应线的斜率为 0.025r/s（ft/min），起动速度为 50ft/min。由此可知，由于气体的密度远小于水的密度，同时又由于流体的旁通作用，使得在气体中的起动速度远大于在水中的情况，这也可以用式(2-40)解释：

$$v_{\min}=\frac{Q_{\min}}{A}\sqrt{\frac{T_2}{rC_1\tan\theta A\rho}} \tag{2-59}$$

式(2-59)说明 ρ 越小，$v_{\min}$ 越大，由于 A 是叶片所占的面积，因此对连续流量计来说，由于流体旁通的存在，使得气、水的起动速度均大于集流式流量计响应情况。

图 2-23 是全井眼流量计在水和气中的响应情况，由于全井眼流量计的叶片展开后，可覆盖约 60%左右的套管截面，因此式(2-59)中的 A 增大，旁通影响减小，起动速度降低，此时在水中的斜率为 0.043，起动速度为 3ft/min，在气中的斜率为 0.04，起动速度降低为 12ft/min。

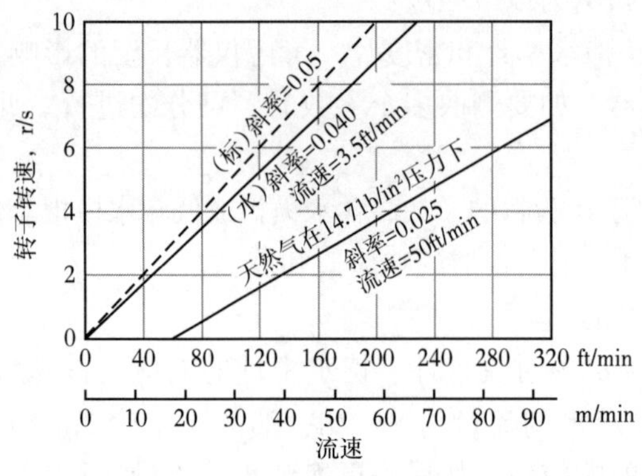

图 2-22　连续流量计的刻度响应曲线

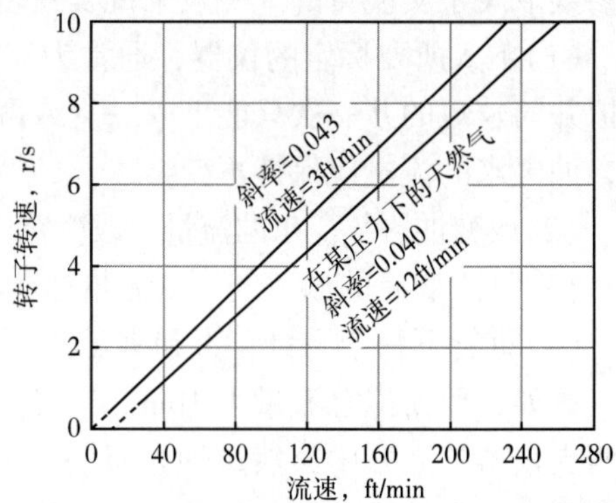

图 2-23　全井眼流量计的刻度响应曲线

由图 2-22、图 2-23 及式(2-59)可知，对于气水两相流动，其密度介于气的密度和水的密度之间，因此响应线的斜率及起动速度也应介于二者之间。

二、连续流量计动态响应

连续流量计测井时，仪器从油管中下入井底射孔层段，在抽油机井中从油套环形空间中下入。在射孔层段中以不同的电缆速度进行上测和下测即可得到 RPS 响应曲线。此时对 RPS 的贡献除了流体流速之外，还有电缆的上提和下放测速，为了取得流体速度，必须对电缆速度的影响进行校正。

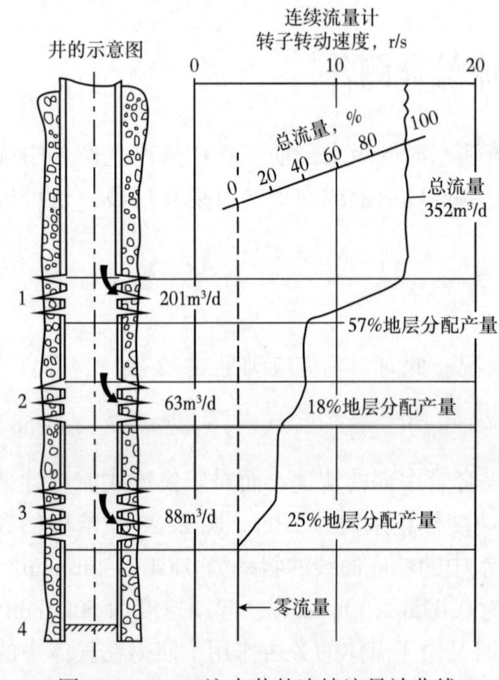

图 2-24　一口注水井的连续流量计曲线

1. 单相流动测量

单相流动测量通常指在注水井或油水两相中有一相含量很低的井中所进行的测井。图2-24 是一口注水井中上测的一条测井曲线。该井有三个注水射孔层，跨过射孔层 RPS 曲线的变化幅度反映了该吸水层吸水量的大小。定性看 1 号层吸水量最多，3 号层次之，2 号层吸水量最少。在全流量层(最上面一射孔层上部)，通过零流量层(最下面一射孔层下部)RPS 曲线的延长虚线任意作一条直线，并从 0~100%作刻度，可以得到各稳定解释层的流量百分比(表 2-3)。

表 2-3　各解释层流量列表

解释层	流量百分比,%
全流量层(1 号层上)	100
1—2 号层间	43
2—3 号层间	25
零流量层(3 号层下)	0

由表 2-3 可以得到 1 号、2 号、3 号层的注水量。

1 号层：(100%～43%)×352=57%×352=201m³/d。

2 号层：(43%～25%)×352=18%×352=63m³/d。

3 号层：(25%～0%)×352=25%×352=88m³/d。

上述分析过程可以通过对式(2-58)的剖析进一步证明。考虑电缆速度 v_l 的影响，此时仪器相对于流体的速度为 v_l+v_a，于是：

$$RPS=K\ (v_a+v_l-v_{tl}) \tag{2-60}$$

由于水的黏度、密度不发生变化，因此 v_{tl}、K 不发生变化。在零流量层 $v_a=0$，$RPS=RPS_0$，此时式(2-60)变为

$$RPS_0=K(v_l-v_{tl}) \tag{2-61}$$

在全流量层，$RPS=RPS_{100}$，$v_a=v_{100}$，此时式(2-60)变为

$$RPS_{100}=K\ (v_{a100}+v_l-v_{tl}) \tag{2-62}$$

用式(2-62)减式(2-61)得：

$$RPS_{100}-RPS_0=Kv_{a100} \tag{2-63}$$

用式(2-60)减式(2-61)得：

$$RPS-RPS_0=Kv_a \tag{2-64}$$

对于介于零流量层和全流量层之间的解释层，其占全流量层的流量百分比 Q_i 表示为

$$Q_i=\frac{Q}{Q_{100}}=\frac{Av_aC_v}{Av_{a100}C_{v100}}\times100\% \tag{2-65}$$

式中　Q、Q_{100}——分别表示解释层、全流量层水的流量；

C_v、C_{v100}——分别表示解释层、全流量层流量计的速度校正系数(层流中 $C_v=0.5$、紊流时 $C_v=0.82$)。

由于在单相流动中 $C_v\approx C_{v100}$，因此

$$Q_i=\frac{v_a}{v_{a100}}\times100\%=\frac{RPS-RPS_0}{RPS_{100}-RPS_0}\times100\% \tag{2-66}$$

式(2-66)即为图 2-23 进行刻度的理论依据。通过这一方法，可以对电缆速度 v_l 进行有效校正。这一方法通常被称为一次测量解释法。

上面介绍了注水井上测时连续性涡轮流量计的响应规律，即仪器测量方向与流动速度相反。下面分析仪器测量方向与流动速度相同时的情况，注水井中的下测及生产井中的上测即属这一情形，此时式(2-58)变为

$$RPS=K(v_a-v_l-v_{tl})$$

由于 v_a 与 v_l 同向，根据 v_a、v_l 的数值大小，此时的 RPS 响应分三种情况。

(1)当 $v_a>v_l+v_{tl}$时，涡轮正转，RPS 在数值上为正值；

(2)当 $v_a=v_l+v_{tl}$时，涡轮不转，RPS 在数值上为零；

(3)当 $v_l>v_a+v_{tl}$时，涡轮反转，RPS 在数值上为负。

这三种情况表示为

$$\mathrm{RPS}=\begin{cases}K\ (v_a-v_1-v_{tl}) & \text{正转} \quad v_a>v_1+v_{tl} \\ 0 & \text{不转} \quad v_a=v_1+v_{tl} \\ K\ (v_1-v_a-v_{tl}) & \text{反转} \quad v_1>v_a+v_{tl}\end{cases} \tag{2-67}$$

注意，反转时，由于涡轮的结构是非对称的，此时，严格讲 K、v_{tl}与正转时有差异，这三种情况的响应如图 2-23 所示。由于涡轮的非对称性，式(2-67)中的 K、v_{tl}上测与下测时不相同，但差别不大。

图 2-24 是全井眼流量计在一口水井中的测井原始曲线图，分别进行了三次上测和三次下测，C 段和 D 段的上测线上发生了反转 RPS 为负值，A、B、C、D 四个解释层段的 RPS 列于表 2-4 中。单相流动中，密度、黏度不发生变化，因此，RPS 曲线比较稳定。

表 2-4 测量数据

测速与方向	转子速度，r/s			
	A 段	B 段	C 段	D 段
下测 115 ft/min	20. 15	14. 60	9. 20	5. 10
下测 82 ft/min	18. 50	13. 00	8. 35	3. 50
下测 50 ft/min	17. 20	11. 60	5. 40	2. 10
点测读数	14. 65	9. 65	3. 15	—
上测 32 ft/min	13. 30	8. 30	1. 85	-1. 05
上测 80 ft/min	11. 50	6. 30	—	-3. 05
上测 110 ft/min	9. 85	4. 75	—	-4. 60

图 2-27 是高灵敏度流量计在一口注水井中的测井曲线，曲线上直接把反转 RPS 刻度为负值。

由图 2-26、图 2-27 可知，电缆速度不同时，RPS 不同，为了从 RPS 反求 v_a，必须对电缆速度的影响进行校正。

2. 多相流动测量

多相流动中，油、气、水的密度、黏度随相应含量的变化而变化，因此，RPS 与 v_a 的相关关系比在单相流动中的响应要复杂，具体表现在 RPS 曲线呈波动状，如图 2-28 所示。图中上部最右侧一条为 RPS 曲线，由于流型变化，RPS 呈非稳态响应。此时由于含量及流型影响，全流量层、零流量层及其他各层的黏度、密度不同，因此不能用式(2-66)计算各层的产出量。此时除了流量对 RPS 贡献之外，黏度也对 RPS 响应作了贡献，且各层黏度的贡献不同。在这一情况下，只能根据 RPS 曲线通过射孔层前后的幅度变化定性判断各层的产出量，图 2-28 中下面一层的产出量大于上面一层的产出量。

3. 涡轮流量计测井曲线的定量分析

由式(2-60)及上述分析可知，对 RPS 贡献主要来自四个方面，一是流体视流速 v_a，二是电缆速度，三是电缆速度的方向，四是黏度变化。为了从 RPS 中提取出 v_a 信息，必须对其他三个因素做校正。

令 $b_d=K(v_a-v_{tl})$，则式(2-60)变为

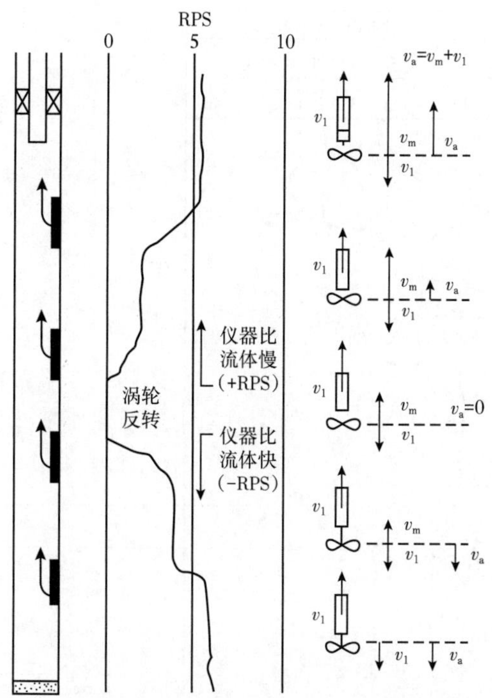

图 2-25　涡轮正反转示意图

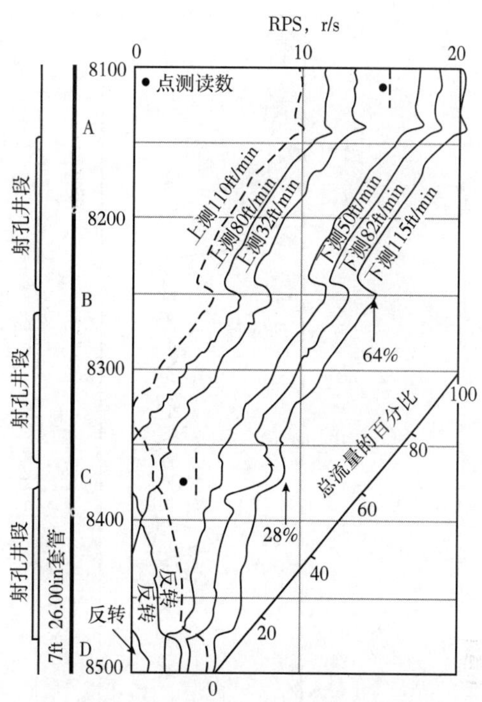

图 2-26　全井眼流量计在污水回注井中的多次测井曲线

$$RPS=Kv_1+b_d \tag{2-68}$$

涡轮反转时（$v_1>v_a+v_{tl}$）考虑仪器非对称性，令 $K'=K$，$v_{tl}'=v_{tl}$，则式（2-67）在第三种情况下的表达式可改写为

$$RPS=K'v_1+b_u \tag{2-69}$$

式（2-68）和式（2-69）中分别有两个未知量，如果用两个不同的电缆速度 v_{l1}、v_{l2} 反流向通过解释层则得到两个涡轮转数 RPS_1、RPS_2，代入式（2-68）得：

$$RPS_1=Kv_{l1}+b_d \tag{2-70}$$

$$RPS_2=Kv_{l2}+b_d \tag{2-71}$$

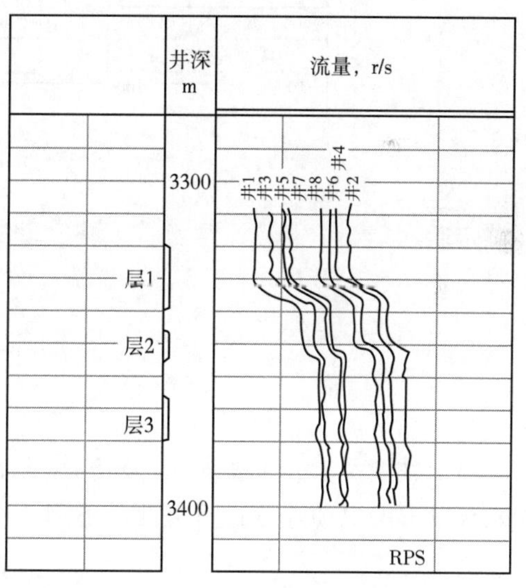

图 2-27　单相流测井实例

式（2-70）、式（2-71）联立即可求得 K、b_d：

$$K=\frac{\Delta_K}{\Delta} \qquad b_d=\frac{\Delta_{b_d}}{\Delta}$$

$$\Delta=\begin{vmatrix} v_{l1} & 1 \\ v_{l2} & 1 \end{vmatrix} \qquad \Delta_K=\begin{vmatrix} RPS_1 & 1 \\ RPS_2 & 1 \end{vmatrix} \qquad \Delta_{b_d}=\begin{vmatrix} v_{l1} & RPS_1 \\ v_{l2} & RPS_2 \end{vmatrix}$$

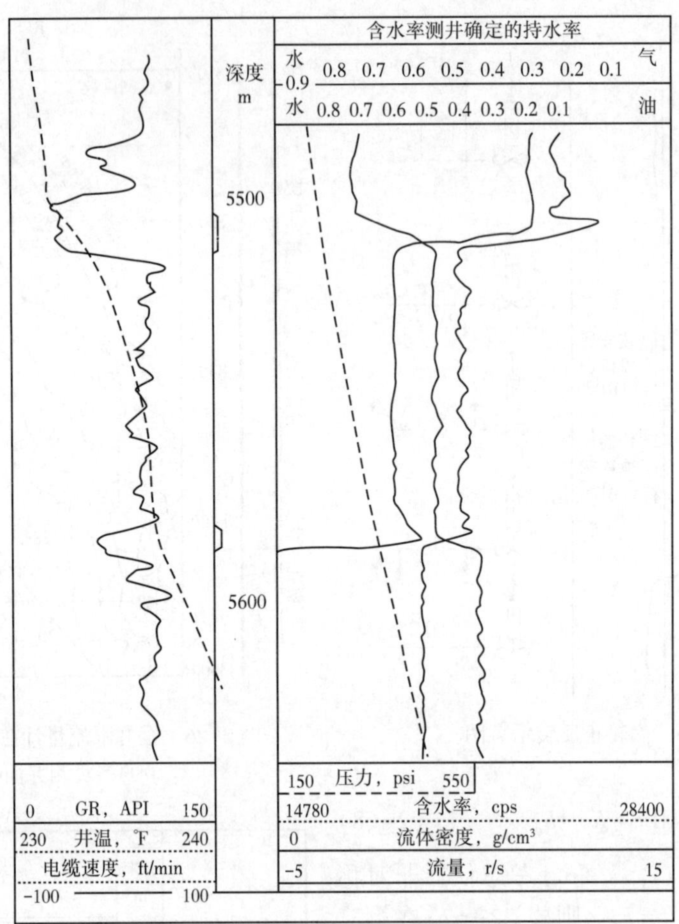

图 2-28 三相流测井实例

b_d 确定后：

$$v_a=\frac{b_d}{K}+v_{tl} \tag{2-72}$$

或

$$v_a=-\frac{b_u}{K'}-v_{tl}' \tag{2-73}$$

由于黏度及上、下测涡轮非对称性影响，实际应用中，为了提高求解精度，常采用至少六次以上的电缆速度进行上测和下测，然后采用最小二乘法确定 K、K'、b_d、b_u，此时：

$$K=\frac{N\sum v_{li}\text{RPS}_i-\sum v_{li}\sum \text{RPS}_i}{N\sum v_{li}^2-(\sum v_{li})^2} \tag{2-74}$$

$$b_d=\frac{\sum v_{li}\ (\sum v_{li}\text{RPS}_i)\ -\ (\sum \text{RPS}_i)\ \sum v_{li}^2}{(\sum v_{li})^2-N\sum v_{li}^2} \tag{2-75}$$

式中 N——下测次数或上测次数。

这一方法在黏度、流型变化较大的多相流动中更为实用。到现在，已得到了求取涡轮流量计视流速的公式［式(2-72)和式(2-73)］，最后一个问题是求取上式中实际起动速

度 v_{tl} 或 v'_{tl}，根据确定 v_{tl} 和 v'_{tl} 的方法，视流速 v_a 的方法分为四种：多次测量井下刻度法、上下分测刻度法、混合测量最小二乘法、两次测量法。

1) *多次测量井下刻度法*

这一方法实施时，首先用至少六个不同的电缆速度进行上测和下测，图 2-25 中有三个射孔层段，进行了三次上测、三次下测，相应解释层的数据列于表 2-4 中。读值方法采用平均值法。

建立一直角坐标，以电缆速度为横坐标，涡轮转数为纵坐标。横坐标上，以测速与流速相反的测量为正，二者同向为负（生产井中下测为正，注入井中上测为正），阿特拉斯公司和斯伦贝谢公司均采用这一坐标设置方法。哈里伯顿公司通常用 RPS 作为 x 轴，电缆速度 v_l 作为 y 轴，且以与流速同向的测量作 y 轴的正向，与流速相反的测量方向作为反向。这些对确定视流速没有影响，可因习惯而选择。通常建议采用前者。

将表 2-4 中的数据点于如图 2-29 的坐标中，并对 A、B、C、D 四个解释层段的 RPS 和 v_l 进行最小二乘拟合，得到相应四条直线，对于零流量层 D 段，刻度曲线被分成两段，一段为正转，另一段为反转，这两条线在 x 轴上的截距的差值为 13ft/min，约为起动速度 v_{tl} 的 2 倍，即 v_{tl} 为 6.5ft/min。v_{tl} 确定后，即可用式（2-72）确定每一层的 v_a，也可沿每条刻度线与 RPS 轴的交点（该点表示 v_l 为 0 时的 RPS）作水平线与零流层的刻度线（D 段）相交然后作垂线与 v_l 轴相交，交点的坐标值即为各解释层的 v_a（图 2-30），A、B、C 三个层段的 v_a 分别为 87ft/min、219ft/min、336ft/min。这一方法适用于各层黏度相同的单相注入井或生产井。

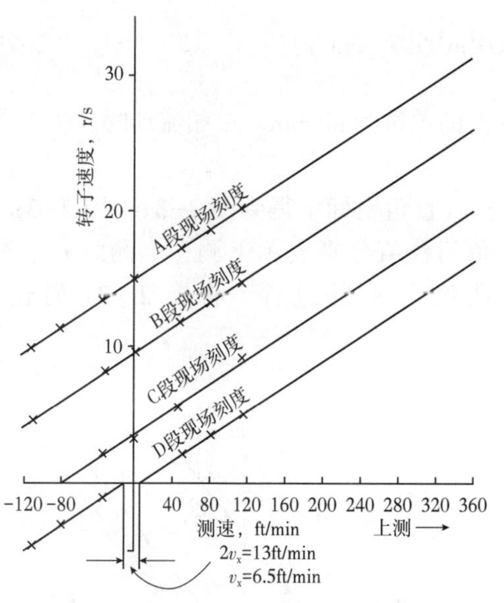

图 2-29　A 段、B 段、C 段和 D 段流量的确定

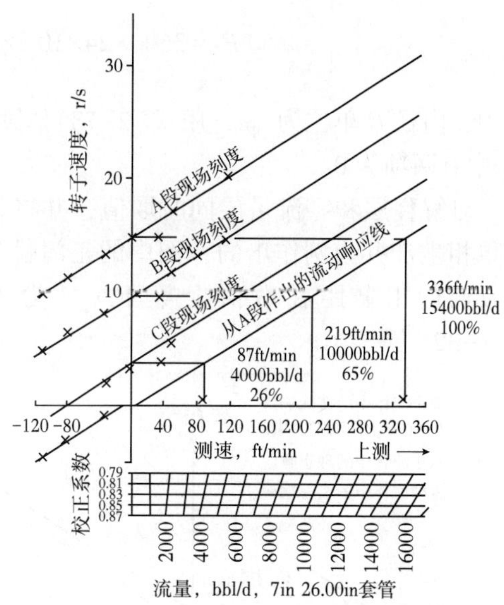

图 2-30　A 段、B 段、C 段流量的确定

这一方法的依据是对于零流量层 $v_a=0$，有

$$\mathrm{RPS}=K(v_l-v_{\mathrm{tl}}) \tag{2-76}$$

在零流量层中，以不同的电缆速度 v_l 进行测量所得的响应关系式（2-76），应与仪器静止时（$v_l=0$）以与电缆速度在数值上相同的视流速冲击涡轮时，所得的响应相关式近似

相同，此时：

$$\text{RPS}=K(v_a-v_{tl}) \tag{2-77}$$

即从零流量层，可以得到整个流动的响应曲线，所以其他各层均可借助该线进行井下刻度求取自己的 v_a 值。

2) 上下分测刻度法

上下分测刻度法要求测速与流动方向相同时，涡轮保持反转，由式(2-67)知，要保持涡轮反转，必须满足 $v_l>v_a+v'_{tl}$，现场操作时，可采用下式估算应采用的电缆速度下限 v_{lmin}：

$$v_{lmin}=\frac{0.6\ (Q_oB_o+Q_wB_w+Q'_gB_g)}{P_cC_v} \tag{2-78}$$

$$Q'_g=(R_p-R_s-\frac{R_{sw}Q_w}{Q_o})\ Q_o$$

式中 Q_o、Q_w、Q'_g——分别为井口油、水及游离气产量；

B_o、B_g、B_w——分别为油气水地层体积系数；

R_p、R_s、R_{sw}——分别为生产气油比、溶解气油比和溶解气水比；

P_c——管子常数；

C_v——速度剖面校正系数。

为了保证涡轮反转，所选择的电缆速度应大于 v_{lmin}。C_v 通常取 0.83。对于 5in 的套管内径，$P_c=10.6\text{m}^3/\text{d}\cdot(\text{cm/s})^{-1}$，对于其他值：

$$P_c=3600\times24\times10^{-6}\times\frac{1}{4}\pi D^2\ \text{m}^3/\text{d}\cdot(\text{cm/s})^{-1} \tag{2-79}$$

式中，内径 D 单位为 cm，用式(2-78)估算的 v_{lmin} 的单位为 m/min。单相流动时，Q_o、Q_g、Q_w 中有两项为 0。

对解释层和零流量层同时取值，并将数据标入直角坐标中得到图 2-31。图 2-31 是以单相生产井为例作出的，图中的正门槛值、负门槛值分别表示下测、上测时 v_{tu}、v'_{tl}，流动时的正截距在数值上等于 v_a。为了说明确定 v_a 的过程，将图 2-31 简化为图 2-32。

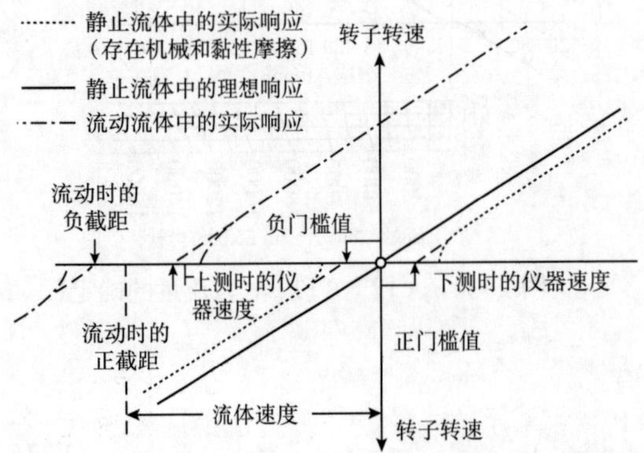

图 2-31 流量计在单相流体中的理论响应示意图

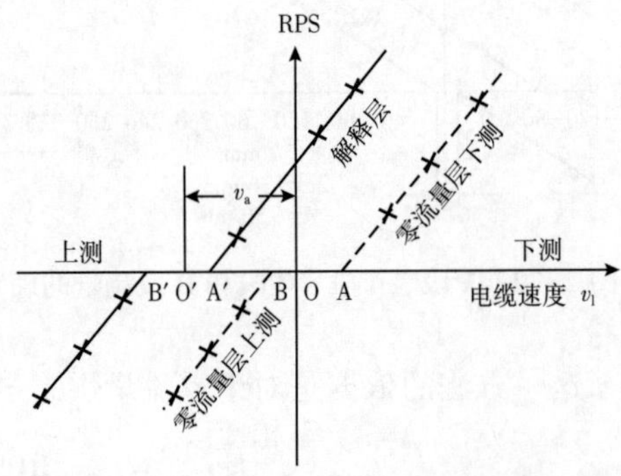

图 2-32 确定视流速 v_a 的示意图

图 2-32 中，$v_{tl}=OA$，$v'_{tl}=OB$，$v_a=OO'=OA'+A'O'$。

根据最小二乘法，可以得到：

$$A'O=\frac{b_d}{K}$$

$$B'O=\frac{b_u}{K'}$$

$$v_{tl}=OA$$

$$v'_{tl}=OB$$

$$B'A'=B'O-A'O=\left|\frac{b_u}{K'}\right|-\left|\frac{b_d}{K}\right|=B'O'+O'A' \tag{2-80}$$

由式(2-40)、式(2-44)和式(2-45)知，$\frac{OA}{OB}=\frac{v_{tl}}{v'_{tl}}$只与仪器结构参数相关，与黏性无关，因此

$$\frac{OA}{OB}=\frac{v_{tl}}{v'_{tl}}=\frac{O'A'}{O'B'} \tag{2-81}$$

联立式(2-80)、式(2-81)得：

$$O'B'=\frac{\left|\frac{b_u}{K'}\right|-\left|\frac{b_d}{K}\right|}{1+\frac{v_{tl}}{v'_{tl}}}=\frac{v'_{tl}\left(\left|\frac{b_u}{K'}\right|-\left|\frac{b_d}{K}\right|\right)}{v_{tl}+v'_{tl}}$$

$$O'A'=\frac{\left(\left|\frac{b_u}{K'}\right|-\left|\frac{b_d}{K}\right|\right)v_{tl}}{v_{tl}+v'_{tl}} \tag{2-82}$$

于是得到 v_a 的表达式：

$$v_a=OA'+O'A'=\left|\frac{b_d}{K}\right|+\frac{\left(\left|\frac{b_u}{K'}\right|-\left|\frac{b_d}{K}\right|\right)v_{tl}}{v_{tl}+v'_{tl}} \tag{2-83}$$

或

$$v_a=OB'-B'O'$$

$$=\left|\frac{b_u}{K'}\right|-\frac{v'_{tl}\left(\left|\frac{b_u}{K'}\right|-\left|\frac{b_d}{K}\right|\right)}{v_{tl}+v'_{tl}} \tag{2-84}$$

式（2-83）、式(2-84)中各项均按绝对值计算。

这一方法适用于单相流动、也适用于多相流动。对于多相流动，各层间由于黏度发生变化，式(2-81)不再成立，因此采用这一方法时要产生误差。此外，对于多相流动，交会图上的数据点偏差较大。如图 2-33 所示，点 3 表示点测数据，RPS＝11.2，图中给出三条拟合线，最大 RPS 偏移为 1.0r/s，中间一条实线与 RPS 轴的交点近似为 11.2RPS，与

定点值相同，因此可以认为该线是最佳拟合线。数据点的偏差使得确定 v_a 时存在多解性，通常用与定点测量 RPS 值比较确定最后的最佳刻度线。

此外，仪器安装及井况原因也可能使响应刻度线发生异常。如图 2-34 所示，上、下测线斜率相同，但启动速度达 20ft/min（该涡轮常规水起动速度为 5~7ft/min），这是由于涡轮的轴承阻塞或安装太紧所致。此时，涡轮可能不转动。如图 2-35 所示，横截距出现异常现象，反转线交于原点的右侧，正转线交于原点的左侧，在油、气、水多相流动中，尤其是气量较高的井中容易发生这一现象。对于单相流，若发生这一现象，可能是涡轮轴承安装较松或出现故障等原因，或者是由单相测量时 RPS 记录出现问题所致。

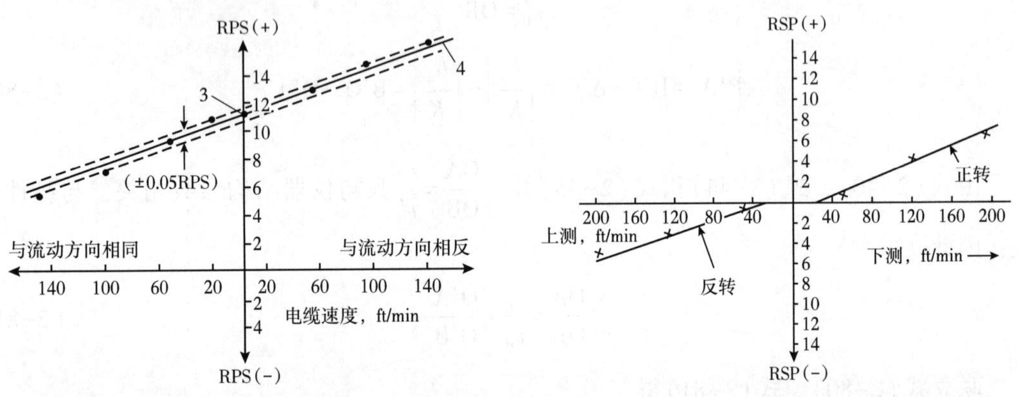

图 2-33 与点测响应有关的上测和下测数据　　图 2-34 异常起动速度

如图 2-36 所示，反转线斜率、截距均大于正转线的斜率和截距，表明流量计上测开始之前在井底遇阻，而下测时没有遇阻。如果出现正转斜率、截距大于反转线斜率、截距的情况，则很可能下测开始出现了遇阻现象。总之利用正、反转拟合线的斜率和截距变化，可以分析流量计在工作时的动态，通常在零流层进行，也可在解释层进行。

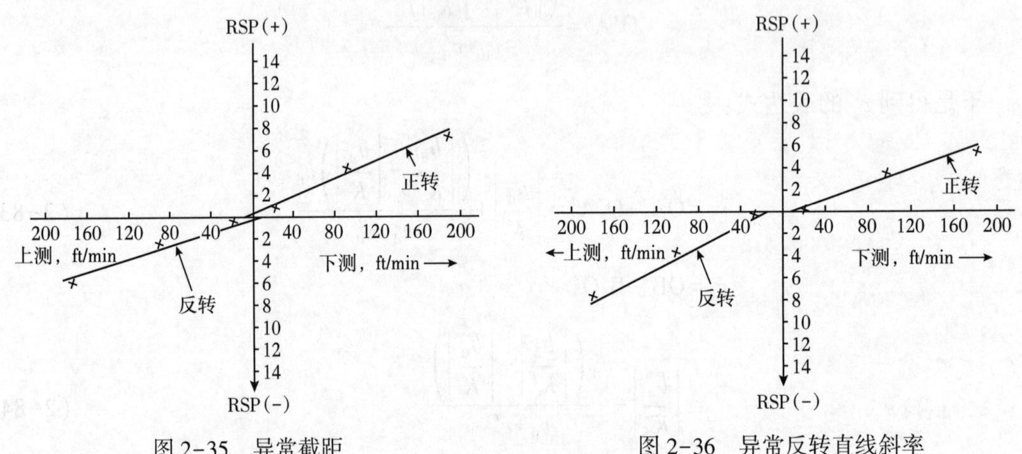

图 2-35 异常截距　　图 2-36 异常反转直线斜率

除此之外，井径的变化、测量过程中电缆的局部遇阻和抖动，都可能使 RPS 曲线发生变化。图 2-37 示出一口裸眼井完井生产井的上测和下测曲线，井眼扩大处平均流速降低，RPS 下降，通常不应在这些层段取值，应选择稳定段读取 RPS。根据连续性方程，井径变化后：

$$v_2=\frac{A_1}{A_2}v_1$$

式中　v_2、v_1、A_2、A_1——分别为井径变化前后的流速和截面积。

上式说明井径扩大，平均流速将降低，若井径变小，流速将变大，因此，实际情况中会发现，流量计曲线从套管进入喇叭口上的油管时，RPS 会增大。在实际资料处理过程中应根据具体情况具体分析连续流量计的测井响应。

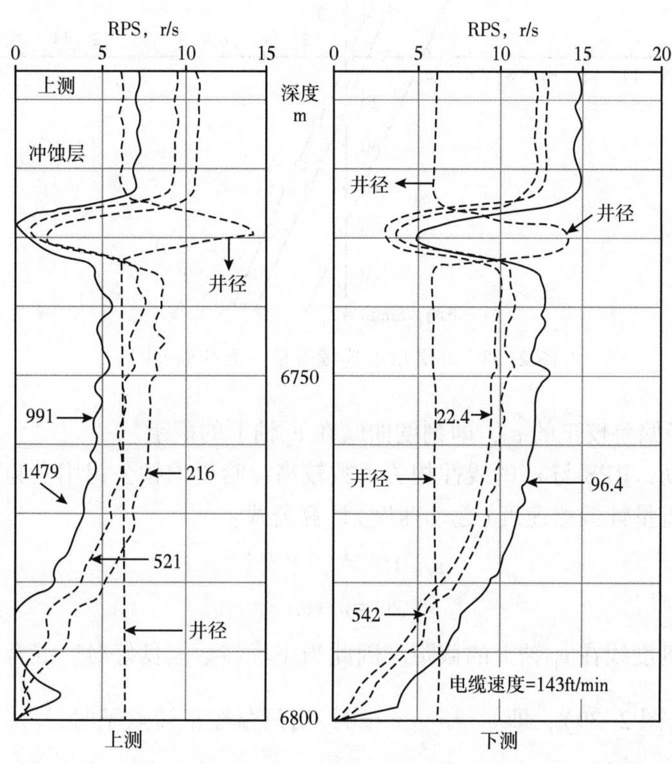

图 2-37　上测和下测曲线

3) 上下混合测量最小二乘法

当反转点子小于三个或无反转点子时，不能得到良好的反转拟合线，此时可将上下测的点子混合起来进行最小二乘法分析求取视流速 v_a 的值。图 2-38 是哈里伯顿公司高灵敏度流量计在一口注水井中测井资料的刻度图。无论对于注入井还是生产井，哈里伯顿公司在作刻度图都将 x 轴表示 RPS，y 轴表示电缆速度 v_1，且规定上测 v_1 为正，下测 v_1 为负，这一点与阿特拉斯公司、斯伦贝谢公司不同，但结果相同，即都是将刻度线与 v_1 轴的交点视为视流体速度 v_a，此时：

$$v_a=\frac{\sum y\sum x^2-\sum x\sum xy}{n\sum x^2-(\sum x)^2} \tag{2-85}$$

$$K=\frac{n\sum xy-\sum y\sum x}{n\sum x^2-(\sum x)^2} \tag{2-86}$$

$$x=\text{RPS}\qquad y=v_1$$

式中　n——上、下测总次数；

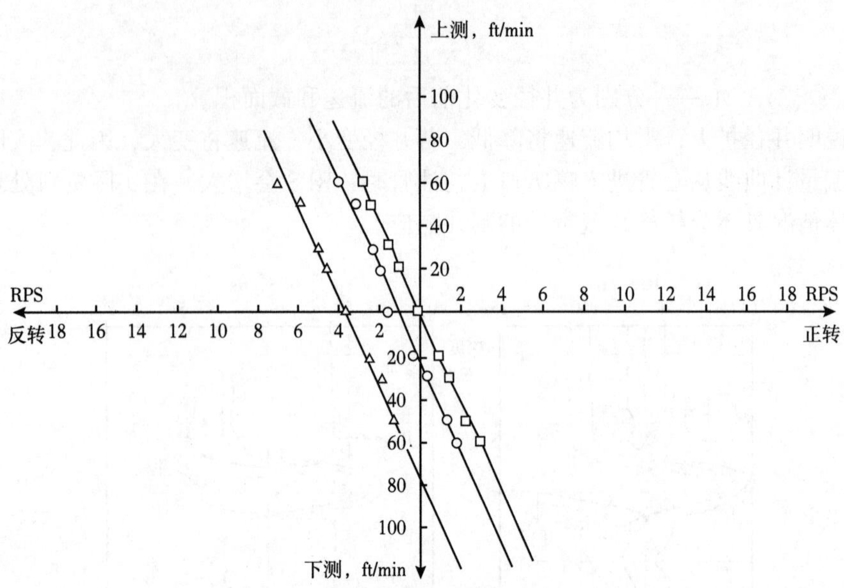

图 2-38 高灵敏度连续流量计测井刻度图

v_a'——未经偏差校正的 v_a，即刻度曲线在 v_l 轴上的截距。

对于单相流动，RPS 与 v_l 的线性相关系数较高，哈里伯顿公司用实验方法给出了单相流动中高灵敏度流量计偏差速度(起动速度)计算公式：

$$v_t = 10^{(|K|-15.5)/14.5} \tag{2-87}$$

$$v_a = v_a' + v_t$$

由于 v_a'表示刻度线在 v_l 轴上的截距。因此当正反转数据良好时，混合刻度线将落在正反转刻度的中间(图 2-39)，即 $v_a \approx v_a'$、$v_t \approx 0$；当只存在正转点子时，$v_a' \approx \dfrac{b_d}{K}, v_t = v_{tl} = \mathrm{O'A'}$

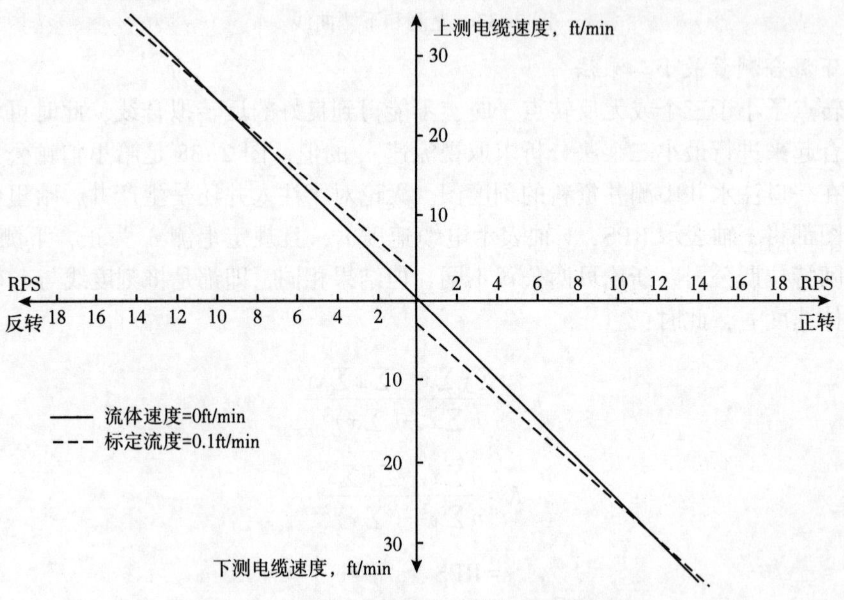

图 2-39 高灵敏度连续流量计偏差速度校正图

（图 2-32）；当只存在反转点子时，$v_a' \approx \frac{b_u}{K'}$，$v_t = v_{tl}' = B'O$（图 2-32）。对于多相流动，由于点子的线性相关性差，通常认为 $v_a \approx v_a'$。

4）两次测量法

斯伦贝谢公司研究了一种用连续流量计两次测量法确定解释层视流体速度的方法。该方法使用上测、下测两条 RPS 曲线，其中应保证与流动方向相同的测速大于流速（反转），使这条曲线在零流层重合，重合后曲线的幅度差与流速成正比。这一技术的特点是它不受黏度变化的影响，即可以校正黏度变化对 RPS 的贡献。黏度发生变化时，两条曲线的读数发生偏移（图 2-40），但偏移量和偏移方向相同。因此，两条曲线之间的幅度差不受黏度的影响，而只体现速度的大小。如果把中心线定义为两条曲线间的中线，中心线向右偏移表示黏度减小，中心线向左偏移表示黏度增大。

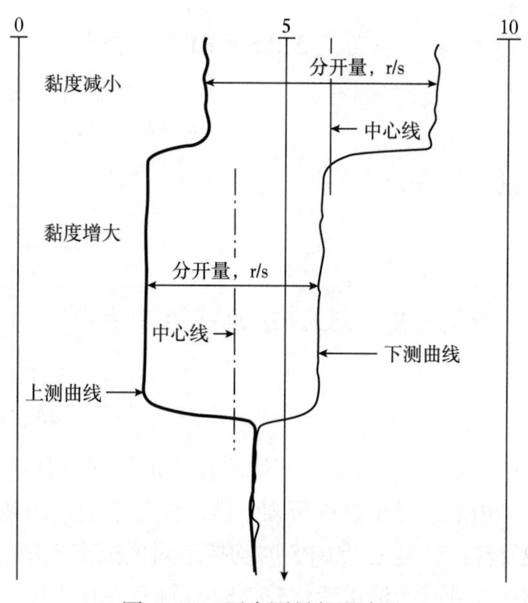

图 2-40　两次测量解释方法

用两次测量方法确定视流速的公式为

$$v_a = \frac{\Delta RPS}{K_u + K_d} \tag{2-88}$$

式中　K_u、K_d——分别表示上、下测斜线的斜率；

ΔRPS——下、上测 RPS 线平移后的幅度线，r/s。

令 $K_u = K'$，$K_d = K$，$b_d' = -Kv_{tl}$，$b_u' = -K'v_{tl}'$，不论正转，还是反转，都把涡轮响应 RPS 记录为正，此时式（2-60）和式（2-67）的反转情况可分别改写为

$$RPS_d = K_d \left| v_a + v_l \right| + b_d' \tag{2-89}$$

$$RPS_u = K_u \left(\left| v_l \right| - v_a \right) + b_u' \tag{2-90}$$

式中　RPS_d、RPS_u——分别表示下测和上测曲线的 RPS。

在零流量层内，式（2-89）和式（2-90）变为

$$RPS_{d0} = K_d \left| v_l \right| + b_d' \tag{2-91}$$

$$RPS_{u0} = K_u \left| v_l \right| + b_u' \tag{2-92}$$

以零流量层为标准，把上测曲线平移至下测线，使上、下测 RPS 曲线在零流量层重合，上测线平移的幅度为

$$RPS_{d0} - RPS_{u0} = K_d \left| v_l \right| + b_d' - K_u \left| v_l \right| - b_u'$$

平移后上测 RPS_u 的响应线为

$$\begin{aligned}RPS'_u&=RPS_u+(RPS_{d0}-RPS_{u0})\\&=K_u|v_1|-K_uv_a+b'_u+K_d|v_1|+b'_d-K_u|v_1|-b'_u\\&=-K_uv_a+K_d|v_1|+b'_d\end{aligned}\tag{2-93}$$

于是：

$$\begin{aligned}\Delta RPS&=RPS_d-RPS'_u\\&=K_d|v_a|+K_d|v_1|+b'_d+K_uv_a-K_d|v_1|-b'_d\\&=(K_d+K_u)|v_a|\end{aligned}$$

所以

$$v_a=|v_a|=\frac{\Delta RPS}{K_d+K_u}\tag{2-94}$$

若 $K_d\approx K_u$，则式(2-94)还可以表示为

$$v_a\approx\frac{\Delta RPS}{2K_d}=\frac{\Delta RPS}{2K_u}\tag{2-95}$$

式中，K_d、K_u 用多次测量法在零流层或其他解释层获取。

由上述导出过程可知，两次测量法的适用条件有四个：一是与流动方向相同时应保证涡轮反转；二是记录 RPS 时均按绝对值标定(正值)；三是各层的响应曲线斜率应近似相等(层间产气量或产油量变化较大时，斜率会有变化)；四是 K_d、K_u 仍由多次测量确定。如果零流层发生堵塞，则不能得到相应的 RPS。此时，可以在最下一解释层进行平移重合处理：

$$v_a=v_{af}+\frac{\Delta RPS}{K_u+K_d}\tag{2-96}$$

式中 v_{af}——最下一解释层的视流速，一般采用多次测量法确定。

利用类似方式可导出式(2-96)。令最下一解释层的流速为 v_{af}，相应上、下测的 RPS 为 RPS_{u1}、RPS_{d1}，此时：

$$RPS_{d1}=K_d|v_{af}+v_1|+b'_d$$
$$RPS_{u1}=K_u(|v_1|-v_{af})+b'_u$$

平移幅度为

$$RPS_{d1}-RPS_{u1}=K_d|v_{af}+v_1|+b'_d-K_u(|v_1|-v_{af})-b'_u$$

平移后上测 RPS 线的响应为

$$\begin{aligned}RPS'_u&=RPS_u+(RPS_{d1}-RPS_{u1})\\&=K_u(|v_1|-v_a)+b'_u+(RPS_{d1}-RPS_{u1})\end{aligned}$$

平移后下、上测的 RPS 幅度差为

$$\begin{aligned}\Delta RPS&=RPS_d-RPS'_u\\&=K_d|v_1|+K_d|v_a|+b'_d-K_u|v_1|+K_uv_a-b'_u-K_d|v_{af}|-K_d|v_1|\\&\quad-b'_d+K_u|v_1|-K_u|v_{af}|+b'_u\\&=(K_d+K_u)|v_a|-(K_d+K_u)|v_{af}|\end{aligned}$$

整理得式(2-96)，即：

$$v_a=|v_a|=v_{af}+\frac{\Delta RPS}{K_d+K_u}$$

两次测量法适用于注入井，也适用于生产井，适用于单相流动，也适用于多相流动。其特点是快速直观，允许上、下测电缆速度不同，从视觉上放大了涡轮响应，可以对黏度的影响进行有效校正。

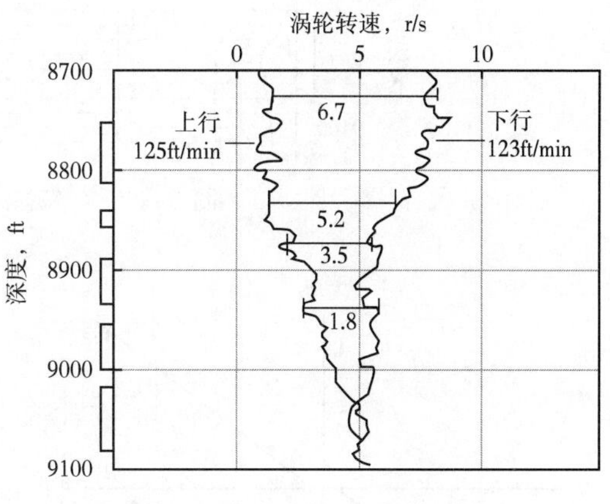

图 2-41　两次测量方法解释

图 2-41 是一口生产井用两次测量法测井结果。该井产气量为 53000m³/d，产凝析油 10.3m³/d。测井使用全井眼流量计，表2-5给出了各层的 ΔRPS，由于涡轮曲线波动较大，取值采用幅度平均法，表中总流量百分比表示：

$$\frac{Q_i}{Q_{100}}=\frac{\Delta RPS_i}{\Delta RPS_{100}}\times 100\% \tag{2-97}$$

式中　Q_i、Q_{100}——分别为第 i 层及全流量层的流量；

ΔRPS_i、ΔRPS_{100}——分别为第 i 层及全流量层的幅度差值。

式(2-97)使用的基本条件是响应线斜率及速度剖面校正因子在全井中不变。

表 2-5　两次测量解释结果

层段	深度，ft	ΔRPS，r/s	总流量,%	
			两次测量	多次测量
1	8725	6.7	100	100
2	8835	5.2	78	85
3	8875	3.5	52	52
4	8940	2.9	43	48
5	9010	1.6	24	33
6	9100	0.0	0	0

为了用式(2-94)确定分层体积流量，首先要选定一个层段用多次测量最小二乘法确定响应斜率 K_u、K_d。图 2-42 表示在零流量层内多次测量的结果。图 2-43 表示在零流量层(9100ft)进行井下刻度的情况，刻度线以原点为对称说明不存在流体流动。用最小二乘法得到：

$$K_u=0.0384\text{r/s}\cdot(\text{ft/min})^{-1}\text{或}\ 0.0117\text{r/s}\cdot(\text{m/min})^{-1}$$

$$K_d=0.0382\text{r/s}\cdot(\text{ft/min})^{-1}\text{或}\ 0.0116\text{r/s}\cdot(\text{m/min})^{-1}$$

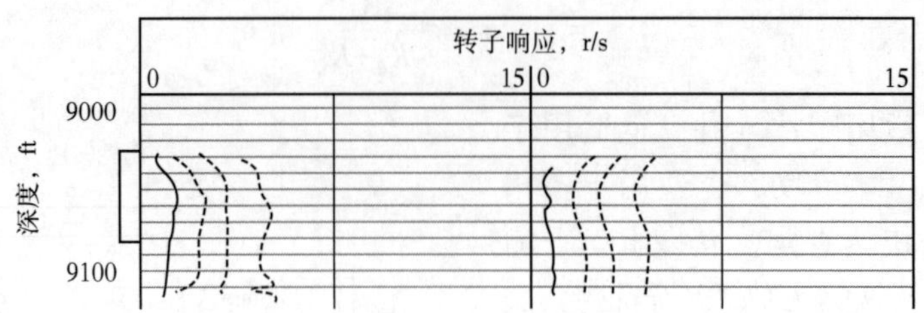

图 2-42　在静态液体中的多次测量

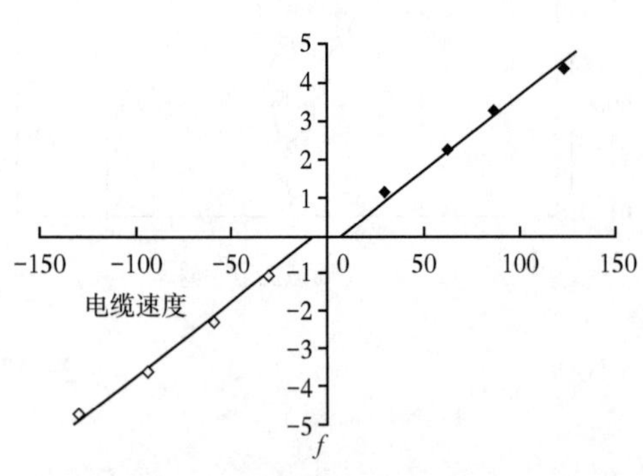

图 2-43　流量计井下刻度

对于层段 1：

$$v_a=\frac{\Delta RPS}{K_u+K_d}=\frac{6.7}{0.0384+0.0382}$$
$$=87\text{ft/min}$$

若取涡轮流量计的速度剖面校正因子 C_v 为 0.83，则层段 1 的平均速度 v_m 为

$$v_m=C_v v_a=0.83\times87\text{ft/min}$$
$$=72.2\text{ft/min}=22\text{m/min}$$

该井使用 7in 套管完井，内径为 6.094in（15.48cm），井底温度为 175℉（79℃），井底压力为 1850psi（12.8MPa），气的体积系数为 0.0097，管子常数 P_c 为

$$P_c=3600\times24\times10^{-6}\times\frac{1}{4}\pi D^2$$
$$=0.25\times3.14\times15.48^2\times36\times24\times0.0001$$
$$=16.253\text{m}^3/\text{d}\cdot(\text{cm/s})^{-1}$$

因此层段 1 的总流量为

$$Q_1=v_m P_c$$
$$=22\times(100/60)\times16.253$$
$$=595.94\text{m}^3/\text{d}$$

转换到井口条件下：

$$Q_{1井口}=Q_1/B_g$$
$$=595.94/0.0097$$
$$=61437.5\text{m}^3/\text{d}$$

井口产量为 53000m³/d，二者较为接近。该井采用多次测量法，结果见表 2-5。与两次测量法解释结果一致，二者的误差是由多相流动导致的 RPS 曲线波动引起。

用两次测量法还可以检查流体流动窜流现象，如图 2-44 所示，D 层段、E 层段的流体向下窜进 F、G、H 三个层段。在这一层段 RPS 曲线相互交错，下测曲线幅度下降，上测曲线幅度升高。利用多次测量法得到该井的流动剖面，如图 2-45 所示。图中显示约有 836bbl/d 的水从层段 2 流到层段 3 和层段 4，说明层段 3 和层段 4 的地层压力远小于井筒压力。

三、速度剖面校正系数

涡轮流量计测量的是叶片旋转覆盖面积上的平均速度，简称视流体速度(v_a)。测量过程中，仪器居中时，v_a 反映的是套管中部的流速。如发生偏心，测量的是涡轮所在位置处的局部流速。为了确定通过套管截面上的平均流速(v_m)，需要引入一个速度剖面校正系数(也称校正因子)C_v，C_v 的定义为

$$C_v = \frac{v_m}{v_a} \qquad (2-98)$$

对于集流式流量计，所有的流体均通过了涡轮，因此在集流通道内 $v_a = v_m$，即 $C_v = 1.0$。可以利用连续性方程将 v_m 转换为套管截面上的平均流速。

对于非集流连续流量计，情况相对复杂。在单相流动中，可以利用图1-32给出的曲线确定常用连续流量计的 C_v。C_v 一般分布在 0.5~0.83 范围内，层流为 0.5，紊流为 0.82~0.83。

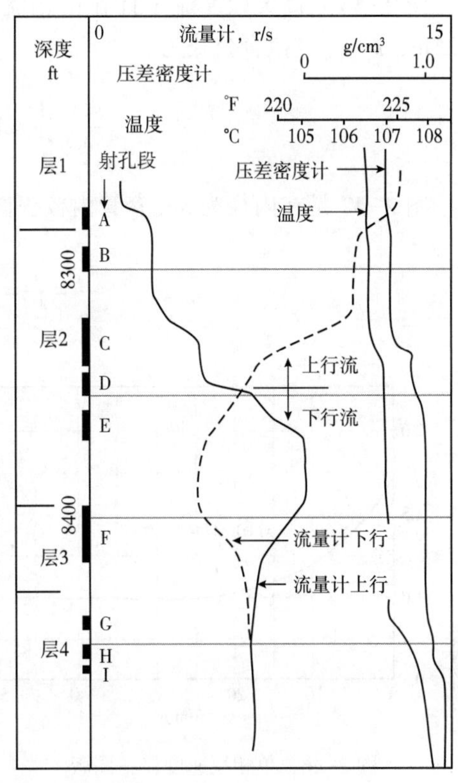

图 2-44　测井实例

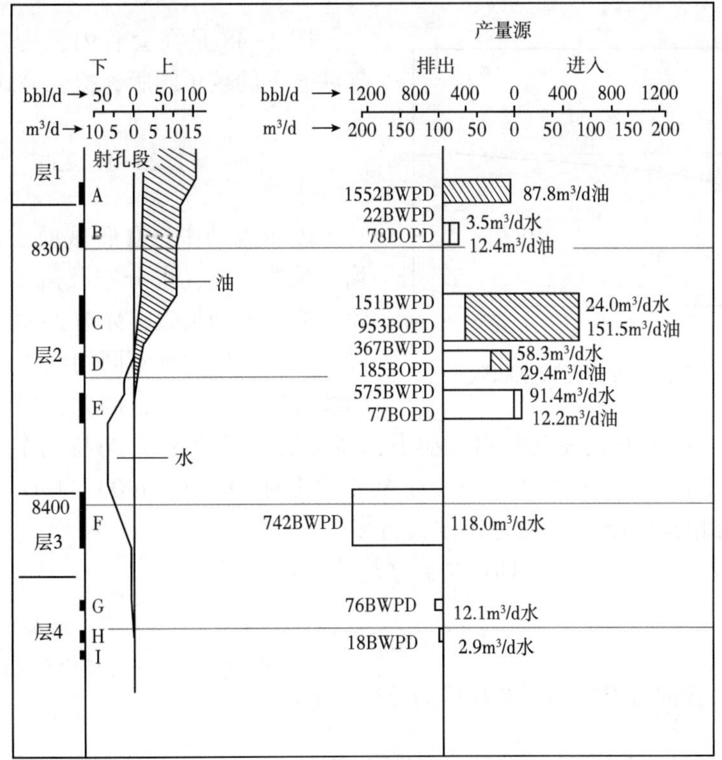

图 2-45　解释成果图

图 2-46 是高灵敏度流量计在单相流动中的校正图版，套管内径为 3in，叶片外径为 1.35in，$v_t = v_m$。拟合公式为

$$\frac{v_a}{v_t} = \frac{1}{C_v} = 1 + 0.7344e^{-0.14175 v_a} \tag{2-99}$$

图 2-47 是在内径为 5in 套管内校正图版，拟合公式为

$$\frac{v_a}{v_t} = \frac{1}{C_v} = 1 + 1.037e^{-0.09776 v_a} \tag{2-100}$$

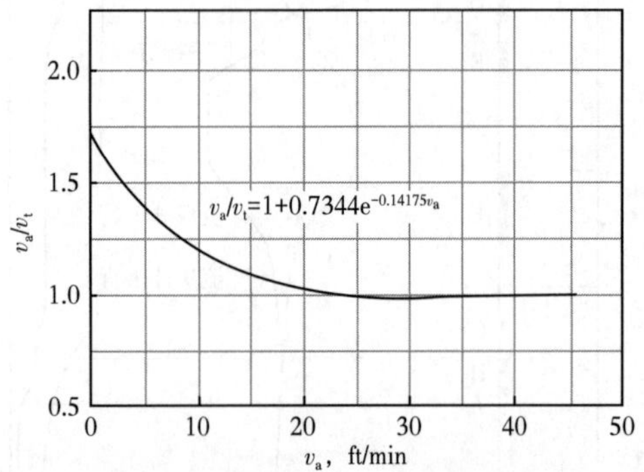

图 2-46 单相视速度校正图版

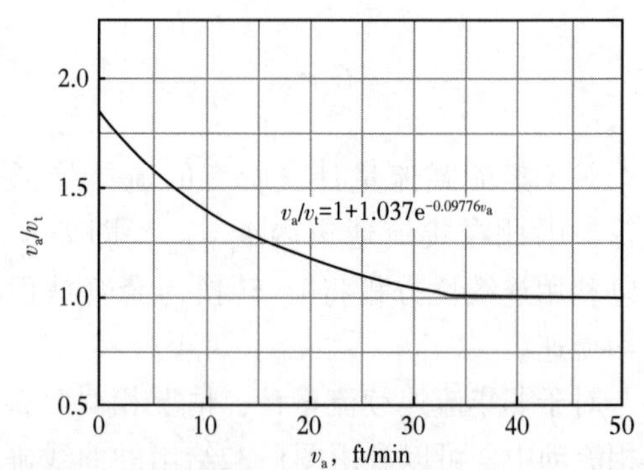

图 2-47 5in 内径管子中的单相视速度校正图版

图 2-48 是在套管内径为 3.068in、单相气状态下的校正图版，拟合公式为

$$\frac{v_a}{v_t} = 1.25 - 1.123e^{-0.0097 v_a} \tag{2-101}$$

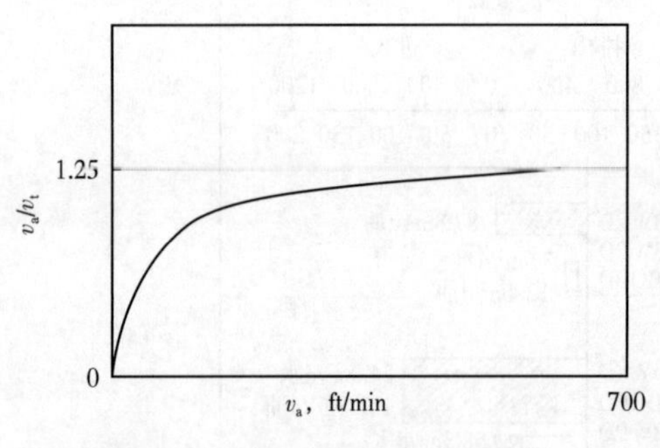

图 2-48 单相气视速度校正图版

多相流动中，套管截面上的流速分布不均，受油、气、水分布及流型影响很大，涡轮响应的波动很大，如图 2-49 所示，图中在同一层中采用两种不同的电缆速度进行测量，曲线幅度起伏较大，因此，相应的 C_v 变化范围也更为复杂。图 2-50 是油气两相流动中，高灵敏度流量计 C_v 与持油率（Y_o）及油的表观速度（v_o）的相互关系。流型从泡流变化至环状流时（$Y_o = 0 \sim 1.0$），$1/C_v$ 的变化范围是 0.1~10，与单相流动相比，变化范围要大得多。

速度剖面校正系数确定后，即可得到平均流速：

$$v_m = C_v v_a \tag{2-102}$$

引入管子常数即可得到相应解释层的总流量 Q：

$$Q = v_m P_c$$

$$P_c = 3600 \times 24 \times 10^{-6} \times \frac{1}{4}\pi(D-D_t)^2 \mathrm{m^3/d} \cdot (\mathrm{cm/s})^{-1}$$

式中，管子常数表示套管的有效流动截面乘以一个常数；D_t 为仪器外径，cm。常数用于将单位为 cm/s 的平均流速转换为体积流量，其单位为 m^3/d。

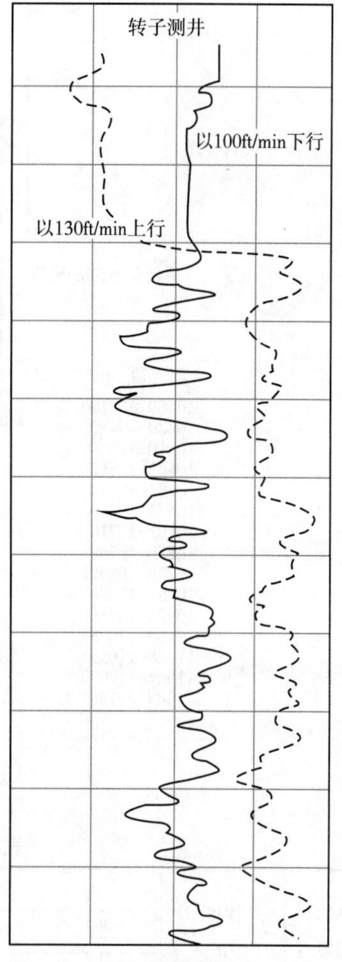

图 2-49　多相流的流量计测井

四、多次测量法实例

图 2-51 是一口产气井井身结构图，产气量为 $12\times10^6 ft^3/d$，凝析油产量为 79.5m^3/d，有 15 个射孔层段。尽管有凝析油产出，但气油比很大(4276)，因此可近似按单相流动分析。

图 2-52 表示全井眼流量计的测井结果，进行了四次上测和四次下测。

根据射孔层段选定了 15 个解释层段。表 2-6 是在每一个层段处读取的涡轮转子响应数据。定义下测测速为正，上测电缆速度为负。在层段 12 至层段 16，上测时涡轮转数为负，由正变为负是逐渐的，如上测测速为 62ft/min 时，至深度为 11040ft 时，涡轮转子响应为 0，0 响应段大约为 100ft，此后在深度 10940ft 处，转子开始反转，发生这一现象的原因是上测测速大于流速与启动速度之和，要么是该井有漏失或者转子上的磁极改变了磁性。

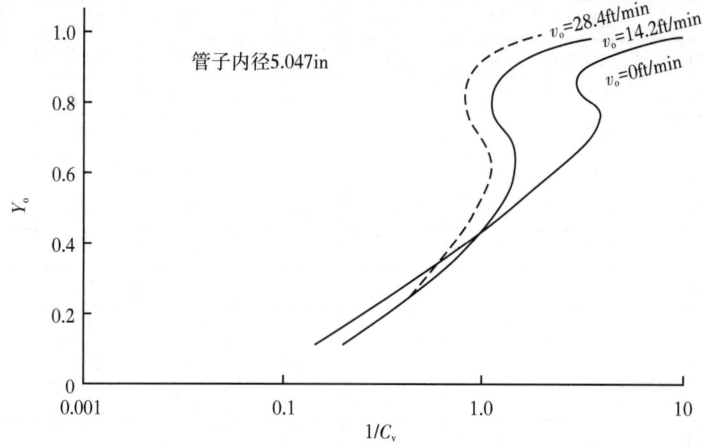

图 2-50　油气两相流动时 C_v 与 Y_o 的关系

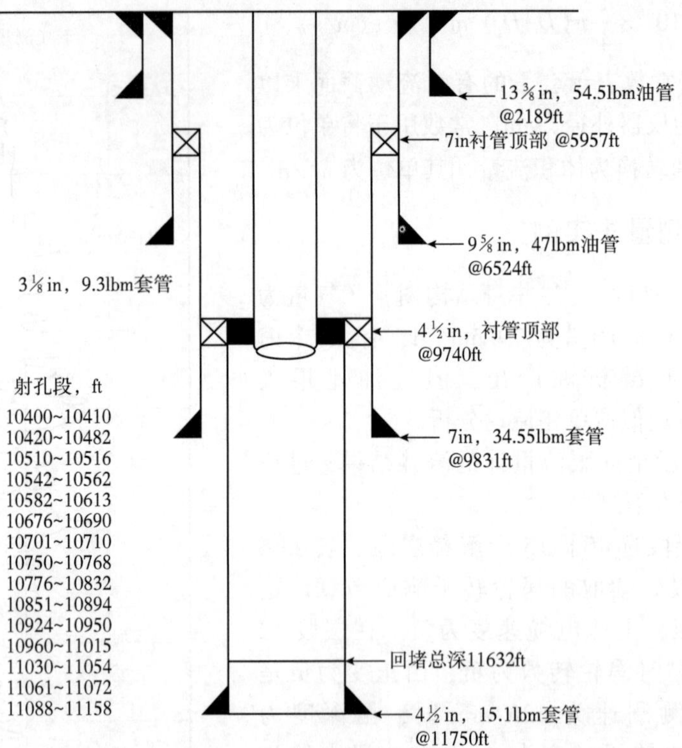

图 2-51 井身结构图（产气井）

表 2-6 转子流量计响应数据表

解释层段	深度 ft	电缆速度，ft/min							
		−129	−96	−62	−33	32	61	93	125
		转子响应，r/s							
1	10380	22. 5	24. 5	26. 5	28	31. 5	33. 5	35	37
2	10145	23	25	26. 5	28. 5	32	33. 5	35	37
3	10500	22	24	26	27. 5	31	32. 5	34. 5	36
4	10540	22	24	26	27. 5	31	32. 5	34	35. 5
5	10570	21. 5	23. 5	25. 5	27	30. 5	32	34	35. 5
6	10650	21. 5	23	25	27	30. 5	32	34	35. 5
7	10700	21	23	25	26. 5	30	31. 5	33. 5	35
8	10730	20. 5	23	24. 5	26. 5	30	31. 5	33	35
9	10772	13	15	17	18. 5	21. 5	23	25	27
10	10840	4. 5	6	8	9. 5	12. 5	14	16	18
11	10910	2. 5	4. 5	6. 5	8	10. 5	12	13. 5	15. 5
12	10965	−6	−3. 5	−1. 5	−1	4	5. 5	7. 5	9
13	11020	−5. 5	−3	−1	−1	3. 5	5	7	8
14	11060	−8. 5	−6. 5	−4	−2	1. 5	3	5	6. 5
15	11080	−8	−6. 5	−4	−2	1	3	5	7
16	11170	−8	−8	−4	−2	2	3. 5	5. 5	7

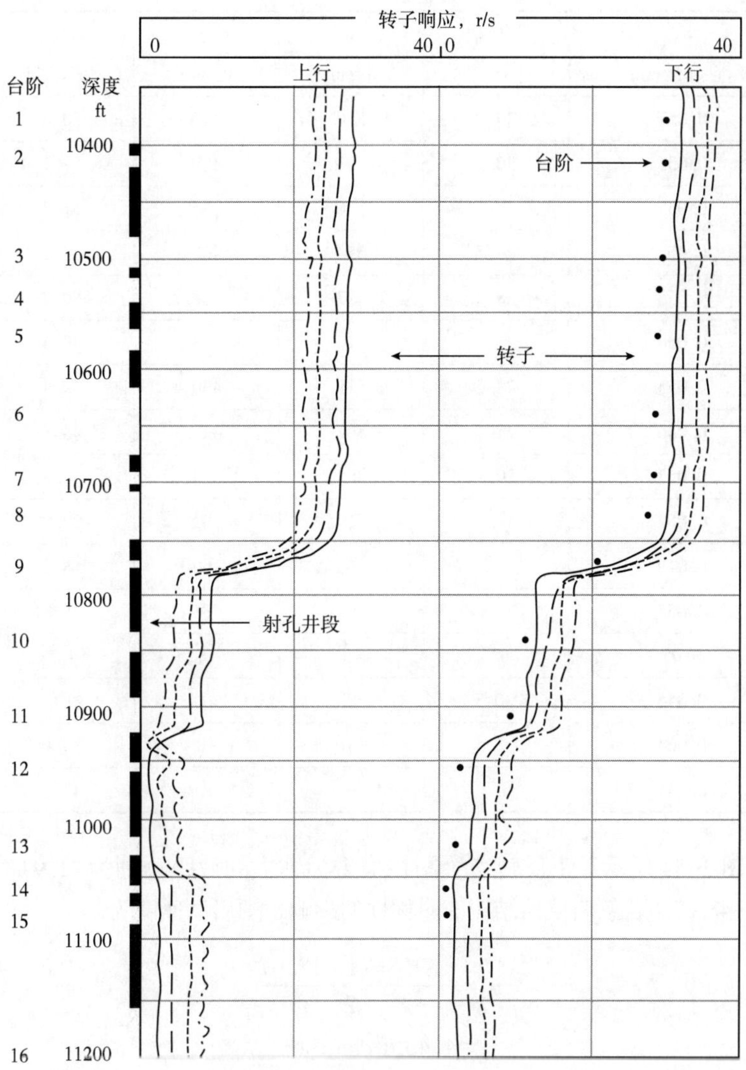

图 2-52　流量计测井曲线

利用表 2-5 中的数据可以得到如图 2-53 所示的交会图。图中只划了 6 个层段的刻度线。利用最小二乘法可以得到各层正转的拟合线 $RPS=RPS_0+K_d v_1$。各层的斜率 K_d、截距 RPS_0 见表 2-7。在每一个解释层中，只要同时存在正转和反转响应，就可确定启动速度。如对于解释层段 13，正转、反转响应为

$$RPS=1.99+0.05v_1\text{（正转）}$$

$$RPS=3.31+0.068v_1\text{（反转）}$$

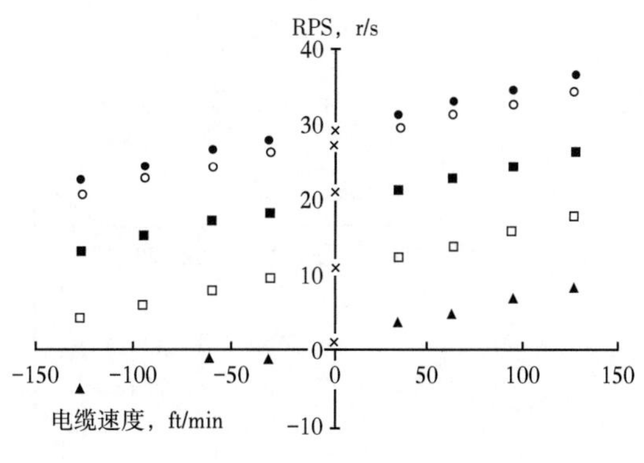

图 2-53　RPS—v_1 交会图

表 2-7　转子流量计测井解释结果表

台阶	K_d (r/s)·(ft/min)$^{-1}$	RPS_0 r/s	v_a ft/min	v_m ft/min	Q $10^3ft^3/d$	总流量 %
1	0.057	29.9	530	440	50.6	100
2	0.055	30.1	553	459	52.7	104
3	0.055	29.2	536	445	51.2	101
4	0.053	29.1	554	460	52.9	105
5	0.055	28.7	527	438	50.3	99
6	0.056	28.6	516	428	49.3	97
7	0.055	28.2	518	430	49.4	98
8	0.056	28.1	507	421	48.4	96
9	0.053	20.1	385	319	36.7	73
10	0.052	11.1	219	182	20.9	41
11	0.049	9.2	193	160	18.4	36
12	0.055	0.2	9	8	0.9	2
13	0.05	2	45	38	4.3	9
14	0.055	-0.3	0	0	0.0	0
15	0.064	-1	-10	-8	-1.0	-2
16	0.055	0.2	9	8	0.9	2

交会图如图 2-54 所示。正反转交会图在横坐标轴上的截距分别为-1.99/0.05=-39.8 和-3.31/0.068=-48.67。若忽略仪器结构非对称性的影响，则启动速度为

$$v'_{tl}=\frac{-39.8-(-48.67)}{2}$$
$$=4.435\text{ft/min}$$

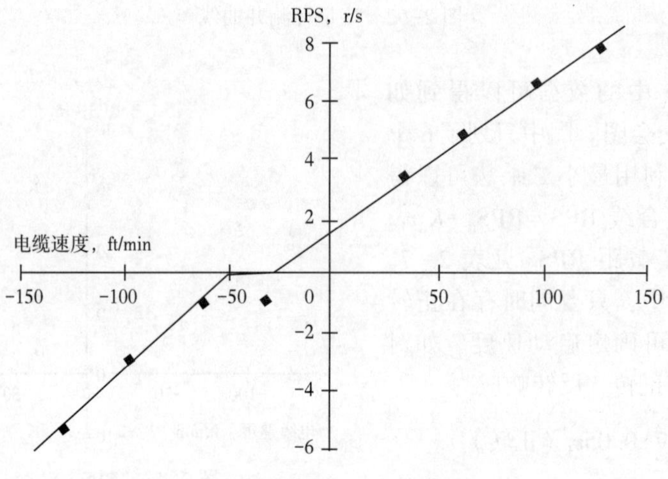

图 2-54　层段 13 的交会图

用类似方法可以得到层段 14、层段 15 的启动速度分别为 4. 1ft/min 和 7. 8ft/min。这三层的启动速度较小，具有液相流体的特征，因此下部层段可能有液体存在。由于上部层段没有反转响应，可以用 13、14、15 三个层段的启动速度平均值近似取代，平均值为 5. 4ft/min。实际上上部其他层的启动速度(气体)与下部不同(液体、气体两相)。近似取代会存在一些误差。由于该井流量较高，启动速度的误差不会对解释结果产生大影响。

启动速度确定后，利用表 2-7 中 RPS_0 和 K_d 可以确定其他层的视流速 v_a。对层段 8 有

$$v_a=\frac{28.1}{0.056}+5.4=507\text{ft/min}$$

取 $C_v=0.83$，则：

$$v_m=507\times0.83=421\text{ft/min}$$

$$P_c=\frac{1}{4}\pi D^2=0.25\times3.14\times24\times60\times0.3188^2$$
$$=114.9(\text{ft}^3/\text{d})\cdot(\text{ft/min})^{-1}$$

于是：

$$Q=P_cv_m=114.9\times421=48377\text{ft}^3/\text{d}=1370\text{m}^3/\text{d}$$

由此可得各层的流量。各层的流量除全流量层的流量，得到用百分比表示的流动剖面(表2-7)。用递减法得到用百分比表示的各层产出量($q_i=Q_i-Q_{i-1}$，q_i 表示相应射孔层产量)。

通过气的体积系数 B_g 可将全流量层的流量转换到地面产量 q_{sc}：

$$q_{sc}=Q_1/B_g=50.6/0.0468\times10^3$$
$$=10803.6\times10^3\text{ft}^3/\text{d}$$
$$=306\times10^3\text{m}^3/\text{d}$$

转换后与地表产量相近(地表产量为 $12\times10^6\text{ft}^3/\text{d}$)。说明解释结果可信，且井底无漏失现象。

解释结果说明井口产量主要来自 8、9、11 三个解释层对应的下部射孔层。上面七个层位对总产量无多大贡献。下部产气有液相伴出，井底存在液柱。

五、水平涡轮流量计

为了了解从射孔层流出流体的情况，最近国外研制一种水平涡轮流量计，它具有一个与一般转子流量计垂直放置的水平叶片。它测量的是从射孔孔眼流出的水平流量，由于射孔具有相位，因此水平流量计测量结果具有一定方向性。图 2-55 是利用水平流量计在气井中测井的结果。在温度曲线显示有气体产出的层位，水平流量计转数显著升高。根据转数幅度大小可以估计产出量的大小。在水平井和斜井中，涡轮流量计由于仪器偏心识别能力降低，

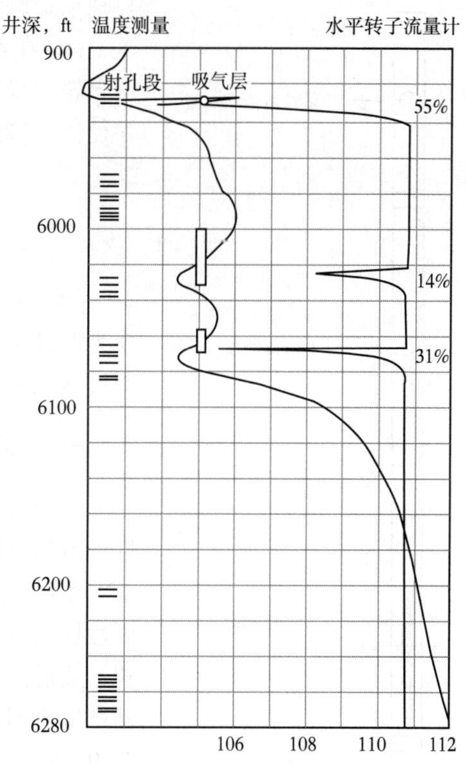

图 2-55　气井中的水平转子响应

可以采用水平流量计测量产出层位和产出量。在多相流动中，流型的影响，使得水平流量计的响应较为复杂。

六、涡轮流量计现场测试

实际应用过程中，根据不同的井况选择涡轮流量计。选择原则如下：

(1)井筒条件应适合涡轮流量计，井内流体不含固体杂质及其他障碍物，否则会影响涡轮旋转或损坏转子。

(2)流量计适用于单相流动井或高产多相井。低产条件下应采用集流型涡轮流量计。

(3)下井前在地面应检查叶片是否正常旋转。集流式流量计应进行逐点测量，连续流量计须以不同的电缆速度进行上测、下测。

(4)井径变化(尤其是裸眼井完井)会影响涡轮响应。在相同流量时，井径扩大，RPS减小，井径减小，RPS增大。此时应尽可能进行井径测井。

对于连续流量计，资料处理时应注意以下事项：

(1)单次测量法仅用于定性评价。

(2)应采用多次测量法定量计算视流速。

(3)两次测量法可以消除黏性变化的影响，但应与多次测量结果对比确定最终结果。

(4)将全流量层的解释结果利用地层体积系数转换到地面与井口产量对比，以进行质量控制及检查井筒是否可能出现漏失现象。

(5)由解释得到的响应斜率、启动速度应接近供应商提供的参考值，否则应判断不同层间流体性质可能发生了较大变化(液体中产气量升高)，或者涡轮出现了机械故障(叶片与轴承接触过紧或过松)。

(6)在裸眼井完井的井中(碳酸盐岩地层、硬地层)，使用涡轮流量计时，应注意井径变化对响应的影响。通常要测井径，二者结合可以更好地确定产出层位。

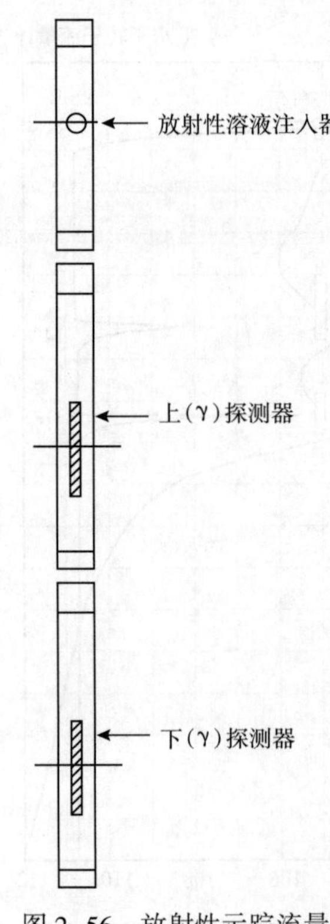

图 2-56 放射性示踪流量计

第三节 示踪流量计测井

示踪流量计适用于中低流量井，一般在注水井中使用，在生产井中使用时由于流型变化会使分辨率显著下降。在不能用涡轮流量计测量的井中，一般采用这种流量计。

一、工作原理

示踪流量计的结构如图 2-56 所示。仪器上装有一个放射性溶液喷射器，它把少量的溶液喷入流体中去，在喷射器的下部(用于注水井)或其上部(用于生产井)安装了一个或两个放射性探测器。套管接箍定位器(CCL)用于确定套管接箍的位置。放射性示踪剂使用的是锡—铟(^{113}Sn—^{113m}In)同位素发生器产生的铟(^{113m}In)同位素，半衰期为 99.8min，γ 辐射强度为 0.393MeV（65%）。由于半衰期短，因此可以大大减少对原油和仪器的污染。示踪流量计测井时，铟同位素示踪剂溶液由喷射器喷出。喷射器有一个体积为 $20cm^3$ 的容器，每次喷射 $0.5cm^3$，一次下井可喷射 40 次。喷入井筒后，启动一个或两个探测器定点或追踪测量，即可得到如图 2-57 所示的测井曲线。该曲线取自一口注水井，井的内径为 4.892in。采用的仪器是斯伦贝谢公司生产的 TET 型示踪流量计(图 2-58)，该仪器有三个探头，其中探头 3(GR_3)根据流动方向确定（图中没示出)。产出井向上流时，GR_3 在喷射孔下面；注水井向下流时，GR_3 在喷射孔之上，它记录的是流体中的伽马射线强度。仪器外径为 1.6875in，两个探测器的间距为 99in（2.51m)。通过监测峰值间的时间确定流体的流量。图中流动时间为 18.5s。

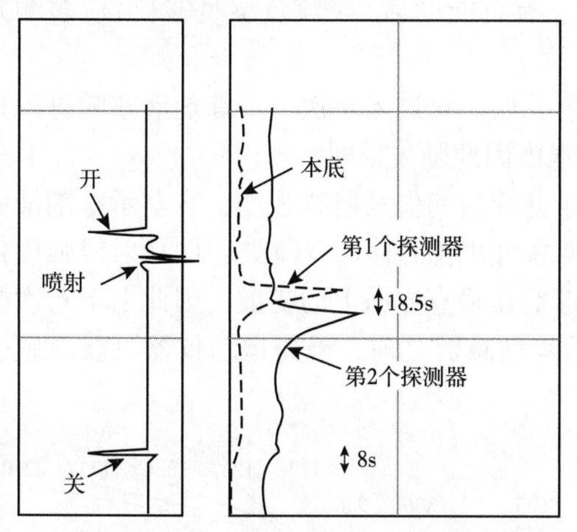

图 2-57　双探测器示踪流速测井图

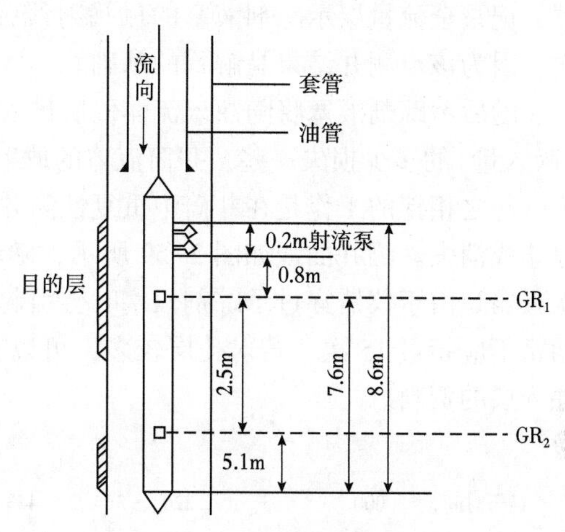

图 2-58　TET 测量原理图

放射性示踪剂除了铟的同位素之外，也采用另外的示踪剂，见表 2-8。表中给出的同位素可亲油、亲水。采用较多的铟同位素既溶于油也溶于水。

示踪流量计除了可以确定井筒内流体的流量之外，也可以用于工程测井中。在压裂过程中，在支撑剂中添加放射性物质，施工结束后，下入伽马射线检测器，可以得到压裂裂缝位置的标记。在固井作业中，在水泥中加入放射性物质，作业后用探测器测量，可以得到水泥位置的标记。在井中注入示踪剂，按照时间推移测井可以检查窜槽等。下面主要讲述示踪流量计在井筒中的确定流量的测试方法。示踪剂损耗法和速度法。

表 2-8　使用的放射性示踪剂

溶解于水的示踪剂				
同位素	支撑物	半衰期，d	伽马，MeV	应　用
碘 131	NaI 水	8.05	0.364	水的注入剖面，“窜槽”等
铱 192	Na_2IrCl　HCl	74	0.46	水的注入剖面，“窜槽”等
溶解于油的示踪剂				
碘 131	C_6H_5I 在苯—汽油中	8.05	0.364	油的生产剖面
铱 192	Na_2IrCl 在苯—二甲苯中	74	0.46	油的生产剖面
用于气的示踪剂				
碘 131	CH_3I	8.05	0.364	注入剖面或气的生产剖面
碘 131	C_2H_5I	8.05	0.364	注入剖面或气的生产剖面

二、示踪剂损耗法测井

示踪剂损耗法测井适用于单相井，使用一个放射性探测器。测井时，把仪器置于全流量层，然后通过整个射孔层段测一条伽马射线基线。然后将仪器再拉回置于全流量层，通常停在油管下部6~9m处，或在第一射孔层顶界上部相当的距离处。此时，开始喷射示踪剂。喷射后应迅速上下移动仪器使之通过示踪剂液塞，以使示踪剂与流体充分混合。最后将仪器下至示踪剂液塞以下部位，使仪器自下而上通过示踪剂液塞，并打开伽马射线探测器，记录全流量层示踪剂液塞的伽马射线强度，有可能的话(全流量层足够长)应多测几次，因为该点测井结果是解释的基础。

随后示踪剂液塞将随注入流体依次进入各射孔层。每进入一次，示踪剂液塞随进入量(吸入量)的多少损失一些，井筒流体的放射性强度因此随之减弱。

与之相伴的工作是在井筒中重复性测井记录井筒内的伽马射线强度，直至示踪剂液塞停止或消失。测井曲线如图2-59所示，随着液塞向井底的移动及流失，伽马射线强度依次减弱。由于仪器穿过示踪剂段塞时会引起示踪剂在垂直方向上的扩散，因此上下行次数通常不应超过15次。若射孔层较多，可以在示踪剂减弱之前，慢速运动仪器以获取整个注入层的资料。

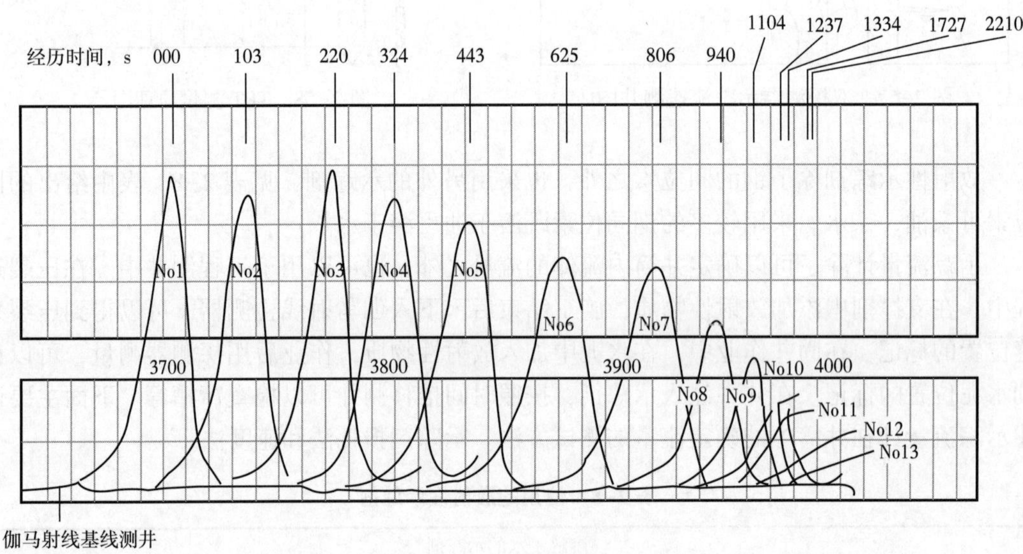

图2-59 示踪剂损耗测井

1. 面积法解释

面积法的依据是示踪曲线与基线所形成的面积与流量呈正比关系。若该面积通过某一射孔层减少30%，则认为射孔层内进入了30%的流体。

设质量为m_0的示踪剂，通过吸水层后，质量变为m_i，被吸收的质量为m_e（图2-60）。相应流体体积流量为q_0，被吸收进入地层的流量为q_e，吸水层下部流体的体积流量为q_i。对于不可压缩流体，根据质量守恒方程有

$$q_0=q_e+q_i \tag{2-103}$$

$$m_0=m_e+m_i \tag{2-104}$$

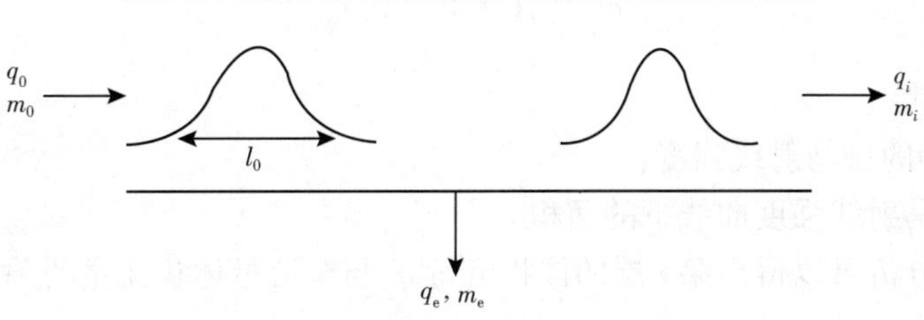

图 2-60　示踪剂段塞越过流体吸收层

在吸水层上部某点，假定示踪剂段塞以平均速度（q_0/A_w）移动时，整个示踪剂段塞经过该点所需的时间为

$$\Delta t=\frac{l_0A_w}{q_0} \tag{2-105}$$

式中　Δt——示踪剂液塞经过某点所需的时间；

l_0——液塞长度；

A_w——套管截面。

对式(2-105)积分后，则得到吸水层上部流体的示踪剂质量：

$$m_0=\int_0^{\Delta t}q_0c\mathrm{d}t=q_0\int_0^{\Delta t}c\mathrm{d}t \tag{2-106}$$

式中　c——示踪剂的浓度。

示踪剂损耗所需时间也是 Δt，示踪剂的损耗量为

$$m_e=q_e\int_0^{\Delta t}c\mathrm{d}t \tag{2-107}$$

因此

$$\frac{m_e}{m_0}=\frac{q_e}{q_0} \tag{2-108}$$

或

$$\frac{m_0-m_i}{m_0}=\frac{q_0-q_i}{q_0} \tag{2-109}$$

即：

$$\frac{m_i}{m_0}=\frac{q_i}{q_0} \tag{2-110}$$

因此在任何深度上的流量 q_i 与存在的示踪剂的量成正比。伽马射线的强度与示踪剂的浓度成正比，则对伽马射线强度与深度曲线的面积积分可求得示踪剂的质量：

$$m_i=\int A_wC\mathrm{d}l-\int A_wC_b\mathrm{d}l=A_w\int(C-C_b)\mathrm{d}l \tag{2-111}$$

式(2-111)中的第二积分项是必须被减去的放射量的背景值。一般情况下，示踪剂的总量正比于伽马射线的强度。如果示踪剂段塞经过某点，其截面积发生变化，但是伽马射线强度则不会有变，因此 A_w 的变化不会影响 A_wC 的值。因此式(2-111)可变为

$$m_i = \int C_1 r_i \mathrm{d}l = C_1 A_{ri} \tag{2-112}$$

式中　C_1——常量；

r_i——测得的伽马射线强度；

A_{ri}——伽马射线强度曲线下的面积。

于是由上述分析可以得出第 i 层的体积流量 q_i 与全流量体积流量的关系为

$$\frac{q_i}{q_{100}} = \frac{A_{ri}}{A_{r100}} \tag{2-113}$$

$$q_i = \frac{A_{ri}}{A_{r100}} q_{100} \tag{2-114}$$

式中　q_{100}、A_{r100}——分别表示全流量层的总流量和伽马射线曲线所覆盖的面积。

式(2-113)是示踪剂损耗测井面积法的基础。该方法的前提是井筒内示踪剂混合均匀，且假设伽马射线强度正比于井眼内示踪剂的量。

实际应用时，由于所测得的示踪剂峰值间距较大，且有些示踪剂段塞正对着吸收层，所以会产生误差。图 2-61 说明了这一现象。50%的流体进入了深度为 Z_2 的地层，分别在吸收层上部(Z_1)，吸收层下部(Z_3)和中部(Z_2)进行了三次测量。由于有一半的液塞通过了吸收层，所以段塞 2 峰值处的流量被解释为 Z_1 处的 75%，Z_1、Z_2 间有 25%的流量损失。段塞 3 的面积是段塞 1 面积的 50%，因此流量也占其 50%，这样 Z_2 到 Z_3 又损失了 25%。而实际上，吸收流体的位置在段塞 1 与段塞 3 之间，只有一个吸收层。解释结果为两个吸收层，显然是错误的。因此，应避免对着吸水层测量示踪曲线。

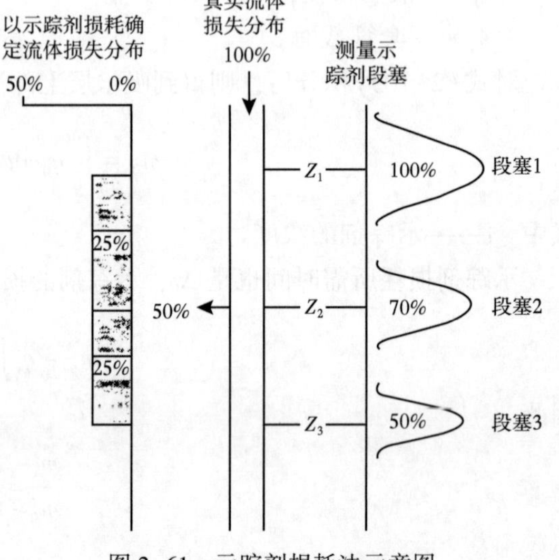

图 2-61　示踪剂损耗法示意图

随深度加深而损耗减少

图 2-62 是一口井的测井实例。在深度为 5189ft 处进行第一次测井，表示全流量层流量为 100%的情况。图中虚线为伽马射线本底曲线，分布在 0.5~1.2 之间。将每个示踪剂段塞面积分成若干个小矩形积分可求得与本底线包含的面积。计算结果见表 2-9。每个位置处总流量的百分比分量由下式计算：

$$f_i = \frac{q_i}{q_{100}} = \frac{A_{ri}}{A_{r100}}$$

从表 2-9 中发现，2、3、4 段塞的面积比段塞 1 的要大，这可能是示踪剂与井内流体混合不均匀造成的。校正这一现象的方法是把前 4 个段塞面积的平均值(1.91)作为初始面积来计算其余部分的分流量。计算结果与校正前一致。

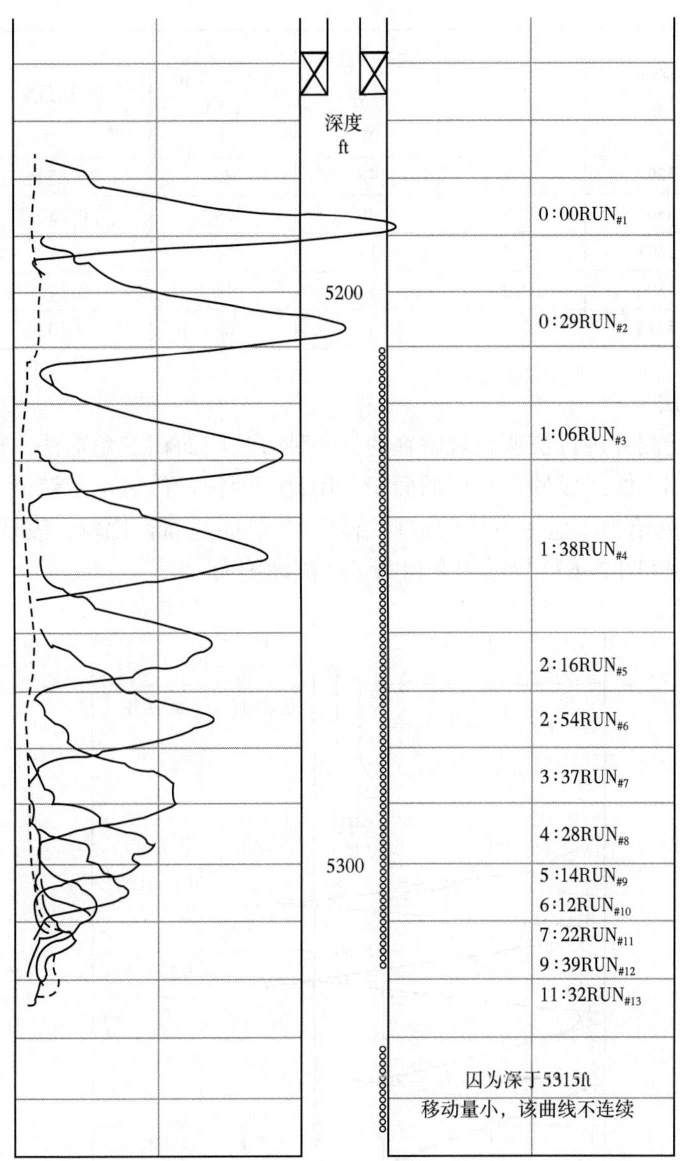

图 2-62　示踪剂损耗测井实例

表 2-9　示踪剂损耗测井分析结果

示踪剂段塞	深度 ft	面积	段塞的流量 (1.82) %	前4个段塞的平均值流量 (1.91) %	面积三角形	流量三角形 %
1	5189	1.82	100	100	1.66	100
2	5207	2.00	110	100	1.61	100
3	5229	1.88	103	100	1.66	100
4	5246	1.94	107	100	1.62	100
5	5262	1.31	72	69	1.04	63
6	5275	1.38	76	72	0.90	55
7	5288	1.27	70	66	0.90	55

续表

示踪剂段塞	深度 ft	面积	段塞的流量 （1.82） %	前4个段塞的 平均值流量 （1.91） %	面积三角形	流量三角形 %
8	5297	0.87	48	46	0.65	40
9	5305	0.55	30	29	0.35	21
10	5307	0.35	19	18	0.27	16
11	5309	0.21	12	11	0.14	8
12	5313	0.15	8	8	0.10	6

2. 面积三角法

对示踪剂损耗测井进行快速直观解释的另一种方法叫面积三角形法。即求示踪剂液塞曲线的双边与底部直线组成的三角形的面积。用这一面积近似表示示踪剂段塞的面积，表2-9中的6、7两列给出了这一方法的解释结果。与前面的面积比较，发现有一定的误差，因此面积三角形法（图2-63）只适用于粗略了解流动剖面。

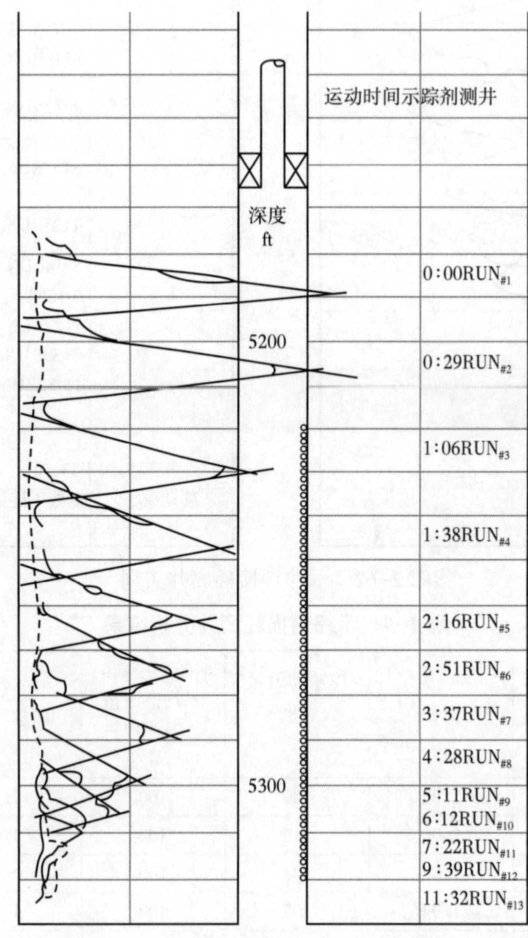

图2-63 示踪剂段塞的面积三角形近似法

3. Self 法

Self 和 Dillinghan 于 1976 年提出了一种方法。该方法与面积三角形法相似，首先是把伽马射线测井曲线化解为三角形，其基线为三角形的底边，波峰为两腰。假设三角形的底和高之和与体积流量成正比。表 2-10 是 Self 法的一个实例。

表 2-10　Self 法实例

深度，ft	高	底宽	高+宽	百分比流量,%
4884	16	23	39	100
4900	23	16	39	100
4915	20	12	32	82
4922	16	11	27	69
4924	13	4	17	44
4931	12	4	16	41
4936	12	3	15	38. 5
4937	11	3	14	36
4942	10	3	13	33. 3
4950	0	0	0	0

4. 示踪损耗法测量的局限

用示踪损耗法可以快速粗略估计流动剖面。采用的测井工艺使得其有自身的局限。

测井结果取决于伽马强度曲线及管内示踪剂的平均浓度。但示踪剂进入井内后，要使其与井内流体充分混合需要较长时间，在此之前测得的曲线面积与充分混合的相比或高或低依赖于测量时，示踪剂是靠近仪器，还是靠近井壁。尽管混合不均只影响最初的几次测量，但由于流动剖面是以初始面积为标准，因此会产生误差。

深度分辨率差是第二个局限。示踪剂液塞在完成一次测井时要移动 6~12m 的距离。因此深度分辨率较低，一旦示踪剂液塞的部分恰好对着吸收层，则解释结果会出现较大误差。

第三个局限是测井速度的影响。如图 2-64 所示，当液塞从上向下运动，仪器自下而上运动时所测的液塞长度比实际长度短。即二者的面积不同。设 l_m、l_s 分别表示液塞的测量长度和真实长度，v_s、v_T 分别表示液塞速度与工具速度，则：

$$\frac{l_m}{v_T}=\frac{l_s}{v_s+v_T}$$

即：

$$\frac{l_m}{l_s}=\frac{1}{1+v_s/v_T} \tag{2-115}$$

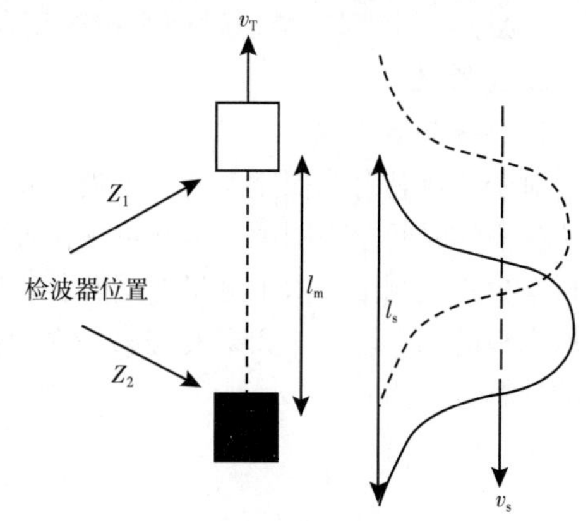

图 2-64　由于仪器的运动而引起的段塞变形

式(2-115)说明仪器速度越慢，所测的液塞的形状就越压缩。流速发生变化时，所测形状会继续变形。这是影响示踪剂损耗测井精度的重要因素。

为了消除仪器运动的影响。通常把仪器下

至示踪剂下侧，静止测量。一个测量完成后，重复上述过程，直至示踪剂消失。这一方法可以校正工具运动带来的误差，但它减少了记录周期数。

三、放射性示踪测井——速度法

速度法是目前常用的方法，它可以克服损耗法的局限。测量时根据井况安装仪器，注入井中，探测器安装在喷射器下部，生产井中，探测器安装在喷射器上部。为了防止示踪剂喷射在井壁上，应加装扶正器，使仪器居中。若在抽油机井中使用，应尽量少停抽油机，避免动液面上升，生产压差减小。

速度法测量时，仪器停在两个射孔层之间向井筒中喷射示踪剂，然后测量示踪剂在两个点间的传递所需要的时间，一般指两个探测器间或喷射器至探测器间的时间，由此确定每一个解释层的视流速。对于生产井，喷射点应靠近射孔层间夹层的底部，对于注入井则选在夹层的顶部。根据测量方式，速度法包括两种方法：静止测量法、追踪法。

1. 静止测量法

单探头和双探头仪器都可以采用这一方法，当仪器测量时，静止停在夹层中，喷射示踪剂。对于单探头示踪流量计，记录喷射器至探头示踪剂的时间，可以得到流体视流速为

$$v_a = \frac{L_1}{\Delta t_1}$$

式中 L_1——喷射器至探头的距离，为固定值；

Δt_1——示踪剂随流体通过这两点间的时间，为变量，Δt_1 越小流速越高，Δt_1 越大，则流速越低。

如果采用双伽马射线探头，视流速 v_a 为

$$v_a = \frac{L_2}{\Delta t_2} \tag{2-116}$$

或

$$v_a = \frac{L_1 + L_2}{\Delta t_1 + \Delta t_2} \tag{2-117}$$

式中 L_2——两个探头间的距离；

Δt_2——示踪剂峰通过两个探头所用的时间，如图 2-55 所示，$\Delta t_2 = 18.5$s。

2. 追踪法

1) 单探测器追踪法

对于单伽马射线探测器，由于喷射示踪剂的时间是变化的，因此精确确定喷射示踪剂到达探头的时间较为困难，因此可采用连续追踪方法。在这一情况下，在一个夹层内，要进行至少三次测量。由于测量的同时，示踪段塞也在流动，因此必须保证有足够高的流速测量完整的示踪段塞。如果发现第一次的位移较大，则应加快测速，反之则降低测速。流速的计算方法为

$$v_a = \frac{\Delta H}{\Delta t} \tag{2-118}$$

式中 ΔH——两次测量示踪剂段塞位移的距离（峰值的深度差）；

Δt——段塞位移所需的时间。

也可采用平均法计算 v_a：

$$v_a=\frac{1}{N}\left(\frac{\Delta H_1}{\Delta t_1}+\cdots+\frac{\Delta H_N}{\Delta t_N}\right) \tag{2-119}$$

式中　N——Δt、ΔH 的取值次数，若追踪了 6 次，则得到 6 个段塞峰，可任选两个峰值间的 Δt 和 ΔH，N 即为选择的次数。

图 2-65 为单探测器追踪法测井实例，表 2-11 为三次追踪的实测数据。若用第 1、第 2 次间的位移，则：

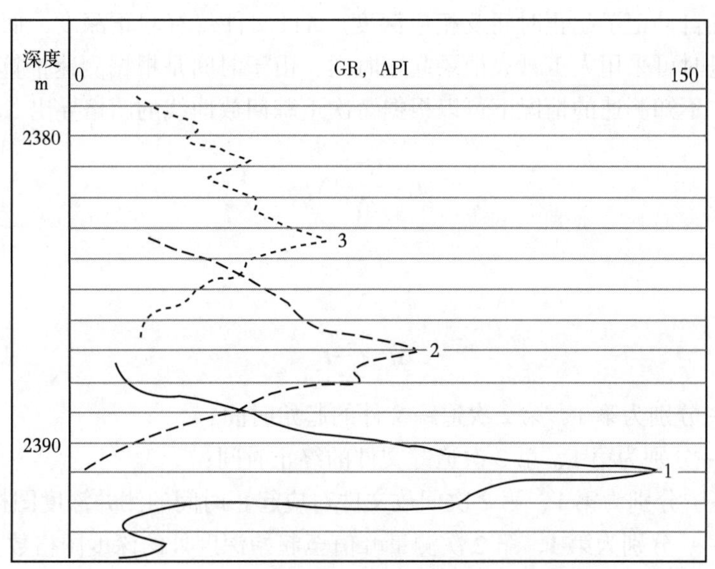

图 2-65　单探测器速度追踪法测井实例

$$\Delta H=2390.8-2387=3.8\text{m}$$

$$\Delta t=(12{:}30{:}15-12{:}28{:}50)/(60-t_1-t_2)$$

$$t_1=\frac{2394.7-2390.8}{28}$$

$$t_2=\frac{2387-2379.04}{30}$$

$$\Delta t=1.01\text{min}$$

所以

$$v_a=\frac{3.8}{1.01}=3.76\text{m/min}$$

式中，Δt 与 t_1、t_2 的关系是将测井时的时间转换为时间差 Δt，转换过程中考虑了电缆速度的影响。同样可以采用第 2、第 3 次测量结果计算 $v_a=3.81\text{m/min}$。由第 1、第 3 次测量结果计算 $v_a=3.72\text{m/min}$，若取三者的平均值：

$$v_a=\frac{1}{3}\times(3.76+3.72+3.81)=3.76\text{m/min}$$

表 2-11　三次测量数据

测井顺序	起止时间		起止深度，m		测速	峰值深度
	开始	停止	开始	停止	m/min	m
1	12:28:50	12:29:20	2394.72	2383.59	28	2390.8
2	12:29:50	12:30:15	2394.12	2379.04	30	2387.0
3	12:30:55	12:31:23	2391.57	2373.43	29	2383.0

上述计算中 Δt 确定方法因仪器而异，该例是用 DDL 系统测得的，每次追踪记录一个文件，文件首尾自动记了起止时间及相应深度。AT+ 文件仅有起止深度，而起止时间仅精确到分钟，测量时可采用人工秒表记录起止时间，由于时间是根据测速推算的，所以应保证测速不变。在不知测速的情况下可以根据每次追踪回放曲线的图格导出 Δt：

$$t_1=\frac{t_{\rm i}-t_{\rm e}}{N_{\rm t}}N_1 \tag{2-120}$$

$$t_2=\frac{t_{\rm i}'-t_{\rm e}'}{N_{\rm t}'}N_2 \tag{2-121}$$

$$\Delta t=t_1-t_2 \tag{2-122}$$

式中　$t_{\rm i}$、$t_{\rm i}'$——分别为第 1、第 2 次追踪文件的起始时间；

$t_{\rm e}$、$t_{\rm e}'$——分别为第 1、第 2 次追踪文件的终止时间；

$N_{\rm t}$、$N_{\rm t}'$——分别为第 1、第 2 次回放文件对应起止时间的测井深度图格；

N_1、N_2——分别为第 1、第 2 次测量峰值至起始深度处的深度图格数。

2) *双探测器追踪法*

在单探测器连续追踪时，若不能准确记录出起止时间，利用双探测器，放慢测速上行或下行连续测量一次，根据电缆速度和两探测器之间的距离就能计算出流体速度。图 2-66

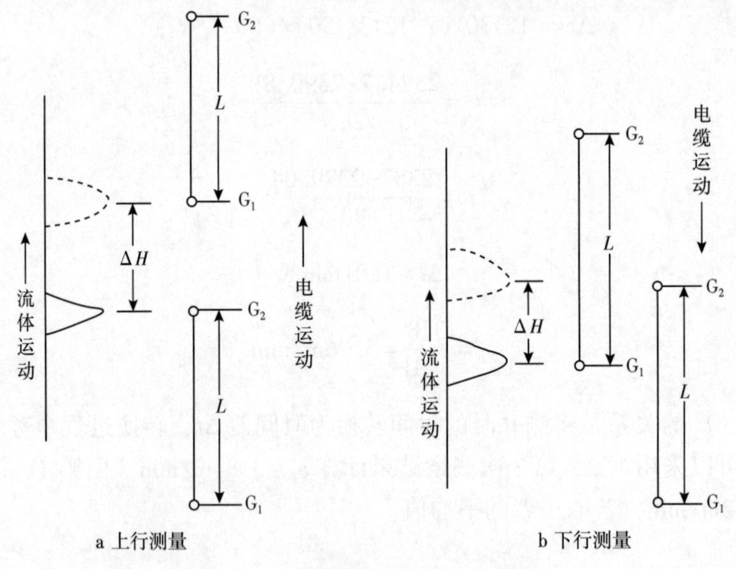

图 2-66　双探测器 1 次追踪示意图

为上(下)行测量追踪原理，虚线、实线分别为探头 G_1、G_2 测量的峰值。L 为两个探测器间的距离。上行时(与流动方向一致)计算视流速的公式为

$$v_a=\frac{\Delta H}{\Delta t}=\frac{\Delta H}{\frac{L+\Delta H}{v_1}}=\frac{v_1\Delta H}{L+\Delta H} \tag{2-123}$$

下行时(与流速反向)计算视流速的公式为

$$v_a=\frac{\Delta H v_1}{L-\Delta H} \tag{2-124}$$

式中　ΔH——两个峰值间的距离；

v_1——电缆速度。

图 2-67 是在一口生产井中用双探头一次追踪的测井图。$L=3$m，采用上行测量，两个探头测得的峰值位置分别为 2636.7m 和 2633.8m，电缆速度为 9m/min。因此 $\Delta H=2636.7-2633.6=3.1$m，所以流速为

$$v_a=\frac{3.1\times 9}{3.1+3}=3.1\text{m/min}$$

应该注意的是，上测时，电缆速度必须大于流体速度，否则追不上段塞的运动，但也不能太快，速度太快会使段塞位置不明显。下测时，电缆速度必须缓慢才能得到明显的峰值位移。速度法要求夹层不能太短，太短时在夹层内测不到第二个峰值。

视流速 v_a 确定后，即可确定各解释层的流量：

$$Q_i=\frac{1}{4}\pi\ (D-d)^2 v_a C_v \tag{2-125}$$

式中　D——套管内径；

d——仪器外径，流动截面是仪器与套管所形成的环形空间；

C_v——速度剖面校正系数，C_v 的确定取决于峰值的确定及示踪剂在流体中的分布状态。

3. 峰值的读取方法及 C_v 的确定

如何读取两个峰间的 ΔH 及 Δt 将直接影响 v_a 的精度。常见确定深度位移(ΔH)及时间差(Δt)的方法如图 2-68 所示。第一种方法两个示踪段塞峰之间的时间差 Δt_{p-p} 及相应的深度差。Taylor 等认为 Δt_{p-p} 代表了流动的平均时间，由此求取的视流速可视为平均速度(v_m)，即此时认为 C_v 为 1.0。$\Delta t_{上}$ 表示两个峰间切线交点间的时间差。$\Delta t_{下}$ 表示基线(自然伽马原始曲线视为直线)与切线交点间的时间差。Δt_{l-l} 表示示踪剂段塞前缘到达的时间，该点是伽马射线开始偏离基线(原始测线)，即峰值曲线与基线的交点。单相流动中，Δt_{p-p} 与 $\Delta t_{上}$ 相近，平均误差为 1.08%。Δt_{l-l} 与 $\Delta t_{下}$ 相近。平均误差为 1.03%。计算表明用 Δt_{l-l} 计算流量的相对误差为 2.9%，用 Δt_{p-p} 计算流量的平均误差为 2.6%。

由于示踪剂段塞前缘流体是以最大流速运动的，因此用 Δt_{l-l} 或 $\Delta t_{下}$ 计算视流速时必须用速度剖面校正系数 C_v 修正。在仪器与套管间的环形空间中，C_v 约为 0.86，也可以用 Δt_{p-p}、Δt_{l-l} 近似估算：

$$C_v=\frac{\Delta t_{l-l}}{\Delta t_{p-p}} \tag{2-126}$$

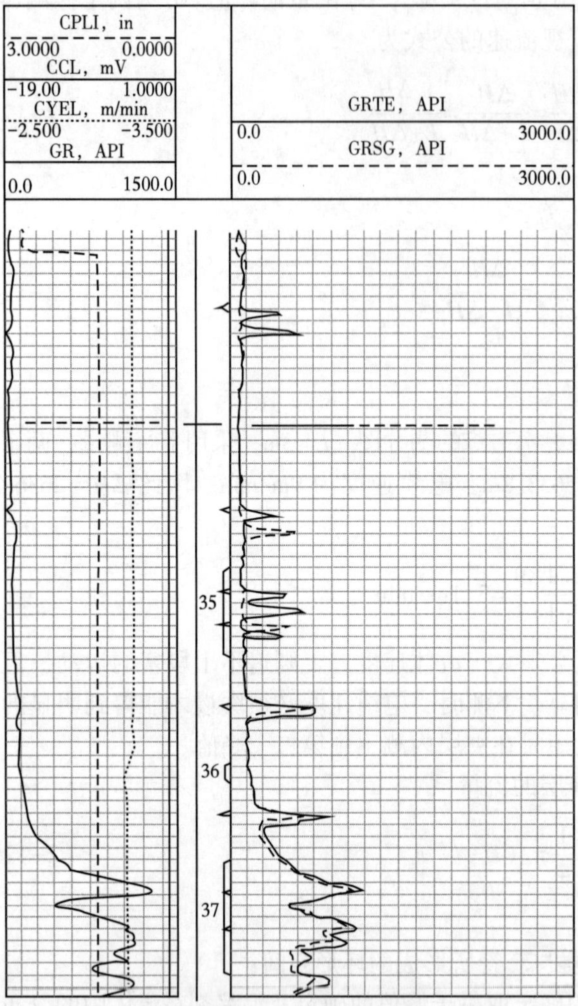

图 2-67　双探测器测井实例

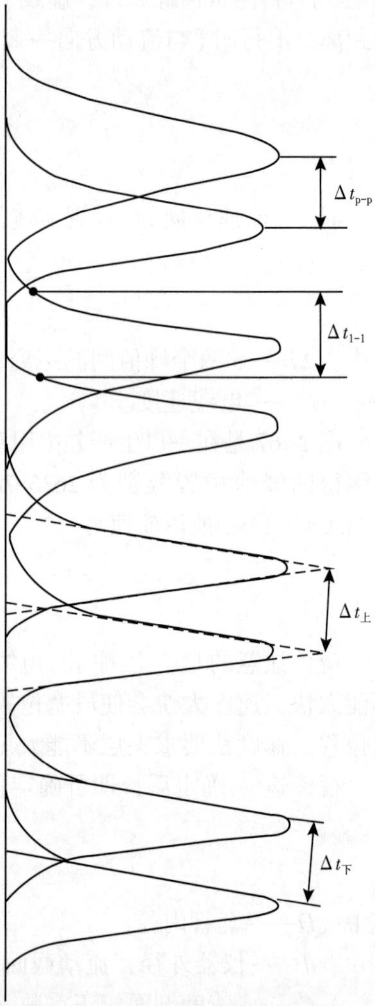

图 2-68　各种时差示意图

采用式(2-126)估算 C_v 的依据是 Δt_{p-p} 表示平均流速条件下示踪剂到达时的时间差，Δt_{1-1} 表示最大流速条件下示踪剂到达时的时间差。在图 2-69 的实例中：

$$C_v = \frac{\Delta t_{1-1}}{\Delta t_{p-p}} = \frac{12}{14} \approx 0.86$$

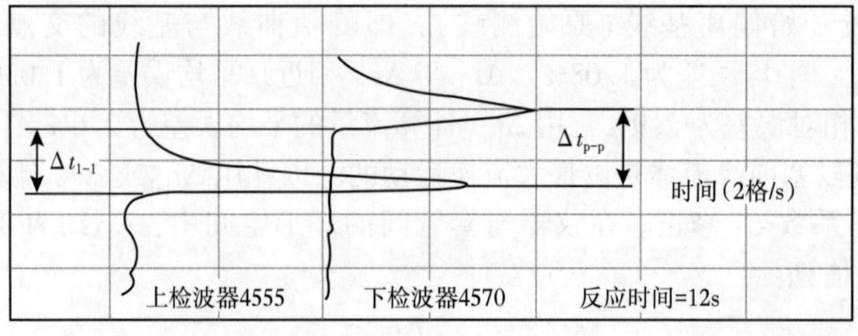

图 2-69　典型的快速示踪响应

如果井眼的横截面积及在全井时的 C_v 为常数。则任意深度处的流量（Q_i）和全流层流量（Q_{100}）的关系为

$$\frac{Q_i}{Q_{100}}=\frac{\Delta t_{100}}{\Delta t_i} \tag{2-127}$$

式中　Δt_i、Δt_{100}——分别表示深度 i 及全流量层处的示踪剂传递时间差。

对于多相流动，油水的分布不均，且示踪剂的流动时间也受其亲油亲水性质的影响。因此，段塞峰的变化较为复杂，有时出现多个峰，有时无峰值出现，因此 Δt、ΔH 的确定相对较为困难，可采用前文提出的方法近似确定传递时间。

图 2-70 是示踪流量计在油水两相流动中的试验关系，横坐标为由时间差确定的流量，纵坐标为平均流量。所采用的流量计为 DDL 型单探头仪器，喷射器至探测器的距离为 1.35m。仪器外径为 25.4mm，模拟套管内径为 124mm。f_w 表示含水率。多相流动中 C_v 的变化较为复杂（$C_v=Q_a/Q_s$），实验可采用这些图版估算 C_v。若无实验图版，可采用下式估算：

$$C_v=\frac{\Delta t_{l\text{-}l}}{\Delta t_{p\text{-}p}}=\frac{Q_a}{Q_s}\approx\frac{Q_oB_o+Q_wB_w}{\dfrac{\Delta H_{100}}{\Delta t_{100}}P_c} \tag{2-128}$$

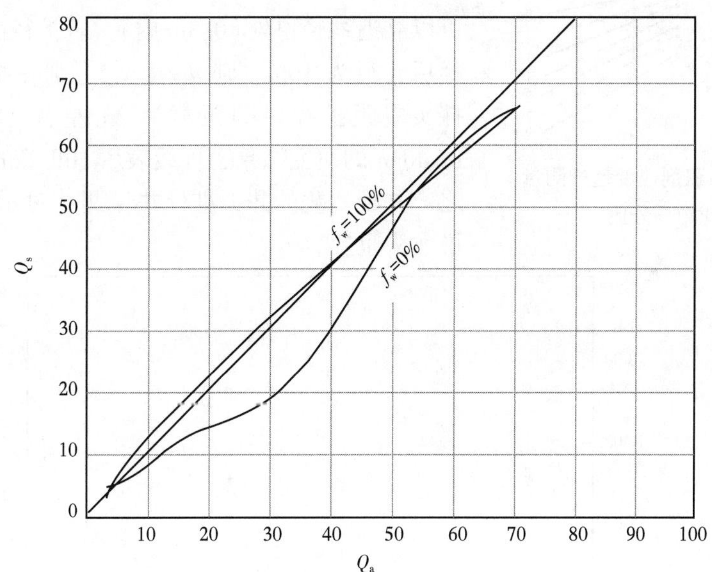

图 2-70　示踪流量计实验响应曲线

式中　Q_s、Q_a——分别表示平均流量和最大视流量；

Q_o、Q_w——分别表示井口油水产量；

B_o、B_w——分别表示油、水地层体积系数；

ΔH_{100}——全流量层的峰值深度差。

四、影响示踪流量计测量精度的因素

1. 套管管径变化

速度分析方法的基础是井筒的横截面积不变和两个探测器间的流量不变，即在两个探

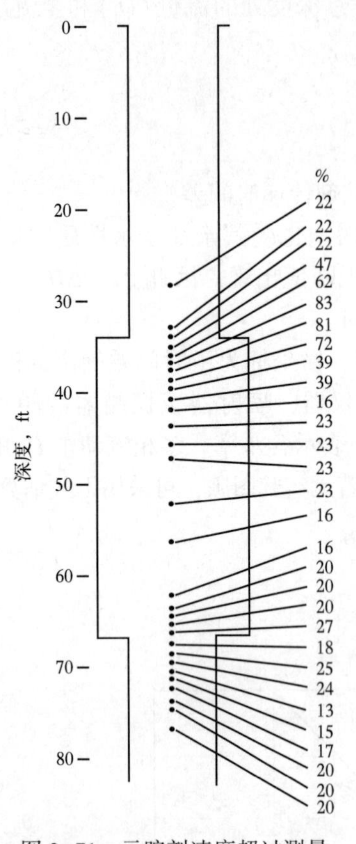

图 2-71　示踪剂速度超过测量速度的百分比

测器间没有漏失。井径变化未知时，不能采用速度法（如裸眼完井）。如果通过井径测井测得了井径变化曲线，则仍然可以采用这一方法。

井筒突然扩大，流体从小径井段流向扩径井段时会发生喷射效应。刚进入扩径井段时，流速仍然很高。而从扩径井段流向直径变小的井段时，示踪流量测井则不受影响。图 2-71 说明了这一现象。图中数据表示由示踪流量计计算的速度超过平均流速的百分比。速度是由前缘时差（Δt_{1-1}）得到的，因此均大于平均流速，在扩径口附近流速比值由 22%猛增至 80%左右，尔后又逐渐降至 23%及 16%，在缩径口上、下附近逐渐趋向稳定。

如图 2-72 所示，横坐标（d_2/d_1）表示井眼扩径比，d_2 表示扩径后的井径，d_1 表示扩径前的井径；纵坐标表示在测量真实平均流速时喷射器下部的探测器应离开扩径口的距离。对于缩径井段的测井，探测器可以靠近缩径口处（0.3m 内）。若扩径前井径为 5in 扩径后井径为 10in，则 $d_2/d_1=2$，则在扩径段测井时，探头应距扩径口的距离为 2ft 左右。图中实线表示 Bearden 的研究结果，虚线表示 Hill 等的研究结果。总之，井径变化的井，进行井径测井对示踪流量测量来说尤为重要。

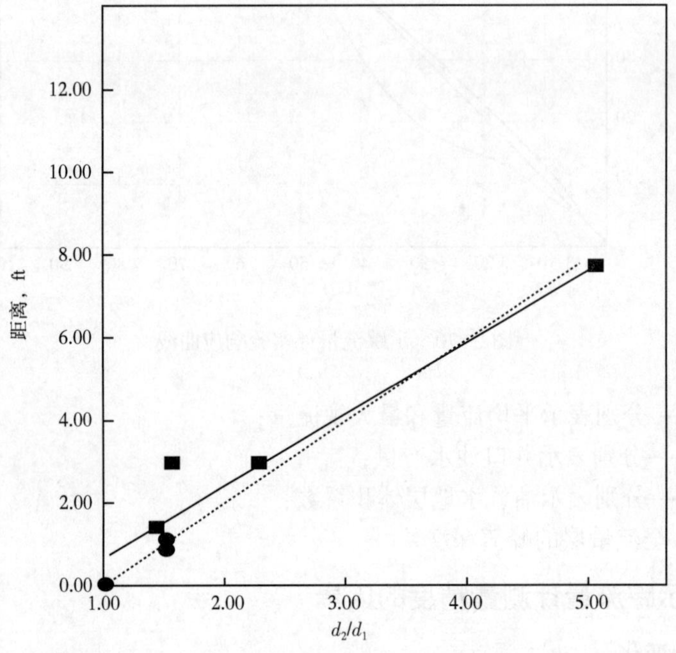

图 2-72　对正确的测井在扩径井段以下所需的距离

2. 两个探测器间存在流体损失

采用双探测器示踪流量计测井时，如果测量时两个探测器间存在漏失，则会存在一些误差。图 2-73 是可能存在的两种漏失情况。图 2-73a 中表示在两个探测器中点处有一半流体漏失，中点以上平均流速为 q_o/A_w，中点以下平均流速为 $q_o/2A_w$。两个探测器间的示踪段塞传递时间为

$$\Delta t=\frac{\Delta LA_w}{2q_o}+\frac{2A_w\Delta L}{2q_o}=\frac{3A_w\Delta L}{2q_o}=1.5\Delta t' \tag{2-129}$$

式中　$\Delta t'$——不存在漏失时的传递时间；

A_w——套管截面积；

ΔL——两个探测器间的距离。

式(2-129)说明漏失使传递时间增大 0.5 倍。

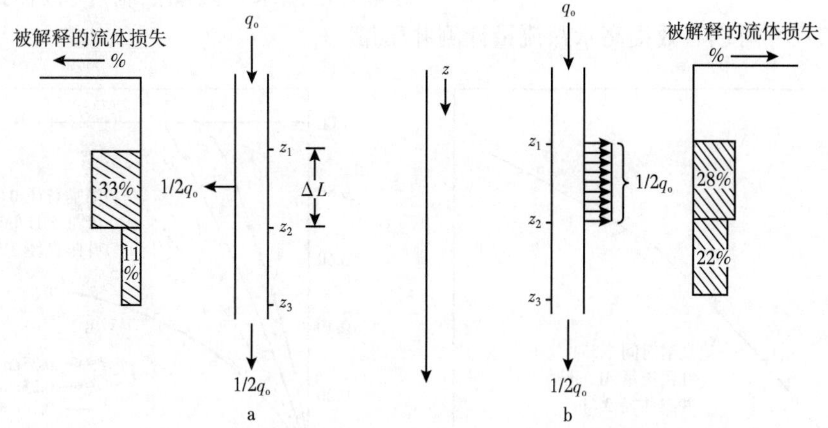

图 2-73　由于两个检测器间有流体损失而导致的速度推测深度分辨率的误差

图 2-73b 表示两个探测器间有一半的均匀漏失，此时，平均流速是深度的线性函数：

$$v=\frac{\mathrm{d}z}{\mathrm{d}t}=\frac{q_o-\frac{z-z_1}{z_2-z_1}\frac{q_o}{2}}{A_w}$$

积分得流体从 z_1 至 z_2 的传递时间：

$$\Delta t=\int_{z_1}^{z_2}\frac{A_w\mathrm{d}z}{q_o\left[1-\frac{1}{2}\left(\frac{z-z_1}{z_2-z_1}\right)\right]}=\frac{\Delta L\ln\ (2A_w\Delta L)}{q_o} \tag{2-130}$$

由于未漏失时的传递时间为 $\Delta t'=(A_w\Delta L/q_o)$，因此，均匀漏失时传递时间也将发生较大变化。

3. 示踪剂释放

速度法和示踪剂损耗测井都受示踪剂在井内释放情况的影响。速度法需要有明显的段塞脉冲峰值，损耗法则依赖于示踪剂在液体中的均匀分布。示踪流量计在喷射时从仪器进入仪器—套管环形空间，如果仪器不居中，则喷射器可能正对着井壁，很可能会导致示踪

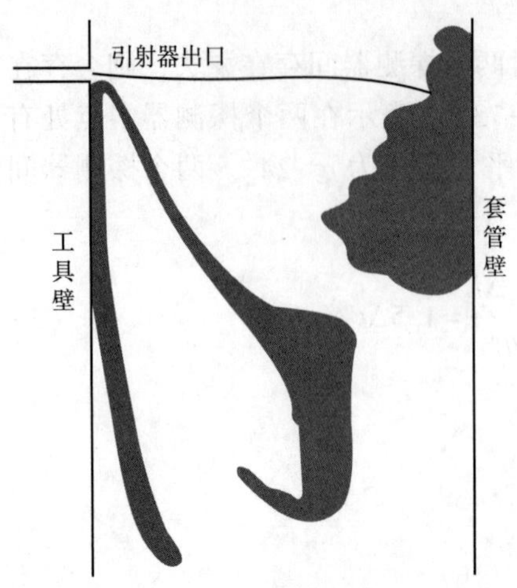

图 2-74 三种示踪剂的释放轨迹示意图

剂的分布相当不均匀。研究表明示踪剂的释放对测井质量会产生重要影响。在层流中，示踪剂被喷出后，起初是沿仪器表面外壁滴下，然后再撞击套管壁(图 2-74)。

Akers 和 Hill 的研究表明，影响示踪剂释放的因素有四个：(1)发射速度；(2)喷射时间；(3)喷嘴尺寸；(4)流体速度。图 2-75 至图 2-78 表示了这四个参数对示踪剂在流体中穿透距离的影响。图中纵坐标为 l/d_{ci}(l 为穿透距离，d_{ci}为套管内径)。l/d_{ci}为 1 表明到达了套管内壁，l/d_{ci} 为 0 表明喷射效果差，l/d_{ci}为 0.5 表明示踪剂到达了环形空间中部是最好的效果。因此控制好喷射时间、喷射速度及喷嘴尺寸可以有效提高示踪流量计测井质量。

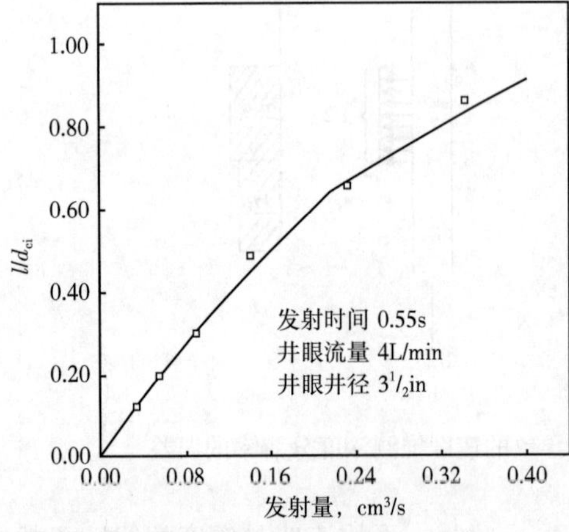

图 2-75 示踪剂释放过程中发射率的影响

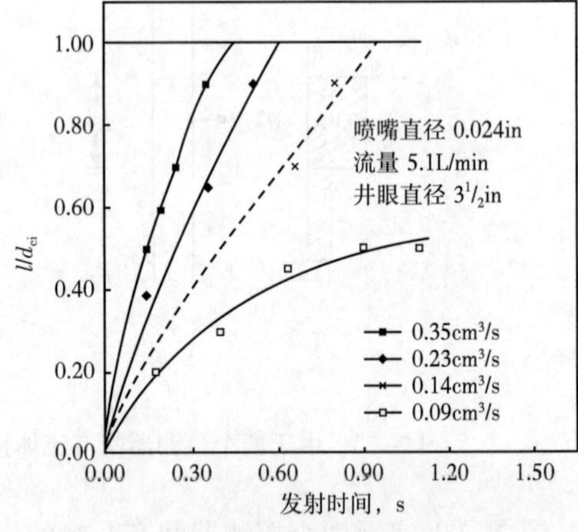

图 2-76 示踪剂释放过程中发射时间的影响

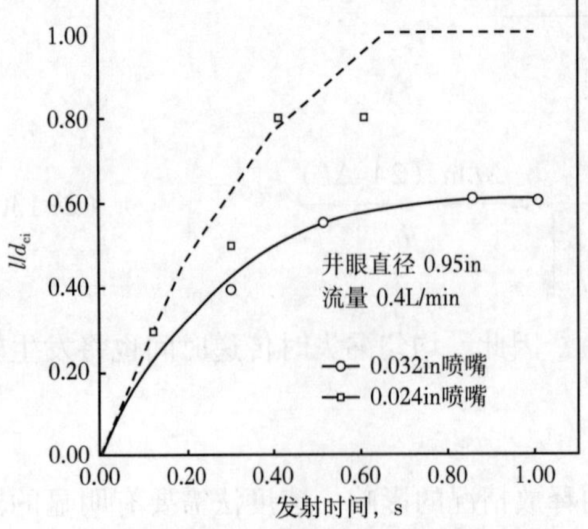

图 2-77 示踪剂释放过程中喷嘴尺寸的影响

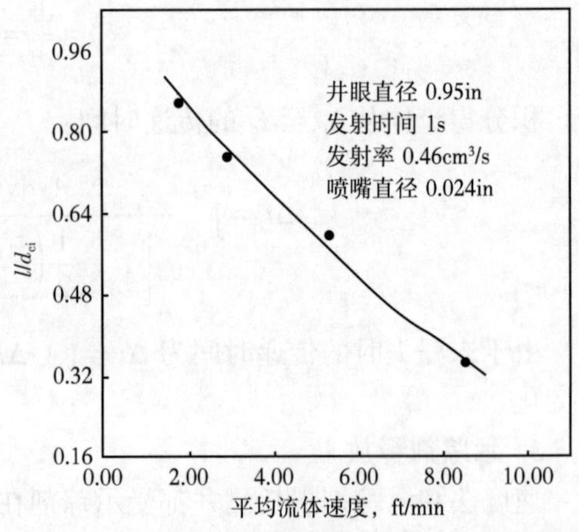

图 2-78 示踪剂释放过程中井内流体速度的影响

五、双脉冲示踪速度法测井

井径发生变化时，速度法的误差较大，为了克服这一局限，Hill 等提出了双脉冲示踪速度法。测井时，在全流量层释放两个示踪剂段塞。释放可用两个喷射器，也可以用一个喷射器先发射一个段塞，随后再发射第二个，随后用伽马射线探测器穿过这些段塞确定两脉冲间的间距。然后用类似示踪剂损耗法进行测井。随着两个段塞沿井筒下行，所测得的两个段塞脉冲间的距离是深度的函数。井内任意点的流量可表示为

$$\frac{Q_i}{Q_0}=\frac{A_{wi}L_i}{A_{w0}L_0} \tag{2-131}$$

式中　Q_0、L_0——分别为全流量层的体积流量和初始峰间距；

A_{w0}、A_{wi}——分别为全流量层和任意深度处的套管截面；

Q_i、L_i——分别为任意深度处的流量和间距。

若井径不发生变化，A_{wi}与A_{w0}相同，式(2-131)变为

$$\frac{Q_i}{Q_0}=\frac{L_i}{L_0} \tag{2-132}$$

图 2-79 表示的是用双脉冲示踪速度法解释的一个流动剖面。该方法可克服速度法局限的同时又比示踪剂损耗法的精度高。不足之处是要求具有良好的峰值。

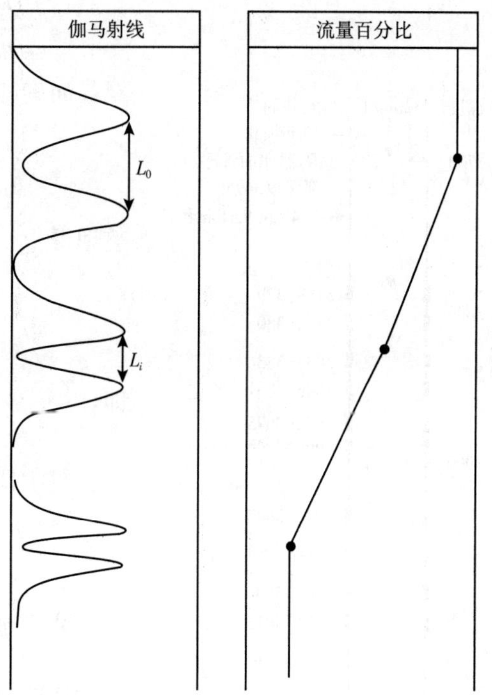

图 2-79　双脉冲示踪速度法测井曲线

下面推导式(2-131)。如图 2-80 所示，两个示踪段塞通过吸水层之前的距离为 L_0，通过吸水层后，距离变为 L_1，吸水量为 Q_e，通过吸水层后的流量为 Q_0-Q_e。后边段塞从深度 z_0 到深度 z_1 所需的时间 Δt_b：

$$\Delta t_b=\frac{A(z_1-z_0)}{Q_0} \tag{2-133}$$

在同样的时间内，前边的段塞从 z_0+L_0 运动到 z_1+L_1。这一段时间可被分为两部分，Δt_1 和 Δt_2，Δt_1 表示从 z_0+L_0 到 z_1 的时间，Δt_2 表示从 z_1 到 z_1+L_1 的时间，因此

$$\Delta t_1=\frac{A(z_1-z_0-L_0)}{Q_0}$$

$$\Delta t_2=\frac{AL_1}{Q_0-Q_e}$$

由于

$$\Delta t_b=\Delta t_1+\Delta t_2$$

所以

$$\frac{A(z_1-z_0)}{Q_0}=\frac{A(z_1-z_0-L_0)}{Q_0}+\frac{AL_1}{Q_0-Q_e} \tag{2-134}$$

整理得：

$$\frac{L_1}{Q_0-Q_e}=\frac{(z_1-z_0)-(z_1-z_0-L_0)}{Q_0} \tag{2-135}$$

即：

$$\frac{Q_0-Q_e}{Q_0}=\frac{L_1}{L_0} \tag{2-136}$$

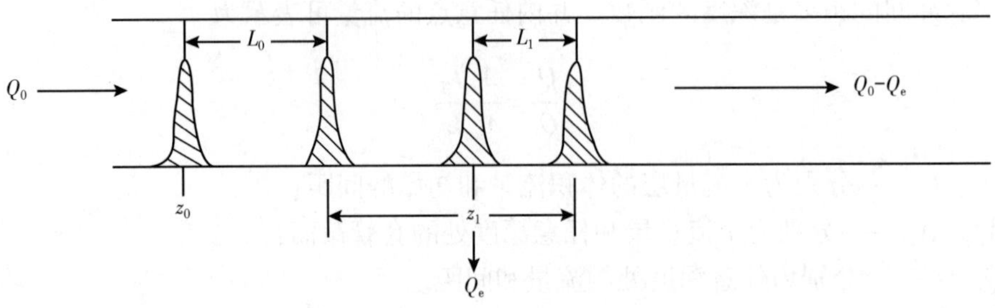

图 2-80　双段塞法解释关系推导示意图

对于任意层来说就有

$$\frac{Q_i}{Q_0}=\frac{L_i}{L_0}$$

如果截面发生变化，式(2-134)变为

$$\frac{A_0\ (z_1-z_0)}{Q_0}=\frac{A_0\ (z_1-z_0-L_0)}{Q_0}+\frac{A_1L_1}{Q_0-Q_e}$$

整理得：

$$\frac{A_0L_0}{Q_0}=\frac{A_1L_1}{Q_0-Q_e}$$

即：

$$\frac{Q_0-Q_e}{Q_0}=\frac{A_1L_1}{A_0L_0}$$

对于任意层，则有

$$\frac{Q_i}{Q_0}=\frac{A_{wi}L_i}{A_{w0}L_0}$$

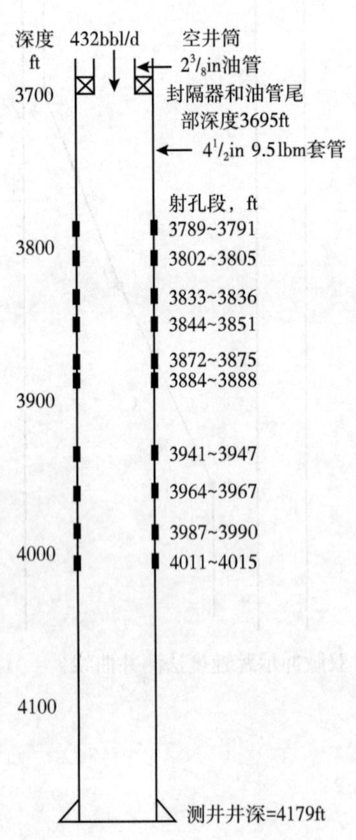

图 2-81　井身结构示意图

六、速度法测井实例

在注水井中，用双探头示踪流量计进行测井以确定注入剖面。该井注水量为73m³/d，图 2-81 为该井的井身结构。外径为 60mm 的油管下至 3695ft 处，外径为 114cm 的套管下至 4179ft 处，射孔层段 3789～4015ft。该井采用的示踪流量计有一个喷射器和两个伽马射线探测器，仪器外径为 35mm，两个探头间距为 5ft。

表 2-12 列出了在该井内不同深度上所进行的 16 次测量数据。第 16 个测点与其他测点测量方式不同，示踪

剂发射后进行了峰值测量，然后停止了几分钟，再次测量时，除稍有些扩散外，示踪剂段塞没有运动，说明在这个深度上没有任何流动。

测井解释的第一步是确定各测点处的峰值时差。图 2-82 是测点 3 的响应结果。上探头在 3777ft 处，下探头在 3782ft 处，这两个测点的传递时间为 13.5s。注意到伽马射线的突然增大发生在示踪剂首次到达的前缘，因此读取前缘传递时差较为容易，这是紊流的特征。

再向下流速明显降低而转变为层流，图 2-83 是测点 14 的伽马射线响应。在这个深度上示踪剂扩散较快说明这儿是层流。前缘到达不明显，难以确定前缘时差。也不能采用峰值到达时差，因为第二个探头无尖峰显示。利用伽马射线响应曲线与基线的交点确定时差较为可行，时差为 234s。表 2-12 中列出了每个测点测得的传递时间。因为该井的井径不变，所以只要每个测点处是紊流，均可采用式(2-127)计算流量分量。对于层流可采用下式计算：

$$\frac{Q_i}{Q_{100}}=\frac{\Delta t_{100}}{\Delta t_i}\times 0.65$$

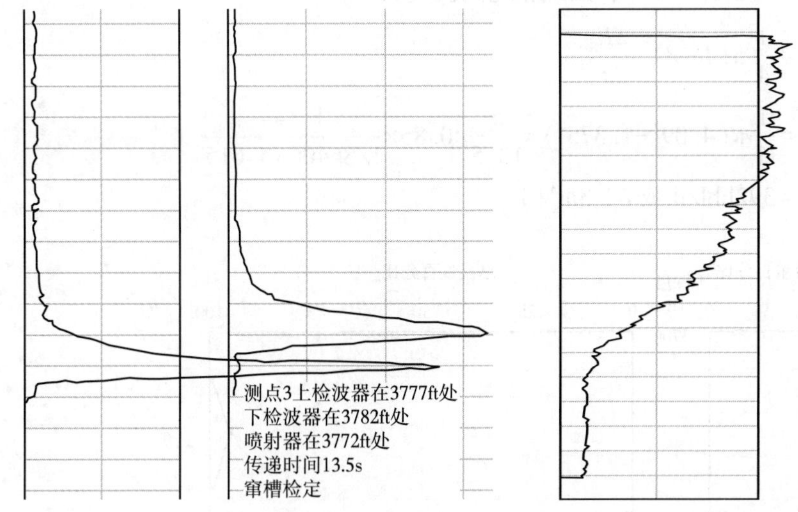

图 2-82　测点 3 的探测器响应示意图

图 2-83　测点 14 的探测器响应示意图

表 2-12　速度推测测井分析结果

次数	上探头深度 ft	Δt s	$\Delta t_0/\Delta t_1$	q_1/q_0	下探头深度 ft
1	3715	13.5	1.00	1.00	3720
2	3745	14.25	0.95	0.95	3750
3	3777	13.5	1.00	1.00	3782
4	3795	13.5	1.00	1.00	3800
5	3807	15.0	0.90	0.90	3807
6	3827	13.5	1.00	1.00	3832
7	3830	15.9	0.85	0.85	3835.5
8	3835	16.5	0.82	0.82	3837.5
9	3840	18.3	0.74	0.74	3845
10	3853	22.2	0.61	0.61	3853

续表

次数	上探头深度 ft	Δt s	$\Delta t_0/\Delta t_1$	q_1/q_0	下探头深度 ft
11	3865	21.0	0.64	0.64	3870
12	3877	21.0	0.64	0.64	3882
13	3933	36.0	0.38	0.38	3938
14	3957	234.0	0.06	0.04	3962
15	3979	294.0	0.05	0.04	3984
16	3999			0.00	3999

上式将在本章第四节论述。图 2-84 是所得的流动剖面。测点 5 的传递时间是 15s，在其上、下均为 13.5s。这是取值或井筒面积的微小变化引起的。

在全流量层，可以得到 $C_v=0.85$，因此相应的流量为

$$
\begin{aligned}
Q_{100} &= \frac{1}{4}\pi(D-d)^2\ \frac{\Delta H}{\Delta t}C_v \\
&= \frac{1}{4}\pi(4.09^2-1.375^2)\times\frac{5}{13.5}\times 0.85\times\frac{1/144}{1/86400\times 5.615} \\
&= 392\text{bbl/d 或 } 62.3\text{m}^3/\text{d}
\end{aligned}
$$

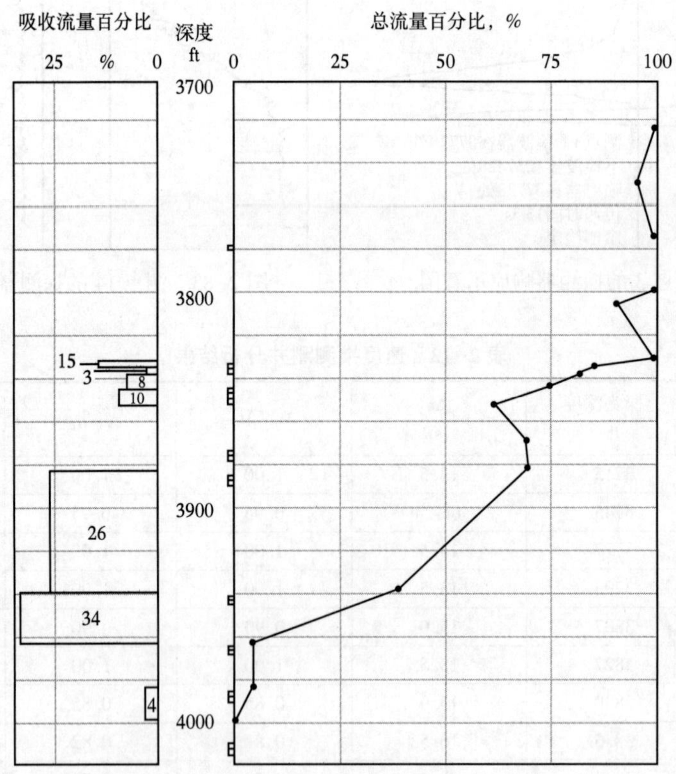

图 2-84　速度推测测井实例一

地面流量为 460bbl/d，二者较为接近，说明油管没有明显的漏失。

第二个实例的测井结果如图 2-85 所示，解释结果见表 2-13。该井从油管中注入的水

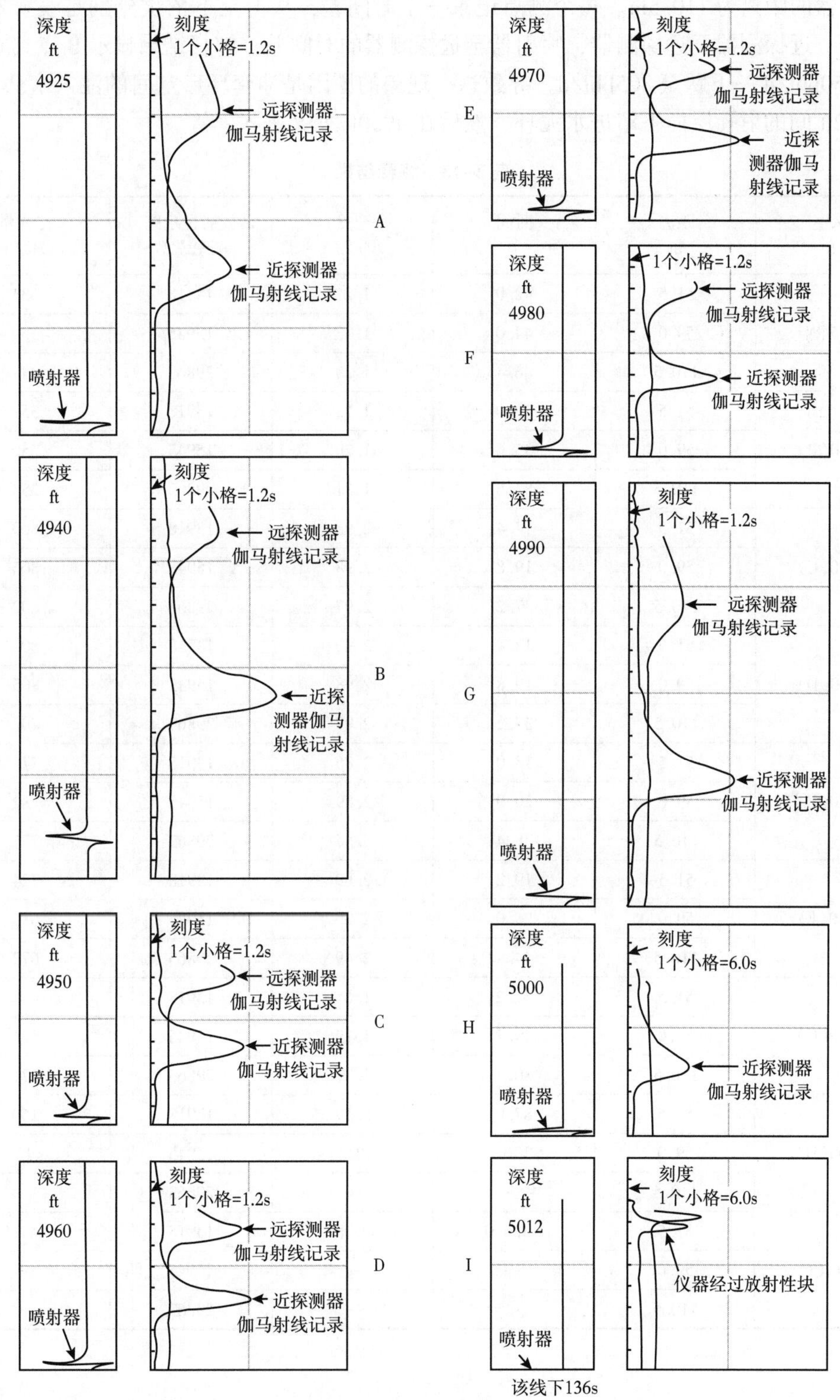

图 2-85　速度推测测井实例二

量是 318bbl/d，从油套环形空间中注入的水量为 375bbl/d。测井采用单喷射双探头示踪流量计，喷射器至近探测器的距离为 51. 5in，近探测器至远探测器的距离为 59in，喷射器至远探测器的距离为 110. 5in。每个测点记录三个时间差，从上至下依次分别是喷射器至近探测器、近探测器至远探测器，喷射器至远探测器的时间差。解释结果显示 B 点到 C 点流量从 350bbl/d 一下跃至 805bbl/d。导致这一现象的原因是油套环形空间的注入水从 4907ft 至 4912ft 间的射孔层向下窜进水泥环，然后在 4950ft 处又进入套管。

表 2-13 解释结果

深度 ft	距离 in	时间 s	速度 in/s	放射性示踪 测量常数	注入量 bbl/d
4925(A)	51. 5	42. 0	1. 23	13918	331
	59. 0	44. 0	1. 33	15945	359
	110. 5	86. 4	1. 29	29863	347
4940(B)	51. 5	39. 0	1. 23	13918	357
	59. 0	45. 6	1. 29	15945	350
	110. 5	84. 6	1. 31	29863	353
4950(C)	51. 5	17. 4	2. 96	13918	800
	59. 0	19. 8	2. 98	15945	805
	110. 5	37. 2	2. 97	29863	802
4960(D)	51. 5	17. 4	2. 96	13918	800
	59. 0	19. 8	2. 98	15945	805
	110. 5	37. 2	2. 97	29863	802
4970(E)	51. 5	18. 0	2. 86	13918	773
	59. 0	20. 0	2. 89	15945	782
	110. 5	38. 4	2. 88	29863	777
4980(F)	51. 5	19. 2	2. 69	13918	724
	59. 0	25. 0	2. 36	15945	683
	110. 5	44. 4	2. 49	29863	672
4990(G)	51. 5	31. 2	1. 65	13918	446
	59. 0	49. 2	1. 19	15945	324
	110. 5	80. 4	1. 37	29863	371
5000(H)	51. 5	87. 0	0. 59	13918	160
	59. 0	>120. 0	<0. 49	15945	<133
	110. 5	—	—	29863	—
5012(I)	51. 5	>328. 0	<0. 16	13918	<42. 0
	59. 0	—	—	15945	—
	110. 5	—	—	29863	—

第四节　层流放射性示踪测井

层流通常发生在注聚合物、低注入量注入井及高注入量井的深部井段。在这些条件下，示踪流量计是确定流动剖面的有效方法，因为涡轮流量计在这些条件下响应非线性加剧。但是由于在层流状态下，示踪剂的扩散强度大，因此资料解释难度较大。示踪剂的扩散使得不能正常进行示踪损耗测井，难于确定段塞的峰值。本节着重讨论在层流状态下速度测井的特性。

一、现场应用

图 2-86 表示层流水中得到的典型的测井响应。示踪剂的高度扩散，波峰和前缘模糊，信号噪声很大。实验发现在层流中抛物形的速度剖面是导致示踪剂扩散的主要原因，这正是层流的特征。示踪剂喷出一段时间后，示踪剂的分布将如图 2-87 所示。其浓度呈梯形。这种分布由下列方程给出（$t>l_i/v_{max}$，l_i 为示踪剂段塞的初始长度，v_{max} 为中心最大流速）：

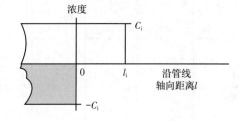

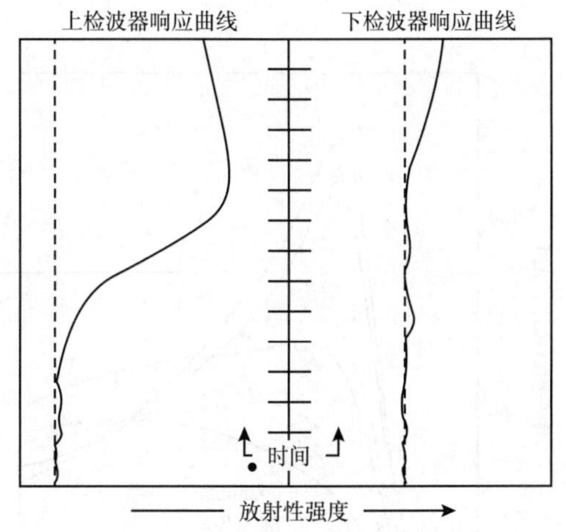

图 2-86　层流中的速度测井响应示意图

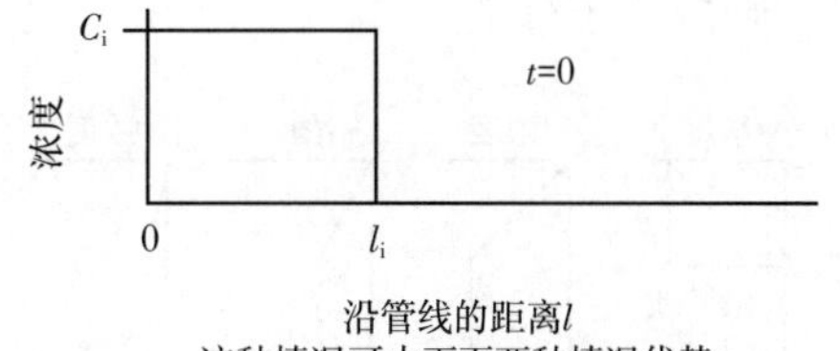

沿管线的距离l
这种情况可由下面两种情况代替

浓度
C_i
0
l_i
沿管线
轴向距离l
$-C_i$

结果
对$t > l_i/v_{max}$

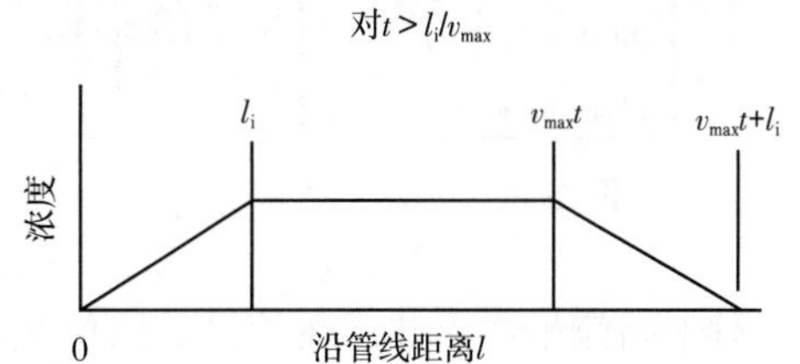

图 2-87　在层流中初始均匀的示踪剂分布示意图

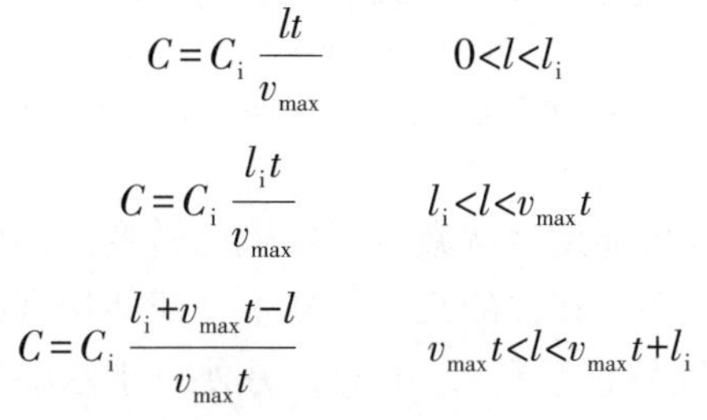

$$C=C_i\frac{lt}{v_{max}}\qquad 0<l<l_i$$

$$C=C_i\frac{l_it}{v_{max}}\qquad l_i<l<v_{max}t$$

$$C=C_i\frac{l_i+v_{max}t-l}{v_{max}t}\qquad v_{max}t<l<v_{max}t+l_i$$

式中　C_i——初始示踪剂浓度；

C——随后任意时刻的浓度；

l——从初始示踪剂位置到目前位置的距离；

t——时间。

上述方程表明示踪剂段塞长度以 v_{max} 向前推进，平稳区内示踪剂的浓度随时间逐渐减少，而前斜边有个固定长度并以 $v_{\max}$ 向前移动。同样示踪剂段塞的质心也以平均速度 $v_{\max}/2$ 移动。在任意时间 t 时质心位置为 x，则：

$$x=\frac{1}{2}(v_{\max}t+l_{\mathrm{i}})$$

上式描绘了示踪剂段塞沿管线下行时的形状。图 2-88 说明了示踪剂段塞在层流中扩散移动时探头(检波器)的伽马射线响应。

在层流中进行示踪剂测井时，影响示踪剂扩散的另一个因素是伽马射线与示踪剂不同步。通常伽马射线将先于示踪剂到达探头。Akers 等指出，由于示踪剂在层流中移动缓慢，当示踪剂离探头约 0.3m 时，探头就可以测出伽马射线的响应，这是导致段塞前缘含糊不清的重要因素。

影响层流中速度法测井响应的第三个因素是示踪剂在井筒内的分布，如果示踪剂被释放在靠近仪器或套管壁的低速区，示踪剂的分布将更为分散。图 2-89 是模拟实验曲线，喷射器距探测器 1.2m，仪器外径 1.75in，井筒内径 7in。由图可知，当大部分示踪剂分布在中心高流速区时，可以见到尖锐的伽马射线响应(分布 6)，当大部分示踪剂分布在低流速区时，响应比较分散。

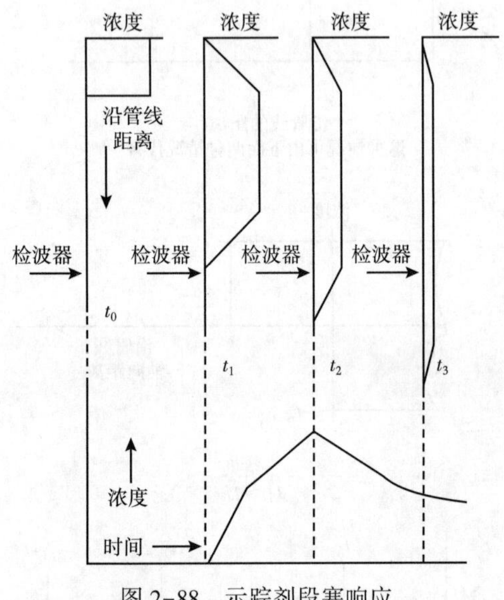

图 2-88　示踪剂段塞响应

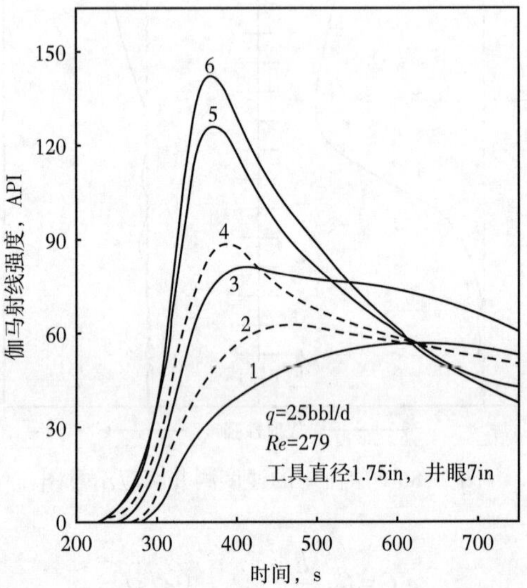

图 2-89　检测器响应中示踪剂浓度分布的影响

对于高流量注入井，在较深的层位流速较低，可能发生从紊流至层流的转变。因此采用速度剖面校正系数时应引起注意，否则会发生误差。在井的某个位置上，流体速度减慢变为层流，其上部为紊流，因此两个位置上的速度校正系数 C_{v} 不同。另外对于示踪流量计来说，计算 C_{v} 依赖于所选择的传递时间($C_{\mathrm{v}}=\Delta t_{\mathrm{l-l}}/\Delta t_{\mathrm{p-p}}$)。对于紊流来说 C_{v} 约为 0.85，在层流层段大约为 0.65。因此对于层流流动，如果采用峰值计算时间差，则：

$$\frac{Q_i}{Q_{100}}=0.65\frac{\Delta t_{100}}{\Delta t_i}$$

如果用前缘传递时间差，则有

$$\frac{Q_i}{Q_{100}}=\frac{\Delta t_{100}}{\Delta t_i}\times\frac{0.65}{0.85}$$

由于在层流段，伽马射线曲线形状变得较为分散，因此可以从伽马射线的形状变化确定从层流变为紊流的位置。如图 2-90 所示，在 5300ft 处峰值明显，当仪器下移 10ft 时，流速明显降低成为层流，上检波器（探头）的响应变得极为平缓。

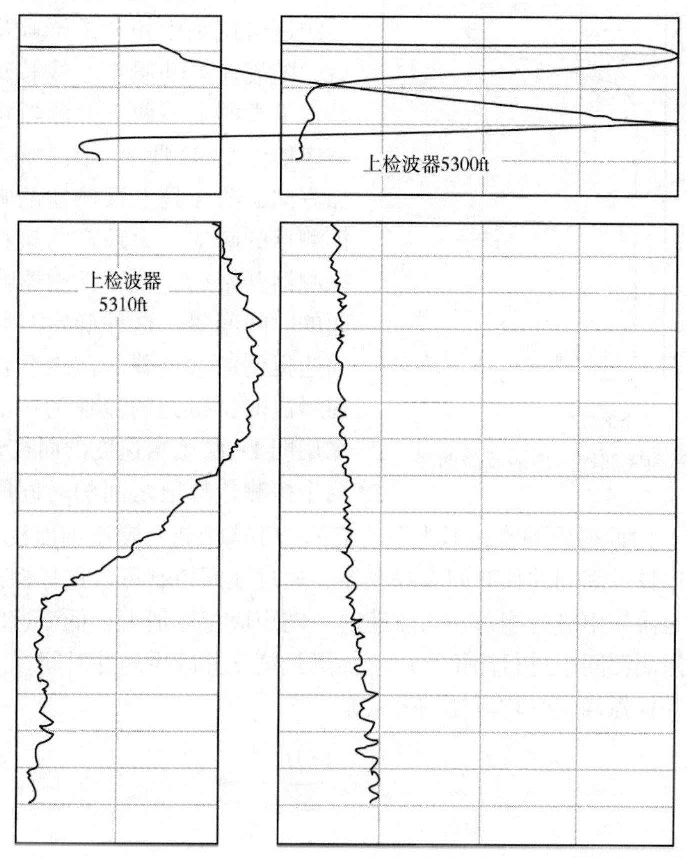

图 2-90　同一井内层流和紊流的响应示意图

二、高黏度溶液中的放射性示踪测井

三次采油中，注入的聚合物属高黏度流体。在高黏流体注入井中，流动属典型的层流。由于流体高黏低速，采用涡轮式流量计响应效果差，因此注聚合物中常用放射性示踪测井。

注聚合物采用示踪流量计测井时所遇到的主要问题是示踪剂的释放较为困难，主要原因是黏度高，示踪剂被发射后通常滞留在井壁上或其附近，并未随流体一起流动，这一现象可以通过增大示踪剂的发射器、降低示踪剂的初始速度得以改善。但效果不太明显，为了解决这一问题，20 世纪 80 年代初，Roesner 等研制了单臂示踪测井仪。单臂示踪测井仪如图 2-91 所示，仪器上有一个可伸缩

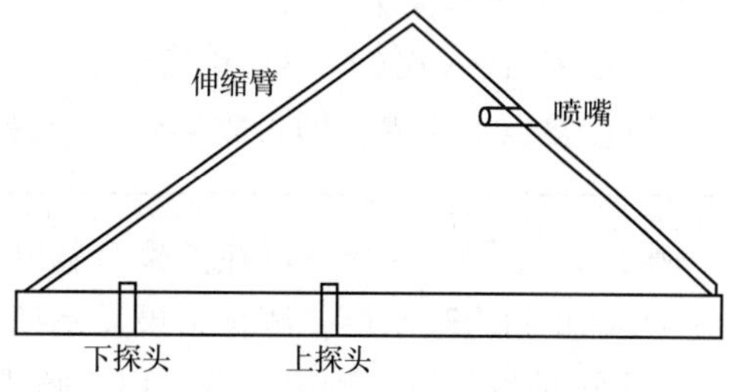

图 2-91　单臂示踪测井仪结构示意图

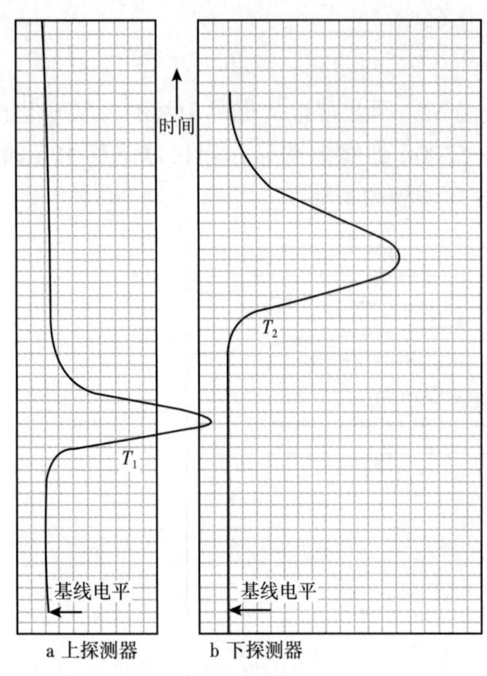

图 2-92　顶部和底部探测器的响应曲线

的臂。测量时地面控制的马达使仪器臂张开，仪器靠在套管壁上，喷嘴居中平行于流动方向。释放示踪剂时，地面控制另一马达使仪器内的活塞推动示踪剂经通道到达喷嘴。在喷出之前，要经过一组回压阀，以防止储罐里的放射性物质过早排出。活塞停止后，回压阀还可用来中止示踪剂喷出。示踪剂喷出后，随流体沿井眼中心线移动。位于单臂示踪仪下端的上下两个探测器将记录到两峰值响应如图 2-92 所示。图中自下而上是时间增加方向，图 a 是上探测器的响应，图 6 是下探测器的响应。示踪剂的运行时间就是从上探测器开始（T_1）到下探测器响应开始（T_2）之间的时间间隔。这种确定时间差的方法即为前边提到的“前缘—前缘”法，采用前缘—前缘法时，得到的流速为中心最大流速，可采用图 1-32 确定速度剖面校正系数。如果把两个探测器峰值之间的时间间隔作为时间差（峰值—峰值法），由此得到的流速即为平均流速，不需要进行速度剖面校正。

一般来说，单臂示踪测井仪有四个探测器，通过地面控制可以选择探测器的距离，以便在高、中、低速流体中进行测量。高流速时，间距应相应加大，低流速时间距应相应减小。选择适当的探测器间距进行测量可以增加测量精度并减少测井时间。

单臂示踪测井仪器确定平均流速的公式是

$$v_m = C_v \frac{\Delta H}{\Delta t} \tag{2-137}$$

式中　ΔH——探测器间距；

Δt——两个峰的前沿时间差。

用图 1-32 确定 C_v，当 Re（$\rho v_m D/\mu$）小于 10000 时，可采用迭代法确定 v_m，具体步骤是：

（1）取初值 $v_{m0} = \frac{\Delta H}{\Delta t}$ 代入雷诺数计算公式 $Re = \rho v_{m0} D/\mu$；

（2）用图 1-32 确定 C_v；

（3）把 C_v 代入式（2-137）确定 v_m；

（4）重复以上步骤，即可收敛到一个最可靠的 v_m。

例 2-1　图 2-93 是一口在注聚合物井中用常规示踪流量计所测得的测量结果。井下 1551～1564ft 间为吸水层，测量结果显示所有的聚合物是被该层的上部吸收，从渗透率剖面看，不可能发生这一现象。这是由于喷出的示踪剂黏附到套管的内壁上，示踪剂慢慢向下移动（受重力作用），流过两个探测器需要较长时间。因此错误显示聚合物全部被上部

层段吸收。

图 2-94 是流量为 200bbl/d、浓度为 1750mg/L 的聚丙烯酰胺聚合物注入剖面。该剖面由单臂示踪仪测得，每个水平柱表示吸入量的百分比，吸入量分布在 4.5%~54%之间，说明采用单臂示踪测井仪后，分辨率明显提高。

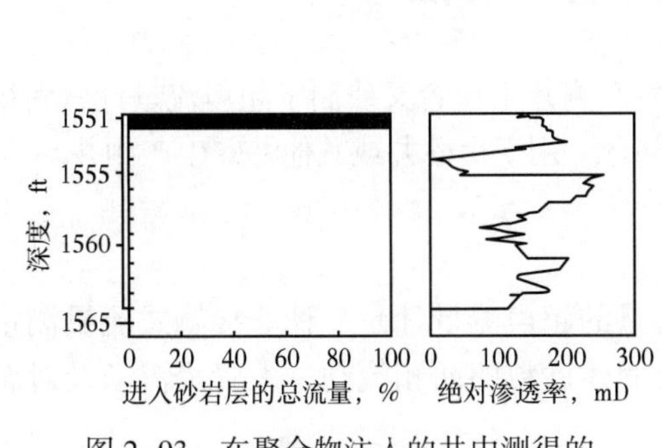

图 2-93　在聚合物注入的井中测得的示踪流量曲线

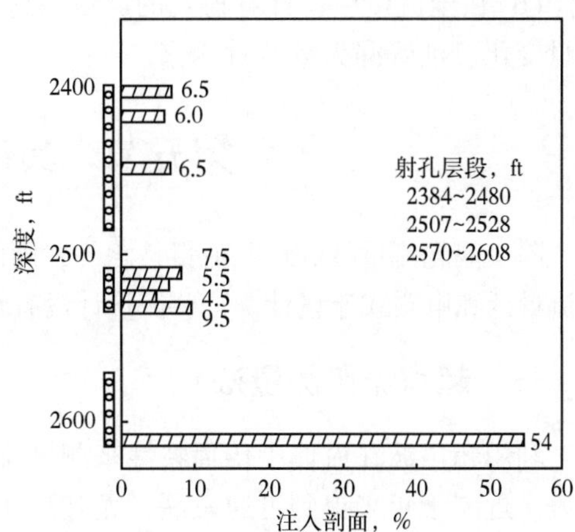

图 2-94　注聚合物井中用单支撑臂示踪测井仪确定的注入剖面

三、放射性示踪测井操作解释程序

要得到一个理想的放射性示踪测井必须避免很多失误，主要体现在操作过程中。

1. 示踪剂损耗测井

(1) 在进行示踪剂损耗测井以前，先应该进行伽马射线基线测井。在进行基线测井时应使用高灵敏度仪器以有助于区别示踪剂损耗测井的次级波峰。

(2) 如果可能，在示踪剂到达最上面的一个吸收层以前需要进行两次或三次测井。对段塞面积进行平均以作为初始示踪剂段塞面积。

(3) 当测井仪器上行穿过示踪段塞时，仪器须完全穿过示踪剂段塞并继续上行一段距离，以了解是否有确定窜槽存在的次级波峰出现。

(4) 示踪剂损耗测井中的次级波峰和移动证明有第二流体通道存在。这可能存在窜槽，也可能是井壁附近地层的垂向渗透率较高而产生的纵向流动。次级波峰不能用于定量分析窜槽中的流体流量。

(5) 示踪剂损耗测井中，用面积法分析时，应采用积分法确定段塞面积，用三角形法来近似取代这个面积时常会引起较大误差。

2. 速度示踪测井

(1) 两个探头尽量靠近，段塞移动时间控制在 10s 左右。

(2) 可以做几次试验确定发射尺寸和发射率，以使它能产生首先到达两个探头的尖锐的波峰。

(3) 在射孔层段上部，可以进行几次喷射及测量，如果传递时间相差较大，说明井的截面或注入量发生了变化等。

(4)在井眼截面积发生变化的井内，可以进行辅助井径测量。对流体损失量较大的井段，可以用区间法提高测井的深度分辨率。

(5)在层流中，尤其是对高黏流体，示踪剂的释放对测井质量尤为重要。可靠的办法是采用单臂式示踪流量计。层流和紊流的速度校正系数不同。

(6)在全流量层，计算得到的流量与地面流量之间存在差异的原因包括测量误差、注入量变化、油管漏失等几种因素。

第五节　其他流量测量方法

除了涡轮流量计和示踪流量计之外，国内外生产测井工作者又研制了超声流量计、涡街式流量计和电磁式流量计。这些流量计没有转子部分，用于出砂井或其他特殊生产测井。

一、超声流量测量法

利用超声波在流体中传播特性来测量流体流量的超声流量计是一种非接触式流量测量仪表，近二十年来得到迅速发展，尤其是在含有固体砂粒的两相流动、大管径流动及对腐蚀性介质和易爆介质的流量测量。

超声波在流体中传播时，将载上流体流速的信息。如顺流和逆流的传播速度由于叠加了流体速度而不同，因此通过接收到的超声波，就可以检测出被测流体的流速，然后转换成流量。利用超声波测量流量的方法很多，根据对信号的检测方式，主要分为传播速度法(时差法、相差法、频差法)，多普勒法、相关法，波束偏移法等。生产测井采用的超声波流量计主要采用多普勒法和传播速度法。

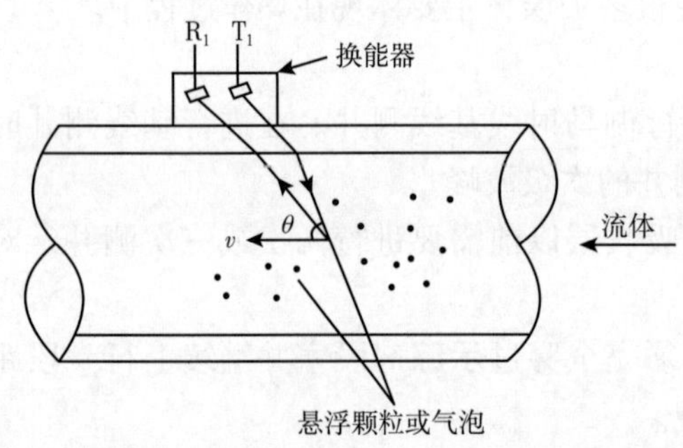

图 2-95　超声多普勒流量计原理示意图

1. 多普勒法

多普勒法是利用声学多普勒原理确定流体流量的。多普勒效应是当声源和目标之间有相对运动，会引起声波在频率上的变化，频率变化正比于运动的目标和静止的换能器之间的相对速度。如图 2-95 所示，从发射晶体 T_1 反射的超声波遇到流体中运动着的颗粒或气泡，再反射回来由接收晶体 R_1 接收。发射信号与接收信号的多普勒频率偏移与流体速度成正比，忽略管壁影响，假设流体没有速度梯度，以及粒子是均匀分布的，可得方程：

$$v=\frac{(f_2-f_1)\ C}{2f_1\cos\theta} \tag{2-138}$$

式中　v——液体速度；

f_1、f_2——分别表示晶体发射的频率和接收晶体接收的频率；

θ——发射超声波与流体流向之间的夹角；

C——声速。

2. 传播速度法

根据在流动流体中超声波顺流与逆流传播速度之差与被测流体流速有关的原理检测出流体流速的方法，称为传播速度法。根据具体测量参数的不同，又可分为时差法、相差法、频差法。

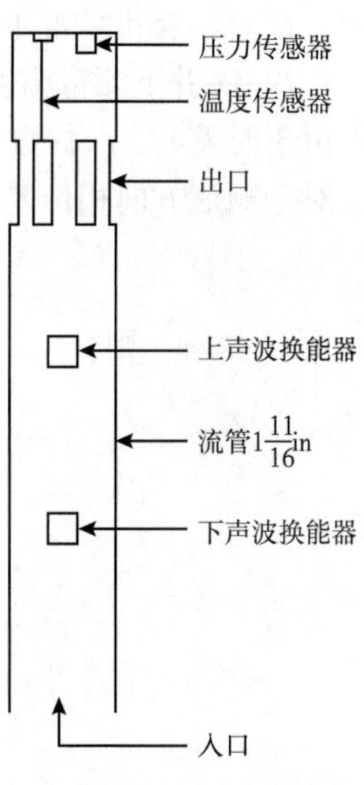

图 2-96　超声波流量计示意图

传播速度法超声波流量计示意图如图 2-96 所示。有一个内径为 4.2cm 的流管，装有两个超声波换能器，间距为 1.22m。入口在下，流体经超声波换能器从出口流出，出口上面是温度计和压力计两个换能器交替发射和接收声波脉冲，仪器上下侧各加一个扶正器以便使其居中。管道中声波传播有四个通道：第一个通道是经流管壁反射到接收器，第二个是沿流管壁传播的滑行波，第三个是在仪器和环管流体中传播的波，第四个是经流体直接传播的直达波。传播速度法是测量直达波到达探测器的时间。设两个换能器之间的距离为 L，声波传播速度为 C，仪器相对流体的速度为 v'，如果仪器静止测量，则声波向上传播的时间为

$$t_u=\frac{L}{v'+C} \tag{2-139}$$

向下传播的时间为

$$t_d=\frac{L}{C-v'}$$

由于进行交替测量，因此

$$v'=\frac{L}{2}\left(\frac{1}{t_u}-\frac{1}{t_d}\right) \tag{2-140}$$

仪器运动时：

$$v'=v+v_1 \tag{2-141}$$

式中　v——流体速度；

v_1——电缆运动速度。

此时，由式（2-140）和式（2-141）可知流体速度为

$$v=\frac{L}{2}\left(\frac{1}{t_u}-\frac{1}{t_d}\right)\pm v_1 \tag{2-142}$$

上测时 v_1 为正，下测时 v_1 为负。

同时还可求得测井条件下的流体声速 C_t：

$$C_t=\frac{L}{2}\left(\frac{1}{t_u}+\frac{1}{t_d}\right) \tag{2-143}$$

C_t 与温度、压力及流体成分相关，把它校正到标准条件下表示为

$$C_{tsc}=C_t\left(\frac{T_{sc}}{T}\right)^{0.5} \tag{2-144}$$

式中　T_{sc}——标准状况下的温度；

T——井下测量温度，K。

由于时差 t_u、t_d 的数量级很小（10^{-9}~10^{-8}s），测量较为复杂，因此也可采用相位差法，对于顺流方向相位差为 $\varphi_1=\omega t_u$，逆流方向 $\varphi_2=\omega t_d$，则相位差为

$$\Delta\varphi=\varphi_1-\varphi_2=\omega(t_u-t_d) \tag{2-145}$$

由于 $C\gg v$，则：

$$t_u-t_d=\frac{L}{C+v}-\frac{L}{C-v}=\frac{2Lv}{C^2-v^2}\approx\frac{2Lv}{C^2} \tag{2-146}$$

因此

$$\Delta\varphi=\frac{\omega 2Lv}{C^2} \tag{2-147}$$

$$v=\frac{\Delta\varphi C^2}{2\omega L} \tag{2-148}$$

在时差法和相差法中，都含有声速 C，而 C 与流体成分及温度有关，给测量结果带来较大误差，人们为此进行了大量研究，若把传播时间变为频率信号，令 $f_1=1/t_u$、$f_2=1/t_d$；顺流方向传播时：

$$f_1=\frac{1}{t_u}=\frac{C+v}{L} \tag{2-149}$$

逆流方向传播时：

$$f_2=\frac{1}{t_d}=\frac{C-v}{L} \tag{2-150}$$

则：

$$\Delta f=f_1-f_2=\frac{2v}{L}$$

$$v=\frac{\Delta fL}{2} \tag{2-151}$$

如果测得频差 Δf，即能测得被测流体的流速，测量方法中消除了声速 C 的影响，这种方法叫频差法。得到 f_1、f_2 的方法有回鸣法及采用锁相技术的频差法。

3. 应用实例

图 2-97 是采用速度传播法超声波流量计在一口产气井中的测井结果。第 1 道是伽马测井曲线和测速曲线，第 3 道是压力测井曲线和井温曲线；第 4 道是天然气流速及经过温度校正的声速曲线。气体流速变化处为产气层段，由图可知在 2530ft 之上，天然气流速为 55.5m/min，其下为 21.95m/min，可以判断为产气层段。

超声波流量计与涡轮流量计相比没有机械摩擦、测量精度高，对气井尤为如此，可以识别距离很近的两层的产气量。产气层在气流速曲线上有明显特征，下测时，随着流动管接近产气口会出现一正峰；当产气口正对着仪器底部时，曲线上会出现一个负峰。当仪器上部排气孔接近产气口时，曲线上会出现正峰—负峰曲线，如图 2-98 所示。采用超声波流量计只需测一次就能进行解释，节省了大量的作业时间。

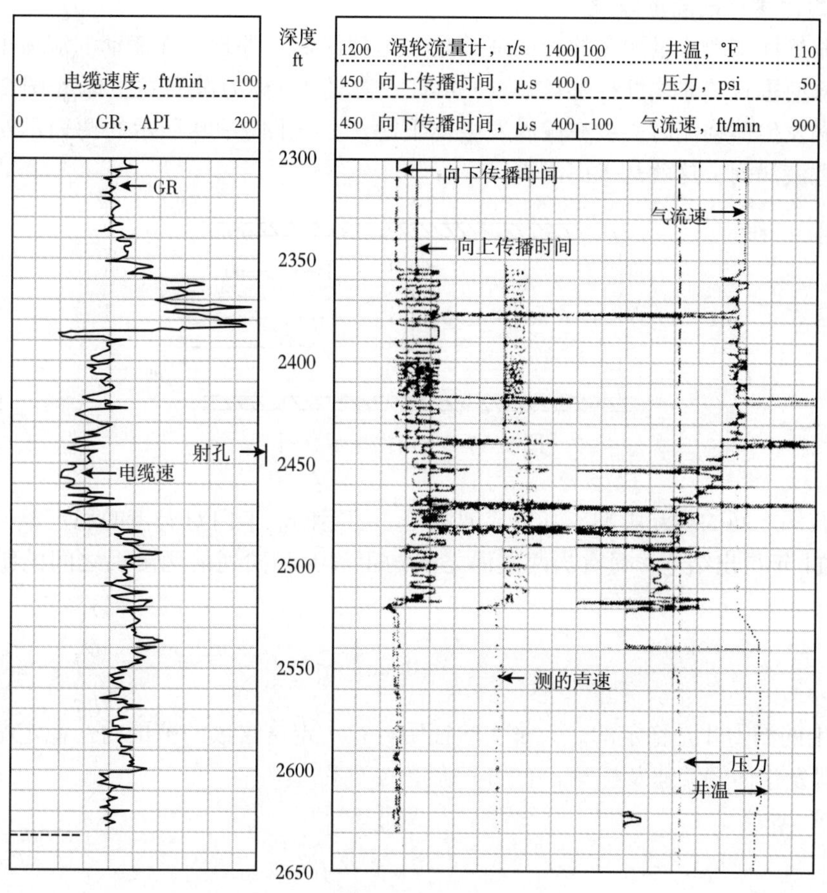

图 2-97　超声流量计测的生产剖面

二、涡街流量测量法

涡街流量计是利用流体流过阻碍物时产生稳定的漩涡，通过测量其漩涡产生频率而实现流量测量的。它是 20 世纪 70 年代发展起来的一种新型流量计，与其他流量计比较，具有如下优点：仪器内无可动部件，构造简单，使用寿命长；线性测量范围宽达 30∶1；在一定的雷诺数下，漩涡产生的频率只与流体流速有关，几乎不受被测流体参数（如温度、压力、密度、成分及黏度等）变化的影响，因此不需单独标定即可用于流量测量，适用于液体、气体、蒸汽、低温介质和各种腐蚀性、放射性介质等。涡街流量计的不足之处主要是流体流速分布情况和脉动流将影响测量的准确度。

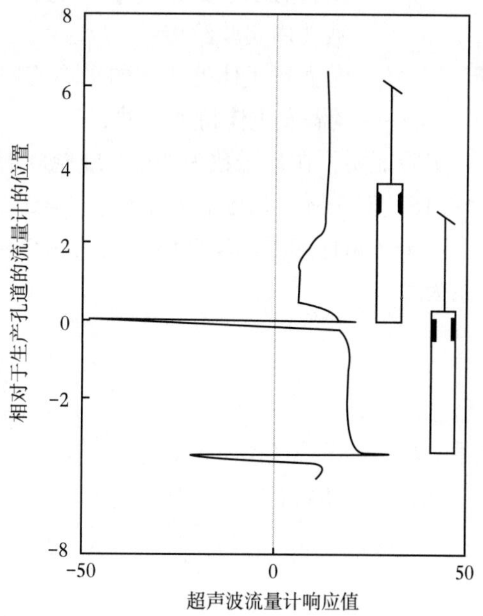

图 2-98　实验室确定的气出口特征示意图

1. 涡街流量计的测量原理

涡街流量计实现流量测量的理论基础是“卡门涡街”原理。在流动的流体中放置一根其轴线与流向垂直的非线性柱形体（如三角柱、圆柱等）称为漩涡发生体（图2-99），当流体沿漩涡发生体绕流时，会在漩涡发生体下游产生如图2-99所示的两列不对称，但有规律的交替漩涡列，这就是卡门涡街。

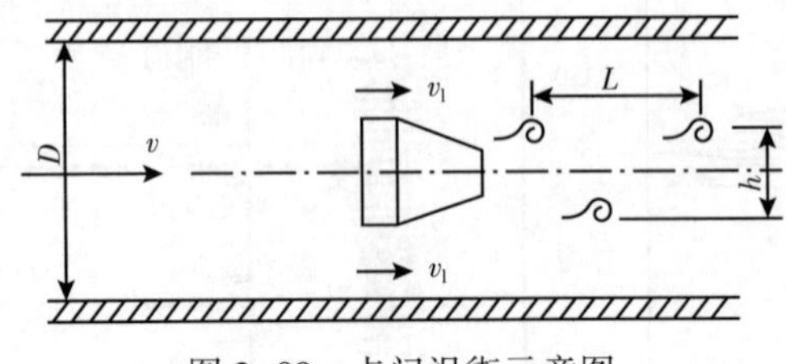

图2-99 卡门涡街示意图

由于漩涡之间的相互影响，其形成通常是不稳定的。卡门对涡街的稳定条件进行了研究，于1911年得出结论：只有当两漩涡之间的距离 h 和同列的两漩涡之间的距离 L 之比满足：

$$\frac{h}{L}=0.281 \tag{2-152}$$

时，所产生的涡街才是稳定的。大量实验证明：在一定雷诺数的范围内，稳定漩涡发生频率 f 与漩涡发生体侧流速及柱宽 d 有如下确定的关系式：

$$f=S_t\frac{v_1}{d} \tag{2-153}$$

式中 f——漩涡分离频率，Hz；

S_t——斯特劳哈尔数，对于一定形状的发生体，在一定流量范围内是雷诺数的函数，由实验给出；

v_1——漩涡发生体处流体的平均流速，m/s；

d——漩涡发生体特征尺寸，m。

实验证明，在雷诺数为300~200000时，S_t 是一个常量。对于三角柱形漩涡发生体，$S_t=0.16$；对于圆柱形漩涡发生体，$S_t=0.2$。

对于三角柱形漩涡发生体，其柱侧与管壁间的平均流速 v_1 与管道内流体平均流速 v 的关系为

$$v_1=\frac{v}{1-1.25\frac{d}{D}} \tag{2-154}$$

式中 D——管路直径。

把式(2-154)代入式(2-153)得：

$$f=S_t\frac{v}{\left(1-1.25\frac{d}{D}\right)d} \tag{2-155}$$

流量：

$$q=v\frac{\pi}{4}D^2 \tag{2-156}$$

传感器仪表系数：

$$K=\frac{f}{q} \tag{2-157}$$

把式（2−155）和式（2−156）代入式（2−157）得：

$$K=\frac{4S_t}{\left(1-1.25\dfrac{d}{D}\right)dD^2\pi} \tag{2-158}$$

令$\frac{d}{D}=R$，得：

$$K=\frac{4S_t}{(1-1.25R)\ R\pi D^3} \tag{2-159}$$

$$q=\frac{f}{K}$$

对于给定形式的涡街流量传感器，其D、d及S_t是可确知的，为此K也可确知。只要准确测得f，就可确定被测流体的流速，从而达到测量管道内流量的目的。

2. 涡街流量计的有关特性和参数

1）雷诺数的范围

无论测量的是气体还是液体，涡轮传感器的流量下限取决于雷诺数Re_D的大小，当雷诺数$Re_D \gg 1\times10^4$时，传感器仪表系数就进入较好的线性范围，雷诺数的数值可按下式计算：

$$Re_D=354\times10^{-3}\frac{q}{D\mu} \tag{2-160}$$

式中　q——流量，m^3/h；

D——管道直径，mm；

μ——运动黏度，m^2/s。

2）仪表系数K

涡街流量传感器的漩涡发生体三角柱宽d与管径D之比为0.281。在雷诺数$Re_D \geq 1\times10^4$时，S_t约为一个常数，试验结果整理如下：

Re_D	0	10^4	2×10^4	5×10^4	10×10^4
S_t	0	0.1621	0.1621	0.1603	0.1610

将式（2−158）简化后得：

$$K=1.96\frac{S_t}{D^2d}\times10^6 \tag{2-161}$$

根据式（2−161）可计算不同口径时的K。

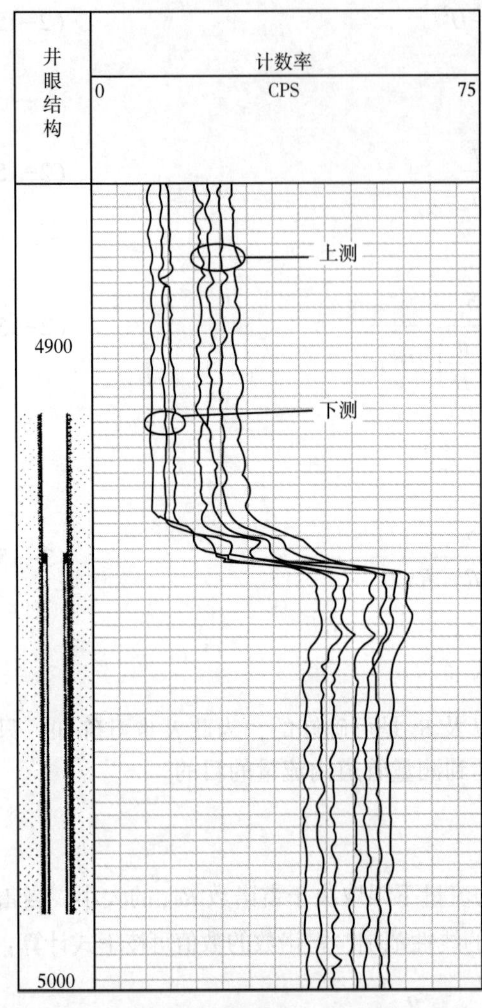

图 2-100 涡街流量计测井实例

3. 应用实例

图 2-100 是涡街流量计在一口注水井中的测量结果，该井上部套管内径为 7in，下部内径为 4.5in，曲线是三次下测、四次上测的结果，曲线幅度变化对应于管径从 7in 向 4in 的变化（4930ft），4936ft 处的变化说明有水进入。

三、电磁流量测量法

在可导电介质中可以采用电磁流量计，电磁流量计的测量原理如图 2-101 所示，利用电磁感应原理测出导管中的平均流速，进一步求得液体的体积流量。在均匀磁场中，安置一根非导磁材料制成的内径为 d 且在内壁衬有绝缘材料的测量导管。当导电液体在测量导管中流动时，将作切割磁力线运动。假设所有液体质点都以平均流速 v 运动，液流速度在整个测量导管的截面上是均匀一致的。这样，就可以把液体看成许多直径为 d 且连续运动着的薄圆盘结构，薄盘等效于长度为 d 的导电体，其切割磁力线的速度相当于 v。由电磁感应原理可知，在液体薄圆盘内将产生连续的感应电动势：

$$E = BDv \times 10^{-4} \tag{2-162}$$

式中 E——感应电动势，V；

B——磁感应强度，T；

D——测量导管直径，cm；

v——被测液体的平均流速，cm/s。

E 可通过位于测量导管直径两端的一对电极输出。E 的方向垂直于液体流向和磁力线方向，可用右手定则判断。

通过导管的流量 Q 为

$$Q = vA = \frac{1}{4}\pi D^2 v \tag{2-163}$$

由式(2-162)知：

$$v = \frac{E}{BD} \times 10^4 \tag{2-164}$$

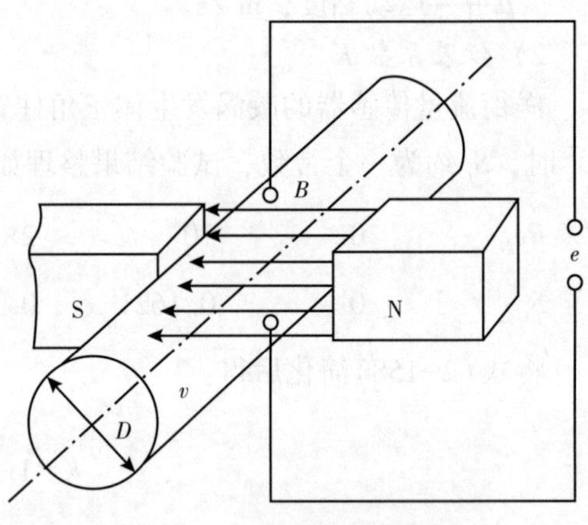

图 2-101 变送器原理示意图

代入式(2-163)得：

$$Q=\frac{1}{4}\pi d^2 E/(BD)\times 10^4=\frac{\pi DE}{4B}\times 10^4 \tag{2-165}$$

当 B 保持常数时，被测流体的 Q 与 E 成正比，即：

$$Q=KE \tag{2-166}$$

$$K=\frac{\pi D}{4B}\times 10^4 \tag{2-167}$$

式(2-165)是在均匀直流磁场条件下导出的。由于直流磁场使管道中的导电液体电解，电极极化，所以会影响测量的准确度。因此通常采用交流磁场工作，交流磁场的磁感应强度表示为

$$B=B_{\mathrm{m}}\sin\ (\omega t) \tag{2-168}$$

式中　B_{m}——交流磁场感应强度的最大值；

ω——角速度；

t——时间。

把式(2-168)代入式(2-166)得：

$$Q=\frac{\pi D}{4}\frac{E}{B_{\mathrm{m}}\sin\ (\omega t)}\times 10^4 \tag{2-169}$$

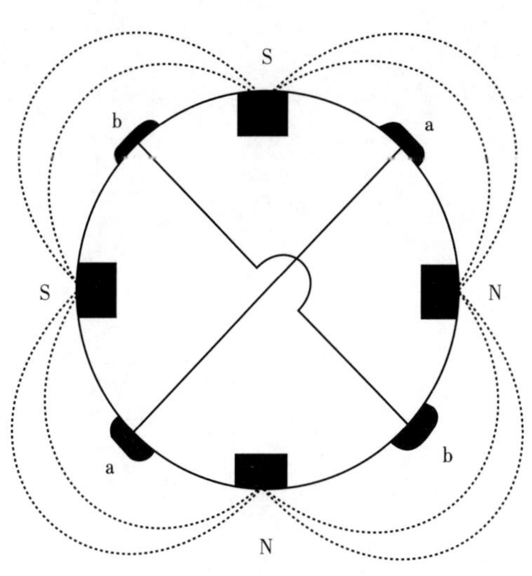

图 2-102　电磁流量计测量原理示意图

式(2-169)说明，当 D 一定及 B 保持常数时，被测流体的 Q 与两极间的 E 成正比，由此可以得到被测流体的流量。

电磁流量计主要用于测量电导率大于 1×10^{-4} S/cm 的单相流体。因此，不适用气体、蒸汽，可进行双向流动测量。对仪表前后直管段的要求不高，不受流体的温度、压力、密度、黏度等参数的影响。但被测流体内不应有不均匀的气体和固体，不应有大量的磁性物质。

电磁流量计的结构如图 2-102 所示。仪器传感器由两对发射电极和两对测量电极组成，两对发射电极产生水平方向的交变电磁场，当井内流体流经传感器时，流体切割磁力线并在测量电极中产生感生电动势。可以定点测量，也可连续测量，不受黏度和密度的影响，所以可以在出砂井或注聚合物井中应用。在这些井中涡轮流量计中的涡轮转动不同程度地要受到影响。

参 考 文 献

本书编写组，1995. 油气田开发测井技术与应用[M]. 北京：石油工业出版社.

乔贺堂，1992. 生产测井原理及资料解释[M]. 北京：石油工业出版社.

斯仑贝谢公司，1983. 生产测井解释及其流体参数换算[M]. 陆凤根，马贵福，译. 北京：石油工业出版社.

苏彦勋，1991. 流量计量. 北京：中国计量出版社.

第三章　流体密度及持水率测量

流体密度及持水率测量主要用于确定多相流动中油、气、水的含量及沿井筒的分布规律。流体密度仪包括放射性密度仪和压差式密度仪两种；持水率仪根据测量原理可分为电容持水率计、低能放射性持水率计、微波持水率计等。本章主要介绍这些仪器的测量原理及资料处理方法。

第一节　放射性密度计

放射性密度计结构如图 3-1 所示，由伽马源、采样道和计数器三部分组成。当采样道内的流体密度发生变化时，计数器的响应就发生变化，地面设备就记录了采样通道中的流体密度。

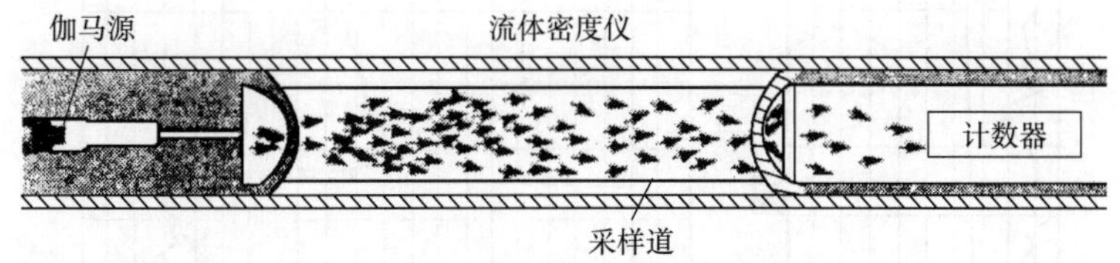

图 3-1　放射性密度计结构示意图

放射性密度计采用^{137}Cs作伽马源，发射的光子能量为 0.661MeV，在这一能量级下，不会发生电子对效应，同时将测量门槛值调到 0.1~0.2MeV，避免光电效应的影响，只记录发生康普顿散射的光子。因此，伽马源发出的伽马射线经采样通道到达探测器的射线强度为

$$I=I_0 e^{-\mu\rho L} \tag{3-1}$$

式中　I_0——伽马源处的伽马射线强度；

I——计数器处的伽马射线强度；

μ——康普顿吸收系数，cm^2/g；

ρ——流体密度，g/cm^3；

L——取样室长度，10~40cm。

对式(3-1)两边取对数，经整理后得：

$$\rho=\frac{\ln I_0}{\mu L}-\frac{\ln I}{\mu L}=K-\frac{\ln I}{\mu L} \tag{3-2}$$

取 $\mu=0.152cm^2/g$，$L=6.58cm$，则 $\rho=\ln\frac{I_0}{I}$。

式(3-2)中，$K=\ln\frac{I_0}{\mu L}$，L 为已知，I_0 可以测出；μ 主要与元素荷质比 A/Z 有关(Z 为原子序数，A 为原子量)，对于低原子序数元素，$Z/A\approx0.5$，即氢、氧、碳、钠等元素的康普顿吸收系数相差较小，亦即油、气、水和盐水的康普顿吸收系数基本相等。因此在半对数坐标上 ρ 与 I 呈线性关系。

图 3-2 是在一口生产井中由放射性密度测井所得到的曲线，图中第 3 道中实线是密度测井结果，虚线是流量测井结果。流体密度测井显示井底有底水存在，且密度略大于 1.0g/cm^3，说明井底沉有微砂粒或其他较重的悬浮物，或者是地层水的矿化度较高。流量曲线显示下部流体基本不流动，证实了静水柱的存在。同时也说明这一层段的射孔是无效的。密度曲线显示，流体主要从上部射孔层段产出，由于伴有气体产出，流体密度明显减小，井下为三相流动。流体从套管进入封隔器以上的油管之后，密度进一步减小，说明油管中气相比例上升、重相比例减小。

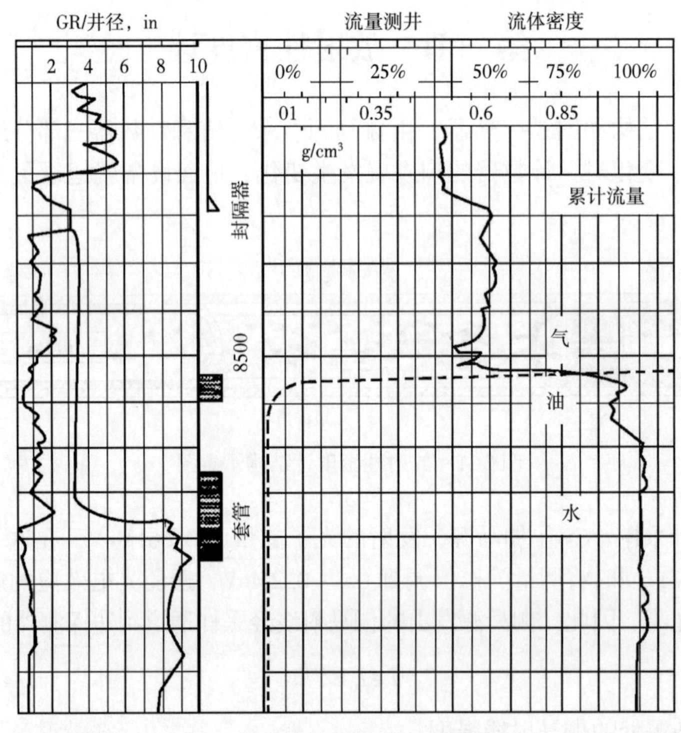

图 3-2　密度测井曲线示意图

利用密度曲线读值可以计算井筒中的持水率：

$$Y_w = \frac{\rho_m - \rho_o}{\rho_w - \rho_o} \tag{3-3}$$

式中　ρ_m——密度曲线读值，g/cm^3；

ρ_o——原油密度，g/cm^3；

ρ_w——地层水的密度，g/cm^3；

图 3-3 是放射性密度计对密度的特征响应曲线，横坐标为密度、纵坐标为计数率。放射性密度计的不足之处是测量的统计特点、取样范围小及对油水的灵敏性差。

由于伽马射线源不是以常量辐射射线，因此总的读数有统计波动，消除统计波动的方法是求取一定时间内的统计平均值。

放射性密度计的另一个不足之处是取样范围小，即与涡轮流量计类似，仅测中心附近

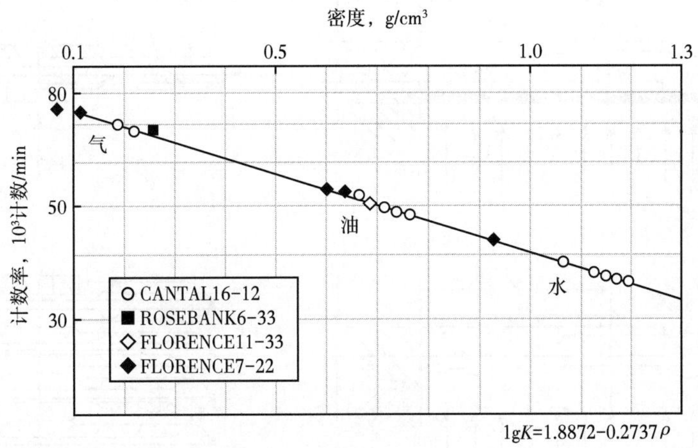

图 3-3　放射性密度计校正

的流体密度 ρ，不代表平均密度。在流型变化较大时，测量密度与平均密度差别更大，在斜井和水平井中，尤其如此。

对油水两相来说，由于油水密度相差不大，因此灵敏度很低，密度计主要适用于气液两相流动。

第二节　压差密度计

一、测量原理

压差密度计是通过测量井筒内 2ft 距离的压差确定流体的平均密度。仪器结构如图 3-4 所示。它由上下波纹管、电子线路短节、变压器、浮式连接管组成，仪器外表为割缝衬管。波纹管是压力—位移测量转换元件，主要用于低压或负压测量。波纹管的结构如图 3-5 所示，其中一端开口，另一端密封，密封端处于自由状态，通入一定压力的液体或气体后，波纹管的伸长量为

$$x=\frac{(1-\mu^2)\ nA}{E\nu_0\left(A_0+\alpha A_1+\alpha^2 A_2+B_0\ \dfrac{h_0^2}{r_0^2}\right)}p \qquad (3-4)$$

式中　p——波纹管承受的液体或气体的压力；

n——波纹数；

h_0——波纹开口处的壁厚；

E、ν_0——分别为材料的弹性模量和泊松比；

A——波纹管的有效面积；

α——波纹平面部分的倾角；

A_0、A_1、A_2、B_0——取决于内径 r_1、外径 r_2 的参数。

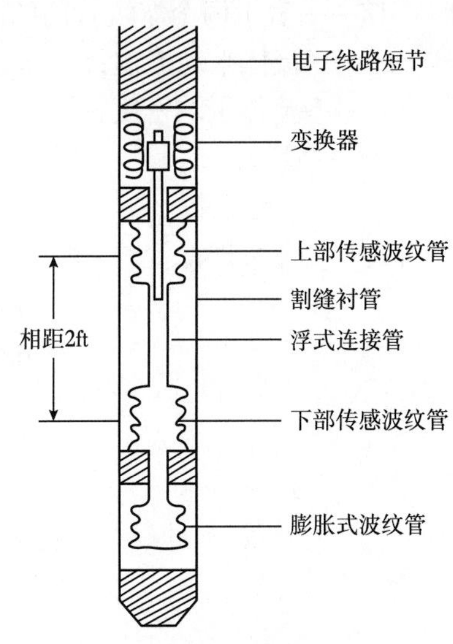

图 3-4　压差密度计结构示意图

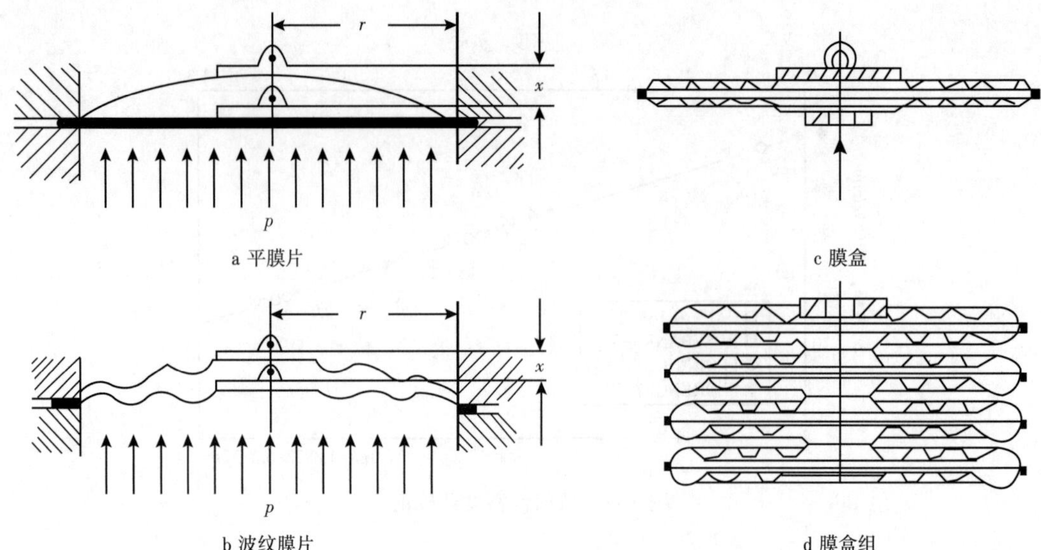

图 3-5　波纹管结构示意图

当自由端受到限制时，产生的轴向力为

$$F=Ap=\frac{\pi}{4}(r_1+r_2)p \tag{3-5}$$

由式(3-4)、式(3-5)知，当波纹管的结构和尺寸一定时，波纹管产生的轴向位移和轴向力均与 p 成正比。因此为了测量流体的压力，常利用波纹管将压力变换成位移。发生位移后，滑动变压器将压力信号变化为电信号输出。

压差式密度计测量的是上、下波纹管间的压差，根据伯努利方程可得：

$$\frac{\mathrm{d}p}{\mathrm{d}Z}=\rho_{\mathrm{m}}g+\frac{f_{\mathrm{m}}v_{\mathrm{m}}^2\rho_{\mathrm{m}}}{2D}+\rho_{\mathrm{m}}v_{\mathrm{m}}\frac{\mathrm{d}v_{\mathrm{m}}}{\mathrm{d}Z} \tag{3-6}$$

式中　$\mathrm{d}p$——表示两个波纹管间的压差；

$\mathrm{d}Z$——表示两个波纹管间的距离；

v_{m}——流体平均流速；

ρ_{m}——流体平均密度；

D——管径；

f_{m}——摩阻系数。

对式(3-6)整理得：

$$\frac{\mathrm{d}p}{\mathrm{d}Z_{\mathrm{g}}}=\rho_{\mathrm{m}}\left(1+\frac{f_{\mathrm{m}}v_{\mathrm{m}}^2}{2D}+v_{\mathrm{m}}\frac{\mathrm{d}v_{\mathrm{m}}}{\mathrm{d}Z}\right) \tag{3-7}$$

令：

$$\rho_{\mathrm{Gr}}=\frac{\mathrm{d}p}{\mathrm{d}Zg} \tag{3-8}$$

$$F=\frac{f_{\mathrm{m}}v_{\mathrm{m}}^2}{2D} \tag{3-9}$$

$$K=v_{\mathrm{m}}\frac{\mathrm{d}v_{\mathrm{m}}}{\mathrm{d}Z} \tag{3-10}$$

则式(3-7)变为

$$\rho_{Gr}=\rho_{m}(1+K+F) \tag{3-11}$$

式中　ρ_{Gr}——测量值；

K——速度变化引起的压差；

F——摩擦引起的损失。

一般情况下，K 可以忽略，但当速度变化幅度较大时不能忽略。F 是摩擦梯度，是流体与管壁及仪器外壁摩擦引起的压差，与流速、管径、流体黏度及管子表面粗糙度相关。摩擦梯度的影响可用式(3-9)计算。式中 f_{m} 的计算方法如下。

当 $Re<2000$ 时：

$$f_{m}=\frac{64}{Re} \tag{3-12}$$

当 $3000<Re<\frac{59.7}{\varepsilon^{8/7}}$ 时：

$$f_{m}=\frac{0.3164}{\sqrt[4]{Re}} \tag{3-13}$$

当 $\frac{59.7}{\varepsilon^{8/7}}<Re<\frac{665-765\lg\varepsilon}{\varepsilon}$ 时：

$$\frac{1}{\sqrt{f_{m}}}=-1.8\lg\left[\frac{6.8}{Re}+\left(\frac{\Delta}{3.7D}\right)^{1.11}\right] \tag{3-14}$$

当 $Re>\frac{665-765\lg\varepsilon}{\varepsilon}$ 时：

$$f_{m}=\frac{1}{\left(2\lg\frac{3.7D}{\Delta}\right)^{2}} \tag{3-15}$$

其中：

$$\varepsilon=\Delta/D$$

式中　ε——相对粗糙度；

Δ——绝对粗糙度，普通管子的粗糙度为 0.12~0.21mm。

尼古拉兹提出的计算光滑管的摩阻系数的公式为

$$f_{m}=0.0032+0.221Re^{-0.237} \tag{3-16}$$

实际应用时，通常采用实验图版。图 3-6 是斯伦贝谢公司压差密度计摩擦校正图版，流量较低时(小于 2000bbl/d)，$\rho_{Gr}/\rho=1$ 不需要校正；流量较高时(大于 2500bbl/d)，必须进行校正，图中横坐标为校正因子，纵坐标为流量，曲线参数为套管尺寸。经过摩阻校正后，即可用校正后所得的密度资料确定相应层的持水率：

$$Y_{w}=\frac{\rho_{m}-\rho_{o}}{\rho_{w}-\rho_{o}} \tag{3-17}$$

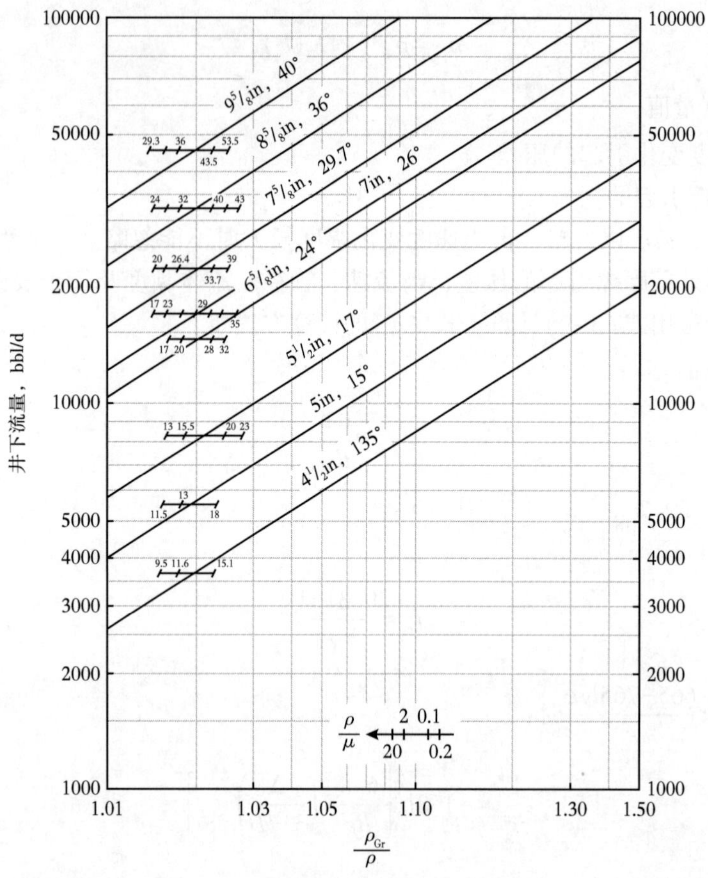

图 3-6　压差密度计摩擦校正图版

二、应用实例

图 3-7 是在一口三相井中所测的压差密度曲线。由于重力分异，在井内最深的那一产层下面的套管中，通常是填满了水，因此所测的为水的密度。个别情况下井底充满的是黏度较高的油或其他流体。

A、B 两层为进水口，因此曲线不发生幅度变化，此时需要流量计测量确认。C 层有油产出使测量值下降。D 层产出流体的密度与井筒中的流体密度相同，因此曲线幅度未发生变化。曲线通过 E 层时，密度由 0.7g/cm^3 变为 0.4g/cm^3，下降幅度较大，说明有气体产出。进入油管口时，速度突然增大，动力摩阻梯度影响占主导地位，因此曲线由 0.4g/cm^3 陡然增加。

图 3-8 是在一口含水率较高井中的测井实例，压差密度曲线显示，A、C、D 三个层段，密度随深度的减小而减小，且只出油。但在 B 层，流体密度是增加的，说明该层为产水井段。E 层较为特殊，曲线读值从 1.02g/cm^3 变到 1.18g/cm^3，流体密度从钻井液密度变为水的密度，说明下部层段为钻井液，产出流体为水。已知油的井下密度为 0.78g/cm^3，水的井下密度为 1.02g/cm^3，由式(3-17)可以得到一条相应持水率曲线。图中对应于 1、2、3、4、5、6 位置处的持水率分别为 0.55、0.725、0.65、0.85、1.00、1.00。

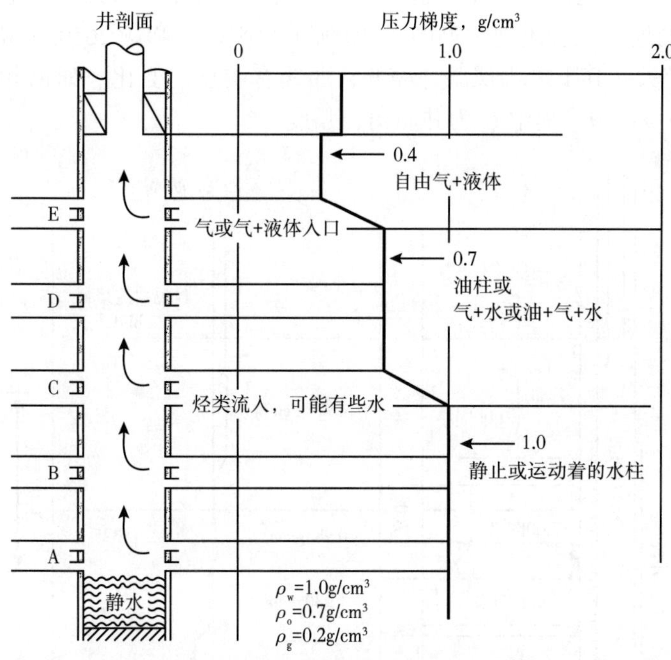

图 3-7　三相流动中的密度梯压测试情况

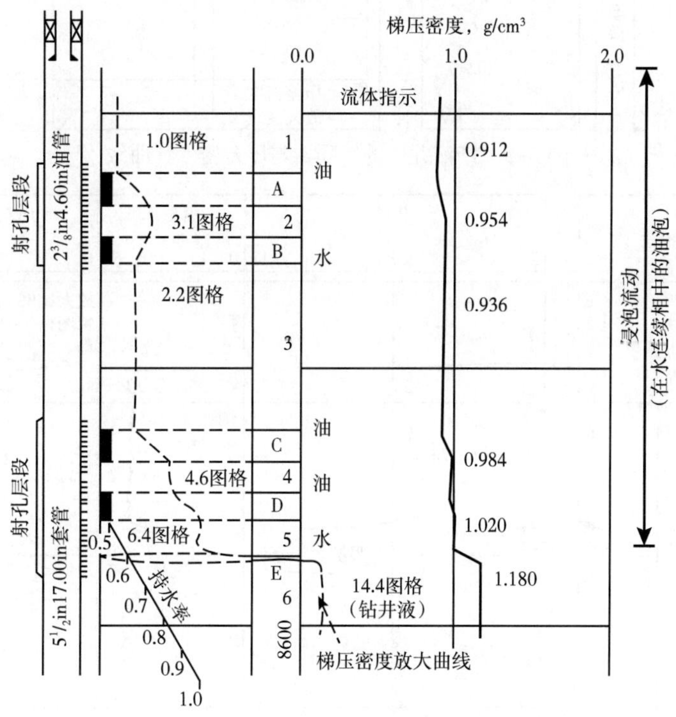

图 3-8　产液井压差密度计测井

图 3-9 是一口高含水率油井中压差密度计、封隔式流量计的组合测井结果。该井井口转换到全流量层水的流量是 330bbl/d，油的流量是 400bbl/d。压差密度曲线上部的尖峰是仪器从套管进入油管时流速升高造成的。当压差密度计上部流速小于下部流速时，会在相

反方向上出现一个峰。这种由速度项造成的曲线跳动在流体进入井筒的地方或裸眼井内井径明显发生变化的地方也会出现，如图 3-10 所示，该井总产量 2630m^3/d，含水 60%，在 4 号层位处井径扩大，其下方为裸眼井完井，曲线有明显的变化。如果井斜较大，必须进行井斜校正 $\rho_m=\rho_{Gr}/\cos\theta$，其中 Q 为井斜角，弧度。

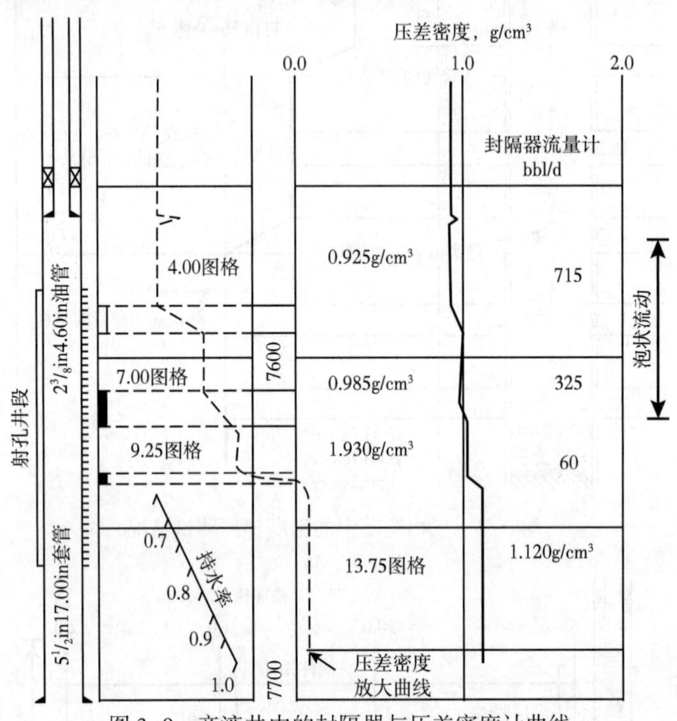

图 3-9 产液井中的封隔器与压差密度计曲线

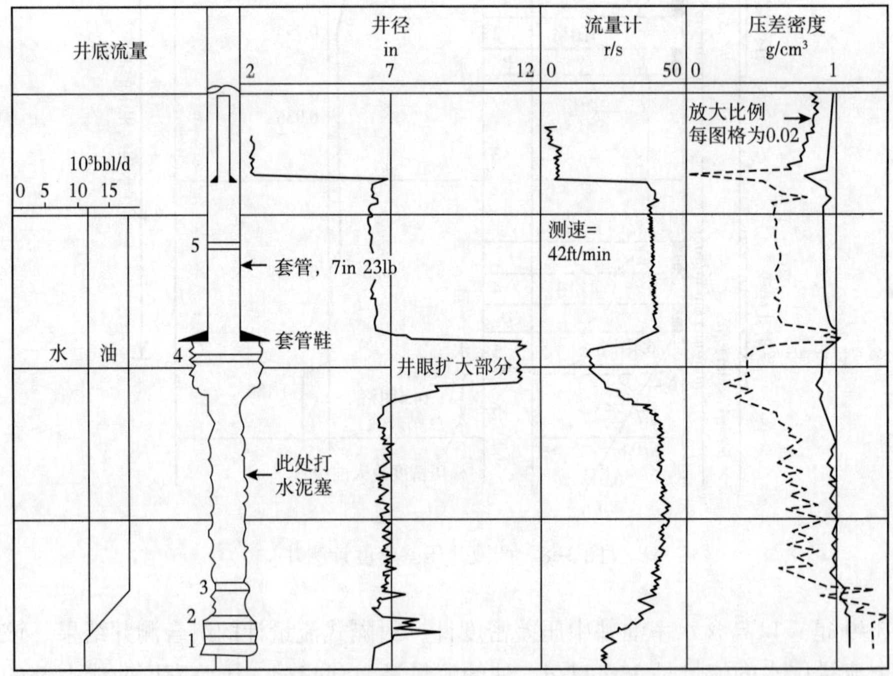

图 3-10 裸眼完井高含水井生产测井曲线

第三节　电容法持水率计

电容法是目前测量生产井产液持水率的一种主要方法。按测量方法可分为连续型和取样型两种。连续型用于连续测量或点测，取样式用于点测。连续型在高含水率时失去分辨能力，此时可采用取样方法进行测量。

一、连续型持水率计

电容法持水率计的取样室可等价为一个同轴圆柱形电容器，油气水混合物是电介质，当油与水的含量不同时，同轴电容器的电容相应地改变，因此可以通过测量电容值得到持水率。电容器结构如图 3-11 所示，中心电极的半径为 r，包裹电极的绝缘层半径为 R_1，绝缘材料为相对介电常数为 ε_{r1}；电容器外电极的半径为 R_2，高度为 H。内外电极之间油水混合物的介电常数为 ε_{r2}。假设电极均匀，带电量为 Q，则电荷密度 $\tau=Q/H$，L 为电介质内任一点到轴线的距离，D 为电位移矢量，E 为电场强度，U 为电势差，C 为电容，则柱状电容器的电容量为

$$C=\frac{Q}{U} \tag{3-18}$$

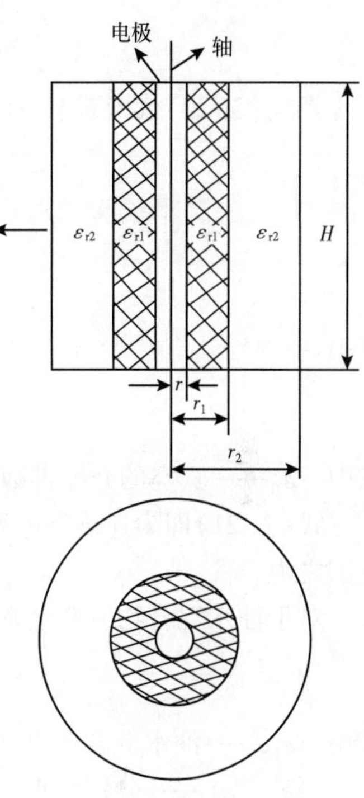

图 3-11　电容器结构示意图

为了求 C，应先求 U。根据高斯定理，通过任一曲面的电通量，等于这个闭合曲面所包围的自由电荷的代数和：

$$\oint_s D\mathrm{d}s = Q$$

因为 $\oint_s D\mathrm{d}s = 2\pi LDH$，$Q=\tau H$，则：

$$2\pi DLH=\tau H$$

所以

$$D=\frac{\tau}{2\pi L} \tag{3-19}$$

绝缘层中的电场强度为 E_1，取样室中的电场强度为 E_2，根据电场强度的定义：

$$E_1=\frac{D}{\varepsilon_0\varepsilon_{r1}}=\frac{\tau}{2\pi L\varepsilon_0\varepsilon_{r1}} \qquad r<L<r_1$$

$$E_2=\frac{\tau}{2\pi L\varepsilon_0\varepsilon_{r2}} \qquad r_1<L<r_2$$

得内外电极之间的电势差 u 为

$$u=\int_r^{r_2}\mathrm{d}u=\int_r^{r_1}E_1\mathrm{d}L+\int_{r_1}^{r_2}E_2\mathrm{d}L$$

$$=\int_{r}^{r_1}\frac{\tau}{2\pi L\varepsilon_0\varepsilon_{r1}}\mathrm{d}L+\int_{r_1}^{r_2}\frac{\tau}{2\pi L\varepsilon_0\varepsilon_{r2}}\mathrm{d}L$$

$$=\frac{\tau}{2\pi\varepsilon_0}\left(\frac{\ln\dfrac{r_1}{r}}{\varepsilon_{r1}}+\frac{\ln\dfrac{r_2}{r_1}}{\varepsilon_{r2}}\right)$$

$$=\frac{Q}{2\pi\varepsilon_0 H}\left(\frac{1}{\varepsilon_{r1}}\ln\frac{r_1}{r}+\frac{1}{\varepsilon_{r2}}\ln\frac{r_2}{r_1}\right) \tag{3-20}$$

将式(3-20)代入式(3-18)得总电容：

$$C=\frac{2\pi\varepsilon_0\varepsilon_{r1}\varepsilon_{r2}H}{\varepsilon_{r2}\ln\dfrac{r_1}{r}+\varepsilon_{r1}\ln\dfrac{r_2}{r_1}} \tag{3-21}$$

其中：

$$\varepsilon_0=\frac{1}{\mu_0 c_0^2}=\frac{10^7}{4\pi\times 299792458^2}\approx 8.85\times10^{-12}\mathrm{F/m}$$

式中 ε_0——真空的介电常数。

式(3-21)即为连续型电容器测量的基本原理。该仪器工作频率通常在140~180kHz的范围之内。

对于油水混合物，介电常数可表示为

$$\varepsilon_{r2}^{\alpha}=Y_w\varepsilon_w^{\alpha}+(1-Y_w)\varepsilon_{oi}^{\alpha} \tag{3-22}$$

式中 ε_{r2}——油水混合介电常数；

ε_w、ε_{oi}——分别为水、油的介电常数；

α——油水分布状态系数，$-1\leqslant\alpha\leqslant1$。$\alpha=0$时，表示油水混合均匀（乳状流）；$\alpha=1$时，表示油水按同轴层状分布；$\alpha=-1$时，表示油水呈水平同轴层状分布。

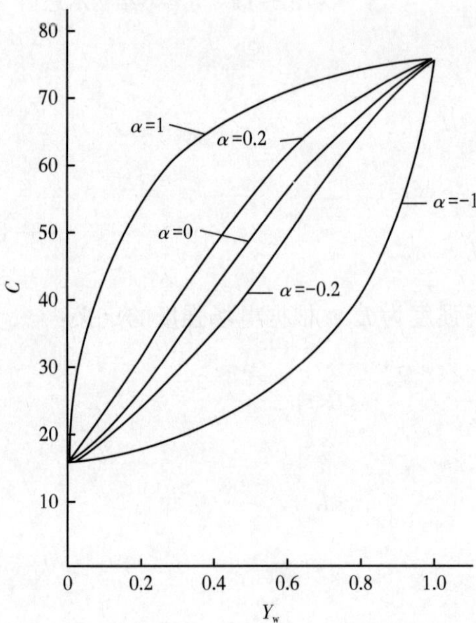

图3-12 电容量与状态系数、持水率的关系

对于$\alpha=0$情况，用式(3-22)求极限得：

$$\varepsilon_{r2}=\varepsilon_w^{Y_w}\varepsilon_{oi}^{1-Y_w} \tag{3-23}$$

对于淡水，$\varepsilon_w=80$。考虑矿化度及温度影响ε_w约为68，$\varepsilon_{oi}=2\sim4$。

取$\varepsilon_w=80$、$\varepsilon_{oi}=2$，$H=96.5\mathrm{mm}$、$r=7.2\mathrm{mm}$、$r_1=8.7\mathrm{mm}$、$r_2=15.9\mathrm{mm}$、$\varepsilon_{r1}=3$、$\varepsilon_0=8.85\times10^{-12}\mathrm{F/m}$，并将式（3-22）代入式(3-21)，可绘出电容量与持水率之间的关系曲线如图3-12所示。图3-13是实验曲线。

实际测量时，将取样室的电容通过LC振荡电路转换成振荡频率输出：

$$f=\frac{1}{2\pi\sqrt{LC}} \tag{3-24}$$

式中　L——振荡电路的电感；

C——持水率计中油水混合物产生的电容；

f——振荡频率。

式(3-24)就是取样室电容 C 与 L 组成的振荡器产生的频率与持水率之间的关系式(图3-13)。

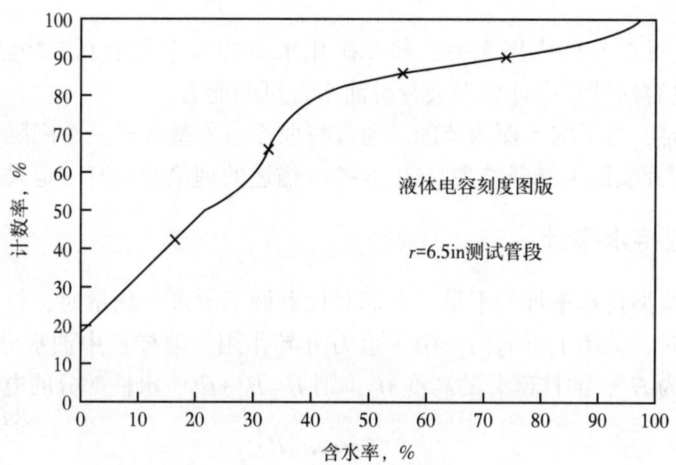

图3-13　含水率与仪器响应的关系

前面提到仪器工作频率较低(140～180kHz)，水在这一频率范围内完全呈导电性，因此泡状流动(持水率大于0.3)时，水实际上作为导体将内外电极连为一体，这是由于矿化水进入取样室后，在内外电极间电场作用下，水分子转向极化产生极化电场，同时水中正负离子发生迁移产生附加电场，这两个电场方向相同，但与外电场方向相反，如图3-14所示。

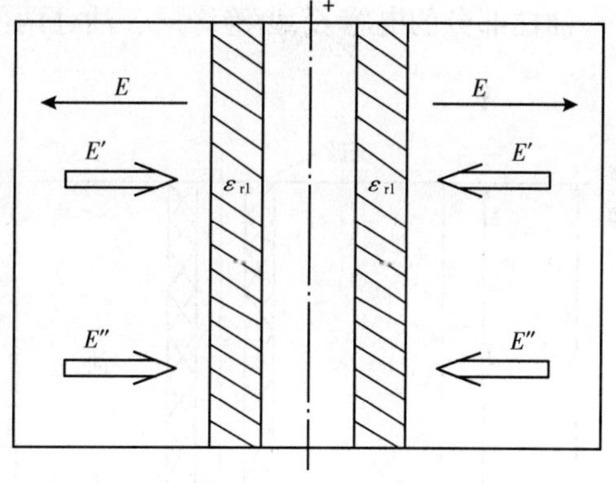

图3-14　电场方向示意图

由静电场理论可知，外电场大小为

$$E=\frac{\tau}{2\pi\varepsilon_0 L}$$

水的极化电荷产生的电场为

$$E'=\frac{\tau(\varepsilon_{r2}-1)}{2\pi\varepsilon_0\varepsilon_{r2}L}$$

E、E'叠加后的电场强度为

$$\Delta E=E-E'=\frac{\tau}{2\pi\varepsilon_0 L}-\frac{\tau(\varepsilon_{r2}-1)}{2\pi\varepsilon_0\varepsilon_{r2}L}=\frac{\tau}{2\pi\varepsilon_0\varepsilon_{r2}L}$$

阴离子逆 ΔE 方向迁移，到达绝缘层交不出负电荷就聚集在绝缘层表面，阳离子顺着 ΔE 方向前进，到达外壳取得电子变成中性，这样绝缘层表面外的负电荷与外壳之间将产生一个附加电场 E''，E''的方向与 ΔE 的方向相反。当 E''与 ΔE 相同时，场强为 0。电容器中的水成为一个等势体，阴阳离子不再发生迁移运动，取样室外的电势等于绝缘层表面的电势，即外壳与内电极间的电容等于绝缘层间的电容，且为常量：

$$C=\frac{2\pi\varepsilon_0\varepsilon_{r1}H}{\ln\frac{r_1}{r}} \tag{3-25}$$

式(3-25)说明 C 与持水率无关，即在矿化水及持水率大于 0.3(泡状流，水为连续相)的情况下，电容法持水率计会失去分辨油水含量的能力。

在现场应用时，为了增大探测范围，通常将取样室外壁分成三个间隔相同的长方形如图 3-14 所示，因此实际上测量结果与式(3-21)描述的理论响应有一定误差。

二、取样型持水率计

为了弥补连续型持水率计的不足，人们对仪器做了改进。测量时，打开电容器上下通道，当油水流过时，关闭上下阀门，由于重力分异作用，取样室中油水分布如图 3-15 所示。令水柱高度为 H_w，油柱部分的高度 H_o，则 $H=H_w+H_o$。水柱部分的电容为

$$C_w=\frac{2\pi\varepsilon_0\varepsilon_{r1}H_w}{\ln\frac{R_1}{r}} \tag{3-26}$$

油柱部分的电容 C_o 由绝缘层、油柱两部分电容串联而成：

$$C_o=\frac{2\pi\varepsilon_0\varepsilon_{r1}\varepsilon_{oi}(H-H_w)}{\varepsilon_{oi}\ln\frac{r_1}{r}+\varepsilon_{r1}\ln\frac{r_2}{r_1}} \tag{3-27}$$

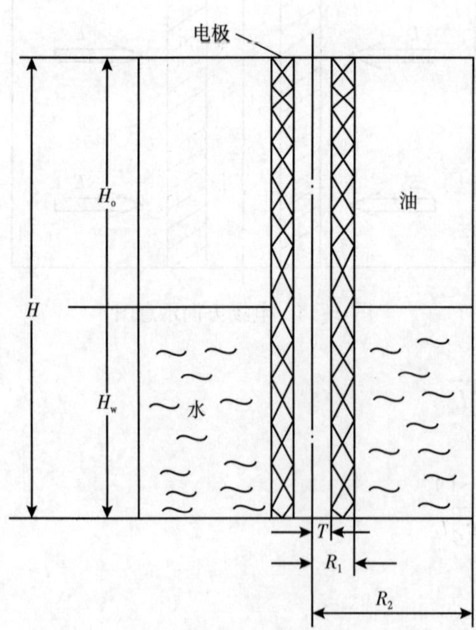

图 3-15 油水按重度分离示意图

由于 C_o、C_w 并联，则取样室中总的电容值为

$$C=C_o+C_w=\frac{2\pi\varepsilon_{r1}\varepsilon_{oi}(H-H_w)}{\varepsilon_{oi}\ln\frac{r_1}{r}+\varepsilon_{r1}\ln\frac{r_2}{r_1}}+\frac{2\pi\varepsilon_0\varepsilon_{r1}H_w}{\ln\frac{r_1}{r}} \tag{3-28}$$

持水率定义为

$$Y_w=\frac{\pi(r_2^2-r_1^2)H_w}{\pi(r_2^2-r_1^2)H}=\frac{H_w}{H} \tag{3-29}$$

于是式(3-28)变为

$$C=\frac{2\pi\varepsilon_0\varepsilon_{r1}\varepsilon_{oi}H}{\varepsilon_{oi}\ln\frac{r_1}{r}+\varepsilon_{r1}\ln\frac{r_2}{r_1}}+\left(\frac{2\pi\varepsilon_0\varepsilon_{r1}H}{\ln\frac{r_1}{r}}-\frac{2\pi\varepsilon_0\varepsilon_{r1}\varepsilon_{oi}H}{\varepsilon_{oi}\ln\frac{r_1}{r}+\varepsilon_{r1}\ln\frac{r_2}{r_1}}\right)Y_w \tag{3-30}$$

令：

$$C_{oh}=\frac{2\pi\varepsilon_0\varepsilon_{r1}\varepsilon_{oi}H}{\varepsilon_{oi}\ln\frac{r_1}{r}+\varepsilon_{r1}\ln\frac{r_2}{r_1}} \tag{3-31}$$

则式(3-30)表示为

$$C_{wh}=\frac{2\pi\varepsilon_0\varepsilon_{r1}h}{\ln\frac{r_1}{r}}$$

$$C=C_{oh}+(C_{wh}-C_{oh})Y_w \tag{3-32}$$

式中　C_{oh}——取样室中全充满油时的电容；

C_{wh}——取样室中全充满水时的电容。

式(3-32)说明电容与 Y_w（或水柱高度）呈线性关系。图 3-16 是实际刻度曲线。

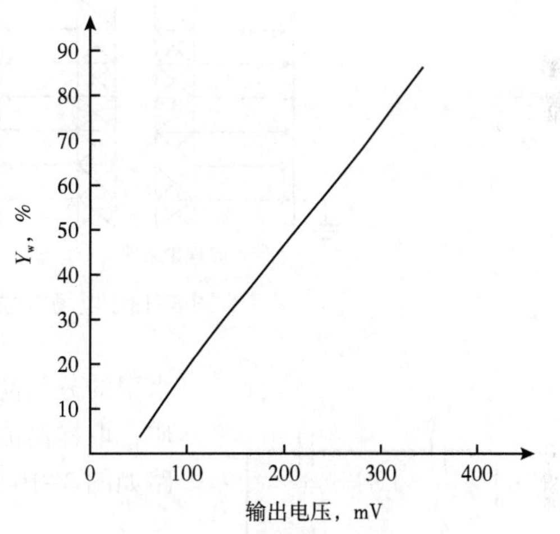

图 3-16　取样型传感器的刻度曲线

实际测量时，通过控制系统在地面可以自动同步开关顶盖和底盖。测量时将顶盖打开，使经集流后的油水混合液从电容器的环形空间通过，然后把盖关闭，液流即被电容器取样，仪器静止，待油水在重力作用下完全分离，界面清楚后进行测量。测量后将盖打开，放出液样，准备测下一点。

测量过程中应注意：(1)取样后，顶盖和底盖必须密封，不能有泄漏，才能保证油水分离，否则测量电容值将降低；(2)在待测点打开顶、底盖，为了克服原液样中残留部分及生产层段静水柱的影响，需让流体从电容器环形空间流过一段时间再取样，从打开顶、底盖开始到关闭取样，这段时间叫取样时间。一般情况下流量越大取样时间就越短。为了防止测量出现假象，应根据仪器的规格和产液情况摸索出合适的取样时间；(3)从取样到测量这段时间叫分离时间 t，因为井筒中的流体是经过集流才进入电容器中的，所以混合较为均匀。对于高流量、高含水油井，分离的时间较长。乳状流分离时间最长，分离时间一般为 15~30min。图 3-17 是取样式持水率计在总流量为 65m³/d，含水率为 70%条件下分离时间与 Y_w 关系的实验结果。从图中可以看出，大约过了 18min 后，油水分离基本完成，曲线读值 Y_w 稳定在 0.7。

上面推导的电容理论公式的基础是假设电场呈轴对称，电极和取样筒无限长，即边缘效应忽略不计。实际上取样室的结构不可能满足这个条件，取样筒的有效长度为 23cm 左右，取样器下部有球形阀作筒底，有上单流阀作筒盖，电极棒在结构上没有插到筒底，这都会使电场发生畸变（图 3-18），使测量的持水率偏高。由于这些因素的影响，使得视含

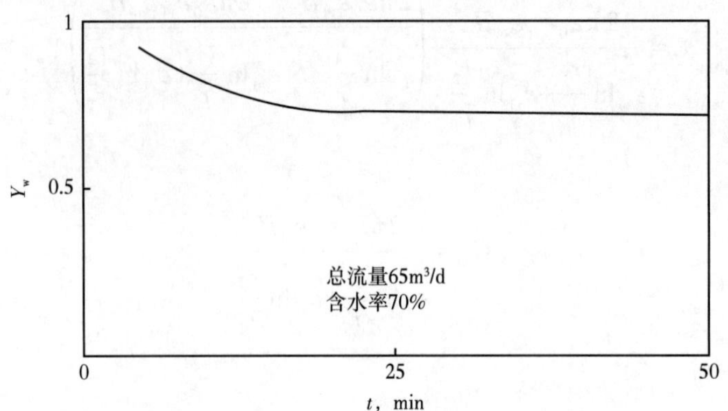

图 3-17 测量时间与持水率的实验曲线

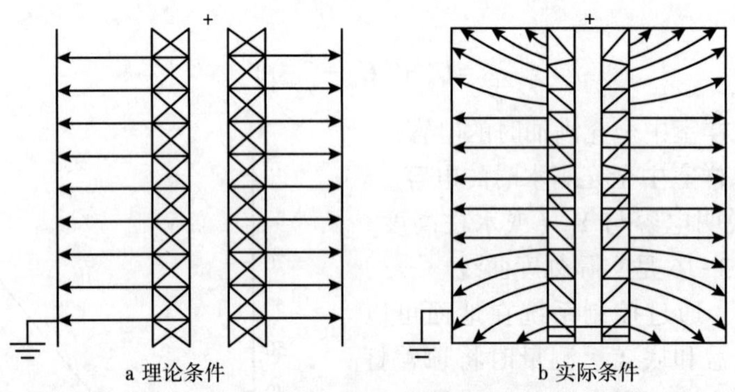

图 3-18 电场电位移矢量 ***D*** 的分布示意图

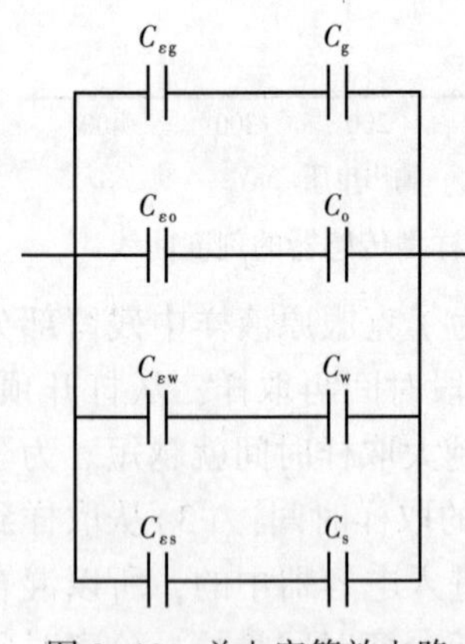

图 3-19 总电容等效电路

水率的分辨能力为5%~95%。如果流体中有砂、气或其他物质，取样筒流体可分离为三或四层，此时，总的电容等效电路如图 3-19 所示，总的电容为

$$C=C_g'+C_o'+C_w'+C_s' \tag{3-33}$$

$$C_g'=\frac{C_{\varepsilon g}C_g}{C_{\varepsilon g}+C_g} \tag{3-34}$$

$$C_o'=\frac{C_{\varepsilon o}C_o}{C_{\varepsilon o}+C_o} \tag{3-35}$$

$$C_w'=\frac{C_{\varepsilon w}C_w}{C_{\varepsilon w}+C_w} \tag{3-36}$$

$$C_s'=\frac{C_{\varepsilon s}C_s}{C_{\varepsilon s}+C_s} \tag{3-37}$$

$$C_{\varepsilon g}=\frac{2\pi\varepsilon_0\varepsilon_{r1}L_g}{\ln\dfrac{r_1}{r}} \tag{3-38}$$

$$C_g=\frac{2\pi\varepsilon_0\varepsilon_g L_g}{\ln\frac{r_2}{r_1}} \tag{3-39}$$

$$C_{\varepsilon o}=\frac{2\pi\varepsilon_0\varepsilon_{r1} L_o}{\ln\frac{r_1}{r}} \tag{3-40}$$

$$C_o=\frac{2\pi\varepsilon_0\varepsilon_{oi} L_o}{\ln\frac{r_2}{r_1}} \tag{3-41}$$

$$C_{\varepsilon w}=\frac{2\pi\varepsilon_0\varepsilon_{r1} L_w}{\ln\frac{r_1}{r}} \tag{3-42}$$

$$C_w=\frac{2\pi\varepsilon_0\varepsilon_w L_w}{\ln\frac{r_2}{r_1}} \tag{3-43}$$

$$C_{\varepsilon s}=\frac{2\pi\varepsilon_0\varepsilon_{r1} L_s}{\ln\frac{r_1}{r}} \tag{3-44}$$

$$C_s=\frac{2\pi\varepsilon_0\varepsilon_s L_s}{\ln\frac{r_2}{r_1}} \tag{3-45}$$

式中　C'_g、C'_o、C'_w、C'_s——分别为气、油、水、砂粒或其他物质产生的电容；

L_g、L_o、L_w、L_s——分别为气柱、油柱、水柱、砂柱高度；

ε_g、ε_s——分别为气、砂的相对介电常数。

由于气和油的介电常数近似相等（$\varepsilon_g=2$，$\varepsilon_{oi}=2\sim4$），因此气柱和油柱可看作物理相似。若分离后为油、水、砂三层介质，则：

$$C=C'_o+C'_w+C'_s \tag{3-46}$$

将式（3-35）至式（3-37）代入式（3-46），整理可得：

$$C=(A-B)HY_w+BH+(C-B)L_s \tag{3-47}$$

$$A=\frac{2\pi\varepsilon_0\varepsilon_{r1}\varepsilon_w}{\varepsilon_w\ln\frac{r_1}{r}+\varepsilon_{r1}\ln\frac{r_2}{r_1}} \tag{3-48}$$

$$B=\frac{2\pi\varepsilon_0\varepsilon_{r1}\varepsilon_{oi}}{\varepsilon_{oi}\ln\frac{r_1}{r}+\varepsilon_{r1}\ln\frac{r_2}{r_1}} \tag{3-49}$$

$$C=\frac{2\pi\varepsilon_0\varepsilon_{r1}\varepsilon_s}{\varepsilon_s\ln\frac{r_1}{r}+\varepsilon_{r1}\ln\frac{r_2}{r_1}} \tag{3-50}$$

如果取样室内电极绝缘层上粘有油膜、油滴或蜡质物，假设这些物质分布均匀，则相当于电极表面有两层电介质。此时，绝缘层电容与该介质串联，同时可以得到总电容为

$$C=(A_1-B_1)HY_w+B_1H \tag{3-51}$$

其中：

$$B_1=\frac{2\pi\varepsilon_0}{\frac{1}{\varepsilon_{r1}}\ln\frac{r_1}{r}+\frac{1}{\varepsilon}\ln\frac{R}{r_1}+\frac{1}{\varepsilon_{oi}}\ln\frac{r_2}{r_1}} \tag{3-52}$$

$$A_1=\frac{2\pi\varepsilon_0}{\frac{1}{\varepsilon_{r1}}\ln\frac{r_1}{r}+\frac{1}{\varepsilon}\ln\frac{R}{r_1}+\frac{1}{\varepsilon_w}\ln\frac{r_2}{r_1}} \tag{3-53}$$

式中 ε——电极表面覆盖物的介电常数；

R——电极表面覆盖物的半径。

由于上述诸因素的影响，取样型持水率计的有效分辨能力通常为5%~95%。测量时通过控制系统在地面可以自由同步开关顶盖和底盖，流体通过取样室时同时将顶盖和底盖关闭，流体样品即被密封在取样室中，仪器静止，待油水在重力作用下完全分离时，进行测量即可。为了使油水充分分离应使分离时间足够长。含水率和流量不同，分离时间不同，通常在15~30min之间。

第四节 微波持水率计

为了消除地层水导电(矿化度)对测量结果的影响，人们又研制了微波持水率计，该持水率计主要是通过提高工作频率降低传导电流的影响。电容法持水率的工作频率通常在140~180kHz之间，属于中波。频率大于300MHz的波称为微波；频率在30~300MHz之间的波称为米波(超短波)，当微波持水率计采用的频率在30~300MHz之间时，称为超短波持水率计。

一、传导电流与位移电流

由电子或离子相对于导体移动所形成的电流称为传导电流。位移电流等于电场中通过一定截面电位移通量的时间变化率。通常情况下电介质中的电流为位移电流，传导电流可以忽略不计；导体中的电流，主要是传导电流，位移电流可以忽略不计。在高频情况下，导体中的位移电流和传导电流同时起作用。把油水流体看作均匀介质，把电场强度看作是时间的正弦函数，即：

$$E=E_0\sin(\omega t)$$

传导电流 i 可以表示为

$$i=\delta_m E=\delta_m E_0\sin(\omega t) \tag{3-54}$$

式中　E——电场强度；

E_0——电场强度极大值；

ω——角频率；

t——时间；

δ_m——混合电导率。

位移电流 i_D 为

$$i_D=\varepsilon\frac{\partial E}{\partial t}=\omega\varepsilon E_0\cos(\omega t) \tag{3-55}$$

位移电流与传导电流的比值 R 为

$$R=\frac{i_D}{i}=\frac{\omega\varepsilon}{\delta_m}\cot(\omega t)=R_m\cot(\omega t) \tag{3-56}$$

式中　ε——混合物的介电常数；

R_m——R 的最大值。

微波持水率计的设计目的是尽可能消除传导电流的影响，使 $R_m\gg 1.0$，即：

$$R_m=\frac{\omega\varepsilon}{\delta_m}\gg 1.0 \tag{3-57}$$

当地层水矿化度为 20×10^4mg/L、温度为 100℃时，地层水的电阻率为 0.017Ω·m；当地层水矿化度为 2000mg/L 时，地层水电阻率为 1.8Ω·m。由式(3-57)知，忽略的条件是

$$\frac{2\pi f\varepsilon_r\varepsilon_0}{\delta_m}\gg 1 \tag{3-58}$$

式中　ε_r——相对介电常数。

利用式(3-58)可以计算出忽略传导电流的频率，计算时 ε_r 用式(3-22)计算，δ_m 采用下式计算(油水两相)：

$$\delta_m=\frac{2Y_w\delta_w}{3-Y_w} \tag{3-59}$$

式中　Y_w——持水率；

δ_w——水的电导率。

δ_w 和水的相对介电常数 ε_w 是随矿化度和温度变化而变化的，ε_w 与温度、矿化度的实验关系为

$$\varepsilon_w=\varepsilon_{w1}-0.155T-0.413T^2+0.00158M$$

$$\varepsilon_{w1}=94.88-0.2317T+0.0007T^2$$

如 $T=200$℃、$M=500000$mg/L 时，则由上式得出 $\varepsilon_w=58.7$。由于这些原因，忽略传导电流所需的工作频率是变化的，通常应取工作频率在 600~1000MHz 以上，达不到这一工作频率时，传导电流要产生影响，具体表现为仪器的重复性差。

二、测量原理

简化 CDB 含水率计如图 3-20 所示(一终端开路传输线)，由电磁波传播理论可知，高频信号通过传输线时会发生分布参数效应。电流流过导线时存在着分布电阻、分布电感、分布电容、分布电导。因此可以把同轴传输线看作集总参数电路(图 3-21)。

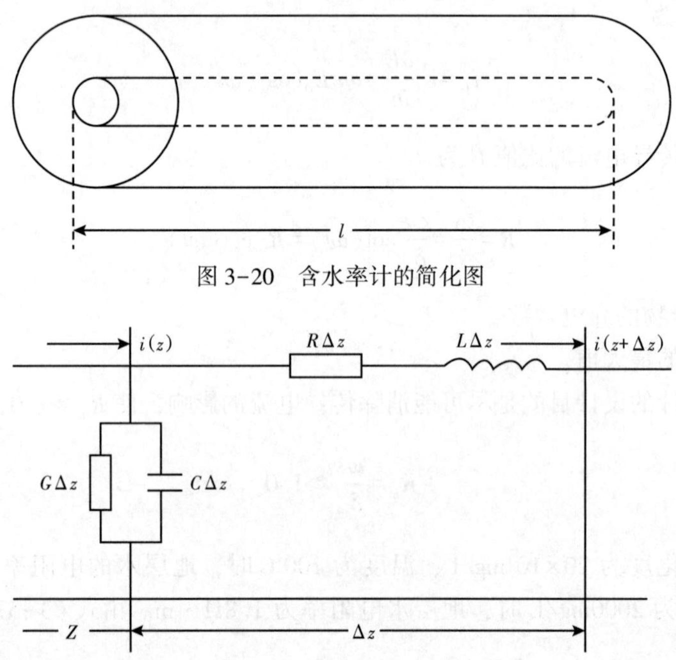

图 3-20　含水率计的简化图

图 3-21　同轴线的等效图

设同轴线上 Z 处的电流为 $i(z)$，电压为 $u(z)$，$z+\Delta z$ 处的电流为 $i(z+\Delta z)$，电压为 $u(z+\Delta z)$。图中 G 为分布电导，C 为分布电容，L 为分布电感，R 为分布电阻，根据电工学中的基尔霍夫定律可知：

$$u(z+\Delta z,t)-u(z,t)=\left[Ri(z,t)+L\frac{\partial i(z,t)}{\partial t}\right]\Delta z$$

$$i(z+\Delta z,t)-i(z,t)=\left[Gu(z,t)+C\frac{\partial u(z,t)}{\partial t}\right]\Delta z$$

将上述公式两端除以 Δz，并令 Δz 趋于 0，得到以下电极方程：

$$-\frac{\partial u(z,\ t)}{\partial z}=Ri(z,\ t)+L\frac{\partial i(z,\ t)}{\partial t} \tag{3-60}$$

$$-\frac{\partial i(z,\ t)}{\partial z}=Gu(z,\ t)+C\frac{\partial u(z,\ t)}{\partial t} \tag{3-61}$$

传输线的电流和电压表示为

$$u(z,\ t)=Re\left[u(z)\mathrm{e}^{\mathrm{j}\omega t}\right] \tag{3-62}$$

$$i(z,\ t)=Re\left[I(z)\mathrm{e}^{\mathrm{j}\omega t}\right] \tag{3-63}$$

$u(z)$、$I(z)$为电压、电流的有效值，由此得：

$$-\frac{du}{dz}=(R+j\omega L)I=ZI \tag{3-64}$$

$$-\frac{di}{dz}=(G+j\omega C)u=Yu \tag{3-65}$$

$$Z=R+j\omega L \tag{3-66}$$

$$Y=G+j\omega C \tag{3-67}$$

微波持水率计的长度为10cm，内外探头距离为5mm，相应的分布参数表示为

分布电阻：
$$R_d=\left(\frac{1}{a}+\frac{1}{b}\right)\sqrt{\frac{fu_0}{4\delta_1}} \tag{3-68}$$

分布电感：
$$L_d=\frac{1}{2}u_0\ln\frac{b}{a} \tag{3-69}$$

分布电容：
$$C_d=2\varepsilon_0\varepsilon_r\frac{1}{\ln\frac{b}{a}} \tag{3-70}$$

分布电导：
$$G_d=\frac{2\delta_m}{\ln\frac{b}{a}} \tag{3-71}$$

式中　a——内探头外径；

b——外壁内径；

δ_m——混合物电导率；

δ_1——外壁电导率。

对于微波持水率计，由于探头很短，所以分布电阻 R_d 很小。因此分布电阻和分布电导可以忽略，式(3-64)、式(3-65)可变为

$$-\frac{du}{dz}=j\omega LI \tag{3-72}$$

$$-\frac{di}{dz}=j\omega Cu \tag{3-73}$$

从式(3-72)和式(3-73)中消去 I 得到 u 的表达式为

$$\frac{d^2u}{dz^2}=-\omega^2LCu=-\beta^2u \tag{3-74}$$

$$\beta=\omega\sqrt{LC} \tag{3-75}$$

式(3-74)的通解为

$$u=A_1e^{-j\beta z}+A_2e^{j\beta z} \tag{3-76}$$

$$I=(A_2e^{j\beta z}-A_1e^{-j\beta z})/Z_0 \tag{3-77}$$

$$Z_0=\sqrt{L/C}$$

式中 Z_0——特征阻抗。

已知 $u(l)=u_l$、$I(l)=I_l$，则式(3-76)、式(3-77)变为

$$u_l=A_1e^{-j\beta l}+A_2e^{j\beta l} \tag{3-78}$$

$$I_l=A_2e^{j\beta l}-A_1e^{-j\beta l} \tag{3-79}$$

由此得：

$$A_1=\frac{u_l-I_lZ_0}{2}e^{j\beta l} \tag{3-80}$$

$$A_2=\frac{u_l+I_lZ_0}{2}e^{j\beta l} \tag{3-81}$$

令 $d=l-Z$，l 为探头长度，把 A_1、A_2 代入式(3-76)、式(3-77)得：

$$u(d)=\frac{u_l+Z_0I_l}{2}e^{j\beta d}+\frac{u_l-Z_0I_l}{2}e^{-j\beta d}$$

$$I(d)=\frac{u_l+Z_0I_l}{2Z_0}e^{j\beta d}-\frac{u_l-Z_0I_l}{2Z_0}e^{-j\beta d}$$

应用：

$$e^{j\beta d}=\cos(\beta d)+j\sin(\beta d) \tag{3-82}$$

$$e^{-j\beta d}=\cos(\beta d)-j\sin(\beta d) \tag{3-83}$$

式(3-82)、式(3-83)可用三角函数表示：

$$u(d)=u_l\cos(\beta d)+jZ_0I_l\sin(\beta d) \tag{3-84}$$

$$I(d)=[I_l\cos(\beta d)+ju_l\sin(\beta d)]/Z_0 \tag{3-85}$$

根据输入阻抗定义可得 d 处的输入阻抗为

$$Z_d=\frac{u(d)}{I(d)}=\frac{u_l\cos(\beta d)+jZ_0I_l\sin(\beta d)}{[I_l\cos(\beta d)+ju_l\sin(\beta d)]/Z_0}=\frac{Z_l+jZ_0\tan(\beta d)}{[1+jZ_l\tan(\beta d)]/Z_0} \tag{3-86}$$

因为微波持水率计可看作是终端开路的同轴线，即 $Z_l\to\infty$，则：

$$Z_d\big|_{Z_l\to\infty}=Z_0\frac{1+\dfrac{jZ_0\tan(\beta d)}{Z_l}}{\dfrac{Z_0}{Z_l}+j\tan(\beta d)}=Z_0j\cot(\beta d) \tag{3-87}$$

由 $Z_d=j\left(\omega L-\dfrac{1}{\omega C}\right)$知，当 $Z_d<0$ 时仪器探头呈电容性，当 $Z_d>0$ 时呈电感性。图 3-22 是终端开路同轴线的阻抗特性曲线。由图可知，当 $l<\dfrac{\lambda}{4}$时仪器探头呈电容性，探头可等效为

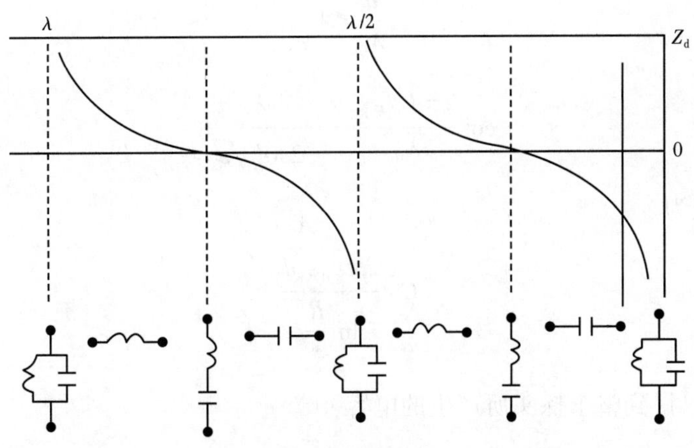

图 3-22　开路线的阻抗特性

一个电容，数值取决于油气分布及其含量，即：

$$-\frac{j}{\omega C}=jZ_0\cot(\beta d) \tag{3-88}$$

$$\begin{aligned}C&=\frac{1}{\omega Z_0\cot(\beta d)}\\&=\frac{1}{2\pi fZ_0\cot(\beta d)}\end{aligned} \tag{3-89}$$

由于

$$Z_0=\sqrt{\frac{L}{C}}=\frac{1}{2\pi}\sqrt{\frac{\mu_0}{\varepsilon_0}}\ln\frac{R}{r} \tag{3-90}$$

$$f=\frac{1}{\lambda_0\sqrt{\varepsilon_0\varepsilon_r\mu_0}} \tag{3-91}$$

则式(3-89)变为

$$C=\frac{\varepsilon_0\sqrt{\varepsilon_r}\lambda_0}{\ln\frac{R}{r}\cot\left(\frac{2\pi}{\lambda}d\right)} \tag{3-92}$$

式中　R——外壁内半径；

r——内探头外半径；

λ_0——真空中的波长；

λ——介质中的波长，$\lambda=\lambda_0/\sqrt{\varepsilon_r}$。

由此，式(3-92)可变为

$$C=\frac{\varepsilon_0\sqrt{\varepsilon_r}\lambda_0}{\ln\frac{R}{r}\cot\frac{2\pi d\sqrt{\varepsilon_r}}{\lambda_0}} \tag{3-93}$$

由于

$$\frac{d}{\lambda_0} \ll 1$$

则：

$$\cot\frac{2\pi d\sqrt{\varepsilon_r}}{\lambda_0} \longrightarrow \frac{\lambda_0}{2\pi d\sqrt{\varepsilon_r}}$$

于是式(3-93)变为

$$C=\frac{2\pi\varepsilon_0\varepsilon_r d}{\ln\frac{R}{r}} \tag{3-94}$$

取 $d=l$，可以得到整个探头所产生的电容：

$$C=\frac{2\pi\varepsilon_0\varepsilon_r l}{\ln\frac{R}{r}} \tag{3-95}$$

内探头外侧有一橡胶保护层，该层与取样室串联，因此，式(3-95)变为

$$C=\frac{2\pi l\varepsilon_0\varepsilon_{r1}\varepsilon_r}{\varepsilon_{r1}\ln\frac{R}{r_1}+\varepsilon_r\ln\frac{r_1}{r}} \tag{3-96}$$

式中　ε_{r1}——橡胶保护层的介电常数；

r_1——橡胶保护层的外半径。

式(3-96)与连续型电容持水率计响应表达式[式(3-21)]在形式上相同，但前者是低

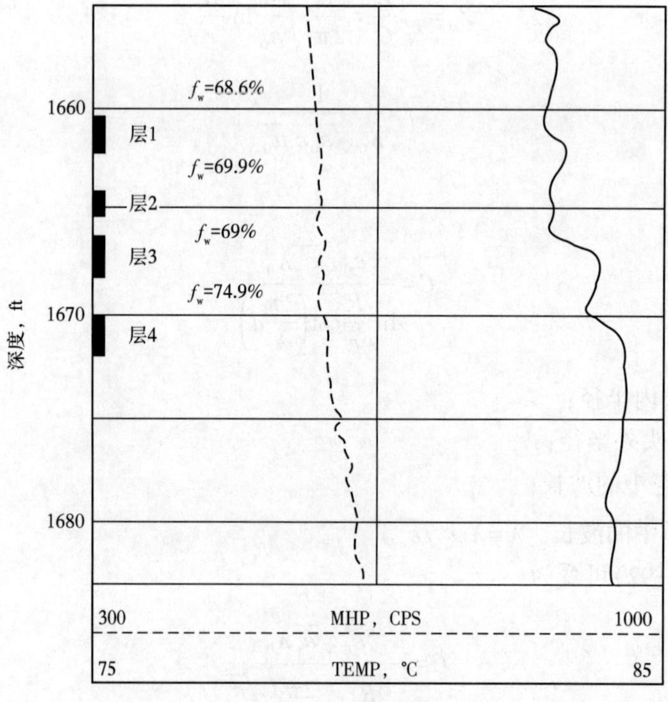

图3-23　测量实例

频率条件下导出的，后者是在高频忽略传导电流的条件下导出的。图 3-23 是微波持水率计 (f=40MHz) 在一口高含水油井中的测量结果，水的矿化度为 50000mg/L。由图可知，仪器可以明显地区分产液层位。图 3-24 是微波持水率计的实验刻度图版，折线对应于流型的转变。

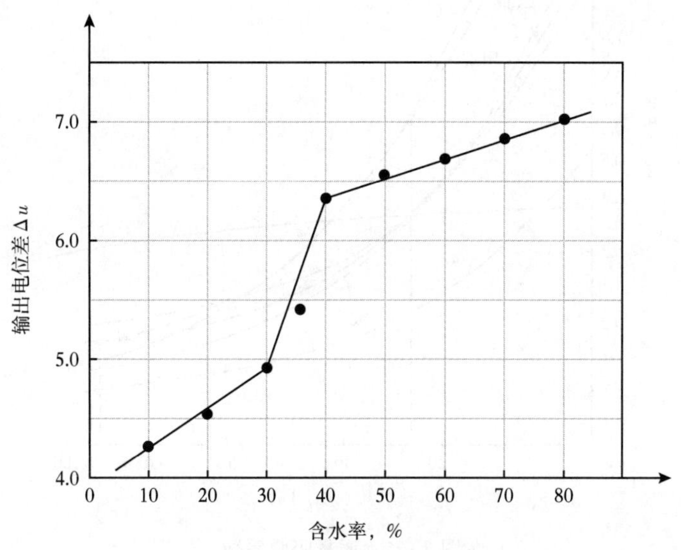

图 3-24　电位差与含水率关系

第五节　低能源持水率计

一、测量原理

低能源持水率计是利用低能光子穿过油气水混合物时油水的质量吸收系数不同而进行持水率测量的。

光子能量低于 30keV 时，主要由于光电效应而被吸收。光电吸收系数随吸收介质的原子序数 Z 的增大而急剧增大。油和气是碳氢化合物，水是氢氧化合物，它们的差别是碳和氧的差别。碳和氧的原子序数分别为 6 和 8。对碳和氧来说，一个光子与一个原子的绕核电子产生光电效应的概率之比约为 0.266，就是说一个氧原子比一个碳原子的光电吸收系数要大得多。只要保证吸收过程主要是光电效应起作用，就能把碳和氧区别开，因而也就能把水和油气区分开。

图 3-25 给出的是氧、氢、碳、铍、水、原油和甲烷的质量吸收系数 μ_m 随伽马射线能量 E_γ 变化的曲线。从图中看出，当 E_γ 小于 30keV 时，水、原油或甲烷的质量吸收系数有明显的差别，利用这一差异可以测量油水的持率。而当 E_γ 大于 60keV 后，它们的差别逐渐减小，当 E_γ>90keV 时，水和油的质量吸收系数相等，利用这一特点，可以测定油气水的混合密度，这也正是本章第一节中放射性密度计的测量原理。

假定油、气、水三相流体混合均匀，则可用油、气、水三相层状分布计算伽马射线的减弱强度，如图 3-26 所示。当伽马射线垂直通过该层状介质时，穿透前后射线的强度 I_0 和 I 的关系为

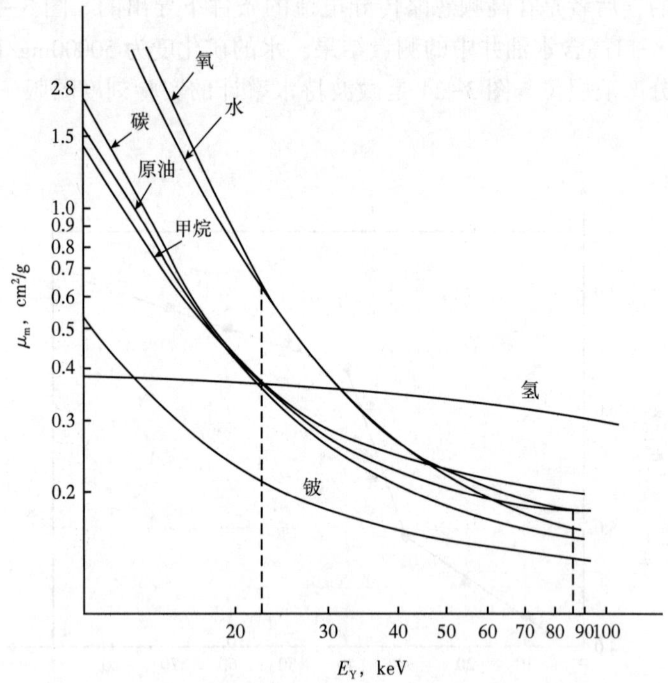

图 3-25　质量吸收系数

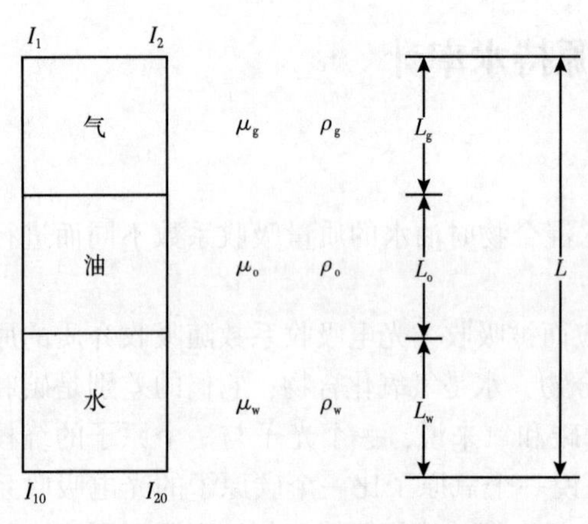

图 3-26　油气水呈层状分布

$$I=I_0 e^{-(\mu_g L_g \rho_g+\mu_w L_w \rho_w+\mu_o L_o \rho_o)} \tag{3-97}$$

$$L=L_o+L_g+L_w \tag{3-98}$$

式中　μ、ρ、L——分别为质量吸收系数、密度和折合厚度。

当伽马射线能量大于 60keV，但又不足以发生电子对效应时，μ_o、μ_g、μ_w 相等，用 μ_m 表示，此时：

$$\rho_m=\frac{L_o\rho_o+L_g\rho_g+L_w\rho_w}{L} \tag{3-99}$$

$$I=I_0 e^{-\mu_m \rho_m L} \tag{3-100}$$

由式(3-100)可得：

$$\rho_m=\frac{1}{\mu_m L}\ln\frac{I_0}{I} \tag{3-101}$$

对于能量小于 30keV 的光子，考虑 $E_\gamma=22$keV 时 $\mu_o=\mu_g$，又知 $Y_w=L_w/L$，对式(3-97)整理，指数项加减 $\mu_o\rho_w L_w$ 得：

$$I=I_0 e^{-[(\mu_g L_g\rho_g+\mu_o L_w\rho_w+\mu_o L_o\rho_o)+(\mu_w L_w\rho_w-\mu_o L_w\rho_w)]} \tag{3-102}$$

结合式(3-99)得：

$$\begin{aligned}I&=I_0 e^{-[\mu_o\rho_m L+(\mu_w-\mu_o)L_w\rho_w]}\\&=I_0 e^{-[\mu_o\rho_m L+(\mu_w-\mu_o)\rho_w Y_w L]}\end{aligned}$$

所以

$$\ln \frac{I}{I_0} = -\mu_o \rho_m L - (\mu_w - \mu_o) \rho_w Y_w L \quad (3-103)$$

$$Y_w = \frac{\ln \frac{I_0}{I} - \mu_o \rho_{mL}}{(\mu_w - \mu_o) \rho_{wL}} \quad (3-104)$$

式(3-103)中的μ_o、μ_w、L是与温度、压力无关的常数，ρ_w受温度、压力影响较小。只要在$E_\gamma<30$keV、$E_\gamma>60$keV的条件下分别测出I、I_0，就可得到ρ_m和Y_w。

二、放射源

低能源持水率计测量时，通常选镉($^{109}_{48}Cd$)作为放射源。

$^{109}_{48}Cd$通过K层电子俘获，转变为激发态的$^{109m}_{47}Ag$，再经同质异能跃迁形成稳态的$^{109}_{47}Ag$。

K层电子俘获，即原子核将K壳层的绕核电子俘获，核中的一个质子与被俘获的电子结合形成一个中子和一个中微子，写成核子反应方程则为

$$^{1}_{1}P + ^{0}_{-1}e \longrightarrow ^{1}_{0}n + \upsilon \text{（中微子）}$$

$$^{109}_{48}Cd + ^{0}_{-1}e \longrightarrow ^{109m}_{47}Ag + \gamma + Q$$

$^{109}_{48}Cd$的半衰期为470天。发生K电子俘获后K壳层少了一个电子，此时比K壳层能级更高的轨道电子(如L层电子)可能跃迁至K壳层来填补被俘获电子的空位，而将两壳层的能级差变为X射线放射出来，其能量为

$$E_X = E_L - E_K = 22.2\text{keV}$$

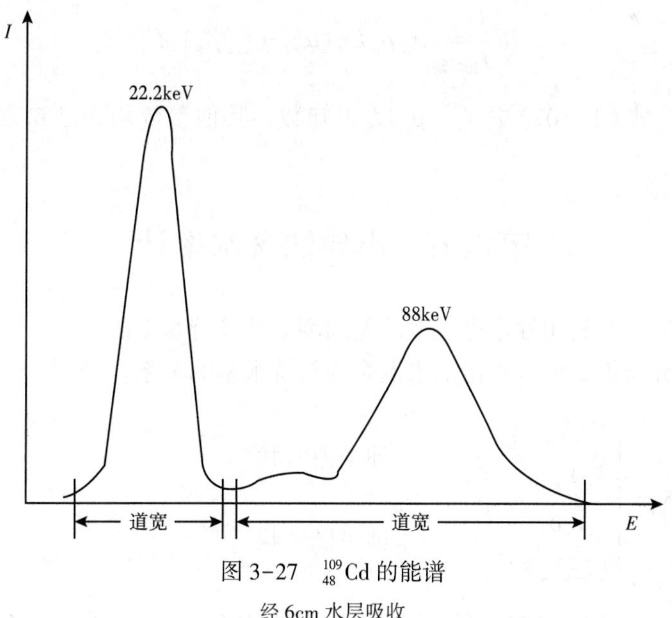

图3-27 $^{109}_{48}Cd$的能谱

经6cm水层吸收

$^{109m}_{47}Ag$转变为稳态的$^{109}_{47}Ag$时，发射能量为88keV的伽马射线。半衰期为39.2s。所以

从整个核转变过程来说，就是从$^{109}_{48}Cd$转变为$^{109}_{47}Ag$，并发射出能量分别为22.2keV和88keV的两组辐射。图3-27是对它测出的能谱，可以利用能量较低的一组射线测定混合流体中的持水率，用能量高的另一组射线测量混合流体密度，有了这两个参数就可以求持油率和持气率：

$$Y_g=\frac{Y_w\ (1-\rho_o)+(\rho_o-\rho_m)}{\rho_o-\rho_g}$$

$$Y_o=1-Y_g-Y_w$$

当E_γ为88keV时，油气水的质量吸收系数相等，为0.152cm^2/g。当E_γ为22.2keV时，水的质量吸收系数为0.563cm^2/g，油气的质量吸收系数为0.327cm^2/g，源距为$L=6.58$cm。将这些数据代入式(3-104)得理论响应方程为

$$Y_w=\frac{4.24}{6.58}\ln\frac{I_0}{I}-1.39\rho_m \tag{3-105}$$

若放射源不具备两个区别明显的能级时，可在E_γ小于88keV范围内选择两测量窗口1、2。令窗口1处的油、水质量吸收系数分别为μ_{o1}、μ_{w1}，光子能量为I_{10}，I_{10}被吸收后的强度为I_1。在窗口2处，油、水的质量吸收系数为μ_{o2}、μ_{w2}，光子能量为I_{20}，I_{20}被吸收后的强度为I_2。

在窗口1处，式(3-103)变为

$$\ln\frac{I_1}{I_{10}}=-\mu_{o1}\rho_m L-(\mu_{w1}-\mu_{o1})\rho_w Y_w L \tag{3-106}$$

在窗口2处，式(3-103)变为

$$\ln\frac{I_2}{I_{20}}=-\mu_{o2}\rho_m L-(\mu_{w2}-\mu_{o2})\rho_w Y_w L \tag{3-107}$$

式(3-106)、式(3-107)中Y_w、ρ_m为未知数，其他参数均为已知数。联立求解，即可得到Y_w、ρ_m。

第六节　电导法含水率计

电导法含水率计是利用油水电导率的差别测量井筒持水率的。

根据电导率分布模型可以得出油水混合物与持水率的关系：

$$\delta_m=\begin{cases}\dfrac{2Y_w\delta_w}{3-Y_w} & \text{油呈泡滴状} \quad (3-108)\\[2ex] \dfrac{Y_w\delta_w^{1.5}}{(2-Y_w)^{0.5}} & \text{油呈椭球状} \quad (3-109)\end{cases}$$

由式(3-108)、式(3-109)可知，混合电导率与持水率呈非线性关系，只要能测得混合电导率，则可得出持水率值。仪器的结构实际上是同轴放置的两个线圈（双线圈系），在均匀油气水混合介质中忽略位移电流时，麦克斯韦方程的形式为

$$\mathrm{rot}\vec{H}=\delta_m\vec{E}-\mathrm{j}\omega\varepsilon_r\vec{E}$$

$$\mathrm{rot}\vec{E}=\mathrm{j}\omega\mu\vec{H}$$

$$\mathrm{div}\vec{E}=0$$

$$\mathrm{div}\vec{H}=0$$

式中　$\vec{H}$、$\vec{E}$、μ、ε_r、ω——分别为磁场强度、电场强度、磁导率、混合介电常数和角频率。

对麦克斯弗方程求解，可以得出接收线圈中相位差 ϕ 与持水率的关系：

$$\phi=Z\sqrt{\frac{\delta_m\mu\omega}{2}}-\frac{\pi}{4} \tag{3-110}$$

式中　Z——两线圈的距离，一般取 1。

将式(3-108)至式(3-110)结合，计算可以得出如图 3-28 所示的刻度曲线。由图可知，ϕ 与 Y_w 在矿化度一定时近似呈线性关系。为消除仪器外壁涡流的影响，在其上面刻有长形侧孔，其工作频率大于 100MHz。电导持水率计在俄罗斯应用得较多。

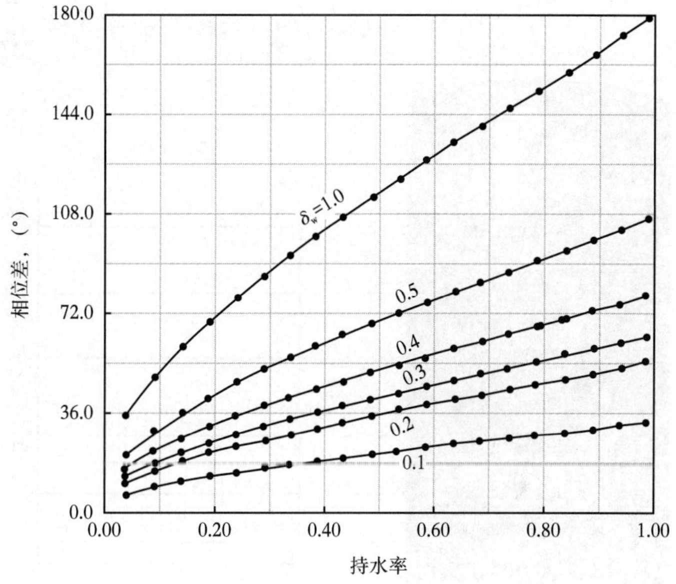

图 3-28　相位差与持水率的关系

第七节　流动成像仪

为了更直观显示井下持率分布，斯伦贝谢公司研制出了持率流动式成像仪(FloView)，仪器结构如图 3-29 所示，仪器外径为 1.6875in。在套管四个垂直的方位上放置火柴盒大小的探头，用于测量井眼内流体的电阻率。高值代表油气，低值代表水。探头置于 4 个扶正叶片的内部，叶片起保护作用，探头对套管内流体电阻的变化很灵敏，当从连续水相进入油气泡中时会产生一个二进制输出信号，如图 3-30 所示。

如果流动是非乳状流(雾状)且泡的尺寸大于探头，则可从探头的二进制输出中得到

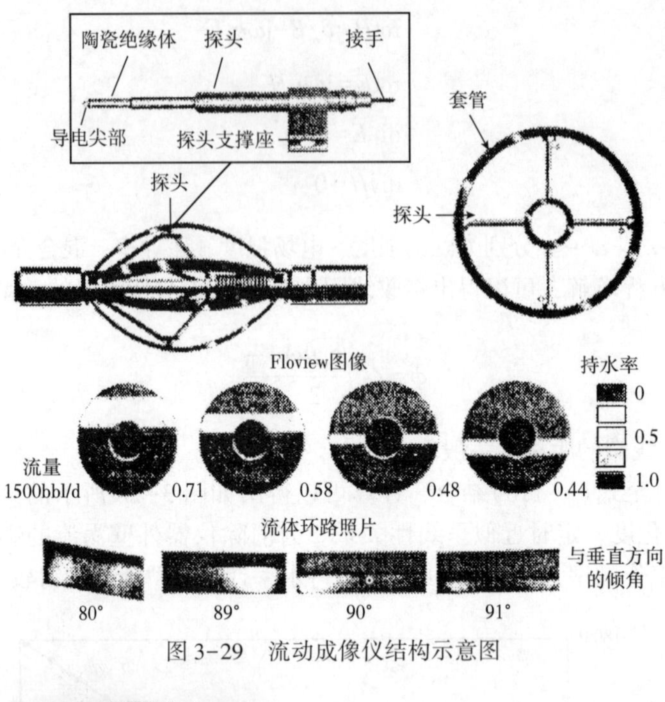

图 3-29　流动成像仪结构示意图

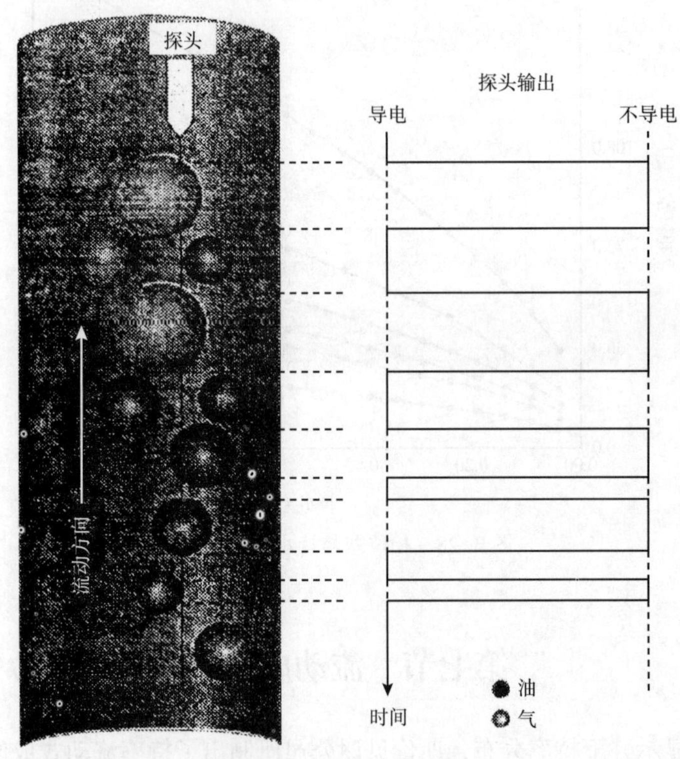

图 3-30　探头工作原理

持水率和泡的计数率。持水率是由探头的导电时间确定的，根据平均输出频率可以计算出泡的计数率。泡的计数率越大，说明油的流速越高。在三相流动中，该仪器仍可给出准确的持水率。每个探头所测的是局部持率和局部泡的计数率，组合四个探头的输出可以输出层析持率图像和流速层析图像。每个探头处的局部持率可用下式计算：

$$Y_{wi}=\frac{\sum t_{wi}}{\sum\left(t_{wi}+t_{oi}\right)} \tag{3-111}$$

式中　Y_{wi}——探头 i 处的局部持水率；

t_{wi}——探头 i 处水的导电时间；

t_{oi}——探头 i 处油的导电时间。

式(3-111)的实用条件是非乳状流动，且泡的直径大于探头直径。

每个探头所记录的油气泡的泡计数率为

$$B_{ci}=\frac{n_{bi}}{\sum\left(t_{wi}+t_{oi}\right)} \tag{3-112}$$

式中　B_{ci}——第 i 个探头处的油气泡的泡计数率；

n_{bi}——一定时间内到达探头 i 的泡数。

将各探头的局部持水率值平均可以得出平均持水率曲线，持水率曲线确定后，持气率和持油率即可得到。

图 3-31 展示的是 B_{ci} 与电缆速度的交会图，与涡轮流量计的交会图类似。不同之处是交会线的斜率变化较大，原因是泡计数率与泡的大小及持率成正比，而与电缆速度并不严格成正比。利用零流量层的刻度线斜率，结合泡计数率资料，同时在两个探头间内插，可以得出油相(气相)的速度图像分布：

$$v_{ni}=kB_{ci}-v_1 \tag{3-113}$$

式中　v_{ni}——第 i 个探头的油速度；

k——斜率；

v_1——电缆速度。

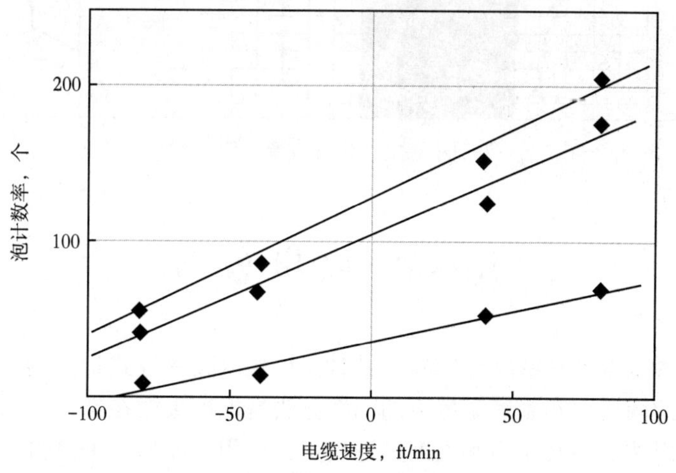

图 3-31　泡计数率与电缆速度交会图

利用式(3-113)，可以计算出油相的平均流速，在泡的大小不变的情况下，这一计算结果精度较高。实际上套管径向泡的大小分布不均，通过径向各探头间的平均，可以减小相应的影响。利用这一方法取得的流速不受滑脱速度的影响。

图 3-32 显示的是流动成像与其他测井同时测量的成果图。第 1 道是深度及井况曲线；第 2 道是平均持率、温度及压差密度曲线；第 3 道是径向持率成像结果，图像形成是对仪器一次或多次测量时探头读值进行重建形成的；第 4 道显示的是传统涡轮流速曲线和流动成像给出的油相流速曲线；第 5 道给出的是径向速度分布图像；第 6 道是速度剖面。该井为斜井、倾斜角为 49°，井口产油 181m^3，含水 82%，气油比为 460m^3/m^3。成果显示，第 3、4 层段为主要的产油气层，第 1、2 层为主要产水层。

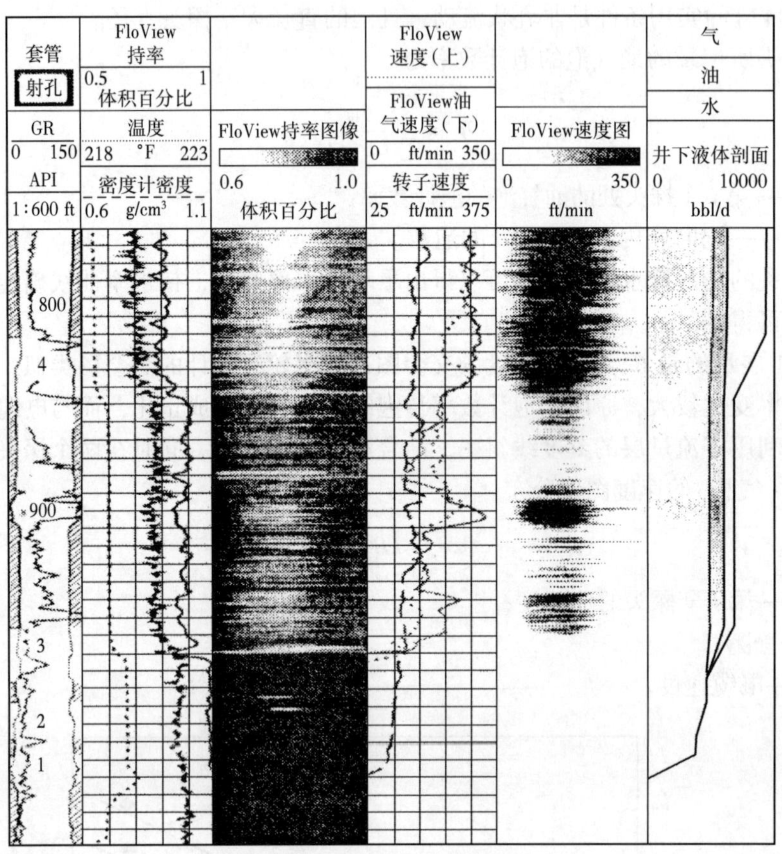

图 3-32 流动成像实例

第八节 应用实例

前边提出的含水率计和密度计实际测量时，均是以频率方式记录的。测量时，需对仪器进行刻度，在地面压力和温度条件下的刻度方法是把探头放在空气、油和水中记录它的频率响应；应用时按照井底压力和温度进行校正，可用下面的例子说明。

已知地表温度和压力下仪器在油相中的读值为 CPS_{1o} = 11700Hz，在水中的读数 CPS_{1w} = 10500Hz，井底温度 = 250℉，井底压力 = 7100psi，测井读值为 11000Hz，试求该类仪器在井底条件下油水频率响应，以及计数率为 CPS = 11000Hz 时的持水率。

求解步骤：

(1) 根据图 3-33 可以得出 T = 250℉、p = 7100psi 和水相条件下的校正量为 -127Hz，

因此井底条件下水的频率响应 $CPS_w = 10500-127 = 10373Hz$。

(2)从图 3-34 可以得出井底条件下仪器在油中的频率响应校正量为-76Hz，因此井底条件下油的频率响应为

$$CPS_o = 11700-76 = 11624Hz$$

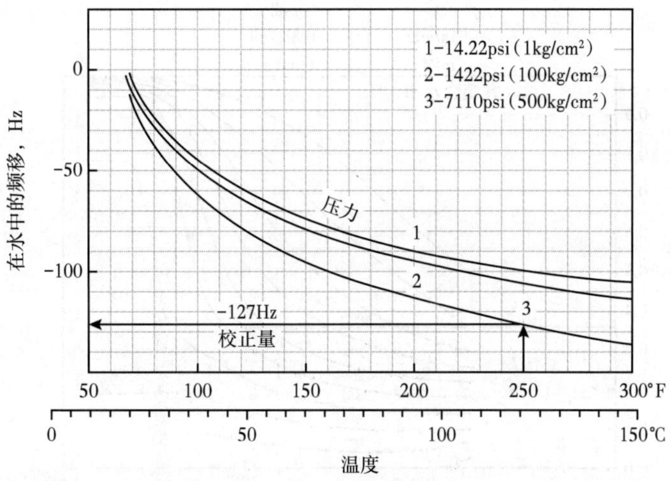

图 3-33　对含水率计在水中测量值进行压力和温度校正

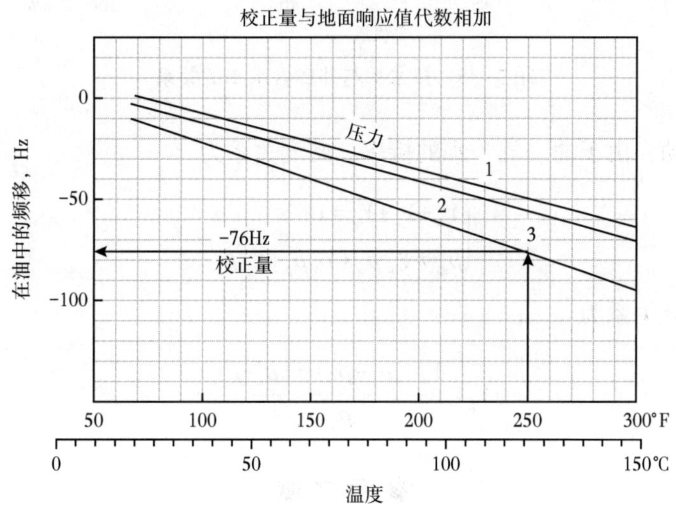

图 3-34　含水率读数的温度和压力校正

(3) CPS = 11000Hz 的持水率为

$$Y_w = 1-\frac{CPS-CPS_w}{CPS_o-CPS_w}$$

$$= 1-\frac{11000-10373}{11624-10373} = 0.5$$

这一计算是把频率—持水率响应看作线性关系作近似处理。

持水率确定后，可以用如图 3-35 所示的图版计算含水率和含油率。也可以采用后面

两相流动计算方法计算含水率和含油率。

应当注意的是，由于仪器结构不同，对于不同的仪器来说，图 3-33 至图 3-35 不同，但在形状上相似。在图 3-35 中，当含水率大于 40%，流量大于 $40m^3/d$ 时，曲线收敛的原因是地层水矿化度导电所致。

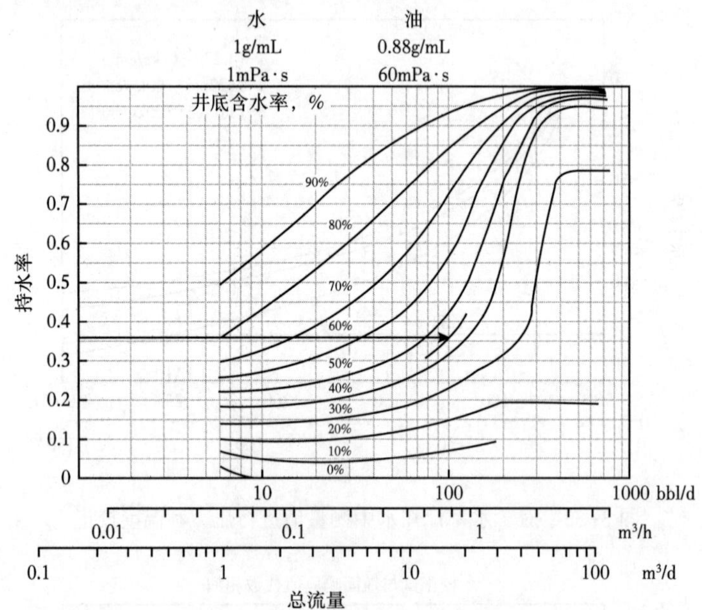

图 3-35　持水率与井底含水率的关系

对于三相流动，由于油、气、水的持率、密度关系为

$$\begin{cases} Y_w + Y_o + Y_g = 1 \\ \rho_m = Y_w \rho_w + Y_o \rho_o + Y_g \rho_g \end{cases} \tag{3-114}$$

因此持气率的计算关系为

$$Y_g = \frac{Y_w (\rho_w - \rho_o) + (\rho_o - \rho_m)}{\rho_o - \rho_g} \tag{3-115}$$

参考文献

郭海敏，1992. 多相流中流体电容法含水率计新的响应方程及其应用//SPWLA 第 31 届年会论文集（中文）[M]. 北京：石油工业出版社.

郭海敏，1993. CDB 含水率计产生非一致响应的原因及改进 [J]. 测井技术，17(2)：154-160.

贾修信，1985. 电容法测量含水率原理及其应用的探讨 [J]. 测井技术，9(6)：73-80.

Guo Haimin，1991. An Interpretative Method for Production Logs in Three phase Flows [C]. SPE22970.

Guo Haimin，1993. The Design，Development of Microwave Holdup Meter and Application in Production Logging Interpretation of Multiphase Flows [C]. SPE26451.

第四章　温度测井

自20世纪30年代后期以来，随着温度测量技术的应用，人们逐渐把这一方法用于油气井生产测试。温度测井一开始被用于寻找油气层，后来发现油和水之间的热特性差别很小，因此油层和水层间的导热性能没有太大差别。尽管如此，人们不久发现通过测量和分析温度异常，可以评价生产井产层动态。目前，已发展了多种生产测井仪器，但温度测井仍是重要的生产测井参数。主要原因是无论井况如何，都可以精确地测量井筒温度剖面，有些情况下的温度测井还可以反映井的长期特性。

本章论述温度测井原理、井筒地层温度分布规律及温度测井的现场应用实例。

第一节　测量原理

表征物体冷热程度在热平衡状态时的物理量叫温度。自1597年意大利伽利略发明温度计以来，温度测量技术和温标发生了较大变化。所谓温标就是为定量表示物体的温度，根据标准温度、标准温度计和内插公式所确定的温度计的标度。

常用的温标有华氏温度、摄氏温度、兰氏温度、热力学温度和列氏温度。

1714年，德国华伦海特把冰水加盐的混合液体温度作为0℃，把人体温度作为100℃，以这两个点为标准。后来改为水的冰点为32℉，水的沸点为212℉，形成了华氏温度，用 t_F 表示，单位为℉。

1730年，法国列奥缪尔提出，将水的冰点作为0°R′，将水的沸点作为80°R′，创立了列氏温度，用 t'_R 表示，单位为°R′。

1742年，瑞典的摄尔修斯，把水的沸点定为0℃，水的冰点定为100℃，随后被修正为水的冰点为0℃，水的沸点为100℃，建立了摄氏温度，用 t_c 表示，单位为℃。

1848年，英国开尔文以热力学定律中的卡诺原理作为热力学温标的理论依据，提出了热力学温标。以水的三相点为基准，具有稳定性、唯一性、复现性和客观性。而 t_F、t'_R 和 t_c 都与物质的性质有关。热力学温度也叫绝对温度，用 T_K 表示，单位为开尔文，简称开，用K表示：

$$1\mathrm{K}=\frac{\text{水的三相点的热力学温度}}{273.16}$$

水的三相点的热力学温度为273.16K，即0.01℃，因此0℃相当于273.15K。摄氏温度与热力学温度的关系为

$$T_K=273.15+t_c \tag{4-1}$$

用绝对温标表示华氏温标叫兰金温度（兰氏温度），用 T_R 表示，单位为°R。华氏温度与兰氏温度的关系为

$$T_R=459.67+t_F \tag{4-2}$$

华氏温度与摄氏温度的关系为

$$t_c=\frac{5}{9}(t_F-32) \tag{4-3}$$

兰氏温度与绝对温度的关系为

$$T_K=\frac{5}{9}T_R \tag{4-4}$$

列氏温度与摄氏温度的关系为

$$t_c=\frac{5}{4}t'_R \tag{4-5}$$

生产测井中常用的温度计量单位是摄氏温度和华氏温度。

井下测量温度的仪器，根据测量环境温度的要求有多种，常用的有两种：电阻式温度仪和热电偶温度仪。

一、电阻式温度仪

电阻式温度仪是利用金属丝的电阻与温度的函数关系测量井筒温度的，一般情况下是温度上升金属的电阻增加。仪器的结构如图 4-1 所示，热敏电阻随温度的变化通过电桥电路转成电压信号、频率信号传至地面。电阻式温度计所测温度的绝对精度为±2.5℃，分辨率较高，约为 0.025℃，温度仪可以和流量计、持率计、密度计组合同时下井。

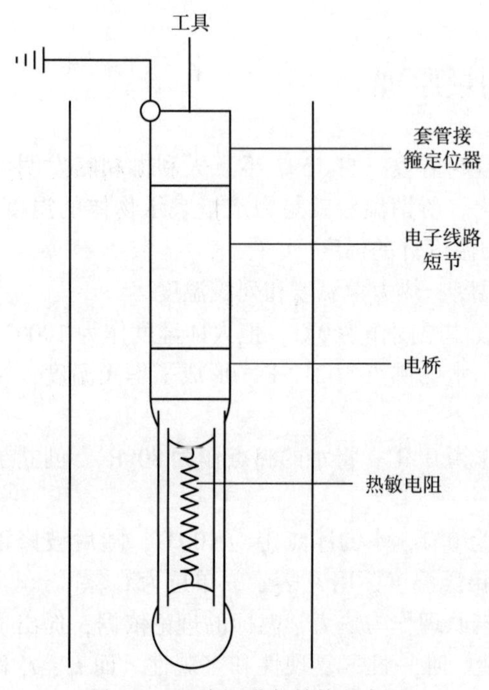

图 4-1　温度测井仪结构示意图

1. 金属热敏电阻

金属热敏电阻是温度仪的基本传感器，能做热敏电阻的金属丝必须具备下列条件：

(1) 温度和电阻的关系在测量范围内是连续函数。

(2) 在任何温度下，温度和电阻有相同的函数关系。

(3) 物性相同的金属丝，温度和电阻函数关系应相同。

(4) 当发生氧化等现象时，温度和电阻的函数关系不变。

金属电阻在宏观上与金属丝长度成正比，与横断面积成反比，即：

$$R=\rho\frac{l}{A} \tag{4-6}$$

式中　l——金属丝的长度；

A——金属丝的横截面积；

ρ——金属丝的电阻率。

微观上，Bloch 实验指出，电阻率大小主要由带电粒子数和粒子移动的难易程度所决定：

$$\rho=\frac{ne^2\ \tau}{m} \tag{4-7}$$

式中　n——带电粒子数；

e——元电荷，约 1.6×10^{-19}C；

m——质量；

τ——带电粒子的难动性。

ρ 主要取决于难动性，难动性取决于下述三个因素：

(1)晶格的热振动，使带电粒子散射。

(2)晶格不规则(杂质)使带电粒子散射。

(3)带电粒子间的互相散射。

上述三个因素中晶格热振动是由温度引起的。因此，温度增加使得金属丝电阻率增大。电阻率与温度间的关系为

$$\rho=\rho_0\ (1+\alpha T) \tag{4-8}$$

式中　ρ_0——0℃时某金属的电阻率；

ρ——T℃时的电阻率；

α——温度系数。

表 4-1 列出了几种金属、电阻率和温度系数。由表中可看出铜和康铜的温度系数相差可达 10^3 数量级，它们的电阻率相差近 30 倍。铂与康铜也是这样。因此铜和铂对温度十分敏感，而康铜对温度不敏感。根据这一规律，测量电阻的变化即可求出温度的变化，温度变化引起电阻变化的规律是

$$R_t=R_0\ [1+\alpha\ (T-T_0)\ ] \tag{4-9}$$

式中　R_t——温度为 T 时的电阻；

R_0——温度为 T_0 时的电阻。

表 4-1　几种金属、电阻率和温度系数

材料	ρ(20℃)，Ω·m	α(0~100℃)，℃$^{-1}$
碳	1×10^{-5}	-5×10^{-4}
银	1.65×10^{-8}	3.0×10^{-3}
铜	1.75×10^{-8}	4×10^{-3}
铝	2.83×10^{-8}	4×10^{-3}
低碳钢	1.3×10^{-7}	6×10^{-3}
铂	1.06×10^{-7}	3.89×10^{-3}
锰铜	4.2×10^{-7}	5×10^{-6}
康铜	4.4×10^{-7}	5×10^{-6}
镍铬铁	1×10^{-6}	1.3×10^{-4}
铝铬铁	1.2×10^{-6}	8×10^{-5}

如图 4-2 所示，铂的线性度最好，铜、银次之，铁、镍最差。

铂是一种贵重金属，由于其物理、化学性质非常稳定，而且在1200℃还表现了良好的稳

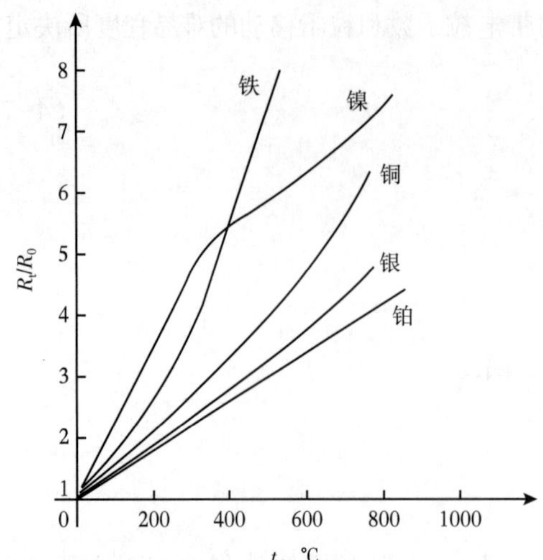

图 4-2　几种纯金属电阻之比与温度变化间的关系

定性，因此铂被公认为是目前制造热敏电阻的最好材料。铜丝可用来制造在-50～150℃范围内的工业用电阻温度计，特点是价格低廉，且容易得到高纯度材料。在上述温度范围内线性关系较好，比铂电阻有较高的灵敏度。缺点是电阻率较低，且易氧化，因此只能用在较低温度及没有水分浸蚀的介质中。

在 0～630.74℃的温度范围内，铂电阻与温度的关系为

$$R_t=R_0(1+aT+bT^2)$$

$$a=\alpha(1+\delta/100℃)$$

$$b=-10^{-4}\alpha\delta℃^{-2}$$

$$\alpha=3.9259668\times10^{-3}℃^{-1}$$

$$\delta=1.496334℃$$

2. 半导体热敏电阻

除了金属热敏电阻之外，常用的还有半导体热敏电阻，它通常是将锰、钴、镍等氧化物按一定比例混合后压制并在高温下焙烧而成，与电阻式热敏电阻相比，半导体热敏电阻具有很高的负温度系数，适用于-100～300℃之间的温度测量。

半导体热敏电阻的基本特性是电阻与温度间的关系，这一关系反映了热敏电阻的性质，当温度不超过规定值时，保持本身特性，超过时特性被破坏。其温度与热电阻的关系为

$$R=A\mathrm{e}^{\frac{B}{T}} \tag{4-10}$$

式中　A——与热敏电阻尺寸及半导体物理性能有关的常数；

B——与半导体物理性能有关的常数；

T——绝对温度。

若已知 T_1、T_2 温度下的电阻分别为 R_1 和 R_2。则可求出 A 和 B：

$$A=R_1\mathrm{e}^{-\frac{B}{T_1}} \tag{4-11}$$

$$B=\frac{T_1T_2}{T_2-T_1}\ln\frac{R_1}{R_2} \tag{4-12}$$

将式(4-11)代入式(4-10)得：

$$R=R_1\mathrm{e}^{\frac{B}{T}-\frac{B}{T_1}} \tag{4-13}$$

通常取 20℃时电阻为 R_1，记作 R_{20}，取 100℃时电阻为 R_2，记为 R_{100}，将 $T_1=293\mathrm{K}$ 及 $T_2=373\mathrm{K}$ 代入式(4-12)可得：

$$B=1365\ln\frac{R_{20}}{R_{100}} \tag{4-14}$$

例如 $R_{20}=965\times10^3\Omega$、$R_{100}=27.6\times10^3\Omega$，求得 $B=4850\text{K}$，将 B 及 R_{20} 代入式(4-13)，即可得热敏电阻的温度特性。

半导体热敏电阻的温度系数表示为

$$\alpha=\frac{1}{R}\frac{\mathrm{d}R}{\mathrm{d}T} \tag{4-15}$$

对式(4-13)微分可得：

$$\alpha=-\frac{B}{T^2} \tag{4-16}$$

式中，α、B 都是表示热敏电阻灵敏度的参数，与金属热敏电阻相比，半导体热敏电阻的温度系数要高得多。

3. 测量原理

生产测井中温度仪测量温度通常采用的是金属热敏电阻，并通过惠斯通电桥电路实现(图 4-3)。把温度变化引起的电阻变化(R_3)转换成电压信号输出。图中

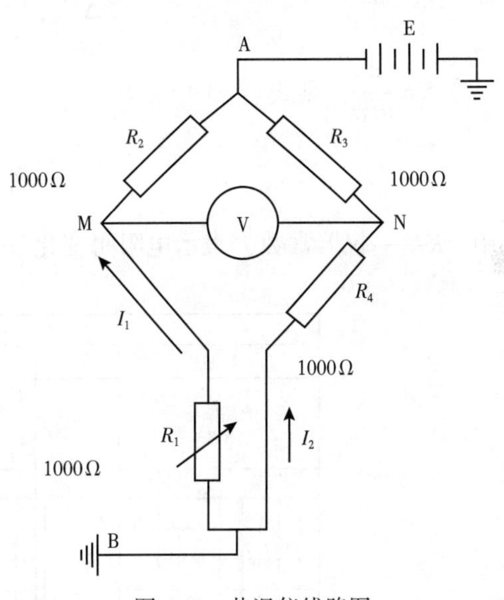

图 4-3　井温仪线路图

$$I=I_1+I_2$$

$$U_{\mathrm{AB}}=I\frac{(R_1+R_2)\ (R_3+R_4)}{R_1+R_2+R_3+R_4}$$

$$I_1=\frac{U_{\mathrm{AB}}}{R_1+R_2}=I\frac{R_3+R_4}{R_1+R_2+R_3+R_4}$$

$$I_2=\frac{U_{\mathrm{AB}}}{R_3+R_4}=I\frac{R_1+R_2}{R_1+R_2+R_3+R_4}$$

$$U_{\mathrm{M}}=U_{\mathrm{A}}-R_4I_2$$

$$U_{\mathrm{N}}=U_{\mathrm{B}}-R_1I_1$$

$$\begin{aligned}\Delta U_{\mathrm{MN}}&=U_{\mathrm{M}}-U_{\mathrm{N}}\\&=I_1R_1-I_2R_4\\&=I\left(\frac{R_3+R_4}{R_1+R_2+R_3+R_4}R_1-\frac{R_1+R_2}{R_1+R_2+R_3+R_4}R_4\right)\\&=I\frac{R_1R_3-R_2R_4}{R_1+R_2+R_3+R_4}\end{aligned} \tag{4-17}$$

式(4-17)中，当 $\Delta U_{\mathrm{MN}}=0$，也就是 $R_1R_3-R_2R_4=0$ 时，电桥处于平衡状态，根据电桥平衡的条件，即：

$$\frac{R_1}{R_2}=\frac{R_4}{R_3}$$

在图 4-3 中，如果 R_2、R_3、R_4 由温度系数小的金属(康铜等)做成，作为电桥的固定臂，而 R_1 用温度系数大的铜或铂做成，作为电桥的灵敏臂，就构成常用的测温电桥。令

$$R_4=R_2=R_3=R_0$$

$$R_1=R_0+\Delta R$$

式(4-17)变为

$$\Delta U_{\mathrm{MN}}=I\frac{R_0\ (R_0+\Delta R)\ -R_0^2}{4R_0+\Delta R} \tag{4-18}$$

由于 $R_0 \gg \Delta R$，因此式(4-18)变为

$$\Delta U_{\mathrm{MN}}=I\frac{R_0\Delta R}{4R_0+\Delta R}\approx I\frac{\Delta R}{4}$$

$\Delta R=R_0\alpha\ (T-T_0)$，则：

$$\Delta U_{\mathrm{MN}}=I\frac{R_0\alpha\ (T-T_0)}{4} \tag{4-19}$$

令 $K=\dfrac{4}{R_0\alpha}$，则式(4-19)变为

$$T=K\frac{\Delta U_{\mathrm{MN}}}{I}+T_0 \tag{4-20}$$

式中　K——仪器常数，表示电阻每变化一个单位时，温度的变化值。

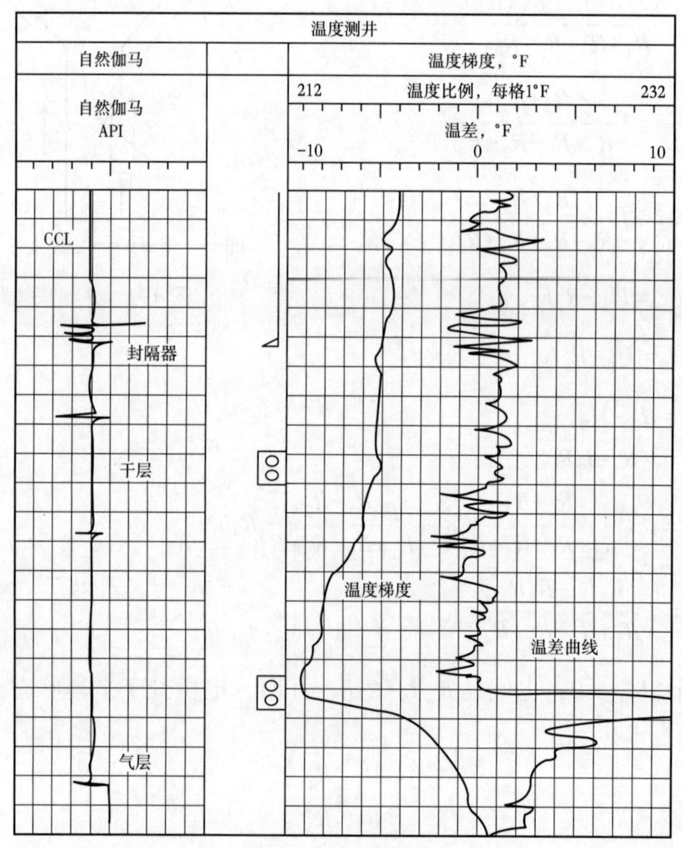

图 4-4　温度梯度和微差井温测井

式(4-20)即是温度测量的理论方程，当材料选定后，式中的 α 和 R_0 就固定了，即 K 为常量，如果 I 固定，则温度 T 和 ΔU_{MN} 即呈线性关系。T_0 是电桥的平衡温度，即 $R_1=R_2=R_3=R_4$ 的温度。这即是通常见到的温度测井仪的基本原理。测出的曲线也叫梯度井温曲线，即温度随深度的变化曲线。

对梯度井温曲线作处理(沿井轴方向上单位深度上的井温变化)可得微差井温曲线，微差井温曲线主要用于研究井筒局部温度异常。图 4-4 是典型的梯度和微差井温测井曲线，下部射孔井眼处，温度梯度曲线发生负异常变化处，有气体产出，此时微差井温曲线发生了较大变化。

测量微差井温的另一种方式是双臂传感器(图 4-5)，图中 R_1、R_2、R_3、R_4 为电桥的四个臂，R_1、R_4 为灵敏臂。若在同一温度下，$R_2=R_3=R_0$、$R_1=R_4$ 时，AB 的供电电流强度为 I 时，MN 两点间的电位差为零。当 R_1、R_4 所处的温度不同时，R_1 的介质温度为 T_1，R_4 的介质温度为 T_2，则：

$$R_1=R_0[1+\alpha(T_1-T_0)] \tag{4-21}$$

$$R_4=R_0[1+\alpha(T_2-T_0)] \tag{4-22}$$

此时电桥的平衡被破坏，M、N 两点间出现的电位差为

$$\Delta U_{MN}=\frac{\alpha(T_1-T_2)}{4+\alpha(T_1+T_2-2T_0)}IR_0 \tag{4-23}$$

由于 α 很小，当 $\alpha(T_1+T_2-2T_0)\ll 4$ 时，则 $\alpha(T_1+T_2-2T_0)$ 可忽略不计，所以

$$\Delta U_{MN}=\frac{I\alpha R_0(T_1-T_2)}{4} \tag{4-24}$$

令：

$$K=\frac{4}{R_0\alpha}\text{、}T_1-T_2=\Delta T$$

则：

$$\Delta U_{MN}=\frac{I}{K}\Delta T \tag{4-25}$$

式中　ΔT——两个灵敏臂所处介质的温度差。

ΔU_{MN} 和 ΔT 之间呈线性关系，ΔU_{MN} 的变化反映了井下两个灵敏臂所在的温度的变化，即井轴上两点地温梯度的变化。ΔT 是两点间的温度差，地温梯度不变时，ΔT 不变，测井曲线为一条直线，只有当地温梯度变化时，曲线才会出现异常。测量沿井身的两点的温度差，可以克服井内温度随深度增加的影响，使温度异常更加明显地反映出来。

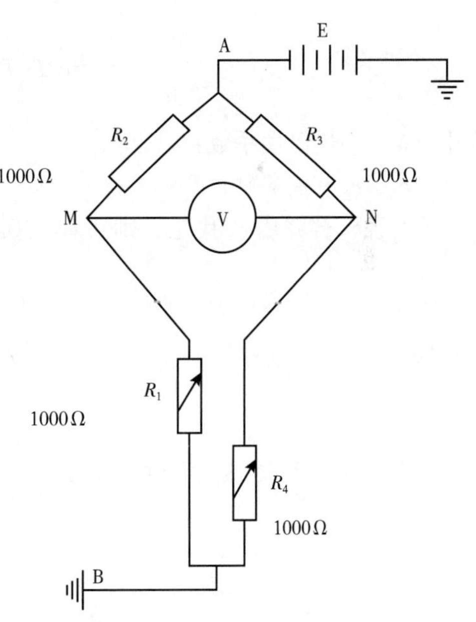

图 4-5　微差井温仪线路图

4. 热惯性

热惯性也叫时间常数，表示仪器感受周围介质温度的速度。仪器从一个温度的介质进入另一个温度介质中时，仪器的温度变化越快越好。如果感受温度的速度缓慢，当测井速度较高时，仪器反映的温度就要小于实际温度，两者就会有误差。

假设时间 $t=0$ 时，仪器温度为 T_1，把它放入温度为 T_2 的介质中（$T_2>T_1$），经过时间 t 后，井温仪温度为 T，传感器感受温度不是时变的。开始时，两者温差大，吸热快，温升较快，之后温升则越来越慢。在时间 dt 内，传感器得到的热量为 dQ，引起的温升为 dT，则：

$$\mathrm{d}Q=a_{\mathrm{s}}S\frac{T_2-T}{\mathrm{d}L}\mathrm{d}t \tag{4-26}$$

$$\mathrm{d}T=\frac{\mathrm{d}Q}{C}=a_{\mathrm{s}}S\frac{T_2-T}{C\mathrm{d}L}\mathrm{d}t \tag{4-27}$$

式中 a_{s}——传感器的热导率，即温差为 1℃/m 时，1h 内垂直通过面积为 $1\mathrm{m}^2$ 的热量；

S——传感器的表面积；

C——热容量，整个传感器温度升高 1℃所吸收的热量，$(T_2-T)/\mathrm{d}L$ 表示传感器表面的温度梯度。

令：

$$\frac{C\mathrm{d}L}{a_{\mathrm{s}}S}=\lambda \tag{4-28}$$

则：

$$\mathrm{d}T=-\frac{(T-T_2)}{\lambda}\mathrm{d}t \tag{4-29}$$

$$\int\frac{\mathrm{d}T}{T-T_2}=-\int\frac{\mathrm{d}t}{\lambda}$$

$$\ln(T-T_2)+c_1=-\frac{t}{\lambda}+c_2 \tag{4-30a}$$

式中 λ——热惯性系数；

c_1、c_2——常数。

c_1、c_2 合并用 c_3 代之，则式(4-30a)变为

$$T-T_2=c_3\mathrm{e}^{-\frac{t}{\lambda}} \tag{4-30b}$$

因为

$$T|_{t=0}=T_1$$

所以

$$c_3=T_1-T_2 \tag{4-31}$$

于是井温传感器感受温度的规律为

$$T=T_2+(T_1-T_2)\mathrm{e}^{-\frac{t}{\lambda}} \tag{4-32}$$

或

$$T=T_1+(T_2-T_1)(1-\mathrm{e}^{-\frac{t}{\lambda}}) \tag{4-33}$$

式(4-33)中，当 $\lambda=t$ 时，$1-\mathrm{e}^{\frac{t}{\lambda}}\approx0.63$，表示从温度 T_1 变到 T_2 时，传感器温度变到两种介质的温差的 0.63 倍所用的时间。λ 越大，感温速度越低；λ 越小，感温速度就越高。

由式(4-28)可知，λ 与传感器的热容量成正比，与表面积及热导率成反比。因此，仪器的技术指标与热惯性、传感器的尺寸、材料、介质的性质以及测量条件有关。井温测井时，为了防止仪器和电缆运动破坏原始温度场，要求在下井过程中记录温度场。

二、热电偶温度仪

电阻式温度仪主要用于中低温测量，为了在注蒸汽井和高温井中进行测量，人们研制了热电偶温度仪。热电偶是由两种不同的金属丝在 A、B 两端形成一个回路，两接点的温度不同，在回路中将产生随温度而变化的电流，由此测量温度的变化。通常把两种不同的偶丝组合起来的测温传感器叫热电偶。常用的热电偶，低温可测到-50℃，高温可以达到1600℃左右。配用特殊材料的热电偶，最低点测到-180℃，高温可达 2800℃。热电偶温度仪的特点是构造简单，测量范围广，有良好的灵敏度。

1. 热电效应

在热电偶回路中，当两接点温度不同时，产生电流的原因是热电效应引起的。图 4-6 示出的是两种导体(或半导体)A、B 组成的一个闭合回路。1、2 两点的温度不同时，回路中就会产生热电势，因而就有电流产生，电流表就会发生偏转。这一现象称为热电效应(塞贝克效应)，产生的电势、电流分别叫热电势、热电流。导体 A、B 叫热电极。测量时，结点 1 置于被测温度场中，称为测量端；结点 2 处在某一恒定温度，称为参考端。

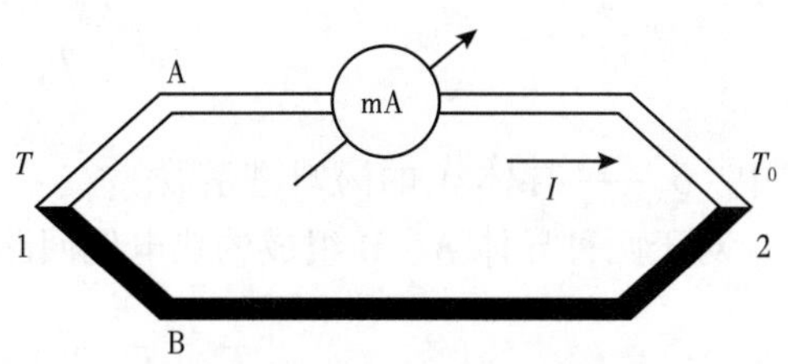

图 4-6　热电效应示意图

热电势 $E_{AB}(T,\ T_0)$是由两种导体的接触电势和单一导体的温差电势组成。

2. 接触电势

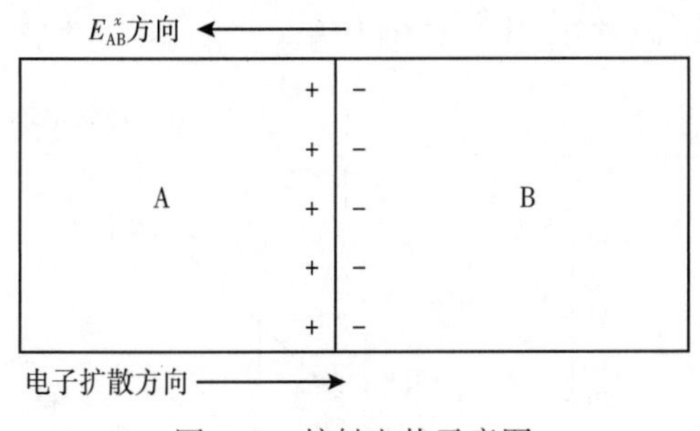

图 4-7　接触电势示意图

接触电势是由两种金属导体内自由电子的密度不同造成的。导体 A、B 接触时，接触处会发生电子扩散，扩散速率与自由电子的密度及导体所处的温度成正比。设导体 A、B 中自由电子密度分别为 N_A、N_B，且 $N_A>N_B$，单位时间内由导体 A 扩散到导体 B 的电子数要比由导体 B 扩散到导体 A 的电子数多。因此，导体 A 失去电子带正电，导体 B 则带负电。所以，接触处便形成了电位差，即接触电势，这个电势会阻碍电子进一步扩散，一直到平衡为止(图 4-7)。接触电势由下式表示：

$$E^x_{AB}(T)=\frac{KT}{e}\ln\frac{N_A}{N_B} \tag{4-34}$$

式中　K——波尔兹曼常数，$K=1.38\times10^{-16}$J/K；

T——接触处的绝对温度；

e——电子电荷量，$e=1.6\times10^{-19}$C；

图 4-6 中 T_0 端的电势为

$$E^x_{AB}(T_0)=\frac{KT_0}{e}\ln\frac{N_A}{N_B}$$

其方向与 E^x_{AB}（T）相反，回路的总电势为

$$E^x_{AB}(T)-E^x_{AB}(T_0)=\frac{K}{e}(T-T_0)\ln\frac{N_A}{N_B} \tag{4-35}$$

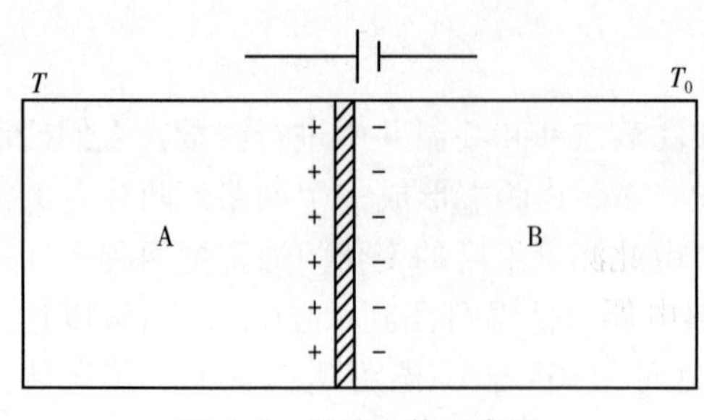

图 4-8 温差电势示意图

3. 温差电势

均质导体中，如果两端的温度不同，导体内部也会产生电势，这种电势称为温差电势（图 4-8）。温差电势的形成是由于导体内高温度端自由电子的动能比低温端自由电子的动能大，因此高温端失去电子带正电，温度较低的一边因得到电子带负电，从而形成了电位差。温差电势由下式表示：

$$E_{\mathrm{A}}^{e}(T,\ T_0)=\int_{T_0}^{T}\delta_{\mathrm{A}}\mathrm{d}T \tag{4-36}$$

式中 δ_{A}——导体 A 的汤姆逊系数。

对于两种导体 A、B 组成的热电偶回路，温差电势为

$$E_{\mathrm{AB}}^{e}(T,\ T_0)=\int_{T_0}^{T}(\delta_{\mathrm{A}}-\delta_{\mathrm{B}})\mathrm{d}T \tag{4-37}$$

式中(4-37)表明温差电势只与导体 A、B 的组成材料及两点的温度 T、T_0 有关，而与几何尺寸无关。如果两点间的温度相同，则总的温差电势为零。

综上所述，对于均质导体组成的热电偶，其总电势为接触电势与温差电势之和：

$$E_{\mathrm{AB}}(T,\ T_0)=E_{\mathrm{AB}}^{x}(T)-E_{\mathrm{AB}}^{x}(T_0)+\int_{T_0}^{T}(\delta_{\mathrm{A}}-\delta_{\mathrm{B}})\mathrm{d}T \tag{4-38}$$

式中 δ_{B}——导体 B 的汤姆逊系数。

因此测出电压变化，即可确定井筒温度的变化。实际应用时，由于纯铂丝的物理化学性能稳定，熔点较高易提纯，所以目前常用纯铂丝作为标准电极，与其他电极构成热电偶，进行温度测量。图 4-9 所示的是几种常用热电极对铂极的热电特性。其中铂铑属高温热电偶，镍铬属中温热电偶，铜、康铜属低温热电偶。这些热电偶在相应的温度范围内有较好的热电特性。

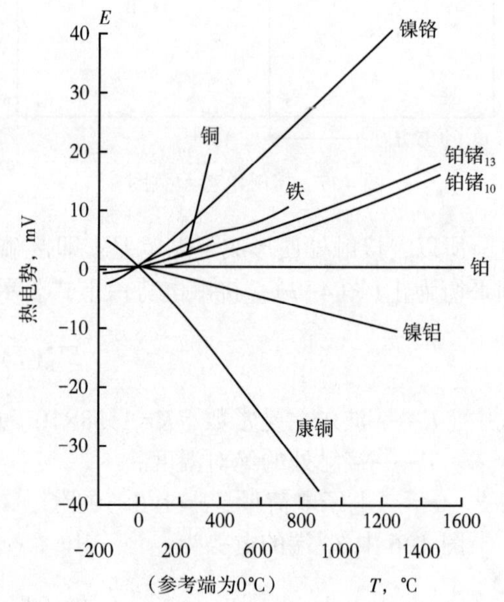

图 4-9 常用热电极对铂丝的热电特性示意图

实际应用热电偶测量温度时，需要在回路中引入连接导线。中间导体定律指出，只要中间连线两端的温度相同，连入回路中后对总的热电势无影响。

4. 热电偶的测量线路

图 4-6 是最简单的线路图，适用于测温精度要求不高的场合。当要求测温精度较高时，常采用自动电位差计线路与热电偶配接，图 4-10 是常用的热电偶的测量线路。图中 R_{W} 为调零电位器，测量前调节它使仪表位于零点；R_{H} 为精密合成膜测量电位器，用来调节电桥输出的补偿电压；R_{W} 和 R_{H} 组成的桥路由一稳定的参考电压源 U_{r} 供电；R_{c} 为限流

电阻。为了降低滑线电阻 R_H 的滑动触头在运动中所产生的热电势的影响，以及提高仪表的动态性能和考虑量程切换的需要，桥路输出采用分压形式。图中的滤波器可以提高仪表抗干扰能力，一般对 50Hz 的工作频率干扰电压可衰减 100 倍以上。

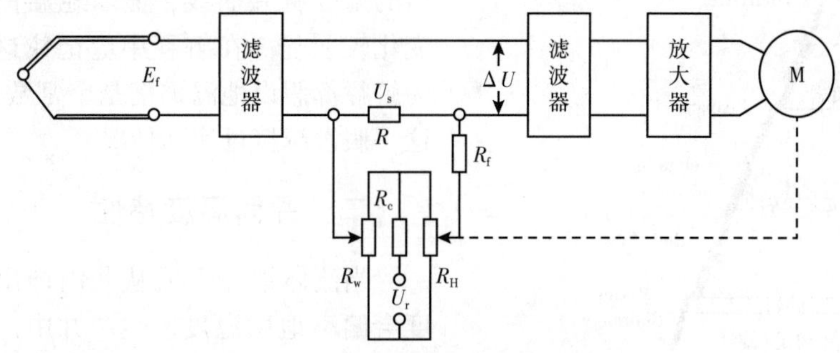

图 4-10　自动电位差计线路示意图

图 4-10 的工作原理如下：由热电偶输出的被测直流电势 E_f 经过滤波单元加于桥路，与桥路的输出分压电阻 R 两端的直流电压 U_s（也称补偿电压）相比较，比较后的差值电压 ΔU（不平衡电压）经滤波放大后，输出足够的功率以驱动可逆电动机 M。可逆电动机 M 通过一组传动系统带动测量桥路中滑线电阻 R_H 的滑动触头，从而改变滑动触头与滑线电阻的接触位置，同时带动仪表指针移动，直到测量桥路输出的补偿电压与被测的直流电压信号相平衡为止，此时差值电压等于零，放大器无输出，可逆电动机停止转动，桥路处于平衡状态。因此根据滑动触头的平衡位置，在标度尺上读出相应的被测温度。如被测电动势改变，则产生新的不平衡，然后再经过上述的自动调节过程，达到新的平衡位置，同时又读出新的被测温度值。

第二节　井筒温度分布

一、地热温度剖面

地球内部的热流从内部指向地表，地下温度随深度的增加而升高。温度随深度的变化规律称为地温剖面，地温剖面上的温度值称为地热温度，井筒中的温度如果没有受到干扰，温度曲线即与地温剖面相同。钻井、注水、产液过程都会对地温剖面产生影响。因此，关井很长一段时间后进行测井，才能得到地温剖面。地层中每个区块间由于岩性不一样温度分布不同，同一口井中不同深度上的温度梯度也不相同。地热温度梯度主要取决于岩石的导热性能，导热性能越高，热量通过岩石的传导就越容易，其温度梯度就越小（单位深度上温度的变化量叫温度梯度或地温梯度）。定量关系由下式表示（傅里叶定律）：

$$u=\lambda\frac{\mathrm{d}T}{\mathrm{d}D} \tag{4-39}$$

式中　u——热流量；

λ——热传导系数，液体的 λ 为 0.09~0.7W/(m·℃)，气体为 0.006~0.6W/(m·℃)，水泥为 0.025~3W/(m·℃)，金属值较高；

$\mathrm{d}T/\mathrm{d}D$——地温梯度（g_G）。

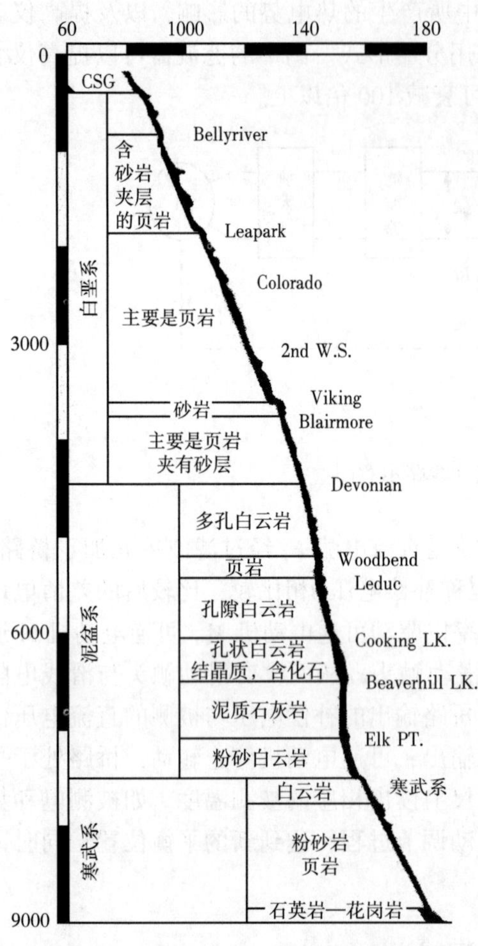

图 4-11　加拿大 Leduc 区块地热温度剖面

式(4-39)说明地温梯度与岩石的导热系数成反比。

图 4-11 是一口井与周围地层达到热平衡后的温度测井曲线，显示地温梯度随岩性的变化较明显。在解释中应记住这一特点，因为解释都假设地温梯度是个常数，地层越厚，这一假设越接近实际情况。

二、井筒温度特性

当流体被注入或从井内产出时，井筒温度会偏离地层温度。生产井中，生产层上部的流体温度要高于地层温度，因此井筒温度大于相应地层温度。由于注入水温度通常低于地层温度，因此井筒温度就比相应深度的地层温度低。图 4-12 是注入井或生产井的测井曲线示意图。井筒的温度是动态变化的，变化快慢取决于流量、完井方式、流体和地层导热特性等。

Ramey 根据图 4-13 建立了井筒生产或注入条件下的温度分布特性。条件是井筒流动，地层不流动，流体具有不可压缩性。令从体积为 $\pi r_1^2 dD$ 的流体体积单元内得到的热交换量为 dQ，则：

$$dQ = wC_{Pf}dT_W$$

式中　w——质量流量，且 $w=Q\rho_f$；

C_{Pf}——流体的热容；

T_W——流体的井眼温度。

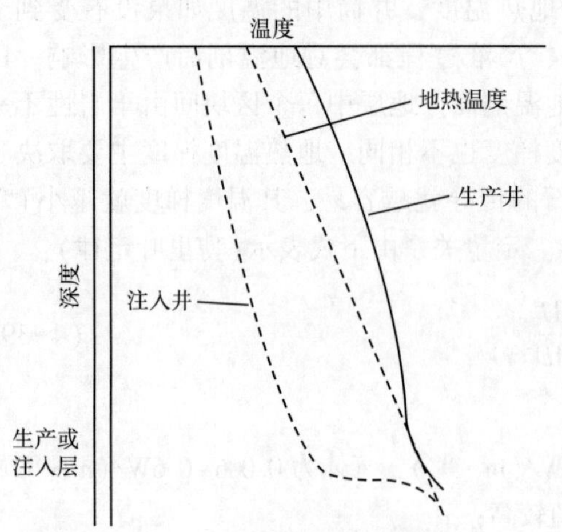

图 4-12　注入井或生产井的温度特性

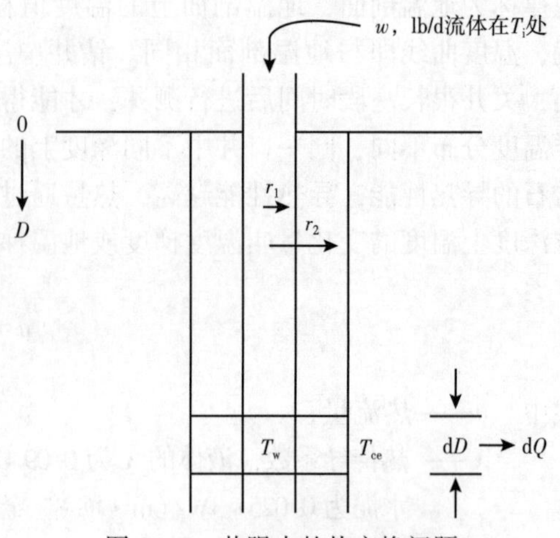

图 4-13　井眼内的热交换问题

假定流体在套管外 r_2 处热损失全部以热辐射形式进行，则：

$$dQ=-wC_{Pf}dT_W=2\pi r_1u(T_W-T_{ce})dD \tag{4-40}$$

式中 D——深度；

r_1——井眼半径；

u——综合热交换系数；

T_{ce}——套管外部温度。

在套管外，若热量径向穿过地层向外扩散，即可得到下面的公式：

$$dQ=-wC_{Pf}dT_W=\frac{2\pi(T_{ce}-T_G)dD}{f(t)} \tag{4-41}$$

式中 T_G——地热温度；

$f(t)$——取决于边界条件的时间函数。

合并式(4-40)和式(4-41)，并消去 T_{ce} 得：

$$\frac{dT_W}{dD}=-\frac{T_W-T_G}{Z}=-\frac{T_W}{Z}+\frac{T_G}{Z} \tag{4-42}$$

其中：

$$Z=\frac{wC_{Pf}[\lambda+f(t)r_1u]}{2\pi\lambda r_1u} \tag{4-43}$$

式中 Z——总传热系数，Btu/(d · ft · ℉)。

如果地温剖面已知，则由式(4-42)可求得井眼温度 T_W，T_W 是时间和深度的函数。假设地温梯度是常数，即地层温度与深度的关系为线性，即：

$$T_G=g_GD+T_b$$

式中 g_G——地温梯度；

T_b——$D=0$ 时的地热温度。

在 $D=0$ 时，$T_W=T$(流体地面温度)为边界条件，对式(4-42)进行积分可得：

$$T_W(D,t)=g_GD+T_b-g_GZ+[T_i(t)+g_GZ-T_b]e^{-\frac{D}{Z}} \tag{4-44}$$

式中 $T_i(t)$——初始点处的地热温度,℉。

当 $t\gg 7$d 时(如大于 100d)

$$f(t)=-\ln\frac{r_2}{2\sqrt{t\alpha}}-0.29 \tag{4-45}$$

式中 α——岩石的热扩散系数；

r_2——套管的外半径。

α 的定义为

$$\alpha=\frac{\lambda}{\rho C_P} \tag{4-46}$$

式中 ρ、C_P——分别表示岩石的密度和热容量。

α 的物理意义指岩石自身导热能力和储存热量的能力之比。

由式(4-44)可知，当 D 大于 Z 达到一定量时，$e^{-\frac{D}{Z}}$趋近于 0，该式变为

$$
\begin{aligned}
T_W(D,\ t) &= g_G D + T_b - g_G Z \\
&= T_G - g_G Z
\end{aligned} \tag{4-47}
$$

这样当 D 较深时，井眼温度剖面是一条平行于地热温度的直线。通常，要得到套管井的井眼温度剖面，必须计算总传热系数 Z，这就需要计算井筒周围岩石及从油管内壁到套管外壁、水泥环的综合热交换系数。这一内容详见第九章第四节。

式(4-44)是在注入井状态导出的，对于生产井式(4-44)可以写为

$$
T_W(D,\ t) = T_{b1} - g_G D + g_G Z + [T_{i1} - g_G Z - T_{b1}]\ e^{-\frac{D}{Z}} \tag{4-48}
$$

式中 T_{b1}——流体产出深度处的地热温度，℉；

T_{i1}——产出点上部的流体温度，℉。

g_G——地温梯度，℉/ft；

T_b——初始点处的流体温度，℉；

D——深度，ft；

Z——系统总的热传导系数，Btu/(d · ft · ℉)；

Q——流体体积流量，bbl/d；

ρ_f——流体密度，lb/bbl；

c_f——注入流体的比热，Btu/(lb · ℉)；

λ——地层热导率，Btu/(d · ft · ℉)；

α——地层热扩散系数，ft²/d；

t——注入或生产时间，d；

r_1、r_2——分别为套管内半径、外半径，ft。

式(4-44)和式(4-48)即是 Ramey 方程，适用于计算射孔层之间稳定层段的井筒温度剖面。通常情况下，$T_{b1}=T_{i1}$、$T_b=T_i$，当有流体进入或产出时，温度场发生变化，二者具有较大差异，尤其是有气体产出时，T_{b1}远高于 T_{i1}。

当注入量或产出量很高(大于几百桶/天)，且注入或产出时间大于几天时，式(4-43)中，u 很大，分子上括号中的第一项可以忽略，取 λ 为 33.6Btu/(d · ft · ℉)，此时：

$$
\begin{aligned}
Z &= 1.66 w C_{Pf} f(t) \\
&= 1.66 [Q\rho_f] C_{Pf} f(t)
\end{aligned} \tag{4-49}
$$

在 Z、ρ_f、C_{Pf}和 $f(t)$已知时，用式(4-49)可以计算相应井段流体的体积流量。对于淡水，C_{Pf}为 1.0，烃类流体的 C_{Pf}值略小于 1.0，计算 $f(t)$时要用到地层的热扩散系数 α，通常取 0.96ft²/d。式(4-49)是用井温资料计算两个射孔层间流体流量的基础，当 $t\geqslant 100$d 时效果较好。该方法通常只用于估算所在层段的总流量，而不用于确定注入层的注入量或生产层的产出量。

应用式(4-49)时，首先要计算弛豫距离 Z。该式说明，Z 与质量流量和时间函数成正比。式(4-44)中，前两项是地热温度，括号中的前两项是注入流体初始温度与地表温度的差值，$e^{-\frac{D}{Z}}$表示随 D 的增加，括号中三项对井筒温度的贡献是以指数方式衰减的，衰减量与深度 D 和弛豫距离相关。分析式(4-44)和式(4-48)可知，Z 和地温梯度的乘积与温

度曲线渐近线到地温梯度线的距离成正比(图 4-14、图 4-15)，即：

$$Zg_{\mathrm{G}}=x \tag{4-50}$$

式中　x——渐近线到地温梯度线间的距离。

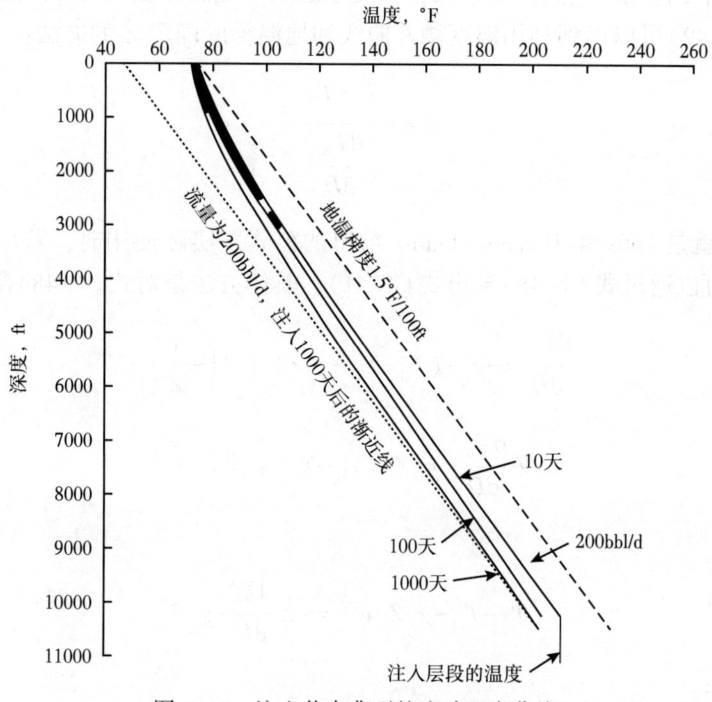

图 4-14　注入井中典型的流动温度曲线

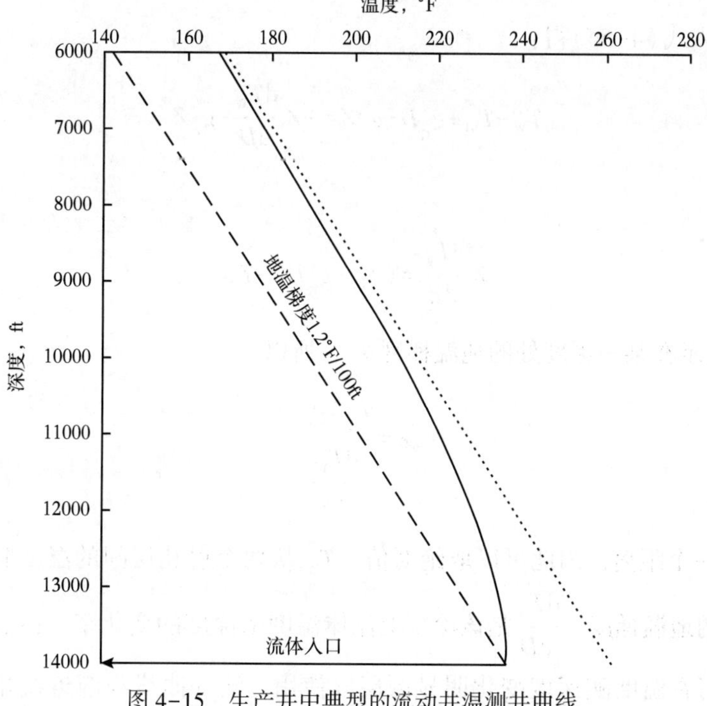

图 4-15　生产井中典型的流动井温测井曲线

渐近线的温度特性约要经过三个弛豫距离才能达到。式(4-49)和式(4-50)说明，对于相同的时间 t，注入或产出的质量流量越高，温度渐近线与地温梯度线的分离距离就越大，达到温度渐近线所需的弛豫距离也越大。同样，对于相同的注入量或产出量，时间越长，井内达到温度特性的垂直距离越大，温度渐近线与地温梯度线的分开距离也会增大。

整理式(4-42)可以得到利用温度测井曲线和地温梯度确定 Z 的方法：

$$Z=\frac{T_{G}-T_{W}}{\dfrac{dT_{W}}{dD}} \tag{4-51}$$

式(4-51)就是 1969 年 Romero-Juarez 给出的公式。实际使用时，若出现负数，则采用绝对值。也可以通过式(4-48)导出式(4-51)，具体方法是对式(4-48)微分得：

$$\frac{dT_{W}}{dD}=-g_{G}+(T_{i1}-T_{b1}-g_{G}Z)\ e^{-\frac{D}{Z}}\left(-\frac{1}{Z}\right) \tag{4-52}$$

$$-Z\frac{dT_{W}}{dD}=g_{G}Z+(T_{i1}-T_{b1}-g_{G}Z)e^{-\frac{D}{Z}} \tag{4-53}$$

于是：

$$(T_{i1}-T_{b1}-g_{G}Z)e^{-\frac{D}{Z}}=-Z\frac{dT_{w}}{dD}-g_{G}Z \tag{4-54}$$

由式(4-48)知：

$$(T_{i1}-T_{b1}-g_{G}Z)\ e^{-\frac{D}{Z}}=T_{W}-T_{b1}+g_{G}D-g_{G}Z \tag{4-55}$$

将式(4-55)代入式(4-54)得：

$$T_{W}-T_{b1}+g_{G}D-g_{G}Z=-Z\frac{dT_{W}}{dD}-g_{G}Z$$

整理得：

$$Z\frac{dT_{W}}{dZ}=(T_{b1}-g_{G}D)-T_{W} \tag{4-56}$$

$T_{b1}-g_{G}D$ 表示在某一深度处的地温梯度 T_{G}，所以

$$Z=\frac{T_{G}-T_{W}}{\dfrac{dT_{W}}{dD}} \tag{4-57}$$

由于 Z 是一个距离，因此可以取绝对值。T_{W} 从两个射孔层间的温度曲线上读取，T_{G} 是同一深度处的地温梯度。$\dfrac{dT_{W}}{dD}$是该深度上流体温度随深度的变化率，由温度测井曲线上读取。该方法可在温度随深度变化明显的层段使用，测井曲线与渐近线相似时，不宜应用，可以在同一解释层多计算几个 Z，最后取其平均值。

三、注入层或生产层深度处井眼温度

Ramey 方程适用于远离注入层或生产层的井筒温度计算。对着注入层或生产层的地方，由于有流动存在，要发生热交换，焦耳—汤姆逊(Joule-Thomson)现象非常明显。要计算相应井筒内的温度，首先要确定井筒周围地层内的温度分布。

傅里叶导热定律指出，当导热体中进行纯导热时，通过垂直热流方向上某一面积的热流量与该处温度梯度的绝对值成正比，其方向与温度梯度相反。根据这一定律，结合能量守恒关系可以得出具有流体运移油藏的温度特性。设厚度为 ΔD、半径为 $\mathrm{d}r$(图 4-16)的圆形单元油藏，假定是单相流动，不可压缩流体以恒定的质量流量 w 水平、径向流动，忽略动能变化，能量平衡方程为

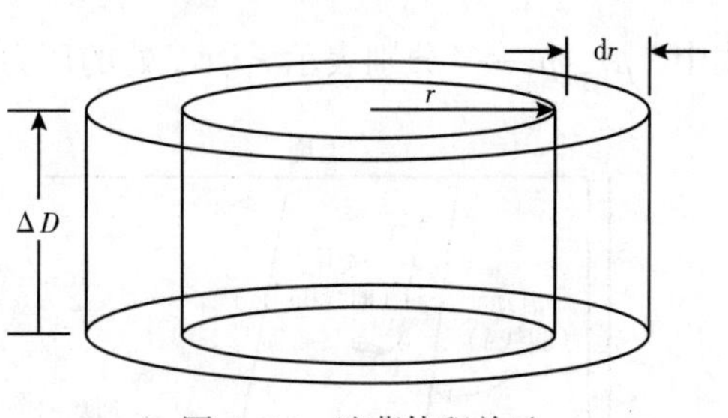

图 4-16　油藏体积单元

$$\overline{(C_{\mathrm{P}}\rho)}\frac{\partial T}{\partial t}=\frac{wC_{\mathrm{Pf}}}{2\pi r\Delta D}\frac{\partial T}{\partial r}+\frac{a}{2\pi r\Delta D}\frac{\partial p}{\partial r}+\frac{1}{r}\frac{\partial}{\partial r}\left(\lambda r\frac{\partial T}{\partial r}\right)+\frac{\partial}{\partial D}\left(\lambda\frac{\partial T}{\partial D}\right) \tag{4-58}$$

式中　$\overline{(C_{\mathrm{P}}\rho)}$——岩石和流体的平均密度和热容量；

λ——油藏的热传导系数；

a——体积流量。

式(4-58)等号右侧的第一项是由流体传给单元油藏的热量，第二项是流动过程中机械能损失产生的热能(摩擦热)，第三项是辐射热能，第四项是垂直热传导。对式(4-58)求解可以得到对应于注入层或生产层的井眼温度，一般需要数值解。由于摩擦项与流体性质相关，因此需要与描述油藏的压力扩散方程同时求解。

对于不可压缩流体单相径向流动，压力场与温度场无关，压力梯度可直接用达西定律计算：

$$\frac{\mathrm{d}p}{\mathrm{d}r}=\frac{q\mu}{2\pi r\Delta DK} \tag{4-59}$$

式中　μ——流体黏度，mPa · s；

K——渗透率，mD。

式(4-59)代入式(4-58)得到单位体积的摩擦热量 Q_{fr}：

$$Q_{\mathrm{fr}}=\frac{q}{2\pi r\Delta D}\frac{q\mu}{2\pi r\Delta DK} \tag{4-60}$$

对式(4-60)从内半径 r_1 到外半径 r_2 进行积分可得厚度为 ΔD 体积单元内因摩擦产生的热量：

$$\begin{aligned}Q_{\mathrm{fr}}&=\Delta D\int_{r_1}^{r_2}\frac{q}{2\pi r\Delta D}\frac{q\mu}{2\pi r\Delta DK}2\pi r\mathrm{d}r\\&=q\int_{r_1}^{r_2}\frac{q\mu}{2\pi r\Delta DK}\mathrm{d}r\\&=q\frac{q\mu\ln(r_2/r_1)}{2\pi\Delta DK}\end{aligned} \tag{4-61}$$

由达西定律知：

$$p_1 - p_2 = \frac{q\mu \ln(r_2/r_1)}{2\pi \Delta DK} \tag{4-62}$$

则式(4-61)变为

$$Q_{fr} = q(p_1 - p_2) \tag{4-63}$$

式中　p_1、p_2——分别表示 r_1、r_2 处的压力。

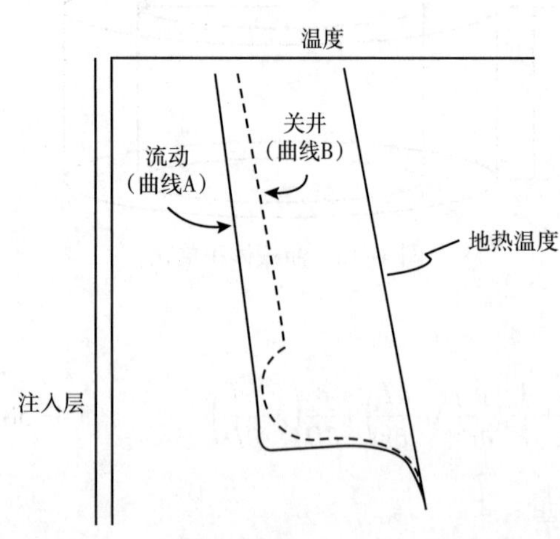

图 4-17　注入井中流动和关井温度测井

式(4-63)说明，压差越大，由摩擦引起的热量也越大。假设流量为 3.2m^3/d 的水进入厚度为 0.3m、径深为 0.3m、渗透率为 10mD，距井眼 0.08m 的体积单元。此时 $r_1 = 0.08$m、$r_2 = 0.38$m、$\mu = 1$mPa · s，由式(4-61)解得 $Q_{fr} = 0.109$Btu/s(1.589873Btu=1kJ)。如果这一热量被流体全部吸收，用质量流量 w 除 Q_{fr} 就可得到单位质量流量所吸收的热量，结果是 3.12kJ/kg，对于水，则可导致温度上升 0.74℃。由式(4-58)知，有一部分热量被传递给油藏，因此温度上升应小于 0.74℃。这一分析主要适用于稳定、径向单相不可压缩流体的平面径向流动。图 4-17 是只有一个注入层的注入井温度测井曲线，温度曲线穿过注入层时是稳定的，在注入层下部温度随深度增加缓慢上升至地热温度。关井后，整个温度开始恢复，注入层内由于吸入了冷的流体，所以温度恢复时间较长，注入段出现温度异常。生产井中，温度分布较为复杂。流体以地热温度进入井筒，此后与下部流上来的流体混合，生产层上部流体温度高于相应深度的地热温度。

四、产气层位处井眼温度

产气层中，气体进入井眼吸热膨胀，由于焦耳—汤姆逊现象，井筒温度下降。气体流过井眼附近的孔隙地层时，其焓值基本不变，气体的温度变化可用焦耳—汤姆逊系数 K_{JT} 来定义：

$$K_{JT} = \left(\frac{\partial T}{\partial p}\right)_H \tag{4-64}$$

通常温度下，K_{JT} 在压力不太高时(<450atm)是正值，如温度为 370K、压力为 120atm 时，甲烷的 $K_{JT} = 0.192$K/atm。这说明气体流至井眼中，温度和压力都会下降，气体进入井眼的位置可用温度测井的低温异常确定。图 4-18 是一口产气井的温度测井实例。

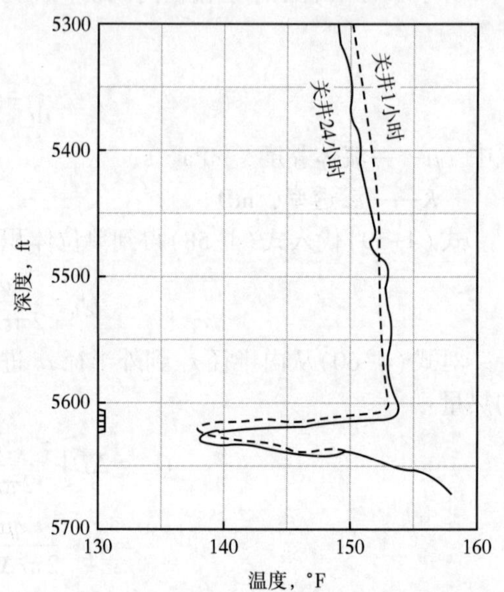

图 4-18　气体流动造成的低温异常

K_{JT}是正值表明气体随压力下降逐渐冷却，随着压力上升 K_{JT}逐渐降低最后到 0，压力为 0 时称为反转点，此后 K_{JT}变为负值，说明压力很高时，如果压力降低、气体的温度会升高，即气体通过节流孔时会变热。通常油藏温度下，气体反转点为 500atm，在这个压力以上时，气体进入时井眼温度会上升，温度测井曲线上看不到低温异常现象。

对于不同组分的气体，K_{JT}不同，可采用热力学数据或下列状态方程计算：

$$K_{JT}=\frac{1}{C_P}\left[T\left(\frac{\partial V}{\partial T}\right)_P-V\right] \tag{4-65}$$

式中　C_P——热容量；

T——温度；

V——比热容。

五、温度恢复测试

在地热开采中，通常要了解及确定地层的静态温度。地层静态温度通常是通过温度恢复确定的。温度恢复的理论基础是温度扩散方程的线源解。

假设：(1)储层是以井眼为轴的圆柱形；(2)热流只是由热传导引起；(3)地层的热学性质不随温度变化；(4)地层是均质无限大地层；(5)在地层中没有垂向热流；(6)地表面温度不发生变化；(7)井眼中的热流忽略不计。在这一假设条件下，描述井眼周围地层瞬间温度的热扩散方程表示为

$$\frac{\partial^2 T_D}{\partial r_D^2}+\frac{1}{r_D}\frac{\partial T_D}{\partial r_D}=\frac{\partial T_D}{\partial t_D} \tag{4-66}$$

其中：

$$T_D=\frac{T_i-T_{(r,t)}}{T_i-T_{wf}} \tag{4-67}$$

$$t_D=\frac{\lambda t_p}{C_P\rho r_w^2} \tag{4-68}$$

$$r_D=\frac{r}{r_w} \tag{4-69}$$

式中　T_D、t_D、r_D——分别为无量纲温度、无量纲时间和无量纲半径；

T_i——初始地层温度，℉；

$T_{(r,t)}$——在 t 时刻，地层 r 处的温度，℉；

T_{wf}——某一深度处的井筒流体温度，℉；

r——半径，ft；

r_w——井眼半径，ft；

t——时间，h；

t_p——生产时间，h；

λ——热传导系数，Btu/(h · ft · ℉)；

C_P—比容量，Btu/(h · ft · ℉)；

ρ——地层密度，lb/ft^3。

边界条件为

$$T_D(r_D, 0) = 0$$

$$T_D(1, t_D) = 1$$

$$\lim_{r_D \to \infty} T_D(r_D, t_D) = 0$$

式(4-66)描述的温度分布与相同条件下压力分布相类似。Ehlig-Economides 对相应的压力方程求解，并用温度取代压力得：

$$\frac{T_i - T_{ws}(\Delta t_D)}{T_i - T_{wf}} = 1 + \int_{t_D}^{t_D + \Delta t_D} q_D(\tau) p_{ws}(t_D + \Delta t_D - \tau) \mathrm{d}\tau \tag{4-70}$$

式中 Δt_D——某深度上的关井时间，h；

$q_D(\tau)$——某一深度上，τ时刻的热流量；

p_{ws}——关井时的井底压力，lb/ft^2；

$T_{ws}(\Delta t_D)$——关井时间 Δt_D 时刻的关井温度，℉。

Ehlig-Economides 对式(4-70)进行数值积分并在对数坐标上得到一组曲线，横坐标为对数，表示 Horner 时间$\frac{t_p + \Delta t}{\Delta t}$，纵坐标是无量纲的恢复温度 T_{Dws}。并发现，在无量纲 Horner 时间较小时，在半对数坐标系中，T_{Dws} 可近似看成一条直线，直线的方程为

$$T_{Dws} = T_{Dws}^*(t_D) + b(t_D) \lg \frac{t_p + \Delta t}{\Delta t} \tag{4-71}$$

式中 T_{Dws}——无量纲恢复温度；

T_{Dws}^*——初始温度(T_i)与静态温度(T_{ws}^*)之间的无量纲温度降；

T_{ws}^*——无量纲 Horner 时间等于 1 时的外推温度，由于时间较小，所以 T_{ws}^*通常小于实际的初始温度。

T_{Dws}、T_{Dws}^*分别表示为

$$T_{Dws} = \frac{2\pi\lambda h(T_i - T_{ws})}{\bar{q}} \tag{4-72}$$

$$T_{Dws}^* = \frac{2\pi\lambda h(T_i - T_{ws}^*)}{\bar{q}} \tag{4-73}$$

式中 $\bar{q}$——井内的平均热流量；

T_{ws}——某深度上的关井温度，℉；

h——地层厚度。

式(4-73)与式(4-72)组合得：

$$T_{ws} = T_{ws}^* + \frac{\bar{q} T_{Dws}^*}{2\pi\lambda h} - \frac{\bar{q} T_{Dws}}{2\pi\lambda h} \tag{4-74}$$

将式(4-71)代入式(4-74)整理得：

$$T_{ws} = T_{ws}^* - \frac{\bar{q}}{2\pi\lambda h} b(t_D) \lg \frac{t_p + \Delta t}{\Delta t} \tag{4-75}$$

令 $m=\dfrac{\bar{q}}{2\pi\lambda h}b\ (t_D)$，式(4-75)变为

$$T_{ws}=T_{ws}^{*}-m\lg\frac{t_p+\Delta t}{\Delta t} \tag{4-76}$$

在半对数坐标上，式(4-76)是一条直线，直线斜率为 m，在$(t_p+\Delta t)/\Delta t=1$ 处的 T_{ws} 值即是假静态温度 T_{ws}^{*}。m、T_{ws}^{*}确定后，可用式(4-73)确定 T_i：

$$T_i=T_{ws}^{*}+\frac{\bar{q}T_{Dws}^{*}}{2\pi\lambda h} \tag{4-77}$$

令 $T_{DB}(t_D)=\dfrac{T_{Dws}^{*}}{b(t_D)}$，并对式(4-77)整理得：

$$\begin{aligned}T_i&=T_{ws}^{*}+\frac{\bar{q}}{2\pi\lambda h}b(t_D)\cdot\frac{T_{Dws}^{*}}{b(t_D)}\\&=T_{ws}^{*}+mT_{DB}(t_D)\end{aligned} \tag{4-78}$$

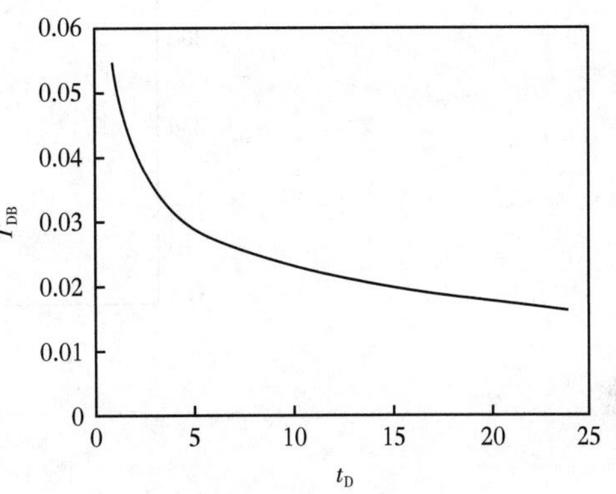

图 4-19　校正曲线

$t_D\leqslant 25$；$(t_p+\Delta t)/\Delta t=1.25\sim 2$

T_{DB}是无量纲时间 t_D 的函数，图 4-19 至图 4-21 是无量纲校正因子 T_{DB}与 T_D 的拟合关系曲线，计算时，可采用相应的图版确定 T_{DB}。以上分析的方法是在温度恢复时间较小的情况下进行，如果时间足够长，T_{ws}^{*}就不需要用式(4-78)进行校正，足够长的时间通常是指大于 3 倍的生产时间，如 $t_p=12\text{h}$，则要求大于 3×12=36h 才开始记录，在实际上往往是不可能的。

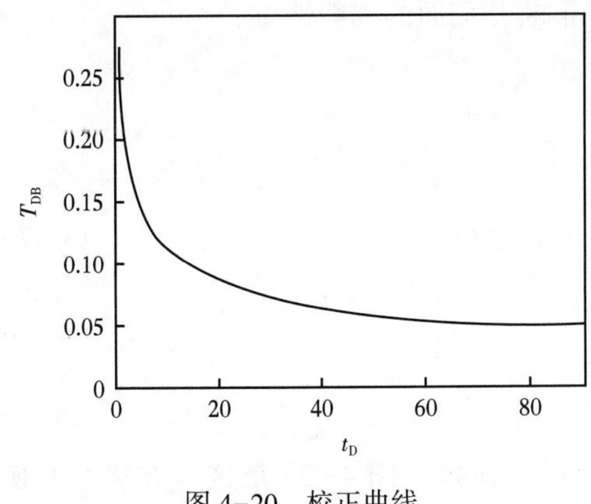

图 4-20　校正曲线

$t_D\leqslant 80$；$(t_p+\Delta t)/\Delta t=2\sim 5$

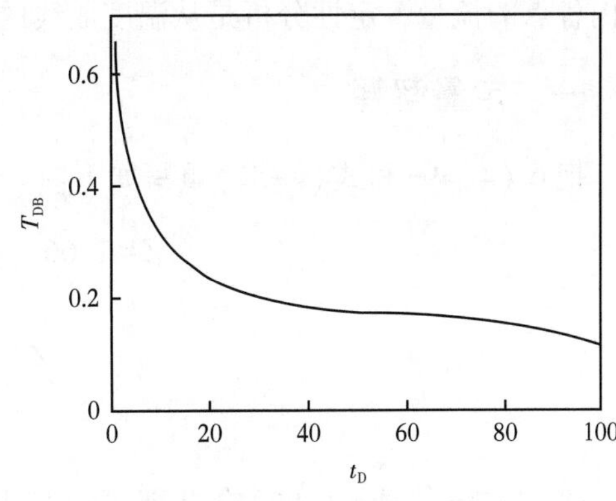

图 4-21　校正曲线

$t_D\leqslant 100$；$(t_p+\Delta t)/\Delta t=5\sim 10$

例 4-1　某热采井在井深为 778m 深处开始记录关井时的恢复温度，此前已生产 15h，求原始地层温度。具体记录结果如下。

根据表 4-2 得出如图 4-22 所示的直线，得 $m=155.1$，$T_{ws}^{*}=364.5$℉。已知 $\lambda/(\rho r_w)=0.4$，则 $t_D=0.4\times 15=6$，由图 4-20 知 $T_{DB}=0.137$，由式(4-78)可得 $T_i=364.5+0.137\times 555.1=$

385.8℉，后来确定这个深度地层的原始温度为379℉，二者误差小于2%。

表4-2　记录结果

关井时间 Δt，h	Horner时间 $(t_p+\Delta t)/\Delta t$	关井温度，℉
7	3.14	286
11	2.33	308
13.5	2.11	312

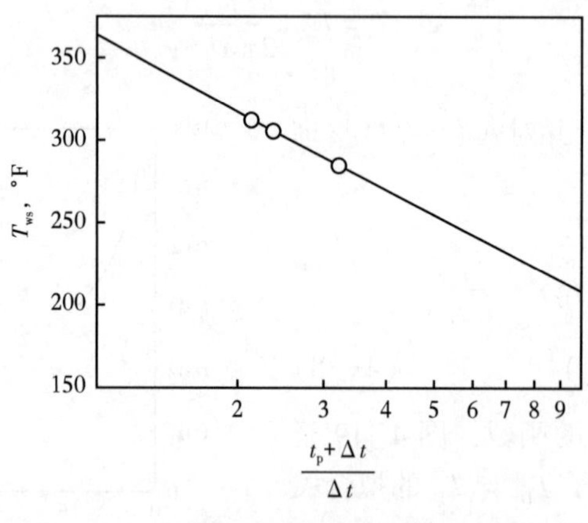

图4-22　应用实例

第三节　温度测井解释及应用

温度测井的解释方法分两种：定量解释、定性分析。定量解释是利用Ramey方程计算井内各点的流量，定性分析是从温度曲线的形状推断井剖面的一般性质。

一、定量解释

把式(4-49)和式(4-57)重写如下：

$$Z=1.66\left[Q\rho_f\right]C_{Pf}f(t) \tag{4-79}$$

$$Z=\frac{T_G-T_W}{\frac{dT_W}{dD}} \tag{4-80}$$

式(4-79)、式(4-80)合并即可计算出相应层的流量。图4-23是这一方法的实例。如果地层特性在整个测井通过区不发生大的变化，由式(4-79)和式(4-80)可知，图4-23中5820ft和5890ft两个位置应有

$$\frac{Z_2}{Z_1}=\frac{(T_W-T_G)_2}{(T_W-T_G)_1}=\frac{Q_{f2}}{Q_{f1}} \tag{4-81}$$

式(4-81)说明温差与流量成正比。对该实例来说，A层段吸收25%的注入流体，其余的则进入B层。注意采用这一方法时，要求深度D充分大于Z，且主要为单相流动，如

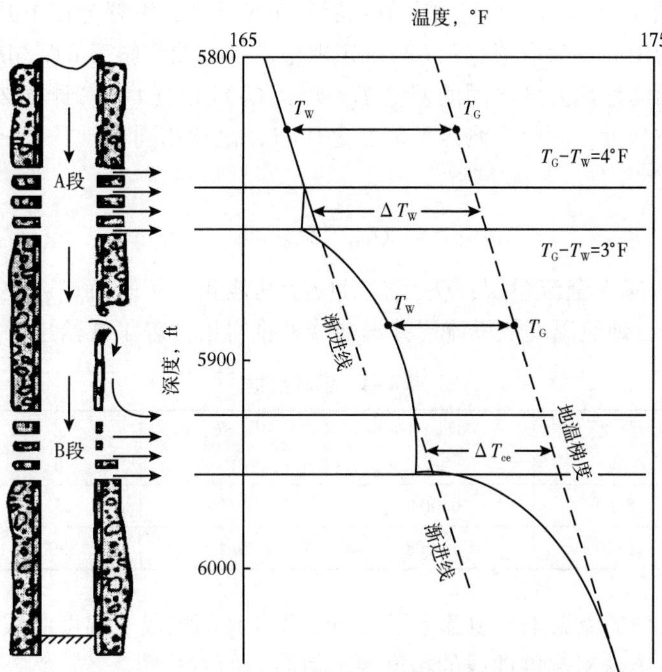

图 4-23 测井解释实例（Witterholt-Tixier 温度测井解释）

果两相混合得较为均匀时，也近似适用。

1. Romero-Juarez 法的应用

图 4-24 是一口生产井的温度测井曲线，产层从 5712～5764ft 共有三个射孔层段，含

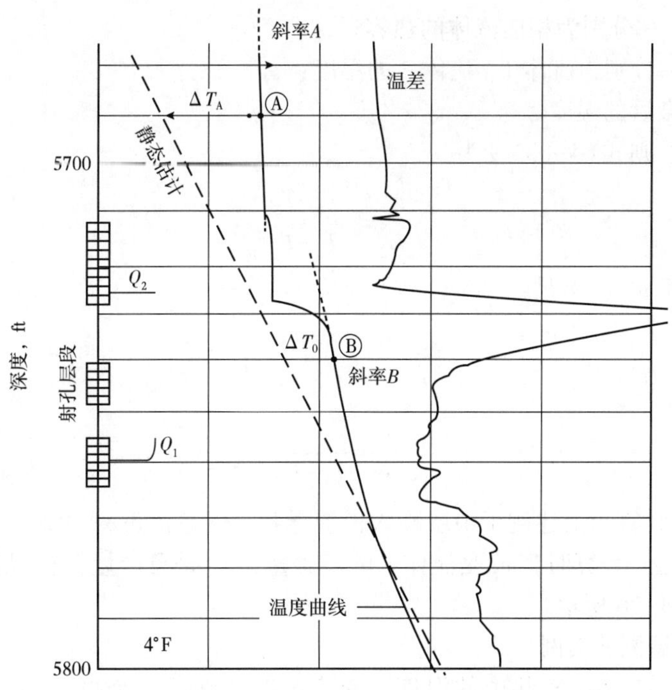

图 4-24 Romero-Juarez 法应用实例

水率为78%，含油率为22%。假定两个射孔层间距足够大，解释分以下几个步骤，(1)选择射孔层段之间的中间点为取值点；(2)确定取值点处的曲线斜率 dT_W/dD；(3)计算每一测点处取值，井温与地热温度之间的差值 T_W-T_G；(4)用式(4-57)计算 Z。若各取值点处的岩石和流体性质相近，则每个测点处流量之比与 Z 之比相同：

$$\frac{Q_i}{Q_{100}}=\frac{Z_i}{Z_{100}} \tag{4-82}$$

式中，Q_{100}、Z_{100}对应于全流量层；Q_i、Z_i 对应于其他测点。取值点选在 5690ft(1734m)、5740ft (1750m)处，地热温度从零流层井温曲线外推得出，表 4-3 给出了解释数据。

表 4-3 解释数据

取值点	深度 ft	dT_W/dD °F/ft	T_W-T_G °F	Z ft	Q %
A	5690	0.0033	1.1	333	100
B	5740	0.008	0.4	50	15

结果表明，85%的流量来自顶部层段，15%来自底部层段。温度曲线的斜率对解释结果影响较大，这一方法对温度曲线的精度要求较高。

除了应用上述方法之外，还可以用 Mckinley 提出的混合温度分析方法。井眼中流体 1 从油藏中径向进入井筒，与从下部流上来的流体 2 在井筒中混合，流体 2 的温度高于流体 1。由能量平衡可知，流体 1 得到的热量与流体 2 放出的热量相同，即

$$w_1C_{P1}(T_0-T_1)=w_2C_{P2}(T_2-T_0) \tag{4-83}$$

式中 w_1、w_2——分别为流体 1、流体 2(图 4-25)的质量流量；

C_{P1}、C_{P2}——分别为相应流体的热容量；

T_1、T_2——分别为流体 1、流体 2 的温度；

T_0——混合后的温度。

若 $C_{P1}\approx C_{P2}$，则式(4-83)变为

$$\frac{w_1}{w_2}=-\frac{T_0-T_2}{T_0-T_1} \tag{4-84}$$

混合后的总流量 w_0 满足：

$$w_0=w_1+w_2 \tag{4-85}$$

因此式(4-84)变为

$$\frac{w_1}{w_0}=\frac{T_0-T_2}{T_1-T_2} \tag{4-86}$$

用式(4-86)计算出上述例子中层段 A 的流量相当于总流量的 80%，与 Romero-Juarez 计算结果较为接近。计算时，w_1 是流体 1 的产出量，w_0 是总产量，T_1 从温度曲线上的转折点读取，如图 4-26 所示。

2. 产气井井温测井实例

图 4-27 是一口自喷气井中的温度、密度测井曲线，三个射孔层分别位于 9630ft、10115ft、10185ft 处，测井目的是确定这三个射孔层的相对产气量。在 10115ft 深度的射孔

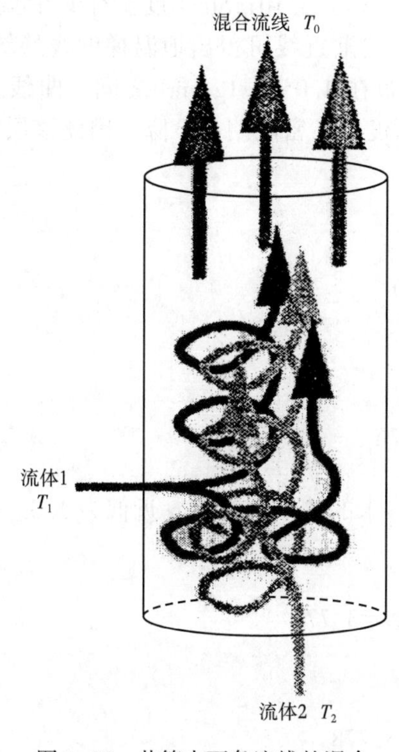

图 4-25　井筒内两条流线的混合

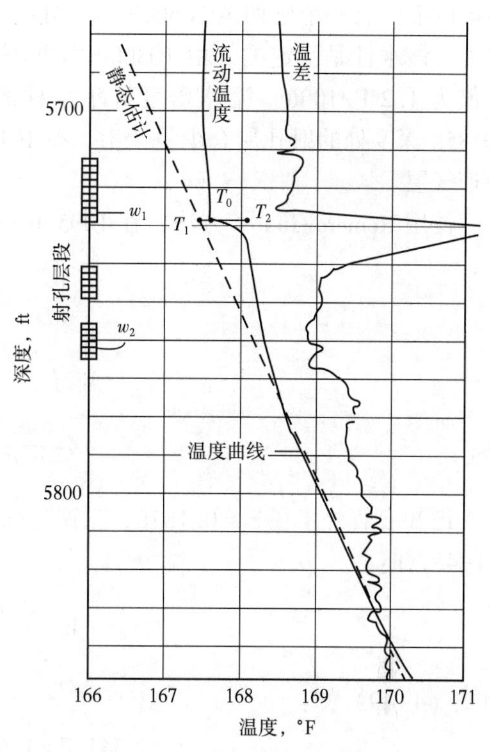

图 4-26　混合法解释

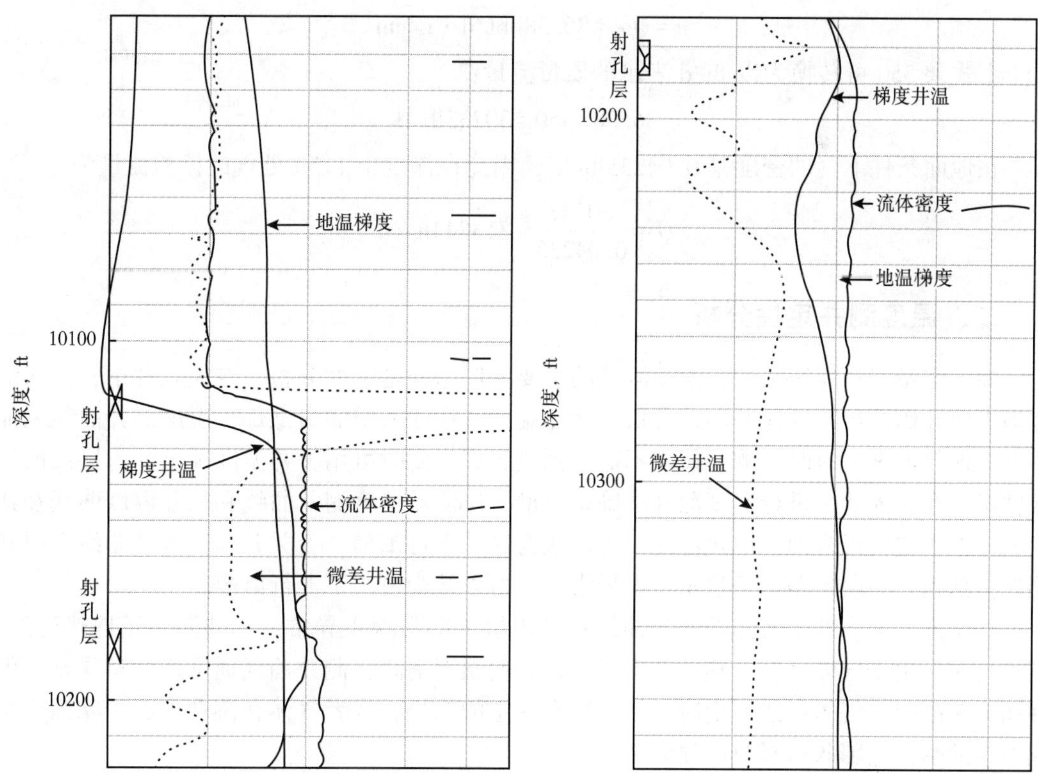

图 4-27　产气井的测井曲线

层段以下，有一个延伸至10500ft深度处的一个水柱。除了在10115ft深度上有少许水产出之外，该水柱是稳定的，由10300ft深度下的井温曲线渐近线可得出地温梯度线的斜率，数值为1.2℉/100ft。流体密度显示水柱的密度分布在1.0~1.1g/cm³之间。曲线显示10185ft深度处的射孔层有少量产出，在10115ft的深度上，密度明显下降，因此该层是主力产气层。

使用Romero-Juarez方法，在10050ft处有

$$\frac{\mathrm{d}T}{\mathrm{d}D}=0.012℉/\mathrm{ft}$$

$$T_G-T_W=6.5℉$$

则：

$$Z=\frac{6.5}{0.012}=541.7\mathrm{ft}$$

已知套管外半径$\bar{r}_2=0.187$ft，生产时间$t_p=30$d，水的热扩散系数α近似为1.0。由式(4-45)知：

$$f(t)=-\ln\frac{0.187}{2\sqrt{1\times30}}-0.29=3.778$$

由式（4-49）知：

$$541.7=1.66Q\rho_f\times1\times3.778$$

因此

$$w=Q\rho_f=86.38\mathrm{bbl/d}\cdot\mathrm{g/cm^3}$$

上式乘350可转换为以lb/d表示的质量流量：

$$86.38\times350=30233\mathrm{lb/d}$$

在地面条件下气的密度是0.04235lb/ft³，因此在深度10115ft处气的体积流量为

$$Q=\frac{30233}{0.04235}=713844\mathrm{ft^3/d}$$

二、温度测井定性分析

除了定量资料应用之外，温度测井的主要应用途径是定性分析。在注入井中，注入流体通常使井筒冷却，因此井温通常低于地热温度，在注入层的最低部，温度测井曲线明显上升至地热温度。有时，测井仪器不能下到最底部，此时可用关井温度确定注入层段的注入情况。在注入井中进行温度测井能确定窜槽，当流动温度测井曲线和关井温度曲线在达到底界下部之前仍未回到地热温度，可以认为这是下行窜槽。若关井温度测井曲线在射孔层段上部很长一段的距离仍显示低温异常，则可以认为发生了上行窜槽。

在生产井中，产出流体的井温曲线在产出层上部出现正异常，即井温高于地热温度，若产气时，由于气体膨胀吸热，产生了冷却，使温度下降，测井曲线通常产生负异常，但在压力较高时，气体可能不变冷，甚至具有一定的热量，或者气体在流动中由于摩擦作用而产生的热比它膨胀时吸收的热要多。

图4-28给出一口注水井的井温曲线，图b是在射孔层段处的放大曲线，注水量的单位是bbl/d，深度的单位为ft，温度的单位为℉。该井注水量为400bbl，20天为一个注水

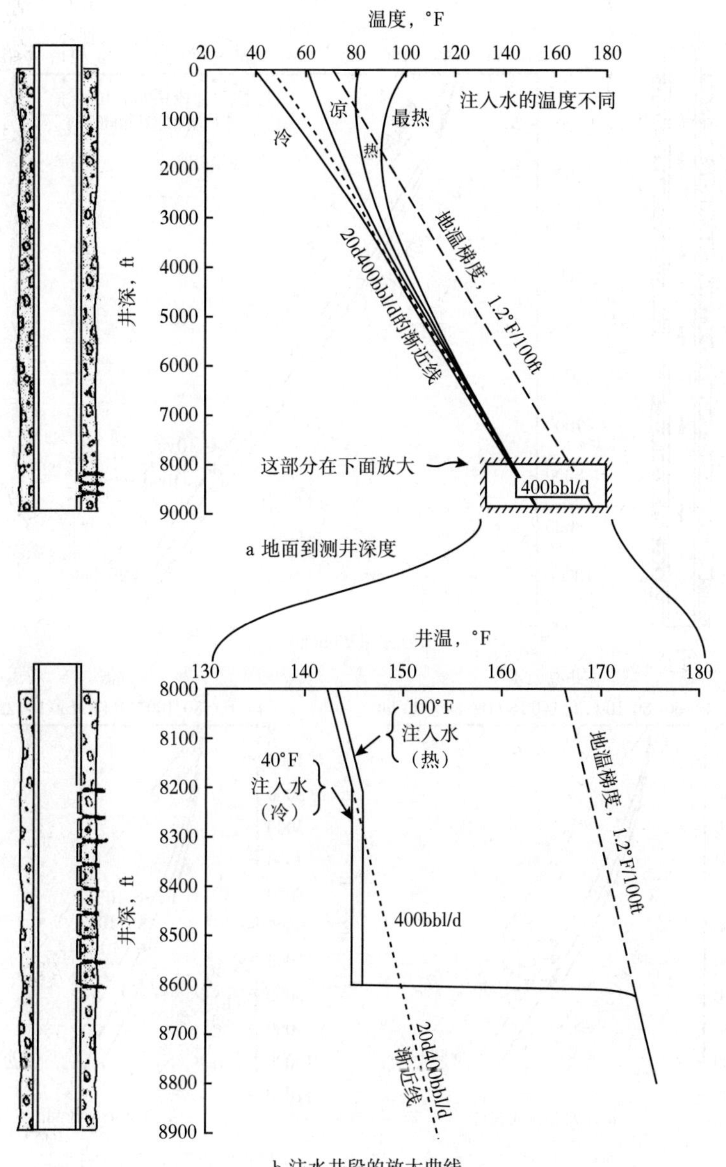

图 4-28　注水井中改变地面注水温度对井温测井的影响

周期，四条曲线分别表示注入水在地面的温度，分别为 40℉、60℉、80℉与 100℉时的测井曲线。水在刚进入井口的一段距离内，温度比地温高，随后，随着深度变大，低于地温，由于深度较深，注入量也不大，因此井温大小几乎与地表温度无关，几条曲线收敛在一起。图 4-28 的下半部分是上部射孔层段放大曲线，40℉和 100℉的那两条曲线在这里的温度差很小，约为 1℉，曲线的近似垂直部分显示了注入水的去向，随后曲线很快趋于地热温度曲线。

如图 4-29 所示，随着深度的增加，井温曲线趋于平行于地温曲线的渐近线，渐近线由质量流量、井内流体的比热及注水时间决定。同一流量时，注入时间越长，温度曲线越接近渐近线。

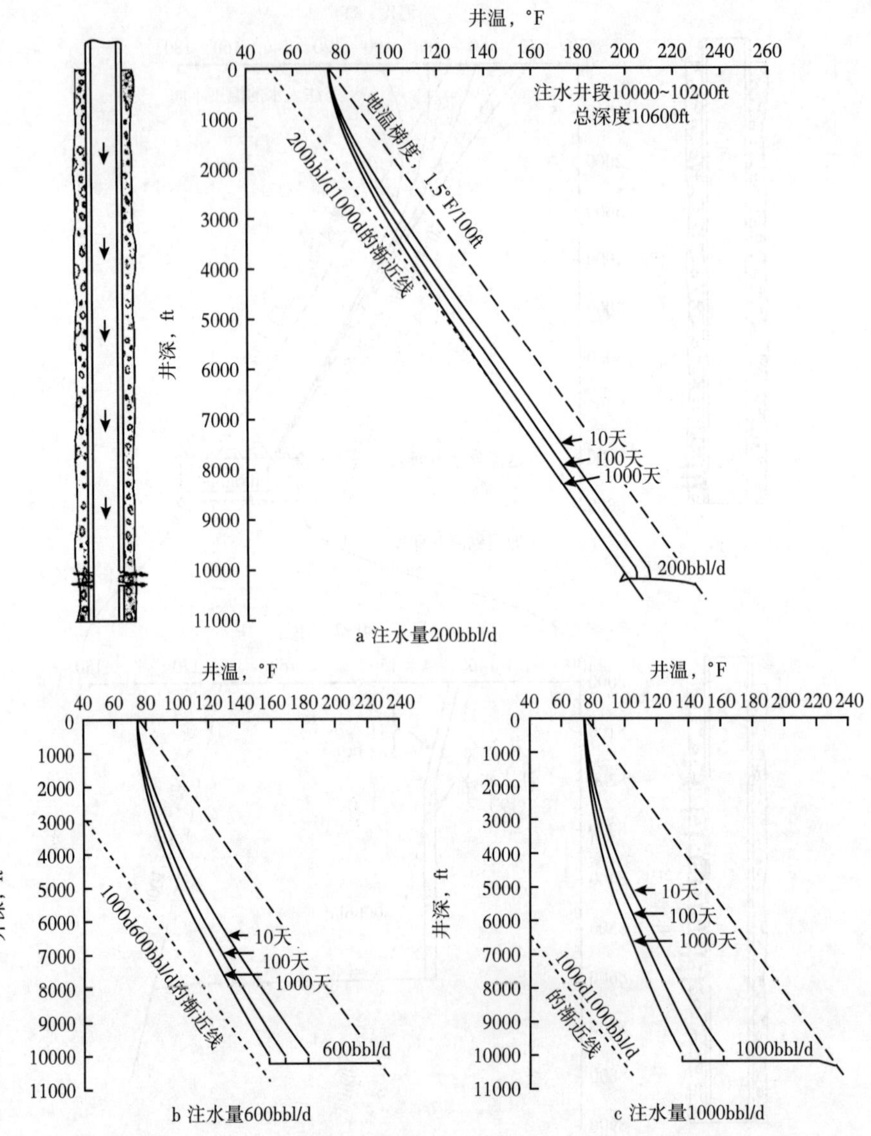

图 4-29 注水井中增加注入量与注入时间对井温测井的影响

生产井中，产层以上同一深度处的温度一般比地热温度要高，特殊情况下，若注入的水温过低，也会出现例外情况。图 4-30 表示注入量为 400bbl/d 时，生产时间分别为 10d、100d 和 1000d 时的三条井温测井曲线。图 4-31 是产量分别为 200bbl/d、400bbl/d 和 800bbl/d，生产时间都为 15d 时的三条井温测井曲线。以上两个生产井的例子中，进入井筒内流体的温度与同一深度处的地热温度相同。在这个射孔层以下若没有射孔层，温度测井曲线与地热温度曲线重合。

图 4-32 是油、气、水温度测井响应的比较，假设三者的比热相同。它们进入井筒时的温度等于地层温度，图 4-32a 中，油、气、水的质量流量都是 70t/d，三者的温度响应相同；图 4-32b 中，三者的体积流量相同，都为 400bbl/d，但温度曲线差别很大。说明温度响应与流体的密度相关。

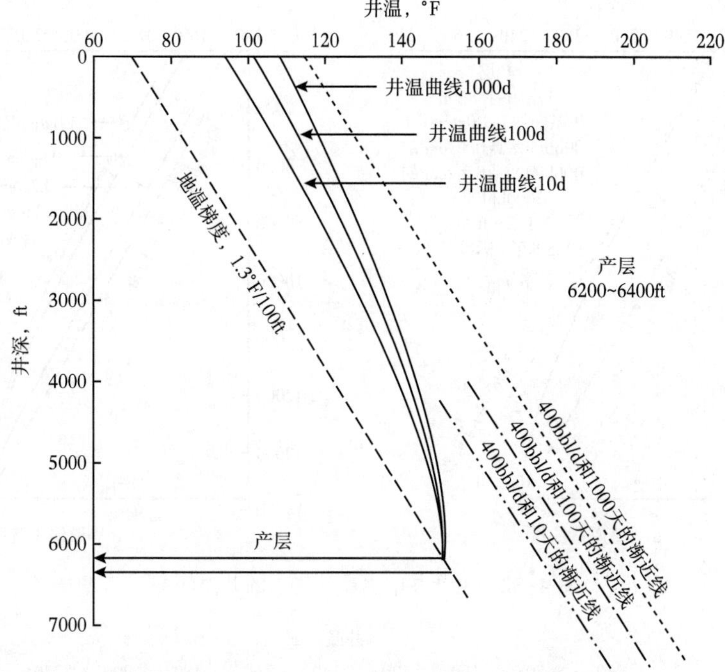

图 4-30　生产井中不同生产时间的井温测井

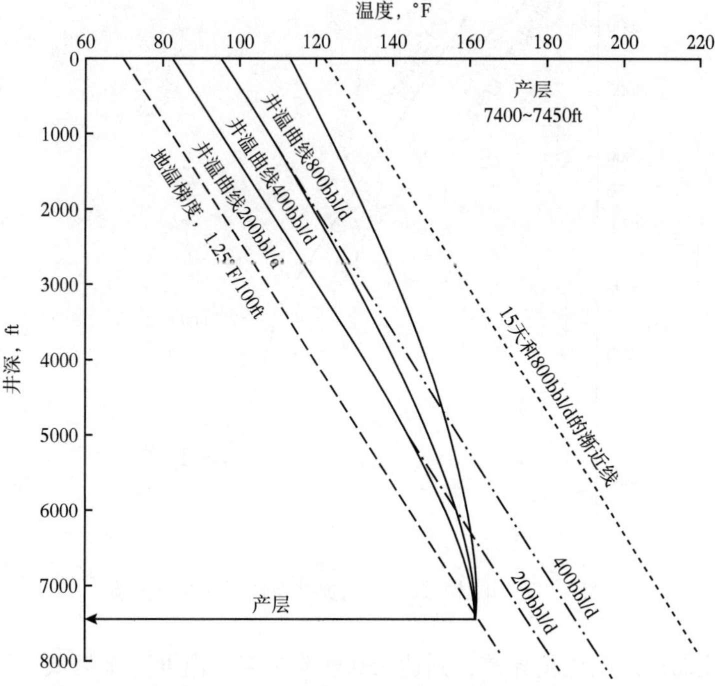

图 4-31　生产井中各种流量的井温测井

图 4-33 是用井温测井检查窜槽的实例，水从 6500ft 处的漏洞流进套管，然后下窜到 8500~8700ft 的射孔层段，窜到 6500ft 以下时，由于水从上向下流动，使得下面的井筒冷

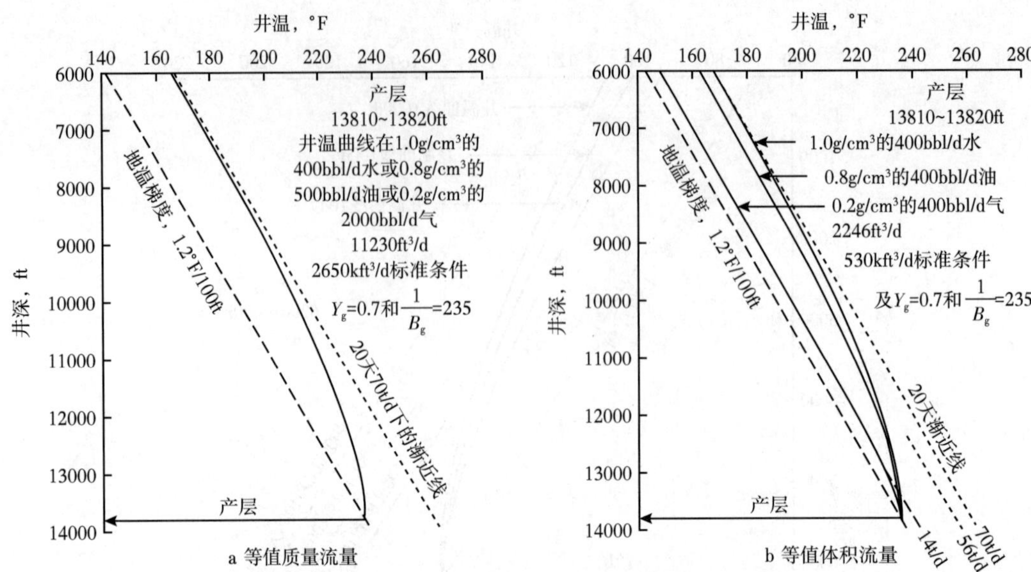

图 4-32 生产井中生产油气水的井温测井

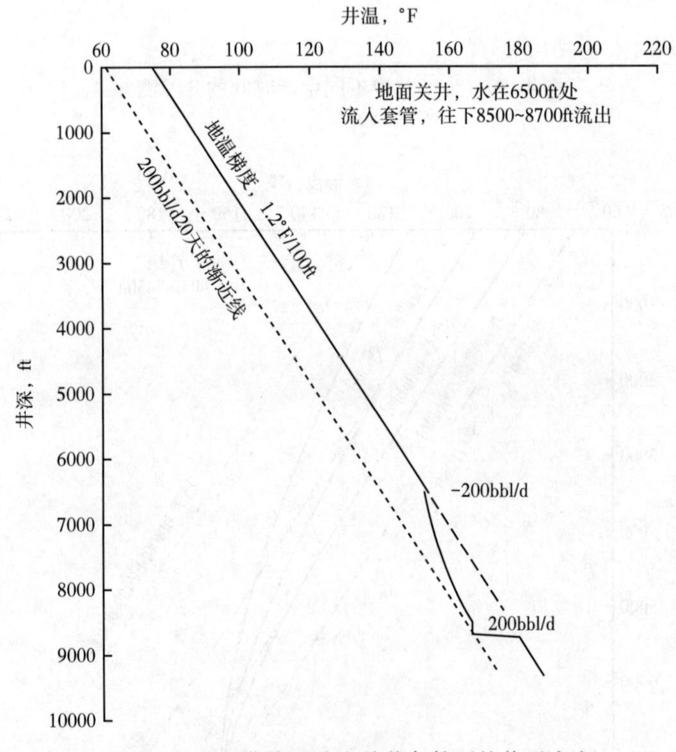

图 4-33 井温曲线反映出关井条件下的井下液流

却，因此，温度曲线产生了负异常，到达 8500ft 附近时，温度降至最低，再向下，恢复到地层温度。

下面为一些井温测井的实例。

1. 注入井的关井井温曲线

通常关井 48 小时后测井温曲线，由于要得到几条不同时间内测的井温曲线，因此实际测量时，一般在48小时以内就开始测量，根据井温曲线向地热梯度线恢复的情况确定吸水层位，图4-34是一口井的实例。该井进行过井下施工，施工前后各测了流量曲线，施工后，又利用温度恢复法测了几条温度曲线。由图中可知注水井段的上界面是F层，下界面是C层，A、B两层很少或不吸水，D、E两层不能确定。流量计曲线显示大多数流体是从C与F两个井段进入地层的；综合显示大多数流体是从C与F两个层段进入地层的，A、B、D、E层段注入的水很少。

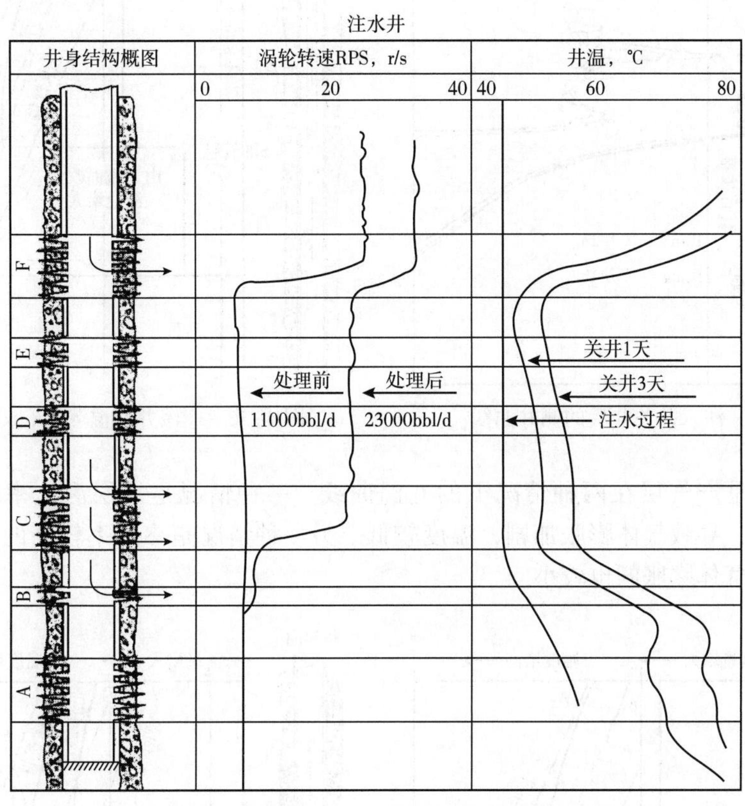

图4-34　用静态（关井）井温测井确定注入层段

图4-35是另外一口注水井的井温测井实例。四条关井井温测井曲线分别是在关井后0.5小时、1小时、2小时、4小时测得的，第3道显示的是微差井温曲线，地层吸水后被冷却，温度降低，关井后，温度逐渐开始恢复，该井有两个射孔层。曲线显示上面一层恢复的速度比下面的一层要快，说明下面一层的吸水量相对要大。后来用流量测井证明，下部吸水量为59%，上部吸水量为41%，说明解释结果是可靠的。

2. 用温度测井确定产层位置

图4-36有两个产出点P_1、P_2分别以w_1和w_2的流量产油，从井底开始曲线先沿地热剖面往上到达第一个进油口P_1。从P_1到P_2的温度按指数方式移向渐近线A_1A_1'，到达P_2后，温度曲线水平偏移，偏移距离是产油量的函数，从P_2向上，井温又以指数方式移向渐近线A_2A_2'。在该井的两个产层处，井温曲线出现了两次正异常。流体从套管进入油管时，温度曲线也会出现异常如图4-37所示，图中P点是产油层，温度曲线以指数方式向渐近线A_1A_1'追近。在S处，所有流体都进入油管，此时，流体与地层的热交换通过油套

环形空间进行，因此在 S 处产生了一个井温异常。

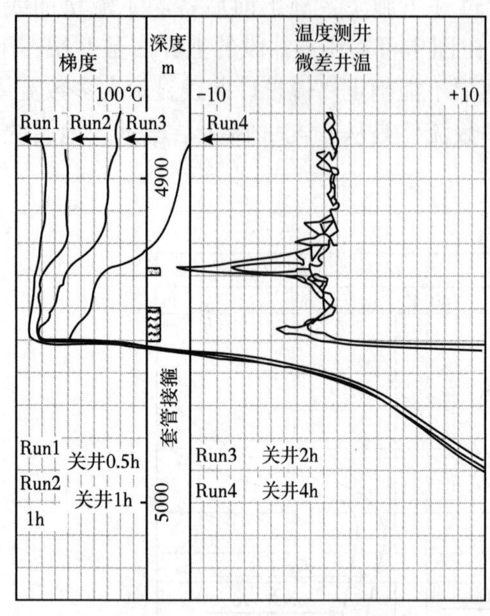

图 4-35　注入井关井后的测井曲线

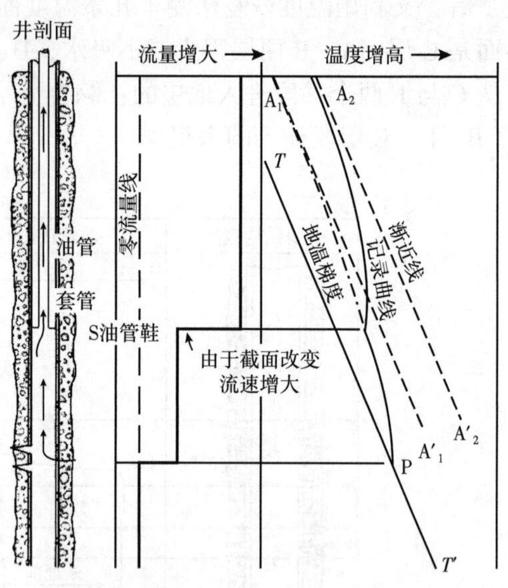

图 4-36　产液井井温测井（双点入井）

图 4-38 是产气层在两种情况下的井温曲线。一种情况是地层渗透率较低，此时，压力降落较大，导致气体膨胀加剧，温度较低。另一种情况是渗透率较高的情况，此时，压力降较小，气体膨胀的也较小。

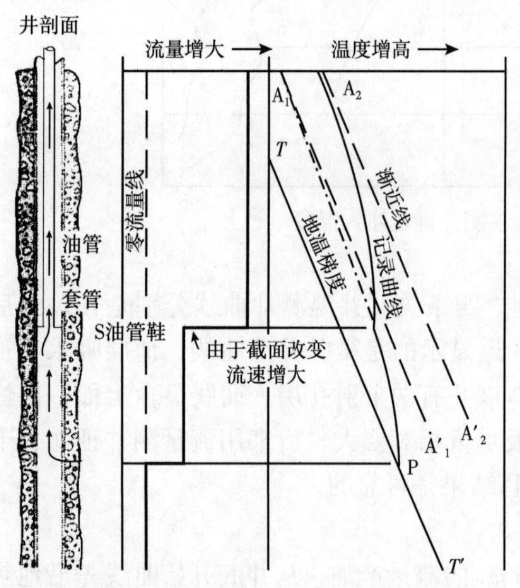

图 4-37　产液井单点入井，从油管产出

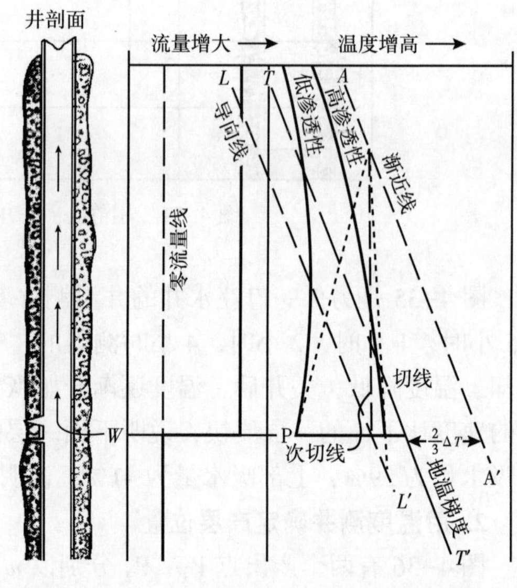

图 4-38　产气井单点入井

3. 用井温检查窜槽

套管外的窜槽、封隔器的泄漏以及其他故障可以通过井温测井检查出来。图 4-39 是典型的窜槽情况井温响应。图中显示，窜槽流量不同时，温度曲线的形状不同。图 4-40 是流体首先沿套管和地层之间的环形空间向上流动，然后再进入套管向上流动，温度剖面

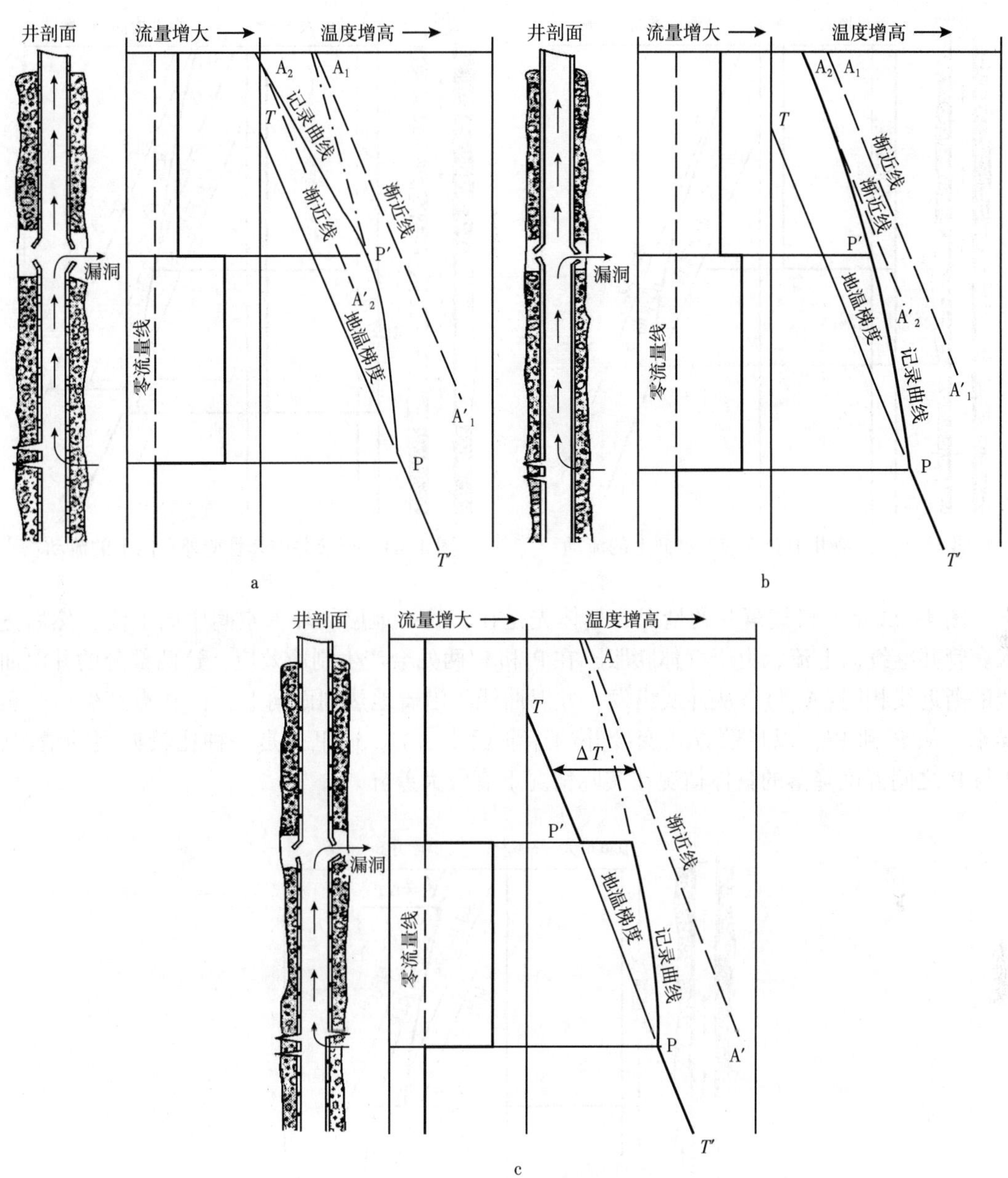

图 4-39　在产液井(单点注入井，套管有漏洞) 中进行温度和流量测井
在图 b 中由于渐近线比图 a 更靠近地温梯度线，所以套管漏洞以上的流量比图 a 更低

同液体是从 P 处进入套管时情况相同。图 4-41 中流体从 P 处起，先在套管—地层的环空中向下流动，然后在 P′处进入套管向上流动。从井底出发，井温曲线循着地热剖面移到 P′处，在 P′处，曲线位于 P 和 P′之间的某一较低的温度，并以指数方式趋近于渐近线 A_1A_1'。在 P 处，井温分布比地热分布还要高些，这是由于流体是从 P 到 P′再回到 P 的缘故。在 P 以上，温度曲线以指数方式趋向渐近线 A_2A_2'。在 P′处，温度曲线的切线是垂直的，在 P 处其切线不垂直。窜槽流量较小时，P 点处的曲线波动不太明显，类似于套管—地层间的环空中没有任何流动时的情况一样。

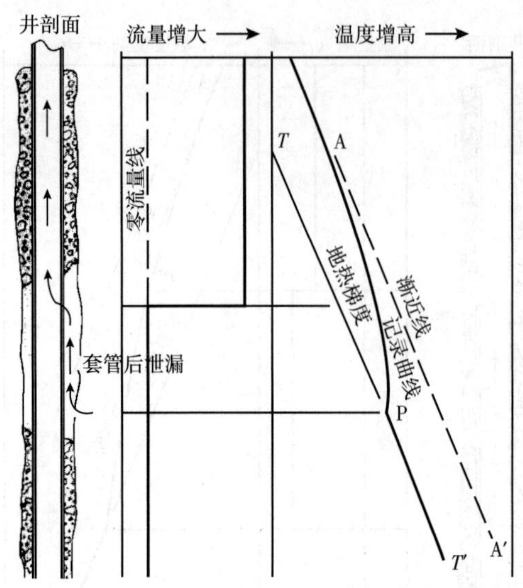

图 4-40 产液井中套管壁外有向上的流动

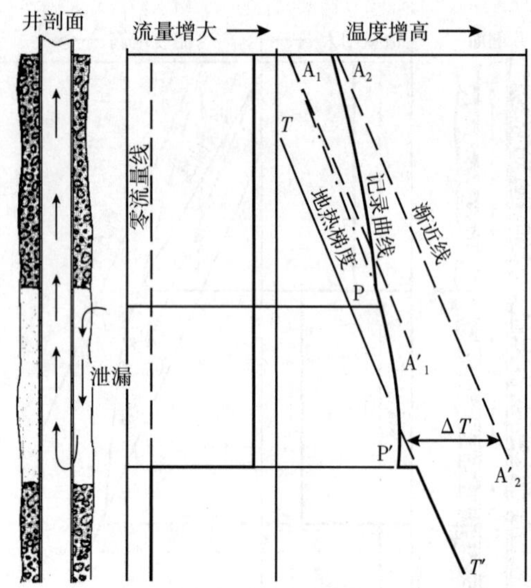

图 4-41 产液井中套管壁外有向下的流动

图 4-42 是一口气窜井的情况，气体先是在套管—地层的环形空间中向上流，然后进入套管并继续向上流，由于气体膨胀，在 P 和 P′两处会产生制冷效应，这两部分的井温曲线的渐近线相同（AA′）。从井底出发，井温曲线先沿着地热剖面向上，在 P 点产生一个负异常，从 P 到 P′，以指数方式变冷并趋于渐近线 AA′。这里只是一种比较典型的情况，P 与 P′之间温度降落的具体情况在实际情况下有较大差异。

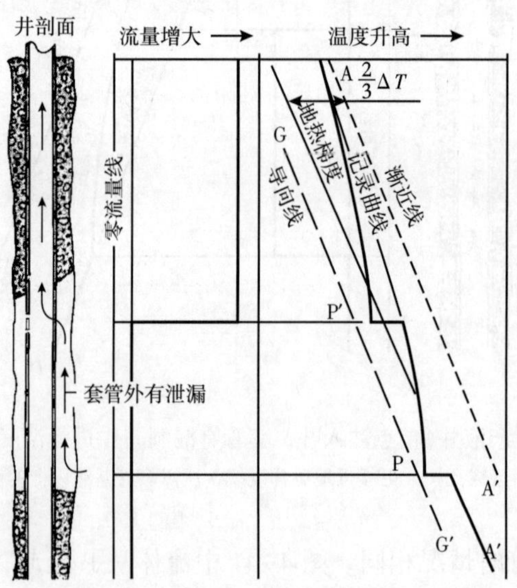

图 4-42 产气井中套管壁外有向上的气流

图 4-43 是气体先沿套管—地层向下流，然后再进入套管向上流时的各种响应曲线，气体在 P 处从地层出来后，在套管地层的环形空间中向下流，在 P′处进入套管。井温曲线从井底开始先沿地热曲线向上到 P′处，在 P′处由于气流膨胀，井温曲线会有一陡落现象，从 P′到 P，井温按指数方式趋向渐近线 A_1A_1'。在 P 点以上，井温曲线的变化不明显，在

P 点以上，温度曲线逐渐改变斜率并按指数方式移向渐近线 A_2A_2'。

图 4-44 是一口在注水井中注入水沿套管壁外向下窜进下部地层的井温测井曲线响应的情况。当注水时，井温曲线沿渐近线走，即使是当水在 P 处流出套管后也是如此，在 P′ 处进入地层后再往下，井温回升到地热梯度线。关井后，吸水层位逐渐恢复到地热温度，但比周围的地层缓慢得多。图 4-39 至图 4-44 给出的是窜槽现象的一些典型曲线，具体情况下井温曲线千变万化，无法一一举例，可以根据具体情况具体分析，如图 4-45 所示，有一个流量较大的气流在射孔层 A 的底部涌入套管，通常气体入口在一个气层的顶部附近，由于气体从下部涌入，因此判断在 A 层下部可能有窜槽发生。压差密度测井曲线显示，A 层以下已被水充满。井温曲线很接近图 4-43 的理论情况，表明有致冷的异常场所，气体在 1 处离开产气层，在 2 处进入井筒发生膨胀，后来检查电测井资料显示在 A 层下部的位置 1 处有一个薄的高电阻率夹层。

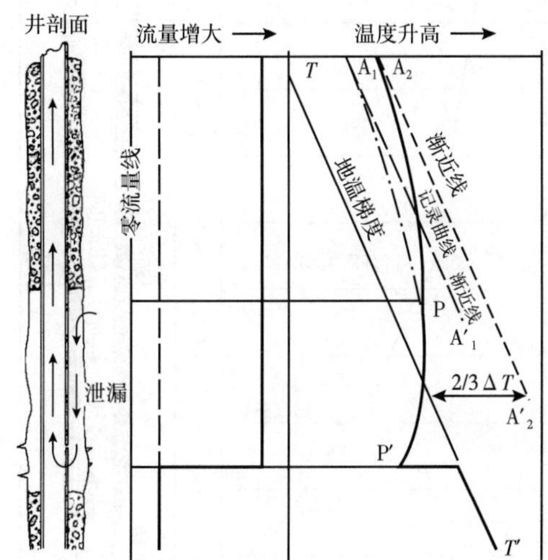

图 4-43　产气井中套管壁外有向下的气流

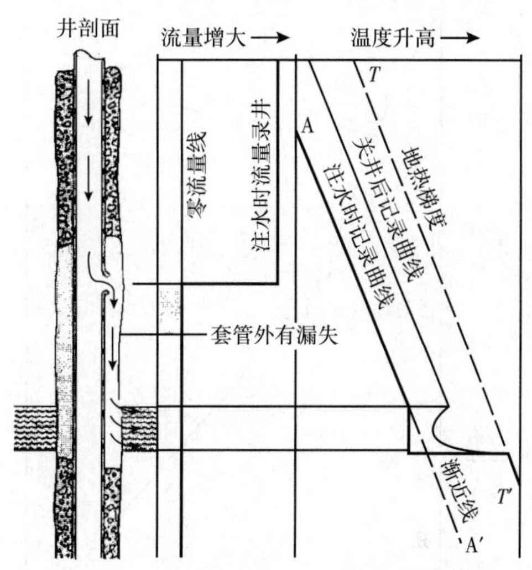

图 4-44　注水井套管外有窜流的情况

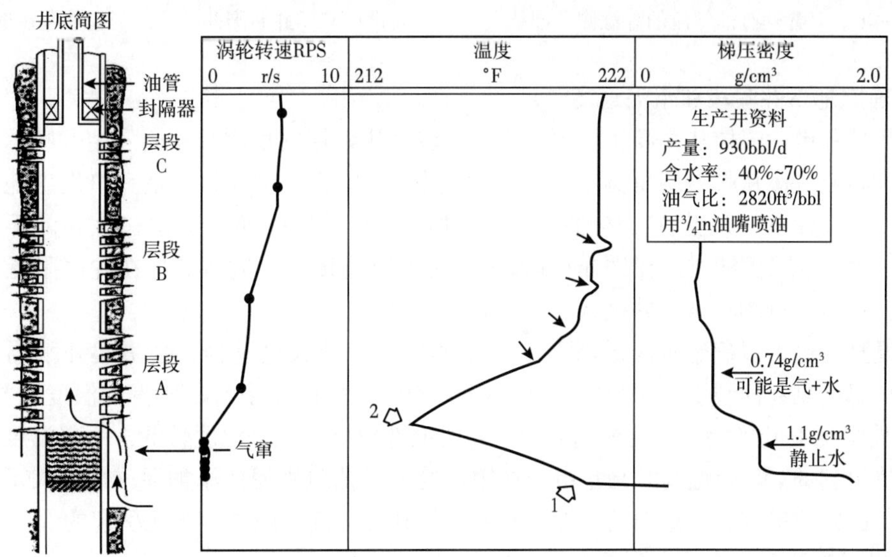

图 4-45　在窜槽气井中的生产测井

图 4-46 是一口刚固井的生产井，固井时间大约是 20h，套管外径为 7in，产层(渗透地层)层位是裸眼井测井分析给出的。该井在 800m 井深处射孔，上面部分固井良好，井温显示套管外有窜槽发生，窜槽层位是 675~800m。

图 4-47 是一口裸眼井段发生气窜的例子，气从上部产层沿套管地层间的水泥环中向下窜进井筒，这一现象可从井温曲线斜率在气顶发生变化反映出来。对这一窜槽层段的补救办法是对下部套管进行补挤水泥进行二次固井。

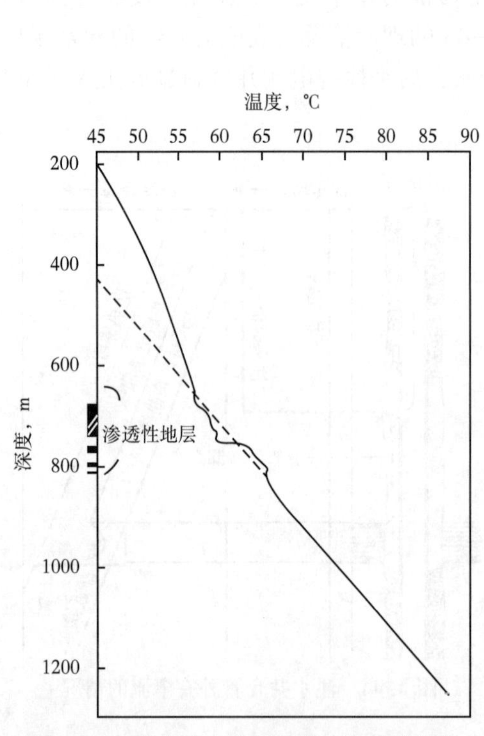

图 4-46 套管外有油气流的井温测井曲线

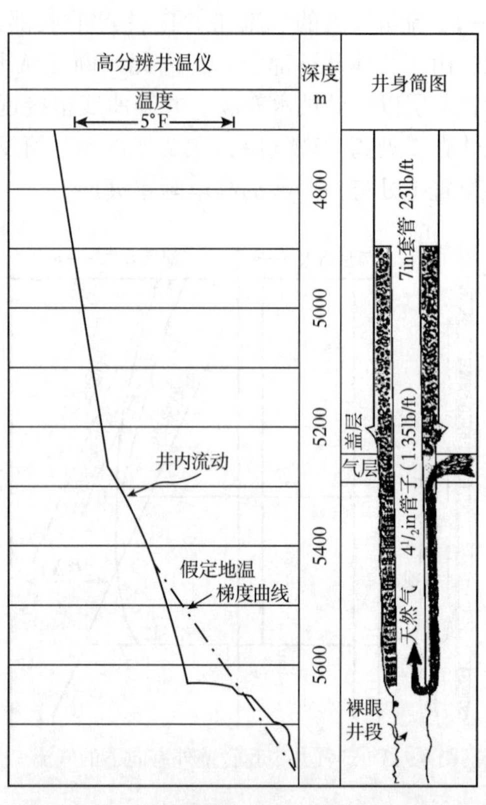

图 4-47 井温测井显示出套管外存在气窜

4. 确定地下井喷段和水泥返高

钻井过程中，流体从某高压层中涌出造成较低压地层的崩塌，从而发生井喷。温度测井可用于确定流体从哪个层位流出和地下井喷发生的位置。图 4-48 是一口发生地下井喷井的温度测井曲线。从井深 15600ft 到所测井深表明了流体涌出部位在该井的下部，在 15600ft 深处其温度明显向低温方向偏移。说明涌出流体后，流体储集在井底附近并未向上流动，随后进行的噪声测井确认了这一解释结果。

井温测井也可以确定水泥返高面，水泥固化是一种放热过程，会引起井眼温度的上升，这从温度测井曲线上可以反映出来。图 4-49 是固井 24 小时后所得的温度测井曲线，图中 A 处温度上升确定为水泥的返高面，A 的上部没有水泥，温度较低，下部温度升高是水泥放热引起的。B 处温度升高是由于在固井的最后几包水泥中添加促凝剂增大了生热量引起的。D 处的温度升高是因为水泥塞堵塞，导致井筒内大量储存水泥引起的。

5. 用温度测井确定水力裂缝

温度测井可用来评估水力裂缝高度，Agnew 在 1966 年首次提出水力裂缝的垂直高度，

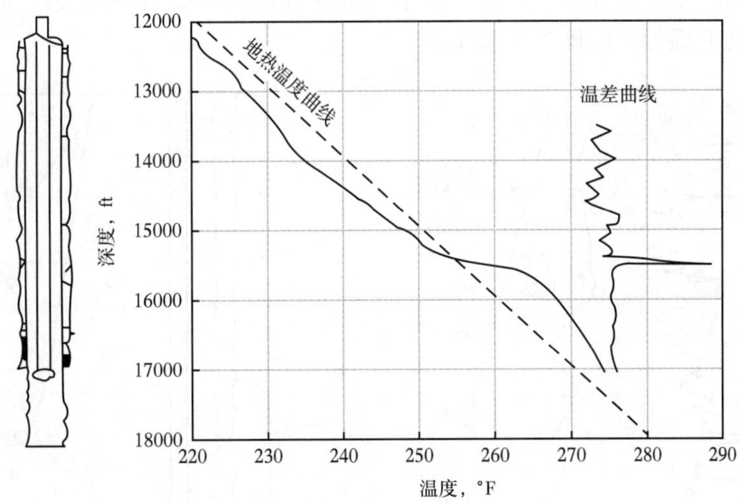

图 4-48　发生地下井喷的温度测井

通常可根据压裂作业后很短时间进行的关井测井曲线上的高温异常或低温异常来确定。挤入的压裂液，一般比被压裂地层的温度高或低，目前使用的压裂液一般比地层温度低。在压裂过程中，低温压裂液被挤入裂缝，而井周未被压裂的地层散热从而降温。关井后，对应着未压开地层的井眼部位，通过非稳态的辐射热传导方式，温度逐渐转回至地热温度；在未被压开层段，主要以热传导方式升温。由于辐射热交换比热传导交换的速度快，因此被压开地层的升温相对慢，所以在相应的井温曲线上呈现低温异常。图 4-50 是利用温度测井直接确定压裂层段的一个例子，该井注入压裂液 416m^3，射孔孔眼 17 个，10650~11450ft 处的低温异常显示垂直裂缝高度为 800ft，裂缝的顶部高出最高孔眼 200ft。

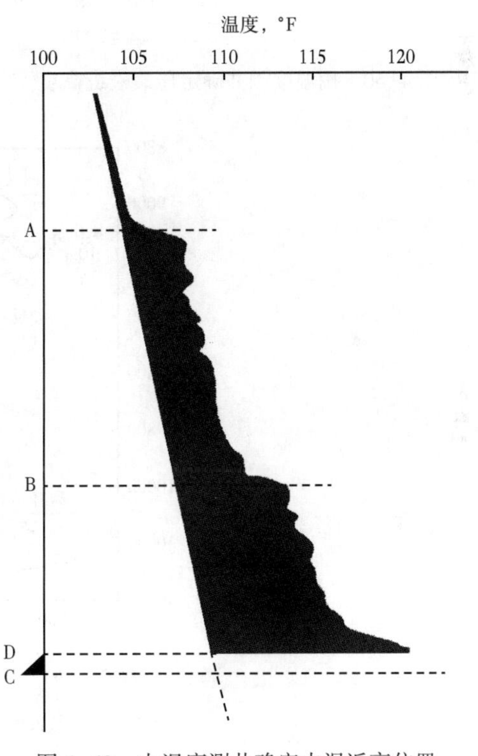

图 4-49　由温度测井确定水泥返高位置

用温度测井确定裂缝高度，有时会出现异常情况。图 4-51 是一个异常的例子，关井所测的井温曲线在对应的压裂层段出现了预期的低温异常，但在射孔层位上部出现了明显的高温异常。这是由热传导性差异引起的，温度与岩石的热传导系数成反比，热传导性高的岩石改变周围温度速度往往比那些热传导性低的岩石慢。因此，当冷的压裂液被泵入一个较热的井眼内时，高热传导性的岩石比低热传导性的岩石冷却得慢。停止泵注后，热传导性大的地层温度相对较高。

有的研究者认为，压裂后温度测井所示的高温异常可能产生于压裂液高流量穿过射孔孔眼进入裂缝时产生的摩擦热。对比压裂前后的温度曲线可以判断压裂层位，如图 4-52 所示，压裂后的低温异常区即为压裂层位。

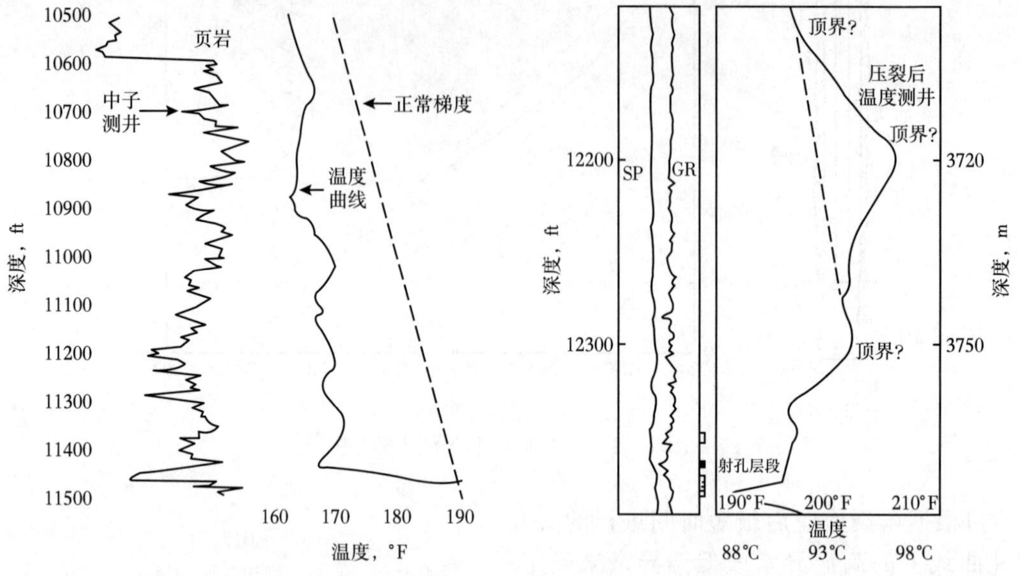

图 4-50 用温度测井确定压裂裂缝高度

图 4-51 温度测井压裂后出现的高温异常

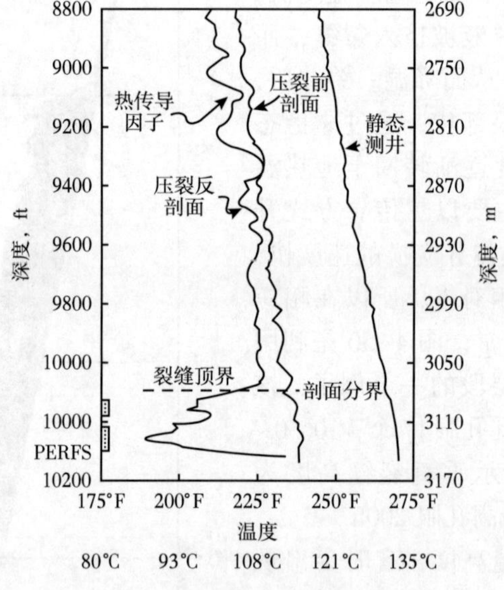

图 4-52 压裂前后的温度测井曲线对比

三、温度测井施工和解释指南

Robert 等对注水井中测的井眼温度特性进行了大量的计算机模拟，并用模拟成果与现场测得的井温测井曲线进行对比，提出井温测井施工方法和解释步骤。

1. 注入井井温测井建议

(1)测井前，要求注入量稳定，注入时间通常大于 48h。

(2)测井过程中，不允许有流体泄漏，无论是关井还是开井测井，少量的泄漏都会导致测井的失败。

(3)检查润滑油密封头，并保证适当的压力平衡以防润滑油漏进油管，即保证仪器工作正常，同时井筒也不含润滑油。

(4)如果可能，仪器一进入井眼就开始记录其温度变化，上提时电缆速度应放慢。

(5)电缆速度通常不允许超过6m/min。

(6)关井温度测井比开井温度测井能获得更多的信息，如果时间允许，可进行一些关井温度测井。在很多情况下关井连续井温测井有助于确定流动剖面。

(7)关井条件下，需测多条曲线时，为了使井温恢复平衡，两次测量间要留有充分的时间间隔，通常为1~1.5小时。

2. 注入井资料解释指南

(1)通常情况下，注入水温度和原始地层间的温度大于10℉才能应用井温测井资料。

(2)累计注入时间过长时，关井后井内温度恢复较慢，且会使井温测井纵向分辨率降低。对于注入时间超过2年的注入井，利用关井井温测井曲线区分注入层段时，分辨率下降。

(3)先前的注入层段在对一个特定层段停注6个月后，在关井温度曲线上可明显显示出来。当注水时间过长、井进入中后期时，若不改变注入水的温度，很难区分过去和新的注入层段。

(4)若要区分老井中目前的注入层段，可在关井前注入相对较冷或较热的水。

(5)用温度测井可以区分2m以上的吸水层。

(6)若存在大于0.3m^3/(d·m)的漏失层，则温度曲线上会呈现与主力吸入层相同的曲线幅度异常，甚至当漏失量小于0.03m^3/(d·m)时，经长时间的注入也会出现相当的温度异常。

(7)井筒内油管、套管和裸眼段的布局情况，也会在相当大的程度上影响非吸水层在关井温度测井曲线上的反应。

(8)除了射孔层段外，井眼的完井情况对关井温度曲线也有一定影响。

(9)射孔和扩孔引起的温度异常在关井温度曲线上可能被误认为是吸水层。扩孔井眼中的大量水泥，无论是在裸眼段还是在套管外，关井24小时后进行温度测井，注入井表现为高温异常，而生产井表现为低温异常。

(10)在关井期间的地面回流会降低温度的异常反应。

(11)在一个较厚的层段中，流体若从一个小层流进另一小层，产层以上的温度较低，层段间所测的井温为一直线状。

(12)对纵向热导率相似的地层，用Ramey方程进行解释时，层间需要有足够厚的隔层。

参考文献

James K H, 1982. Geothermal Log Interpretation Handbook [C]. SPWLA.

郭振芹，1986. 非电量电测量 [M]. 北京：中国计量出版社.

第五章 压力测井及资料分析

本章介绍地层压力的成因、井筒压力的测量及资料分析方法，电缆地层测试器及动态地层测试器的测量原理及应用实例，内容包括试井、DST 测试、RFT（FMT）测井、MDT 测试及套管井地层测试方法。

第一节 压力成因

压力是油气田开发中的一个重要参数，油气水能从油藏喷出地面，是因为油层中存在着驱动力，这些驱动力即为油层压力。通常油层压力有两个成因，一是来源于上覆岩层的静压力；二是来源于边水或底水的水柱压力。由于油层是一个连通的水动力系统，当油藏边界在供水区时，在水柱压力的作用下，油层的各个水平面上将具有相应的压力数值。有些油层虽然没有供水区，但在油藏形成过程中，经受过油气运移时的水动力作用或地质变异时的动力、热力及生物化学等现象的作用，也会使油层内具有一定数值的压力。

油田投入开发前，整个油层处于均匀受压状态，这时油层内部各处的压力称为原始地层压力。原始地层压力的数值大小与油藏形成的条件、埋藏深度以及与地表的连通状况等有关。多数情况下，油藏压力与深度成正比，压力梯度为 0.07~0.12atm/m。从油田第一批探井测试中所取得的压力即代表原始地层压力。

油田投入开发后，采油、注水使原始地层压力的平衡状态被破坏，地层压力的分布状况发生变化，这一变化贯穿于油田开发的整个过程。处于变化状态的地层压力，包括静止地层压力和流动压力，主要通过生产井和观察井内的压力测量取得。在油藏的一定深度处，覆盖层压力等于流体压力与在个别岩石质点之间作用的颗粒压力之和。在某一特定深度处，覆盖层压力通常是常数，流体压力下降将导致颗粒压力相应增加；反之亦然。通常所说的压力实际上是指岩石孔隙内的流体压力。

在同一水动力系统内，流体压力与深度的关系受油藏邻近的水压所控制，某一地层深度的水压为

$$p_w=\left(\frac{dp}{dZ}\right)_w Z+101325 \tag{5-1}$$

式中 p_w——压力，Pa；

Z——深度，m；

$(dp/dZ)_w$——水的压力梯度，取决于其化学成分（矿化度），对于纯水其值为 9806.65Pa/m，对于地层水其典型值为 10179.9Pa/m。

显然，式(5-1)假定水压与地面连通且水的矿化度不随深度改变，这在多数情况下是成立的。水压不满足式(5-1)的称为压力异常。异常的静水压力与深度的关系用下式表示：

$$p_{\mathrm{w}}=\left(\frac{\mathrm{d}p}{\mathrm{d}Z}\right)_{\mathrm{w}}Z+101325+C \tag{5-2}$$

式中　C——常数，超压层 C 为正值，欠压层 C 为负值。

如果某一地层的流体压力异常，该地层必然与其周围地层隔绝，静水压力到地表不连续。造成异常压力的原因可能是温度变化，也可能是地质构造变化等，如储层隆起会引起水压相对其埋藏深度来说偏高，储层下降则会产生相反的效果。另外，不同矿化度的水之间的渗透也可能造成异常压力。起密封作用的页岩在离子交换中相当于一个半渗透膜，如果其内水的矿化度较周围水的高，渗透将造成异常高的压力。烃类压深关系与静水压力不同之处在于油和气的密度小于水，因而其压力梯度较小。油的典型压力梯度为 791.771Pa/m，气的典型压力梯度为 180.976Pa/m。

工程测试中的压力实际上是物理学中的压强，指作用在单位面积上的压力，这种压力是由于分子的质量和分子运动对器壁撞击的结果。在物理学中常用绝对压力，仪表测得的压力称为表压。绝对压力($p_{绝}$)、表压($p_{表}$)与大气压($p_{大气}$)之间的关系为

$$p_{绝}=p_{表}+p_{大气} \tag{5-2a}$$

压力的单位是力和面积的导出单位，国际单位制中的压力单位是 N/m^2，或称为帕斯卡(简称帕)，$1Pa=N/m^2=kg/(m\cdot s^2)$。油田现场通常使用工程大气压，1atm=98066.5Pa=0.0980665MPa，英制压力单位为 lb/in^2(psi)，1psi=6894.9Pa，国际单位制规定的压力单位是 Pa 和 MPa，非法定单位工程大气压 atm（kgf/cm^2）、标准大气压(atm)和巴(bar)，它们之间的换算见附录 1。

压力测量在生产井和注入井中完成，通常应用的压力计有应变压力计和石英晶体压力计，这种压力计能够通过电缆把所测频率信号输送到地面计算机，随后把频率信号转换成相应的压力值。通常，测量压力的同时，还要进行温度测量，用所测的温度值对测得的压力进行校正，以保证压力的正确性。

压力测量分两种类型，一种是梯度测量，即在流体流动或关井条件下沿井眼测量某一目的深度上的压力；另一种是静态测量，即仪器静止，流体可以流动也可以是在关井的条件下。生产测井通常是以第一种测量方式采集数据，试井压力分析通常以第二种方式完成采集数据。前一种方式所测压力数据主要用于套管、油管流动状态分析，试井分析测量（静态测量）主要用于确定储层参数。

第二节　井下压力计与压力测量

一、应变式压力计

1. 测量原理

应变式压力计由一个圆柱体构成，该圆柱体底部含有一个筒状压力空腔（图 5-1）。一个参考线圈绕于柱体的实体部分，一个应变线圈绕于压力空腔部分，这一应变线圈即为压力传感器。压力计外部置于大气压下，当压力空腔承受压力时，空腔的外部筒体产生弹性形变，这一形变传递至应变线圈，从而导致线圈的电阻发生变化，电阻的变化用

惠斯通电桥进行差分测量。电桥电压由电子线路内稳定的±5V 供给，应变线圈材料为镍铬合金，其电阻变化很小，输出信号在毫伏数量级（满刻度为 26mV）。压力计封闭于一个充满干氮的密封容器内以便保持其稳定性（图 5-2），上部电器线路中的差分放大器和直流抑制电路用于补偿电源的漂移。所测的直流信号经放大后，经过一个电压控制的振荡器（VCO），振荡器的频率可从 1000Hz（电压 0V，压力 0psi）变到 2000Hz（电压 26mV，压力 10000psi）。电压控制的振荡器经 5V 的电源漂移补偿及动态漂移补偿后，所测压力的频率信号沿多路传输电缆传送至地面面板内的一个带通滤波器输出压力调频信号，然后再通过解调器变换为直流电压，用电位器加一个编置信号调整其灵敏度。最终信号以模拟形式显示于照相记录仪上，同时把信号送往模数转换器经转换后以数字形式显示压力值。

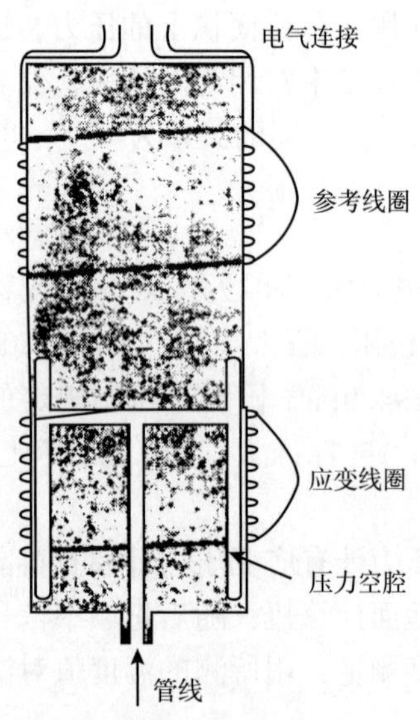

图 5-1 应变压力计原理示意图

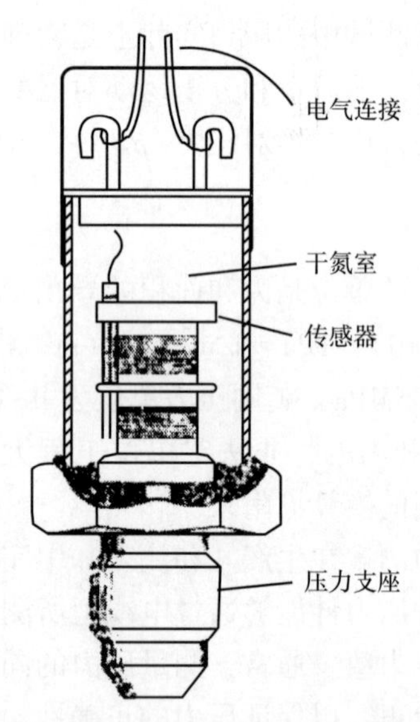

图 5-2 应变压力计结构示意图

2. 应变线圈的工作原理

应变压力计的传感器是应变线圈，为了进一步了解上述应变压力的工作特性，对应变线圈的应变特性需作较深入的分析。

线圈受力产生形变，形变使导体的尺寸和电阻率都产生变化，由电阻值的变化可以反求应变力。镍铬合金固体导线的电阻为

$$R=\rho \frac{l}{S}=\rho \frac{l^2}{V} \tag{5-3}$$

式中 l——导体材料的长度，mm；

S——导体材料的横截面积，mm^2；

ρ——电阻率，Ω · m；

V——导体材料的体积，mm^3。

由式(5-3)可知，R 与 ρ、l、S 有关。当导线受外力时，导线的长度变为 $l+\Delta l$，横截面积变为 $S-\Delta S$，电阻率变为 $\rho+\Delta\rho$，使电阻 R 变化了 ΔR，将式(5-3)两端取对数再进行微分得：

$$\ln R=\ln\rho+\ln l-\ln S \tag{5-4}$$

$$\frac{\mathrm{d}R}{R}=\frac{\mathrm{d}\rho}{\rho}+\frac{\mathrm{d}l}{l}-\frac{\mathrm{d}S}{S} \tag{5-5}$$

为了求得$\frac{\mathrm{d}R}{R}$和$\frac{\mathrm{d}l}{l}$的关系，横截面积的相对变化必须用应变$\frac{\Delta l}{l}$来表示。令 r 为导线的半径，则：

$$S=\pi r^2$$

所以

$$\frac{\mathrm{d}S}{S}=2\ \frac{\mathrm{d}r}{r} \tag{5-6}$$

$\frac{\mathrm{d}l}{l}=\varepsilon$ 表示电阻丝的轴向相对变化，$\frac{\mathrm{d}r}{r}$表示电阻丝的横向变化。由材料力学可知，二者呈正比关系，其比例系数为泊松比 μ，且二者的变形符号相反：

$$\frac{\mathrm{d}r}{r}=-\mu\ \frac{\mathrm{d}l}{l}=-\mu\varepsilon \tag{5-7}$$

由于电阻率的变化是体积 V 变化的函数，即：

$$\frac{\mathrm{d}\rho}{\rho}=C\ \frac{\mathrm{d}V}{V}=C\ (1-2\mu)\ \frac{\mathrm{d}l}{l} \tag{5-8}$$

其中：

$$V=SL$$

式中　V——电阻丝的体积；

C——决定金属导体晶格结构的比例系数，对常用的金属合金来说在-12~6之间变化。

把式（5-6）和式（5-8）代入式（5-5）得：

$$\frac{\mathrm{d}R}{R}=[1+2\mu+C\ (1-2\mu)\ ]\ \frac{\mathrm{d}l}{l}=K\ \frac{\mathrm{d}l}{l} \tag{5-9}$$

其中：

$$K=1+2\mu+C\ (1-2\mu)\ =\frac{\frac{\mathrm{d}R}{R}}{\frac{\mathrm{d}l}{l}} \tag{5-10}$$

式中　K——金属丝的应变灵敏系数。

在弹性范围内（$\Delta l/l=0.3\%\sim0.4\%$），$K$ 主要取决于泊松比 μ 和 C。由于材料的机械加工方式和热处理工艺的不同直接影响它的晶格结构，μ 和 C 两个常数对于同一种材料也可以在很宽的范围内变化。变化范围在-12~6之间。

在塑性范围内，$\mu=0.5$，式（5-10）中第三项为0，即体积不变化，$K=2$。对于金属材料，应变灵敏度系数主要由前两项决定，即以导体的尺寸变化为主，对于半导体材料，主要由第三项决定，即以电阻率变化为主，尺寸变化为辅。通常情况下对作为应变导体的金属丝来讲要求以下几个条件：

(1)灵敏度系数要尽量大，且在相当大的范围内保持常数。

(2)电阻的温度系数要小，否则由于温度变化会改变应变片的电阻，从而产生较大的误差。

(3)电阻率要大，也就是在同样长度，同样横截面积中具有较大的电阻，以便减小变换元件的尺寸。

本节涉及的应变压力计采用的电阻应变金属线圈是由镍铬合金丝做成的。镍铬合金丝的电阻率较大，即在同样直径的情况下，镍铬丝的尺寸要小得多，另外它具有较高的抗氧化性能，可用于高温动态应变测量，缺点是电阻温度系数较大，需进行温度校正。镍铬合金的主要参数如下：成分由80%的镍和20%的铬组成；相对灵敏度系数为2.1~2.4；电阻率为0.9~1.7Ω·m；电阻温度系数为$90\times10^{-6}\sim170\times10^{-6}℃^{-1}$；对铜的热电势为2.2μV/℃。

应变压力计的分辨率（指压力计能够测量的最小压力增量）为1psi。

重复性：指施加相同的压力，压力计两次测量的最大压力差异。重复性主要受滞后影响。应变式压力计的重复性为满刻度的±0.05%，如果以相同的方式施加压力，其重复性就更好(±1psi)。

绝对精度：主要取决于压力系统的标定方式。如果不做校正，误差可高达满刻度的±1%(±100psi)。如果压力计、面板、井下电子单元作为一个系统进行标定并做温度校正，这时的精度比满刻度的0.13%(±13psi)要好得多。

3. 影响应变压力计测量结果的因素

1)温度影响

镍铬合金的电阻率随温度变化而变化，从结构上说，在同一骨架上绕有参考线圈，它和测量线圈的匝数、直径皆相同，因而能补偿其温度变化。在热平衡条件下，温度对压力测量结果影响很小。但是在温度突然变化时，最少需20min，压力计才能达到热平衡。这时测量线圈和参考线圈之间的温差会引起测量误差。同时线圈升温达到平衡要比降温达到平衡所需的时间短，所以一般采用下放测井，但若要取得更精确读值在测点要停留几分钟。图5-3是应变压力计的温度影响标定曲线，横坐标为参考压力，图版参数为温度，纵坐标为校正值，从参考压力中减去校正值。

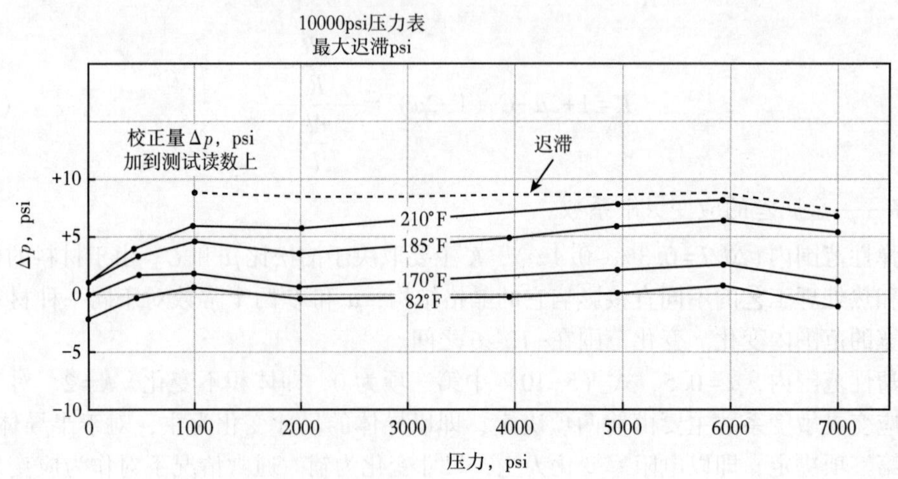

图5-3 典型的应变压力校准曲线

2)滞后影响

应变压力计的测量值与压力的施加方式有关，测井时压力升高其测量值要比实际值低；压力减小其测量值比实际值要高，称之为滞后现象。所造成的误差在±68947.6Pa以内(±10psi)。

必须指出的是，滞后影响的大小取决于最终测量值之前对压力计所施加的最大压力和最小压力。然后，若以同一方式施加压力，其重复性在±1psi 以内。在测井中，采用下放测量方式，滞后影响会减至最小，从图 5-4 中可以看出这一点，图中绘出了施加压力和减压时的曲线，中间的虚线为压力与读数相等的关系曲线。由图可以看出，减压时压力读数高于实际压力；而加压时，压力读数低于实际压力。F 点是压力增加至 6.89×10^7Pa，而后减至 3.45×10^7Pa 时的压力读数。E 点是压力增至 3.45×10^7Pa，然后再增加至 6.89×10^7Pa 时的压力读数。图 5-5 给出了校正曲线。校正量 Δp 加到压力计读数上，由图可以看出，如果是升压测量，则从 5.52×10^7Pa 到 6.21×10^7Pa，校正量增加约 4.14×10^4Pa，而降压测量还不到 2.76×10^4Pa，这说明下放测井比上提测井准确。

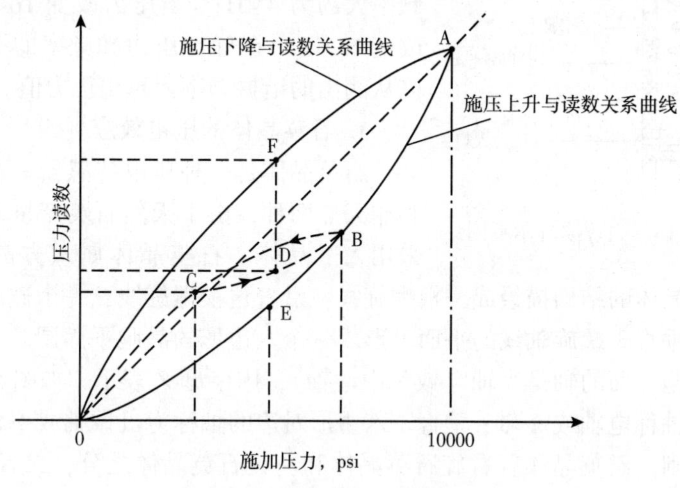

图 5-4　应变压力计的滞后影响

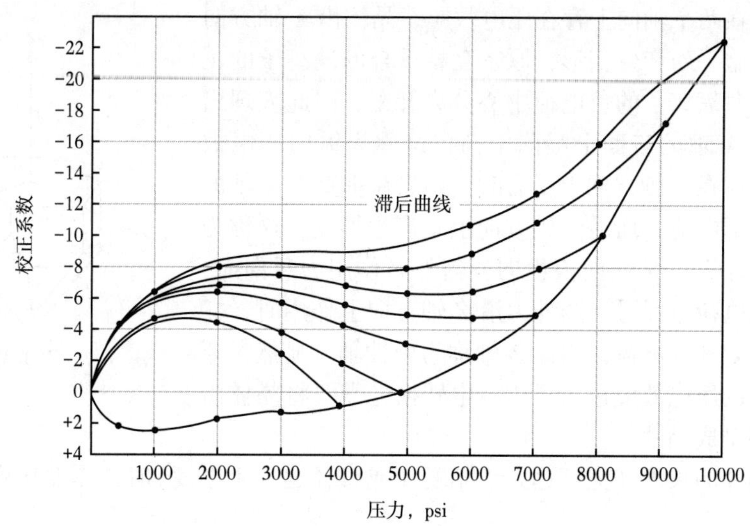

图 5-5　应变压力计的滞后影响校正曲线

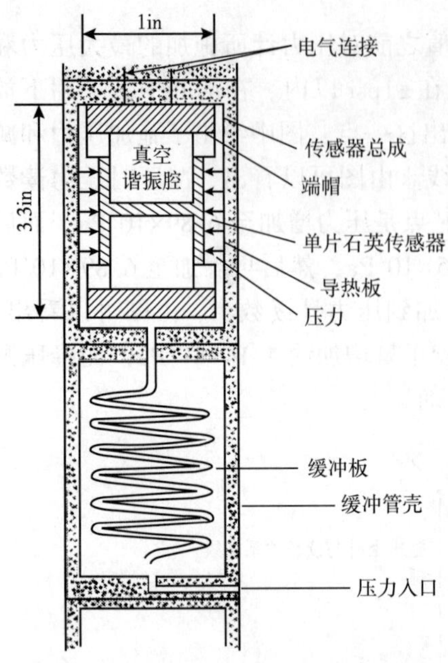

图 5-6 石英晶体压力计原理示意图

二、石英晶体压力计

石英晶体压力计是测量精度较为精确的压力计，图 5-6 是石英晶体压力计原理示意图，由外壳、单片石英晶体、导热板和压力缓冲管组成。石英晶体是压力传感器，呈圆筒状，通过缓冲管与井管相连，石英晶体的上端与下端用垫圈密封，晶体中间抽成真空形成谐振腔。温度恒定时，谐振腔的谐振频率与压力大小有关。井筒压力改变时，谐振腔的频率将发生变化。在大气压与室温下，其谐振频率大约为 4MHz。当压力改变 1psi 时，谐振频率改变 1. 5Hz。在确定压力和频率的关系以后，就可以从测出的谐振频率换算出压力值。

1. 石英晶体的压电效应

石英晶体是一种压电传感器。石英晶体有天然和非天然两种，由于天然石英产量有限，目前主要采用人工晶体。石英晶体属六方晶系，按一次近似，可以把石英晶体的结构描绘成一根螺旋线，沿着这根螺旋线，一个硅原子和两个氧原子交替排列，在垂直于螺旋轴线的平面上形成一个六边形的晶胞平面图。石英晶体有三个晶轴：垂直于晶胞平面的轴是光轴（或称中性轴），用字母 Z 表示，如图 5-7 所示；穿过六边形对角顶的轴称电轴或 X 轴；垂直于六边形对边的轴称为机械轴或 Y 轴，三个轴的方向符合右螺旋法则。石英晶体有右旋石英晶体和左旋石英晶体之分，二者互为镜像对称。无论是右旋石英晶体或左旋石英晶体都采用右手坐标系，当沿 X 轴方向受力时，右旋石英晶体 X 轴的正向带正电，左旋石英晶体 X 轴的正向带负电。

石英晶体在两个轴向上存在压电效应。晶体沿 X 轴方向上受力时，晶胞平面产生变形，原来互相重合的硅离子的正电荷中心和一对氧离子的负电荷中心分离开来，因此表现出晶体在垂直于 X 轴的表面上吸附电荷，这称为纵向压电效应；当石英晶体在 Y 轴方向上受力时，仍然在垂直于 X 轴的表面上产生外部电荷，而沿 Y 轴方向上只产生形变，这称为横向压电效应。无论是纵向或横向，当外施作用力反向时，晶体表面上的电荷也反号。当外力沿 Z 轴方向上作用时，任何表面都不产生外部电荷，因此 Z 轴称为中性轴。显然，要利用石英晶体的压电效应进行压力—电转换，需要将晶体沿一定的方向切割成晶片。

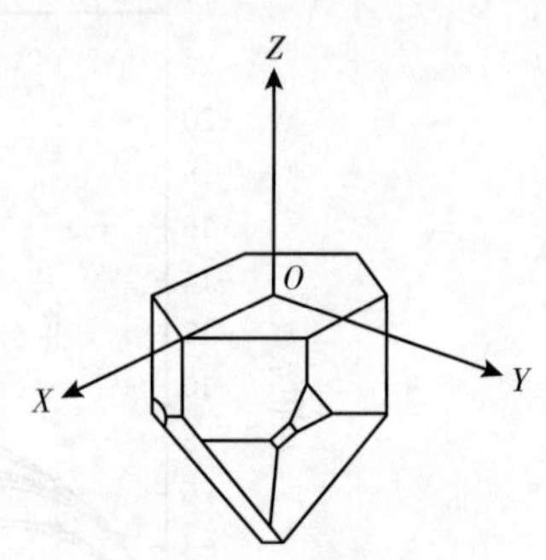

图 5-7 石英晶体的晶轴

当石英晶片的长度和宽度远大于厚度（或直径远大于厚度）时，厚度切变的振动频率方程为

$$f_{\mathrm{n}}=\frac{n}{2t}\sqrt{\frac{C}{\rho}} \tag{5-11}$$

式中 n——泛音次数，$n=1, 3, 5, \cdots$；

t——晶片的厚度，cm；

ρ——石英晶片的密度，2.65g/cm^3；

f_n——相应的泛音振动频率，Hz；

C——厚度切变时的弹性刚度常数（或称为厚度切变模量），N/m^2。

厚度切变振动模式是石英晶体谐振式压力传感器应用的主要切变振动模式，式(5-11)是谐振式传感器的理论依据。

2. 石英晶体谐振式压力传感器

石英晶体压力计采用的是圆筒式传感器，它属于石英晶体谐振式压力传感器(图5-6)。这种传感器采用厚度切变振动模式AT切型石英晶体制作，主要由石英薄壁圆筒、振子、电极及端帽组成。振子和圆筒为整体结构，由一块石英晶体加工而成，谐振器空腔被抽成真空，振子两侧面上有一对电极同外电路连接组成振荡电路。圆筒和端帽严格密封。石英圆筒起薄膜隔离作用，同时可有效地传递振子周围的压力。

当电极上加以激励电信号时(电路接通时产生的各种干扰信号)，根据逆压电效应，振子将按其固有频率或其泛音形式产生机械振动，同时极板上又将出现交变电荷。通过和外电路连接的电极对振子予以适当的能量补充，即可使机械振荡等幅维持下去。相反，当石英振子受静压力作用时，将导致振子的振动频率发生变化，并且频率的变化与所加压力呈线性关系。

由式(5-11)可知，频率与厚度t、密度ρ、厚度切变模量C、泛音次数n有关，取$n=1$时为基频频率。实践证明，应力—频移效应主要是因C随着压力变化而变化产生的，因为只有C起主导作用，f才表现为正增量。当振子受压力作用时，使厚度t发生相应于泊松比的变化，密度ρ也发生相应变化，但这两者因压力作用所取得的增量只能使频率降低而不会增加。

3. 特性分析

振动频率主要与静应力的作用角α、压应力δ及温度T相关。

1)频率与压应力δ的关系

图5-8是频率与压应力的关系图，横坐标表示压应力δ，纵坐标表示频率，α表示作用角。由图可知，当石英振子受围压时，f/δ最大，所以图5-6采用围压方式设计。

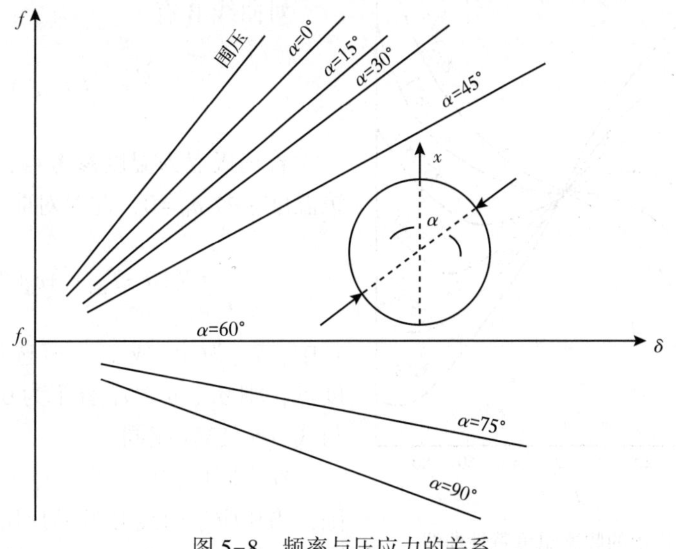

图5-8　频率与压应力的关系

2）频率的温度特性

频率的温度特性是石英晶体在实用中的一个重要的性质，晶体工作温度变化，则其晶格变形，从而使其谐振频率变化。用石英晶体加工晶片时，需要把晶体沿一定的方向切割成晶片，最常用的方法是将石英晶体沿垂直于 X 轴的平面切成薄片，切角用 ϕ_1 表示。ϕ_1 在 35°附近时为 AT 切型，当 ϕ_1 在-49°附近时为 BT 切型。AT 切型的频率在 0.8～350MHz 之间，石英晶体压力计常用这种切型。AT 切型的频率温度特性为一条三次曲线，如图 5-9 所示。根据频率方程、密度、晶片尺寸和弹性常数等随温度的变化规律，可以得到频率的温度特性方程的一般表达式：

$$f=f_0[1+a_0(T-T_0)+b_0(T-T_0)^2+c_0(T-T_0)^3] \tag{5-12}$$

或

$$\frac{\Delta f}{f_0}=a_0(T-T_0)+b_0(T-T_0)^2+c_0(T-T_0)^3 \tag{5-13}$$

$$\Delta f=f-f_0$$

式中 T——任意温度；

T_0——参考温度；

f_0——参考温度 T_0 时的谐振频率；

a_0、b_0、c_0——参考温度 T_0 时的一级、二级、三级频率的温度系数。

同一条频率温度曲线当选用不同的参考点时，式（5-12）或式（5-13）的表示形式不同，相应的 a_0、b_0、c_0 数值也不同。如图 5-9 中 T_i 为拐点，在拐点上二阶微商 $(\partial f/\partial T)_{T_i}=0$，曲线 A 有一个拐点 T_i 和两个极点（极大和极小），它的二级温度系数 $b_0=0$，一级和三级温度系数 $a_0\neq0$、$c_0\neq0$，曲线 B 只有一个拐点，无极点。因此可知在拐点的一级和二级温度系数 $a_0=0$、$b_0=0$，而三级温度系数 $c_0\neq0$。如果用方程表示，并假定选拐点为温度参考点，对曲线 A 有

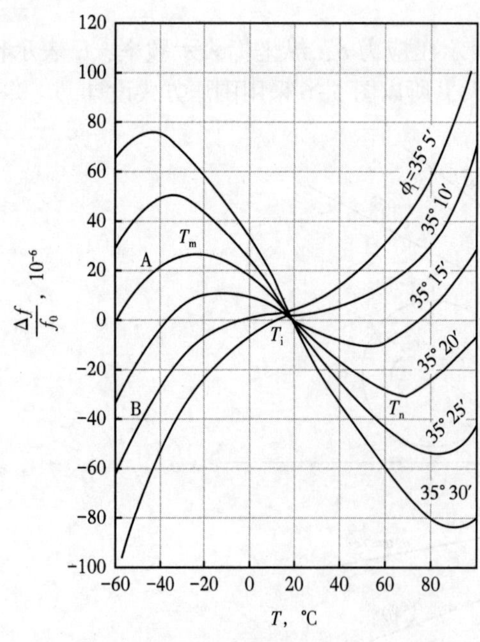

图 5-9 AT 切型的频率温度特性曲线

$$\frac{\Delta f}{f_0}=a_0(T-T_i)+c_0(T-T_i)^3 \tag{5-14}$$

对曲线 B 有

$$\frac{\Delta f}{f_0}=c_0(T-T_i)^3 \tag{5-15}$$

若选极点为温度参考点，则因在极点的一级温度系数 $a_0=0$，此时对曲线 A 有

$$\frac{\Delta f}{f}=b_0(T-T_{mn})^2+c_0(T-T_{mn})^3 \tag{5-16}$$

式中，T_{mn} 为 T_m 或 T_n。若选任意点为参考温度点，则 a_0、b_0、c_0 皆不为 0，此时频率特性与式（5-13）相同。

在实际应用中，为了扩大频率特性使用范围，当相应于曲线 B 的晶片切角确定后，还可采用稍微改变切角的方法，使得一级温度系数

a_0 从等于 0 变为不等于 0，这样就可以达到扩大温度使用范围的要求，如曲线 B 所示。

参考温度的选取是一个重要的问题，在较宽温度范围使用时，常选取拐点温度为参考温度，在恒温使用时，则选取极小点温度 T_n 为参考温度，AT 切型的拐点温度一般为 $T_i=27℃$。

3）频率的温度系数

为了度量相对频率随温度的变化率，用 T_f 表示任意温度 T 时的频率温度系数：

$$T_f=\frac{1}{f_0}\frac{\partial f}{\partial T} \tag{5-17}$$

a_0、b_0、c_0 为

$$a_0=\frac{1}{f_0}\left(\frac{\partial f}{\partial T}\right)_{T_0} \tag{5-18}$$

$$b_0=\frac{1}{2f_0}\left(\frac{\partial^2 f}{\partial T^2}\right)_{T_0} \tag{5-19}$$

$$c_0=\frac{1}{6f_0}\left(\frac{\partial^3 f}{\partial T^3}\right)_{T_0} \tag{5-20}$$

将式（5-13）对 T 求导可得：

$$T_f=a_0+2b_0(T-T_0)+3c_0(T-T_0)^2 \tag{5-21}$$

由式（5-21）可知，T_f 与 a_0、b_0 及 c_0 有关，且是温度的函数，T_f 的大小反映了频率温度的稳定性；当 $T=T_0$ 时，$T_f=a_0$，这表明只有在 $a_0=0$ 的条件下才存在零温度系数，所以 $a_0=0$ 的切型称为零温度系数切型，如 AT 切型，$\phi=35°15'$，$a_0\approx0$（$T_0=20℃$）。

4. 频率的稳定性

根据理论与实践分析，造成频率不稳定的因素主要归为以下几个方面。

（1）振子表面加工精度不够，表面抛光误差较大。

（2）质量吸附效应的影响。石英谐振器在真空密封后，空腔内总是还有少量的气体。这些气体吸附在晶体壁上和振子表面上，当振荡器工作时，恒温器开始加温，振子也开始振动，吸附在振子上的气体分子逐渐离去，并引起振荡频率向正方向漂移。这一过程很慢，一般要几个月甚至几年的时间才能达到平衡。停机后气体又吸附在振子上，这种过程是反复进行的，真空度越高，频率漂移越小。提高真空度是减小这种效应的唯一好办法。

（3）应力弛豫效应的影响。晶片研磨、焊线和上架等过程中都要受到应力的作用；晶片被覆盖上电极后，表面层和金属膜之间也存在着应力。这种应力随时间的推移而逐渐消失的现象称为应力弛豫效应，该效应将引起频率向负方向漂移。振子制成后可采用长时间存放或高温退火的方法来消除这种效应。

（4）温度变化的影响。根据频率方程 $f_0=\frac{1}{2t}\sqrt{\frac{C}{\rho}}$［或式（5-11）中 n 取 1］，谐振频率与弹性常数、密度、晶片尺寸有关，这三者都与温度有关，所以频率是温度的函数。与前面三个因素相比，温度是影响石英晶体压力计的主要因素，要得到精确的压力，测量晶体必须与参考晶体达到热平衡（图 5-6），二者温差不能大于 0.1℃，这需要几分钟的时间。若被测介质压力突然变化，测量晶体内产生热变化，由于与参考晶体之间有隔热层，因此存在温差。必须达到温度平衡，才能得到精确结果，这需要几分钟至几十分钟的时间，由于这些原因，石英晶体压力计通常只适用于点测，温度变化较大时，就不能使用。对于生产测井仪器上下测而言，温度变化较小，因此可采用这一仪器。

为了在一定程度上消除温度变化的影响，可以采用适当的切型、选有利的温度参考点使之具有零频率温度系数。

为了得到较高的、一致的精度，应该定期标定石英晶体压力计。油田常用的是惠普公司生产的压力计。这种压力计较稳定，每年只需标定一次，标定在专门的实验室完成。标定分以下三个步骤。

(1)温度标定系数。仪器标定可获得至少 4 个已知温度值 T_i 和输出频率 f_i。用二阶最小二乘方程，可推导出温度校准系数 $A\ (i)$ 的联立方程组：

$$\begin{cases} T_i = A(0) + A(1) f_i + A(2) f_i^2 \\ T_{(i+1)} = A(0) + A(1) f_{(i+1)} + A(2) f_{(i+1)}^2 \\ \cdots \\ T_n = A(0) + A(1) f_n + A(2) f_n^2 \end{cases} \tag{5-22}$$

式中　下标 i——温度点序列，$i=0$，1，2，…，n（至少取 4 个点）。

(2)压力标定系数。在传感器标定过程中，对于每个温度 T_i，至少可以得到 4 个已知压力 p_{ij} 和输出频率 f_{ij}。用三阶最小二乘方程导出每个已知温度 T_i 下的联立方程组：

$$\begin{cases} p_{ij} = G_i + H_i f_{ij} + J_i f_{ij}^2 + J_i f_{ij}^3 \\ p_{i(j+1)} = G_i + H_i f_{i(j+1)} + J_i f_{i(j+1)}^2 + J_i f_{i(j+1)}^3 \\ p_{im} = G_i + H_i f_{im} + J_i f_{im}^2 + J_i f_{im}^3 \end{cases} \tag{5-23}$$

式中　下标 j——压力点序列，$i=0$，1，2，…，n（至少 4 个点）。

当 $j=0$，1，2，3 时，分别解 T_i 压力联立方程组，可求得 16 个压力校准系数 G_0、G_1、G_2、G_3、H_0、H_1、H_2、H_3、I_0、I_1、I_2、I_3、J_0、J_1、J_2、J_3。

(3)压力确定。把传感器在现场测井中获取的温度输出频率代入式(5-22)中的任意一个，并引入已知的温度校准系数，即可获得井下真实温度值 。

把真实温度(T)代入下面的方程得到温度压力相关系数 $G(T)$、$H(T)$、$I(T)$、$J(T)$：

$$G(T) = G_0 + [G_1 + (G_2 + G_3 T) T] T \tag{5-24}$$

$$H(T) = H_0 + [H_1 + (H_2 + H_3 T) T] T \tag{5-25}$$

$$I(T) = I_0 + [I_1 + (I_2 + I_3 T) T] T \tag{5-26}$$

$$J(T) = J_0 + [J_1 + (J_2 + J_3 T) T] T \tag{5-27}$$

把温度压力相关系数 $G\ (T)$、$H\ (T)$、$I\ (T)$、$J\ (T)$ 和现场测取的压力输出频率 f_P 代入下式中，即可获得井下的真实压力 $p\ (f_P,\ T)$：

$$p(f_P, T) = G(T) + H(T) f_P + I(T) f_P^2 + J(T) f_P^3 \tag{5-28}$$

式中　T——温度，℉；

p——绝对压力，psi；

f——HP 石英压力计的输出频率。

5. HP 石英晶体压力计

1）仪器结构

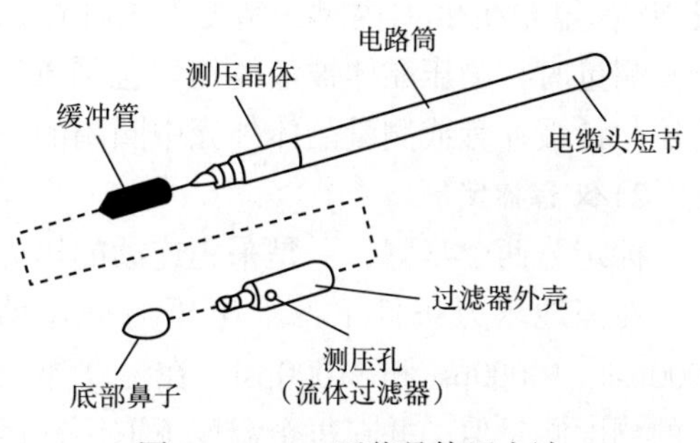

图 5-10　HP 石英晶体压力计

HP 石英晶体压力计是由惠普公司生产的压力计，主要用于井筒压力测量。斯伦贝谢公司的模块动态地层测试器（MDT）上也采用了这一传感器。图 5-10 是用于井筒生产测井测量的 HP 石英晶体压力计的结构示意图，图 5-11 是现场测井图，2978m 为气水界面，压力曲线有明显反应，这说明仪器灵敏度很高。该仪器有两个石英传感器，其中一个只受井眼温度影响而不受井眼压力影响（参考晶体），它的固有频率受温度影响用于监测井筒压力的变化。仪器上有一个测压孔，它使井内压力通过硅油传到测量晶体上，该晶体与参考晶体一样受温度影响，即测量晶体既受压力影响，也受温度影响。这两个石英振荡器之间的频率差经频率倍增后作为地面上的压力测量值。井下信号频率倍增减少了进行高分辨率记录所要求的取样时间。下井仪器通过电缆输送到地面。数控压力控制面板的信号由两种频率构成：一种与所测温度成比例，另一种与所测压力成比例，计算机压力控制面板接收这两个信号并直接将其与所适合的函数对应。

HP 石英晶体压力计仪器外径为 36.5mm，仪器长度为 100cm，最大工作压力 12000psi，压力测量范围为 200～11000psi，温度测量范围为 32～300℉，测量时间为 1s 时分辨率为 0.01psi，测量时间为 10s 时分辨率为 0.001psi。当两个晶体间的温差小于 1℃时，

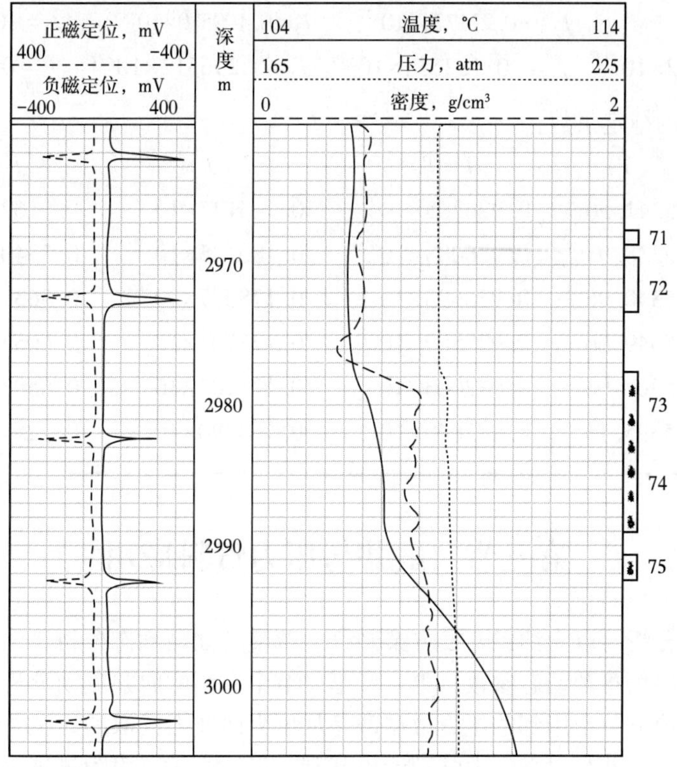

图 5-11　石英压力计测井图

精度为 0.5psi 或满刻度的 0.025%（11000psi+2.75psi）；温差小于 10℃内时，精度为 1psi 或 1%；温差在 20℃内时，精度为 5psi 或 2.5%。

测量时，测压晶体被液体均匀包围着，它使井内压力能均匀地传到探头的晶体表面。若压力计缓冲管或测量晶体外壳中圈闭的一些气体会给测量带来误差。

2）仪器标定

标定分两个步骤，一是采集连续的压力数据；二是用计算机处理这些数据。

在当地压力条件下，给出压力标定值 200psi、1000psi、2000psi、4000psi、6000psi、8000psi、10000psi 和 11000psi，在温度为 25℃、50℃、75℃、100℃和 150℃时记录各压力下的刻度测量值，并在每个温度下取两次压力读数（升压和降压），用于确定迟滞性。数据确定后，用前述方法计算出刻度系数。

压力标定通常在室内完成，一年刻度一次。如果压力计是在不超过技术要求的范围内使用，所测结果通常被认为是可靠的。

［**标定实例**］

仪器号：2813B S/N 1414A-00377

探头晶体号：453

参考晶体号：785

式（5-24）至式（5-28）中的标定系数：

$G_0=-5350.82$　$G_1=0.130799$　$G_2=0.178374\times10^{-3}$　$G_3=-0.369097\times10^{-5}$

$H_0=0.926748\times10^{-2}$　$H_1=-0.227954\times10^{-7}$　$H_2=-0.131059\times10^{-8}$　$H_3=0.865932\times10^{-11}$

$I_0=0.193872$　$I_1=-0.211774\times10^{-12}$　$I_2=0.109510\times10^{-14}$　$I_3=-0.237439\times10^{-17}$

$J_0=0.513332\times10^{-17}$　$J_1=-0.183534\times10^{-20}$　$J_2=0.296512\times10^{-22}$　$J_3=0.0$

特定温度下的标定系数：

温度，℉	$G(T)$	$H(T)$	$I(T)$	$J(T)$
75	-5341.56	0.926205×10^{-2}	0.183147×10^{-9}	0.516245×10^{-17}
120	-5338.93	0.926083×10^{-2}	0.180125×10^{-9}	0.534005×10^{-17}
165	-5340.96	0.926693×10^{-2}	0.178077×10^{-9}	0.563774×10^{-17}
210	-5349.66	0.928509×10^{-2}	0.175704×10^{-9}	0.605551×10^{-17}
255	-5367.06	0.932003×10^{-2}	0.171707×10^{-9}	0.659337×10^{-17}
300	-5395.18	0.937649×10^{-2}	0.164790×10^{-9}	0.725132×10^{-17}

第三节　试井与压力资料应用

压力测量与分析可以为油田开发方案制订、调整及油藏动态分析、油井动态监测、产能预测等提供重要信息及动态参数。第一章第二节中介绍的向井流动分析方法即是以压力数据为基础的，第五节中用到的压力数据即是从压力曲线上读取的。试井是压力测量应用的一种重要技术。试井是以渗流力学理论为基础，以压力等仪表为测试手段，对油气井或水井进行动态压力测试、研究地层的各种物理参数的方法。试井分为稳定试井和不稳定试井两类，稳定试井是改变油气井的工作制度并在各工作制度下测量相应井底压力与产量之间的关系的方法。不稳定试井是改变油气井的产量，并测量由此引起的井底压力值随时间变化的关系的方法。这种压力变化同产量的变化有关，也同测试井及所在地层的特性相关。因此利用试井资料可以得到许多地层参数，包括完井效率、井底污染情况、地层压力、渗透率、油层边界及连通情况、估算测试井的控制储量、判断是否需要采取增产措施(酸化、压裂)等。试井是勘探开发过程中认识地层、确定地层参数不可缺少的重要手段，对制订油气田开发方案、进行油气藏动态监测具有重要的作用。应该指出的是，在岩心分析、测井解释和试井这三种常用的确定地层参数的方法中，只有试井资料是在油藏动态条件下测得的，因而求得的参数能够较好地体现油气藏动态条件下的特征。因此试井资料的解释与应用是石油科技工作者所必备的技能。试井分为现场测试和室内资料处理，现场测试时，稳定试井主要改变油井的工作制度(油嘴)或抽油机的冲次，不稳定试井是改变油井的产量(如关井)。近年来随着计算机技术和石英晶体压力计的应用，试井技术有了重大突破，形成了“现代试井技术”“现代试井技术”的具体体现是用高精度仪表获取数据及数据处理的自动化。

一、基本概念

试井解释建立在一整套理论基础之上，要涉及许多相当复杂的数学问题。首先介绍一些重要的基本概念。

1. 达西定律

达西定律指出，均质孔隙介质中任一点单位横截面上的体积流量(Q_v)与该点流动方向上的势能梯度成正比：

$$Q_v=\frac{3.6K\rho}{v}\frac{\mathrm{d}\Phi}{\mathrm{d}l} \tag{5-29}$$

式中　v——流速，m/h；

ρ——流体的密度，g/cm^3；

l——长度，m；

K——渗透率，D；

Φ——势能，$\Phi=\frac{p}{\rho}+gz$；

z——流道中相对于基准面任一点的高度，m；

p——流道中任一点的压力，MPa。

2. 镜像法则

如果无限大地层中有两口井以等产量生产，则在这两口井中间位置会形成一条不渗透直线边界。如果一口井生产而另一口井以相同的流量注入，则在两井中间位置会形成一条定压直线边界。这也就暗示边界的影响可用像井代替边界来模拟。这一现象的物理实质是以边界为镜面，在实际井的对称位置上存在着另外一口“虚拟像井”的影响，将实际井和“虚拟像井”进行势的叠加，这时形成的渗流场和边界对井影响而形成的渗流场完全相同。这也就意味着一条不渗透边界对一口生产井的影响可用此边界对称位置上的等产量生产井来简化处理，而一条定压边界对一口生产井的影响可用此边界对称位置上的等流量注入井来简化处理。

实际上，镜像法则是井位于边界附近情况下的一种叠加原理的特殊应用。

3. 叠加原理

应用叠加原理，可以得到多井情形和变产量情形的各种压力变化。

叠加原理就是如果 Φ 是齐次线性偏微分方程的一个解，而 Φ_1，Φ_2，…是已知的特解，那么：

$$\Phi = C_1\Phi_1 + C_2\Phi_2 + \cdots \tag{5-30}$$

式中 C_1，C_2，…——满足相应边界条件的常数。

在边界条件与时间无关时也即定量生产时，叠加原理表明一个边界条件的存在不影响由于其他边界条件或初始条件存在而产生的响应，也就是说各种响应之间不存在相互影响。

因此，总的响应是每一个单个响应之和。在边界条件与时间有关时，也就是变产量生产时，应使用叠加原理的广义形式即 Duhamel（杜哈默）原理。叠加原理在试井上有三种应用形式。

1) 空间上的叠加形式

如果储层中不止一口井在生产，那么储层任一点的总压降等于每口井的流量在该点所产生的压降之和。

2) 时间上的叠加形式

如果一口井在不同时间 t_j 以一系列不固定流量生产，则经过总生产时间为 t_n 及最后流量为 Q_n 时的井底压力可用下列形式的叠加解求得：

$$\begin{aligned}\frac{Kh(p_i - p_{\mathrm{wf}n})}{1.842\times10^{-3}\mu B} &= \sum_{j=1}^{n}(Q_j - Q_{j-1})p_{\mathrm{D}}[(t_n - t_{j-1})_{\mathrm{D}}] + Q_n s \\ &= \frac{1}{2}\sum_{j=1}^{n}(Q_j - Q_{j-1})\ln\frac{4(t_n - t_{j-1})_{\mathrm{D}}}{\gamma} + Q_n s\end{aligned} \tag{5-31}$$

式中 K——渗透率，D；

p_i——地层压力，MPa；

$p_{\mathrm{wf}n}$——井底流压，MPa；

μ——流体黏度，mPa · s；

h——地层厚度，m；

Q——流量，m^3/d；

t——流动时间，h；

s——表皮系数；

γ——常数，$\gamma = 1.781$；

B——流体体积系数，m^3/m^3。

该叠加原理可用于根据定流量解，分析变流量生产。

3) 空间和时间上的同时叠加形式

如果储层有一定数量的生产井，而每口井又以变流量生产，则储层中某一观察点的动态压力受井的位置和井流量史的双重影响。对上述时间和空间上的混合问题求解，则 1 号井处的总压降为

$$\frac{Kh(p_i-p_{\mathrm{wf1}})}{1.842\times10^{-3}\mu B}=\sum_{i=1}^{m}\sum_{j=1}^{n}(Q_{j,i}-Q_{j-1,i})B_{ji}p_{\mathrm{D}}[(t_n-t_{j-1})_{\mathrm{D}},\gamma_{i\mathrm{D}}]+(QB)_{n1}s \tag{5-32}$$

4. 反叠加原理

反叠加原理可用下述例子加以说明，一口井从 t 时刻开始关井测每一时刻的恢复压力。实际上关井恢复压力为两部分叠加的结果，一部分是由于井以流量 Q 生产到 $(t+\Delta t)$ 的压力，另一部分是由于井以流量 $(-Q)$ 注入一段时间 Δt 的压力，如果其中一部分是已知的，那么，另一部分可从测量的压力中反叠加已知的部分得到。反叠加原理的一个最重要的应用是能通过压降方法分析压力恢复资料。

5. 卷积与反卷积原理

1）卷积方法（褶积）

卷积是一种特殊的积分方程，在试井上卷积是用时间内边界条件叠加定流量解来获得扩散方程的过程。卷积也已作为叠加原理（或杜哈默原理）在试井上起着重要作用。近年来卷积已用于井底压力和流量同时测量资料分析。

一个变流量系统的无量纲压力响应可用卷积积分或杜哈默原理表示：

$$p_{\mathrm{wD}}(t_{\mathrm{D}})=\int_0^{t_{\mathrm{D}}}Q'_{\mathrm{D}}p_{\mathrm{D}}(t_{\mathrm{D}}-\tau)\mathrm{d}\tau+sQ_{\mathrm{D}}(t_{\mathrm{D}}) \tag{5-33}$$

式 (5-33) 也等于：

$$p_{\mathrm{wD}}(t_{\mathrm{D}})=\int_0^{t_{\mathrm{D}}}Q'_{\mathrm{D}}[p_{\mathrm{D}}(t_{\mathrm{D}}-\tau)+s]\mathrm{d}\tau \tag{5-34}$$

式 (5-33) 也可写为

$$p_{\mathrm{wD}}(t_{\mathrm{D}})=\int_0^{t_{\mathrm{D}}}Q_{\mathrm{D}}p'_{\mathrm{D}}(t_{\mathrm{D}}-\tau)\mathrm{d}\tau+sQ_{\mathrm{D}}(t_{\mathrm{D}}) \tag{5-35}$$

因为

$$p_{\mathrm{wD}}(t_{\mathrm{D}})=\frac{Kh[p_{\mathrm{i}}-p_{\mathrm{wf}}(t)]}{1.842\times10^{-3}Q_{\mathrm{D}}B\mu} \tag{5-36}$$

所以

$$t_{\mathrm{D}}=\frac{Kt}{\phi\mu C_{\mathrm{t}}\gamma_{\mathrm{w}}^2}$$

因此式 (5-35) 表示为

$$\frac{Kh\Delta p}{1.842\times10^{-3}B\mu}=\int_0^{t}Q(t)p'_{\mathrm{D}}(t_{\mathrm{D}}-\tau)\mathrm{d}\tau+sQ(t) \tag{5-37}$$

其中：

$$\Delta p=p_{\mathrm{i}}-p_{\mathrm{wf}}(t)$$

$$p'_{\mathrm{D}}(t_{\mathrm{D}})=\frac{\mathrm{d}p_{\mathrm{D}}}{\mathrm{d}t_{\mathrm{D}}}$$

$$Q_{\mathrm{D}}(t_{\mathrm{D}})=\frac{Q_{\mathrm{sf}}(t_{\mathrm{D}})}{Q_{\mathrm{r}}}$$，为无量纲井底流量

$$Q'_{\mathrm{D}}(t_{\mathrm{D}})=\frac{\mathrm{d}Q_{\mathrm{D}}(t_{\mathrm{D}})}{\mathrm{d}t_{\mathrm{D}}}$$

式中 Q_r——参考流量，通常用的是稳定的生产流量，m^3/d；

$Q_{sf}(t)$——井底流量，与流量计读数相关，m^3/d；

$p_D(t_D)$——不存在井筒储存和表皮效应的无量纲压力；

t_D——无量纲时间；

τ——时间积分变量；

h——地层厚度，m；

ϕ——地层孔隙度；

C_t——地层及其中流体的综合压缩系数，MPa^{-1}；

γ_w——井眼半径，m；

Δp——生产压差，MPa；

p_i——原始地层压力，MPa；

t——从开井时刻起算的时间，h；

$p_{wf(t)}$——井底流动压力，MPa。

式(5-37)表示由卷积流量的压力解可求得流量连续变化条件下的压力响应。在用式(5-37) 进行不稳定压力数据卷积分析时，首先假定一个适当的无量纲压力解，并计算每一点的流量导数，然后进行数值积分运算。制作压力与叠加流量时间函数关系的直角坐标图，可得一直线，由此直线斜率可以得到流动系数。

为便于下述的反卷积运算，在引入未知“影响函数”f后，式(5-38)表示为

$$\Delta p = \int_0^t q(t) f'(t - \tau) \mathrm{d}\tau \tag{5-38}$$

式中，影响函数f表示每单位流量下的压力降，包括井眼表皮系数和流动系数，也即f综合了地层压降和井筒附近地区的压降。

2)*反卷积方法*

反卷积不同于卷积，它不需要假设特殊形式的无量纲压力函数。反卷积是把已知的压力史和变流量史数据换算成相应的定端流量压力响应(响应函数)的过程。因此，反卷积的目的就是由测量的流量压力数据确定影响函数值。

由式(5-38)反卷积求不稳定压力数据有许多方法，Stewart（1988)等提出了一种反卷积试井数据的有效方法，它是通过数值变换方法把离散的压力和流量数据变换到 Laplace 空间域，优点就是在 Laplace 空间复杂的反卷积过程被大大简化，通过 Laplace 变换后得到的“影响函数”为

$$f = L^{-1} \frac{L[\Delta p(t)]}{ZL[Q(t)]} \tag{5-39}$$

式中 L——Laplace 变换；

Z——Laplace 变量。

最后，使用 Stehfest 数值反演算法把“影响函数”变换到时间域。反卷积方法在很大程度上取决于流量测量的准确性，流量上 t 的较小变化可以明显改变反卷积得出的压力响应，因此使用该方法应该较为小心。

使用卷积和反卷积方法可以分析流量波动较大而不能进行常规分析的压力数据，也可以分析短时压降或压力恢复试井资料，确定井筒储存效应的影响。

6. 模拟反卷积原理

反卷积运算是以同时流量压力测井资料为基础的。在缺少井底流量的条件下，若井口产量稳定且井筒储存模型已知，这种方法也可应用。

井筒储存系数不变时，续流量与井底压力的时间导数成正比，则续流量可用下式计算：

$$Q(t)=Q_r-24\frac{dp}{dt} \tag{5-40}$$

把式(5-40)代入式(5-39)可得模拟反卷积公式：

$$f=L^{-1}\frac{L[\Delta p(t)]}{Q_r-24CZ^2L[\Delta p(t)]} \tag{5-41}$$

式中　C——井筒储集常数。

使用模拟反卷积法可以消除井筒储存影响，识别复合的井筒储存现象。

7. 无量纲变量

一般的物理量都有量纲，试井分析中经常使用无量纲，使用无量纲有许多优点，如可以使方程式变得简单而易于推导和应用，且导出的公式不受单位制的影响，具有通用性。一般情况下无量纲的下标用 D 表示，如 t_D 表示无量纲时间。无量纲通常是这些物理量与别的物理量的组合，两者成正比。下面介绍一些试井中常用的无量纲。无量纲用法定(SI)单位定义。

无量纲压力 p_D：

$$p_D=\frac{Kh}{1.842\times10^{-3}q\mu B}\Delta p \tag{5-42}$$

无量纲时间 t_D 与开井时间 t（或关井时间 Δt）成正比：

$$t_D=\frac{3.6Kt}{\phi\mu C_t r_w^2}=\frac{3.6\eta}{r_w^2}t \tag{5-43}$$

式中　η——导压系数。

若 Δt 为关井时间，则：

$$t_D=\frac{3.6K}{\phi\mu C_t r_w^2}\Delta t=\frac{3.6\eta}{r_w^2}\Delta t \tag{5-44}$$

无量纲井筒储集常数或储存系数 C_D 与井筒储集常数 C 成正比：

$$C_D=\frac{C}{2\pi\phi C_t h r_w^2} \tag{5-45}$$

无量纲距离 r_D 与距离 r 成正比：

$$r_D=\frac{r}{r_w} \tag{5-46}$$

无量纲变量不是唯一的，人们往往根据不同的需要来定义无量纲，如无量纲时间，可以用井半径或井的有效半径等来定义。

8. 表皮效应与表皮系数

通常情况下，在井筒周围有一个很小的环状区域。由于种种原因，如钻井液的侵入、

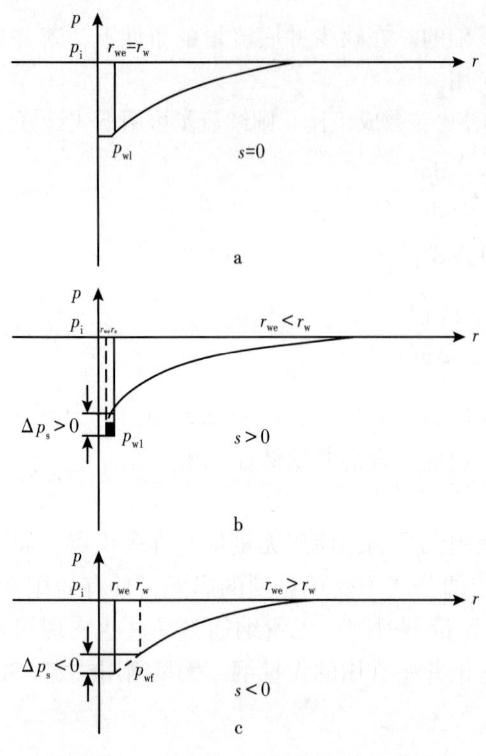

图 5-12　表皮效应和折算半径示意图

射开不完善或酸化压裂的影响等，这个小环状区域的渗透率与油层不同。因此当原油从油层流入井筒时，在这里产生一个附加压力降。这种现象叫表皮效应（或趋肤效应）。把这个附加压降（Δp_s）无量纲化，可以得到无量纲附加压降，用它来表征一口井表皮效应的性质和严重程度，称为表皮系数（或趋肤因子、污染系数等）：

$$s=\frac{Kh}{1.842\times10^{-3}q\mu B}\Delta p_s \tag{5-47}$$

图 5-12 表示在均质地层中一口井 $s=0$、$s>0$ 和 $s<0$ 三种情形的附加压降，它们分别表示均质油藏中井未受污染、受污染和增产措施见效的程度。这就是说，当 $s>0$ 时，数值越大，表示污染越严重；当 $s<0$ 时，绝对值越大，表示增产措施的效果越好。

图 5-12 中的 r_{we} 称为折算半径或有效半径，r_{we} 与油井半径 r_w 之间的关系反映了井筒附近污染的情况：

$$r_{we}=r_w e^{-s} \tag{5-48}$$

$r_{we}=r_w$：即 $s=0$，表示井未受污染。

$r_{we}<r_w$：即 $s>0$，表示井受污染。

$r_{we}>r_w$：即 $s<0$，表示井的增产措施见效，r_{we} 越大，措施效果越好。

9. 井筒储集常数

油井刚开井或刚关井时，由于原油具有压缩性等多种原因，地面产量 q_1 与井底产量 q_2 并不相等，如图 5-13 所示。当井筒充满单相油时，油井一打开，从井口采出原油（产量 q）是靠井筒的压缩原油膨胀进行的，此时，还没有原油从地层流入井筒，$q_1=q$，$q_2=0$。随后，随着井筒中原油弹性能量的释放，井底产量逐渐增加并过渡到与地面产量相等，即

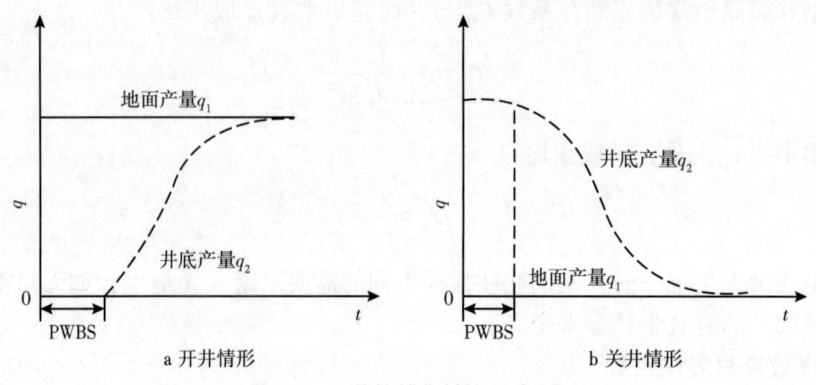

图 5-13　井筒储集效应示意图

$q_1=q_2=q$。

对于关井情形，油井一关闭，地面产量 q_1 立即由 q 变为 0，但井底原油仍在不断地从地层流向井筒，井筒压力逐渐增加，最后与井筒周围的地层压力达到平衡，此时井底产量才为 0，即 $q_1=q_2=0$，从而实现了井底关井，这种现象称为“续流效应”或“井筒储存效应”。$q_2=0$ 或 $q_2=q$ 的那一段时间叫“纯井筒储集”阶段，简写为 PWBS。

通常用井筒储集常数表示井筒储集效应的强弱程度，用 C 表示。C 表示井筒靠原油的压缩储存原油或靠释放压缩原油的弹性能量排出原油的能力：

$$C=\frac{\mathrm{d}V}{\mathrm{d}p}\approx\frac{\Delta V}{\Delta p} \tag{5-49}$$

式中　ΔV——井筒中储存原油的体积变化；

Δp——井筒的压力变化。

在关井条件下，C 的物理意义是若使井筒压力升高 1MPa，必须从地层中流进 $\frac{1}{C}\mathrm{cm}^3$ 的原油；在开井条件下，当井筒压力降低 1MPa 时，靠井筒中原油的弹性能量可以排出 $\frac{1}{C}\mathrm{cm}^3$ 的原油。

试井过程中，应尽量消除或降低井筒储集效应。下面讨论计算井筒储集常数 C 的方法。

假定原油充满整个井筒，在开井或关井时间 t 内，井筒中原油的体积变化为

$$\Delta V=\frac{|q_1-q_2|t}{24} \tag{5-50}$$

式中　q_1 和 q_2——分别为地面产量（换算到井底）和井底产量，m^3/d。

$$C=\frac{\mathrm{d}V}{\mathrm{d}p}=\frac{|q_1-q_2|t}{24\Delta p} \tag{5-51}$$

在纯井筒储集阶段，有 $q_2=0$，$q_1=q$（开井情形）或 $q_1=0$，$q_2=q$（关井情形），则：

$$|q_1-q_2|=\begin{cases} q_1=q & \text{开井} \\ q_2=q & \text{关井} \end{cases} \tag{5-52}$$

式（5-52）说明开井时，$|q_1-q_2|$ 为油井的稳定产量 q；关井时，$|q_1-q_2|$ 为关井前的稳定产量 q。在纯井筒储集阶段有

$$\Delta V=\frac{qt}{24} \tag{5-53}$$

则：

$$C=\frac{\Delta V}{\Delta p}=\frac{qt}{24\Delta p} \tag{5-54}$$

$$\Delta p=\frac{qt}{24C} \tag{5-55}$$

对于单相原油（$p>p_{\mathrm{b}}$）：

$$\Delta V=VC_{\mathrm{o}}\Delta p$$

$$C=\frac{\Delta V}{\Delta p}=\frac{VC_o\Delta p}{\Delta p}=VC_o \tag{5-56}$$

式中　V——井筒体积，m^3；

C_o——井筒原油的压缩系数。

式(5-56)计算出的 C 表示由完井资料计算的井筒储集常数，记作 $C_{完井}$。$C_{完井}$ 是在井筒充满油、井筒周围无连通裂缝等条件下算得的，因此 $C_{完井}$ 是井筒储集常数的最小值。由于下列原因，C 通常大于 $C_{完井}$。

(1)井筒中有自由气时，由于气的压缩系数比油的压缩系数大得多，所以 C 会增大。

(2)若封隔器不密封，井筒容积将大大增加，因而使得 C 增大。

(3)在双重孔隙介质油藏情形，有效井筒容积将由于与井筒相连通的裂缝的影响而增大，因而 C 会增大。

对于液面不到井口的情形。C 将会更大。设油管面积为 A_u，油管中原油的密度为 ρ，液面高度变化值为 l，压力变化值为 Δp，则：

$$\Delta V=A_u l \tag{5-57}$$

$$\Delta p=9.80665\times10^{-3}l\rho \tag{5-58}$$

得：

$$C=\frac{\Delta V}{\Delta p}=\frac{A_u}{9.80665\times10^{-3}\rho} \tag{5-59}$$

如果在井筒储集效应阶段，井筒中发生相态改变的现象，则井筒储集常数也将发生变化。若在压降测试中，开始时井口压力稍高于饱和压力，井筒中原油呈单相状态。此时 C 与原油的压缩系数成正比。开井后，井口压力很快下降到低于饱和压力，井筒中原油开始脱气。此时，由于流体(油气)的压缩系数增大，C 也随之增大。反之如果在压力恢复的井筒储集阶段，井口压力由稍低于饱和压力迅速上升到高于饱和压力，C 则变小。

10. 流动阶段

把压力降落或压力恢复的压差数据标在双对数坐标系中，称为双对数曲线，曲线可分为四个阶段(图 5-14)。

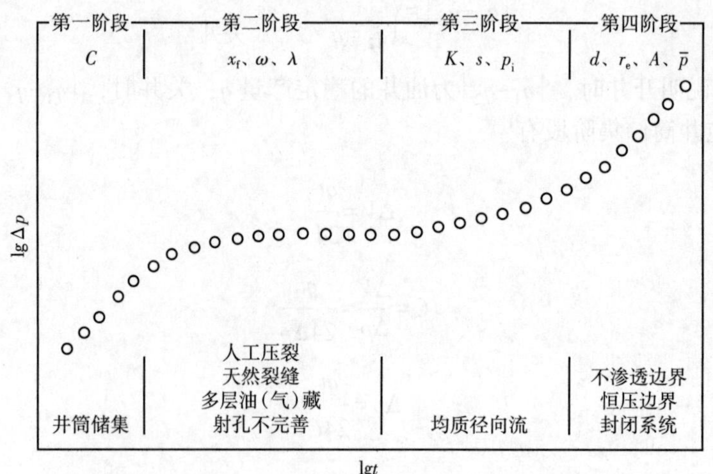

图 5-14　双对数曲线及流动阶段示意图

第四阶段，20 世纪 20 年代已开始研究这一阶段。把生产井关闭，下入压力计，由此获得平均地层压力，然后用物质平衡法估算油藏的储量。后来人们认识到所测的压力值取决于关井时间的长短。油层的渗透率越低，达到平均地层压力所需的关井时间就越长。在现代试井解释中把这一阶段称作第四阶段。从这一阶段的资料可以计算测试井到附近油层边界的距离 d、排油半径 r_e、排油面积 A、控制储量 N、平均地层压力 $\bar{p}$ 等。

第三阶段，径向流动阶段。不稳定试井技术是在 20 世纪 50 年代发展起来的。这种方法是测量压力降落或压力恢复曲线，从而计算地层系数 Kh（或流动系数 Kh/μ 或渗透率 K）、表皮系数和原始地层压力 p_i，但得不到有关测试井井筒周围的情况和有关油藏类型的信息。

第二阶段，井筒附近油层的情况，如井筒是否被裂缝切割、测试井是否完善以及油藏的类型(油藏均质非均质)等信息只有从这一阶段的资料才能得到。从这一阶段的资料可以得到的参数有裂缝半长 X_f（井被裂缝切割情形）、储能比(裂缝系统储油能力占总储油能力的比例)ω 和表征原油从基岩系统流到裂缝系统的难易程度的窜流系数 λ（双重介质情形)等。

第一阶段，刚开始开井或关井(压降或压力恢复)后的一段时间，分析这一阶段可以得到 C。要进行第一阶段和第二阶段的分析，必须使用高精度压力计，测得早期资料，即刚开井或刚关井时的压力变化数据。

二、试井解释理论基础

1. 基本微分方程和压降公式

单相弱可压缩且压缩系数为常数的液体在水平、等厚、各向同性的均质弹性孔隙介质中渗流，压力变化服从如下偏微分方程(扩散方程)：

$$\frac{\partial^2 p}{\partial r^2}+\frac{1}{r}\frac{\partial p}{\partial r}=\frac{\phi\mu C_t}{3.6K}\frac{\partial p}{\partial t}$$

或

$$\frac{\partial^2 p}{\partial r^2}+\frac{1}{r}\frac{\partial p}{\partial r}=\frac{1}{3.6\eta}\frac{\partial p}{\partial t} \tag{5-60}$$

假定在无限大地层中有一口井，在这口井开井生产前，整个地层具有相同的压力 p_i，从某一时刻 $t=0$ 开始，该井以恒定产量 q 生产，则满足以下定解条件：

$$\left.\begin{aligned} p(t=0)&=p_i \\ p(r=\infty)&=p_i \\ \left(r\frac{\partial p}{\partial r}\right)_{r=r_w}&=\frac{q\mu B}{172.8\pi Kh} \end{aligned}\right\} \tag{5-61}$$

$$C_t=C_r+C_oS_o+C_wS_w+C_gS_g$$

式中 p——距离井 r 处在 t（h)时刻的压力，MPa；

p_i——原始地层压力，MPa；

r——离井的距离，m；

t——从开井时刻起算的时间，h；

K——地层渗透率，D；

h——地层厚度，m；

μ——流体黏度，mPa·s；

ϕ——地层孔隙度；

C_t——地层及其中流体的综合压缩系数，MPa^{-1}；

C_r、C_o、C_w、C_g——分别为岩石、油、水和气的压缩系数，MPa^{-1}；

S_o、S_w、S_g——分别为地层的含油饱和度、含水饱和度和含气饱和度；

q——井的地面产量，m^3/d；

B——原油的体积系数；

η——导压系数，$\eta=K/(\phi\mu C_t)$，D·MPa/(mPa·s)。

导压系数是表征地层和流体传导压力难易程度的物理量。假定一口井以某一固定产量 q 开井生产，在离这口井一定距离的地方压力下降到某一数值所需的时间因导压系数的不同而不同。导压系数越大，所需时间就越短；导压系数越小，所需时间越大。

式(5-60)在定解条件式(5-61)下的解为

$$p=p(r,\ t)=p_i-\frac{q\mu B}{345.6\pi Kh}\left[-E_i\left(-\frac{r^2}{14.4\eta t}\right)\right] \tag{5-62}$$

其中：

$$E_i(-x)=-\int_x^{\infty}\frac{e^{-u}}{u}du$$

式中，E_i 是幂积分函数：

当 $x<0.01$ 时：

$$E_i(-x)\approx\ln x+0.5772\approx\ln(1.781x)$$

由式(5-62)得井底流动压力 $p_{wf}(t)=p(r_w,\ t)$ 为

$$p_{wf}(t)=p_i-\frac{q\mu B}{345.6\pi Kh}\left[-E_i\left(-\frac{r_w^2}{14.4\eta t}\right)+2s\right] \tag{5-63}$$

式(2-63)中附加了一项由于井壁阻力所引起的附加压力降$\frac{q\mu B}{345.6\pi Kh}2s$。

把式(5-63)写成压差的形式：

$$\Delta p=p_i-p_{wf}(t)=\frac{q\mu B}{345.6\pi Kh}\left[-E_i\left(-\frac{r_w^2}{14.4\eta t}\right)+2s\right] \tag{5-64}$$

当$\frac{r_w^2}{14.4\eta t}<0.01$(该条件容易满足)时，有

$$p_{wf}(t)=p_i-\frac{q\mu B}{345.6\pi Kh}\left[\ln\frac{8.085\eta t}{r_w^2}+2s\right] \tag{5-65}$$

换成常用对数得：

$$\begin{aligned}p_{wf}(t)&=p_i-\frac{q\mu B}{345.6\pi Kh}\left[2.303\lg\frac{8.085\eta t}{r_w^2}+2s\right]\\&=p_i-\frac{2.121\times10^{-3}q\mu B}{Kh}\left(\lg\frac{Kt}{\phi\mu C_t r_w^2}+0.9077+0.8686s\right)\\&=-\frac{2.121\times10^{-3}q\mu B}{Kh}\lg t+\left[p_i-\frac{2.121\times10^{-3}q\mu B}{Kh}\left(\lg\frac{K}{\phi\mu C_t r_w^2}+0.9077+0.8686s\right)\right]\end{aligned} \tag{5-66}$$

写成压差形式：

$$\Delta p = p_i - p_{wf}(t) = \frac{2.121\times10^{-3}q\mu B}{Kh}\lg t + \frac{2.121\times10^{-3}q\mu B}{Kh}\left(\lg\frac{K}{\phi\mu C_t r_w^2}+0.9077+0.8686s\right) \tag{5-67}$$

式(5-63)和式(5-64)或式(5-65)至式(5-67)称为压降公式，它描述的是压力降落过程中井底压力的变化。

2. 压力恢复公式

应用叠加原理可以导出压力恢复公式。假定 A 井在以恒定产量 q 生产时间 t_p 后关井，关井时间用 Δt 表示，如图 5-15 所示。

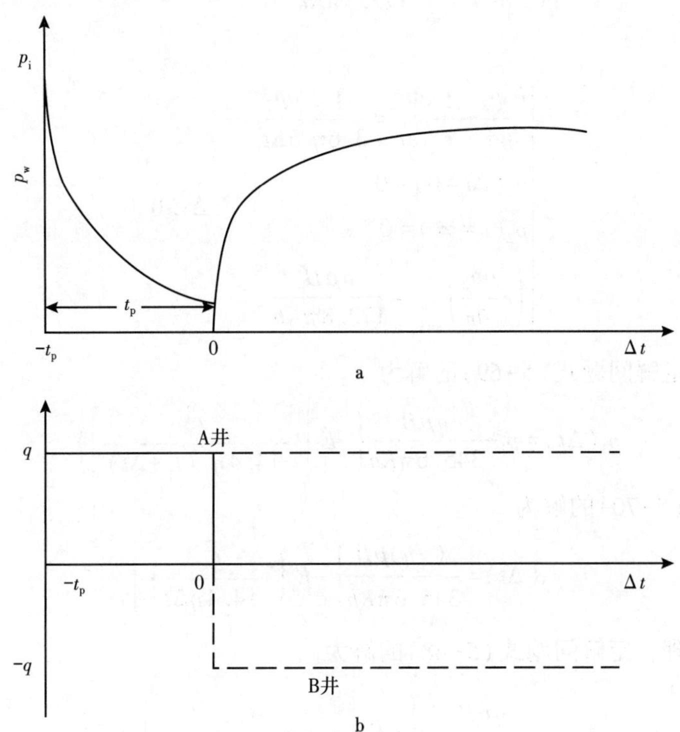

图 5-15　叠加原理示意图

显然这时的定解问题是

$$\begin{cases}\dfrac{\partial^2 p}{\partial r^2}+\dfrac{1}{r}\dfrac{\partial p}{\partial r}=\dfrac{1}{3.6\eta}\dfrac{\partial p}{\partial\Delta t}\\ p(\Delta t=-t_p)=p_i\\ p(r=\infty)=p_i\\ \left(r\dfrac{\partial p}{\partial r}\right)_{r=r_w}=\begin{cases}\dfrac{q\mu B}{172.8\pi Kh} & -t_p\leqslant\Delta t\leqslant 0\\ 0 & \Delta t>0\end{cases}\end{cases} \tag{5-68}$$

假设以下条件成立：

(1)井 A 在关井后继续以恒定产量 q 一直生产下去(即设想 A 井不关)；

(2)有另一口井 B，它与 A 井同井眼，从 A 井关井的时刻开始，以恒定的注入量 q 注入，或以恒定产量$-q$ 生产，如图 5-14b 所示，则从 A 井关井的时刻开始，A 井和 B 井的产量之代数和为 $q+(-q)=0$，即相当于关井。因此定解问题式(5-58)可分解为下面两个定解问题：

$$\begin{cases}\dfrac{\partial^2 p_1}{\partial r^2}+\dfrac{1}{r}\dfrac{\partial p_1}{\partial r}=\dfrac{1}{3.6\eta}\dfrac{\partial p_1}{\partial \Delta t}\\ p_1(\Delta t=-t_p)=p_i\\ p_1(r=\infty)=p_i\\ \left(r\dfrac{\partial p_1}{\partial r}\right)_{r=r_w}=\dfrac{q\mu B}{172.8\pi Kh}\end{cases}\quad \Delta t>-t_p \tag{5-69}$$

和

$$\begin{cases}\dfrac{\partial^2 p_2}{\partial r^2}+\dfrac{1}{r}\dfrac{\partial p_2}{\partial r}=\dfrac{1}{3.6\eta}\dfrac{\partial p_2}{\partial \Delta t}\\ p_2(\Delta t=0)=0\\ p_2(r=\infty)=0\\ \left(r\dfrac{\partial p_2}{\partial r}\right)_{r=r_w}=\dfrac{q\mu B}{172.8\pi Kh}\end{cases}\quad \Delta t>0 \tag{5-70}$$

由前述可知定解问题式(5-69)的解为

$$p_1(\Delta t)=p_i-\frac{q\mu B}{345.6\pi Kh}\left\{-E_i\left[-\frac{r_w^2}{14.4\eta\ (t_p+\Delta t)}\right]\right\}$$

定解问题式(5-70)的解为

$$p_2(\Delta t)=\frac{(-q)\mu B}{345.6\pi Kh}\left[-E_i\left(-\frac{r_w^2}{14.4\eta\Delta t}\right)\right]$$

应用叠加原理，定解问题式(5-68)的解为

$$p_{ws}(\Delta t)=p_1+p_2=p_i-\frac{q\mu B}{345.6\pi Kh}\left\{-E_i\left[-\frac{r_w^2}{14.4\eta(t_p+\Delta t)}\right]+E_i\left(-\frac{r_w^2}{14.4\eta\Delta t}\right)\right\} \tag{5-71}$$

或

$$\Delta p=p_i-p_{ws}(\Delta t)=\frac{q\mu B}{345.6\pi Kh}\left\{-E_i\left[-\frac{r_w^2}{14.4\eta(t_p+\Delta t)}\right]+E_i\left[-\frac{r_w^2}{14.4\eta\Delta t}\right]\right\} \tag{5-72}$$

式中　p_{ws}——井底关井压力。

若用对数表达式近似表示 E_i，则有

$$p_{ws}(\Delta t)=p_i-\frac{2.121\times10^{-3}q\mu B}{Kh}\lg\frac{t_p+\Delta t}{\Delta t} \tag{5-73}$$

或

$$\Delta p=p_i-p_{ws}(\Delta t)=\frac{2.121\times10^{-3}q\mu B}{Kh}\lg\frac{t_p+\Delta t}{\Delta t} \tag{5-74}$$

式(5-71)、式(5-72)或式(5-73)、式(5-74)就是压力恢复公式。式(5-73)、式(5-74)又叫赫诺(Horner)公式。

由式(5-66)得：

$$p_{ws}\ (\Delta t=0)\ =p_{wf}\ (t=t_p)$$

$$=p_i-\frac{2.121\times10^{-3}q\mu B}{Kh}\ \left(\lg\frac{Kt_p}{\phi\mu C_t r_w^2}+0.9077+0.8686s\right)$$

式(5-73)与上式相减得：

$$p_{ws}(\Delta t)=p_{wf}(t_p)+\frac{2.121\times10^{-3}q\mu B}{Kh}\left(-\lg\frac{t_p+\Delta t}{\Delta t}+\lg\frac{Kt_p}{\phi\mu C_t r_w^2}+0.9077+0.8686s\right)$$

或

$$p_{ws}(\Delta t)=p_{wf}(t_p)+\frac{2.121\times10^{-3}q\mu B}{Kh}\left[\lg\left(\frac{K\Delta t}{\phi\mu C_t r_w^2}\frac{t_p}{t_p+\Delta t}\right)+0.9077+0.8686s\right]\tag{5-75}$$

如果关井前生产时间 t_p 比最大关井时间 Δt_{max} 长得多，即 $t_p\gg\Delta t_{max}$，则：

$$t_p+\Delta t\approx t_p$$

或

$$\frac{t_p+\Delta t}{t_p}\approx1$$

此时有

$$p_{ws}(\Delta t)\approx p_{wf}(t_p)+\frac{2.121\times10^{-3}q\mu B}{Kh}\left(\lg\frac{K\Delta t}{\phi\mu C_t r_w^2}+0.9077+0.8686s\right)$$

$$=\frac{2.121\times10^{-3}q\mu B}{Kh}\lg\Delta t+\left[p_{wf}(t_p)+\frac{2.121\times10^{-3}q\mu B}{Kh}\left(\lg\frac{K}{\phi\mu C_t r_w^2}+0.9077+0.8686s\right)\right]\tag{5-76}$$

有人称式(5-76)为简化的压力恢复公式，在形式上与压降公式[式(5-66)]相似，简称 MDH 公式。

3. 由压降曲线或压力恢复曲线求参数

由式(5-66)、式(5-73)和式(5-76)知，在压力降落情形，$p_{wf}(t)$ 与 $\lg t$ 成一直线；在压力恢复情形，$p_{ws}(\Delta t)$ 与 $\lg\frac{t_p+\Delta t}{\Delta t}$ 或 $\lg\Delta t$（$t_p\gg\Delta t_{max}$ 时）成一直线，直线的斜率均为 $\frac{2.121\times10^{-3}q\mu B}{Kh}$ 或 $-\frac{2.121\times10^{-3}q\mu B}{Kh}$。用 m 表示斜率的绝对值，即：

$$m=\frac{2.121\times10^{-3}q\mu B}{Kh}\tag{5-77}$$

若画出压力降落曲线（p_{wf}—$\lg t$ 曲线，称为 MDH 曲线）；或压力恢复曲线（p_{ws}—$\lg\frac{t_p+\Delta t}{\Delta t}$ 曲线，称为 Horner 曲线）；或在 $t_p\gg\Delta t_{max}$ 时，画出 p_{ws}—$\lg\Delta t$ 曲线（称为 MDH 曲线），并量出其直线段的斜率，就可以算出：

流动系数 $$\frac{Kh}{\mu}=\frac{2.121\times10^{-3}qB}{m} \tag{5-78}$$

地层系数 $$Kh=\frac{2.121\times10^{-3}q\mu B}{m} \tag{5-79}$$

有效渗透率 $$K=\frac{Kh}{\mu}\frac{\mu}{h}=\frac{2.121\times10^{-3}q\mu B}{mh} \tag{5-80}$$

由式(5-66)可知，若在直线段（或延长线）上取一点，设其对应时间为 t_0，压力为 $p_{wf}(t_0)$，便可算出表皮系数：

$$s=1.151\left[\frac{p_i-p_{wf}(t_0)}{m}-\lg\frac{Kt_0}{\phi\mu C_t r_w^2}-0.9077\right] \tag{5-81}$$

在压力恢复情形，由式(5-75)知：

$$s=1.151\left[\frac{p_{ws}(\Delta t_0)\ -p_{ws}(0)}{m}-\lg\left(\frac{K\Delta t_0}{\phi\mu C_t r_w^2}\ \frac{t_p}{t_p+\Delta t_0}\right)-0.9077\right] \tag{5-82}$$

如果 $t_p \gg \Delta t_0$，则式（5-82)可简化为

$$s=1.151\left[\frac{p_{ws}(\Delta t_0)\ -p_{ws}(0)}{m}-\lg\frac{K\Delta t_0}{\phi\mu C_t r_w^2}-0.9077\right] \tag{5-83}$$

式中，Δt_0 亦为直线段或延长线上任意一点，$p_{ws}(0)=p_{wf}(t_p)$。

为简便起见通常取 $t_0=1\text{h}$、$\Delta t_0=1\text{h}$，式(5-81)至式(5-83)分别写成

$$s=1.151\left[\frac{p_i-p_{wf}(1)}{m}-\lg\frac{K}{\phi\mu C_t r_w^2}-0.9077\right] \tag{5-81$'$}$$

$$s=1.151\left[\frac{p_{ws}(1)-p_{ws}(0)}{m}-\lg\frac{K}{\phi\mu C_t r_w^2}-\lg\frac{t_p}{t_p+1}-0.9077\right] \tag{5-82$'$}$$

$$s=1.151\left[\frac{p_{ws}(1)-p_{ws}(0)}{m}-\lg\frac{K}{\phi\mu C_t r_w^2}-0.9077\right] \tag{5-83$'$}$$

式(5-81)′至式(5-83)′中，$p_{wf}(1)$ 和 $p_{ws}(1)$ 必须在压降曲线和压力恢复曲线的直线段上或它们的延长线上取值。取 $t_0=1\text{h}$、$\Delta t_0=1\text{h}$ 只是为了计算方便，也可取其他值。

由式(5-73)可知，当关井时间 $\Delta t\to\infty$ 时，$(t_p+\Delta t)/\Delta t\to1$，$\lg[(t_p+\Delta t)/\Delta t]\to0$，$p_{ws}(\Delta t)\to p_i$。因此，把直线段延长，使它与 $(t_p+\Delta t)/\Delta t=1$ 相交，交点所对应的压力值就是 p_i。在实际资料解释中，这一压力值称为外推压力，用 p^* 表示。对尚未投入开发的油藏，p^* 就是原始地层压力；对已投入开发的油藏，则表示油藏的平均压力。

上述方法称为半对数曲线分析法，在我国油田已投入应用。

除了计算流动系数 $\frac{Kh}{\mu}$、地层系数 Kh、有效渗透率 K、表皮系数 s 和地层压力 p_i 之外，试井资料还有许多用处。

前面定义了无量纲，如果用无量纲表示式(5-60)至式(5-62)、式(5-64)和式(5-67)，

那么表示形式就大为简化，分别写为式(5-60)′至式(5-62)′、式(5-64)′和式(5-67)′：

$$\frac{\partial^2 p_D}{\partial r_D^2}+\frac{1}{r_D}\frac{\partial p_D}{\partial r_D}=\frac{\partial p_D}{\partial t_D} \tag{5-60$'$}$$

$$\left.\begin{aligned} &p_D(t_D=0)=0\\ &p_D(r_D=\infty)=0\\ &\left(\frac{\partial p_D}{\partial r_D}\right)_{r_D=1}=-1 \end{aligned}\right\} \tag{5-61$'$}$$

$$p_D=\frac{1}{2}\left[-E_i\left(-\frac{r_D^2}{4t_D}\right)\right] \tag{5-62$'$}$$

$$p_D=\frac{1}{2}\left[-E_i\left(-\frac{1}{4t_D}\right)+2s\right] \tag{5-64$'$}$$

$$p_D=\frac{1}{2}(\ln t_D+0.80907+2s) \tag{5-67$'$}$$

这些式子与实际物理参数如K、h、μ、q和ϕ等没有直接关系。由于使用的是无量纲，不受单位制的限制，使用更为方便。用这些式子分析的无量纲解适合于任意一口井，在得到最后结果后，再由无量纲与实际物理量之间的关系换算成需要的实际数值，这是非常容易的，基于这种原因，现代试井中用的无量纲图版可以通用。

三、试井解释应用实例

1. 系统分析与试井解释

如前所述，试井解释就是根据试井中所测得的资料，包括压力和产量等，结合其他资料来判断油气藏类型、测试井类型和井底完善程度，并确定测试井的特性参数，如渗透率、储量、地层压力等。20 世纪 50—60 年代，普遍采用半对数曲线分析法(Horner、MDH)进行试井解释，这就是“常规的试井解释方法”。当测不到半对数直线段时，或者半对数曲线从何开始难以判断时常规试井解释的应用受到了局限。

20 世纪 70 年代后，随着计算机和高精度压力计的应用，许多试井解释图版问世，图版拟合引起了人们的重视，特别是压力导数解释图版及拟合分析方法的创立，使试井解释进一步取得突破性的重大发展。这就是现代试井解释技术。“现代试井”有以下特点：

(1)运用了系统分析的概念和数值模拟方法。

(2)建立了双对数分析方法，确立了早期(第一阶段、第二阶段)资料的解释，从过去认为无用的数据中得到了许多信息；通过图版拟合分析和数值模拟(压力史拟合)，从试井资料的总体上进行分析研究。

(3)进一步完善了常规试井解释方法，可以判断是否出现了半对数直线段，并且给出了半对数直线段开始的大致时间，提高了半对数曲线分析的可靠性。

(4)不仅适用于油水井，也适用于气井；可以解释各种不稳定试井的资料，如中途测井(DST)、生产测井、压降测试、压力恢复的资料等。

(5)在用两种方法得到一致的结果之后，还要经过无量纲赫诺曲线拟合检验和压力史拟合检验，保证了解释的可靠性。

现代试井解释方法已逐渐成为新的常用试井方法。国内外许多石油公司已将它列入试井解释的章程。

油藏和测试井可看作一个系统S，测试过程中，给S一个输入信号I（从测试井以恒定产量采出一定数量的原油），由此引起S中的压力发生变化（S的输出信号），如图5-16所示。试井的过程，就是计量产出的油量并测量井底压力的变化，即获取系统的输入和输出信号。试井解释的任务，就是由这些资料加上初始条件和边界条件来识别系统S，最终确定油藏的特性和参数。也就是说，试井解释是要解一个反问题。

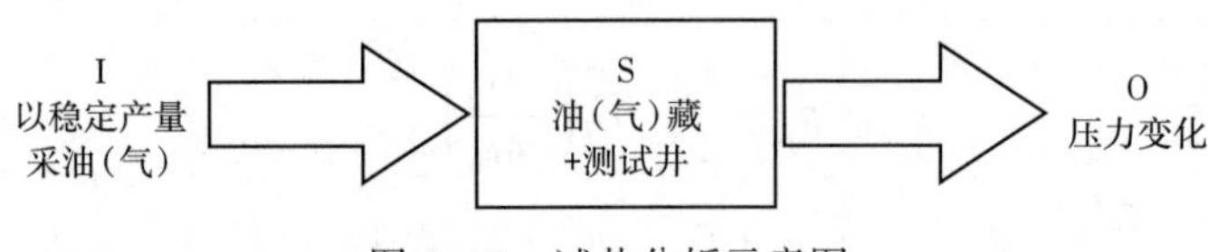

图5-16 试井分析示意图

2. 压力恢复分析应用实例

表5-1是某一产油井的压力恢复数据。该井开井生产时间 $t_p=22.45h$，产油量 $q=127.2m^3/d$，产层有效厚度 $h=9.14m$，原油地层体积系数 $B_o=1.25$，原油黏度 $\mu=1.1mPa\cdot s$，地层孔隙度 $\phi=0.15$，总压缩系数 $C_t=1.45\times10^{-3}MPa^{-1}$，井眼半径 $r_w=0.091m$。把 $[(t_p+\Delta t)/\Delta t,\ p_{ws}]$ 数据点标入半对数坐标中，得到如图5-17所示的曲线。其直线段的斜率 $m=0.492MPa/cycle$。

表5-1 某井压力恢复数据表

Δt		p_{ws} MPa	$\Delta p=p_{ws}(\Delta t)-p_{ws}(\Delta t=0)$ MPa	$\frac{t_p+\Delta t}{\Delta t}$	$\delta=m\lg\frac{t_p+\Delta t}{t_p}$ MPa	$\Delta p+\delta$ MPa
min	h					
0	0	21.353				
3	0.05	21.408	0.055	450.0	0.000475	0.055
5	0.0833	21.429	0.076	270.4	0.000792	0.077
9	0.15	21.477	0.124	150.7	0.001423	0.125
16	0.267	21.546	0.193	85.2	0.002523	0.196
30	0.5	21.643	0.290	45.9	0.00471	0.295
40	0.667	21.691	0.338	34.7	0.00625	0.344
66	1.1	21.780	0.427	21.4	0.01022	0.437
100	1.667	21.863	0.510	14.5	0.0153	0.525
138	2.3	21.925	0.572	10.8	0.0208	0.593
252	4.2	22.029	0.676	6.35	0.0366	0.713
334	5.567	22.084	0.731	5.03	0.0473	0.778
423	7.05	22.118	0.765	4.18	0.0584	0.823
574	9.567	22.173	0.820	3.35	0.0758	0.896
779	12.98	22.215	0.862	2.73	0.0975	0.960
1092	18.2	22.256	0.903	2.23	0.1269	1.030

续表

Δt		p_{ws} MPa	$\Delta p=p_{ws}(\Delta t)-p_{ws}(\Delta t=0)$ MPa	$\frac{t_p+\Delta t}{\Delta t}$	$\delta=m\lg\frac{t_p+\Delta t}{t_p}$ MPa	$\Delta p+\delta$ MPa
min	h					
1674	27.9	22.298	0.945	1.81	0.1726	1.118
2186	36.4	22.325	0.972	1.62	0.2060	1.178
2683	44.7	22.353	1.000	1.50	0.2342	1.234
3615	60.3	22.380	1.027	1.37	0.2786	1.306
4281	71.4	22.380	1.027	1.32	0.3055	1.333

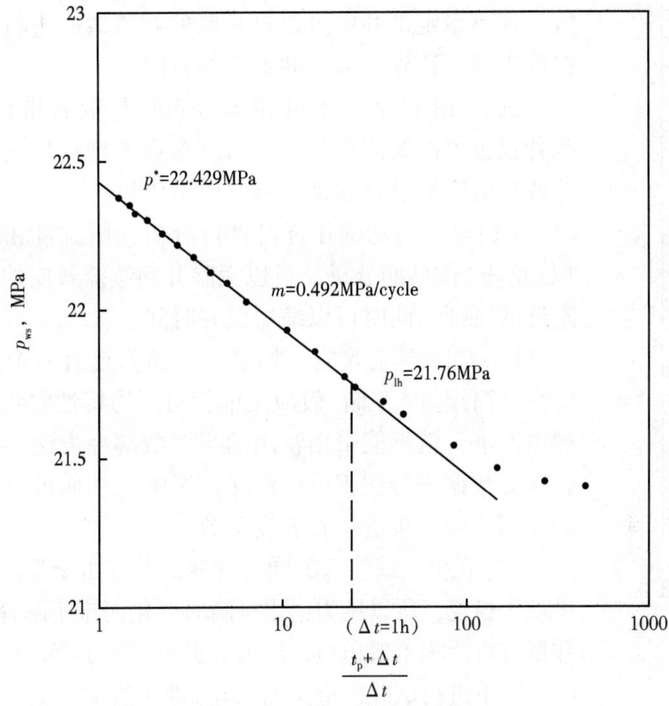

图 5-17　赫诺(Horner)曲线

直线段与$(t_p+\Delta t)/\Delta t=1$的交点对应的纵坐标为油藏压力$p^*$，数值为22.429MPa，

$$p_{ws}(\Delta t=1\text{h})=p_{ws}\left(\frac{t_p+\Delta t}{\Delta t}=23.45\right)=21.76\text{MPa}$$

由式(5-78)知：

$$\frac{Kh}{\mu}=\frac{2.121\times10^{-3}qB}{m}=\frac{2.121\times10^{-3}\times127.2\times1.25}{0.492}=0.6854\ \frac{\text{D}\cdot\text{m}}{\text{mPa}\cdot\text{s}}$$

$$Kh=0.7540\text{D}\cdot\text{m}$$

$$K=0.08249\text{D}$$

由式(5-82)′知：

$$s=1.151\left[\frac{p_i-p_{ws}(\Delta t=1h)}{m}-\lg\frac{K}{\phi\mu C_t r_w^2}-0.9077+\lg\frac{t_p+1}{t_p}\right]$$

$$=1.151\times\left(\frac{22.429-21.76}{0.492}-\lg\frac{0.08249}{0.15\times1.1\times1.45\times10^{-3}\times0.091^2}-0.9077+\lg\frac{22.45+1}{22.45}\right)$$

$$=-4.77$$

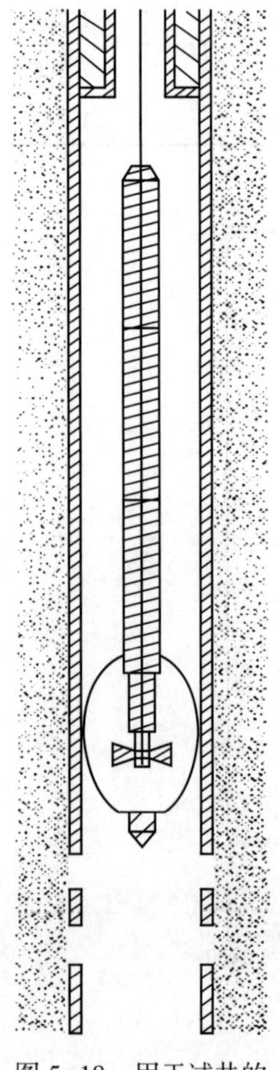

图 5-18 用于试井的生产测井仪

3. 涡轮流量计在试井中的应用

把涡轮流量计和压力计同时下入井下，在稳定试井中，通过改变工作制度或抽油机的冲次，可以测出多层油藏中每一层面上的压力和相应层的产量，至少做三次这样的改变并利用第一章中向井流动方程可以求出分层油层压力、采油指数及相应的地层参数。在不稳定试井中可以对井筒的续流效应进行校正，使直线段提前出现，达到提高试井效率的目的。

图 5-18 显示了流量和压力同时测量的测井仪结构示意图。测井仪也可同时测量井温、密度参数，把流量测井结果与压力降落或压力恢复结合起来，具有以下优势：

(1)可对初期试井资料进行分析。用流量和压力数据进行卷积(褶积)作早期分析，可以消除井筒续流效应的影响，揭示井筒附近的特征，同时可以缩短试井时间。

(2)消除续流效应。如果在井筒附近有一个边界，那么它可以在井筒续流(存储)效应之前就对压力特性曲线产生影响。在这种情况下，就不能采用常用的半对数解释方法。用测量到的流量和压力数据进行褶积可以消除其影响，从而可以揭示无限大边界的作用并确定渗透率和表皮系数。

(3)在生产或注入的同时开展试井。由于生产井的产量和注入量难于稳定，所以压力会出现瞬时变化而难于解释。对流量和压力数据进行褶积，褶积后的压力数据很容易解释。因此可以在不关井的情况下进行试井，避免因试井而影响生产，这一方法对于推测油藏边界特别有用。更重要的是，流量压力褶积解释可以避免因各种效应的叠加和仪器分辨率的缺陷造成错误确定油藏边界。

(4)如果井筒压力低于泡点压力，井中会出现三相流动，此时续流效应的解释变得复杂化。使用流量数据，对井筒低于泡点压力之前采集到的压力数据进行分析，就可得到所要的答案。如果生产过程中，井下压力下降到泡点压力以下，可以通过减小地面产量的方式避免出现三相流动。

(5)定量确定流量及其分布。确定流量及射开层的厚度是试井的基础。如果在压力下降之前或在压力恢复结束时出现层间窜流，用常规分析会出现错误。如果用产出剖面确定的射开层厚度小于裸眼井求出的地层厚度，那么在分析中要考虑部分射开效应。

校正井底流量变化的方法是采用卷积(褶积)计算，即前面提到的杜哈默原理式(5-33)或式(5-34)。下面是对压力恢复 Horner 分析方法进行续流校正的具体方法。

在压力恢复试井的情况下，式(5-34)所给出的褶积可以写为

$$p_{DS}(t_{pD}+\Delta t_D)=sq_D(\Delta t_D)+p_D(t_{pD}+\Delta t_D)-\int_0^{t_D}[1-q_D(\tau)]p'_D(\Delta t_D-\tau)\,d\tau \tag{5-84}$$

式中　Δt_D——无量纲关井时间；

t_{pD}——无量纲开井时间；

q_D——无量纲流量；

p_D——不存在井筒储存和表皮效应的无量纲压力；

p_{DS}——校正后的无量纲关井压力。

为了对 Horner 法进行校正，令 $q_D=q/q_r$（q 表示流量变化，q_r 表示参考流量，q_D 表示无量纲流量)，续流量表示为

$$q_D(\Delta t)=e^{-a\Delta t} \tag{5-85}$$

式中　a——由流量计测量数据求得的常数，由流量计测井拟合得到。

将式(5-85)和幂积分形式的 p_D 代入式(5-84)得：

$$p_i-p_{ws}(\Delta t)=m\left[\lg\frac{t_p+\Delta t}{\Delta t}+\delta(\Delta t)\right] \tag{5-86}$$

其中：

$$\delta(\Delta t)=\frac{1}{2.303}e^{-a\Delta t}\ [-\ln\beta-2\gamma+\ln4+E_i(a\Delta t)+2s] \tag{5-87}$$

$$\gamma=0.5772$$

$$E_i\ (a\Delta t)\ =\int_{-\infty}^{a\Delta t}\frac{e^u}{u}du$$

式中，β、γ 为常数。式(5-84)至式(5-86)的变形过程中，积分号之外的 p_D 用对数近似式表示。由于积分是从零开始的，当 $q_D(t_D)$ 趋近于零时 $[\delta(\Delta t)\rightarrow0]$，式(5-86)就变成 Horner 形式了。

对于 Δt 很大时，式(5-87)中，$e^{-a\Delta t}$ $(-\ln\beta-2\gamma+\ln4+2s)$ 趋近于 0，而 $e^{-a\Delta t}E_i\ (a\Delta t)$ 这一项可以近似用 $1/(a\Delta t)$ 表示。代入式(5-86)得：

$$p_i-p_{ws}(\Delta t)=m\left(\lg\frac{t_p+\Delta t}{\Delta t}+\frac{1}{2.303a\Delta t}\right) \tag{5-88}$$

式中，a 称为续流参数。$\frac{1}{2.303a\Delta t}$对 Horner 法中的时间比值$\frac{t_p+\Delta t}{\Delta t}$进行修正。把 $p_{ws}(\Delta t)$ 对应的$\left(\lg\frac{t_p+\Delta t}{\Delta t}+\frac{1}{2.303a\Delta t}\right)$在半对数坐标中标出，得到一条直线，这一直线段比 Horner 法直线段出现的时间要早得多，几乎要早一个周期。

利用式(5-87)，可以用来判定改进的 Horner 法曲线上，半对数直线段出现的时间

$$t_D=C_D[7+\ln(\ln C_D+2s)] \tag{5-89}$$

研究发现，改进的 Horner 曲线上直线段出现的时间比改进前要早一个对数周期，具体数值取决于地层和流体参数，一般能节省几个小时。

另一种改进 Horner 分析的方法是 Meunier 等于 1985 年提出的，用式（5-35）导出以下压力恢复形式的卷积积分方程：

$$p_{SD}=p_D(t_D+\Delta t_D)+\int_0^{\Delta t_D} q'_D p_D(\Delta t_D-\tau)\,d\tau+sq_D(\Delta t_D) \tag{5-90}$$

假定 p_D 函数是一个线源解，用对数形式近似 p_D 函数，则有

$$\Delta p=p_i-p_{ws}=m[\lg(t+\Delta t)+\sum(\Delta t)+\bar{s}q_D(\Delta t)] \tag{5-91}$$

$$\bar{S}=\lg\frac{K}{\phi\mu C_t r_w^2}+0.9077+0.8686s \tag{5-92}$$

$$m=\frac{2.121\times10^{-3}q\mu B}{Kh} \tag{5-93}$$

$$\sum\Delta t=(q_D-1)(\lg\Delta t-0.434) \tag{5-94}$$

令：

$$M=\lg(t+\Delta t)+\sum\Delta t \tag{5-95}$$

则式（5-91）变为

$$p_i-p_{ws}=m(M+\bar{S}q_D) \tag{5-96}$$

M 和 q_D 可以直接测得，对包括 p_{ws}、M 和 q 的三元回归可以得到 p_i、m 和平均表皮系数 $\bar{s}$。当续流较小时，$q_D\to0$：

$$p_i-p_{ws}=mM$$

该直线的斜率 m 与半对数分析法斜率相同，M 与 Horner 时间函数相同。

图 5-19 是在一口井中记录的流量、压力原始数据，涉及生产、关井两个阶段。图 5-20是用流量褶积分析得到的结果。如果没有流量数据，就不能进行这些早期数据的分析。

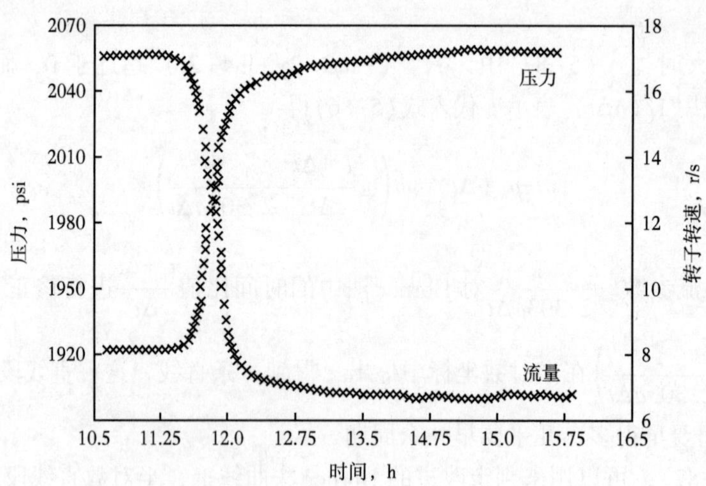

图 5-19　在压降试井过程中记录的井底流量和压力响应

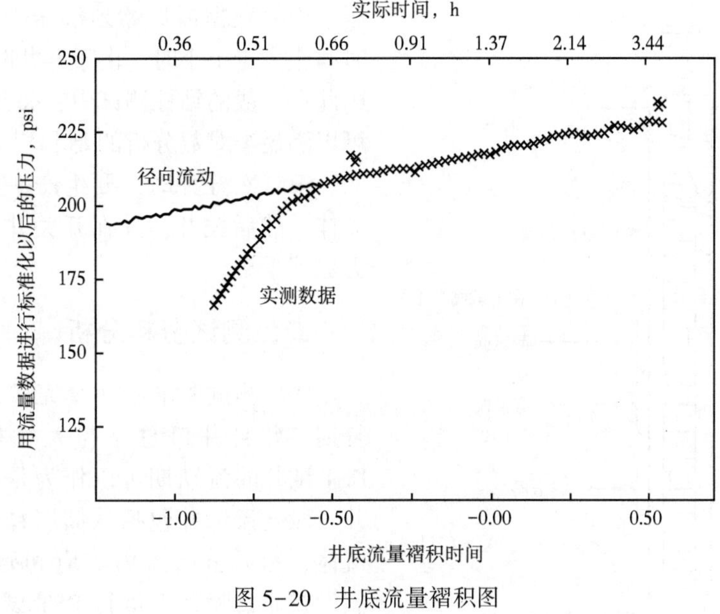

图 5-20　井底流量褶积图

第四节　钻杆测试分析

一、测试原理

钻杆测试(试井)分析(Drillstem Testing)是 20 世纪 70 年代发展起来的一项测试技术，简称 DST。DST 是一种临时性的完井方法，它以钻杆作为油管，利用封隔器和测试阀把井筒钻井液与钻杆空间隔开，在不排除井内钻井液的前提下，对测试层段进行短期模拟生产，它的测试过程与自喷井生产过程类似，借助于地层与井底流压之差将地层中流体驱向井底然后到地面。在测试过程中获取油、气、水产量及压力和流体样品资料。图 5-21、图 5-22 分别为 DST 生产系统和井下结构示意图。

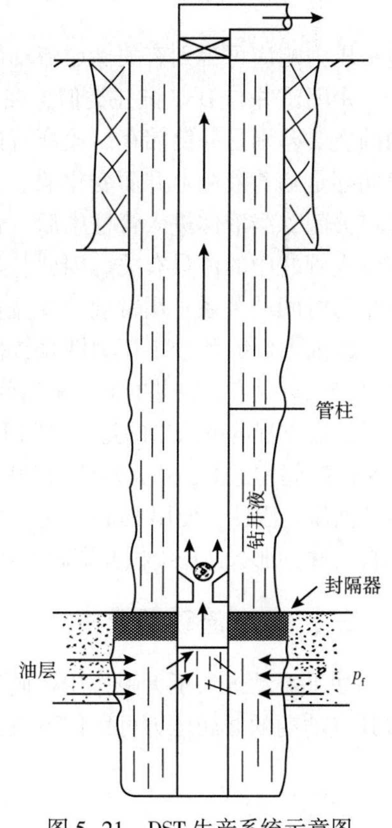

图 5-21　DST 生产系统示意图

测试层段的选择是根据裸眼井测井、录井和取心资料，由地质人员按照不同要求提出的，通常是测井解释的可疑层。DST 的成功率较高，因为通常只有一个封隔器，且钻穿地层之后，钻井液的浸泡时间较短，滤液对地层的损害最小。标准测试是由两次流动生产和两次关井组成，有时也需要三次流动生产和三次关井。每次的时间由现场经验确定。第一次开井的目的是排除口袋中的钻井液，大约为 5min，时间拖长会出现游离气，会导致更大的储集效应现象。

第一次关井时，可以得到无井底储存效应的井底

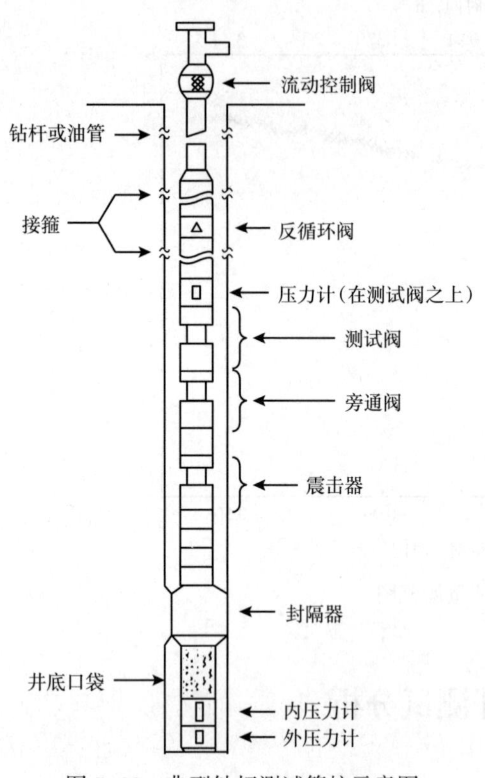

图 5-22 典型钻杆测试管柱示意图

压力恢复数据或原始地层压力，这时的测试时间应大于 1 小时。由于开井时间短（5min），因此在一般的钻柱测试中，关井 60~90min 就可以满足半对数分析的要求。

第二次开井时，要生产一定数量的地层流体，然后关井，并在开关井过程中进行压力数据采集。

二、测试资料分析

DST 测试要求有一套完整的流动期和恢复期，并且井口总是与大气相通的，一个 DST 试井的流动期可以作为是一次段塞流试井。段塞流试井包括从储层释放有限体积的流体，然后分析压力响应和确定储层参数。假设在非自喷井上进行 DST 试井，如果一个流动期延续足够长的时间，流体就会不断地在井筒里聚集，直到液柱的回压平衡了储层压力为止。这时从管柱中提出一部分液体，就会引起流体从储层中流入管柱，从而产生压力干扰。应用 DST 流动期的分析方法分析这一压力响应可得到有关储层流动能力和原始地层压力参数。

密闭试井与 DST 试井类似，在流动期井口始终是关闭的。井口密闭试井与段塞试井之间的主要差别是井筒储存。段塞流试井过程中的井筒储存始终是常数。井口密闭试井的井筒储存是随着液位上升而变化的。井口密闭试井是在井口装上压力计，并在流动期间保持井口关闭，当液体进入管柱中后，管柱中的气体受到压缩，因此井口压力上升，上升速率与流入管柱中的流量有关。因此基于井口压力确定流出地层的流量是可能的。一旦建立了流量与时间的关系，用常规的变流量试井分析方法去解释这类测试资料是可能的。

以前人们解释 DST 压力恢复数据一直用的是 Horner 法。Horner 法的基本假设是关井前井以定流量生产，在井的流量随时间变化时，要么用叠加原理分析压力恢复资料；要么是定流量扩散方程的解给出的是随时间下降的流压，但大多数 DST 试井资料表明流动期的井底压力是随时间增加的，这是由于流动期生产的流体一直都在生产管柱中，其结果是产生一个上升的回压。因此，使用 Horner 法会产生不正确的解释结果。但如果是一口流体能出流到井口的自喷井，那么，DST 试井资料可用常规的 Horner 法解释，具体参阅本章第三节。

三、DST 流动期分析

如果流动进入了无限作用径向流阶段，Correa 等在 1987 年给出了以下分析方法，DST 试井流动期的井底压力可用以下三式近似表示：

$$p_{wf}=p_i-\frac{m}{t} \tag{5-97}$$

$$m=\frac{0.0221\mu C_f(p_i-p_o)}{Kh} \tag{5-98}$$

$$C_f=\frac{101.9716\pi r_p^2}{\rho} \tag{5-99}$$

式中　C_f——井筒储存系数，m^3/MPa；

p_o——位于测试工具下方压力计位置处管柱里的液柱所施加的压力，MPa；

r_p——管柱内半径，m；

ρ——井筒内液体密度，g/cm^3。

$p_{wf}(t)$与$1/t$关系在直角坐标上成一条直线，其斜率与流动系数成反比，外推这一直线到无限大生产时间($1/t=0$)可得原始地层压力p_i。

在测试仪器关闭开始压力恢复，井筒储存系数从C_f变到C_s，一般情况下C_f比C_s大得多。这里C_s为

$$C_s=C_1V_w \tag{5-100}$$

式中　C_s——井筒储存系数，m^3/MPa；

C_1——测试仪器下面的液体压缩系数，MPa^{-1}；

V_w——封隔器以下的井筒的总体积，m^3。

这一方法只适用于非自喷测试井，不适用于高产水井和已产生消耗的储层。如果DST的流动期测试在直角坐标中直线段出现之前结束(未达到径向流)，此时的DST资料只能用典型曲线拟合法或非线性回归方法分析。

四、DST恢复期资料分析方法

Correa等在1987年提出了以下DST恢复分析方法。若流动期非常短或者关井时间比生产时间大得多，即$\Delta t\gg t$，则：

$$p_i-p_{ws}=m_c\frac{t}{t+\Delta t} \tag{5-101}$$

$$m_c=\frac{9.21\times10^{-4}\overline{Q}B\mu}{Kh} \tag{5-102}$$

$$t=\frac{Q}{Q_1}$$

式中　m_c——直线斜率，MPa；

$\overline{Q}$——测试期间的平均流量($\overline{Q}=Q/t$)，m^3/d；

$\overline{Q}_1$——关井前的流量，m^3/d；

Q——总产出液量，m^3。

对式(5-101)两边取对数得：

$$\lg(p_i-p_{ws})=\lg m_c-\lg\frac{t+\Delta t}{t} \tag{5-103}$$

在井筒储存效应消失以后，式(5-103)给出斜率为-1的直线，由截距可求得Kh/μ。外推直线到$[t/(t+\Delta t)]=0$时可得到p_i。表皮系数用下式计算：

$$S=\frac{p_i-p_o}{2m_c}\frac{a}{Q(t)}-0.5\lg\left(\frac{Kt}{\phi\mu C_t r_w^2}\right)-1.045 \tag{5-104}$$

$$Q(t)=q\quad(\Delta t=0)$$

式中　$Q(t)$——关井时刻的流量，m^3/d。

一般由初始关井数据得到的 Kh/μ 不同于终点关井数据得到的值，这是由于探测范围不同引起的。

前面介绍了常规试井解释分析方法和 DST 分析方法。关于现代试井分析的具体方法可参阅试井分析的专门著作。

第五节　电缆地层测试资料分析

试井是在下完套管的生产井中完成的，DST 测试在钻井过程中进行。而电缆地层测试是在完钻后，未下入套管之前利用电缆地层测试仪器对地层进行压力降落和恢复测试，主要用于多层油藏地层参数确定和产能预测。斯伦贝谢公司推出的重复式地层测试器称作 RFT（Repeat Formation Tester），贝克阿特拉斯公司生产的与 RFT 功能类似的仪器称为 FMT（Formatoin Multi Tester），RFT 和 FMT 均在下套管前的裸眼井中进行测试，测试原理以压力扩散方程的特定解为基础。与试井和 DST 相比，电缆地层测试相当于一种微型试井，本节主要以 RFT 为基础，介绍这种仪器的原理、测试过程及资料处理方法。利用 RFT 资料可以确定油层渗透率的纵向分布、压力纵向剖面、确定油水界面及地层的连通性。同时也可作为取样抽取地层流体。从经济角度讲，RFT 测试比试井施工要便宜得多。

一、井下仪器工作原理及曲线定性分析

RFT 的井下仪器可耐高温高压，外壳用特殊钢材制造。图 5-23 是其工作原理图，仪器下部有两个取样筒，其中一个容积为 $3780cm^3$，另一个容积为 $10409cm^3$。需要采集流体时，将相应密封阀打开，使抽取到的流体样品进入取样筒。由于这两个取样筒中的流体要保存拿回到地面进行分析，所以一次下井要么在同一深度处取满两筒，要么在两个深度处各取一筒。取样时可以使用水垫及阻流器控制流速。

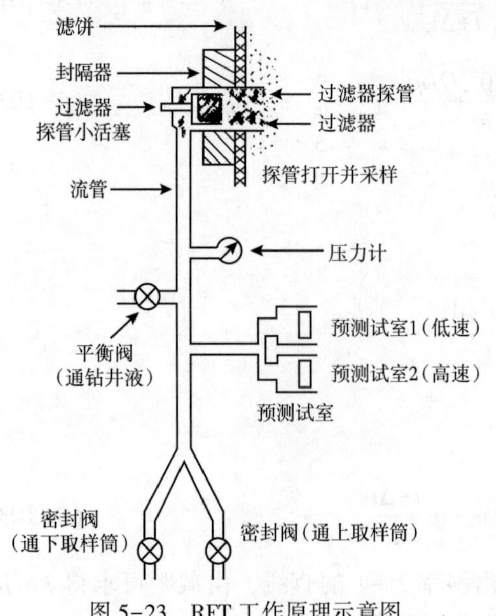

图 5-23　RFT 工作原理示意图

RFT 液压系统的压力由地面控制的电动泵提供，所以 RFT 可放到任何深度测试，与钻井液柱压力无关。即使在很浅的地层处，仍有足够的压力使封隔器与地层密封良好。

当仪器下到指定深度的地层后，封隔器向井壁的一侧伸出，同时推靠臂向井筒的另一边伸出，仪器主体与井壁不接触，以免遇卡。探头部分包括探管、过滤器、封隔器、活塞及流管。探管是一个外径为 2cm，直径为 1cm 的钢

管，位于封隔器中央。探管内有过滤器及活塞，过滤器可防止地层中固体物质的进入而堵塞探管。当完成一次抽吸预测试后，活塞复位时把过滤器清洗干净。图中的平衡阀门与钻井液相连通，测量时关闭，使地层与钻井液隔绝，压力计记录地层流动压力；测量完毕后，平衡阀打开；压力计记录的是钻井液柱的静压力，同时保持仪器的压力平衡。

密封阀上部有两个预测试室，体积均为 $10cm^3$，每次两个预测试室可抽取总量为 $20cm^3$，且第二个预测试室的抽取速度比第一个预测试室的速度快 2~2.5 倍。预测试过程中，记录探头内压力的变化，为测试分析做准备。由于这两个预测试室的流体是不保存的，因此一次下井可以沿井筒纵向进行多次测量。在这两个预测试室和探头之间的流动管道上装有一个压力计（石英晶体压力计或应变式压力计），记录预测过程中的压力降落和压力恢复。

FMT 与 RFT 的设计相类似，但只有一个预测试室，如图 5-24 所示，图中液压和控制电路位于仪器上部，探头位于仪器中部，取样筒安装在仪器下部。取样筒的体积有 $3875cm^3$、$4000cm^3$、$10000cm^3$ 和 $20000cm^3$，可根据不同的地层情况进行选择。

仪器的具体测量过程如下：

(1) 根据自然电位（SP）和自然伽马（GR）曲线并参考其他测井曲线选定放置仪器的深度。

(2) 封隔器在弹簧压力作用下，压在地层上，同时推靠臂推靠在相反的井壁上，使仪器居中。封隔器在探管周围形成液体分隔，探管被压入地层，随后地层中的液体经过过滤器进入管线，使地层通过过滤管与预测试室相连。

(3) 当探管中的小活塞滑到探管根部停止运动时，封隔器继续向井壁压迫，一直到仪器完全固定于井壁为止，这时压力稍微升高。然后进行第一次预测试，此时，预测试室中的大活塞开始运动，流体以流量 Q_1 充满第一预测试室，时间大约为 15min。

(4) 第一预测试室充满后，第二个预测试室开始工作，流体以流量 Q_2 充满第二个预测试室，Q_2 比 Q_1 大 2~2.5 倍。第二组压力降落数据也同时被记录下来，充满 $10cm^3$ 所需的时间大约为 7s。

(5) 当活塞达到底部时压力便开始恢复，同时记录压力恢复数据。是否结束压力恢复测试可根据地面记录的曲线确定，一般记录到地层压力数据后，即可结束测试。

(6) 若要进行地层取样，可根据曲线显示的形状确定仪器密封与地层的渗透性。若密封和渗透性良好，可打开取样阀取样。

(7) 打开通向钻井液柱的平衡阀，再测一次钻井液柱压力。用活塞推出探头内的液体，过滤管同时被清洗干净；随后收回推靠臂、探管和封隔器，并使仪器移到下一个目的层进行测量。

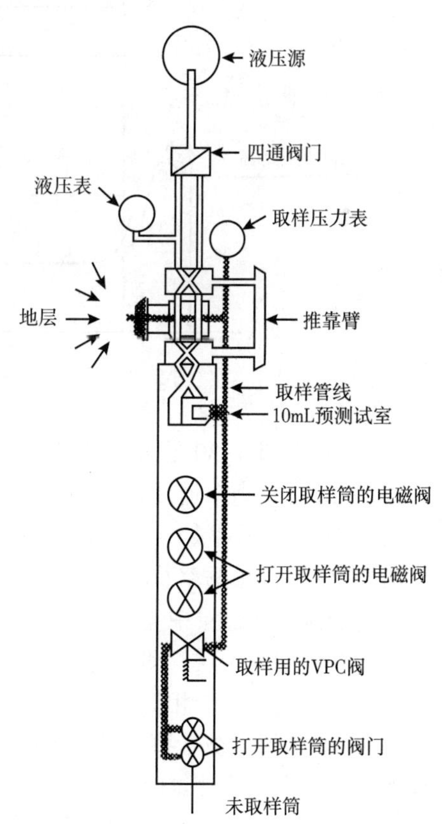

图 5-24　井下仪器结构示意图

对于低渗透率地层，测试前要选用口径较大

的探管和封隔器。对于砂岩胶结很差，容易吸入砂粒的地层，测试前可使用抽吸液体较快的探管。图 5-25 是整个测试过程的模拟压力记录曲线（地层渗透率中等，约为 1mD），a 段表示仪器下到目的层，打开平衡阀后记录的静液压（钻井液柱）曲线；b 段表示推靠臂（推力 1362kg）推向井壁，封隔器压向井壁及滤饼、探管进入地层表面时的压力记录曲线，这时压力有一些增加；c 段表示探管中的小活塞抽吸，测试空间经过滤器与地层相连通时压力记录曲线，此时流压下降、探头继续压迫井壁；d 点表示探管内的小活塞完成抽吸并停止运动时的压力记录，此时压力稍微回升，这是封隔器向井壁继续施压造成的；e 段表示第一个预测试室大活塞工作时的压力记录，开始时间为 t_0，结束时间为 t_1，流量为 Q_1，此时压力下降一小段，尔后基本保持稳定（Δp_1），Δp_1 等于地层压力减去第一预测试阶段的稳定压力，活塞达到终点时，压力有一个小尖峰，尔后开始下降；f 段表示第二个预测试室工作时的压力记录，开始于 t_1，结束于 t_2，流量为 Q_2，由于第二预测试室的抽液速度为第一预测试室的抽液速度的两倍以上，因此压力下降幅度更大。当第二个预测试室的活塞到达终点时，压力开始恢复，经过时间 Δt 后，恢复到原始地层压力。这段恢复曲线在图中用 g 表示，它从 f 结束开始先快速上升，尔后平稳增大，以至达到地层压力，所用时间 Δt 主要取决于地层渗透率。

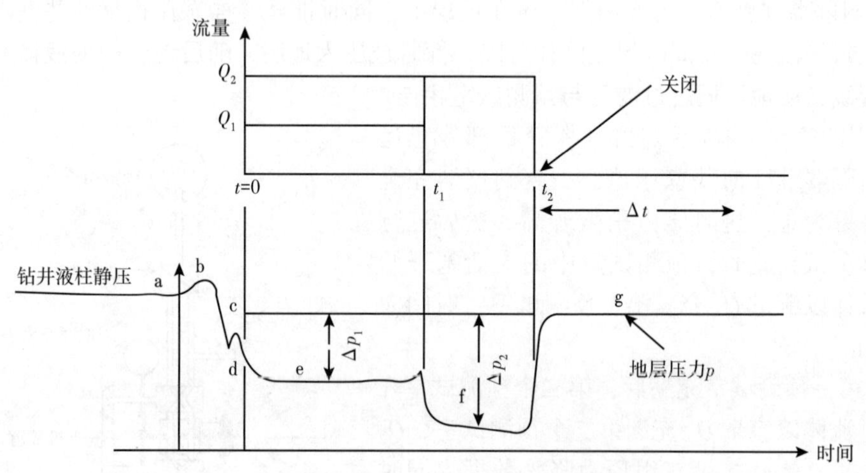

图 5-25 渗透率中等时理想的压力与流量关系曲线

图 5-26 至图 5-30 是 RFT 在不同条件下测试曲线示意图。

图 5-26 是在高渗透性地层（100mD）中得到压力响应曲线，抽吸流体造成的压降比图 5-25 中的压降要小得多。

图 5-27 是低渗透率（0.1mD）地层压力测试的响应曲线，第一次测试初期，压力下降很快。由于流体从地层中流出很慢，第二次测试期间，压力降落很小，之后的压力恢复速度很慢。若地层为干层，测试过程的压力降可能为 0 或负值，并且保持不变，与探测器完全被堵塞时的模拟记录相似。

图 5-28 是探管被堵塞时的压力响应曲线。第一次测试时堵塞断断续续，相应的压降曲线不稳定；第二次测试时，探管被完全堵塞，因此产生了负压，也测不到之后的恢复曲线和地层压力（与干层和致密地层相似），若第一次测试就发生了堵塞，则测试得到的压降曲线为零或负值。

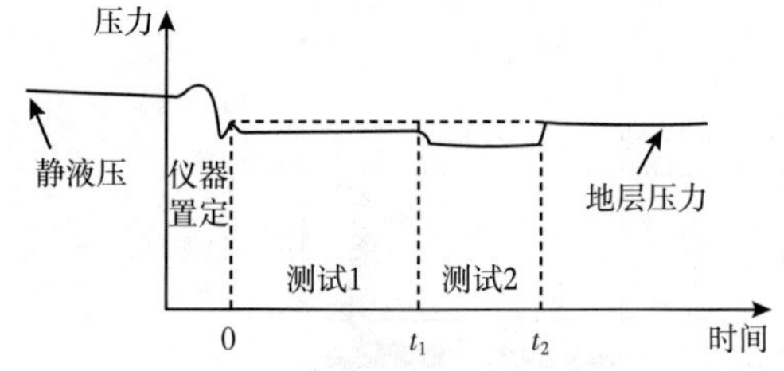

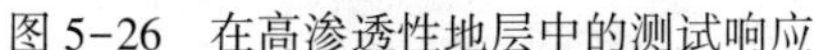
图 5-26　在高渗透性地层中的测试响应

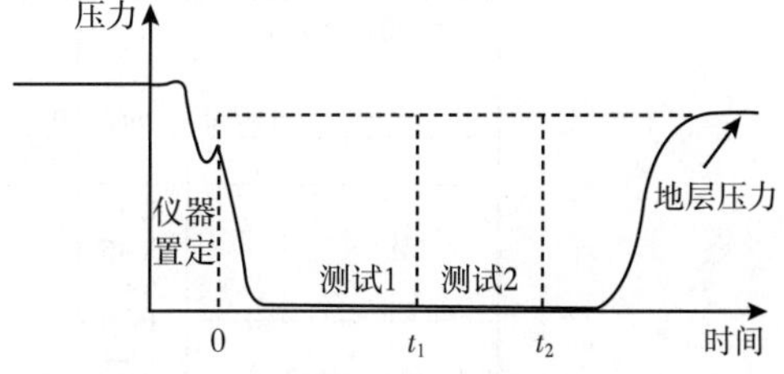

图 5-27　在低渗透性地层中的测试响应

图 5-29 显示的是密封失效时的压力测试曲线。第一次测试时，封隔器逐渐丧失封隔作用，产生了较小的不稳定的压降，之后钻井液漏入探管，压力马上上升到钻井液柱的静液压。随后进行的第二次测试无压降显示。

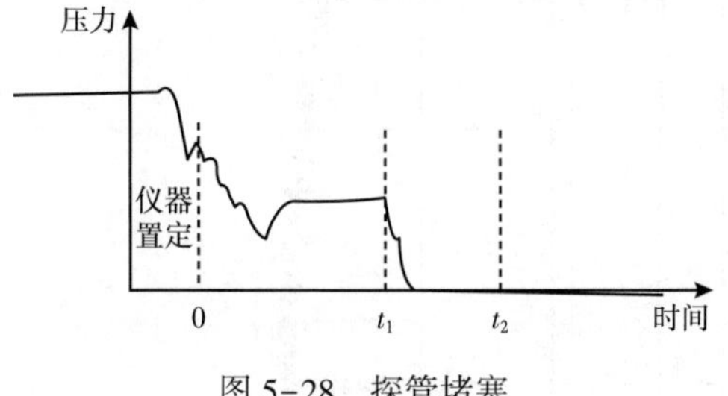

图 5-28　探管堵塞

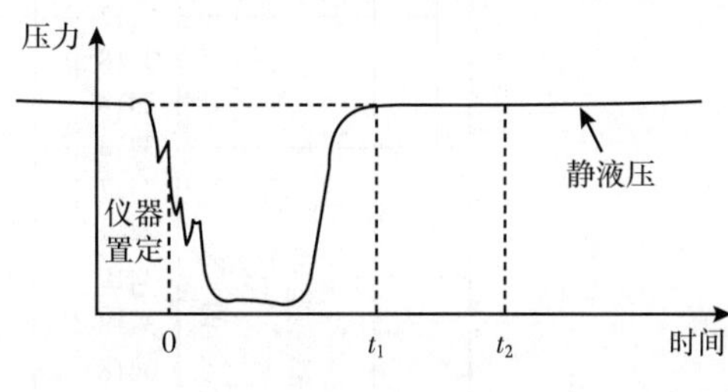

图 5-29　密封失效

图 5-30 是地层流体具有可压缩性影响时的测试曲线，由于流体具有类似于井筒储集效应的现象，因此井壁处的流量落后于测试活塞抽吸的流量。滞后的程度取决于液体的压缩性和渗透率。若流路中出现气体，测试曲线不会出现稳定段。第二次测试结束后，由于流体被压缩继续流入探管。这一续流现象影响了压力恢复曲线的前部，在利用这些数据确定渗透率时要考虑这些现象。

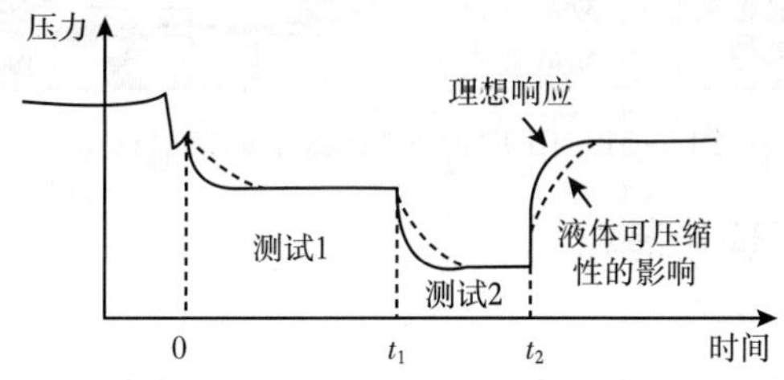

图 5-30　液体可压缩性的影响

若推靠臂不稳定，也会导致压力曲线呈锯齿状。现场测试时，可根据曲线的具体形状，判断地层测试器的工作状况，从而把握测试结果的可靠性，为进一步压力分析提供依据。

除了模拟记录外，地层测试器的压力数据还要以数值方式记录下来(图 5-31)。这是某一层的定点记录，纵向为时间，横向为压力。第 1 道是模拟记录曲线，虚线显示的是两个取样室的动态，刻度范围是 0~10000psi。右边记录为数值记录，分四格，精确记录了压力数据的千位、百位、十位和个位；第 3 道第 1 格中显示的是千位数值，第 2 格中显示的是百位数值，第 3 格是十位数值，第 4 格是个位数值，对应于某一时刻的四个数值相加就是这一时间的压力数值，显示于图件中间位置(左右道之间)。

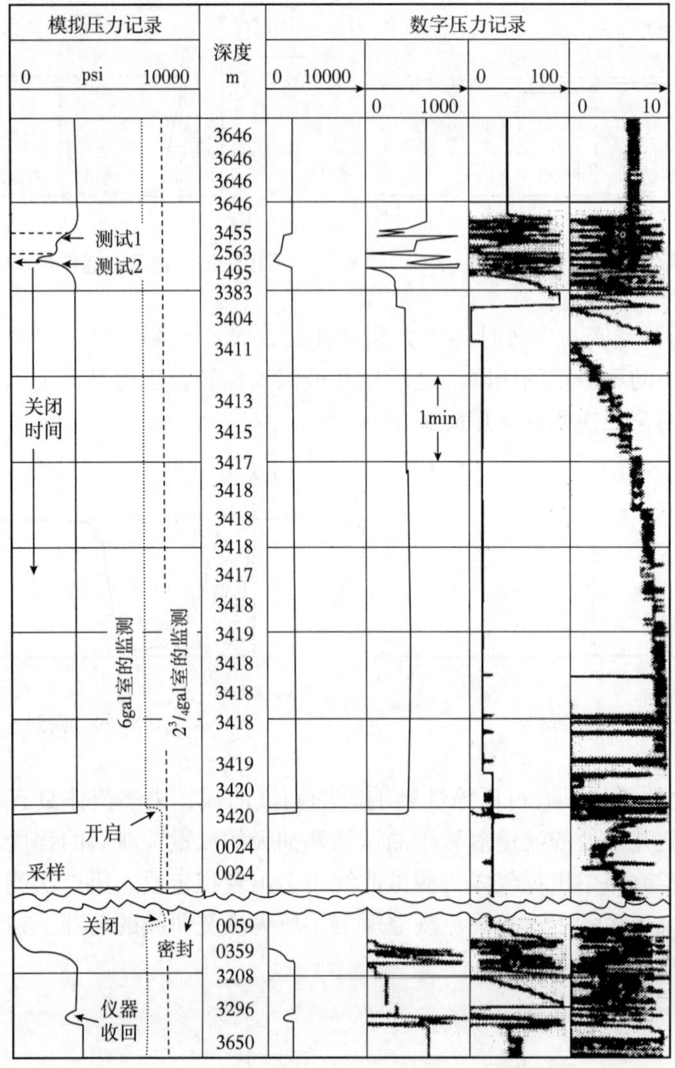

图 5-31 RFT 液流测试数字记录示意图

二、地层测试分析理论基础

1. 理论基础及压降分析

探头周围的流动方式可分为准球形流、半球形流、球形流、线性流和径向流五种，如图 5-32 所示。线性流动中流线平行，流动截面为常数；径向流动中流线向二维空间集中；

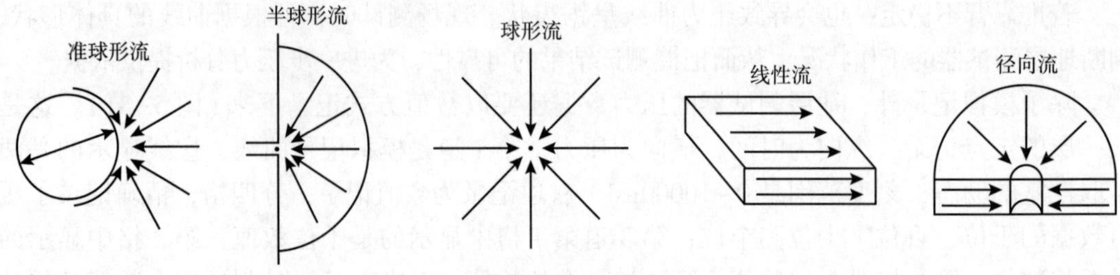

图 5-32 各种流动条件

球状流动的流线向三维空间的中心集中；半球形流动中流线向三维空间的中心集中，但流线来自半球。地层测试过程中探头附近的流动为准半球形流动或准径向流动；地层较厚时为准半球状流动，地层较薄时为准径向流动。

电缆地层测试器在两次预测试室工作期间，由于探管半径很小，流动可看作球形流动。在球状坐标中，这一流动现象的压力扩散方程表示为

$$\frac{1}{r^2}\frac{\partial}{\partial r}\left(r^2\frac{\partial p}{\partial r}\right)=\frac{\phi\mu C_t}{K_d}\frac{\partial p}{\partial t} \tag{5-105}$$

由于流体抽吸量小，因此压力可看作不随时间变化，即：

$$\frac{\partial p}{\partial t}=0$$

式(5-105)变为

$$\frac{1}{r^2}\frac{\partial}{\partial r}\left(r^2\frac{\partial p}{\partial r}\right)=0 \tag{5-106}$$

定解条件为

$$\left.\begin{aligned}&p(r=r_P)=p_{wf} &&(\text{内边界条件})\\&p(r=r_e)=p_i &&(\text{外边界条件})\\&r^2\frac{\partial p}{\partial r}\bigg|_{r=r_e}=\frac{Q\mu}{2\pi K_d} &&(\text{达西定律})\end{aligned}\right\} \tag{5-107}$$

式中　r_P——探管半径，in；

p_{wf}——探管处压力，psi；

p_i——原始地层压力，psi；

r——等压球半径，in；

μ——流体黏度，mPa·s；

Q——流量，cm^3/s；

r_e——测试器作用半径，in；

K_d——球状渗透率，mD。

对式(5-106)积分得：

$$r^2\frac{\partial p}{\partial r}=C_1 \tag{5-108}$$

由定解条件式(5-107)之三可知，在外边界上($r=r_e$)，有

$$\frac{\partial p}{\partial r}=\frac{Q\mu}{2\pi r_e^2 K_d} \tag{5-109}$$

将式(5-109)代入式(5-108)得：

$$C_1=\frac{Q\mu}{2\pi K_d} \tag{5-110}$$

将式(5-110)代入式(5-108)得：

$$r^2\frac{\partial p}{\partial r}=\frac{Q\mu}{2\pi K_d} \tag{5-111}$$

对式(5-111)从 $r=r_P$ 到 $r=r_e$ 积分：

$$\int_{p_{wf}}^{p_i}dp=\frac{Q\mu}{2\pi K_d}\int_{r_P}^{r_e}\frac{dr}{r^2} \tag{5-112}$$

得：

$$p_i-p_{wf}=\frac{Q\mu}{2\pi K_d}\left(\frac{1}{r_P}-\frac{1}{r_e}\right)$$

$$=\frac{Q\mu}{2\pi K_d r_P}\left(1-\frac{r_P}{r_e}\right) \tag{5-113}$$

因为 $r_P \ll r_e$，所以式(5-113)可写为

$$p_i-p_{wf}=\frac{Q\mu}{2\pi K_d r_P} \tag{5-114}$$

令 $\Delta p=p_i-p_{wf}$，则用地层测试过程中压降数据及球状流动模型估算渗透率的模型为

$$K_d=\frac{\mu Q}{2\pi r_P\Delta p} \tag{5-115}$$

式(5-115)是按半球状流动方式导出的，流动状态有时为柱面，有时为准球状流等，考虑这些因素，需引入一流型校正系数 C，即：

$$K_d=\frac{C\mu Q}{2\pi r_P\Delta p} \tag{5-116}$$

全球形流时，$C=0.5$(均质无限大地层)；半球形流时，$C=1.0$(相当于井壁为平面)。实际情况为准球状和柱状流、半球状流、柱状流和径向流的叠加，C 在 0.5～1.0 之间，RFT 压降分析时 C 取 0.668，FMT 压降分析时 C 取 0.75。

式(5-116)中，令 $F=C/(2\pi r_P)$，则：

$$K_d=F\frac{Q\mu}{\Delta p} \tag{5-117}$$

式中 K_d——压降分析所得的渗透率，mD；

Q——流量，等于预测试室体积除以流体充满时间，cm^3/s；

μ——流体黏度，相当于钻井液滤液的黏度(0.5mPa·s)，mPa·s；

Δp——恢复后期压力减去下降后期压力，psi，$\Delta p=p_i-p_{wf}$。

常数 F 是与流动方式，井眼大小及探管半径相关的量，数值大小与采用的单位有关。对于斯伦贝谢公司生产的 RFT，井径为 8in、$r_P=0.55$cm 时，$F=5660$。

$$K_d=5660\frac{Q\mu}{\Delta p} \tag{5-118}$$

F 是采用三维稳定流动计算机模拟给出的数值。若采用半径比 0.55cm 大的探管或快速抽吸探管，$F=2395$；若采用比常用封隔器更大的封隔器时，$F=1107$。通常情况下 F 取 5660。

采用贝克阿特拉斯公司的 FMT 资料进行压降分析时：

$$K_d = 1842\frac{CQ\mu}{d\Delta p} \tag{5-119}$$

式中　C——流型校正系数，取 0.75（井眼内径为 8in 时）；

d——探管直径，0.562in；

μ——流体黏度，mPa·s；

Δp——压差，psi；

Q——流量，cm^3/s。

式（5-118）和式（5-119）分别是用 RFT 或 FMT 测试压降数据确定地层有效渗透率的两个基本关系式，可以采用第一次预测试所得的压降，也可以采用第二次预测试期间所得的压降。这一方法称为压降法。

由于液体抽吸引起的流动半径较小，因此由压降法所得的地层渗透率，只反映了测试器探头附近几厘米处的渗透情况。由于进入探管的只是钻井液滤液，因此渗透率值受污染带表皮效应影响，所求出的值通常偏低。压降法求出的渗透率在同一口井纵向或同一油田相同岩性的地层对比中有较高的价值。

2. 影响压降分析的因素

1）表皮效应

压降法计算的渗透率值受井壁周围地层损害的影响很大：一方面探管压迫地层可能会产生微裂缝使渗透率增加；另一方面由于钻井液滤液的侵入、黏土分散、滤饼存在及细颗粒堵塞等因素的影响而使渗透率降低。这种井眼附近的渗透率测量值受井眼周围地层损害影响的现象称为表皮效应，其结果是在原压差的基础上又造成一个附加压降 Δp_s：

$$\Delta p_s = \frac{Q\mu s}{4\pi K_d r_P} \tag{5-120}$$

总压降 Δp 表示为

$$\begin{aligned}\Delta p &= \frac{CQ\mu}{2\pi K_d r_P} + \frac{Q\mu s}{4\pi K_d r_P} \\ &= \frac{Q\mu}{4\pi K_d r_P}(2C+s)\end{aligned} \tag{5-121}$$

式中　s——表皮系数；

Δp_s——由 s 引起的附加压降。

考虑 s 的影响后，压降渗透率表示为

$$K_d = \frac{Q\mu}{4\pi r_P \Delta p}(2C+s) \tag{5-122}$$

实际测量过程中，s 可采用压力恢复分析资料确定。

2）压降期间最大流量上限

在地层渗透率很高的情况下（接近 1D），两次预测期间抽取 $20cm^3$ 导致的压降很小，压力不可能低于泡点压力。相反，若地层渗透率极低时，从地层中抽出的液体流量小于活塞的体积流量，在这种情况下，抽取 $20cm^3$ 的流体可能导致压力降到泡点压力之下，气体由此离析出来，导致流量不稳定，因而难于定量分析。所以对于低渗透地层，预测试室的

抽动速度应有所限制，避免发生上述现象，可测出压降要求的抽取流量上限 $Q_{\max}$ 为

$$Q_{\max}=\frac{K_{\mathrm{d}}r_{\mathrm{P}}\ (p_{\mathrm{i}}-p_{\mathrm{b}})}{1170\mu\ (2C+s)} \tag{5-123}$$

3) 探测半径

压降过程中，流体主要以球状方式进入探头。可以证明几乎所有的压降都发生在靠近探头的地方，这一份额大约占总压降的50%，因此压力的降低主要受靠近探管的地层性质影响，所以压降法求的渗透率可能与地层深处的渗透率有较大的差异。

4) 含水饱和度

压降法计算的渗透率反映的是可流动地层的有效渗透率。由于油水的相对渗透率随含水饱和度变化，侵入带中的含油饱和度往往接近残余油饱和度 S_{or}，因此侵入带中的总有效渗透率 K_{d}（RFT 测得的）可能明显低于绝对渗透率，如图 5-33 所示。

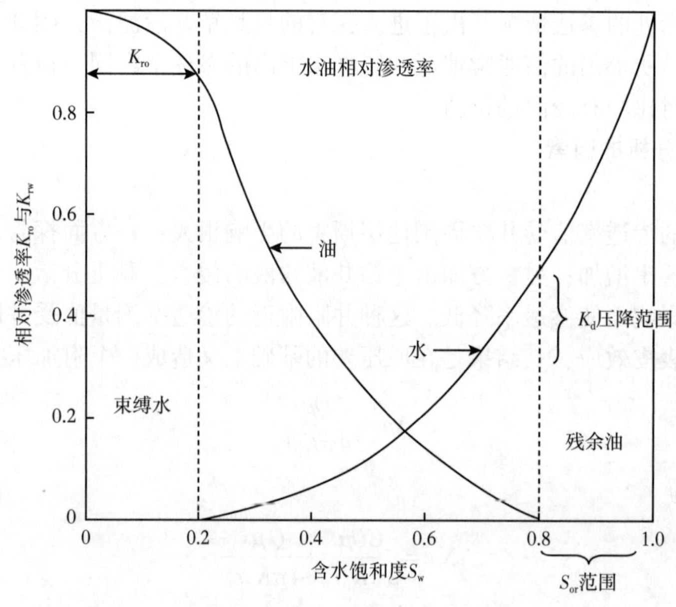

图 5-33 含水饱和度与相对渗透率的关系示意图

K_{ro}、K_{rw} 分别为油相、水相相对渗透率；S_{or} 为残余油饱和度

三、压力恢复分析

当两次预测完毕后，预测试室内充满流体，地层流体停止向探头方向流动（相当于试井中的关井），此时压力很快开始升高，并逐步向原始地层压力恢复（图 5-25 中 g 段）。刚开始时，压力恢复以球形方式向外传播（图 5-24），传播到上下夹层（非渗透隔层界面）时，由球形变成径向或柱形传播（图 5-35）。

压力开始恢复后，探头位置处的压力梯度接近于 0，因此无流体流动，流动发生在离探头较远的地层中。因此由压力恢复分析可以得到油藏未被损害部分的信息。

1. 球形压力恢复

均匀无限大地层中，压力以探头为点源，以球状方式向外传播，此时在球坐标系中，压力扩散方程的表示形式为

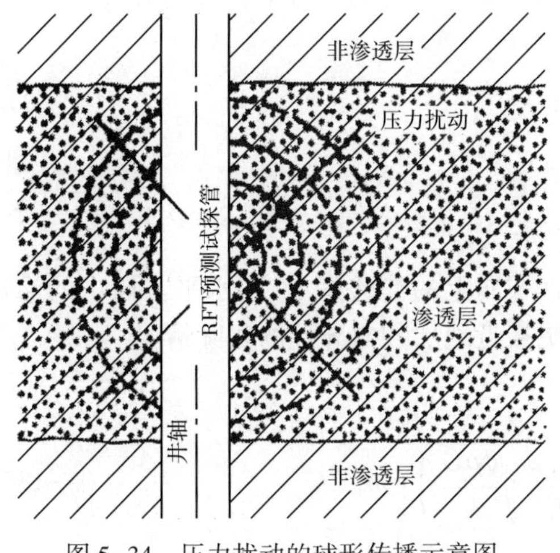

图 5-34　压力扰动的球形传播示意图

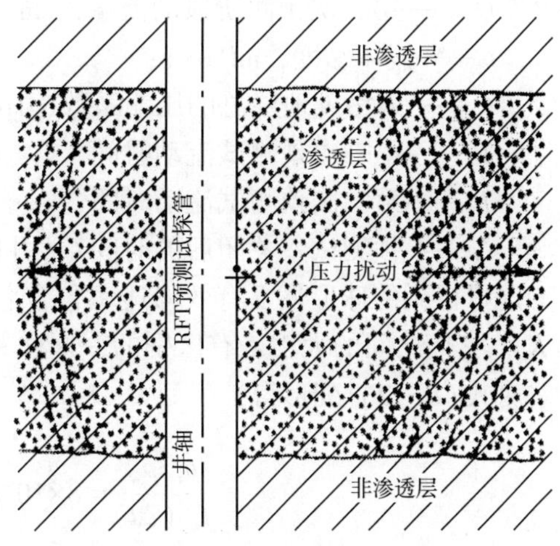

图 5-35　压力扰动过渡到柱形传播示意图

$$\frac{\partial^2 p}{\partial r^2}\left(r^2 \frac{\partial p}{\partial r}\right)=\frac{\phi\mu C_t}{K_s}\frac{\partial p}{\partial t} \tag{5-124}$$

式中　K_s——球形压力恢复渗透率，mD。

定解条件为

$$\left.\begin{aligned} &p(t=0)=p_i && \text{（初始条件）}\\ &p(r\rightarrow\infty)=p_i && \text{（外边界条件）}\\ &r^2\frac{\partial p}{\partial r}\bigg|_{r\rightarrow 0}=\frac{Q\mu}{4\pi K_s} && \text{（内边界满足达西定律）}\end{aligned}\right\} \tag{5-125}$$

式(5-124)在定解条件式(5-125)下的解为

$$p_i-p_{ws}=8.0\times10^4\left(\frac{\mu}{K_s}\right)^{\frac{3}{2}}(\phi C_t)^{\frac{1}{2}}Q_1 f_s(\Delta t) \tag{5-126}$$

$$f_s(\Delta t)=\frac{1}{\sqrt{t}} \tag{5-127}$$

利用叠加原理，对于只有一个预测试室的情况：

$$f_s(\Delta t)=\frac{1}{\sqrt{\Delta t}}-\frac{1}{\sqrt{T_1+\Delta t}} \tag{5-128}$$

对于有两个预测试室的仪器，利用叠加原理，得：

$$f_s(\Delta t)=\frac{1}{\sqrt{T_2+\Delta t}}-\frac{1}{\sqrt{T_1+T_2+\Delta t}}+\frac{Q_2}{Q_1}\left(\frac{1}{\sqrt{\Delta t}}-\frac{1}{\sqrt{T_2+\Delta t}}\right) \tag{5-129}$$

式中　$f_s(\Delta t)$——球形时间函数；

p_i——原始地层压力，psi；

p_{ws}——恢复期记录到的恢复压力，psi；

Q_1——第一次预测阶段的流量，cm^3/s；

Q_2——第二次预测阶段的流量，cm^3/s；

μ——流体黏度，mPa·s；

C_t——未污染地层总的压缩系数，$1psi^{-1}$；

T_1——第一次预测试流动时间，s；

T_2——第二次预测试流动时间，s；

Δt——预测试室关闭后的时间(关井时间)，s。

这里得到的球形恢复有效渗透率包含着垂直方向上的渗透率 K_v 和水平方向上的渗透率 K_h，它们之间的大小是有区别的，这样考虑更接近地层各向异性的实际情况。

对式(5-126)变形得：

$$\frac{p_i - p_{ws}}{f_s(\Delta t)} = 8\times10^4\times\left(\frac{Q_1\mu}{K_s}\sqrt{\frac{\phi\mu C_t}{K_s}}\right) = m_s \tag{5-130}$$

在直角坐标上作出(p_i-p_{ws})与相应$f_s(\Delta t)$的关系曲线，其斜率 m_s 为

$$m_s = 8\times10^4\times\left(\frac{Q_1\mu}{K_s}\sqrt{\frac{\mu\phi C_t}{K_s}}\right) \tag{5-131}$$

得：

$$K_s = 1856\mu\left(\frac{Q_1}{m_s}\right)^{\frac{2}{3}}(C_t\phi)^{\frac{1}{3}} \tag{5-132}$$

由此计算得到的是 K_s，K_s 与 K_h、K_v 的关系为

$$K_s = K_h^{2/3}K_v^{1/3} \tag{5-133}$$

定义各向异性系数 A 为

$$A = \frac{K_v}{K_h} \tag{5-134}$$

通常情况下 K_h 比 K_v 大，即 $A<1$。将式(5-134)代入式(5-133)得：

$$K_s = K_h A^{\frac{1}{3}}$$

如果已知各向异性系数和 K_s，可用图5-36确定 K_h 和 K_v。例如已知 K_s 为10mD，A 为0.1，则由图可得 K_h = 21.510mD。通常用柱形压力恢复资料确定的渗透率接近水平渗透率，因此在不知各向异性的情况下，可用下文介绍的柱形压力恢复渗透率代替 K_h 来确定各向异性系数进行非均质性分析。

2. 柱形压力恢复

从探头向外传播的压力遇到上、下部的不渗透界面时，球形传播就会转变成径向柱形压力传播。此时压力扩散方程的形式与本章第三节中描述的相同，表示为

$$\frac{\partial^2 p}{\partial r^2} + \frac{1}{r}\frac{\partial p}{\partial r} = \frac{\phi\mu C_t}{K_c}\frac{\partial p}{\partial t} \tag{5-135}$$

式中 K_c——径向柱形压力恢复渗透率。

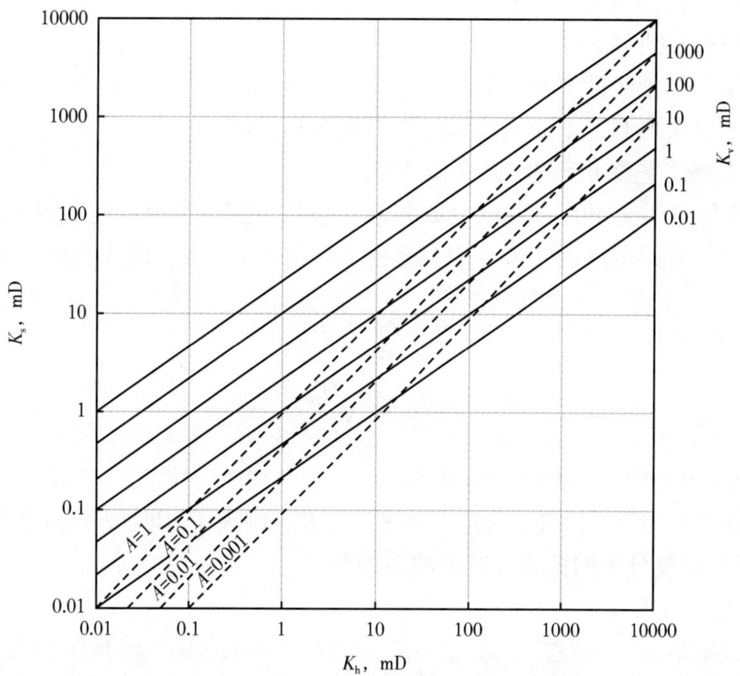

图 5-36　已知 A 及 K_s，求 K_v 和 K_h 示意图

定解条件为

$$\left.\begin{aligned} &p\ (r=\infty)=p_i && \text{外边界条件} \\ &p\ (t=0)=p_i && \text{初始条件} \\ &\left(r\frac{\partial p}{\partial r}\right)\bigg|_{r=r_p}=\frac{Q\mu}{2\pi K_c h} && \text{内边界条件} \end{aligned}\right\} \tag{5-136}$$

式(5-135)在定解条件式(5-136)下的解为(应用叠加原理)

$$p_i-p_{ws}=88.4\frac{Q_1\mu}{K_c h}f_c(\Delta t) \tag{5-137}$$

对于只有一个预测试室的仪器(FMT)，柱形压力恢复时间函数 $f_c(\Delta t)$ 为

$$f_c(\Delta t)=\lg\frac{T_1+\Delta t}{\Delta t} \tag{5-138}$$

对于有两个预测试室的仪器(RFT)，得：

$$f_c(\Delta t)=\lg\frac{T_1+T_2+\Delta t}{\Delta t}+\frac{Q_2}{Q_1}\lg\frac{T_2+\Delta t}{\Delta t} \tag{5-139}$$

式中　p_i——原始地层压力，psi；

p_{ws}——预测试室关闭后探头记录的压力，psi；

Q_1——第一预测试阶段的流量，cm^3/s；

Q_2——第二预测试阶段的流量，cm^3/s；

μ——地层流体黏度，mPa · s；

K_c——径向柱形压力恢复渗透率，D；

h——地层厚度，ft；

T_1——第一个预测试室充满流体时的流动时间，s；

T_2——第二个预测试室充满流体时的流动时间，s；

Δt——预测试室关闭后的压力恢复时间，s。

式(5-137)与前面提到的 Horner 公式相同，系数不同是由单位制差异造成的。以(p_i-p_{ws})为纵坐标。$f_c(\Delta t)$为横坐标。在半对数坐标上得到一条曲线，曲线的斜率 m_c 为

$$m_c = 88.4\frac{Q_1\mu}{K_c h} \tag{5-140}$$

则：

$$K_c = 88.4\frac{Q_1\mu}{m_c h} \tag{5-141}$$

图 5-37 就是对应的关系曲线，称为 Horner 曲线。把曲线外推，$(T+\Delta t)/\Delta t=1$ 时所对应的压力即为地层静压力。若该井是构造上的第一口井，则该压力即为原始地层压力。

3. 影响压力恢复分析的因素及其他相关参数

1)地层厚度及计算模型

由式(5-126)、式(5-132)、式(5-137)和式(5-141)知，球状压力恢复和柱状压力恢复计算结果差异较大。这就存在一个用哪一种公式计算的问题。

通常压力刚开始恢复时，呈球状传播，然后遇到非渗透层后变成柱状传播。这要首先弄清楚是否存在非渗透层及这些层离探头有多远。可以利用微电阻率测井曲线确定这些参数。

其次作压力测量值 p 与 $f_s(\Delta t)$ 和 $f_c(\Delta t)$ 的关系曲线，哪一条成直线，则流动为相应的类型。如图 5-38 所示，p—$f_s(\Delta t)$ 为直线，说明为球状流动。

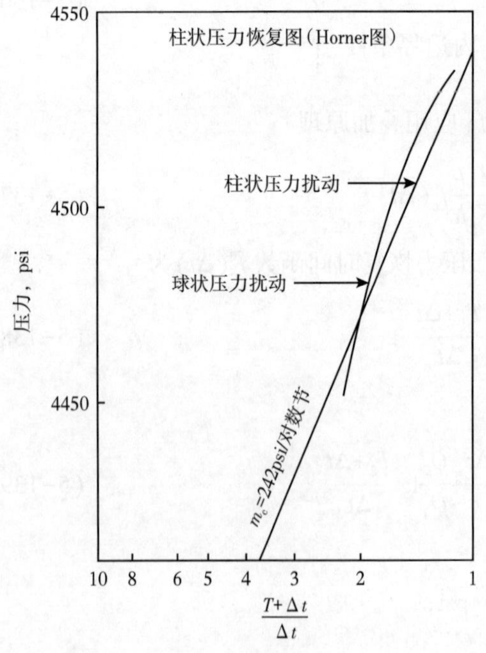

图 5-37 柱状流时的压力恢复图

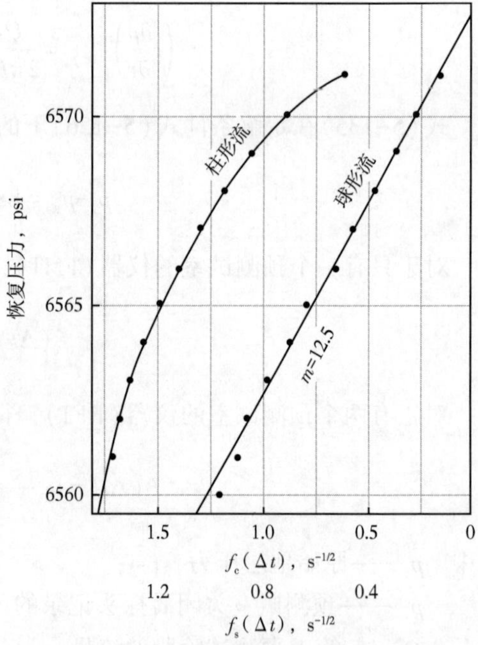

图 5-38 球状流时的压力恢复数据与 $f_s(\Delta t)$ 及 $f_c(\Delta t)$ 的关系

实际上呈球状还是呈柱状都是一种理想的假设，测量结果应是二者共同作用的结果。图 5-39 中，中期直线段显示为球状流动，后期曲线发生了上翘现象，上翘现象表明压力恢复已由球状向柱状恢复开始转变。利用式(5-142)可以估算出地层的有效厚度，该方法适用于 RFT 和 FMT。

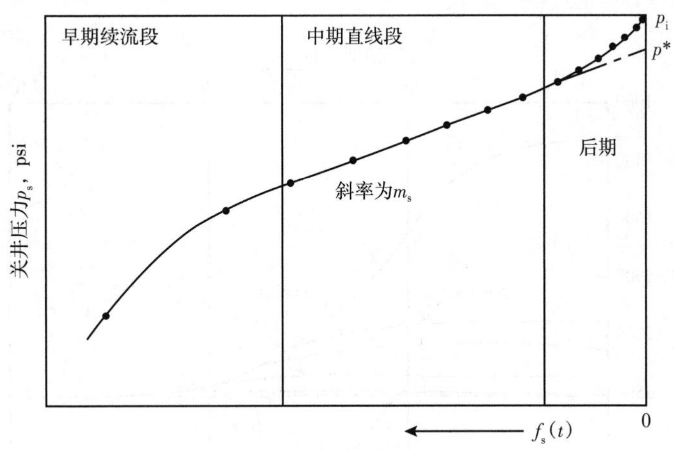

图 5-39　球形压力恢复曲线

$$h=1.2\left[\frac{VA}{4\pi(p_i-p^*)\phi C_t}\right]^{\frac{1}{3}} \tag{5-142}$$

式中　h——有效地层厚度，ft；

V——预测试期间流体的总体积，cm^3；

p_i——原始地层压力，psi；

p^*——由球形压力曲线外推得到的地层静压力，psi；

ϕ——地层孔隙度；

C_t——地层流体总压缩系数，psi^{-1}；

A——各向异性系数。

式(5-142)是用压力匹配确定地层有效厚度 h，还可以用时间匹配法确定 h：

$$h=\left(\frac{\Delta t^* K_v}{\phi\mu C_t}\right)^{\frac{1}{2}}\left(0.02956-0.007378\frac{\Delta t^*}{t^*}\right) \tag{5-143}$$

式中　t^*——开始流动到球形压力恢复曲线上开始偏离直线对应的时间，s；

Δt^*——流动时间，s；

h——有效厚度，cm。

2)压力恢复法的探测深度和探测半径

由两种恢复得到的 K_s、K_c 是地层某一范围的平均值，即涉及 RFT 和 FMT 的恢复探测半径。图 5-40 是不同探测距离处的恢复压力和时间的关系。从理论上讲，压力的变化可能延伸至无限远，但实际上仪器无法测到。探测半径 r_i 的表达式为

$$r_i=\frac{h}{2}=0.6\left(\frac{qT}{4\pi\delta_p\phi C_t}\right)^{\frac{1}{3}} \tag{5-144}$$

式中　T——流动的总时间；

δ_P——压力计的分辨率。

式(5-144)说明，r_i 定义为有效地层厚度的一半，δ_P 越大，r_i 就越深，r_i 与渗透率无关，r_i 的单位为 cm。对 δ_P 为 1psi 的地层，探测距离为几英尺，对于 $\delta_P=0.01$psi 的石英晶体压力计，r_i 可达到几米。

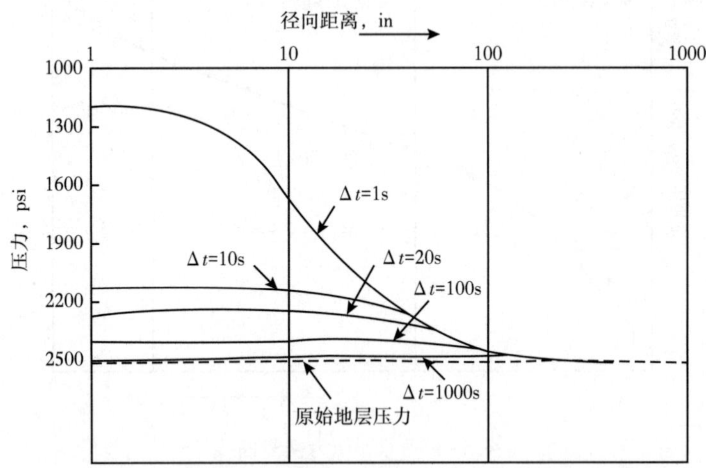

图 5-40　不同探测距离处的恢复压力与恢复时间的关系

由压力恢复求得的 K_s 和 K_c 反映的是距探头 r_i 处岩石的有效渗透性。

下面讨论压力作用的径向范围。

定义流量最大值处距探头的距离为最大作用半径 r_{max}，2%总流量发生的部位距探头的距离为最小作用半径 r_{min}，则可按下两式估算(RFT)：

$$r_{min}=0.0047\sqrt{\frac{K}{\phi\mu C_t}\sqrt{\Delta t-T}\left(\frac{\Delta t}{T}\right)^{\frac{1}{3}}} \tag{5-145}$$

$$r_{max}=0.0205\sqrt{\frac{K}{\phi\mu C_t}\sqrt{\Delta t-T}\left(\frac{\Delta t}{\Delta t-T}\right)^{\frac{1}{5}}} \tag{5-146}$$

式中，r_{min} 和 r_{max} 的单位是 cm。对于 FMT：

$$r_{max}=0.0205\left(\frac{K_s\Delta t}{\phi\mu C_t}\right)^{\frac{1}{2}}\left(\frac{T+\Delta t}{\Delta t}\right)^{\frac{1}{5}} \tag{5-147}$$

上述分析可知记录的压力响应变化主要发生在距离探头 r_{min} 至 r_{max} 的范围内。前面提到的 r_i 指距探头 r_i 处的岩石对测量的有效渗透率起主导作用。

3)测量渗透率的上限

由恢复法测出的渗透率的最大值与压力计的精度有关。现场应用表明，如果流动时间 $t=20$s，那么恢复 6s 左右时，在球形压力恢复中开始出现直线段，这时的测试时间为 26s，$t/T=26/20=1.3$。为了使球形压力恢复有合理的精度，要求压力计的分辨率 $\delta_P<0.1\Delta p$。把以上数据代入式(5-126)整理得，可测量的渗透率的最大上限为

$$K_{\max}=390\left(\frac{Q\mu}{\delta p}\right)^{\frac{2}{3}}\left(\frac{\phi\mu C_{t}}{T}\right)^{\frac{1}{3}} \tag{5-148}$$

由式(5-148)可知，抽取速度越快，所用时间越短，分辨率越高，则可测渗透率越大。实际上，T 不能任意缩短，以防脱气等现象发生。

4)钻井液滤液侵入的影响

钻井液滤液侵入的影响包括两个方面：一是侵入造成的超压作用，二是侵入带内多相流动影响。

超压作用指钻井液滤液侵入井眼附近地层后使其压力显示高于实际地层压力的现象。通常钻井液侵入地层有三种形式：短暂漏失(循环过程)、动态漏失(滤饼达到平衡厚度期间)和静态漏失(钻井液停止循环以后)。钻井期间钻井液循环会使所有的渗透层产生局部超压现象，滤饼形成后，大部分地层超压现象消失，低渗透层中，由于滤饼形成较慢，侵入现象仍然存在，可能对测试结果产生影响。

若钻井液滤液侵入动失水和静失水的流量恒定，地层为无限大，且只有单相流动，根据扩散方程和叠加定理，钻井液停止循环 Δt 时间后，超压的估算公式如下：

$$\Delta p'=44.62\frac{q''\mu}{K_{h}}\left(\frac{q'}{q''}\lg\frac{T'+\Delta t'}{\Delta t'}+\lg\frac{K_{h}}{\phi\mu C_{t}r_{w}^{2}}+\lg\Delta t'-3.23\right) \tag{5-149}$$

式中　$\Delta p'$——超压值，psi；

q'——钻井液动失水量，(cm³/min)/cm；

q''——钻井液静失水量，(cm³/min)/cm；

K_h——水平渗透率，mD；

μ——钻井液滤液黏度，mPa·s；

C_t——总压缩系数，psi；

r_w——井眼半径，ft；

T'——钻井液循环时间，h；

$\Delta t'$——停止循环后的持续时间，h。

显然 $\Delta p'$取决于 K_h 和钻井液失水量。计算表明，渗透率越大，超压越小，当 K_h 大于100mD 时，影响几乎很小；相反，K_h 越小，影响越大。由于 $\Delta p'$是一个稳定值，因此不影响压力恢复曲线的斜率，所以不影响由此计算的渗透率(图 5-41、图 5-42)，如果确定地

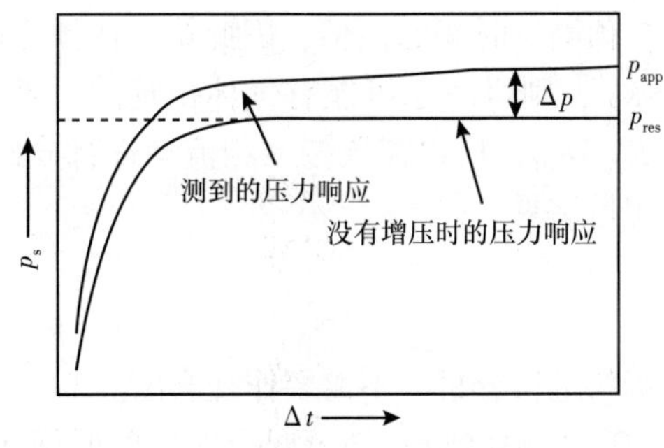

图 5-41　关井后的压力响应

p_{app}为实际的压力恢复；p_{res}为没有增压时的压力恢复

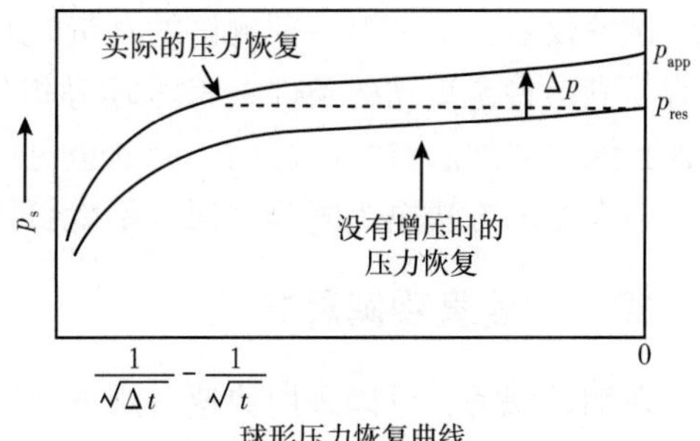

图 5-42　增压的效果

层的原始压力，则要受到一定影响。

除超压现象之外，要考虑的第二个问题是钻井液滤液侵入地层后会改变流体成分和含水饱和度，使侵入带的流体及分布与原状地层不相同。由于仪器的探测深度有限，通常不能排除侵入带的影响。侵入带内流体分布的变化使压力分析复杂化。实际应用时应予以注意。

5）续流影响

由于流体具有压缩性，与试井类似，当预测室停止抽吸后，流体不是立即停止流动，而是仍然持续向探头流动，直至探头压力与地层压力平衡。这就是续流效应。它影响压力数据的早期分析（图5-38）。

通常定义一个时间常数τ，用于分析续流的作用：

$$\tau=\frac{1170\mu(2C+s)V_t C_f}{K r_P} \tag{5-150}$$

式中 C_f——总流体压缩系数，psi^{-1}；

V_t——系统总容积，即仪器流道、压力计空腔和预测试室三者的体积之和，cm^3；

r_P——探管半径，cm；

C——流型系数；

s——表皮系数；

μ——流体黏度，mPa·s；

K——地层渗透率，mD；

τ——时间常数，s。

通常情况下，预测试室关闭后，恢复时间$\Delta t>8\tau$时，续流影响可以忽略不计。以RFT为例，$V_t=60cm^3$，$\mu=0.5mPa\cdot s$，$C_f=3\times10^{-6}psi^{-1}$，$K=1mD$，$s=0$，则可以估算出$\tau=4s$。即$\Delta t>38s$后，续流的影响可以忽略不计。

如果流动系统中有气体存在，由于气体压缩系数C_g远大于液体C_l，此时C_f为

$$C_f=V_l C_l+V_g C_g \tag{5-151}$$

式中 V_l、V_g——分别为液体、气体所占的体积。

这种情况下，续流作用的时间会进一步延长。

如果预测试期间未达到稳定流动，压降曲线上就不会出现平直段，此时可以考虑系统内有气体出现。从理论上讲，这时需要大约8τ的时间，续流的影响则可以忽略。对于双预测试室仪器，由于第一预测试的测量时间是第二预测试时间的两倍，因此第一次预测试更容易满足稳定流动的条件。若压降分析的$K_{d1}>K_{d2}$，则可考虑可能有气体出现。由于第一次预测试对地层有清洗作用，因此也可能出现$K_{d2}>K_{d1}$，所以需要按多相流动进行分析，比本节介绍的方法更为复杂，通常不太可能得出定量结果。

四、快速直观解释方法

在测试现场，可以采用快速直观方法对恢复资料进行分析，不需要作交会图。

对于分辨率为δ_P的压力计，测试过程中，p_s压力恢复到$(p_i-\delta_P)$时，对应的时间T_{ob}称为快速渗透率指示时间。T_{ob}可以从模拟记录曲线上直接确定，如图5-43所示，第一个图是有两个预测试室的压力记录曲线，第二个为只有一个压力预测试室时的模拟记录曲

线。把 $\Delta t=T_{ob}-T$、$p_i-p_{ws}=\delta_P$ 代入球形压力恢复方程式（5-126）得：

$$\frac{1}{\sqrt{T_{ob}-T}}-\frac{1}{\sqrt{T_{ob}}}=\frac{\delta_P K_s^{\frac{3}{2}}}{8\times10^4 Q\mu(\phi\mu C_t)^{\frac{1}{2}}} \tag{5-152}$$

整理得出由 T_{ob} 计算的球形压力恢复渗透率为

$$K_{sb}=\left[8\times10^4 Q\mu\ (\phi\mu C_t)^{\frac{1}{2}}\left(\frac{1}{\sqrt{T_{ob}-T}}-\frac{1}{\sqrt{T_{ob}}}\right)^{\frac{1}{2}}\right]^{\frac{2}{3}} \tag{5-153}$$

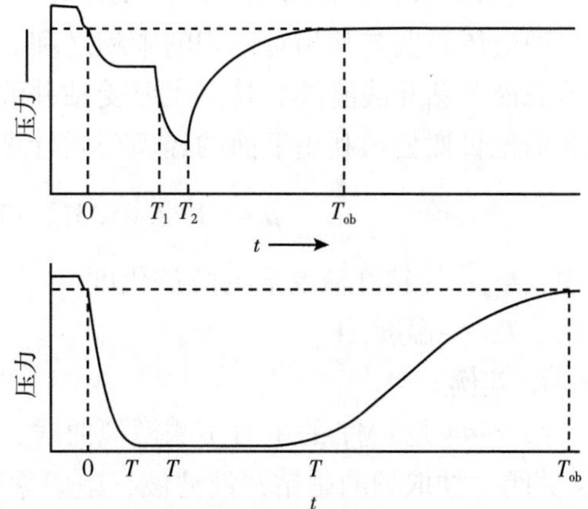

图 5-43　可视压力恢复时间 T_{ob} 的确定

有两个预测试室时，$T=T_1+T_2$，计算 K_s 时，时间函数采用式（5-129）。为了区别由球形压力恢复确定的渗透率，用 K_{sb} 表示由 T_{ob} 估算的渗透率。

统计资料表明，T_{ob} 与 K_{sb} 有以下近似关系：

$$\frac{1}{K_{sb}}=0.0256T_{ob}-0.3 \tag{5-154}$$

当 $T_{ob}>100\text{s}$ 时：

$$\frac{1}{K_{sb}}=\frac{T_{ob}}{40} \tag{5-155}$$

实际应用表明，K_{sb} 总是偏大，大约是 K_s 的两倍。所以可以用 T_{ob} 粗略计算球形压力恢复渗透率：

$$K_s=\frac{20}{T_{ob}} \tag{5-156}$$

估算出 K_{sb} 后，根据式（5-149），$\Delta p'$ 与地层渗透率成反比，因此，可以将 $1/K_{sb}$ 作为快速解释的超压指数。当 $1/K_{sb}>3$ 时，可以认为存在超压影响。统计表明：

$$\Delta p'=\frac{4}{K_{sb}}=\frac{2}{K_s} \tag{5-157}$$

这样估算出的超压值是 $\Delta p'$ 的下限，主要原因是超压值还取决于钻井液漏失。

对于渗透率特别低的地层，流动时间 T 不是由活塞的抽动时间确定，而是由地层的供油能力决定，此时的 T 和 T_{ob} 都不太准确，因此代入式（5-153）确定的 K_{sb} 误差很大。由于低渗透层存在钻井液侵入超压影响，此时可以用 $1/K_{sb}$ 判断超压影响。

五、计算渗透率现场实例

根据上述计算渗透率的基本公式，需要预先计算以下参数。

(1) 压力：包括流动压力、预测试室关闭后的恢复压力、最后关井压力（地层静止压力）和刚关闭时的压力。

(2) 流量 Q：单位时间流入预测试室流体的量，即预测试室体积 V 除以流动时间 t，$Q=V/t$。

(3) 压缩系数 C_t：岩石和流体总的压缩系数。

(4)黏度μ。通常情况下，测试器在油层中取得的是油、气、水的混合物，总黏度是每一种流体黏度与其相对体积的乘积之和。实际条件下，测试器所吸取的流体基本上为钻井液滤液，钻井液滤液的黏度主要受钻井液滤液矿化度和温度的影响。因此对于水基钻井液，斯伦贝谢公司利用下面的经验公式计算μ：

$$\mu=(1+2.0833K_{\mathrm{Cl}}\times10^{-6})\mathrm{e}^{0.55-0.0243T+0.642\times10^{-4}T^2}$$

式中　K_{Cl}——钻井液滤液的总矿化度；

T——温度，℉。

1. 实例一

图5-44是FMT的压力实测模拟曲线，探头直径为0.562in，预测试从第31s开始，第39s关闭。抽取到的是钻井液滤液，电阻率为0.027Ω·m，地层温度为76℃，NaCl的矿化度为120000mg/L，稳定状态的流动压力为900psi，压力恢复至3930psi。计算地层黏度，压降渗透率，球形压力恢复渗透率，柱形压力恢复渗透率。

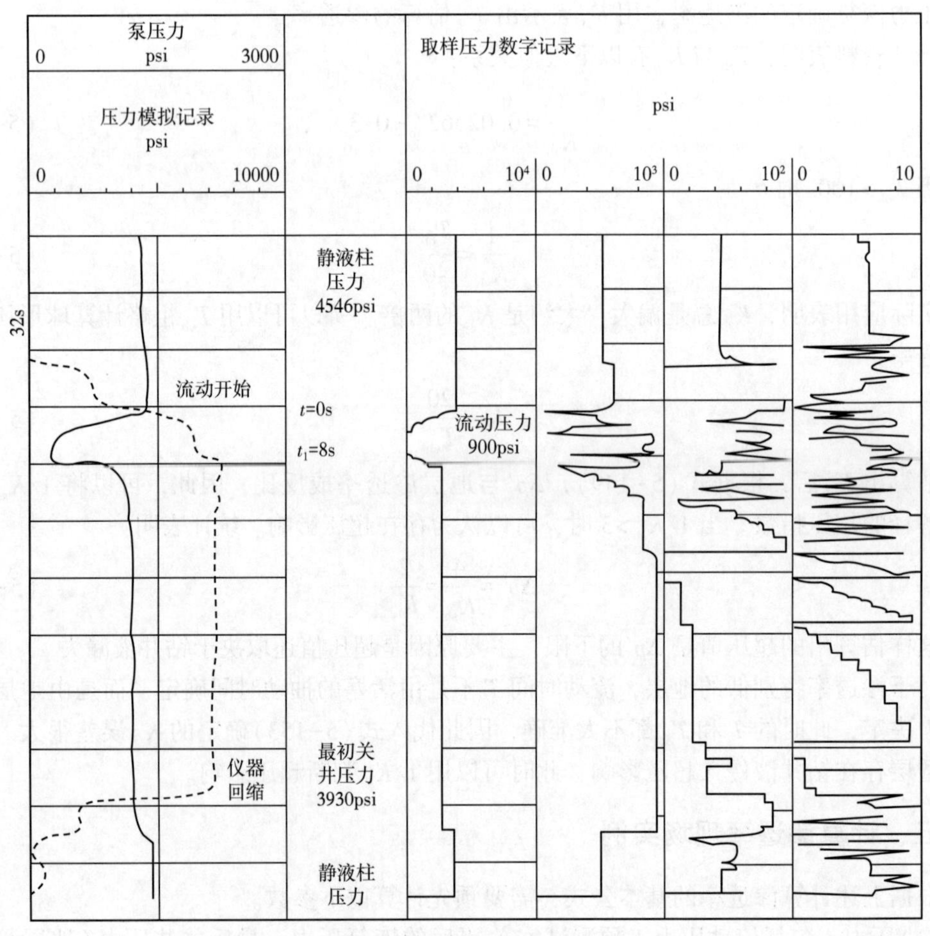

图5-44　预测试压力记录

解：

由矿化度(120000mg/L)与地层温度(170℉)求得流体的黏度为0.5mPa·s，$Q=10/8=1.25\mathrm{cm}^3/\mathrm{s}$，$\Delta p=p_{\mathrm{i}}-p_{\mathrm{wf}}=3930-900=3030\mathrm{psi}$。

(1)计算压降渗透率 K_d。

由式（5-119）知：

$$K_d = 1842\frac{CQ\mu}{d\Delta p} = 1842\times\frac{0.75\times1.25\times0.5}{0.562\times3030}$$
$$=0.51\text{mD}$$

(2)计算球形压力恢复渗透率 K_s。

作交会图 5-45，曲线外推($\Delta t\to\infty$)得地层压力为 3938psi，斜率 m_s 为 930psi/$\sqrt{s}$。已知 $C_t=3\times10^{-5}\text{psi}^{-1}$、$Q=1.25\text{cm}^3/\text{s}$、$\phi=0.16$，代入式(5-132)得：

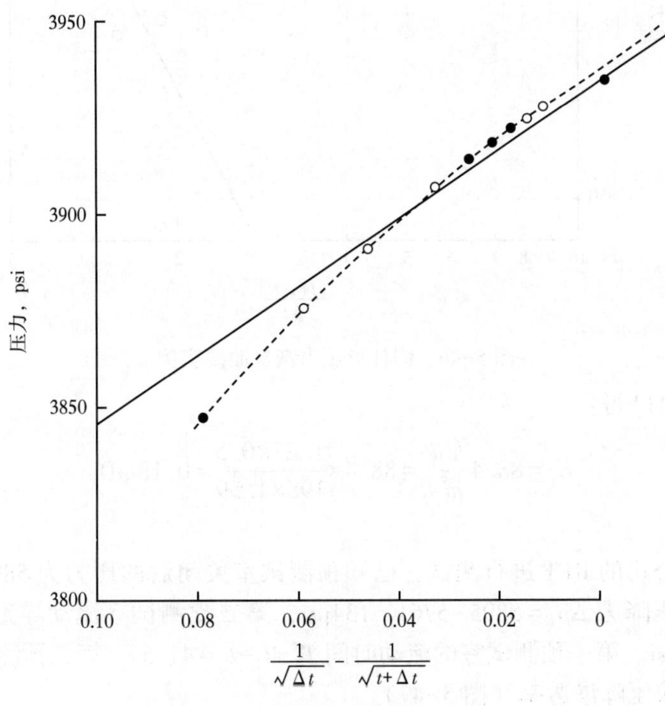

图 5-45　球形压力恢复曲线实例

$$K_s = 1856\times0.5\times\left(\frac{1.25}{930}\right)^{\frac{2}{3}}\times(0.16\times3\times10^{-5})^{\frac{1}{3}}$$
$$=0.19\text{mD}$$

(3) 计算有效厚度 h。

已知各向异性系数 $A=K_v/K_h=1$，外推压力为 $p^*=3938$psi，原始地层压力（虚线外推）$p_i=3940.5$psi。代入式（5-142）得：

$$h = 1.2\times\left[\frac{10\times1}{4\times3.14\times(3940.5-3938)\times0.16\times3\times10^{-5}}\right]^{\frac{1}{3}}$$
$$=1.59\text{ft}=48.57\text{cm}$$

(4)计算柱形压力恢复渗透率。

应用恢复压力数据和$(t+\Delta t)/\Delta t$，在半对数坐标中作出Horner压力恢复曲线，如图5-46所示。外推地层静止压力p^*为3947.6psi，曲线斜率$m_c=198$psi/对数周期。

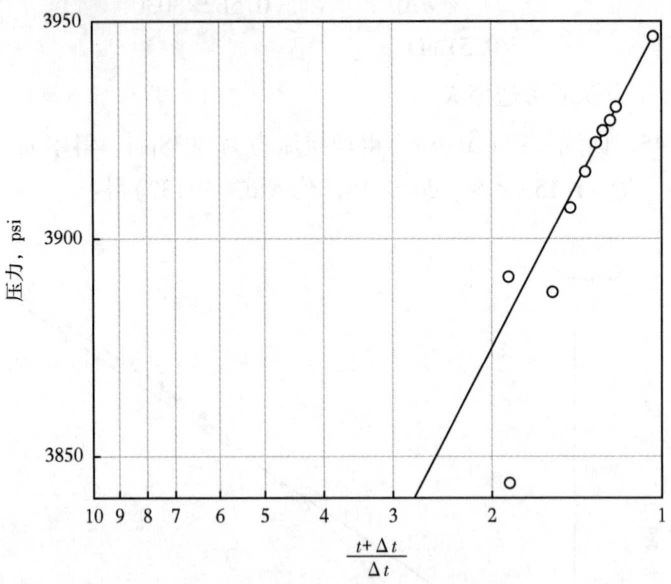

图5-46 圆柱形压力恢复曲线实例

代入式(5-141)得：

$$K_c=88.4\frac{Q_1\mu}{m_c h}=88.4\times\frac{1.25\times0.5}{198\times1.59}=0.18\text{mD}$$

2. 实例二

用斯伦贝谢公司的RFT进行测试，已知预测试室关闭后的压力为5895psi，第一预测试室流动导致的压降为$\Delta p_1=5895-5761=134$psi，第二预测试室流动导致的压降为$\Delta p_2=5895-5544=351$psi。第一预测试室的流动时间$T_1=t_1-t_0=41.5$s，第二预测试室的流动时间$T_2=t_2-t_1=16$s。求压降渗透率（图5-47）。

解：

流入第一预测试室的流量为

$$Q_1=\frac{10}{41.5}=0.24\text{cm}^3/\text{s}$$

流入第二预测试室的流量为

$$Q_2=\frac{10}{16}=0.62\text{cm}^3/\text{s}$$

钻井液滤液的黏度为0.5mPa·s。

把以上参数代入式（5-118）得：

$$K_{d1}=5660\times\frac{0.24\times0.5}{134}=5.1\text{mD}$$

$$K_{d2}=5660\times\frac{0.62\times0.5}{351}=5.0\text{mD}$$

$$K_{\rm d}=\frac{K_{\rm d1}+K_{\rm d2}}{2}=\frac{5.1+5.0}{2}=5.05{\rm mD}$$

3. 实例三

以图 5-47 的 RFT 测试结果为例，利用球形压力恢复公式计算地层渗透率。由图可知 $\Delta T_1=41.5{\rm s}$，$\Delta T_2=16{\rm s}$，$\mu=0.5{\rm mPa\cdot s}$，$Q_1=0.24{\rm cm^3/s}$，$Q_2=0.62{\rm cm^3/s}$，$\phi=0.21$，$C_{\rm t}=1.5\times10^{-5}{\rm psi^{-1}}$。由预测室关闭后的恢复时间及读出的恢复压力数据列于表 5-2 中，$f_{\rm s}$ 表示球形压力恢复时间函数，由式(5-129)计算得到。

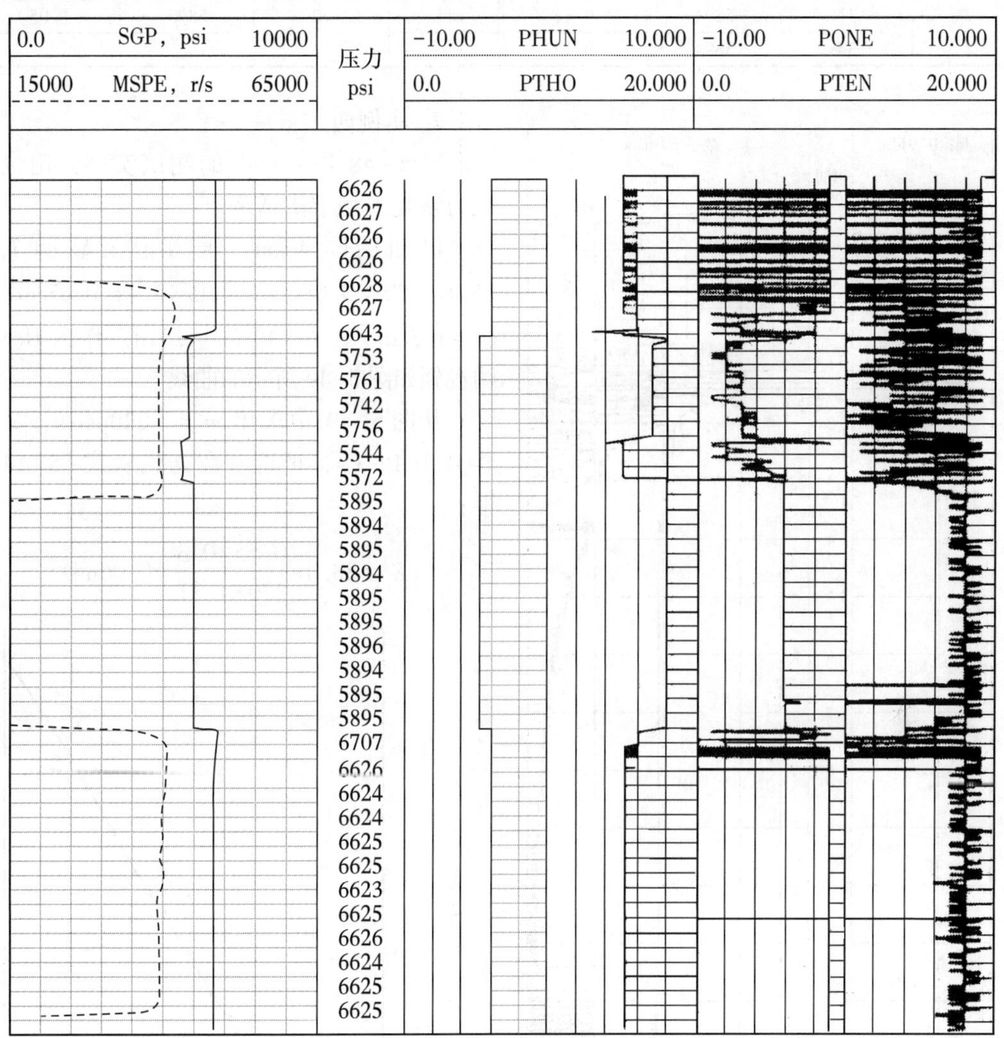

图 5-47　RFT 测试压力记录

PONE、PTEN、PHUN、PTHO 分别为压力的个位、十位、百位、千位数值

由 $p_{\rm s}$（恢复压力）与 $f_{\rm s}$ 绘成交会图，从直线外推到 $f_{\rm s}(\Delta t)=0$，得到地层静压力 $p_{\rm i}=5896$ psi，直线斜率 $m_{\rm s}=-1.761{\rm psi/s}$。利用式(5-132)得：

$$K_{\rm s}=1856\times0.5\times\left(\frac{0.24}{1.76}\right)^{\frac{2}{3}}\times(0.21\times0.000015)^{\frac{1}{3}}=3.61{\rm mD}$$

表 5-2 流动时间函数表

序号	Δt s	p_s psi	$f_s(\Delta t)$	序号	Δt s	p_s psi	$f_s(\Delta t)$
1	13	5894	0.31	9	37	5894	0.11
2	16	5895	0.245	10	40	5895	0.10
3	19	5894	0.21	11	43	5894	0.09
4	22	5894	0.18	12	47	5894	0.08
5	25	5895	0.16	13	50	5895	0.07
6	28	5894	0.14	14	60	5895	0.06
7	31	5894	0.12	15	70	5895	0.05
8	34	5894	0.12				

4. 实例四

图 5-48 是一口井的测试实例，用柱形压力恢复模型求渗透率。

已知层厚 40cm，压力记录显示 $T_1=15.4\text{s}$，$T_2=5.6\text{s}$，$Q_1=10/15.4=0.65\text{cm}^3/\text{s}$，$Q_2=1.8\text{cm}^3/\text{s}$，$h=40\text{cm}=1.31\text{ft}$。作出 Horner 图得到如图 5-49 所示的曲线。

从图 5-49 中求出 $m_c=-220\text{psi/s}$，又知 $\mu=0.3\text{mPa}\cdot\text{s}$，把这些数据代入式（5-141）得：

$$K_c=88.4\times\frac{0.65\times0.3}{220\times1.31}=0.06\text{mD}$$

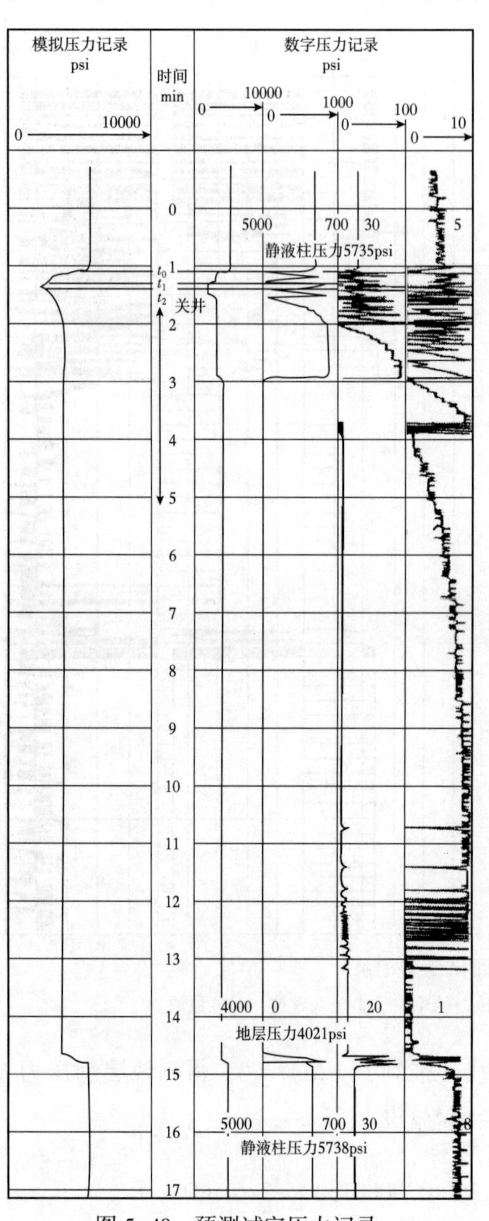

图 5-48 预测试室压力记录

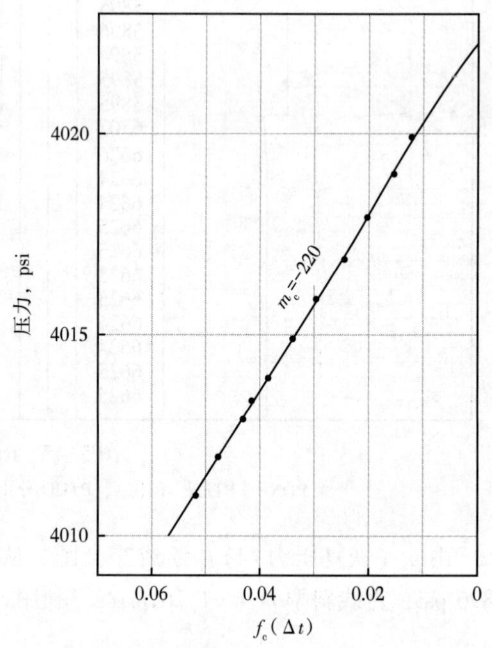

图 5-49 圆柱形流动情况下的压力曲线

六、确定渗透率方法对比

由压降分析、球形压力恢复分析、柱形压力恢复分析三种方法分别提供三种不同渗透率的值。通常来说，压力恢复法所求的渗透率更为可靠。但压力恢复法在渗透率较高的地层中(大于几毫达西)，由于压力恢复太快以致不能进行定量分析。另外计算渗透率，需要知道孔隙度、压缩系数和有效地层厚度，这些参数也影响计算精度。此外，前面提到的续流现象、表皮效应等都影响到所计算渗透率的精度。压降分析的探测半径为几厘米，压力恢复的探测半径在 1m 至几米的距离，因此所测的渗透率只反映了探测范围内岩石的有效渗透能力。

除了电缆地层测试外，从岩心分析、试井分析和裸眼井测井分析中都可以得到渗透率值。

从实验室内的岩心分析结果可以得到所取岩心的绝对渗透率，在同一口井中，可以分辨井筒方向上的地层渗透特性。岩心分析成本较高，不可能每一口井都进行岩心分析实验，且探测范围有限，这是其不足之处。

用裸眼井测井资料可以确定地层的绝对渗透率，其优势是：进行过测井的井都可以确定其渗透率纵向和横向分布。不足之处是：确定方法及结果依赖岩心分析结果，另外也受测井仪器探测范围及表皮效应的影响。因此用测井分析确定渗透率的误差较大。

试井分析、DST 测试探测范围较大，确定的是较大范围内地层的有效渗透率。目前其测试结果相对较为可靠，不足之处是纵向分辨能力较差，目前还不能完全解决多层油藏渗透率的确定问题。

1. 压降渗透率与岩心分析渗透率的关系

前面提到压降法的探测范围为几厘米(2~5cm)，在探头附近流动的通常是钻井液滤液，具体井和地层的情况也不一样。下式是中原油田某地区的对比关系式：

$$\lg K_{co}=0.871874+0.960088\lg K_d \tag{5-158}$$

式中　K_{oo}——岩心分析所得的渗透率；

K_d——压降法所得的有效渗透率。

实验所选的渗透率分布在 1~100mD 之间。

2. 球形压力恢复渗透率与 DST 结果的比较

RFT 和 DST 测试方式不同，RFT 不受地层限制。DST 的试油层段不能划分太细，一口井内不能取得多点压力资料。表 5-3 列出了中原油田某区域 DST 与 RFT 渗透率的测试结果对比数据。该井进行了一个层位的 DST 测试，平均有效渗透率为 0.107D，它代表较大范围内的平均值。由 RFT 得到的有效渗透率均小于该值，它代表了较小范围内的有效渗透率(1m 至几米)，但有较好的纵向分辨率。表 5-4 列出了渤海盆地某油田 DST 与 RFT 的测试结果。DST 得到的结果均比 RFT 测试结果大，且相差许多数量级，但二者在纵向上的大小分布相对较为吻合。主要原因是钻井过程中，强烈的震动，造成井筒周围岩层破损，因此 DST 测出的渗透率通常偏大。在对应用以上几种方法得到的渗透率进行分析时，要具体问题，具体分析，应采纳各种方法的优势以便在开发过程中作出客观正确的决策。

表 5-3 某油田 DST 与 RFT 结果对比

DST			RFT		
射孔井段 m	平均有效渗透率 K D	油气日产量 m^3	测试号	深度 m	K_s D
1908~1910 1919~1920 1921~1923	0.107	气 29.7×10^5 凝析油 36.6	55	1909	0.004
			73	1919	0.047
				1921	0.08
				1922	0.08

表 5-4 渤海盆地某油田 DST 与 RFT 结果对比

井名	井段 m	DST 得到的渗透率 mD	RFT 得到的渗透率 mD
34X1	3238~3311	13.3	3.42
34X2	3891~3907	2	0.35
	3864~3875	12	3.9
	3735~3743	73	5.2

七、RFT 其他应用

除了确定地层的有效渗透率之外，利用测试所得的静液柱压力（钻井液柱压力）、地层压力，也可以确定油藏中油、气、水界面，了解油藏的纵向和横向连通性，研究油层的生产特性等。

1. 静液柱压力分析（钻井液柱压力）

在测试前后都记录井筒内的钻井液柱压力，用于检查仪器的稳定性，尤其是温度的稳定性。当测试前后的压力差值不超过 1~2psi 时表示仪器工作正常。

以深度为纵坐标，以钻井液压力为横坐标作图（图 5-50），该图反映了对应于钻井液密度的压力梯度变化：

$$\rho_m=\frac{压力梯度}{1.422}$$

计算压力梯度时，应使用垂直深度，不使用测井深度，因为井筒可能不是完全垂直的。井筒内钻井液柱的压力不稳定会导致梯度发生变化。井筒下部压力梯度逐渐增大是由钻井液中的重粒子沉淀到井底造成的。

由图 5-50 可知，深度小于 2700m 时，压力梯度为 2.11psi/m，相应的钻井液密度为 $1.48g/cm^3$。深度大于 2700m 时，压力梯度逐渐增加，钻井液柱密度也逐渐由 $1.63g/cm^3$ 增加到 $2.79\ g/cm^3$，这是由于钻井液中的重离子沉淀或存在重晶石钻井液段导致的。

2. 确定油气水界面及地层连通性

渗透率较高时，压力恢复很快，最后的恢复压力与地层压力相同。对于低渗透层，压力恢复较慢，需要用恢复曲线外推求地层静压力。把所有测点处的地层压力沿深度连线，即可确定地层的流体性质及界面位置，如图 5-50 中左侧的曲线。

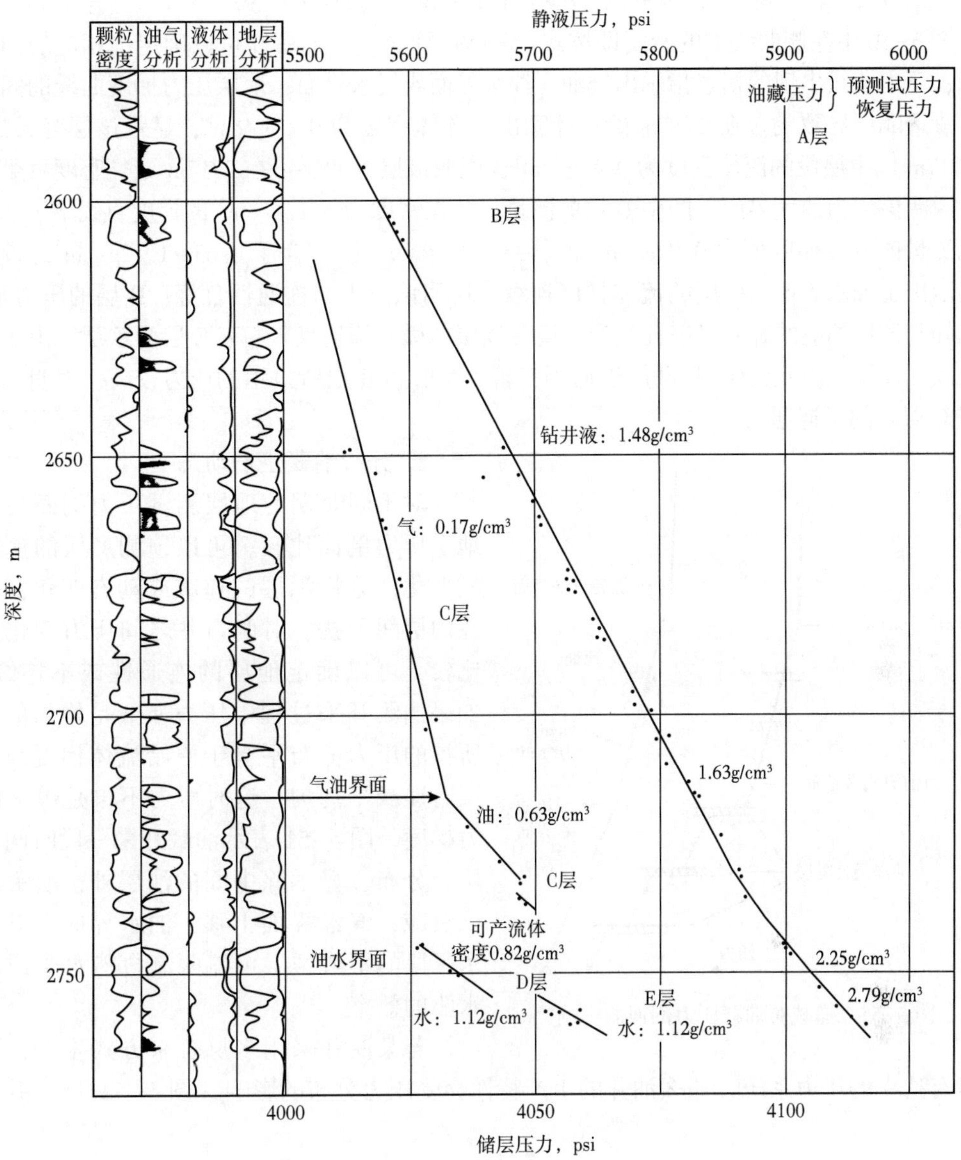

图 5-50　静液柱压力和油藏压力剖面

地层压力实际上指孔隙中流体的压力，地层测试反映的是地层中可流动的流体的压力。地层压力梯度与地层中的流体压力梯度相同。流体密度与地层压力梯度的关系为

$$\rho=\frac{C(p_1-p_2)}{(d_1-d_2)\cos\theta} \tag{5-159}$$

式中　d_1、d_2——测井深度，m；

p_1、p_2——分别为对应于深度 d_1、d_2 的地层压力，psi；

θ——井斜角；

C——换算系数。

若 p 用 psi 作单位、d 用 m 作单位，则 $C=0.7032$；若 p 用 psi 作单位，d 用 ft 作单位，

则 $C=2.3072$；若 p 用 MPa 作单位，d 用 m 作单位，则 $C=101.97$。

图 5-50 中左侧曲线中的密度即按式(5-159)计算，根据密度可以确定出相应的油气水界面；压力曲线出现的拐点指示出气油、油水界面或气水界面；地层压力梯度曲线的间断是由非渗透隔层导致的。在 2717m 处，计算出的流体密度为 0.17g/cm^3，显示该层为天然气；在 2717m 以下层段的流体密度为 0.63g/cm^3，说明该层为油层；在 2717m 处，密度发生了变化，说明该层为油气界面。图中 D 层的测量值落在密度为 1.12g/cm^3 的梯度直线上。D 层之上的测量值落在梯度值为 0.82g/cm^3 的斜线上(2746m 处)，介于 0.63~1.12g/cm^3，较清楚地显示出了油水界面。C 层的流体梯度连续，说明该段纵向连通性良好；D 层的压力最低，且已知与该层相应的邻井已射孔生产，说明该层的横向连通性较好；E 层为水层，由于流体梯度线不连续，因此，D、E 两层连通不完善。A 层和 B 层所显示的压力较高，表明二者之间或 C 层之间不连通。

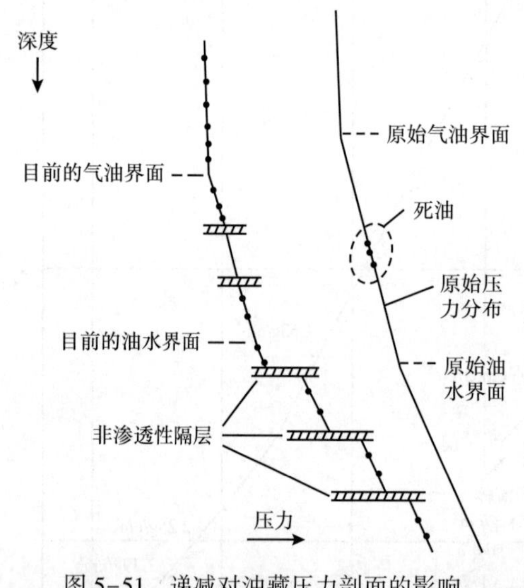

图 5-51　递减对油藏压力剖面的影响

3. 分析油藏生产动态

对不同时期的地层测试压力剖面与原始地层压力剖面比较，可以预测产层的流体性质变化，分析油层的递减或动态变化，估计井内层间干扰。对两口井之间压力变化进行比较，可以确定地层的连通性或不连续性。如果油藏开采过程中压力递减是均匀的，则所得的压力分布平行于原始流体梯度线，相反若递减不均匀，这时压力不再是单一的压力梯度，图 5-51 表示油藏开采一段时间后的压力分布，显示除中间的油层外，油藏压力已衰减，气油界面下移，油水界面上升，含水区段的不渗透层可能限制自然水驱或注水水驱的效率。

若某油井采用多层合采方式生产，且各层具有独立的压力系统，那么油井的生产特性会受压力分布的影响（图 5-52）。该井中上

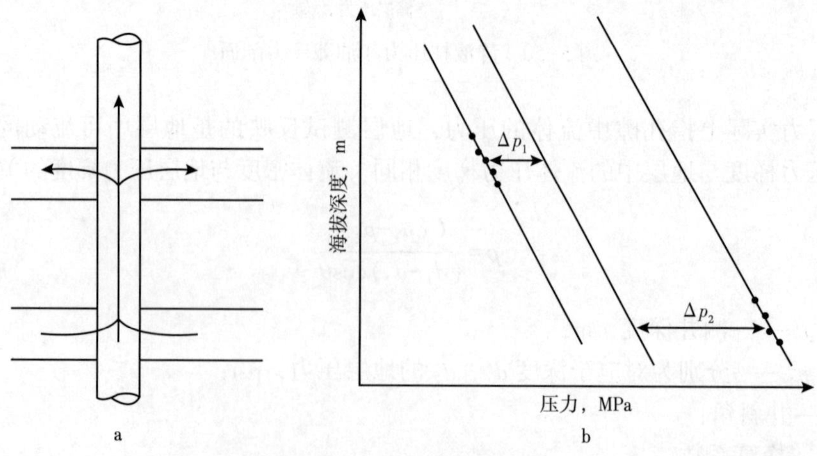

图 5-52　某油井内产层的压力分布

层压力比下层压力递减大，上层已衰竭，电缆地层测试求得的地层压力低于井筒内的流动压力，生产时该层不仅不会产油，而且会吸入下层产出的流体，这一现象称为倒灌。

4. 裂缝性储层的生产特征

裂缝性储层由渗透性的裂缝系统和低渗透岩块组成。岩块尺寸大小由裂缝密度控制，若岩石破碎构成网状裂缝，则近似砂岩的储层特征。但就一般裂缝性储层而言，裂缝孔隙度虽小但渗透率很高，控制着储层的生产特征。普通裸眼井资料主要是对岩块中流体的响应，因而可能对储层中实际的流体性质做出错误的判断，尤其是在初期生产阶段。地层测试反映了裂缝性储层中可动流体的响应，包括裂缝内的流体和岩块内的可动流体，因而可能对储层的生产机理做进一步了解。

自然裂缝性储层的饱和度和压力典型分布如图 5-53 所示。当岩块的尺寸足够大时，其饱和度分布由毛细管压力所控制。油在通过裂缝系统运移的过程中，首先驱走裂缝内的水，然后替代岩块内的水，直到重力—毛细管压力平衡为止，因此岩块的底部往往全含水后，上部才可能含油，中间存在一个过渡带。在生产过程中，含水层水的膨胀或注入水会不断进入裂缝系统，因而裂缝系统的油气界面和油水界面以及岩块的含水饱和度将不断变化。由于每一岩块的底层水的压力和裂缝系统内同一深度的流体压力相等，因此电缆地层测试得到的总的压力梯度对应于裂缝系统内的流体的压力梯度。如果测得的压力梯度按式(5-159)计算出的是油的密度，则裂缝系统内含油，储层将产油，如图 5-53 所示；若计算出的是水的密度，那么裂缝系统内含水，储层将产水。若能够测出基块内的压力分布，则基块下部的压力梯度对应于基块内水的密度。由于大部分自然裂缝性储层的岩石基块渗透率较低，预测试的压力恢复能够有效地观察，因此对压力恢复响应进行分析将增强对储层生产机理的评价，除了可以确定岩石基本的渗透率之外，在有利条件下还可以估计岩块尺寸大小。

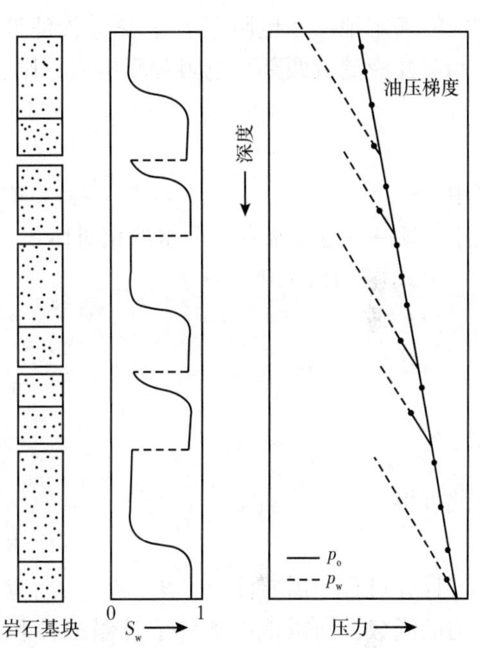

图 5-53　自然裂缝性储层的饱和度和压力典型分布

八、流体取样分析

除了压力分析之外，对地层测试器所取得的流体样品进行分析可以确定流体的性质参数，预测产能和地层产液性质。

1. 确定地层流体性质参数

流体取到地面后，首先准确计量油、水和气的体积，然后采用分析仪器测定地层流体的黏度和油的密度。当所取样品超过 1000cm^3 时，便能够进行准确的定量分析。

根据取样筒中回收的天然气的体积 V_g 和原油的体积 V_o 可以计算出气油比 GOR：

$$GOR=\frac{V_g}{V_o} \tag{5-160}$$

若取样时地层中无游离气，则此时的 GOR 表示溶解气油比 R_s。同理，气水比 GWR 可按下式计算：

$$GWR=\frac{V_g}{V_w} \tag{5-161}$$

地层测试器回收的水一般是钻井液滤液和地层水的混合物。若回收的数量很小，则几乎是钻井液滤液；若回收水的数量较大，则需要准确确定其中地层水的体积 V_{wf}。方法是对回收的混合水测量电阻率 R_z 或分析确定总矿化度后换算出 R_z，根据测井资料或邻井测试资料确定地层水电阻率 R_w，钻井液滤液电阻率 R_{mf} 一般已知，假定混合水的电阻由地层水和钻井液滤液两部分电阻并联构成，则：

$$\frac{1}{R_z}=\frac{W}{R_w}+\frac{1-W}{R_{mf}} \tag{5-162}$$

其中：

$$W=V_{wf}/V_w$$

式中　W——地层水占混合水的相对体积。

由式(5-162)知：

$$W=\frac{\dfrac{R_{mf}}{R_z}-1}{\dfrac{R_{mf}}{R_w}-1} \tag{5-163}$$

由此可得：

$$V_{wf}=WV_w \tag{5-164}$$

计算过程中需要注意，R_z、R_w、R_{mf} 应该换算到同一温度下。由于流体的体积是温度、压力的函数，所以地面条件下计量的体积并不代表地层条件下的体积。特别是回收的气体，在地层条件下可能是自由气，也可能是油中和水中的溶解气，必须考虑泡点压力和气体溶解性的影响。因此，要确定地层条件下的流体性质参数，需采用第一章第五节中给出的计算方法。

2. 判断地层流体性质

根据地层测试器取样得到的流体类型和体积可以判断地层的生产特性，判断方法分以下几种情况：

第一种情况是回收到的只有油和气，显然地层是油气层。若地层压力低于油的泡点压力，则地层内有自由气，若地层压力大于泡点压力，回收的则是溶解气。

第二种情况是回收的是油和水，此时需要区分水中钻井液滤液和地层水的多少。若全是钻井液滤液，则地层产纯油；若有地层水，且其含量超过回收流体体积的15%时，则地层产油和水，可按下式估算产水率：

$$F_w=\frac{V_{wf}}{V_{wf}+V_o} \tag{5-165}$$

这种判断对于高、中渗透地层来说，一般是准确的。但对低渗透地层，可能钻井液侵入特别深，回收的可能全是钻井液滤液，但地层也可能产水，此时产水率无法估算。

第三种情况是回收到的是气和水，若气量很少而地层水体积很大时，地层将产水，这时的气只是水中的溶解气；若回收的气的体积较大而只有少量的钻井液滤液，则地层可能只产气，并且可能需要采取增产措施提高产气量；当回收到的气体体积较大且地层水的体积超过回收流体体积的15%时，地层可能产气和水。

第四种情况是回收到的既有油，又有水和气，地层产出的流体将主要取决于回收到的流体的数量。当用2.75gal的取样筒回收油的体积小于1000cm^{3}时，产液类型取决于回收气量和关闭压力。图5-54是一个经验图版，用于估算产层的性质，该图适用于2.75gal的取样筒全被充满时的情况，如果取样筒体积不是2.75gal，则使用该图时，应将计量的油、气体积乘上相应的比例系数。如果预测的地层生产油气，则可以根据图中的显示估计生产气油比。

例5-1　在一高渗透地层中用地层测试器取样。取样筒体积为2.75gal，测试记录显示，流动压力为3000psi；关井压力为3025psi；回收到的天然气体积为25ft^3；回收到的原油为3500cm^3；水的体积为4500cm^3；原油密度为40°API；混合水的电阻率R_z为0.875Ω·m（70℉）；钻井液滤液电阻率R_{mf}=1.4Ω·m（70℉）；邻井地层水电阻率R_w=0.105Ω·m（70℉），判断产层性质，并预计生产气油比和产水率。

解：

把横坐标V_o=3500 cm^{3}和纵坐标V_g=25ft^{3}代入图5-54中，交点落入油层，表明该层生产油气，读出气油比1135ft^3/bbl。

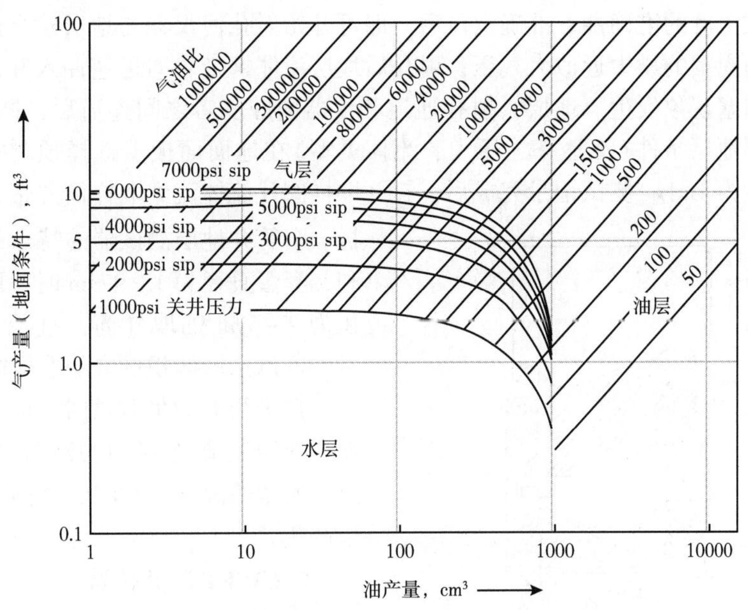

图5-54　估计产液性质的经验图版

代入式(5-163)至式(5-165)得：

$$W=\frac{\frac{1.4}{0.875}-1}{\frac{1.4}{0.105}-1}=4.86\%$$

$$V_{wf}=4500\times4.86\%=218.7\text{cm}^3$$

$$F_w=\frac{218.7}{218.7+3500}\times100\%=5.9\%$$

由以上计算得到的结论是，该层为油层，生产气油比为 1135ft³/bbl，产水率为 5.9%。

九、套管井电缆地层测试器

RFT 和 FMT 在裸眼井中完成压力测量。哈里伯顿公司生产的套管井地层测试器可以在套管井中完成压力测量，该仪器简称 CWFT。测量结果可以用于确定地层压力、渗透率和流体参数等。工作原则与 RFT 和 FMT 仪器相似。不同点是一旦将仪器定位且推靠以后，就可以进行多次抽取与注入的地层测试，预测的体积可以从地面选择，从 1cm^3 到 22cm^3。利用压力恢复分析技术，可以确定井壁堵塞层位，也可以指示产砂部位。

1. CWFT 概况

CWFT 的探头极板上装有射孔弹，射孔弹的任务是打通仪器与地层之间的连通渠道。仪器借助于液压的推力推靠在套管壁上使井下仪器内腔与地层连通且与井筒内的静液柱隔开。根据预测试抽取获得的压降测试曲线的形状，可以判断仪器的工作状况。压降幅度大，说明射孔可能没有穿透水泥环，仪器孔腔与地层不连通，这时应释放掉液压并使仪器重新定位、推靠、射孔和测量。测量时 CWFT 与自然伽马测井和套管接箍定位仪器组合下井以保证测试深度的准确性。准确定位后，即可开始射孔使仪器与地层建立连通关系。射孔前，射孔弹周围的压力近似大气压，射孔后地层流体携带岩屑迅速冲入井筒，保证了连通通道内无堵塞现象发生。地层、射孔通道和仪器内腔三者之间连通后，即可进行测试，测试时可根据地层条件（渗透率、压力、流体类型）在地面面板上选择预测室的大小，每次选择的增量为 1mL。测试记录完成后，打开取样阀让流体流到取样筒并带到地面进行分析。套管井地层测试器的特点是取样较为顺利，套管直径为 13.97cm 时，取样室选取体积为 2～5gal 的取样筒，直径大于 13.97cm 时，可以选取体积更大的取样筒。

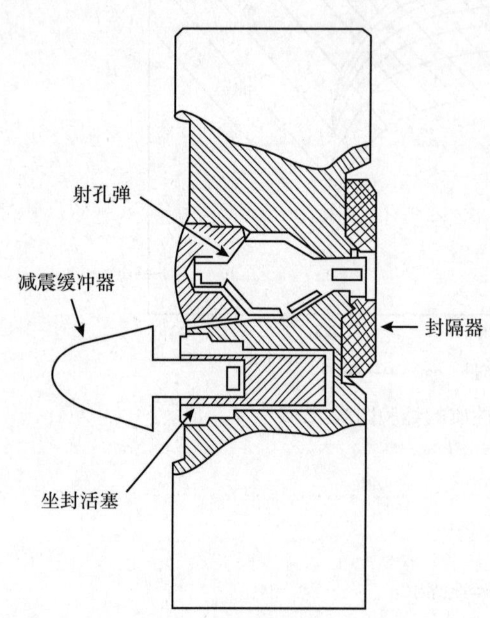

图 5-55　套管电缆地层测试器的探头部分示意图

在进行 CWFT 测试时，应了解套管、水泥、地层三者之间的胶结及套管腐蚀的情况。通常情况下，在测试之前要进行必要的生产测井。

2. CWFT 下井仪器

套管地层测试器是从裸眼井电缆地层测试器（哈里伯顿公司 SFT）发展起来的，在原探头上加装射孔装置即构成新的仪器，如图 5-55 所示。当封隔器对着套管封隔后，射孔装置进行射孔。这种设计使用可靠，并且经过现场证实很有应用价值。封隔器处的仪器直径为 10.72cm，其他部位的直径是

8.89cm(3.5in)。仪器可在直径为13.97cm(5.5in)至23.5cm(9.625in)的套管中进行操作，下井仪器整体结构如图5-56所示。

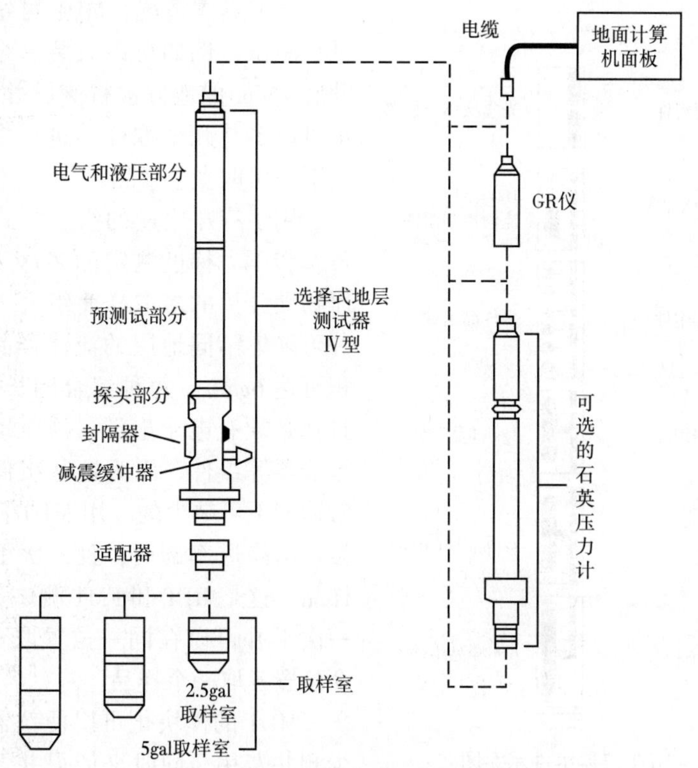

图5-56　套管井电缆地层测试器结构示意图

预测试室的体积可由地面控制，增量为1mL，最大体积为22mL。这种仪器可以通过预测试室把流体注入地层。仪器使用的是应变压力计，其精度为5psi，分辨率为1psi，应变压力计也可更换为石英晶体压力计(精度为0.5psi，分辨率为0.1psi)。

CWFT使用一个3g射孔弹，该弹头放在直径为0.61cm的套管小孔中，穿透深度可达15cm左右，射孔栓用耐高温材料制作。仪器测试结束时，平衡阀自动打开，液压回到钻井液柱压力。

使用CWFT时应该注意以下事项：

(1)射孔枪使用的点火器对流体很敏感，若仪器提出钻井液暴露在空气中，则会发生短路现象，无法起爆。

(2)起爆的另一个条件是仪器必须推靠在井壁上，否则无法射孔。点火控制在地面完成。

第六节　组件式地层动态测试器

组件式地层动态测试器(模块式地层动态测试器简写为MDT)，是斯伦贝谢公司于1990年推出的一种新型地层测试器，是MAXIS-500系统上的一支重要的下井仪器。

一、仪器结构和性能

图5-57是MDT的组件示意图。MDT由电源和电子短节、液压动力组件、单探测器组

件、双探测器组件、泵出组件、封隔器组件、光学流体分析组件、多样品组件，1gal 样品组件、2.75gal 样品组件、6gal 样品组件等组成。6gal 的取样室可连接 6 个。

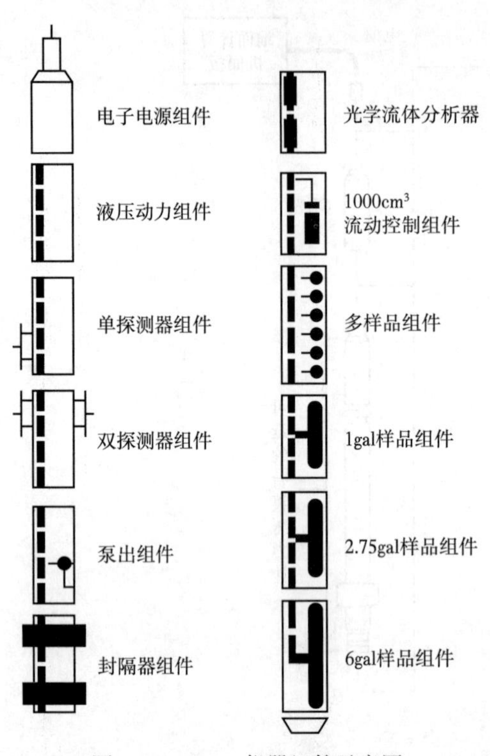

图 5-57　MDT 仪器组件示意图

根据具体情况，MDT 可组合成不同方式进行测试，例如可以只装一个取样桶，在距井底 46cm 的地方进行测试并取得流体样品，也可以多装几个取样筒进行多次取样，即一次下井可取多个样品。

用于特殊用途的组合方式有各向异性渗透率和压力梯度测定的多探头组合、PVT 高压物性分析的多取样筒组合（该组合一次下井可采集不同地层的流体样品，最大取样体积可达 6gal）。每种组合的长度和重量不同，且都必须有电子电源、液压动力、探测器和封隔器等组件。因为这些组件是井下仪器正常运转不可缺少的。用 MDT 测试结果可以直接作出渗透率剖面，且一次下井可取得多个样品，这是 RFT 和 FMT 测试不具备的。例如一次下井可以在同一位置取 6 个样品或在 6 个位置各取一个样品。

MDT 的模块化可以使仪器任意组合，减少测井费用，同时又使得井下仪器安装、调试、修理更为方便。通常有五种不同的组合，取样筒可以安装在井下仪器的任何部位。例如在井下仪器同一侧安装两个探头，可以得到储层的垂向渗透率，同时根据两个深度的距离计算压力梯度。又如在同一部位安装两个探头，可以得到所测储层的水平渗透率。若同时安装三个探头，即可测量储层的非均匀性，相应的压力记录图上记录三条压力曲线，它们分别对应三个探头位置的压力变化。除了这些选择，MDT 可以组装有四到十个探头的井下仪器，从而可以得出比 RFT 更详细的储层性质参数。MDT 井下仪器安装了几个探头就需要地面记录设备记录几条压力曲线，由于 MAXIS-500 系统使用光缆传输井下信息，可以满足上述测试信息传输的需要。为了测量到井底储层，可以在底部装上探头组件，采样组件安装在仪器的上部，这解决了 RFT 取样筒太长，井底储层无法测试的缺点。MDT 可以测量距离井底 45.72cm 的储层。

MDT 的模块式结构为用户提供了广阔的选择空间，必选组件分为供电组件和液压动力组件，可选择组件包括探头组件、采样组件、排出组件、双探头组件和控制流动组件五种。探头组件和采样组件与 RFT 的探头和采样功能类似，只是将它们模块化；另外三种组件具有新的功能。排出组件可以将取样筒中的流体排出井下仪器，进入钻井液，这样可以把取样筒中钻井液滤液或者测井工程师认为不好的样品放掉，再次采样。双探头组件是在仪器径向上相反安装的两个探头：抽吸探头、测试探头，可以测量井周上的地层渗透率，即地层的水平渗透率。控制组件可以控制测试时的流量和压力。控制流动组件是为了适应不同渗透率的储层测试需要而设计的。对于高渗透地层，由于流量太大，使 RFT 的预测试的抽取量几乎不能产生压降。对于低渗透性地层，由于流量太小，RFT 的预测试只能抽取到很少的流体，地层产生很大的压降且压力恢复得很慢，所需的测试时间很长。导致以上现象的主要原因是 RFT 的预测试室是常数，因此不能根据储层的情况进行调整。控制流动组件可以解决 RFT 的这些缺点，它可以控制测试时的压力、流量和体积。使用 MAXIS-500 系统测井车上的地面面板装置控制测试的流动，可以使压降保持在适当的范围而且在泡点压力以上，让活塞的排出量与流体的流入量相等，且可以保证只有单相流体流动，从而消除了多相解释的麻烦，并能保证样品的完整，由此得到良好的渗透率参数测量结果。MDT 只有一个预测试室，它的压力曲线形态与 RFT 不同，预测试室的体积是 1L，每次测试要小于这个体积，这一体积是 RFT 体积(20mL)的 50 倍，另外，控制流动组件的这些功能可以防止井壁垮塌、管线堵塞和密封失败。

MDT 使用的是石英晶体压力计，分辨率为 0.02psi，分辨率提高了 50 倍。这使得用 MDT 资料研究储层的高精度问题成为可能。例如在高渗透性地层中，许多反映储层性质的压力变化是在 1psi 变化之下。

在 MDT 的探头组件中安装有电阻率与温度传感器，可以连续测量管线中的流体电阻率和温度，流体电阻率的测量可以区分出天然气、石油和水，当地层水与水基钻井液滤液的电阻率有差别时，也可以把钻井液滤液和地层水区分开。由于要保持连续流动，需要在井下仪器中安装排出组件，它可以把抽取到的流体泵入钻井液中，直到获得测井工程师希望得到的地层流体样品。利用排出组件，可以在监测流体电阻率的同时进行采样。操作工程师观察到正在采集未被污染的地层流体时就停止排出，让仪器开始采集纯的地层流体样品并装入采样筒。纯的地层流体通常位于钻井液滤液之后。

图 5-58 显示了一口井中 MDT 的测试过程，井下仪器安装了排出组件、抽吸探头和两个取样筒，一个取样筒是 6gal，另一个是 2.75gal，图中显示了三条曲线：压力曲线(BSGI)、电阻率曲线(BRFI)、累计泵出体积曲线(POPV)。在测试时间 $t=0$，钻井液静压力(BSGI)大约等于 5900psi，流体电阻率为 0.55Ω·m。1min 后，开始放置和推靠仪器并测试抽取流体。压力曲线在测试 130min 以前，记录探头压力近似为 5000psi。流体电阻率曲线在 $t=5$min 时达到峰值，数值为 1.38Ω·m，表明管线内是含盐量很低的钻井液滤

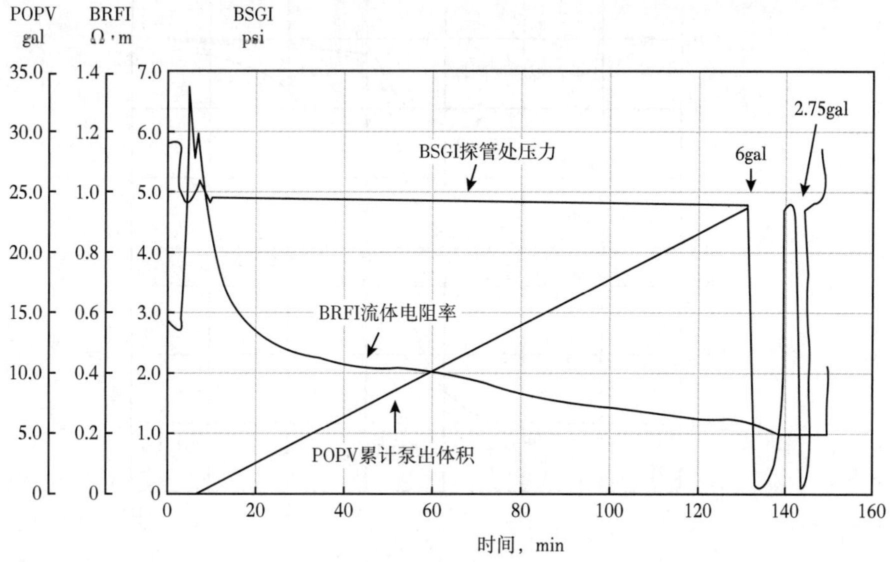

图 5-58　MDT 测试记录的一个例子

液，t 分钟时排出组件开始工作，管线内的流体被排出到井眼内。随着排出组件中液压泵的工作，电阻率开始下降，表明含盐量高的流体进入流动管线。130min 后，累计排出了 25gal 的液体。液体电阻率下降到 0.28Ω·m，这表明液体中的钻井液滤液已经很少，此时操作工程师关闭排出泵，打开 6gal 的取样筒采集液体，同时要监视流体压力和电阻率，7min 后，6gal 的取样筒装满。在 140min 时，打开 2.75gal 的取样筒开始采样，3min 后，取样筒装满。在 150min 时，测试结束，收回仪器，探头处的压力和流体电阻率回到钻井液静压和钻井液电阻率，累计排出体积在取样之后回到零点。

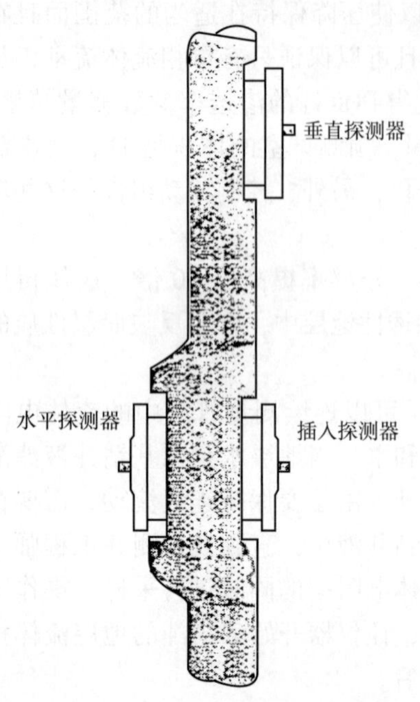

图 5-59　MDT 的多探测器结构示意图

从这个例子可以看出，流体电阻率有识别流体的作用。如果地层中有油气，流体电阻率就会在排出过程中明显升高，操作工程师可以根据实测的曲线显示进行流体取样，采集地层中的流体。在排出期间压降为 900psi，平均抽取流量为 17mL/s，说明地层为中—高渗透率地层。

图 5-59 是探头组件三个探测器的结构示意图，一个是插入探测器（抽吸探测器或测试探测器）；一个是水平探测器，用于确定水平渗透率；另一个是垂直探测器，用于确定垂向渗透率。垂直探测器位于测试探头以上 70cm 处，与水平探头相对。垂直探测器也可作为插入探测器（测试探测器）使用。测试探测器（抽吸）工作时，其他两个探测器即可记录压力的瞬时变化。图 5-60 是三个探测器记录到的压力响应，下面一条曲线为测试探测器（抽吸）记录到的压力曲线，中

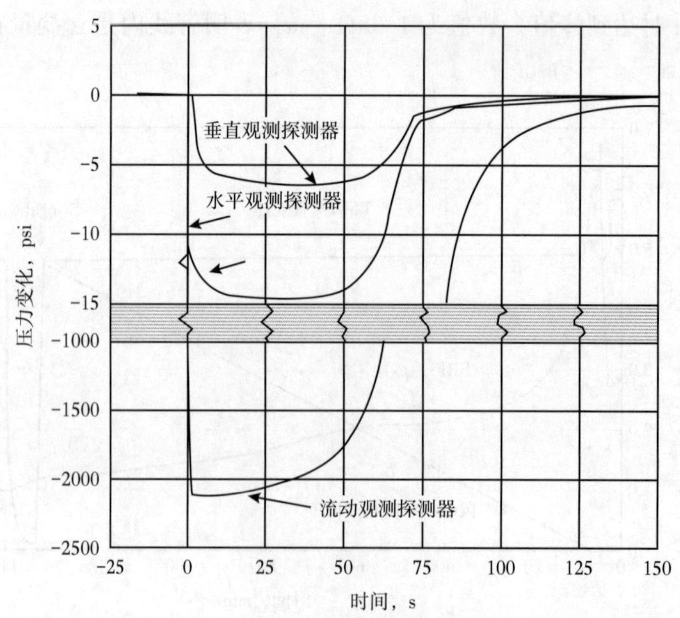

图 5-60　多探测器的压力响应

间一条为水平探测器记录到的压力曲线，上面一条为垂直探测器记录到的压力曲线。对这些记录进行处理即可得到相应地层渗透率数据。

MDT 中设置的光学流体分析模块主要用于采集高质量的 PVT 流体样品。在油基钻井液所钻的井中，尤其需要光学分析模块，光学分析模块安装在抽吸测试探测器以下，使用光学分析技术识别管线中的流体性质，用接近红外线范围的光谱测定法区分油和水。通过用不同反射角的反射测量结果来探测天然气。图 5-61 是 MDT 的一种组合的测试曲线，记录出泵出滤量，右面倒数第二道为光学分析记录，并附有取样过程备注。表 5-5 给出了 MDT 各测试模块的技术指标。

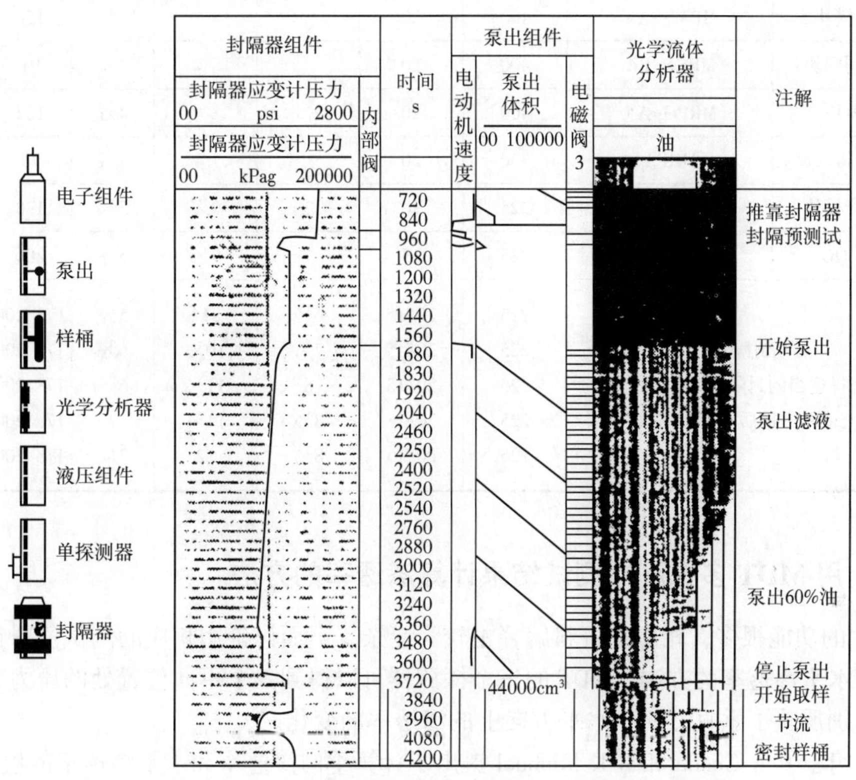

图 5-61　利用可膨胀封隔器和光学流动分析仪的测试记录

表 5-5　MDT 各测试模块的技术说明

模块名	仪器代号	耐温 ℉	耐压 kpsi	井眼尺寸，in		直径 in	长度 in	重量 lbm
				最小	最大			
电源模块	MRPC-AA	400	20			4¾	60	157
液压源模块	MRHY-AA	400	20			4¾	101	295
单探针模块	MRPS-AB	400	20	6¼	14¼	5	75	210
具有 CQG	MRPS-BB	350	15	6¼	14¼	5	96	260
双探针模块	MRPD-AA	400	20	7⅝	13¼	6$\frac{5}{16}$	81	258
具有 CQG	MRPD-BA	350	15	7⅝	13¼	6$\frac{5}{16}$	103	308
1gal 取样模块	MRSC-AA	400	14			4¾	73	214

续表

模块名	仪器代号	耐温 °F	耐压 kpsi	井眼尺寸，in		直径 in	长度 in	重量 lbm
				最小	最大			
H_2S	MRSC-BA	400	20			5	73	204
$2\frac{3}{4}$gal 取样模块	MRSC-CA	400	14			4¾	113	292
H_2S	MRSC-DA	400	20			5	113	269
6gal 取样模块	MRSC-EB	400	10			4¾	158	340
多取样模块	MRMS-AA	400	20			4¾	156	428
流动控制模块	MRCF-BA	400	20			4¾	91	275
泵出模块	MRPO-AA	400	20			4¾	127	340
光学流体分析仪模块	MRFA	350	20			4¾	74	187
双封隔器模块	MRPA-AA	225	20	7	9½	5½	178	675
具有 CQG	MRPA-BA	225	15	7	9½	5½	200	725
可选封隔器（当选择适当的封隔器时，从上面的重量中加上或减去最后一栏所列数）		225 225 225 225 225	20/15 20/15 20/15 20/15 20/15	6½ 7¾ 8 8½ 8½	8½ 10½ 11½ 11½ 12	5⅟₁₆ 6⅜ 6¾ 7 7¼	178/200 178/200 178/200 178/200 178/200	−10 +70 +170 +100 +230

二、用 MDT 多探测器测试结果计算渗透率的方法

MDT 的功能很多，相应的资料解释也较为复杂，下面讨论用相应的测试资料计算垂向渗透率和水平渗透率的方法。MDT 的三个探测器可以得到三个不同位置处的压力变化。这些变化分别反映了垂直方向和水平方向上的渗透率的变化。

1992 年，P A Goode 和 B K Michael 提出了计算垂向渗透率和水平渗透率的模型。

把测试探测器（抽吸探测器）看作是圆柱侧面上的一个点源，圆柱侧面模拟井筒，圆柱位于各向异性介质中，该介质径向无限延伸，在垂直方向上无边界。流体以常流量从测试探头流出，忽略流体的重力影响，流动过程为恒温。

点源的位置为$(r_w, 0, 0)$，流量为 q，在垂直探测器、水平探测器(r_w, θ, Z)处的压力变化为

$$\Delta p=\frac{Q\mu}{8\pi^{1.5}\sqrt{K_r K_z r_w}}\int_0^{\tau}\frac{\exp\{-[Z^2/(4\beta r_w^2)](K_r/K_z)\}}{\beta^{1.5}}G(\theta,\beta)q(\tau-\beta)\mathrm{d}\beta \tag{5-166}$$

其中：

$$G(\theta,\beta)=\frac{8}{\pi^2}\sum_{n=-\infty}^{\infty}\cos(n\theta)\int_0^{\infty}\frac{\beta \mathrm{e}^{-\alpha^2\beta}}{\alpha[J'_n(\alpha)^2+y'_n(\alpha)^2]}\mathrm{d}\alpha \tag{5-167}$$

$$\tau=\frac{K_r t}{\phi\mu C_t r_w^2}$$

式中 K_r——水平渗透率，mD；

K_z——垂向渗透率，mD；

r_w——井径，cm；

μ——流体黏度，mPa·s；

ϕ——孔隙度；

C_t——压缩系数，psi^{-1}；

n——连续变量，$-\infty \sim +\infty$；

Q——探测器距点源的方位角，rad；

Z——探测器距点源垂直方向上的距离，cm。

对于水平探测器(r_w，π，0)，式(5-166)可简化为

$$\Delta p_{HP}(t)=\frac{q\mu}{8\pi^{1.5}\sqrt{K_r K_z r_w}}\int_0^\tau \frac{d\beta}{\beta^{1.5}}G(\pi,\beta)Q(\tau-\beta) \quad (5-168)$$

对于垂直探测器(r_w，0，Z_{VP})则有

$$\Delta p_{VP}(t)=\frac{q\mu}{8\pi^{1.5}\sqrt{K_r K_z r_w}}\int_0^\tau \frac{\exp[-(Z_{VP}^2/4\beta r_w^2)(K_r/K_z)]}{\beta^{1.5}}G(0,\beta)d\beta \quad (5-169)$$

式中　Z_{VP}——垂直探测器距点源的距离，cm。

函数$G(\theta,\beta)$综合了井眼影响，只需要计算$\theta=0$(测试探测器和垂直探测器)，$\theta=\pi$(水平探头)。$G(\theta,\beta)$函数用图5-62表示。

图5-63、图5-64分别表示水平、垂直探测器的压力响应，相应的流量$Q=10cm^3/s$，地层参数列于表5-6中。图5-64表明垂直探测器的压力瞬变时间比水平探头要长，这是由于垂直探测器到测试探测器的距离较远导致的。在$\Delta p_{VP}\propto 1/K_r$时，该探测器的压力趋于稳定。

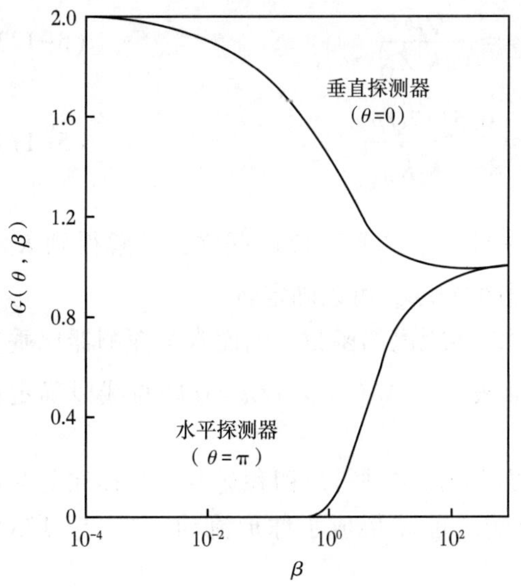

图5-62　$G(\theta,\beta)$与β及$\theta=0$、$\theta=\pi$的关系曲线

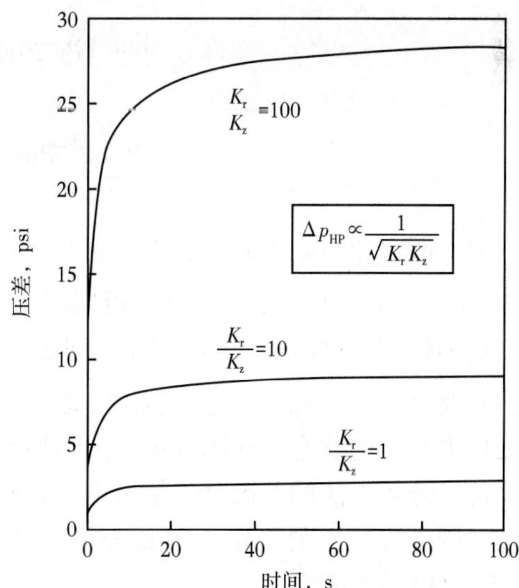

图5-63　水平探测器的压力响应

数学推导表明，垂直探测器的压力差为

$$p_i - p_{VP}(t) = \frac{Q\mu}{4\pi K_r}\left(\frac{1}{Z_{VP}} - \frac{1}{\sqrt{t\pi\eta_z}}\right) \tag{5-170}$$

式中 η_z——导压系数。

表 5-6 地层流体和岩石特性

参数	数值	参数	数值
K_r，mD	100	C_t，psi^{-1}	2×10^{-5}
Z_{VP}，cm	70	μ，mPa·s	1
r_w，cm	10	ϕ	0.2
Q，cm^3/s	10	r_p，cm	0.556

水平探测器的压力差为

$$p_i - p_{HP}(t) = \frac{Q\mu}{8\pi\sqrt{K_r K_z}}\left(\frac{1}{r_w} - \frac{2}{\sqrt{t\pi\eta_z}}\right) \tag{5-171}$$

于是垂直探测器、水平探测器的压力差为

$$p_{VP}(t) - p_{HP}(t) = \frac{Q\mu}{4\pi\sqrt{K_r K_z}}\left(\frac{1}{2r_w} - \frac{1}{Z_{VP}}\sqrt{\frac{K_z}{K_r}}\right) \tag{5-172}$$

式(5-172)说明了两个探测器的压力瞬变特性，与时间无关。图 5-65 是两个探测器的压力相关关系图，当两个探测器的压力不稳定时，压差保持稳定。

如果时间很长时，式(5-170)和式(5-171)分别趋于稳定，即：

$$\lim_{t\to\infty}\left[p_i - p_{VP}(t)\right] = \frac{Q\mu}{4\pi K_r Z_{VP}} \tag{5-173}$$

$$\lim_{t\to\infty}\left[p_i - p_{HP}(t)\right] = \frac{0.5117Q\mu}{8\pi\sqrt{K_r K_z}r_w} \tag{5-174}$$

因为假定地层是均质的，因此可以将式(5-173)、式(5-174)联立，求解得到 K_r/μ 和 K_z/μ，由 $p(t)$ 与 $1/\sqrt{t}$ 关系曲线可以得出直线段的斜率，可以确定 ϕC_t。

达到稳定流动所需 3 的时间是探头到测试探测器距离的函数，因而水平探测器比垂直探测器要早些达到稳定状态。有时，需要用外推法根据 $\Delta p(t)$ 与 $1/\sqrt{t}=0$ 的直线段确定探头处压力稳定的状态，如图 5-65 中虚线所示。

这一分析方法的基础是流量恒定，否则需要对变流量进行反褶积运算。若存在薄互层影响，则压力就不会稳定，但是如果在边界影响之前就形成了球形流动，式(5-173)、式(5-174)仍然成立。

图 5-66 是在某井中获取的 MDT 压力探测信息，虚线为估算的流体流量，在 35s 时压力曲线不规则，是流体进入仪器探测器时，流动的微小变化引起的。由参数估算法得到的结果是 $K_r/\mu=129$mD/mPa·s，$K_z/\mu=13.6$mD/mPa·s，$\phi C_t=3.8\times10^{-6}psi^{-1}$。

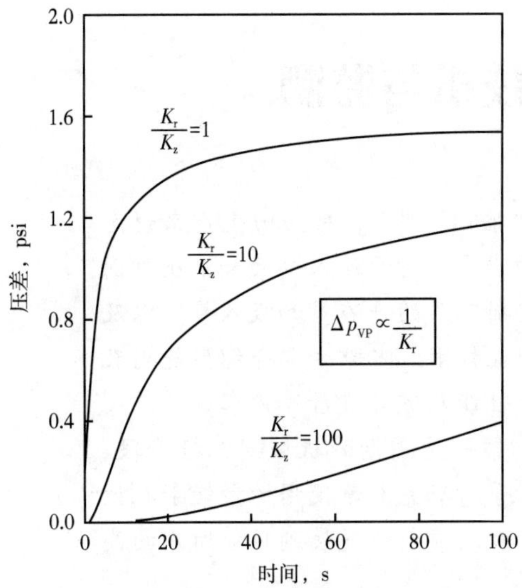

图 5-64　垂直探测器的压力响应图

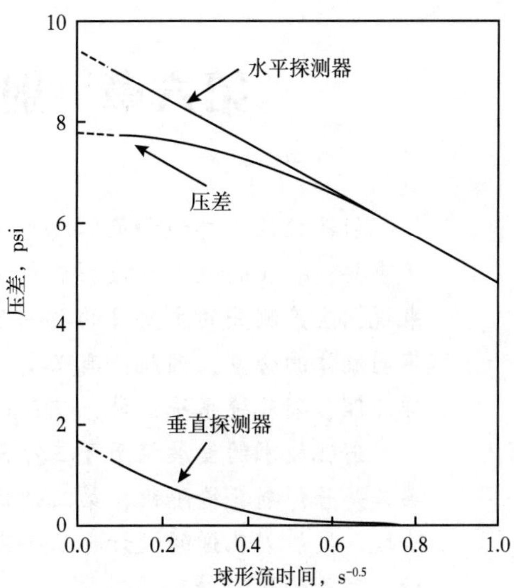

图 5-65　$K_r/K_z=10$ 时的 Δp_{VP}、Δp_{HP} 与 $1/\sqrt{t}$ 的对比图

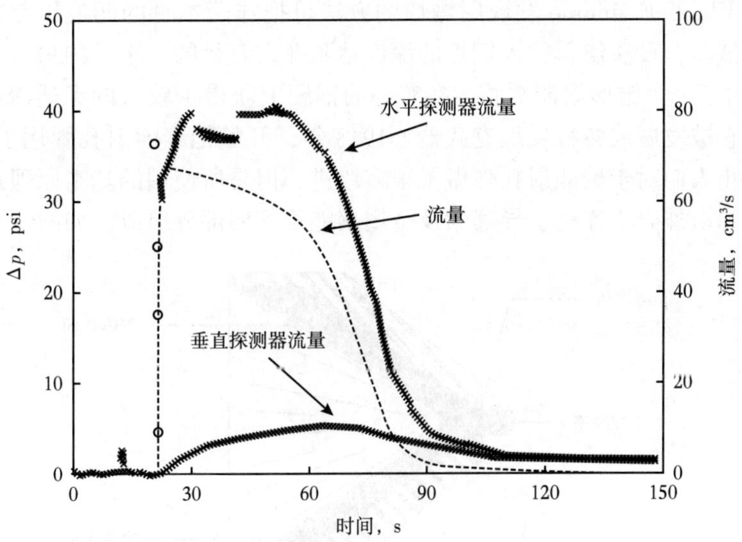

图 5-66　观测探测器压力响应和计算的流量图

参 考 文 献

郭振芹，1986. 非电量电测量［M］. 北京：中国计量出版社 .

林梁，1995. 电缆地层测试器资料解释理论与地质压用［M］. 北京：石油工业出版社 .

刘能强，1996. 实用现代试井解释方法［M］. 3 版 . 北京：石油工业出版社 .

马建国，符仲金，1995. 电缆地层测试器原理及其应用［M］. 北京：石油工业出版社 .

Totty C D，1993. Pressure Transducer With Quartz Crystal of Singly Rotated Cut for Increased Pressure and Temperature Operating Range［C］. US patent 5221873.

第六章　射孔技术与监测

射孔被认为类似于足球比赛中的“临门一脚”。对油田生产来说尤为重要，射孔的效果直接影响着油井的产量，对于注入剖面和产出剖面来说，生产测井的主要目的之一是确定射孔层的产液量和吸入量，以及不同流体的含量，因此，有必要了解射孔技术。本章主要介绍聚能射孔弹原理、射孔枪系统设计、工业试验、性能及完井设计等内容。

射孔技术的发展经历了三个阶段：第一是早期的机械射孔枪阶段，第二是子弹射孔枪阶段，第三是目前几乎所有完井都使用的聚能射孔枪阶段。聚能射孔弹的设计也从早期的棒载式喷射弹发展到目前所用的高效、高能的聚能射孔弹。

第一节　聚能射孔弹原理

18 世纪后期，C E Munroe 发现用爆炸的方法可把炸药本身的凹痕压制在钢板上。他用不同的孔穴试验，设法使得穿入钢板的深度达到孔穴直径的一半。1930 年之后，瑞士人 H Mohaupt 内衬了一个锥形聚能空腔，在实心的钢靶上获得了较大的穿透深度。第二次世界大战期间，它被发展成各种反坦克武器。1948 年，开始把聚能射孔弹用于对油井射孔，虽然到目前为止人们对于聚能射孔弹做了很多改进，但是所使用的基本原理是相同的。

聚能射孔弹由外壳、炸药、导爆索及金属聚能罩等四部分组成，如图6-1所示。

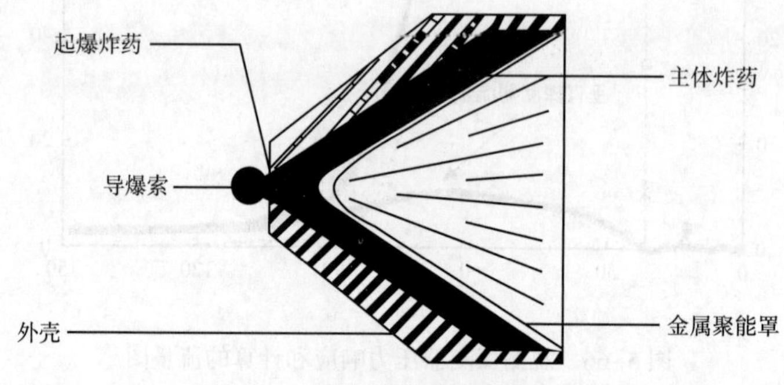

图 6-1　聚能射孔弹结构示意图

根据所要求的机械特性，外壳可以由各种材料加工而成，通常使用的材料有钢、锌、铅、陶瓷以及玻璃等，不管材料如何，必须保证射孔弹工作所需的严格的误差要求。

如何选择炸药取决于井下温度及在此温度下所希望的承热时间。常用的炸药有 RDX、HMX、PSF、HNS、PYX 及 TACOT。图 6-2 给出了每一种炸药的温度和承热时间之间的关系。多数油井在 RDX 温度范围之内，因此对这些井要用 RDX 炸药制作的聚能射孔弹射孔。对于中等温度，常采用 HMX 炸药制作。在高温和时间较长的完井作业中，斯伦贝谢公司采用 HNS 炸药制作。过去在电缆射孔作业中广泛使用 PSF 炸药。采用油管传送射孔技术（TCP）时不采用这种炸药，PSF 目前用量很少。采用 PYX 炸药的射孔弹目前正在研制。TACOT 型炸药适用于高温井况，价格较高。

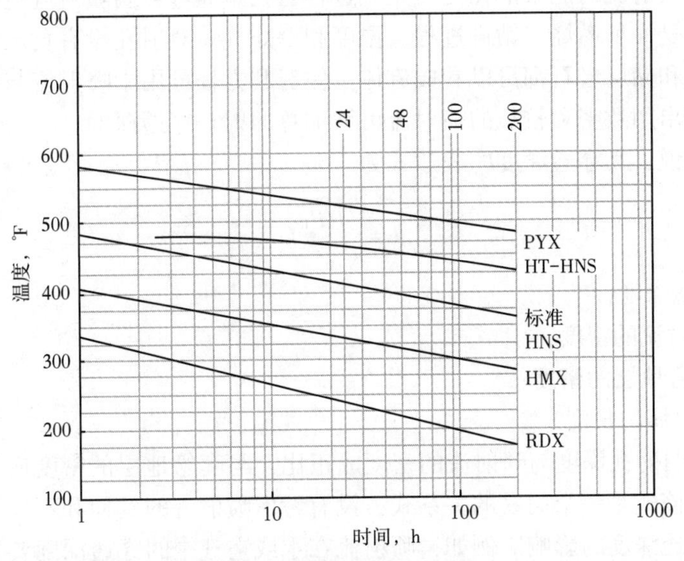

图 6-2　各种炸药的温度指标

聚能罩是聚能射孔弹重要的组成部分，聚能罩决定了射孔弹的性质，早期使用固体金属制作聚能罩，但是这种聚能罩使喷射流尾部的速度变慢，造成了段塞和阻孔现象。为了克服这种现象，采用铜、铅、锌、锡或钨等金属粉末混合压制制作。

把聚能射孔弹装进射孔枪后，沿着枪身拉一条导爆索，使它的每个射孔弹的起爆部分相接。在目的层段，通电引爆电雷管引燃导爆索，导爆索冲击波前传播速度大约是 700m/s，压力为 15~20GPa。这个波前将引燃炸药，在聚能罩锥顶前达到最大速度和压力，速度达到 8000m/s，压力为 30GPa。在这样的速度和压力下，射孔弹的外壳和聚能罩只能产生很小的机械阻力，其外壳向外推出，聚能罩朝着射孔弹对称轴向内崩碎。在聚能罩锥顶附近中点处，其压力可增加到 100GPa，这将把金属分成两种轴向流，向前运动的喷射流和相对于冲击点向后运动的段塞流。在聚能罩崩碎期间，这种喷射流和段塞流累积形成一种连续的、快速运动的金属流。喷射流顶部的运动速度为 7000m/s，而其尾部的运动速度大约是 500m/s。由于喷射流顶部和尾部之间的速度存在差异而导致喷射流的长度迅速增加，如图 6-3 所示。喷射流以 100GPa 的冲击压力冲击套管和储层岩石，在如此大的压力下，

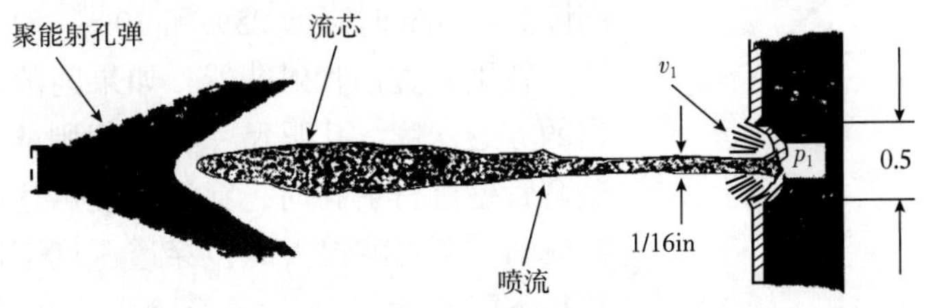

图 6-3　喷射流速度和压力的近似值计算示意图

套管和地层物质只可能做塑性流动，并径向离开喷射流的冲击点。当喷射流前端冲击井壁时，将它们穿透，同时在作用过程中消耗掉自身的能量。喷射流的后续部分继续进行穿透，一直到整个喷射流的能量消耗完为止。这种射孔是通过金属喷射流迫使地层向四周分开完成的，它不是一种燃烧、钻进过程，温度和爆炸气体对射孔没有贡献。聚能射孔理论假定金属喷射流和储层岩石都可以看成流体。伯努利方程可用于喷射流与储层岩石间的相互作用，研究指出用致密和较长的喷射流可增加总的射孔穿透深度。

对喷射流来说，其穿透深度的表达式为

$$h=\sqrt{\frac{2\rho_{\mathrm{j}}}{\rho_{\mathrm{t}}}}L \tag{6-1}$$

式中 h——穿透深度；

ρ_{j}——喷射流的密度；

ρ_{t}——套管地层的密度；

L——喷射流的长度。

式(6-1)说明射孔深度与喷射流的密度成正比，与套管地层的密度成反比，与喷射流的长度成正比。该式是一个简易的关系式，没有考虑喷射流的延伸和不稳定性，不能解释靶物质强度对穿透深度的影响。例如，喷射流在水或空气中的穿透深度要比式(6-1)预测的要浅得多。因此式(6-1)只作简单定量分析使用。新近的研究表明，与伯努利流体模型相比，聚能罩密度、喷射流的速度分布都将影响射孔深度。

第二节　射孔枪及井下性能

聚能射孔弹安装在射孔枪上即可对地层进行射孔作业。涉及射孔枪有两个基本概念：一个是射孔密度，另一个是射孔相位。单位长度上的射孔数称为射孔密度；射孔孔眼之间的夹角称为相位角。这两个参数与产层产液量密切相关，主要取决于射孔枪的结构。

除了储层的特性之外，枪到套管的间距、井内流体的密度和压力、套管的硬度及壁厚等因素都会影响射孔孔口直径和射孔深度。由于通过完井液时喷射流要消耗一定的能量，所以射孔孔口和深度受射孔枪外壁到套管壁距离的影响。对于子弹式射孔器，当枪身与套管间的间隙超过12mm时，子弹的射出速度和穿透能力将产生较大损失。计算结果表明，当间隙为0时，其穿透深度比间隙为12mm时的穿透深度增加15%；当间隙增大到25mm和50mm时，相应的穿透深度比间隙为12mm时降低25%和30%。对于聚能喷流射孔器，特别是过油管射孔器，如果间隙过大将导致不适当的穿透深度、孔眼尺寸和不规则的孔眼。当射孔枪贴套管壁进行射孔时，穿透深度可达150mm，孔径为7.5mm。当间隙较大时，穿透深度下降至36~95mm，孔径下降到2~4.5mm。经验表明，对于聚能射孔器，0或12.7mm的间隙可提供最大的穿透深度和孔径。实际射孔中，一般可以利用弹簧式偏移器和磁铁定位器对间隙进行控制。图6-4是显示间隙关系的曲线，

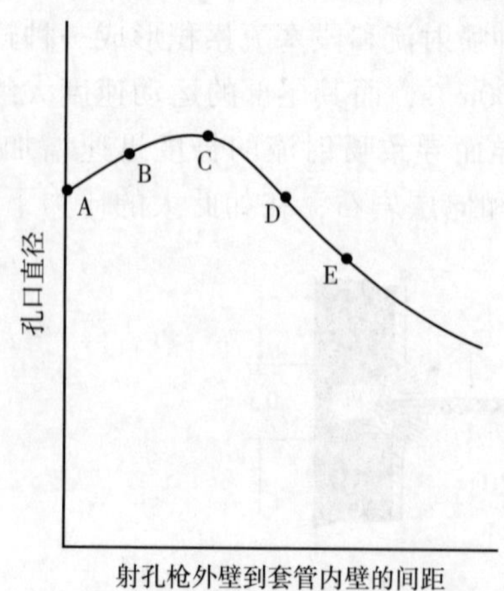

图6-4　射孔枪外壁到套管内壁的间距对孔口直径的影响

图中 C 点是射孔枪居中时的情况，B 点和 D 点是枪身被定位时的情况。如果射孔枪没有定位（A 点、E 点），最小和最大口径可能导致大小不同的孔口直径，把枪离开套管固定可得到较恒定的孔口直径。枪身固定时，孔口直径的变化范围是 B 点到 D 点。斯伦贝谢公司设计了一种固定装置可以使枪身离开套管固定，射孔后如果出现砂卡现象还可以用于洗井，斯伦贝谢公司生产的 ultrapack 射孔弹与这一固定装置组合可以得到较恒定的孔眼直径。

井眼压力和井内流体密度对孔口直径的影响很小，但是随着井眼压力的增加，射孔深度将减小，这可能是由于喷射流穿入地层之前井内流体破坏其尾部造成的，套管的极限抗压强度会影响射孔孔眼直径，但孔径不受屈服强度的影响，这种影响的校正公式如下：

$$\frac{EH_N}{EH_{J55}}=\left(\frac{2250+4.2B_{hJ55}}{2250+4.2B_{hN}}\right)^{0.5} \tag{6-2}$$

式中　EH_N——N80 型套管的井眼直径；

EH_{J55}——J55 型套管的井眼直径；

B_h——布氏强度；

B_{hJ55}——J55 型套管的布氏强度；

B_{hN}——N80 型套管的布氏强度。

式（6-2）可以用图 6-5 来解释。由于布氏强度不是现场单位，故图 6-5b 给出了套管钢级、抗拉强度、洛氏硬度及布氏硬度之间的等价关系。射孔枪在枪身的外壁上通常加工有扇形盲孔，目的是减小枪身外壁的毛刺，从而缩小喷射流穿过射孔枪的厚度，所以可以增大套管上的孔口直径。对强度高的深穿透射孔弹来说，喷射流的大部分穿透能力来自聚能罩后的 25%~30%，受枪壁的影响较小，因此对强度高穿透深射孔弹来说可以不加工盲孔。对于较小的过油管射孔枪来说，这种影响较大，因此枪身外壁必须要加工盲孔。

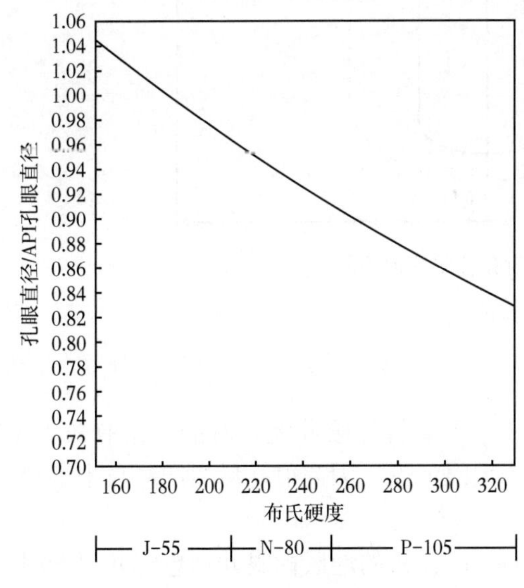

a 射孔孔眼与套管强度的关系

套管	洛氏硬度“B”	洛氏硬度“C”	布氏硬度	最小屈服强度 kpsi	抗拉强度 kpsi
H-40	68~87		114~171	40	60~84
J-55	81~95		152~209	55	75~98
K-55	93~102	14~25	203~256	55	95~117
C-75	93~103	14~26	203~261	75	95~121
L-80	93~100	14~23	203~243	80	95~112
N-80	95~102	16~25	209~254	80	98~117
C-95	96~102	18~25	219~254	95	103~117
S-95		22~31	238~294	95	109~139
P-105		25~32	254~303	105	117~143
P-110		27~35	265~327	110	124~154
Y-150		36~43	327~400	150	159~202

b 套管钢级和物理特性之间的关系

图 6-5　射孔孔眼与套管强度的关系

第三节 射孔过程中影响产能的因素

射孔作业的目的是在对产层损害较小的情况下，在产层和井眼之间建立一个良好的流体通道，从而保证产层正常生产。因此射孔作业尤为重要，否则可能前功尽弃，甚至影响到对油气藏的正确评价。对射孔效果的最终验证可以通过射孔孔眼中的产液量来完成，决定流体在射孔孔眼中流动效率的主要几何因素有射孔深度、射孔密度、孔径和射孔相位（图 6-6）。这四种因素对油井产量的影响程度取决于完井类型、地层特性及钻井、固井作业对地层的伤害程度。

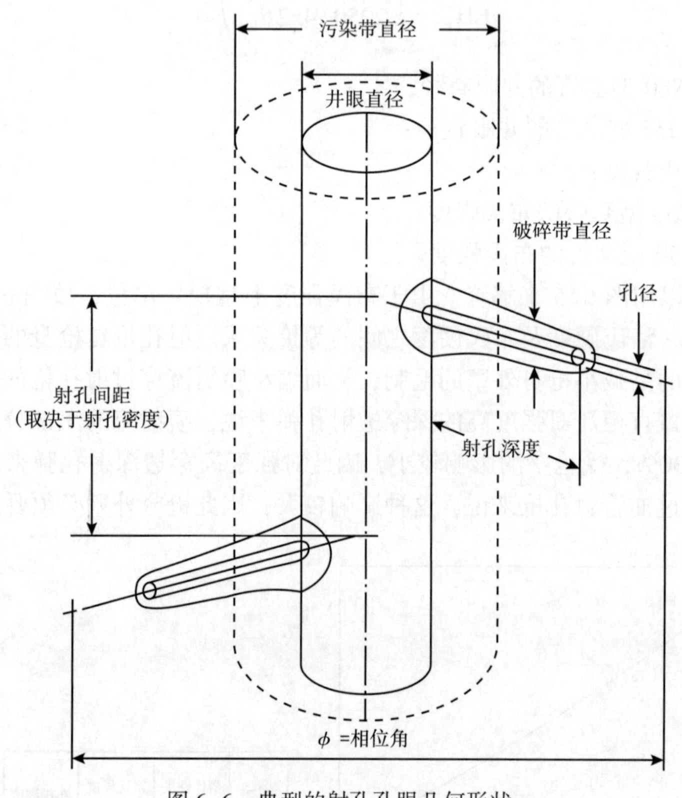

图 6-6 典型的射孔孔眼几何形状

一、射孔深度

由于流动是三维的，因此射孔后的产量与不下套管裸眼井完井时的产量有较大差异。图 6-7 中流体的流动不是径向流，而是向各个炮眼汇聚，因此射孔后的产量与未下套管前的平面径向流完井时的产量有较大差异。

根据第一章提到的平面径向流方程［式(1-1)］，目的地层裸眼井理想完井生产时，产液量为

$$q_1=\frac{2\pi Kh(p_i-p_{wf})}{\mu\ln\frac{r_e}{r_w}} \tag{6-3}$$

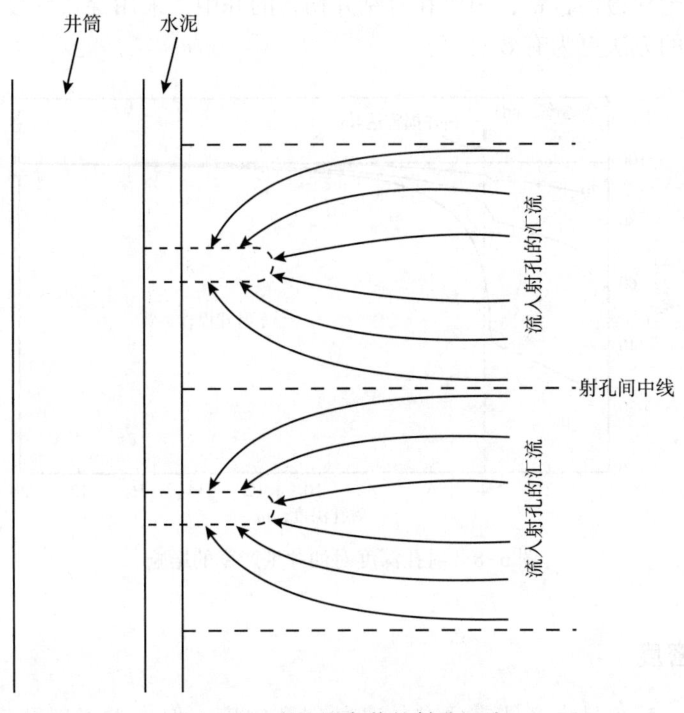

图 6-7　全油层完井的射孔汇流

射孔后地层受到伤害而污染，此时的产量为

$$q_2=\frac{2\pi Kh\ (p_i-p_{wf})}{\mu\left(\ln\frac{r_e}{r_w}+s\right)} \tag{6-4}$$

产能比(也叫生产率比)PR 为

$$PR=\frac{q_2}{q_1}=\frac{\ln\frac{r_e}{r_w}}{\ln\frac{r_e}{r_w}+s} \tag{6-5}$$

式中　r_e——排液半径；

r_w——井眼半径；

s——表皮系数(趋肤系数、污染系数)。

PR 反映了射孔对产液量的影响情况。

射孔深度(简称孔深)是影响产能的一个重要因素。图 6-8 是钻井损害带厚度为 4in 时孔深和产能比的实验曲线。图中说明在有钻井伤害而无射孔伤害时，只有当射孔孔眼深度超过伤害带的 40%或 50%时，井的产能才不会降低，并且随孔深的增加而增加，但当孔深增加到一定程度后，产能基本稳定。

通常情况下同时存在钻井伤害和射孔伤害，此时，即使孔眼完全穿过伤害带，油井产能(q_2)仍然低于无损害时的产能(q_1)。现场施工中，在有钻井伤害时，为了提高产能比，使有伤害时的产量接近无伤害时的产量，无论射孔密度有多大，都必须进行深穿透无损害作业，使孔眼完全穿透伤害带，因此在有钻井伤害的井中，采用穿透深度大的射孔方法比采用射孔密度大的方法更为有效。

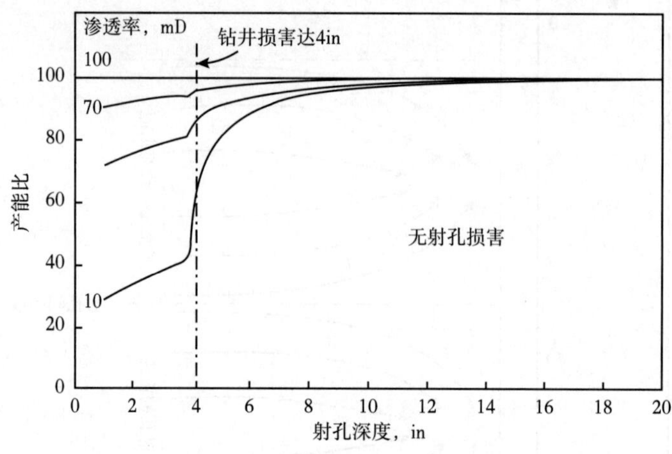

图 6-8　射孔深度对油井生产率的影响

二、射孔密度

一般情况下，获得最大产能需要有较高的射孔密度，但在选择射孔密度(简称孔密)时，不能无限制地增加密度，应考虑以下几种因素：（1）孔密太大容易造成套管损害；（2）孔密太大成本较高；（3）孔密过大会使将来的作业复杂化。

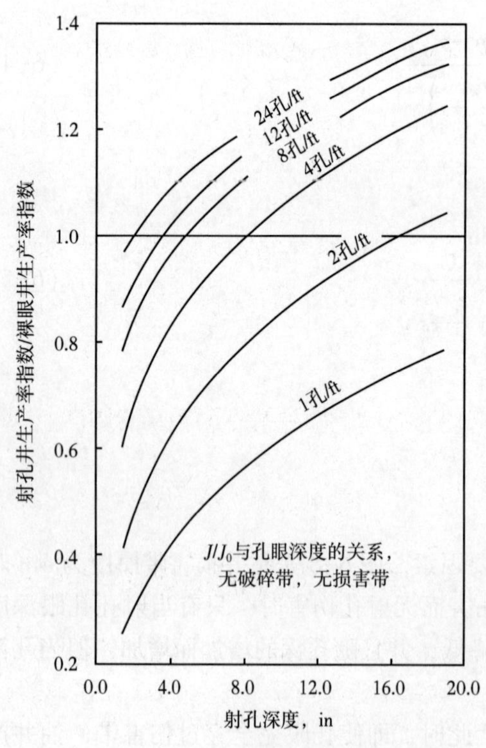

图 6-9　射孔密度的影响

J 为射孔井生产率指数；J_0 为裸眼井生产率指数

图 6-9 给出了无损害条件下，孔密和产能比之间的关系，说明在孔密很小时，提高孔密时产能比的增大比较明显。但当孔密增大到某一值时，孔密对产能比的影响不明显。经验表明当孔密为 26～39 孔/m，会以最低成本使产能达到最大。

图 6-10 是射孔密度、相位、射孔深度与生产率比之间的关系曲线。由图中可知当相位为 90°时，射孔密度增大产能比明显增大；当相位为 0°时，产能比增加的不如 90°时的大。当射孔密度由 4 孔/ft 增大到 8 孔/ft 时，产能比增加的幅度较大，由 8 孔/ft 增加到 12 孔/ft 时，产能比增加的幅度较小。由此可见，射孔密度是影响产能比的重要参数，但通过增大射孔密度提高产能是有限的。当射孔密度等于 4 孔/ft 时，产能可能超过裸眼井完井的生产率，当射孔密度大于 4 孔/ft 时，井的机械强度降低，可能会抵消射孔带来的利益。目前国内各油田常用的射孔密度是

10 孔/m，国外常用的射孔密度是 13 孔/m。美国目前普遍使用 52 孔/m 的密度进行射孔作业。斯伦贝谢公司曾在我国四川油田进行射孔时，采用 39 孔/m 的射孔密度，没有出现套管变形和损伤现象。

三、孔径

孔径指射孔枪在地层中产生孔眼的直径，它对油井的产能也有一定影响，但不如孔深和孔密的影响大。图 6-11 是孔眼直径、相位、孔深之间相互关系的实验曲线。由图可知，无论相位角是 90°还是 0°，当孔径小于 0.4in 时，随着孔径的增加，产能增加幅度较大；大于 0.4in 时，孔径增加，其产能提高幅度不大。图中也说明，孔深小于 9in 时，孔径对产能的影响较大；大于 9in 时影响较小。通常情况下，采用孔径为 0.5in 的孔眼，效果较好，对于有积垢或石蜡沉积趋势的井，建议采用 0.75in 的射孔孔眼。目前国外采用的孔径为 0.25～0.5in，国内射孔采用的孔径为 0.32～0.48in。

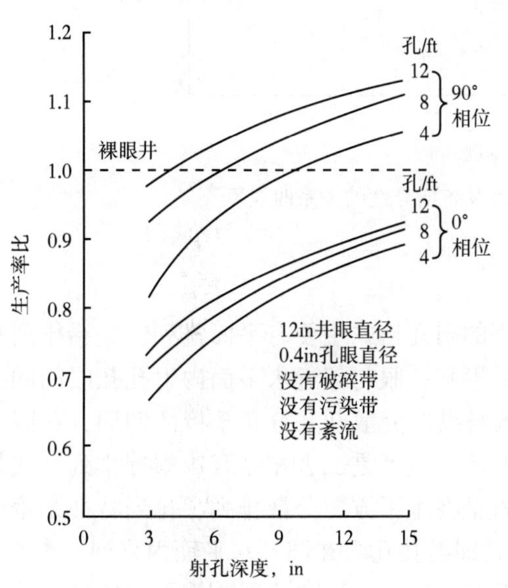

图 6-10　各种射孔参数对生产率比的影响

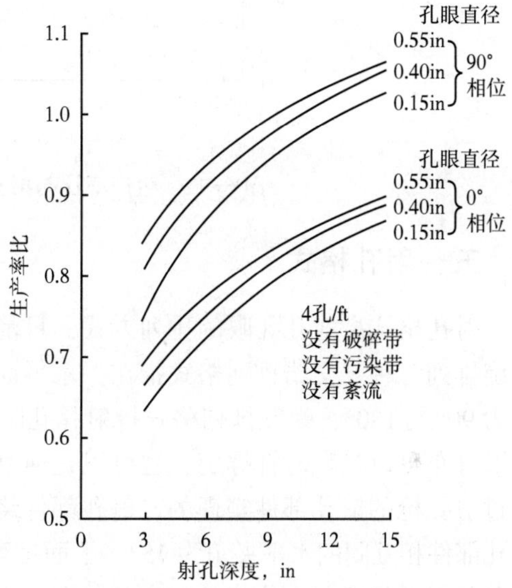

图 6-11　生产率比与射孔孔眼直径之间的关系

四、相位

相位指相邻两个孔眼之间的角位移，相位对产能也有较大影响。目前常用射孔相位有 0°、60°、90°、120°和 180°五种。图 6-12 给出了各向异性地层（$K_h/K_v=100$）和各向同性地层（$K_h/K_v=1$）中相位和产能之间的关系。由图中曲线可以看出，在各向异性地层中，相位由 180°变到 0°或 90°时产能有较大提高，相位角在 0°和 90°之间变化时产能没有太大的变化；在各向同性地层中，相位由 0°变到 90°或 180°时，产能有较大的提高，相位在 90°～180°之间变化时，产能没有太大的变化。

大量实验及现场应用表明，相位为 0°时，油井产能最低；相位为 120°时产能居中；相位为 90°时产能最高。这是因为在相同的射孔密度情况下，孔眼排列越集中，流线弯曲越严重，引起的能量损失越大，从而导致产能下降。当孔眼未穿透钻井损害带时，120°和 90°相位的产能大致相同。通常情况下，油田一般都采用 90°相位角进行射孔，即孔眼的夹为 90°。

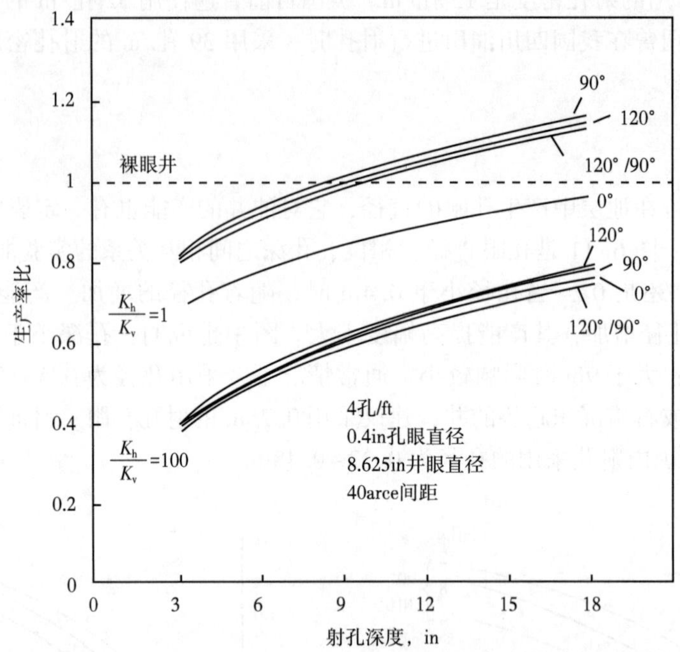

图 6-12 生产率比与射孔深度及各向异性的关系曲线

五、射孔格式

射孔格式指射孔孔眼的排列方式，目前使用的射孔格式主要有平面排列、交错排列和螺旋排列三种。交错排列格式指在一水平面内的射孔孔眼与邻近水平面内射孔孔眼间的夹角为 90°或 180°；螺旋排列格式指射孔孔眼沿枪身纵向分散开并分布于枪的四周，孔眼的环形分布可以是顺时针螺旋，也可以是逆时针螺旋，或者是二者相结合。螺旋排列格式是通过射孔枪的射孔部件实现的，射孔部件绕垂直轴在水平方向分散排列，排列特征是枪内射孔部件相互间的水平夹角为 15°。平面排列格式即射孔孔眼在同一水平面内排列。表 6-1 是各种射孔格式与产能相关的实验数据。由实验关系看，射孔格式对产能的影响较小，无论是孔眼穿过损害带还是未穿过损害带，射孔格式都是影响产能的次要因素。不过螺旋排列格式可以有效地进行水泥修补作业，在重复射孔井段基本上消除了孔眼相互重叠的可能，因此螺旋排列格式更好一些。

表 6-1 射孔格式—油井产能比数据

射孔格式	水平排列	螺旋排列	交错排列	射孔格式	水平排列	螺旋排列	交错排列
孔深，mm	145	145	145	孔深，mm	350	350	350
产能比 PR	0. 593	0. 59	0. 591	产能比 PR	1. 033	1. 012	1. 012

六、地层伤害

地层伤害（损害）指井眼周围的地层和井眼之间所形成的阻碍油层达到最大产出率的限制或障碍现象。油层伤害一般在紧挨井壁的井眼周围，对于整个油藏来说，它只存在于井眼表面附近的一个狭窄地带，故油层伤害又称表皮，油层伤害导致压力变化称为表皮效应。油层伤害的作用实质上是指近井地带原始渗透率降低。在油气田开发的各个环节中，如钻井、固井和射孔都会造成油层伤害。它们产生的原因及对油气井产能的影响各不相同。

1. 钻井和固井对产能的影响

在钻井过程中，由于钻井液中固相颗粒和钻井液滤液的侵入而使地层渗透率变差，从而造成地层伤害。实验研究表明，钻井液或其他完井液对孔隙地层的侵入可以分为三个阶段，即瞬时失水阶段，不均匀厚滤饼阶段和滤饼滤失阶段。固相颗粒的侵入主要发生在第一阶段，滤液的大量侵入主要发生在第三阶段。钻井液的固相颗粒一般只能侵入孔隙地层的2~7.6cm，个别情况可达30cm左右。滤液的侵入一般在几十厘米到几百厘米之间。钻井过程中地层伤害的深度主要取决于三个因素：滤饼的渗透率、超压压差的大小、钻井液和地层的接触时间。

在固井过程中，由于水泥颗粒相对比较大，通常不能穿入地层孔隙。所以，水泥本身通常不会造成地层伤害，但是在注水泥之前和注水泥过程中滤失到地层中的滤液可能造成地层伤害。由于固井中应用的隔离液、前置液和水泥滤液是淡水，因此，侵入往往会造成严重的黏土矿物膨胀，从而造成地层伤害。油层伤害的严重程度通常用两个参数表示：损害程度和损害半径。损害程度指损害带地层渗透率降低的程度，常用损害带平均渗透率和原始渗透率之比来衡量。研究表明，只要孔眼深度超过钻井、固井的损害带的深度，损害深度对产能比的影响就不大，并且可以得到比较大的改善。如果不能完全穿透损害带时，损害深度对产能的影响较大，且随着损害程度的增加，油气井产能下降。

损害程度(K_f)可用受损害的地层平均渗透率K_d和未受损害的地层渗透率(K_c)表示：

$$K_f=\frac{K_d}{K_c}\times 100\% \tag{6-6}$$

一般情况下，K_f在10%和100%之间变化。当用无损害的油基和盐水钻井液钻井时，K_f接近于100%；当用淡水钻井液在中等水敏地层钻井时，K_f接近70%；当用淡水钻井液在高水敏地层钻井时，K_f接近10%。实验及现场应用表明，其他条件相同时，损害程度越大，产能比越低，且在孔密较低的情况下，损害的影响更加严重。因此在有损害的井中，增加射孔密度可以改善井的产能。

2. 射孔损害及其对产能的影响

除了孔深、孔密、孔径、相位等对产能造成影响之外，在射孔过程中由于岩石颗粒的破碎、压实、孔隙堵塞、运移等也会造成地层渗透率的下降。根据射孔损害的原因，可以把射孔引起的其他伤害分为以下四种。

(1)射孔过程中岩石颗粒的破碎和压实。这一过程在射孔孔眼周围造成一个压实破碎带，其渗透率远远低于地层原始渗透率，从而在孔眼周围形成一种限制流体流动的“屏障”。现代聚能射孔弹可以产生速度为6090~9144m/s、压力为34482MPa的喷射流，可以穿透地层的深度为7.6~46cm。地层强度不同，射穿的深度不同。射孔弹从发射到结束只需要100~300μs，当这种高能射流射向地层时，地层实际上处于一种塑性状态并沿着射流轴线向两侧流动，从而挤出一个孔道。这样孔眼周围的地层就会被破碎压实。实验研究推测，这一压实破碎带的厚度为0.64~1.27cm，渗透率为原始渗透率的7%~20%。

(2)孔眼堵塞。当地层刚刚被射开后，孔眼中充满了破碎的地层岩石颗粒、碎屑和炸药的残渣。这些物质相互混杂填在孔道中阻碍流体的流动。地层刚射开时只有靠近孔口2.5~5cm的孔眼是开启的。

(3)破碎岩石颗粒的运移。当射孔孔眼中有流体通过时，孔道内破碎的颗粒和破碎压实带里的颗粒会发生运移，堵塞地层孔隙，阻碍流体流动。

(4)射孔液中固相颗粒的侵入。在正压射孔或油井作业时，射孔流侵入孔眼，其中的固相颗粒也会随之进入孔眼，堵塞孔眼阻碍流体流动。

对于已经射孔的井，射孔损害带厚度对产能有较大影响，射孔完井的产能随着损害带厚度的增大而降低，在损害带最初的2cm内，对产能的影响较大，2cm之外的伤害对产能的影响较小。射孔损害程度用伤害后的渗透率和无伤害时的渗透率比值表示。通常情况下，最好的射孔工艺也存在地层伤害，只能达到理想无损害的80%。

一般情况下钻井伤害和射孔伤害同时存在，而且，射孔伤害程度对油井产能比的影响比钻井损害程度的影响大。对于钻井伤害来说，当射孔深度超过钻井损害深度时，钻井损害影响较小；对于射孔伤害则不然，即使射孔深度超过钻井损害深度，射孔伤害程度对油井的产能仍有较大影响。

由前面分析可知，射孔质量对射孔效果影响很大。当不存在射孔损害时，只要射孔孔眼穿透钻井损害带，钻井损害的影响就很小，此时影响产能的因素主次顺序为孔眼密度、压实带损害程度、孔深、压实带厚度、相位、孔眼直径、钻井损害深度和损害程度。其中前六项为显著因素，后两项为一般因素。另外，当射孔孔眼未穿透钻井损害带时，随着损害带的增加，油井产能下降，此时影响油井产能因素的主次顺序是孔深、孔密、钻井损害程度、压实带损害程度、孔径、压实带厚度、相位和钻井损害程度。其中前四项为显著影响因素，后四项为一般影响因素，两种情况下射孔格式对产能影响很小，可以不予考虑。

七、地层性质

1. 各向异性和泥质夹层对产能的影响

油气井射孔过程中，油气井所穿过地层的性质对产能有一定影响。下面主要介绍地层的各向异性、泥质夹层、泥质含量和泥质分布指数和地层裂缝等对产能的影响。

由于地层沉积过程中构造应力的作用，在均质和非均质储层中都会出现各向异性地层。各向异性地层的特征是流体在各个方向上的传递速度不同，各向异性的程度用水平渗透率和垂向渗透率的比值(K_h/K_v)评价。在孔密、孔深和相位等参数相同时，随着各向异性程度的增加油气井产能降低，如图6-13所示。由图可知，增加射孔密度、提高孔眼深度都可以使产能增加，而且增加射孔密度对提高产能更有效。因此在各向异性地层中，提高射孔密度是改善油气井产能的一个重要途径。

地层中都不同程度地含有泥质，这种泥质均匀地分布在整个储层中，也可能是以连续的夹层或以不连续的泥质条带的形式存在于地层中。相对于砂岩来说，泥质不具有渗透性，因此，它们在横向上的连续性和空间分布会极大地改变地层中流体的流动特性，从而影响油气井的产能。在砂泥岩交互的地层中射孔时，存在一个孔眼的上限和下限问题。上限是指有效孔眼最多的情况，这种情况下砂岩中的孔眼较多，而泥岩中的孔眼数量较少。下限就是有效孔眼最少的情况。通常情况下，随着射孔密度增加，砂岩中的有效孔眼密度增加。实验表明，在射孔密度很高时，孔眼上限和下限显示的有效孔眼数相差不大，因此在泥质砂岩地层中，若要获得较多的有效孔眼，必须提高射孔密度。但是对厚度很大的砂泥岩薄互层，这些地层有不同的泥质含量和分布，有时用较低的射孔密度就可以有效地开采某些连续的砂岩层，所以从经济角度讲，对数百英尺的砂泥岩薄互层的地层射孔，详细研究最佳的射孔密度分布是十分重要的。其次，在一大段地层内，应用较高的射孔密度射孔会损坏套管和水泥环。因此在含有泥质夹层的地层射孔，必须合理兼顾，既要保证套管完好，又要获得较高的产能。

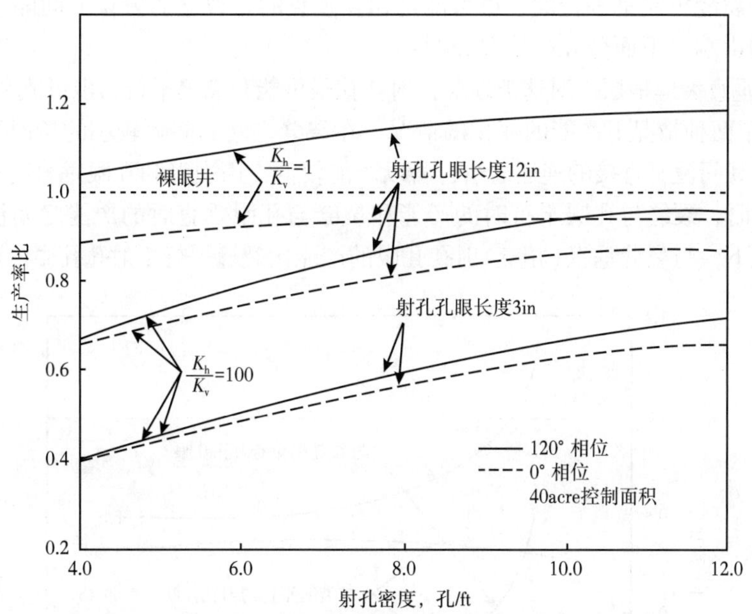

图 6-13　各向异性地层中生产率比值与射孔密度的关系

2. 泥质含量和分布指数对产能的影响

泥质砂岩地层中，泥质含量和泥质分布指数对射孔完井的产能也有一定影响，下面定义几个参数。

(1)泥质含量指数 C_{sh}：

$$C_{sh}=\frac{泥岩层总厚度}{砂岩和泥岩层总厚度} \tag{6-7}$$

(2)砂质含量指数 C_{sd}：

$$C_{sd}=\frac{砂岩层总厚度}{砂岩和泥岩层总厚度} \tag{6-8}$$

(3) 泥质分布指数：

$$I_{sh}=\frac{\sum_{i=1}^{n}\frac{h_{shi}}{Z_i}}{\frac{(h_{sd})_{max}}{Z_t}} \tag{6-9}$$

式中　h_{shi}——第 i 个泥质夹层厚度；

Z_i——第 i 个泥质夹层顶部到标准层的距离；

n——泥质夹层总数；

$(h_{sd})_{max}$——最大砂层厚度；

Z_t——地层砂层总厚度。

实验表明，产能随着泥质分布指数的增加而降低。泥质分布指数对产能的影响比泥质含量对产能的影响大。

3. 地层裂缝对产能的影响

在非均质地层中，由构造应力引起的网状裂缝和缝合裂缝带对射孔完井的产能有很大的影响。这些裂缝可能是平行的，也可能是相互垂直的。裂缝的方位、间隔和渗透率对产能都有很大的影响，下面分几种情况介绍：

(1)一组垂直裂缝地层。对这类地层，射孔孔眼可能和裂缝平行，也可能和裂缝面垂直。图6-14给出了两种情况下产能的变化的情况。在裂缝之间的间隔较小的情况下，由于裂缝和孔眼平行，其间没有直接的连通通道，所以产能较低，而裂缝和孔眼垂直时产能较高。在裂缝间隔较大时，裂缝与孔眼平行时的产能和裂缝与孔眼垂直时的产能之间没有太大的差别。通常情况下，与裂缝垂直(相交)射孔孔眼的产能比裂缝平行于射孔孔眼的产能高。

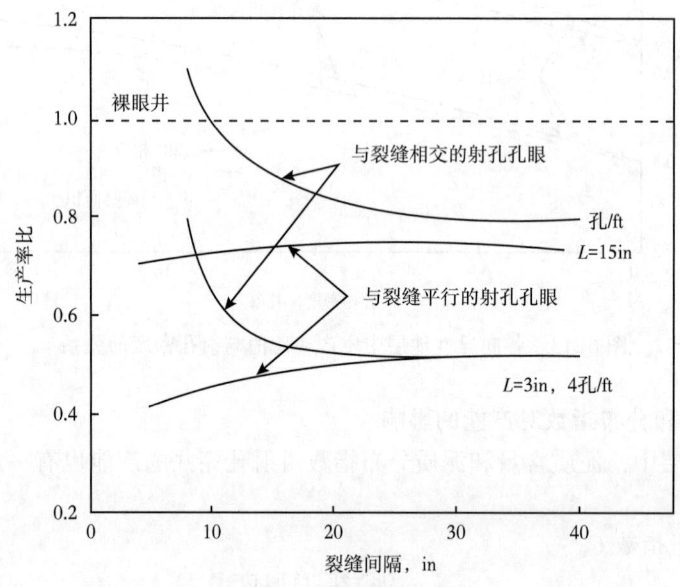

图6-14 与裂缝相交或平行的射孔孔眼生产率比较

L为射孔孔眼长度

对于裂缝和射孔孔眼平行的地层，由于液体可通过的面积有限且与裂缝没有连通，因此，流体流动比较困难，此时，孔深严重地影响产能，孔深增加时，产能增幅较大。对于这种地层，其产能几乎与射孔密度无关。如果孔眼和裂缝相交，由于孔眼与裂缝直接连通，当裂缝间隔较小且孔深较大时，其产能较大，甚至其完井动态比裸眼井完井还好。

(2)一组水平裂缝。对于有水平裂缝的情况，地层的产能与射孔深度的关系密切，孔深增加，产能增加。由于水平裂缝不会改善地层的垂向连通性，因此射孔密度对产能的影响较大。在裂缝间隔较小的地层，由于孔眼与裂缝直接连通的概率加大，而且孔眼与裂缝间的平均距离减小，所以高密度射孔完井效果更好。

总之，裂缝性储层射孔完井的产能取决于裂缝的类型和密度。在裂缝密度较高的地层，射孔完井的产能较高。射孔穿透深度总是一个最重要的参数，如果垂直裂缝可提供较好的垂向连通性，则射孔密度相对来说并不重要。

八、紊流及相关参数

流体在多孔岩石介质中流动时，流量随着压差的增大而线性增加，在这种条件下流体的流动称为达西流动或线性流动，它满足达西定律。当流量增加到某一值时，流量不再随着液体的压力差或气体的压力差平方的增大而线性增加。这时，压力差的增加比流量的增加要快许多。

流体在地层中以紊流方式流动时，流体质点碰撞产生的附加阻力比由黏性所产生的阻力大得多，所以碰撞将使流体前进的阻力急剧加大，不满足达西定律。在紊流状态下，产能受上文所述的影响因素之外，还要受流体性质（黏度和密度）、流体速度及地层渗透性大小的影响。地层中紊流效应的强弱一般用紊流系数β表示，β也称为惯性系数或速度系数，它是地层渗透率的函数，对于均质各向同性的渗透性地层，其紊流系数β的表达式为

$$\beta=\frac{2.33\times10^{10}}{K^{1.201}} \tag{6-10}$$

β越大说明紊流效应越显著，β越小说明紊流效应较小。下面主要介绍在紊流条件下，射孔参数、地层的各向异性和地层渗透率与产能之间的关系。

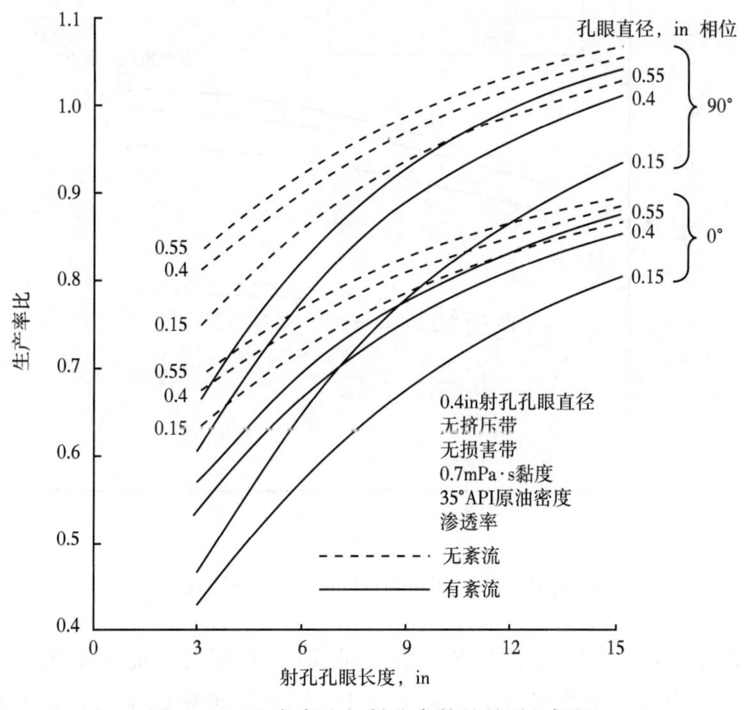

图 6-15　生产率比与射孔参数的关系（紊流）

1. 紊流条件下射孔参数的影响

在紊流条件下，射孔参数（孔深、孔密、孔径和相位等）对射孔完井的产能有较大影响，并且和无紊流时射孔参数对产能的影响不同。图 6-15 是射孔参数与产能之间的关系。由图中可以看出，在其他条件相同时，紊流的存在使产能降低。当相位由 0°增大到 90°时，在紊流条件下可以使产能得到明显的提高，特别是在紊流影响显著的地方，可以通过提高相位改善产能。射孔相位为 90°时，增加孔深，产能提高的幅度较大。当孔密由 4 孔/ft 增加到

8 孔/ft 时，产能增加较大；当孔密大于 8 孔/ft 时，增加孔密产能变化不大。对于孔径来说，当孔径小于 0.4in 时，增加孔径产能增加的幅度较大，并大于无紊流时的情况；孔径大于 0.4in 时，孔径变化对产能的影响不大，根据以上分析可以得出以下结论。

(1)井眼附近流体流动速度高，从而导致在高渗透性地层中紊流对产能的影响增大。

(2)紊流条件下，孔深对产能的影响较为明显，孔深越小，紊流使产能下降越大，随孔深的增加，紊流的影响逐渐减小。有紊流时产能随孔深的增加比无紊流时产能随孔深的增加大。

(3)有紊流情况下，孔深较小时相位对产能的影响不大，孔深较大时才体现出相位的影响。

2. 紊流条件下各向异性和渗透率大小对产能的影响

紊流条件下，地层的各向异性对产能有较大的影响，图 6-16 是各向异性地层中紊流对地层产量影响的实验关系。在其他条件相同时，紊流使产能严重下降。

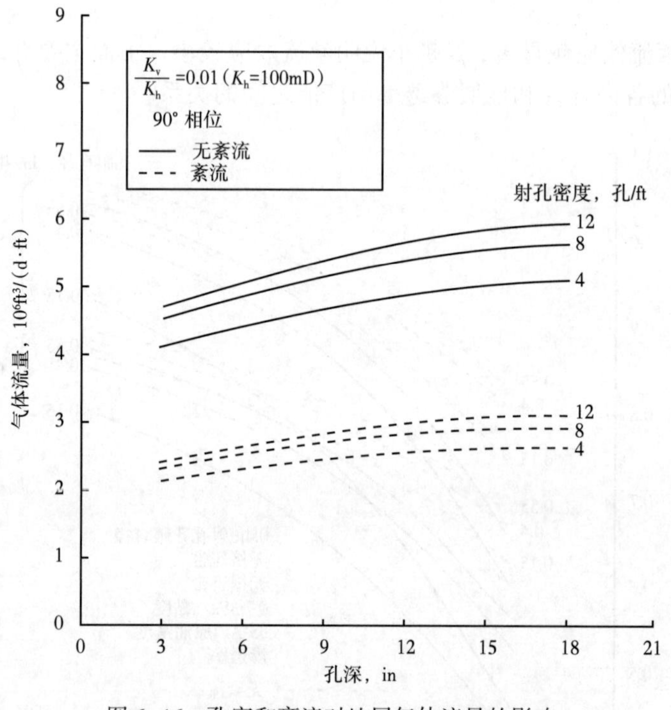

图 6-16　孔密和紊流对地层气体流量的影响

地层的渗透率不同(特别是水平渗透率不同)时，紊流对产能的影响较大。通常情况下，水平渗透率较小时，紊流对流量的影响较小，随着渗透率的增大，紊流将明显地导致产能下降。此外压力差对紊流条件下的气体流量也有较大影响，如图 6-17 所示，在达西流条件下，随着压力差的增加，气体流量显著增大，当压力差超过 2500psi 时，气体流量不再增大；在紊流条件下，气体流量随压力差的增加而增大。但增大的幅度没有线性流时明显，而且当压力差超过 1500psi 时，气体的流量就不随压力差的增加而增大。

由以上分析可知，紊流对射孔完井的产能有较大影响，减小紊流有害影响的最有效的方法就是最大限度地增加射孔的穿透深度和在射孔时使相邻射孔孔眼之间具有一定的相位角；当相位角为 0°或射孔穿透深度不大时，提高射孔密度对改善产能没有什么效果。另外，对于0°相位射孔的各向异性地层，无论紊流效应占多大优势，地层的各向异性对产能都无影响。当水平渗透率小于100mD时，紊流效应对产能的影响可以忽略不计；当水平渗透率大于100mD时，紊流效应可能使产能损失50%；当水平渗透率为1000mD，紊流效应使产能损失大于74%。

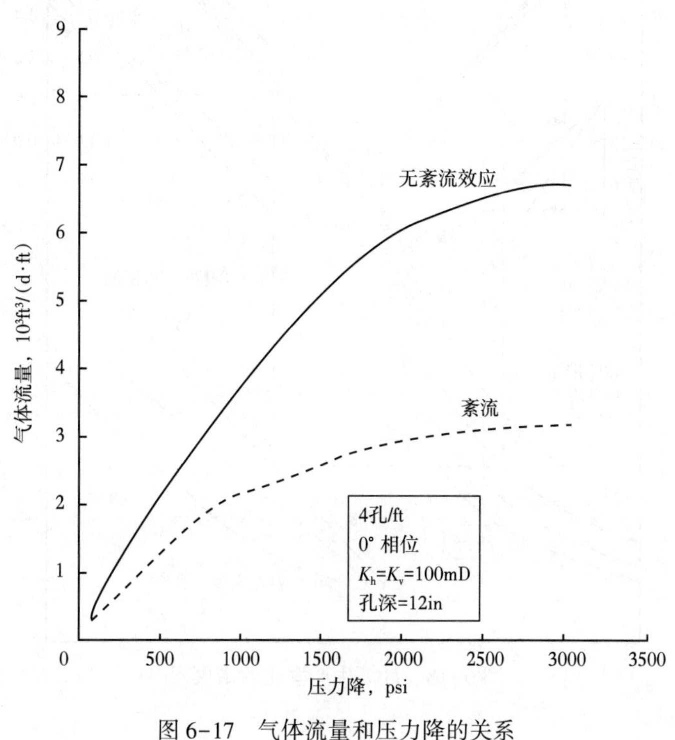

图6-17　气体流量和压力降的关系

第四节　射孔完井产能预测

由本章第三节分析可知，射孔过程中影响产能的因素很多，为了获得理想的射孔效果（获得最大的射孔完井产能），必须考虑上述因素。下面主要介绍射孔完井产能预测的方法。

一、图解法确定产能比

1981年，斯伦贝谢公司道尔研究中心的Locke采用一种同实际孔眼接近的模型分析方法，通过把孔眼模拟成圆筒状，研究孔眼周围压实带和井眼周围损害带，应用有限元法研究了通过孔眼的三维流动问题。对均匀、各向同性储层，Locke指出，生产率随射孔密度的增加而增加，射孔深度要比孔眼直径重要，更重要的是这一深度应大于井筒周围的污染带。另外与零相位相比90°相位角可大大提高生产率。Locke根据有限元模型提出的诸模图如图6-18所示，利用该图可以确定产能比和表皮系数。使用该图需要知道7个参数：孔眼深度a_p、孔眼直径d_p、损害带厚度r_s、损害带渗透率和地层渗透率之比K_d/K_u、压实带渗透率和地层渗透率之比K_c/K_u、孔密SPF和相位θ。图版中各参数的变化范围：$a_p=0\sim16$in、$r_s=0\sim9$in、$K_d/K_u=0.1\sim0.4$、$K_c/K_u=0.1\sim1.0$、SPF=1~8孔/ft、$\theta°=0°\sim180°$、$d_p=0.25\sim0.5$in。

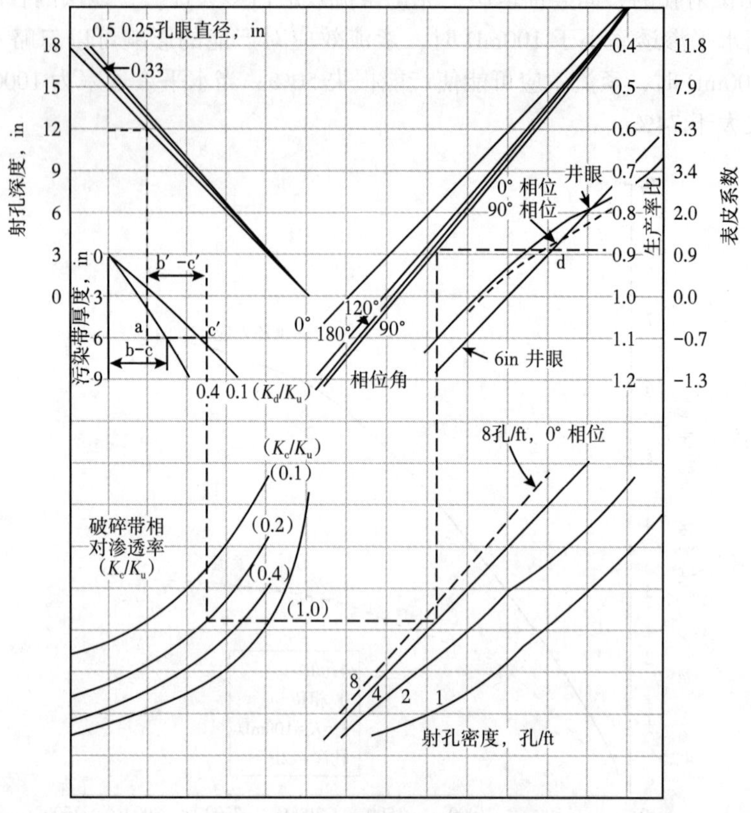

图 6-18　计算生产率比的诺模图

利用图 6-18 确定产能的步骤如下：

(1) 在图左上角找到 a_p 所对应的位置（图例为 12in），过该点作一水平线和孔径线 d_p 相交。

(2) 从上一步交点处画竖线与对应的 r_s 相交，如图中 a 点，沿 r_s 画一条到 K_d/K_u 的水平线，得到直线段 $\overline{bc}$，从 a 点起把 $\overline{bc}$ 转换成 $\overline{b'c'}$。

(3) 从 c′点画一竖线和对应的 K_c/K_u 线相交，本例 $K_c/K_u=0.2$。

(4) 从上步交点作一水平线与孔密线相交。从该点向上作一竖线和 0°相位角线相交。

(5) 对应该交点，从图的右上侧读得产能比，本例 PR 为 0.88。

该诺模图是针对 6in 井眼绘制的，对于其他井眼直径的情况，可以通过校正得到相应的结果，图中给出了井径为 12in，井距为 160acre 情况的校正过程，即从 d 点引一条到 12in、90°相位的竖线，然后延伸到产能比刻度线，得到校正后的产能比，本例为 0.87。建立此诺模图的数据来自实际井眼条件，并不是地表测试或假设条件。如对孔密为 4 孔/ft 的情况，用图版确定产能比时，必须知道 4 个孔都是射开并且是流通的。

二、有损害和无损害射孔井产能预测

1. 均质储层无损害的井

在均质储层的一维径向流体流动的情况下，裸眼完井的稳态流体流动的流量为

$$Q_r=\frac{7.08K_v h\ (\bar{p}-p_w)}{\mu\ln\ (0.47r_e/r_w)} \tag{6-11}$$

射孔完井的稳态流体流动的流量为

$$Q_p = \frac{7.08K_v h(\bar{p}-p_w)}{\mu[s_p+\ln(0.47r_e/r_w)]} \tag{6-12}$$

PR 为

$$PR = \frac{Q_p}{Q_r} = \frac{\ln(0.47r_e/r_w)}{s_p+\ln(0.47r_e/r_w)} \tag{6-13}$$

式中　$\bar{p}$——地层平均压力，psi；

p_w——井眼中的流压，psi；

K_v——垂向渗透率，mD；

h——射孔孔眼重复排列间距，in；

r_e——储层外边界半径(供油半径)，in；

r_w——井眼半径，in；

μ——流体黏度，mPa · s；

s_p——射孔表皮系数。

若知道 s_p，就可以用式(6-13)确定产能比。K C Hong 等通过对无渗透率损害地层中三维流体流动状态的研究，得出了利用孔眼重复排列的间距 h、井眼直径 d_w、K_v/K_h、θ 和 a_p 五个参数确定射孔表皮系数的诺模图，如图 6-19 所示。五个参数的变化范围：h=3~15in、

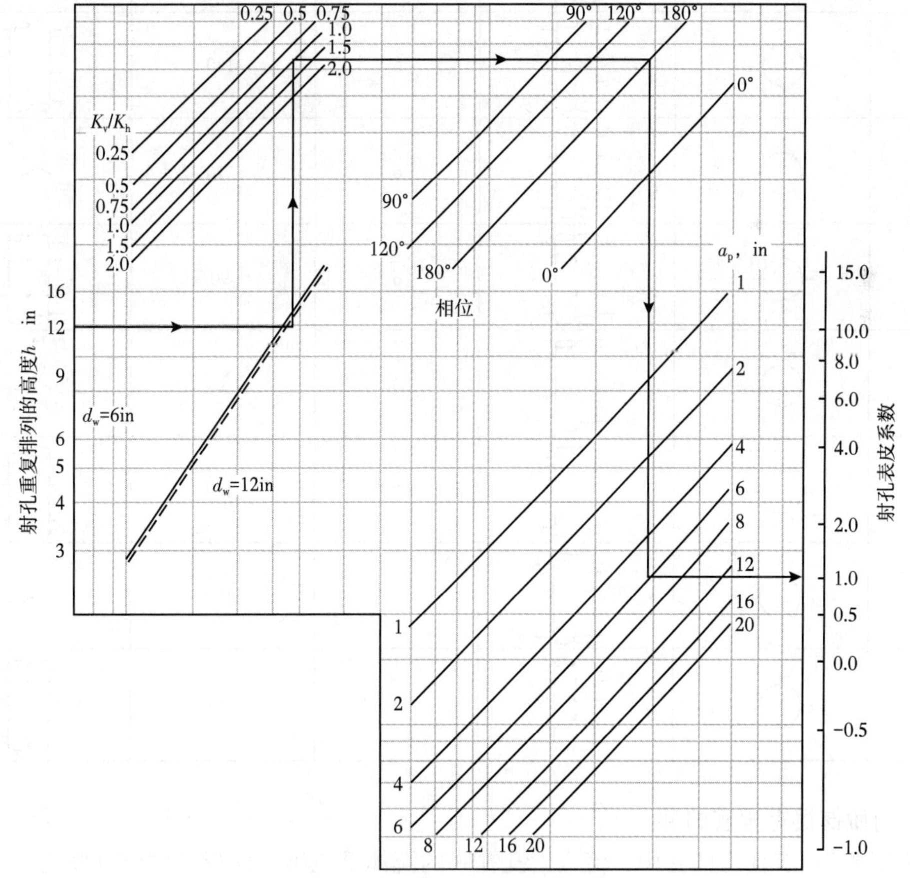

图 6-19　确定孔眼简单排列方式射孔表皮系数的诺模图

$d_w=6\sim12$in、$K_v/K_h=0.25\sim2$、$\theta=0°\sim180°$、$a_p=1\sim20$in。表 6-2 给出了不同孔眼排列方式的 h 和 θ。图 6-19 是适用于孔径为 0.5in 时的射孔情况，对于其他孔径可用图 6-20 作校正。

表 6-2　射孔孔眼的排列方式和对应的 h 及 θ

排列方式序号	简单排列方式		h，in	β，(°)	等价的交错排列方式
	顶视图	侧视图			
1-12	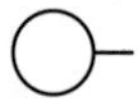	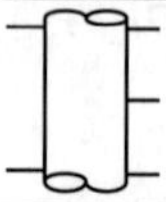	12	0	～
2-12	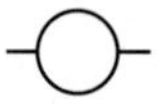	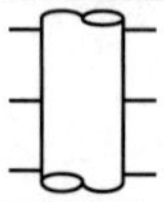	12	180	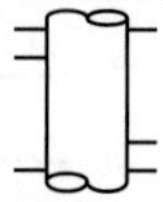
3-12	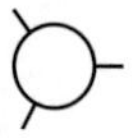	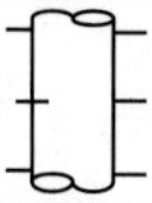	12	120	～
4-12	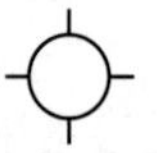	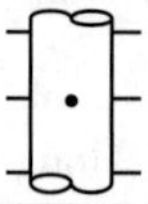	12	90	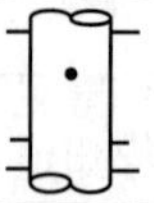
1-6	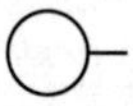	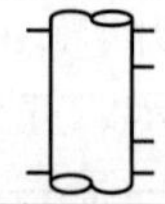	6	0	～
2-6	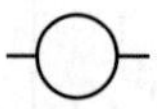	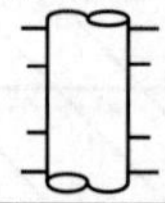	6	180	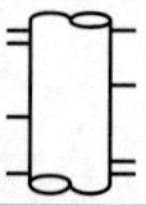
3-6	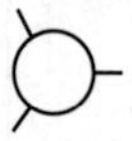	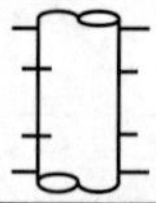	6	120	～
4-6	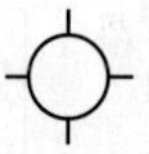	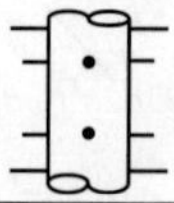	6	90	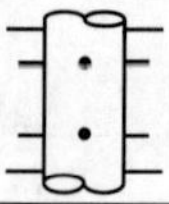
1-3	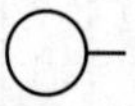	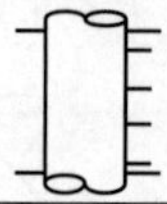	3	0	～
2-3	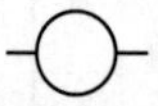		3	180	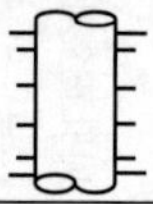
3-3	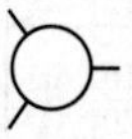	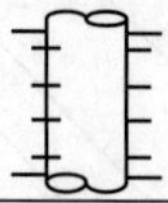	3	120	～
4-3	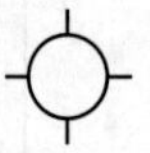	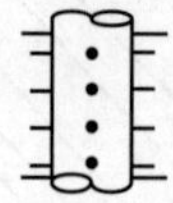	3	90	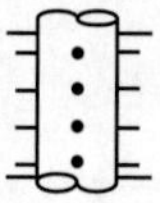

2. 均质储层有损害的井

在均质储层有损害的井中，流入射孔孔眼的流体呈三维几何形状的流动状态。除射孔表皮系数外，还包括损害表皮系数，所以总的表皮系数为 $s_t=s_p+s_d$（损害表皮系数）。在

这样的情况下，射孔完井的产量为

$$q_p=\frac{7.08K_v h(\bar{p}-p_w)}{\mu[s_t+\ln(0.47r_e/r_w)]} \tag{6-14}$$

产能比 PR 为

$$PR=\frac{\ln(0.47r_e/r_w)}{s_t+\ln(0.47r_e/r_w)} \tag{6-15}$$

生产率指数比 J_s 为

$$J_s=\frac{7.08K_v/\mu}{s_t+\ln(0.47r_e/r_w)} \tag{6-16}$$

式中，J_s 表示生产率比。K C Hong 通过研究得出了两个确定损害表皮系数的诺模图，如图 6-21、图 6-22 所示，一个用于确定孔眼没穿透损害带时的 s_d，一个用于确定孔眼穿透损害带时的 s_d。利用这两个图确定 s_d，除了上述提到的五个参数外，还要已知损害带半径 r_s。这些参数的变化范围：$h=2\sim15$in、$d_w=6\sim12$in、$\theta=0°\sim180°$、$a_p=2\sim16$in、$K_s/K_r=0.125\sim0.5$、$r_s=8\sim18$in。

诺模图的使用按以下步骤进行：

(1)估算 d_w、K_s/K_r 和 a_p。一般 d_w 为套管外径加上两倍的水泥环厚度，或用裸眼井径测井值；a_p 的计算是从水泥环的外界面开始计算。

(2)根据表 6-2 确定现有射孔孔眼排列方式的 h 和 θ。

(3)根据孔眼排列方式选用诺模图，对于简单排列的情况采用图 6-19。

(4)从诺模图的左侧开始，画一条水平和垂直交替的连接线，把各参数连起来，由终止端点可以得出射孔表皮系数 s_p。

(5)对于孔径不等于 0.5in 的情况，用图 6-20 换算出损害表皮系数。

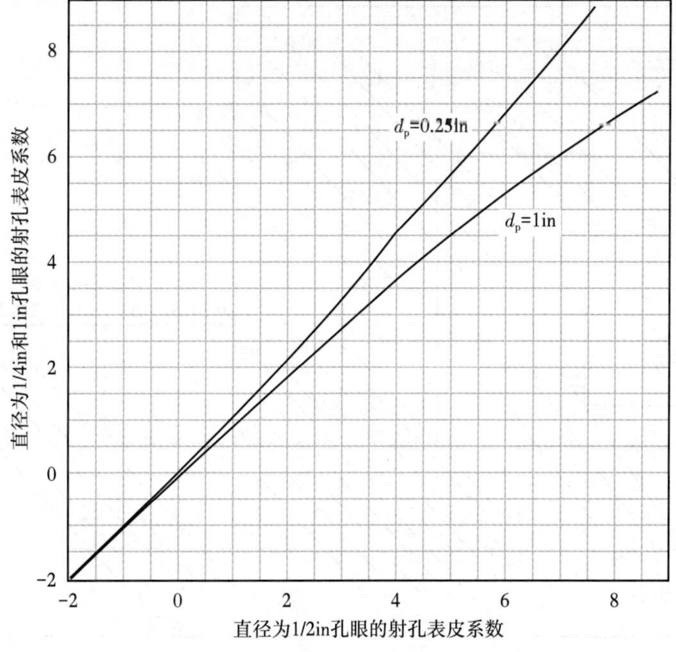

图 6-20　直径为 0.25in 和 1in 孔眼的射孔表皮系数

(6)若存在渗透率损害，则计算损害带半径 r_s。

(7)若孔眼未穿透损害带，用图 6-21 确定 s_d；若孔眼穿透损害带，用图6-22确定 s_d。s_p 和 s_d 确定后，就可以计算出总表皮系数 s_t，当地层无损害时，$s_t=s_p$；当地层有损害时，$s_t=s_p+s_d$，然后用式(6-15)计算产能比，用式(6-16)计算生产率指数比 J_s。

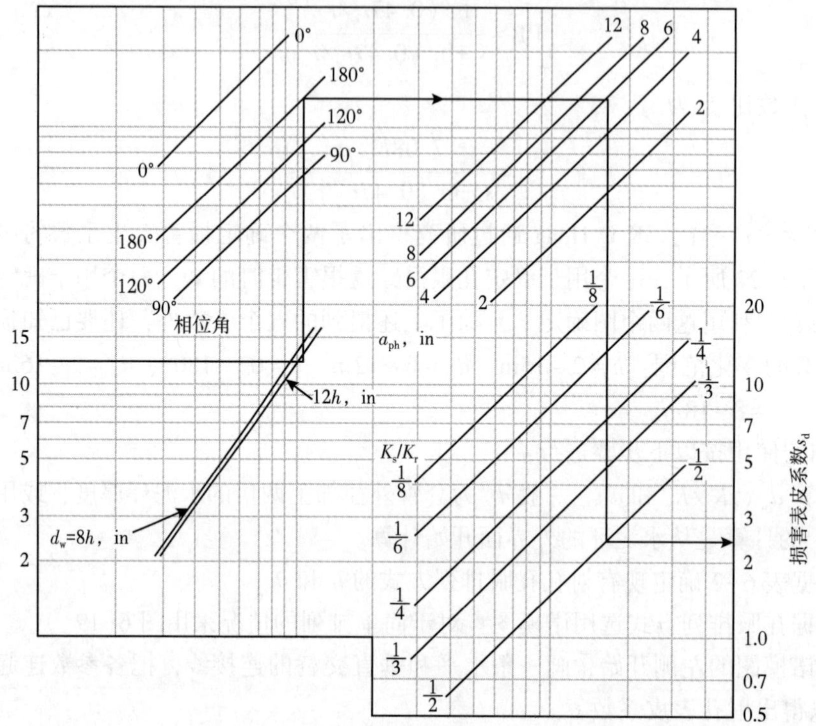

图 6-21 射孔孔眼没有穿透损害带时确定损害表皮系数 s_d 的诺模图

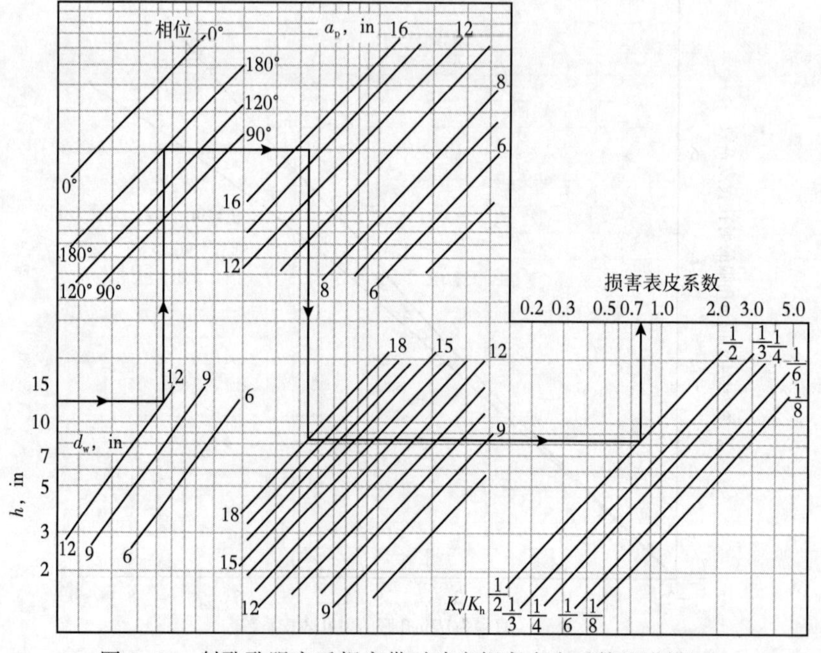

图 6-22 射孔孔眼穿透损害带时确定损害表皮系数的诺模图

以上介绍的确定表皮系数的方法，是以不存在孔眼压实带的均匀储层为前提的。对有孔眼压实带存在的均匀储层，s_t 应是 s_p、s_d 和孔眼周围压实带表皮系数 s_{dp} 之和，即 $s_t=s_p+s_d+s_{dp}$。

1983 年，Mcleod 提出的计算 s_{dp} 和 s_d 的公式为

$$s_{dp}=\frac{h}{Na_p}\left(\frac{K_R}{K_{dp}}-\frac{K_R}{K_d}\right)\ln\frac{r_{dp}}{r_p} \tag{6-17}$$

$$s_d=\left(\frac{K_R}{K_d}-1\right)\ln\frac{r_d}{r_w} \tag{6-18}$$

式中　h——油层厚度，m；

N——总孔眼数；

a_p——孔眼穿透深度，m；

K_R——储层渗透率，mD；

K_{dp}——孔眼周围压实带渗透率，mD；

K_d——损害带渗透率，mD；

r_w——井眼半径，m；

r_p——孔眼半径，m；

r_{dp}——孔眼周围压实带半径，m。

s_p 的确定方法同前。把 $s_t=s_p+s_d+s_{dp}$ 代入式(6-15)，就可以得到孔眼周围存在压实带的均匀储层中射孔完井的产能比。

例 6-1　已知某井井径为 $d_w=12$in；采用简单排列方式 2 孔/ft 的射孔密度完井，孔径为 0.5in，孔深为 6in，损害带半径为 18in，损害带渗透率为 0.25mD，无损害时的水平渗透率为 0.5mD，垂向渗透率与水平渗透率相等，外边界半径 $r_e=660$ft，流体黏度为 5mPa·s，试确定其产能比、生产率指数比。若射孔孔径比损害带半径大 3in，则生产率提高多少？

解：

由射孔密度和排列方式，从表 6-2 中可以确定 $h=12$in，$\theta=180°$。由题中所给条件可知：

$$d_w=12\text{in},\ r_w=6\text{in}=0.5\text{ft}$$

$$r_e=660\text{ft},\ \mu=5\text{mPa}\cdot\text{s},\ d_p=0.5\text{in}$$

$$a_p=6\text{in},\ r_s=18\text{in},\ K_s=0.25\text{mD}$$

$$K_v=0.5\text{mD},\ K_h/K_v=1$$

由于 $a_p+r_w=6+6=12<r_s$，所以孔眼没有穿透损害带，应用图 6-21 确定 s_d 为 2.4，应用图 6-19 确定的 s_p 为 1.1，则总表皮系数为

$$s_t=s_d+s_p=2.4+1.1=3.5$$

代入式(6-15)得：

$$\text{PR}_1=\frac{\ln(0.47\times660/0.5)}{3.5+\ln(0.47\times660/0.5)}=0.65$$

代入式(6-16)得：

$$J_{s1}=\frac{7.08\times 0.5/5}{3.5+\ln(0.47\times 660/0.5)}=0.071217$$

若孔眼长度比损害带半径大 3in，则孔深 $a_p=18+3-6=15$in（r_s 从井轴中心算起，而 a_p 从水泥环外表面算起）。

由于 $a_p+r_w=15+6=21$in 大于 r_s，所以孔眼穿透了损害带，应用图6-22求出 $s_d=0.77$，应用图 6-19 求出 $s_p=-0.1$，此时 $s_t=0.67$，所以 $PR_2=0.9056$，$J_{s2}=0.0997$。

孔眼长度增加后，生产率提高的百分比为

$$\frac{0.0997-0.07127}{0.07127}\times 100\%=40\%$$

三、经验方程法

除了图解法确定产能比之外，根据具体情况可以采用经验方程法。经验方程法是根据影响射孔完井的产能因素，进行大量的计算和处理，建立一些计算产能比的经验方程，用于计算产能比。大庆油田应用非线性回归法，对有限元油井射孔模型中获得的大量数据进行回归，得到了以下几种情况下计算产能比的经验方程（以 90°相位为例）。

1. 无损害情况的产能比公式

(1)90°相位，平面格式：

$$PR=\frac{\ln(r_e/r_w)}{\ln[r_e/(r_w+a_p)]}\left\{\left[0.5474\exp\left(-0.9014\frac{a_p}{r_w}\right)+0.3095\right]\lg\left(2D_nR_o+0.0076\frac{a_p}{r_w}-0.05\right)+1.109\right\} \tag{6-19}$$

(2)90°相位，交错格式：

$$PR=\frac{\ln r_e-\ln r_w}{\ln r_e-\ln(r_w+a_p)-\ln\left(1+\frac{r_w}{a_p+r_w}\right)}\left\{\left[0.2377\exp\left(0.9014\frac{a_p}{r_w}\right)+0.3095\right]\ln\left(2D_nR_o+0.0076\frac{a_p}{r_w}-0.05\right)+1.109\right\} \tag{6-20}$$

2. 有损害未穿透损害带情况下产能比公式

(1)90°相位，平面格式：

$$PR=\frac{\ln r_e-\ln r_w}{\ln r_e-A-B}\left\{0.6739+1.1219K_d+0.1822K_d^2+1.048K_d^3+\left[0.5474\exp\left(-0.9014\frac{a_p}{r_w}\right)+0.3095\right]\ln\left(2D_nR_o+0.0076\frac{a_p}{r_w}-0.05\right)\times[0.2518+0.0046\exp(5.087K_c)]\right\} \tag{6-21}$$

(2)90°相位，交错格式：

$$PR=\frac{\ln r_e-\ln r_w}{\ln r_e-A-B-C}\left\{0.6739+1.1219K_d-0.1822K_d^2+1.048K_d^3\right.$$

$$+\left[0.5474\exp\left(-0.9014\frac{a_p}{r_w}\right)+0.3095\right]\ln\left(2D_nR_o+0.0076\frac{a_p}{r_w}-0.05\right)$$

$$\left.[0.2518+0.0046\exp(5.087K_c)]\right\} \tag{6-22}$$

3. 有损害穿透损害带时的产能比公式

(1)90°相位，平面格式：

$$PR=\frac{\ln r_e-\ln r_w}{\ln r_e-\ln(a_p+r_w)}\times\left\{1.109+(-0.4451+1.2119K_d-1.822K_d^2+1.048K_d^3)\right.$$

$$\times\left(0.811\left\{\exp\left[0.8087\left(\frac{r_s+r_w}{a_p+r_w}\right)^2\right]-1\right)+\left[0.2377\exp\left(0.9014\frac{a_p}{r_w}\right)+0.1344\right]$$

$$\left.\times\ln\left(2D_nR_o+0.0076\frac{a_p}{r_w}-0.05\right)[0.2518+0.0046\exp(5.087K_c)]\right\} \tag{6-23}$$

(2)90°相位，交错格式：

$$PR=\frac{\ln r_e-\ln r_w}{\ln r_e-\ln(a_p+r_w)\left(1+\frac{r_w}{a_p+r_w}\right)}\left\{1.109+(-0.4451+1.2119K_d\right.$$

$$-1.822K_d^2+1.048K_d^3)\left\{0.811\left[\exp\left(0.8087\frac{r_s+r_w}{a_p+r_w}\right)-1\right]\right\}$$

$$+0.2377\exp\left(0.9014\frac{a_p}{r_w}+0.1344\right)\ln\left(2D_nR_o+0.0076\frac{a_p}{r_w}-0.05\right)$$

$$\left.\times[0.2518+0.0046\exp(5.087K_c)]\right\} \tag{6-24}$$

式中　K_d——损害带渗透率和地层渗透率之比；

K_c——压实程度；

r_s——损害带厚度，m；

a_p——孔眼深度，m；

r_e——供给边界半径，m；

r_w——油井半径，m；

D_n——孔眼密度，孔/m；

R_o——射孔孔眼半径，m；

K——地层渗透率。

西南石油大学的射孔研究人员综合考虑了孔深、孔密、孔径、相位、射孔格式、钻井损害深度和程度等 9 个参数，分别测试了射穿钻井损害带和未射穿钻井损害带两种情况下各参数对油井生产率的影响。按照相似关系建立了电模拟装置，根据相似性原理进行了电模拟试验，采用二次回归正交组合设计，进行试验和数据处理，得出反映上述参数和油井产能比定量关系的两组经验方程。

(1)孔眼未穿透钻井损害带：

$$\begin{aligned}PR=W&+0.00141A+0.01B+0.0118C+0.002D+0.52G-0.001F\\&-0.02H+1.486I+0.00093AG+0.0127BG-0.018HG+0.84IG\\&-0.000096D^2+0.0000014F^2-0.462G^2+0.0001H^2-2.515I^2\end{aligned} \tag{6-25}$$

(2)孔眼穿透钻井损害带：

$$\begin{aligned}PR=W&+0.0015A+0.044B-0.0588C+0.0057D-0.00112F-0.209G\\&-0.051H+2.98I+0.0007FG-0.0006B^2+0.0038C^2\\&-0.000032D^2+0.0000017F^2+0.276G^2+0.017H^2-3.546I^2\end{aligned} \tag{6-26}$$

式中 A——孔眼穿透深度，mm；
B——射孔密度，孔/m；
C——孔径，mm；
D——相位，(°)；
F——钻井损害深度，mm；
G——钻井损害程度；
H——压实带(射孔损害带)厚度，mm；
I——压实程度；
W——回归常数，无量纲。

第五节 射孔完井及优化设计

一、射孔完井技术

目前主要采用三种基本的射孔方法：过套管电缆射孔枪射孔、过油管射孔枪射孔和油管传送射孔。

1. 技术

过套管电缆射孔枪射孔是一种标准的射孔技术。在下油管和安装井口装置之前，用电缆把套管射孔枪下到产层的位置，然后点火射孔，这一方法主要优点为：

(1)射孔枪的直径只受套管内径的限制。因此可在全方位、高射孔密度的枪身中携带大孔径、高性能的聚能射孔弹。

(2)套管射孔枪使用非常可靠，因为起爆雷管的引爆线及聚能射孔弹都加以保护，所以不受井眼环境的影响，枪身的机械强度大。

(3)可以选发射孔，也可以使用套管接箍指示器把射孔枪精确地下放到目的层位置。

(4)这一方法对套管没有损害，并且不会有杂物落入井中。

该方法的主要缺点有两方面：

(1)必须在井眼压力大于地层压力的条件下进行射孔(正压差射孔)(图6-23a)，因此妨碍了对射孔孔眼的有效清理。当井内流体为钻井液时会加剧这种后果，此时就是用很高的负压差（地层压力大于井眼压力）也很难清除这种钻井液塞。若采用这一方法，最好是在井内为盐水一类的干净流体时进行射孔。

(2)电缆的强度及套管射孔枪的质量限制了每次下井射孔枪系统的总长度。

斯伦贝谢公司研制了一种空心钢枪身、桥塞式套管射孔枪，直径范围为 2.38~5in，最大的射孔密度为 4 孔/ft，相位角为 90°。另外还生产了一种高孔密射孔枪，其范围为 2.88~7.25in，射孔密度为 5~12 孔/ft。

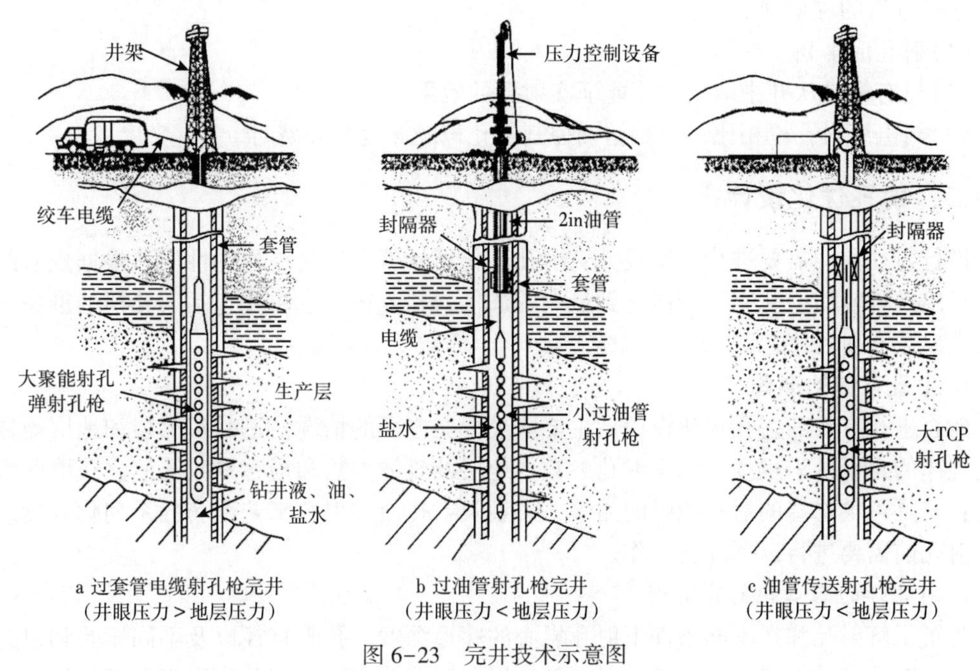

图 6-23　完井技术示意图

2. 过油管射孔技术

首先安装井口装置并下入生产油管，然后用能在油管中通过的小直径射孔枪进行射孔(图 6-23b)，这一方法的主要优点为：

(1)当井眼压力低于地层压力时可以进行射孔作业(负压差射孔)，此时，储层中的流体可以立即清理射孔孔眼中留下的碎物。

(2)新层完井或产层大修不需要钻井设备。

(3)可用套管接箍定位器进行深度控制。

这种方法的缺点为：

(1)为了过油管必须用小型的聚能射孔弹，因此将减小射孔深度。为了用过油管射孔枪得到最大的射孔深度，通常把射孔枪紧贴在管壁上以消除能量损失，这时射孔枪中射孔弹的排列局限为零相位。

(2)射孔后，射孔弹外壳碎物落入井中可能引起阻塞，且管壁也可能受到损害。这一射孔方法要求井下环境条件良好。

3. 油管传送射孔技术(TCP)

20 世纪 80 年代初，这一方法开始在油田广泛应用。射孔时把射孔枪安装在油管的底部下到井中，达到预定深度时，打开枪身上的封隔器，并且完成该井的投产准备工作，其中包括在油管中建立合适的负压差条件，然后点火射孔(图 6-23c)。射孔时，通常用自然伽马曲线控制射孔深度。这一方法的优点为：

(1)可应用大孔径、高性能、高孔密的套管射孔枪在负压差条件下进行射孔，可及时对孔眼进行清理。

(2)在射孔前可安装井口装置并打开生产封隔器。

(3)一次下井可对大段地层进行射孔。

(4)适用于水平井和斜井。

这一方法的主要缺点是：

(1)射孔成本高。

(2)只有把枪从井中取出后才能证实射孔的效果。

(3)与电缆射孔枪相比，很难精确控制射孔枪的深度且较费时。

二、射孔优化设计

进行射孔前，需要进行方案设计，射孔优化设计就是针对地层的性质，根据现有的条件选择出一种能使射孔完井产能达到最大的最佳射孔方案。它主要包括射孔前的准备、优选射孔参数和射孔工艺等。

1. 射孔设计的准备

能否进行有效的射孔优化设计，主要取决于三方面的情况：一是对储层和地层流体下射孔规律的定量认识程度；二是射孔参数、地层及流体参数和损害参数等信息获取的准确程度；三是可供选择的射孔枪弹的品种、类型及射孔液、射孔工艺配套的系列化程度。因此在射孔前需要进行以下准备工作。

1)射孔弹的岩心靶射孔实验

为了了解射孔弹在不同条件下射孔岩心的穿透深度、孔眼直径以及不同压差和射孔液下的岩心射孔流动效率，必须进行射孔弹的岩心靶射孔实验。实验中应当考虑所设计井的实际井下温度—压力并模拟上覆岩层压力。根据实际岩心的射孔观察，确定压实带厚度和压实程度。

2)测井分析

根据测井曲线分析油、气、水层和地层中的敏感矿物，为射孔深度控制和射孔液的选择提供依据。对于泥质砂岩地层，用测井资料确定泥质含量、砂质含量和泥质分布指数，并确定砂岩层的孔隙度和含水饱和度；对裂缝性地层，应确定裂缝密度、裂缝方位和裂缝组合数等参数。通过测井分析还可以确定储层的钻井损害深度和程度。

3)裸眼井中途测试

利用第五章中所述的中途测试(DST)方法确定地层的损害程度(表皮系数)，确定地层渗透率等参数。如果本井无法进行中途测试，可借用邻井相同层位的中途测试资料推测本井的钻井损害数据。

4)套管损害实验

在模拟井眼中，进行高温、高压条件下射孔对套管损害的实验，获取各种枪、弹对套管损坏程度数据及允许使用的最高孔密数据。

2. 射孔参数的优化选择

射孔参数包括孔深、孔密、孔径、相位和射孔格式，优选射孔参数时应尽可能地同时考虑钻井损害、射孔损害及地层非均质性的影响，根据需要和可能进行最优化设计。

1)射孔参数对产能的影响程度

由前所述可知，射孔参数对产能影响的重要程度依次为孔密—孔深—相位—孔径。西南石油大学的研究者认为，当孔眼未穿过钻井损害带时，影响顺序依次为：孔深—孔密—钻井损害程度—射孔损害程度—孔径—射孔损害带厚度—相位角—钻井损害深度；当孔眼穿过钻井损害带时，各参数对产能影响的顺序为：孔密—射孔损害程度—孔深—射孔损害带厚度—相位—孔径—钻井损害深度—钻井损害程度。大庆油田根据不同射孔格式的有限元射孔模型，研究出了影响射孔完井产能的因素，得到下列影响程度顺序。

(1)高钻井损害、未射穿、浅穿透情况：

孔深—孔密—钻井损害程度—孔径—钻井损害深度—射孔损害程度。

(2)高钻井损害、未射穿、深穿透情况：

孔深—孔密—钻井损害程度—孔径—钻井损害深度—射孔损害程度—相位。

(3)高钻井损害、已射穿、浅穿透情况：

孔深—孔密—钻井损害深度—孔径—相位—钻井损害程度—射孔损害程度。

(4)高钻井损害、已射穿、深穿透情况：

孔深—孔密—钻井损害深度—孔径—相位—钻井损害程度—射孔损害程度。

(5)低钻井损害、未射穿、浅穿透情况：

孔深—孔密—孔径—钻井损害程度—相位—钻井损害深度—射孔损害程度。

(6)低钻井损害、未射穿、深穿透情况：

孔深—孔密—孔径—钻井损害程度—相位—钻井损害深度—射孔损害程度。

2)普通砂岩地层射孔参数的优选

(1)孔深、孔密的优选。

在射孔孔眼穿透钻井损害带之后，射孔完井的产能将有较大幅度的提高。在孔深大于46cm之后，再靠增加孔深来提高产能，其效果就不明显了，对于疏松砂岩，孔眼太深还会降低孔眼的稳定性。因此孔深的选择以超过钻井损害带又不影响孔眼的稳定性为宜。孔密增大到一定程度时，增产效果就不明显了，而且孔密太大还会造成套管损害。通常认为26~39孔/m的孔密是射孔成本最低、油井产能最大的理想的射孔密度。

(2)相位的选择。

由于射孔的相位可以人为地控制，所以选择适当的相位对提高射孔完井的产能也是十分重要的。通常情况下，在均质地层中90°相位角最佳；在非均质严重的地层中，120°相位最好；在射孔密度较高的情况下或在疏松砂岩地层中，60°相位最好，同时60°相位也是维持套管强度的最佳相位角。

(3)孔径和射孔格式的选择。

一般的研究认为孔径对产能的影响不大，但当孔径较小时增大孔径也会使油井产能得到改善。对于一般的砂岩地层选择孔径为0.63~1.27cm较好，但对于稠油井、高含蜡井以及出砂严重的油井，为减少摩擦阻力、降低流速、减少冲刷作用和携砂能力，应采用直径为1.9cm或更大孔眼。

关于射孔格式的选择，K C Hong利用有限差分模型研究了平面简单布孔和交错布孔两种射孔格式，认为交错布孔优于平面简单布孔。在螺旋、交错和简单三种布孔格式之间，螺旋布孔优于交错布孔，而交错布孔又优于平面简单布孔。由于螺旋布孔是在枪身的每一平面上只射一个孔，枪身变形小，有利于施工，因此，最优的选择应是螺旋布孔。

3）非均质、非达西流的气井射孔参数

气井射孔与油井射孔的产能关系有以下差异：

（1）气井的紊流效应一般都比较明显，渗透率越高，紊流效应越显著。

（2）孔径对气井射孔完井产能的影响比对油井射孔完井产能的影响显著。

（3）生产压差明显影响气井射孔完井的产能。

因此气井射孔参数的优选必须考虑紊流效应，对低渗透率气层应采用深穿透、高孔密和中等孔径的射孔程序；对高渗透率气层应采用中等孔深、高孔密、较大孔径的射孔程序。并以90°螺旋排列射孔最好。研究表明当孔眼未穿透钻井损害带时，影响产能的因素依次为钻井损害—孔深—生产压差（紊流效应）—孔密—射孔损害—孔径—相位；当孔眼穿透钻井损害带后影响产能的主次顺序为孔密—生产压差（紊流效应）—孔深—射孔损害—孔径—相位—钻井损害。

4）裂缝性储层射孔参数的优选

裂缝性储层射孔完井的产能完全取决于射孔孔眼和裂缝系统的连通情况，而这又取决于射孔参数与裂缝类型、裂缝方位、裂缝密度等因素。由前文可知：

（1）一组垂直裂缝的地层。应重点加强孔深，孔密的作用不明显。

（2）两组相互正交的垂直裂缝。决定产能的主要因素仍是孔深，孔密的作用不大。

（3）一组水平裂缝的地层，孔深、孔密对产能都有较明显的影响，应采用深穿透、高密度射孔程序。

（4）三组相互正交裂缝的地层，孔深的影响较大，孔密对产能的影响不大，应采用深穿透的射孔程序。

上述四种情况，当孔密影响不大时，一般应选射孔密度为13孔/m。

5）泥质夹层储层射孔参数的优选

储层中泥岩夹层的存在极大地阻碍了流体的垂向流动，造成严重的各向异性。泥岩和砂岩分布的相对厚度和相对位置对射孔完井产能影响极大。这种地层射孔参数的优选，必须和实际地层的砂岩、泥岩分布情况相结合，本章前面的分析可以作为这类地层射孔参数优选的依据。

国内外研究人员对此开展了研究，表6-3给出了在各种砂岩地层射孔，建议采用的射孔参数。

表6-3　砂岩地层射孔参数表

地层类型	孔/m	相位，（°）	穿透深度，cm	孔眼直径，cm
均质各向同性地层	≥13	>0	≥30.5	>0.64
均质各向异性地层	≥39	任意角	≥30.5	>0.64
泥质分布指数≤2.0的夹层地层	≥13	>0	≥38	>0.64
泥质分布指数>2.0的夹层地层	≥39	任意角	≥38	>0.64
交错地层	≥13	60（螺旋）	≥51	>0.64
具有垂直裂缝组的天然裂缝地层	≥13	60（螺旋）	≥38	>0.64
具有斜交裂缝组的天然裂缝地层	≥13	任意角	≥30.5	>0.64
砾石地层	≥26	60或90	≥12.7	1.5~2.0

3. 射孔负压差的选择

用聚能喷流射孔枪射孔，由于岩石或射孔弹碎屑堵塞孔眼，或由于较高冲击压力造成的岩石颗粒的破碎和压实都会阻碍孔眼中流体的流动，因而影响着油井的产能。负压射孔即在油气层压力大于井内钻井液柱压力条件下所进行的射孔，这一条件下，射孔瞬间，地层流体产生负压冲击回流冲洗孔眼附近地层和孔眼内的爆炸残余物，畅通了油流通道，同时避免了井内流体进入地层，防止油层内发生土锁和水锁效应（土锁效应是指外来的与地层水不匹配的液体进入油层，使油层内的黏土矿物膨胀、扩散和架桥的现象；水锁效应是指外来液体的液滴堵塞油层孔隙喉道的现象），从而达到提高油气井产能的目的。许多现场实践和室内实验已证实，负压射孔是降低射孔损害、减少孔眼堵塞、提高油气产能的最佳的射孔方法之一，负压射孔的关键问题是消除射孔损害需要多大的负压。一方面，当负压差为某一值时，可以得到纯净的无损害孔眼（射孔后进行酸化处理，其产能增加量不超过10%的孔眼），并可以消除对孔眼周围的渗透率损害，这就是油井产能达到最大所需的最小负压差；另一方面，过大的负压差会造成地层机械破损、套管破裂、井内封隔器或其他仪器脱落，以及储层出砂等问题。因此应兼顾以上两方面的问题。

确定负压差常用的方法有以下几种。

1）实验方法

选择射孔负压差的实验方法，就是选择接近本地区物性的岩心靶，模拟实际井下温度、压力和所使用的射孔液进行室内负压差射孔，确定出一个负压值，使得超过这个负压值后，射孔效率不再增加，此时的负压差值即为本地区射孔所需的最小负压差。

2）经验关系法

（1）不同渗透率地层负压差的确定。在实际地层中，射孔层段的渗透率和其他物理性质的变化会产生不同程度的损害。因此，射孔后该层段的所有孔眼不会有相同的流量响应。在渗透率较高的层段，射孔孔眼比较容易清洗，所需的负压差较小；在渗透率较低的层段，射孔孔眼较难清洗，所需的负压差较大。如果在有渗透差异的地层的射孔中不将负压差调到清洗所有孔眼所需的负压差，则只有“较好”的射孔孔眼中的流体才会有效地流动，从而导致有效射孔密度降低，影响油气井的产能。所以在不同渗透率的层段或同一层段内有渗透率差异的井中射孔，最好采用能清洗渗透率最低的层段所需的负压差，表6-4是根据世界各地几千口井完井作业的地层渗透率和流体类型确定的清洗孔眼的标准负压差范围。

表6-4　清洗孔眼的标准负压差范围

地层	油层负压差，MPa	气层负压差，MPa
高渗透地层（$K>100$mD）	1.27~6.47	3.23~6.47
中渗透地层（10mD$<K<$100mD）	6.47~13.03	13.03~32.6
低渗透地层（$K<10$mD）	32.6	32.6

（2）含油气砂岩射孔负压差的确定。

G E King等研究了世界上不同地区的90口井，给出了在油气砂岩地层射孔，达到“清洁射孔孔眼”所需最小负压的计算公式，下面给出一些确定射孔负压差的方法和公式。

①根据地层的渗透率计算射孔所需的最小负压差。当地层含气时，对于$K<1$mD的层

位，则：

$$\Delta p_1=\frac{17240}{K}\text{kPa} \tag{6-27}$$

对于 $K>1$mD 的地层，则：

$$\Delta p_1=\frac{17240}{K^{0.18}}\text{kPa} \tag{6-28}$$

当地层含油时：

$$\Delta p_1=\frac{17240}{K^{0.3}}\text{psi} \tag{6-29}$$

式中 Δp_1——所需的最小负压差。

②根据临近泥岩的声波时差计算最大负压差。当 $\Delta t>1\times90\mu s/ft$ 时，对含油地层：

$$\Delta p_2=24132-131\Delta t\text{kPa} \tag{6-30}$$

对含气地层：

$$\Delta p_2=33095-172\Delta t\text{kPa} \tag{6-31}$$

当 $\Delta t<90\mu s/ft$ 时，对没有出砂采油史的地层：

$$\Delta p=0.2\Delta p_1+0.8\Delta p_2 \tag{6-32}$$

对有出砂采油史和含水饱和度较高的地层：

$$\Delta p=0.8\Delta p_1+0.2\Delta p_2 \tag{6-33}$$

式中 Δp_2——最大负压差；

Δp——$\Delta t<90\mu s/ft$ 时的最大负压差。

③根据邻近泥岩的密度计算最大负压差。

当 $\rho_b<2.4g/cm^3$ 时，对含油地层：

$$\Delta p_2=16130\rho_b-27580\text{kPa} \tag{6-34}$$

对含气地层：

$$\Delta p_2=20000\rho_b-32400\text{kPa} \tag{6-35}$$

式中 ρ_b——邻近砂岩的密度。

当 $\rho_b>2.4g/cm^3$ 时，对没有出砂采油史的地层：

$$\Delta p=0.2\Delta p_1+0.8\Delta p_2 \tag{6-36}$$

对有出砂采油史和含水饱和度较高的地层：

$$\Delta p=0.8\Delta p_1+0.2\Delta p_2 \tag{6-37}$$

(3)基于毛细管压力的最佳负压差计算。

根据 Wittmann 等的研究，负压差的选择应考虑在排出侵入钻井液滤液过程中所要克服的毛细管压力。应用岩心分析可以确定局部毛细管压力。在假设毛细管压力是距自由水面的高度和流体密度差的函数时，可以用下式计算毛细管压力：

$$p_c=(\rho_w-\rho_{hc})hg \tag{6-38}$$

$$\Delta p=2p_c \tag{6-39}$$

式中　ρ_w——水的密度，g/cm³；

ρ_{hc}——油气的密度，g/cm³；

h——自由水面高度；

g——重力常数；

p_c——毛细管压力；

Δp——负压差。

这一方法考虑了钻井液对地层损害的清洗。但没有考虑通过冲洗松散的碎粒和排出射孔孔眼周围破碎带的方法来清洗射孔孔眼。

3）理论分析法

前面已经讨论了负压射孔后，破碎带地层的流体速度随时间的变化情况。在以破碎带外径为基础的无量纲时间为 0.1 时，压力干扰到达破碎带的外半径，并假设在此外半径的地层压力和孔眼通道内的负压范围内，破碎带内的流动为径向流动。这时可以用 Forchheimer 方程为基础的假稳态径向流动方程去逼近破碎带内流体的流动。利用该方程可以计算所需的最小负压差和地层或流体特性之间的关系。

（1）油层的径向紊流方程。

对破碎带内假稳态径向流，利用 Forchheimer 计算负压差的方程为

$$\Delta p=94815\frac{\mu v}{K}r_2\ln\frac{r_2}{r_1}+1.244\times10^{-7}\beta\rho v^2r_2^2\left(\frac{1}{r_2}-\frac{1}{r_1}\right) \tag{6-40}$$

式中　μ——流体黏度，mPa·s；

K——破碎带渗透率，mD；

r_2——破碎带半径，in；

r_1——孔眼半径，in；

β——紊流系数，1/ft；

ρ——流体密度，g/cm³；

v——流体速度，in/s；

Δp——负压差，Pa。

多孔介质中的油流的雷诺数表示为

$$Re=1.31735\times10^{-12}\frac{K\beta\rho v}{\mu} \tag{6-41}$$

因此

$$v=\frac{Re\mu}{1.31735\times10^{-12}K\beta\rho} \tag{6-42}$$

将式（6-42）代入式（6-40）得：

$$\Delta p=\frac{7.1974\times10^{16}\mu^2Rer_2}{\beta K^2\rho}\left[\ln\frac{r_2}{r_1}-Rer_2\left(\frac{1}{r_1}-\frac{1}{r_2}\right)\right] \tag{6-43}$$

式(6-43)说明，对于一定的雷诺数 Re，负压 Δp 是流体密度、黏度、地层渗透率和紊流系数的函数。因此对不同岩石和流体特性，用式(6-43)可以确定清洗射孔损害所需的负压差。由上式可知，β 对负压差的确定很重要，因此若要确定某种岩石和流体组合的负压差，必须知道紊流系数。β 的确定可以通过岩心堵塞实验和生产井产量压力测试的方法确定。一些计算 β 的经验关系为

$$\beta=\frac{2.33\times10^{10}}{K^{e}}\qquad(e=1.03\sim1.65)\tag{6-44}$$

(2)气层的径向紊流方程。

描述气流的径向紊流方程为

$$\Delta p^{2}=\frac{1.424\mu ZT_{\mathrm{r}}Q}{Kh}\ln\frac{r_{2}}{r_{1}}+\frac{3.16\times10^{-18}\beta GZT_{\mathrm{r}}Q^{2}}{h^{2}}\left(\frac{1}{r_{2}}-\frac{1}{r_{1}}\right)\tag{6-45}$$

式中 Z——压缩系数；

T_{r}——地层温度，°R；

h——地层厚度，ft；

G——气体密度，g/cm^3；

Q——气体流量，ft^3/d。

孔隙介质中气流的雷诺数可表示为

$$Re=1.58\times10^{11}\frac{K\beta pQ}{\mu A}\tag{6-46}$$

代入式（6-45）可得：

$$\Delta p^{2}=\frac{5.31\times10^{17}\mu^{2}ZT_{\mathrm{r}}Rer_{2}}{\beta K^{2}C}\left[\ln\frac{r_{2}}{r_{1}}+Rer_{2}\left(\frac{1}{r_{1}}-\frac{1}{r_{2}}\right)\right]\tag{6-47}$$

式(6-44)中计算 β 的方法也适用于式(6-47)。式(6-47)即是计算气层射孔损害清洗所需的最小负压差。此外对含气情况，由于负压差的大小还和地层压力有关，所以在确定负压差时要考虑。

4. 射孔工艺的选择

前面提到过，目前采用的主要射孔工艺包括电缆过油管射孔枪负压射孔、油管输送射孔枪射孔、套管射孔枪正压射孔以及正压射孔与反向冲击联作等工艺。各种射孔工艺都有一定的优缺点。在实际射孔中，应根据实际情况分析各种工艺的产能效果，然后确定最佳射孔工艺。有效射孔的关键是射孔方案的设计，为了设计一种有效的射孔方案，除了前述原因之外，必须考虑地层性质、用于地层的完井方法、井内设备和射孔时井的状态等因素，并研究各种可采用的射孔技术。

1)*地层性质*

射孔方案设计时要考虑的地层性质，主要包括岩性(砂岩、石灰岩、白云岩)、深度、孔隙流体(气、油、水)和压力。如果要预测射孔弹所产生的穿透深度，则必须首先掌握地层的声速、体积密度和抗压强度。其他需要收集的信息包括：地层是否有裂缝存在；是否含有泥质条带；是否是重复完井的地层；在邻近井中是否有相同的完井地层；如果有，

地层的性质怎样；完井的对象是什么；井的状态如何；所用的射孔设备和技术怎样；效果如何等。这些关于地层的信息有助于选择射孔枪、射孔弹和压力设备。

2）完井类型

常用的完井类型主要有三种：自然完井、砂控完井和强化完井，完井的主要目的是建立地层和井眼之间的通道。然而，用于获得这些有效通道的方法受地层性质影响较大，由于不同完井类型射孔枪的几何参数（相位、孔密、孔眼深度、孔径）不同，所以完井类型对射孔工艺的选择具有重要意义。

（1）自然完井。自然完井是一种不需要砂控和强化的完井方法，也称裸眼井完井，它的目的是获得最大的产能。

（2）砂控完井。在非压实地层中，如果地层和井眼之间有显著的压力存在，则会出现出砂现象。由于这个压力差与射孔截面积成反比，所以可以通过增大总的射孔面积来减少出砂的可能。通常采用砂控方法是砾石充填，砂控的目的是防止孔眼周围地层的损坏。当孔眼周围地层发生损坏时，碎屑物质堵塞孔眼，甚至堵塞套管和油管。砂控完井时，孔密越高，孔眼直径越大，射孔面积越大，在这种情况下，孔眼几何因素的重要性依次是孔眼直径、射孔密度、相位和穿透深度。

（3）强化完井。强化完井包括酸化和水力压裂，其目的是增大流体从地层流向井眼通道的数量和尺寸。酸化、压裂都需要在高压下向地层中注入大量的流体。在需要强化的地层，孔眼的直径和分布很重要，通过选择孔眼直径和密度控制孔眼周围的压力差。

3）井的状态

地层性质和完井类型决定着射孔过程中孔眼的几何因素，而井的状态通常决定着射孔枪的尺寸和类型。在射孔中必须考虑的井眼状态包括井眼管材的条件、尺寸、规格、管道中的障碍物、井眼的倾斜、固井质量和流体类型等。

4）射孔深度的控制

准确地确定射孔枪的深度是射孔施工的关键。如果射孔枪的深度位置不正确，会出现误射孔，使整个射孔工作失败。射孔深度控制的方法主要是利用自然伽马和套管接箍曲线。

套管接箍曲线是由磁性定位器测得的，磁性定位仪器沿着油井套管内壁，由地面绞车牵引，自上而下滑行，当经过套管接箍时，其线圈便产生一个感应电动势，它通过电缆输入到地面仪器而被记录下来。在地面仪器记录这个信号的同时，根据电缆下入井内的长度，即可确定信号所对应的接箍深度。磁性定位器的结构分为密封部分和内部信号部分。密封容器内，将信号部分中的永久磁铁、感应线圈等和缓冲弹簧密封并固定。电缆、射孔枪与磁性定位仪器相连，装在信号部分的磁铁起固定并向外引线的作用，永久磁铁用于产生磁信号。

射孔的放射性校深是以定位射孔方法为基础进行的，定位射孔是通过确定某油气层附近套管接箍的位置，间接地确定油气层的位置。

射孔是油井下入套管固井后进行的，因此套管和目的层的相对位置固定不变。目的层的深度可由完井测井曲线获得。套管的长度和套管的接箍深度由前磁测井曲线确定。经深度标准化校正后的测井电缆，可以认为先后两次下井所测得的目的层深度和套管接箍深度都是准确的。利用简单的换算，可以得到目的层和与其相邻的套管接箍之间的相对深度差值。所以只要能确定某待射孔的目的层临近套管的接箍，就等于找到了要射孔的目的层段。

由于测定套管接箍的前磁曲线与确定目的层的完井测井曲线不是同一电缆在同一次下井过程中测定的，所以它们之间存在着深度误差，这个深度误差必须进行校正，才能准确地确定射孔目的层段。由于油井下套管后，只有放射性测井曲线受套管和水泥环的影响较小，能比较明显地反映地层特性。所以利用下套管前测得的中子伽马（或自然伽马）曲线与下套管后测得的中子伽马（或自然伽马）曲线的对比，使前磁曲线确定的套管接箍深度和完井测井的深度统一起来，这就是放射性校深。校深的步骤如下：

(1)对电缆磁性记号进行平差。它包括两个部分：一是对深度大记号进行平差，按图头上标注的两个磁性记号深度点间电缆伸长或缩短引起的误差，平均分配到它们之间的深度小记号中；二是对深度小记号的平差，测井原图上每两个小深度记号之间的距离本应是固定的（一般为20m），而当有正（或负）误差存在，并用深度记号来确定各个套管接箍深度时，可将两深度记号之间的深度误差平均分配到每个接箍中去。

(2)标图。标图就是用深度比例尺，依据前磁曲线图上深度磁性记号的深度，标出射孔井段所用各个套管接箍的深度和套管长度。

①套管接箍深度记号的标定。套管接箍深度是依据前磁曲线上所标定的各已知深度磁性记号的深度为准，用相应的比例尺（与磁定位曲线比例相同）量出接箍记号主尖峰与相邻近的深度磁性记号之间的距离，然后将已知深度磁性记号的深度加上（或减去）这段距离所代表的实际长度数值，就是该套管接箍的深度。

例如，某井前磁测井曲线的两个深度磁性记号的深度分别为942. 2m和962. 2m，在942. 2m的深度磁性记号下和962. 2m的深度磁性记号上各有一接箍信号（图6-24），试确定这两个套管接箍的实际深度（假设磁定位曲线的深度比例尺为1:50）。

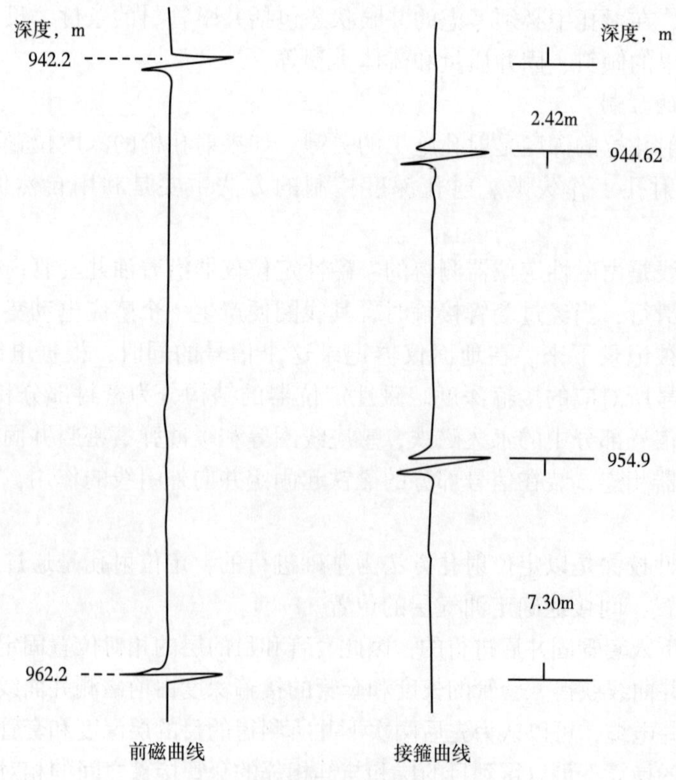

图6-24　接箍深度标定示意图

校深时，用1∶50的比例尺量出第一个接箍信号到942.2m深度磁性记号的距离为4.84cm，这段距离所代表的实际长度为4.84×50=242cm，则第一个套管接箍的深度为942.2+2.42=944.62m。用同样的比例尺量出第二个接箍信号到962.2m深度磁性记号之间的距离为14.6cm，换算成实际长度为14.6×50=730cm，则该套管的深度为962.2−7.3=954.9m。

②套管长度的确定。两个套管接箍信号主尖峰之间的距离为套管的长度，可以用比例尺直接量出，然后经换算得出套管的实际长度，如图6−24所示，量得两套管信号之间的距离为20.56cm，经换算得到套管的实际长度为1028cm。套管长度还可以用标定好的相邻套管接箍深度确定。图中两个套管接箍的深度为944.62m和954.9m，则套管的长度为954.9−944.62=10.28m。

③曲线对比确定校正值。通过磁定位和完井测井曲线的对比可以确定深度校正值，这是射孔深度计算的关键。以完井综合图的深度为基准，使磁定位曲线与其对准，在射孔井段的油气层的顶或底部选读多个点的深度值，可算出每一个深度点的深度误差：

$$\Delta H = H_1 - H_2 \tag{6-48}$$

式中　H_1——磁测井曲线上的深度读值；

H_2——完井测井曲线上的深度读值。

该射孔井段平均深度误差为

$$\Delta H' = \frac{\Delta H_1 + \Delta H_2 + \cdots + \Delta H_n}{n}$$

式中　$\Delta H'$——平均深度误差；

ΔH_1——第一个读值点和深度误差；

n——读值点个数。

总的深度校正值为平均校正值和滞后长度之和，即：

$$\Delta H_t = \Delta H' + \Delta H_x$$

式中　ΔH_t——总深度平均值；

ΔH_x——滞后长度，大庆油田为0.35m。

三、完井测试与评价

一口井射孔后，完井工程师感兴趣的是验证当初预测的生产率。完井后要进行的测试包括试井及生产测井，通过试井确定地层渗透率、油藏压力及表皮系数，通过产出剖面测井了解各目的层油气水的产出情况。

斯伦贝谢公司研究了一种实时射孔测井仪（MWP），把压力、流量、温度仪器与射孔枪组合在一起，在射孔前、射孔过程中及射孔后同时记录这些信息，并进行压力流量褶积分析确定因射孔造成的地层损害，并确定表征这一损害程度的表皮系数，如果计算出的表皮系数的数值较高且为正值，那么完井工程师将会对地层重新射孔或者采取像酸化、压裂之类的补救措施。

图6−25是MWP实时测井仪的实测例子，纵坐标为时间，记录了射孔前后的压力、温度参数。可利用第五章中给出的压力分析方法确定相关参数。若测得有流量信息，则可得压力与褶积时间的关系为

$$\frac{p_{\mathrm{i}}-p_{\mathrm{wf}}(t_n)}{q_n}=m\left[\frac{\sum n}{Q_n}+\lg\frac{K}{\phi\mu C_{\mathrm{t}}r_{\mathrm{w}}^2}-3.23+0.87s\right] \tag{6-49}$$

$$\sum n=\sum_{j=1}^{n-1}\left(Q'_{j+1}-Q'_j\right)\left(t_n-t_j\right)\lg\left(t_n-t_j\right)+Q'_j t_n\lg t_n-Q_n\lg e \tag{6-50}$$

$$Q'_j=\frac{Q_j-Q_{j-1}}{t_j-t_{j-1}} \tag{6-51}$$

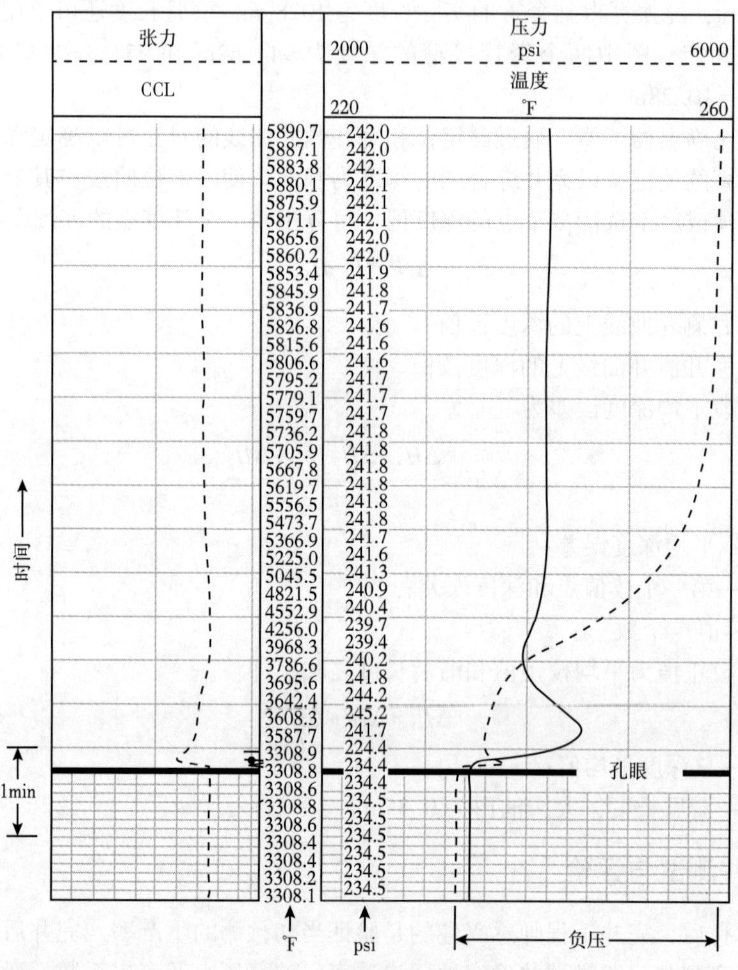

图 6-25 MWP 测井实例

由此得到渗透率和表皮系数：

$$K=\frac{162.6Q_{\mathrm{r}}\mu}{mh} \tag{6-52}$$

$$s=1.1513\left[\frac{p(0)}{m}-\lg\frac{K}{\phi\mu C_{\mathrm{t}}r_{\mathrm{w}}^2}+3.23\right] \tag{6-53}$$

式中 Q_{r}——参考流量；

$p(0)$——时间函数为 $0\left(\frac{\sum n}{Q_n}=0\right)$ 时的截距；

m——曲线斜率；

h——油层厚度，ft；

μ——黏度，mPa·s；

ϕ——孔隙度；

C_t——地层总压缩系数，psi^{-1}；

r_w——井眼半径，ft；

p_i——油藏压力，psi；

p_{wf}——流动压力，psi；

Q——实时流量，bbl/d；

j、n——样品资料；

$\sum n$——时间为 t_n 时，流量褶积时间函数；

K——有效渗透率，mD；

t——时间，h；

Q_n——$Q(t_n)/Q_r$，归一化流量。

表6-5是一口射孔测试相结合井的实例。取63s时记录的流量1860bbl/d为参考流量 Q_r，利用式(6-52)、式(6-53)可以计算出渗透率和表皮系数。$K=588$mD，$s=-0.17$，因为 s 为负值，因此射孔造成的地层损害不是太严重。

表6-5 现场测试实例

参数	数值
地层厚度，ft	322
孔隙度	0.25
黏度，mPa·s	1.0
总压缩系数，psi^{-1}	7.0×10^{-6}
流体密度，g/cm^3	1
井眼半径，ft	0.25
套管内半径，ft	0.25
液流测试资料	

时间 s	$\frac{p_i-p_{wf}}{\bar{p}_i-p_o}$	流动压力	流量
0.0	1.000	2200.0	0
3.0	0.816	2118.4	34840
6.0	0.700	2130.0	23220
9.0	0.616	2138.4	17880
12.0	0.550	2145.0	13990
15.0	0.500	2150.0	12080
18.0	0.450	2155.0	11060
21.0	0.400	2160.0	9810

续表

时间 s	$\frac{p_i-p_{wf}}{\bar{p}_i-p_o}$	流动压力	流量
24.0	0.366	2163.6	8190
27.0	0.334	2166.6	7610
30.0	0.300	2170.0	7260
33.0	0.266	2173.4	5810
36.0	0.250	2175.0	4760
39.0	0.234	2176.6	5020
42.0	0.200	2180.0	4820
45.0	0.193	2180.7	4150
48.0	0.166	2183.4	3540
51.0	0.159	2184.1	2870
54.0	0.146	2185.4	2580
57.0	0.134	2186.6	2350
60.0	0.127	2187.3	2090
63.0	0.116	2188.4	1860

参考文献

刘呈冰，等，1993. 套管井测井解释原理与应用［M］. 北京：石油工业出版社.

牛超群，张玉金，1994. 油气井完井射孔技术［M］. 北京：石油工业出版社.

Bell W T，1984. Perforating Underbalance Evolving Techniques［J］. Journal of Petroleum Technology，36(10)：653-1662.

Harris M H，1966. The Effect of Perforating on Well Productivity［J］. Journal of Petroleum Technology，18(4)：518-528.

第七章　产出剖面测井信息综合分析

本章论述生产测井产液剖面的确定方法。把流量、含水率(持水率)、密度、温度、压力及其他参数(套管接箍、自然伽马)测井资料组合起来，可以综合分析生产井各产层油、气、水的产出量及各相的含量。产出剖面测井系列的选取是根据生产井的类型进行的。对于单相生产井，通常选用流量计、温度计、压力计三个参数即可；对于抽油井，由于仪器要通过油套环形空间下入产层，因此要选择外径小于 1in 的仪器。抽油井一般为低产井，若为油水两相流动，应选用集流式流量计，此外还要选用持水率计，若油水密度差较大可选用密度计、温度计、压力计；若流动压力小于泡点压力，则井下为油气水三相流动，此时必须选用集流流量、密度、持水率、温度、压力五个参数。在抽油机井中，若流量较高，可选用连续流量计。

自喷井中，对于高产井可以选用连续流量计（流量通常应大于 $50m^3/d$），小于这一数值时，应选用集流式流量计。自喷井中，若为油水两相流动，可选用流量、密度、压力、温度四个参数，若油水密度相差较小，则应用持水率计取代密度计。若为油气水三相流动，则必须选用全部五个参数（流量、密度、持水率、温度、压力），此外要测量自然伽马和套管接箍两个深度控制参数。

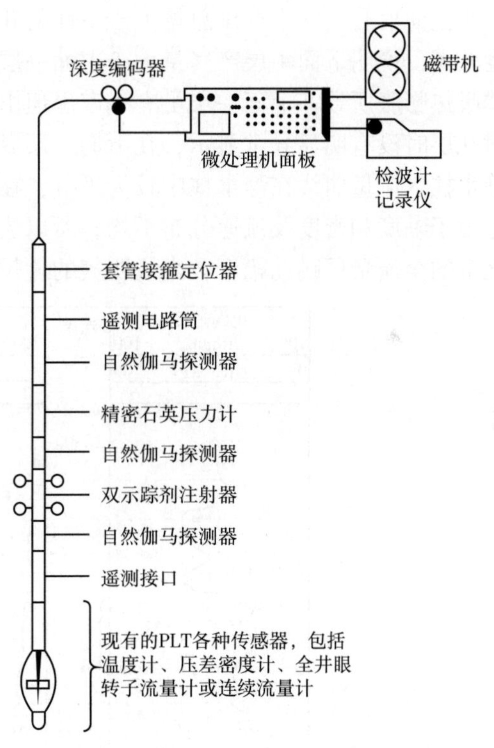

图 7-1　多道生产测井仪结构示意图

气田的生产井大都为自喷井，且井下一般为气水两相流动。由于气水间的密度相差较大，所以气井中只需测量流量、密度、温度、压力四个参数即可，没有必要测持水率参数。由上述可知，在产出剖面测井中，选用什么测井系列要具体问题具体分析，对这些资料进行综合解释时根据不同的测井系列采用不同的解释方法。图 7-1 是斯伦贝谢公司 CSU 生产测井组合仪（PLT）结构示意图，最下端为全井眼涡轮流量计。

第一节　产出剖面测井解释程序

产出剖面测井包括油水两相、气水两相、油气两相和油气水三相流动。无论是自喷井、气举井，还是抽油井或电泵井，流量、持水率、密度、温度、压力五个或其中几个参数的综合处理过程如下：

一、定性评价与读值

产出剖面测井的目的主要是了解注采井网中采油生产井每个小层的产出情况，是产水还是产油或气，产水量有多高，高渗透层是否发生了注入水或气体突进，注入的水是否到达了生产井，是否起到了驱油的作用，等等。在解释之前首先要了解所测的井可能的井下生产状况，要了解所解释的井在井网构造上的部位和该井的生产史、相应构造上原始的油气分布状态，生产井的完井参数、地面油气水的产量、生产和射孔层位、喇叭口位置、管柱结构、套管尺寸等。

掌握以上信息后，对测井曲线综合图进行分析，初步掌握油水产出部位、产出量、油水含量，若有气产出，曲线的振动幅度较大，了解井下是油水两相流动，还是三相流动。有的井上边解释层为三相流动，下边解释层为两相流动。通过定性分析，可以对该井产出剖面有个初步了解，做到心中有数，对进一步定量解释有较强的辅助作用。可以控制定量解释的结果，提高分层产量及各相含量的精度。

若为定点测量，可通过各参数的定点记录值了解各层的产出情况。图 7-2 是一口气水两相流动的综合测井曲线，从流量曲线上看上面射孔层的变化幅度比下面射孔层大一些，说明上面射孔层气水产出总量大于下面射孔层的产出量，密度曲线在下面一射孔处下降幅度较大，说明下面一层产气量大于上面一层，温度曲线在下部射孔层，出现负异常是由气体吸热膨胀所致，上面一层虽有气产出但由于井筒温度已经下降，所以温度曲线通过上一射孔层时没有明显异常显示，在下面一层以下的井底层段，密度为 1.0g/cm^3，说明井底为静水柱。流量曲线在静水柱中较为平滑，在上部由于为气水两相流动，套管内的三维空间上由于黏度和密度及流速分布不均，所以流量曲线有起伏跳动现象，流量曲线在上面一层之上的全流量层跳动幅度较大说明气的流量比下面大。

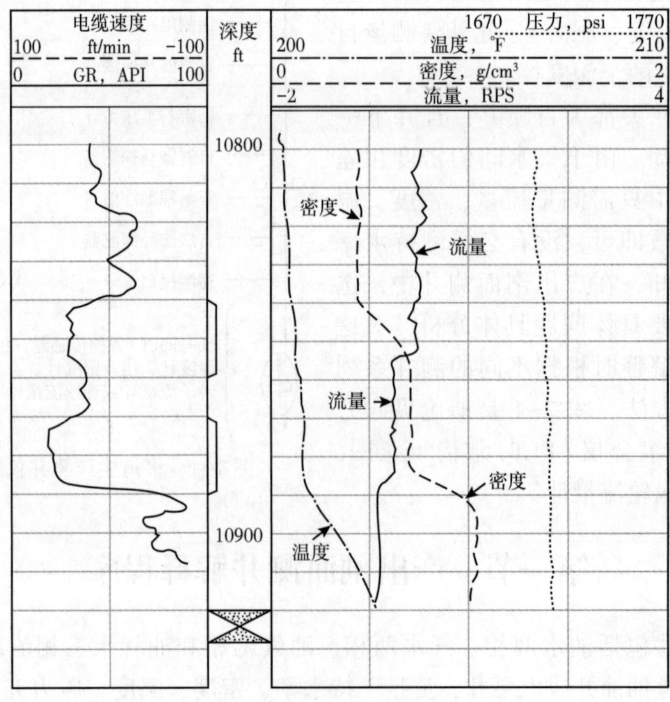

图 7-2　气水两相测井曲线综合图

通过定性分析，对该井的生产状况有了初步了解，这样在定量计算时就可以进一步提高解释精确度。

生产测井定量解释的解释层段与裸眼井的解释层段划分不同。裸眼井是逐点解释的。套管井的读值解释层段是分段进行的。一般来说在生产着的射孔层之间为解释层段，该段可以是几米，也可以是十几米，取决于两个生产层的间隔。在同一解释层段上，流量、密度、持水、压力、温度等各参数基本不变或变化幅度很小。通常情况下有几个生产层也就选几个解释层，解释层位于相应生产层的上方，同一生产层中可包含一个或几个射孔层，若射孔层间的距离较小不容易识别（入口效应），则划分解释层时同一生产层可包括两个或两个以上的射孔层。

图 7-2 中可划分为两个解释层，第一个解释层可在 10870～10890ft 之间选择一段距离，第二个解释层只能在 10840～10860ft 之间选择。在各解释层中读取各条曲线在该层段上的平均值，即可得到流量、压力、密度、温度等参数的解释数值，定量解释时作为曲线输入数据输入。

以上读值方法是对自喷井或气举井而言的，气举井和自喷井在测井过程中的产量和压力相对稳定。对于抽油机井，仪器通过油套环形空间下入油管鞋以下的生产层段进行测井时，抽油泵在运动。由于常用的泵为单作用泵（上冲程抽液），所以通常将上冲程作为有效冲程，抽油泵工作时的瞬时流量 Q 和活塞运动的速度 v_c 成正比：

$$Q = KAv_c \tag{7-1}$$

式中　K——单位换算系数；

　　　A——活塞面积。

由式（7-1）可知，Q 的变化和抽油泵活塞运动变化规律一样。活塞下冲程不抽液、故抽汲流量为零，但由于续流影响，井下流量不为零，而是逐渐减小，所以井下流量是随着抽油泵工作呈周期性变化的，如图 7-3 所示。实际测得的振荡曲线表明，其周期与抽油泵一个冲次的时间完全吻合，流量曲线的波峰在上冲程时出现。在下冲程时，抽油泵虽停止工作，但动液面没有发生变化（生产压差没有变化），所以油井仍在生产，因此流量曲线不为零。实际应用表明，抽油泵工作过程中压力也存在一定的波动、波动幅度为 0.03～0.07MPa。

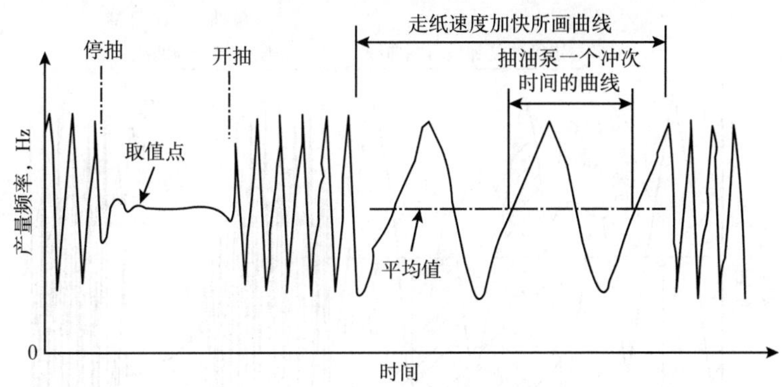

图 7-3　涡轮流量计测井曲线

在以上情况下，涡轮流量计曲线的读值方法通常分为三种：停抽法、面积法和平均取值法。

停抽法：测井时，使抽机泵突然停止，由于动液面尚未恢复，所以此时压差仍为生产压差，因此认为停抽瞬间的油井产量与正常生产时基本相同，即瞬间停抽取得的流量就为抽油时的流量。如图 7-4 所示，具体方法是抽油机停止工作后，在波动到平滑的拐点处取流量计的测量值。停抽法适用于生产压差大采油指数小的井。这类井停抽后曲线下降较缓慢，停抽后曲线开始振荡，让其稳定后再取值也不会产生较大误差。图 7-4 中停抽半小时后，流量计的读数从 42Hz 下降到 40Hz，下降幅度很小，相对误差为 5%。

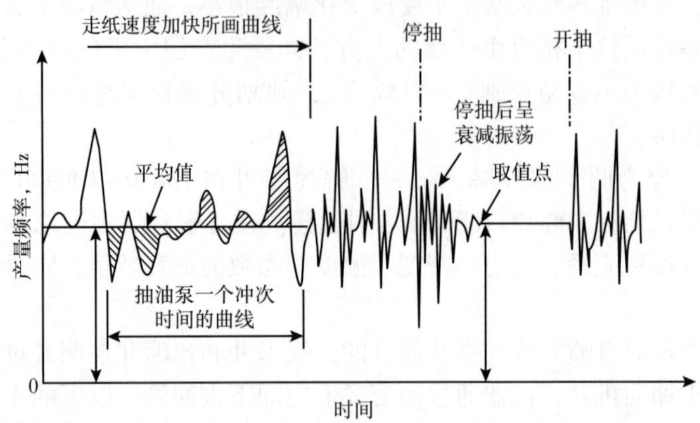

图 7-4　生产压差大、采液指数小的井涡轮流量计测井曲线

面积法：对于生产压差小、采油指数大的井停抽后曲线下降很快，取值很困难，不适宜用“停抽法”取值。面积法是取曲线上相间的两个波谷低点向横坐标轴作垂线，计算该段曲线与横轴围成的面积，然后用该段的面积除以两垂线间时间长度，将得到等面积矩形的高度，此高度对应的读数即为涡轮流量计的读数

$$h=\frac{A}{b} \tag{7-2}$$

式中 A——阴影面积；

b——时间长度。

图 7-5 即为面积法取值的一个实例。

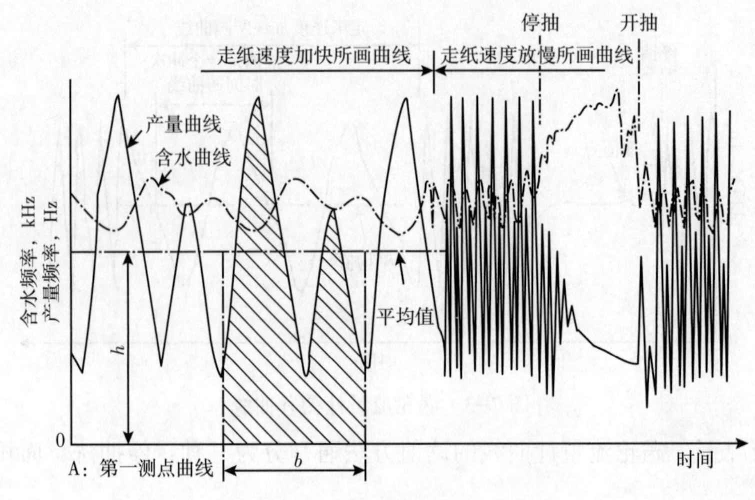

图 7-5　伞式流量计原始测井曲线

平均取值法：该方法与面积法类似，在一定时间内记录的总频率累计频数，除以取值时间即可得到相应的涡轮流量计读数。由于波形曲线是不对称变化，因此要求取值时间是单个冲次的倍数。

二、油气水物性参数计算

在计算流量、持水率、滑脱速度、地表和井下流量换算解释过程中，需要油、气、水的高温高压物性参数。由于每个解释层的温度和压力不同，因此严格讲每一层都应对这些参数进行计算。实践表明，由于产层通常分布在沿井筒几十米的层段上，所以实际计算时，通常选择这些产层分布的中点进行压力、温度取值与计算，即若最上部射孔层位的上端深度为1000m，最下部射孔层下端的深度为1040m，则中点的深度为1020m，计算时以1020m深度处的压力、温度读值为依据进行计算，计算结果为该深度处的物性参数。应用时可在整个生产层段使用计算结果。

应用第一章中高压物性参数公式计算时需要已知的参数为地面油气水的产量；地层水的矿化度；地面油的密度（γ_{API}）；地面天然气的相对密度（γ_g），射孔层段中点处的流体温度和流体压力。

计算结果包括油水的高压物性参数。

油相的参数包括油的井下密度、油的泡点压力、油的地层体积系数、溶解气油比、地层油的黏度、油的压缩系数和游离气油比。若计算出的泡点压力小于读值点处的压力，则井下为油水两相流动。否则为油气水三相流动。

气的参数包括气体的偏差系数、气体的地层体积系数、气体的密度和气体的压缩系数。若为三相流动，还要计算井下全流量层位处气体的流量。

水的参数包括溶解气水比、井下水的密度、水的地层体积系数和水的密度。

三、解释层总流量计算

解释层各相总流量的计算方法取决于采用流量计的类型。若为集流伞式流量计，则可直接用查图版的方式计算出总流量。如图7-6所示，纵坐标为由曲线所得的涡轮转数，横坐标为流量，图版中的参数为仪器型号和流体黏度。不同仪器因涡轮的结构不同，响应曲线的斜率不同。

若为示踪流量计或连续流量计，首先要计算视流体速度，然后计算速度剖面校正系数，最后计算流量：

$$Q=\frac{1}{4}\pi(D^2-d^2)C_v v_a=P_c C_v v_a \tag{7-3}$$

$$P_c=\frac{1}{4}\pi(D^2-d^2) \tag{7-4}$$

式中　Q——某解释层的总流量；

D——套管内径；

d——仪器外径；

C_v——速度剖面校正系数；

v_a——视流体速；

P_c——管子常数。

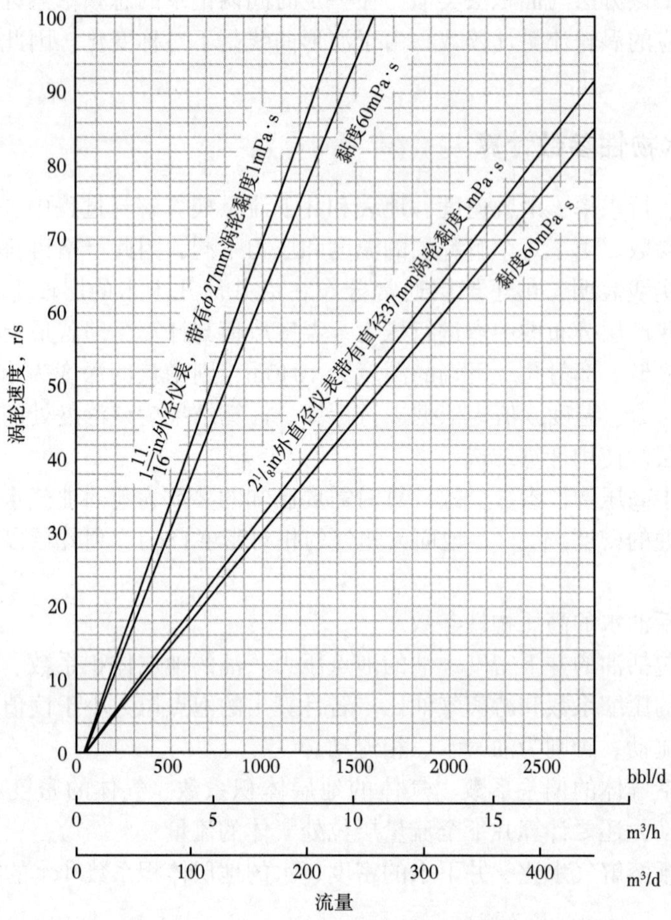

图 7-6　集流式流量计响应曲线

对于示踪流量计：

$$v_{\mathrm{a}}=\frac{\Delta H}{\Delta t} \tag{7-5}$$

式中　ΔH——示踪峰间的距离；

Δt——峰值间的时间差。

对于连续涡轮流量计的测井曲线（图 7-7），划分解释层后，图中划分了 6 个解释层（$Z_0 \sim Z_5$），作如图 7-8 所示的交会图，所用的记录数据见表 7-1。表中列出了 6 个层的涡轮转数和电缆速度。该实例是用斯伦贝谢公司的 CSU 全井眼流量计测得的，所以分别对正转和反转数据分开拟合回归求取流体速度 v_{a}：

$$v_{\mathrm{a}}=\left|\frac{b_{\mathrm{d}}}{k_{\mathrm{d}}}\right|+\left|\frac{b_{\mathrm{d}}}{k_{\mathrm{d}}}-\frac{b_{\mathrm{u}}}{k_{\mathrm{u}}}\right|\frac{1}{1+k_{\mathrm{c}}} \tag{7-6}$$

$$k_{\mathrm{c}}=v_{\mathrm{tl}}'/v_{\mathrm{tl}}$$

$$k=\frac{N\sum\left(v_{\mathrm{li}}\mathrm{RPS}_i\right)-\sum v_{\mathrm{li}}\sum \mathrm{RPS}_i}{N\sum v_{\mathrm{li}}^2-\left(\sum v_{\mathrm{li}}\right)^2} \tag{7-7}$$

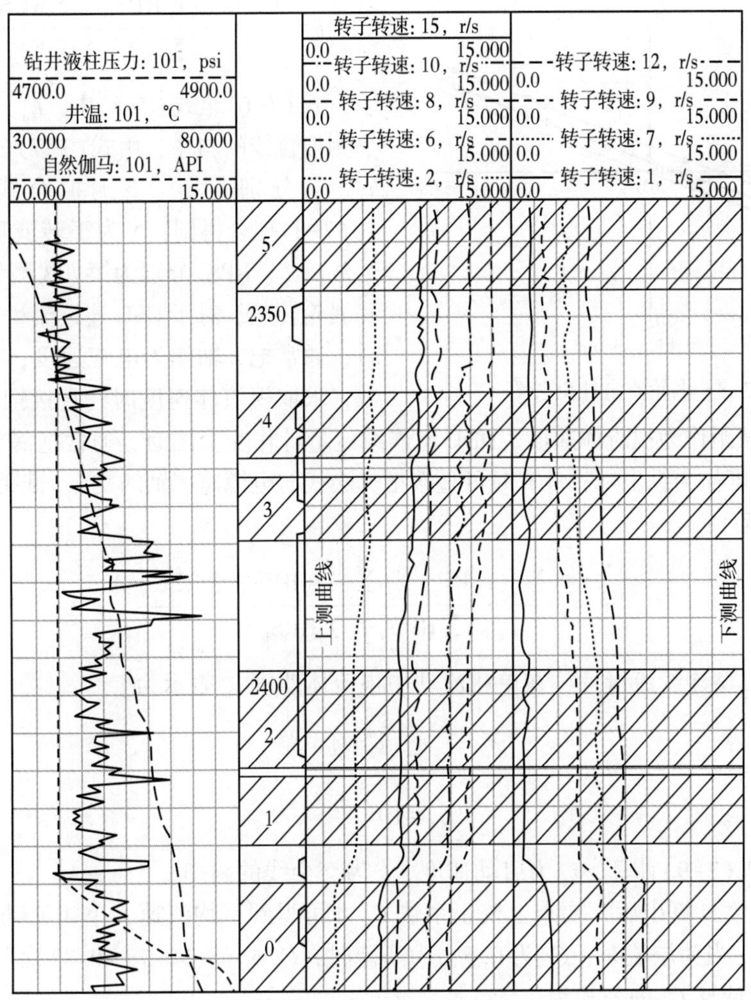

图 7-7　在一口注水井中多次测量示意图

表 7-1　应用实例

测量次数	电缆速度 CVEL	零流量层 Z_0	第一层 Z_1	第二层 Z_2	第三层 Z_3	第四层 Z_4	第五层 Z_5
顶部深度，m	0.0	2435.00	2419.00	2410.00	2378.00	2366.00	2345.00
底部深度，m	0.0	2427.00	2412.00	2400.00	2373.00	2361.00	2335.00
第一次测量	10.3293	−1.7329	−0.8762	−0.29530	0.682899	1.04657	1.25068
第二次测量	30.4213	−5.2036	−3.8985	−3.8179	−2.7886	−2.3846	−2.1866
第三次测量	39.6117	−6.7324	−5.4003	−5.2905	−4.0502	−3.7985	−3.6392
第四次测量	48.0437	−8.3302	−6.9724	−6.8538	−5.8335	−5.3930	−5.3328
第五次测量	−10.362	1.87269	3.41894	3.49838	4.74751	5.13757	5.42146
第六次测量	−42.514	8.39814	9.82338	9.94436	11.1259	11.5534	12.0689
第七次测量	−49.512	9.81686	11.1931	11.2503	12.5871	13.1071	13.4489
第八次测量	−25.936	5.10795	6.56242	6.67007	7.85086	8.31250	8.68762
第九次测量	−30.990	6.16331	7.62067	7.73179	8.78457	9.24537	9.55162

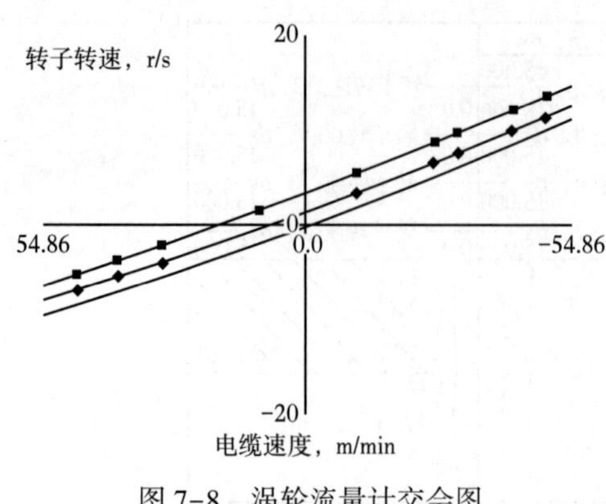

图 7-8 涡轮流量计交会图

$$b=\frac{\sum v_{li}\sum(v_{li}\mathrm{RPS}_i)-\sum \mathrm{RPS}_i\sum v_{li}^2}{(\sum v_{li})^2-N\sum v_{li}^2} \tag{7-8}$$

式(7-6)至式(7-8)中，k_u、k_d 分别为上、下测拟合线的斜率，由式(7-7)分别拟合得到；b_u、b_d 分别为上、下测拟合线的截距，由式(7-8)拟合得到；N 为正转或反转资料点的个数；v_{li}、RPS_i 分别为第 i 次测量的电缆速度和涡轮转速。对于 CSU 连续流量计，作交会图时，通常把 x 轴作为电缆速度，y 轴为涡轮转数，求取视流体速度时，直接把在 x 轴(电缆速度轴)上的截距作为视流体速度。DDL 型连续流量计作交会图时，通常把涡轮转速作为横坐标，电缆速度作为纵坐标，计算时可直接把交会线与电缆速度轴的交点(截距)作为视流体速度(两相流动)：

$$v_a=\frac{N\sum(v_{li}\mathrm{RPS}_i^2)-\sum(v_{li}\mathrm{RPS}_i)\sum \mathrm{RPS}_i}{N\sum \mathrm{RPS}_{li}^2-(\sum \mathrm{RPS}_{li})^2} \tag{7-9}$$

对于 DDL 型连续流量计，在单相流动中视流体速度 v_a 表示为

$$v_a=v_a'+v_t \tag{7-10}$$

其中：

$$v_t=10^{\frac{|k|-15.5}{14.5}} \tag{7-11}$$

式中，v_a' 由式(7-9)计算，v_t 为启动速度，k 为交会线的斜率。

视流体速度计算出后，要乘上校正系数 C_v 才可得到平均流速，单相流动中计算 C_v 如图 1-32 所示。当为层流时，C_v 为 0.5；为紊流时，C_v 分布在 0.78~0.82 之间。DDL 型高灵敏度流量计计算 C_v 的公式为

$$C_v=\frac{1}{1+0.7344e^{-0.14175v_a}} \quad (3in 内径套管)$$

$$C_v=\frac{1}{1+1.037e^{-0.1v_a}} \quad (5in 内径套管)$$

多相流中，油气水在套管横截面上的分布不均，因此速度分布带有较大的随机性，图 7-9a 是气水两相流动中 v_a/v_m（$1/C_v$）与持水率 Y_w、水相表观速度的实验关系(DDL 型高灵敏度流量计)。纵坐标为持水率 Y_w，横坐标为 $1/C_v$，0、7.2cm/s 为水相表观速度（平均流速），图中 C_v 的变化范围为 0.1~1.44，出现了 C_v 大于 1 的现象。说明套管中间流速小于平均流速，也说明流速分布的复杂性。把套管截面分成如图 7-9b 中 A、B 两个区域，区域 A 表示涡轮叶片覆盖区，对于不同的流型来说，这两个区域中油气水的浓度分布不同。对于段塞状流动，区域 A 中为气塞或油气水塞体，区域 B 中为油气水混合物；对于过渡流动，区域 A 和区域 B 中为不稳定的油气水混合体；对于雾状流动，区域 A 和区域 B 的油气水分布相同。实际测量时，叶片落在区域 A 中，所测流速为区域 A 中心附近的平均速度。图 7-10 实验用的叶片覆盖面积为 9.2cm^2，套管截面面积为

126.6cm²。叶片覆盖面积占套管面积的7.3%，因此所测流速只反映套管截面上这一区域的视流速，如图7-10所示，把C_v与Y_w关系列于表7-2。

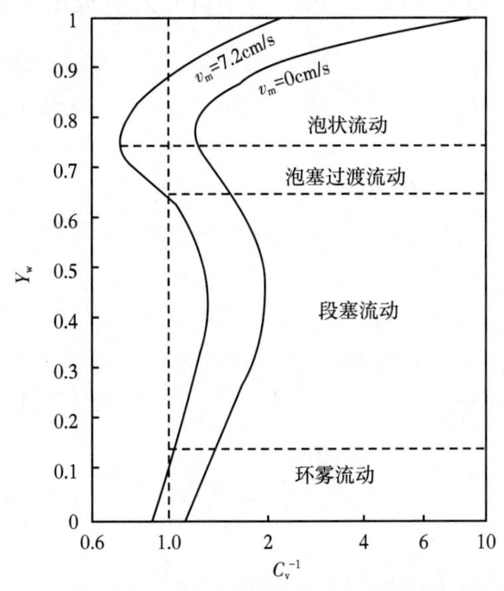

图7-9a　C_v^{-1}与持水率、水相表观速度v_m的实验关系曲线

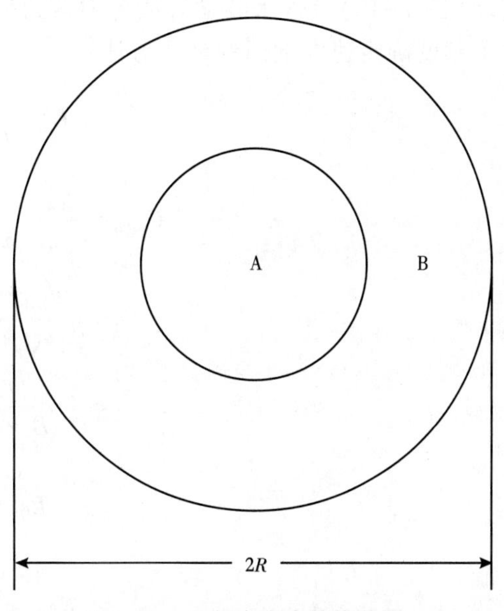

图7-9b　油气水在套管横截面上的区域分布示意图

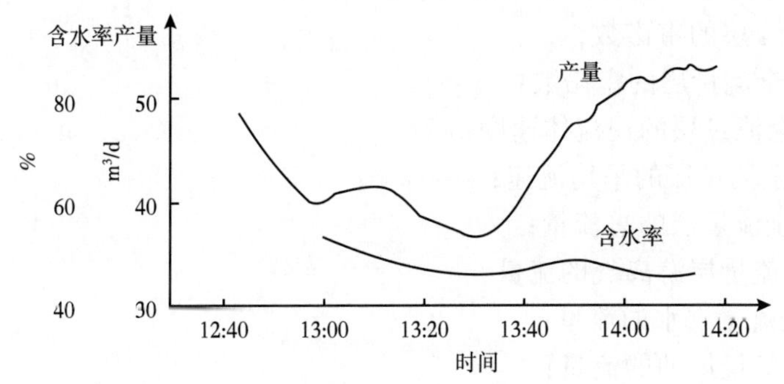

图7-10　产量、含水率波动曲线

由表7-2中可知，对于不同的流型，C_v不同。C_v大于1，说明中心流速小于平均流速，用单相流动理论无法解释，这一现象主要发生在泡状流动向段塞状流动转变的区域，由液塞下落造成。

表7-2　不同流型的持水率和C_v

流型	持水率Y_w	C_v
泡状流动	0.75	0.1~1.39
泡塞过渡流动	0.65~0.75	1~1.39
段塞流动	0.15~0.65	0.5~1
环雾流动	0.15	1~1.1

对于集流式涡轮流量计，由于涡轮的叶片覆盖了整个通道，所以可以认为 C_v 为 1.0。在多相流动中，考虑到油气水速度分布的不均匀性和电缆速度、叶片面积、流量波动(图 7-10)及含水波动等诸多因素的影响(环境影响)，长江大学研究人员提出了用井下刻度确定速度剖面的计算方法：

$$C'_{vi}=\frac{Re_i}{Re_{100}}C'_{v100} \tag{7-12}$$

$$\begin{aligned} C'_{v100}&=\frac{v_{a100}}{v_{m100}}=\frac{v_{a100}P_c}{v_{m100}P_c}=\frac{v_{a100}P_c}{Q_{100}} \\ &=\frac{v_{a100}P_c}{Q_o+Q_g+Q_w} \\ &=\frac{v_{a100}P_c}{Q'_oB_o+Q'_gB_g+Q'_wB_w} \end{aligned} \tag{7-13}$$

$$Re_i=\frac{\rho_{mi}v_{ai}d}{\mu_{mi}} \tag{7-14}$$

$$Re_{100}=\frac{\rho_{m100}v_{a100}d}{\mu_{m100}} \tag{7-15}$$

式中 C'_{vi}——第 i 层的速度剖面校正系数的倒数；
C'_{v100}——全流量层的速度剖面校正系数的倒数；
Re_i——第 i 层的雷诺数；
Re_{100}——全流量层的雷诺数；
v_{a100}——全流量层的视流体速度；
v_{m100}——全流量层的平均流速；
Q_{100}——全流量层的总流量；
Q_g——全流量层游离气的流量；
Q_w——全流量层水的流量；
Q_o——全流量层油的流量；
Q'_g——地面游离气的产量；
Q'_w——地面水的产量；
Q'_o——地面油的产量；
ρ_{mi}——第 i 层的油气水混合密度，由密度曲线取得；
ρ_{m100}——全流量层的混合密度，由密度曲线确定；
v_{ai}——第 i 层的视流体速度；
μ_{mi}——第 i 层的混合黏度；
d——套管内径；
P_c——管子常数。

在利用式(7-12)至式(7-15)计算时，要把各参数的单位进行统一，计算混合黏度的常用公式为

$$\mu_m=\mu_wY_w+\mu_oY_o+\mu_gY_g \tag{7-16}$$

式中　μ_o、μ_w、μ_g、Y_o、Y_w、Y_g——分别表示油、气、水的黏度和持率。

实际应用表明，利用上述方法计算 C_v 可以对测井环境的影响进行有效校正。若为两相流动时，则上述计算中缺失的那一相为 0。例如：若为油水两相流动，则 Q_g、Y_g 为 0。在油气水三相流动中，由于地面产出的气包括游离气，溶解在油中的气及溶解在水中的气。所以计算 Q'_g时应采用以下公式：

$$Q'_g = Q'_o = (R_p - R_s - R_{sw} Q'_w / Q'_o) \tag{7-17}$$

即把游离气从地面产气的总量中单独分离出来。

四、油气水持率计算

对于油水、气水、油气两相流动，用密度计算持率时，可采用以下公式。

油水两相流动：

$$Y_w = \frac{\rho_m - \rho_o}{\rho_w - \rho_o} \tag{7-18}$$

$$Y_o = 1 - Y_w \tag{7-19}$$

气水两相流动：

$$Y_w = \frac{\rho_m - \rho_g}{\rho_w - \rho_g} \tag{7-20}$$

$$Y_g = 1 - Y_w \tag{7-21}$$

油气两相流动：

$$Y_o = \frac{\rho_m - \rho_g}{\rho_o - \rho_g} \tag{7-22}$$

$$Y_g = 1 - Y_o \tag{7-23}$$

气水、油气两相流动中，气水或油气之间的密度差较大，因此利用式(7-20)至式(7-23)之间的公式计算出的 Y_w、Y_g、Y_o 可靠性较高，对于油水两相流动，由于 ρ_o、ρ_w 差别较小，因此利用式(7-18)和式(7-19)计算出的 Y_w 和 Y_o 误差较大，因此对于油水两相流动，常采用持水率计测井方法确定持水率和持油率。由于常用持水率计有电容持水率计、低能源持水率计等，因此可因仪器不同而采用不同方法计算持水率。若把电容持水率计的输出频率看作与持水率呈线性关系，则：

$$Y_w = \frac{\mathrm{CPS} - \mathrm{CPS}_o}{\mathrm{CPS}_w - \mathrm{CPS}_o} = \frac{\mathrm{CPS} - \mathrm{CPS}_g}{0.86(\mathrm{CPS}_w - \mathrm{CPS}_g)} \tag{7-24}$$

$$Y_o = 1 - Y_w \tag{7-25}$$

式中　CPS_w、CPS_o——分别表示仪器在全水、全油中的刻度值。

由于气的介电常数与油相似，应用时常用空气的 CPS_g 代替 CPS_o，但要加一系数 0.86。CPS 表示测井响应值，这些参数在计算前要作压力、温度校正(详见第三章)。由于当持水率从 0 变化到 1 时，流型将从乳状变化到泡状流动，所以输出频率与持水率间呈非线性响应。图 7-11 是一国产电容持水率计的刻度曲线，纵坐标为仪器响应的输出(电压或频率)，横坐标为持水率，图中显示持水率为 35%时为流型的过渡点，即从油连续向水

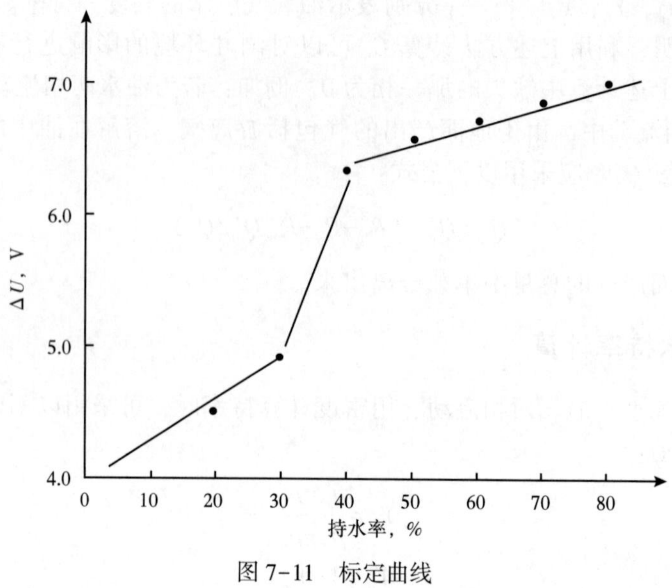

图 7-11 标定曲线

连续的过渡点，在该过渡点的两侧，响应为线性。在这种情况下，可直接用查图版的方法确定持水率。或者在持水率为 35% 的两侧用线性方法计算持水率［式(7-24)］，但此时 CPS_w 和 CPS_o 应发生变化。

当 $Y_w<35\%$时，有

$$Y_w=0.35\frac{CPS-CPS_o}{CPS_{35}-CPS_o} \tag{7-26}$$

$$Y_o=1-Y_w$$

当 $Y_w\geqslant35\%$时，有

$$Y_w=\frac{CPS-CPS_{35}}{CPS_w-CPS_{35}}\times0.65+0.35 \tag{7-27}$$

$$Y_o=1-Y_w$$

式中 CPS_{35}——持水率为 35%时的响应值。

由式（7-27）分析知，式(7-24)只能作为近似计算 Y_w 的计算公式，推荐应用式(7-26)和式(7-27)计算持水率。对于不同的仪器，若知道其他相关的响应值，可以用该值取代 CPS_{35}，此时式(7-26)、式(7-27)中的 0.35、0.65 两个数值要变为相应已知点的数值。长江大学研究人员提出用井下刻度方法计算取代 $Y_w=0.35$ 拐点的方法，主要原因是不同厂家生产的仪器拐点不同，计算方法如下：

$$Y_w=\frac{CPS-CPS_{100}}{CPS_w-CPS_{100}}\left(1-Y_{w100}\right)+Y_{w100} \tag{7-28}$$

$$Y_{w100}=1-\frac{1}{2}\left[1+\frac{v_m}{v_s}-\sqrt{\left(1+\frac{v_m}{v_s}\right)^2-\frac{4v_{so}}{v_s}}\right] \tag{7-29}$$

$$v_s = 1.53Y_{w100}^n\left[\frac{g\delta\ (\rho_w-\rho_o)}{\rho_w^2}\right]^{0.25}\quad \text{(Nicolas 公式)} \tag{7-30}$$

$$n=1.0\sim2.0$$

式中　Y_{w100}——全流量层的持水率。

式(7-29)是由滑脱速度模型得到的，即：

$$v_{so}=Y_o v_m+Y_o(1-Y_o)\ v_s \tag{7-31}$$

$$v_s Y_0^2-(v_m+v_s)Y_o+v_{so}=0 \tag{7-32}$$

求解式(7-32)，即可得式(7-29)，也可以采用漂移流动模型求 Y_{w100}：

$$Y_{w100}=1-\frac{v_{so}}{1.53Y_w^2\left[\frac{g\delta\ (\rho_w-\rho_o)}{\rho_w^2}\right]^{0.25}+1.2v_m} \tag{7-33}$$

以上计算的是泡状流动情况，对于乳状流动，$v_s=0$，持水率与全含水率相等，此时：

$$Y_w=\frac{\text{CPS}-\text{CPS}_o}{\text{CPS}_{100}-\text{CPS}_o}Y_{w100} \tag{7-34}$$

$$Y_o=1-Y_w$$

$$Y_{w100}=C_{w100} \tag{7-35}$$

式中　C_{w100}——全流量层的含水率。

对于油气水三相流动，要同时使用密度和持水率资料才能得到各相的持率，由均流模型知：

$$\begin{cases} Y_o+Y_g+Y_w=1 \\ \rho_o Y_o+\rho_g Y_g+\rho_w Y_w=\rho_m \end{cases} \tag{7-36}$$

所以

$$Y_g=\frac{Y_w(\rho_w-\rho_o)+(\rho_o-\rho_m)}{\rho_o-\rho_g} \tag{7-37}$$

$$Y_o=1-Y_w-Y_g \tag{7-38}$$

式中，Y_w 用式(7-34)近似求取。

若采用低能源放射性持水率计，则：

$$Y_w=\frac{\ln\dfrac{I}{I_0}+\mu_o\rho_m L}{(\mu_o-\mu_w)\rho_w L} \tag{7-39}$$

其中：

$$\rho_m=\frac{\ln\ (I_{10}/I_1)}{\mu L} \tag{7-40}$$

式中　I、I_0——分别表示源和探头处的放射性强度计数率；

L——探头长度；

μ_o、μ_w——分别为油、水的伽马射线质量吸收系数；

ρ_w——水的密度；

ρ_m——混合密度，由放射性低能源密度计测得；

I_{10}、I_1——分别为伽马射线能量在60keV以上时，源和探头处的伽马射线强度计数率；

μ——相应的质量吸收系数，此时油、气、水三者的质量吸收系数相等。

五、流型判断

判断是油水两相流动还是油气水三相流动的主要标准是看流动压力是否大于泡点压力。在一口井中通常可能是两相流动或者三相流动。地面产油、气、水的井在泡点压力小于井下流动压力时，井下为油水两相流动，反之井下呈油气水三相流动。一口井中的目的层段，若压力变化较大，则可能存在下部为油水两相流动，上部为油气水三相流动这种复杂现象。若井口只产油水，则井下只可能为油水两相流动。若井口产气水，则井下也只可能是气水两相流动。若井口产油和气，则由于可能存在静水柱，因此井下可能是油水两相流动，或者为油气水三相流动。若井口只产油，则井下通常为存在静水柱的油水两相流动。对于井口产气和水的气井，则井下通常为气水两相流动，有的井会出现下部产水，上部产气的单相、气水两相流动情况，可以从密度曲线中识别是否为这一流动现象。若气井的井口只产气，由于静水柱存在，井下一般为气水两相流动。若井口只产水，由于水的密度比油和气的密度大，所以井下只可能是单相水流动。

由上述分析可知，井下是单相流动、两相流动还是三相流动，要根据井口产出流体性质、泡点压力和密度等测井资料综合分析确定。

生产井中常见的流动是油水、气水及油气水三相流动。对于油水两相流动，用测井资料判断其流型的主要方法是用持水率资料：

$Y_w \geqslant 0.4$　　泡状流动

$0.25 \leqslant Y_w < 0.4$　　段塞状流动

$Y_w < 0.25$　　乳状流动（雾状流）

泡状流动中油水存在滑脱速度，水为连续相。乳状流动中，油为连续相，水为分散相，滑脱速度为零，持水率与含水率相等，实际应用时，可把 $Y_w = 0.3$ 作为泡状与乳状流动的边界，段塞状流动不太明显（图 7-12）。

对于气水两相流动，用测井资料判断流型的方法主要是利用持气率资料：

$Y_g < 0.25$　　泡状流动

$0.25 \leqslant Y_g < 0.85$　　段塞状流动

$Y_g \geqslant 0.85$　　沫状流动

或用密度测井资料判断：

$\rho_m \geqslant 0.692\text{g/cm}^3$　　泡状流动

$0.692\text{g/cm}^3 < \rho_m \leqslant 0.5074\text{g/cm}^3$　　段塞状流动

$\rho_m < 0.5074\ \text{g/cm}^3$　　沫状流动

各流型流动形态如图 7-13 所示。气的流量发生变化后，流型从泡状流动逐步过渡到环雾状流动。实际应用中，可采用全流量层的气液流量判断气水井全流量层的流型，对 ROS 方程取 $\rho_w = 1\text{g/cm}^3$、$\delta = 30\text{dyn/cm}$、$d = 15\text{cm}$，得：

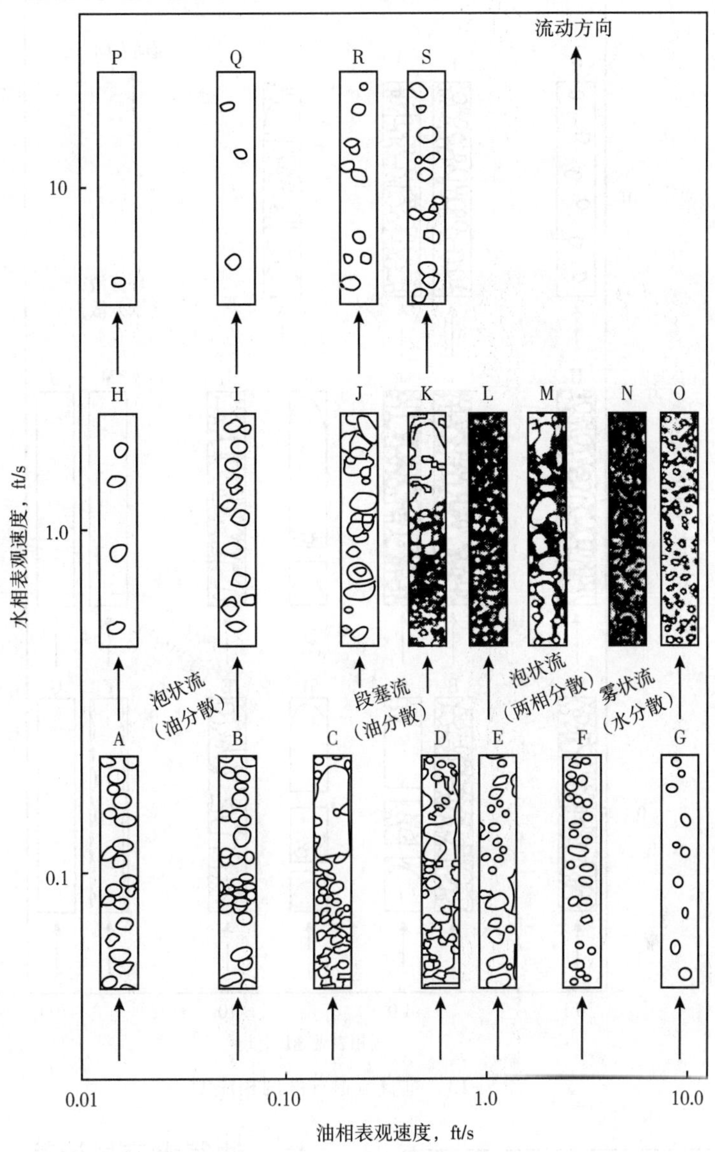

图 7-12　垂直流道中油水两相流型

$Q_g \leqslant 202+0.175Q_w$　　　　泡状流

$Q_g \leqslant 9938+5.7Q_w$　　　　段塞流

$Q_g \geqslant 14708+23Q_w$　　　　雾状流

式中，Q_g、Q_w 的单位为 m^3/d。计算结果介于段塞流和雾状流之间时为过渡状流动。

对于油气水三相流动，传统的计算方法是把油水看作是液相，用类似于气水两相流动的方法判断。若把油水分开看待，可采用在第一章第三节中给出的判断方法作近似判断。

对于水平井中气水两相流动的流型，可按图 7-14 进行判断。

由于采用了气水两相的表观速度，所以在产出剖面解释中只能用于判断全流量层的流型。其他解释层的流型可近似参照全流量层的流型。

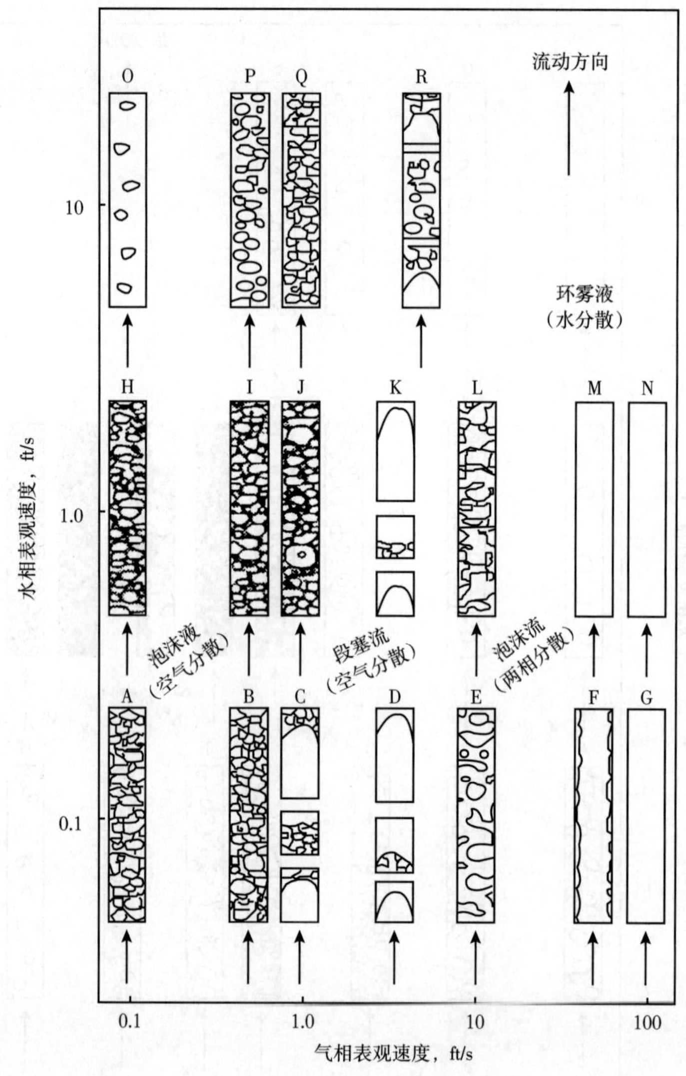

图 7-13 垂直流道气液两相流型

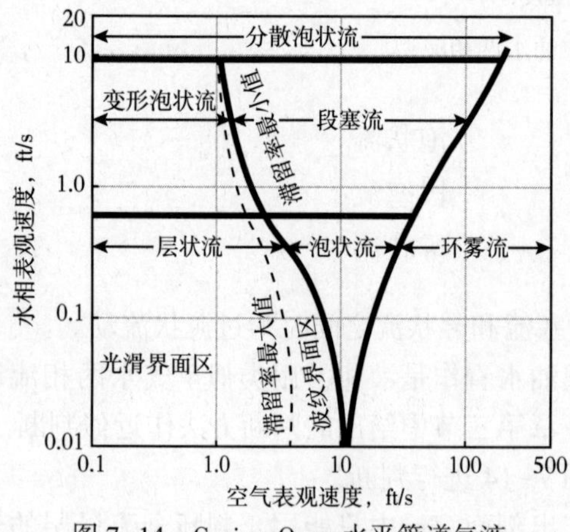

图 7-14 Govier-Omer 水平管道气液两相流型分布图

六、油气水流量计算

在解释层的平均流速、各相持率和油气水高压物性参数计算完成后，下一步就是计算油气水各相的平均速度（表观速度）和流量。

1. 油水两相流动

计算油水两相流动各相的表观速度的解释模型有三种：滑脱速度模型、漂移流动模型和实验图版模型。

1）滑脱速度模型

由于油水之间存在滑脱速度（图 7-15），所以可以得到基于滑脱速度方法计算油水平均速度的方法：

$$
\begin{aligned}
v_s &= v_o - v_w \\
&= \frac{v_{so}}{Y_o} - \frac{v_{sw}}{Y_w} \\
&= \frac{v_{so}}{1-Y_w} - \frac{v_{sw}}{Y_w} = \frac{v_m - v_{sw}}{1-Y_w} - \frac{v_{sw}}{Y_w}
\end{aligned}
$$

$$
\begin{cases} v_{sw} = Y_w v_m - Y_w (1-Y_w) v_s \\ v_{so} = v_m - v_{sw} \end{cases} \tag{7-41}
$$

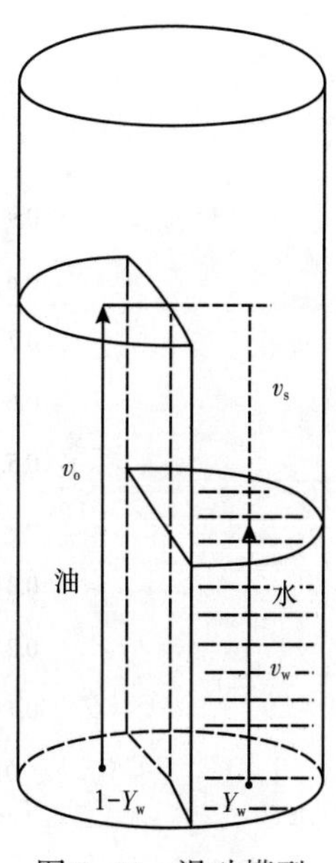

图 7-15　滑动模型示意图

计算滑脱速度 v_s 的方法有两种，一种是采用实验结果的方法；另一种是半经验方法。下式是根据实验结果拟合得到的计算公式：

$$
v_s = \begin{cases} 19.01\ (\rho_w - \rho_o)^{0.25} \exp\left[-0.788\ (1-Y_w)\right] \ln \dfrac{1.85}{\rho_w - \rho_o} & Y_w \geqslant 0.3\quad 泡状流动 \\ 0 & Y_w < 0.3\quad 乳状流动 \end{cases} \tag{7-42}
$$

式中，v_s 的单位为 m/min。

半经验方法是 Nicolas 提出的适用于泡状流动：

$$
v_s = 1.53 Y_w^n \left[\frac{g\delta(\rho_w - \rho_o)}{\rho_w^2}\right]^{0.25} \tag{7-43}
$$

$$
n = 2 \sim 0.5
$$

在乳状流动中，油水的滑脱速度为 0，持水率与含水率相同，即：$C_w = Y_w$，$v_{sw} = Y_w v_m$，$v_{so} = Y_o v_m$

2) 漂移流动模型

漂移流动模型认为油泡在水中以一定的速度向上移动，泡状流动中计算油相表观速度的方法为

$$
v_{so} = Y_o\ (1.2 v_m + v_t) \tag{7-44}
$$

$$
v_{sw} = v_m - v_{so} \tag{7-45}
$$

$$
v_t = 1.53 Y_w^2 \left[\frac{g\delta\ (\rho_w - \rho_o)}{\rho_w^2}\right]^{0.25} \tag{7-46}
$$

3) 实验图版法

利用模拟井制作如图 7-16 所示的解释图版，即可从图中求出解释层的含水率。图中横坐标为总流量，由流量计资料获得。纵坐标为持水率(含水指数)，由电容持水率计资料获得。

这两个数据代入图中后，即可得到该解释层的含水率(C_w)，所以油、水的流量分别表示为

$$
Q_w = C_w Q_m \tag{7-47}
$$

$$
Q_o = Q_m - Q_w \tag{7-48}
$$

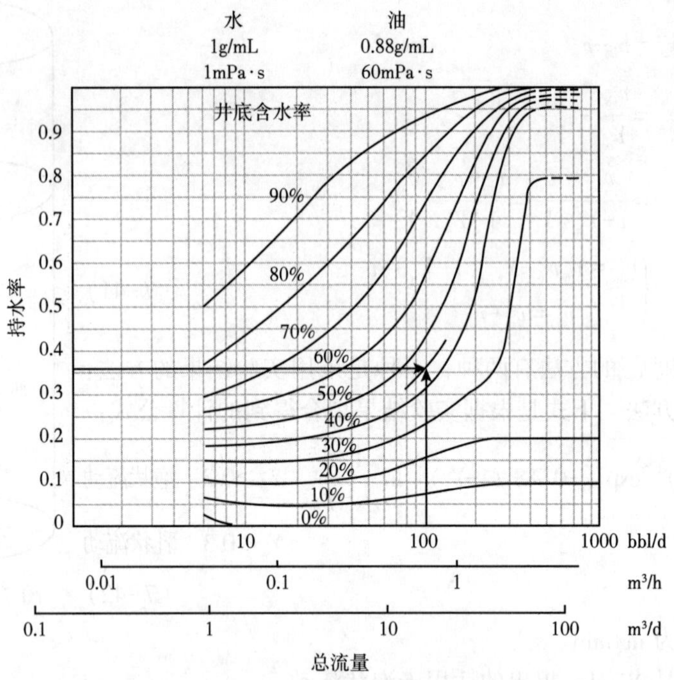

图 7-16 持水率与井底含水率的关系

图 7-16 中对应的仪器是斯伦贝谢公司的集流型持水率计。对于不同的仪器，其曲线的形状不同。由图中可知，持水率总大于含水率，这与理论分析相符合（滑脱速度模型）：

$$C_w = Y_w - \frac{Y_w(1-Y_w)v_s}{v_m} \tag{7-49}$$

利用这一结论可以监测测井解释的质量。由图中可知，总流量大于 40m³/d，持水率大于 0.3 之后，曲线分辨率降低并最后汇敛，这是由于泡状流动中，电容法持水率计失去分辨能力后导致的现象。

实验图版法既适用于集流型仪器，也适用于连续型综合仪，目前国内集流型仪器主要采用这一种解释方法。

2. 气水两相流动

气水两相流动中气相的、水相的表观速度的计算主要采用漂移流动模型：

$$v_{sg} = Y_g(Cv_m + v_t) \tag{7-50}$$

$$v_{sg} = v_m - v_{sw} \tag{7-51}$$

$$v_t = 1.53\left[\frac{\delta_{gw}(\rho_w - \rho_g)g}{\rho_w^2}\right]^{0.25} \quad \text{（泡状流动）}$$

$$v_t = 0.345\left[\frac{gD(\rho_w - \rho_g)}{\rho_w^2}\right]^{0.5} \quad \text{（段塞流动）}$$

式中 C——气体分布系数，C=1.2~2，通常取 1.2；

v_t——气泡在静水中的浮升速度；

δ_{gw}——气水界面张力系数；

D——套管内径。

对于油气两相流动，可采用式(7-50)和式(7-51)计算，计算时用油的参数替代水的参数即可。气水、气油两相流动的持水率采用密度测井资料计算。对于气水、气油两相流动，也可采用实验图版进行资料解释计算，这在下一部分中还要作详细介绍。

3. 油气水三相流动

三相流动中，计算油相的、气相的、水相的表观速度方法是采用滑脱速度模型：

$$v_{so}=Y_o[v_m-Y_g v_{sgw}+(1-Y_o)v_{sow}] \tag{7-52}$$

$$v_{sg}=Y_g[v_m+(1-Y_g)v_{sgw}-Y_o v_{sow}] \tag{7-53}$$

$$v_{sw}=v_m-v_{sg}-v_{so} \tag{7-54}$$

采用式（7-52）至式（7-54）确定各相表观速度要解决的首要问题是确定油水、气水之间的滑脱速度，目前还没有可靠的确定方法。可以用气液两相流动计算滑脱速度的方法近似估计气水间的滑脱速度，并认为油水间的滑脱速度为0。

对式(7-52)至式(7-54)变形得到各相含量与持率的关系：

$$C_o=Y_o+K_{ox} \tag{7-55}$$

$$C_g=Y_g+K_{gx} \tag{7-56}$$

$$C_w=1-C_o-C_g \tag{7-57}$$

$$K_{ox}=\frac{(1-Y_o)v_{sow}-Y_o v_{sgw}}{v_m} \tag{7-58}$$

$$K_{gx}=\frac{(1-Y_g)v_{sgw}-Y_o v_{sow}}{v_m} \tag{7-59}$$

式中　C_o、C_g、C_w——分别为解释层的含油率、含气率和含水率；

K_{ox}、K_{gx}——分别为油相、气相滑脱速度校正系数。

采用集流式流量计后，由于 v_m 比原来增大20倍以上，所以 K_{ox}、K_{gx}大幅度减小，此时近似认为 $K_{ox}\approx K_{gx}\approx 0$，所以

$$C_w\approx Y_w,\ C_o\approx Y_o,\ C_g\approx Y_g$$

即采用集流式仪器时，可以认为油气水含量与油气水持率近似相等。

七、产层油气水产量计算

油相、气相、水相的表观速度计算出后，即可得到该解释层油气水各相的流量，即：

$$Q_o=P_c v_{so},\ Q_g=P_c v_{sg},\ Q_w=P_c v_{sw}$$

若有 N 个解释层(从上至下)，则相邻两个解释层各相的产量表示为

$$q_{oi}=Q_{oi}-Q_{o(i+1)}$$

$$q_{gi}=Q_{gi}-Q_{g(i+1)}$$

$$q_{wi}=Q_{wi}-Q_{w(i+1)}$$

$$i=1, \cdots, N$$

式中 Q_{oi}、Q_{gi}、Q_{wi}——分别表示各解释层油、气、水的流量；

q_{oi}、q_{gi}、q_{wi}——分别表示第 i 个解释层与第 i+1 个解释层之间油、气、水的产量。

各产层各相的产率表示为

$$C_{poi}=\frac{q_{oi}}{q_{oi}+q_{gi}+q_{wi}} \tag{7-60}$$

$$C_{pgi}=\frac{q_{gi}}{q_{oi}+q_{gi}+P_{wi}} \tag{7-61}$$

$$C_{pwi}=\frac{q_{wi}}{q_{oi}+q_{gi}+q_{wi}} \tag{7-62}$$

式中 C_{poi}、C_{pgi}、C_{pwi}——分别表示第 i 个解释层与第 i+1 个解释层之间油、气、水的含量。

C_{poi}、C_{pgi}、C_{pwi} 与 C_o、C_g、C_w 的主要差别前者是产层中的油气水含量，反映了地层中的油、气、水含量分布，后者为各解释层中的油、气、水含量，反映套管中各相的分布情况。

若为两相流动，只计算三相中的两相即可，计算结束后，利用 Q_{oi}、Q_{gi}、Q_{wi}、q_{oi}、q_{gi}、q_{wi} 可绘制出如图 7-17 所示的成果图。

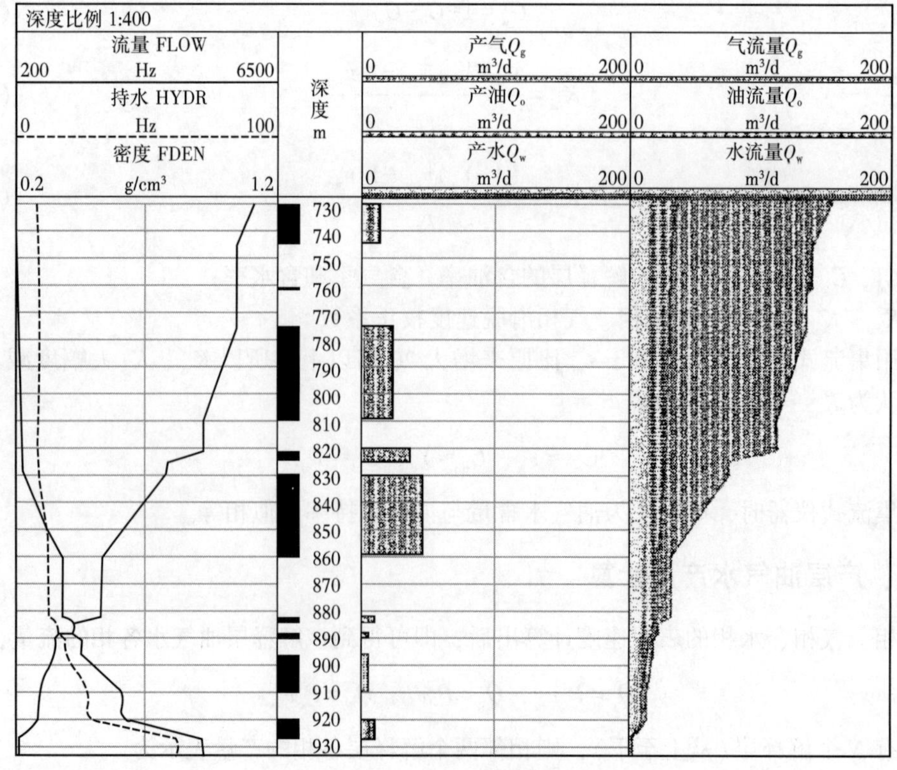

图 7-17 三相流解释成果图

第二节　DDL 型生产测井产出剖面解释

本章第一节描述了产出剖面资料解释的基本过程，无论是国产仪器，还是引进仪器，对于不同类型的仪器，综合解释程序都可归纳为这一过程。DDL 型仪器是由哈里伯顿公司生产的用于测量产出剖面的生产测井仪器，包括 DDL-Ⅱ、DDL-Ⅲ、DDL-Ⅴ及 Excell-2000 型等多种型号，主要用于自喷井测量，井下仪器包括高灵敏度连续涡轮流量计、电容持水率计、放射性密度计、温度计、石英晶体压力计等。解释方法采用实验图版法，把仪器下入地面模拟井中，采集实验数据，然后制作解释图版，利用该图版对测井数据进行解释。

一、单相流动

单相流动中，计算 C_v 的图版如图 2-44、图 2-45 所示。RPS 与电缆速度的交会图如图 7-18 所示。启动速度 v_t 的计算公式见式（7-11）。

管子常数 P_c 为

$$P_c=\left(\frac{1}{4}\pi D^2-0.2541\right)\times 1.7811\ \frac{\mathrm{bbl/d}}{\mathrm{ft/min}} \tag{7-63}$$

式中　0.2541——涡轮所占的等效面积，in^2；

D——套管内径，in。

实际应用时，应对单位进行转化。

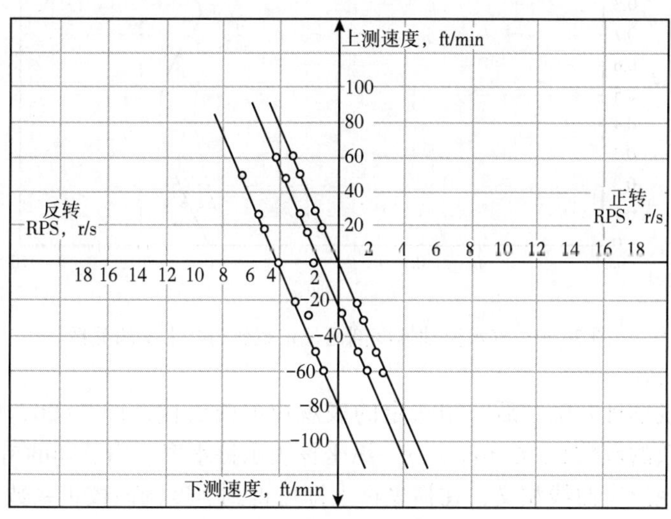

图 7-18　RPS—电缆速度交会图

二、气水两相流动

1. 解释方法

气井通常以气水两相流动自喷方式生产。DDL 型解释模型及过程主要通过三张解释图版完成的，如图 7-19 至图 7-21 所示。

如图 7-19 所示，横坐标是解释层位处的定点每秒计数率（CPS），纵坐标为由密度测井资料得到的持水率，图中上面一条曲线表示水相表观速度为 14.2ft/min，下面一条表示

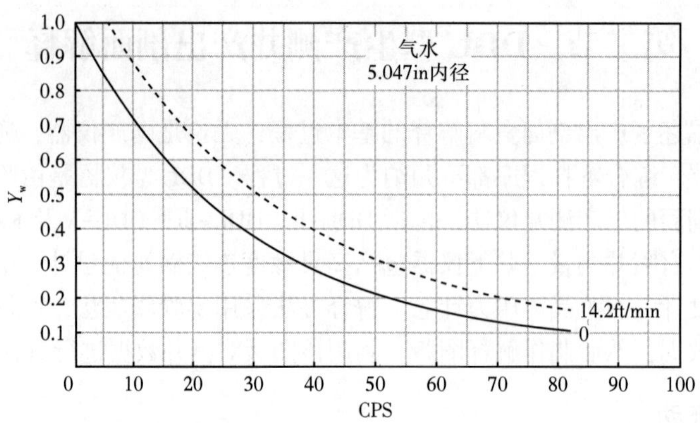

图 7-19　气水流动速度校正模数选择

水相表观速度为 0。利用该图，用 CPS 和 Y_w 数据代入，可以估计水相表观速度，交会点落在两条曲线之间或 0 的曲线之下，则水相表观速度估算为 0；若交会点落在 14.2ft/min 的曲线之上，则水相表观速度为 14.2ft/min。用图 7-19 确定了水相表观速度之后，图 7-20、图 7-21 就采用对应于水的表观速度曲线进行解释，这三张图版适用于内径为 5.047in 的自喷井。

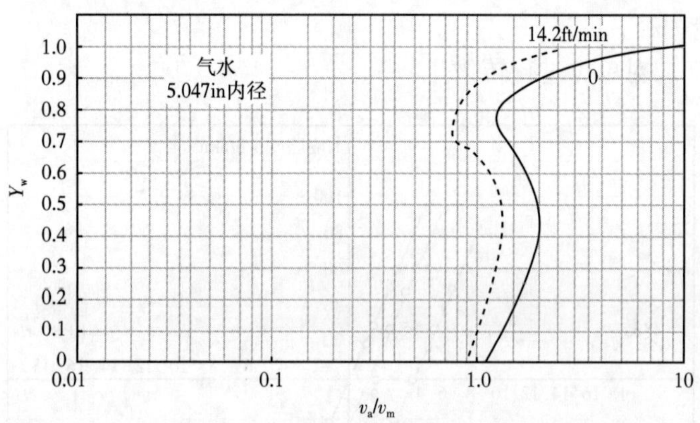

图 7-20　气水流动速度剖面校正系数与持水率的关系

水相表观速度估计并确定后，用选定的表观速度曲线代入图 7-20，图中横坐标表示速度剖面校正系数的倒数（$1/C_v=v_a/v_m$），纵坐标表示持水率。用已知的持水率代入，并与已确定的水相表观速度曲线相交，在横坐标上即可得到速度剖面校正系数，因此

$$v_m=C_v v_a$$

图 7-20 中曲线在持水率为 0.7 左右发生弯曲，是流型从泡状向段塞状流动过渡引起的；在持水率为 0.4 左右，曲线发生第二次弯曲变化，同样是由流型从段塞状向沫状流动过渡引起的。解释过程流型的变化隐含在实验图版中。

C_v 和 v_m 确定后，把持水率 Y_w 和 v_m 代入图 7-21 中，就可求出水相表观速度。图中有三条曲线，分别表示水相表观速度为 0ft/min、14.2ft/min、28.4ft/min 的相关关系，若（v_m、Y_w）交会点落在三条线上，则对应的就是相应的表观速度，若落在 0ft/min、14.2ft/min、

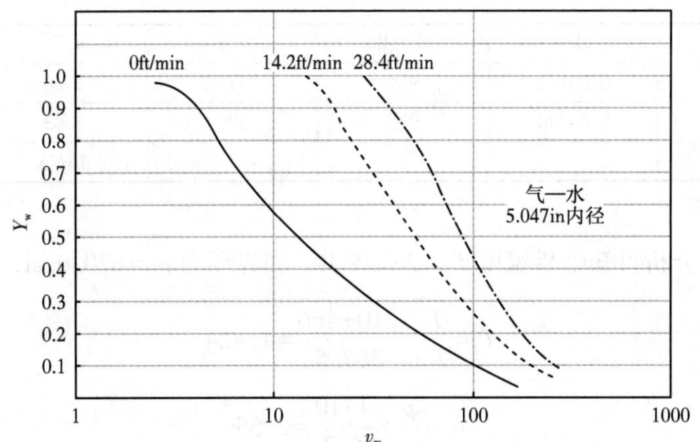

图 7-21　气水流动表观速度与持水率的关系

28.4ft/min 的曲线之间，则需要用内插法确定水相表观速度。例如，若交会点落在 14.2ft/min、28.4 ft/min 的曲线之间，通过该点作 Y_w 的水平线并与 14.2ft/min、28.4ft/min 的曲线相交，对应交点的横坐标分别为 v_{m1} 和 v_{m2}，所以

$$\frac{28.4-14.2}{\lg v_{m2}-\lg v_{m1}}=\frac{v_{sw}-14.2}{\lg v_m-\lg v_{m1}} \tag{7-64}$$

$$v_{sw}=\frac{28.4-14.2}{\lg v_{m2}-\lg v_{m1}}(\lg v_m-\lg v_{m1})+14.2 \tag{7-65}$$

$$v_{sg}=v_m-v_{sw} \tag{7-66}$$

$$Q_w=p_c v_{sw} \tag{7-67}$$

$$Q_g=p_c v_{sg} \tag{7-68}$$

若交会点落在 28.4ft/min 或 0 的曲线之外，则需要用外插法求 v_{sw}。

2. 应用实例

该实例是引自图 7-2 的一口自喷气水两相井的测井实例，解释层位于 10830ft 和 10865ft 两个深度处，解释层处流压力为 1710psi，套管内径为 4.892in，气体相对密度为 0.68，水的矿化度为 100000mg/L，流动温度为 210℉。气体的分析结果见表 7-3。

表 7-3　气体分析结果

组分	Y_i	T_c,°R	p_c, psi	Y_iT_c	Y_ip_c
甲烷(CH_4)	0.91549	343	673	314.01	616.12
乙烷(C_2H_6)	0.04805	550	708	26.43	34.02
丙烷(C_3H_8)	0.01962	666	617	13.07	12.11
异丁烷(C_4H_{10})	0.00492	733	533	3.61	2.61
正丁烷(C_4H_{10})	0.00420	765	551	3.21	2.31
异戊烷(C_5H_{10})	0.0025	830	482	2.08	1.21
正戊烷(C_5H_{12})	0.0010	847	485	0.85	0.49

续表

组分	Y_i	T_c,°R	p_c，psi	Y_iT_c	Y_ip_c
正己烷（C_6H_{14}）	0.00182	914	414	1.66	0.79
正庚烷（C_7H_{16}）	0.00240	972	397	2.33	0.95
				367.5	670.61

注：Y_i 为摩尔分数。

由表 7-3 中分析可知临界温度 $T_c=367.5°R$，临界压力 $p_c=670.0psi$，所以

$$T_r=\frac{T}{T_c}=\frac{210+460}{367.5}=1.824$$

$$p_r=\frac{p}{p_c}=\frac{1710}{670}=2.55$$

查表求偏差系数 Z 为 0.92。

$$B_g=\frac{5.04\times 0.92\times(T+460)}{p}$$

$$=\frac{5.04\times 0.92\times(210+460)}{1710}=1.817\text{bbl/kft}^3$$

$$\rho_g=0.001223\frac{1}{B_g}\gamma_g$$

$$=\frac{0.0432\times 1710\times 0.68}{(210+460)\times 0.92}=0.08\text{g/cm}^3$$

$$\rho_w=10\exp[(3.05\times 10^{-7}K_{Cl}+1.795)/(1+1.063\times 10^{-6}\times T^2-1.87\times 10^{-5}\times T)$$
$$\times(1-2.4\times 10^{-6}\times p-1.4\times 10^{-5}\times T+0.0047)\times 62.4]$$
$$=10\exp[(3.05\times 10^{-7}\times 100000+1.795)/(1+1.063\times 10^{-6}\times 210^2-1.87\times 10^{-5}\times 210)$$
$$\times(1-2.4\times 10^{-6}\times 1710-1.4\times 10^{-5}\times 210+0.0047)\times 62.4]$$
$$=1.04$$

对该井曲线读值，结果列于表 7-4。

表 7-4　生产测井数据工作报表

<table>
<tr><td rowspan="8">深度
10830ft</td><td colspan="4">$\gamma_g=0.68$
矿化度=100000mg/L</td><td colspan="4">$d_w=1.03\text{g/cm}^3$</td><td colspan="3">$d_g=0.08\text{g/cm}^3$
$B_g=1.817$
$Z=0.92$</td></tr>
<tr><td>测井图格</td><td>2.3</td><td>7.7</td><td>3.2</td><td>5.9</td><td>3.6</td><td>5.2</td><td>4.2</td><td>5.9</td><td>3.7</td><td>CPS</td></tr>
<tr><td>电缆速度</td><td>80</td><td>−80</td><td>60</td><td>−60</td><td>40</td><td>−40</td><td>20</td><td>−20</td><td>0</td><td>29.6</td></tr>
<tr><td>温度，°F</td><td colspan="2">210</td><td colspan="2">压力，psi</td><td colspan="2">1710</td><td colspan="2">管子常数 P_c</td><td colspan="2">33.025</td></tr>
<tr><td colspan="3">$v_a=142\text{ft/min}$</td><td>斜率</td><td colspan="2">30.7</td><td colspan="3">密度，g/cm³</td><td colspan="2">0.45</td></tr>
<tr><td colspan="5">$Y_g=0.61$</td><td colspan="6">$Y_w=0.39$</td></tr>
<tr><td colspan="4">$v_m=142/1.95=72.8\text{ft/min}$</td><td colspan="4">$v_w=14.3\text{ft/min}$</td><td colspan="3">$v_g=58.5\text{ft/min}$</td></tr>
<tr><td colspan="4">BFPD=2404</td><td colspan="4">BGPD=1932</td><td colspan="3">BWPD=472</td></tr>
</table>

续表

<table>
<tr><td rowspan="7">深度
10865ft</td><td>测井图格</td><td>-1.8</td><td>4.7</td><td>-0.3</td><td>2.4</td><td>0</td><td>3.0</td><td>1.0</td><td>3.0</td><td>2.0</td><td>CPS</td><td></td></tr>
<tr><td>电缆速度</td><td>80</td><td>-80</td><td>60</td><td>-60</td><td>40</td><td>-40</td><td>20</td><td>-20</td><td>0</td><td>16</td><td></td></tr>
<tr><td>温度,°F</td><td colspan="2">210</td><td colspan="2">压力，psi</td><td colspan="2">1710</td><td colspan="2">管子常数 P_c</td><td colspan="3">33.025</td></tr>
<tr><td colspan="2">$v_a=39.8$ft/min</td><td colspan="2">斜率</td><td>26</td><td colspan="3">密度，g/cm^3</td><td colspan="4">0.7</td></tr>
<tr><td colspan="6">$Y_g=0.35$</td><td colspan="6">$Y_w=0.65$</td></tr>
<tr><td colspan="5">$v_m=40/1.55=25.7$ ft/min</td><td colspan="4">$v_w=10.7$ ft/min</td><td colspan="3">$v_g=15$ ft/min</td></tr>
<tr><td colspan="5">BFPD=849</td><td colspan="4">BGPD=496</td><td colspan="3">BWPD=353</td></tr>
</table>

对表7-4中的流量测量结果作交会图(图7-22)，得到10830ft、10865ft两个深度处视流体速度分别为142ft/min和40ft/min，Y_w 分别为

$$Y_w=\frac{0.45-0.08}{1.04-0.08}=0.39$$

$$Y_w=\frac{0.7-0.08}{1.04-0.08}=0.65$$

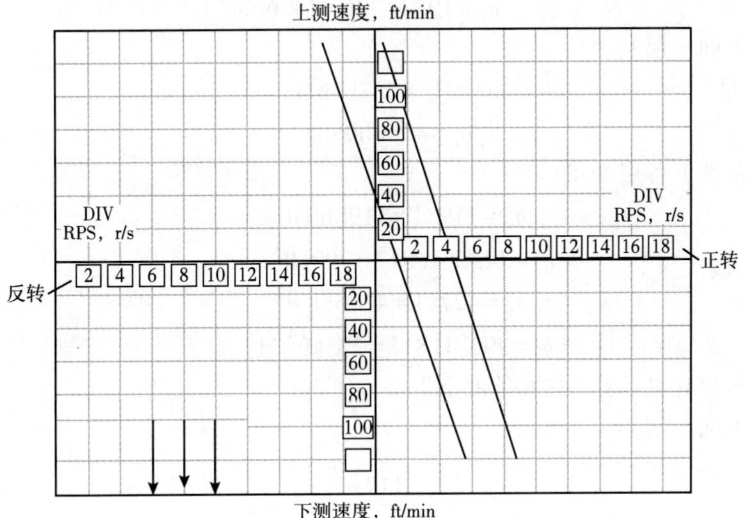

图7-22　高分辨率涡轮流量计测井数据交会图

图7-22中的RPS用图格表示(1图格=8RPS)。

下面以10865ft的取值为例说明相应的解释过程。

(1)把 $Y_w=0.6$ 和CPS=16代入图7-19，该交点落在0ft/min和14.2ft/min两条曲线之间，因此，采用0ft/min代入图7-20和图7-21。

(2)用 $Y_w=0.6$ 代入图7-20与0ft/min曲线相交得：

$$v_a/v_m=1.55$$

$$v_m=39.8/1.55=25.7\text{ft/min}$$

(3)用 $Y_w=0.65$ 和 $v_m=25.7$ft/min代入图7-21，用内插方法得：

$$v_{sw}=\frac{\lg 25.7-\lg 8.4}{\lg 37-\lg 8.4}\times 14.2=10.7\text{ft/min}$$

$$v_{sg}=25.7-10.7=15\text{ft/min}$$

(4)计算 P_c。

$$P_c=\frac{1}{4}\pi D^2-0.2541=\frac{1}{4}\pi\times 4.892^2-0.254=33.025\text{bbl/d}\cdot(\text{ft/min})^{-1}$$

(5)计算 Q_w、Q_g。

$$Q_w=33.025\times 10.7=353\text{bbl/d}$$

$$Q_g=33.025\times 15=496\text{kft}^3/\text{d}$$

对于另一深度点，重复计算可以得到：

$$\frac{v_a}{v_m}=1.95,\ v_{sw}=14.3\text{ft/min},\ v_{sg}=58.5\text{ft/min},\ Q_w=472\text{bbl/d},\ Q_g=1932\text{bbl/d}$$

(6)各解释层的产量。

第一层(上面一层)：

产水量 $q_w=472-353=119\text{bbl/d}$

产气量 $q_g=1932-496=1436\text{bbl/d}$

第二层(下面一层)：

产水量 $q_w=Q_w=353\text{bbl/d}$

产气量 $q_g=496\text{bbl/d}$

(7)地面条件下各层产量：

第一层 $q'_w=119/1=119\text{bbl/d}$

$q'_g=1436/1.817=790\text{kft}^3/\text{d}$

第二层 $q'_w=427/1=427\text{bbl/d}$

$q'_g=496/1.817=273\text{kft}^3/\text{d}$

(8)产层各相含量计算(井底条件下)。

第一层(上面一层)：

产水率 $$C_{pw}=\frac{119}{119+1436}=7.6\%$$

产气率 $$C_{pg}=\frac{1436}{119+1436}=92.4\%$$

第二层(下面一层)：

产水率 $$C_{pw}=\frac{353}{353+496}=41.6\%$$

产气率 $$C_{pg}=\frac{496}{353+496}=58.4\%$$

(9)成果图绘制。

利用所得到的 q_w、q_g、Q_w、Q_g 可绘制出如图 7-23 所示的气水产出剖面成果。图中第 1

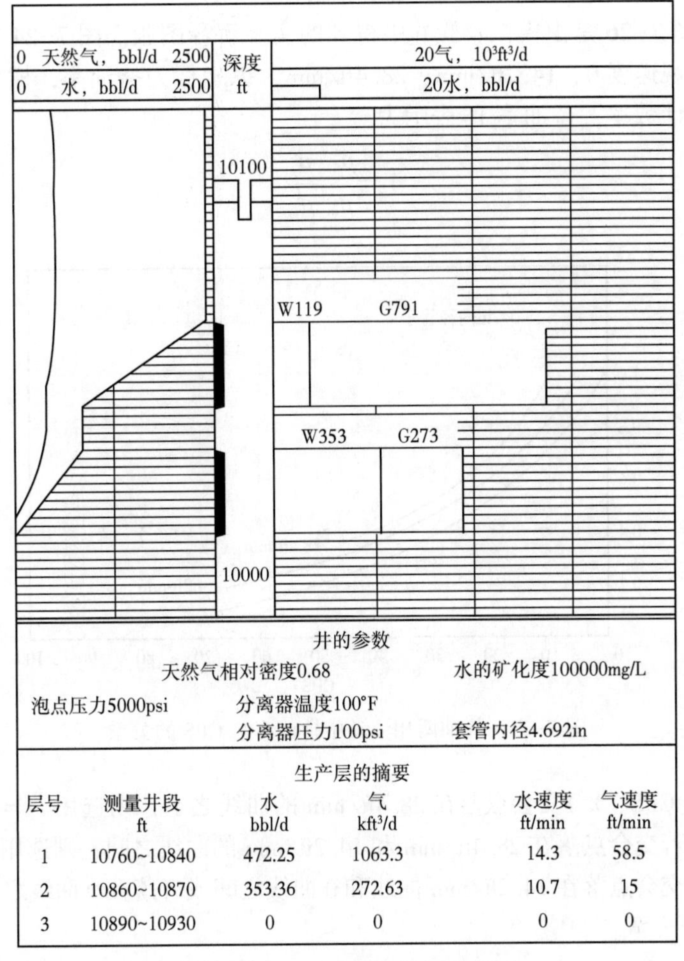

层号	测量井段 ft	水 bbl/d	气 kft³/d	水速度 ft/min	气速度 ft/min
1	10760~10840	472.25	1063.3	14.3	58.5
2	10860~10870	353.36	272.63	10.7	15
3	10890~10930	0	0	0	0

图 7-23　气水井的生产剖面实例

道(左侧)显示 Q_g、Q_w 曲线，在射孔层处用斜线表示，该道中有两条折线，第 1 条是 Q_w 曲线，第 2 条是Q_w+Q_g曲线，这两条曲线表示井筒中气水流量的大小；第 3 道(右侧)是 q_w、q_g 曲线，曲线所围成的面积或幅度的大小表示产水量和产气量。如果需要，还可以把原始曲线列入图中。成果图直观显示出了两个射孔层(产层)的产气情况，油气田管理人员利用这一剖面可以掌握这两个产层的生产情况及开采动态，以便对该气层进行有效可靠的管理。另外，可以把定量计算结果与原始测井曲线图(图 7-2)进行对比，两者显示基本吻合，图 7-2 显示上一射孔层的下部有流体产出，流体密度由 0.7g/cm³ 下降到 0.45g/cm³，说明有气体产出；下面一射孔层下部涡轮转数升高、流体密度由 1g/cm³ 下降到 0.7g/cm³ 说明有气体产出，且两个射孔层都是下部产出，其他部位可能是不生产，或者是未射开，这需要用工程测井进一步证实。图 7-23 的定量计算表明两个层都有气体产出，同时伴有水产出，上面一层主要产气，下面一层主要产水。

三、油气两相流动

油气两相流动的测量与解释和气水两相流动相似，测井时采用涡轮流量计、流体密度计、井温仪和压力计即可。由于气与油的介电常数近似相等，所以电容响应输出频率大致相同，因此油气两相流动测量中，不采用电容法含水率计。

图 7-24 至图 7-26 是由模拟实验井中得到的实验解释图版。图 7-24 有三条曲线，分别对应于油相表观速度 0、14. 2ft/min、28. 4ft/min，纵坐标为持油率，横坐标为解释层涡轮流量计的定点计数率，持油率 Y_o 表示为

$$Y_o=\frac{\rho_m-\rho_g}{\rho_o-\rho_g}$$

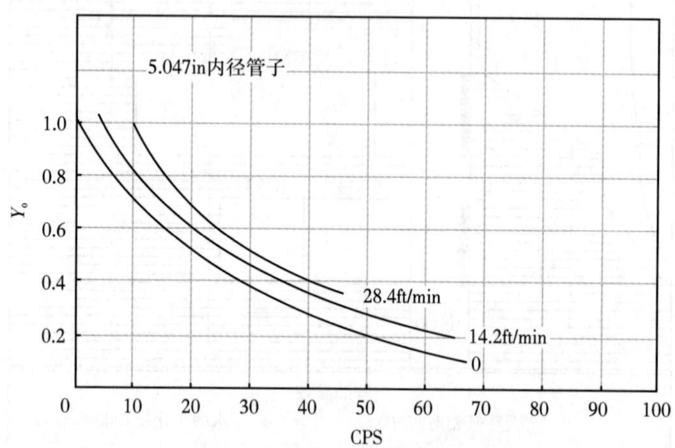

图 7-24 气油两相流动中持油率与 CPS 的关系

应用时，若(CPS、Y_o)交会点落在 28. 4ft/min 的曲线之上，则选用 v_{so} = 28. 4ft/min 的曲线代入图 7-25；若交会点落在 28. 4ft/min 和 14. 2ft/min 的曲线之间，则选用 v_{so} = 14. 2 ft/min 代入图 7-25；若交会点落在 14. 2ft/min 曲线和 0 曲线之间或者落在 0 曲线之下，则选用 v_{so} = 0 代入图 7-25。

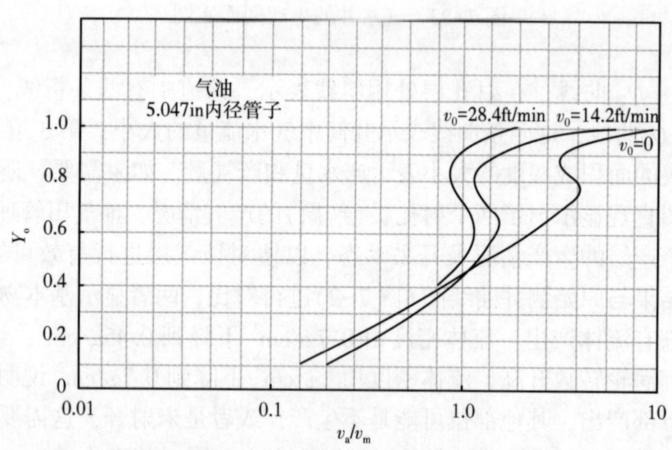

图 7-25 气油两相流动中持油率与 v_a/v_m 的关系

v_{so} 选定后，代入图 7-25，从 Y_o 处作水平线与选定的 v_{so} 线相交，读取对应的横坐标 v_a/v_m ($1/C_v$)，并由此得到 $v_m=C_v v_a$。

v_m 得到之后，代入图 7-26，用(v_m，Y_o)作交会点，然后采用与气水两相流动相似的

内插或外插方法求取 v_{so}、v_{sg} 及 Q_o、Q_g、q_o、q_g、q_o'、q_g'，最后作出相应的成果图。

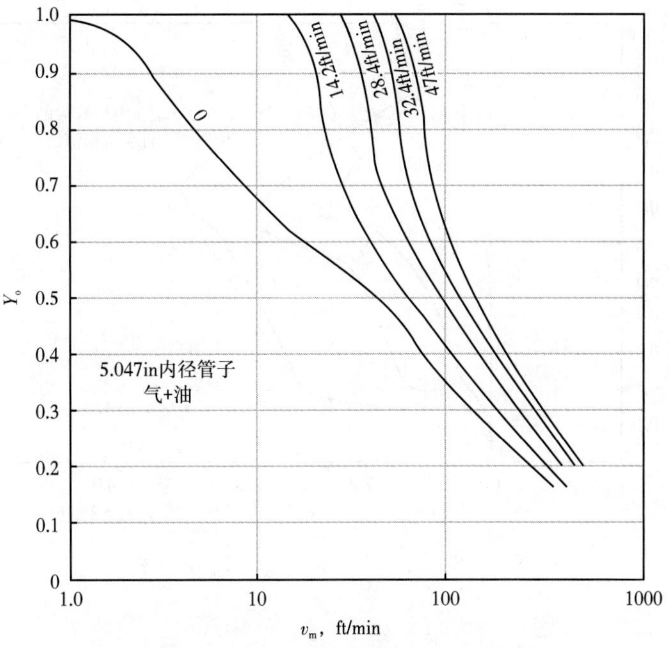

图 7-26　气油两相流动中持油率与 v_m 的关系

与气水两相流动不同的是，图 7-26 中有五条曲线，分别对应于油相表观速度为 0、14.2ft/min、28.4ft/min、32.4ft/min 和 47ft/min。

四、油水两相流动

确定油水两相流动产出剖面所需的测井项目通常应包括流量、含水、流体密度、压力和井温五个参数，由于油与水的密度相近，用密度资料识别持水率的分辨率降低，所以通常不测流体密度。

DDL 型系列仪器的油水两相流动资料处理模拟井实验图版如图 7-27 至图 7-29所示。

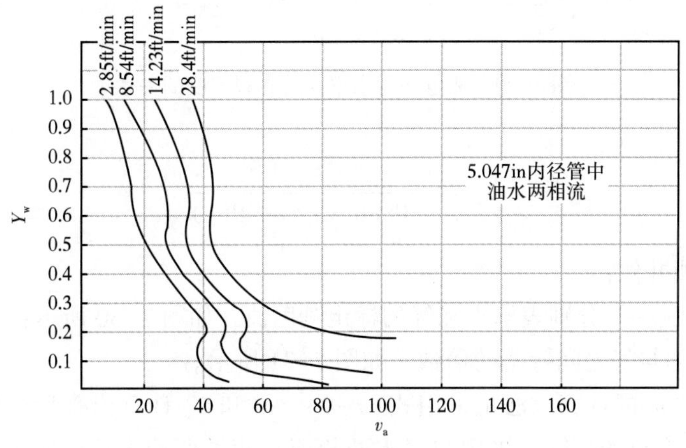

图 7-27　水的拟表观速度的选择

图 7-27 中横坐标为视流体速度 v_a，纵坐标为持水率 Y_w，Y_w 的计算方法为

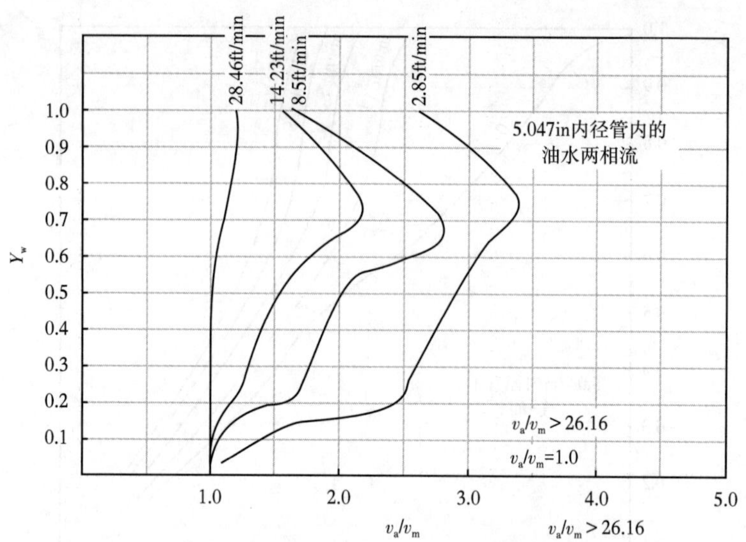

图 7-28　测量的持水率与 v_a/v_m 的关系

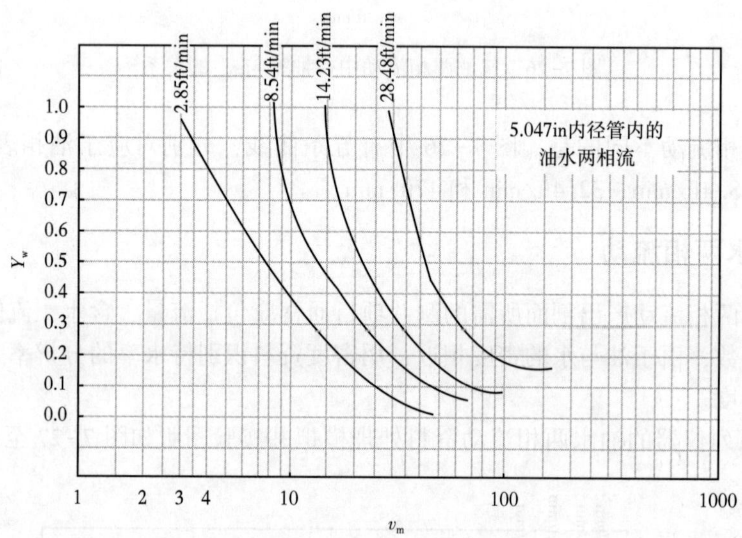

图 7-29　测量的持水率与总表观速度的关系

$$Y_w = 1 - \frac{CPS - CPS_w}{0.86(CPS_g - CPS_w)} \tag{7-69}$$

式中　CPS——测井值；

CPS_w、CPS_g——分别表示水和气的标定刻度值，如图 7-30 所示；

0.86——油与气之间持率的倍数，如图 7-31 所示。

图 7-27 中的 v_a 的计算方法是采用式(7-9)。v_a 和 Y_w 计算出来后，用(v_a、Y_w)代入图 7-27，根据交会点的位置，采用与气水两相流动相类似的方法确定水相表观速度，即交会点落在 28.4ft/min 的曲线上方，水相表观速度选为 28.4ft/min；落在 28.4ft/min 和

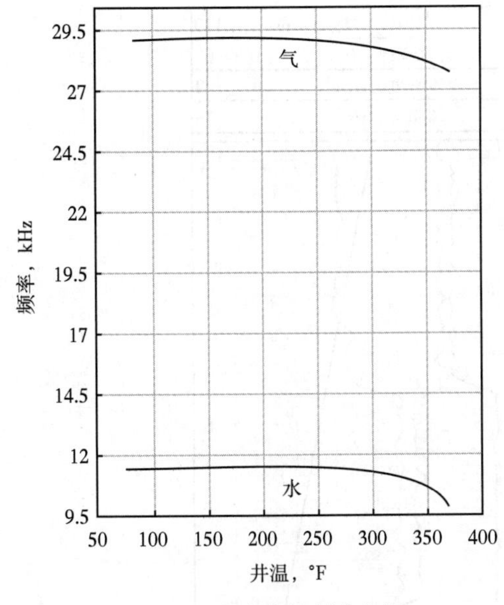

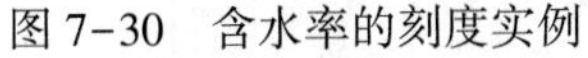
图 7-30　含水率的刻度实例

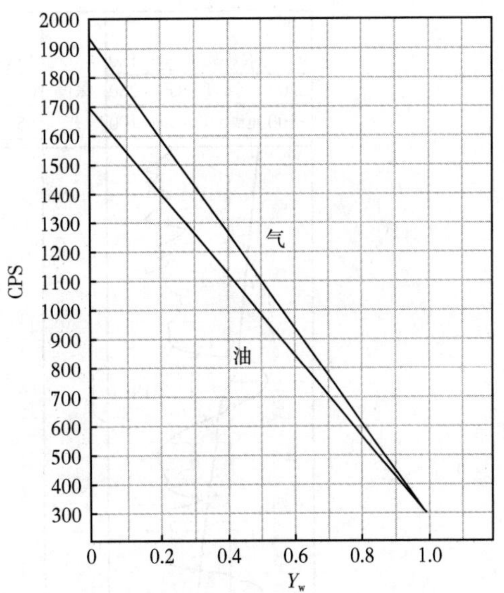

图 7-31　含水率响应频率与持水率的关系

14. 23ft/min 曲线之间时，水相表观速度选 14. 23ft/min；落在 14. 23ft/min 和 8. 54ft/min 曲线之间时，水相表观速度选为 8. 54ft/min；落在 3. 85ft/min 和 8. 54ft/min 之间或者落在 3. 85ft/min 之下时，水相表观速度选为 3. 85ft/min。

水相表观速度确定后，代入图 7-28，用 Y_w 作水平线与所选定的水相表观速度曲线相交，通过交点作垂线，在横坐标上得到：

$$v_m = C_v v_a$$

v_m (v_t)确定后，用(v_m、Y_w)代入图 7-29，作水平线，利用与式(7-64)至式(7-68)类似的方法确定 v_{sw}、v_{so}、Q_w、Q_o。

归纳起来，DDL 型仪器油水两相流动解释步骤为：

(1)曲线定性分析；

(2)曲线数字化、并作 RPS—v_l 交会图，计算 v_a；

(3)计算 Y_o、Y_w；

(4)利用图 7-27 至图 7-29 计算水相的、油相的表观速度；

(5)计算管子常数及解释层的流量；

(6)对于每一个解释层，重复步骤(1)至步骤(5)；

(7)计算分层产量。

图 7-32 是一口油水自喷井的测井实例，该井套管内径为 4. 95in，外径为 5. 5in，所产气的相对密度为 0. 56，原油密度为 36°API，分离器的温度为 83℉，分离器压力为 105psi，泡点压力为 4970psi，水的矿化度为 85000mg/L，解释层划分为两个，深度分别为 10280ft 和 10320ft。

表 7-5 列出了各解释层的测井数据和解释层数据。在 10210ft 处，持水率 Y_w 表示为

$$Y_w = 1 - \frac{23500-16800}{0.86 \times (27100-16800)} = 0.24$$

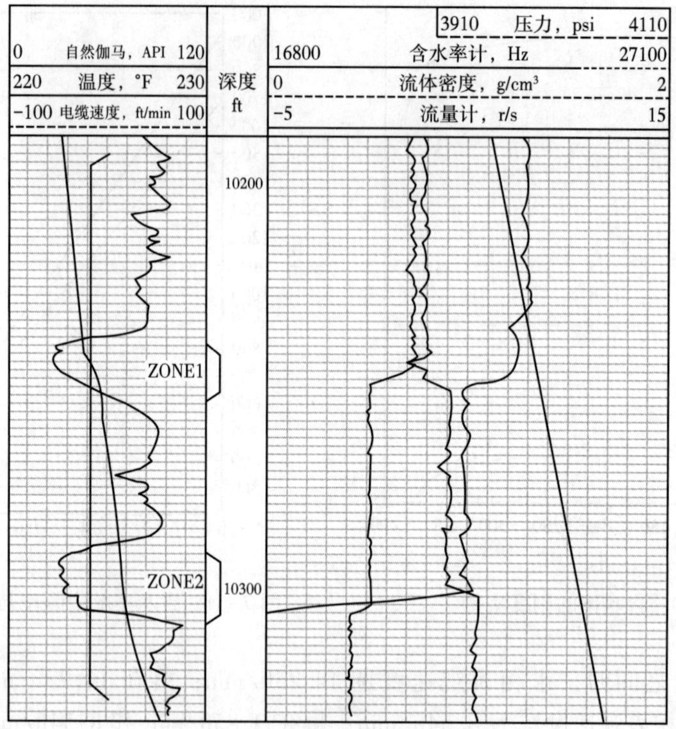

图 7-32 油水两相测井曲线

表 7-5 生产测井数据表

参数	$\gamma_g=0.56$				$p_b=4970$psi				$d_o=0.647\text{g/cm}^3$		
	$\gamma_{API}=36°$API				$p_s=105$psi				$B_o=1.43$		
	矿化度=85000mg/L				$T_s=83°$F				$R_s=655$		
					$d_w=1.02\text{g/cm}^3$				$I_D=4.95$in		
10210ft	转速，r/s	-0.8	5.5	0.1	4.5	0.5	3.8	1.6	3.1	2.6	CPS
	电缆速度，ft/min	80	-80	60	-60	40	-40	20	-20	0	20.8
	含水率计 $CPS_{测井}=23500$，$CPS_{水}=16800$，$CPS_{气}=27100$										
	$v_a=59.6$ft/min，温度 223°F，压力 3950psi，管子常数 33.823										
	$Y_{sw}=0.24$，$Y_{so}=0.76$										
	$v_m=59.6/1.25=47.7$ft/min，$v_{sw}=19.3$ft/min，$v_{so}=28.4$ft/min										
	BFPD=1613.4，BOPD=960.6，BWPD=652.8										
10280ft	转数，r/s	-2.2	3.8	-1.5	3.0	-0.6	2.3	-0.1	1.5	1.0	CPS
	电缆速度，ft/min	80	-80	60	-60	40	-40	20	-20	0	8
	含水率计 $CPS_{测井}=21847$，管子常数 33.823										
	$v_a=21.3$ft/min，温度 225°F，压力 4000psi										
	$Y_{sw}=0.43$，$Y_{so}=0.57$										
	$v_m=21.3/2.79=7.6$ft/min，$v_{sw}=0$										
	BFPD=257，BOPD=257										
10320ft	转数，r/s	-2.8	3.0	-2.2	2.1	-1.5	1.6	-0.6	0.6	0	
	电缆速度，ft/min	80	-80	60	-60	40	-40	20	-20	0	
	$v_a=0$，$CPS_{测井}=16800$										

$$\gamma'_g=\gamma_g[1+0.5912\text{API}\times T_{sc}\lg\frac{p_{sc}}{114.7}\times10^{-4}]$$

$$=0.56\times[1+0.5912\times36\times83\times\lg\frac{105}{114.7}\times10^{-4}]=0.56$$

$$R_s=[(\gamma'_g\times P^{1.0937})/27.64]\times10^{10.393\times[36/(223+460)]}$$

$$=655\text{ft}^3/\text{bbl}$$

$$B_o=1+(0.0004677R_s)+0.000011\times\frac{(T-60)\text{API}}{\gamma_g}+[0.1337\times10^{-8}R_s$$

$$\times\frac{(T-60)\text{API}}{\gamma_g}]=1+(4.677\times10^{-4}\times655)+(1.1\times10^{-5}\times10478)$$

$$+(0.1337\times10^{-8}\times655\times10478)=1.43$$

用交会图法计算出该层的 v_a 为 59.6ft/min，将(59.6，0.24)代入图 7-27，交点落在 14.23ft/min 和 28.46ft/min 曲线之间，用 14.23ft/min 曲线表示水的表观速度曲线。用 Y_w = 0.24ft/min 和 14.23ft/min 的曲线代入图 7-28 得到：

$$C_v=1/1.25$$

$$v_m=59.6/1.25=47.7\text{ft/min}$$

用资料点(47.7，0.24)代入图 7-29，交会点落在 14.23ft/min 和 28.48ft/min 曲线之间，用内插法得到水的表观速度：

$$v_{sw}=\frac{\lg47.7-\lg38}{\lg72-\lg38}\times(28.48-14.23)+14.23=19.3\text{ft/min}$$

$$v_{so}=47.7-19.3=28.4\text{ft/min}$$

$$P_c=\frac{1}{4}\pi(4.95^2-0.254)\times1.7811=33.823$$

$$Q_w=19.3\times33.823=652.8\text{bbl/d}$$

$$Q_o=28.4\times33.823=960.6\text{bbl/d}$$

同理可得下面解释层油水的流量分别为

$$Q'_w=0,\quad Q'_o=257\text{bbl/d}$$

所以第一个产层的产水量、产油量为

$$q_w=652.8-0=652.8\text{bbl/d},\quad q_o=960.6-257=703.6\text{bbl/d}$$

第二个产层的产水量、产油量为

$$q'_w=0,\quad q'_o=257\text{bbl/d}$$

换算到地面条件下时，

$$q_w=652.8/1=652.8\text{bbl/d},\quad q_o=703.6/14.3=492\text{bbl/d}$$

$$q'_w=0,\quad q'_o=257/1.43\text{bbl/d}$$

五、油气水三相流动

DDL 型产出剖面解释模型目前还没有直接计算油、气、水各相流量的解释图版，处理方法是将油气水三相流动看作是气液两相流动，然后采用加权平均方法计算出油气水各自的流量。具体方法是首先把油看作为水，按气水两相流动的图版进行解释，然后再把水看作油，按气油两相流动的图版进行解释，最后把气水、气油两相流动的解释结果进行加权平均处理。

1. 两相流动校正

首先假定油气水三相流动中的液体（油、水）为水（$Y_l=Y_w$），此时根据图 7-19 至图 7-21、可以求出 v_m 和 v_{sw}，求出的 v_{sw} 即为液体全为水时的液相表观速度，用 v_{lw} 表示，此时，v_m 用 v_{tw} 表示。

同样，假定油气水三相流动中的液体（油、水）全为油（$Y_l=Y_o$），此时利用图 7-24 至图 7-26 可以求出 v_{to} 和 v_{lo}。

v_{tw}、v_{to}、v_{lw}、v_{lo} 求出后，在 v_{tw} 和 v_{to} 之间用 Y_w/Y_l 内插求出 v_m，在 v_{lw} 和 v_{lo} 之间内插求出 v_l。v_m、v_l 求出后，气的表观速度 v_{sg} 表示为

$$v_{sg}=v_t-v_l$$

用 v_l 和 Y_w 代入图 7-33 中可以求出 v_l 中水的百分含量，即 v_{sw}/v_l，这样就可以求出 v_{sw}，所以

$$v_{so}=v_l-v_{sw}$$

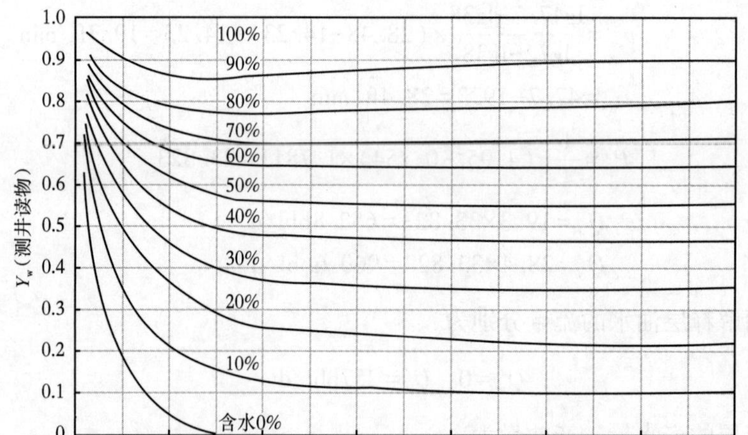

图 7-33　5½~9⅝in 套管中含水率计刻度图版

以上是 DDL 型生产测井仪器三相流动产出剖面解释的思路，具体计算方法如下。

2. 计算方法

（1）计算油气水的物性参数 ρ_o、ρ_g、ρ_w、B_o、B_g、B_w。

（2）计算 v_a 及 RPS 和电缆速度交会线的斜率。

（3）计算 Y_{wl}。

利用含水率测井图上的油水刻度求 Y_{w1}：

$$Y_g=\frac{CPS-CPS_w}{CPS_g-CPS_w}$$

$$Y_o=Y_g/0.86$$

$$Y_{w1}=1-Y_o$$

$$Y_{gl}=\frac{\rho_o-\rho_m+\rho_w Y_{w1}-\rho_o Y_{w1}}{\rho_o-\rho_g}$$

(4)利用含水率测井图上的气水刻度求 Y_{w2}。

(5) $Y_{w2}=1-Y_g$，$Y_w=(Y_{w2}-Y_{w1})Y_{gl}+Y_{w1}$。

(6) $Y_g=\dfrac{\rho_m-\rho_w Y_w+\rho_o Y_w-\rho_o}{\rho_g-\rho_o}$。

(7) $Y_o=1-Y_g-Y_w$。

(8) $Y_1=Y_o+Y_w$ 或 $Y_1=1-Y_g$。

(9)用 CPS 和 Y_1 代入图 7-19 确定是使用 0 曲线还是使用 14.2ft/min 曲线。

(10)在图 7-20 中，用 Y_1 和对应曲线确定 v_a/v_{tw}，$v_{tw}=v_a/(v_a/v_{tw})$。

(11)在图 7-21 中，用 Y_1 和 v_{tw} 确定 v_{lw}。

(12)利用油气两相流动解释图版中的图 7-24 确定是使用 0 曲线还是 14.2ft/min 曲线，代入值为 CPS 和 Y_1。

(13)利用图 7-25 确定 v_a/v_{to}，计算 $v_{to}=v_a/(v_a/v_{to})$。

(14)利用图 7-26，代入 Y_1 和 v_{to} 确定 v_{lo}。

(15)计算 $v_m=v_{to}-\dfrac{Y_w}{Y_1}(v_{to}-v_{tw})$。

(16)计算 $v_1=v_{lo}-\dfrac{Y_w}{Y_1}(v_{lo}-v_{lw})$。

(17) $Q_m=P_c v_m$、$Q_1=P_c v_1$。

(18)用图 7-33，代入 v_1 和 Y_w，计算液相中的含水率 C_w。

(19) $Q_w=Q_1 C_w$，$Q_o=Q_1-Q_w$。

(20)对所有深度重复以上步骤。

3. 应用实例

该例原始测井图如图 2-27 所示，是一口三相流动井的测井实例，该井的射孔层段有两层，第一层深度分布在 5502~5514ft 之间，第二层的深度分布在 5581~5588ft 之间，解释层段的深度分别为 5480ft 和 5550ft，生产套管内径为 3.068in。油气水物性参数输入参数为：$\gamma_g=0.75$，$\gamma_{API}=29°API$，矿化度=160000mg/L，$p_b=3694psi$，$T_{sc}=100°F$，$p_{sc}=100psi$。

图 2-27 显示两个射孔层均有气体产出，持水率曲线显示有烃类产出，密度曲线显示两层都有气体产出，井温曲线在上部射孔层处有异常显示，说明产气量较大，在下部射孔层处，温度曲线异常幅度较小，说明产气量较小。

从测井曲线上读取的数据及解释结果见表 7-6。

利用输入参数计算所得的油气水物性参数为：$Z=0.84$，$\rho_g=0.05\text{g/cm}^3$，$B_g=3.73\text{bbl/kft}^3$，$\rho_w=1.07\text{g/cm}^3$，$R_s=131\text{ft}^3/\text{bbl}$，$B_o=1.17$，$\rho_o=0.81\ \text{g/cm}^3$。

表 7-6　测井数据表

测井图格	0.3	12.8	0.8	12.2	4.5	10.3	5.0	8.5	6.5	CPS
电缆速度，ft/min	80	−80	60	−60	40	−40	20	−20	0	52
温度 236℉		压力 885psi					$P_c=21.929$			
$v_a=80.4\text{ft/min}$	$\rho_m=0.4\text{g/cm}^3$			$Y_l=0.38$			$S_{wc}=0.20$			
$v_{lw}=18.6\text{ft/min}$	$Y_g=0.62$			$v_{lo}=30\text{ft/min}$			$Y_o=0.13$			
$v_{to}=126\text{ft/min}$	$v_l=22.5\text{ft/min}$　$v_{tw}=62\text{ft/min}$　$Y_w=0.25$						$v_t=83\text{ft/min}$			
$Y_w/Y_l=0.66$	$Q_g=1327\text{bbl/d}$　$Q_o=394\text{bbl/d}$						$Q_w=99\text{bbl/d}$			
测井图格	-4.9	8.4	-2.6	6.3	-2.1	4.8	-0.6	3.4	0.8	CPS
电缆速度，ft/min	80	−80	60	−60	40	−40	20	−20	0	6.4
温度 236℉		压力 885psi					$P_c=21.929$			
$v_a=18.2\text{ft/min}$	$\rho_m=0.78\text{g/cm}^3$			$Y_l=0.76$			$S_{wc}=0.49$			
$v_{lw}=13.3\text{ft/min}$	$Y_g=0.24$			$v_{lo}=0$			$Y_o=0.17$			
$v_{to}=6.1\text{ft/min}$	$v_l=10.3\text{ft/min}$　$v_{tw}=14.6\text{ft/min}$　$Y_w=0.59$						$v_t=12.6\text{ft/min}$			
$Y_w/Y_l=0.79$	$Q_g=50\text{bbl/d}$　$Q_o=116\text{bbl/d}$						$Q_w=110\text{bbl/d}$			

由持水率数据得出：

$$Y_{w1}=0.2$$

$$Y_{w2}=0.29$$

$$Y_{gl}=\frac{0.4-(1.07\times0.2)+0.81\times0.2-0.81}{0.05-0.81}=0.6$$

$$Y_w=(0.29-0.2)\times0.6+0.2=0.25$$

$$Y_g=\frac{0.4-(1.07\times0.25)+0.81\times0.25-0.81}{0.05-0.81}=0.62$$

$$Y_o=1-0.25-0.62=0.13$$

$$Y_l=0.25+0.13=0.38$$

用 $Y_l=0.38$、CPS=52 代入图 7-19，交会点在 14.2ft/min 曲线上方。采用 14.2ft/min 曲线在图 7-20 中得到 $v_a/v_{tw}=1.3$，$v_{tw}=80.4/1.3=61.8\text{ft/min}$。$v_a$ 由交会图计算得到，数值为 80.4ft/min。

在图 7-21 中，用 $Y_l=0.38$ 和 $v_{tw}=61.8\text{ft/min}$ 代入，数据点落在 0ft/min 和 14.2 ft/min曲线之间，由此得到的液体速度计算如下：

$$v_{lw}=\frac{\lg62-\lg25}{\lg73-\lg25}\times14.2=12\text{ft/min}$$

用 $Y_l=0.38$ 和 CPS=52 代入油气两相图版（图 7-24、图 7-25）得到 $v_a/v_{to}=0.64$，所以

$$v_{to}=80.4/0.64=125.6\text{ft/min}$$

用 $Y_1=0.38$ 和 v_{to} 代入图 7-26，交会点落在 14.2ft/min 和 28.4ft/min 两条曲线之间，所以

$$v_{to}=\frac{\lg125.6-\lg115}{\lg150-\lg115}\times(28.4-14.2)+14.2=18.9\text{ft/min}$$

$$v_m=125.6-0.66\times(125.6-61.8)=83.6\text{ft/min}$$

$$v_1=18.9-0.66\times(18.9-12.0)=14.2\text{ft/min}$$

$$P_c=21.93$$

把 $Y_w=0.25$ 和 $v_1=14.1$ 代入图 7-33，交会点落在含水率分别为 10%和 20%的曲线之间，所以

$$C_w=\frac{0.25-0.155}{0.3-0.155}\times10+10=16.5\%$$

$$\begin{aligned}Q_1&=P_cv_1\\&=21.93\times14.3=314\text{bbl/d}\end{aligned}$$

$$Q_w=C_wQ_1=0.165\times314=52\text{bbl/d}$$

$$Q_o=Q_1-Q_w=314-52=262\text{bbl/d}$$

$$\begin{aligned}Q_g&=Q_m-Q_1\\&=P_cv_m-Q_1\\&=21.93\times83.6-314\\&=1519\text{bbl/d}\end{aligned}$$

重复以上步骤得到下面一层油气水的流量分别为

$$Q_o'=92\text{bbl/d},\ Q_g'=137\text{bbl/d},\ Q_w'=50\text{bbl/d}$$

所以上面生产层油气水的产量为

$$q_o=262-92=170\text{bbl/d}$$

$$q_g=1519-137=1382\text{bbl/d}$$

$$q_w=52-50=2\text{bbl/d}$$

下面一层油气水产量为

$$q_o'=Q_o'=92\text{bbl/d}$$

$$q_g'=Q_g'=137\text{bbl/d}$$

$$q_w'=Q_w'=50\text{bbl/d}$$

若要换算到地面状态，用 B_o、B_g、B_w 作换算即可。

DDL 型生产测井仪器及其相应的产出剖面解释方法，主要适用于自喷井及中高产井，由于采用的是图版解释方法，图版中试图用几条典型曲线反映井下复杂的流动情况，且制作这些图版的实验采用的介质是自来水（淡水）、柴油和空气，并在低温常压自喷状态条件下完成，因此与井下高温、高压条件下的流动状态有较大的差异，所以由这些解释方法得

到的解释结果不可避免地会产生一些误差。实际应用中应根据具体情况判别分析处理结果。

第三节　抽油机井油水两相流动

抽油机井油水两相流动生产井在我国油田上最为常见，主要特点是含水率高（通常大于80%）、产量偏低（产液量小于$40m^3/d$），同时抽油机的上下运动使测井曲线出现周期性波动。由于这一问题的普遍性和特殊性，本节主要讨论这类井的解释方法。

图7-34是抽油机井仪器下入测井示意图，仪器外径通常为25.4mm，通过油管和套管之间的环形空间下入目的射孔层段，通常采用集流定点方法进行测量，即在射孔层之间打开集流伞定点记录，然后收伞进入下一个测点，测点一般确定在两个射孔层之间及最上面一个射孔层的上部。

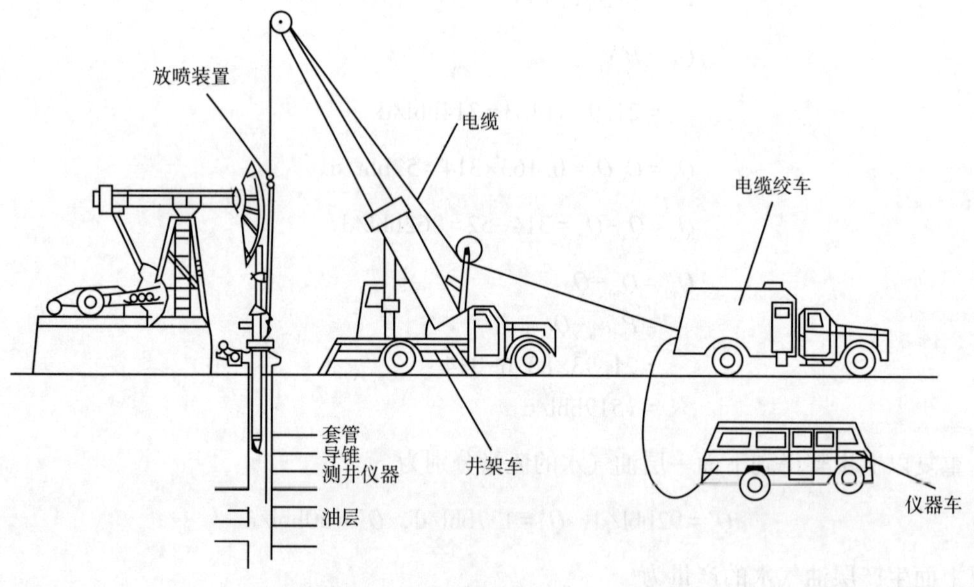

图7-34　过环空测井仪器下入示意图

图7-35是江汉油田采油工艺研究院生产的JLS-ϕ25分测仪结构原理示意图。该仪器主要用于抽油机井油水两相流动产出剖面定点测试。仪器由电缆头、接箍定位器、持水率仪、产量计和集流伞组成。持水率计为电容持水率计。流量计（产量计）采用涡轮方式测量，集流伞主要由动力部分、换向机构、伞、断电装置及电磁阀组成。动力部分包括加热器、膨胀液、柱塞等，用于撑伞和收伞的动力。换向机构用于改变伞的撑收状态；断电装置可以判断集流伞是否完成撑收动作。电磁阀的作用是防止下井过程中由于温度升高使伞撑开，仪器下井时电磁阀打开，撑伞时关闭。

图7-36和图7-37是仪器在油水两相流动模拟井中的实验图版。图7-36中横坐标为流量（Q_m），纵坐标为涡轮流量计的频率响应（f），流量小于$15m^3/d$时，曲线散射。低流量时，涡轮受到流体黏度影响较大，图版中用含水率体现出来。利用涡轮流量计频率计数在图中可以确定解释层的总流量。若总流量小于$15m^3/d$，则需要与图7-37结合起来，确定总流量及相应的含水率。

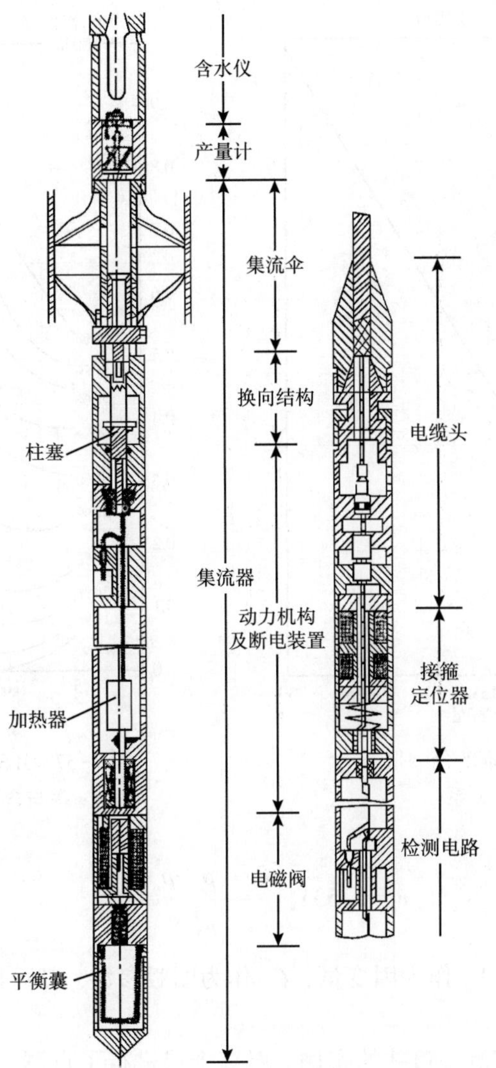

图 7-35　JLS-ϕ25 分测仪结构原理示意图

总流量确定出来后，利用图 7-37 可以确定出每一层的含水率。对于总流量小于 $15m^3/d$的情况，则应与图 7-36 结合采用迭代法求出相应的含水率。图 7-37 中，横坐标为总流量，图版参数为含水率，纵坐标是用线性刻度得到的持水率：

$$Y_w = \frac{CPS_o - CPS}{CPS_o - CPS_w} \tag{7-70}$$

式中　CPS_o、CPS_w、CPS——分别为持水率在油、水中的标定值和实际测量值。

查图版时，输入的涡轮流量频率响应值采用停抽法或平均法读取。对于不同的仪器，制作的图版不同，但在形状上相似。为了说明这一点，把油水两相流动滑脱速度重写如下：

$$Y_w = C_w + \frac{Y_w(1-Y_w)v_s P_c}{Q_m} \tag{7-71}$$

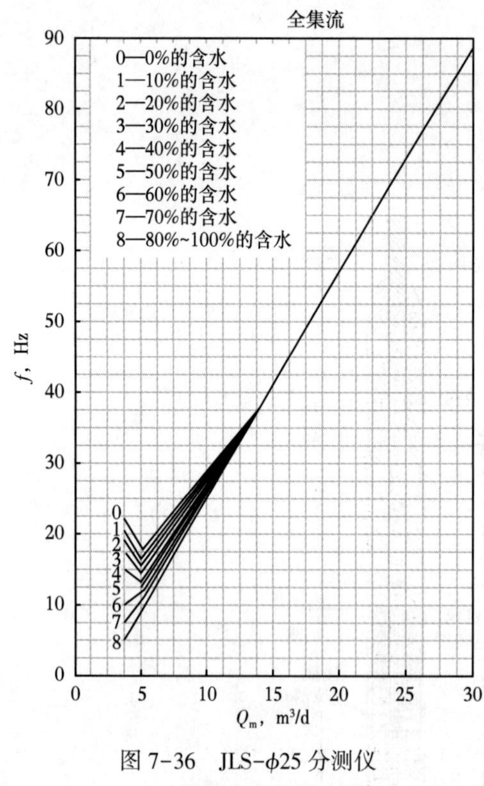

图 7-36 JLS-φ25 分测仪涡轮响应关系

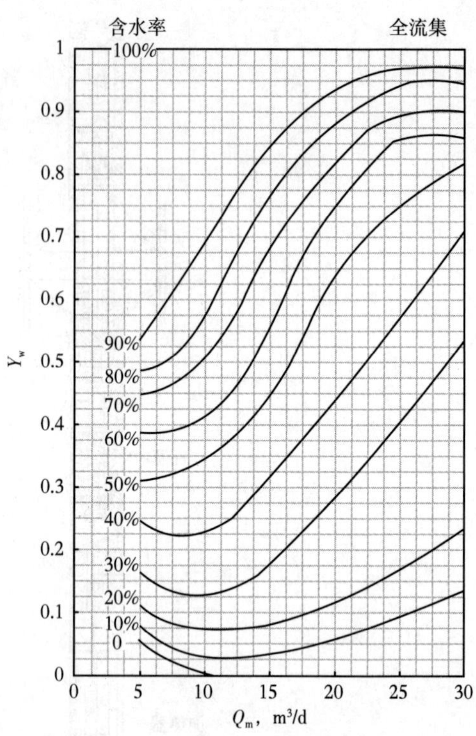

图 7-37 JLS-φ25 分测仪持水率与含水率的关系

$$v_s = 1.53 Y_w^n \left[\frac{\delta g \ (\rho_w - \rho_o)}{\rho_w^2} \right]^{0.25} \tag{7-72}$$

把 Q_m 作为自变量，Y_w 作为因变量，C_w 作为图版参数，就可以模拟出与图 7-37 在形状上相近的图版。

图 7-38 是该仪器实测一口井的实例。对三个层进行了点测，测井曲线随抽油泵作用上下振荡，解释读值采用面积法（也可采用停抽法、累计频率平均值法和曲线面积取值法），将曲线中两个波谷的顶点对时间坐标轴作垂线，计算此段曲线与时间轴所围绕的面积，量出两垂线的时间长度后，即可算出该面积的平均高度。由此高度可得出相应的流量频率值。各测点的读值见表 7-7。把读值代入图 7-36 和图 7-37 中可以得到相应射孔层的含水率和油水产量。

表 7-7 定点测量数据

产量频率，Hz	49	44	8
含水频率，kHz	3.1	3.3	5.5
含水指数	0.91	0.87	0.46
产液量，m³/d	71	65	6
含水率，%	80	79	30
产油量，m³/d	14.2	13.7	4.2
产水量，m³/d	56.8	51.3	1.8

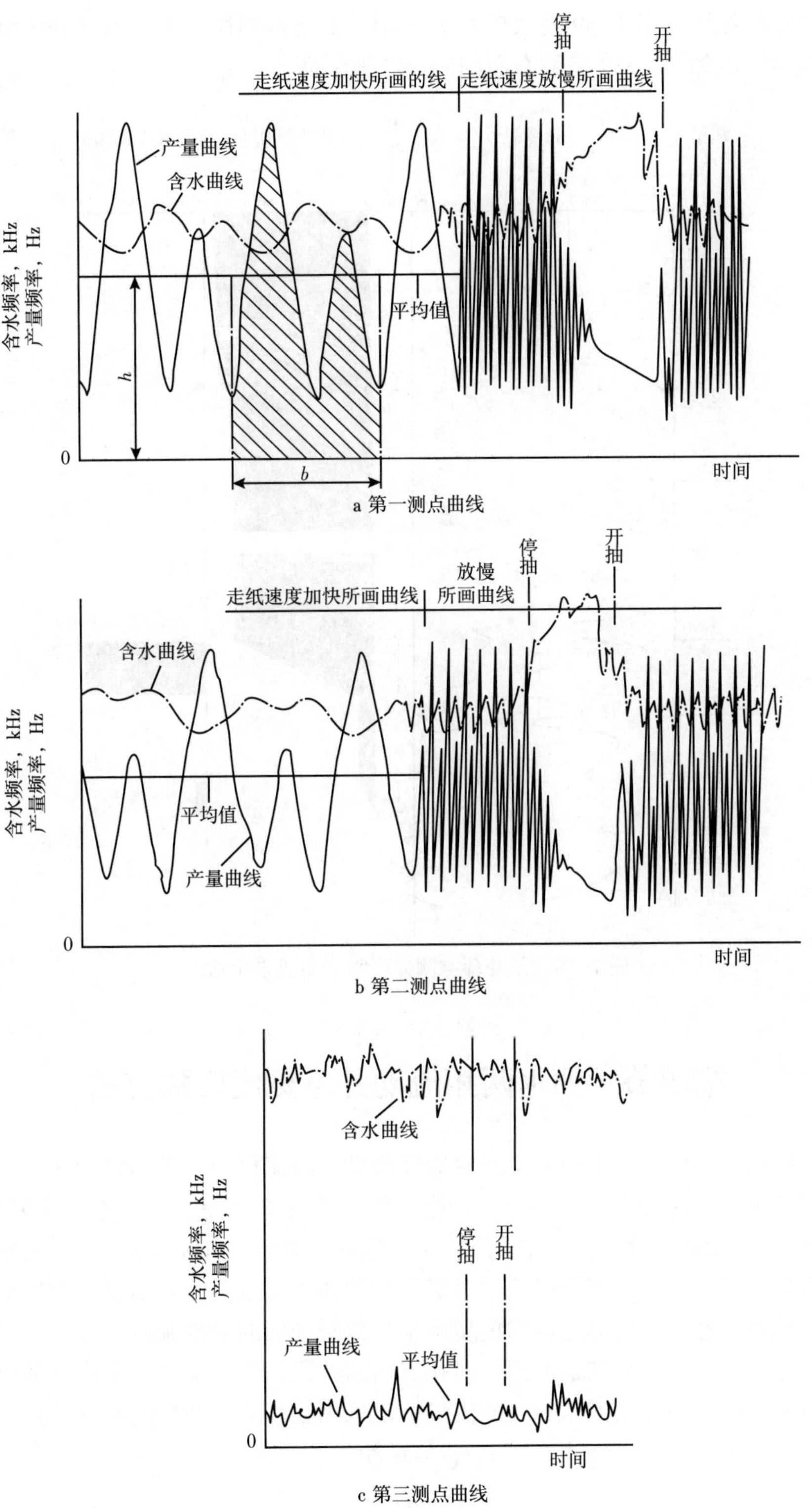

图 7-38　某井测点原始测井曲线

解释结果表明，三个层均见水，上面两个产水量为80%，下面一个层含水率较低。第二个层主要是产油层。图7-39是根据表7-6制作的解释图版。表7-7中的产油量、产水量数据递减后，得到图7-39中最右面的分层产液剖面。

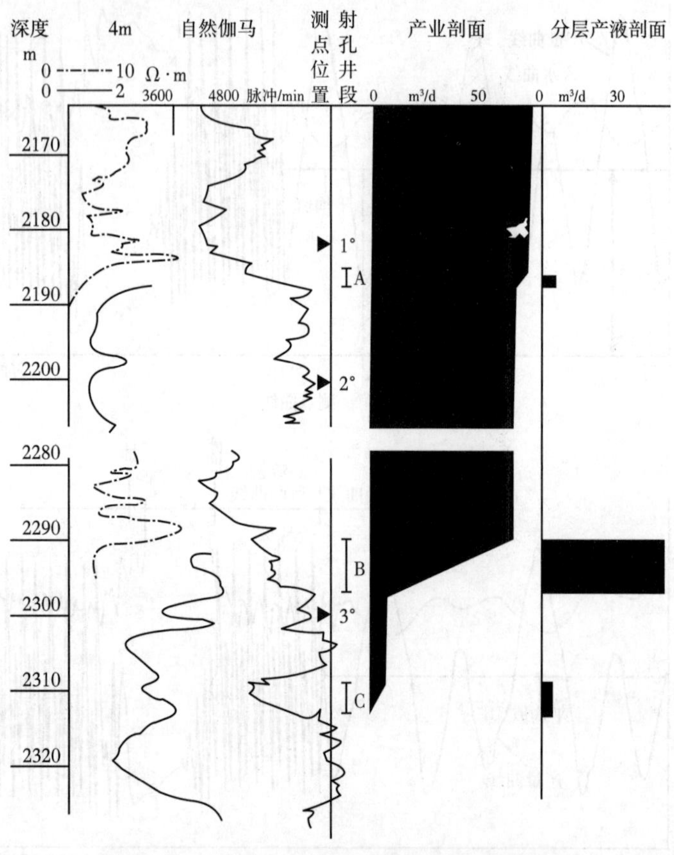

图7-39 某井环空测井产液剖面成果示意图

第四节 油水两相流动井下刻度解释方法

在实际应用过程中，无论是采用滑脱速度模型、漂流模型，还是采用实验图版解释方法，由于与实际井下井况有较大差异，均会产生一些计算误差。这些差异主要包括温度、压力、流体性质（黏度、密度、矿化度）、生产状况（抽油、自喷）等。为了消除实验及理论模型的差异，可以利用全流量层和零流层已知的油水流量和测井信息，对实验模型和理论模型进行标定，然后再用标定后的模型确定其他解释层的油水流量。

全流量层指介于油管鞋和最上面一射孔层间的井段，所有射孔层中产出的流体都要通过该层段流向地面，该层的油水和气的流量可以采用换算井口产量的办法得到：

$$Q_o = B_o Q_o'$$

$$Q_w = Q_w' B_w$$

$$Q_g = \left(R_p - R_s - \frac{Q_w R_{sw}}{Q_o}\right) Q_o$$

式中　Q_o、Q_g、Q_w——分别表示全流量层油、气、水的流量，两相流动中 Q_g 为 0。

零流量层指下面射孔层的下部井筒，也叫鼠洞或口袋，每一口井在钻达目的层段后，都要再钻几十米的深度，由于生产时该层没有流体流动，所以称为零流量层，生产过程中产层冲出的砂子和施工中下落的工具均可在零流量层中排除。由于油水重力分异的原因，零流量层通常被水填充，即持水率为 1。一般情况下该层水的性质与该井其他层水的性质相同。利用这一特点可以找出持水率为 1 时的刻度点。

井下刻度就是利用全流量层和零流量层的测井信息和已知的流量、持水率信息对流量计、持水率计及实验模型进行标定的方法。通过这一标定达到降低环境影响，提高解释精度的方法。

一、流量计井下刻度

1. 连续流量计速度剖面校正系数

速度剖面校正系数的确定是流量计校正要解决的主要问题。每个解释层的速度剖面校正系数用式(7-12)表示，这里重写为

$$C_{vi}=\frac{Re_i}{Re_{100}}C_{v100} \tag{7-73}$$

$$C_{v100}=\frac{v_{a100}P_c}{Q'_oB_o+Q'_gB_g+Q'_wB_w} \tag{7-74}$$

式中　v_a——涡轮转数与电缆速度交会所得的视流体速度；

C_{vi}——涡轮流量计的速度剖面校正系数。

2. 示踪流量计

对于示踪流量计，校正系数与式(7-73)和式(7-74)相同，不同的是 v_{a100} 应表示为

$$v_{a100}=\frac{\Delta H_{100}}{\Delta t_{100}} \tag{7-75}$$

式中　ΔH_{100}——全流量层中示踪峰值偏移的距离；

Δt_{100}——偏移 ΔH_{100} 所用的时间。

3. 集流式涡轮流量计

对于集流式流量计，若 RPS 与 Q 的响应关系为

$$\mathrm{RPS}=k(Q-Q_t) \tag{7-76}$$

在全流量层：

$$\mathrm{RPS}_{100}=k(Q_{100}-Q_t)$$

$$Q_{100}=\frac{\mathrm{RPS}_{100}}{k}+Q_t \tag{7-77}$$

引入校正系数 Q_c：

$$Q_c=\frac{Q_wB_w+Q_oB_o+Q_gB_g}{\dfrac{\mathrm{RPS}_{100}}{k}+Q_t} \tag{7-78a}$$

对于其他解释层：

$$Q=\left(\frac{\mathrm{RPS}}{k}+Q_{\mathrm{t}}\right)Q_{\mathrm{c}} \tag{7-78b}$$

引入 C_{v100} 和 Q_c 校正系数后，温度、压力、流体性质、仪器结构、生产方式对仪器响应的影响可以在较大程度上得以降低。

二、持水率响应井下刻度

对于持水率的井下刻度，前面已讨论过。对于泡状流动，可用式(7-28)至式(7-30)计算持水率：

$$Y_{\mathrm{w}}=\frac{\mathrm{CPS}-\mathrm{CPS}_{100}}{\mathrm{CPS}_{\mathrm{w}}-\mathrm{CPS}_{100}}(1-Y_{\mathrm{w100}})+Y_{\mathrm{w100}} \tag{7-79}$$

$$Y_{\mathrm{w100}}=1-\frac{1}{2}\left[1+\frac{v_{\mathrm{m}}}{v_{\mathrm{s}}}-\sqrt{(1+\frac{v_{\mathrm{m}}}{v_{\mathrm{s}}})^{2}-\frac{4v_{\mathrm{so}}}{v_{\mathrm{s}}}}\right] \tag{7-80}$$

$$v_{\mathrm{s}}=1.53Y_{\mathrm{w100}}^{n}\left[\frac{g\delta\ (\rho_{\mathrm{w}}-\rho_{\mathrm{o}})}{\rho_{\mathrm{w}}^{2}}\right]^{0.25} \tag{7-81}$$

$$n=1.0\sim2.0$$

式中　Y_{w100}——全流量层的持水率。

对于乳状流动，采用式(7-34)确定持水率：

$$Y_{\mathrm{w}}=\frac{\mathrm{CPS}-\mathrm{CPS}_{\mathrm{o}}}{\mathrm{CPS}_{100}-\mathrm{CPS}_{\mathrm{o}}}Y_{\mathrm{w100}} \tag{7-82}$$

三、解释模型井下刻度校正

对于油水两相流动，引入校正系数要根据具体采用的解释模型，若采用滑脱速度模型，则需引入滑脱速度校正系数 C_{vs}：

$$C_{\mathrm{vs}}=\frac{v_{\mathrm{s100}}}{v_{\mathrm{s}}} \tag{7-83}$$

$$v_{\mathrm{s100}}=\frac{Q_{\mathrm{o}}B_{\mathrm{o}}}{P_{\mathrm{c}}Y_{\mathrm{o}}}-\frac{Q_{\mathrm{w}}B_{\mathrm{w}}}{P_{\mathrm{c}}Y_{\mathrm{w}}} \tag{7-84}$$

式中，v_s 用式(7-42)或式(7-43)求取。

校正后的滑脱速度模型为

$$v_{\mathrm{sw}}=v_{\mathrm{m}}Y_{\mathrm{w}}-Y_{\mathrm{w}}(1-Y_{\mathrm{w}})v_{\mathrm{s}}C_{\mathrm{vs}} \tag{7-85}$$

若采用漂移流动模型[式(7-44)]，则需要引入漂移速度校正系数 C_{vt}：

$$C_{\mathrm{vt}}=\frac{\dfrac{Q_{\mathrm{o}}B_{\mathrm{o}}}{P_{\mathrm{c}}Y_{\mathrm{o}}}}{Y_{\mathrm{o100}}(1.2v_{\mathrm{m100}}+v_{\mathrm{t100}})} \tag{7-86}$$

式中　Y_{o100}——全流量层的持油率；

v_{m100}——全流量层的总平均速度；

v_{t100}——全流量层的漂移速度，用式(7-46)计算。

如果采用图版解释方法(图 7-37)，引入校正系数采用的办法是，在全流量层，利用(Q_{m100}、Y_{w100})代入图版确定一含水率 C_{w100}，此时校正系数为

$$C_{wx}=\frac{\dfrac{B_wQ_w}{B_oQ_o+B_wQ_w}}{C_{w100}} \tag{7-87}$$

校正系数确定后，对于其他解释层，在查图版后，用查得的含水率 C'_w乘 C_{wx}可得对应的 C_w，即：

$$C_w=C_{wx}C'_w \tag{7-88}$$

上面提出的油水两相流动井下刻度解释方法适用于自喷井和抽油机井。从整个解释过程看，要求井口提供油、气、水各相产量的准确数据，如果测井时不能得到有效的产量计量，可采用周平均或月平均油气水计量数据。

第五节　三相流动产出剖面测井资料解释

前面提到的油气水三相流动解释方法是将油气水三相流动分别作为气水、气油两相流动处理，然后进行加权平均后得到油气水各相的产量，这样不可避免地要产生一些误差，现场采用的方法主要有以下两种。

一、滑脱速度模型

把滑脱速度模型式(7-52)至式(7-54)改写为

$$C_o=Y_o\left[1-\frac{Y_gv_{sgw}-(1-Y_o)v_{sow}}{v_m}\right]=k_{os}Y_o \tag{7-89}$$

$$C_g=Y_g\left[1-\frac{Y_ov_{sow}-(1-Y_g)v_{sgw}}{v_m}\right]=k_{gs}Y_g \tag{7-90}$$

$$C_w=Y_w\left[1-\frac{Y_gv_{sgw}-Y_ov_{sow}}{v_m}\right]=k_{ws}Y_w \tag{7-91}$$

观察式(7-89)至式(7-91)，可以发现左边等号右侧括号中第二项的分母都是 v_m，当 v_m 与分子相比大于某一数值时，左边等号右侧括号中第二项可以忽略不计，即：

$$C_w\approx Y_w,\ C_o\approx Y_o,\ C_g\approx Y_g$$

这样就可以省去 v_{sow}、v_{sgw}难于确定这一难题，使解释过程得以简化。采用集流式仪器可以使 v_m 在集流后比集流前提高 20 多倍。譬如，套管内径为 127mm，集流通道内径为 24mm，根据连续性原理：

$$\frac{1}{4}\pi\times12.7^2\times v_{m1}=2.4^2\times v_{m2}\times\frac{1}{4}\pi$$

$$v_{m2}=28v_{m1}$$

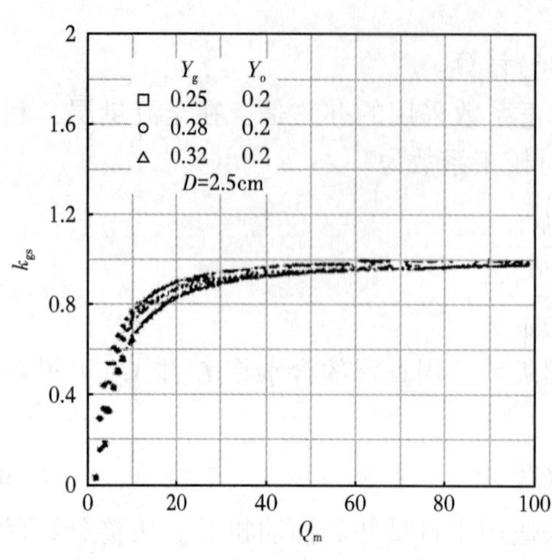

图 7-40　含气率校正图版

上式说明集流后的流速 v_{m2} 比集流前的流速 v_{m1} 大 28 倍，滑脱速度的影响逐渐减小，C_o、C_g、C_w 与 Y_o、Y_g、Y_w 逐渐接近。图 7-40是根据式 7-90 计算得到的 Q_m 与 k_{gs} 关系图版，图中横坐标为总流量，单位为 m^3/d，纵坐标为式(7-90)中右侧括号中的计算结果，用 k_{gs} 表示，集流通道内径 D 为 25mm。由图可知，当流量 Q_m 大于 $15m^3/d$ 时，k_{gs} 大于 0.8 并逐渐趋近于 1。此时，$C_g \approx Y_g$。

下面给出的是这一方法的应用实例。已知 W14 井地面产油 $71.8m^3/d$、产水 $17.8m^3/d$、产气 $5664m^3/d$。地面原油密度为 $0.83g/cm^3$，泡点压力 9.6MPa，天然气相对密度为 0.7，流动压力为 8.5MPa，流动温度为 93℃，地层水密度为 $1.125\ g/cm^3$。

利用 PVT 计算公式得到该井游离气的流量为 $16.7m^3/d$；气和油地层体积系数分别为 0.011 和 1.16；气和油的密度分别为 $0.077\ g/cm^3$ 和 $0.76\ g/cm^3$。该井自上而下有三个射孔层，自上而下对应解释层的 RPS 分别为 191、53 和 29。由井下刻度方法得到三个解释层的 Q_m 分别为 $116.8m^3/d$、$31.8m^3/d$ 和 $18.3m^3/d$。三个层的混合流体相对密度分别为 0.75、0.94 和 1.125，相应的持水率分别为 0.175、0.675 和 0.99，利用本书中给出的方法，解释结果列于表 7-8。

表 7-8　解释结果

层段	Q_m，m^3/d	Y_w	Y_o	Y_g	k_{os}	k_{gs}	k_{ws}	C_w	C_o	C_g
1	116.8	0.175	0.695	0.13	1	1	1	0.175	0.655	0.13
2	31.8	0.675	0.284	0.041	0.95	1.1	0.95	0.64	0.31	0.039
3	18.3	0.99	0.01	0.0	0.9	1.15	0.9	1	0.011	0.0

二、井下刻度方法

井下刻度方法主要适用于阿特拉斯公司生产的产出剖面测井仪器，流量计为集流型涡轮测量方法，持水率计采用电容法测量。该仪器主要在自喷井中测量，具体刻度方法如下。

1. 涡轮流量刻度

$$Q_t = Q_o + Q_w + Q_g \tag{7-92}$$

$$k = RPS_{100} / Q_t \tag{7-93}$$

$$Q_i = RPS_i / k \tag{7-94}$$

式中　Q_o、Q_w、Q_g——分别为全流量层的油、水、气流量；

Q_t——全流量层的总流量；

RPS_{100}——全流量层的涡轮流量计测量值；

Q_i、RPS_i——分别为其他解释层的总流量和涡轮流量计测量值。

2. 电容持水率计刻度

$$C_{w100}=Q_w/Q_t$$

式中　C_{w100}——全流量层中的含水率。

用图7-41直角坐标系的纵坐标表示频率响应f_{c1}，用横坐标表示含水率，范围为0~1。然后用(C_{w100}，f_{c100})代入该图。f_{c100}表示全流量层的频率响应，若C_{w100}小于0.45，用每单位变化2300Hz的斜率向右下方作直线。这一方法称为点线法。另外也可以把全流量层的资料点与已知的纯油层段资料点连起来作为刻度线。

如果$C_{w100}>0.45$，以零流量层的资料点(1，f_{c0})为第二点，连接全流量层与零流量层这两个资料点即可得相应的持水率刻度线。

3. 流体密度计刻度

$$Y_o=x(\rho_m-\rho_w)+y(Y_w-1) \tag{7-95}$$

$$Y_g=-x(\rho_m-\rho_w)+z(Y_w-1) \tag{7-96}$$

式(7-95)、式(7-96)是在点$\rho_m=\rho_w$、$Y_w=1$附近持油率和持水率的线性展开式，其中的x、y、z的确定方法如下。

(1)计算$1/(\rho_g-\rho_w)$，令$1/(\rho_g-\rho_w)=x/y$。

(2)$C_{o100}=q_o/q_t$，C_{o100}表示全流量层的含油率。

(3)由下式确定y：

$$C_{o100}=\frac{y(\rho_{m100}-\rho_w)}{\rho_g-\rho_w}+y(C_{w100}-1)$$

式中　ρ_{m100}——全流量层的流体密度。

(4)由下式确定x：

$$x=\frac{y}{\rho_g-\rho_w}$$

(5)由下式确定z：

$$z=-1-y$$

x、y、z确定后，可以用式(7-95)、式(7-96)计算持率。需要说明的是，计算出的Y_o、Y_g、Y_w实际上就是C_o、C_g、C_w，所以每个解释层的油气水流量Q_{oi}、Q_{gi}和Q_{wi}分别为

$$Q_{oi}=C_{oi}Q_{ti},\ Q_{gi}=C_{gi}Q_{ti},\ Q_{wi}=C_{wi}Q_{ti}$$

式中　C_{oi}、C_{gi}、C_{wi}——分别为第i个解释层的含油率、含气率和含水率；

　　Q_{ti}——第i个解释层的总流量。

以上三相流动的井下刻度方法是以阿特拉斯公司生产的集流式仪器为基础提出的，中间采用刻度曲线方法避开了滑脱速度的直接计算，这一方法可以推广到其他集流式仪器测井资料的解释中。具体响应刻度参数的确定可以根据仪器响应的曲线形状决定。

下面是一口具体实测井的解释实例。

已知某井全井眼油气水的相关流量：$Q_o=28$bbl/d、$Q_w=96$bbl/d、$Q_g=61$bbl/d、$Q_t=185$bbl/d，全井眼涡轮流量计的读数RPS=9，电容持水率响应频率$f_{c100}=3000$Hz；零流量层中持水率的响应频率$f_{c0}=2933$Hz，对应的持水率为1。

根据以上参数可以计算出全流量层的含水率、含油率和含气率分别为

$$C_{w100}=\frac{96}{185}=0.52,\ C_{o100}=\frac{28}{185}=0.15,\ C_{g100}=\frac{61}{185}=0.33$$

如图 7-41 所示，通过(0.52，3000)和(1.0，2933)两点作直线，然后延长到 C_w = 0.45 处的那一点，并通过该点作斜率为- 2300 的直线。即可得到持水率计的刻度曲线。利用 RPS 和 Q_t 可以得到涡轮流量计的刻度参数：

$$k=\frac{9}{185}=0.048$$

利用 k 和图 7-41，可以计算出其他各解释层总流量和含水量。

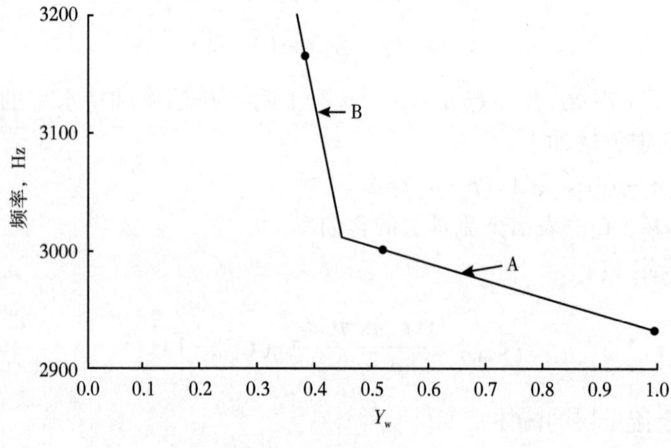

图 7-41 解释交会图

流体密度计的刻度主要是确定 x、y、z：

$$\frac{x}{y}=\frac{1}{0.1-1.07}=-1.03$$

$$0.15=-1.03y(0.9-1.07)+y(0.52-1)$$

$$y=-0.49$$

$$x=-1.03y=0.5$$

$$z=-1-y=-0.51$$

x、y、z 求出后，Y_o、Y_g 的表达式为

$$Y_o=0.5(\rho_m-1.07)-0.49(Y_w-1)$$

$$Y_g=-0.5(\rho_m-1.07)-0.51(Y_w-1)$$

x、y、z 和 k 确定后即可确定其他各层总流量和油、气、水的含量。计算结果列于表 7-9 至表 7-11 中。表 7-10 中的 Y_o、Y_g、Y_w 实际上就是油、气、水的含量，即 C_o、C_g、C_w。

表 7-9　测井数据

深度，ft	RPS，r/s	ρ_m，g/cm^3	f_c，Hz
X040	8.5	0.9	3000
X042	8.5	0.9	3000
X044	8.5	0.9	3033
X046	8.5	0.94	3010
X048	9.0	0.95	3050
X050	6.8	0.98	3033
X052	7.5	0.98	3080
X054	0.0	1.02	3000
X056	1.0	1.07	2960
X058	1.0	1.07	2933
X060	0.0	1.07	2933

表 7-10　推导值

深度，ft	Q_t，bbl/d	Y_o	Y_w	Y_g
X040	177	0.15	0.52	0.33
X042	177	0.15	0.52	0.33
X044	177	0.19	0.44	0.37
X046	177	0.20	0.45	0.35
X048	187	0.22	0.43	0.35
X050	142	0.23	0.44	0.33
X052	156	0.24	0.42	0.34
X054	0	0.21	0.52	0.27
X056	21	0.1	0.8	0.1
X058	21	0.0	1.0	0.0
X060	0	0.0	1.0	0.0

表 7-11　生产剖面

深度，ft	Q_o，bbl/d	Q_w，bbl/d	Q_g，bbl/d
X040	27	92	58
X042	27	92	58
X044	34	78	65
X046	35	80	62
X048	41	80	65
X050	33	62	47
X052	37	66	53
X054	0	0	0
X056	2	17	2
X058	0	21	0
X060	0	0	0

第六节　三相流动最优化处理方法

本章第五节提出的处理方法主要适用于集流型生产测井仪器，通过集流降低滑脱速度的影响，实际上流量较低时，滑脱速度的影响是不能忽略的。本节介绍的油气水三相流动最优化处理方法由长江大学提出。适用于自喷井和抽油井，既适用于集流式仪器，也适用于非集流仪器。对于水平井、斜井也可采用书中给出的方法。

一、优化处理方法思路

处理方法的核心内容是建立测井仪器响应方程与测井曲线之间的误差非相关函数（目标函数），其次是用数学方法寻找使该目标函数达到极小时的解，该解即为解释层的油、气、水流量。

这一求解过程的最优化目标函数如下：

$$f(\vec{x})=\frac{1}{N}\sum_{i=1}^{N}C_i\frac{|M_i-\mathrm{T}_i|}{R_i} \tag{7-97}$$

式中　$f(\vec{x})$ ——误差非相关函数；

C_i——某种仪器的可信度系数；

R_i——仪器的分辨率；

M_i——第 i 支仪器的测量值，由测井曲线上读取；

T_i——第 i 支仪器的响应方程，响应方程与油气水各相的流量相关，i 为 $1\sim N$，表示下井仪器的总数，三相流动中通常 N 为 5，分别是 RPS、Y_w、ρ_m、T、p。

三相流动优化处理的过程就是使 $f(\vec{x})$ 最小时，目标函数式（7-97）的解就是相应解释层的流量。此时，可以得到几个测井参数的模拟曲线，这些曲线与实测曲线最为相似。

二、响应方程建立

式（7-97）中的 M_i 从每一条测井曲线上读取，T_i 是仪器响应方程，三相流动中要建立的响应方程包括流量、流体密度、持水率、温度、压力五个参数。不具备这几个参数时，可选用其中几个参数。

1. 流量计的响应方程

对于集流式涡轮流量计或连续式涡轮流量计：

$$\mathrm{RPS}=k(Q_m-Q_t)$$

$$Q_m=Q_o+Q_g+Q_w$$

式中　Q_t——启动流量；

Q_m——总流量；

Q_o、Q_g、Q_w——分别为油、气、水的流量；

k——响应关系式的斜率。

如大庆油田用的 75 型找水仪中涡轮流量计的 k 的实验关系为

$$k=4.62615+234.6\rho_m-702.7\rho_m^2+1253\rho_m^3$$

对于连续型涡轮流量计，若 M_i 用视流速度表示，则 v_a 的响应方程为

$$v_a=\frac{Q_o+Q_g+Q_w}{C_v P_c} \tag{7-98}$$

对于放射性示踪流量计，响应方程也可用式(7-98)表示，此时相应测量值 M_i 的表达式应为

$$v'_a=\frac{\Delta H}{\Delta t} \tag{7-99}$$

式中　v'_a——示踪流量计的测量值；

ΔH——峰值的偏移距离；

Δt——偏移时间。

2. 密度计的响应方程

根据加权平均方法可以得到密度计的响应方程：

$$\rho_m=Y_o\rho_o+Y_g\rho_g+Y_w\rho_w \tag{7-100}$$

$$Y_w=\frac{v_{sw}}{v_m-Y_g v_{sgw}-Y_o v_{sow}} \tag{7-101}$$

$$Y_o=\frac{v_{so}}{v_m-Y_g v_{sgw}-Y_o v_{sow}} \tag{7-102}$$

$$Y_g=\frac{v_{sg}}{v_m+(1-Y_g)v_{sgw}-Y_o v_{sow}} \tag{7-103}$$

式(7-101)至式(7-103)用到了滑脱速度模型。式(7-100)中 ρ_m 从曲线上的读值方法为

$$\rho_m=\frac{\ln\frac{CPS_g}{CPS}}{\mu_1 L} \tag{7-104}$$

式中　CPS_g——空气的高道计数率；

CPS——密度计的测井读值；

μ_1——放射性密度计在能量为 88keV 处的油气水混合物质量吸收系数；

L——放射源到探测器的距离。

实际计算时，首先用标定状态下的纯水刻度计算 μ_1，然后再计算 ρ_m。

如果采用的是压差密度计，要采用伯努利方程计算 ρ_m 的理论响应。

3. 持水率的理论响应方程

持水率的理论响应方程由式(7-18)表示。电容法持水率计的测井值由井下刻度方法得到或者采用下列计算方法：

$$Y_w=\frac{CPS-CPS_o}{CPS_w-CPS_o} \tag{7-105}$$

对于低能源放射性持水率计，持水率计测井值表示为

$$Y_{w}=\frac{\ln\dfrac{CPS_{g}}{CPS}-\mu_{2}\rho_{m}L}{(\mu_{2w}-\mu_{2})\rho_{w}L} \tag{7-106}$$

式中 CPS_g——能量为22keV时源处的计数率；

CPS——探头处的计数率；

μ_{2w}——水的质量吸收系数；

μ_2——油气的质量吸收系数。

4. 温度的理论响应方程

温度仪的响应方程可由热平衡方程导出，在射孔层以下，总的热焓 H_{qtr} 由下式计算：

$$H_{qtr}=(Q_{w}\rho_{w}C_{w}+Q_{o}\rho_{o}C_{o}+Q_{g}\rho_{g}C_{g})t_{r} \tag{7-107}$$

式中 Q_o、Q_g、Q_w——分别表示射孔层以下部位油、气、水的流量；

t_r——相应的流体温度；

C_o、C_g、C_w——分别表示油、气、水的比热。

射孔层中由于流体的进入增加的热焓 ΔH_q 为

$$\Delta H_{q}=(Q_{o}\rho_{o}C_{o}+Q_{g}\rho_{g}C_{g}+Q_{w}\rho_{w}C_{w})t_{f} \tag{7-108}$$

式中 Q_o、Q_g、Q_w——分别表示由射孔层进入的油、气、水的流量；

t_f——进入流体的温度。

在整个热平衡系统内，由于焦耳—汤姆逊效应，对于液体来说，由该效应引起的热焓损失可以忽略，而气体的焦耳—汤姆逊效应影响较大，不能忽略，损失热焓 H_{qjt} 由下式计算：

$$H_{qjt}=Q'_{g}\rho_{g}C_{g}\Delta t_{jt} \tag{7-109}$$

$$\Delta t_{jt}=C_{jt}\Delta p_{jt} \tag{7-110}$$

式中 Δt_{jt}——温度损失；

Δp_{jt}——压力梯度变化，数值上大约为井眼附近压力梯度的一半，温度损失随压力梯度变化的比例系数 C_{jt} 计算方法如下：

当 t 在300℉左右时，C_{jt}＝0.02℉/psi；

当 t 在250℉左右时，C_{jt}＝0.025℉/psi；

当 t 在200℉左右时，C_{jt}＝0.03℉/psi；

当 t 小于150℉时，C_{jt}＝0.04℉/psi。

由上述关系可知，C_{jt} 随 t 的增大而减小。

式(7-107)至式(7-110)计算出来后，温度仪的理论响应关系为

$$t=\frac{H_{qtr}+\Delta H_{q}-H_{qjt}}{Q_{o}\rho_{o}C_{o}+Q_{w}\rho_{w}C_{w}+Q_{g}\rho_{g}C_{g}} \tag{7-111}$$

5. 压力的理论响应方程

压力的理论响应方程由多相流伯努利方程导出：

$$\left(\frac{\mathrm{d}p}{\mathrm{d}z}\right)_{\mathrm{t}}=\left(\frac{\mathrm{d}p}{\mathrm{d}z}\right)_{\mathrm{e}}+\left(\frac{\mathrm{d}p}{\mathrm{d}z}\right)_{\mathrm{f}}+\left(\frac{\mathrm{d}p}{\mathrm{d}z}\right)_{\mathrm{a}} \tag{7-112}$$

式(7-112)说明，沿井筒总的压力梯度由三部分组成：重力项、摩擦项和加速度项。一般来说，加速度项可以忽略，式(7-112)变为

$$\left(\frac{\mathrm{d}p}{\mathrm{d}z}\right)_{\mathrm{t}}=\left(\frac{\mathrm{d}p}{\mathrm{d}z}\right)_{\mathrm{e}}+\left(\frac{\mathrm{d}p}{\mathrm{d}z}\right)_{\mathrm{f}} \tag{7-113}$$

摩擦项的表达式为

$$\left(\frac{\mathrm{d}p}{\mathrm{d}z}\right)_{\mathrm{f}}=-\frac{2fv_{\mathrm{m}}^{2}\rho_{\mathrm{m}}}{D} \tag{7-114}$$

其中：

$$f=\frac{64}{Re} \tag{7-115}$$

$$Re=\frac{Dv_{\mathrm{m}}\rho_{\mathrm{m}}}{\mu_{\mathrm{m}}} \tag{7-116}$$

$$\mu_{\mathrm{m}}=\mu_{\mathrm{g}}^{Y_{\mathrm{g}}}\mu_{1}^{(Y_{\mathrm{o}}+Y_{\mathrm{w}})} \tag{7-117}$$

$$\mu_{1}=Y_{\mathrm{o}}\mu_{\mathrm{o}}+Y_{\mathrm{w}}\mu_{\mathrm{w}} \tag{7-118}$$

式中　f——摩阻系数；
D——套管井内径；
μ_{m}——混合黏度；
μ_{1}——液相黏度；
μ_{w}、μ_{g}、μ_{o}——分别为水、气、油的黏度。

重力项的表达式为

$$\left(\frac{\mathrm{d}p}{\mathrm{d}z}\right)_{\mathrm{e}}=-\rho_{\mathrm{m}}g\cos\theta \tag{7-119}$$

式中　θ——井斜角。

对式(7-113)两边积分得：

$$p=p_{\mathrm{ref}}-\rho_{\mathrm{m}}\cos\theta\Delta z-\frac{2fv_{\mathrm{m}}^{2}\rho_{\mathrm{m}}^{2}}{D}\Delta z \tag{7-120}$$

参考压力可由已知压力 p_{o} 出发，利用测量压力获得的压差梯度($\Delta p/\Delta z$)计算得到，即：

$$p_{\mathrm{ref}}=p_{\mathrm{o}}+\frac{\Delta p}{\Delta z}\Delta z \tag{7-121}$$

式中，Δz 为测点到参考点的垂直距离，所以压力的理论响应方程为

$$p=p_{\mathrm{o}}+\frac{\Delta p}{\Delta z}\Delta z-\rho_{\mathrm{m}}g\cos\theta\Delta z-\frac{2fv_{\mathrm{m}}^{2}\rho_{\mathrm{m}}^{2}}{D}\Delta z \tag{7-122}$$

上面各测井参数的理论响应方程列出后代入到式(7-97)中，式(7-97)就成了变量为(Q_{o}、Q_{g}、Q_{w})的复杂的二次目标函数，下面的工作即是采用数学方法，找到一个最合适

的 Q_o、Q_g、Q_w，使得该目标函数的值最小，找到以后，实际上也就模拟出了五条理论测井曲线，这五条曲线与 RPS、ρ_m、Y_w、T、p 曲线最为相似。目前有几种寻找最优点的优化方法，经过研究采用 SUMT-Powell 方法可以对目标函数式(7-97)进行搜索求解。该方法的主要优势是不需要求导即可进行最优搜索，因此对目标函数的连续性无苛刻要求。

三、SUMT-Powell 方法基本原理

SUMT-Powell 方法是用于求解带约束的函数极小值的一种优化方法，主要适用于如下形式的约束最优问题：

$$f(\vec{x}) = \sum_{i=1}^{FK} W_i f_i(\vec{x}) \quad (\vec{x} \in E^n)$$

约束条件为

$$\left.\begin{aligned} G_i(\vec{x}) \geqslant 0, \quad & i=1, 2, \cdots, m \\ H_j(\vec{x}) = 0, \quad & j=1, 2, \cdots, P \end{aligned}\right\} \tag{7-123}$$

油气水三相流动最优目标函数［式(7-97)］满足上述条件。

1. 方法概述

1)罚函数的构造

由于存在约束条件，所以要构造罚函数，本方法是利用内点法构造不等式约束 $G_i(\vec{x})$的惩罚项，等式约束 $H_j(\vec{x})$则用外点法构造惩罚项，具体形式如下：

$$p(\vec{x}, r^{(k)}) = f(\vec{x}) + r^{(k)} \sum_{i=1}^{m} \frac{1}{t_i G_i(\vec{x})} + \frac{1}{\sqrt{r^{(k)}}} \sum_{j=1}^{P} [Q_j H_j(\vec{x})]^2 \tag{7-124}$$

式中，r 为惩罚因子，$r^{(k)}=r^{(k-1)}C$，C 为递减系数，r 为一递减无正数数列中的一个元素。当 k 充分大时，$r^{(k)}\to 0$，等式与不等式惩罚项均趋于 0，使得罚函数 $p(\vec{x}, r^{(k)})$与非相关函数收敛性一致，收敛于 $f(\vec{x})$ 极小值的近似点。

2)用 Powell 法求最优搜索方向

Powell 法实际上是共轭法，目的是搜索得到共轭方向。

给定初始点 x^0，沿 n 个初始方向 $S_i^{(0)}$ (1，2，…，n)依次进行一维搜索，每次获得新方向 S 后，根据“最接近共轭”的原则决定是否替换原来的 n 个搜索方向中的某个方向以及替换原则，使新成立的 n 个方向尽可能共轭(图 7-42)。

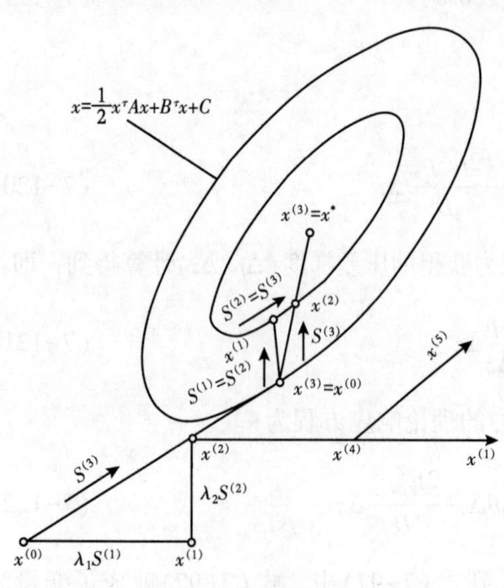

图 7-42　Powell 法搜索方向示意图

基本步骤如下：

(1)0⇒k，给 $S_i^{(0)}$ (1，2，…，n)及精度 ε 赋值。

(2)对 i=1，2，…，n 的 n 个方向上分别

进行一维搜索，即依次确定最佳步长 λ_i，使

$$f_i=f(x_{i-1}^{(k)}+\lambda_i S_i^{(k)}) = \min f(x_{i-1}^{(k)}+\lambda_i S_i^{(k)})$$

取 $x_i^{(k)}=x_{i-1}^{(k)}+\lambda_i S_i^{(k)}$。

(3)确定 k 迭代足标 m，$1\leqslant m\leqslant n$，使

$$\Delta_m^{(k)}=f(x_{m-1}^{(k)})-f(x_m^{(k)})=\max_{1\leqslant i\leqslant n}[f(x_{i-1}^{(k)})-f(x_i^{(k)})]$$

(4)令 $f_1=f(x^{(k)})$, $f_2=f(x_n^{(k)})$, $f_3=f(2x_n^{(k)}-x^{(k)})$, 若 Δm 满足：

$$\frac{f_1-2f_2+f_3}{2}<\Delta m^{(k)} \tag{7-125}$$

则令 $S^*=x_n^{(k)}-x^{(k)}$。

从 $x^{(k)}$ 出发，沿方向 S^* 作一维搜索，即确定 λ^* 使得：

$$f^*=f(x^{(k)}+\lambda^* S^*)=\min_{\lambda} f(x^{(k)}+\lambda S^*)$$

令：

$$x^{(k+1)}=x^{(k)}+\lambda^* S^*$$

$$S_i^{(k+1)}=S_i^{(k)}, i=1,2,\cdots,m-1$$

$$S_i^{(k+1)}=S_{i+1}^{(k)}, i=m,m+1,\cdots,n-1$$

$$S_n^{(k+1)}=S^*$$

若式(7-125)不满足，则令 $x^{(k+1)}=x_n^{(k)}$、$S_i^{(k+1)}=S_i^{(k)}$。

(5)若相邻两次迭代的解向量及相应函数满足下列条件：

当 $|f(x^{(k+1)})|<\varepsilon$ 且 $|f(x^{(k+1)})-f(x^{(k)})|<\varepsilon$，若对所有的 $1\leqslant i\leqslant n$，有 $|x_i^{(k+1)}|<\varepsilon$，同时 $|x_i^{(k+1)}-x_i^{(k)}|<\varepsilon$，或者对所有 $1\leqslant i\leqslant n$ 有 $|x_i^{(k+1)}|\geqslant\varepsilon$，同时 $|(x_i^{(k+1)}-x_i^{(k)})/x_i^{(k+1)}|<\varepsilon$，则此时的 n 个 S 方向即为所求的最优方向组。

当 $|f(x^{(k+1)})|\geqslant\varepsilon$，且 $|f(x^{(k+1)})-f(x^{(k)})|<\varepsilon$ 时，若对所有 $1\leqslant i\leqslant n$，有 $|x_i^{(k+1)}|<\varepsilon$，同时 $|x_i^{(k+1)}-x_i^{(k)}|<\varepsilon$，或者对所有 $1\leqslant i\leqslant n$ 有 $|x_i^{(k+1)}|\geqslant\varepsilon$，同时 $|(x_i^{(k+1)}-x_i^{(k)})/x_i^{(k+1)}|<\varepsilon$，则此时的 n 个 S 方向即为所求的最优方向组。

3)一维二次插值求最佳步长 λ^*

用 Powell 法搜索方向时，需求得某一方向 S_i 的最佳步长 λ^*，可以采用一维二次插值求 λ^*，基本原理如下。

由初始步长获得 x_1、x_2、x_3 三点，构造 $\varphi(x)$：

$$\varphi(x)=\frac{(x-x_2)(x-x_3)}{(x_1-x_2)(x_1-x_3)}f(x_1)+\frac{(x-x_1)(x-x_3)}{(x_2-x_1)(x_2-x_3)}f(x_2)+\frac{(x-x_1)(x-x_2)}{(x_3-x_1)(x_3-x_2)}f(x_3) \tag{7-126}$$

令 $\varphi'(x)=0$，得 $\varphi(x)$ 的极值点：

$$\vec{x}=\frac{1}{2}\frac{f(x_1)(x_2^2-x_3^2)+f(x_2)(x_3^2-x_1^2)+f(x_3)(x_1^2-x_2^2)}{f(x_1)(x_2-x_3)+f(x_2)(x_3-x_1)+f(x_3)(x_1-x_2)}$$

当
$$\frac{f(x_1)(x_2-x_3)+f(x_2)(x_3-x_1)+f(x_3)(x_1-x_2)}{(x_2-x_3)(x_3-x_1)(x_1-x_2)}<0 \tag{7-127}$$

成立时，$\vec{x}$ 为 $\varphi(x)$ 的极小值点。

因此，只要找到当 $x_1<x_2<x_3$ 且 $f(x_1)\geqslant f(x_2)<f(x_3)$ 成立的点，就能确保式(7-127)成立，从而 $\vec{x}$ 就可作为 $f(x)$ 的极小值点的一个近似点。为使 $\vec{x}$ 成为 $f(x)$ 的极小值点，还需第二次插值，即在 x_1、x_2、x_3 和 $\vec{x}$ 中，按“弃大留小”的原则，留下三个点，再按式(7-126)和式(7-127)进行第二次插值，如图 7-43 所示，具体的基本步骤如下：

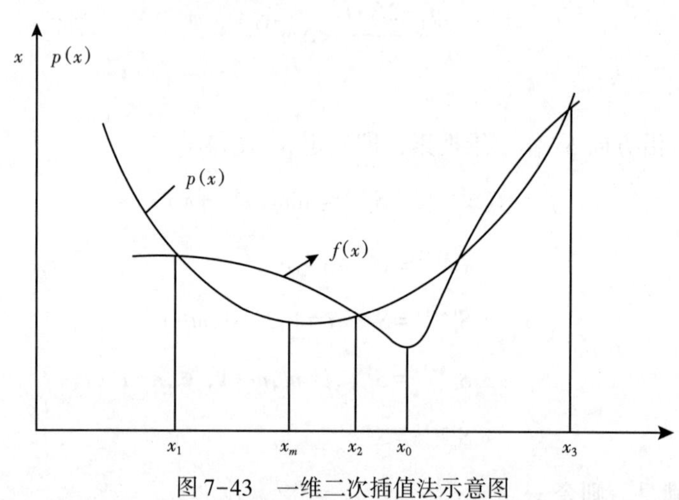

图 7-43　一维二次插值法示意图

(1)根据给定初始点及初始步长，选择满足 $x_1<x_2<x_3$ 且 $f(x_1)\geqslant f(x_2)<f(x_3)$ 的三点；

(2)由式(7-126)和式(7-127)求出 $f(\vec{x})$ 的近似极小值点，设为 x；

(3)当 $|f(x_2)|\leqslant\varepsilon_2$ 时 $|f(x_2)-f(x)|\leqslant\varepsilon_1|f(x_2)|$，或者当 $|f(x_2)|\leqslant\varepsilon_2$ 时 $|f(x_2)-f(x)|\leqslant\varepsilon_1$，则迭代终止。此时 $f(x)$ 的极小值点为：当 $f(x)\leqslant f(x_2)$ 时为 x，否则为 x_2，若不满足以上条件，则将收敛区间缩小，重新选择 x_1、x_2、x_3 和 x 中的一点，再去执行步骤(2)。

2. 对 SUMT-Powell 方法的评价

三相流动优化处理的目标函数式(7-97)中，存在着三个变量 Q_o、Q_g、Q_w，且书写方式复杂，不能直接表达，因此不能用求导的方式求梯度，只能用差分法求取。该算法对于多变量、多目标的函数处理效果良好。由于 Powell 法具有强大的搜索最优收敛方向的功能，该算法不用求导，自动用中值差分法确定下一次迭代变量的大小。在迭代中，该方法由快到慢，有利于提高求解值的精确度，在搜寻过程中，用变步长办法提高收敛速度和效果，在函数达到极小值之前，加倍步长；在超过极小值点以后，减半反向步长。约束条件用 $G_i(x)<\varepsilon_g$ 判断，当上式成立时，意味着约束接近边界，则减半反向步长；否则按原步长进行。

目标函数是一个多元高次函数，存在多个极小值点，通常求取全局最小点采用“模拟退火”方法，但该方法计算量大且过程烦琐，本书采用常规优化结合方法选取初值，具体计算流程图如 7-44 所示。

实际处理过程中，遇到的求解是一个带约束的问题，如油、气、水的持率都小于 1.0 并大于 0，油、气、水的密度也是都小于 1.0 并大于 0，油、气、水的流量都应大于 0 等。

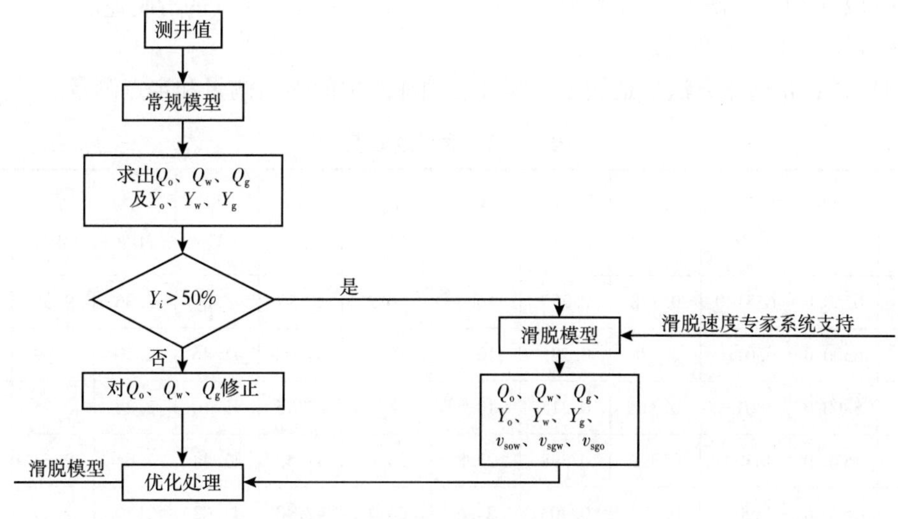

图 7-44　初始点设置的简化模式

因此应借助专家系统建立一个约束库。简化示意图如图 7-45 所示。初值点和约束库建立后即可对实际资料进行处理。

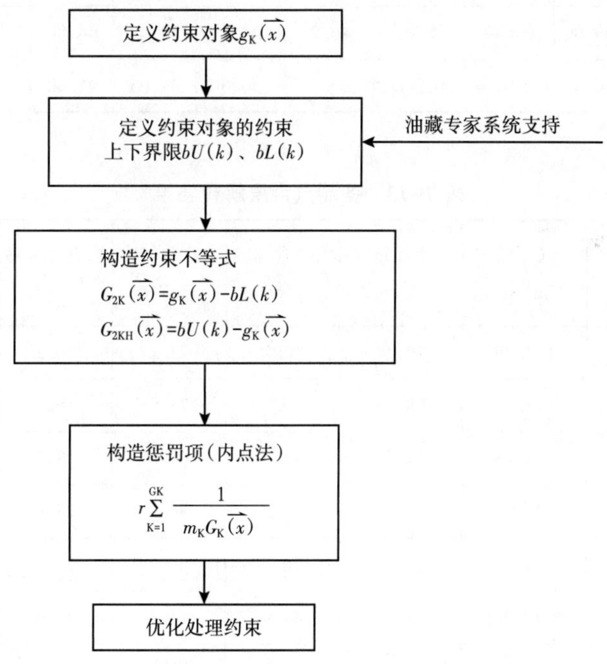

图 7-45　借助油藏专家系统建立约束库的简化示意图

四、应用实例

表 7-12 至表 7-14 是中 10 井的三相流动测井及资料处理结果，测井采用放射性密度计、低能源持水率计、集流式涡轮流量计、热敏温度计和应变式压力计，采用点测测量，表 7-12 中，第一列为测点深度，RPS、ρ_m、Y_w、T、p 为实测数据，RPS_1、ρ_{m1}、Y_{w1}、T_1、p_1 为模拟数据，Fx 表示目标函数式（7-97）最终的收敛数据。

表 7-12 中列出了解释层的油气水流量，并给出了油水、油气的滑脱速度。表 7-13 中给出了解释层的油气水产量。

SUMT-Powell 优化方法也适用于自喷井、抽油井中的连续测量和定点测量。

表 7-12 优化数据表

深度 m	RPS r/s	RPS_1 r/s	ρ_m g/cm^3	ρ_{m1} g/cm^3	Y_w %	Y_{w1} %	T ℃	T_1 ℃	p MPa	p_1 MPa	Fx
726.0	6550.0	6551.0	0.278	0.284	16.6	16.2	40.97	41.09	2.06	2.06	0.092
754.5	6300.0	6301.0	0.278	0.285	16.6	16.3	41.08	41.46	2.10	2.09	0.285
764.0	5800.0	5801.9	0.310	0.315	18.5	18.1	41.15	42.10	2.26	2.25	0.718
820.0	4830.0	4830.3	0.399	0.398	23.8	23.6	41.53	42.44	2.64	2.63	0.688
833.5	4690.0	4690.5	0.404	0.403	24.6	24.4	42.40	44.02	2.70	2.69	1.220
881.0	1912.0	1919.0	0.784	0.782	42.4	41.6	43.40	43.63	3.16	3.16	0.175
886.0	1366.0	1364.3	0.802	0.799	46.0	44.9	43.47	43.99	3.21	3.23	0.395
892.0	775.0	777.1	0.812	0.807	43.6	41.7	43.82	44.51	3.26	3.27	0.516
917.0	657.0	659.0	0.849	0.845	46.9	44.7	44.48	44.84	3.51	3.49	0.279
932.0	308.0	310.3	0.910	0.900	55.0	50.6	44.65	45.40	3.66	3.64	0.585

表 7-13 各测点合层解释结果

测点深度 m	油流量 m^3/d	气流量 m^3/d	水流量 m^3/d	响应含油率 %	响应含气率 %	响应含水率 %	v_{sow} cm/s	v_{sgw} cm/s
726.0	19.49	132.78	29.48	10.7	73.1	16.2	11.70	4.20
754.5	18.86	127.74	28.35	10.7	73.0	16.3	11.71	4.20
764.0	18.86	106.83	27.84	12.3	69.6	18.1	10.02	3.76
820.0	18.81	68.19	26.85	16.5	59.9	23.6	7.20	2.93
833.5	17.80	65.36	26.80	16.2	59.4	24.4	7.20	2.83
881.0	14.45	4.32	13.39	44.9	13.5	41.6	3.22	1.64
886.0	9.88	2.75	10.30	43.1	12.0	44.9	3.17	1.51
892.0	6.45	1.34	5.58	48.2	10.1	41.7	3.10	1.59
917.0	5.57	0.67	5.04	49.4	5.9	44.7	2.96	1.48
932.0	2.81	0.00	2.88	49.4	0.0	50.6	2.81	0.00

表 7-14　射孔层的油气水产量

序号	起点深度 m	终点深度 m	油流量 m^3/d	气流量 m^3/d	水流量 m^3/d
1	727.0	728.3	0.63	5.04	1.1
2	755.4	763.3	0.00	20.91	0.5
3	764.7	793.5	0.00	38.64	0.99
4	820.9	827.3	1.01	2.83	0.05
5	834.3	841.7	3.35	61.03	13.41
6	881.9	883.3	4.58	1.57	3.09
7	886.2	883.2	3.43	1.41	4.72
8	892.7	894.5	0.88	0.67	0.54
9	918.2	929.0	2.76	0.67	2.16
10	932.7	938.3	2.81	0.00	2.88

参考文献

本书编写组，1995. 油气田开发测井技术与应用［M］. 北京：石油工业出版社.

郭海敏，等，1996. 抽油井三相流动优化解释处理方法［J］. 石油学报，17(1)：62-71.

汪仕忠，2000. 江汉油田典型测井解释图集［M］. 北京：石油工业出版社.

Guo Haimin，1991. An Interpretative Method for Production Logs in Three-Phase Flows［C］. SPE22970.

第八章　水平井生产测井技术

水平井钻井的主要目的是提高原油的采收率或者是降低油田开发成本，而有的地方是为了避开地面重要建筑物。水平井与垂直井的主要区别是井筒中的流型发生了较大变化，另外井眼的倾斜导致下井方式、测井手段及测井方法都相应发生了很大变化。本章主要描述水平井的完井方式、水平井流型、仪器响应及资料处理方法。

第一节　水平井完井技术

水平井钻井的目的是尽可能多的钻穿油层，提高油井单井产量或注入量，从而获得更高的采收率。一般情况下，水平井平行于油藏层面。但对大倾角油层和垂直裂缝的油层来说，水平井要横穿这些油层，如图 8-1 和图 8-2 所示。

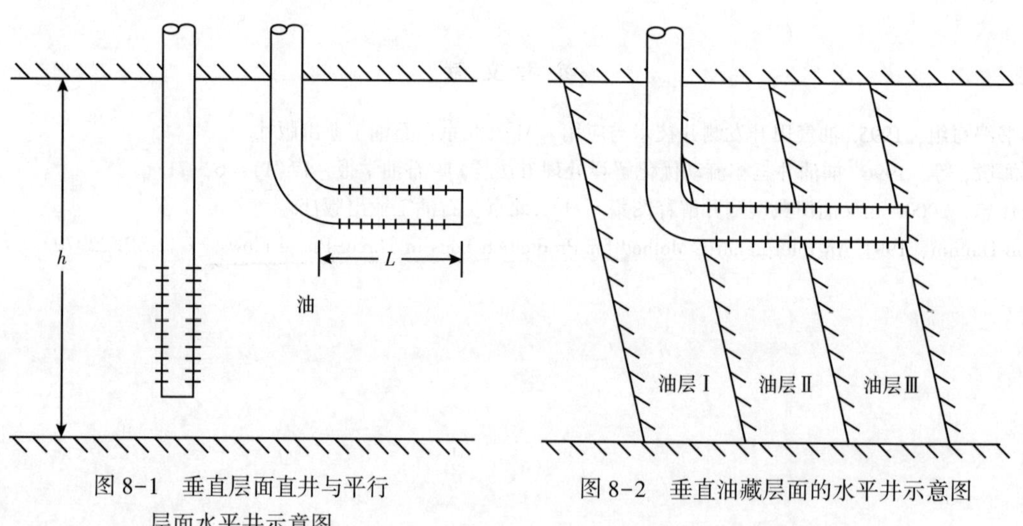

图 8-1　垂直层面直井与平行层面水平井示意图

图 8-2　垂直油藏层面的水平井示意图

一、水平井应用

水平井技术早在 1928 年就已提出。1940—1970 年，美国、苏联等国钻成了一批水平试验井。20 世纪 70 年代后，随着新技术的发展，水平井技术取得了重要进展。水平井油藏工程、钻井、完井、测井、射孔、增产措施等技术日臻完善，钻井数量日益增加。水平井完井方式通常采用下套管注水泥射孔完井、裸眼井完井或割缝衬管完井，完井方式主要取决于油藏物性和该地区的实际经验。水平井主要适用于以下油田：

(1)在近海地区、边远地区及环境敏感区域，钻水平井既可以提高产量也可以节约钻井费用。如海上钻井，在一个平台上可以向不同的方位、深度钻成多口油井，达到提高产量、节约成本的目的。

(2)提高采收率，特别是在热采提高采收率开采时，水平井段可与油藏大面积接触，因此注汽井可提高采收率。在裂缝性油气藏中，钻几口适当定向的水平井，可以增大波及面积。

(3)水平井可用于低渗气田开采，也可用于高渗气藏开采。低渗气藏中水平井可增加泄气面积，减少生产井数。在高渗透气层中，直井近井地区产气速度高，水平井则可降低近井地区的产气速度，降低近井地区的紊流现象，改善高渗气层的产能。

对于底水气顶油藏，水平井可减少水、气锥问题，从而可以提高产气量。

对于天然裂缝油藏，水平井可钻穿多条裂缝，多条裂缝都可出油。

二、几个基本概念

水平井的形成可分为两类：一是从地面新钻的井，通常水平井段长度 L 为 300~1300m 长；另一类井为侧钻井，是从现有的井，横向侧钻出来，长度为 30~210m。

水平井和侧钻井技术可分为四类，主要取决于曲率半径 r。曲率半径即由直井过渡到水平井的半径(图 8-3)。

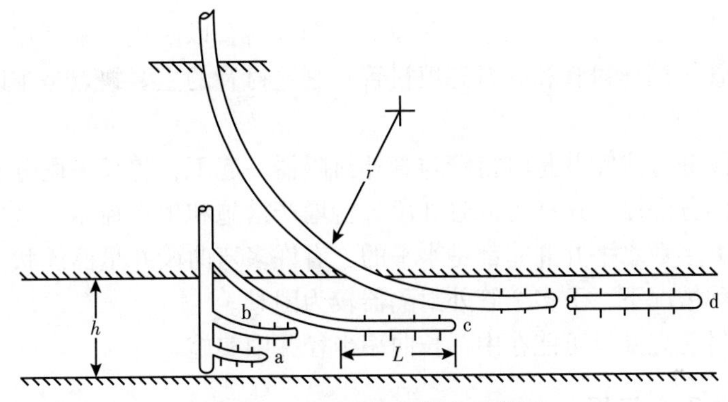

图 8-3　不同的钻井技术示意图

a—超短曲率(r=1~2ft，L=100~200ft)；b—短曲率(r=20~40ft，L=100~800ft)；c—中等曲率(r=300~800ft，L=100~4000ft)；d—长曲率(r≥1000ft，L=1000~4000ft)

(1)超短曲率水平井。半径为 1~2ft，造斜角为 45°~60°/ft。侧钻水平距离为 7~10ft 长。在同一深度上，可以钻几口井向外辐射出去，井径为 2ft 左右。

(2)短曲率水平井。曲率半径为 20~40ft，造斜角为 2°~5°/ft。水平段既可从套管中侧钻出去，也可在裸眼井中直接钻出去，水平井段长度可达 1000ft。

(3)中曲率半径水平井。半径为 300~800ft，造斜角为 6°~20°/100ft。这一钻井方法是钻水平井的主要方法，水平井段长度可达 2000~4000ft。通常用裸眼、割缝衬管或衬管加管外封隔器完井，有时也用水泥固井射孔方法完井。在井的水平段可以进行压裂增产措施，以提高效率。

(4)长曲率半径井。曲率半径为 1000~3000ft，造斜角为 2°~60°/100ft。如图 8-3 所示，这一钻井方法所形成的水平距离可达 4000ft 以上。

三、水平井完井技术

如前面所述，水平井完井可以以裸眼、衬管、衬管加管外封隔器、水泥固井射孔方式完井，如图 8-4 所示。完井方式的选择对油井的生产动态有重要影响。

在致密岩石地层中，可采用裸眼方式完井，裸眼完井的缺点是不能实施增产措施，难于控制注入量和产量。

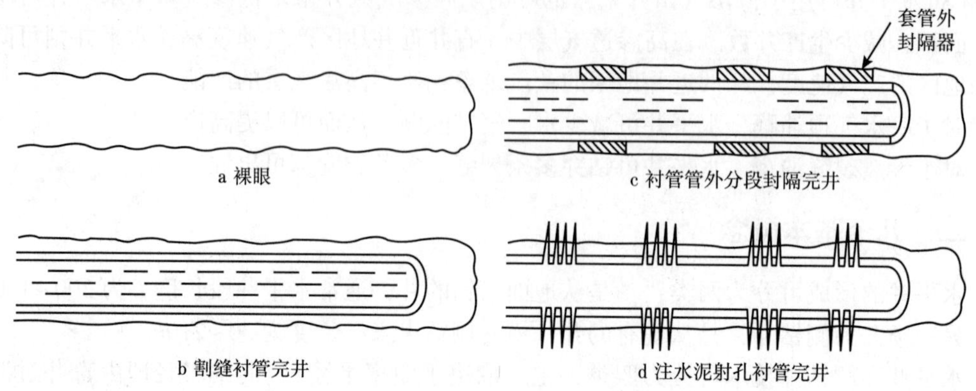

图 8-4　水平井完井技术示意图

割缝衬管完井的主要做法是在水平井段下入割缝衬管以防止井眼坍塌，通常使用的三种衬管是穿孔衬管、割缝衬管和砾石充填衬管。割缝衬管的主要缺点是难以进行有效的增产措施。

衬管及分段隔开方式完井是将衬管与管外封隔器一起下，将长平段分割成若干段，此方法将提供有限的分隔段。这样可沿着井段进行增产措施和生产控制。这一方式完井可以进行增产措施。大多数水平井并非都是水平的，有许多弯曲段并呈曲线状，一口井可能有几个拐弯，在这种情况下，下多个管外封隔器较为困难。

水泥固井和射孔完井只可能在中、长曲率半径井中实施。

四、完井的几个问题

(1)地层的岩性。对于致密的地层，可以考虑裸眼办法完井，如对于致密的石灰岩地层可以应用裸眼方法完井。

(2)钻井方法。用短曲率半径钻成的井可采用裸眼或采用割缝衬管完井。对于采用中长曲率半径的水平井，既可采用裸眼办法，又可采用割缝衬管或水泥射孔完井。

(3)钻井液。水平井钻井过程中，钻井液对地层的伤害较大，主要原因是地层暴露在钻井液中的时间较长。为了减少钻井时的地层伤害，可以采用负压钻井。同时也可以用一些特殊的钻井液，如低固相或无固相的聚合物钻井液。

除了以上三点外，也要考虑增产措施、生产机理、井下作业及修井等可能发生的井下作业工作。

第二节　水平井中流型

在水平井和斜井中，由于轻质相与重质相的分离，流型与垂直井中有较大差异，以气水两相流动为例说明水平井中的流型(斜井与水平井相似)。

图 8-5a 是 Russell 等于 1961 年在 1in 管中观察到的油水两相流型图，对于每一个流型

在表 8-1 中又进一步作了描述，表中滞留流率表示轻质相与重质相的流速之比。水相表观速度较低(小于 0.1ft/s)，为均质泡状流动。随着油相表观速度的增加，油泡开始聚集形成大油泡流动(段塞流)，最后形成雾状流。

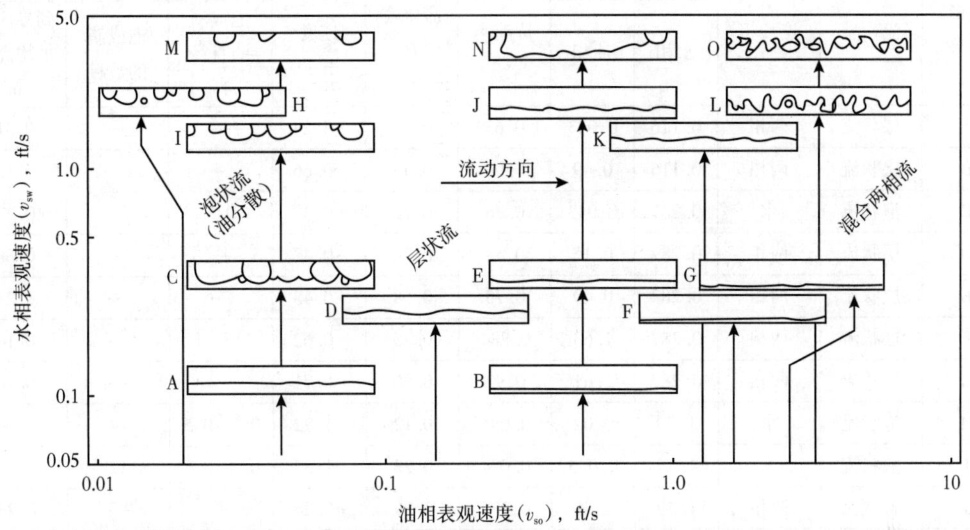

a 黏度为18.0mPa·s，相对密度为0.834的油与水在内径为0.806in管道中的流型

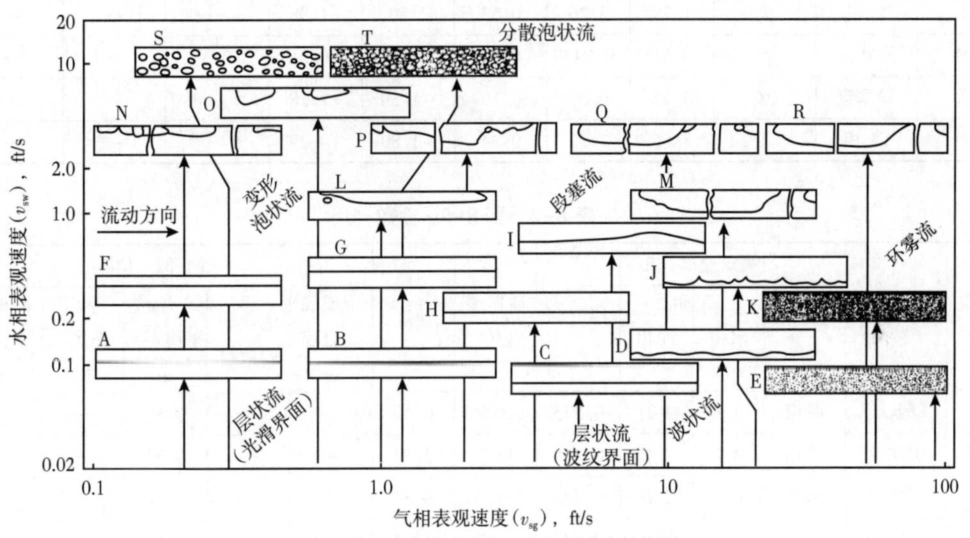

b 空气—水混合物在内径为1.026in管道中的流型

图 8-5　油气水相流型示意图

图 8-5b 是 Hasson 等观察到的气水两相流型图，采用水的相对密度为 1.02，黏度为 1.0mPa·s，管子内径为 12.6mm。观察到的结果与油水两相流动相似。表 8-2 是实验数据。在水相流动较低的情况下，流型分为四种：层状流(气水界面光滑)、波纹层状流(界面呈波纹状)、波状流和环雾流，流型的过渡是随着气的流量增大依次转变的。层状流中，气体的流量很低，占据了管子的上半部，气水界面光滑；随着气体的增加，气水界面上产生了波纹，这就形成了波纹界面层状流；随着气体流量的进一步增加，气水界面产生了大的波动，这就是波状流；气体流量继续增大时，气体在中间，套管壁上为液膜，这就是环

状流，同时中间的气体含有雾状水滴，这就是雾状流。

表 8-1 图 8-5a 参数

图形符号	流 型	连续相	表观速度，ft/s		持油率	滞留率（H）	滑脱速度 ft/s	近似值		
			水相	油相				泡或滴的直径 in	泡或滴的数目	到界面的平均高度 in
A	层状流	两相	0.116	0.043	0.63	0.22	−0.24	—	—	0.31
B	层状流	两相	0.116	0.49	0.90	0.45	−0.66	—	—	0.13
C	泡状流	水	0.287	0.043	0.36	0.27	−0.32	0.5	34	0.32
D	层状流	两相	0.287	0.15	0.58	0.38	−0.42	—	—	0.36
E	层状流	两相	0.287	0.49	0.75	0.58	−0.48	—	—	0.24
F	层状流	两相	0.287	1.63	0.884	0.75	−0.62	—	—	0.14
G	层状流	两相	0.287	2.61	0.92	0.80	−0.71	—	—	0.10
H	泡状流	水	1.79	0.02	0.085	0.12	−1.72	0.3~0.5	14	—
I	泡状流	水	1.79	0.043	0.094	0.23	−1.52	0.3~0.5	12	—
J	层状流	两相	1.79	0.48	0.232	0.89	−0.26	—	—	0.23
K	层状流	两相	1.79	1.29	0.376	1.20	+0.57	—	—	0.32
L	混相	无	1.79	3.26	0.55	1.50	+1.98	—	—	—
M	泡状流	水	3.55	0.043	0.14	0.85	−0.54	0.3	6	—
N	段塞流	水	3.55	0.50	0.10	~1.30	+1.18	—	—	—
O	混 相	无	3.55	3.27	0.34	~1.80	+4.29	—	—	—

表 8-2 图 8-5b 参数

图形符号	流型	连续相	表观速度，ft/s		持气率	滞留率（H）	滑脱速度 ft/s	近 似 值				
			水相	油相				泡或滴的直径 in	泡或滴的数目	到界面的平均高度 in	平均膜厚 in	液相段塞长度 in
A	层状流	两相	0.1	0.21	0.375	3.5	0.40	—	—	0.61	—	—
B	层状流	两相	0.1	1.2	0.465	13.8	2.39	—	—	0.54	—	—
C	层状流	两相	0.1	5.0	0.725	19.0	6.53	—	—	0.32	—	—
D	波状流	两相	0.1	15.9	0.90	18.0	16.7	—	—	0.16	—	—
E	环雾流	水	0.1	90	0.96	34.0	90.6	0.01+	60000	—	0.007	—
F	层状流	两相	0.3	0.21	0.25	2.1	0.44	—	—	0.72	—	—
G	层状流	两相	0.3	1.2	0.42	5.6	2.4	—	—	0.57	—	—
H	层状流	两相	0.3	3.5	0.66	6.0	4.4	—	—	0.37	—	—
I	波状流	两相	0.4	6.5	0.75	5.5	7.1	—	—	0.28	—	—
J	波状流	两相	0.3	21	0.86	11.4	22.3	—	—	0.20	—	—
K	环雾流	空气	0.3	52.2	0.92	16.0	53.4	0.02	40000	—	0.016	—
L	变形泡状流	水	1.1	1.0	0.34	1.8	1.32	—	—	0.61	—	4~5

在水相流量中等的情况下，层状流型和波状流型均变形，此时的流型称为变形泡状流和段塞状流动。此时，气体流速较低，不连续的变形气泡浮在管子上部，气体流速增加时，这些气泡聚集形成气体段塞，称为段塞状流动。这一流型是从泡状流向环雾状流型过渡的一种流型。气体的流量进一步增加时最后形成环雾状流动，泡状和段塞状流动中，气液之间存在着较大的滑脱速度，环雾状流动中，气体和雾滴的流速近似相等。

在液相水的流速较高时，气泡较为均匀地分散在整个液体当中，浓度分布上下不大对称，这就是分散状泡状流动。实际应用中应根据液相和气相的流速大小具体划分流型。

美国塔尔萨(Tulsa)大学的 H D Beggs 对水平井中的流型进行了分析，把流型分为三种流动：分相流、间断流和均布流。如图 8-6 所示，分相流包括层状流、波状流和环状流；间断流包括段塞流和段状流；均布流包括泡状流和雾状流。当气体的流量较小时，气体和水分层流动，气体在上半部，水在下半部，界面为平面接触。随着气相流量的逐渐增加，气体使水面形成波动；气体流量进一步增加形成段塞流和段状流；之后随着气体流量的进一步增加，依次形成泡状流、环状流和雾状流。同一口井中不可能同时出现上述各类流型，具体情况取决于气和水的流量。

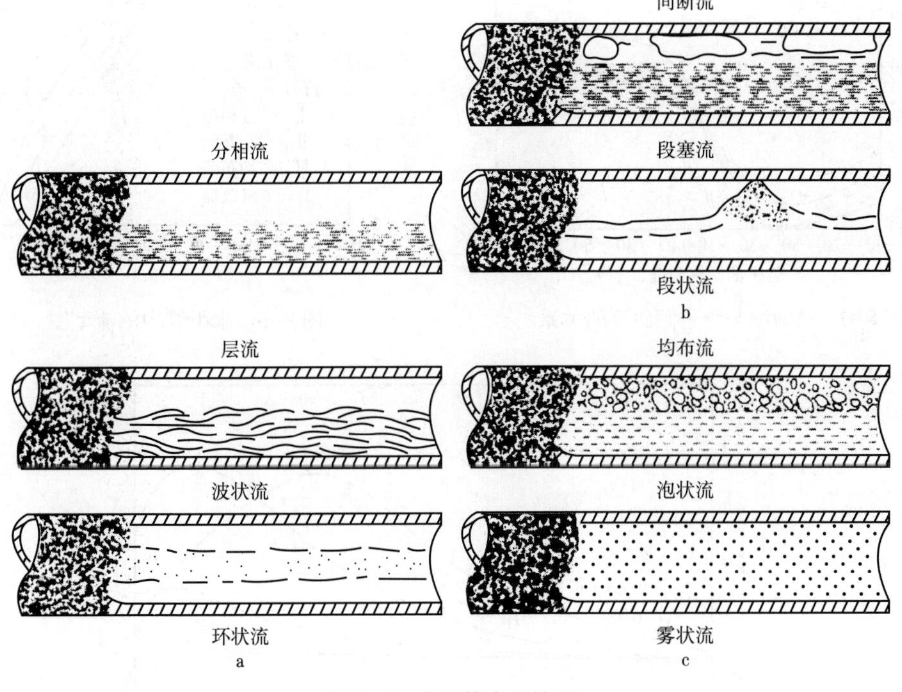

图 8-6　水平管中的流型

一、流型实验及流型图

1. 流型实验

Beggs 利用实验模型进行了水平井流型实验，装置的内径为 1in 和 1.5in，长度为 90ft 的聚丙烯管组成。管子可以按任意角度倾斜。所用的流体是空气和水，改变气和水的流量及管子的倾斜角，角度为 5°、10°、15°、20°、35°、55°、75°和 90°，观察相应流体的流型并测量持水率，共进行了 584 次测量。测量时各参数的变化范围为

(1)气体流量：0~300×10^{6}ft^3/d；
(2)水的流量：0~30gal/min；
(3)平均系统压力：35~95psi；
(4)管子直径：1in 和 1.5in；
(5)持水率：0~0.87；
(6)压力梯度：0~0.8psi/ft；
(7)倾斜角：-90°~90°；
(8)水平流型。

在实验基础之上，对于每一种流型都给出了不同的计算持水率的关系式。图 8-7 中给出了三次测量持液率的计算关系，倾斜角为 50°时，持液率达到最大值。实验给出的流型图如图 8-8 所示，实线为原始流型分界线，虚线为作了修正的流型分界线，修正后的流型包含了分相流和间断流之间的过渡流。图中 C_L 为含液率（含水率），N_{FR} 为费劳德数。图 8-9 是计算归一化的摩阻系数计算图版。

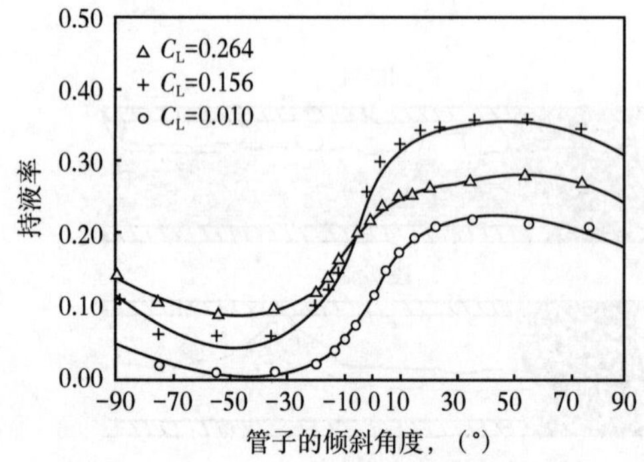

图 8-7　持液率与管子倾斜度的关系

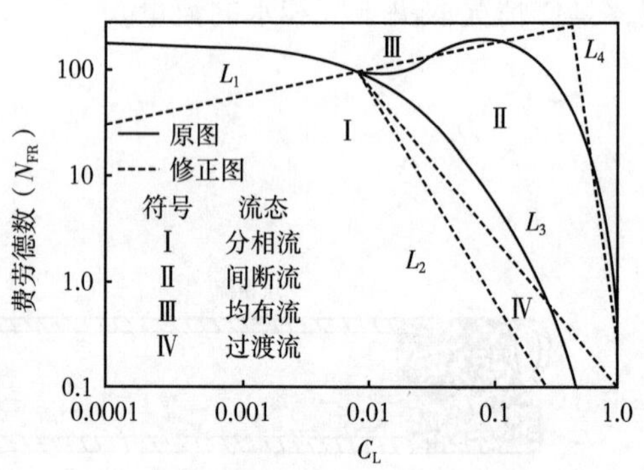

图 8-8　水平管中的流型图

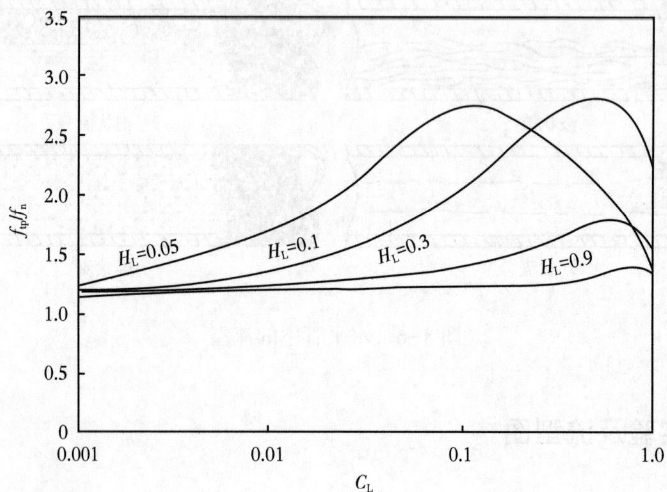

图 8-9　归一化两相流摩阻系数

2. 流型边界确定

图 8-8 中流动类型的范围如下。

(1)分相流：

$C_L<0.01$ 及 $N_{FR}<L_1$ 或 $C_L\geqslant0.01$ 及 $N_{FR}<L_2$。

(2)过渡流：

$C_L\geqslant0.01$ 和 $L_2\leqslant N_{FR}\leqslant L_3$。

(3)间断流：

$0.01\leqslant C_L\leqslant0.4$ 和 $L_3<N_{FR}\leqslant L_1$ 或 $C_L\geqslant0.4$ 和 $L_3<N_{FR}\leqslant L_4$。

(4)均布流：

$C_L<0.4$ 和 $N_{FR}\geqslant L_1$ 或 $C_L\geqslant0.4$ 和 $N_{FR}>L_4$。

计算 C_L 和 N_{FR} 时需要首先计算以下各项参数：

$$v_{sl}=\frac{Q_l}{84D^2} \tag{8-1}$$

$$v_{sg}=\frac{Q_g}{84D^2} \tag{8-2}$$

$$v_m=v_{sl}+v_{sg} \tag{8-3}$$

$$C_L=\frac{Q_l}{Q_l+Q_g}=\frac{v_{sl}}{v_m} \tag{8-4}$$

$$N_{FR}=\frac{12v_m^2}{gD} \tag{8-5}$$

$$N_{LV}=1.938v_{sl}\sqrt[4]{\rho_L/\sigma_L} \tag{8-6}$$

$$L_1=316C_L^{0.302} \tag{8-7}$$

$$L_2=0.0009252C_L^{-2.4684} \tag{8-8}$$

$$L_3=0.1C_L^{-1.4516} \tag{8-9}$$

$$L_4=0.5C_L^{-6.738} \tag{8-10}$$

式中　Q_g——气体流量，bbl/d；

Q_l——液体流量，bbl/d；

v_{sg}——气相表观速度，ft/s；

v_{sl}——液相表观速度，ft/s；

N_{LV}——液体速度，无量纲；

L_i——流型范围，无量纲；

D——管子内径，in；

g——重力常数，32.2ft/s^2；

ρ_L——液体密度，lb/ft^3；

σ_L——液体表面引力，dyn/cm。

3. 持液率（持水率）的确定

从水平位置开始，角度为 φ 的持液率等于水平管子的持液率乘以校正管子倾斜角度的

因数 y：

$$Y_L(\varphi)=Y_L(0)y \tag{8-11}$$

首先根据下式求出 Y_L（0）：

$$Y_L(0)=\frac{aC_L^b}{N_{FR}^c} \tag{8-12}$$

再根据适当的水平流动类型，从表 8-3 中得出参数 a、b 和 c。

如果 $Y_L(0)<C_L$，则令 Y_L（0）$=C_L$；反之使用式(8-12)中计算出的 $Y_L(0)$。

校正系数可以根据下列公式计算：

$$y=1+c[\sin(1.8\varphi)-0.333\sin^3(1.8\varphi)] \tag{8-13}$$

表 8-3 水平流动类型参数

水平流动类型	a	b	c
分相流	0.98	0.4846	0.0868
间断流	0.845	0.5351	0.0173
均布流	1.065	0.5824	0.0609

对于垂直井的流动：

$$y=1+0.3c$$

$$c=(1-C_L)\ln[d(C_L)^e(N_{LV})^f(N_{FR})^g] \tag{8-14}$$

表 8-4 给出了不同流型和流动方向的情况下，式(8-14)中 d、e、f 和 g 的取值方法。计算出 c 后，若 $c<0$，则令 $c=0$。

表 8-4 水平流动类型流动方向及参数

水平流动类型	流动方向	d	e	f	g
分相流	向上	0.011	−3.768	3.539	−1.614
间断流	向上	2.96	0.305	−0.4473	0.0978
均布流	向上	无校正	$c=0$	$H_L\neq f(\varphi)$	$\varphi=1$
全部流体流动类型	向下	4.70	−0.3692	0.1244	−0.5056

4. 摩擦系数的确定

两相流体间的摩擦系数 f_{tp} 是用无滑动摩擦系数 f_n 与校正因数 e^s 相乘得出来的：

$$f_{tp}=f_n e^s \tag{8-15}$$

式中 s——与 C_L、$Y_L(\varphi)$ 相关系数。

(1)计算 f_n。

$$C_g=1-C_L \tag{8-16}$$

$$\rho_n = \rho_L C_L + \rho_g C_g \tag{8-17}$$

式中　ρ_L——井内条件下的液体密度，lb/ft^3；

ρ_g——井内条件下的气体密度，lb/ft^3。

$$\mu_n = \mu_L C_L + \mu_g C_g$$

式中　μ_L——井内条件下的液体黏度，mPa · s；

μ_g——井内条件下的气体黏度，mPa · s。

$$Re_n = 124\frac{\rho_n v_m D}{\mu_n} \tag{8-18}$$

式中　ρ_n 和 μ_n——分别是无滑动混合密度和混合黏度；

Re_n——无滑动雷诺数；

D——管子内径，in。

Re_n求出后，可利用下式求出f_n：

$$f_n = 0.0056 + 0.5Re_n^{-0.32} \tag{8-19}$$

(2) 计算校正因素 e^s。

$$s = \frac{X}{-0.0523 + 3.182X - 0.8725X^2 + 0.01853X^4} \tag{8-20}$$

$$B = \frac{C_L}{Y_L^{\,2}(\varphi)} \tag{8-21}$$

$$X = \ln B \tag{8-22}$$

式中　B——与 C_L 和 $Y_L(\varphi)$ 有关的中间变量；

X——B 的自然对数。

(3) 计算压力降落。

$$\frac{dp}{dZ} = \left(\frac{dp}{dZ}\right)_{el} + \left(\frac{dp}{dZ}\right)_{fr} \tag{8-23}$$

$$\rho_s = Y_L(\varphi)\rho_L + [1 - Y_L(\varphi)]\rho_g \tag{8-24}$$

$$\left(\frac{dp}{dZ}\right)_{el} = \frac{g}{g_c}(\rho_s) \tag{8-25}$$

$$\left(\frac{dp}{dZ}\right)_{fr} = \frac{6f_{tp}\rho_n v_m^2}{g_c D} \tag{8-26}$$

式中　Z——深度，ft；

g_c——重力常数，$32.2ft \cdot lbm/(lbf \cdot s^2)$；

g——当地重力加速度，ft/s^2。

二、应用实例

已知一斜井的井斜角为 50°，$v_{sg} = 4.09ft/s$，$v_{sl} = 2.65ft/s$，$v_m = 4.09 + 2.65 = 6.74ft/s$，

$D=3.0\text{in}$，$p=720\text{psi}$，$\rho_L=56.6\text{lb/ft}^3$，$\rho_g=2.84\text{lb/ft}^3$，$N_{LV}=6.02$，$\mu_o=18\text{mPa}\cdot\text{s}$，$\mu_g=0.018\text{mPa}\cdot\text{s}$，$\varphi=50°$。判断流型，计算持液率和压降。

解：

$$N_{FR}=\frac{6.74^2\times 12}{32.2\times 3}=5.67$$

$$C_L=2.65/6.74=0.393$$

$$C_g=1-0.393=0.607$$

$$L_1=316\times 0.393^{0.302}=238$$

$$L_2=0.0009252\times 0.393^{-2.4684}=0.00925$$

$$L_3=0.1\times 0.393^{-1.4516}=0.388$$

$$L_4=0.5\times 0.393^{-6.378}=270$$

由于 $0.01\leqslant C_L$ 且 $L_3\leqslant N_{FR}\leqslant L_1$，所以流型为间断流。

确定压力梯度的势能部分：

$$Y_L(0)=\frac{0.845\times 0.393^{0.535}}{5.67^{0.0173}}=0.497$$

$$c=(1-0.393)\ln[2.96\times 0.393^{0.305}\times 6.02^{-0.4473}\times 5.67^{0.0978}]=0.1014$$

$$\gamma=1+0.1014\times(1-0.333)=1.068$$

$$Y_L(50)=0.497\times 1.068=0.512$$

$$\rho_s=0.531\times 56.6+0.469\times 2.84=31.38$$

$$\left(\frac{\mathrm{d}p}{\mathrm{d}Z}\right)_{el}=31.38\text{lb/ft}^3$$

$$\rho_n=56.6\times 0.393+2.84\times 0.607=23.96\text{lb/ft}^3$$

$$\mu_n=18\times 0.393+0.018\times 0.607=7.08\text{mPa}\cdot\text{s}$$

$$N_{Ren}=\frac{124\times 23.96\times 6.74\times 3}{7.08}=8485$$

$$f_n=0.0056+0.5\times 8485^{-0.32}=0.033$$

$$\gamma=\frac{0.393}{0.512^2}=1.5$$

$$B=\ln 1.5=0.405$$

$$s=\frac{0.405}{-0.0523+1.289-0.143+0.001}=0.37$$

$$e^{0.37}=1.45$$

$$f_{tp}=0.033\times 1.45=0.048$$

$$\left(\frac{\mathrm{d}p}{\mathrm{d}Z}\right)_{fr}=\frac{6\times 0.048\times 23.96\times 6.74^2}{32.2\times 3}=3.25\text{lb/ft}^3$$

确定总的压力梯度：

$$\frac{dp}{dZ}=\left(\frac{dp}{dZ}\right)_{el}+\left(\frac{dp}{dZ}\right)_{fr}=31.38+3.25=34.63lb/ft^3$$

第三节　水平井产出剖面

水平井中，由于油、气、水呈层状分离流动，因此流量计、持水率计的响应结果具有一定的纵向偏面性，如图 8-10、图 8-11 所示。图 8-10 是非集流式仪器在低含水井中响应的示意图，由于涡轮和持水率计暴露在油中，因此所测信号主要反映油的流量及油的电容响应，而很少反映另一相水的流动及含量。对于高含水率情况，涡轮和持水率计主要暴露在下部的水中，反映水的流动情况。因此在水平井中建议采用集流式涡轮流量计如图 8-12 所示。测量时，油、气、水必须通过金属集流伞，然后进入集流通道，所以涡轮测得的 RPS 反映了油气水总的流动情况。

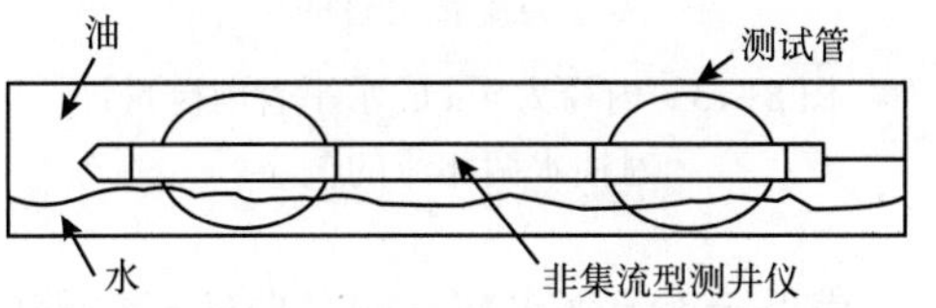

图 8-10　低含水情况下的分层流体示意图

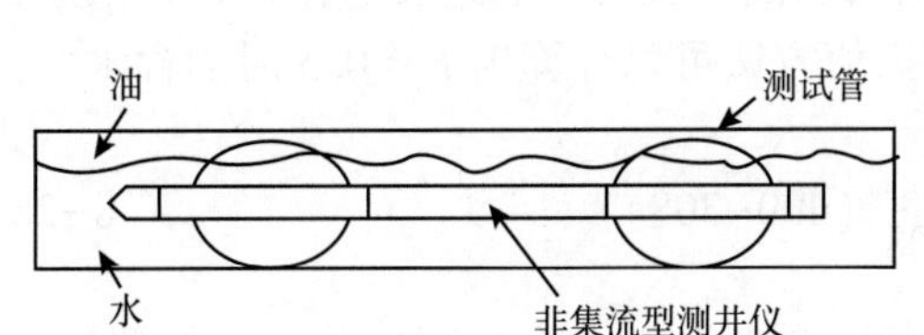

图 8-11　高含水情况下的分层流体示意图

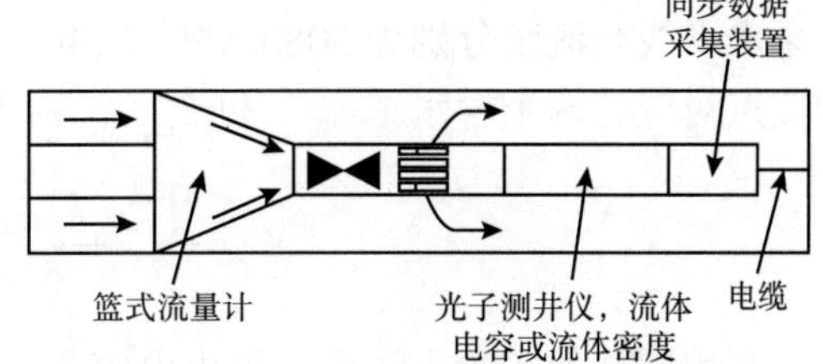

图 8-12　水平井生产测井组合仪示意图

一、涡轮流量计和密度计响应

利用如图 2-21 所示的模拟井装置，把伞式流量计和放射性密度计下入测试管中。改变总流量，在每一个流量点处从 10%至 90%更换不同的含水率，得到如图 8-13 所示的集流伞式流量计在水平井中(内径为 4in)的响应曲线，尽管含水率和流量的变化范围很大，但响应的线性关系良好。实验中采用自来水模拟地层水，用密度为 0.82g/cm³ 的柴油模拟原油，试验中观察到，总流量小于900bbl/d 时，油水是分离的；大于这一流量时，油水混合在一起流动。实验说明在水平井中，用集流伞式流量计不管油水是否分离，都可以取得有效的测量结果。

图 8-14 是放射性密度计与伞式流量计同时测量时的实验结果，纵坐标表示仪器响应的百分数(F_r)：

$$F_r=\frac{f_m-f_o}{f_w-f_o} \tag{8-27}$$

式中　f_w、f_o——分别为水、油的频率响应。

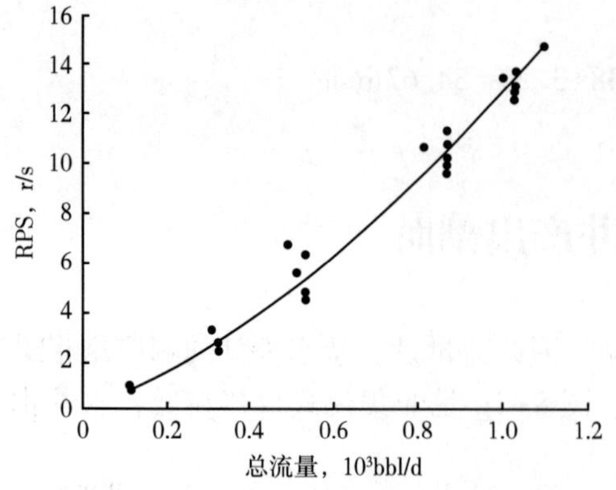

图 8-13　内径为 4in 的水平管内流量计对油水两相流的响应

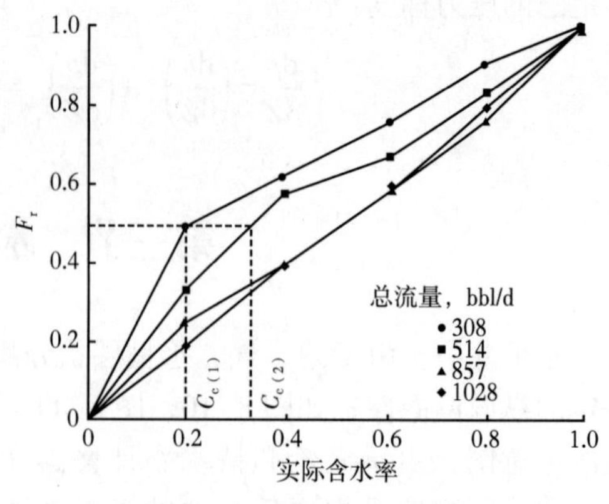

图 8-14　密度测井仪响应

横坐标表示含水率，四条曲线对应着四种不同的总流量 308bbl/d、514bbl/d、857bbl/d 和 1028bbl/d。随着流量的增加，曲线逐渐接近 45°线，说明大于这一流量时，油水呈乳状混合流动状态，低于这一流量时，油水呈层状分离状态。

若由伞式流量计测得的 RPS 为 3.95r/s，由图 8-13 知流量为 400bbl/d。同时已知 F_r=0.5，图 8-14 中示出了确定这一响应条件下确定实际含水率（C_c）的方法。在 F_r=0.5 处画一条水平线与流量分别为 308bbl/d、514bbl/d 的两条曲线相交，通过交点作垂线与横坐标的交点对应着两个含水率 $C_{c(1)}$ 和 $C_{c(2)}$，利用内插值方法可以计算出 F_r=0.5 时的含水率：

$$C_c = C_{c(1)} + \frac{C_{c(2)} - C_{c(1)}}{514-308}(400-308) \tag{8-28}$$

利用同样的实验方法可以得出电容法持水率计响应与含水率之间的关系，如图 8-15 所示。当含水率小于 0.4 时，含水率与仪器响应之间呈线性关系；当含水率大于 0.4 时，随着含水率增加，F_r 增长缓慢，灵敏度降低，说明响应曲线与垂直井的响应相似。

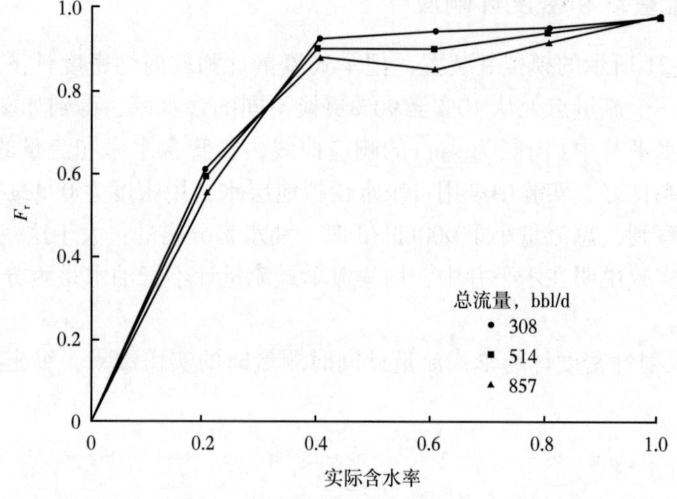

图 8-15　在内径为 4in 的水平测试管中电容持水仪对油水两相流的响应

二、斜井中仪器响应及图版制作

解释图版在模拟井中制作完成。模拟井筒内径为2.5in，倾斜角为45°。把流体电容持水率计、流体密度计和伞式流量计下入倾斜的模拟井筒中（图8-16）。伞式流量计的响应与图8-13相似，但响应直线的斜率为0.025。流体密度、流体电容的响应如图8-17和图8-18所示。图8-17中纵坐标为持水率，横坐标为真实的含水率，每一条曲线都与一个流量值对应，分别为308bbl/d、514bbl/d、857bbl/d、1028bbl/d、1543bbl/d和2055 bbl/d，Y_W 用测得的混合密度和油、水密度确定。若油水的密度 ρ_o 和 ρ_w 差别不大，则要改用电容持水率计确定含水率（图8-18）。

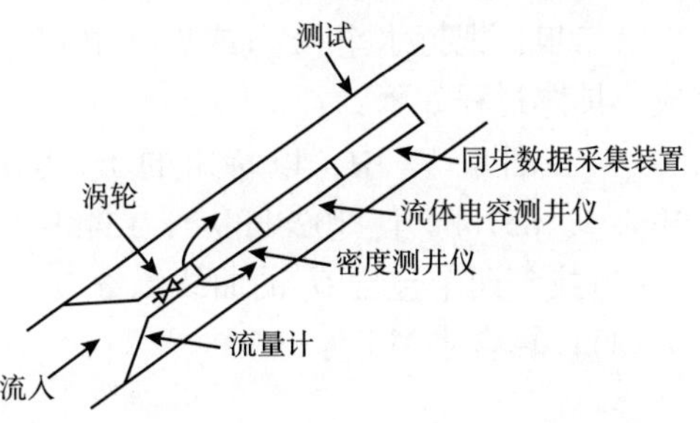

图8-16　集流型仪器组合结构示意图

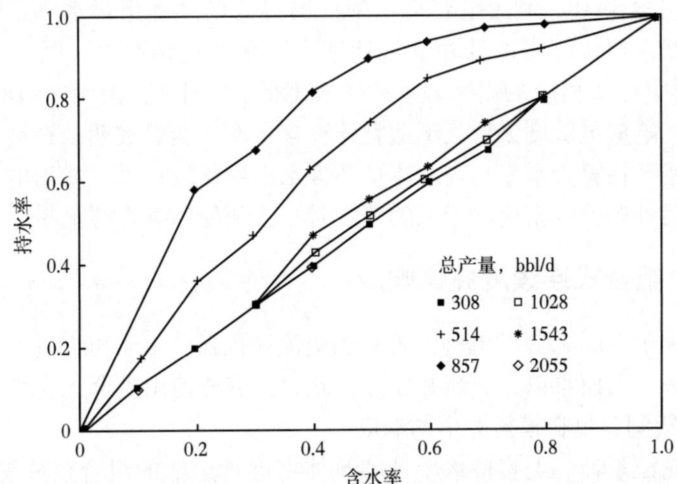

图8-17　内径为2.5in、倾角为45°的管内油水两相流中流体密度响应

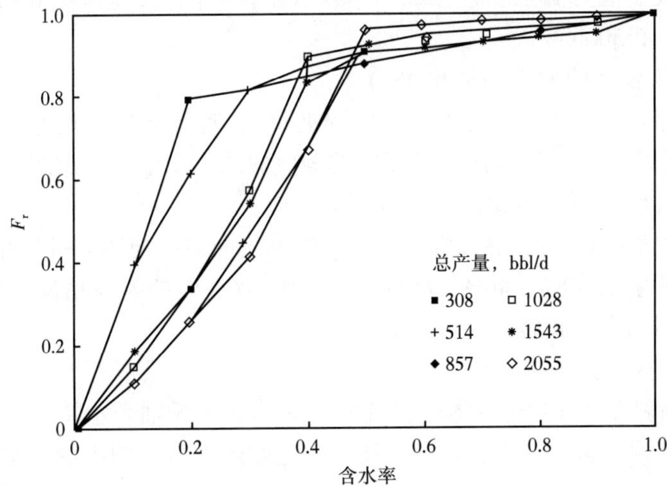

图8-18　内径为2.5in、倾角为45°的管内油水两相流中电容持水率计的响应

$$Y_{w}=\frac{\rho_{m}-\rho_{o}}{\rho_{w}-\rho_{o}} \tag{8-29}$$

在使用这些图版进行实际资料解释时，分以下几个步骤：

第一步，把测得的 RPS 通过斜率为 0.025 的实验结果转换为总流量 Q_t。

第二步，把持水率(Y_w)或 F_r（电容持水率计测得)转换为含水率。这一步可通过内插完成，具体过程如下：

(1)在图 8-17 中，以特定的 Y_w 为出发点，作水平线，该直线与流量为 308bbl/d、514bbl/d、857bbl/d、1028bbl/d、1543bbl/d、2055bbl/d 对应的曲线相交。

(2)找到两个包含 Q_t 的曲线流量 $Q_{t(1)}$ 和 $Q_{t(2)}$，相应的含水率用 $C_{c(1)}$ 和 $C_{c(2)}$ 表示。

(3)计算含水率 C_c：

$$C_{c}=C_{c(1)}+\frac{\left[C_{c(2)}-C_{c(1)}\right]\left[Q_{t}-Q_{t(1)}\right]}{Q_{t(2)}-Q_{t(1)}} \tag{8-30}$$

同理也可采用图 8-18，利用电容持水率计测得的信息确定含水率。即采用两种方法都可计算出含水率。但流体密度计在低流量和高含水率的情况下，因误差较大不宜采用(图 8-17)，由图中可知相应的斜率较小(灵敏度低)。同理，由图 8-18 知，在高含水、高流量的情况下，响应灵敏度太低又不适宜计算含水率。实验表明，在大多数情况下，两种响应曲线都可用于估算含水率，当总流量和含水率变化较小时，使用电容持水率的测量结果更精确些，另外若油的密度趋近水的密度时，必须使用电容持水率计。

三、斜井中组合式连续测井仪响应

对于总流量大于 300m^3/d 的流动，若采用集流式仪器，由于压力过大容易导致仪器损坏而发生测井事故，因而难以完成测井任务，此时，需要使用组合式连续测井仪。

1. 组合式连续测井仪在模拟井中的响应

把连续型涡轮流量计、电容持水率计和流体密度计组成的组合仪放置在内径为 6.5in 的模拟井中，改变井筒的倾角、流量和含水率，记录相应的输出数据，即可制作相应的解释图版。倾角的改变值为 15°、30°、45°和 60°，含水率的改变范围为 0~100%，总流量的变化范围为 1000~15500bbl/d。

2. 连续涡轮流量计的响应(15°和 45°)

图 8-19 是井斜角为 15°时(与垂直方向的夹角)，连续涡轮流量计的测量数据。对于每一个给定的含水率，都可以作出一条相应的响应曲线。图中给出的实验数据给出了含水率分别为 20%、40%、60%、80%和 100%时的响应。

图 8-20 是倾角为 45°时，连续涡轮流量计的响应曲线。与图 8-19 相同，图中的含水率曲线是含水率分别为 20%、40%、60%、80%和 100%时的响应情况。倾斜角为 45°时，曲线响应的分离距离大于倾斜角为 15°时的情况。

3. 流体密度的响应

图 8-21 是倾斜角为 15°时流体密度仪的响应曲线。纵轴表示持水率，横轴表示含水率，对于每个总流量，都有一个含水率与持水率之间的响应，图中的流量包括 1029bbl/d、1543bbl/d、3086bbl/d、5006bbl/d、7543bbl/d 和 15429bbl/d 六条曲线响应。图 8-22 是倾斜角为 45°时的响应，两图之间形状相似，主要区别在于，仪器的倾斜角越大，低流量时

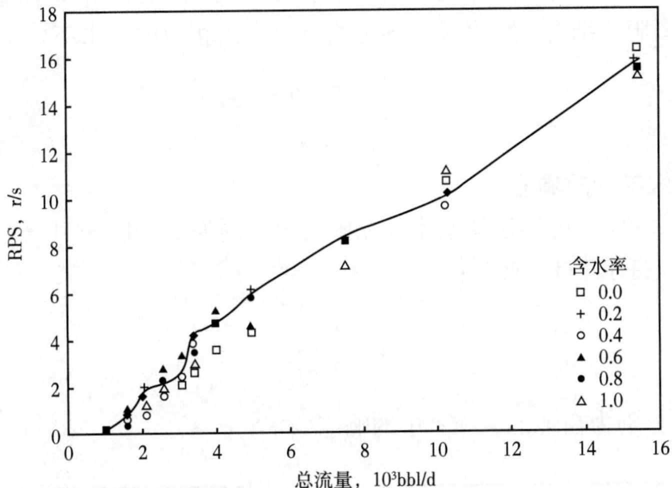

图 8-19 内径为 6.5in、倾角为 15°充满油和水的测试管中，连续涡轮流量计的响应

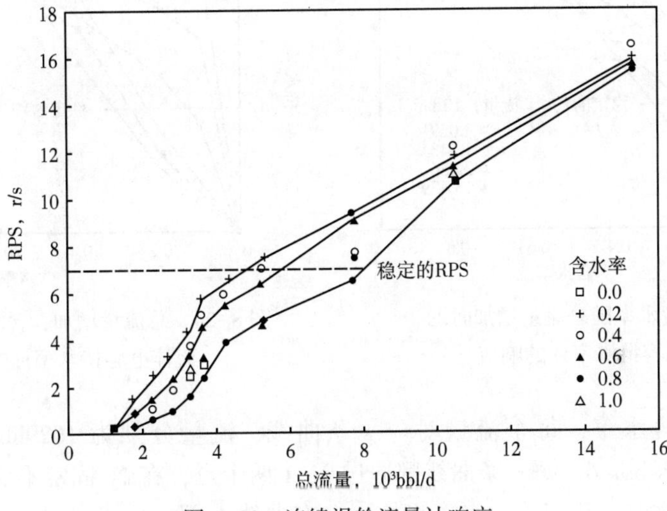

图 8-20 连续涡轮流量计响应

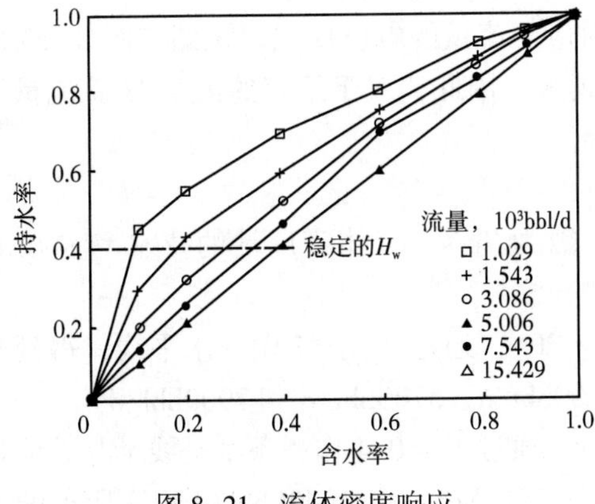

图 8-21 流体密度响应

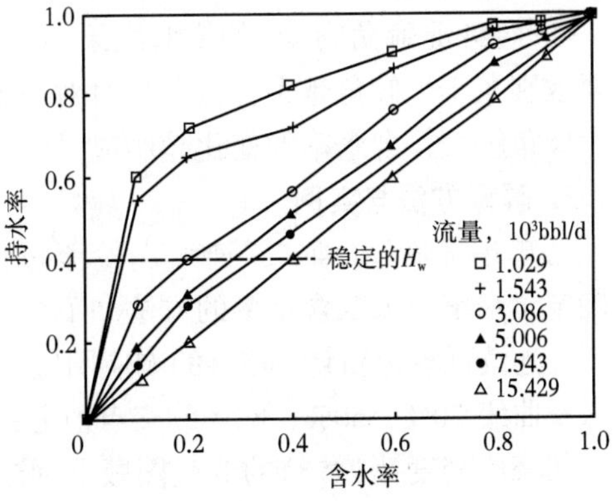

图 8-22 流体密度响应曲线

含水率随总流量增加

响应曲线的变化就越大，即对于给定的持水率，倾角为45°时，含水率随流量的变化幅度越大。利用这一图版，结合总流量及内插方法可以求出相应的含水率：

$$Y_w=\frac{\rho_m-\rho_o}{\rho_w-\rho_o} \tag{8-31}$$

4. 电容法持水率计的响应

图8-23、图8-24是电容法持水率计在倾斜角分别为15°和45°井筒内的实验曲线。纵坐标表示仪器响应持水率 Y_w 或 F_r：

$$Y_w=\frac{f_m-f_o}{f_w-f_o} \tag{8-32}$$

式中 f_o、f_w——分别为在纯油、纯水中的响应频率。

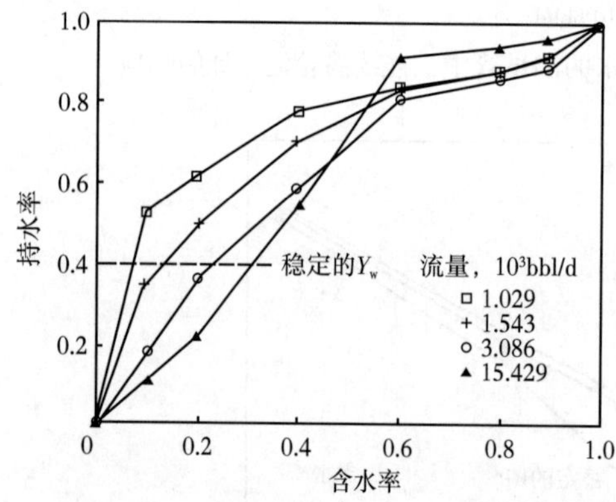

图8-23 含水率随总流量增加时的流体电容持水率计的响应

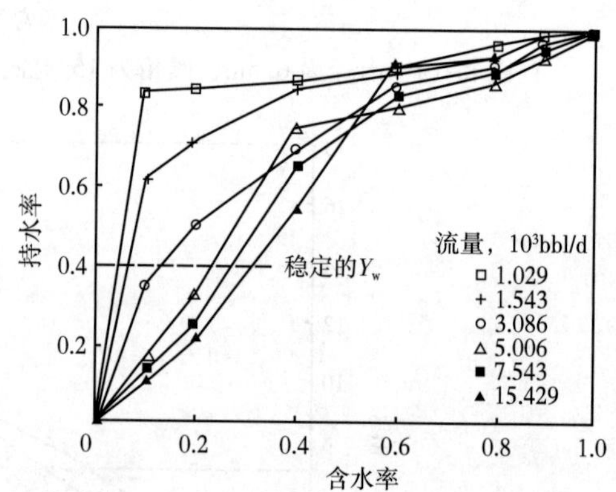

图8-24 总流量增加，含水率增加时的流体电容持水率计的响应

横坐标表示含水率，每个流量对应一条曲线，流量分别为1029bbl/d、1543bbl/d、3086bbl/d和15429bbl/d。每一条曲线都通过0、1两个点，在 Y_w 固定不变时（图中取 Y_w = 0.4），总流量增大时，相应的含水率也增大。在曲线上部，Y_w 大于0.8时，含水率随总流量增大而减小。

图8-24是倾角为45°的实验结果，有六条对应于流量的响应曲线。该图与图8-23的主要区别在于，倾角越大，低流量时对应的 Y_w 越大。因此，对于给定的 H_w，随着流量增大，倾角越大，含水率的变化越明显。

5. 解释方法与实例

已知井筒倾角为45°，连续涡轮流量计的转数为7r/s，流体密度计的持水率为0.4，试确定含水率。求取含水率的方法如下。

在连续涡轮流量计（45°）的响应图版上（图8-20），通过 $N_{RPS}=7$ 做一水平线，得到与含水率曲线20%、60%、80%的交点值分别为4700bbl/d、5700bbl/d和7900bbl/d。

在流体密度计（45°）的响应图版上（图8-22），通过 $Y_w=0.4$ 作一条水平线，与总流量线1029bbl/d、1543bbl/d、3086bbl/d、5006bbl/d、7543bbl/d和15429bbl/d相交所得的含水率分别为0.07、0.08、0.2、0.28、0.32和0.39。

图8-25用纵坐标表示总流量、横坐标表示含水率，把含水率和相应的流量标在图中，

得到两条曲线（1号曲线和2号曲线）。1号曲线是图8-20读值得到的结果，2号曲线是图8-22读值得到的结果。1号曲线和2号曲线的交点即为要求取的资料点，所对应的含水率和总流量亦为要求取的值。图8-25中交点所对应的含水率为28%，总流量为4800bbl/d。实验表明，采用这一方法在低含水率时，电容法测得的持水率较为精确，含水率较高时，应用密度法测得的持水率效果较好。

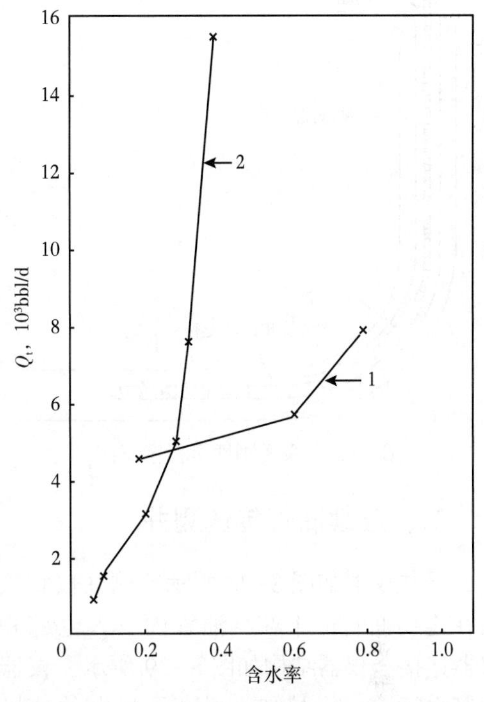

图8-25　总流量和含水率的估算

对于井斜大于45°的测试资料，可用15°和45°的外插方法确定，介于二者之间时，用内插办法确定。

在斜井水平井中，由于井眼倾斜，涡轮流量计不适于上下多次测量，主要问题是仪器无法靠重力作用下测。除常规的电容持水率计、密度计之外，斯伦贝谢公司专门研制的过油管油藏饱和度仪器（RST）也可用于测量斜井、水平井中油、气、水三相的持率（详见第十章），它的主要优势是不受油气水层状流动的影响。

第四节　水平井现场测井

在直井或倾斜角不大的斜井中，仪器通常靠重力下放进行测井。这些水平井的分类如图8-26所示。在水平井中，重力已不能使仪器下入井底。生产测井中常用下入仪器的方法有两种：泵送刚性挺杆技术测井和连续油管传送测井。

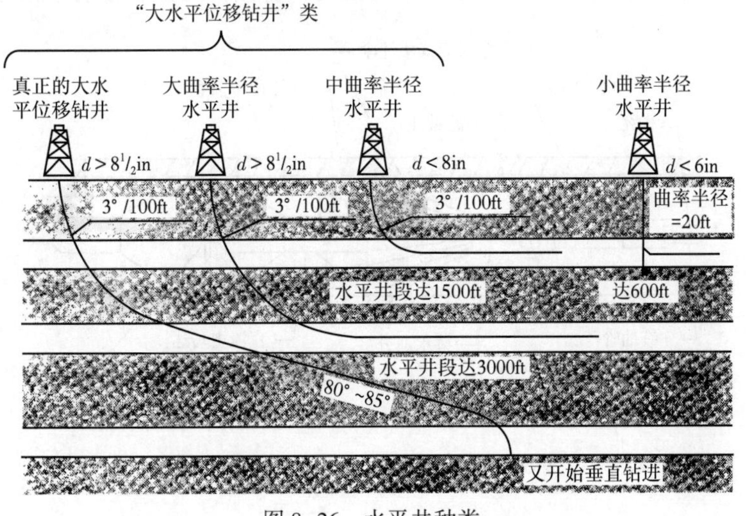

图8-26　水平井种类

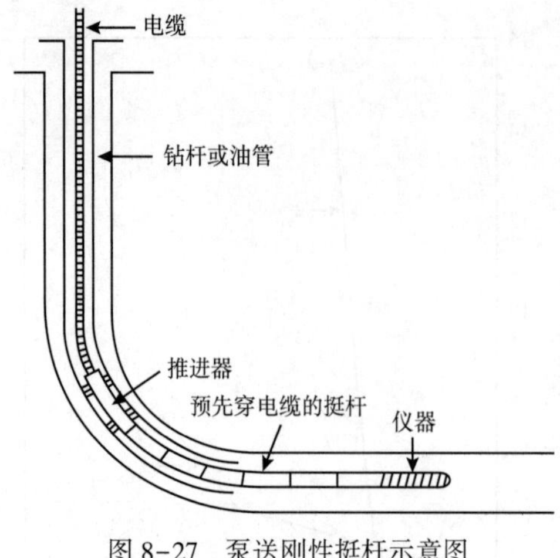

图 8-27 泵送刚性挺杆示意图

一、仪器下入方法

用泵送刚性挺杆技术测井时，下井时通过钻杆或油管将下井仪和挺杆下入井中（图 8-27），通过预先穿有电缆的刚性挺杆把仪器推出钻杆。挺杆是由多个管子拧在一起组成的，推进器把挺杆和电缆连在一起，测井仪器连接在挺杆的尾部。推进器的活塞通过钻杆向下泵送测井，上提电缆可回收仪器。由于测量时，流体无法顺利向上流动，所以该方法无法在正常生产条件下测井。因此目前生产测井时，通常用连续油管传送仪器。

二、连续油管传送测井

下井仪器如图 8-28 所示。测井仪直接安装在连续油管的下端，油管内下入电缆并与仪器连接。仪器结构如图 8-29 所示，仪器与油管之间有一个接口，保证了机电的有机连接。流体流动过程中可采用这一下井方法测井，该方法在上提和下放过程中均可进行测井记录。该方法主要缺点是组合的仪器不能过重，过重时连续油管的进入受到局限。主要原因是，连续油管是直径为 1.25in 的钢管，其柔性较好，可以像电缆一样缠绕在一个电缆车上，若仪器过重，容易损坏连续油管。连续油管的另一个优势是可以在大、中、小曲率半径的井中测井。通常，当水平井段大于 1500ft 时，仪器和管子会与井壁发生摩擦从而使管子弯曲，可能会使管子发生断裂。

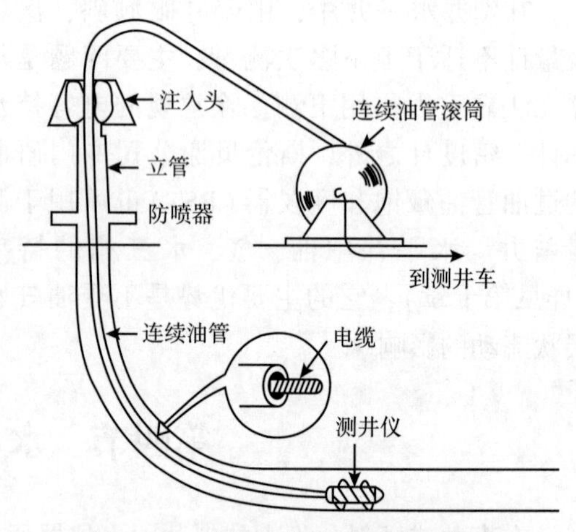

图 8-28 连续油管传送测井示意图

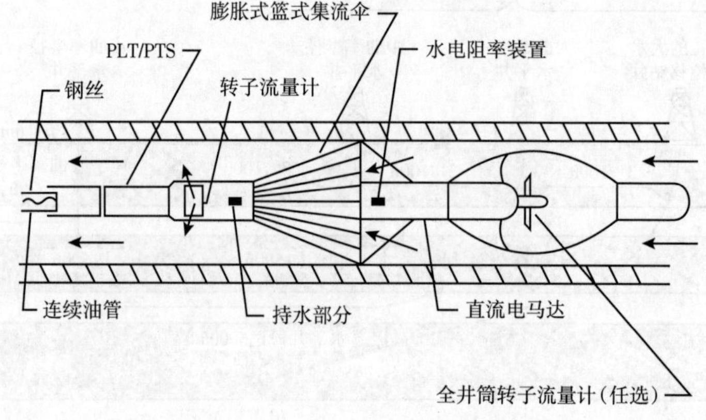

图 8-29 生产测井下井仪结构示意图

三、井筒测量

前面提到水平井中因密度差异油气水呈层状分离状态，如图 8-30 所示，上部为气，中部为油，下部为水。另外由于分离作用，钻井碎屑和水泥胶结期间会导致套管外下部沉淀钻井碎屑或其他重矿物，而在套管外上部出现水泥胶结的渗透水，这一存在导致水泥胶结失效，可能出现窜槽。实际上水平井可能有的井段倾角大，有的地方倾角小，大于 90°时，井筒向上倾斜，低于 90°时，井筒向下倾斜。此时在水平井段的最高处为气，形成气堵，而在最低处为水，因此会形成压力台阶。图 8-31 是压力和连续涡轮流量计记录的定点数值，点表示实测值，实线为平均值，横坐标表示时间，测点的波动表示流动极不稳定。图 8-32 是该井中用涡轮流量计测得的流量曲线。由于该井采用割缝衬管完井，所以井径变化较大，第 1 道中是裸眼井井径，曲线显示井径的变化幅度较大，标号为③的地方井径扩大，转数减少；标号为②的地方，井眼扩大，转数减少。标号为①的地方井径扩大，但转数增大，说明其下部有较多的流体产出。由于水平井筒弯曲较多，井筒扩径较严重，导致流量曲线变化较为复杂，解释起来也较为困难。

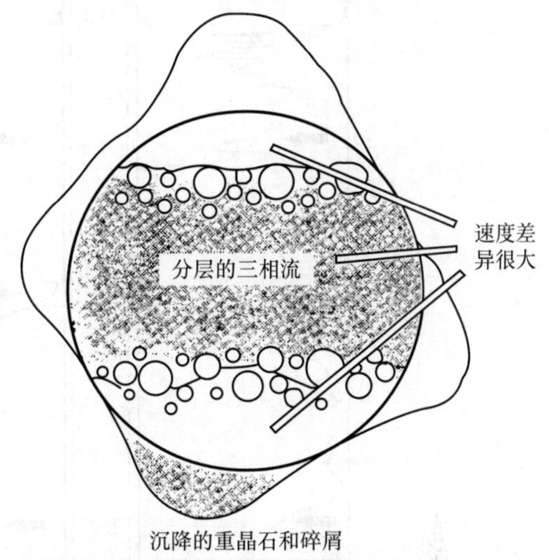

图 8-30　水平井中胶结的衬管横截面

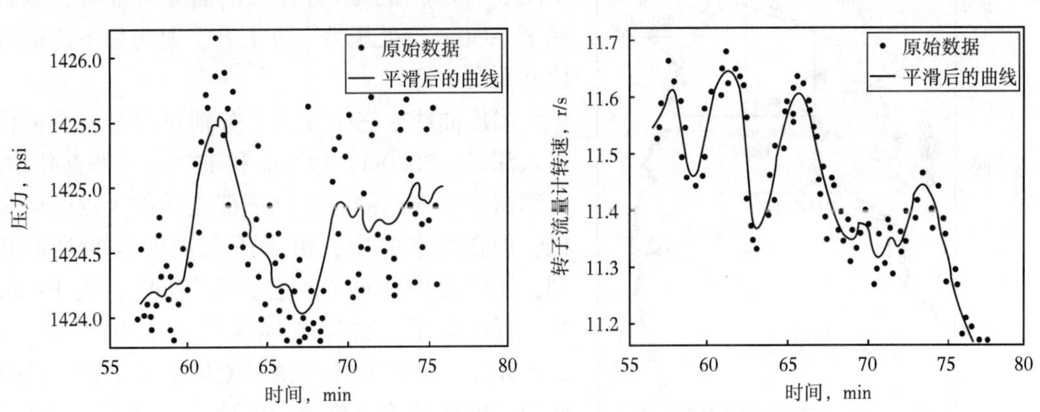

图 8-31　在段塞流态情况下，水平井段稳定时的生产测井值

1. 实例一，RM 井生产测井

图 8-33 是一口水平井的实测曲线。该井是意大利的一口海上水平井，垂直井深 1350m，穿过油层 600m，其中 370m 的井段井斜角超过 90°，该井的结构如图 8-34 所示。油层顶部下有 9. 625in 的套管并用水泥固井。水平井段裸眼井径为 8. 5in，下入 7in 的割缝衬管。

井眼采用双管完井，杆式抽油泵安放在 4. 5in 的短管内。2. 375in 的长管下至油层顶部，长管用于试井和生产测井。长管上装有内径为 1. 81in 的座放短节，油管鞋之上为割缝油管。该井原油密度为 0. 933g/cm^3，黏度为 250mPa · s(井底)，产液量为 220m^3/d(自喷)，

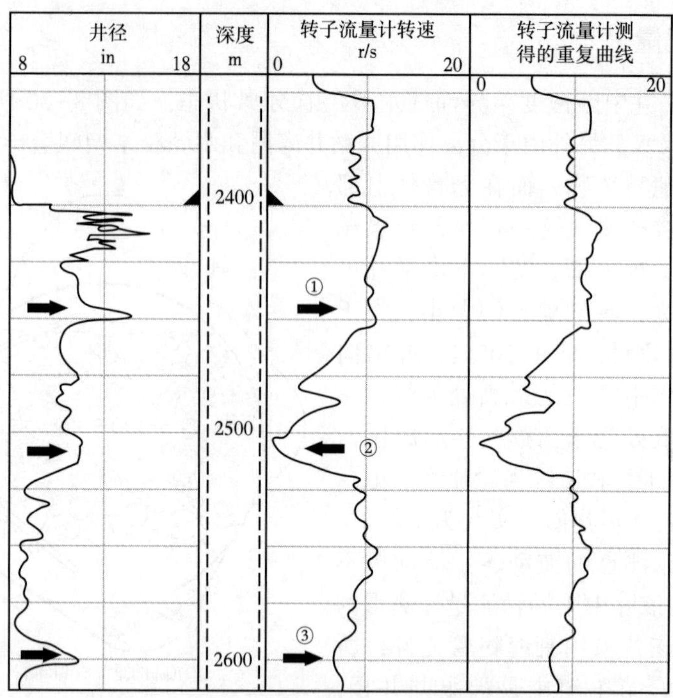

图 8-32 在下有割缝衬管的水平井中测得的流量计曲线

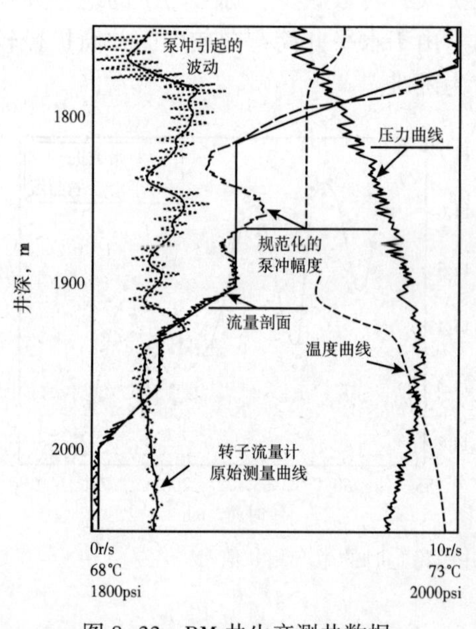

图 8-33 RM 井生产测井数据

采用抽油机后，产液量达到 600m^3/d。采用刚性挺杆进行生产测井。测井目的是寻找出水层位。由图 8-33 可知，压力分布剖面非常独特，从井底至 1950m 深处压力一直上升，说明最下面的井段井筒向上翘。

温度曲线有三个拐点，分别对应于三个流体进入深度：2000m、1935m 和 1770m。垂直井中，上部流体进入点的温度比下部流体进入点的温度低，但在水平井中，由于所有进入点的高度相同，所以温度相同（地层温度相同）。在 1935m 处，温度降低，说明流体从管外上方进入。在 1770m 处，温度升高，说明流体来自下面。该井所用温度计是铂丝热敏温度计；压力计为应变压力计；流量计为全井眼流量计，叶片展开直径为 2.75in。图 8-33 中的流量曲线解释起来较为困难，主要原因是割缝衬管完井，另一方面是抽油机泵冲引起的周期性波动，图中给出了近似的产出剖面，解释说明了井的底部没有产油，1800m 处的地层贡献将近一半的产液量。

2. 实例二，噪声测井

噪声测井的基本原理详见第十二章第四节。噪声测井主要用于测量流体流动所产生的噪声，通常与井温和套管接箍定位器组合使用。噪声测井不受水平井中油层分离的影响，

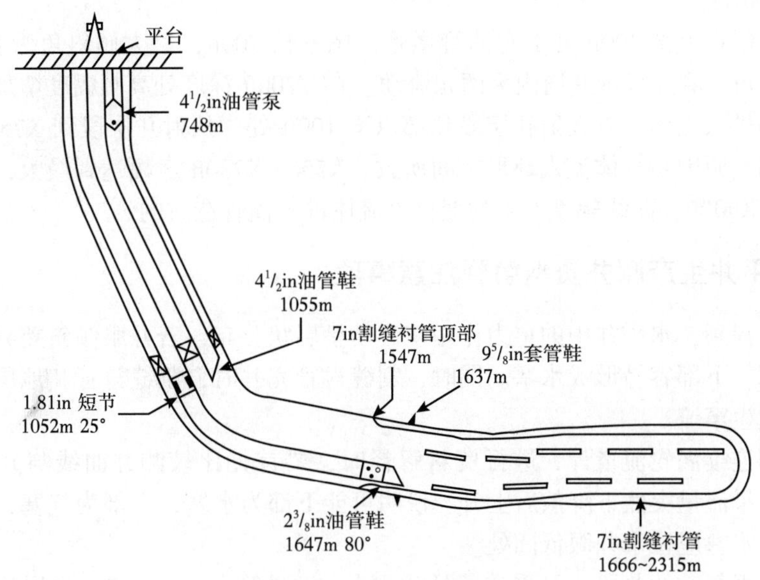

图 8-34　RM 井完井示意图

由于电缆和仪器运动过程中会产生噪声，所以该项测井只能点测（15~30m 为间隔）。

图 8-35 原来为一口垂直井，重钻成为水平井，开始生产时全部产油，后来有气产出。图中第 1 道为温度和套管接箍曲线，四条曲线的频率记录的截止值为 200Hz、600Hz、

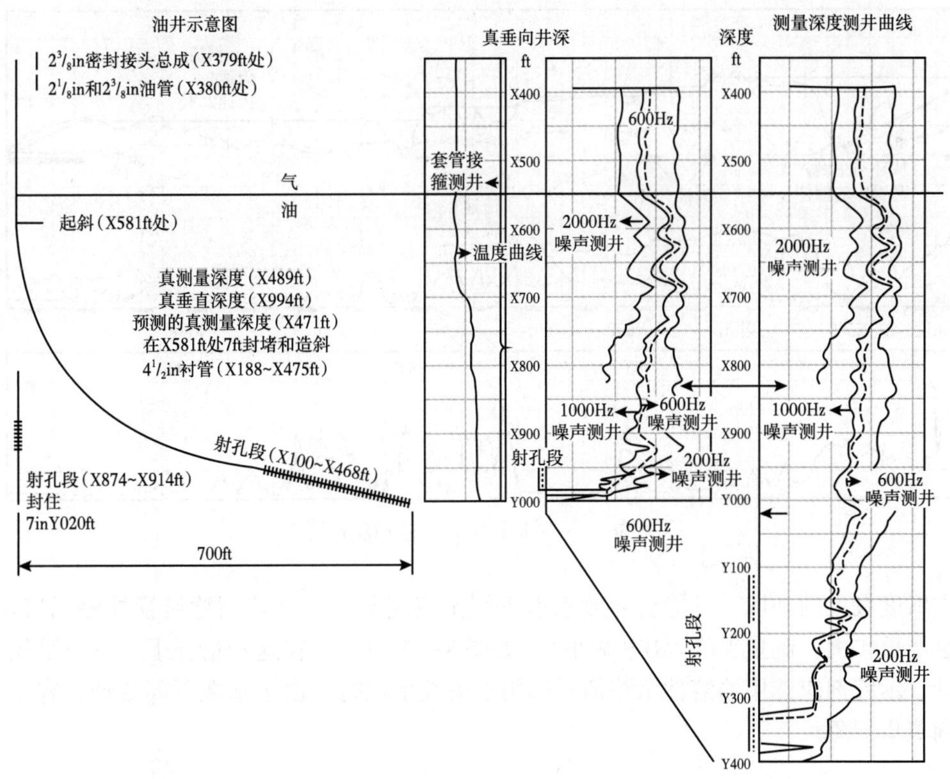

图 8-35　现场实例

1000Hz 和 2000Hz。

该井在造斜点上部 200ft 处下有油管尾管，尾管长 700ft，最大倾斜角为 82°，射孔层段 Y095～Y469ft。测井显示井筒内为两相流动。在 Y200ft 深度处高频幅度增加，显示有流体进入，气体进入点的位置在射孔层段顶部以下 100ft 处。从射孔层段到 X750ft 处，噪声幅度逐渐增加，原因是气体流入环形空间所致；X550～X780ft 声幅达到最大，显示有气体产出。X400～X500ft，曲线幅度发生的变化是流体进入油管造成的。

四、水平井生产测井资料解释注意事项

前面已经提到，水平井中的重力作用使流动呈层状分布，若井眼倾斜差异较大，上部容易形成气塞，下部容易形成水塞。同时，割缝衬管完井时，割缝衬管和地层之间的环形空间中容易发生窜流。

如果采用连续涡轮流量计，进行资料解释时，要首先比较测井曲线与井眼轨迹角度图，下测时如果流量突然下降然后上升，说明可能下部为水塞，上部为气塞，此时井眼轨迹角度图上，水塞应位于井眼低凹处。

对于井眼很复杂的井段，可采用氧活化测井（详见第九章）确定出水层位，氧活化测井没有机械转动部分，不会出现测量过程中机械损伤现象。

确定产出剖面时，要同时测量井径曲线。井径扩大，会使 RPS 减小；井径缩小，流量增大（图 8-36），在这种情况下，应以井眼规则处为解释层段计算流量。另外在割缝衬管中，不推荐使用集流式流量计，主要原因是流体会通过环形空间旁通。

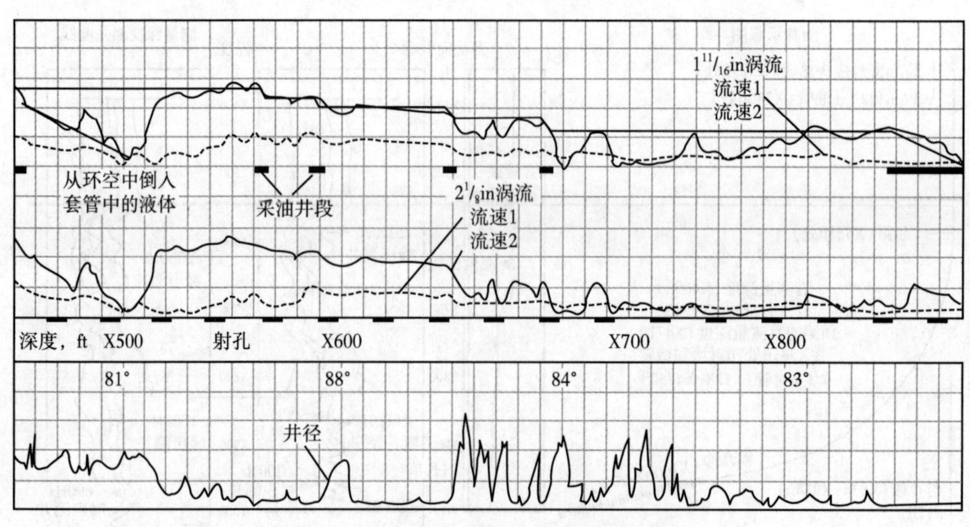

图 8-36　一口水平井的井径和流量资料

在斜度较大的井段，可能会导致水沿下侧倒流现象。另外若割缝衬管外侧泥岩垮塌，井眼会严重扩大，流量下降（RPS 减小），如图 8-37 所示。在这种情况下，可以采用示踪流量计，示踪剂应选用油溶性示踪剂。选用水溶性示踪时，由于水在下部流动，容易发生示踪剂聚集现象。

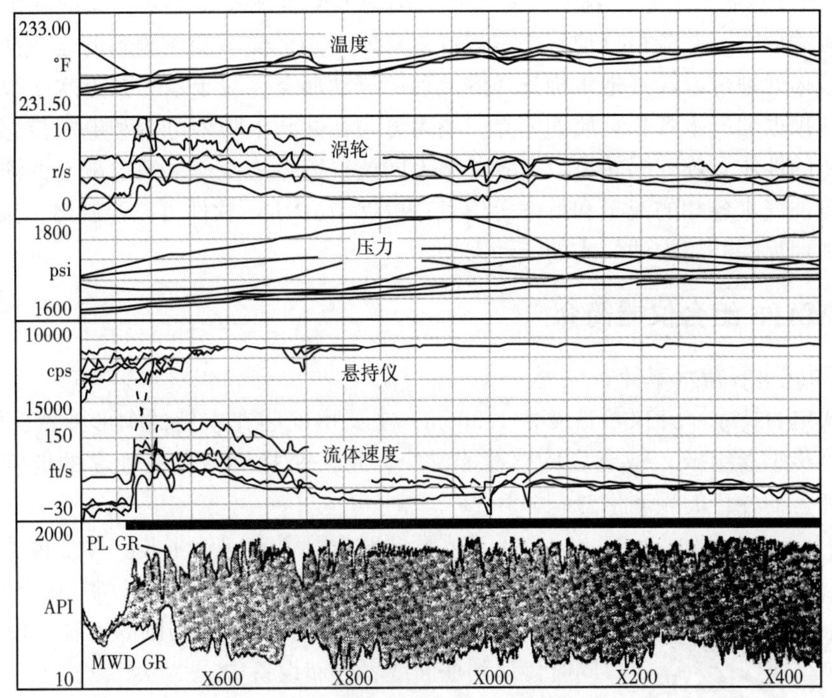

图 8-37　一口水平井的多次生产测井资料

第五节　MAPS 多阵列成像测井技术

1990 年加拿大卡尔加里大学的地球物理学教授 Feter Gretener 曾预言：水平井的影响是多方面的，也会越来越为人们所接受，未来的钻井类型中，大部分钻井都将会是水平井。由于大斜度井和水平井中的流体流型和其本身井眼轨迹较传统垂直井而言要更为复杂多变，因此传统垂直井中的测井仪器在水平井中并非全都适用。为了提高在国际石油服务行业中的竞争力和更加精确地反映井下流体分布信息等，国内外的研究机构和油田技术服务公司均研发出了适合水平井和大斜度井的生产测井仪器。本节将就 GE 公司的 MAPS 多阵列成像测井技术的仪器结构、数据处理方法和井筒截面成像算法研究等作简要概述。

Sondex 公司(已被 GE 公司收购)于 2008 年推出了新型阵列测井仪器组合 MAPS (Multiple Array Production Suite)多阵列成像测井技术，为大斜度井水平井中多相流态的检测分析提供先进的方案。MAPS 主要由阵列式电容持水率计(Capacitance Arrary Tool，简称 CAT)、阵列式电阻率持水率计(Resistance Array Tool，简称 RAT)和阵列式涡轮流量计(Spinner Array Tool，简称 SAT)等串组合而成，如图 8-38 所示。

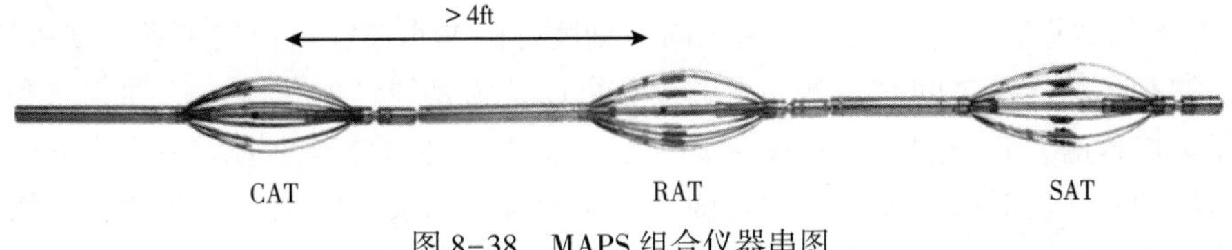

图 8-38　MAPS 组合仪器串图

MAPS 井下仪器在井筒中沿着一定半径的圆周上配置测量传感器，实时测量记录井中各相流体流动形态，并能很好地解决常规仪器只能中心采样不能探测到的全截面流体的问题，通过数据处理可以较好地重构井筒内流动的流动形态。对于水平井近水平段的油气水的多相流，根据油气水各相性质的差异，均匀分布在井眼中阵列电容和电阻传感器可以反映各相流体的性质，阵列涡轮可以记录井筒不同位置流体的流速，通过配套的测井解释软件可以还原油气水各相的流量和持率等信息；根据 MAPview 软件可以绘制出三维的井下图像，并直观地反映井筒中油气水的流动形态。

一、MAPS 组合仪器简介

1. 阵列式电容持水率计

阵列式电容持水率计仪器长度为 1.306m，主要由安装在柔性的伞形弹簧探臂上的 12 个微型电容传感器组成，微电容传感器非常小，每一个探测臂都有独立的电路，分别测量、记录和传输各自的频率信号(图 8-39)。

图 8-39　电容阵列仪实物图

CAT 进入套管时探测臂会向外张开。每个传感器与一个弓形弹簧片内部连接，距离弓形弹簧片大约 0.5in，阵列中的每个传感器测量靠近套管的流体周围的电容。12 个测量值同时传递到地面或者存储设备中。

CAT 工作原理与传统的电容持水率计类似。创新之处在于环形测量的方式，采用同样的原理用 12 个局部位置的传感器测量电容。在油或水中刻度曲线就可以分析测量结果，从而明确每个探头附近液体的相态。定性上，气体具有较高相应频率，油的相应频率与气体相比较低，水的相应频率只有空气的 1/3。

每个探头顶部均具有微型的电容传感器，每个传感器与测量电路连接，输出周围液体介电常数等相关信号。因此，每个传感器附近的液体(油气水)的相态可以被确定下来。从而油气水三相占整个井筒截面的百分比也可计算出来。

解释中的第一步是将每个传感器的读数进行标准化，例如油的响应值固定为 0.2。这样产生的标准读数是在 0~1 之间，其中气的读数是 0，油 0.2，水 1。如果原始数据不小于油的刻度值，且解释为气油两相，正常读数=0.2×(Gas-Raw)/(Gas-Oil)；如果原始读数小于油的刻度值，且解释为油水两相，正常读数=0.2+0.8×(Oil-Raw)/(Oil-Water)。

有两种可能的方式将标准读数转化为油气水的比例：

(1)两种或以上的临界值可以应用于标准化读数的处理，如图 8-40 所示。这种方法应用于一些测井软件的 CAT 工具模块中，将标准化的值转化为五种屏幕颜色之一(图 8-41)。

(2)当原始数据在水与油的相应值之间，刻度好的油水曲线可以用来确定水占的比例。当读数在油和水的读数之间时，油和水的读数可以认为是线性的关系。这种方法和第一种方法相比更加普遍，它被用于 CATview 软件中。需要指出的是当油水两相流体形成较好的油相占主导的乳状流时标准化曲线的精确度仅供参考。如果已知该工具在油水两相流中使用(即不存在气体)，它可能在油的比例中添加一部分计算的气相比例。

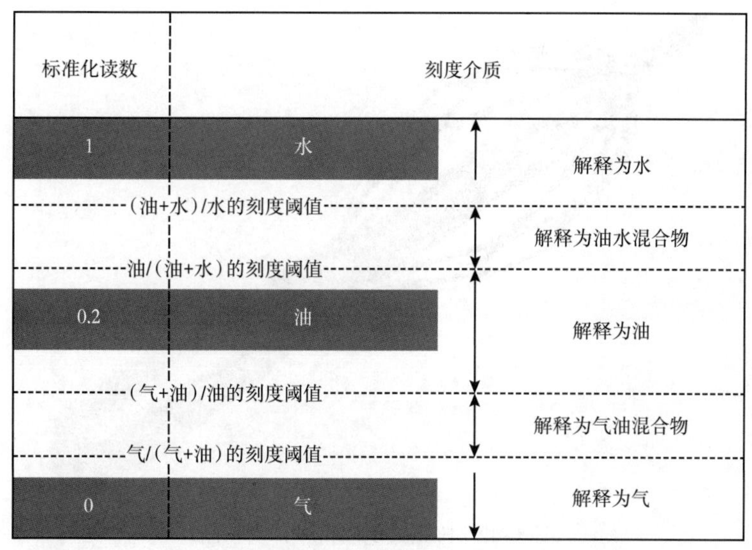

图 8-40　标准化读数示意图

电容阵列仪主要应用于在水平井和大斜度井中的相态的识别、计算每种相态的百分比、绘制沿井眼的相态图、识别产水层、研究井眼中流体受时间与不同生产速度的变化。

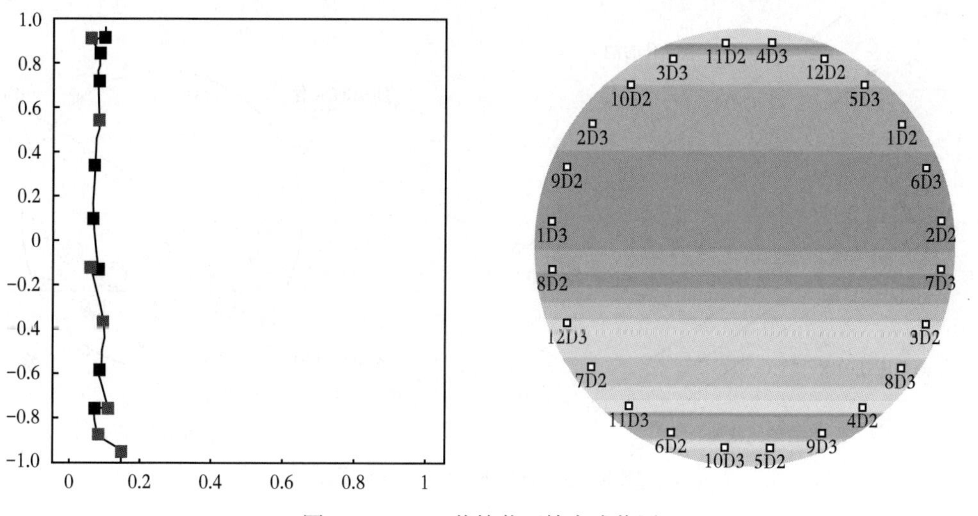

图 8-41　CAT 井筒截面持率成像图

2. 阵列式电阻率持水率计

阵列式电阻率持水率计结构与工作方式与 CAT 相同，仪器长度为 1.306m。所不同的是传感器为 12 个微电阻率传感器，这些传感器安放在配套的弓形弹簧片内。每个传感器井筒内不同位置液体的电阻信息并监测其随时间的变化。监测电阻（其随时间和位置的变化）可以更清楚地认识管中流体的形态（图 8-42）。由于 RAT 仪器在穿过井眼直径的一个平面上进行测量而非沿着直径间隔分布，所以该仪器同样可以绘制准确的井筒截面图像，也可以选择 MAPview 软件来绘制沿着井筒的三维相态图。

水和碳氢化合物（气和油）通常不会溶解在一起。相反，较小的组分在主要相态中会出现“泡”。这种“泡”可能非常小（在乳状流中），也可能变得非常大从而导致整体的分

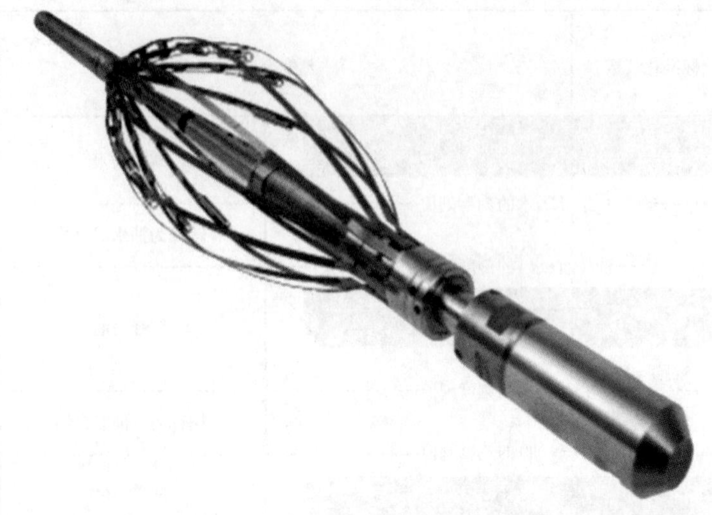

图 8-42 阵列式电阻持率计实物图

层。通常油气水进入管中，当管不垂直时，较轻的液体更多地集中在管子上部，且其流动速度相比较重的也会较快（图 8-43）。有时在特殊的情况下，流体也会向整体流动方向相反的方向流动。

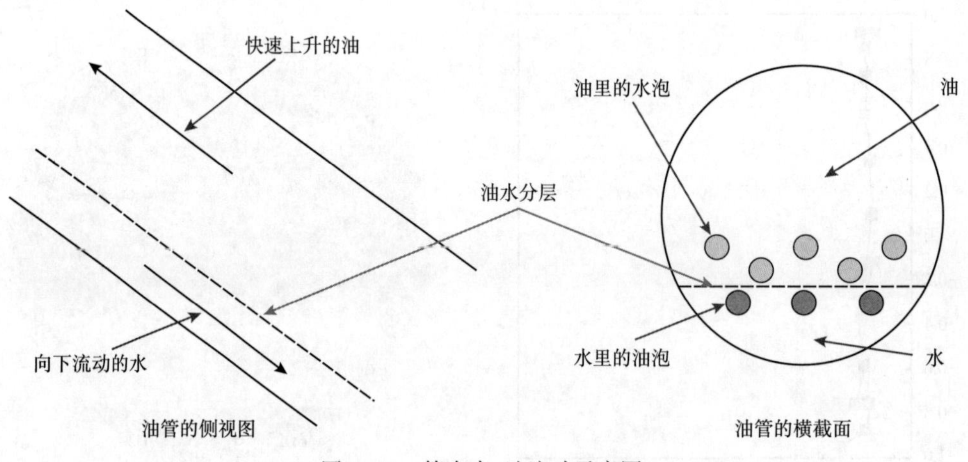

图 8-43 管中水/油流动示意图

阵列电阻持率计包含 12 个传感器，它们排列在一起的边缘，使用弓形弹簧片部署在管子的内表面附近。通过将传感器放置在管子横截面的不同位置，从而监测流体内部的变化。该工具在井眼中移动开始时是关闭的，当它离开油管进入直径更大的套管时会自动打开。无论仪器在上测和下测中遇到任何阻碍，弓形弹簧片会变形塌陷来防止外界对传感器的伤害。

传感器主体被夹在弓形弹簧片上，气主要结构包括：一个探针其顶端连接着传感器的电子输入；一个参照电位接触端，通常采用大地电位，传感器的电极被放置在保护罩内，如图 8-44 所示。

每个传感器每 4. 8ms 取样两次。遥感技术有两种方式来呈现结果信息：第一种方式提供一个平均值和一个标准差。这组数据根据测井软件的配置通常每个传感器每秒提供 6

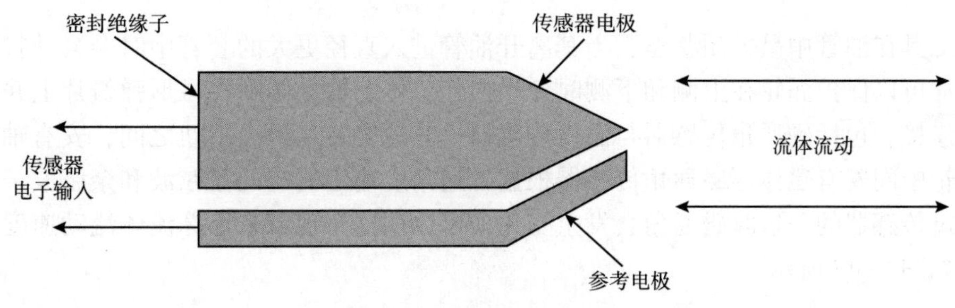

图 8-44　传感器结构示意图

次。每分钟测量 30ft 的情况下，仪器测量的分辨率是 1in。第二种方式是提供每个传感器测量结果的分布图。那些数据在测量期间将平均值和标准差记录 12 次，这种方式提供了测量结果分布的更多细节，如图 8-45 所示。

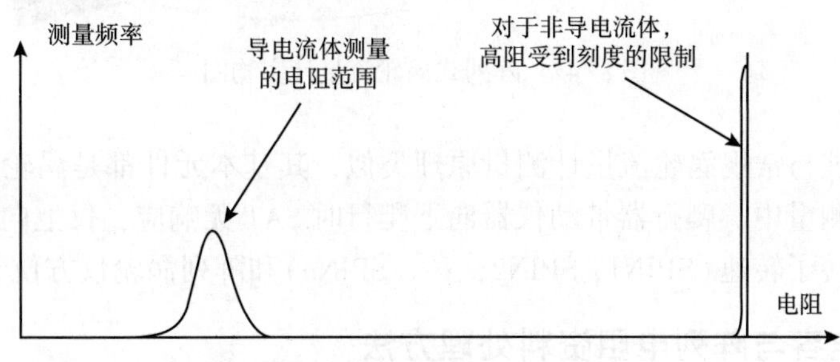

图 8-45　测量分布图

有关传感器资料的更多详细信息可以通过柱状图来呈现。数据的范围和分类被定义，当有样点的值在所定义的范围内就会被统计进去，如图 8-46 所示。柱状图数据可以提供脉冲间隔的信息或者产生整体的平均值或标准差。当导电液体分布在液体中时，根据传感器的数据通过柱状图更容易得到持水率的信息。

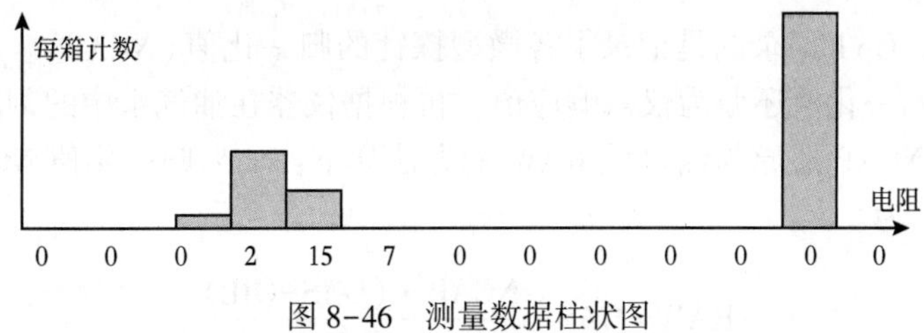

图 8-46　测量数据柱状图

综上所述信息，阵列式电阻持率计用于水平井和大斜度井中的相态识别，计算每种相态的百分比，绘制沿着井眼的相态组分图，识别产水层，研究井眼中流体受时间与不同生产速度的变化。

3. 阵列式涡轮流量计

阵列式涡轮流量计仪器长度为 1. 252m。由安装在弓形弹簧臂上有 6 个钛合金微型涡轮转子流量传感器组成，6 个传感器涡轮均匀安装在弹簧周围，涡轮应用了低摩擦宝石轴承，可以有效降低转子的摩擦力，具有较高的灵敏度。它通过弓形弹簧片安置在管子内径中。

该工具在油管中呈关闭状态，当其离开油管进入直径更大的套管中时会自动打开。弓形弹簧片可以保护涡轮在上测和下测时免受损伤。传感器整体附在弓形弹簧片上并和传感器元件连接，包括磁通角传感器与温度传感器。叶轮安装在两个枢纽之间，安有轴承，在每个叶轮中间安有磁体。磁通角传感器根据磁通角度输出响应的正弦波和余弦波。当磁极轮流经过传感器的一边时磁通角会发生变化，可以用这个现象来计算流体流动速度与流动方向，如图 8-47 所示。

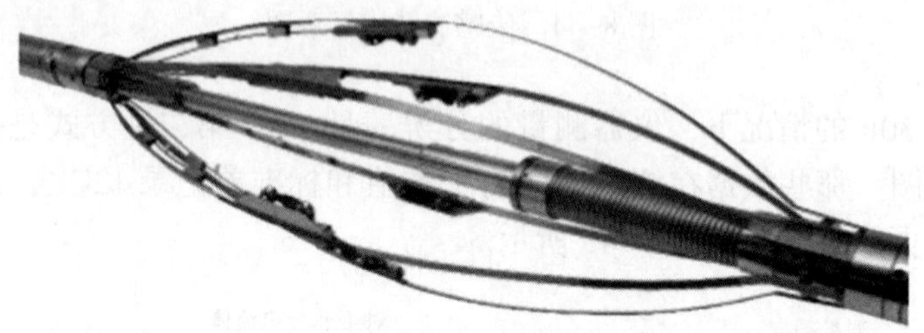

图 8-47 阵列式涡轮流量计实物图

SAT 测量原理与常规涡轮流量计测量原理类似，其基本元件都是涡轮，因此基本响应原理相似。实际测量中，爬行器带动仪器向下爬行时 SAT 无响应，仅上向上提时分别记录了各微型涡轮的转子转速（SPIN1，SPIN2，…，SPINn）和阵列涡轮仪方位（SATROT）。

二、阵列电容与阵列电阻资料处理方法

1. 阵列电容资料处理方法

气为低电容（介电常数为 1），水为高电容（介电常数为 80）油的电容介于二者之间，取决于油本身的性质，但一般 S_o 为 80%。因此，每个探头附近的相态可以根据振荡频率识别出来。需要说明的是：因为电容器的偏离和存在其他物质，水中的振荡频率和空气中相比并不是少 80 次。实际上水的振荡频率是空气的 20%左右，油的振荡频率是空气的 80%左右。

实际测量中，CAT 记录的是记录了各微型探针的归一化值（NCAP）。利用其测量值计算持率时应先将归一化值还原为仪器响应值，再根据仪器在油气水中的刻度值计算持率。

将归一化值 NCAP 还原为测量值 RAW 的方法如下：如果归一化值 NCAP 不小于 0.2，则其测量值 RAW 为

$$RAW = GAS - \frac{NCAP \cdot (GAS - OIL)}{0.2} \tag{8-33}$$

如果归一化值 NCAP 小于 0.2，则 RAW 为

$$RAW = OIL - \frac{(NCAP - 0.2)(OIL - WATER)}{0.8} \tag{8-34}$$

式中 OIL、GAS、WATER——分别是探针在油、气、水中的刻度值。

同中心电容持率计一样，假定阵列电容持率计响应值与持水率成正比，则持水率为

$$Y_w = \frac{RAW - OIL}{WATER - OIL} \tag{8-35}$$

2. 阵列电阻测井资料处理方法

阵列电阻测井仪器中对于每一个传感器，电阻在汇总期间要测量很多次，平均值用下式计算：

$$m=\frac{\sum R}{n} \tag{8-36}$$

式中　m——电阻平均值；

R——电阻测量值；

n——选取的样点数。

计算标准差 S，可以用下式计算：

$$S=\sqrt{\frac{\sum (R-m)^2}{n}} \tag{8-37}$$

实际测量中，RAT 记录的是各微型探针的响应平均值 RATMN 和标准差 RATSD。可利用两种测量值计算持率。

第一种将流体分为绝缘与导电两类，若 R_c、S_c 分别为导电流体的电阻率及其标准差，R_i、S_i 分别为绝缘流体的电阻率及其标准差。则持水率 Y_w 为

$$Y_w=\frac{\text{RATSD}^2-S_i^2}{S_i^2-S_c^2+(R_i-R_c)^2} \tag{8-38}$$

其中

$$S=\sqrt{Y_wS_c^2+(1-Y_w)S_i^2+Y_w(1-Y_w)(R_i-R_c)^2} \tag{8-39}$$

式中　S_c——导电流体电阻率的标准差；

S_i——绝缘流体电阻率的标准差。

联立式(8-38)、式(8-39)可以得到持水率和测量平均值，标准差与 R_i 的关系。

$$Y_w=\frac{x}{x+S^2} \tag{8-40}$$

其中

$$x=(R_i-m)^2$$

第一种方法是一种统计方法，计算中需要参数较多，且不易获得。这种情况下可采用第二种方法，即假定阵列电阻持率计响应值与持水率成正比，则持水率为

$$Y_w=\frac{\text{RAT-OIL}}{\text{WATER-OIL}} \tag{8-41}$$

式中　RAT——测井值。

三、MAPS 阵列持率计成像方法研究

1. 距离反比加权插值算法

针对流体成像测井仪来说，流体成像算法实际上是反映井眼附近局部持率分布规律的插值模型，在还不确定区域内数据的分布规律或没有事先验证信息的状态下，通常是依据

已知点的数据来对其他区域根据距离反比法来进行插值来计算其持率。假定井截面上的局部持率的分布连续变化是正确的，那么随着距离的增大，点和点之间的关联会逐渐变小，源点对别的点的影响会随着两点距离增大而变小就是距离反比加权的插值的基本思路，在绝大多数状况下，这个设想较为合理，而且模型简单，易于实现，因此距离反比加权插值模型有一定的研究价值。

假设 $P_i(x_i,\ y_i)$ 为井截面上的点坐标，D_{ij} 是第 i 个仪器探头点距离井截面上第 j 个非探头点 P_j 距离的倒数值，W_k 是非探头点处的测井响应预测值，T_i 为仪器第 i 个仪器探头的仪器响应值（i，j=1，2，3，…，12）：

$$\overline{T}_k = \sum_{i=1}^{12} D_{ik} T_i \tag{8-42}$$

在给定了井截面的网络系数和权值计算方法的条件下，所有的插值算法都将对应一个矩阵（插值矩阵），下面定义为矩阵 $\boldsymbol{I}$，即矩阵 $\boldsymbol{I}$ 为

$$\boldsymbol{I}=\begin{bmatrix} D_{1,1} & \cdots & D_{5,1} \\ \vdots & \ddots & \vdots \\ D_{1,549} & \cdots & D_{5,549} \end{bmatrix} \tag{8-43}$$

对于距离反比加权的简单算法来说，D_{ik} 的计算公式为

$$D_{ik} = \frac{1}{\sqrt{\sum_i (x_i - y_i)^2}} \tag{8-44}$$

为了确保插值的无偏性（即保守插值），矩阵 $\boldsymbol{I}$ 的每行的和都为 1。在距离反比加权算法中，矩阵 $\boldsymbol{I}$ 对每一个仪器探头来说也是固定不变的，因此可实现在插值前计算好将矩阵 $\boldsymbol{I}$ 的值，并保存成文件，便于在需要矩阵 $\boldsymbol{I}$ 的时候可以直接读出此文件从而可以极大程度提高计算效率；插值矩阵 $\boldsymbol{I}$ 的确定对插值算法的改进和评价都提供了巨大的便利。

基于简单距离反比加权插值的原理，假定井筒内的持率的分布处于连续变化的状态，且已知 12 测点的持率信息，各点的坐标值为（x_i，y_i），i=1，2，3，…，12。则井筒截面内任意未知数据点 $P(x_p,\ y_p)$ 的持水率 Y_{wp} 应为如式（8-45）所示：

$$Y_{wp} = \sum\nolimits_{i=1}^{12} r_i^2 Y_{wi} \Big/ \sum\nolimits_{i=1}^{12} r_i^2 \tag{8-45}$$

$$r_i = \frac{1}{\sqrt{(x_p - x_i)^2 + (y_p - y_i)^2}} \tag{8-46}$$

式中　Y_{wp}——待插值点的持水率；

Y_{wi}——第 i 个测点的持水率；

r_i——未知数据点与已知测点之间的距离的倒数。

2. 克里金插值算法

普通克里金插值原理是假设在某一研究区域内有一系列具有不同特征参数值的已知样本点 x_1，x_2，x_3，…，x_n，各自的观察值分别可以表示为 $z(x_1)$，$z(x_2)$，$z(x_3)$，…，$z(x_n)$，按照克里金插值的基本思想可以插值预测出该区域内的任意未知点的特征参数值 $z^*(x_0)$，如式（8-47）所示，其为各个已知数据点特征参数值的不同系数的加权和：

$$z^*(x_0)=\sum_{i=1}^{n}[\lambda_i z(x_i)] \quad \lambda_i(i=1,2,\cdots,n) \tag{8-47}$$

根据无偏条件的本征假设出发，可知 $E[z(x)]$ 为常数，则有

$$E[z^*(x_0)-z(x_0)]=0 \tag{8-48}$$

$$E\left\{\sum_{i=1}^{n}[\lambda_i z(x_i)]-z(x_0)\right\}=\sum_{i=1}^{n}\lambda_i m-m=0 \tag{8-49}$$

因此可也得到：$\sum_{i=1}^{n}\lambda_i=1$

根据最优条件让估计方差最小，则满足：

$$\mathrm{Var}[z^*(x_0)-z(x_0)]=\min \tag{8-50}$$

$$\sigma^2=E\lfloor\{[z^*(x_0)-z(x_0)]-E[z^*(x_0)-z(x_0)]\}^2\rfloor=E\{[z^*(x_0)-z(x_0)]^2\} \tag{8-51}$$

依据拉格朗日乘数法对条件机值进行求解：

$$\frac{\partial}{\partial\lambda_i}\{E\{[z^*(x_0)-z(x_0)]^2\}-2\mu\sum_{i=1}^{n}\lambda_i\}=0 \tag{8-52}$$

式中　μ——拉格朗日乘法因子；

λ_i——拉格朗日乘子。

通过数学推导，可以得到求解权系数 λ_i 的方式组，依据该方法求出权系数。根据式(8-53)就可以求出未知数值点的预测参数值：

$$\begin{cases}\sum_{i=1}^{n}\lambda_i\mathrm{Cov}(x_i,\ y_j)\lambda_i-\mu=\mathrm{Cov}(x_0,\ y_j)\\ \sum_{i=1}^{n}\lambda_i=1\end{cases} \tag{8-53}$$

当其随机函数不满足二阶平稳时，但是满足于内蕴假设或本征假设时，待求解的数据点与已知数据点之间的差变函数 $\gamma(x_i,\ x_j)$ 应该满足：

$$\begin{cases}\sum_{i=1}^{n}\lambda_i\gamma(x_i,\ x_j)+\mu=\gamma(x_0,\ y_j)\\ \sum_{i=1}^{n}\lambda_i=1\end{cases} \tag{8-54}$$

差变函数又称变异系数抑或是变程方差函数，是一种可以描述区域化变量空间结构性和随机性变化的地质统计学工具。变异函数是克里金插值算法的基础，因此在预测一个区域的未知参数时，需要确定研究区域变量的差异函数。

假设研究空间 x 点处的区域特征参数为 $Z(x)$，则在 x_i 点和 x_j 点的区域参数分别为 $Z(x_i)$ 和 $Z(x_j)$，应用在所研究的井筒截面成像中则表示在 x 点和 $x+h$ 点所计算出的该点的持水率，则将所在这两点的持率之差的方差的一半定义为 $Z(x)$ 的差异函数，可表示为

$$\gamma(x,\ h)=\gamma(x-h)=\frac{1}{2}E[Z(x)-Z(x+h)]^2 \tag{8-55}$$

式中　h——两个测量数据点之间的距离。

当 Z（x）满足二阶平稳假设或者作本征假设时，则差异函数的离散计算公式为

$$\gamma(h)=\frac{1}{2N(h)}\sum_{i=1}^{N(h)}E[Z(x)-Z(x+h)]^2 \tag{8-56}$$

根据已知测点的数据计算出不同变程距离的半方差值，绘制变程距离为横坐标、半方差为纵坐标的半方差图，并选定模型进行拟合。以球形模型为例，计算出拟合模型的块金值 c_0、拱高 c 及变程 a，形式如 $y=ax^3+bx+c$ 再用拟合的球形模型来预测出未知点的特征参数值。

由于普通克里金插值的矩阵形式如式(8-56)所示，因此可求出系数矩阵[λ]：

$$[K][\lambda]=[M] \tag{8-57}$$

$$[\lambda]=[K]^{-1}[M] \tag{8-58}$$

$$\begin{pmatrix}\lambda_1\\ \lambda_2\\ \cdots\\ \lambda_{12}\\ -\mu\end{pmatrix}=\begin{pmatrix}\gamma_{11} & \gamma_{12} & \cdots & \gamma_{112} & 1\\ \gamma_{21} & \gamma_{22} & \cdots & \gamma_{212} & 1\\ \cdots & \cdots & \cdots & \cdots & \cdots\\ \gamma_{121} & \gamma_{122} & \cdots & \gamma_{1212} & 1\\ 1 & 1 & \cdots & 1 & 0\end{pmatrix}\begin{pmatrix}\gamma_{10}\\ \gamma_{20}\\ \cdots\\ \gamma_{120}\\ 1\end{pmatrix} \tag{8-59}$$

式中，γ_{ij}为$\gamma(x_i,\ x_j)$的简写。

从而计算出待插值点的持水率：

$$Y_{wp}=\sum_{i=1}^{12}\lambda_i Y_{wi} \tag{8-60}$$

3. 高斯径向基函数插值算法

在距离反比加权算式中，由于欧式距离的反比函数存在一个距离为 0 的奇点。代入计算的过程中，而仪器探头在井眼的井筒截面上处的节点距离自身为 0，因此通过距离反比求得权系数在这个点处的值为无穷大的。因此为了让整个井眼井筒截面上对任意节点而言，它的系数都能使用同一个算法，就要求在任何与距离相关的权系数上要重新设计较为合适的计算函数。所以应该选择对在 0 点特征性相对也不错的径向基函数，如离斯函数。通常径向基函数有如下几种。

克里金方法的高斯分布函数：

$$\phi(r)=\mathrm{e}^{-r^2/\sigma^2} \tag{8-61}$$

Duchon 的薄板样条函数：

$$\phi(r)=r^{2k}\ln r=r^{2k+1} \tag{8-62}$$

Hardy 的 Mutil-Quadric 函数：

$$\phi(r)=(c^2+r^2)^{\beta} \tag{8-63}$$

研究主要使用的是高斯径向基函数，该高斯径向基函数具备连续的一阶和二阶导数，分别为

$$\phi'(r) = -r/\sigma^2 e^{-r^2/\sigma^2} \tag{8-64}$$

$$\phi''(r) = (r^2 - \sigma^2)/\sigma^4 e^{-r^2/\sigma^2} \tag{8-65}$$

通过引入归一化之前的权系数来对距离反比加权算法改进：

$$D_{ij} = e^{\frac{-[(x_i-x_j)^2+(y_i-y_j)^2]}{\sigma_{ij}^2}} \tag{8-66}$$

式中　D_{ij}——第 i 号探头距离上第 j 号节点的权系数；

σ_{ij}——i、j 两点之间的递减控制系数。

参考文献

A M 斯普拉克斯，等，1994. 水平井测井技术译文集［M］. 朱桂清，等译. 北京：石油工业出版社.

戴家才，郭海敏，刘恒，等，2010. 电容阵列仪测井资料流动成像算法研究［J］. 测井技术，34(1)：27-30.

何百平，等，1993. 水平井开采技术译文集［M］. 下册. 北京：石油工业出版社.

宋红伟，郭海敏，2016. 水平井阵列持水率测井资料成像插值算法分析［J］. 石油天然气学报(1)：24-32.

Toshi S D，1987. A Review of Horizontal Well and Drainhole Technology［C］. SPE16868.

第九章　注入剖面测井

注入剖面通常包括注水剖面、注蒸汽剖面、注聚合物剖面等测井方法，此外还有注 CO_2、注 N_2 等。注水通常是在二次采油中使用，在我国较为常见。稠油开采通常采用注蒸汽等方法，注聚合物是三次采油中常见的方法。注入剖面主要用于确定注入水、蒸汽、聚合物等流体的去向和注入量，了解油气田开发的动向。

我国油田大都采用分层注水方式保持油层压力，因此除了钻采油井之外，还要钻一批注水井，为了及时了解注水井或生产井各层油、气、水的动态，应及时掌握各层的注入量及生产井的油、气、水产量，前者称为注水剖面，后者称为产出剖面。

第一节　测量原理

一、注水剖面测量回顾

1950—1970 年，主要采用井温法定性确定注水剖面，之后采用涡轮流量计和放射性同位素示踪测井测注水剖面资料，三十多年的实践证明，示踪测井是确定注水剖面的有效方法。示踪注水剖面测井是在注水井正常注水的情况下将放射性同位素示踪剂注入井内。随着注入水的流入，示踪剂滤积在注水层的岩石表面上，然后用自然伽马测井仪测取示踪曲线，曲线上显示出的放射性强度的差异显示了注入量的大小，通过对比注入示踪剂前后测得的自然伽马曲线，即可得出各注水层的注水量。

20 世纪 50 年代，玉门油田开始用锌（^{65}Zn）放射性同位素进行示踪测井。60 年代大庆油田先后用 ^{65}Zn、^{110}Ag 等八种放射性同位素示踪剂（放射性同位素吸附在活性炭载体上）测注水剖面。70—80 年代，示踪注水剖面测井得到了迅速发展，胜利油田率先使用半衰期为 8.05 天的放射性同位素 ^{131}I 替代了一直沿用的半衰期为 245 天的 ^{65}Zn。90 年代后，吉林油田选用半衰期为 99.8min 的放射性同位素铟（^{113m}In）作为示踪剂，成功地测出了注水剖面资料。这项技术的使用减少了放射性污染，特别是使得一些注入水与地面连通的浅水井中测注水剖面成为可能。

对于长期注水开发的油田，一般采用油井采出的污水回注到注水井中，这种矿化度较高的污水，容易冲洗掉吸附在活性炭表面的 ^{131}I 离子，使 ^{131}I 离子被注入水带到地层深处，产生“失踪”现象，此时测得的示踪测井曲线异常幅度明显减少甚至消失。1984 年，大庆油田研制的 ^{131}Ba-GTP 微球示踪剂（粒径为 100~300μm），解决了放射性同位素易从载体上“脱附”的问题。此后，又研制了粒径为 100~2500μm 的 ^{131}Ba-GTP 微球示踪剂。用于解决不同孔隙和裂缝的注水问题。注水测井资料主要用于解决以下地质问题：

(1) 各注水层的自然注水情况和配注后分层段及分小层的注水情况，揭示各吸水层之间的矛盾。

(2) 同一注水层不同部位的注水情况。

(3) 注水资料还能有条件地反映油水井套管外固井水泥环窜槽的情况。

对产液剖面和注水剖面进行综合分析，可为油田开发提供重要依据：

(1) 在层位连通较好的情况下，注水井的注水剖面可以反映产出剖面，有什么样的注入剖面，就应有相应的产出剖面。对于注水效果不好的层位需要加强注水或采取改造措施（如压裂、酸化），改善注水剖面，达到改善产出剖面及增加油井产量的目的。

(2) 对于渗透性好的注水层位，单层突进快，油层过快水淹，就要控制注水，进行分层配注或封堵，使注入水在各个层位及层内的各个部分均匀推进，扩大油层水驱的波及体积，提高生产井相应层位的原油产量，降低产出量，达到控水稳油、提高采收率的目的。

目前注入剖面存在的主要问题有两个：一个是^{131}Ba-GTP 微球示踪剂的“沾污”和“下沉”问题；二是随着射孔孔眼深度的加大，示踪剂滤积在射孔孔眼的入口和底部，分布不均，给解释造成一定的困难。

二、注水管柱种类及施工方法

1. 注水管柱种类及结构

注水通常采用笼统注水和分层配注两种方式，不同的注水方式应配以不同的注水管柱。

1) 笼统注水

笼统注水是注水井各层在同一井口注水压力下，不细分层段，如图 9-1 所示。注水时，油管可下到油层顶部，也可下到油层底部。这要根据注水井主力注水层的位置而定。一般情况下，主力注水层位于射孔井段顶部，则油管下到射孔井段底部，反之则下到射孔井段顶部。笼统注水时，渗透率大的层注水量大，渗透率差的层注水量小，甚至不进水。因此，长期对多个油层进行笼统注水，就会加剧层间矛盾，影响注水效果，因此多数油田都采用分层配注方式注水。

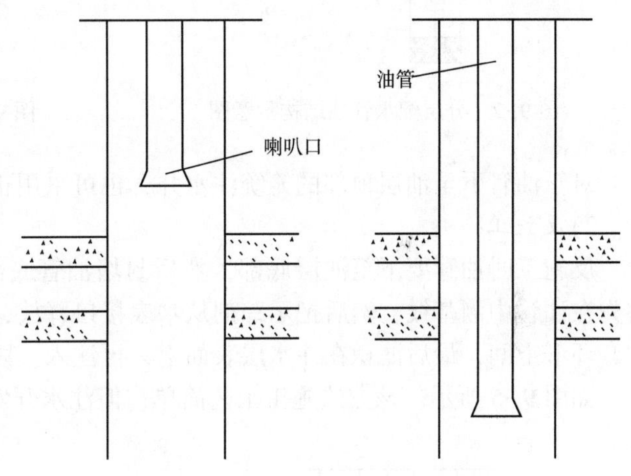

图 9-1　笼统注水管柱结构示意图

2) 分层配注

分层注水就是把油层性质和特征相近的油层合为一个注水层段，用封隔器把所需分开的层段隔开。在同一层段，各层注水量不同而需要控制时，在各层位装上配水器，用不同直径的水嘴来控制各层的注入量。分层配水管柱主要由油管、封隔器及各种类型的配水器组成，如图 9-2 所示。此外根据需要还可以由阀门、撞击筒、球座、筛管及丝堵等其他辅助装置组成。分层配注时油管通常要下到油层底部。

2. 施工方法

注水施工分正注和反注两种，正注是将水从油管中注入的方式，反注是将水从油套环形空间注入的方式，注入过程中使示踪剂随注入水进入井内，滤积在注水层的表面，通过测示踪剂的放射性强度确定注入剖面，因此示踪剂测井可分为正施工和反施工两种。

1) 正施工

正施工主要用于分层配注井的施工。测井时，仪器下放到目的层以下，上提测出基线，测量完成后仪器继续上提至适当深度，打开释放器，释放示踪剂。示踪剂随注入水在油管中向下运行至各配水器，通过水嘴进入油套环形空间，然后滤积在注水层的表面上。待注水量达到设计要求后，下放仪器串到油层底部，上提测井，即可得到放射性同位素的放射性强度，如图 9-3 所示。

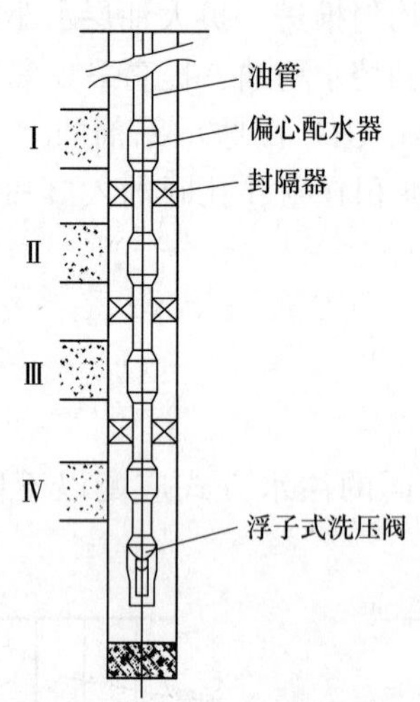

图 9-2 分层配水管柱结构示意图

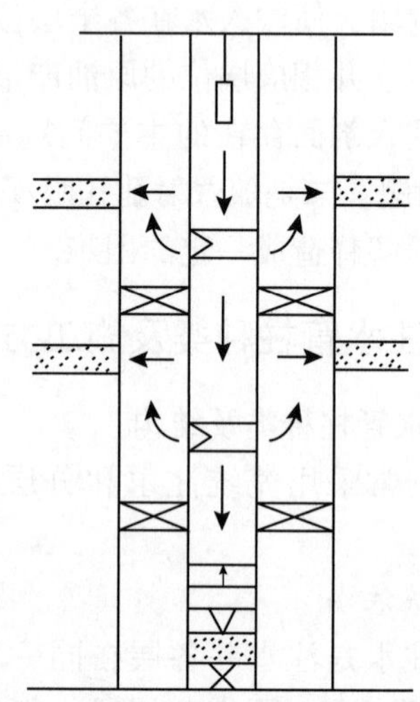

图 9-3 分层配注井正施工测井示意图

对于油管下至油层顶部的笼统注水井，也可采用正施工方法测井，如图 9-4 所示。

2) 反施工

反施工时油管要下至油层底部，然后封堵油管底部，在油套环形空间注水。施工时，首先在油管中测基线，然后把示踪剂从水表接口释放，开注水阀门，示踪剂随注入水进入油套环形空间，最后滤积在注水层表面上，再注入一段时间后，下放仪器在油管中进行测井，如图 9-5 所示。该方法施工工艺简单，但注水开发效果不好，目前较少应用。

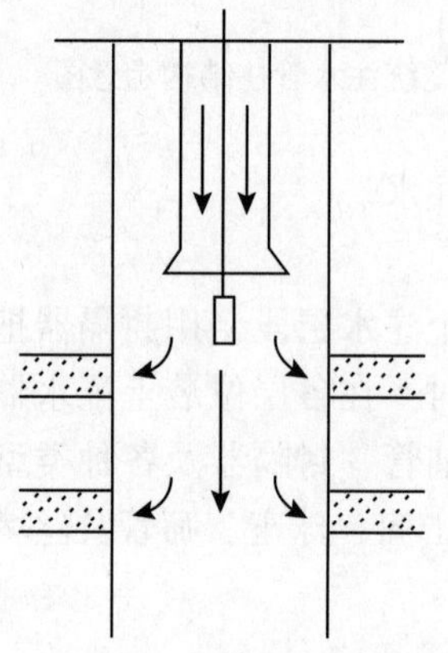

图 9-4 笼统注水正施工测井示意图

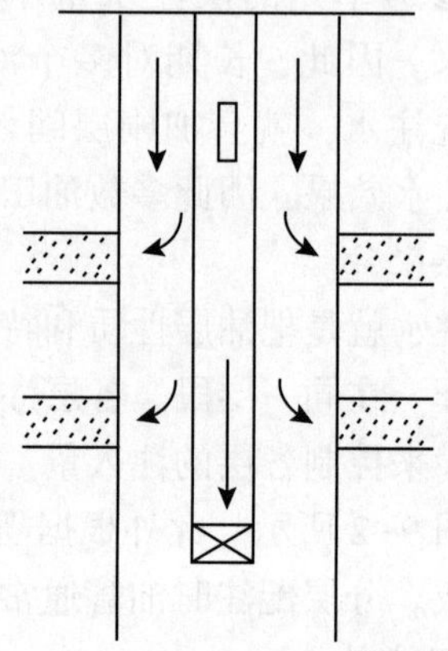

图 9-5 反施工测井示意图

三、注水量与滤积示踪剂关系

设示踪剂载体均匀地滤积在射孔井段的地层表面上，单位面积上附着的放射性同位素量为 q，每克放射性同位素平均每秒发射 α 个伽马光子。定义深度方向为纵向，以 Z 表示，D 表示井轴中线上探测器的位置，H 为地层厚度，S_r 为异常面积，井壁上 dS 面积元在纵向上的坐标为 Z（图 9-6）。面积元 dS 到探测器的距离为

$$R=\sqrt{(D-Z)^2+r_0^2} \tag{9-1}$$

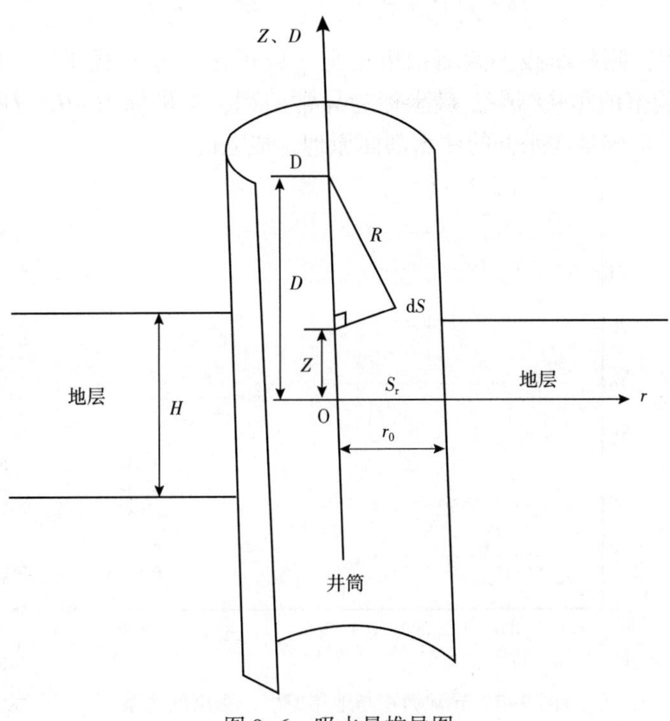

图 9-6　吸水量推导图

面积元 dS 上造成 D 点的伽马射线强度为

$$\mathrm{d}J_r=\frac{\alpha q\mathrm{e}^{-\mu R}}{4\pi rR}r_0\mathrm{d}\Phi\mathrm{d}z \tag{9-2}$$

式中　μ——井内介质的吸收系数；

r_0——井半径。

对地层“活化”柱面积分，得到 D 点的 J_r：

$$J_r=\alpha qr_0\int_0^{\frac{H}{2}}\frac{\mathrm{e}^{-\mu R}}{R^2}\mathrm{d}z=\alpha qr_0\int_0^{\frac{H}{2}}\frac{\mathrm{e}^{-\mu\sqrt{(D-Z)^2+r_0^2}}}{(D-Z)^2+r_0^2}\mathrm{d}z \tag{9-3}$$

由此产生的异常面积为

$$S_r=\int_{-\infty}^{\infty}J_r\mathrm{d}D=\alpha qr_0\int_{-\infty}^{\infty}\int_0^{\frac{H}{2}}\frac{\mathrm{e}^{-\mu\sqrt{(D-Z)^2+r_0^2}}}{(D-Z)^2+r_0^2}\mathrm{d}z\mathrm{d}D \tag{9-4}$$

D 和 Z 相互独立，上积分交换顺序后：

$$S_r = \alpha q r_0 \int_0^{\frac{H}{2}} \int_{-\infty}^{\infty} \frac{e^{-\mu\sqrt{(D-Z)^2+r_0^2}}}{(D-Z)^2 + r_0^2} \mathrm{d}D\mathrm{d}z \tag{9-5}$$

Z 属于 $\left(-\dfrac{H}{2}, \dfrac{H}{2}\right)$，对 D 积分时 Z 被视作参量，且 $\mathrm{d}D=\mathrm{d}(D-Z)$，即可令 $D-Z=t$，则：

$$S_r = \alpha q r_0 \int_0^{\frac{H}{2}} \int_{-\infty}^{\infty} \frac{e^{-\mu\sqrt{t^2+r_0^2}}}{t^2 + r_0^2} \mathrm{d}t\mathrm{d}z = \frac{\alpha q r_0 H}{2} \int_{-\infty}^{\infty} \frac{e^{-\mu\sqrt{t^2+r_0^2}}}{t^2 + r_0^2} \mathrm{d}t \tag{9-6}$$

式(9-6)说明，测井曲线上的面积增量与 q 成正比，与 H 成正比，吸水量与 q 成正比。图 9-7 是实验室的实验结果，横坐标为异常面积，纵坐标为 qH。表明 S_r 与 qH 成正比。这表明用示踪剂测量注水井的注水剖面原理是成立的。

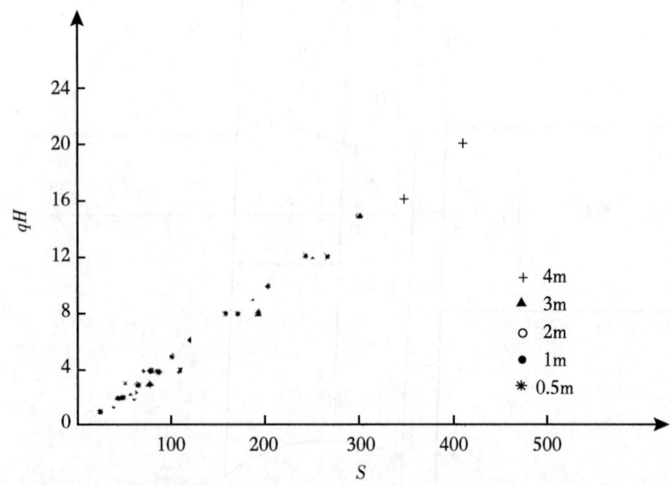

图 9-7　异常面积与地层厚度、强度的关系

四、清水驱替剂量

1. 笼统套注

把含放射性同位素示踪剂的悬浮液从井口注入管道加入，在油套环形空间以紊流状态的注入水里混合均匀，接着由后续的注入水推向地层。由于所选示踪剂的粒度等于或大于地层的孔隙直径而被滤积于地层表面(图 9-8)。将全部示踪悬浮液挤入地层后所需的注水量 Q 可用下式表示：

$$Q=Q_o+S_o\left(\frac{h_1}{1-\beta_1}+\frac{h_2}{1-\beta_1-\beta_2}+\cdots+\frac{h_{n-1}}{\beta_n}\right) \tag{9-7}$$

式中　Q——后续注水量，m^3；

Q_o——第一个吸水层段顶至井口油、套环形空间水的体积，m^3；

S_o——油管、套管环形空间的截面积，m^2；

h_1——第一个吸水层顶面至第二个吸水层顶面的距离，m；

h_{n-1}——第 n-1 个吸水层顶面至第 n 个吸水层底面的距离，m；

β_n——第 n 层的吸水百分比。

2. 油管内注入

同位素示踪剂由井口注水管道加入或由井下释放器释放，与水混合成悬浮液，由后续注入水推向油套环形空间（图 9-9）。将全部悬浮液挤入地层所需的后续注水量为

$$Q=Q_A+Q_o+S_o\left(\frac{h'_1}{1-\beta_1}+\frac{h'_2}{1-\beta_1-\beta_2}+\cdots+\frac{h'_{n-1}}{\beta'_n}\right) \tag{9-8}$$

式中　Q——悬浮液后续注水量，m^3；

Q_A——油管内从井口至尾部的体积，m^3；

Q_o——油管尾部至由井底向上数第一个吸水层底面油管与套管环形空间的体积，m^3；

h'_{n-1}——由井底向上数第 n-1 层底面至第 n 层顶面的距离，m；

β'_n——第 n 层注水百分比；

S_o——油套环形截面积，m^2。

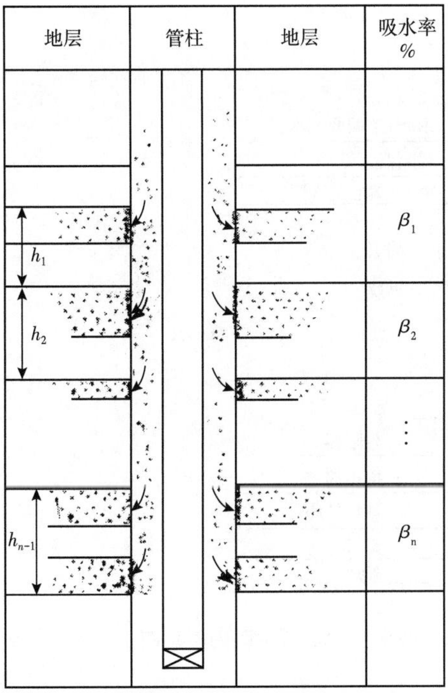

图 9-8　笼统配注时放射性同位素示踪剂推进及在地层形成示踪示意图

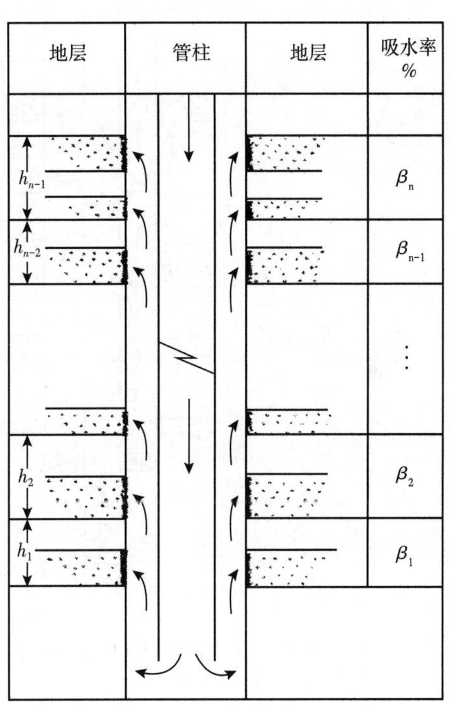

图 9-9　正注状态下放射性同位素示踪剂在地层中形成示踪的示意图

3. 分层配注管柱内注入

同位素示踪剂进入分层配注油管内，与以紊流方式流动的注入水形成悬浮液。在后续注入水的推进下，进入配注层段，首先按配注层段配水嘴的大小，进行第一次分配，进入油管与套管环形空间；相继开始第二次按配注层段中各层的吸水能力分配吸水量，将悬浮液推向地层。悬浮液挤入地层所需的清水由以下三部分组成（图 9-10）。

（1）把示踪剂从释放点推到分层配水管柱中第一个偏心配水器之间的体积：

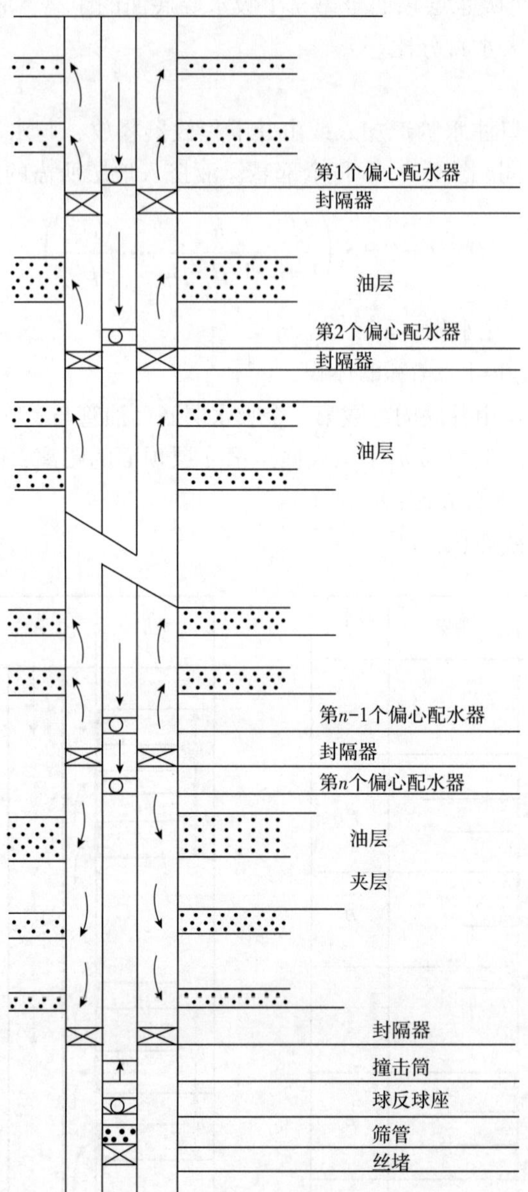

图 9-10 配注管柱内放射性同位素示踪剂在地层中形成示踪的示意图

$$Q_o = S_A H_A \tag{9-9}$$

式中 Q_o——把示踪剂悬浮液推到第一个配水嘴的水量，m^3；

S_A——油管截面积，m^2；

H_A——第 1 个配水器至井口或放射性同位素示踪剂释放点的距离，m。

（2）把示踪剂悬浮液全部推出配注管柱进入油套环形空间：

$$Q_1 = S_A\left(\frac{H_1}{1-\beta_1}+\frac{H_2}{1-\beta_1-\beta_2}+\cdots+\frac{H_{n-1}}{\beta_n}\right) \tag{9-10}$$

式中 Q_1——将示踪剂悬浮液全部推出配注管柱进入油套环形空间的用水量，m^3；

H_{n-1}——第 n-1 个偏心配水器至第 n 个偏心配水器的距离，m；

β_n——第 n 个偏心配水器的配水百分比；

S_A——油管的内截面面积，m^2。

(3)将配注段油管套管环形空间的示踪剂悬浮液推向注水地层：

$$Q_2=\frac{S_o}{\beta_i}\left(h_{i0}+\frac{h_{i1}}{1-\beta_{i1}}+\frac{h_{i2}}{1-\beta_{i1}-\beta_{i2}}+\cdots+\frac{h_{i(n-1)}}{\beta_{in}}\right) \tag{9-11}$$

式中　Q_2——把示踪剂悬浮液推向注水层所需水量，m^3；

S_o——油套环形空间的截面积，m^2；

β_i——配水层段的注水百分比；

h_{i0}——配水器至第一个注水层顶面的距离，m；

$h_{i(n-1)}$——第 n-1 至第 n 个注水层底面的距离，m；

β_{in}——配注段内第 n 个注水层吸水百分比。

五、同位素及载体选择

在选择放射性同位素种类时，半衰期是一个重要的参数，考虑存放、运输等问题，半衰期一般不宜太短，但也不宜太长，半衰期过长时，相应的污水处理比较困难，一般来说放射性同位素半衰期最长不宜超过 30 天，为其使用周期的 1/4～1/3 倍为宜，相应伽马射线的能量为 0.5MeV。我国油田目前常用的放射性同位素为^{131}Ba，相应的化合物为$Ba(NO_3)_2$，其半衰期为 11.6 天，伽马射线的能量分布在 0.0802～0.64MeV 之间。

1. 放射性同位素载体的选择

选择放射性同位素载体的原则是：

(1)载体要有较强的吸附性或结合能力，保证高压注入水冲洗不产生脱附现象。

(2)颗粒直径必须大于地层的孔隙直径，保证注水过程中同位素载体挤不进地层。

(3)密度合适，下沉速度远小于注入水在井筒内的流速，保证示踪剂能在注入水中均匀分布。

(4)单位质量的载体运载的同位素要尽可能多，同时载体应具备稳定的物理和化学性质，以使射孔孔眼处滤积的载体不影响地层的吸水能力。

(5)载体要具有足够的表面活性，不沾污井筒及有关装置和仪器。

目前，油田上常用的同位素载体(包括活性炭固相载体)和 GTP 微球两种，采用活性炭固相载体时，若注入水的含盐量大于 20g/L，则放射性同位素的强度会大幅度降低。因此目前通常采用 GTP 微球载体。

2. GTP 微球载体的性质

GTP 微球是一种以无机二元氧化物溶胶制成的球状物，在制备 GTP 微球时加进短半衰期的放射性同位素^{131}Ba 即可制得放射性同位素^{131}Ba-GTP 微球示踪剂。GTP 微球被称为人工载体。^{131}Ba-GTP 微球示踪剂与固相载体活性炭示踪剂的区别是：^{131}Ba-GTP 微球示踪剂的^{131}Ba 离子是被凝胶碳化层包裹起来的，只有微球被溶解或被压碎时，才能发生脱附现象。活性炭示踪剂只是将放射性同位素粒子吸附在表面，相比起来，后者容易发生脱附现象。

GTP 微球载体是黑色或黑褐色刚性球体，常用的粒径范围是 100～1200μm，耐压 35～40MPa，工作温度为-20～70℃，颗粒密度为 1.06g/cm^3，放射性活度为 1.85×10^7～$3.7\times$

10^7Bq/L，在 1.05m/s 的流速冲刷下技术性能不发生变化。在井下 15～20 天后自行溶解，27～30 天后可完全溶解。

注水井中，微球载体在注入水的携带下，除受到注入水冲击外，还受重力影响，产生沉降，沉降速度用斯托克斯公式表示为

$$v_P=\frac{D^2(\rho_s-\rho_w)}{18\mu} \tag{9-12}$$

式中 v_P——微球的沉降速度，m/s；

D——微球直径，μm；

ρ_s——微球密度，g/cm³；

ρ_w——注入水的密度，g/cm³；

μ——注入水的黏度，mPa·s。

式(9-12)说明，GTP 微球在水中的沉降速度与微球直径及其与水的密度差成正比。直径是根据岩性选择的，直径选定后，沉降速度主要取决于二者的密度差。密度差小，二者混合均匀，在井内产生的沾污也会随之降低。在油套环形空间向上运动分配到注水层时，如果微球的密度大于水的密度，则产生自由沉降，上行困难，造成下部的^{131}Ba-GTP 微球载体的浓度大，上部浓度小，有可能使下部注水能力差的地层滤积过多的^{131}Ba-GTP 微球载体，而上部注水能力强的地层反而未达到应有的滤积程度，甚至很少，因而无法确定注水层的注水状况。另外，沉降速度过快，会造成下部示踪剂的堆积，示踪剂滤积在井壁上的量减少，因而会影响测井的质量。

通常情况下，示踪剂的颗粒密度为 1.01～1.04g/cm³。直径为 100～300μm 的^{131}Ba-GTP 微球下沉速度为 1.03cm/s。除了直径为 100～300μm 的微球外，还有 400～700μm、600～900μm、1000～1500μm 的微球。根据注水层孔径大小，选择不同直径的微球，对于中—低渗透率的地层，粒径一般采用 100～300μm；对于中—高渗透层，粒径一般选用 400～700μm，对于长期注水的地层，孔径更大，可选用更大直径的微球。

由于地质条件、注入条件不同，每口注水井中所用的^{131}Ba-GTP 微球示踪剂的剂量也不同，所用的剂量与地区构造、孔隙度、渗透率和孔隙结构等地质条件有关，也与注水压力、注水量等条件有关。下面给出的是几个油田每米所需^{131}Ba-GTP 微球示踪剂的放射性强度的范围。

大庆油田：1.5～3.7MBq/m。

辽河油田：1.11～4.44MBq/m。

河南油田：1.85～5.55MBq/m。

中原油田：0.925～3.7MBq/m。

中原油田濮城地区计算每米所需强度的经验公式为

$$\lg x=0.498\lg I_w-1.174 \tag{9-13}$$

式中 I_w——注水比指数，m³/(MPa·d·m)。

全井所需的总强度为

$$S_T=hx \tag{9-14}$$

式中 S_T——单井施工所需的总的强度，MBq；

h——注水厚度；

x——每米厚度示踪剂的强度系数。

单井所需的^{131}Ba-GTP 微球示踪剂的体积用量计算公式：

$$V=1000S_T/(I_oP) \tag{9-15}$$

式中　V——微球示踪剂的体积用量，mL；

S_T——单井施工所需的强度，MBq；

I_o——出厂时^{131}Ba-GTP 微球示踪剂所需的放射性强度，MBq/L；

P——剩余放射性强度的百分数。

第二节　同位素示踪注水剖面测井信息处理

一、解释前准备工作

测井信息处理的目的是确定分层吸水量。解释前，要了解本次施工的目的、注水井的人工井底、砂面、桥塞深度、射孔深度、注水管柱结构、封隔器位置、偏心配水器位置、喇叭口深度和配水嘴尺寸等资料。同时要了解注入方式(正注反注)，从井口倒入还是井下释放、释放深度、对应注入层的生产井的情况、地层连通情况等。在测井曲线方面，要了解在该井中测得的综合测井曲线、固井质量图、射孔校深曲线。

实际施工中，一次注入^{131}Ba-GTP 微球示踪剂后，通常要进行多次测量。由于注水量、注水压力、测量时间、注水层位环境变化及放射性沾污的影响，因此示踪曲线会出现各种异常情况。在选择示踪曲线进行解释时，要选择曲线异常重复性较好的示踪曲线。当示踪曲线重复性较差时，对于高注水量的井，可选用最先测的示踪曲线。图 9-11 中示出的注水井，注水量为 149m^3/d，注水强度为 67m^3/(d·m)，井筒周围冲刷带较大，两次测量的

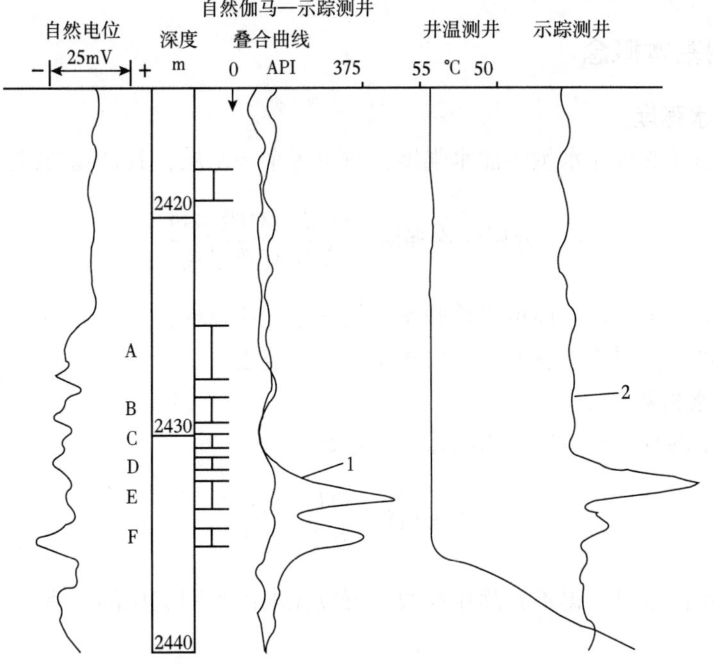

图 9-11　放射性同位素示踪注水剖面测井图

1—测量时间为 16:55；2—测量时间 17:02

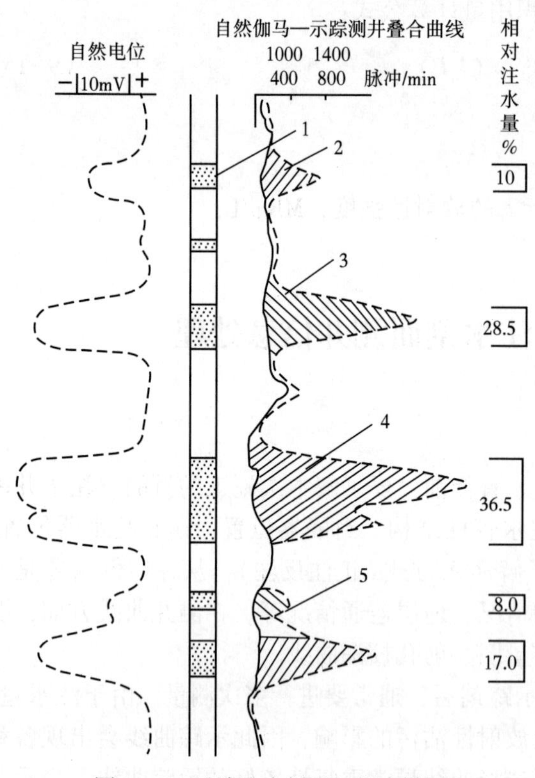

图 9-12 示踪注水剖面解释成果图

1—注水层；2—放射性同位素示踪曲线；3—自然伽马基线；4—该面积正比于注水量；5—分层界线

示踪曲线因沾污影响，重复性差，因此选用第一次测得的示踪曲线进行解释。若注水量较大，注水井段较长时，上部示踪剂分布较好，下部分布较差。用一条曲线很难兼顾这一较长的井段，可以使用两条示踪曲线对比进行解释。

对于流量小、注水井段较长的井，注入水从管柱底部上返到油套环形空间进行分配时，因为示踪剂沾污，沉降等造成曲线重复性差，此时，通常选用后来测得的曲线。

示踪解释时，通常采用下套管前后所测的自然伽马曲线进行深度校正。深度对比井段通常选在注水井段内，但有的油区注水时间较长时，自然伽马曲线高幅异常，这时可选用注水井段上部或下部未发生污染的自然伽马测井曲线段进行对比。

曲线处理时，将自然伽马测井基线和示踪测井曲线深度对齐，并使其在非目的层重叠，图 9-12 是用放射性同位素示踪法解释注水剖面的例子，第 3 道是叠合曲线，第 4 道是相对注水量。

二、常用基本概念

1. 分层注水强度

单位有效厚度的日注水量叫注水强度，对于每个注水层，其计算公式为

$$\text{分层注水强度}=\frac{\text{单层绝对吸水量}}{\text{单层有效厚度}} \tag{9-16}$$

注水强度的大小，一方面可以检验是否达到了配注指标，另一方面可以分析注入水的推进速度、突进、油层压力恢复、油井含水上升的速度。

2. 分层注水指数

单位压差下的日注水量叫注水指数，表示为

$$\text{注水指数}=\frac{\text{日注水量}}{\text{流压}-\text{静压}} \tag{9-17}$$

由于在正常注水时，得不到静压参数，可以先求出不同流压的注水量，然后按下列参数计算注水指数：

$$\text{注水指数}=\frac{\text{两种工作制度下的注水量之差}}{\text{两种工作制度下的流压之差}} \tag{9-18}$$

现场快速求取视注水指数的方法为

$$视注水指数=\frac{注水井日注水量}{注水井井口压力} \tag{9-19}$$

根据分层注水剖面计算出的注水量，可以计算出分层注水指数。

三、沾污类型及校正系数

油田现场应用表明，^{131}Ba-GTP 微球示踪剂还存在着一些局限性，由于注入水质差、套管内壁粗糙、微球沉降等因素，因此示踪剂除滤积在地层表面之外，也会沾污在井筒管柱的某些部位，导致示踪曲线上产生一些与注水量无关的假异常，把这种现象称为放射性“沾污”。从形成的原因划分，分为吸附沾污和沉淀沾污两大类。在油套管接箍、配水器、套管内壁、油管内外壁等处的沾污属吸附沾污，封隔器及井底沾污主要是微球沉降造成的。为了得到有效的分层吸水量，必须从所测的示踪测井曲线异常幅度中减去这些沾污导致的影响。

油管接箍沾污通常发生在油管连接处，沾污曲线一般为尖峰，与接箍深度对应。在偏心配水器和封隔器处，由于其表面粗糙、加之注入水中离子在工具附近形成偶电层的影响，会造成^{131}Ba 微球沾污，沾污曲线形状为尖峰状，并与工具深度相对应。

由于注入水酸化的影响，会造成油管和套管表面受到腐蚀，同时井筒壁面不清洁等因素均会导致同位素成片沾污。

为了从理论角度分析这些污染源对测量结果的影响，大港油田的研究人员把上述三种污染类型用三种不同污染源等价。

(1)圆环源：在接箍内外、偏心配水器和封隔器部位，^{131}Ba 微球沾污近似为一圆环。

(2)筒状面源：在油管内外壁、套管内壁或某一深度上下局部或全部沾污有同位素，形成筒状面源。

(3)线状源：在油管内外壁、套管内壁，纵向一条线上有沾污，可视为线状源。

以这些模型为基础，结合实验分析，取得了多组实验数据。作出如图 9-13 所示的校正响应曲线。图中 H 为放射源的长度，n 为计数率，曲线 1 至曲线 7 分别表示距源处距离为 3.65cm、6.2cm、7.0cm、9.5cm、11.5cm、13.5cm、15.5cm 处的计数率，对应的七个位置分别为油管外壁、套管内壁、套管外壁、地层四个位置处的数值。之后再计算出相应状态下的响应曲线的面积比值，即为不同沾污类型的校正系数，表 9-1 至表 9-4 给出了不同污染类型时沾污校正系数，A 表示总的放射性活度。

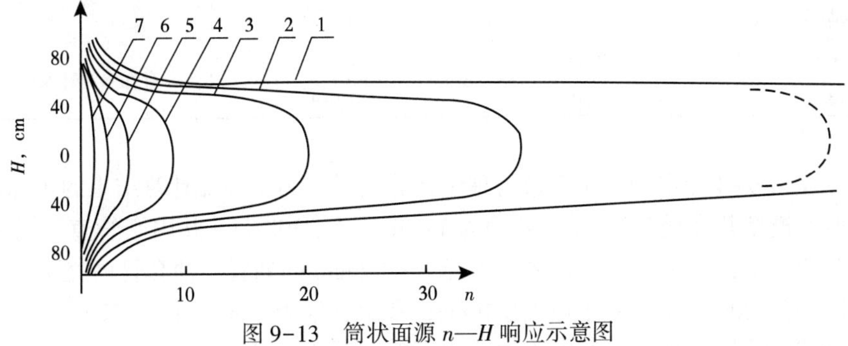

图 9-13　筒状面源 n—H 响应示意图

表 9-1 理论计算圆环源校正系数表（$A=1.11\times10^5$Bq）

源等效到地层距探测器距离，cm	油管接箍校正系数		套管接箍内台阶沾污校正系数	备注
	内台阶	外台阶		
7.0	0.072	0.13	0.44	探测器在井筒中心
9.5	0.025	0.44	0.16	
11.5	0.012	0.02	0.073	
13.5	0.006	0.01	0.036	

表 9-2 理论计算筒状源校正系数表 1（$A=7.4\times10^4$Bq）

源等效到地层距探测器距离，cm	油管外壁沾污校正系数	套管内壁沾污校正系数	备注
9	0.14	0.32	水泥环介质为水充填地层出砂出现孔穴时的计算数据
11	0.092	0.21	
13	0.062	0.14	
15	0.042	0.097	
17	0.031	0.07	
22	0.013	0.03	

表 9-3 理论计算筒状源校正系数表 2（$A=7.4\times10^4$Bq）

源等效到地层距探测器距离，cm	油管外壁沾污校正系数	套管内壁沾污校正系数	备注
9.5	0.092	0.21	水泥环及地层砂岩存在时的计算数据
11.5	0.046	0.11	
13.5	0.024	0.056	
15.5	0.013	0.03	
17.5	0.007	0.016	
19.5	0.004	0.009	

表 9-4 理论计算线源校正数据表（$A=7.4\times10^4$Bq）

源等效到地层距探测器距离，cm	油管外壁沾污校正系数	套管内壁沾污校正系数	备注
9.5	0.074	0.18	存在水泥环及砂岩介质
13.5	0.02	0.044	

表 9-1 至表 9-4 给出的校正系数为理论计算结果。为了验证计算结果的正确性，设计了实验模型，模型井外径为 80cm，内径为 14cm，高为 300cm，井内套管直径为 139.7mm 的套管，套管壁厚为 7mm，套管内放有直径为 63.5mm 的油管，油套管内充满水。井内有 6 个射孔眼，按 120°分布，纵向距离为 10cm，孔眼直径为 1cm，孔深 10cm。图 9-14 为实验接箍沾污试验结果。表 9-5 至表 9-7 列出了实验数据。

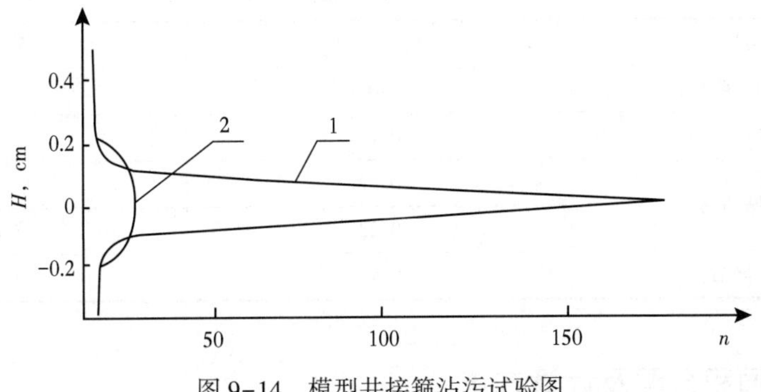

图 9-14　模型井接箍沾污试验图

1—同位素在接箍外台阶上；2—同位素在射孔眼内

表 9-5　实验圆环源校正系数表（$A=3.7\times10^4$Bq）

源在油管接箍外台阶响应曲线面积 S_1 cm²	源在 6 个射孔眼时响应曲线面积 S_2 cm²	校正系数 S_2/S_1
179.6	24	0.134

表 9-6　实验筒状源校正系数表（$A=7.4\times10^4$Bq）

源在套管内壁沾污时响应曲线面积 S_1 cm²	源在 6 个射孔眼时响应曲线面积 S_2 cm²	校正系数 S_2/S_1
239	83.5 60.9（有 2.5cm 厚水泥环）	0.385 0.256

表 9-7　实验线源校正系数表（$A=7.4\times10^4$Bq）

源在套管内壁沾污时响应曲线面积 S_1 cm²	源在 6 个射孔眼时响应曲线面积 S_2 cm²	校正系数 S_2/S_1
216.6	70.5	0.32

实际应用中，井下沾污形状变化多样，但均不会超出以上三种类型。理想情况下，同位素微球滤积在渗透层表面，实际情况下，射孔的穿透深度为 10cm 左右，因此，同位素大多滤积在射孔孔眼内，放射性强度要受到孔眼形状的影响。如果水泥环破坏，地层出砂或酸化压裂后，屏蔽层介质会发生变化。在这些情况下，校正系数的选取更为困难。通常情况下，注水层遭到破坏的情况不多，所以可以选取水泥环和地层完好时的同位素沾污校正系数，见表 9-8。解释时，只要把与注水层位有关的基线与示踪曲线包络的沾污面积乘以相对应的校正系数就等效于注水层部位的沾污面积。

表 9-8 校正系数的选取

沾污类型	校正系数	备　注
油管接箍内台阶沾污	0.07	
油管接箍外台阶沾污	0.13	
套管内壁沾污	0.32	无水泥环
	0.23	有 2.5cm 水泥环
偏心配水器沾污	0.13	

四、沾污面积分配及计算方法

把沾污面积换算成校正面积之后，还必须按照各小层真实的注水能力，把其分配到各注水层位上。示踪剂在井下开始分配之前的沾污不影响解释结果，只有该示踪剂在井下开始分配后的沾污才影响分层相对注水量的解释精度。开始分配后，示踪剂沾污破坏了地层的注水量与同位素滤积量及放射性强度三者之间的关系。要提高解释精度，必须对校正过的沾污面积进行归位计算。归位受水流方向的控制，根据注水管柱结构，归位模型分为笼统注水和分层注水两大类。

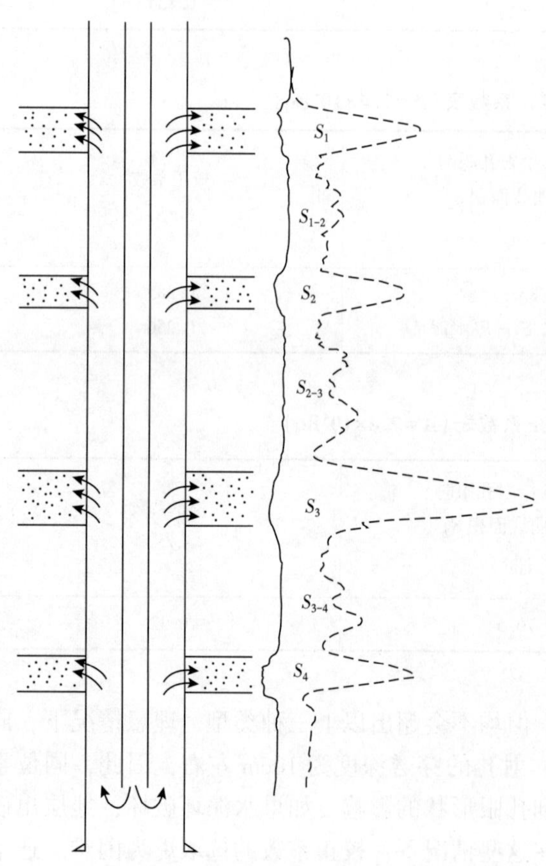

图 9-15 笼统注水井沾污面积归位校正示意图

1. 笼统注水

笼统注水也称为“混注”或“合注”。如图 9-15 所示，该井为正注，注入水从油管底部上返到油套环形空间后，由下而上逐渐分配到各注水层，图中示出了沾污面积归位校正关系。

根据水流方向，层间沾污的分配只分配给其上各层。设总层数为 N，层位自上而下顺序为 1、2、3、…、N，m 为层间任意一层，即为 1、2、3、…、m。各层位间校正后的面积(各种类型沾污面积乘以相应的校正系数后的面积之和)自上而下分别为 S_{1-2}、S_{2-3}、…、$S_{(N-1)-N}$；校正前的吸水面积为 S_1、S_2、S_3、…、S_n。

沾污面积 S_{1-2} 只分配给 1 号层，即 $S_{1-2}^1=S_{1-2}$。沾污面积 S_{2-3} 分配给 1 号层 S_{2-3}^1 和 2 号层 S_{2-3}^2，即：

$$S_{2-3}^1=\frac{S_1+S_{1-2}^1}{S_1+S_2+S_{1-2}^1}S_{2-3} \tag{9-20}$$

$$S_{2-3}^2=\frac{S_2}{S_1+S_2+S_{1-2}}S_{2-3} \tag{9-21}$$

同理沾污面积 S_{3-4} 分配给 1 号层 S_{3-4}^1、2 号层 S_{3-4}^2 和 3 号层 S_{3-4}^3，则：

$$S_{3-4}^1=\frac{S_1+S_{1-2}^1+S_{2-3}^1}{S_1+S_2+S_3+S_{1-2}+S_{2-3}}S_{3-4} \tag{9-22}$$

$$S_{3-4}^2=\frac{S_2+S_{2-3}^2}{S_1+S_2+S_3+S_{1-2}+S_{2-3}}S_{3-4} \tag{9-23}$$

$$S_{3-4}^3=\frac{S_3}{S_1+S_2+S_3+S_{1-2}+S_{2-3}}S_{3-4} \tag{9-24}$$

因此，沾污面积 $S_{m-(m+1)}$ 对 t 层的分配（$m>t$）的表示式为

$$\begin{aligned}S_{m-(m+1)}^t&=S_{m-(m+1)}\frac{S_t+S_{t-(t+1)}^t+S_{(t+1)-(t+2)}^t+\cdots+S_{(m-1)-m}^t}{S_1+S_2+S_m+S_{1-2}+S_{2-3}+\cdots+S_{(m-1)-m}}\\&=S_{m-(m+1)}\frac{S_i+\sum\limits_{i=1}^{m-1}S_{i-(i+1)}^t}{\sum\limits_{i=1}^{m}S_i+\sum\limits_{i=1}^{m-1}S_{i-(i+1)}}\end{aligned} \tag{9-25}$$

当 $t=m$ 时，式（9-25）变为

$$S_{m-(m+1)}^m=S_{m-(m+1)}\frac{S_m}{\sum\limits_{i=1}^{m}S_i+\sum\limits_{i=1}^{m+1}S_{i-(i+1)}} \tag{9-26}$$

校正后各层的注水面积为

$$\left.\begin{aligned}SS_1&=S_1+S_{1-2}^1+\cdots+S_{(n-1)-n}^1\\SS_2&=S_2+S_{2-3}^2+\cdots+S_{(n-1)-n}^2\\SS_{n-1}&=S_{n-1}+S_{(n-1)-n}^{n-1}\\SS_n&=S_n\end{aligned}\right\} \tag{9-27}$$

各层的相对注水量为

$$\beta_i=\frac{SS_i}{\sum\limits_{i=1}^{n}SS_i}\times 100\% \tag{9-28}$$

绝对注水量为

$$Q_i=Q_{总}\beta_i \tag{9-29}$$

各层每米注水量（注水强度）为

$$注水强度=\frac{Q_i}{H_i} \tag{9-30}$$

式中　H_i——单一注水层的有效厚度。

2. 分层配注

对于分层配注的井，由于井下注水管柱带有配水器和封隔器，因此比笼统注水井多了

配水器和封隔器处的沉淀沾污。根据配水器在井下与注水层所处的相对位置，可将分注井注水层段的消除沾污的校正分为上、中、下三种模式。

1）在注水井的底部

注入井从油管底部通过配水器进入油套环形空间后，向上流动，分别进入各个注水层。所以本段管柱的归位方法与笼统注水时，注水口在注水层位下部的归位方法相同。

2）在注水层的顶部

此时，注入水通过配水嘴进入油套环形空间后向下流动进入各注水层。这一情况与笼统注水井类似，相当于地层在配水器下部，归位算法与笼统注水算法相同。

3）配水器在几个注水层之间

这一情形相当于配水器在注水层之上、之下两种情况的组合，当层段内存在各种类型的沾污时，应首先根据沾污类型将各种沾污面积校正到地层条件下的注水面积。若存在偏心配水器沾污，则首先按上、下两段的实际注水情况进行偏心配水沾污校正后的面积分配，计算方法如下：

$$\left.\begin{aligned}&S=S_1+S_2+A\\&\beta_i=\frac{S_i}{S}+\frac{A}{S}\beta_i\\&A_i=A\beta_i\end{aligned}\right\}\tag{9-31}$$

式中　S——层段内上、下注水层上的异常面积与消除沾污校正后的面积之和（图 9-16）；

S_1、S_2——上段各注水层的异常面积；

A——偏心注水消除沾污校正后的面积；

A_i——第 i 层消除沾污后的面积；

β_i——第 i 层的相对注水量。

4）封隔器沉淀沾污校正

当偏心配水器在注水层位之上时，封隔器的沉淀沾污应与偏心配水器的沾污一起校正到每个注水层。当偏心配水器在几个注水层之间时，封隔器的沉淀沾污只分配给偏心配水器与封隔器之间的注水层。

5）解释步骤

（1）绘制自然伽马测井基线及示踪测井曲线叠合图。一般情况下，不要进行曲线移动和手工扣除，除非是发现有与注入水无关的沾污。

（2）划分注水层并计算沾污面积。

（3）划分沾污井段，分段计算沾污面积。

（4）判断沾污类型，并进行消除沾污面积的校正。

（5）若为分层注水，则按照消除沾污校正的原则进行沾污校正，并将沾污校正面积归位，再依次计算各注水层的面积。

（6）计算各注水层段的面积之和，求各层的相对吸水量和注水强度。

图 9-17 是一口井的实际解释成果图，表 9-9 给出了沾污校正前后的处理结果对比。结果表明，26 号层是主要的注水层，但由于示踪剂在油套环形空间向上运移时，沾污损失较多，因此，不进行沾污校正时相对注水量为 38.2%，经过沾污校正后相对注水量为 51.6%。

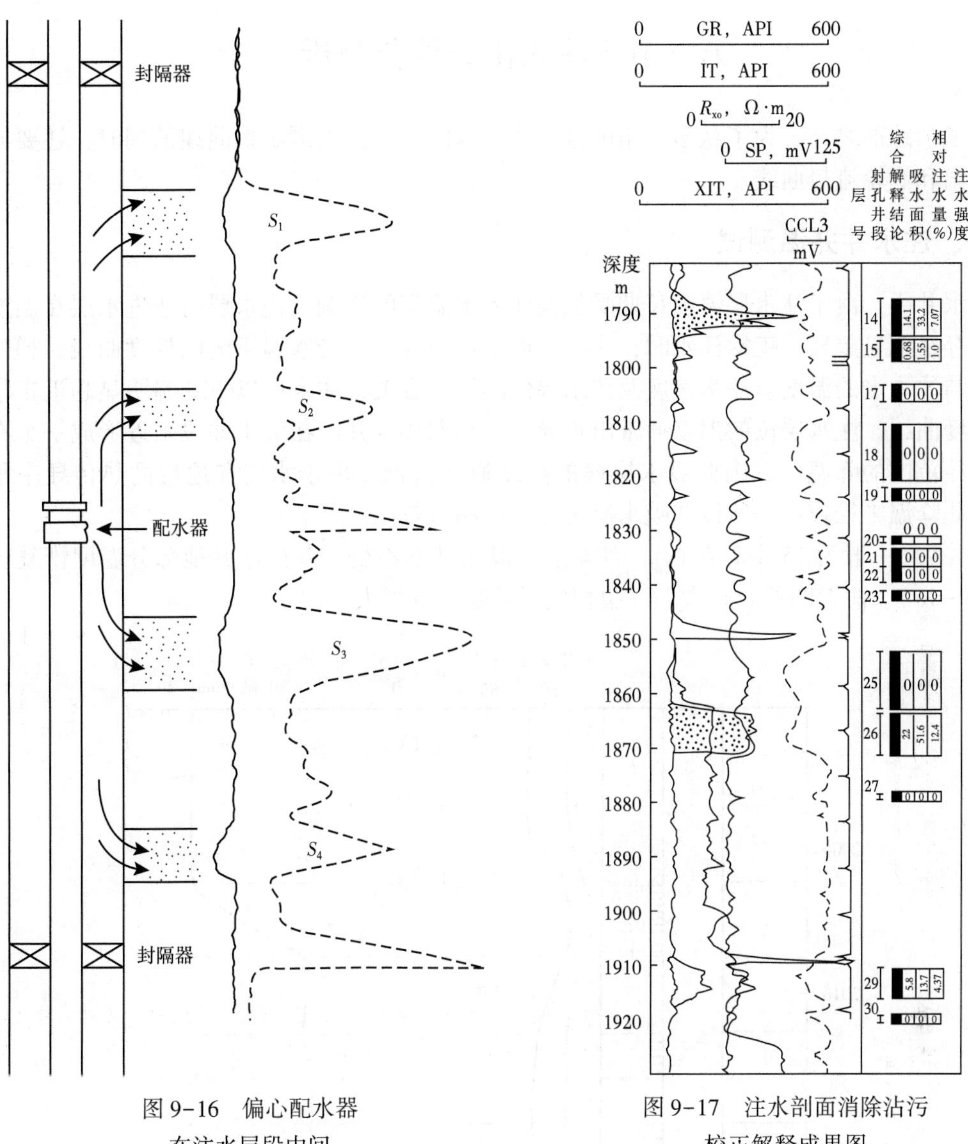

图 9-16 偏心配水器在注水层段中间

图 9-17 注水剖面消除沾污校正解释成果图

表 9-9 沾污校正前后结果对比表

层号	吸水面积，cm^2		相对吸水量,%		吸水强度，$m^3/(m\cdot d)$	
	校正前	校正后	校正前	校正后	校正前	校正后
14	12.5	14.10	45.5	33.2	11.49	7.07
15	0.2	0.68	0.7	1.5	0.38	1.00
26	10.5	22.00	38.2	51.6	9.40	12.40
29	4.3	5.80	15.6	13.7	5.54	4.37

第三节　注入剖面综合分析

除了示踪剂之外，为了从多个角度分析注入水的去向，在测示踪曲线的同时，还要同时测井温和涡轮流量曲线。

一、注水井井温测试

注水井中，由于注水层温度长期受低温注入水温度的影响，进水层与非进水层在温度曲线上存在明显差异。正常注水时，注入层以上近似为一条受水温影响的梯度曲线，梯度的大小与注入水的温度、注水速度及注水层位的深度有关，注入层以下井温明显趋近正常地温梯度曲线。注水层位的温度通常出现异常。长期注水井，在吸水井段附近形成一个有一定半径范围的降温区，因此吸水层段的温度通常偏低。由于水泥和地层的热传导率很小，因此降温半径较小，所以非吸水层位的温度相对较高。

关井后(一般为 15 小时左右)，注水层的温度基本不变，井筒的其他部分温度恢复较快(图 9-18)。两者的差异越大，说明相应层的吸水量越大。

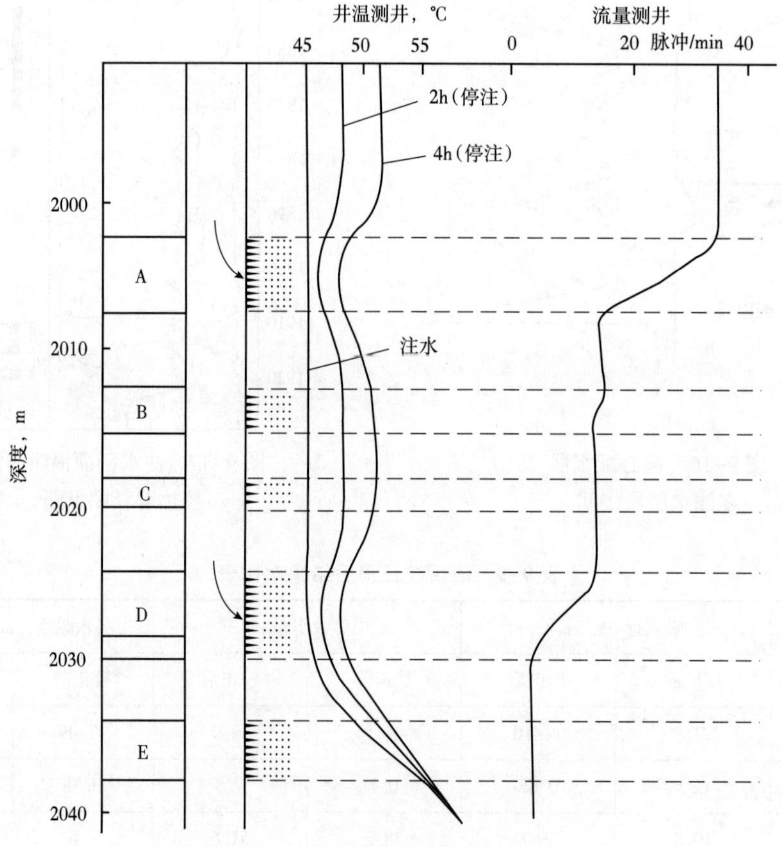

图 9-18　注水层在温度曲线上的显示

如果注入水的温度比地层温度高，吸水层位温度高于地层温度。

一般情况下，井温曲线要与同位素曲线同时使用。图 9-19 是一口同时测了井温和示踪剂的注水井。该井为笼统正注井，喇叭口在射孔井段以上。温度曲线与示踪曲线同时测量，关井4小时后，又测了一条关井井温曲线。注水井段（2726~2732m）以下为未射孔的高渗透层，但示踪曲线出现了大幅度的示踪异常，2685m以深，关井流动两条井温曲线重合，在2730m处上升到94℃，和该地区的地温梯度相等，说明注水层以下为静水柱，示踪剂曲线异常可能是示踪剂沉淀或管壁沾污造成的。

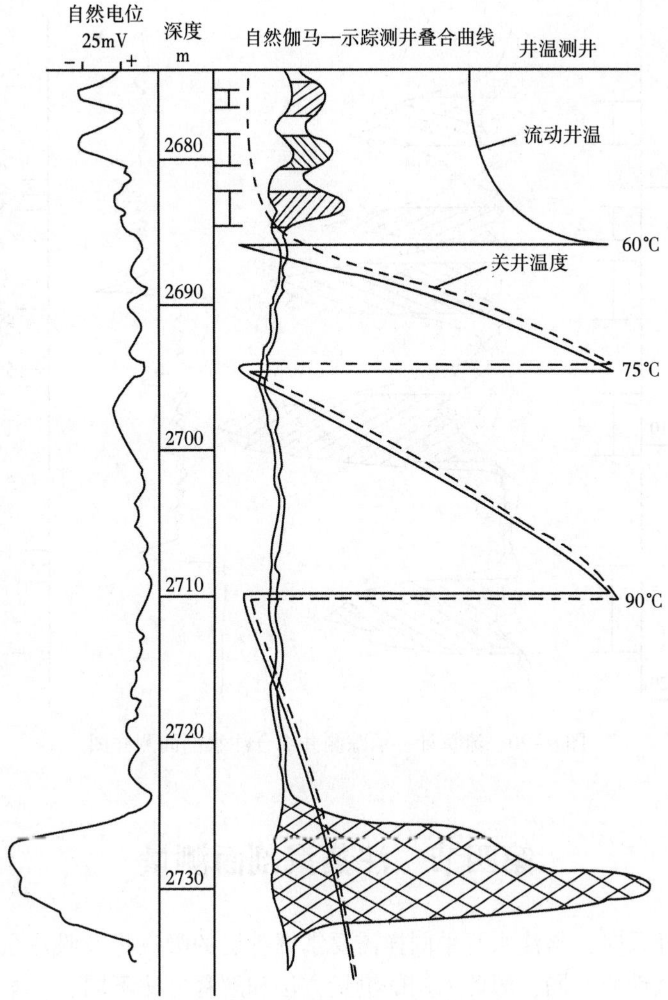

图9-19　用井温曲线分析示踪测井曲线的异常显示

二、注水井中涡轮流量计测试

除了自然伽马曲线、井温曲线之外，通常也另外加入一条涡轮流量计曲线，用以提高注水剖面测井解释精度。流量计的解释方法在第二章中已作详细描述。

图9-20是某油田一口注水井的实际测井图。该井射开了5层，分三段注水，注水压力为10MPa，注水量为156m^3/d。测井曲线包括示踪和流量两类曲线。表9-9列出了二者的分析结果。利用流量计分析结果，可以了解注入水在油管中的分层配注去向，示踪方法可以了解各小层的具体注入量。

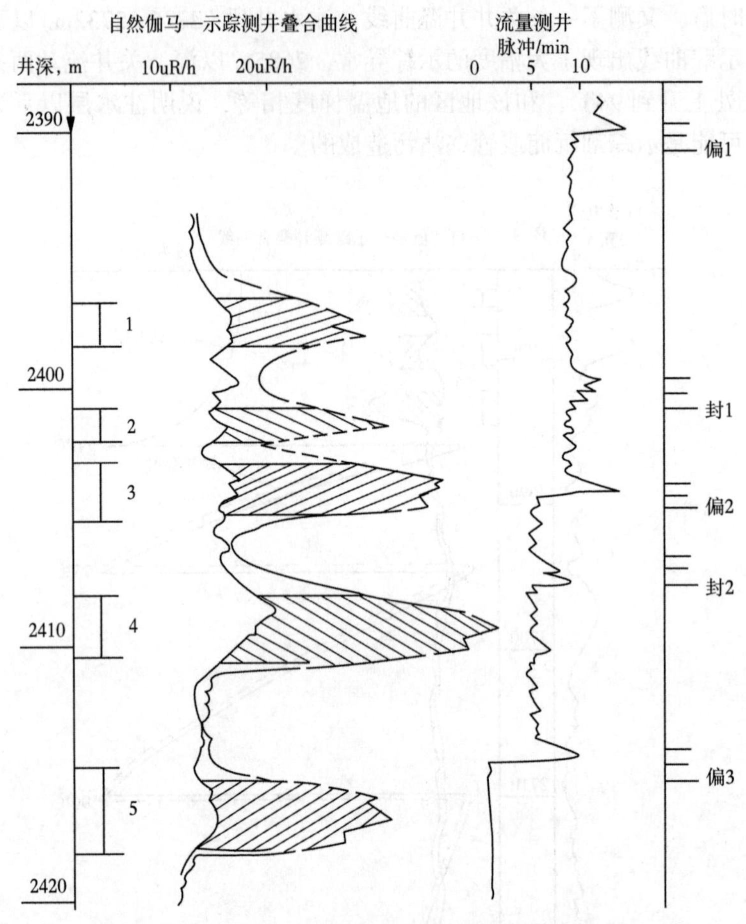

图 9-20 流量计—示踪测井综合注水剖面测井图

第四节 注蒸汽剖面测量

稠油注蒸汽开采时，与注水开采同样需要掌握各层的吸汽量及吸热量，蒸汽与水相比温度要高得多，且性质不同，因此采用的测量方法和解释方法不同。

一、水蒸气性质

1. 水蒸气的产生

注入蒸汽是在锅炉内定压加热产生的，所以首先讨论水的定压加热过程即水蒸气的产生过程。图 9-21 是水蒸气产生示意图。把 1kg 的水放在带有活塞的气缸中加热，加热时水的温度可通过温度计测出，水的比容（1kg 水的容积）也可测出。如加热前水的温度为 t℃，比容为 V_0（图 9-21b 中 a 点）。逐渐加热时，水的温度逐渐升高，同时水的比容也略有增加，当水的温度达到某一数值时，温度不再上升，并开始出现气泡（b 点），这时的温度即沸腾温度，或称为饱和温度。饱和温度与压力间有单值的对应关系，即一定的压力对应一定的饱和温度。例如一个物理大气压下水的饱和温度为 100℃，压力越高，饱和温度也越高。b 点的比容为 V'，这个状态称为饱和水状态。此后，继续加热，水不断汽化，而温度始终保持为饱和温度 t，一直到全部水都变为蒸汽为止(图中 c 点)，此时的温度仍为饱和温度 t，比容为 V''，这个状态称为干饱和蒸汽状态。bc 阶段即为汽化阶段，在汽化阶段中，饱和水与饱和蒸汽共存，其特点是压力与温度均不变化，外界加入的热量用于克服液体分子之间的引力，使之汽化，处于这一阶段中的任一点的蒸汽叫湿饱和蒸汽(湿蒸汽)。c 点后，继续向气缸加热，蒸汽的温度便开始升高，因而超过了饱和温度。这种温度高于饱和温度的蒸汽称为过热蒸汽(d 点)。过热蒸汽的温度超过该压力下饱和温度的数值称为过热度，即 $\Delta t=t-t_s$。

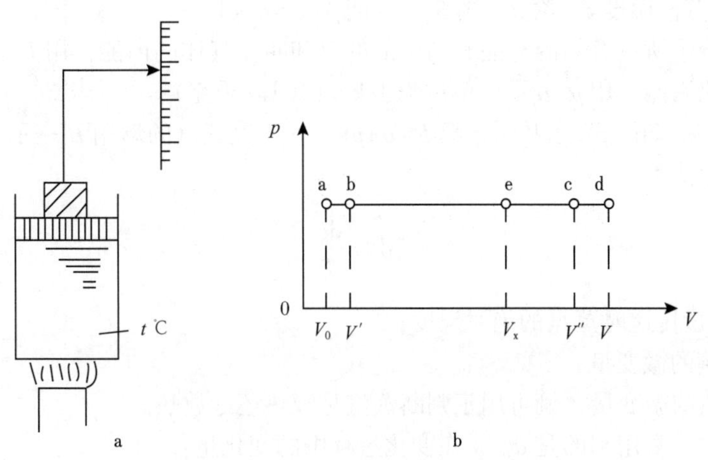

图 9-21　定压下水蒸气产生过程示意图

若逐渐改变压力，重复上述试验，就可以得到一系列类似上述的特定点：a′b′c′、a″b″c″(图 9-22)。表示初始状态的各点 a、a′、a″几乎位于一条垂直线上，这是由于水基本上是不可压缩的，在不同压力下初始状态水的比容几乎都相等。连接 b、b′、b″各点可得饱和水线，它随着压力的升高而略向右倾斜。虽然随着饱和温度的升高，蒸汽的比容有增加的趋势，但是由于蒸汽是可压缩的，随着压力的增加，使比容减小是主要因素，所以干饱和蒸汽的比容 V'' 是随着压力升高而减小的。由图9-22可知，随着压力的升高，$V''-V'$减小，即饱和水状态与干饱和蒸汽状态逐渐接近，至某一压力时，饱和水线与干饱和蒸汽线 CC′C″交于 K 点，这个点称为临界点。在临界点上，液态与汽态的界限完全消失，即饱和水与干饱和蒸汽之间无明显的界限。在此压力(临界压力)下，加热水至一定温度(饱和温度)时水全部汽化，再稍加温即过热。临界点处的参数称为临界参数。水的临界压力 p_K=221.20bar，临界温度 t_K=374.15℃，V_K=0.00317m³/kg。

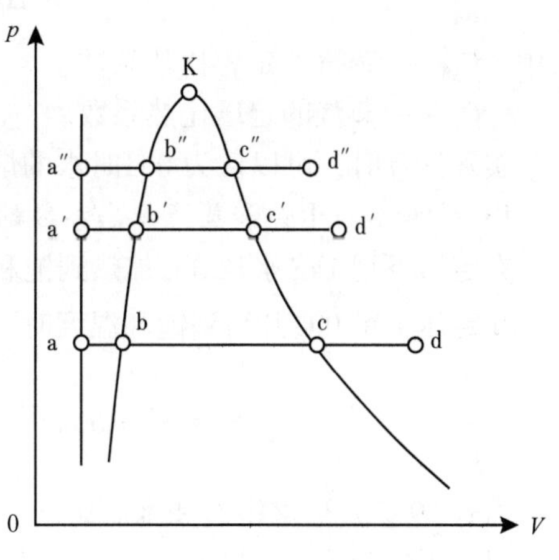

图 9-22　水蒸气的 p—V 图

饱和水线和饱和蒸汽线将 p—V 图分成三个区域：饱和水线 Kb 以左为不饱和水；干饱和蒸汽线 Kc 以右为过热蒸汽区；Kb 与 Kc 之间为水与蒸汽共存的区域，即湿蒸汽区。湿蒸汽是饱和水与饱和蒸汽的混合物，其温度为相应压力下的饱和温度。一定压力下饱和温度为一定值，因此在湿蒸汽区内，等压线也是等温线，单组分物质在两相共存时都有这样一个特点。靠近饱和水线 Kb 处含汽量较少，越向右则含汽量越多。通常用干度 x 表示湿饱和蒸汽中所含蒸汽的成分。干度 x 就是 1kg 湿蒸汽中含有 $x$kg 的干蒸汽，而余下的 $(1-x)$kg 为饱和水。即 $x=0$ 即为饱和水，$x=1$ 就是干饱和蒸汽，因此 p—V 图上 Kb 线也就是 $x=0$ 线，Kc 即为 $x=1$ 线。

2. 水蒸气性质的计算

确定每一层的吸热量时，首先要计算水蒸气的参数。水蒸气的状态参数通常包括蒸汽压 p、比容 V、蒸汽温度 t、焓 h、熵 S_o、内能 $\mu(\mu=h-pV)$。

蒸汽内部分子所具有的内动能和内位能的总和叫作气体的内能，用 U 表示，每 1kg 蒸汽的内能称为比内能，用 μ 表示，单位为 J/kg（焦耳/千克）；

比内能 μ 和流动能 pV 之和叫比焓 $h=\mu+pV$，m 千克蒸汽的焓用 H 表示。

熵的表示形式为

$$\mathrm{d}S=\frac{\mathrm{d}q}{T} \tag{9-32}$$

式中 T——热量传递时蒸汽的绝对温度；

$\mathrm{d}S$——熵的微变量；

$\mathrm{d}q$——热的微变量，熵可用于判断蒸汽是吸热还是放热。

实际计算时，常用到的是 μ、h 在变化过程中的变化量：

$$\Delta\mu=C_V(t_2-t_1) \tag{9-33}$$

$$\Delta h=C_P(t_2-t_1) \tag{9-34}$$

式中 C_V——蒸汽的定容比热系数；

C_P——蒸汽的定压比热系数。

实际计算时，可以认为 0℃时水的焓、熵及内能均为 0。

1）饱和水与干饱和蒸汽状态参数的确定

在定压下把 1kg 水从 0℃加热到饱和水状态所需的热量 $a'=h'-h'_0$。

在定压下由 0℃升高到饱和温度时，熵的变化为

$$S'=S'-S'_0=\int_{273}^{T_s}\frac{C_P\mathrm{d}T}{T}=C_P\ln\frac{T_s}{273}\approx\ln\frac{T_s}{273} \tag{9-35}$$

由式(9-35)可求得饱和水的熵。

对于干饱和蒸汽，则有

$$h''-h'=r \tag{9-36}$$

式中 r——气化潜热，kJ/kg。

干饱和蒸汽的焓为

$$h''=h'+r \tag{9-37}$$

$$S''-S'=\frac{r}{T_s} \tag{9-38}$$

$$S''=S'+\frac{r}{T_s} \tag{9-39}$$

式中　a'——定压下 1kg 水从 0℃加热到饱和水所需的热量；

h'——定压下 1kg 饱和水的热量；

h'_0——定压下 1kg 水 0℃的热量；

S'——定压下由 0℃升高到饱和温度时熵的增加量；

S'_0——定压下 0℃的熵。

h''——干饱和气热量；

S''——干饱和熵；

T_s——饱和温度。

利用式(9-39)即可求得饱和水及干饱和蒸汽的焓和熵，内能可根据 $\mu=h-pV$ 求得。

饱和水及干饱和蒸汽的状态参数见表 9-10。

表 9-10　饱和蒸汽表(以压力为变数排列)

压力	温度	比容		密度	比焓		潜热	比熵	
p	t	V'	V''	ρ''	h'	h''	r	S'	S''
bar	℃	m^3/kg	m^3/kg	kg/m^3	kJ/kg	kJ/kg	kJ/kg	kJ/(kg·K)	kJ/(kg·K)
1.0	99.632	0.0010434	1.694	0.5904	417.51	2675.4	2257.9	1.3027	7.3598
10.0	179.88	0.0011274	0.1943	5.147	762.61	2776.2	2013.6	2.1382	6.5828

2)湿蒸汽状态参数的确定

湿蒸汽的特点是：汽化已开始而尚未结束，部分为饱和水，部分为饱和蒸汽，此时的温度与压力是互相对应的。因此需要有另一个独立参数才能决定其他参数，这一独立参数即为干度 x：

$$x=\frac{m_{汽}}{m_{汽}+m_{水}} \tag{9-40}$$

式中　$m_{汽}$、$m_{水}$——分别表示湿蒸汽中干饱和蒸汽的质量和饱和水的质量，kg。

由于湿蒸汽是一种混合物，因此 1kg 湿蒸汽的体积(比容)就是 $x$kg 干饱和蒸汽的体积与 $(1-x)$kg 饱和水的体积之和：

$$V_x=xV''+(1-x)\ V' \tag{9-41}$$

$$V_x=V'+x(V''-V') \tag{9-42}$$

同理：

$$h_x=xh''+(1-x)h'=h'+x(h''-h') \tag{9-43}$$

$$S_x=xS''+(1-x)S'=S'+x(S''-S') \tag{9-44}$$

$$\mu_x=h_x-pV_x \tag{9-45}$$

式中　V''、V'——分别为干饱和蒸汽和饱和水的比容；

S''、S'、h''、h'——分别为干饱和蒸汽、饱和水的比熵和比焓。

式中的比焓和比熵均能从表中查得，故根据干度 x 就可从式(9-41)至式(9-45)中计算得湿蒸汽的相关参数。

湿蒸汽的参数值介于饱和水和干饱和蒸汽的参数之间。

例 9-1　当 $t=250℃$ 时，5kg 蒸汽占有容积 0.2m³。试确定蒸汽的状态。

解：

$$蒸汽的比容\ V=\frac{0.2}{5}=0.04m^3/kg \tag{9-46}$$

由饱和蒸汽表查得：当 $t=250℃$ 时，$V''=0.05m^3/kg$，$V'=0.0012513$。因为 $V'<V<V''$，则：

$$x=\frac{V_x-V'}{V''-V'}=\frac{0.04-0.0012513}{0.05-0.0012513}=0.8 \tag{9-47}$$

$$h_x=h'+(h''-h')x=1085.8+(2800-1085)\times0.8=2457.48kJ/kg \tag{9-48}$$

$$S_x=S'+(S''-S')x=2.7935+(6.0708-2.7935)\times0.8=5.41593kJ/(kg\cdot K) \tag{9-49}$$

未达到饱和温度的水以及温度超过饱和温度的过热蒸汽，温度和压力是两个互相独立的状态参数，根据这两个参数就可以确定其他状态参数。

由饱和温度 t_s 在定压下加热到过热温度 t 时所需的热量：

$$q=h-h''=C_{Pm}(t-t_s) \tag{9-50}$$

$$h=h''+C_{Pm}(t-t_s) \tag{9-51}$$

式中　C_{Pm}——过热蒸汽的平均定压比热。

过热蒸汽的熵为

$$S=S''+C_{Pm}\ln\frac{T}{T_s} \tag{9-52}$$

水及过热蒸汽的状态参数可由水和过热蒸汽表查得。

二、井筒中蒸汽热损失

蒸汽从井口注入目的层段时，由于热量通过油管、套管损失，因此干度逐渐降低。在确定进入各层的热量之前，需要计算从井口到目的层段以上层位的热损失，井口热量减去整个井筒（至吸入层位上端）的热损失，即为进入各吸汽层的总热量，再利用流量计确定各吸汽层的热量。

1. 热损失原理

设单层套管的长度为 L、套管内壁处温度为 t_1、外壁处的温度为 t_2，根据传热学理论可以得到单层套管从内向外传出的热量 Q' 为

$$Q'=\frac{2\pi\lambda L(t_1-t_2)}{\ln\frac{R_2}{R_1}}=\frac{t_1-t_2}{R_n} \tag{9-53}$$

式中　R_1、R_2——分别为套管内径和外径；

λ——套管的导热系数，W/（m・℃）；

R_n——热阻。

单位长度上传出的热量 Q 为

$$Q=\frac{Q'}{L}=\frac{2\pi\lambda(t_1-t_2)}{\ln\frac{R_2}{R_1}} \tag{9-54}$$

实际注蒸汽时，蒸汽是通过油管进入井底，然后进入地层的。油管的外部为隔热绝缘层，绝缘层的外部为环形空间，空间中充满饱和水或湿蒸汽，环形空间外部为套管，套管外面为水泥环，水泥环外面为地层。因此，单位长度上从油管传向地层的热流量（热损失）应是通过各层热流量上热流的串联：

$$Q=\frac{T_s-T_e}{R_n} \tag{9-55}$$

$$R_n=\frac{1}{2\pi r\mu} \tag{9-56}$$

式中　T_s——油管中蒸汽的温度；

T_e——地层温度；

r——半径；

μ——总的传热系数；

R_n——总的热阻，m・℃/W。

$$R_n=\frac{1}{2\pi}\left[\frac{\ln(r_o/r_i)}{\lambda_p}+\frac{\ln(r_{ins}/r_o)}{\lambda_i}+\frac{1}{h_{an}r_{ins}}+\frac{\ln(r_{co}/r_{ci})}{\lambda_p}+\frac{\ln(r_w/r_{co})}{\lambda_{cem}}+\frac{f(t_d)}{\lambda_e}\right] \tag{9-57}$$

式中　r_o、r_i、r_{ins}、r_{co}、r_{ci}、r_w——分别表示油管外径、油管内径、绝缘层外径、套管外径、套管内径、井径；

t_d——注蒸汽时间；

λ_p、λ_i、λ_{cem}、λ_e——分别表示油管、绝缘层、水泥环、地层的导热系数，W/(m・℃)。

在油管和套管环形空间充满气体时，传热方式是以热辐射形式进行的，h_{an}表示环形空间的热辐射系数，热辐射系数与辐射体的形状及黑度相关。

稳定传热时，通过每个热阻的热量是相同的，即：

$$\frac{T_c-T_e}{T_s-T_e}=\frac{R_c+R_e}{R_c+R_e+R_{al}} \tag{9-58}$$

式中　T_c——套管温度；

R_c、R_e、R_{al}——分别为水泥环、地层和环形空间的热阻。

2. 各单元热阻的计算

(1) 油管的热阻 R_a：

$$R_a=\frac{\ln(r_o/r_i)}{2\pi\lambda_p} \tag{9-59}$$

(2)水泥环热阻 R_c：

$$R_c=\frac{\ln(D_o+2D_c)/D_o}{2\pi\lambda_c} \tag{9-60}$$

式中 D_o、D_c——分别为套管直径和水泥环厚度。

(3)地层热阻 R_f：

$$R_f=\frac{f(t_d)}{\lambda_e} \tag{9-61}$$

$$f(t_d)=\frac{1}{4\pi}\left[\ln\frac{2304\alpha t_d}{(D_o+2D_c)^2}-0.5772\right] \tag{9-62}$$

式中 t_d——注蒸汽时间；

α——温度扩散系数。

(4)环形空间热阻 R_{al}。根据环空热辐射的基本原理可得：

$$R_{al}=\frac{0.1713\times10^{-8}\pi D_o}{12}\frac{1}{\dfrac{1}{\varepsilon_{to}+\dfrac{D_o}{D_i}\left(\dfrac{1}{\varepsilon_{ci}}-1\right)}} \tag{9-63}$$

式中 D_o、D_i、ε_{to}、ε_{ci}——分别为油管外直径、套管外直径、油管黑度、套管黑度。

3. 套管温度 T_c 的计算

1)油管外不加隔热层

(1)油套环形空间为液体时：

$$T_c=\frac{T_sC+T_e}{C+1} \tag{9-64}$$

$$C=\frac{R_c+R_f}{R_a} \tag{9-65}$$

(2)油套环形空间为气体时：

$$\frac{T_c-T_e}{R_c+R_f}-\frac{(T_s-T_c)}{R_a}=R_{al}[(T_s+460)^4-(T_c+460)^4] \tag{9-66}$$

采用式(9-66)计算 T_c 时，可采用正割迭代法计算，正割迭代法的步骤如下：

①给定初值 x_0、x_1 计算 $f(x_0)$、$f(x_1)$；

②$x_{n+1}=\dfrac{f(x_n)x_{n-1}-f(x_{n-1})x_n}{f(x_n)-f(x_{n-1})}$ (9-67)

③重复以上步骤直至满足给定的精度。

(3)油套环形空间为蒸汽时：

$$T_c=T_s$$

2)油管外加隔热层

(1)环空流体为液体时：

$$T_c=\frac{T_s+T_eC}{1+C} \tag{9-68}$$

$$C=\frac{R_i+R_a}{R_f+R_c} \tag{9-69}$$

$$R_i=\frac{\ln\dfrac{D_o+2D_i}{D_o}}{2\pi\lambda_i} \tag{9-70}$$

式中　R_i——绝缘层的热阻；

D_i——绝缘层的厚度。

(2)环形空间为气体时：

$$\frac{T_c-T_e}{C_1}-\frac{T_s-C(T_c-T_e)-T_c}{R_a}=R_{al}\{[T_s-C(T_c-T_e)+460]^4-(T_c+460)^4\} \tag{9-71}$$

$$C_1=R_c+R_f \tag{9-72}$$

$$C=R_i/C_1 \tag{9-73}$$

采用正割迭代法求 T_c。

(3)环形空间为蒸汽时：

$$T_c=T_s \tag{9-74}$$

4. 热损失计算

各单元的热阻和套管温度计算出来以后，结合地温梯度资料计算出的 T_e，即可计算出整个热损失资料，计算步骤为：

(1)选取 20 个左右的深度点，对每一个点计算单位长度上的热损失 Q_{hi}：

$$Q_{hi}=\frac{T_e-T_c}{R_c+R_f} \tag{9-75}$$

(2)计算累计热损失 Q_{ti}：

$$Q_{ti}=D(i)Q_{hi}$$

$$Q_{ti}=Q_{hi}D(i-1)+\frac{1}{2}[d(i)-d(i-1)](Q_{hi}+Q_{h(i-1)}) \tag{9-76}$$

式中　i——资料点数，$i=1，2，\cdots，N$。

5. 计算蒸汽干度变化

(1)单位质量的蒸汽热损失 Q_q：

$$Q_q=Q_{tn}/Q_f \tag{9-77}$$

式中　Q_f——质量流量。

(2)计算热焓及潜热：

①由蒸汽表计算干蒸汽、饱和水的热焓 h_v、h_w；

②计算蒸汽潜热 h_l：

$$h_l=h_v-h_w \tag{9-78}$$

(3)计算蒸汽干度 $x(i)$：

$$x_i=\frac{x_1h_1(1)+h_w(l)-Q_q(i)-h_w(i)}{h_1(i)} \tag{9-79}$$

式中 x_1、x_i——分别为井口、第 i 点的蒸汽干度；

$h_1(l)$、$h_1(i)$——分别为井口、第 i 点的蒸汽潜热；

$h_w(l)$、$h_w(i)$——分别为井口、第 i 点的饱和水的焓。

蒸汽干度计算出后，即可计算进入地层的总热量：

$$Q_t=x_NQ_fh_v+(1-x_N)Q_fh_w \tag{9-80}$$

式中 Q_t——进入地层总的湿蒸汽量，kJ/kg；

x_N——紧邻射孔层上取一点处的湿蒸汽干度；

Q_f——质量流量。

利用连续流量计上测四次，下测四次，即可将 Q_t 向各小层的进入量计算出来。计算方法与产出剖面中应用的方法相同。每层吸蒸汽的百分比 Q_{ti} 为

$$Q_{ti}=\frac{v_{ai}}{v_{al}}\times100\% \tag{9-81}$$

式中 Q_{ti}——第 i 层吸入的热量；

v_{ai}——第 i 层由连续流量计所得到的视流体速度；

v_{al}——全流量层的视流体速度。

图 9-23 是涡轮流量计截距选择的图版。

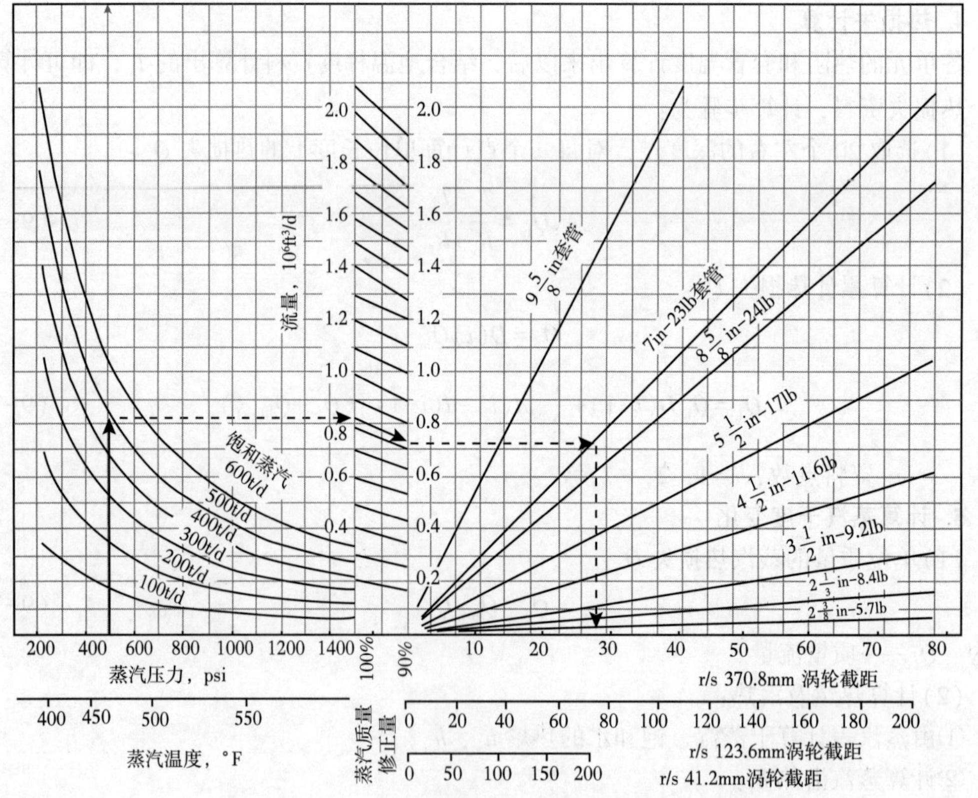

图 9-23 连续流量计在蒸汽流中的响应

目前国内测注蒸汽剖面的测井系统是引进的 TPS-9000 高温测井系统（普鲁坎特公司）。这一系统可同时测量温度、压力和流量三个参数。下井电缆用高温钢管电缆代替常规电缆，钢管内有两根毛细钢管，一根是空心传压毛细钢管，用于传输压力信号；另一根由两根热电偶导线和一根信号传输线组成。钢管外壳可防止高温损坏传输线。

温度测量使用的是热电偶仪器（K 型），把温度变化所产生的电压信号传输至地面，将其转变为温度信息。

图 9-24 为目前油田实际处理一口井的实例。图中显示了进入各层的蒸汽量及用上述方法给出的计算结果。表 9-11 是某口井注入 100 天后，用上述方法计算出的热损失和干度变化。

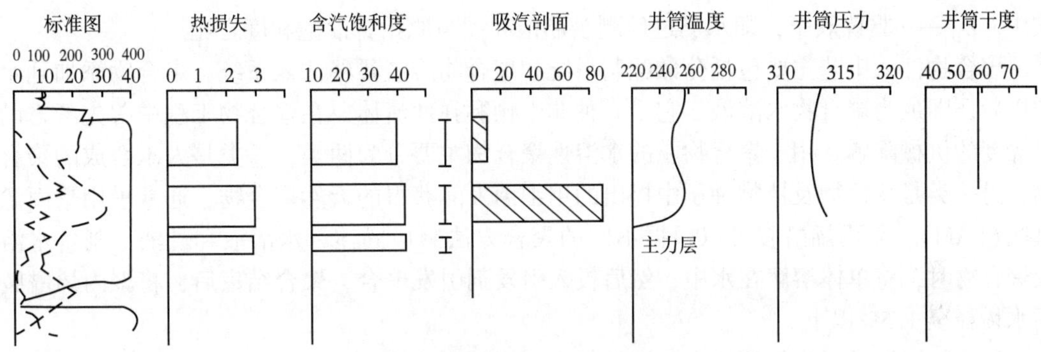

图 9-24　高温生产测井成果示意图

表 9-11　热损失计算实例

取样点	深度，ft	套管温度，℉	热损失，Btu/lb	干度
1	0.0	531.3	0.00	0.8500
2	400.0	522.9	35.23	0.7131
3	800.0	514.7	69.22	0.6106
4	1200.0	506.6	101.98	0.5302
5	1600.0	498.7	133.52	0.4649
6	2000.0	490.9	163.86	0.4104
7	2400.0	483.2	193.00	0.3638
8	2800.0	475.7	220.95	0.3234
9	3200.0	468.3	247.73	0.2878
10	3600.0	461.1	273.35	0.2579
11	4000.0	454.0	297.81	0.2302
12	4400.0	447.1	321.13	0.2062
13	4800.0	440.4	343.33	0.1854
14	5200.0	433.8	364.41	0.1676
15	5600.0	427.4	384.39	0.1523

第五节 注聚合物剖面测量

一、聚合物驱油原理

聚合物驱油是三次采油的方法之一，由第一章可知，聚合物驱油的作用是利用聚合物增加水溶液的黏度，减小流度比，扩大体积波及系数，达到提高原油采收率的目的。采收率(E_R)与驱替效率(E_D)及体积波、系数(E_V)的关系为

$$E_R = E_D E_V$$

式中 E_D——驱替效率，即水驱过后剩余油饱和度与原始含油饱和度之比。

聚合物注入工艺主要包括分散配制系统和聚合物溶液稀释注入系统。聚合物添加到水中以后，即成为聚合物水溶液，它是一种非牛顿黏弹性流体，在聚合物工程中首先考虑的是黏度的机械降解。用于聚合物驱的水溶性聚合物主要分为两类，一类是人工合成的聚合物，另一类是从植物及植物种子中提出的用细菌发酵获得的天然聚合物。通常采用聚丙烯酰胺(PAM)，聚丙烯酰胺可以根据不同的聚合方法制成固体、水溶液和乳液。制备水溶液聚合物时，将单体溶解在水中，然后投入引发剂引发聚合，聚合结束后，将聚丙烯酰胺用水稀释至1.5%以下。

聚合物溶液是非牛顿流体，其流动行为可用下式描述：

$$\mu = k\gamma^{n-1} \tag{9-82}$$

式中 μ——聚合物溶液黏度；

γ——剪切速率；

k——常数；

n——幂指定律指数。

影响聚合物溶液黏度的因素有相对分子质量、水解度或阴离子含量、聚合物溶液浓度、温度、pH值和矿化度。相对分子量增大，聚合物溶液黏度增大；阴离子含量增加，高分子所带的电荷量和电荷密度增加，增加了高分子内部带电基团间和高分子之间的静电斥力、基团间的斥力，从而使水溶液中的高分子链更趋伸展，这时溶液中的高分子有效体积增加，使聚合物溶液黏度增加，高分子间的斥力阻碍了分子间的相对运动，也使溶液黏度增加。

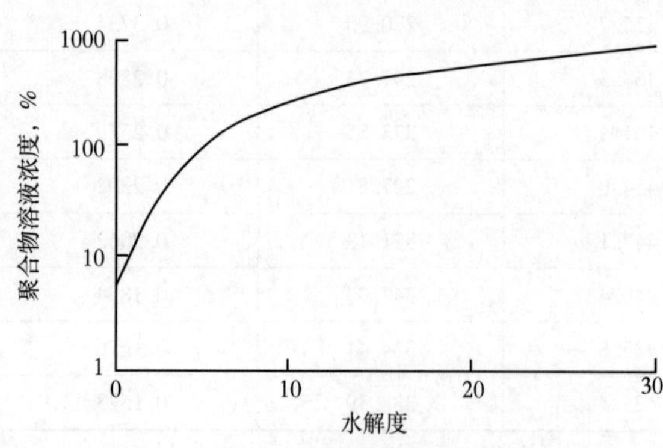

图 9-25 聚合物溶液浓度对黏度的影响

聚合物溶液浓度增加，其黏度增加，并且增加的幅度越来越大，如图9-25所示。这是由于聚合物溶液浓度增加，高分子的近程作用和远程作用增加，并且随着聚合物溶液浓度的增加，高分子相互作用的机会增大，引起了流动阻力增加。

由于无机盐中阳离子比偶极分子水有更强的亲电性，因而随着矿化度的升高，溶液中的聚合物(HPAM)分子由伸

展构象逐渐趋于卷曲构象，使分子的有效体积缩小，因而溶液黏度下降，并且高价阳离子降黏作用更强。高价阳离子不但能够严重地降低聚合物溶液黏度，更重要的是高价阳离子含量过高会引起聚合物的交联，而使聚合物从溶液中沉淀出来，这就是所谓的聚合物与油田水不配伍，因此注聚前应进行聚合物与油田水配伍性研究。

pH 值增大会使 HPAM 分子带有更多的负电荷，使其分子更趋伸张，溶液黏度增大；反之相反。

由于以上原因，聚合物溶液黏度变化较大，应用示踪流量计测吸入剖面时，示踪剂不易扩散，形不成示踪峰。使用涡轮流量计时，叶片对聚合物的响应不敏感，不能得到有效的信号。描述聚合物溶液黏度关系最基本的为

$$\mu_p = \mu_\infty + \frac{\mu_o - \mu_\infty}{1+\left(\dfrac{\gamma}{\gamma'}\right)^{p-1}} \tag{9-83}$$

$$\mu_o = \mu_\infty \left[1+d(aC_p+bC_p^2+cC_p^3)C_s^d\right] \tag{9-84}$$

式中　μ_o——零剪切速度下的聚合物溶液黏度，mPa · s；

μ_∞——极限牛顿段的聚合物溶液黏度，mPa · s；

C_p——聚合物溶液浓度，%；

a、b、c——与聚合物种类、溶剂性质和温度有关的常数；

C_s——含盐量，mmol/mL；

d——盐效应系数；

μ_p——γ 时的表观黏度，mPa · s；

γ——剪切速率，s^{-1}；

p——剪切降黏关系参数；

γ'——0.5($\mu_o-\mu_\infty$) 所对应的剪切速率。

由于 μ_∞ 难以确定，因此常用相同温度下水的黏度 μ_w 取代 μ_∞。

二、氧活化法确定注聚合物剖面

由于传统的涡轮流量计和示踪流量计在注聚合物中因黏度变化较大受到限制。因此常采用氧活化方法确定注入剖面。

注入聚合物流体水中含有的氧元素，利用脉冲中子氧活化技术，首先是一个短的活化期，之后用一段时间测量流动的活化水，利用活化水通过探测器的时间计算出聚合物或水的流速。由于水中氧原子核活化后放射出的伽马射线能量较高，这一仪器可以探测套外水的流动。

1. 氧活化测量原理

用能量大于 10MeV 的快中子照射聚合物，流体中的活化氧产生氧的放射性同位素 ^{16}N 放射 β^- 射线后衰减，半衰期为 7.13s。衰减过程中放出高能伽马射线，^{16}N 衰变过程放射出伽马射线能量为 6.13MeV。

根据向上流动和向下流动仪器有两种不同的组合，仪器如图 9-26 所示。图中所示是斯伦贝谢公司的 WFL 水流测井仪器，是对 TDT 双脉冲仪器稍加改进后研制成功的。仪器包括一个脉冲中子发生器和三个自然伽马探测器，包括远近两个探测器，另外一个安装在

遥测电子线路短节上。源距分别为 2. 54cm、5. 08cm 和 38. 1cm。测量时，可以得到三个独立的测量结果。注入井中，探测器位于源的下方。生产井中测量时，探测器置于源的上方。另外该仪器可以在同一次测量中既记录双脉冲 TDT 测井，又可记录水流测井。氧活化的反应过程为

$$ {}_{8}^{16}O+{}_{0}^{1}n \longrightarrow {}_{7}^{16}N \frac{\beta^{-}}{7.13s} {}_{8}^{16}O+\gamma+{}_{1}^{1}P \tag{9-85} $$

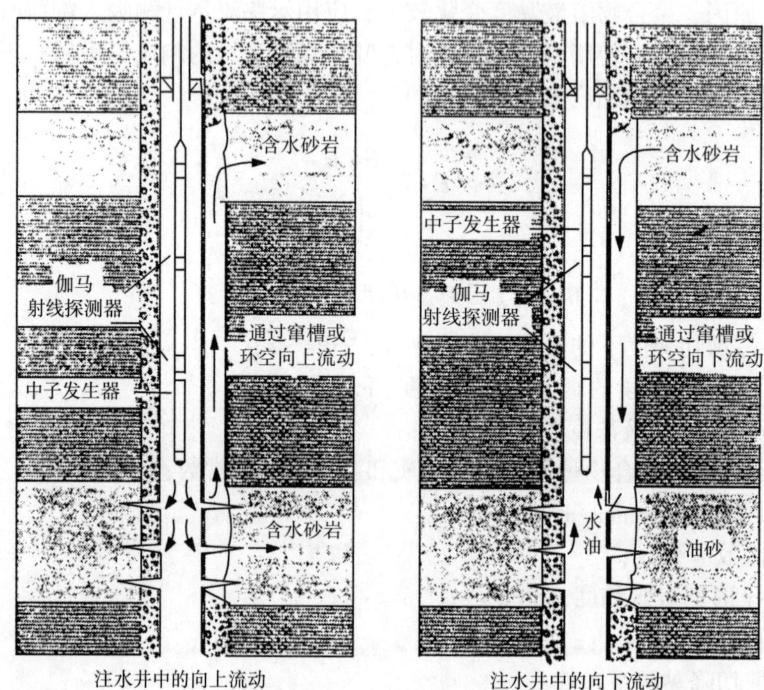

图 9-26 氧活化水流测量示意图

测量时，用中子源产生一个较短的活化期(2s 或 10s)，之后进行 60s 的测量。活化水经过探测器时可测量到它的特征波。聚合物水溶液的流速可根据源距和它通过探测器的时间确定。图 9-27 是在稳定条件下，流速为 23ft/min 时，远探测器计数率的实验结果。测量过程中，中子源打开 2s，之后关闭 18s。总信号包括三个组成部分(图 9-27)：背景值、仪器环境活化(固定活化氧得到的呈指数规律衰减部分)和流体流动引起的活化氧部分。若无流动存在，总测量计数呈指数衰减(图 9-26a)，半衰期为 7. 13s。图 9-26c 是流速为 90ft/min 时，源距为 38. 1cm 探测器得到的计数率响应。由于源距 L 很大，因此固定氧活化可以忽略不计。要确定活化水经过探测器的时间 Δt，应首先计算背景组分和固定氧活化组成部分，之后从剩余的信号中产生。由 L 和 Δt 即可求出注入流体的流速。

2. 测量信号数据处理

测量时，为了得到可靠数据，可以记录多个周期以提高测量精度。若测量套管外流动，通常要测量 15~20 个周期(15~20min 的记录时间)。若流速过低，有时要测量更多的周期。

记录到的信号是由背景、固定氧和流动氧组分的线性组合。采用最小加权二乘法进行处理，用迭代技术进行计算。

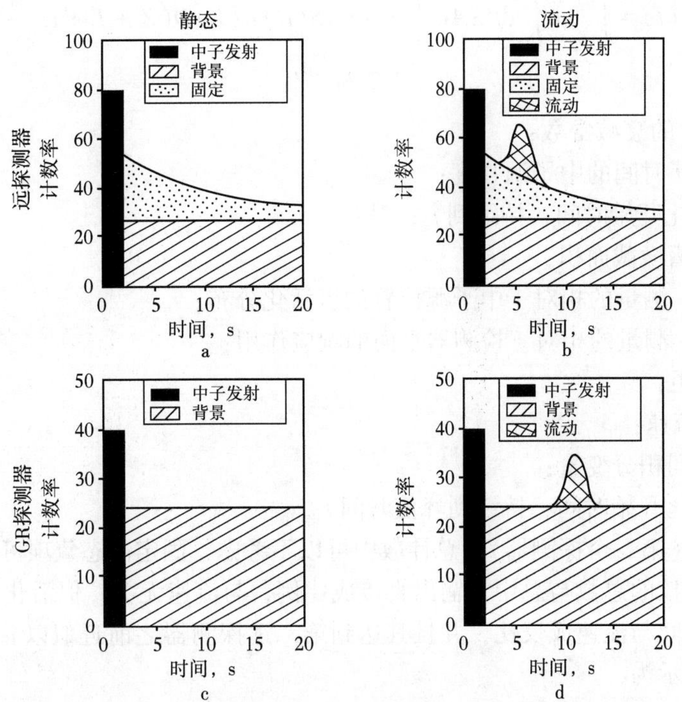

图 9-27　远探测器和 GR 探测器上的模拟信号

假设：

$$\Sigma_i = M_i - \left[C_1 + \frac{C_2}{t_{i+0.5} - t_{i-0.5}} \int_{i-0.5}^{i+0.5} e^{-\lambda t} dt + C_3 f(t_i) \right] \tag{9-86}$$

$$i=1, 2, \cdots, n$$

求最小值：

$$\sum_{i=1}^{n} W_i \Sigma_i^2 \tag{9-87}$$

式中　M_i——时间间隔 i 内的测量计数率；

C_1——背景计数率；

C_2——数据开始时的固定计数率；

C_3——总流动信号；

$f(t)$——流动测线（归一化值）；

Σ_i——预测计数率和测量计数率之差；

W_i——加权系数；

λ——^{16}N 的衰减常数；

t——时间；

$t_{i+0.5}$——第 i 个测量时间中点；

$t_{i-0.5}$——第 i 个测量时间前一个中点；

t_i——第 i 个测量时间。

探测器预测的计数率 $C_3 f(t)$ 可用蒙特卡罗模型，并根据窜槽水流得出：

$$C_3f(t)=\int_{-\infty}^{\infty}\mathrm{d}z\int_{t_0}^{t_a}\mathrm{d}t'\lambda A\mathrm{e}^{-\lambda}(t-t')S(t')R(Z)D(Z+L+vt'-vt)$$
$$t>t_0+t_a \tag{9-88}$$

式中 λ——^{16}N 的衰减常数；

$S(t)$——t 时间的中子源强度；

t_0——活化开始时间，持续到 t_a；

A——窜槽横截面积；

$D(Z)$——测量的相对于中子源位置的氧活化分布；

$R(Z)$——测量的相对于检测器平面的响应作用；

L——源距；

v——水流速；

t'——时间积分变量；

t_0——流化开始时间，持续到峰值时间 t_a。

对于长源距(第二个探测器)，总计数中可以不考虑，固定静态氧项可以不考虑。

活化氧原子核的总数与总中子输出直接成比例，与流速无关。但活化氧原子核在探测器周围流过的时间与流速成反比，并且其达到第二远探测器之前近似以 $\mathrm{e}^{-\lambda L/v}$ 衰减，因此，总流动信号可表示为

$$总信号=\frac{\alpha t_a\mathrm{e}^{-\lambda L/v}}{v} \tag{9-89}$$

$$Q=\frac{bv}{\alpha S_n}\frac{1}{\frac{\mathrm{e}^{-\lambda L/v}}{v}}C_3\approx\frac{bv}{\alpha S_n}\frac{1}{g(L,\ v)}C_3 \tag{9-90}$$

式中 Q——流量；

b——常数；

α——与流动距离相关的几何常数；

S_n——总中子输出；

$g\ (L,\ v)$——在数据采集期间由式(9-88)预测的总流动信号，即在数据采集时间内进行积分而得到。

总流动信号求出之后，利用其峰值可以确定平均流动时间，之后即可求出流速。经验表明用式(9-90)确定的 Q 有较大的变化范围，因此实际处理时采用式(9-90)。流量可以根据总流动信号、流速、套管尺寸、活化期和中子输出数据确定。计算时要知道距水流距离，若是在套管外，这一距离(d)被看作距套管外 1in。在低流速条件下，信号移动到探测之前移动的距离小于源距 L，因此会产生一些误差。在高速条件下，一些活化氧原子核会在数据采集之前就通过探测器。因此，流速过高也会产生一些误差。

3. 氧活化测量实验

为了证实模型的可靠性，实验是在 139.7mm 套管和孔隙度为 30%且充满淡水的砂岩地层中，用脉冲中子仪器模拟测量响应。水的通道是紧靠套管外侧内径为 76.2mm 的管子，用一个刻度过的流量计测量管内水的流动速度。

图 9-28、图 9-29 是用 10s 活化期的远探测器的测量结果，图中速度为横坐标，虚线

表示由式(9-89)计算的结果，实线表示预测的信号 $g(L, v)$。图 9-28 是由 10s 活化期测得的流动信号，除了在 5~14ft/min 之间二者差别过大之外，其余部分吻合较好。原因是对静态信号估算过高，对总流动信号估算过低造成的，即有的信号被错误地当作一种具有 7.13s 半衰期的静态信号处理。这种误差在使用 10s 活化期且流动信号在数据采集之前就已通过探测器的情况下十分明显，图 9-30 是用 2s 活化期时远探测器测得的流动信号。

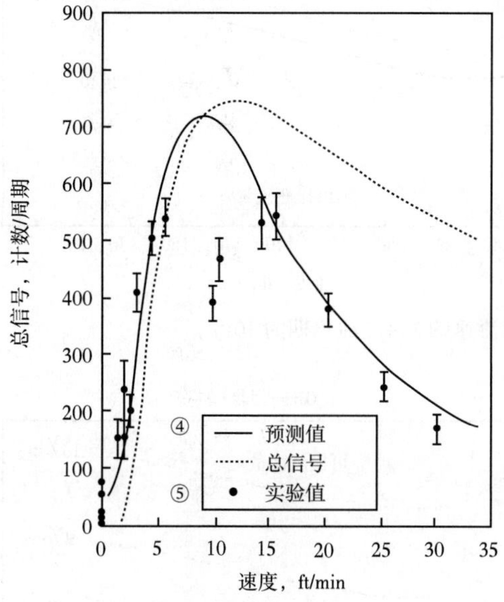

图 9-28　用 10s 活化期，远探测器测出的总流动信号 1

静态氧信号估算过高导致 5~14ft/min 一段的观测误差

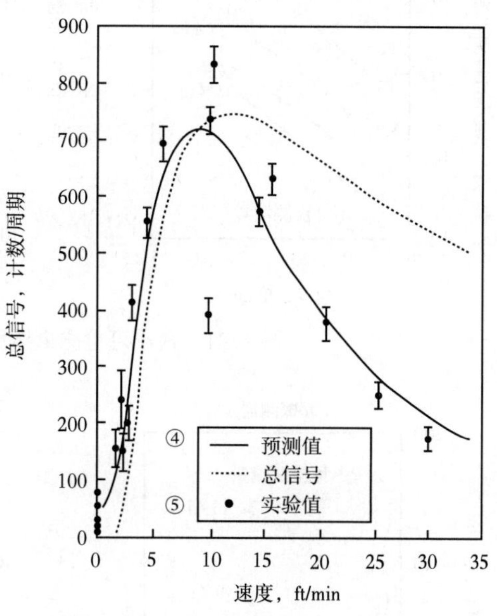

图 9-29　用 10s 活化期，远探测器测出的总流动信号 2

静态氧分量压缩为 150 计数/周期

由于近探测器距中子发生器为 1ft，所以能够测到低于 2ft/min 的流动。流速大于 2ft/min，可以用第一个探测器测量（$L=2$ft），远探测器可以测量 2~90ft/min 的流速；在流速为 10ft/min 时，效果最好；流速大于其上限时，不能测到流动信号。

第二远探测器（$L=15$ft）可以探测到 20~200ft/min 速度范围内的流动信号，在速度为 75ft/min 时效果最好。

如图 9-31 所示，给出的是管外水流动的实验结果，在 2~38ft/min 时，远探测器（$L=2$ft）比 GR 探测器（第二远探测器，$L=15$ft）测量效果好，在流速高于 38ft/min，GR 比远探测器测量效果要好。

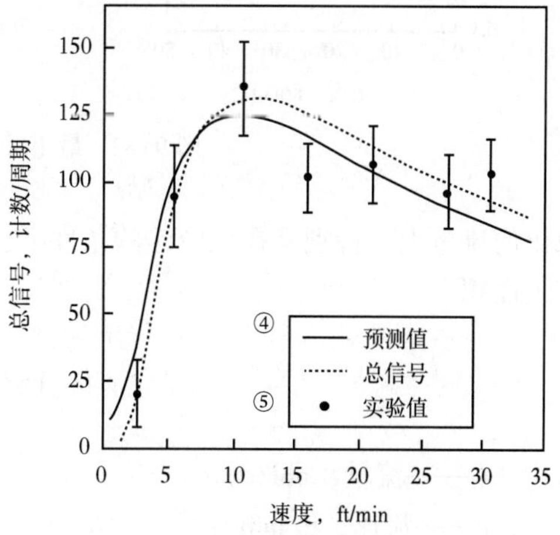

图 9-30　用 2s 活化期，远探测器测出的总流动信号

图 9-32 是可探测到的套管外流动的最小面积实验结果。

聚合物水溶液主要是在井筒内流动，如果出现窜槽，和注入水一样可以在套管外流动。通常情况下，套管内的水流运动信号比套外流的信号大 10~50 倍。因此，如果仪器测

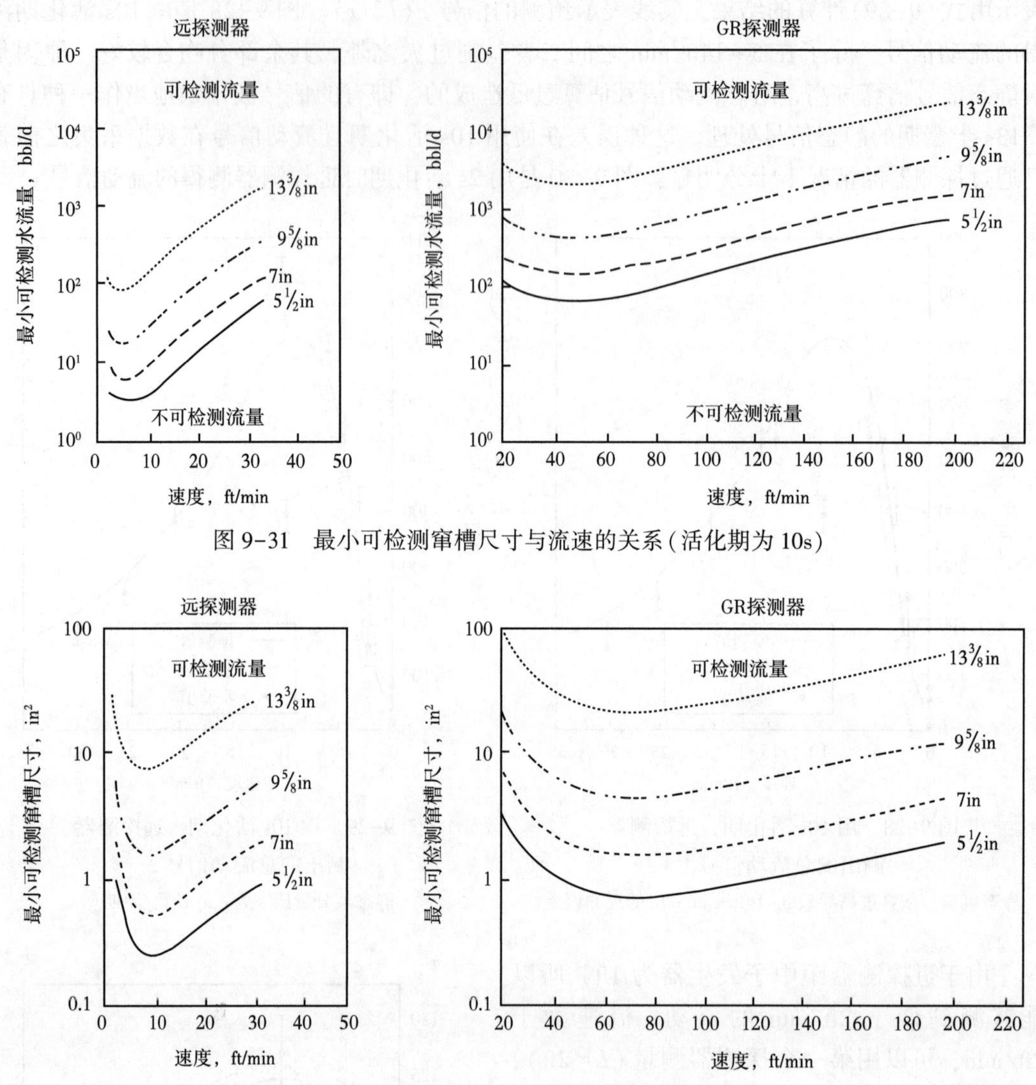

图 9-31 最小可检测窜槽尺寸与流速的关系（活化期为10s）

图 9-32 最小可检测流量与流速的关系

量出的流量大，特别是在低流速的条件下，即说明是在套管内流动。利用下式可以计算出流道面积 A：

$$A=0.5615\frac{Q}{v} \tag{9-91}$$

式中 Q——流量，bbl/d；

v——流速，ft/min。

根据 A 的大小可以判断流动是在管内还是在管外。

4. 现场测量

测量前要对仪器进行刻度，方法是在一个刻度槽中下入仪器，在仪器旁边移动一根水管，通过测流量和流动面积，使用式（9-91）可以计算出流速。另外要了解套管的型号，中子输出水平、仪器方向、流动区域（套管内外），选择活化期（2s 或 10s），在井下流动不清楚时可以采用10s活化期。当远探测器上的信号过大时，可改用2s活化期测量，活化期后建议采用60s测量时间，以便测量出静态流动的情况。例如，当以1200ft/h的速度向下测量时，中子发生器把井眼流体活化后，在近远探测器上可观察到较大的流动信号，由于信号幅度较大，可改用2s活化期。

在进行WFL测量之前，通常要把GR测量($L=15ft$)结果与早期的自然伽马曲线对比，若流动存在于套管内，且与流动方向一致，则信号往往非常强。因此会掩盖来自套管外窜槽信号。因此，若是寻找向上的管外窜槽，要求井内没有向上流动的信息；相反，若要测量向下的管外窜槽，便要求没有向下的井内流动。

如果测量目的是监测管外窜槽，要求仪器定点居中对着目的层15min，观察远探测器的时间计数率，可对仪器作业情况进行监视。同时从GR探测器可以观察高速流动，因此也应观察GR测量信号，资料处理后，确定是否有流动存在，若探测到低速流动，要重复测量，之后进入下一测点。

对于正常的显示，建议应用远探测器和GR探测器，在许多情况下，来自这两个探测器的资料可以得到很多确定流速和流量的信息。

在流量很小的情况下，要求同时采用近探测器($L=1ft$)和远探测器($L=2ft$)进行资料处理。不能只用近探测器资料确定有无流动，因为井眼区域内温度变化引起的对流对近探测器响应影响较大。

利用式(9-90)计算窜槽流量时，需要知道流动距仪器的距离。前边说过，在不知道时，可认为水流的距离在套管外径外1in处。如果仪器不居中，则估算的流量误差较大。

一个点测量完成后，进入下一个测点时，不要使近、远和GR探测器处于上个测点中子发生器的位置，否则会使背景值高于实际值。另外测量前要停几分钟，使周围的流动静止下来。测量结束后，用GR和磁定位器确定下一个测点。

5. 测井实例

聚合物水溶液WFL水流测井响应与水流的响应类似，因此本实例中用注入水的监测为例予以说明。

图9-33是一口水平井，该井原来产油和水，总产液量显著下降后，决定采用酸化措施增产。由于酸化后未能提高原油产量，管理人员决定进行WFL测井研究裂缝系统，在

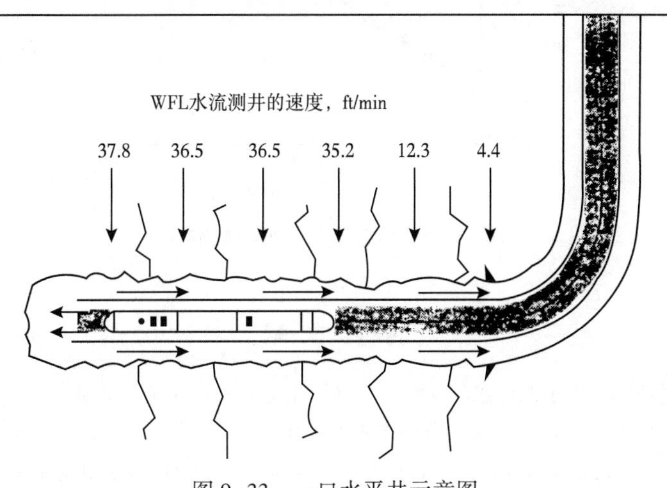

图9-33 一口水平井示意图

这些大的裂缝之间进行了 6 次 WFL 点测。在进行 WFL 点测时，通过油管注水，使水在井眼和油管的环形空间内向上流动。前四个 WFL 读数显示出水的流动速度不变，约为 36ft/min，后两个流数分别为 12. 3ft/min 和 4. 4ft/min。第一个测点和最后一个测点的计数率剖面如图 9-34 所示，第一个测量来自 GR 探测器，第二个剖面来自远探测器，结果显示第四个裂缝吸收了 66%的注入液，第五个裂缝吸收了约 22%的注入液。

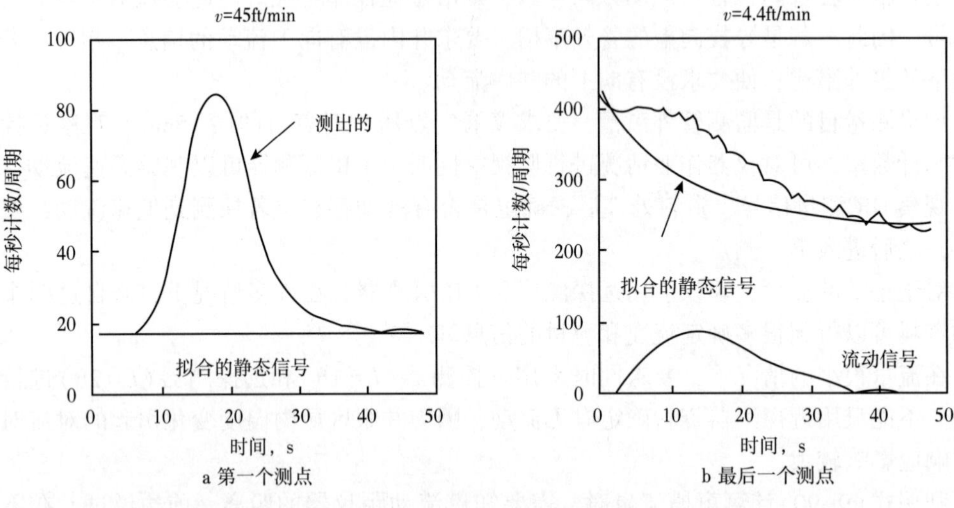

图 9-34　一口水平井中进行的两次 WFL 测量

三、电磁流量计

电磁流量计的基本结构是一个电磁铁，当聚合物以一定速度通过磁铁的 N 极和 S 极时，将产生一个频率信号，频率大小与流量相关，如图 9-35 所示。由于不像涡轮流量计一样有叶片存在，因此电磁流量计不受黏度变化的影响。

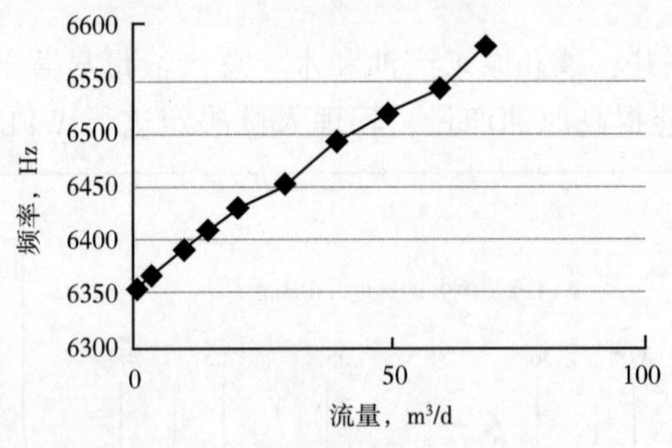

图 9-35　电磁流量计的实验响应

参 考 文 献

姜文达，1997. 放射性同位素示踪注水剖面测井［M］. 北京：石油工业出版社 .

张世康，1981. 热工与热机［M］. 北京：石油工业出版社 .

Wichmann P A，1967. Advances in Nuclear Production Logging［C］. SPWLA 8th Logging Symposium.

第十章　套管井地层参数测井

本章主要介绍套管井地层参数测量及井筒持率的测量方法，通常有两种方法可用于过套管储层评价和饱和度监测，一种是测量热中子衰减时间的中子寿命测井（TDT），另一种是用非弹性散射伽马射线能谱测定法确定地层中碳和氧的相对含量的碳氧比能谱测井。因为氯元素的中子俘获截面很大，所以 TDT 技术在高矿化度地层水的地区可以得到很好的结果。当地层水矿化度很低或矿化度未知时，碳氧比测井方法可以得到可靠的结果。而两种方法的组合往往可以得到最好的结果。

第一节　中子测井核物理基础

中子的静止质量为 1.00866520 原子质量单位（1.674920×10^{-24}g），不带电，当它射入物质时，和核外电子几乎没有库仑力的作用。主要与原子核发生作用，因此中子和核作用的反应概率主要决定于核的性质。由于中子不需要克服库仑力的作用，因此能量很低的中子也能进入原子核内，引起核反应，反应概率往往很大。能量较高的中子（快中子）具有很强的穿透能力，它能射穿测井仪器的钢外壳、套管、水泥环，并能射入数十厘米深的地层，引起各种核反应，这一特性对中子测井非常重要。

一、中子源

由于自由中子的平均寿命很短（半衰期为 11.7min），所以自然界几乎不存在自由中子。但中子和质子结合能够形成稳定的原子核。要使中子或质子从原子核里释放出来，就必须供给一定的能量，这个能量被称为核子在核内的结合内能。每一核子（中子或质子）在不同核内结合能量是不同的，它和原子的质量数 A 有关。A 小的核，每一核子结合能小，且变化很大，有四个峰值出现在${}^{4}_{2}$He、${}^{8}_{4}$Be、${}^{12}_{8}$C 和${}^{16}_{8}$O 处；当 $A>20$ 时，每个核子的结合能的变化较小，从 8MeV 增大到 8.6MeV 左右，然后又逐渐减小；当 $A=238$ 时，每一核子的结合能为 7.5MeV。

如果原子核获得的能量大于中子结合能，中子就可能从核中发射出来。可以用 α 粒子、氘核 d、质子 P 或 γ 光子轰击原子核，引起各种核反应，使中子从核内释放出来。这种产生中子的装置叫中子源。用高能粒子去轰击靶核产生中子的核反应，可用下式表示：

$$X+\alpha \longrightarrow Y+n+Q \tag{10-1}$$

式中　α——轰击粒子；

X——被轰击的原子核，称为靶核或母核；

Y——子核；

n——核反应放出的中子；

Q——反应能量。

式(10-1)按照轰击粒子的不同，产生中子的主要核反应有(α，n)、(d，n)、(P，n)及(γ，n)等，即用α粒子、氘核、质子及γ光子轰击靶核来获得中子。测井用的中子源主要是利用(α，n)和(d，n)反应产生中子。

利用放射性同位素核衰变放出的高能粒子去轰击某些靶物质，实现发射中子的核反应的中子源称为同位素或放射性中子源，同位素中子源体积小，在中子测井中得到广泛应用。同位素中子源分为(α，n)和(γ，n)两类，如：

$$^{9}\mathrm{Be}+\alpha \longrightarrow {}^{12}\mathrm{C}+\mathrm{n}+5.701\mathrm{MeV} \qquad (10\text{-}2)$$

所有(α，n)中子源发射的中子都具有连续变化的能谱。习惯上用居里（Ci）做这类源强度的单位，1Ci 的中子源指中子源中产生轰击粒子的放射性同位素的强度为 1Ci，或者说它每秒钟核衰变的次数为 3.7×10^{10} 次。居里数相同的源，由于发射轰击粒子的放射性同位素不同，以及靶材料不同，单位时间里发射的中子数并不同。

除了同位素中子源之外，还有一种加速器中子源。加速器是用人工方法使带电粒子获得较高能量的装置。利用各类加速器所加速的带电粒子去轰击靶核，可以引起发射中子的核反应。这类中子源强度高，可以在广阔的能区中获得单色中子，可以产生脉冲中子，加速器不运行时，没有很强的放射性。

中子源的一个重要参数是所发射中子的能量，中子的速度不同其能量不同，通常所说的中子的能量指其动能：

$$E_{\mathrm{n}}=\frac{1}{2}mv^{2} \qquad (10\text{-}3)$$

式中 m——中子的质量；

v——中子的速度。

习惯上把 0.5MeV 以上的中子叫快中子，把 1keV 以下的中子叫慢中子，介于二者间的叫中能中子。0.01eV 左右的中子，由于相当于与分子、原子晶格处于热运动平衡的能量，所以叫热中子，比热中子能量高的慢中子叫超热中子，比热中子能量低的叫冷中子。中子测井是用快中子轰击地层，测量经过减速到探测器并与之反应的热中子或超热中子，热中子的能量与温度 T 有关：

$$E_{\mathrm{n}}=8.6171\times10^{-5}T \qquad (10\text{-}4)$$

标准热中子 $T=293.58\mathrm{K}$，$E_{\mathrm{n}}=0.025\mathrm{eV}$。

中子的能量也可以用它的速度表示：

$$E_{\mathrm{n}}=5.22695\times10^{-9}v^{2} \qquad (10\text{-}5)$$

标准热中子的速度是 2200m/s。

具有单一能量的中子叫单能中子，或称单色中子，具有连续能量分布的中子叫连续谱中子。一般中子源发射的中子能量多在 1MeV 左右。同位素源中子能量为几个百万电子伏特，加速器中子源的中子能量为十几个百万电子伏特。同位素中子源还有一个重要的参数即半衰期，源的半衰期指发射轰击粒子的放射性同位素的半衰期 $T_{1/2}$。

设出厂时的强度为 Q_0，经过时间 t 后的强度将减少到 Q，则：

$$Q=Q_{0}\mathrm{e}^{-\frac{0.693}{\sqrt{T_{1/2}}}} \qquad (10\text{-}6)$$

二、中子与地层相互作用

中子与地层相互作用是中子测井的基础。加速器中子源的发射能量为 14MeV，同位素中子源发射的中子能量为几百万电子伏特，与地层会发生一系列反应。下面分别论述：

1. 快中子非弹性散射

快中子与地层中的靶核发生反应，被靶核吸收形成复核，而后再放出一个能量较低的中子，靶核仍处于激发态，即处于较高的能级。这种作用过程叫非弹性散射，或称 (n，n′) 核反应。这些处于激发态的核，常常以发射伽马射线的方式放出激发能而回到基态。由此产生的伽马射线称为非弹性散射伽马射线。以中子的非弹性散射为基础的测井方法，叫快中子非弹性散射伽马法，如碳氧比测井就是测定快中子与 ^{12}C 及 ^{16}O 核经非弹性散射而放出的伽马射线。中子的能量必须大于靶核的最低激发能级才能发生非弹性散射。非弹性散射的阈值为

$$E_0 = E_r \frac{M+m}{M} \tag{10-7}$$

式中　E_r——放出的伽马光子的最低能量；

M——反冲原子核的质量；

m——中子的质量。

一个快中子与一个靶核发生非弹性散射的概率叫非弹性散射截面，单位是巴，即 $10^{-24}cm^2$。非弹性散射截面随着中子能量增大及靶核质量数的增大而增大。同位素中子源发射的中子能量低，超过阈能的中子所占的比例很小，引起非弹性散射核反应的概率小，所以总的来说这种核反应的效果可以忽略不计。但中子发生器发射的 14MeV 的中子射入地层后，在最初的 $10^{-8} \sim 10^{-7}s$ 的时间间隔里，中子的非弹性散射占支配地位，发射的伽马射线几乎全部为非弹性散射伽马射线。如果在中子发射后 $10^{-8} \sim 10^{-7}s$ 的时间间隔里选择记录由 ^{12}C、^{16}O 和中子非弹性散射造成的 4.43MeV 及 6.13MeV 的伽马射线，就能记录到反映井剖面中含碳量和含氧量的测井曲线，根据反映碳和氧的一定能谱段计数率的比值来区分油水层的测井方法叫碳氧比测井。

2. 快中子对原子核的活化

快中子除与原子核发生非弹性散射外，还能与某些元素的原子核发生 (n，α)、(n，P) 及 (n，γ) 核反应。其中，由快中子引起的 (n，γ) 反应截面非常小，在放射性测井中没有实际意义。而 (n，α) 和 (n，P) 的反应截面都比较大，并且中子的能量越高反应截面越大。由这些核反应产生的新原子核，有些是放射性核素，以一定的半衰期衰变，并发射 β 或 γ 粒子。活化核裂变时放出的伽马射线称为次生活化伽马射线。其中氧活化即属这一类型（详见第九章）：

$$^{16}_{8}O + ^{1}_{0}n \longrightarrow ^{16}_{7}N \xrightarrow[7.13s]{\beta^-} {}^{16}_{8}O + \gamma + ^{1}_{1}P \tag{10-8}$$

3. 快中子的弹性散射及其减速过程

高能中子在发射后的极短时间内，经过一两次非弹性碰撞而损失掉大量的能量。此后，中子已没有足够的能量再发生非弹性散射或 (n，P) 核反应，只能经弹性散射而继续减速。弹性散射指中子和原子核发生碰撞后，系统的总动能不变，中子所损失的动能全转

变成反冲核的动能，而反冲核仍处于基态。弹性散射一般发生在14MeV的中子进入地层以后在10^{-6}~10^{-3}s之间。至于同位素中子源发射的中子，因其能量只有几个百万电子伏，所以其减速过程一开始就是以弹性散射为主。每次弹性碰撞后，快中子损失的能量与靶核的质量数A、入射中子的初始能量E_0及散射角ϕ有关。当ϕ为180°时，即发生正碰撞时，中子损失的能量最大。

中子从初始能量减速为热中子(0.025eV)所需平均碰撞次数叫热化碰撞次数。计算公式为

$$\text{热化碰撞次数}=\frac{\ln(E_0/0.025)}{\lambda} \tag{10-9}$$

其中：
$$\lambda=\overline{\ln E_0-\ln E} \tag{10-10}$$

式中　λ——每次碰撞前后中子能量自然对数差的平均值；

E_0——碰撞后的能量。

如果$E_0=2\text{MeV}=2\times10^6\text{eV}$，则：

$$\text{热化碰撞次数}=\frac{\ln\ (2\times10^6/0.025)}{\lambda}=\frac{18.2}{\lambda}$$

当靶核分别为C、O时，λ分别为0.158和0.12，计算结果为114次和150次的撞碰即与C和O分别作用时，经过大约114次和150次的撞碰即变为热中子。

通常情况下，靶核的质量数A越大，对快中子的减速能力越差。氢核的A最小，对快中子的减速能力最强。氢是所有元素中最强的中子减速剂，这是中子测井测定地层含氢量及解决与含氢量有关的各种地质问题的依据。

水是地层中减速能力最强的物质，其宏观减速能力为$\beta=1.53\text{cm}^{-1}$。由其他轻元素组成的物质，减速能力比水小1~2个数量级，如纯石灰岩骨架的减速能力为0.056cm^{-1}。由重元素组成的物质宏观减速能力更差，因而可以近似认为岩石的减速能力等于其孔隙中水或原油的减速能力(设骨架中不含氢)。

岩石中快中子从初始能量减速到0.025eV热中子所需要的时间叫中子在岩石中的减速时间。中子在水中的减速时间为10^{-5}s。岩石中快中子减速到热中子所移动的直线叫中子的减速距离。淡水的减速距离为7.7cm，石英、方解石的减速距离分别为37cm和35cm。

4. 热中子在岩石中的扩散和俘获

快中子减速为热中子后，不再减速，温度为25℃时，标准热中子的能量为0.025eV，速度为2.2×10^5cm/s。此后中子与物质的相互作用不再是减速。而是在地层中的扩散，热中子在介质中的扩散与气体分子的扩散相类似，即从热中子密度(单位体积中的热中子数)大的区域向密度小的区域扩散，直到被介质的原子核俘获为止。描述这个过程的主要参数有岩石的宏观俘获截面、热中子扩散长度及寿命。

一个原子核俘获热中子的概率叫该种核的微观俘获截面，以b为单位。1cm^3的介质中所有原子核微观俘获截面的总和叫宏观俘获截面，单位为厘米$^{-1}$(cm^{-1})。岩石中俘获截面大的核素含量高时，其宏观俘获截面大，氯俘获热中子的截面是31.6b，比沉积岩中其他常见元素的俘获截面大得多，所以含有高矿化度水的岩石比含油的同类岩石宏观俘获截面大。显然，岩盐的宏观截面特别大。当泥质含量增加时，铝、铁、钛、锂、锰等俘获截

面大的核素增多，岩石的宏观俘获截面也相应增大。硼的俘获截面特别大，所以岩石中只要有微量的硼，它的宏观俘获截面就会显著增大。

中子在岩石中从变为热中子的时刻起到被吸收的时刻止，所经过的平均时间叫热中子寿命，也叫扩散时间。在无限均匀介质中，热中子的寿命在数值上等于该介质中热中子的平均扩散自由程 S 和热中子的平均速度 v 的比值，即：

$$\tau=\frac{S}{v} \tag{10-11}$$

式中，τ 表示热中子寿命；$v=2.2\times10^5\text{cm/s}$；$S$ 是热中子从产生到被吸收为止的自由行程的平均值，并且 $S=\frac{1}{\Sigma_a}$（Σ_a 为岩石的宏观俘获截面），代入式（10-11）得：

$$\tau=\frac{1}{v\Sigma_a} \tag{10-12}$$

由此可知热中子寿命与岩石的宏观俘获截面成反比。水中含有氯离子时，因为在含有矿化水地层中，热中子寿命比油层要小，所以热中子寿命测井可区分油水层。

靶核俘获一个热中子而变为激发态的复核，然后复核放出一个或几个伽马光子，放出激发能而回到基态。这种反应叫辐射俘获核反应，或称（n，γ）反应。在（n，γ）核反应中放出的伽马射线叫俘获伽马射线，测井中习惯上称为中子伽马射线。以这一反应为基础的测井方法叫中子伽马测井。不同的原子核具有不同的能级，因而各种原子核放出的伽马射线能量也不相同。这就是中子伽马能谱测井的物理基础。在（n，γ）核反应中，氢核和其他的原子核相比已不像在减速过程中起决定性作用，此时由于氯的俘获截面大且能放出能量很高的伽马射线，因而记录热中子寿命及 Σ_a 可以反映含氯量的变化。根据这些参数可以区分高矿化度油水层。

第二节　中子寿命测井原理

一、基本概念

中子寿命测井（NLL）也叫热中子衰减时间测井（TDT），是脉冲中子测井中最常用的一种，记录的是热中子在地层中的寿命。热中子寿命 τ 指热中子从产生到被俘获吸收为止所经过的平均时间。计算可知，平均时间等于63.2%的热中子被俘获所经过的时间，通常情况与介质中的含氯量相关。

前文已讲过，τ 与宏观俘获截面 Σ 的关系为

$$\tau=\frac{1}{v\Sigma} \tag{10-13}$$

式中　v——热中子平均速度，它与地层的绝对温度关系如下：

$$v=1.28\times10^4\sqrt{T} \tag{10-14}$$

式中，T 等于摄氏温度加上273。

当温度为25℃时，$v=2.2\times10^5$cm/s。

若τ以μs为单位，并将25℃时v代入式(10-13)得：

$$\tau=\frac{4.55}{\Sigma} \tag{10-15}$$

式中，Σ的单位为cm^{-1}。

也有在测井中使用热中子的半衰期L，即热中子在介质中有一半被俘获时所经过的时间，作为地层对中子俘获能力的指标。L与τ的关系为

$$L=0.693\tau \tag{10-16}$$

$$L=\frac{3.15}{\Sigma} \tag{10-17}$$

测井中常选用$10^{-3}cm^{-1}$作为宏观俘获截面的单位，叫俘获单位，记作cu。于是式(10-15)、式(10-17)可分别写为

$$\tau=\frac{4550}{\Sigma} \tag{10-18}$$

$$L=\frac{3150}{\Sigma} \tag{10-19}$$

因此计算热中子寿命的关键在于确定介质的宏观俘获截面。物质的热中子俘获截面是$1cm^3$体积中该物质所有原子核的微观俘获截面之和。

若矿物骨架或孔隙流体是由一种化合物组成的，则其热中子宏观俘获截面为

$$\Sigma=\rho\frac{602}{M}(C_1\delta_1+\cdots+C_n\delta_n) \tag{10-20}$$

式中 ρ——物质的密度，g/cm^3；

M——物质的摩尔质量；

C_n——每个分子中第n种原子核的个数；

δ_n——第n种原子核的热中子微观俘获截面，b；

n——该物质的分子是由几种原子核组成的。

由式(10-20)计算出的纯水的宏观俘获截面为22.1cu，SiO_2的Σ为4.25cu。由式(10-18)可以计算出纯水、SiO_2的热中子寿命分别为205μs和1070μs。

对于由多种化合物组成的混合物。计算这类混合物的Σ的方法有两种：(1)已知混合物的矿物成分，则可根据各种矿物的Σ和体积含量求出总的宏观俘获截面；(2)已知每立方厘米体积中各种元素的含量，则可由各种核的微观俘获截面求Σ。斯伦贝谢公司计算出的几种物质的俘获截面：石英砂岩8cu，次长石砂岩10cu，石灰岩12cu，白云岩8cu。

对于纯地层水，其Σ为22cu。当地层水中有Cl、B、Li等强中子吸收剂的离子时，其热中子的俘获截面与纯水的Σ相差很大，常温下每微克的Cl、B、Li的热中子俘获截面分别为540cu、416cu和60.9cu。对含有这些离子的水求Σ时，首先将它的离子转变为NaCl热中子俘获截面相等的等效浓度。然后按等效的NaCl含量与水的Σ的关系计算出地层水的Σ。表10-1是换算成等效的NaCl浓度的方法。

表 10-1　浓度等效系数

物质	每微克截面，$10^{-7}cm^2$	NaCl 等效系数
NaCl	3.328	1
Cl	5.4	1.62
B	416	125
Li	60.9	18.3

求出等效氯化钠浓度后，用图 10-1 可求出地层的 τ 和 Σ。

表 10-2 是贝克阿特拉斯公司求 NaCl 等效浓度的方法。

表 10-2　热中子俘获 NaCl 等效浓度

物质	NaCl 等效系数	物质	NaCl 等效系数	物质	NaCl 等效系数
NaCl	1	Ca	0.02	Cd	23.7
B	(121*)119	S	0.028	Br	0.14
Mg	0.004	I	0.094	CO_3^{2-}	忽略不计
Cl	1.65	Li	17.3(20*)	HCO_3^-	0.01
K	0.05	Gd	495	SO_4^{2-}	0.01

例如地层水中含 40000mg/L NaCl，100mg/L Li 和 200mg/L B，则其 NaCl 等效浓度为

$$40000\times1+100\times17.3+200\times119=65530\text{mg/L}$$

用图 10-1 可以求出水的 Σ 为 45cu。

又如，已测出氯离子浓度为 60600mg/L，则等效 NaCl 浓度为 60600×1.65=99990mg/L，由图 10-1 知水的宏观俘获截面 Σ_w 为 58cu。

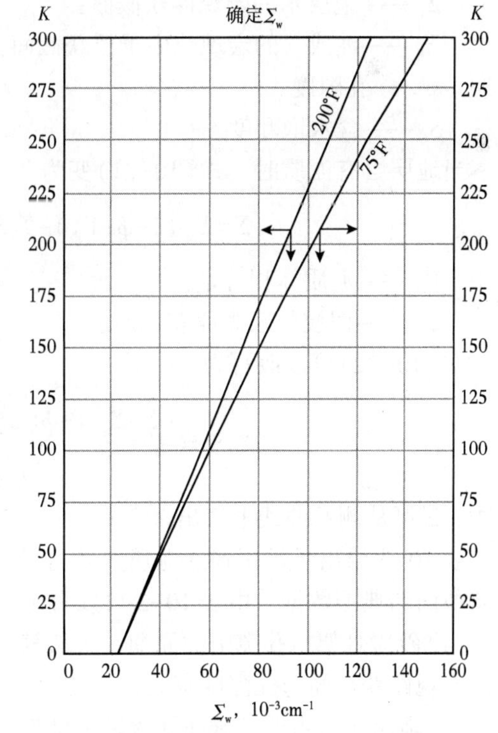

图 10-1　Σ_w 与等效 NaCl 含量的关系

原油的宏观热中子俘获截面与油气有关，脱气原油的 Σ 为 22cu，与淡水基本相同。原油中溶解的气越多，Σ 越小。通常油的 Σ 在 18～22cu 之间。但有些重质油的 Σ 可能大于 22cu，天然气的宏观俘获截面 Σ_g 与它的组分、地层压力和温度有关。确定干气（甲烷）的宏观俘获截面 Σ_{CH_4} 可采用图 10-2 的关系曲线。天然气 Σ 的近似关系式为

$$\Sigma_g=\Sigma_{CH_4}(0.23+1.4\gamma_g)$$

式中　γ_g——天然气的相对密度。

若地层孔隙流体为地层水、原油和天然气的混合物，则按其体积比可以计算 Σ。泥质的宏观俘获截面 Σ_{sh} 主要是由硼造

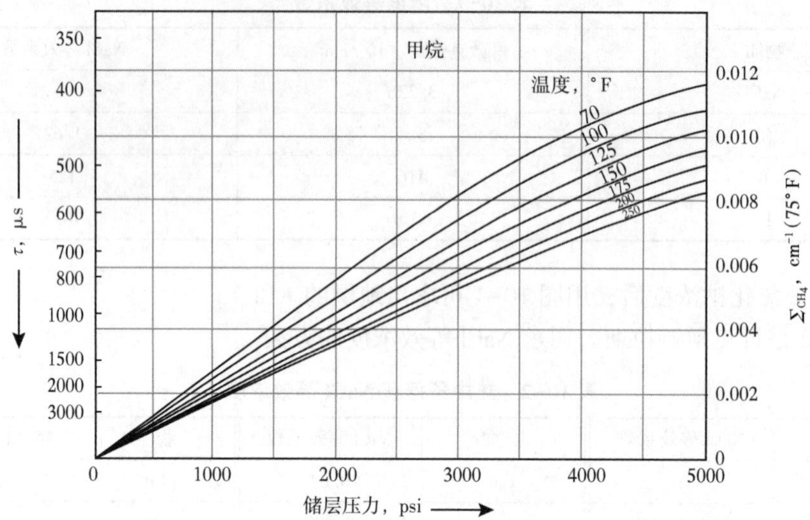

图 10-2　甲烷的 τ 和 Σ_{CH_4} 与压力和温度的关系曲线

成的，由于泥质成分复杂，Σ 的变化范围很大，从 25.2cu 变化到 66.2cu，但常见的典型数值为 35~55cu。

对于纯地层来说，其总的宏观俘获截面 Σ 为

$$\Sigma=\Sigma_{ma}(1-\phi)+\Sigma_w S_w \phi+\Sigma_h(1-S_w)\phi \tag{10-21}$$

式中　Σ_{ma}——岩石骨架的宏观热中子俘获截面；

Σ_w——地层水的宏观俘获截面；

Σ_h——油或气的宏观热中子俘获截面；

ϕ——孔隙度；

S_w——含水饱和度。

当地层含有泥质时，式(10-21)变为

$$\Sigma=\Sigma_{ma}(1-\phi-V_{sh})+\Sigma_w S_w \phi+\Sigma_h(1-S_w)\phi+\Sigma_{sh} V_{sh} \tag{10-22}$$

式中　V_{sh}——泥质体积含量；

Σ_{sh}——泥质的宏观俘获截面。

式(10-22)可以改写为

$$S_w=\frac{(\Sigma-\Sigma_{ma})-\phi(\Sigma_h-\Sigma_{ma})-V_{sh}(\Sigma_{sh}-\Sigma_{ma})}{\phi(\Sigma_w-\Sigma_h)} \tag{10-23}$$

式中，Σ 可从测井曲线上读出。

表 10-3 给出了常用到的泥质、砂岩骨架、淡水、地层水、天然气和原油热中子宏观俘获截面的典型数据。由表 10-3 可以看出：

(1)砂岩骨架与孔隙中的原油、天然气、地层水的宏观俘获截面有明显差别，所以地层的宏观俘获截面与孔隙度有关；

(2)地层水宏观俘获截面随含氯量增加而急剧增大，所以高矿化度地层水的俘获截面比油、气要高很多，因此根据 Σ 可以划分油水界面并定量确定含水饱和度；

表 10-3　几种物质的典型宏观俘获截面

物质	典型宏观俘获截面，cu
泥质	35~55
砂岩骨架	8~12
淡水	22
地层水	20~120
天然气	0~12
原油	18~22

(3) Σ_g 很低，可以通过热中子寿命测井辨别气层；

(4)中子寿命测井要受泥质和地层水矿化度的影响，对测量结果应进行校正，当地层水矿化度很低时，油水界面就难以分清了。

一般认为当孔隙度在15%~25%范围时，地层水 NaCl 含量超过 50g/L，即可用中子寿命测井识别油水层。当孔隙度更大，NaCl 含量只有 20~50g/L 时，也可识别油水层。

二、τ 和 Σ 测量方法

1. 脉冲中子源造成的热中子密度时间分布

根据中子守恒定律可得到中子密度随时间的变化率为

$$\frac{\partial n}{\partial t}=\text{产生率}-\text{泄漏率}-\text{吸收率} \tag{10-24}$$

中子寿命测井采用中子发生器作为中子源。中子发生器发射的中子脉冲宽度一般为数十微秒至 100μs。中子在由轻核组成的介质中，减速时间 τ 为 10^{-5}s 数量级，即几十微秒。中子脉冲结束后再经 2~3 倍的 τ，绝大部分中子皆变为热中子。中子寿命测井要在脉冲结束 200~300μs 后才开始计数，此时所有的快中子早已变为热中子，中子产生率为 0。

泄漏率是单位时间进入和离开单位体积中子数的差。泄漏率是观察点位置的函数，即与源距有关。在脉冲中子发射后的某一时刻，在离中子源较近的区域内，热中子密度较大，热中子由这一区域向密度较小的区域扩散。显然在离源较近的区域内，进入单位体积的中子数要小于离开单位体积的中子数，即进得少出得多，即由扩散引起的热中子密度变化是正值。由上述两种情况可推论：在离源某一位置，在确定的时刻可使由扩散引起的热中子变化为零，即在基本延迟时间(开始测量时间对中子脉冲发射时间的延迟时间)确定后，选择适当的源距，可以使泄漏率为 0。

此时中子密度随时间的变化率可写成：

$$\frac{\partial n}{\partial t}=-\text{吸收率} \tag{10-25}$$

即中子束的中子密度(每立方厘米的中子数)为 n，则每秒每立方厘米中被俘获的热中子数为

$$n_a=\Sigma vn=\text{吸收率} \tag{10-26}$$

式(10-25)可写为

$$\frac{\mathrm{d}n}{\mathrm{d}t}+\Sigma nv=0 \tag{10-27}$$

或

$$\frac{\mathrm{d}n}{n}=-\frac{1}{\tau}\mathrm{d}t \tag{10-28}$$

积分得：

$$\ln n=-\frac{t}{\tau}+K \tag{10-29}$$

式中 K——待定系数。

设 $t=0$，$n=n_0$，则 $K=\ln n_0$，代入式(10-29)得：

$$\ln n=-\frac{t}{\tau}+\ln n_0 \tag{10-30}$$

或

$$\ln\frac{n}{n_0}=-\frac{t}{\tau} \tag{10-31}$$

最后得到热中子密度随时间变化表达式为

$$n=n_0\mathrm{e}^{-\frac{t}{\tau}} \tag{10-32}$$

式(10-32)表示离源距某一位置处中子密度随时间变化的分布规律，也是中子寿命测井的理论基础。

设 n_1 和 n_2 分别为时刻 t_1 及 t_2 时的热中子密度，则有

$$n_1=n_0\mathrm{e}^{-\frac{t_1}{\tau}} \tag{10-33}$$

$$n_2=n_0\mathrm{e}^{-\frac{t_2}{\tau}} \tag{10-34}$$

式(10-33)与式(10-34)相除，得：

$$\frac{n_1}{n_2}=\mathrm{e}^{\frac{t_2-t_1}{\tau}} \tag{10-35}$$

对式(10-35)两边取对数得：

$$\ln n_1-\ln n_2=\frac{t_2-t_1}{\tau} \tag{10-36}$$

用常用对数表示，将 $\ln n_1=2.30259\lg n$、$\ln n_2=2.30259\lg n_2$ 代入式(10-36)得：

$$\tau=\frac{0.4343\Delta T}{\lg n_1-\lg n_2} \tag{10-37}$$

其中：

$$\Delta T=t_2-t_1$$

实际测井时并不是直接测热中子的密度，而是测定与 n_1 及 n_2 成正比的由两道门测得的俘获伽马射线计数率 N_1 及 N_2：

$$N_1=K\Delta t_1 f\overline{n_1} \tag{10-38}$$

$$N_2=K\Delta t_2 f\overline{n_2} \tag{10-39}$$

式中　K——与探测器计数效率有关的系数；

Δt_1、Δt_2——分别为在时刻 t_1 和 t_2 附近，即门Ⅰ和门Ⅱ进行测量时采用的开门时间，即门宽；

$\overline{n_1}$、$\overline{n_2}$——分别为门Ⅰ及门Ⅱ时间间隔里观察点附近的平均热中子密度；

f——中子脉冲重复频率。

当门宽不很大时 $\overline{n}=n_0$。

当 $\Delta t_1=\Delta t_2$ 时，$\lg(N_1/N_2)=\lg(n_1/n_2)$，所以式（10-37）中的 n_1 和 n_2 可改为 N_1 及 N_2，即：

$$\tau=\frac{0.4343\Delta T}{\lg N_1-\lg N_2} \tag{10-40}$$

所以

$$\Sigma=\frac{1}{v\tau}=\frac{\lg N_1-\lg N_2}{v\times 0.4343\Delta t} \tag{10-41}$$

将 $v=2.2\times10^5\text{cm/s}$ 代入得：

$$\Sigma=\frac{1.0466(\lg N_1-\lg N_2)}{\Delta t} \tag{10-42}$$

若 Δt 采用 300μs，则：

$$\Sigma=35\lg\frac{N_1}{N_2} \tag{10-43}$$

式中　N_1 和 N_2——分别为在均匀介质中，在脉冲间隔中时刻 t_1 和 t_2 附近由热中子俘获造成的计数率，不包含本底计数。

若本底计数门宽（门Ⅲ）与门Ⅰ、门Ⅱ一致，且其计数率为 N_b，则将前边式中的 N_1 及 N_2 分别用 (N_1-N_b) 和 (N_2-N_b) 代替。

图 10-3 是一中子脉冲后俘获伽马射线的计数率衰减曲线示意图，它与仪器周围中子密度的衰减是一致的。曲线左侧，井眼中流体和套管的俘获截面大，热中子密度衰减得快，俘获的伽马射线计数率衰减得也快。尔后，衰减速度变慢，且计数率与时间关系在半对数坐标中呈线性关系，即衰变率为常数。这一段反映了地层的特性，该段符合式（10-32）的描述。最右边为一近似水平直线，这是由仪器、地层及其他环境介质造成的本底计数。纯计数是总计数减去这一部分数值的结果。

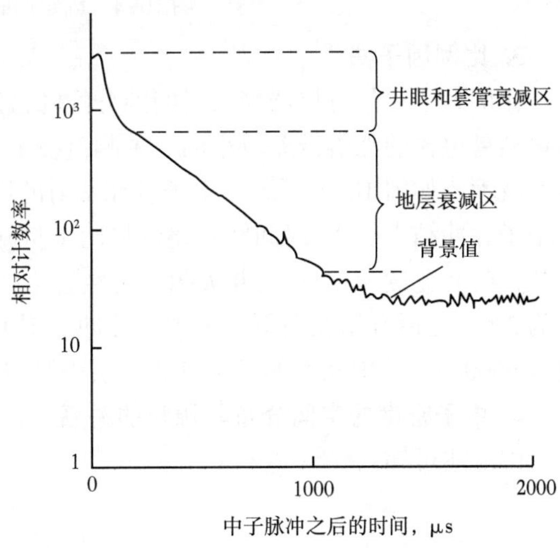

图 10-3　俘获伽马射线计数率的衰减

从中子脉冲结束到门Ⅰ计数开始这段时间通常叫基本延时，正确选择基本延时在于避开井内介质的影响，并及时地开门进行有用计数。通常情况下，基本延时选为地层中子寿命的两倍已足以避开井内介质的影响。

由上述讨论可知，进行中子寿命测井至少要求在中子脉冲间隔中不同时刻进行三次计数，即取得 N_1、N_2 和 N_b，下面将对三次计数的开门时间和门宽进行讨论。

2. 固定门测量方法

固定门测量方法指：(1) 中子脉冲时间宽度及各测量门的时间宽度固定；(2) 基本延时选定后固定不变不可调；(3) 中子脉冲的重复频率固定。如图 10-4 所示，仪器有四个积分道，积分道记录俘获伽马射线总计数率，微分道分别在中子脉冲停止后记录门Ⅰ、门Ⅱ、门Ⅲ及本底计数率。微分道的延迟时间即基本延时可在 200μs、300μs、400μs、500μs、…、1000μs、1200μs 中选择。淡水钻井液通常选用 400μs，对盐水钻井液选用 200μs。本底道的固定延迟时间为 2200μs。各测量门的时间宽度是 200μs。中子脉冲宽度为 50μs。该方法的主要缺点是：测量门的时间分配不能根据实际需要在测量过程中进行自动调节，尤其是对 τ 大的地层，如石灰岩地层；几个微分道的门宽相同，各道的计数率有很大差别，各道读数中所包含的涨落误差相差很大，用这些计数进行运算所得结果误差也较大。

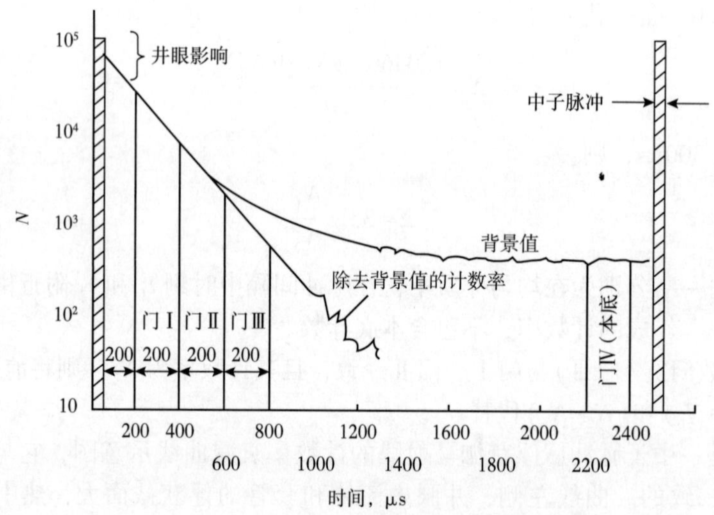

图 10-4　固定门时间分布示意图

3. 比例因子法

比例因子法是将仪器测量时间的分配随被测地层的中子寿命长短而自动进行调节，使测量结果包含的涨落误差较小的一种测量技术。斯伦贝谢公司的中子寿命测井仪器就采用这种技术。如图 10-5 所示，中子脉冲发射的周期自动保持为 10τ；中子脉冲的宽度为 τ；在中子脉冲结束后 2τ 时间间隔将测量门Ⅰ打开计数，门Ⅰ宽度为 τ；门Ⅰ关闭后门Ⅱ开始计数，门Ⅱ宽度为 2τ；门Ⅱ关闭后再经过 2τ 的时间间隔，打开门Ⅲ记录本底，门Ⅲ的宽度为 2τ。之后开始发射下一个中子脉冲。图 10-5 中的衰减曲线是对孔隙度为 38%，矿化度为 95000mg/L 饱和水的石英砂岩地层中测得的。含水砂层的热中子寿命 τ 为 178μs。

4. 中子密度的空间分布与源距的关系

由前述可知：

$$\tau = \frac{t_2 - t_1}{\ln n_1 - \ln n_2} \tag{10-44}$$

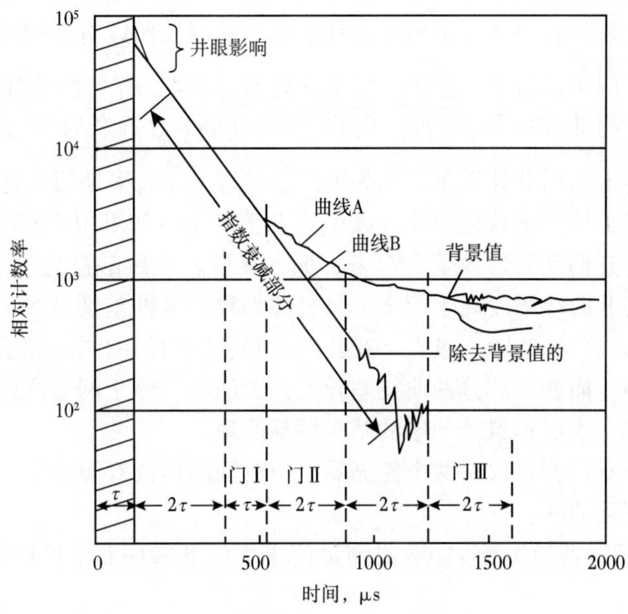

图 10-5　测量门时间分配（τ 为 178μs）

式(10-44)说明测出的 τ 只与时间有关而与位置无关。实际上热中子密度的变化率不仅是时间的函数，也与源距有关。图 10-6 给出的 τ 的测量值是在模型井中测出的，岩性是含有杂质的大理石（$CaCO_3$），孔隙度为 0，热中子寿命的真值为 472μs。井的直径为 6in，仪器外径为 3⅜in，仪器与井壁之间用同样的大理石粉充填。改变源距测出 τ。由图可知，在靠近源处，测量值小于真值；当源距为 15～20in 时，τ 的测量值随源距单调增加；当源距等于 30in 时，τ 的测量值大于其真值。实验还证明，当地层含氢量增加时，对应于 τ 测量值等于其真值的源距较小。因此应根据主要目的层的特性，选择适当的源距使扩散效应的影响为零。根据实验和计算，对油矿测井所遇到的主要目的层，源距选在 45cm 左右可以得到较好的结果。

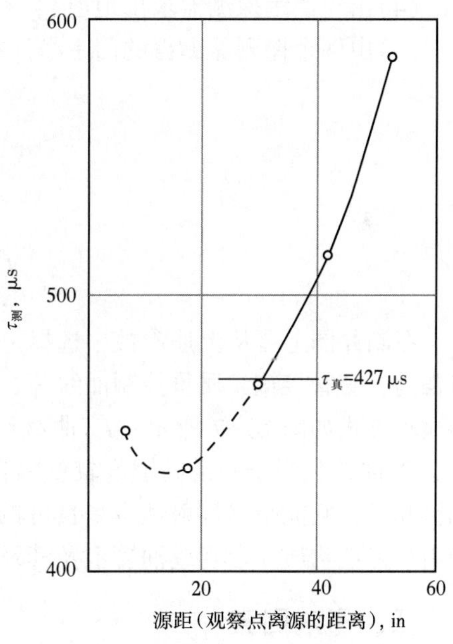

图 10-6　τ 的测量值与源距的关系

三、显示方式

早期的中子寿命测井仪器只有一个伽马射线探测器，称为单探测器或单源距中子寿命测井仪。单源距仪器能直接记录门Ⅰ、门Ⅱ计数率曲线和由这两个计数率经换算而获得的热中子寿命 τ 或宏观俘获截面 Σ 曲线。两条门记录曲线的特征与普通中子伽马曲线相似，泥岩显示为低读数，砂岩、石灰岩、白云岩均显示为较高的读数。储层比致密地层读数略低。

固定门方式测出的门Ⅰ和门Ⅱ计数率比值是变化的。泥岩段中子寿命短，计数率衰减快；而砂岩或碳酸盐岩中子寿命较长，计数率衰减慢，所以有下列关系：

$$\frac{\text{门Ⅰ计数率(泥岩)}}{\text{门Ⅱ计数率(泥岩)}}>\frac{\text{门Ⅰ计数率(砂岩、石灰岩或白云岩)}}{\text{门Ⅱ计数率(砂岩、石灰岩或白云岩)}}$$

设泥岩段门Ⅰ与门Ⅱ计数率之比为K，也即门Ⅰ计数率是门Ⅱ计数率的K倍，那么上述其他地层中门Ⅰ计数率就比门Ⅱ计数率的K倍要小。如果用不同的横向比例尺来记录这两条曲线，并使它们在泥岩段重合起来，那么在砂岩或碳酸盐岩层段两条曲线就会分开，在图上显示为门Ⅱ曲线幅度高于门Ⅰ，且岩性越致密这种差别越大，或者说岩石的热中子寿命越长两条曲线分开的距离越大。在孔隙度和岩性均匀的同一储层中，含地层水的部分两条曲线差异小，而含气部分两曲线差异大，含油部分介于两者之间，这些就是中子寿命测井区分油、气、水层和致密地层的基本解释原理。

现代的中子寿命测井仪有两个探测器，叫双探测器或双源距中子寿命测井仪。这种仪器测井时记录下列曲线：

(1)用短源距(普通源距)探测器测量门Ⅰ、门Ⅱ和门Ⅲ(背景值)计数率，分别记作N_1、N_2和N_3；

(2)用长源距探测器测量门Ⅰ、门Ⅱ和门Ⅲ计数率F_1、F_2、F_3(背景值)；

(3)由短源距探测器计数率导出地层热中子宏观俘获截面Σ；

(4)由短源距探测器求出地层τ；

(5)由两个探测器测得的门Ⅰ净计数率（扣除了本底的计数率）求出比值曲线：

$$\left.\begin{aligned}R&=\frac{N_{净}}{F_{净}}\\ \text{或}\quad R&=\frac{N_1-\frac{1}{3}N_3}{F_1+F_2+F_3}\end{aligned}\right\}\tag{10-45}$$

在测井图上可从上述参数中选择记录各种曲线组合，或同时记录一些辅助曲线，如自然伽马、套管接箍、质量控制曲线等。斯伦贝谢公司双源距中子寿命测井仪器(TDT—K)的显示方式如图10-7所示。F_3曲线给出近似的放射性背景值，可用来划分高放射性井段，F_3曲线相当于一条灵敏度较低的自然伽马测井曲线，当标准的自然伽马测井仪器达到饱和时，它能给出放射性水平良好的近似值、利用F_3曲线还可以测定高放射性标准层和由放射性物质在套管或油管上及其附近沉积形成的高放射性井段。

四、影响因素

中子寿命测井得到的原始数据，不仅与地层的热中子寿命有关，而且往往会受到其他因素的影响。

1. 井的影响

套管内的流体、套管和水泥环在不同的井中往往不相同。套管和水泥环对Σ测量结果影响很小，但对门Ⅰ、门Ⅱ的计数率有很大影响。

图10-8中，井的上部井径为9in，套管内径为7in下至3300ft处。3300ft以下井段为裸眼井，井径为6.125in。同一地层在有套管的部位，门Ⅰ、门Ⅱ记录的计数率曲线幅度

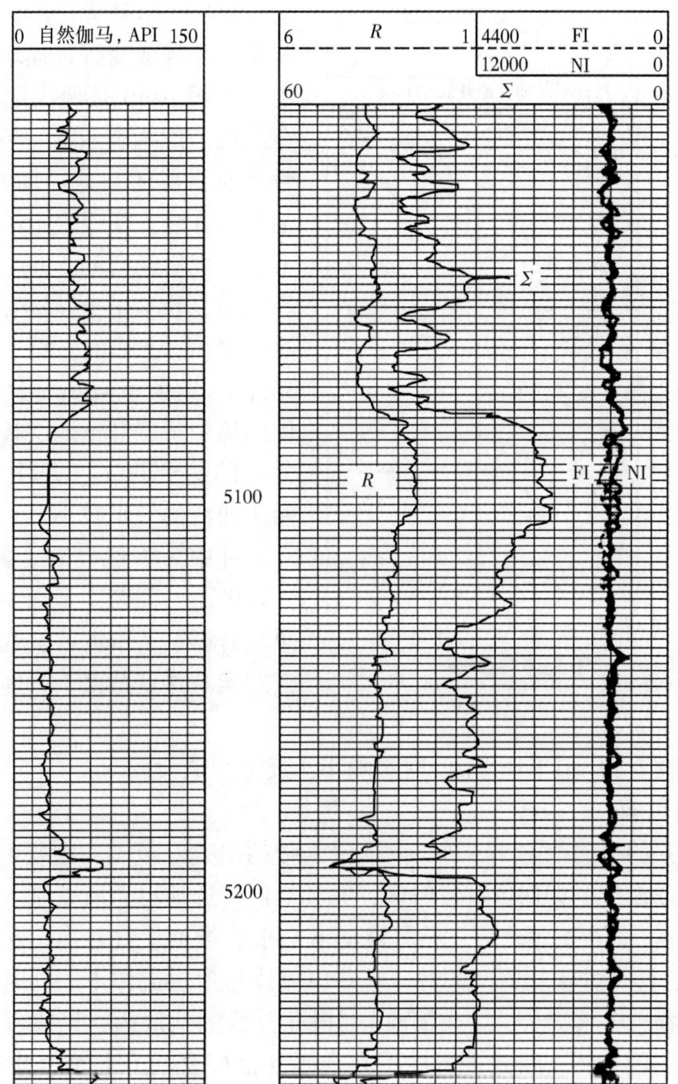

图 10-7　典型的 TDT-K 测井图

比裸眼井部位要低得多。但对于记录的 Σ 曲线几乎没有差别。

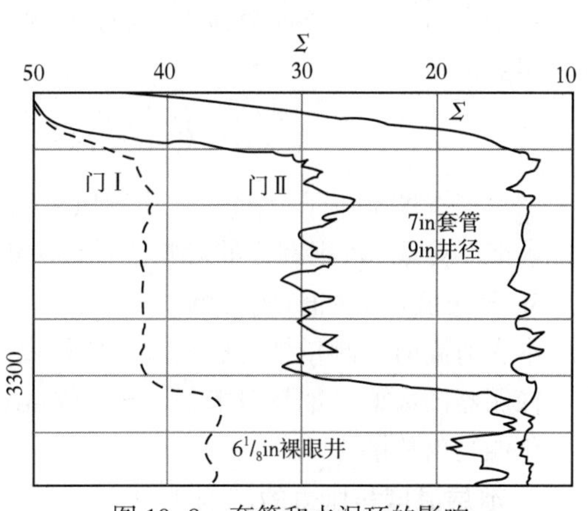

图 10-8　套管和水泥环的影响

生产井中射孔层下端的“口袋”中通常充满了盐水，而在射孔层段以上管内充满了油或天然气。盐水的热中子寿命比大多数地层小得多，所以对地层中子寿命影响很小或没有影响。淡水或油的中子寿命比较大，若井内充满淡水或油，对长寿命地层的测量影响很小，而对中子寿命短的地层(如泥岩和矿化水层)有较大影响。在后一种情况下，热中子在地层中比在井中

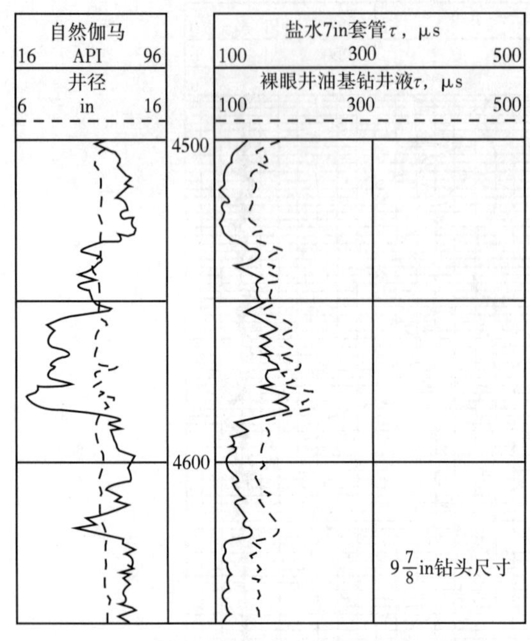

图 10-9 井中流体的影响

衰减得快，这就无法用延时方法避开井的影响。井径或套管直径增大，这种影响也增大。图 10-9 是两次测井得到的中子寿命曲线。虚线表示第一条曲线，是在下套管之前测得的，井径为 9.875in，井中为油基钻井液。实线表示的第二条曲线是在下套管以后测得的，井中为盐水。

第二次在泥岩段测得的 τ 为 110μs，这个数值是对的。第二次测得的 τ 为 150μs，约大了 40μs。这是由于井筒内流体的热中子寿命比地层长引起的。油基钻井液的 $\tau \approx 200\mu s$。热中子寿命长的地层两条曲线的差别减小。

井中为天然气时（空井），由于天然气密度小，俘获中子很少，所以对测量结果没有影响。水泥的宏观俘获截面比钻井液的宏观俘获截面小，因此水泥环的影响比钻井液小。

总之，井内物质的 τ 小于地层的 τ 时影响小，反之影响大。

2. 侵入带的影响

中子寿命测井的探测范围 14～20in。如侵入带超出这一范围，地层的真 τ 值就测不出来，下套管后，侵入带还会保留一段时间，尤其对低渗透地层，所以刚下套管就进行测井也测不到地层的真 τ。产层生产后，钻井液滤液会很快被油、气替换，此时可以测到地层的真 τ 值。对于已经关井很长时间的井，且井中流体与地层流体不一样时，由于压力差及毛细管作用的存在、井液会侵入（或倒灌）到射孔井段的地层内，形成侵入带，在这种情况下也测不到地层的真 τ。因此进行中子寿命测井最好是在开井恢复生产几天后再进行测井。

3. 地层厚度的影响

中子寿命测井的垂向分辨率与源距、测速及时间常数有关，通常按下面的近似或估算其分层的最小厚度：

$$H = 0.61 + 4.17 \times 10^{-4} \times \text{时间常数} \times \text{测速}$$

当地层厚度不小于 H 时，才能测出准确的 Σ 或 τ。一般来说，地层厚度至少大于 1m，才能求准 τ 或 Σ，否则围岩的影响应加以考虑。

4. 背景值（本底值）的影响

本底值高时对测量精度影响大，使精度降低。为提高精度，希望降低本底值。为此可提高探测器的阈值，如只对能量大于 2.2MeV 的射线进行计数，这能有效地减弱自然伽马和活化伽马射线的影响。

5. 地层温度和压力的影响

地层温度、压力对油层和水层的热中子寿命没有影响、但对天然气层的影响却很大，因此需要校正。

6. 涨落误差的影响

中子寿命测井是通过伽马探测器记录热中子俘获后所放出的伽马射线，因此，与其他核测井一样，受到放射性统计起伏的影响。因地层受到中子流的持续照射后部分核产生活化，核活化后衰变放射出伽马射线与本底值一起被记录，使测井得不到统计起伏误差的绝对值。为了减少统计起伏误差的影响，现场采用多次（如5次以上）的重复测量，然后求平均值来获得 Σ。这种方法对于俘获截面较小的地层尤为有效。

第三节　中子寿命测井应用

一、定性分析

在孔隙度较高，矿化度高的地层中，可以用中子寿命测井所得的门Ⅰ和门Ⅱ曲线、热中子寿命或宏观俘获截面曲线的变化情况快速分辨油气水层及其变化，不考虑孔隙度数值定性估算含水饱和度。

1. 监测油水或气水界面的移动

用固定门方式测出的门Ⅰ及门Ⅱ曲线与电阻率测井曲线能很好地对比。在泥岩部分两条曲线计数率都低，且门Ⅰ计数率大致为门Ⅱ的6倍；盐水储层计数率低，油层计数率较高，气层更高。用 Σ 或 τ 曲线也可定性划分岩性和区分油、气、水层。

油井生产一段时间后，侵入带消失，尔后测得中子寿命曲线作为参考曲线，用以和数月或数年后测得的资料进行对比。将随后测得的曲线与参考曲线对比确定油气水界面的移动。这一方法称为 TDT 时间推移测井。图 10-10 中 TDT-1 井是在完井后不久测得的；TDT-2 井是生产 3 年后测得的，当时的产出含水量为 7%；TDT-3 井是在该井关井 4 个月后测得的。比较这三条曲线可以看出：

（1）原始油水界面在 270ft 处，3 年后油水界面上升至 205ft 处，水柱部分的 τ 为 150μs，油层的 τ 为 350μs，油水界面清晰。

（2）TDT-3 井曲线比 TDT-2 井上显示的深度低 40ft，即 230ft，说明关井 4 个月后，油水界面下降，可以认为在 205～230ft 处形成水锥。锥面正好达到射孔井段的下侧。

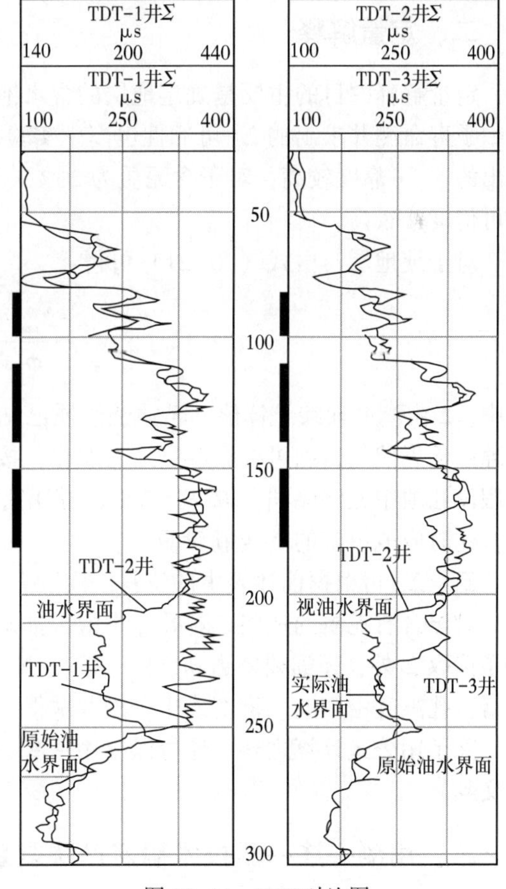

图 10-10　TDT 对比图

利用下式可以估算含水饱和度的变化：

$$\Delta S_{w}=\frac{\Delta\Sigma_{log}}{\phi(\Sigma_{w}-\Sigma_{h})} \tag{10-46}$$

式中 ΔS_w——含水饱和度的变化；

$\Delta\Sigma_{log}$——后测 Σ 与参考曲线 Σ 之差；

ϕ——孔隙度，用声波测井资料估算；

Σ_w、Σ_h——分别为地层水、油气的热中子宏观俘获截面。

2. 检查注水剖面和管外窜槽

先测一条中子寿命测井参考线，而后把与注入水俘获截面不同的流体压入目的层段。若注入水为淡水，则检查时注入含盐量很高的水；当注入水为盐水时，检查时可注入淡水，水被替换后再测一次中子寿命测井。比较这两条曲线就可知剖面中的吸水层位，还可用下式计算被第二种流体占据的孔隙空间：

$$\phi S_{w2}=\frac{\Sigma_{1}-\Sigma_{2}}{\Sigma_{w1}-\Sigma_{w2}} \tag{10-47}$$

用同样的方法还可以测定注入水的洗油效率、可动油及残余油饱和度、可动水及束缚水饱和度、发现窜槽等。为增大替换液与原有孔隙流体热中子俘获截面的差别，在替换液中还可加入硼酸等强热中子吸收剂。

二、定量解释

定量解释的目的主要是确定地层的含水饱和度。若孔隙度大，且地层水矿化度高，则由中子寿命测井求出的 Σ_w 可靠性也高。实验表明，孔隙度为 15%时，只有当 $\Sigma_w>60$cu 时求出的 S_w 可靠度较高；对于含泥质为 20%的地层，孔隙度为 15%，$\Sigma_w>90$cu 时，求出 S_w 的可信度才较高。

对于纯地层，由式（10-21）可得：

$$S_{w}=\frac{\Sigma-\Sigma_{ma}+\phi(\Sigma_{ma}-\Sigma_{h})}{\phi(\Sigma_{w}-\Sigma_{h})} \tag{10-48}$$

式中，Σ 由测井曲线上读值。若原油性质已知，则可用气油比与 Σ_h 的关系曲线求 Σ_h；若孔隙中是天然气，则可根据温度压力变化，按甲烷的关系曲线求 Σ_h。如果无任何资料，则可假设孔隙中充满原油，取 $\Sigma_h=22$cu。若用这个数值求出的 $S_w<0$，则孔隙中可能是天然气，此时应取甲烷的 Σ 重新计算。

Σ_w、Σ_{ma} 可根据前述表中的资料确定。

对于含有泥质的地层。若孔隙中饱含油水，由式(10-23)可求出相应的 S_w，求解时，除了读取 Σ 外，还需要知道 ϕ、V_{sh}、Σ_{sh}、Σ_h、Σ_w 等 6 个参数。泥质含量由自然伽马测井求得，孔隙度由声波、密度或中子测井求得。

除了用公式计算之外，还可以采用一些著作中给出的交会图技术确定 S_w，具体查阅相关文献。

三、用测—注—测技术确定产层剩余油饱和度

由于用式(10-48)和式(10-23)确定含水饱和度要用到 6~7 个参数，且要求的精度较

高，因此通常采用中子寿命测—注—测技术确定剩余油饱和度。

1. 注水驱油测—注—测技术

注水驱油测—注—测技术的原理如图 10-11 所示。注前先测一条中子寿命曲线，设测得的地层宏观俘获截面为 Σ_{t1}，原生地层水宏观俘获截面为 Σ_{w1}。向井中产层注入与地层水矿化度相差较大的盐水，设注入盐水的俘获截面为 Σ_{w2}，注入后进行第二次测井，此时测得的产层宏观俘获截面为 Σ_{t2}。两次测井的响应方程为

$$\Sigma_{t1}=(1-\phi-V_{sh})\Sigma_{ma}+\phi S_w\Sigma_{w1}+\phi(1-S_w)\Sigma_h+V_{sh}\Sigma_{sh} \tag{10-49}$$

$$\Sigma_{t2}=(1-\phi-V_{sh})\Sigma_{ma}+\phi S_w\Sigma_{w2}+\phi(1-S_w)\Sigma_h+V_{sh}\Sigma_{sh} \tag{10-50}$$

式(10-50) 减去式(10-49) 得：

$$\Sigma_{t2}-\Sigma_{t1}=\phi S_w(\Sigma_{w2}-\Sigma_{w1}) \tag{10-51}$$

$$S_w=\frac{\Sigma_{t2}-\Sigma_{t1}}{\phi(\Sigma_{w2}-\Sigma_{w1})} \tag{10-52}$$

因此剩余油饱和度为

$$S_{or}=1-S_w=1-\frac{\Sigma_{t2}-\Sigma_{t1}}{\phi(\Sigma_{w2}-\Sigma_{w1})} \tag{10-53}$$

式中，孔隙度 ϕ 由岩心分析资料或其他测井方法确定。实践表明，当孔隙度 ϕ 精度较高时，注入的盐水与原生地层水矿化度差别较大，原生地层水被注入盐水 100%置换情况下，这种方法能够获得精度较高的 S_{or}。油田目前采用的硼中子测—注—测技术基本原理也是如此。

2. 用化学剂驱油的测—注—测技术

用化学剂驱油的测—注—测技术如图 10-12 所示。注盐水驱油后，孔隙中仍有剩余油和注入的盐水，此时将化学剂注入产层，把井筒周围的油 100%地驱走，然后重新注入宏

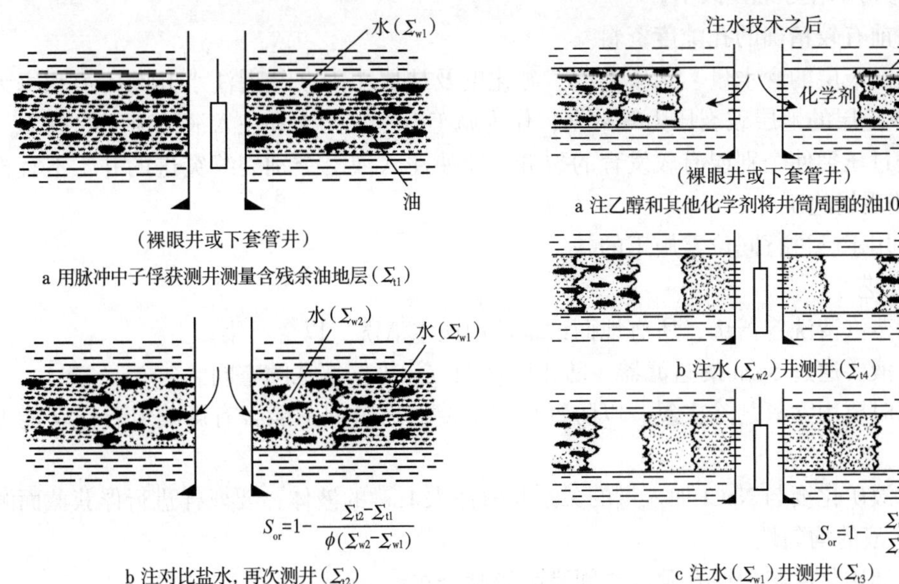

图 10-11　注水驱油测—注—测技术示意图

图 10-12　化学剂驱测—注—测示意图

观俘获截面为Σ_{w2}的盐水，再进行第三次中子寿命测井，设测得的宏观俘获截面为Σ_{t4}，接下来再向地注入宏观俘获截面与原生地层水宏观俘获截面Σ_{w1}相同的水，并进行第四次测井，得Σ_{t3}。根据四次测得的地层宏观俘获截面和Σ_{w1}、Σ_{w2}，利用下式可确定地层孔隙度：

$$\phi=\frac{\Sigma_{t4}-\Sigma_{t3}}{\Sigma_{w2}-\Sigma_{w1}} \tag{10-54}$$

剩余油饱和度：

$$S_{or}=1-\frac{\Sigma_{t2}-\Sigma_{t1}}{\Sigma_{t4}-\Sigma_{t3}} \tag{10-55}$$

如果使用宏观俘获截面为Σ_{w1}的氯化烃把油从井周围驱离，这时就不用再用Σ_{w1}的水进行冲洗，这样可以省去一些步骤。

如果注入水的俘获截面Σ_{w2}与剩余油的俘获截面Σ_h相等，此时计算剩余油饱和度的公式可写成：

$$S_{or}=\frac{\Sigma_{t3}-\Sigma_{t1}}{\Sigma_{t3}-\Sigma_{t2}}$$

四、测—注—测施工工艺

中子寿命测—注—测方法确定剩余油饱和度与注入条件及方式有很大关系，包括注水井选择和施工工艺两方面。

1. 施工条件

(1)钻井时钻井液颗粒直径小于孔隙喉道支撑剂的1/3，失水低于5mL。

(2)油井的套管和固井质量良好。

(3)油水关系比较清楚，属同一开采层系，岩性均匀，油层总厚不超过40m，孔隙度大于11%，渗透率在50mD以上。

(4)测井前有较精确的孔隙度资料。

(5)知道产液层的含水量、水质类型、矿化度及地层压力、邻近注水井的压力和每天的注水量、该地层的地层破裂压力等数据，作为施工时注入压力和注入液体速度的参考。

(6)已经过压裂使个别层有较发育的裂缝，能使注入液沿个别裂缝突进的井，不宜再作测—注—测现场施工井。

(7)不适用于已进行同位素施工的井。

2. 施工工艺

(1)先用蒸汽清洗容器罐，所有地面设备都用淡水清洗，以免污染。

(2)注入液要通过5μm的过滤器，防止固体颗粒污染堵塞孔隙空间。

(3)注水时要用除氧剂除去氧，以防氧化铁沉淀，除氧剂不能含有影响岩石俘获能力的元素。

(4)注水液矿化度与NaCl加入量的关系是每注入1m^3的液体，要取样进行俘获截面测量以保证注入液的均匀性。

(5)注入液矿化度与地层孔隙度之间满足经验公式：

$$\phi C_w \geqslant 7 \tag{10-56}$$

式中 ϕ——地层孔隙度；

C_w——注入液矿化度，$10^3 kg/m^3$。

(6)注入的液体应保证充满中子测井的整个探测范围。要驱走所有的流体，需要有比孔隙空间大几倍的注入液才能完成。

(7)注入速度、压力必须小于地层破裂压力。

(8)井口要有防喷装置，边注边测，直到所测的 Σ 不变时才开始取资料。

(9)为了消除扩散效应，中子寿命测井仪的源距要大于60cm，为了测准俘获截面，在目的层段测速不应超过60m/h，并在测前测后进行刻度。

3. 操作步骤

(1)在目的层的套管井段测量中子寿命的基线(本底)。

(2)射开进行测—注—测的层段，孔密不小于10孔/m。

(3)注入一定量的矿化度小于10000mg/L的淡水。

(4)在研究层段边注边测，记录稳定时录取正式资料，一般至少重复测量5次，取其平均值作为地层俘获截面值。

(5)注入一定量的均匀盐水(矿化度为15000mg/L)，或相当于高矿化度地层水的盐水。

(6)重复步骤(4)。

4. 实例

该例来自胜利油田。胜利油田原始地层水矿化度变化范围较大，同时注入水的水质除含有地面的淡水外，还有大量的污水。因此有些解释参数无法确定，需采用测—注—测技术。施工时两次向地层注入不同矿化度的同一种指示液(NaCl)。

1)施工步骤

首先进行第一次中子寿命测井(测得本底曲线)，以供对比；然后第一次注入低矿化度的指示液，接着进行第二次中子寿命测井，测得第一次注入指示液后的地层俘获截面 Σ_{t1}；随后向地层第二次注入高矿化度的指示液，再进行第三次中子寿命测井，测得第二次注入指示液后的地层俘获截面 Σ_{t2}。

2)解释方法

第一次注水后的测井响应方程为

$$\Sigma_{t1}=\Sigma_{ma}(1-\phi-V_{sh})+\phi S_w\Sigma_{w1}+(1-S_w)\phi\Sigma_h+V_{sh}\Sigma_{sh} \tag{10-57}$$

第二次注水后的响应方程为

$$\Sigma_{t2}=\Sigma_{ma}(1-\phi-V_{sh})+\phi S_w\Sigma_{w2}+(1-S_w)\phi\Sigma_h+V_{sh}\Sigma_{sh} \tag{10-58}$$

式(10-57)与式(10-58)相减得剩余油饱和度 S_{or} 为

$$S_{or}=1-\frac{\Sigma_{t2}-\Sigma_{t1}}{\phi(\Sigma_{w2}-\Sigma_{w1})} \tag{10-59}$$

将第二次注入水的俘获截面(Σ_{w1} 和 Σ_{w2})和两次测得的地层俘获截面(Σ_{t1} 和 Σ_{t2})代入式(10-59)即可计算出产层的剩余油饱和度。表10-4给出了三口井的计算结果。从表中看出，计算结果与岩心分析差别较大，主要原因有两方面：一方面用式(10-59)计算 S_{or} 时未考虑束缚水的影响。实际上驱走的是可动水和油，剩下的是剩余油和束缚水，二者混合在一起。另一方面是式(10-59)中孔隙度直接影响了计算结果的准确性。如何选择中子寿命解释所需要的地层孔隙，也是一个很重要的问题。

表 10-4 三口井的计算结果

井号	剩余油饱和度, %		差值	束缚水饱和度,%
	中子寿命测井	岩心分析		
2-5-检 1502	53.47	19.5	33.97	34.45
2-1-检 1662	53.57	26.02	27.55	39.18
营 12-检 48	48.34	25.44	22.90	28.93

实际情况下储层的总孔隙度可以看成是由束缚水、可动水、油（剩余油和可动油）三者所占据的孔隙空间的总和：

$$\phi=\phi_{wi}+\phi_{wm}+\phi_h \tag{10-60}$$

式中 ϕ_{wi}——束缚水孔隙度；

ϕ_{wm}——可动水孔隙度；

ϕ_h——油的孔隙度。

有效孔隙度 ϕ_e 为

$$\phi_e=\phi-\phi_{wi} \tag{10-61}$$

根据饱和度概念，束缚水饱和度 S_{wi} 为

$$S_{wi}=\frac{\phi_{wi}}{\phi} \tag{10-62}$$

则：

$$\phi_{wi}=S_{wi}\phi \tag{10-63}$$

将式(10-63)代入式(10-61)得：

$$\phi_e=\phi(1-S_{wi})$$

把式(10-59)中的 ϕ 用 ϕ_e 取代得：

$$S_{or}=1-\frac{\Sigma_{t2}-\Sigma_{t1}}{\phi_e(\Sigma_{w2}-\Sigma_{w1})} \tag{10-64}$$

表 10-5 中是用改进后的式(10-64)计算的结果与岩心分析结果的比较，可以看出二者极为相近，具有较好的对比性。

表 10-5 改进后的式(10-64)计算结果与岩心分析结果比较

井号	剩余油饱和度,%		绝对误差,%
	中子寿命测井	岩心分析	
2-5-检 1502	23.61	19.5	4.11
2-1-检 1662	23.85	26.02	2.17
营 12-检 48	24.77	25.44	0.67

由于地层条件和施工工艺复杂，成本高且工作量很大，此技术一般不宜推广，只在较为复杂的储层中采用。

第四节　碳氧比能谱测井和储层饱和度测井

一、碳氧比能谱测井

用能量为 14.1MeV 的快中子轰击地层，与地层中的各种元素发生非弹性散射后减速，受轰击的原子核处于激发态，之后放出具有一定能量的伽马射线。因此分析所测得的伽马射线能量与计数率组成的能谱即可确定地层所含元素的种类和数量。这里关注的元素是碳和氧，因为石油中碳的含量多，水中氧的含量较多。碳原子非弹性散射伽马射线能谱最突出的峰在 4.43MeV，氧原子最突出的峰则在 6.13MeV，如图 10-13 所示，二者的能量差较大，是进行碳氧比能谱测井的基础。若测量出 4.43MeV 和 6.13MeV 附近的伽马射线的强度（计数率），即可确定出地层中碳和氧的含量，从而可导出油和水含量（饱和度）。实际测量时，采用比值法测量的是上述两个数的比值，简写成 C/O。这样做，可以消除仪器中子产额不稳定造成的影响。

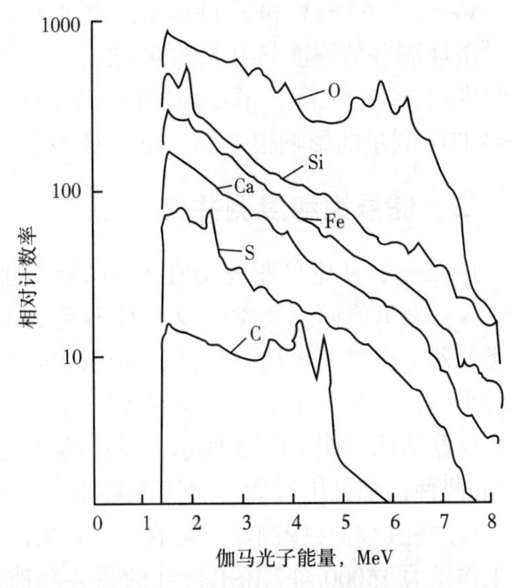

图 10-13　标准的非弹性散射谱

C/O 能谱测井是在快中子非弹性散射基础之上建立的，因此不受氯离子即矿化度的影响，可以克服 TDT 测井的局限，由于伽马射线穿透能力很强，因此既可在裸眼井中测量，又可在套管井中测量。

实际地层中所含的元素远不只碳和氧两种，因此测井中所得到的地层中的伽马射线能谱肯定会变得更加复杂。实际情况下，所测得的伽马射线能谱几乎看不到任何明显的峰（图 10-14）。这是由于除了与碳和氧发生碰撞外，还会与其他许多元素产生反应，从时间

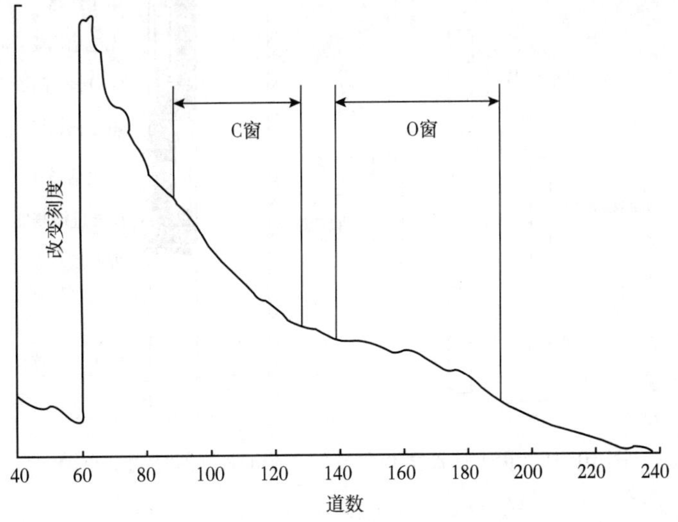

图 10-14　测井作业中记录的典型非弹性散射伽马射线能谱

上讲这些反应产生的伽马射线无法分开。这一因素给 C/O 能谱测井数据分析带来了困难。因此在利用碳氧比测井方法对地层进行分析时，取碳的三个峰值和氧的三个峰值进行总计数之比进行处理，碳的三个峰为 4.43MeV、3.92MeV 和 3.41MeV，氧的三个峰为 6.13MeV、5.62MeV 和 5.11MeV，分别称为碳能窗和氧能窗。

C/O 测井的深度只有 8.5in 左右，受侵入带的影响一般不在裸眼井中使用。该仪器的分辨率在 2~5ft 之间。不受高矿化度及硼等其他一些具有较大俘获截面元素的影响。但这些对 TDT 测量的影响很大，这正是 C/O 测井与 TDT 测井的重要区别。

二、储层饱和度测井仪

1992 年，斯伦贝谢公司在 C/O 能谱测井的基础之上发展了一种储层饱和度测井仪（RST），哈里伯顿公司类似这种仪器称为 RMT，贝克阿特拉斯公司相应的仪器为 RPM。这类仪器可以过油管进行测井，既可确定饱和度，又可确定井筒内的持水率，不受油水分离的影响，因此在水平井中具有较好的应用前景。

仪器结构如图 10-15 所示，设计的特点是外径由 C/O 原来的 3.625in 缩小为 2.5in 和 1.7in 两种，都采用双伽马射线探测器。可在生产状态或关井状态测井。仪器采用高密度过氧硅酸钆（GSO）探测器，可在 135℃条件下工作 30h 以上。最大工作温度为 150℃，最大工作压力 15000psi。RST 设计的另一种改进是脉冲中子发生器产生的中子脉冲的形状，几乎完全是方波，因而可以提高每个脉冲后俘获伽马射线引起中子脉冲期间产生的碳与氧伽马射线的差异。方波脉冲还可以提高发射期间探测碳和氧的概率，并减少俘获伽马射线的计数率。

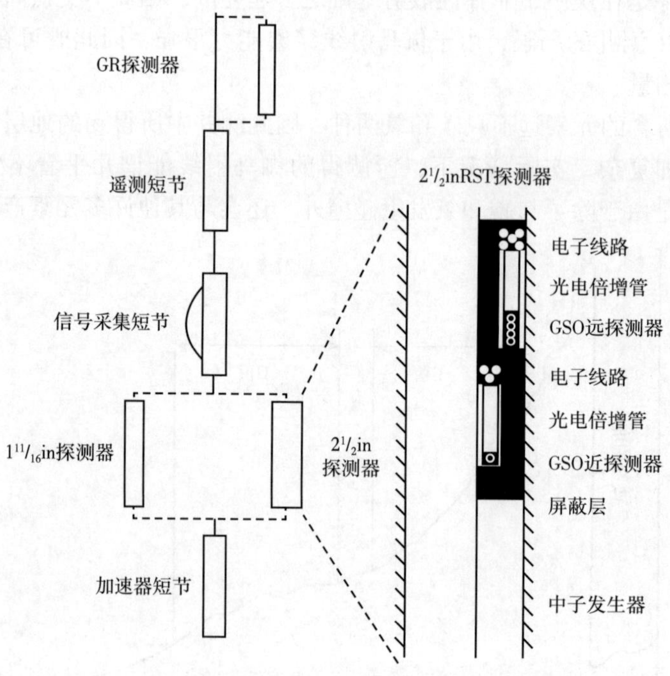

图 10-15　RST 仪器串和直径为 2½in 探测器结构示意图

1. 数据采集

RST 有三种可选择的测井方式：非弹性散射、俘获方式、俘获 Σ 方式（俘获方式）和 Σ

方式(快速俘获模式)。每一种模式都有其优化特定的时间序列,用于控制脉冲中子发射、伽马射线能谱数据采集以及与时间有关的计数率。用256道记录伽马射线能谱,能量范围为0.11~8MeV。

1) 非弹性散射俘获方式

这一方式记录快中子与地层及井眼元素发生非弹性散射所产生的伽马射线能谱,同时也记录热中子俘获伽马射线能谱。该仪器的时间序列如图10-16所示,与GST仪器(次生伽马能谱测井,含C/O)相同。时间门A记录脉冲中子发射期间产生的非弹性谱。时间门B(CP1)和C(CP2)记录的脉冲中子发射后的俘获伽马射线谱,其中CP1记录前一脉冲周期余下的γ。为了达到足够的精度,通常要进行多次测量。A谱减去B谱x倍,就消除了俘获本底的影响,因此可得到净非弹性谱。

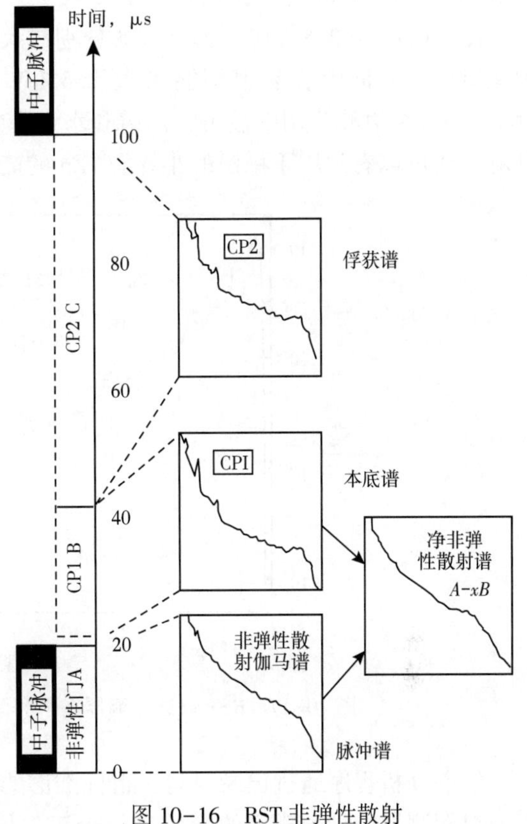

图10-16　RST非弹性散射方式时序图

2) 俘获Σ方式

俘获Σ方式同时记录俘获伽马射线能谱和热中子衰减时间分布。根据俘获谱得出的元素产额可以提供岩性、孔隙度及视地层水矿化度方面的信息,这一点与非弹性俘获方式相似。衰减时间分布用于确定地层的热中子俘获截面。它的时间序列与双脉冲TDT的时间序列类似,也采用了短脉冲、长脉冲双脉冲模式。它所得到的时间衰减分布可最佳地用于确定井眼和地层的Σ,并且具有较低的统计误差。以126个变宽的时间门记录计数率谱,覆盖了一个完整的俘获Σ测量过程,包括了脉冲中子发射和发射后的本底。

3) Σ方式

Σ方式允许以较快的测井速度提供俘获截面数据。该模式使用序列与俘获Σ方式相同,但是只记录时间衰减数据、中子发射后的本底伽马谱及有关的质量控制曲线。

2. 能谱资料处理

中子诱发伽马射线能谱分析的基础是每种元素对谱的贡献产生一组特征伽马射线,从总谱中检测出这组伽马射线,就可以识别这一特定元素。此外,根据贡献的大小可以对地层或井眼中元素的含量进行定量分析。如前所述这组元素的贡献取决于与中子脉冲有关的数据采取范围。

使用与伽马能谱仪(GST)相类似的程序对远、近探测器记录的伽马射线能谱进行处理。该过程是一个基于最小二乘法的全谱分析程序,它用一套预知的标准元素响应谱确定每种元素对测量谱的贡献。在发射中子脉冲期间对测量能谱有贡献的地层元素和井眼流体元素包括碳、氧、硅、钙和铁。图10-17给出的是2.5in的RST远探测器的一组标准预置谱。碳和氧谱的形状与结构差别较大,很容易区分。程序中包括消除前续中子脉冲产生的俘获伽马射线引起的背景影响。

图 10-17 是 2. 5in 仪器远探测器分别放入水及油容器中，发射中子脉冲期间所测得的典型能谱。油谱中容易识别能量大于 3MeV 的碳峰有三个，水谱中可识别出能量大于 5MeV 的三个氧峰。图中显示，油谱和水谱都含能量为 2. 22MeV 的氢元素俘获伽马射线特征峰，还可以看到用于稳谱的小锌源^{65}Zn 的能谱，能量为 1. 15MeV。

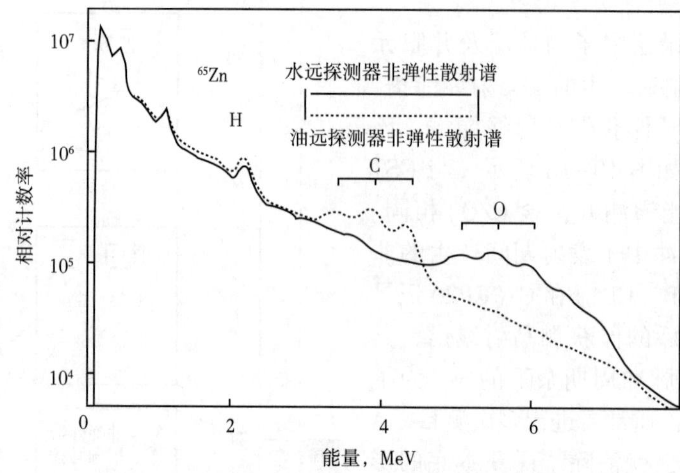

图 10-17　RST 仪远探测器在水和油中测得的脉冲非弹性能谱的比较

能谱分析程序通过记录，与一组标准谱的匹配，保证对记录谱中微弱增益、补偿漂移以及对探测器能量分辨率的变化进行校正。拟合处理后门 CP1 的部分 (乘 x) 可作为背景值，减去该部门后得到纯净的非弹性谱。利用所得的净非弹性谱就可以用于确定元素的含量和误差，从 0 到 1 进行刻度，表示该元素对谱贡献所占的百分比。

同样，对门 C(CP2) 记录的俘获伽马射线能谱进行分析，对该谱贡献的地层和井眼中的元素有氢、氯、硅、钙、铁、硫和钛。这些元素可用来确定地层和井眼中视地层水矿化度、孔隙度以及判断地层中是否存在其他几种矿物。

三、储层饱和度测井仪 (RST) 资料解释

除了非弹性俘获资料外，C/O 解释还需要岩性、孔隙度、井眼直径、套管尺寸、套管重量及井眼流体碳密度等数据。双探测器 RST 解释模型是对 GST 解释的单探测器模型的改进，由于具有双探测器，所以可以确定碳氧比和井眼的持水率。

1. 单探测器次生伽马能谱仪资料解释

在讨论 RST 解释之前，先回顾 GST 的资料解释方法。GST 碳氧比解释采用了 Hertzog 提出的模型：

$$F_{\mathrm{CO}}=\frac{Y_{\mathrm{C}}}{Y_{\mathrm{OX}}}=A\,\frac{\text{骨架碳}+\text{孔隙空间碳}+\text{井眼碳}}{\text{骨架氧}+\text{孔隙空间氧}+\text{井眼氧}} \tag{10-65}$$

式中 F_{CO}——选择测器碳氧比值，也可用 C/O 表示；

Y_{C}——碳的含量；

Y_{OX}——氧的含量；

A ——碳及氧（产生伽马射线的）平均快中子非弹性散射截面之比。

该模型是基于实验资料建立的，它表明碳和氧的含量与地层及井眼区域内的碳原子、氧原子密度呈线性关系。井眼中的碳和氧由于靠近探测器对信号的贡献不同。因为非弹性散射反应在仪器附近迅速发生，所以可以探测到井眼内的碳氧含量。

对于 RST，若用 B_C、B_O 分别表示井眼中碳和氧的贡献，考虑地层流体和矿物中碳与氧原子的浓度、孔隙度、含水饱和度、矿物体积，则式（10-65）可表示为

$$F_{CO}=\frac{Y_C}{Y_{OX}}=A\frac{\alpha(1-\phi)+\beta\phi(1-S_w)+B_C}{\gamma(1-\phi)+\delta\phi S_w+B_O} \tag{10-66}$$

式中　α、β——分别表示骨架和地层流体中碳原子的浓度；

γ、δ——分别表示骨架和地层流体中氧原子的浓度；

ϕ——孔隙度；

S_w——含水饱和度。

孔隙度由其他资料或由俘获测井求得。

分别设 $S_w=1$、$S_w=0$ 即可得出 C/O 的最小值 $(C/O)_{min}$ 和最大值 $(C/O)_{max}$，当 $S_w=1$ 时，式（10-66）写为

$$(C/O)_{min}=\frac{\alpha(1-\phi)+B_C}{\gamma(1-\phi)+\delta\phi+B_O} \tag{10-67}$$

当 $S_w=0(S_o=1)$ 时，式（10-66）写为

$$(C/O)_{max}=\frac{\alpha(1-\phi)+\beta\phi+B_C}{\gamma(1-\phi)+B_O} \tag{10-68}$$

把测得的 C/O 在 $(C/O)_{min}$ 和 $(C/O)_{max}$ 之间内插，可以快速地估算出含水饱和度：

$$S_w=\frac{(C/O)_{max}-C/O}{(C/O)_{max}-(C/O)_{min}} \tag{10-69}$$

如图 10-18 所示，在 730ft 处采用式（10-69）得：

$$S_w=\frac{1.25-0.8}{1.25-0.13}\times100\%=40\%$$

除了快速直观估算 S_w 之外，也可采用图 10-19 确定 S_w。

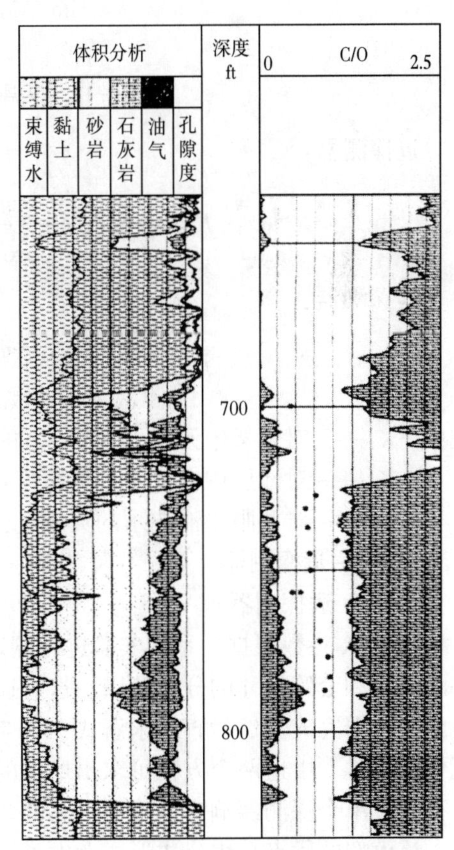

图 10-18　用碳氧比测井确定含水饱和度

2. 双探测器 RST 资料解释

双探测器 RST 资料解释模型可以看成是单探测器模型的扩展，形式与式（10-66）相似，但略有不同，由于采用了两个探测器，井眼中水的百分含量持水率 Y_w 在方程中直接给出，远近两个探测器得到的碳氧比表示如下。

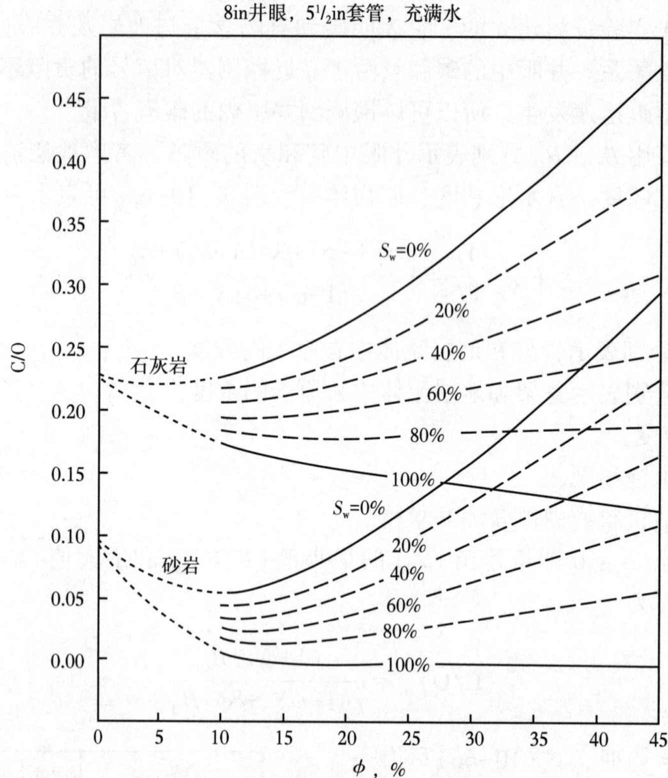

图 10-19　根据 COR 和孔隙度数据确定 S_w

近探测器：

$$F_{CO}^{n}=\frac{Y_{C}^{n}}{Y_{OX}^{n}}=\frac{K_{C1}^{n}(1-\phi)+K_{C2}^{n}\phi(1-S_{w})+K_{C3}^{n}(1-Y_{w})}{K_{OX1}^{n}(1-\phi)+K_{OX2}^{n}\phi S_{w}+K_{OX3}^{n}Y_{w}} \tag{10-70}$$

远探测器：

$$F_{CO}^{f}=\frac{Y_{C}^{f}}{Y_{OX}^{f}}=\frac{K_{C1}^{f}(1-\phi)+K_{C2}^{f}\phi(1-S_{w})+K_{C3}^{f}(1-Y_{w})}{K_{OX1}^{f}(1-\phi)+K_{OX2}^{f}\phi S_{w}+K_{OX3}^{f}Y_{w}} \tag{10-71}$$

式中 K_{i1}——对骨架中元素 i(碳或氧)的灵敏度；

K_{i2}——对地层中油或水的灵敏度；

K_{i3}——对井眼中油或水的灵敏度，在分子上 i 表示碳(C)，在分母上表示氧(OX)；

n——近探测器；

f——远探测器。

12 个 K 参数根据一系列实验进行测定，实验用的地层覆盖了绝大多数孔隙度、岩性、井眼尺寸和套管尺寸的分布范围。这可通过在同一地层和井眼中通过由油和水四种组合采集到的数据完成。然后直接求解式(10-70)和式(10-71)，即可得到 Y_w 和 ϕS_w。当井眼的流体已知时，由这两个方程可求出地层的含油体积，此时两个单探测器响应的加权平均可以得到比单个探测器响应精确度更高的 ϕS_w。

该模型的优点是用公式形式考虑了环境、地层及井眼的影响，只要选择适当的 K 即可实现这一目的，而且允许在实验和实际现场测量之间内插。

采用与 GST 资料解释类似的方法可以验证测量数据与解释结果是否一致，利用已知的地层和井眼数据，代入式(10-70)和式(10-71)，可以计算出远近探测器的碳氧比值，计算时 S_w 和 Y_w 的分布范围是 0～1.0。在套管尺寸为 8.5in 和 7in 情况下，孔隙度为 43%的石灰岩的远近探测器碳氧比的交会图如图 10-20 所示。验证时所有的数据都应落在边界范围内，在这一条件下，可以用式(10-70)、式(10-71)求解 ϕS_w 和 Y_w，进一步得到 ϕS_o 和 Y_o，然后用 Y_o 做横坐标，S_o 为纵坐标。质量检查时，因为低孔下资料精度不高，所以采用 ϕ>10%的数据检验，理想的情况是数据应落在 S_o、Y_o 为边界的区域内，由于统计误差的影响，数据点可能会有些分散。利用交会图可以检查一些已知数据的层段，如地层中油水界面下的含水层和井眼或未开采的含油层。是否与已知的 S_o、Y_o 一致。如果检查结果令人满意，就可以做出 S_w、Y_w 随深度变化的成果图。如果不满足以上条件，如，一些重要的数据落在交会图内圈定的边界以外，则需重新检查地层和井的输入数据，并对测井资料的质量进行复查。

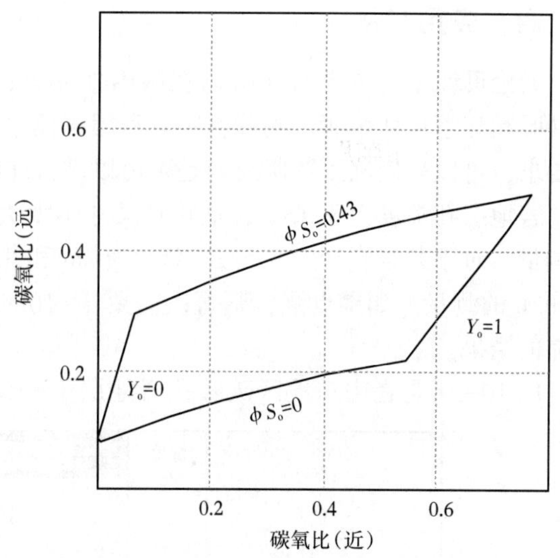

图 10-20　RST 仪远近探测器碳/氧比数据交会图

石灰岩地层，孔隙度 43pu，井径 8½in，套管外径 7in

RST 的测井数据库已用于确定 ϕS_o 和 Y_o 对井眼及地层参数变化的灵敏度。表 10-6 列出了 S_o、Y_o 变化 10%时，各模型参数的变化情况。该表是在标准条件下制作的：直径为 7in、23lb/ft 的套管在直径为 8.5in 的井内居中并用水泥胶结，石灰岩地层的孔隙度为 30%，井和地层中油的密度为 0.85g/cm^3，含油饱和度为 50%。这些数据有助于调整落在交会图上正常范围外的资料点。

表 10-6　引起 S_o 增加 10 个单位或 Y_o 增加 0.1，模型参数的相应变化

参　数		所需要的参数变化	
		ΔS_o = +0.10	ΔY_o = +0.10
地层	孔隙度，pu	+3.5	−15
	V(石灰岩骨架体积)	−0.10	−0.50
	V(砂岩骨架体积)	+0.10	+0.50
井眼	井径，in	−0.5	<−1.5
	套管外径，in	−0.5	—
	套管内径，in	−0.4	−0.3
	套管中心靠向地层移动，in	0.5	>0.73
	地层和井眼		
	油密度，g/cm^3	+0.09	+0.09

标准条件：孔隙度为 30pu 的石灰岩；S_o = 0.50；7in（外径），23lb/ft 套管；8in 井眼。

四、应用实例

斯伦贝谢公司生产的 RST 已在国内外油田投入使用。利用 GST 的碳氧比图版，对各种井眼和套管尺寸编制了测井程序，利用该程序可以得到比较精确的 S_w。考虑垂向分辨率的要求，可以采用辅助图版决定是否可以进行连续测井。

若地层孔隙度大于 15%，且井眼尺寸不太大（小于 10in），通常可进行一组慢速的连续测量。对于井眼直径为 8.5in，套管为 7in 和井眼流体未知的典型情况，一般需要测速为 100ft/h 的测量。如果点测，则每次需要 3~10min，大井眼需要增加测量时间，才能得到可靠的结果。

图 10-21 是在中东地区碳酸盐岩地层中一口生产井的测井曲线，孔隙度变化范围为

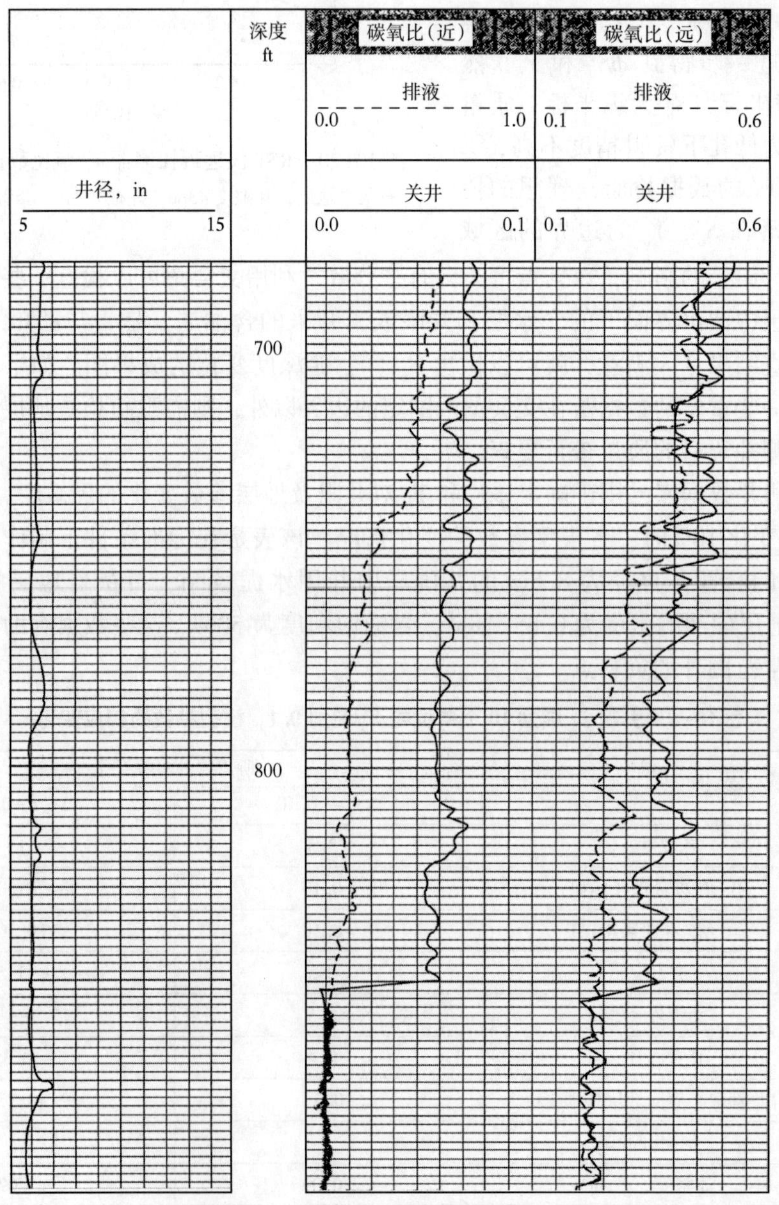

图 10-21 测井实例（裸眼井完井）

5%～30%，裸眼井完井的井眼直径为6in，油管直径为4.5in，含水量为20%。

关井时，在目的层段以100ft/h的测速进行了7次非弹性散射、俘获测量。利用预置标准谱方法得到的远近C/O测井曲线如图10-21所示。图中第1道中显示的是井径曲线，RST测量数据已用每30in 5个深度点平均进行了平滑处理，测井曲线是7次测量的平均值，曲线两侧所绘线的宽度表示平均值的一个正、负标准偏差，它是基于误差传播的。由此可以检测多次测井的重复性，曲线显示两个探测器都给出了较好的重复性，但近探测器曲线的重复性比远探测器曲线好两倍。851ft处曲线显著增大，说明这儿是油水的交界面。连续测量后，在880～700ft井段进行了175min的非弹性俘获点测，图10-21中用圆点表示，点测结果与连续曲线重合较好，证明测量结果可靠。

开井生产后，在该井中以100ft/h的测速进行了5次非弹性散射、俘获测量，平均处理后的测井曲线也显示于图10-21中。在855～900ft处，关井和开井曲线重合，说明该井段不出油，在855ft上部，近探测器的C/O值平稳增加，表明该深度段出油，远探测器的C/O值也指出类似的趋势。

图10-22是远、近探测器C/O测井交会图，并与用水或油(密度为0.85g/cm^3)饱和的石灰岩实验数据进行比较，图中有两个有界区域，外边一个近似的平行四边形(粗线)是孔隙度44%的石灰岩的动态范围，里边一个则是孔隙度为17%的石灰岩的动态范围。关井时采集到的数据与近探测器的动态范围一致，生产和关井时的数据一致。有一些点落在边界外面，可能是由两个因素造成：一是井眼直径稍大于6in；二是储层条件下的原油密度较低，为0.715g/cm^3。

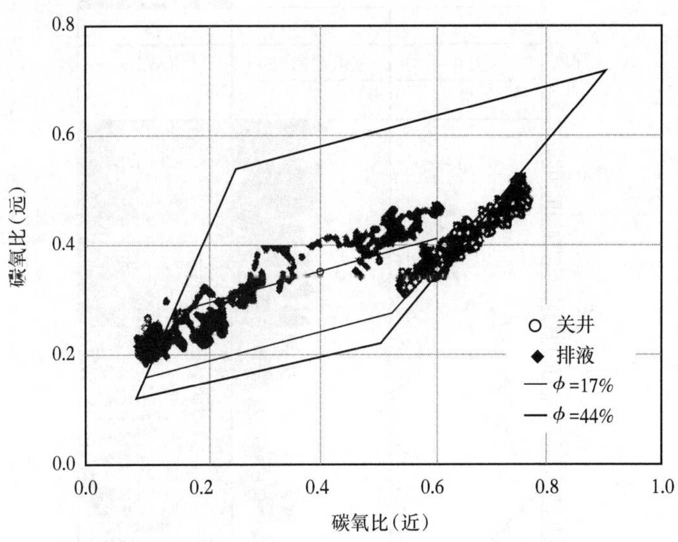

图10-22　关井开井时远、近探测器测井数据交会图

图10-23给出了用双探测器解释模型对测井数据进行处理得到的结果。用式(10-70)和式(10-71)解释时所用的孔隙度资料由裸眼井测井曲线的元素测井分析(ELAN)解释结果提供。图中显示的数据点的孔隙度都大于10%，解释结果说明解释模型符合测井资料。

图10-24为最终解释结果显示。第1道是关井、开井时的持水率，此时井下为油水两相流动，没有游离气存在。持率曲线的宽度表示最终计算值的正负偏差，对每一次测井曲线进行解释，平均各次测量的统计误差，即可计算出这一偏差值。

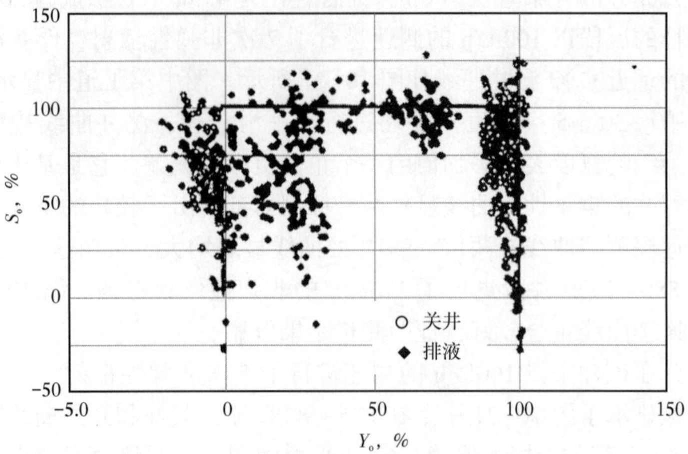

图 10-23　地层含油饱和度和井眼持油率的交会图

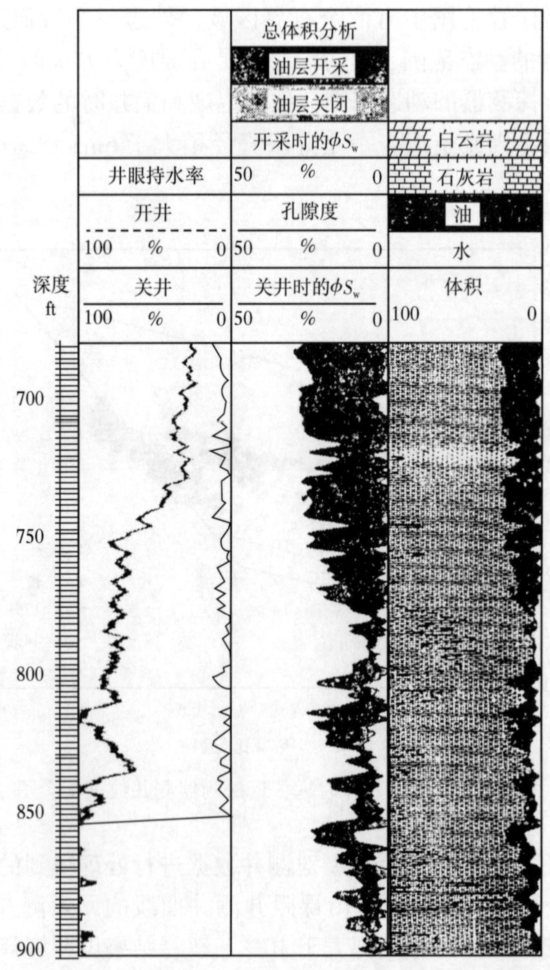

图 10-24　裸眼完井解释结果

图 10-24 第 3 道表示孔隙度，从右至左增加，不同阴影表示关井和开采时的测井曲线确定的地层含油体积，储层上半部两者基本一致，只差几个饱和度单位。下半部分考虑到孔隙度较低，认为关井与开采时的结果是比较一致的。

五、用储层饱和度测井仪(RST)测量确定油气水三相流动持率

前面提到的持水率是在油水两相渗流及井筒流动条件下确定的，不受油水分离的影响，所以适用于水平井。对 RST 解释模型适当改进，可以得到油气水三相流动的持水率资料。

利用外径为 1.7in 的 RST，在记录远近 C/O 能谱的同时记录近远探测器的净非弹性计数率之比，采用基于仪器线性响应模型的约束反演技术，即可确定相应的油气水持率。这一方法要求仪器居中测量。该方法斯伦贝谢公司用 TPHL(Three-Phase Holdup Log)三相流持率测井表示。

在地层没有游离气，而井筒中存在游离气的三相流情况下，式(10-70)、式(10-71)改写为

$$S_o+S_w=1 \tag{10-72}$$

$$Y_w+Y_o+Y_g=1 \tag{10-73}$$

$$N_{COR}=\frac{N_1(1-\phi)+N_2\phi S_o+N_3\left(Y_o+\frac{\rho_g}{\rho_o}Y_g\right)}{N_4(1-\phi)+N_5\phi S_w+N_6Y_w} \tag{10-74}$$

$$F_{COR}=\frac{F_1(1-\phi)+F_2\phi S_o+F_3\left(Y_o+\frac{\rho_g}{\rho_o}Y_g\right)}{F_4(1-\phi)+F_5\phi S_w+F_6Y_w} \tag{10-75}$$

式中　N_{COR}——近探测器得到的碳氧比；

N_1——近探测器对骨架中碳的灵敏度；

N_2——近探测器对地层中油的灵敏度；

N_3——近探测器对井眼中油的灵敏度；

N_4——近探测器对骨架中氧的灵敏度；

N_5——近探测器对地层中氧的灵敏度；

N_6——近探测器对井眼中氧的灵敏度；

F_{COR}——远探测器得到的碳氧比；

F_1——远探测器对骨架中碳的灵敏度；

F_2——远探测器对地层中油的灵敏度；

F_3——远探测器对井眼中油的灵敏度；

F_4——远探测器对骨架中氧的灵敏度；

F_5——远探测器对地层中氧的灵敏度；

F_6——远探测器对井眼中氧的灵敏度；

Y_g——持气率；

ρ_g——井眼条件下气的密度；

ρ_o——井眼条件下油的密度。

如果是两相流动($Y_g=0$)，利用式(10-72)至式(10-75)即可求得 S_w、Y_w、S_o、Y_o 四个参数，若存在有游离气($Y_g\neq0$)时，多了一个未知量(Y_g)，需要再找一个方程。

1996 年，Roscoe 等提出用近远探测器净非弹性散射计数率之比作为新增的方程：

$$\mathrm{NICR}=\frac{I_n}{I_f}=G_1+G_2\phi S_o+G_3Y_o+G_4Y_g \tag{10-76}$$

式中 I_n、I_f——分别为近、远探测器处净非弹性散射计数率；

G_1——地层和井筒被水饱和时的计数率比值；

G_2——油取代地层水时比值的变化特性；

G_3、G_4——分别为油、气取代井眼中水时的变化特性。

NICR 对气比较敏感，气的存在意味着井眼的密度变低，因此非弹性散射的计数率较高，尤其是在远探测器处。通常情况下，G_2、G_3 比 G_1、G_4 小，所以 NICR 主要受井眼中气体制约，而 N_{COR} 和 F_{COR} 主要受地层中油和水的影响。

对式(10-72)至式(10-76)联立求解，即可求得 Y_o、Y_w、Y_g。水平井中测井时，要求仪器居中。为了求解上述方程组，除了从曲线上读取的 N_{COR}、F_{COR}、NICR 之外，还需要知道 N、F、G 系数，在各种地层和井眼中对仪器进行试验，可以得到这些系数。

得到这些系数和曲线读值后，对方程组进行反演计算，即可得到持率结果。计算中注意 NICR 是从近远探测器的净非弹性散射计数率获取的一个比值。N、F、G 系数是基于各种岩性、井眼条件、流体组合形成的数据库建立的，数据库中给出了各种井条件下(包括水平井)的 N、F、G。表 10-7 给出了 66 种地层套管流体组合。对于每一种组合都进行实验，然后用最小二乘法拟合出式(10-74)至式(10-76)中的 N、F、G 系数，从而形成了数据库。

表 10-7 66 种地层套管流体组合表

井眼尺寸，in	套管尺寸，in	套管重量，lb/ft	石灰岩孔隙度	砂岩孔隙度	地层流体	井眼流体
6	OH	—	ZMH	ZMH	WO	WOA
	4.5	10.5	ZMH	ZMH	WO	WOA
	5	11.5	ZMH	ZMH	WO	WOA
8.5	OH	—	ZMH	MH	WO	WOA
	6.625	20	ZMH	MH	WO	WOA
	7	23	ZMH	MH	WO	WOA
10	OH	—	ZMH	ZMH	WO	WOA
	7	23	ZMH	ZMH	WO	WOA
	7.625	26.4	ZMH	ZMH	WO	WOA
12	OH	—	ZMH	MH	WO	WOA
	7.625	26.4	ZMH	MH	WO	WOA
	9.625	32.3	ZMH	MH	WO	WOA

注：OH—裸眼井；H—ϕ=33%~35%（砂岩），ϕ=42%~45%（石灰岩）；Z—ϕ=0%；M—ϕ=15%~19%；W—淡水；O—2 号柴油；A—空气。

对于数据库中没有的地层井眼环境组合的响应灵敏度系数(N、F、G)，可以采用内插或外插的方式求取。用下式表示：

$$K=b_0+b_1x_1+b_2x_2+\cdots+b_nx_n \tag{10-77}$$

式中　K——N、F、G；

x_1，…，x_n——环境参数(表10-6)，如尺寸、流体组合等；

b_0，b_1，…，b_n——响应灵敏度系数。

(N、F、G)与环境参数之间的相关系数，用矩阵表示为

$$K=XB$$

系数B矩阵用多次线性回归确定。B确定后，任意环境组合对应的响应灵敏度系数K(N、F、G中的一个)表示为

$$K=b_0+b_1d_{csg}+b_2h_{csg}+b_3h_{cem}+b_4\phi+b_5d_{csg}^2+b_6h_{csg}^2+b_7h_{cem}^2+b_8\phi^2 \tag{10-78}$$

式中　d_{csg}——套管内径，in；

h_{csg}——套管厚度，in；

h_{cem}——水泥厚度，in。

灵敏度系数确定后，即可用反演方式确定Y_o、Y_w、Y_g、S_o、S_w，采用反演之前把式(10-72)至式(10-76)重写为

$$\left.\begin{aligned}\phi S_o+\phi S_w&=\phi\\Y_w+Y_o+Y_g&=1\\A_n\phi S_o+B_n\phi S_w+C_nY_w+D_nY_o+E_nY_g&=H_n\\A_f\phi S_o+B_f\phi S_w+C_fY_w+D_fY_o+E_fY_g&=H_f\\A_i\phi S_o+B_i\phi S_w+C_iY_w+D_iY_o+E_iY_g&=H_i\end{aligned}\right\} \tag{10-79}$$

式中，A、B、C、D、E、H是N、F、G、ϕ、F_{COR}、NICR的简化组合，对这一线性方程进行反演，即可求出相应的5个参数。

第五节　脉冲中子—中子测井技术

在本章的第二、第三节讲述的脉冲中子测井技术是以阿特拉斯公司的中子寿命测井(Neutron Lifetime Logging，简称NLL)和斯伦贝谢公司的热中子衰减时间测井(Thermal Delay Time Logging，简称TDL)为例，两种仪器殊途同归均是利用脉冲中子源发射高能快中子脉冲照射进地层，用探测器来测量地层中热中子被俘获时所放出的伽马射线，从而计算地层中的热中子寿命τ和热中子宏观俘获截面Σ来研究地层和孔隙中的流体性质。随着时代的发展与实际应用中的一些问题，一些新的脉冲中子测井技术开始出现，本节将对脉冲中子—中子(Pulsed Neutron-Neutron，简称PNN)测井仪器进行简述。

一、工作原理

脉冲中子—中子测井仪是脉冲中子—中子仪器的简称，是由奥地利HOTWELL公司研制开发的一种用于油田生产开发的饱和度测井仪器。

目前该仪器已经在欧洲、南美洲、北美洲、中东、北非和亚洲等地区多个国家广泛应用，取得了较好的使用效果。PNN 测井仪器自 2003 年进入中国，先后在胜利、大港、大庆、长庆、辽河等油田进行过测井实验或技术服务，均取得了不错的效果。

PNN 测井是通过远、近两个 He^3 计数管探测地层中的热中子，由热中子的时间谱求出地层的宏观俘获截面，进而求取地层含油饱和度的新一代套管井储层评价测井技术。常规的脉冲中子—中子测井有两种类型：一种是沿井身探测井中热中子数量的中子—热中子测井，另一种是沿井身探测井中超热中子数量的中子—超热中子测井。

PNN 测井基本原理是利用脉冲中子发生器向地层发射能量为 14.3MeV 的快中子，经过一系列的非弹性碰撞（主要发生在中子后 $10^{-8} \sim 10^{-7}$s）和弹性碰撞（$10^{-6} \sim 10^{-3}$s）过程后，中子能量与组成地层的原子处于热平衡状态时，中子不再减速，变为热中子，此时它的能量为 0.025MeV 左右，之后被地层中的元素所吸收，吸收的速度取决于 $v\Sigma_{abs}$，其中 v 表示热中子的速度（在给定的温度下是一个常数），Σ_{abs} 是地层单位体积的总俘获截面。在中子发生俘获反应时，中子的数量呈指数衰减。

图 10-25 阐述了中子在油与水中衰减率上的差别，由于水的俘获截面普遍比油的俘获截面要大，所以在水中热中子的衰减速度要比在油中快。因此，在井下热中子的数量在任何一个时间 t_1 可以表示为

$$N_1 = N_0 e^{-v\Sigma_{abs}t_1} \tag{10-80}$$

式中 N_1——时刻单位体积内的热中子的数量；

N_0——$t=0$ 时刻单位体积内热中子的数量；

t_1——发生反应的时间，μs；

Σ_{abs}——地层单位体积的宏观俘获截面，cu；

v——2200m/s（750℉时）。

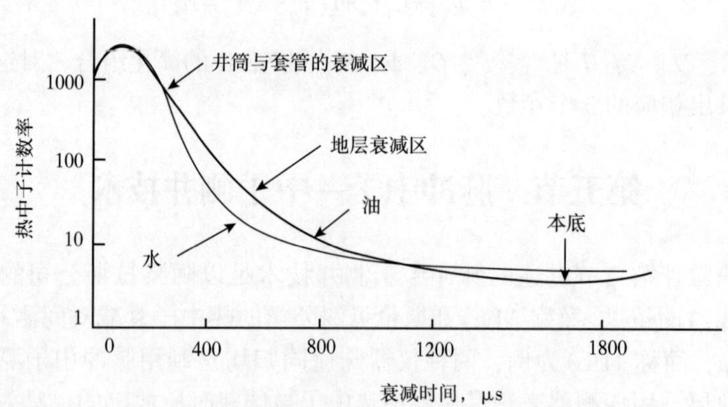

图 10-25 中子在油、水中的衰减率示意图

同样在另一时刻，t_2 时间有

$$N_2 = N_0 e^{-v\Sigma_{abs}t_2} \tag{10-81}$$

因此，只要测量两个时间剩余的热中子数量，就可以计算出热中子的衰减速度：

$$N_1/N_2 = N_0 e^{-v\Sigma_{abs}(t_2-t_1)} \tag{10-82}$$

取以 10 为底的对数，$v=2200\text{m/s}$，Δt 的单位为 μs，Σ 的单位为 cm^{-1}，得：

$$\Sigma_{abs} = 10.5/\Delta t \times \lg(N_1/N_2) \tag{10-83}$$

由于中子是呈指数衰减，因此其也可以用另外一种形式来表示，即时间衰减指数(热中子衰减固有时间)τ_{int}：

$$N_t = N_0 e^{-t/\tau_{int}} \tag{10-84}$$

在时间 $t=\tau_{int}$时，即是中子衰减到固有时间时有

$$N_t/N_0 = e^{(-t/\tau_{int})} = e^{-1} \approx 37\% \tag{10-85}$$

此时中子俘获阶段结束。

$$\tau_{int} = 1/(v\Sigma_{abs}) \tag{10-86}$$

时间衰减指数与温度无关，它被称为中子的固有衰减时间或中子寿命。如果时间单位取 μs，$v=0.22\text{cm}/\mu\text{s}$，则有

$$\tau_{int} = 4.55/\Sigma_{abs}(1/\text{cm}) \tag{10-87}$$

由于 Σ_{abs}的传统单位是 1/1000cm，所以式（10-87）可写为

$$\tau_{int} = 4.55/\Sigma_{abs}(\text{cu}) \tag{10-88}$$

式(10-88)可以用来做τ与 Σ 之间的转换运算。

中子与地层的相互作用的四个阶段，我们利用了其中的三个分别形成了三种类型饱和度测井方法，PNN 测井属于俘获阶段，由于其记录的是地层中未俘获的热中子，其测量不受地层本底影响(自然伽马本底)，同时由于这种采取记录剩余中子的方式，使得仪器能够在更低矿化度和孔隙度地层中测量，提高了计数率降低了统计误差影响，使得仪器适用范围更加广泛。

二、仪器简介

PNN 测井仪器包括井下仪器和地面仪器两个部分，二者组成一个系统，不可分割。实际上其可以配接在任何一种测井单元上，需要该测井单元提供深度编码信号和测井电缆。其工作方式有连续方式(本节主要介绍的为连续测量)和点测方式两种(点测主要用于低矿化度和孔隙度等疑难情况，确保统计数字更加完善。)其基本标准测井速度为 2~3m/min。

地面系统如图 10-26 所示，采用美国科学数据公司生产的柜式机 Warrior 地面测井系统，主要由供电系统、通信设备、深度编码器、采集控制计算机组成。该系统适用于大多数套管井及裸眼井测井。同时还配备了 HOTWELL 公司专门为 PNN 测试而制造的便携系统，该便携系统由一个相当于手提箱大小的采集箱与一个笔记本电脑构成。

井下仪器如图 10-27 所示，由 4 个短节组成：通信及套管接箍探测部分(COMM+CCL)，自然伽马探测部分(GR)，中子探测部分(DETECTOR)和中子发生器部分(GEN)。中子源是窄脉冲宽间隔中子发生器，探测器是两个^{3}He 正比计数器，其短源距 SS 为 425mm，长源距 LS 为 745mm。

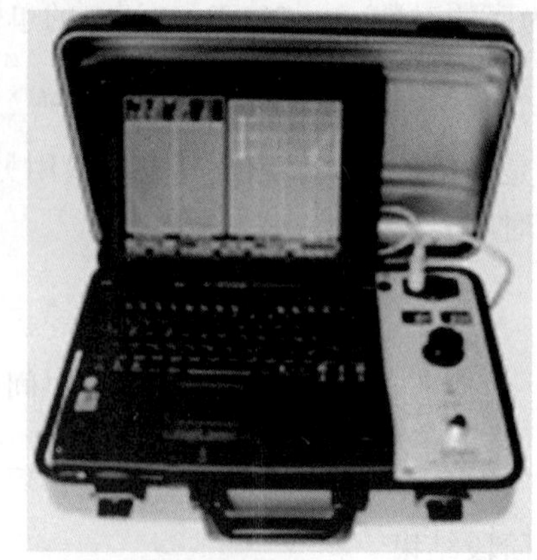

图 10-26　PNN 地面数据采集系统

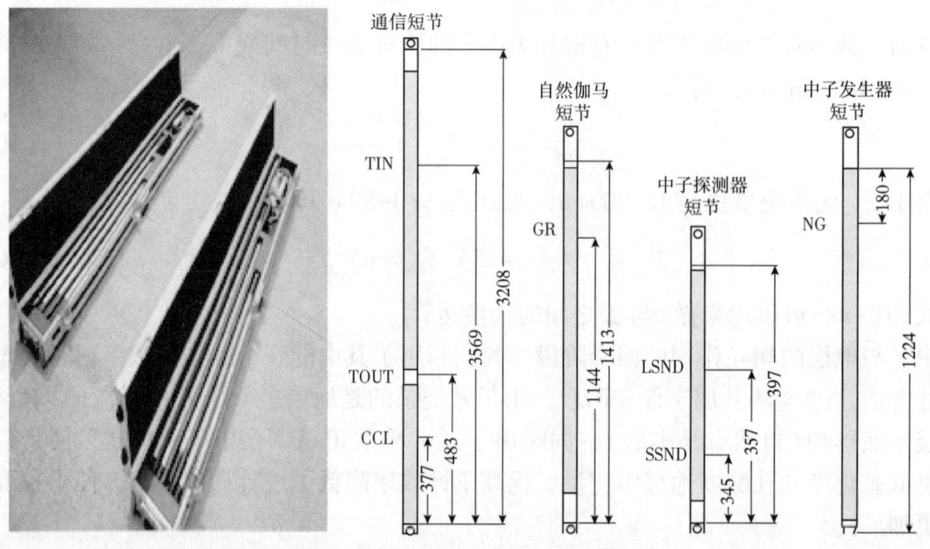

图 10-27　PNN 井下仪器串示意图
数值单位为 mm

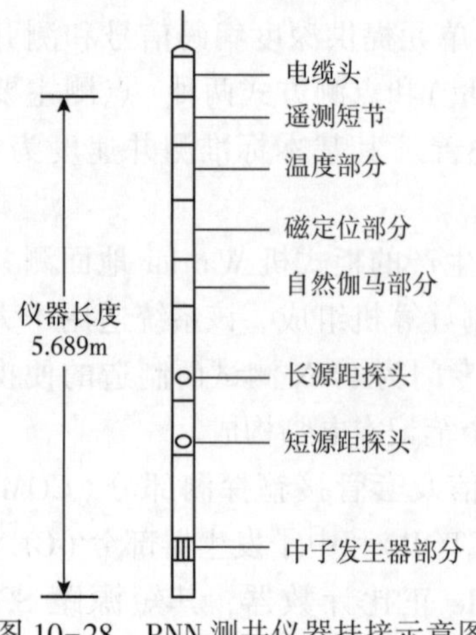

图 10-28　PNN 测井仪器挂接示意图

PNN 测井仪器测井时仪器部分挂接顺序为：遥传短节+温度部分+磁定位部分+自然伽马+长源距接收器+短源距接收器+中子发生器，如图 10-28 所示。其连接长度为 5.689m；外径较小仅 43mm，可以从油管下入测井；耐温为 175℃；耐压为 103MPa。较传统的中子寿命测井方法，PNN 记录的是地层中没有被地层俘获的热中子的计数，从而消除了传统测量自然伽马方法中本底影响。

PNN 测井原始记录曲线包括自然伽马（GR）、磁定位（CCL）、井筒内温度（T）、俘获截面（SIGMA）、短源距计数率（SSN）、长源距计数率（LSN）、长短源距计数率比值（Ratio）。

三、数据格式转化

HOTWELL 公司的 PNN 测井仪记录了一段特定时间内未被俘获的热中子数，并由此提取出有效俘获截面进而计算得到地层含油饱和度。出于技术保密考虑 HOTWELL 公司 PNN 测井仪记录的数据为＊.PNN 格式，它是一种经过加密的二进制文件，并且数据格式是保密的，为了更好地应用 PNN 测井数据，需要对其数据进行数据解编和格式转换。

1. PNN 测井数据解编与格式转化

在不知道原始数据的存放格式的情况下，根据 PNN 测井原理以及 HOTWELL 公司提供的与 PNN 测井仪相对应的 PNN 解释软件及操作手册等资料，发现＊.PNN 包括 60 道长源距计数率、60 道短源距计数率、GRPNN（自然伽马）、TIME（时间）和 TEM（温度）等曲线，一共是两套矩阵数据和 8 条曲线信息。

长江大学生产测井实验室团队调研分析总结＊.PNN 测井数据有以下几个特点：(1)二进制文件，无法用普通文本阅读器直接查看其信息；(2)其数据存放格式保密，未对外公开；(3)经过加密处理，加密算法未知；(4)信息量大，包含二维矩阵数据和多条普通一维曲线信息；(5)数据范围未知，给数据读写带来困难。

根据 PNN 仪器维护手册中对中子源，中子探测器等设备的描述，大致确定了＊.PNN 文件的数据范围，并最终实现了原始数据格式的破解。PNN 测井原始数据逻辑结构如图 10-29 所示。

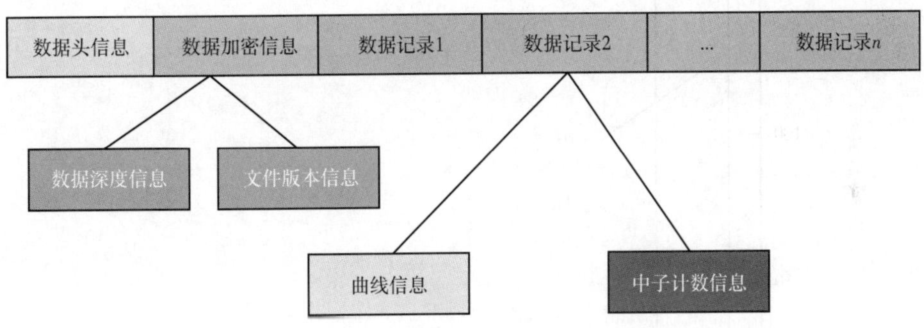

图 10-29　PNN 测井数据逻辑结构图

经过数据解编验证，PNN 测井数据的字节信息见表 10-8。其存放采样点数据的 256 个字节包含了其所测得的自然伽马、短长源距计数率比值、温度、磁定位、短源距计数率、长源距计数率曲线，以及 ENCCNT 曲线、ENCCNT 曲线和 TIME 曲线。经过对＊.PNN 原始数据格式的解编分析，部分曲线是隐藏在原始数据中的，并且进行了加密处理，如 TIME 曲线等。

表 10-8　PNN 测井数据格式整体信息

位置	宽度	信息	备注
1-256	256 字节	深度，版本信息	
256-512	256 字节	采样点信息	第一采样点信息

通过分析研究，统计了 58 口井次的 PNN 测井数据，发现在原始文件的信息数据块包含了各条曲线的深度信息，最终得到了各条曲线的起止深度，并提取了 SSN（近探头计数

率)、LSN（远探头计数率)、TIME、TIN（内部温度)、TOUT（外部温度)等关键曲线。实际测量的曲线中是不包含解释计算中所需的 Σ 曲线，因此需要对 Σ 曲线进行提取。

2. Σ 曲线提取

快中子经过与井眼、地层中元素反应后慢化成热中子，随后热中子随时间按照指数规律衰减，测井时测到的计数率主要包括两部分贡献：(1)井内介质包括流体和套管对热中子衰减计数的贡献；(2)地层部分对热中子衰减计数的贡献。

图 10-30 表示发射中子脉冲后热中子计数随时间的理论衰减曲线，没考虑统计降落。总计数衰减曲线可分为三个区。

A 区(井眼区)：在开始短时间内热中子的计数率较低，然后很快增加到峰值，这段时间反映了热中子的慢化，然后热中子计数率开始按照指数规律衰减，井筒介质(井内流体和套管)对热中子的俘获反应起主要作用。

B 区(过渡区)：地层的作用逐步增加，井筒的影响迅速降低，该过程主要反映扩散影响，如果井眼和地层的宏观截面差别较大，热中子扩散的方向在此区将发生逆转。

C 区(地层区)：热中子计数衰减曲线的斜率与地层计数率随时间指数变化的斜率相同，该区地层贡献占绝对优势。

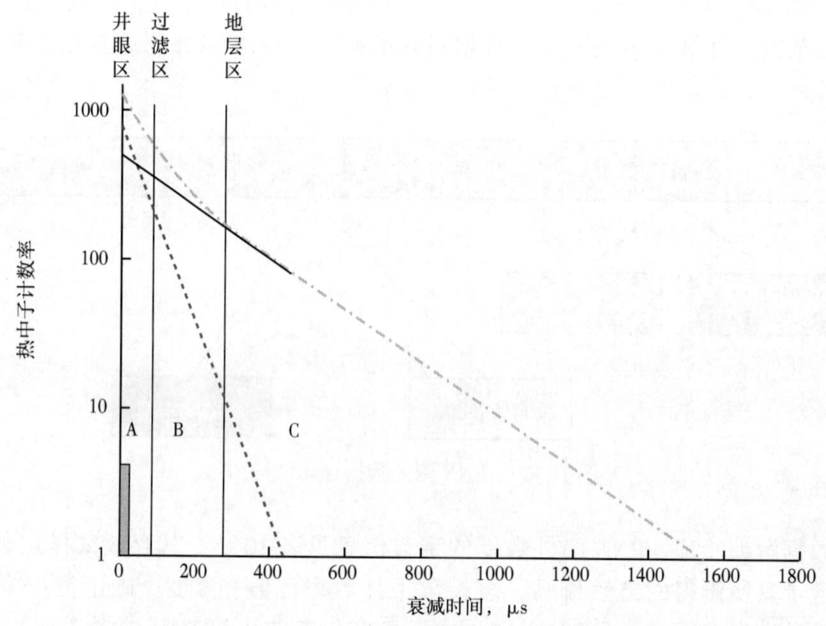

图 10-30　热中子计数衰减曲线组成示意图

随着中子与地层反应时间的变化，井眼和地层在整个计数中所占的贡献比在发生变化，开始阶段主要是井眼的贡献，由于一般条件下井眼部分的介质对热中子的俘获能力强，因此热中子总的计数率衰减主要反映井眼介质对热中子的俘获，要确定井眼部分的宏观截面时可选择这一时间段。随着反应时间的推移，井眼部分对热中子总计数的贡献逐步降低，地层对热中子的俘获逐渐占据主导地位，总的计数衰减主要反映地层对热中子的俘获能力，因此确定地层宏观俘获截面数据的时间起始点选择显得颇为重要。

图 10-31 是热中子的计数率衰减曲线，纵坐标是 30~1800μs 内共 60 道的热中子计数率的自然对数。由热中子时间谱的计数采用各自相应的时间间隔，根据选取的起止计算时

间计算宏观俘获截面。

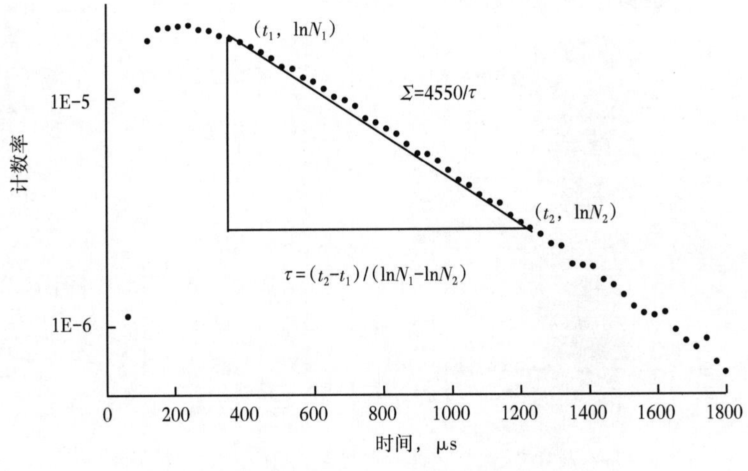

图 10-31　宏观俘获截面计算方法

根据本节第一部分所述的公式推导，计算得到的 τ：

$$\tau=\frac{t_2-t_1}{\ln N_1-\ln N_2} \tag{10-89}$$

$$\tau=455/\Sigma(\mathrm{cu}) \tag{10-90}$$

为了消除井筒、统计起伏等影响，准确有效地提取地层宏观俘获截面。HOTWELL 公司针对 PNN 测井仪器提出了几种地层宏观俘获截面提取方式，但其基本计算原理都是以上两个公式。如图 10-32 所示，其为 HOTWELL 公司用于提取地层区俘获截面的色谱图。用户在该图上使用两种方法提取地层 Σ 曲线。方式一是直接指定计算起止道，然后计算选取道范围内所有 Σ 得平均值作为该深度的地层俘获截面，称为道对道模式。方式二是利用热中子衰减固有时间进行 Σ 计算，称为自动模式。

利用图中参数 FindMax，从第 1 道开始到 FindMax 定义道寻找最大计数率道，并从此道开始到 Toch 参数定义的道计算 Tao，此时需要考虑参数 Mincnt，若某道计数率小于此定义值那么计算 Tao 道数将提前结束。此时计算方式如果选择的是 Auto Min Ch 那么 Tao 将直接被使用。如果计算方式选择的是用户固定 Min Ch，那么 Tao 的计算将从 Min Ch 定义道开始，到 Toch 结束来计算 Tao，计算过程同样需要考虑参数 Mincnt。得到 Tao 后，通过 Tao Mult1 和 Tao Mult2 来调整计算 Σ 起止时间。Tao · TaoMult1 即是图 10-32 中 Sigma 色谱图中左侧。

蓝线所在道(时刻)，Tao · TaoMult2+Tao · TaoMult1 即为 Σ 色谱图中右侧蓝线所在道(时刻)，Σ 曲线将取这两条蓝线之间的 Σ 平均值作为最终结果。图 10-32 中 Σ 曲线道中蓝色 Σ 曲线是方式一直接计算的，当两种方式计算的 Σ 曲线较为重合时，表明提取到的 Σ 曲线更多反映了地层信息。

长江大学生产测井团队基于 Forward 和 EGPS 测井解释平台实现的 Σ 色谱图提取模块，如图 10-33 所示。二者对于同一井段的处理如图 10-34 所示，统计 58 井次提取的 Σ 曲线对比误差控制在 2%以内，满足实际生产的需要。

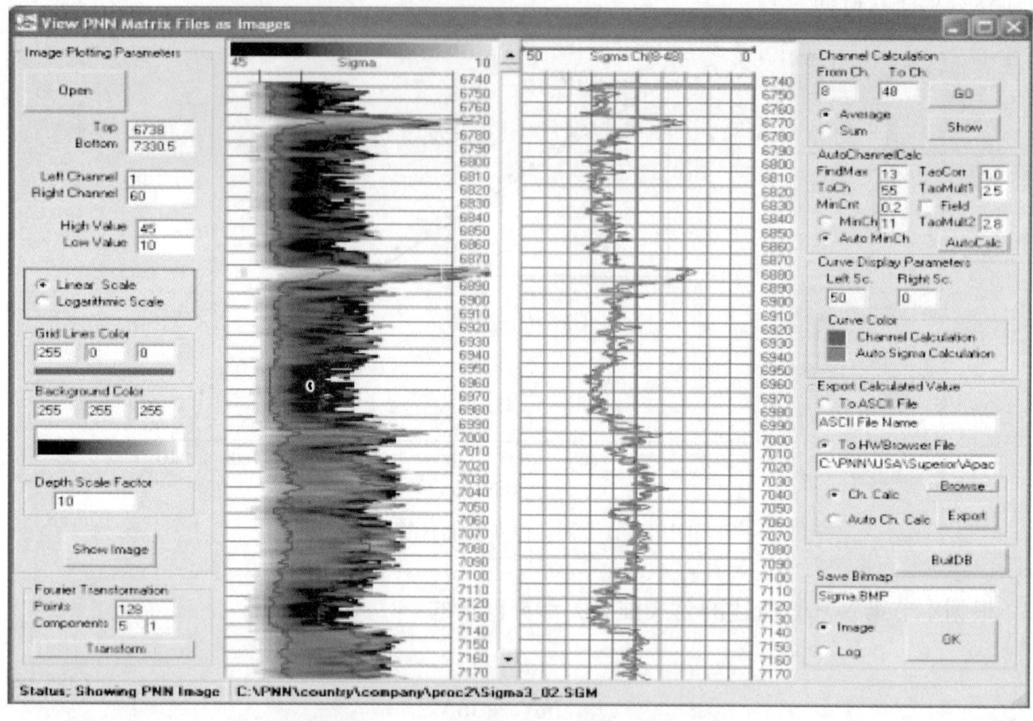

图 10-32 HOTWELL 公司色谱图提取软件

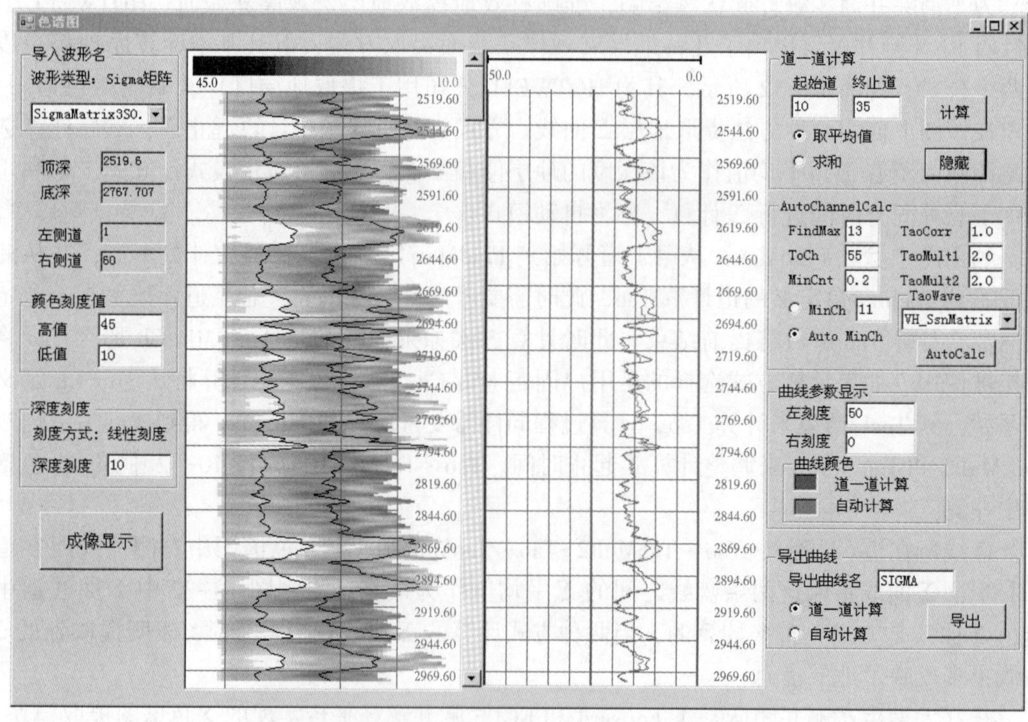

图 10-33 长江大学色谱图提取模块（EGPS 版）

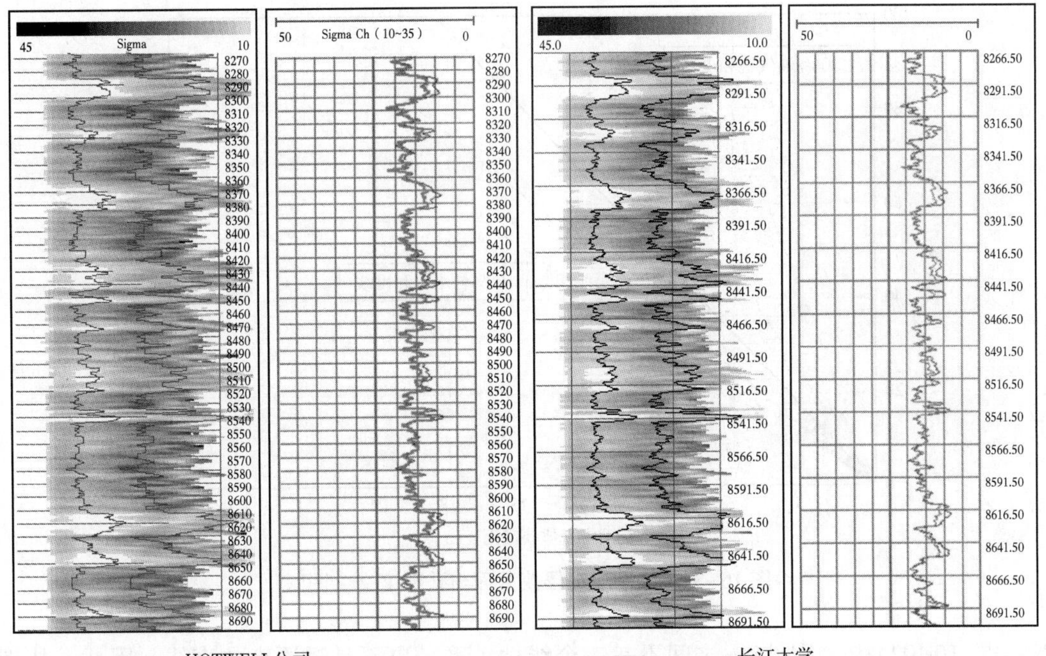

图 10-34 色谱图提取 Σ 曲线对比实例

四、资料解释

根据 PNN 测井原理，HOTWELL 公司提出了图版法和体积模型法。其中体积模型法与本章第二节中的体积模型相同，不作详细说明。图版法包括简单图版法，增强图版法和 Hingle 图版法。

1. 简单图版法

简单图版法（Simple Graphical）实际就是标准化宏观俘获截面与孔隙度交会图法，如图 10-35 所示，该方法通过确定水线和油线位置后，在二者之间线性内插出其他不同的含水饱和度线，根据 ϕ 和 Σ 确定测量点在图中的位置，进而计算各层的含水饱和度。

简单图版法是根据标准体积模型公式在不考虑泥质含量影响的前提下提出的，即对于纯岩石地层：

$$\Sigma = \Sigma_{ma}[\Sigma_w S_w + \Sigma_h(1 - S_w) - \Sigma_{ma}]\phi \tag{10-91}$$

式中，Σ 与 ϕ 呈线性关系，截距是 Σ_{ma}。由于 x 轴是经过标准化的，所以在实际实现时截距为 0。该方法的核心是水线和油线位置的确定，而这二者的确定，需要对某一区块进行 PNN 集中测试，录取相当数量的实测资料，并结合同一层位的一定数量的油层或水层的单层试油资料，进行标准解释图版的建立。适用于非均质性弱、孔隙度较高的地层，未考虑泥质含量影响。

2. 增强图版法

增强图版法横坐标为 $\Sigma\phi$，纵坐标为 ϕ，代入式(10-91)，得：

$$\Sigma\phi = \Sigma_{ma}\phi + [\Sigma_w S_w + \Sigma_h(1 - S_w) - \Sigma_{ma}]\phi^2 \tag{10-92}$$

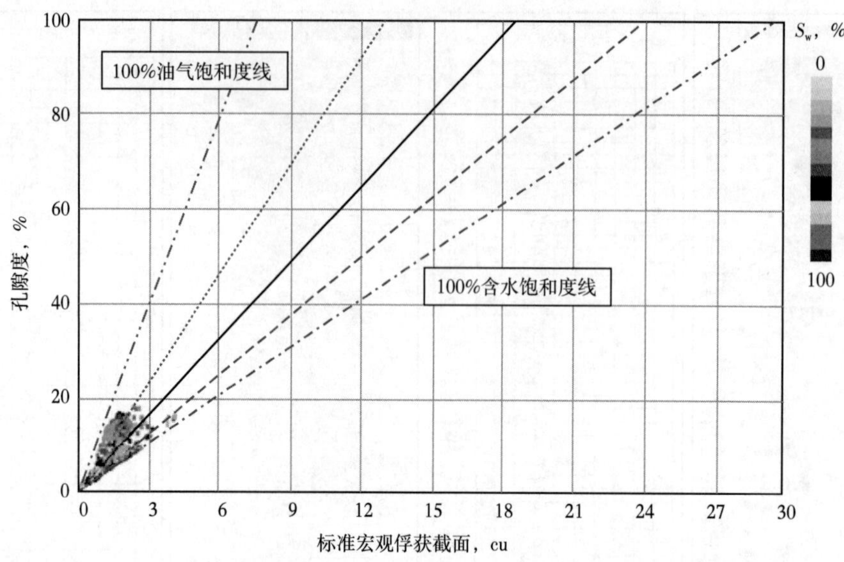

图 10-35 标准宏观俘获截面与孔隙度交会图版

式(10-92)中，$\Sigma\phi$ 与 ϕ 之间不是一个线性关系，更不是过原点的直线，因此，从理论上上面的图版法仅仅在很小范围内近似成立。

在实际应用中，从资料上也可以明显看出 $\Sigma\phi$ 与 ϕ 的非线性关系。图 10-36、图 10-37 就是实际测井资料的显示。对于孔隙度较低的情况，可以近似用直线代替曲线，但对于孔隙度较高的情况，误差就会很大，如图 10-36 所示。

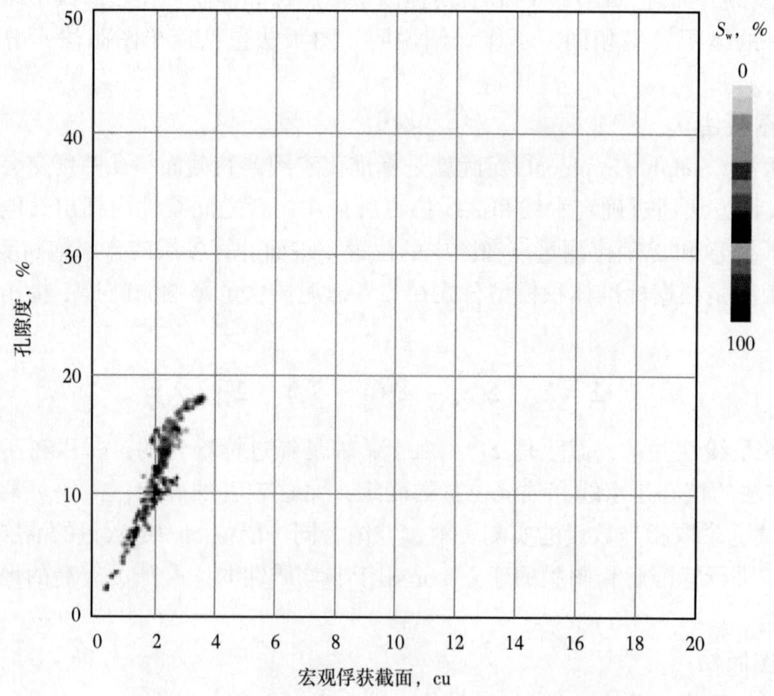

图 10-36 实测资料的宏观俘获截面与孔隙度交会图

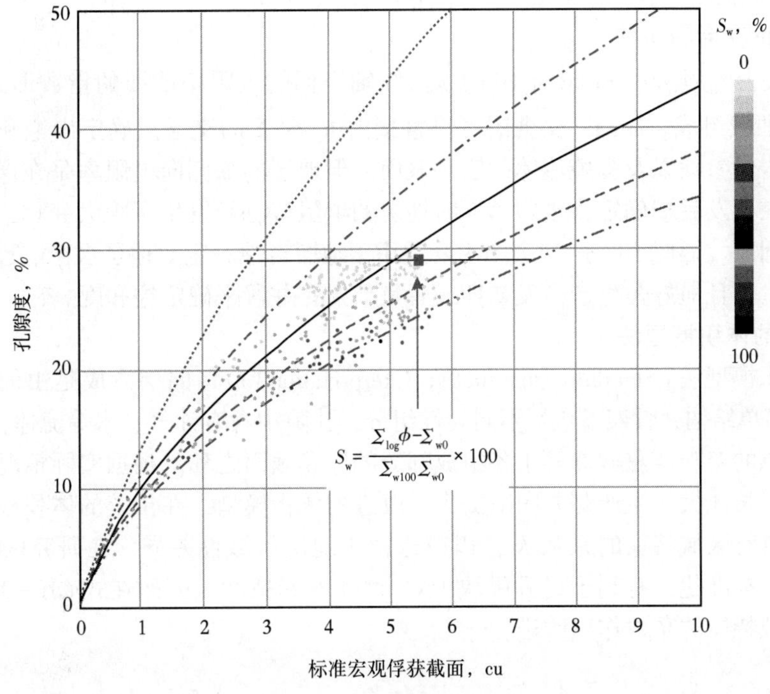

图 10-37　改进图版法交会图

改进的 ϕ—Σ 交会图法适用范围较广，充分考虑了地层孔隙度、泥质含量的影响，其计算方法为分别确定经孔隙度校正后的纯水线和纯油线，并对 Σ_{ma} 进行泥质含量的校正，运用内插法计算含水饱和度。该方法适用于泥质砂岩储层，在泥质含量变化较大的非均质地层中应用效果较好，并且经过孔隙度校正扩大了孔隙流体的信息，提高了低孔隙度地层的饱和度计算精度。其计算原理如下。

纯水线由下式计算：

$$\Sigma_{w100}=[\Sigma_{ma}(1-\phi)+\Sigma_w\phi]\phi \tag{10-93}$$

纯油线由下式计算：

$$\Sigma_{o100}=[\Sigma_{ma}(1-\phi)+\Sigma_o\phi]\phi \tag{10-94}$$

对 Σ_{ma} 进行泥质含量校正：

$$\Sigma_{mashc}=(\Sigma_{ma}V_{ma}+\Sigma_{sh}V_{sh})/(V_{ma}+V_{sh}) \tag{10-95}$$

式中　Σ_{mashc}——泥质校正后的岩石骨架宏观俘获截面，cu。

其他任何点的含水饱和度由下式计算：

$$S_w=100(\Sigma\phi-\Sigma_{o100})/(\Sigma_{w100}-\Sigma_{o100}) \tag{10-96}$$

该方法排除泥质含量及孔隙度对测量值的影响，可以使 Σ 只能够反映出岩石的孔隙空间情况，而且通过孔隙度校正可以放大 Σ 的流体响应特征，从而提高含水饱和度的计算精度。其校正方法是，改进的 ϕ—Σ 交会图中，横坐标用的是孔隙度曲线进行归一化的 Σ 曲线，即 $\Sigma_{Nor}=\Sigma\phi$。增强图版法是低孔隙度、低矿化度地层水条件下的有效方法，但求准

Σ_{sh}、Σ_{ma}等参数仍是解释中的难题，计算时存在一定误差。

3. Hingle 交会图版法

Hingle 交会图版法（Graphical Hingle）由纵轴坐标的电阻率曲线的指数形式 $R_t^{-1/m}$ 和横轴坐标的 Σ 曲线组成。Hingle 交会图可以直接由 R_t 和 Σ 的交会点确定出饱和度且勿需知道孔隙度、岩性参数以及孔隙流体的宏观截面。但地层的深侧向电阻率是在裸眼井条件下测量的，而在开发后期确定含水饱和度时地层的电阻率已经发生了很大变化，不能正确地反映饱和度问题。因此 Hingle 交会图主要适用于地层岩性一定、地层水稳定且不易确定孔隙度的情况，而且最好是生产开发初期或者是新射孔井段来确定饱和度。

4. 改进的体积模型法

标准体积模型法（Standard Quantitative Interpretation）是将储层看成是由泥质、骨架和孔隙组成的简单结构，骨架常包括不同岩性组分，孔隙中含有油气、水等流体，如图 10-38 所示，储层总的宏观俘获截面等于各组成部分的俘获截面之和。根据实际情况分析体积模型的基础上，长江大学生产测井团队提出了改进的体积模型，在传统的体积模型的基础上提出了一个具有区域特征的系数 K 作以改进由于地层区域性差异，在研究区块内对 PNN 数据进行统一标准化，有利于提升区块 PNN 测井解释精度，因而在式（10-96）的基础上加上具有区域特征的系数作以改进：

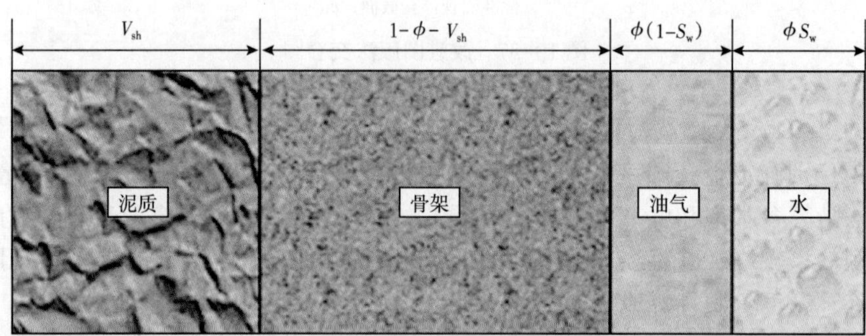

图 10-38 储层组成部分示意图

$$\Sigma=K[\Sigma_{ma}(1-V_{sh}-\phi)+\Sigma_w S_w\phi+\Sigma_h(1-S_w)\phi+\Sigma_{sh}V_{sh}] \tag{10-97}$$

改进后的求取含水饱和度公式如下：

$$S_w=[(\Sigma/K-\Sigma_{ma})-\phi(\Sigma_h-\Sigma_{ma})-V_{sh}(\Sigma_{sh}-\Sigma_{ma})]/\phi(\Sigma_w-\Sigma_h) \tag{10-98}$$

式中 K——区域系数，无量纲；

Σ——利用 PNN 测井测得的中子计数率计算的地层宏观俘获截面，cu；

Σ_{ma}——骨架的宏观俘获截面，cu；

Σ_{sh}——泥质的宏观俘获截面，cu；

Σ_h——烃的宏观俘获截面，cu；

Σ_w——水的宏观俘获截面，cu；

V_{sh}——泥质含量，%；

ϕ——孔隙度，%。

通常在解释井段寻找一个纯水层作为标志层进行标定，由于全水层的 $S_w=1$，列方程组求解即可求得 K。每个区域内的 K 不同。基于该思想，长江大学生产测井团队在与华北油田合作研究的热中子成像测井 TNIS（其与 PNN 测井原理基本一致）针对研究区低矿化度和高泥质含量的影响因素条件下，提出了针对地层水和泥质含量两个组分的双因子校正系数，其需要寻找到两个及以上的纯水层进行标定从而得到校正系数 K_1 和 K_2。对于复杂的地层条件，后期还可以对参数进行多因子的校正，同样选取纯水层或者未被开采的好的油层进行最优化的思想求解地区的解释参数。

五、资料应用

与目前国内使用的其他饱和度测井方式比较，PNN 测井的一个最大不同在与于其他方法中通过地层对中子的俘获放射出的伽马射线进行记录分析来进行饱和度的解析。

PNN 测井是通过对地层中还没有被地层俘获的热中子来进行记录和分析，从而得到饱和度的解析。探测热中子法，没有了探测自然伽马方法存在的本底值影响，同时在更低的矿化度(高于 10000mg/L)和低孔隙度(大于 8%)等地层保持了相对较高的记数率，削减了统计起伏的影响。同时，PNN 测井还有一套独特的数据处理方法，能够最大限度地去除井眼影响，保证了 Σ 曲线的准确性，精度可以达到±0. 1 宏观俘获截面单位。这种方式使得 PNN 在低孔隙度、低矿化度地层(目前大多数油田生产的难点)相对其他测井方式具有更高的分辨率。同时，PNN 测井还具有施工简单，不需要特殊的作业准备，可以过油管测量、仪器不需刻度，操作维修简单、记录原始数据、最大限度地去除井眼影响等多方面的优势。

1. 半定性分析方法(Σ 分离法)

半定性分析方法是通过准确确定各解释参数，从测量的整体宏观俘获截面中，剔除骨架及泥质的宏观俘获截面影响，即可得到反映流体信息的宏观俘获截面。在流体中水的宏观俘获截面高，油的宏观俘获截面低，气的宏观俘获截面更低，这样就能够更直观地进行定性分析：

$$\Sigma_f = \Sigma_w S_w \phi + \Sigma_h (1-S_w)\phi \tag{10-99}$$

$$\Sigma_f = \Sigma - \Sigma_{ma}(1-V_{sh}-\phi) - \Sigma_{sh} V_{sh} \tag{10-100}$$

式中 Σ_f——孔隙内流体的宏观俘获截面；

Σ——实测井段的地层宏观俘获截面。

如图 10-39 半定性解释成果图所示，剔除骨架及泥质的宏观俘获截面影响而得到的反映流体信息宏观俘获截面的 LSIGMA 曲线可知，在储层内，1、3 小层(即宏观俘获截面标记为深色虚线部分)宏观俘获截面高可判断为水层，2、4 小层(即俘获截面浅色虚线部分)宏观俘获截面低可以判断为油层。

2. 利用标准层对 PNN 测井资料进行校正

单井中影响 PNN 测井资料精确度的影响因素主要有地层孔隙度及流体饱和度、泥质含量、地层水矿化度。对于井眼水矿化度对宏观俘获截面的影响，在实际处理过程中通过选择合适的初始时间可以避开井眼流体的影响。而套管尺寸的不同，只影响地层宏观俘获截面的绝对值大小，对区分油水性质也不会产生影响。

实际处理时，PNN 测井资料所受到的影响因素是多元化的，无法仿照理想模拟实验进行单一因素研究。因此，该次研究的思路主要是利用标准层法。标准层必须满足以下条件：(1) 区域上沉积稳定，并具有一定厚度；(2)必须是未经开采及注入水未波及的相对封闭段；(3)与待评价油组的垂向距离在一定范围内，岩性、物性与待评价油组较一致。

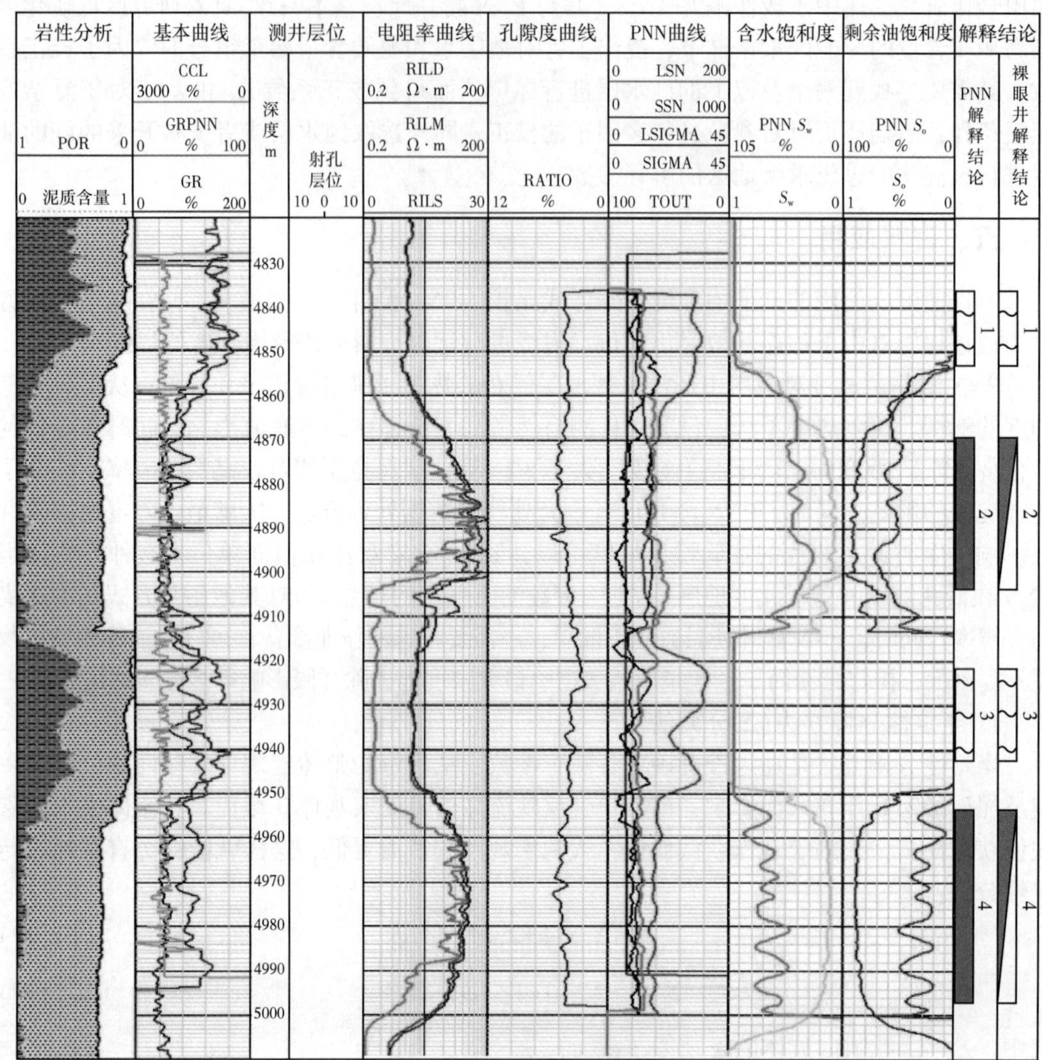

图 10-39　半定性分析实例

这样可以近似认为该标准层孔隙度、饱和度、渗透率、泥质含量等与完井时的差异可忽略。如图 10-40 所示，该井通过与试油结论对比，Ⅰ-33 号层基于实测的宏观俘获截面进行解释的含水饱和度偏高，经校正后测井资料解释结果与试油资料相符度更高。

3. PNN 测井在低阻储层识别中的应用

交会图技术是测井解释中最常用、最直观的油气水层定性识别方法之一。它是利用测井原始或计算信息两两交会而制成相应交会图版，依据交会图中不同类型数据点的分布规律来进行油气水层评价的方法。

根据低阻油气层的定义(电阻增大率小于 2)，运用常规测井曲线和方法对低阻油气水层识别存在着一定的困难，其与地层水间的差别不易发现。因此，在基于常规测井所取得信息基础上，对所研究的区块进行了 PNN 测井，从而获得研究区块地层宏观俘获截面，再将所得的宏观俘获截面与常规测井原始或计算信息相组合，制作各种交会图，可以将大部分的可能低阻油气层从解释层段中筛选出来。

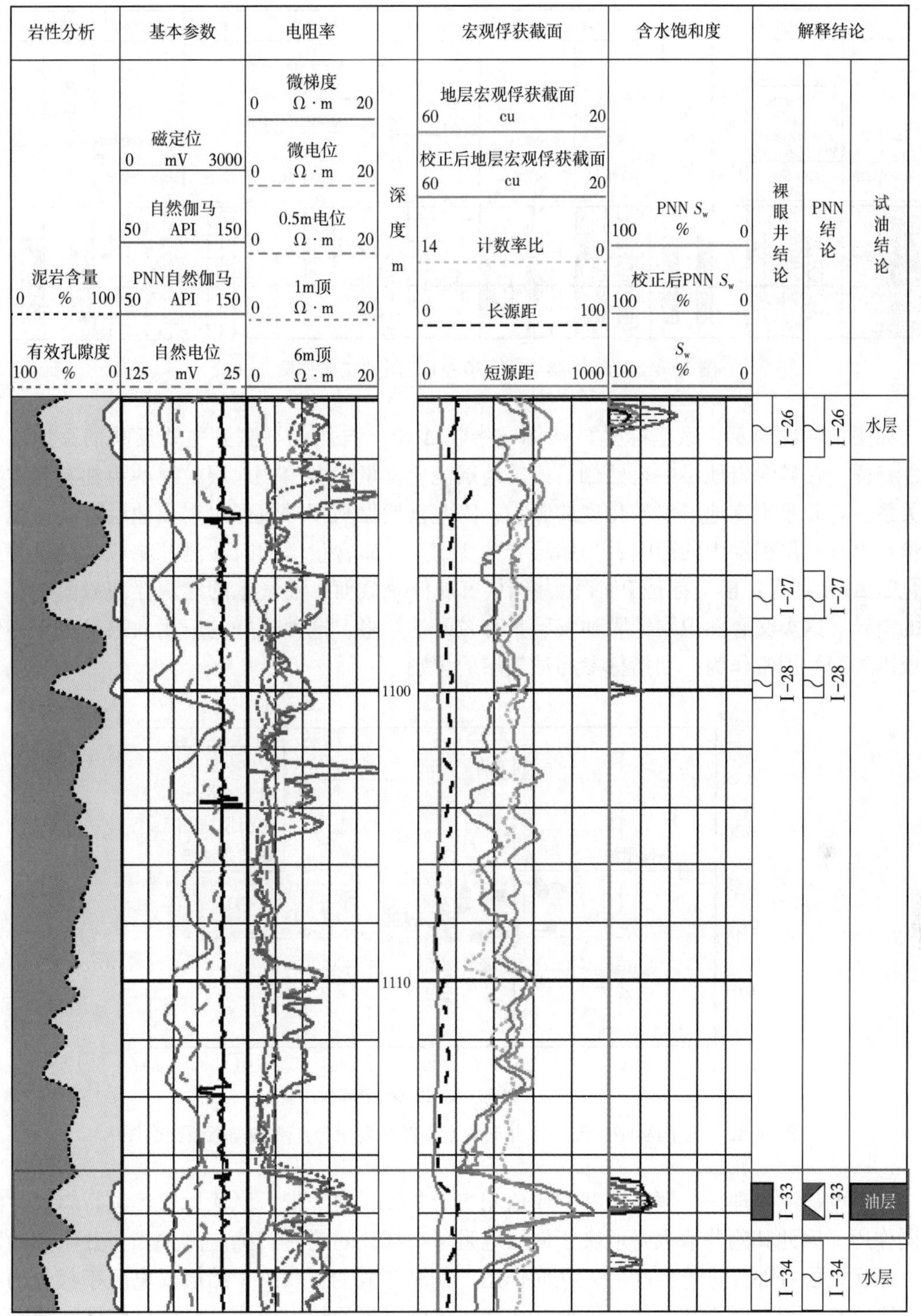

图 10-40　标准层校正实例

低阻油气层往往具备岩性细、泥质重和地层水矿化度高等特点，其电性特征一般表现为感应测井电阻率低值，低于围岩，自然电位负异常，自然伽马低值，三孔隙度测井曲线具有含油气特点，如图 10-41 所示。

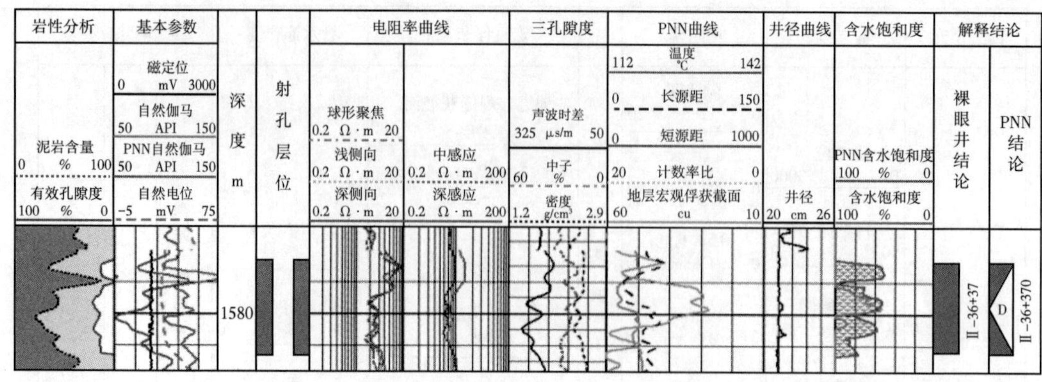

图 10-41　狮中 38 井Ⅱ-36+37 低阻油层典型测井曲线

如图 10-42 所示，纵坐标是自然伽马指数 ΔGR，自然伽马测井主要反映的是地层的岩性特征，在砂泥岩地层中自然伽马值与地层泥质含量的多少，地层粒度的粗细有着重要的关系，它几乎不受地层水矿化度的影响，因此自然伽马相对值可以突出地层粒度与泥质含量在油气水层识别中的影响，当储层岩性变细及泥质含量增加时在测井响应中最显著的变化是 ΔGR 增大；横坐标是 PNN 测井储层宏观俘获截面，油气水的宏观俘获截面有着显著的差异。这类交会图识别低阻油气层具有较好的效果，这种较好的应用效果是由于将低阻成因的岩性因素作为一项指标参与油气层的识别。

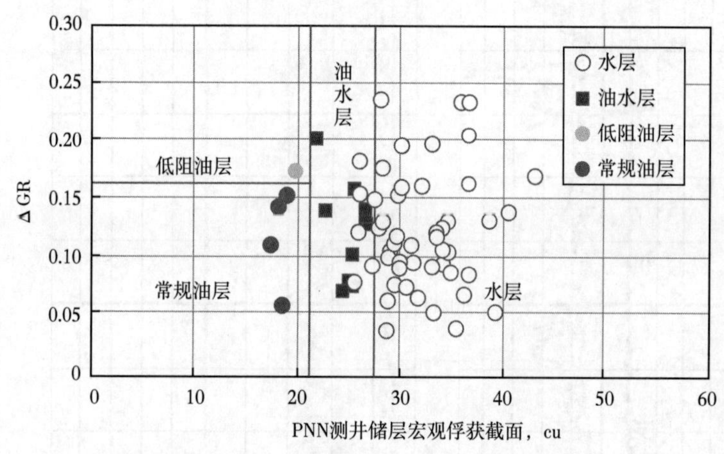

图 10-42　狮子沟油田 PNN 测井储层宏观俘获截面与自然伽马指数交会图

根据电法测井理论，侧向测井响应值相当于井眼、冲洗带、原状地层等进行串联后的共同作用，因此其测井值主要取决于储层电阻率高部分的响应；感应测井则为井眼、冲洗带、原状地层等部分进行并联后的共同作用，其测井值主要取决于储层低电阻率部分的响应，除反映骨架电阻率和储层岩性外，还受流体电阻率的较大影响，对储层流体性质有比较好的反映。从地层侵入机理可知在淡水钻井液条件下，侧向测井电阻率与感应测井电阻率比值对于油层有着较好的分辨率。应用上述原理建立了侧向测井电阻率与感应测井电阻率比值和 PNN 测井储层宏观俘获截面交会图，如图 10-43 所示。

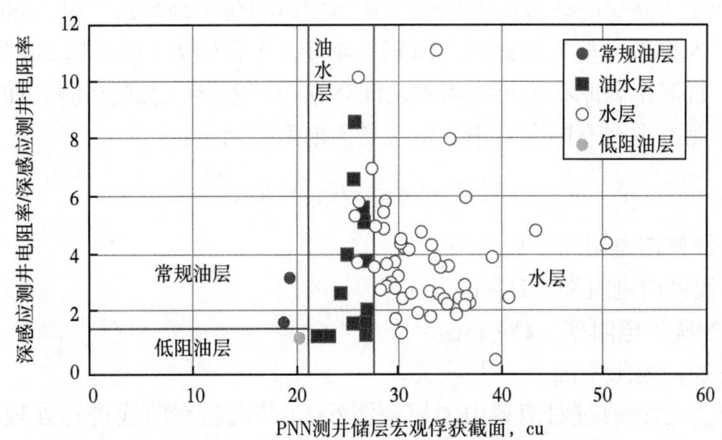

图 10-43　狮子沟油田 PNN 测井储层宏观俘获截面与深侧向测井电阻率/深感应测井电阻率交会图

4. PNN 测井与在低孔低渗透油层流体识别中的应用

低孔低渗透储层孔隙流体体积小，加上孔隙结构、泥质、钙质、底层是性质等因素对电阻率测井的影响，测井对含油性的反映具有不确定性。

低孔低渗透油气藏测井评价时，常常由于次生孔隙的存在使储层孔隙结构变得复杂化。低渗透储层次生孔隙发育，孔隙类型多样，孔隙结构十分复杂，非均质性强，具有特殊的渗流特性，同时，孔隙结构的复杂化使岩石的导电性与含油性偏离阿尔奇公式的线性关系。储层物性差，含油饱和度低，测井响应中来自油气的信息较少，相对而言，岩性、孔隙结构等非流体因素对测井响应的影响增大，造成测井信噪比低，油气水层难以识别，工业产层与低产层、干层界限模糊，其孔渗饱模型将更加复杂、建立难度也更大。相对于高孔高渗透储层而言，低孔低渗透储层更易受钻井液侵入的伤害，钻井液滤液对低孔低渗透储层的侵入较深，进一步加剧了测井区分油(气)、水层的难度。

如图 10-44 所示，PNN 测井所测量的地层伤害俘获截面对油气水有一定的定性识别能力。当地层宏观俘获截面大于 28cu 时，为水层；当地层宏观俘获截面值介于 18~28cu 时，为油水同层；当地层宏观俘获截面小于 18cu 时，为油层。

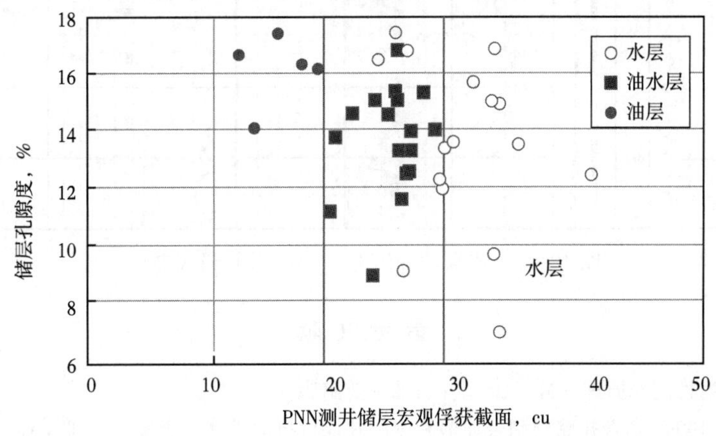

图 10-44　南翼山油田 PNN 测井储层宏观俘获截面与储层孔隙度交会图

由于低孔低渗透储层的微渗流作用强，从而使得滤饼不易形成，钻井液滤液可以不断地渗入储层，侵入作用一直持续进行，因而一般侵入半径较大（可深达 2m 甚至更大）。这就造成冲洗带、过渡带和原状地层电阻率之间存在一定差异，表现在测井曲线上即为不同探测深度电阻率测井得到不同电阻率，定义径向电阻率因子：

$$\mathrm{RRF}=(R_{\mathrm{LLD}}-R_{\mathrm{LLS}})/R_{\mathrm{XO}} \tag{10-101}$$

式中　R_{LLD}——深侧向电阻率，Ω · m；

R_{LLS}——浅侧向电阻率，Ω · m；

R_{XO}——冲洗带电阻率，Ω · m；

RRF——径向电阻率因子，无量纲。

如图 10-45 所示，通过对南翼山油田南浅 6313 井电阻率曲线进行处理得到径向电阻率因子曲线，在储层段径向电阻率因子都有明显的幅度差，对于低渗透储层，由于滤饼形成较慢而使地层侵入较为严重，低渗透储层径向电阻率因子表现特征与水层相似，但从宏观俘获截面曲线上看，由于水的宏观俘获截面高于油层，因此将径向电阻率因子与宏观俘获截面相结合，有一定识别油层能力。

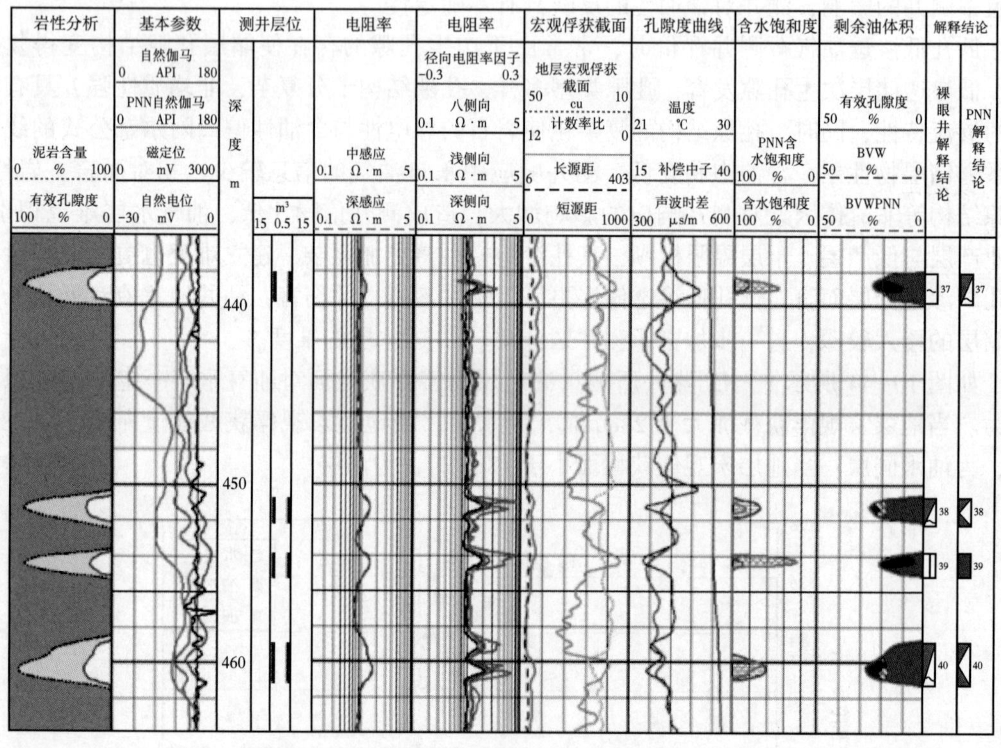

图 10-45　南翼山油田南浅 6313 井解释成果图

参 考 文 献

黄隆基，1985. 放射性测井原理［M］. 北京：石油工业出版社 .

吴世旗，钟兴水，1999. 套管井储层剩余油饱和度测井评价技术［M］. 北京：石油工业出版社 .

Alger R P，1971. The Dual Spacing Neutron Log［C］. SPE3565.

SPWLA，1991. Transactions of the SPWLA Thirty-second Annual Logging Symposium［C］. SPWLA.

第十一章 生产测井资料应用

本章主要介绍注采剖面测井资料在油气田开发中的应用实例，包括在注采系统调整中的应用、区块开发调整中的应用、剩余油饱和度确定及在油藏数值模拟中的应用等。

第一节 注采系统调整实例

某油田含油面积 22km²，其中纯油区面积 10.6km²，过渡带面积 11.6km²，是一个受构造控制的气顶油田，采用反九点面积注水方式开采。针对油田全面转抽后，地层压力下降幅度大，压力系统不合理问题，将井网进行了转抽、调整后变为两排注水井夹三排生产井，中间井为间注间采的行列注水方式。油田储层是以砂岩、泥质粉砂岩组成的一套湖相河流三角洲沉积砂体，储层纵向和平面非均质严重，共分 37 个砂岩组，97 个小层，平均砂岩厚度 112m，有效厚度 72m，地下原油黏度为 17mPa·s，原始气油比为 48m³/m³，饱和压力 10.5MPa。原油的地质储量为 13207×10⁴t，累计采油 3000×10⁴t，采出程度 23%，采出量占可采储量的 69%，剩余可采储量 1328×10⁴t，储采比为 10.38。

该油田投入开发时，开发层系有两套，井距分别为 300m 和 600m；过渡带只用一套层系开发，井距为 300m，之后对纯油区和过渡带进行了层系调整。调整前，共有注水井 89 口，平均单井日注水 343m³，采油井 320 口，平均单井日产油 90m³，综合含水 88%，采油速度 0.97%。为了控制含水上升速度，实现油田合理的压力系统，增加可采储量，合理提高产液量，减缓产量递减，对注采系统进行了调整。

调整采用改为行列注水方式的调整方法，调整工作分为两步，第一步：隔排转注原反九点法井网中注水井排上东西方向上的采油井，中间注水井排上的采油井不转注，仍为间注间采，形成两排注水井夹三排生产井的行列注水方式，注采井数比为 1∶1.67（图 11-1）；第二步：将间注间采井排上的采油井转注，形成一排注水井，一排采油井的行列注水方式，注采井数比为 1∶1 。该油田注采系统调整后，共转注油井 43 口，油水井数比从调节的 3.6 降到 2.1。在转注井排上，新转注井尽可能做到分层注水，注水层段划分上力求与原注水井相对应，这类油层从控制注水为主，注水强度一般不大于 10m³/(d·m)。原注水井砂体主体部位井点一般采取停注措施，变差部位井点应减缓层间矛盾。直接受转注效果的两排采油井，一般不采取堵水措施，以加速改变液体的流动方向。

在中间间注间采井排上，注水能力较低，河道砂主体部位的采油井点以堵水为主，用以缓解注水能力不足的矛盾。原注水井的注水量也可根据油井措施情况和油层压力水平进行局部调整。注水井在砂体主体部位仍可以控制注水或停注，但调整幅度和比例较转注井排上原注水井小。43 口井转注后，日注水量增加了 9630m³，注入水的去向采用吸水剖面测井方法确定，在此基础上调整了 49 口老注水井的注水方案，日注水量减少 8820m³，使全区注水量基本保持稳定，其中老注水井停注 48 个层段，日注水量减少 4730m³；控制注水层 75 个，日注水量减少 4090m³；对 16 个差油层加强注水，日注水量增加 660m³。在调

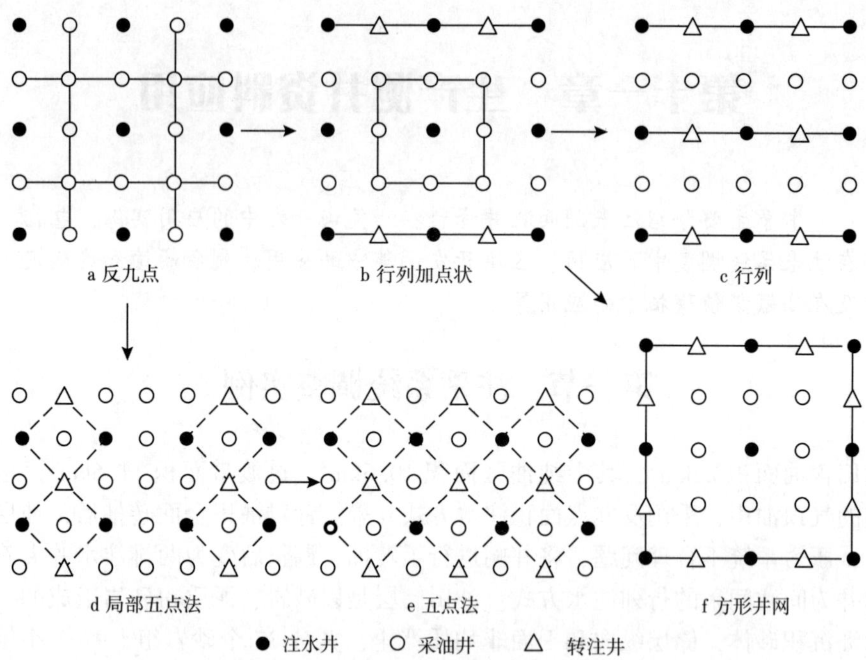

图 11-1 反九点法不同注采系统调整方式示意图

整中，加强油井效益动态分析，掌握好时间差，较好地实现了注水量由老注水井向新转注井转移，同时将 4 口笼统注水井改为分层注水，基本上做到了合理有效注水。在这些调整过程中，对关键注采井实行注采剖面测井监测，以了解注入水的去向及生产效果。

注采系统调整后，采油井连通程度和供液能力显著提高。对含水率较低的井，采取压裂、酸化、换泵等增产措施，收效明显；含水率基本稳定的井在实现增油的同时限制了产液量，在该油田共压裂 43 口井，初期单井日增油 9.8m³，综合含水由 83.4% 下降到 81.8%，年增油 $4.88\times10^4m^3$；换泵 67 口，年增油 $3.91\times10^4m^3$；调整参数 126 口井，年增油 $1.8\times10^4m^3$。

为了控制该油田含水率上升的速度，发挥堵水的整体效应，采用区块整体堵水的做法。共堵水 61 口，占总井数的 21%，平均单井增油 3.1m³，日产水下降 56m³，综合含水由 94%下降到 87%，共降水 $20\times10^4m^3$，当年末平均日降水 1336m³，全区综合含水下降 0.5 个百分点，达到了整个油田含水率不上升的目的。

通过以上工作，基本完成了该油田靠注采系统调整和油水井综合配套措施实现稳油控水的目标（表 11-1）。也使全油田水驱采收率有所提高，增加量为 253.64×10^4t。

表 11-1 主要开发指标完成情况表

项目	油田注水 10^4m^3	年产液量 10^4t	年产油量 10^4t	综合含水 %	含水上升率 %	自然递减率 %	综合递减率 %	地层压力回升 MPa	分注率 %	注水合格率 %
方案规划	1166	1075	128.0	88.09	0	10.9	0	+0.1	89.0	75.0
实际完成	1162	1050	127.5	88.09	0	7.93	0.42	+0.2	89.5	74.1
差值	-4.0	-25	-0.5	0	0	-2.97	+0.42	+0.1	+0.5	-0.9

该油田的现场实践表明，通过油井转注进行注采系统调整，实现了合理的压力开采系统，并相应提高了油田产液量，减缓产量递减，改变了液流的方法，提高了水驱连通程度。实践证明，注采系统调整应根据油水井数比随含水上升而逐渐降低的规律，选择适当的时机和合理的转注井数进行；转注方式要有利于提高对储层的水驱控制程度和剩余油的集中开采；注采系统调整后，在充分认识各类油层动用状况的基础上，搞好新老注水井的分层配水，促进液流方向的改变，充分提高注入水的利用率；在受效油井中及时采取压裂、堵水等配套措施，不失时机充分发挥注采系统的调整作用，同时采用生产测井手段加强动态分析，对受效井进行定时动态监测。

第二节　区块开发调整中的应用

一、地下动态综合分析

大庆油田杏五表外储层的开发就是依靠多种测井资料综合解释取得成功的实例。该区的开发目的层是萨、葡油层组厚度低于 0.5m 的薄层泥质粉砂岩，含油产状以油迹和油斑为主，渗透率、含油饱和度均较低，这些因素增加了开采和测井的难度，实验区平均单井射开厚度 12.5m，油井采用限流法射孔、限流法压裂，设计方案单井产液 6~8m^3/d，含水低于 15%。

开井生产后，油井的产液与含水普遍较高，含水率高达 84%。这与有效厚度低于 0.2m，孔渗性差有关。为了弄清这一情况，进行了过环空产出剖面测井。如杏 531 井，第一次检查结果是全井产液 30m^3/d，全井含水 15%，主力产层为葡 1 层单层产 9m^3/d，萨 2 层单层产 8.5m^3/d，这两层为低渗透的薄泥质粉砂岩，应该说靠自身的产能不会有这么高的产量，随后又进行了第二次、第三次产液剖面测量，三次产出剖面结果基本一致。怀疑存在窜槽现象。声波变密度和声幅测井结果表明，萨 1 层和萨 2 层附近的固井质量较差，表明这两个产层与未射孔的目的层段之间存在窜槽的可能；随后进行的同位素示踪曲线证明了上述两层与未射开的其他层有窜槽现象。相邻层经水泥胶结的薄弱部位窜到表外层，导致全井产液量偏高。对比压裂前后的声波变密度测井资料，可以证明压裂之后声幅曲线明显升高，水泥胶结情况变差，因此压裂是导致窜槽的主要原因。

二、注采剖面资料对比

通过注采剖面综合对比，可以确定油田开发中注采井组的注采关系和开发效果。

B4256 井组位于某油田北部，采用反五点面积法井网进行注水开采，井距 300m，开采 S 层系多油层。B4256 井为抽油井，共有 11 个油层，射开砂岩厚度 25m，有效厚度 15m，原始地层压力 11.9MPa，泡点压力 11MPa。中心井受 B4155 井、B4157 井、B4355 井和 B4357 井四口注水井的影响，水驱控制程度为 100%，其连通图如图 11-2 所示。中心井投产时采用泵径 56mm，冲程 3m，冲数 6 次/min，四口注水井与中心井同期投产排液，投产 4 个月后转注。

B4256 井在弹性—溶解气驱动开采期间，由于周围四口排液井同时排液，导致地层压力下降快，产油量下降也很快。中心井地层压力由 11.9MPa 下降到 10.38MPa，下降 1.52MPa；低于饱和压力 0.52MPa，流动压力由 4.59MPa 下降到 3.07MPa，下降

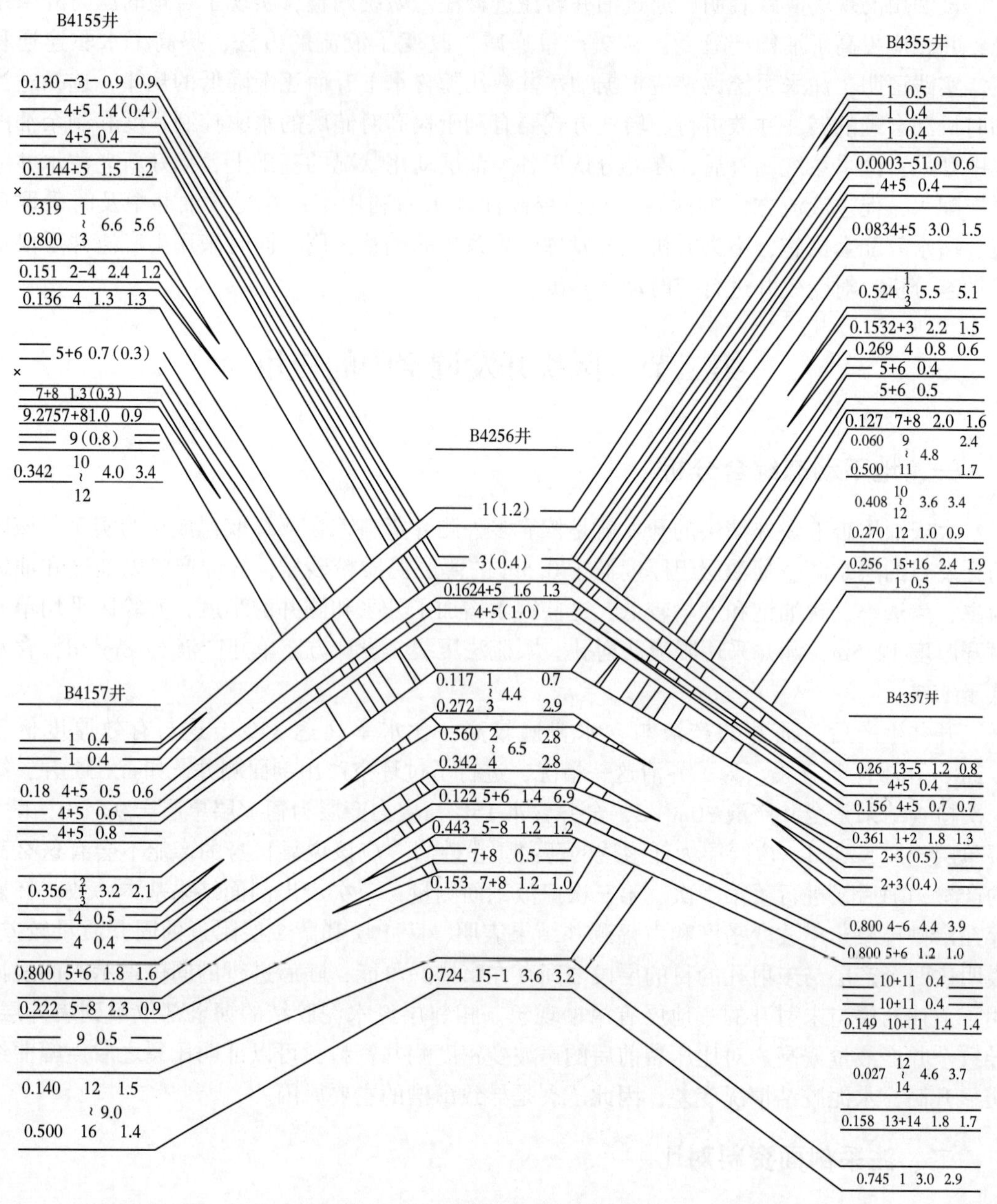

图 11-2　B4256 井组油层连通图

1.52MPa，流饱压差由 6.41MPa 增加到 7.93MPa。由于中心井地层压力下降快，地层能量小，流饱压差加大，脱气半径向油层径向深部移动，从而油层阻力加大，导致油井产量下降，产油量由投产初期的 23m³/d 下降到排液井转注前的 10m³/d，下降 13m³/d，平均下降 2.6m³/d。

四口排液井转抽后，按各油层的自然吸水能力笼统注水，平均日注水量 290m³，单井平均日注水 73m³ 左右（表 11-2）。四口排井转注四个月后中心井流动压力上升，产量回升至投产初期，流动压力由转注前的 3.05MPa 上升到 6.12MPa，流饱压差由 7.93MPa 缩小到 4.86MPa，流动压力比投产初期的 4.59MPa 上升了 1.53MPa。测得地层压力 17.04MPa，比转注前的 10.38MPa 上升 6.66MPa，比原始地层压力高 5.17MPa。产液量上升 $26m^3/d$，产油量 $24m^3/d$，比转注前日增油 $14m^3$。由于采用笼统注水，油井含水上升较快，已上升到 10%。

表 11-2　四口影响注水井日注水变化表　　单位：m^3

井号及层位		1990 年			1991 年												1992 年	
		10 月	11 月	12 月	1 月	2 月	3 月	4 月	5 月	6 月	7 月	8 月	9 月	10 月	11 月	12 月	1 月	2 月
B4155 井	SⅠ3-5									18	22	19	23	22	19	21	36	36
	Ⅱ1-6									21	31	22	33	31	27	28	17	16
	Ⅱ7-12									25	28	25	29	27	24	23	22	22
	全井		82	82	69	66	72	83	60	64	81	66	85	80	70	72	75	75
B4157 井	全井		48	48	60	70	72	63	60	70	73	68	72	64	65	75	63	60
B4355 井	SⅠ1-5									27	26	22	26	23	21	27	21	25
	Ⅱ1-6									28	27	26	26	24	22	22	18	23
	Ⅱ7-Ⅲ1									31	29	20	28	25	23	24	23	27
	全井	100	90	81	68	74	90	91	84	86	82	68	80	72	66	67	62	75
B4357 井	SⅠ3-5									32	32	36	35	35	28	25	26	26
	Ⅱ1-3									23	22	25	25	26	29	28	21	20
	Ⅱ4-Ⅳ1									31	31	35	35	37	27	17	18	18
	全井	95	90	100	86	80	77	93	80	86	85	96	95	98	74	70	65	64

为了了解地下油层动态变化，转注四个月后利用同位素载体法对四口注水井进行吸水剖面测试，同时对 B4256 井进行了过环空产出剖面测试，由表 11-3 中可知，油层厚度大、渗透率高的油层吸水好，油层厚度小、渗透率低的差油层吸水状况差。在吸水层中，SⅡ2-4油层吸水最好。B4256 井环空产出剖面资料也较高，油层厚度大，渗透率高，与注水井连通好且吸水好的油层动用效果好。在四个出油层段中 SⅡ2-4 层是高效产液层，测井产液量 $19.6m^3/d$，占全井产液的 61.2%，该层含水已达 15.3%。中心井 B4256 井油层产出剖面与周围的四口注水井吸水剖面对应良好。这次产出剖面测量后，根据油水井生产测井分层测试资料，针对 B4256 井高效产液层含水上升过快和充分动用其他油层，对三口

表 11-3　B4256 井组油水井生产测井分层剖面对应表

层位	B4256 井		B4155 井	B4157 井	B4355 井	B4357 井
	产液		测井日注	测井日注	测井日注	测井日注
	相对 %	绝对 m^3/d	m^3	m^3	m^3	m^3
SⅠ1-4+5	12.0	4.1	0	0.6	4.9	
Ⅱ1-3	0	0			12.7	
Ⅱ2-4	61.2	19.6	39.4	24.9		21.0
Ⅱ5+6	10.8	3.4				10.0
Ⅱ5-8-7+8	0	0	4.1	7.7	2.7	
Ⅱ15-1	15.2	4.9		31.0	7.9	14.3

有影响的注水井 B4155 井、B4355 井、B4357 井进行分层注水，B4157 井因套管变形仍为笼统注水，分层配注后，四口注水井注水量仍保持在 290m³ 左右。分层配注期间，B4256 井压力产量开始上升，此时抓紧时机进行调参，冲次由 6 次/min 调整到 9 次/min，取得了良好的调参效果。由于三口注水井的注入和调参使生产压差放大，中心井 B4256 井的压力有所下降，但稳定在 15MPa 左右，仍比原始地层压力高 3.13MPa 左右，流动压力稳定在 6.5MPa，调参后，日产液稳定在 50m³ 左右，虽然含水有所上升，产油量比调参初期有所下降，但仍比调参前增加 3m³/d。因分层注水使高效层的吸水受到限制，因此中心井 B4256 井的含水上升速度得到控制，含水上升相对缓慢，比分层注水前上升 11%。

在分层配注及调参完成后，在中心井 B4256 井中进行了过环空产出剖面测井，以检测油层的生产及动用状态（表 11-4）。资料表明，所测各段均出油，比分层配注及调参前出油层段增加了 2 个。高效主力产层仍是 SⅡ2-4 段，产液量由 19.6m³/d 增加到 43.0m³/d，增加了 23.4m³/d。表中显示，分层配注及调参后，中心井的产出剖面得到了明显的改善，出油段和出油厚度增加，SⅡ2-4 产液量增加较快，产出量也增加较多，说明中心井 B4256 井受到了三口注水井分层配注的推进，但高效层产液量增长快，主要是三口注水井分层注水导致，此外 B4157 井的笼统注水也是另一原因，这些水对刚进入中含水期的 B4256 井暂不构成威胁，但高含水期后要根据具体情况进行监测的封堵。

表 11-4　中心井 B4256 井产出剖面对比表

<table>
<tr><th rowspan="3">层段</th><th colspan="2">厚度，m</th><th rowspan="3">渗透率
D</th><th colspan="4">1991 年 6 月</th><th colspan="4"></th></tr>
<tr><th rowspan="2">射开</th><th rowspan="2">有效</th><th colspan="2">日产液</th><th rowspan="2">日产水
m³</th><th rowspan="2">含水
%</th><th colspan="2">日产液</th><th rowspan="2">日产水
m³</th><th rowspan="2">含水
%</th></tr>
<tr><th>相对
%</th><th>绝对
m³</th><th>相对
%</th><th>绝对
m³</th></tr>
<tr><td>SⅠ1-4+5</td><td>4.2</td><td>1.3</td><td rowspan="6"></td><td>12.8</td><td>4.1</td><td rowspan="6">3.0</td><td rowspan="6">15.6</td><td>3.7</td><td>2.2</td><td>0.1</td><td rowspan="6">22.1</td></tr>
<tr><td>Ⅱ1-3</td><td>4.4</td><td>3.6</td><td>0.0</td><td>0.0</td><td>3.7</td><td>2.1</td><td>0.1</td></tr>
<tr><td>Ⅱ2-4</td><td>6.6</td><td>5.6</td><td>61.2</td><td>19.6</td><td>73.3</td><td>43.0</td><td>9.5</td></tr>
<tr><td>Ⅱ5+6</td><td>1.4</td><td>0.9</td><td>10.0</td><td>3.4</td><td>4.8</td><td>2.8</td><td>0.3</td></tr>
<tr><td>Ⅱ5-8-7+8</td><td>2.9</td><td>2.2</td><td>0.0</td><td>0.0</td><td>8.7</td><td>5.1</td><td rowspan="2">0.8</td></tr>
<tr><td>Ⅱ15-1</td><td>3.6</td><td>3.2</td><td>15.2</td><td>4.9</td><td>5.8</td><td>3.4</td></tr>
</table>

第三节　用注采剖面资料确定剩余油分布

随着注入水的推进，地层中剩余油的分布会随时间的推移发生复杂变化，单井中的纵向剩余油分布可通过裸眼井水淹层测井资料确定或采用岩心分析方法确定。地层横向二维方向上的剩余油分布可通过油藏数值模拟方法确定。生产测井注采剖面反映了油水产出的瞬时动态，与地层中剩余油分布有着密切联系。利用地层的注采剖面（分层注入率和产水率），结合 Leverett 方程可以建立产水率与地层在井点处的剩余油饱和度的关系，这样可以确定生产井和注入井处纵向上的剩余油饱和度；然后利用流管理论或插值计算方法计算出各地层横向上的剩余油分布，最后得到整个油田生产区纵横向上的剩余油分布，在做横向计算时要求注采井间的岩性是连通的，如果存在岩性尖灭或断层影响，则需要知道这些边界处的产水率。

一、注采井点各产层剩余油饱和度确定

1. 含水率(产水率)与油水相对渗透率的关系

对于倾角为 α 的倾斜油层，如果油藏为油水两相流动，Leverett 从达西定理出发导出了产水率 f_w 与油水相对渗透率的关系：

$$f_w=\frac{1-\dfrac{AKK_{ro}}{q_t}\left(\dfrac{\partial p_c}{\partial L}+\Delta\gamma\sin\alpha\right)}{1+\dfrac{K_{ro}}{K_{rw}}\dfrac{\mu_w}{\mu_o}} \tag{11-1}$$

$$p_c=p_w-p_o$$

$$\Delta\gamma=\gamma_w-\gamma_o$$

$$q_t=q_w+q_o$$

式中　q_o、q_w——分别为流经截面 A 的油和水的流量；

K——岩石的绝对渗透率；

μ_o、μ_w——分别为油和水的黏度；

K_{ro}、K_{rw}——分别为油和水的相对渗透率；

p_c——毛细管压力；

$\Delta\gamma$——水油密度差；

γ_w、γ_o——分别为水和油的密度。

式（11-1）表示两相流动中位于任意截面 A 处的含水率公式，说明断面上的含水率受岩石的绝对渗透率、$\Delta\gamma$、曲面 A、总产量 q_t、μ_w/μ_o、地层倾斜角 α、油水相对渗透率及其比值、毛细管压力在距离 L 处的梯度 $\partial p_c/\partial L$ 等因素的影响。毛细管压力 $\partial p_c/\partial S_w$ 与 $\partial S_w/\partial L$ 两项相关，$\partial p_c/\partial S_w$ 可以用毛细管压力曲线确定，$\partial S_w/\partial L$ 的影响较小，实际上毛细管压力的作用项 $\partial p_c/\partial L$ 可以忽略不计，所以式(11-1)简化为

$$f_w=\frac{1}{1+\dfrac{K_o}{K_w}\dfrac{\mu_w}{\mu_o}} \tag{11-2}$$

2. 渗透率与含水饱和度的关系

由式（11-2）知，含水率与油水的两相相对渗透率有关，而相对渗透率是渗透层饱和度的函数。由此可以建立含水率与饱和度两者的关系。相对渗透率与饱和度的关系受岩石非均质性、孔隙结构及分布、润湿性、流体类型及分布的影响。实际应用中，广泛应用下列经验公式：

$$K_{rw}=a_1S_{wm}^m \tag{11-3}$$

$$K_{ro}=a_2(1-S_{wm})^n \tag{11-4}$$

$$S_{wm}=\frac{S_w-S_{wi}}{1-S_{wi}-S_{or}} \tag{11-5}$$

$$\frac{K_{ro}}{K_{rw}}=a\frac{(1-S_{or}-S_{w})^{n}}{(S_{w}-S_{wi})^{m}} \tag{11-6}$$

式中 S_w、S_{wi}、S_{or}、S_{wm}——分别表示含水饱和度、束缚水饱和度、残余油饱和度和可动水饱和度；

a、m、n、a_1、a_2——分别表示与油、水相对渗透率相关的比例系数。

为了确定式中的 a、S_{wi}、S_{or} 和 n，可以采用多元统计分析方法对 S_w 与 K_{ro}/K_{rw} 相关实验数据进行拟合。表 11-5、表 11-6 中给出的是一个地区的实际应用实例。这些数据与渗透率的变化范围相关。在不具备实验数据时，可采用 Pirson 水湿粒间孔隙介质表示二者的关系：

$$\begin{cases} K_{rw}=S_{w}^{4}\left(\dfrac{S_{w}-S_{wi}}{1-S_{wi}}\right)^{0.5} \\ K_{ro}=\left(1-\dfrac{S_{w}-S_{wi}}{1-S_{wi}-S_{or}}\right)^{2} \end{cases} \tag{11-7}$$

表 11-5　岩样油水相对渗透率分析数据

第一组 $K<80\text{mD}$		第二组 $80\text{mD}\leqslant K<150\text{mD}$		第三组 $150\text{mD}\leqslant K<250\text{mD}$		第四组 $K\geqslant 250\text{mD}$	
S_w	K_{ro}/K_{rw}	S_w	K_{ro}/K_{rw}	S_w	K_{ro}/K_{rw}	S_w	K_{ro}/K_w
0. 333	62. 25	0. 36	40	0. 388	22. 924	0. 356	12. 716
0. 455	16	0. 4	20	0. 4	10. 125	0. 365	10. 182
0. 5	8. 7858	0. 523	4. 313	0. 408	9. 92	0. 375	7. 1814
0. 6	1. 997	0. 544	2. 8112	0. 412	7. 9615	0. 394	4. 9547
0. 604	1. 4963	0. 55	2. 3438	0. 439	5. 8214	0. 427	2. 8729
0. 637	0. 2321	0. 557	1. 9176	0. 448	5. 0847	0. 455	1. 7275
0. 604	2. 9806	0. 568	1. 4124	0. 468	4. 3506	0. 472	1. 2168
0. 666	1. 6844	0. 56	1. 0387	0. 485	4. 3789	0. 483	0. 703
0. 688	1. 127	0. 585	0. 9628	0. 515	2. 2727	0. 491	0. 8271
0. 472	17. 432	0. 607	0. 4603	0. 537	1. 3496	0. 5	0. 7277
0. 491	11. 111	0. 617	0. 2844	0. 556	0. 8079	0. 512	0. 5839
0. 545	7. 6233	0. 626	0. 1581	0. 57	0. 508	0. 536	0. 4928
0. 57	5. 4167	0. 633	0. 124	0. 59	0. 3713	0. 543	0. 3756
0. 67	1. 9099	0. 64	0. 0954	0. 33	35	0. 39	8. 8082
0. 696	1. 2603	0. 642	0. 0588	0. 36	28	0. 404	6. 4565
				0. 417	5. 5882	0. 425	3. 616
				0. 448	2. 293	0. 441	2. 8671
				0. 462	2. 1296	0. 453	2. 3226
				0. 48	1. 2216	0. 467	1. 6471

表 11-6　a、S_{wi}、S_{or}、m 和 n 数据

组别	第一组	第二组	第三组	第四组
K，mD	<80	80~150	150~250	≥250
a	14. 361	0. 9146	2. 6001	23. 841
S_{wi}	0. 27	0. 257	0. 2495	0. 2284
S_{or}	0. 155	0. 3359	0. 3351	0. 316
m	1. 1038	2. 2117	1. 8197	1. 3905
n	2. 0295	0. 8467	1. 7727	3. 0819

3. 含水饱和度与含水率的关系

由上述分析可知，含水率是油水相相对渗透率的函数，而相对渗透率又是含水饱和度的函数。由此可知，水驱条件下任意岩层断面上的含水率是含水饱和度的函数，即含水率是随着含水饱和度的变化而变化的，但二者之间没有明显的数学表达式。用油水相相对渗透率为中间变量可以建立二者的关系。将式(11-6)代入式(11-2)得：

$$f_w=\frac{1}{1+\frac{\mu_w}{\mu_o}\frac{a(1-S_{or}-S_w)^n}{(S_w-S_{wi})^m}} \tag{11-8}$$

对于某一油田，利用注采剖面可以得到单个井点处的纵向含水率，利用式(11-8)可以得到如图 11-3 所示的 S_w—f_w 关系图版。在每一地区这样的图版不同，但形状相同，利

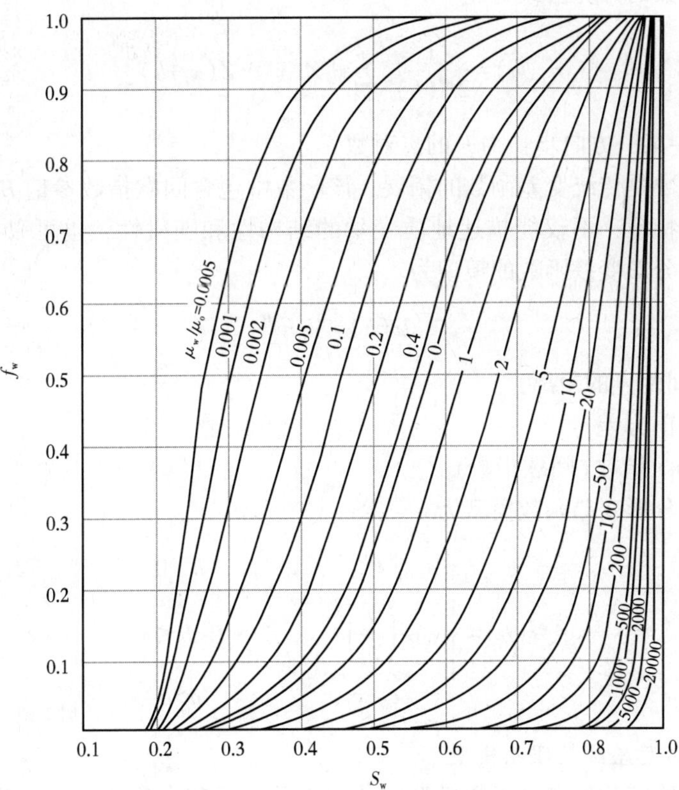

图 11-3　不同油水黏度比下的含水率与含水饱和度的关系

用这一图版可以得到相应地区的含水率和剩余油饱和度。

二、井间剩余油饱和度确定

井间剩余油饱和度确定方法是在各井点含水饱和度的基础上确定的。通常采用插值法和流管计算方法。插值法通常选用分形点克里金法。该方法是分形技术与克里金方法的结合。克里金估值在定量分析过程中最大限度地利用地层信息，将定量分析与定性分析结合在一起，滤出了测量误差及空间微结构的影响。它反映了观测数据中包含的总体趋势，因此用分形点克里金模型确定的储层分布，不但能反映参数的宏观变化特征，也能反映局部的非均质变化。

流管计算方法实际上是一种数值计算方法。下面介绍两种方法的具体计算过程。

1. 分形点克里金方法

1）变差函数及分形变差函数模型

变差函数能够反映区域化变量的空间变化特征，特别是通过随机性反映区域变量的结构性，所以变差函数又叫结构函数。

设区域化变量 $Z(x)$ 定义在一维数轴 x 上，把 $Z(x)$ 在 x、$x+h$ 两点处值之差的方差之半定义为 $Z(x)$ 在 x 轴方向上的一维变差函数，记为

$$r'(x,\ h)=\frac{1}{2}V_{\mathrm{ar}}[Z(x)-Z(x+h)] \tag{11-9}$$

实验变差函数的计算公式为

$$r^*(h)=\frac{1}{2N(h)}\sum_{i=1}^{N(h)}[Z(x_i)-Z(x_i+h)]^2 \tag{11-10}$$

式中　$N(h)$——某一方向步长为 h 的点对数。

分形变差函数是传统变差函数的拓展。该函数中包含间歇指数参量 H，用于描述地质变量的分形分布特征，不仅能描述地质变量的结构性和随机性，也可以描述局部非均质性。无基台值的分形变差函数的模型为

$$2r(h)=V_{\mathrm{H}}h^{2H} \tag{11-11}$$

式中　h——空间两点的距离；

V_{H}——验前方差；

H——Hurst 指数（间歇指数）。

有基台值的分形变差函数模型为

$$r(h)=\begin{cases}0 & h=0\\ c_0+c\left(\dfrac{h}{a}\right)^{2-2H} & 0<h\leqslant a\\ c_0+c & h>a\end{cases} \tag{11-12}$$

2）拟合分形变差函数理论模型

拟合是为了确定分形变差函数模型中的未知数。无基台值的分形变差函数中的 V_{H} 可以计算出来，只要求出间歇指数 H 就可以确定该模型，H 可以用重标级差 R/S 分析求得，

也可通过对方程两边取对数，作 $\lg r(h)$ 与 $\lg h$ 的交会图求取。另外几个参数与普通克里金的确定方法相同。

3）分形点克里金估值

设 $Z(x)$ 是满足二阶平稳（或本征）的储层参数变量，其数学期望未知。已知 Z_i 是一组离散的信息样品数据，它们是定义在点 x_i 上的或是确定在以 x_i 为中心的 V_i 上的均值 Z_i。需要估计点 x_0 处的值：

$$Z_o^* = \sum_{i=1}^{n} \lambda_i Z_i \tag{11-13}$$

式中 Z_0^*——待估点 x_0 处的分形点克里金估值；

λ_i——各信息样品点的加权系数，表示各信息点对待估点值的贡献大小。

加权系数通过求解分形点克里金方程组得到。分形点克里金方程组的建立，要满足两个条件。

（1）无偏性条件：$E(Z_0^* - Z_0) = 0$。

（2）最优性条件：使估计方差 $E(Z_0^* - Z_0)^2$ 为最小。

可导出满足上述条件的分形点克里金方程组如下。

①无基台值分形变差函数的分形点克里金模型：

$$\begin{cases} r'(h) = \dfrac{1}{2} V_{\mathrm{H}} h^{2H} \\ \sum\limits_{j=1}^{n} \lambda_i r(x_i,\ x_j) + \mu = \bar{r}(x_i,\ x_0) \\ \sum\limits_{i=1}^{n} \lambda_i = 1 \\ \delta_K^2 = \sum\limits_{i=1}^{n} \lambda_i \bar{r}(x_i,\ x_0) - \bar{r}(x_0,\ x_0) + \mu \end{cases} \tag{11-14}$$

②有基台值分形变差函数的分形点克里金模型：

$$\begin{cases} r'(h) = c_0 + c\left(\dfrac{h}{a}\right)^{2-2H} \\ \sum\limits_{j=1}^{n} \lambda_j c(x_i,\ x_j) - \mu = \bar{c}(x_i,\ x_0) \\ \sum\limits_{i=1}^{n} \lambda_i = 1 \\ \delta_K^2 = \bar{c}(x_0,\ x_0) - \sum\limits_{i=1}^{n} \bar{c}(x_i,\ x_0) + \mu \end{cases} \tag{11-15}$$

在上述两种模型中，只要通过求解方程组求得各加权系数 λ_i，就可以对 Z_0 点进行估计 $Z_0^* = \sum \lambda_i Z_i$，从而预测储层参数 $Z(x)$ 的分布。若 $Z(x)$ 为剩余油饱和度，即可预测出剩余油的分布。

2. 流管分析法

在注采地层中，在某一截面 A 上取长度为 dx 的薄片，由于 dx 非常小，可以认为在这一薄片内各点处的含水饱和度相等，薄片进口端含水饱和度稍高于出口端，因而进口比出口含水率高 $\mathrm{d}f_w$。在很短一段时间 $\mathrm{d}t$ 内，从进口端流入薄片的水量等于油水总产量 q 乘以 $\mathrm{d}f_w\mathrm{d}t$，即：

$$q\mathrm{d}f_w\mathrm{d}t \tag{11-16}$$

设同一时间内，薄片内的含水饱和度升高了 $\mathrm{d}S_w$，则薄片在 $\mathrm{d}t$ 内的水量增加为

$$A\mathrm{d}x\phi\mathrm{d}S_w \tag{11-17}$$

根据质量守恒原理：

$$A\mathrm{d}x\phi\mathrm{d}S_w=q\mathrm{d}t\mathrm{d}f_w$$

从注水层井点处 $(x=0)$ 积分到含水饱和度为 S_w、坐标为 x 的截面得：

$$A\phi x=qt\frac{\mathrm{d}f_w}{\mathrm{d}S_w}=qtf'_w \tag{11-18}$$

式中　t——累计注入时间。

含水率 f_w 通过渗透率与含水饱和度发生关系。而渗透率曲线因岩石及流体性质而异，f'_w 的意义是地层内含水饱和度每增加 1%，含水率相应升高的量，它是相对于含水饱和度的含水上升率。图 11-4 是 f'_w 与 S_w 和 μ_w/μ_o 的相关关系。该图横坐标为 S_w，曲线模数为 μ_w/μ_o，f'_w 是图 11-3 中 f_w 与 S_w、μ_w/μ_o 交会点处所作切线的斜率，即图 11-4 是在图 11-3 的基础上作出的。由式(11-18)得：

$$x=\frac{qt}{\phi A}f'_w \tag{11-19}$$

对于 t 一定，则累计注入量 q 一定，给出一个 S_w，则可从图 11-4 中查得一个 f'_w，由式(11-19)即可求得一个 x，这样即可求出距注入井 x 处的含水饱和度为 S_w，对于所有的 f_w、f'_w 进行计算，即可得出 S_w 的平面分布，如图 11-5 所示。

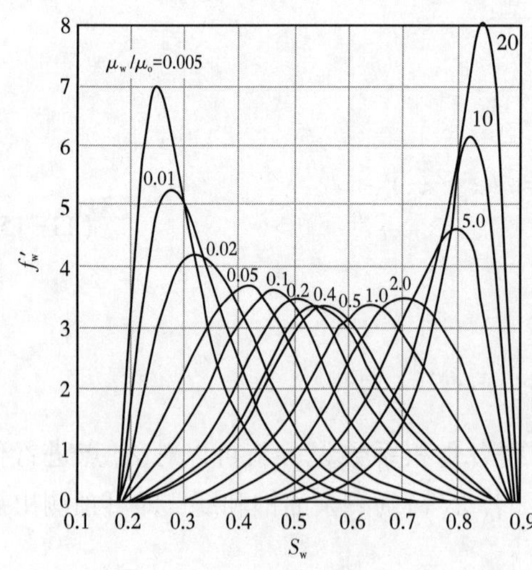

图 11-4　各种黏度比下的 f'_w 与 S_w 的关系

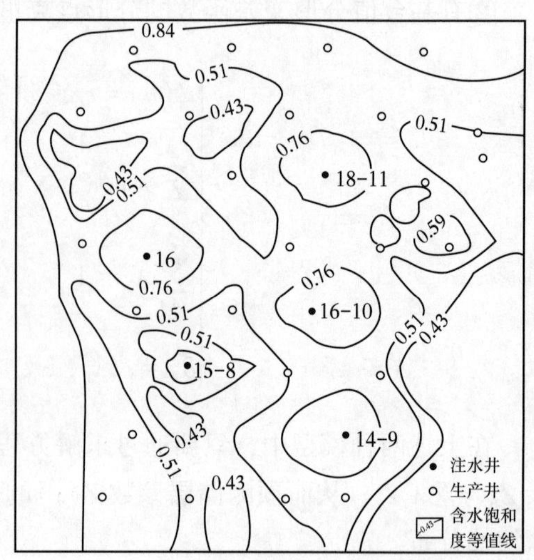

图 11-5　含水饱和度等值线图

第四节　注采剖面在油藏数值模拟中的应用

一、油藏数值模拟简介

油田开发的任务就是从储层的客观实际出发，以最少的投资，最佳开采速度获取最高的采收率。为了编制切合实际的开发方案，应尽可能详尽掌握地下信息。一方面是宏观信息，例如油藏构造（断层、岩性尖灭、油水分布）、油层岩性（砂岩、石灰岩、多重孔隙介质、油层厚度、孔隙度、渗透率等）；另一方面是微观情况，例如孔隙结构（孔道大小分布、孔隙之间关系）、非渗透夹层分布规律；第三方面是油气水高压物性信息，高温高压下，油气相态、体积系数、气油比、黏度等性质变化很大。油层中所含流体与岩石的相互作用所产生的物理化学现象较为复杂，例如毛细管压力、油气水的相对渗透率、扩散、吸附等。此外，三次采油如热力采油、化学驱油和混相驱会使井下的各种物理化学现象更为复杂化。油田注采过程中，油井注采流量、温度、压力和油气水饱和度变化很大，因此认识和描述油藏的动静态规律较为复杂。

研究油藏主要方法有两种：直接观察法和模拟法。

1. 直接观察研究法

直接在油田上进行试验或取得资料，以便进行分析，如钻观察井。这种方法可用在勘探初期或油田开发过程中，可以直接取心分析油层的岩石性质及流体在油层中的分布。当观察井投产后，通过油气水产量和压力变化分析流体在油层中的流动变化规律（干扰试井）。又如，生产测井，通过注采剖面测试，掌握油气水的分布产出动态，从而分析油层的性质。第三种观察方法是开辟生产试验区，油田开发初期为了达到某种目的（如提高采收率措施），通常要在油田内部选择一个有代表性的地区进行试验，得到成熟的开发技术后再进行投产。

2. 模拟方法

模拟分为两大类：物理模拟和数学模拟。

1）物理模拟

根据相似性原理，把自然界中的原型按比例缩小，制成物理模型（如多相流模拟井），然后使原型中的物理过程按一定的相似关系在模型中展现。这样人们就能通过短期的小型试验，迅速和直接地观察到油层中的渗流规律，测定所需的参数。物理模型又可分为定性模型和定量模型两类。定性模型可以了解油层中所发生的各种现象，如蒸汽驱过程中的超覆现象，混相驱过程中的弥散现象等。定量模型可以得到油田开发过程中的有关定量资料，如注水量，产出量、含油饱和度等。

2）数学模拟

通过求解某一物理过程中的数学方程组来研究物理过程变化规律的方法叫数学模拟。通过电场和渗流场中数学方程式相似的特点，可以采用较易实现的电场规律研究油层中渗流场的规律，称为数学模拟中的电网模型。随着计算机技术的发展，逐渐采用数值方法求解数学方程组，这就是油藏数值模拟。物理模拟和数学模拟称为“双模”。物理模拟多用于机理研究，并为数学模拟提供必要的参数，验证数学模拟的结果，提出新的数学模型。数学模拟可考虑多种复杂因素的实际问题，只要能取得符合实际的实验和现场数据，就能迅速准确地得出所需的各种数据。双模是相辅相成的，在油田开发设计和油藏动态中是必不可少的工作。

二、油藏数值模拟的主要步骤

油藏数值模拟的主要内容包括三部分：数学模型建立、数值模型建立和计算机模型建立。

数学模型建立是要建立一套描述油藏的渗流偏微分方程组，以及相应辅助方程和边界条件。

数值模型建立首先通过离散化将偏微分方程组转换成有限差分方程组（油藏数值模拟中采用的离散方法主要为有限差分法，有时也用有限元法），然后将其非线性系数项线性化，从而得到线性代数方程组，再通过线性方程组解法求取所要的未知量（压力、饱和度、温度、组分等）。

计算机模型就是将各种数学模型的计算方法编制成计算机程序，以便利用计算机获取所要的结果。有了计算机模型之后，油藏数值模拟的步骤包括模型选择、资料输入、灵敏度试验、历史拟合和动态预测。

模型选择是根据油藏的实际情况和所研究的问题选择合适的模型，常用的模型包括单相流动模型、两相流动模型、多组分模型和黑油模型。

资料输入包括生产井、注入井和油藏描述中的各种参数。油藏描述资料包括静态参数（构造、油层厚度、孔隙度、渗透率、油层深度、原始地层压力）、流体性质资料（压力、流体黏度、体积系数、压缩系数）、岩心分析资料（饱和度与相对渗透率数据及毛细管压力之间的关系）。生产井、注入井资料包括分层产量、总产量、注入量及分层注入量和井底压力数据。

灵敏度试验是将影响油田开发指标（产量、压力、含水、气油比等）的静态资料、流体性质资料和特殊岩心分析资料人为发生变化，把他们输入计算机中，观察它们对开发指标的影响，从中找出其影响比较大的性质参数。对于这类资料应尽量取全取准。

历史拟合：用已知的地质、流体性质和特殊岩心分析资料和实测的生产历史（产量或井底压力随时间变化），输入计算机程序中，把计算结果与实际观测和测定的开发指标（油层压力和综合含水率等）相比较。若发现两者间有相当大的差异，则说明所采用的资料差异较大，可根据灵敏度试验结果逐步修改输入数据，使计算结果与实测结果一致，这就是历史拟合。历史拟合的速度和质量取决于工作人员对油田实际情况的掌握及软件的质量。

动态预测：在历史拟合的基础上对未来的开发指标进行计算，通常分两种情况：一是根据规定的产量变化预测地层压力和饱和度的变化；二是依据规定的井底流动压力预测油气水产量、地层压力和饱和度的变化。实际情况下问题多种多样，因此要根据具体问题进行历史拟合和动态预测。通过动态预测，可以解决下列不同的问题：

（1）确定不同的开发层系、开采方式、井网密度、注采系统和采油速度对最终采收率的影响，制定新油田最优开发方案和老油田的开发方案。

（2）比较不同的完井方式、完井井段对开发效果的影响，确定最优完井方案。

（3）了解单井注采方式、注采强度对开发效果的影响，确定单井最优工作制度。对各种增产措施如压裂、酸化、堵水等进行机理研究，评价增产效果。进行三次采油的可行性研究，提供三次采油的最佳方案。

(4)进行油层微观渗吸机理研究，探索提高采收率的途径。

由上述分析可知，生产测井在油藏数值模拟中主要用于提供油气水的物性参数、注采剖面、地层压力及含水率变化等信息。对油藏数值模拟的效果和质量监控起着重要的作用。

三、油藏数值模拟基本数学模型

对于一个油藏，当有多相流体在孔隙介质内同时流动时，多相流体要受重力、毛细管力及黏滞力的作用，而且在油与气之间要发生质量交换。因此数学模型建立要考虑这些力及相间的质量交换，同时要考虑油藏的非均质性及油藏的几何形状。用数学模型模拟实际油藏流体的流动规律需要具备以下条件：一是要有描述该油层内流体流动规律的偏微分方程组及描述流体物理化学性质变化的状态方程；二是要给出定解条件，对于稳定流动只需给出边界条件，对于非稳定流动除了边界条件之外，还要知道该油藏的初始条件。

1. 数学模型的分类

油藏数学模型的分类，一般有三种方法：按流体相的数目划分、按空间维数划分、按模型使用功能划分。

1）按流体相的数目划分

单相流模型：描述只有一相流体流动的数学模型。两相流动模型：描述有两相流体流动的数学模型。三相流模型：描述有三相流体流动的数学模型。

2）按空间维数划分

零维模型：描述均质岩石、均质流体性质的油藏系统，该系统内饱和度分布均匀，压力分布连续，油藏内任意处的压力发生变化时，整个油藏系统内的压力同时发生变化。

一维模型：描述油藏流体沿一个方向上发生流动，其他两个方向上没有任何变化的数学模型(如一维问题 x；径向问题 R)。

二维模型：描述油藏流体沿两个方向上发生流动，而在第三个方向上没有任何变化的数学模型(如平面问题 $x—y$，剖面问题 $x—z$、$R—z$)。

三维模型：描述油藏流体沿三个方向发生流动的数学模型($x—y—z$，柱状问题 $R—\theta—z$)。

3）按模型使用功能划分

(1)气藏模型：描述天然气气藏的数学模型。有的气藏只有天然气存在，有的气藏不仅有天然气存在，还有水存在。

(2)黑油模型：描述油气水三相同时存在的数学模型。一般认为只有天然气可以溶于油或从油中分离出来，油和水之间及气和水之间不发生质量交换。

(3)组分模型：描述油藏内碳氢化学组分的数学模型。由对相的描述进而深入到对化学组分的描述，每种化学组分可以存在于油气水三相中的任意一相内，相与相可以存在质量交换(这种模型常用于描述凝析油藏)。

在实际应用中，常根据具体生产的某些特点命名模型，如化学驱模型、热力驱模型、裂缝模型，等等。同时，研究工作者通常综合各种分类方法来命名一种数学模型，如一维单相流动数学模型。

2. 一维径向单相流的数学模型

在下列条件下：

(1)油藏中存在单相流体渗流；

(2)油藏岩石和流体是均质的；

(3)流体渗流符合达西定律；

(4)流体为微可压缩性的；

(5)不考虑岩石的压缩性；

(6)不考虑重力的影响。

可以写出其完整的数学模型为

$$\frac{1}{r}\frac{\partial}{\partial r}\left(r\frac{\partial p}{\partial r}\right)=\frac{\phi\mu C}{K}\frac{\partial p}{\partial t} \tag{11-20}$$

初始条件为

$$p(r,\ 0)=p_{\mathrm{i}} \qquad (r_{\mathrm{w}}<r<r_{\mathrm{e}})$$

外边界条件为

$$\left(\frac{\partial p}{\partial r}\right)_{r=r_{\mathrm{e}}}=0 \qquad (t>0) \qquad \text{封闭外边界}$$

或 $$p(r_{\mathrm{e}},\ t)=p_{\mathrm{e}} \qquad (t>0) \qquad \text{定压外边界}$$

内边界条件为

$$\frac{2\pi kh}{\mu}\left(r\frac{\partial p}{\partial r}\right)_{r=r_{\mathrm{w}}}=q \quad (t>0) \qquad \text{定产}$$

或 $$p(r_{\mathrm{w}},\ t)=p_{\mathrm{wf}} \qquad (t>0) \qquad \text{(定井底流动压力)}$$

式中 r——径向半径；

r_{w}——井底半径；

r_{e}——边界半径；

p——油藏各点的压力；

p_{i}——原始地层压力；

p_{wf}——井底流动压力；

t——时间；

ϕ——孔隙度；

K——有效渗透率；

C——流体的压缩系数；

μ——流体的动力黏度；

q——油井产量。

3. 差分方程建立

式(11-20)是非线性偏微分方程，不能用解析方法求解。目前求解这类方程的通用方法是将其离散化，然后用数值解法，有限差分法是应用最多的一种方法，无论是单相流还是多相流，单组分还是多组分，一维还是多维问题的求解，该方法都已形成了自己的理论体系和求解方法。

1）离散化

离散化就是把整体分割为若干单元。而每个小单元的形状是规则均质的，因此把形状不规则的非均质问题转化为容易计算的均质问题。不管地层的形状及非均质程度如何，都可以用这个方法计算，且整个运算是由重复的简单运算构成的，即计算程序简单通用。该方法能够控制解的精确度，要求的精度越高，划分的单元应越多。

2）离散空间与时间

利用有限差分法将连续的偏微分方程［式(11-20)］变为离散形式，空间和时间两方面都要被离散化。离散空间就是把所研究的空间范围套上某种类型的网格，将其划分为一定数量的单元，通常采用矩形网格，如图 11-6 所示。离散时间就是在所研究的时间范围内把时间离散成一定数量的时间段。在每一时间段内，对问题求解以得到有关参数的新值（图 11-7），步长的大小取决于所要解决的问题，一般来说，时间步长越小，解就越精确。

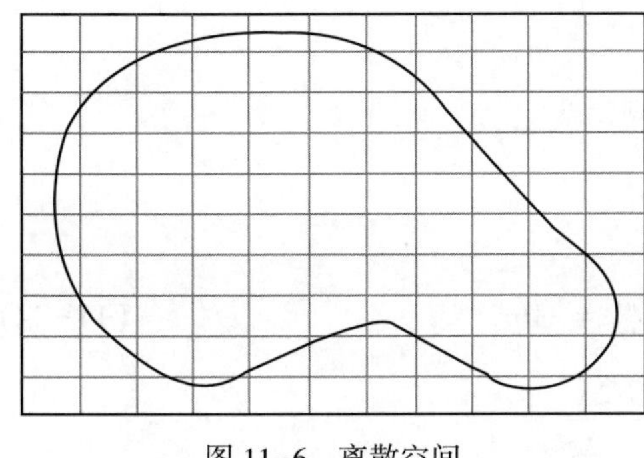

图 11-6　离散空间

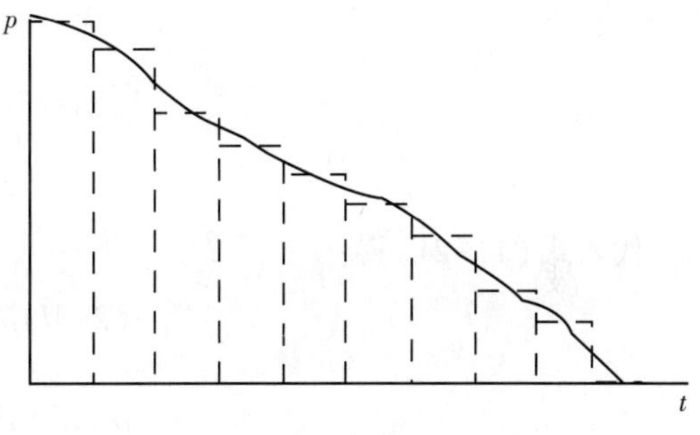

图 11-7　离散时间

有限差分方法是用差商代替偏微商的数值算法，是对网格范围内的各点求解，即原先表示连续的、光滑函数的偏微分方程被一整套对每个离散点并与该点近似解值有关的代数方程组取代。有限差分法求解数学模型的主要步骤如下：

（1）把渗流区域划分成单元，然后把单元按一定顺序排列。

（2）用网格上的饱和度（压力）等代替饱和度函数（压力函数）。

（3）在网格化的基础上，从微分方程出发，建立每个网节点饱和度（压力）与其周围网格节点饱和度间的关系式。一般不是线性关系，需经过线性化得到线性关系。

（4）把每个网格节点所建立的方程合在一起，再利用定解条件，使之成为存在唯一解的方程组。解这一方程组，得到各网格节点的未知饱和度和压力。对于稳定流，则这些网格节点上的饱和度（压力）可表现出稳定的饱和度面；对于非稳定流，则需把时间离散化，对于每一个离散化的时间，可当作稳定流进行求解。

3）差分方程建立

在一维径向流动条件下，靠近井筒附近的压力梯度大，远离井筒附近的压力梯度小，因此采用不均匀网格，靠近井底附近网格密度大一些，沿径向向外逐渐稀疏。

对于式（11-20），采用如图 11-8 所示的网格划分，其差分形式表示为

$$\frac{p_{i+1}^{n+1}-2p_i^{n+1}+p_{i-1}^{n+1}}{\Delta x^2}=\mathrm{e}^{2x_i}r_{\mathrm{w}}^2\frac{\phi\mu C}{K}\frac{p_i^{n+1}-p_i^n}{\Delta t} \tag{11-21}$$

取 $\Delta x_i=\Delta x_{i+1}=\Delta x$ 时：

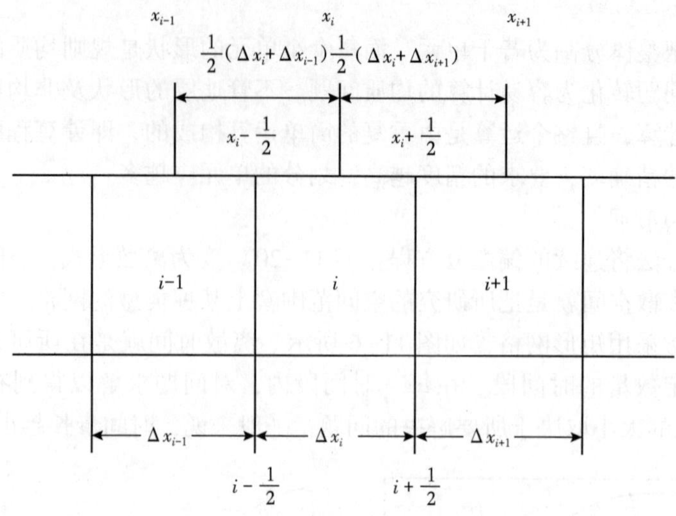

图 11-8　网格划分图

$$x_i=i\Delta x$$

代入式(11-21)得：

$$p_{i+1}^{n+1}-(2+M)p_i^{n+1}+p_{i-1}^{n+1}=-Mp_i^n \tag{11-22}$$

$$M=\mathrm{e}^{2i\Delta x}r_{\mathrm{w}}^2\frac{\phi\mu C}{K}\frac{\Delta x^2}{\Delta t}$$

式中　i——径向第 i 个网格节点；

n——第 n 个时间节点；

p_i^n——径向 x_i 处第 n 时间节点处的压力；

Δx——径向网格节点的离散间距；

x_i——径向第 i 个网格节点处的坐标；

Δt——时间的离散间隔。

当 i 和 Δx 确定后，r 即可确定，根据式(11-22)解三对角矩阵方程，即可确定任一半径下的压力。

若令：

$$\lambda=2+M$$

$$d_i=-Mp_i^n$$

则式(11-22)变为

$$p_{i-1}^{n+1}-\lambda p_i^{n+1}+p_{i+1}^{n+1}=d_i$$

根据不同的外边界条件，解此线性方程组即可求得地层内各点压力或饱和度随时间的变化规律。对于不均匀网格的划分，只要 x_i 确定，r_i 随之确定，r_i 与 x_i 呈指数函数关系。又因为 $x_i=i\Delta x$，所以首先要确定 Δx；r_{w} 与 r_{e} 给定之后，则 Δx 取决于所取网格的多少。

以上给出的是一维径向单相流的数学模型，其他模型差分方程建立与此相类似，可参阅相关文献。

4. 油田开发历史拟合与动态预测

历史拟合就是用已有的油藏参数(渗透率、孔隙度、饱和度等)去计算油田的开发历史，并将计算出的开发参数(油藏压力、产量、含水率等)与油田实际动态相对比，直到计算结果与实际动态相吻合或在允许的误差范围内为止，通过拟合可以比较客观地认识油田的过去和现状，为动态预测做准备。历史拟合是一个反复修改参数、反复试算的过程，取决于人们对油藏的认识程度和油藏工程师的经验。拟合的对象有压力、产量和含水率。可修改的参数有渗透率、孔隙度、厚度、原始饱和度、岩石压缩系数、流体物性参数、相渗透率曲线、毛细管压力曲线和单井参数(表皮系数和井底流动压力)。拟合对象是多个参数的函数，同一拟合结果可以有多种参数组合。在油藏开发拟合中，一般把产量作为已知条件。拟合的步骤有四个：一是油藏原始平衡状态检查；二是油田平均压力及单井压力拟合；三是综合含水和单井含水拟合；四是井底压力拟合。

1)油藏原始平衡状态检查

油藏没有开发时，油藏压力系统处于静止平衡状态，相邻点没有压力差，否则会出现流动，打破静态平衡。为了检查原始平衡状态，可以将注入、产出量置零值对模型计算，检查节点压力值是否改变。若未改变，则说明油藏原始状态绝对平衡，否则需要检查输入参数和模型。

2)油田及单井压力拟合

当出现高压异常或低压异常区时，从高压异常区向低压异常区方向渗透率依次增大，拟合时修改渗透率时应在渗透率图上成片修改，以保持岩性的连续性。若修改渗透率效果不好，则可减少高压异常区储量，增加低压异常区储量。此时可改变孔隙度、油层厚度、原始含油饱和度。这一改变要注意油藏总储量保持平衡。

当采出大量液体后压力无明显下降，可考虑是否因岩石弹性能量过大导致，可以减少岩石压缩系数；当油藏压力下降过快时，也可以增加岩石压缩系数，同时要考虑到是否因油藏储量偏小所致。在油藏压力拟合之后就可以拟合单井压力。单井压力主要与油藏局部和单井参数(渗透率、表皮系数及厚度等)有关。

3)含水率拟合

含水率主要受相对渗透率曲线的影响，也与压力变化相关。油井见水前和水驱前缘的拟合较难实现，受模型的时间步长和网格密度的限制。但当见水区域和油井含水上升过快时，可以通过调整油相、水相相对渗透率曲线控制。增大水相临界饱和度值可以减缓见水，增大油水相渗透率比值可降低含水上升速度。

在拟合综合含水率之后，需要找出有代表性的若干口井进行拟合，其他井只要计算动态趋势与观测资料基本相符合即可。井底的流压拟合比较简单，只需修改生产井的采油指数、表皮系数即可实现。流动压力偏小，可增大采油指数；反之，则减小采油指数。

4)开发动态预测

历史拟合不是再现油田的开发史，主要目的是加深对油藏现状的认识，总结以往开发的经验教训以预测将来的开发动态并制定最佳开发方案或调整方案，获取最佳的经济效益。

通过预测，可以解决油田开发中的下列问题：

(1)确定不同开发层系、开采方式、井网密度、注采系统和采油速度对最终采收率的影响，制定开发方案和老油田的调整方案。

(2)比较不同的完井方式、完井井数对开发效果的影响，确定最优完井方案。

(3)了解单井注采方式、注采强度对开发效果的影响，确定单井最优工作制度。

(4)对各种增产措施如压裂、酸化、堵水等进行机理性研究，评价增产效果。

(5)进行三次采油的可行性研究，提供三次采油的最优方案。进行油层微观渗吸机理研究，探索提高采收率的途径。

第五节　油藏数值模拟在油田开发调整中的应用

一、基本情况

某油田正式开发的单元有 24 个，动用含油面积 52km²，先后模拟了 10 个开发单元，模拟区块的地质储量 6567×10^4t，占油田总储量的 52.7%。在建立地质模型的基础之上，进行历史拟合，在弄清剩余油分布的基础之上，实施了综合调整治理方案，有效地改善了油藏的开发效果。

1. 模拟层的划分

根据各含油小层的物性和油水分布情况把 8 个砂层组的 34 个小层划分为 11 个模拟层。前 8 个模拟层的划分见表 11-7。

表 11-7　模拟层划分表

层位	小层物性储量						模拟层	
	含油面积 km²	有效厚度 m	孔隙度 %	渗透率 mD	单储系数 10^4t/(km²·m)	地质储量 10^4t	层号	储量 10^4t
沙二下 1	1.54	2.19	16.47	11.88	8.81	34.34	1	83.94
沙二下 2	2.60	2.70	16.44	52.98	8.87	49.60		
沙二下 3-1	2.98	2.27	17.43	189.9	9.94	63.01	2	63.01
沙二下 3-2	1.84	1.68	18.25	44.31	9.94	30.47	3	96.52
沙二下 3-3	3.25	1.98	17.16	56.04	9.94	44.03		
沙二下 3-4	1.73	1.59	18.20	47.11	9.94	22.02		
小计	4.16	3.86	17.30	70.19	9.94	159.53		
沙二下 4-1	2.78	2.31	17.37	27.65	9.94	46.63	4	93.29
沙二下 4-2	2.24	1.98	16.28	34.77	9.94	46.66		
沙二下 4-3	1.49	1.60	17.85	66.54	9.94	21.94	5	21.94
沙二下 4-4	2.42	2.01	19.17	80.04	9.94	54.85	6	56.33
沙二下 4-5	0.11	1.21	18.42	51.42	9.94	1.37		
小计	4.42	4.07	17.81	52.08	9.94	171.42		
沙二下 5-1	2.39	3.53	19.85	102.01	10.01	111.39	7	111.3
沙二下 5-2	1.59	1.15	16.40	43.05	10.01	14.96	8	126.12
沙二下 5-3	1.37	2.30	18.18	38.09	10.01	42.99		
沙二下 5-4	1.41	3.40	18.49	39.39	0.01	57.48		
沙二下 5-5	0.50	1.36	18.74	51.94	0.01	6.18		
沙二下 5-6	0.62	1.14	19.21	79.10	0.01	4.51		
小计	3.26	7.28	18.48	59.01	0.01	237.51		

划分的依据是：

(1)各层有一定的储量，储量分布在 $21.94\times10^4\sim126.12\times10^4$t 之间。

(2)层间有一定隔层，适应用油水井的分层开采条件，隔层在 3~21m 之间。

(3)各层的油水系统和油藏类型不同。

(4)各层的动用程度有一定差异。

2. 油藏参数的选取

模拟层内共投产了 93 口井，收集了这 93 口井中模拟层的地层参数，其中包括：顶深、地层厚度、有效厚度、孔隙度、渗透率、原始含油饱和度，同时收集了周边及外围 15 口井的探井资料。根据油藏构造情况，确定了 4 条断层。利用区块内 4 口取心井的资料建立了相渗透率曲线。油藏深度和高压物性参数如下：

油藏中部深度 2706m，原始地层压力为 27.06MPa，原始油藏温度为 93℃，饱和压力为 20.13MPa，原始气油比为 $161.6\text{m}^3/\text{m}^3$，油水界面为−2800m，水的黏度为 0.4mPa·s，水的压缩系数 3×10^{-5}，岩石压缩系数为 1.5×10^{-5}，地面原油相对密度为 0.8442，压力系数为 1.0。

模拟时，根据油藏形状采用不等距矩形网格系统，结点数为 45×15×11 共 7425 个。利用数字化仪输入模拟地层的等值线、断层、井位及井点位值。

二、动态拟合

经过反复调整和试算，油藏整体和单井拟合较好。如图 11−9、图 11−10 所示。累计产油、产水误差小于 9.53%。各模拟层的生产状况见表 11−8。根据各模拟层累计产油和累计产水的关系建立水驱特征曲线计算的采收率见表 11−9。

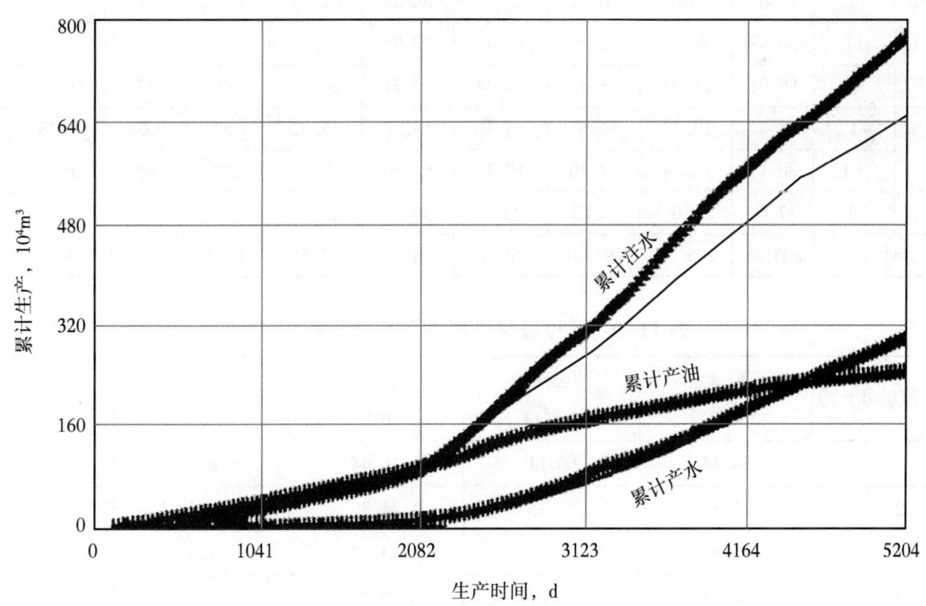

图 11−9　油藏累计生产拟合曲线

开发效果较好的是第 2、3、4、7、8 模拟层，也是含水和采出程度较高的层，其次是第 5、6、9、10 模拟层，第 1、5、11 模拟层采收率较低。

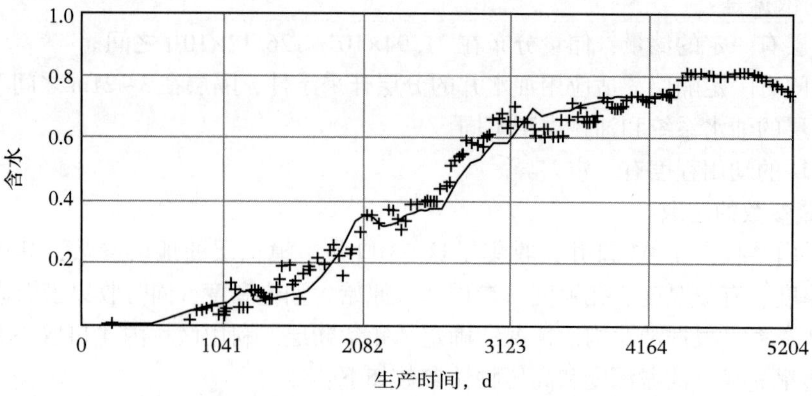

图 11-10　油藏含水拟合曲线

表 11-8　模拟计算模拟层生产现状表

类别	模拟层号	储量 10^4t	累计产油 10^4t	累计产水 10^4t	累计注水 10^4t	累计含水 %	采出程度 %	现状日产			
								液 t	油 t	含水 %	注水 m^3
Ⅰ	2	61. 35	20. 24	34. 51	72. 84	63. 03	32. 99	133	15	88. 72	240
	7	99. 17	31. 74	55. 25	141. 89	62. 11	32. 01	102	13	87. 25	152
	4	98. 74	30. 40	49. 35	108. 77	61. 88	30. 79	165	22	86. 67	225
Ⅱ	8	117. 13	34. 22	48. 37	98. 42	58. 57	29. 22	170	21	87. 64	221
	3	103. 64	30. 05	45. 32	90. 50	60. 13	28. 98	200	30	85. 00	246
Ⅲ	5	23. 88	5. 06	10. 21	20. 3	66. 86	21. 19	26	6	76. 92	34
	11	30. 48	6. 72	4. 11	10. 51	37. 95	22. 05	37	10	72. 97	45
	6	58. 91	11. 93	15. 01	34. 44	55. 71	20. 25	59	17	71. 19	80
Ⅳ	1	94. 44	14. 47	14. 53	33. 36	50. 10	15. 32	162	53	67. 28	251
	10	80. 11	15. 88	17. 20	10. 51	52. 00	19. 82	149	43	71. 14	200
	9	37. 66	6. 0	3. 15	11. 4	34. 43	15. 93	87	30	65. 51	172
合计		805. 51	206. 71	297. 01	656. 10	58. 96	25. 66	1290	260	79. 84	1866

表 11-9　模拟层储量动用及开发效果对比表

模拟层号	模拟储量 10^4t	动态储量 10^4t	可采储量 10^4t	动用程度 %	采收率 %
1	94. 44	66. 11	26. 44	70. 00	28. 00
2	61. 35	52. 15	24. 85	82. 10	40. 51
3	103. 64	79. 92	44. 05	77. 11	42. 50
4	98. 74	84. 60	43. 78	85. 68	44. 34
5	23. 88	16. 10	7. 03	67. 42	29. 44
6	58. 91	37. 90	19. 28	64. 34	32. 73
7	99. 17	82. 11	41. 06	82. 80	41. 40

续表

模拟层号	模拟储量 10^4t	动态储量 10^4t	可采储量 10^4t	动用程度 %	采收率 %
8	117.13	97.45	47.02	83.20	40.14
9	37.66	25.34	11.70	67.29	30.06
10	80.11	64.89	30.90	81.00	38.57
11	30.48	18.29	5.82	60.00	19.10
油藏	805.51	630.35	321.32	78.25	39.89

模拟结果显示，第1、6、9、10、11模拟层的剩余油饱和度较高，其次是第3、5、8模拟层，剩余油饱和度低的层为模拟层，由于剩余油分布的数据较多，不再以表格形式给出。综合分析表明：剩余油主要分布在油层物性差、厚度薄、注采对应程度差的井区。物性好，注采井网完善的地层采出程度都大于30%，剩余油富集区少，剩余油富集区在非主流线上，在断层附近，注采对应差的层剩余油饱和度含量较高。在水下河道发育区，注入水沿水下河道推进快，油井含水上升快，水淹程度高；而在前缘砂、水下河道侧翼亚相或滨湖砂、远砂坝亚相、注入水推进慢，含水低，是剩余油富集区。

根据剩余油分布研究，研究出了几套调整方案。第一种方案是根据剩余油分布特征，对剩余油饱和度高的层进行补孔，加强注采、完善井网，对高含水井主产水层进行卡堵；第二种方案是在剩余油富集区打新井，最后实施是把第一种方案和第二种方案合并执行(综合治理)。

三、方案实施及应用效果

综合治理的主要工作量378井次，其中新钻油水井45口，累计采油36×10^4t，补孔、卡堵、提液等措施210井次，转注48口，注水井补孔、调剖、增压等措施142次。综合调整治理后进一步完善了注采系统，改善了开发效果，自然递减由28.7%控制到19.6%，综合递减由21%控制到9.36%，控制递减累计增油49×10^4t。按钻新井、老井措施和其他投入资金计算，投入产出比为1:2~1:3，经济效益显著。

参考文献

陈元千，李璗，2001. 现代油藏工程［M］. 北京：石油工业出版社.

陈月明，1989. 油藏数值模拟基础［M］. 东营：石油大学出版社.

乔贺堂，1992. 生产测井原理及资料解释［M］. 北京：石油工业出版社.

B A Dawe，1992. Reservoir Management Practice［J］. Journal of Petroleum Technology，44（12）：1344-1349.

第十二章 套管工程检测测井

套管工程测井指检测井身结构状况的测井，目的是为油水井作业施工提供井的几何形状资料，有的放矢进行施工作业。工程测井项目包括水泥胶结质量评价，套管腐蚀和变形及射孔质量检测，管外窜槽，以及酸化压裂效果评价等。

套管接箍定位器用于测量油管、套管接箍位置及校正测井深度。

井径测井主要用于确定套管内径变化、射孔孔深及接箍深度等。微井径仪用于确定套管平均内径，井径仪通常包括 X—Y 井径仪、八臂井径仪、十臂井径仪、40 臂井径仪等。根据不同的目的可选用不同的仪器。

磁测井仪用于确定套管的损伤、腐蚀、穿透状况。磁测井包括管子分析仪、电磁测厚仪和磁测井仪。磁测井仪一次下井可记录反映套管壁厚度变化的重量参数及井径变化。管子分析仪利用套管的电磁特性，通过测量涡流和漏磁通量可以确定套管内外腐蚀程度及定性分析射孔效果。

同位素示踪测井、噪声测井可用于检查管外窜槽。水泥胶结质量评价测井用记录到的声幅、声波变密度及全波列信息检查水泥胶结的效果。

第一节 井身结构及井口装置

一、井身结构

图 12-1 中给出了工程测井常遇到的井身结构示意图。

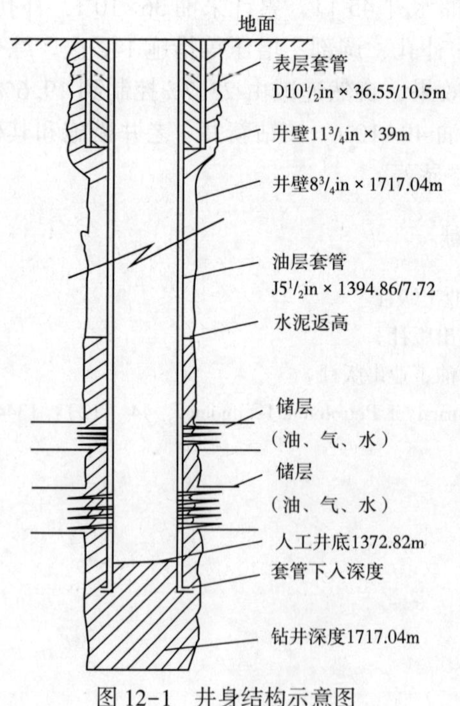

图 12-1 井身结构示意图

钻井过程中，为了防止井壁坍塌，通常在钻开近地表层较疏松的地层时（几十米至上百米），要下入表层套管，并将表层套管与外部地层的环形空间用水泥封固，起到加固井口及封闭地表层常见水层的作用。钻井过程中，若遇高压水层、疏松地层或容易使钻井液大量漏失的裂缝等复杂地层，可采用调节钻井液性能或堵漏等措施；若仍无法克服，可采用强行钻进，穿过这些层段后立即在表层套管内再下入一层套管，并用水泥封固套管与表层套管、套管与地层之间的环形空间，以保证继续钻进。这种情况下下入的套管称为中间套管或技术套管。根据地质情况，技术套管可以下几层，也可以不下。

在一口井完成预定的钻进深度后，即可开始进行测井等工程作业，之后向井下下入油层套管，之后用水泥封固环形空间。水泥返升高度，通常高于油层200m，之后进行射孔完井作业。除了射孔完井之外，根据具体情况，在碳酸盐岩或其他致密地层中可采用不下油层套管的裸眼方法完井，该方法的最大优点是油气层直接与井底连通，油气流入井内的阻力小。衬管完井法是先下油层套管到生产层顶部，固井后再钻开生产层，并下入带割缝的衬管(或带孔筛管)，用悬挂封隔器挂在油层套管底部。砾石填充完井是把油层套管下到生产层顶部后用偏钻头扩眼，然后下入割缝衬管(或带孔筛管)，并在管外充填砾石，该完井方法主要用于防砂。

通常把油层底部以下到人工井底这段叫口袋，长度一般为20~30m，油层出来的砂子沉入口袋，或用于油井作业中沉入井底落物，不至于影响生产。

二、井口深度及井口装置

1. 井口深度

井身结构中的所有深度均从钻井时转盘补心面算起。若在原钻机上测井，深度即从这一点算起。油井投入采油后，仍要将测井的深度统一在转盘平面。所以就会出现以下几种长度。

套管下入长度和下入深度不一致，其差值是套管近地面一根的接箍面至转盘补心平面距离，即套管头至补心距，如图12-2所示，套管下入深度应在下入套管的长度上加套管头至补心距间的距离。套管头通常被水泥封闭于地下，在套管头上接出一个带法兰的套管短节。套管法兰露在地面，套管法兰距转盘方补心的距离称为套补距。套补距与套管头至补心距相差一个套管短节带法兰的长度。

有时，要求测井的单位只提供油补距，它的长度是油管头法兰顶面(套管四通法兰顶面)到补心的距离。油管实际长度加油补距为油管下入深度。油层深度也是从补心面算起，油补距与套补距的差值等于套管四通高度。对于加装了偏心井口的抽油机井，套补距、油补距稍有不同，测井时应依据具体的偏心井口决定计算位置。

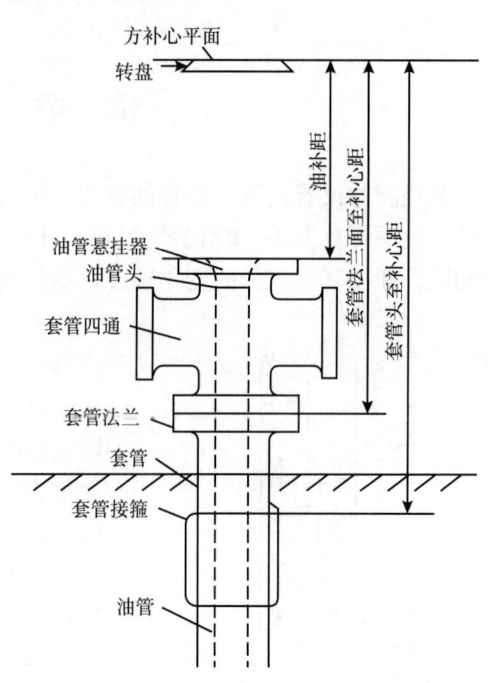

图12-2　油套补距及套管头至补心距示意图

2. 井口装置

通常井口装置就是指采油树，如图12-3所示。井口装置通常由套管头、油管头和采油树三部分组成。连接方式有丝扣连接、法兰连接、卡箍连接三种。套管头在采油树的最下边，套管的最上端，即是套管带法兰的短节，用法兰与套管头连接，用螺纹与套管接箍相接，构成一个整体。油管头位于井口装置的中间部位，它是由一个内部带有锥座的套管四通组成，吊挂油管的悬挂器就坐在锥座上。套管四通的下法兰与套管法兰用螺栓连接。

油管头除吊挂油管外，还可以起到密封油、套环形空间的作用。

采油树指油管头以上部分的总称，它由阀门(总阀门、生产阀门、清蜡阀门)、四通、短节等组成。采油树的作用是用来控制、调节油井生产，并把油气引导到出油管线中去。

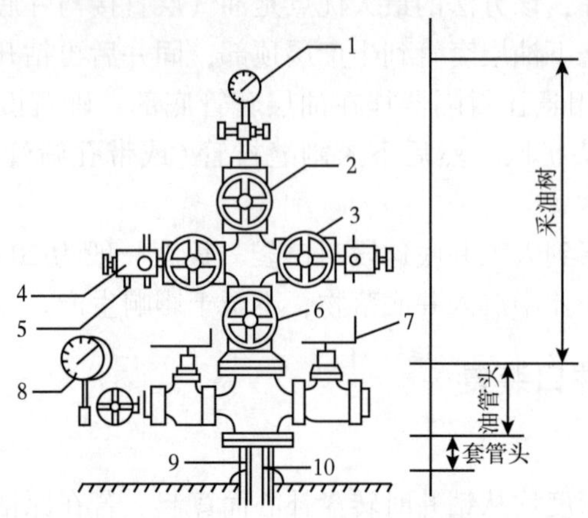

图 12-3 井口装置示意图

1—油管压力表；2—清蜡阀门；3—生产阀门；4—油嘴套；5—出油管；6—总阀门；7—套管阀门；8—套管压力表；9—套管；10—油管

第二节 井径测井

井径测井仪器按下入套管的方式分为两大类：过套管井径仪和过油管井径仪；从测量臂的个数讲可分为 X—Y 井径、八臂、十臂、三十臂、四十臂等多种类型，但测量原理基本相同，即把套管内径的变化通过机械传递转变为电位差变化(ΔU_{MN})或频率信号输出。

一、测量原理

以 X—Y 井径仪为例说明常用井径仪的工作原理。该仪器的结构如图 12-4 所示。它有 4 根相同的测量腿，夹角为 90°。测量臂由长臂、短臂和小轮组成。短臂的偏凸轮与连杆接触，连杆周围套有弹簧，弹簧压连杆，连杆使井径腿末端小轮紧贴井壁。套管内径增大时，测量臂依靠弹簧的力量撑开；套管内径缩小时，测量臂收缩，弹簧被压紧。两个测量臂之间对角线的平均值就是套管内径的平均值。井径变化时，与连杆相连的滑键在可变电阻上移动，因此电阻不断随着套管内径的变化而变化，即：

$$\Delta R=\beta\Delta d \tag{12-1}$$

式中 ΔR——电阻变化率；

Δd——井径变化；

β——比例常数。

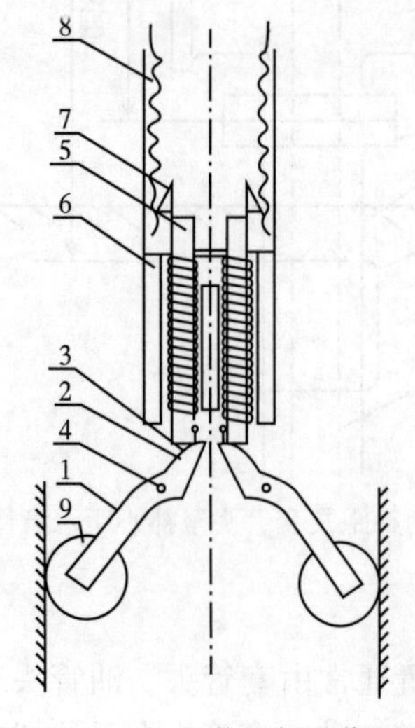

图 12-4 X—Y 井径仪工作原理

1—长臂；2—短臂；3—偏凸轮；4—支点；5—连杆；6—弹簧；7—滑键；8—电阻；9—小轮

测量时通过如图 12-5 所示的桥式电路把电阻变化转换成电压信号输出。图中 R_c 为固定电阻，R_x 为可变电阻。向电桥通以恒定电流 I，则 $I_1=I_2=0.5I$。套管内径为 d_0 时，$R_c=R_x$，$U_M=U_N$，MN 之间的电位差为 0。

当套管内径由 d_0 变为 d 时，R_x 将随之变化，且两个 R_x 的变化相等。

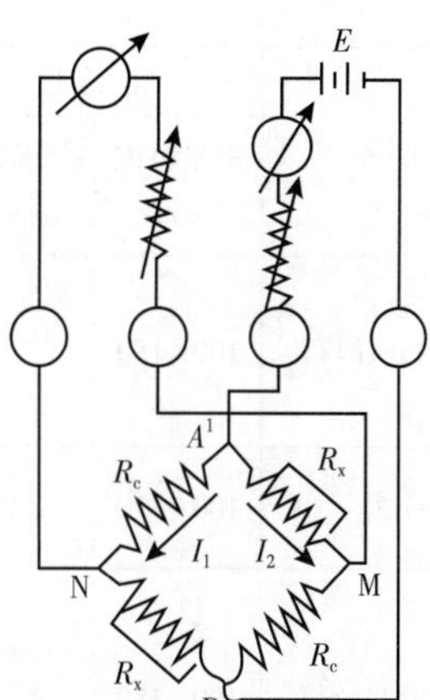

图 12-5　桥式测量线路示意图

因为
$$U_M=U_A-\frac{1}{2}R_xI$$
$$U_N=U_A-\frac{1}{2}R_cI \tag{12-2}$$

所以
$$\Delta U_{MN}=U_M-U_N=\frac{1}{2}(R_c-R_x)I$$
$$=\frac{1}{2}\Delta RI \tag{12-3}$$

把 $\Delta R=\beta\Delta d$ 代入式(12-3)得：

$$d=d_0+\frac{2}{\beta}\frac{\Delta U_{MN}}{I} \tag{12-4}$$

令 $\beta=\frac{2}{K}$，则：

$$d=d_0+K\frac{\Delta U_{MN}}{I} \tag{12-5}$$

式中　d——套管内径，cm；

d_0——测量电压为 0 时，测量臂间的距离，cm；

I——测量电路的电流，mA；

ΔU_{MN}——测量电压，mV；

K——仪器常数，cm/Ω。

K 的意义是每改变 1Ω 电阻时内径的变化率，与仪器有关。

由于套管变形后截面成为不规则形状，测量绘出的是平均内径或者是任一方向上的直径，表 12-1 是常用井径仪的技术指标。

表 12-1　井径系列仪器技术指标

仪器	性能					
	测量范围 mm	分辨力 mm	耐温 ℃	耐压 MPa	仪器外径 mm	仪器长度 mm
微井径仪	(100~180)±1	1	125	58.5	80	1300
X—Y 井径仪	(90~180)±2	<2	120	39.2	80	1300
八臂井径仪	(100~180)±2	<2	60	19.6	80	2140
小直径两臂井径仪	(76.0~178)±1	<1	80	19.6	44.0	3535
小直径 X—Y 井径仪			149	127.5	44.5	1372
十臂最小井径仪	(76.0~178)±1	<1	70	19.6	50	3607
四十臂井径仪		0.13	149	66.7	92	1441
36 臂、60 臂井径仪	114~178	0.254	−25~175	175		6380

表 12-2　各种井径测量仪性能对比表

仪器	性能					
	测量范围 mm	分辨力 mm	误差 mm	测量结果	诊断能力	说明
微井径仪	100~180	1	±1	利用四支臂测量垂直方向两条直径的平均值，给出一条平均井径曲线	1. 确定接箍深度 2. 确定变形部位 3. 检查射孔质量	无扶正器
X—Y 井径仪	100~170	<2	±2	利用四支臂测量互相垂直的两条井径曲线	1. 同微井径仪 2. 初步估计变形椭圆度	有过油管系列的仪器无扶正器
八臂井径仪	100~180	<2	±2	利用八支臂测量互成 45°夹角的四条井径曲线	1. 同微井径仪 2. 利用四个值判断变形截面形状，可勾画出截面图	无扶正器
40 臂井径仪	102~178	最大0. 2	±1	利用 40 个臂测量给出一条最大半径和一条最小半径曲线	1. 同微井径仪 2. 最大半径值可知最大变形点即剩余壁厚 3. 最小半径值可知井内最小通径	有扶正器

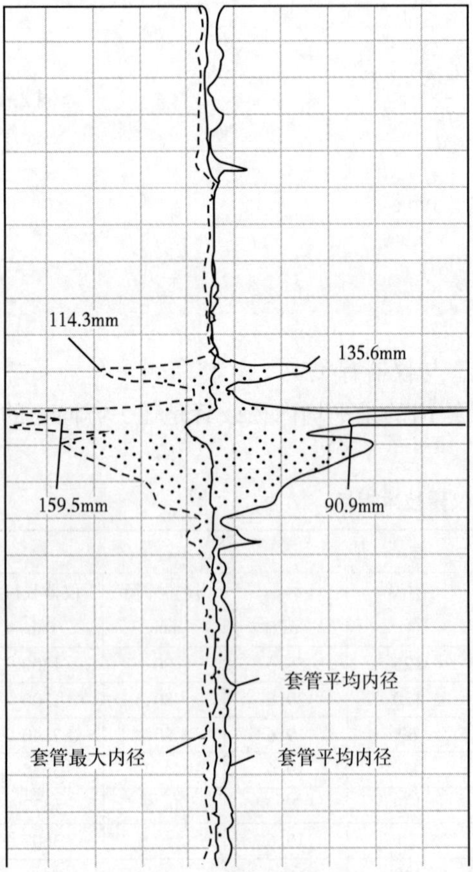

图 12-6　36 臂井径曲线

二、多臂井径仪

多臂井径仪由 30、36、40 和 60 个测量臂组成，测量的基本原理与 *X—Y* 井径仪相似，主要差别是测量臂数不同。多臂井径仪的优点是可以探测到套管不同方位上的形变。如：40 臂井径仪下井一次，同时测量变形截面中最小和最大直径两条曲线，最大半径可以指出套管的剩余壁厚，最小半径则指出最小通径；36 臂和 60 臂井径仪下井一次，测量套管同一截面中的三个部分，方位角相差 120°，记录每一个部分的最小和最大井径值共计 6 条曲线。用记录到的六条曲线确定套管形变、剩余壁厚、弯曲、断裂、孔眼、内壁腐蚀及射孔深度。图 12-6 是 36 臂井径测井曲线，曲线变化显示在井深为 1001m 处套管严重变形，最小内径为 90mm，最大内径为 159. 5mm，判断为套管严重变形，并存在穿透或破裂的可能性，需要进行修复。表 12-2 是不同井径仪主要技术指标和诊断能力。图 12-7 是不同井径仪器系列的测井曲线，曲线显示接箍在 929. 05m 处，变形点在 937. 5m

处。各种解释结果列表于表 12-3，解释表明，8 臂和 40 臂井径仪资料较其他资料优越。

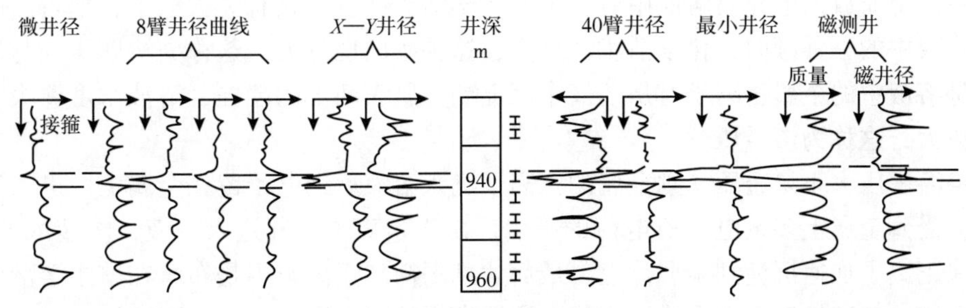

图 12-7　井径仪器系列测井曲线

表 12-3　解释成果数据

仪器	微井径仪	八臂井径仪	X—Y 井径仪	40 臂井径仪	最小井径仪	磁井径仪
井径 mm	124. 9	124. 0 112. 6 122. 0 131. 4	111. 4 149. 0	169. 8 99. 1	101. 0	162. 1
判断	缩径	近似椭圆	椭圆	挤扁	挤扁	变形有破裂

第三节　磁　测　井

磁测井的主要目的是监测套管腐蚀及损坏情况。金属套管长期在含有 CO_2、H_2S 及其他离子的地层中容易产生电化学腐蚀现象。套管成分的微小变化也会出现类似于电池工作状态时的电化学腐蚀。通常采用阴极保护方法或者在套管上加一个直流电流用于控制腐蚀作用。

一、套管腐蚀原理

套管与周围地层流体及套管内流体发生作用是导致腐蚀的主要原因。根据腐蚀原理，常见的腐蚀分为电化学腐蚀、化学腐蚀、电化学和环境影响腐蚀、电化学和机械共同作用产生的腐蚀。金属与周围介质直接发生化学反应而引起的损失称为化学腐蚀，主要包括金属在干燥气体中的腐蚀和金属在非电解质溶液中的腐蚀。例如，金属在铸造及热处理等过程中发生的高温氧化。化学腐蚀的特点是在腐蚀作用进行中没有电流产生。

电化学腐蚀是指套管金属与外部电解质发生作用而引起的腐蚀，特点是腐蚀过程中有电流产生。电化学与机械共同作用产生的腐蚀主要包括应力腐蚀破裂、腐蚀疲劳、冲击腐蚀、磨损腐蚀和气穴腐蚀等。电化学和环境因素共同作用产生的腐蚀主要包括大气腐蚀、水和蒸汽腐蚀、土壤腐蚀、杂散电流腐蚀和细菌腐蚀等。

通常把电化学、机械作用、环境共同作用引起的腐蚀归并为电化学腐蚀。因此金属腐蚀实际上分为电化学腐蚀和化学腐蚀两大类。石油开采中常见的腐蚀是电化学腐蚀。统计数据表明，仅大庆油田采油一厂早期生产的套管，1980 年腐蚀损伤总长度达 266. 3km，占该厂全部套管的 26. 4%。可见腐蚀造成的损失是巨大的。

1. 电极电位

将一片金属放入电介质溶液中时，由于化学活泼性，金属有失去电子，把自己的正离子溶于溶液中的一种倾向，化学活泼性越大，这种倾向也越大，这称为溶解压。与之相反的情况是溶液中的金属正离子有从溶液中沉淀到金属表面上的趋向，溶液浓度愈大，这种倾向也愈大，这称为渗透压。

如果溶解压大于渗透压，则金属的正离子进入溶液后把电子留在金属上。进入溶液的正离子会受到金属上多余电子负电荷的吸引，由于正离子不断进入溶液，溶液浓度提高，此时金属正离子加速沉淀到金属片上，最后达到平衡。正离子不是布满在整个溶液中，而是在金属同电解液接触面上形成一个像电容器那样的双电层。金属和溶液界面上由于双电层的建立所产生的电位差称为该金属的电极电位，其大小由双电层上金属表面的电荷密度决定，它与金属的化学性质、晶格结构、表面状态、温度以及溶液中的金属离子浓度等因素有关。电极电位有平衡电极电位和不平衡电极电位(不可逆电极电位)，金属在含有本金属离子的溶液中产生的电位叫平衡电极电位，在含有非本金属离子的溶液中产生的电位叫非平衡电位。通常在腐蚀介质中所得是金属电极电位都是非平衡电位。电极电位是衡量金属溶解变成金属离子转入溶液的趋势，负电性越强的金属，它的离子转入溶液的趋势越大，铁的电极电位为-0.44V（25℃），锌的电极电位为-0.762V（25℃）。

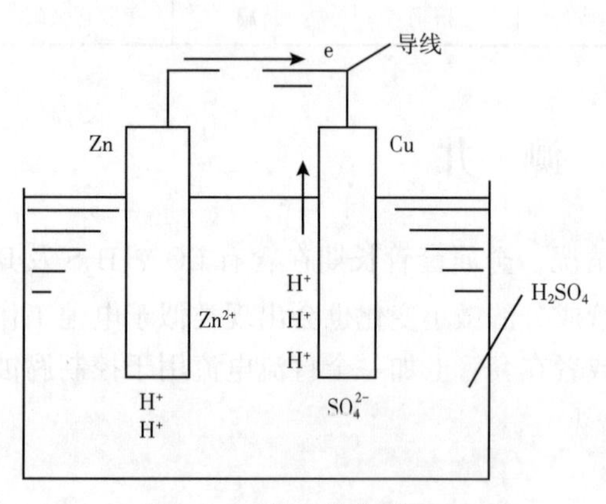

图 12-8 原电池电流方向

金属与电解质溶液接触后，可获得一个稳定的电位，通常称为腐蚀电位。腐蚀电位与溶液的成分、浓度、温度、搅拌情况以及金属的表面状态相关。通常情况下，低碳钢的电极电位为-0.2~0.5V，混凝土中低碳钢的电位为-0.2V，铸铁的电极电位为-0.2V。

2. 电化学腐蚀原理

金属电化学腐蚀的原因是金属表面产生原电池作用。把两种电极电位不同的金属放入电解液中，即成为简单的原电池，若用导线连接起来，则两极板间就有电流存在，如图 12-8 所示，图中锌板上锌失去电子被氧化：

$$Zn \longrightarrow Zn^{2+}+2e$$

铜板上 H^+离子接受电子进行还原，生成氢气逸出。整个电池反应为

$$Zn+2H^+ \longrightarrow Zn^{2+}+H_2\uparrow$$

电流从锌板流入溶液，再从溶液流到铜板。电极电位较小的称为阳极，较大的称为阴极。在电解质溶液中，金属表面各部分的电极电位不完全相同，电位较高的形成阴极区，电位较低的部分形成阳极区，这就是腐蚀电池。金属的腐蚀可等价为其表面上有许多原电池。

3. 电化学腐蚀过程

综上所述，金属的电化学腐蚀过程基本上由下列三个过程组成。

1) 阳极过程(氧化过程)

阳极金属和电解液接触后，表面上的金属正离子进入电解液中，在阳极上留下剩余电

子，其反应如下：

$$M \longrightarrow M^{+} + e$$

式中　M——金属原子；

M^{+}——金属正离子。

氧化过程就是阳极金属不断溶解的过程，也是失去电子的过程(阳极过程)。

2)电子转移过程

电子从金属的阳极转移到金属的阴极区。与此同时，电解液中阳离子和阴离子分别向阴极和阳极作相应的转移。

3)阴极过程

从阳极流来的电子在溶液中被能够吸收电子的物质所接受，其反应如下：

$$D + e \longrightarrow [D \cdot e]$$

式中　D——能够吸收电子的物质；

$[D \cdot e]$——阴极反应产物。

在阴极附近能够与电子结合的物质是很多的，例如在大多数情况下，是溶液中的 H^{+} 和 O_2。溶液中的 H^{+} 与电子结合生成氢气，O_2 与电子结合生成 OH^{-}，所以阴极过程是还原过程。上述三个过程是互相联系的，三者缺一不可。如果其中一个过程受到阻滞或停止，则整个腐蚀过程就受到阻滞或停止。这种阳极上放出电子的氧化反应(金属原子的氧化)和阴极上吸收电子的还原反应(氧化剂被还原)相对独立地进行，并且又是同时完成的腐蚀过程，称之为电化学腐蚀过程。

1932 年，英国腐蚀学家霍尔提出了电化学腐蚀等效电路，如图 12-9 所示。金属电化学腐蚀的等效电路可近似用下式表示：

$$I = \frac{E_C - E_A}{R_A + R_C + R}$$

式中　I——腐蚀电流；

E_A——腐蚀电池中的阳极电位；

E_C——阴极电位；

R_A——阳极极化电阻；

R——电解质溶液电阻；

R_C——阴极极化电阻。

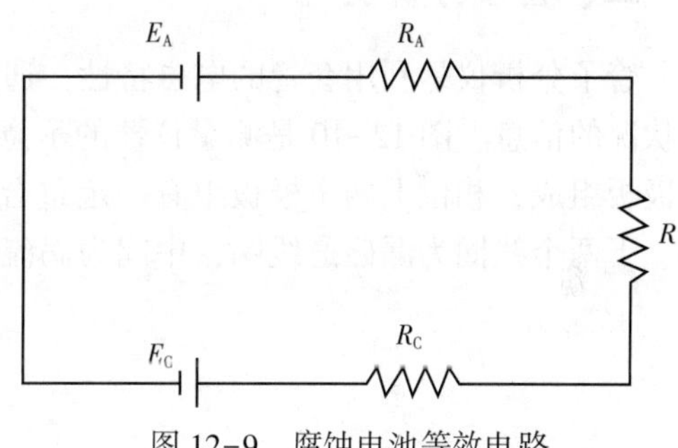

图 12-9　腐蚀电池等效电路

由上式可知，要阻止金属腐蚀，就要设法使 $I=0$。阴极保护就是对被保护体施加阴极电流使 $E_A - E_C = 0$ 而阻止腐蚀。采用涂层的办法就是增大 R，使 $R_A + R_C + R \to \infty$，因此 $I \to 0$ 而阻止腐蚀。

上式中极化电阻 R_A、R_C 是由极化作用引起的。实验证明腐蚀电池的两极电位在断开和接通电路后有显著的差异，即由于通过电流减小了原电池两极间的电位差，从而可降低金属的腐蚀速度，这种现象称为腐蚀电池极化现象，分为阳极极化和阴极极化。

阳极极化指阳极电位在通过电流之后向正方向移动的现象。产生阳极极化的原因有三个：金属离子溶解速度慢；金属离子进入溶液后扩散较慢；金属表面存在钝化膜。实验表明，阳极极化程度越高，腐蚀速度越慢。

阴极极化指阴极电位在通过电流后向更负的方向移动，其原因是从阳极送来的电子过多，而阳极附近与电子结合的反应速度较慢，这样会使阴极上有负电荷积累，结果阴极电位变得更负。

生产套管一般都处于复杂的岩石或土壤环境中，所输送的介质都有腐蚀性，因此管套的内外壁均可能遭到腐蚀，一旦管道穿孔，就会造成油气漏失或窜槽现象。油、气管道由于所处的环境和输送介质不同，引起的腐蚀状况也不同，其类别如下：

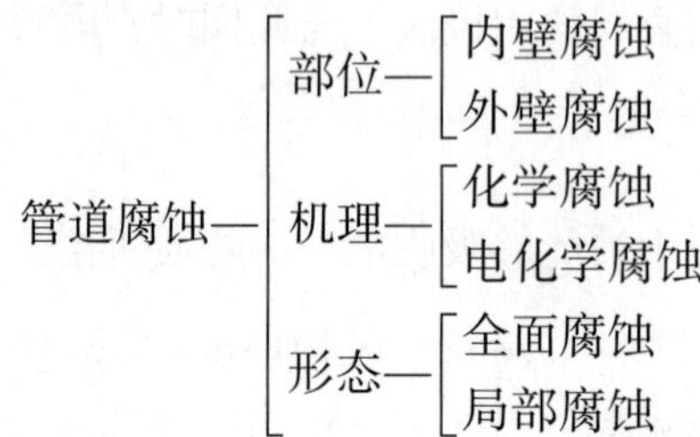

内壁腐蚀是介质中的水在管道内壁生成一层亲水膜并形成原电池所发生的电化学腐蚀，或者是其他有害杂质（硫化氢、硫化物、二氧化碳等）直接与金属作用引起的化学腐蚀。油气管道内壁一般同时存在着上述两种腐蚀过程。外壁腐蚀与内壁腐蚀相比更为复杂。

为了防止套管腐蚀，除了选用防腐钢材、加防腐涂层之外，对于生产套管通常采用阴极保护法（外加电流、牺牲阳极）。

二、管子分析仪

管子分析仪是利用套管的电磁特性，通过测量涡流和漏磁通量获取套管内外腐蚀及穿孔状况的信息。图 12-10 是测量仪器的示意图，主要由上、下两个极板组组成，每组由六个极板组成，相位上两个极板组有一定重合。每个极板上有三个线圈，如图 12-11 所示，上、下两个线圈为漏磁通线圈，中间为涡流线圈。

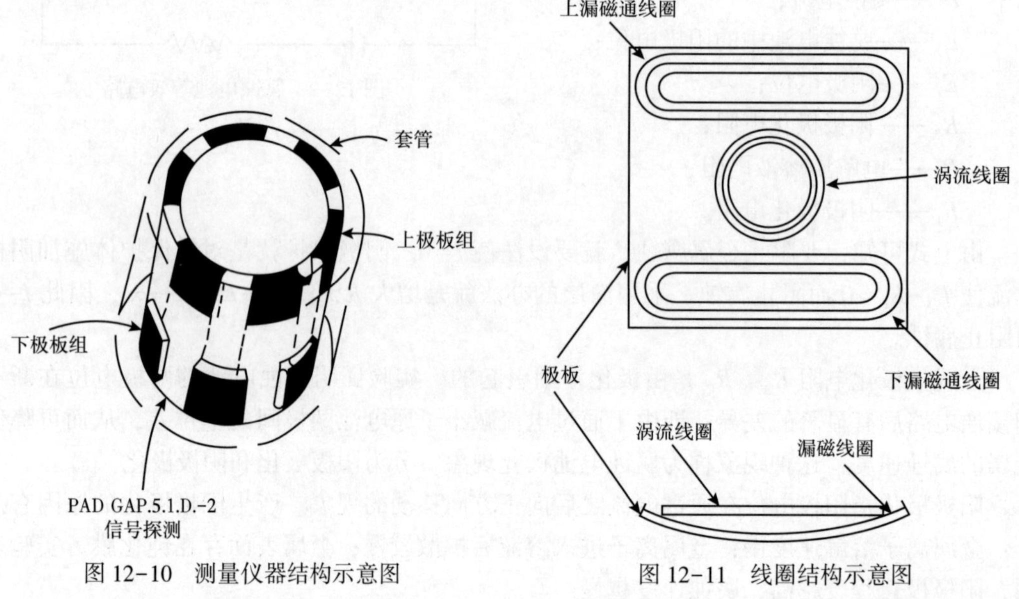

图 12-10 测量仪器结构示意图

图 12-11 线圈结构示意图

极板的这种排列确保覆盖了整个套管。由于上、下极板组间的重叠，有的部分被探测两次，被探测一次的套管扇形宽度为 X：

$$X=\frac{1}{6}\pi\ (d-12) \tag{12-6}$$

式中　d——内径。

如果上极板组或下极板组探测到一个缺陷，则缺陷的宽度不会超过 X。

1. 测量原理

测量时，电磁铁产生一磁场，与套管耦合后在套管缺陷的附近产生磁力线的畸变，在缺陷的上部和下部有一个垂直于套管壁的磁通分量。这样在磁漏失线圈中会产生一个与正常磁通随深度的变化率有关的感应电流，该信号也是极板组内 6 个线圈中最大的，它表明套管在此处存在缺陷。上、下极板组之间的涡流线圈探测套管内表面裂痕的高频电磁信号。套管内表面的损坏使感应磁场的分布发生畸变，因此涡流线圈中感应电流会发生变化，涡流线圈的探测深度为 1mm，记录的信号是该组 6 个极板中最大的一个数值。

2. 磁通量漏失测试

如图 12-12 所示，磁力线在缺陷附近发生畸变，缺陷上下有一小部分磁力线的分量垂直于套管壁，当漏磁线圈经过该缺陷时，该分量由零增至最大，然后减至为零，因此每个漏磁通线圈中感应出一个电流。由于这些线圈在该磁场的不同点上，所以每个线圈感应的电流也不同。上、下漏磁通线圈中感应电流的差值，就是进入井眼中漏失量的变化率的测量值，因此也是该缺陷的量度值。

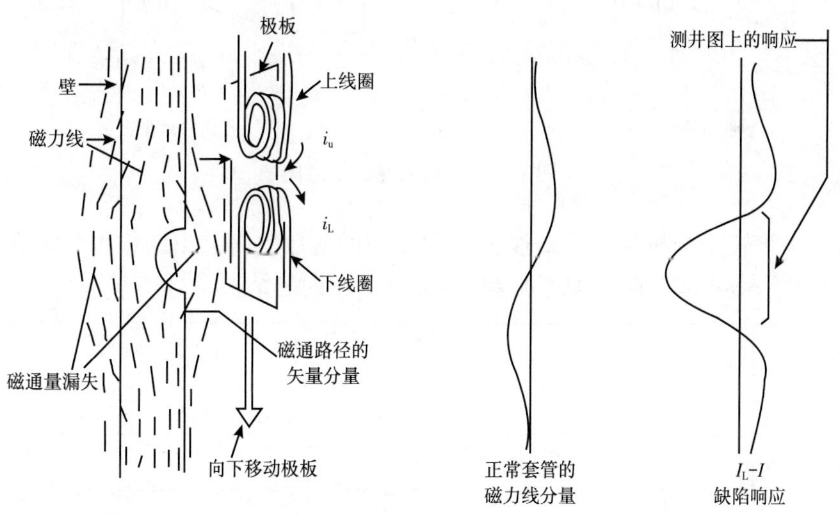

图 12-12　磁通量漏失测试示意图

磁通量漏失测试对垂直于套管壁和进入井眼的磁力线分量的梯度较为敏感，因此缺陷的陡度越大，信号越强。对于陡度较小的缺陷就探测不到。测井记录到的信号是六个极板中幅度最大的信号。记录时，把上、下极板组的响应保持 360ms 可以得到增强曲线，从增强曲线上可以看到明显的尖峰。用漏磁通测试的总壁厚度与电磁测厚测井曲线组合，可以定量给出金属总损失的评价。

3. 涡流测试

如图 12-13 所示，涡流线圈中的高频电流产生磁场 B_c；另外在套管内的循环电流 I_1 产生一个补偿磁场 B_1。总的磁场强度信号由漏磁通线圈探测，处理时用频率滤波器将其与漏磁通信号分开。套管表面上存在缺陷时形成的循环电流较小，所以对 B_1 的分布有很大影响。传感线圈中感应电流差值(I_1-I_2)的变化反映了套管质量状况，图中示出了正常套管与套管有缺陷时对测量结果的影响。与正常套管感应磁场的正常分量相比，套管内侧损坏会使感应磁场的正常分量发生畸变，表现为漏磁通线圈中感应电流差值的变化，探测的深度大约为 1mm，最终记录的信号是六个极板中幅度最大的。如果缺陷只在上极板组或下极板组上出现，由于极板覆盖，所探测的只是单个极板组探测的宽度。

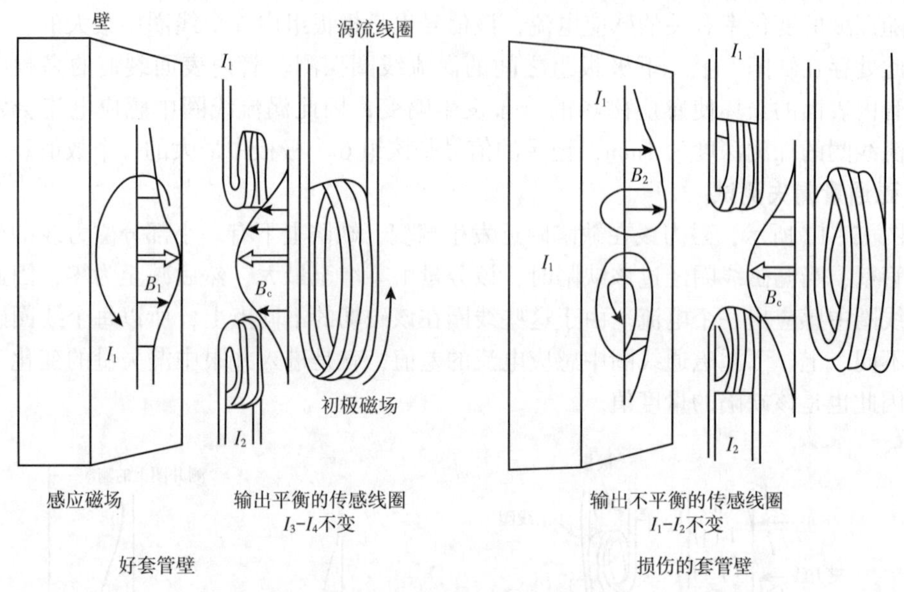

图 12-13 涡流测试示意图

图 12-14 是管子分析仪在一口腐蚀监测井中的应用实例。由图中可看出在 2100m 和 2150m 处存在有较强的腐蚀，电磁测厚仪也显示出相同的结果。

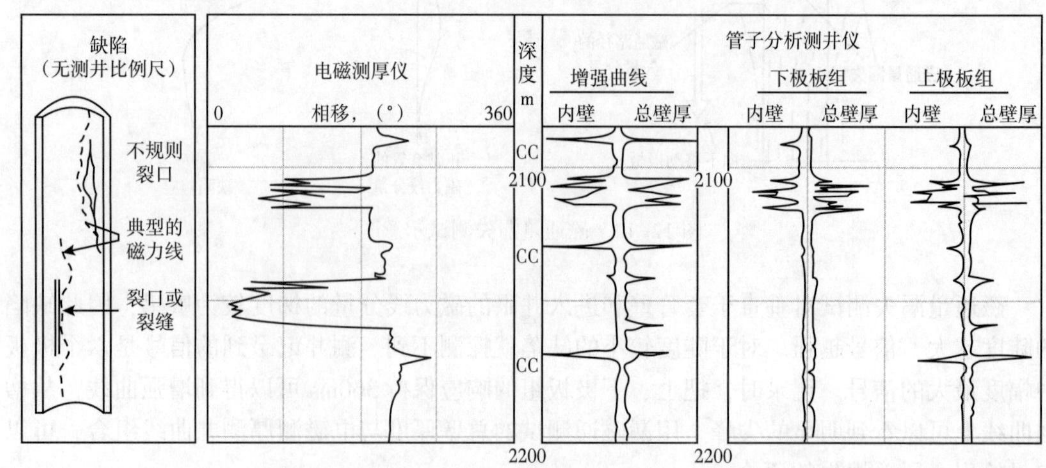

图 12-14 腐蚀测井实例

三、磁测井仪器

1. 测量原理

如图 12–15 所示，基本探测器由两个线圈构成，一个为激发线圈，另一个为接收线圈。交变电流经过激发线圈产生一个磁场，通过套管与接收线圈耦合，在接收线圈中感应信号相位滞后于激发器电流相位的大小，与套管的平均壁厚成一定的比例。对于直径不变的套管来说，管壁越厚，相位移越大。

如图 12–16 所示，发射线圈 L_1 与接收线圈 L_2 之间的距离为 L，发射线圈供电电流的频率为 16Hz。

求解麦克斯韦方程的定解问题可得接收

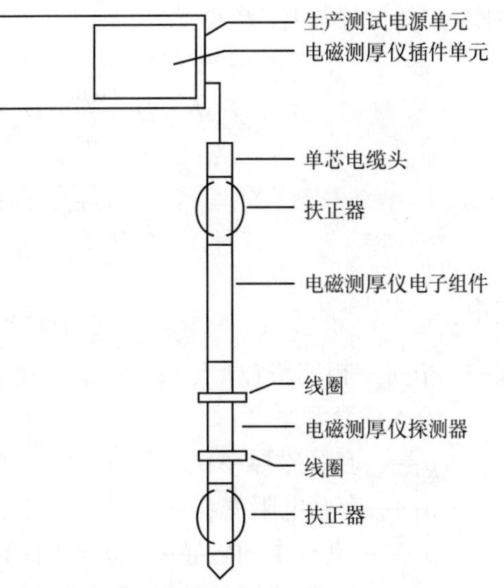

图 12–15　电磁测厚仪结构示意图

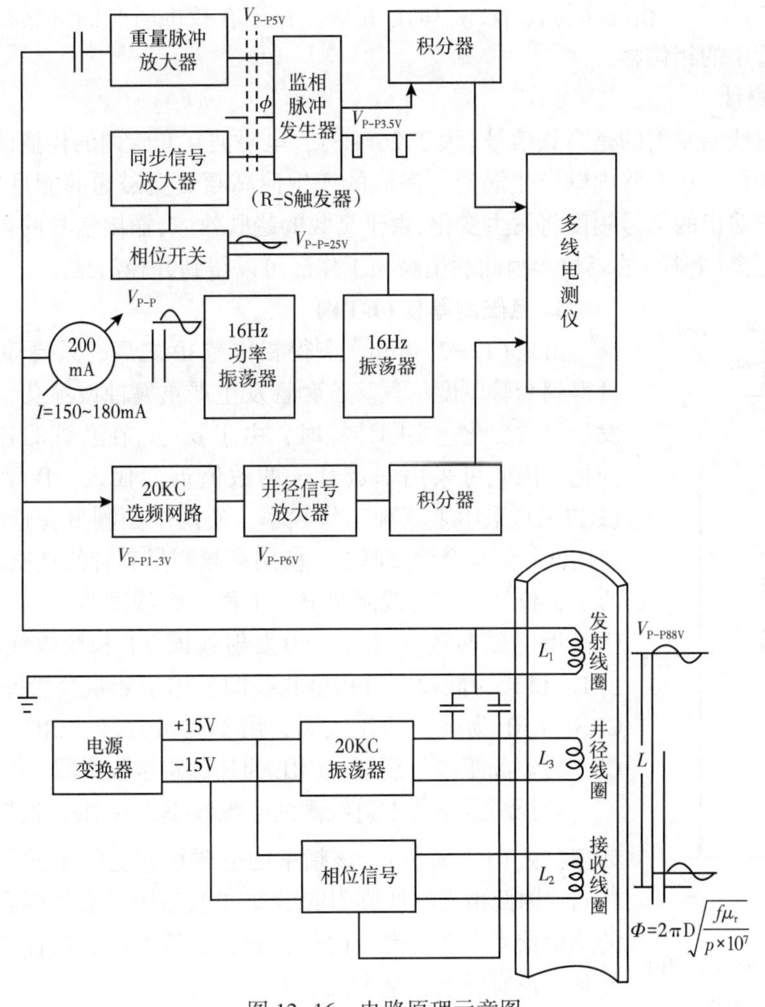

图 12–16　电路原理示意图

线圈与发射线圈相位差 Φ 为

$$\Phi = D\sqrt{\frac{\omega\mu}{2\rho}} = D\sqrt{\frac{2\pi f\mu_o\mu_r}{2\rho}}$$

$$= D\sqrt{\frac{2\pi f\mu_r 4\pi\times10^{-7}}{2\rho}} = 2\pi D\sqrt{\frac{f\mu_r}{\rho\times10^7}} \tag{12-7}$$

其中：

$$\mu=\mu_o\mu_r,\ \omega=2\pi f$$

式中 Φ——相位差（弧度）；

D——套管厚度；

μ——套管磁导率；

ρ——套管电阻率；

μ_o——真空中的磁导率，$\mu_o=4\pi\times10^{-7}$H/m；

μ_r——套管的相对磁导率；

f——发射线圈的频率。

式(12-7)说明，相位移与 f、D、ρ 和 μ_r 相关。仪器在校准时是测量其在空气中的相位移和在套管中的相位移。

2. 井径测量

如果发射线圈发射的是高频信号（大于20kHz），电磁波在套管内的传播即为谐振腔的一部分，高频信号在套管内壁产生涡流，涡流的产生使高频交变磁通的能量发生损耗，因此谐振腔回路输出的信号幅度将发生变化，由于高频的趋肤效应，输出信号的幅度是线圈与套管内表面距离（井径）的函数。因此利用高频工作区可以得到井径信息。

3. 电磁测厚仪（ETT）

由式(12-7)可知，测得相位差 Φ 之后，只要知道 ρ 和 μ_r 即可得到套管厚度信息。若套管发生严重腐蚀或穿孔，厚度信号会发生异常变化。实际计算时，由于 ρ、μ_r 在套管的各个层段都有变化，因此可采用邻近管子的数值近似代入。D 型电磁测厚仪（ETT-D）采用了三种工作频率，使用中频测量套管的电磁特性，使用低频测量套管壁厚度，使用高频测量套管的直径。如图 12-17 所示，仪器由三组线圈组成。上面一组线圈是中频工作线圈，用于测量电磁参数 μ_r 和 ρ，由发射线圈 ZT 和接收线圈 ZR 组成；LFT、LFR 为低频发射和接收线圈，用于测量套管厚度 D；CRT、CRS、CRL 为高频工作线圈，用于测量井径，CRT 为发射线圈，CRS 为短源距接收线圈，CRL 为长源距接收线圈。

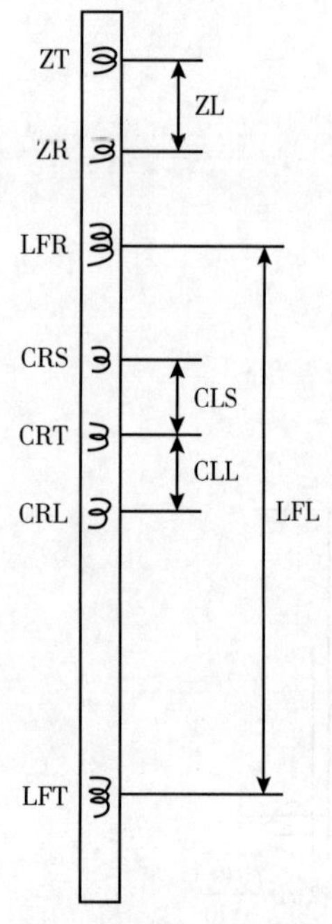

图 12-17 D 型电磁测厚仪结构示意图

井径测量系统发射线圈的电流频率为 65Hz，根据趋肤深度的计算公式（$1/\sqrt{\omega\mu\rho}$），该频率的电磁场在套管中的趋肤深度不到 1mm，因此由发射线圈引起的交变电磁场经套管耦合到接收线圈的感生信号主要受套管内径影响，套管的电磁特性影响微弱，壁厚基本没有影响，基本关系为

$$V_C = F_1\left(d\sqrt{\frac{\mu_r}{\rho}}\right) \tag{12-8}$$

式中　V_C——CRS、CRL 接收的矢量电压信号；

d——井径。

测量电磁特性发射线圈的中频电流频率分别为 375Hz、1500Hz 和 6000Hz，磁导率高时用较低的频率，磁导率低时用高频率，在此频段下，趋肤深度为 2～3mm，这时接收线圈 ZR 的接收信号 V_Z 受内径和电磁特性两种因素的影响，表示为

$$V_Z = F_2(dZ) = F_2\left(d\sqrt{\frac{\mu_r}{\rho}}\right) \tag{12-9}$$

测量套管壁厚发射线圈 LFT 的频率为 8.75Hz、17.5Hz 和 35Hz，在这样低的频率下趋肤深度可达 10～20mm，即可穿透套管。根据趋肤厚度的定义，频率越低，穿透能力越强。实验证明 8.75Hz 的频率可用于双层或三层套管测量。因此影响 LFR 线圈接收信号电压大小的因素有三个，即 d、$\sqrt{\frac{\mu_r}{\rho}}$ 和 D：

$$V_{LF} = F_3\left(dD\sqrt{\frac{\mu_r}{\rho}}\right) \tag{12-10}$$

对三个频段测量信号 V_C、V_Z 和 V_{LF}进行处理可以得到壁厚、内径和电磁特性三个参数曲线，利用这些参数可以综合评价套管的腐蚀状况，可以监测到 5cm 大的腐蚀孔洞。

图 12-18 是管子分析测井曲线和 ETT-D 电磁厚度测井曲线。图 12-18b 中第 3 道中 ECID 表示套管内径，COD 表示套管外径，第 4 道中 THCK 表示套管的厚度，从 2635m 至 2640m 有孔洞存在，在 ETT-D 曲线上显示为套管的厚度变为 0。

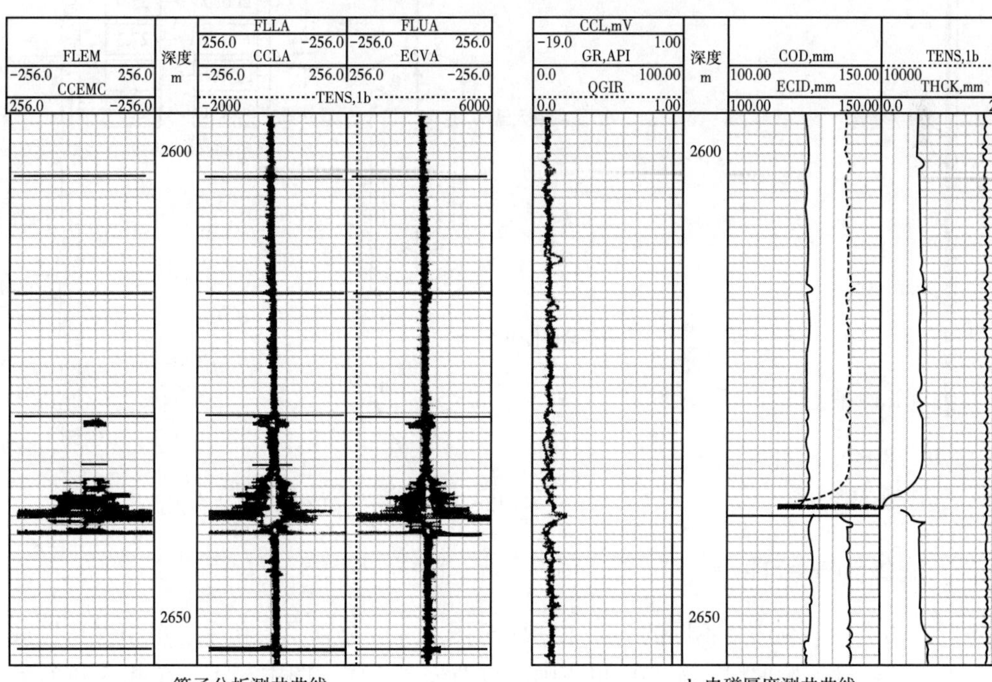

a 管子分析测井曲线　　　b 电磁厚度测井曲线

图 12-18　测井实例

第四节 噪声测井

早在1973年前，噪声测量技术就已开始运用于管外窜槽监测，在其他测试手段有局限时，该仪器可探测到流量为4ft^3/d的气窜，说明在监测窜槽方面具有较高的灵敏度。

一、测量原理

噪声测井仪的结构如图12-19所示，由压力平衡装置、探测器、电子线路和接箍定位器四部分组成。探测器部分的结构如图12-20所示，下部为一压电石英晶体声呐探测器，该声呐探测器装在油中，能分辨振幅为10^{-5}psi的压力振动。电子线路部分包括低噪声的前置放大器，增益为50和增益为40的运算放大器。测量时，声音信号经过压电石英声呐探测器被转换为电信号，然后经过宽频放大器后由单心电缆传到地面面板，然后经过高通滤波器把信号分为四个独立的分量，分别测量截止频率为200Hz、600Hz、1000Hz和2000Hz四个频段的幅度值，以毫伏或分贝为单位（1mV＝70dB）。同时由扬声器再现井下声波。测井时，选择一些测点进行定点测量，连接每一点的测值，即可得到截止值分别为200Hz、600Hz、1000Hz和2000Hz的噪声幅度曲线。由于井下在单相、两相流动中或流速不同时产生的噪声幅度不同，因此利用这一性质可以判断是单相流动还是多相流动及相应的流量。

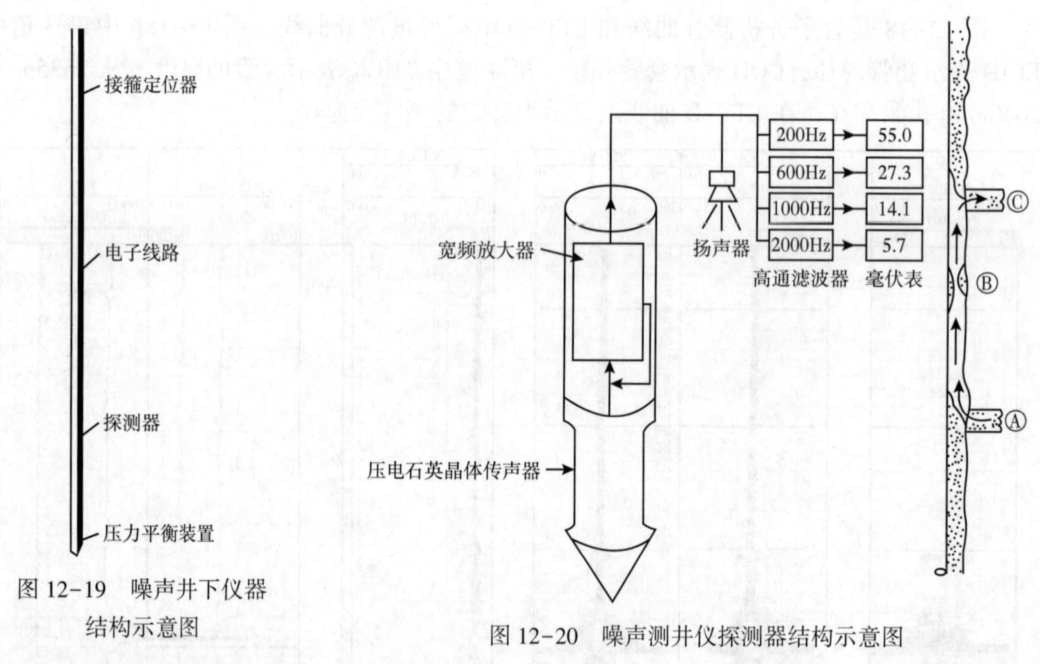

图12-19 噪声井下仪器结构示意图

图12-20 噪声测井仪探测器结构示意图

二、流体频谱特性

不同流体类型的频谱是不同的。图12-21至图12-23分别是单相水、单相气和气水两相流动的频谱特性实验曲线，实验由贝克阿特拉斯公司完成，图中显示，单相水和单相气的频谱相似，可以看出噪声最大幅度出现在1000~2000Hz范围内。实验时，图12-21的实验条件是压力为 0.62MPa，水的流量为 $70m^3/d$，噪声幅度主要分布在 800～2000Hz 之间的频带上。图 12-22 的实验压差为 0.069MPa，流量为 $107m^3/d$，噪声幅度近似分布在 800～2000Hz 之间，由于测量时，测的分别是大于 200Hz、大于 600Hz、大于 1000Hz 和大于 2000Hz 的四个截止值的噪声幅度曲线，所在测井曲线上，四条曲线在噪声源处，除 2000Hz 的那条曲线外，其他三条曲线近似重合，由此也可以判断是否为单相或两相窜流，如图 12-24 和图 12-25 所示。

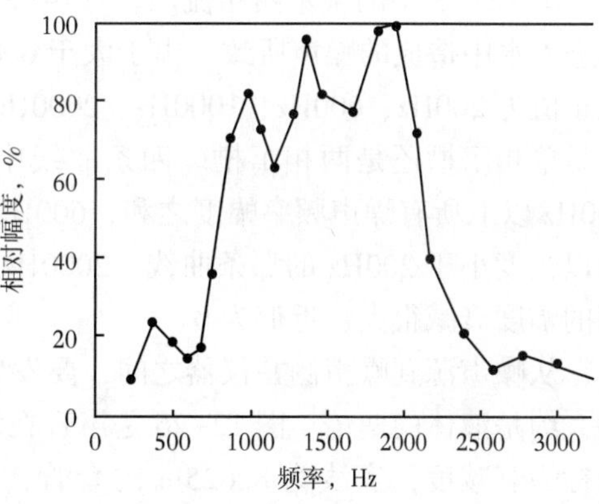

图 12-21　单相水流动的噪声频谱

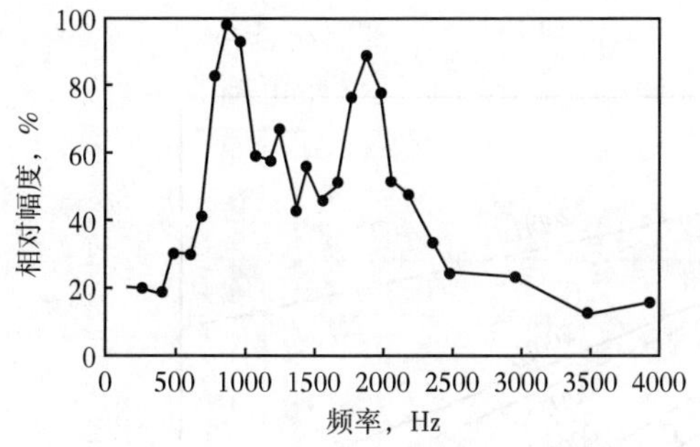

图 12-22　单相气流动的噪声频谱

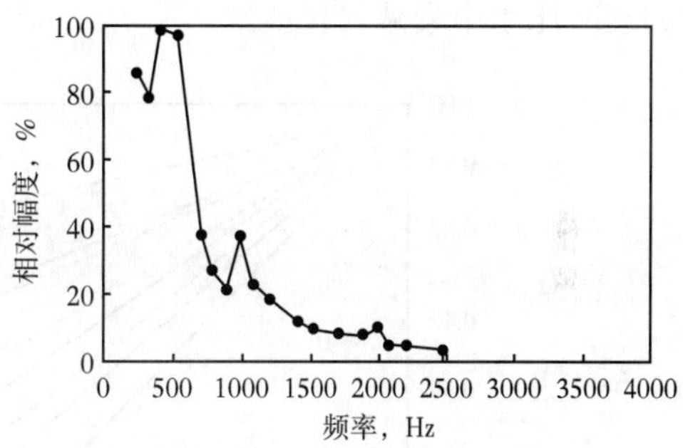

图 12-23　气在水中流动的噪声频谱

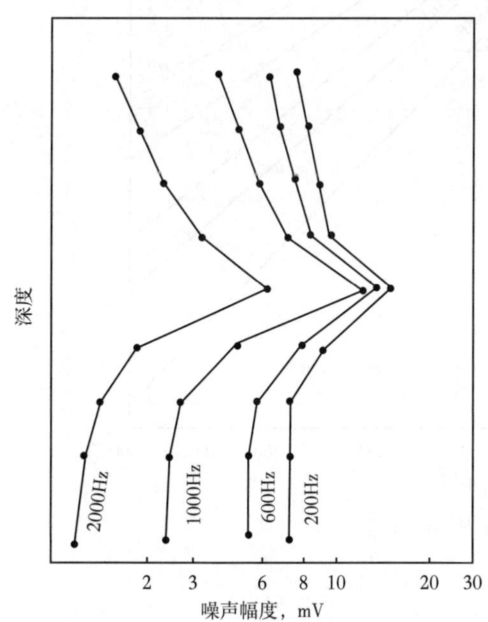

图 12-24　单相漏失的噪声曲线特征

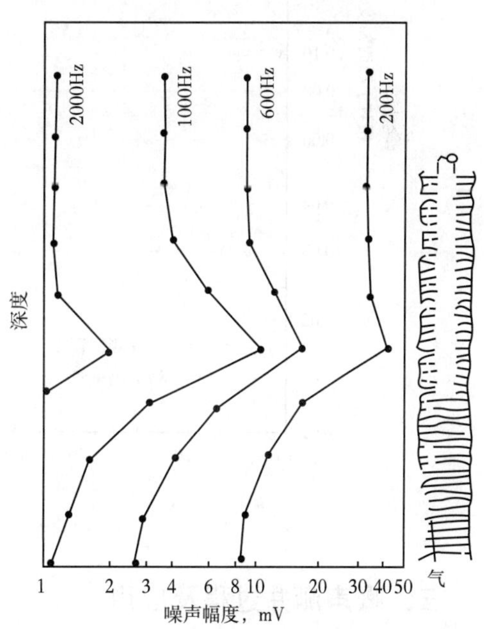

图 12-25　气液两相漏失的噪声的噪声曲线特征

图 12-23 中的气水两相流动，噪声幅度主要分布在 200~600Hz 之间的频带上，是气体进入水中造成的噪声所致。由于大于 600Hz 之后噪声幅度递减较快，所以在测井曲线上截止值为 200Hz、600Hz、1000Hz、2000Hz 四条曲线分离程度较大，利用这一特征可以判断是单相窜槽还是两相窜槽。四条曲线中，200Hz 噪声幅度最大，因为它记录的是大于 200Hz 以上所有噪声频率幅度之和，600Hz 曲线记录的是大于 600Hz 时所有噪声幅度之和，所以幅度小于 200Hz 的那条曲线。2000Hz 曲线幅度最小，因为大于 2000Hz 之后，噪声频率的幅度衰减很大，近似为 0。

从噪声源到噪声测井仪器之间，要发生幅度衰减，同一频率的声音在气体中的衰减速度大约是液体的两倍。图 12-26 是声音在水中衰减的实验曲线，横坐标为距源的距离，纵坐标为衰减度，实线为 8. 625in 的套管，虚线为 4. 5in 的套管。例如，2000Hz 的声音在 8. 625in 的套管中传播 100ft 后，只剩原始幅度的 10%，即衰减了 90%。图 12-27 是气从油套环形空间自下而上流动时所测的曲线，在气水界面附近曲线发生了异常，这是声音在气中的衰减比水中衰减较快所致。

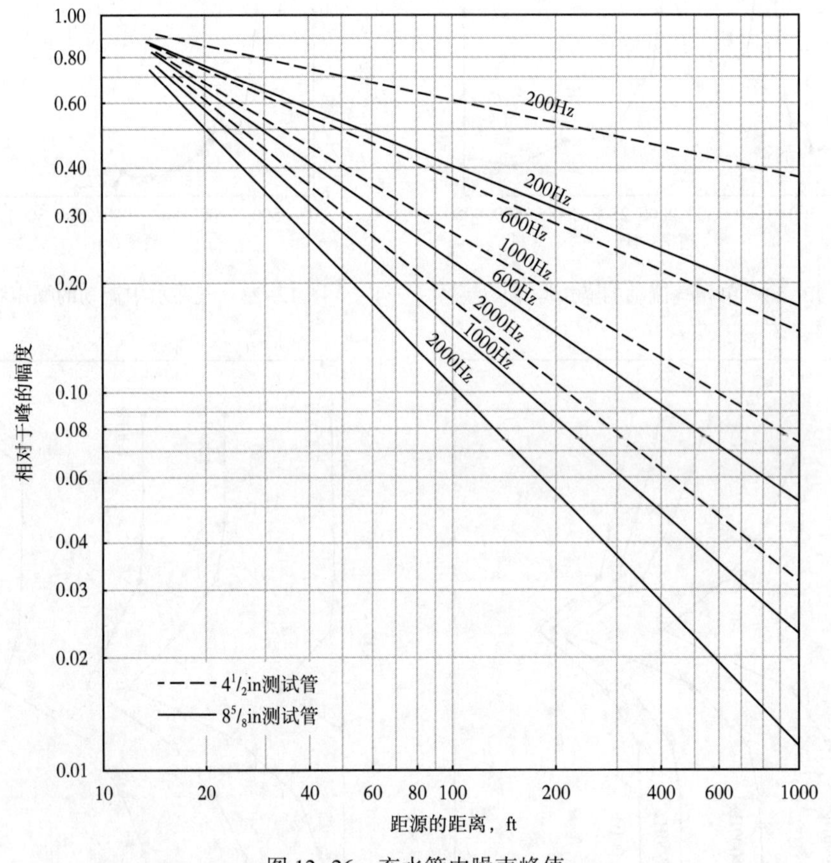

图 12-26　充水管内噪声峰值

三、噪声测井过程及应用

噪声测井时由于仪器移动会产生声音因此都采用定点记录，在每个深度点上记录四个数据。两个测点的距离先选为 3~6m，测量后对重要部位要使用 0. 3m 左右间隔进行重新测量，以获得更详细的资料。

测井结束后，对记录到的数据先进行电缆衰减校正，校正图版如图 12-28 所示。电缆对信号的衰减与信号频率和电缆的长度相关。A、B、C、D 四条曲线对应四条不同截止频率的噪声记录，纵坐标为线性校正因子，横坐标为电缆长度。例如，7/32in 的电缆在 20000ft 测得 1000Hz 以上噪声信号幅度读数为 200mV，选用曲线 C，对应于 20000ft 处的纵坐标读数为 1.26，则校正后的幅度应为 1.26×200=252mV，校正后，可以绘出图 12-29 所示的测井曲线。图中流体从砂层 B 经管外窜槽流入砂层 A，在窜槽通道中缩经位置处，存在局部压力降，产生噪声，其幅度大于周围的噪声幅度。因此，除 A、B 处之外，在缩经处也出现了尖峰显示。

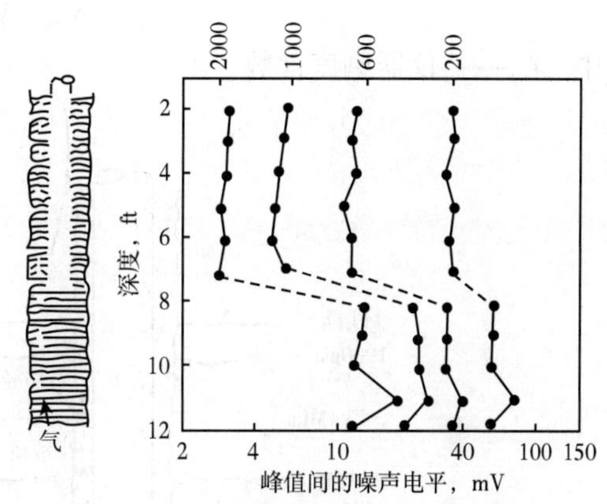

图 12-27　传输介质变化后的波形图

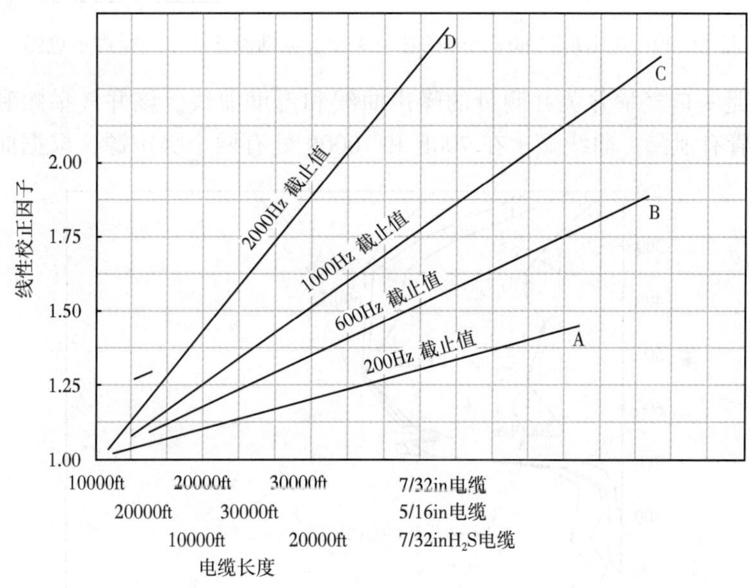

图 12-28　电缆长度与线性校正因子关系图

实验表明，截止值为 1000Hz 的记录曲线对单相水或单相气的窜槽流量较为敏感，实验关系为

$$N_{1000}=C_1(\Delta pq) \tag{12-11}$$

式中　q——引起噪声的体积流量，(标)$10^3ft^3/d$；

Δp——引起噪声的压力差，psi；

C_1——仪器刻度常数；

N_{1000}——大于 1000Hz 噪声曲线的幅度读值，mV。

对于气液两相流动，气相窜流流量与 N_{600} 和 N_{200} 两条测井曲线峰值之差呈正比关系。实验关系为

$$N_{200}-N_{600}=C_2q \tag{12-12}$$

式中　C_2——仪器刻度常数。

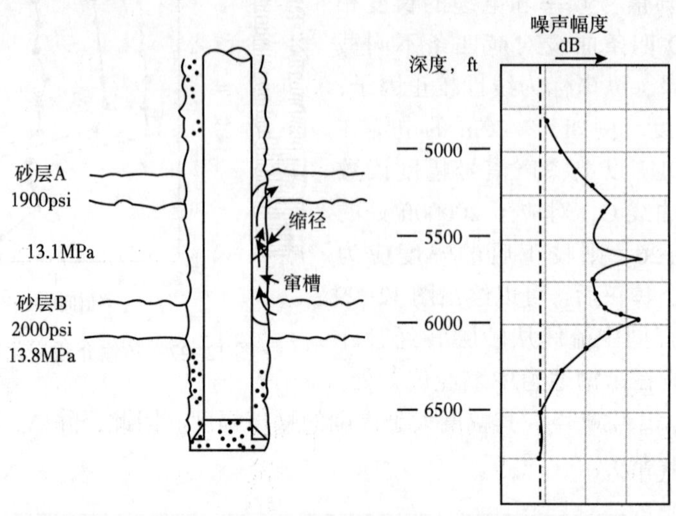

图 12-29　在出现局部压力降的各个深度，流动流体产生的噪声示意图

图 12-30 是一口气举井关井测量的噪声曲线和温度曲线。该井气举顺利，但产水过多，可能是油管有泄漏。曲线显示在 700ft 和 1000ft 处有两个噪声源，根据曲线特点可以

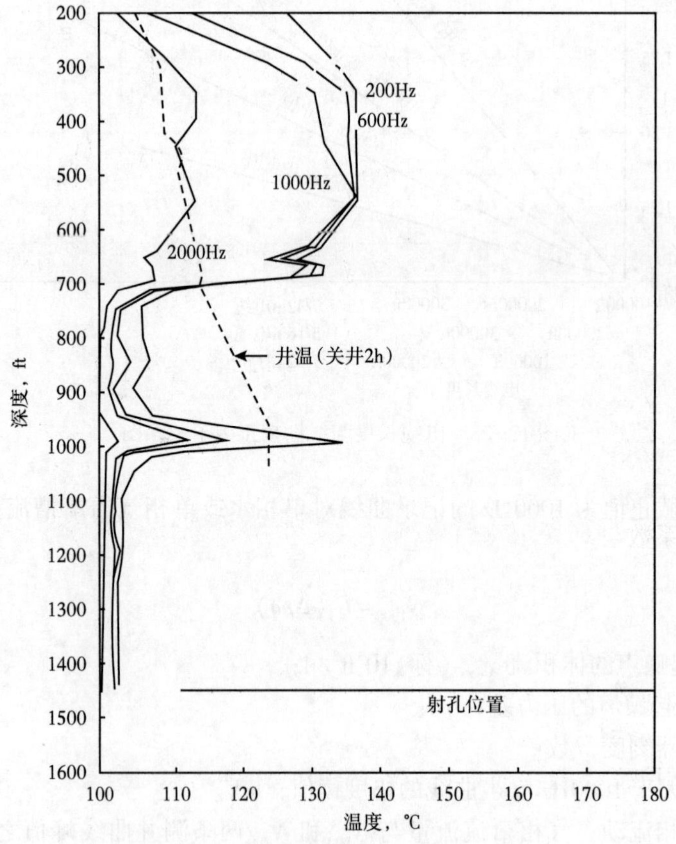

图 12-30　油管泄漏的温度—噪声检测

判断700ft处有气体流动，在1000ft处有液体流动，由温度曲线可以看出，700~1000ft间曲线平滑，表明油管中为水柱。在300~700ft，油管内为气水两相沫状流动，在300ft以上层位，曲线明显衰减，表明为气体段塞流动。综合分析表明，气体从700ft处进入油管向上流动，另外在700ft处气体的膨胀迫使水通过油套环形空间到达1000ft处的动液面上，使该处的液体活动相当明显，解决这一问题的办法是在700ft的位置处进行油管补漏。

第五节　固井评价测井

井完钻并下套管后，需要把套管和井壁间的环形空间用水泥封固，以防井眼垮塌及渗透层之间的相互串通。由于固井的效果受井深、温度、井眼尺寸、添加剂、水泥类型等诸多因素的影响，对于某些井段即使用最佳方案进行固井作业，也可能出现窜槽。实验表明水泥孔隙压力和地层压力之间的差异是造成许多固井作业失败的原因。现场应用表明，凝固好的水泥的渗透率一般为0.001mD，孔隙小于2μm，孔隙度为35%左右。但是在水泥完全凝固之前天然气窜入时，水泥的孔隙结构会遭到部分破坏，窜入的天然气会在水泥中产生一种管状的孔隙网络，孔隙直径可达0.1mm，渗透率为1~5mD。这种气侵的水泥虽然可以支撑套管，但不能对地层中的天然气产生完全的密封。此外斜井中管柱不居中等因素也会造成水泥胶结失败。固井失败的主要后果是会导致渗透层之间流体的渗流。因此固井质量评价是工程测井中重要的一个作业，发现问题应及时修补。目前用于评价固井质量的测井主要有声幅测量(CBL)或叫水泥胶结测井、声波变密度测井及水泥评价测井(CET)。

一、声幅测井

测井时，声源发出的声脉冲在井内向各个方向传播，当声波传播到两种介质的交界面时（如由钻井液至套管、套管至水泥、水泥与地层）会发生声波的反射和折射，其入射、反射现象与光学的反射、折射定律相类似，反射波和折射波的能量分配取决于界面处两种介质声阻抗的性质，声阻抗等于介质密度和介质声速的乘积：

$$Z=\rho v$$

式中　Z——介质的声阻抗；

ρ——介质密度；

v——介质声速。

声压的反射系数与介质声阻抗的比值有关，声压反射系数为

$$R=\frac{Z_2-Z_1}{Z_2+Z_1}$$

式中　R——反射系数；

Z_1、Z_2——分别为介质1、2的声阻抗。

反射波和折射波的能量之和等于入射波的能量（不考虑声波在介质中的衰减），因此折射系数K为

$$K=1-R$$

当套管与管外水泥固结良好时，由于水泥与钢套管的声阻抗接近，因此声波进入套管与水泥的界面时，声耦合较好，声波通过折射大部分进入水泥，反射波较弱；当套管外是水、钻井液或胶结不好时，因二者声阻抗差异大，声耦合差，声波大部分被反射到套管中；当套管外为气体时，其声阻抗差异更大，因此几乎所有的声波都被反射回来被仪器接收。测井时记录沿套管传播的声波幅度（滑行波），以此来判断水泥胶结的好坏。这是声幅测井的基本原理。

固井声幅测井的下井仪器如图 12-31 所示。声系由一个发射器和接收器组成，二者的源距为 1m。发射器每秒发射 20 次频率为 23kHz 的声脉冲，接收器的谐振频率为 20kHz。接收器通过记录套管波的首波幅度反映井下水泥固结质量，单位为 mV。接收器接收的典型声幅信号如图 12-32 所示。理论与实验结果表明套管外的介质对套管的约束不同时套管波的幅度有明显的差异。

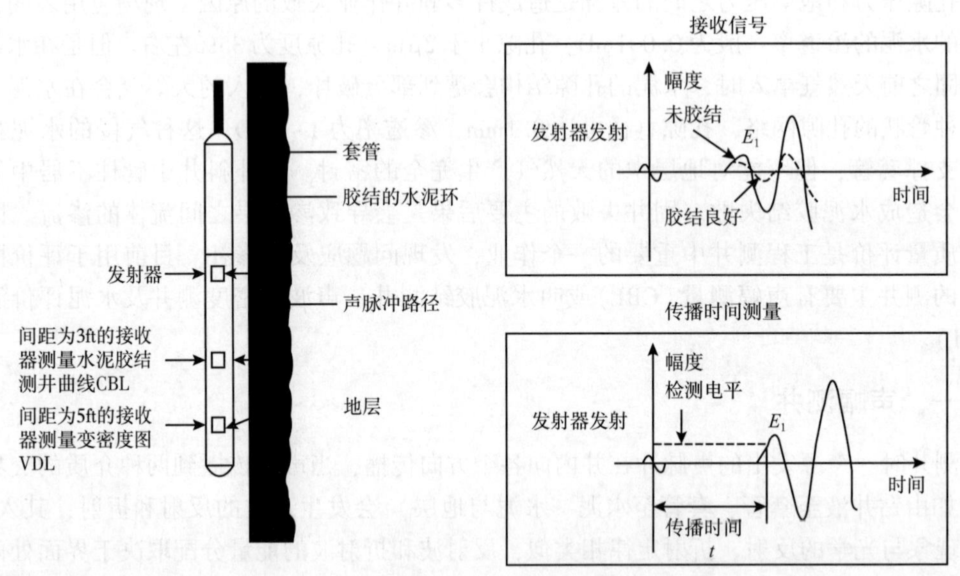

图 12-31　水泥胶结测井

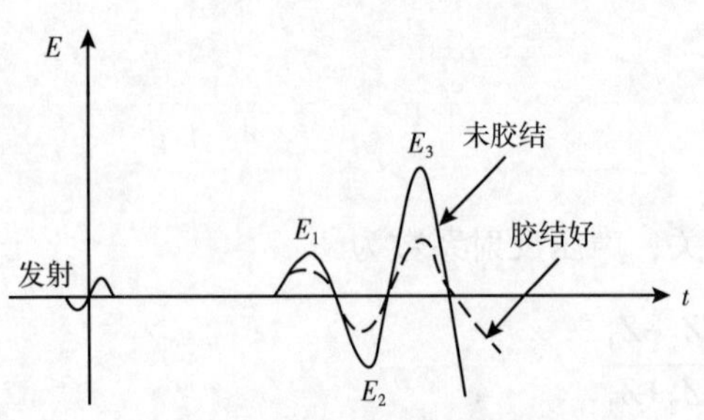

图 12-32　两种典型的声幅信号

胶结良好的套管，界面处的声阻抗小，反射系数小，套管波首波幅度 E_1 很低。若套管外为水、气或钻井液（自由套管），界面处声阻抗差异大，大部分声波反射回到井筒，此时，套管波的首波幅度 E_1 很高。

1. 影响声幅的因素

1）*套管厚度*

图 12-33 是套管厚度 h 与声幅相对值（A/A_0）的关系，A 表示记录到的声幅值，A_0 为自由套管时的声幅值，图中说明套管越厚，衰减越小。

图 12-34 是套管直径对 A/A_0 影响的实验结果，曲线 1 为套管外是水的情况，曲线 2 为套管外是水泥的实验曲线。图中说明，套管直径越大，幅度衰减越大。

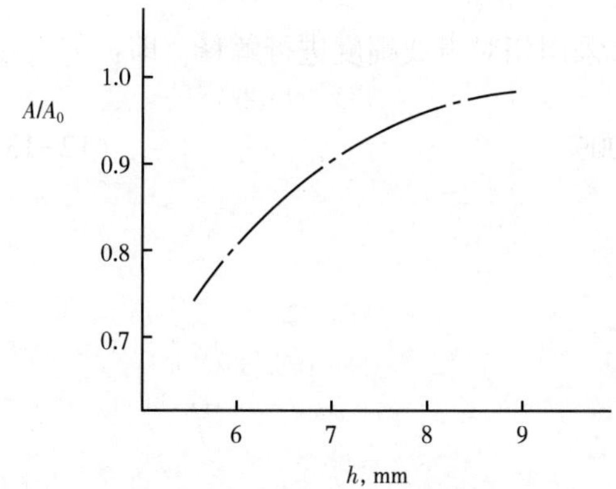

图 12-33　套管厚度对声幅的影响

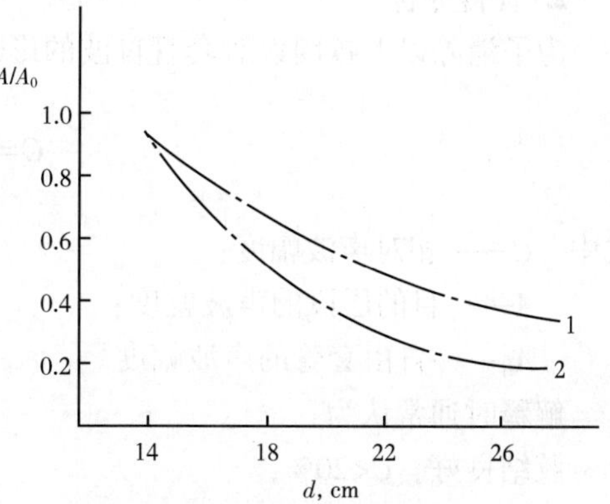

图 12-34　套管直径对声幅的影响

2) 水泥环和仪器偏心

水泥的密度越大，水泥的抗压强度越高，其声阻抗与套管的差异就越小，套管波的幅度将变小。在水泥密度一定的条件下，水泥环越厚，声波幅度越小。当厚度大于 2cm 时，套管波的幅度将降至最小且保持不变(图 12-35)。

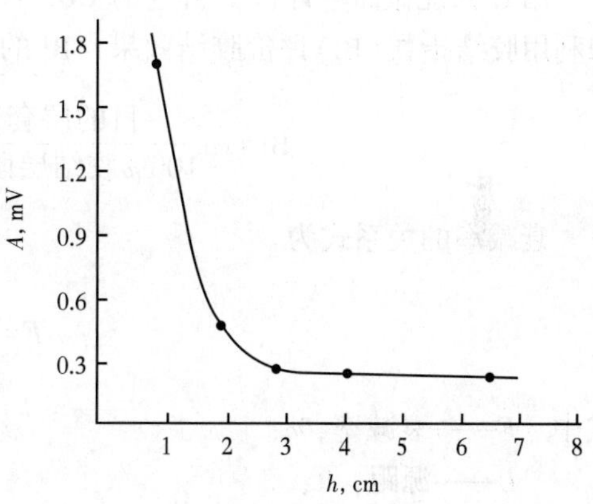

图 12-35　水泥环厚度 h 对声幅的影响

仪器偏心时，声波沿不同的路径到达接收器，此时记录到的首波到达时间不同(图 12-36)，实验表明，当仪器偏离中心 0. 25in 时，首波幅度将减小 1/2。因此，测井时应使仪器居中测量。

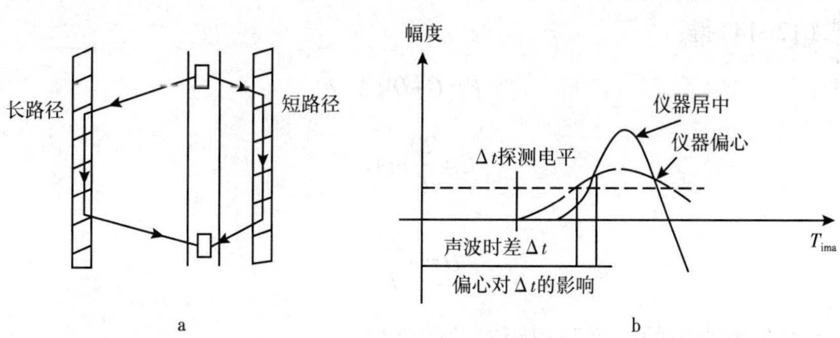

图 12-36　仪器偏心的影响

3) 测井时间

水泥凝固 20 小时后，水泥抗压强度达到标称值的 80% 以上，可以进行测井。否则，水泥与套管胶结较差。

除了上述因素之外，由于固井施工，水泥凝固等的影响，套管与水泥间会产生微小间隙，结果使声幅值增大。此外，气侵也会使声幅增大。

综上所述，声幅测井受多种因素影响，但主要因素是水泥与套管的胶结情况。

2. 资料分析

为了消除以上各因素对套管首波的影响，常采用相对声波幅度进行解释，即：

$$C=\frac{A}{A_0}\times 100\% \tag{12-13}$$

式中 C——相对声波幅度；

A——目的层段的声波幅度；

A_0——自由套管的声波幅度。

解释时通常认为

胶结良好：$C<20\%$；

胶结中等：$C=20\%\sim 40\%$；

胶结差：$C>40\%$。

用 C 只能做简单评价，引进的 CBL 仪器把套管的直径、壁厚、水泥抗压强度综合起来利用胶结指数(BI)评价胶结效果，BI 的定义为

$$\mathrm{BI}=-\frac{\text{目的层套管首波衰减率(dB/ft)}}{\text{100\%胶结层段套管首波衰减率(dB/ft)}}$$

衰减率的关系式为

$$F=-\frac{20}{L}\lg\frac{A}{A_1} \tag{12-14}$$

式中 F——衰减率，%；

L——源距，ft；

A——套管波首波幅度，mV；

A_1——发射声波的幅度，mV。

整理式(12-14)得：

$$F=C+D\lg A \tag{12-15}$$

$$C=\frac{20}{L}\lg A_1$$

$$D=-\frac{20}{L}$$

式中 C——与发射声波的幅度与源距有关的常数；

D——与源距有关的常数。

将式(12-15)代入 BI 的表达式得：

$$\mathrm{BI}=-\frac{C+D\lg A}{C+D\lg A_{\min}} \tag{12-16}$$

式中 BI——胶结指数；

$A_{\min}$——100%胶结井段的套管波的首波幅度。

式(12-15)说明，衰减率与套管首波幅度的对数成正比。影响 F 的主要因素是套管周

围未被胶结部分的圆周长，即周围胶结的越多，衰减系数越大(图 12-37)。利用衰减率定义的胶结指数评价胶结效果的界线是

BI=1　胶结好；

1.0>BI>0.8　胶结良好；

0.8>BI>0.6　胶结中等；

0.6>BI>0.3　胶结不好；

BI<0.3　胶结差，出现窜槽。

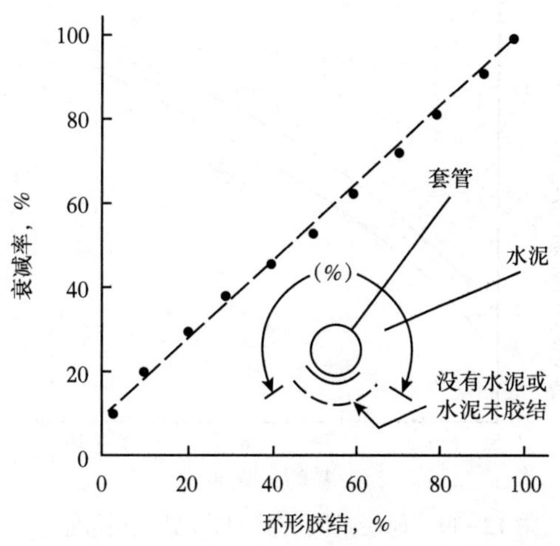

图 12-37　水泥胶结测井仪对窜槽的响应规律

图 12-38 是用图版法计算 BI 的诸模图。图 12-38a 上部，利用套管外径代入可得自由套管首波到达幅度。图 12-38a 的下半部，利用套管厚度(mm)、水泥抗压强度(psi)和套管外径这些参数可以确定 100%胶结时的首波到达幅度(mV)。过这两点画一斜线，如图 12-38b 所示，利用这一斜线及测井的幅度即可得到相应层位的 BI。图 12-38 适用于斯伦贝谢公司 3.375in 的声幅测井仪。

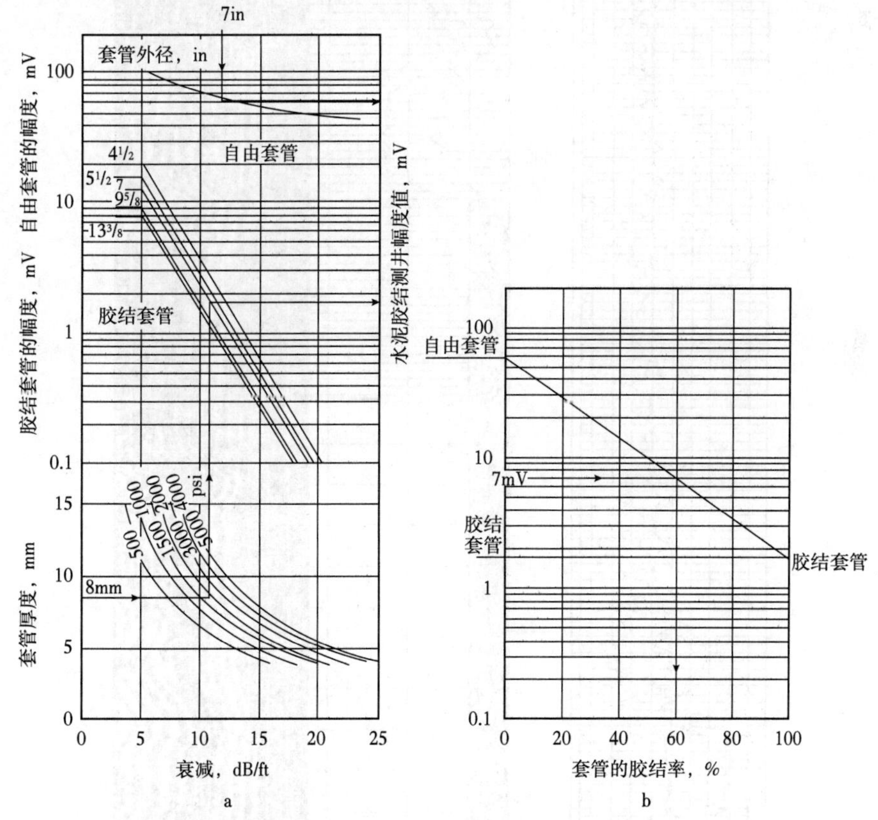

图 12-38　水泥胶结测井解释诸模图

实际情况下，除了要求胶结指数较高外，也要求具有这一胶结指数的胶结层段足够长，这样才能保证在这一层段不会发生窜槽现象。图 12-39 是这一关系的实验图版。横坐

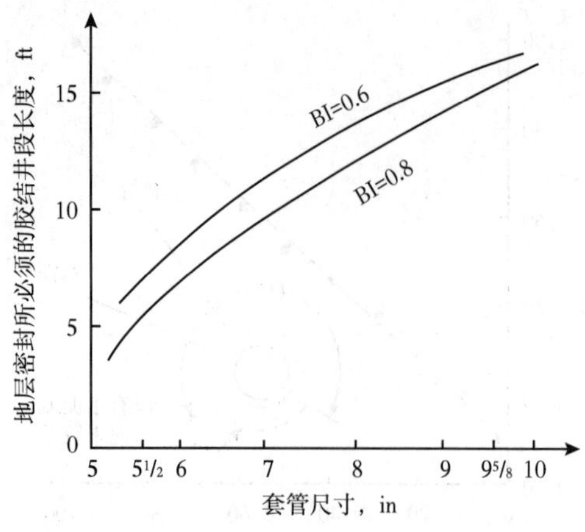

图 12-39　地层封固所需的胶结层段长度

标为套管外径，图版参数为胶结指数 BI，纵坐标为相应要求封隔的长度。该图表明套管直径越大，要求封隔的长度越长。

图 12-40 是在下了 7in 套管内进行 CBL 测井的实例。图中显示井段 A 是一个胶结很好的井段，胶结指数和长度表明该层段不会发生窜槽现象。B、C、D 层段尽管 BI 大于 0.8，但由于胶结层段太短，不能保证不会发生窜槽现象。

声幅测井只记录套管波的首波幅度，可以评价第一胶结界面（套管与水泥之间）的胶结情况，不能反映水泥和地层之间界面的情

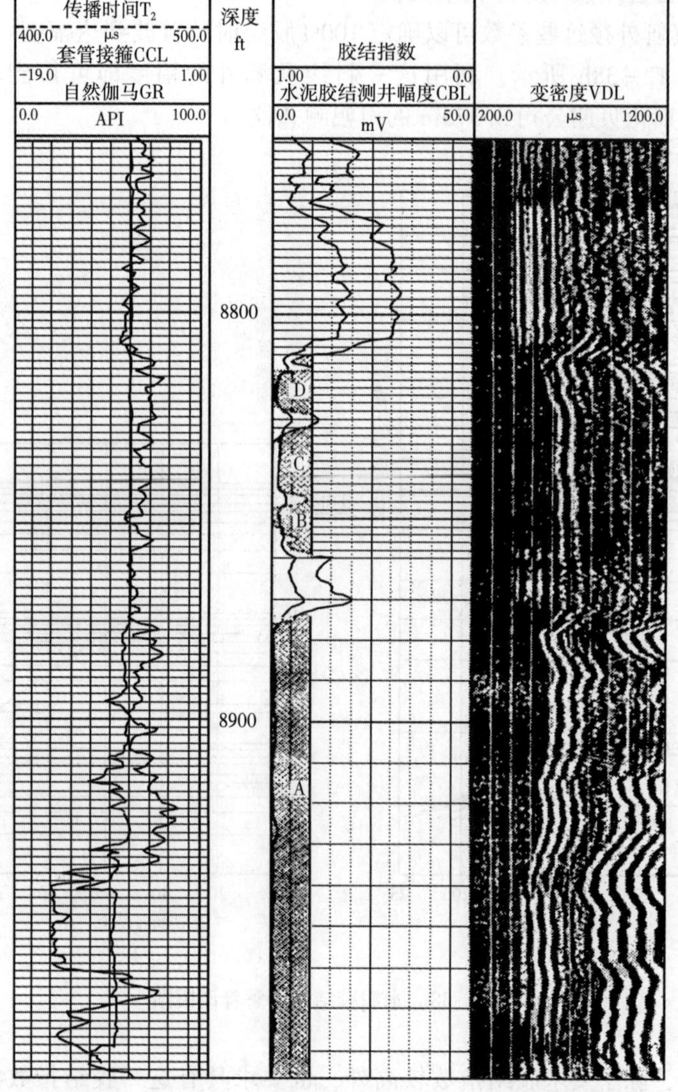

图 12-40　带有胶结指数曲线的水泥胶结—声波变密度测井图

况（第二胶结面）。此外还要受到仪器偏心、高速地层周波跳跃和套管与水泥之间微裂环的影响。为了克服这些问题，要求测井时仪器加扶正器。若存在微裂环，则可以采用加压测井。另外是采用声波变密度仪器进行测量。

二、声波变密度测井

1. 测井原理

声波变密度测井（VDL）仪器结构与 CBL 相似，不同的是源距为 5ft。VDL 井下接收器接收的是声波前 12~14 个波的幅度及到达时间，记录结果不仅能反映第一界面的胶结情况，也反映了第二界面的情况。

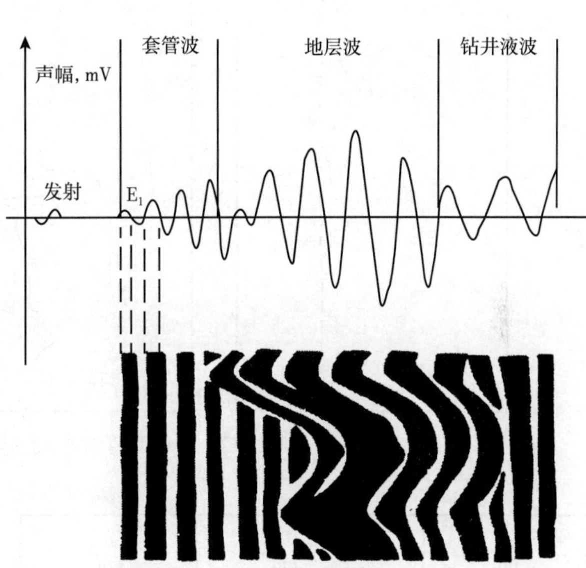

图 12-41　声波变密度测井原理示意图

前十几个波中，前三个波与套管波有关，第四个至第六个波与地层波有关，如图 12-41 所示。发射器发射的声波先经过钻井液，然后沿着套管传播后到达接收器，称为套管波；一部分透过套管和水泥环到达地层，并在地层内传播，然后返回到达接收器，称为地层波。地层波包括纵波和横波两部分。声波沿水泥环传播衰减较大，所以信号很弱，可忽略不计。最后到达的是经钻井液直接到达接收器的泥浆波（直达波），在 5ft 的源距下，由于钻井液的声速为常数，所以在声波发射大约 830μs 后到达接收器，其特征是幅度较大，到达时间基本不变或者很少变化，是稳定的平行线，与套管波相似。在记录方式上或者记录全波波形，或者将正半周涂成黑色，负半周为白色，这样就显示为黑白相间的条带状记录（辉度记录），看起来也更为直观。条带的宽度和亮度取决于声幅的大小及声信号的频率，亮带的相对位置取决于地层性质。声波幅度越大，黑色条带越黑，两条黑条带间的白色条纹表示为负半周或无信号。由于套管波到达接收器的时间不变，所以黑白条带为直线，右边反映的是地层波，由于纵向上地层性质有差异，到达接收器的时间也变化不定，所以黑白条纹摇摆不定，其变化幅度可参考该井的声波时差曲线。由于黑白点的亮暗与幅度成正比，通过黑白条带的亮暗就可以知道套管波、地层波的幅度，而这两个幅度分别反映了第一、第二界面的胶结情况，这就是声波变密度测井评价固井质量的依据。除上述几种主要波之外，实际测井中还有几种次要波，由下列因素引起：套管接箍的反射、井眼交混回响、井眼不规则处的反射和转换、地层界面的反射和转换。这些次波在变密度曲线上呈波浪形，其斜率与入射波、反射波或转化波速度有关，目前还不能辨别这些波。

2. 资料解释

（1）自由套管。在自由套管井段，大部分声波能量沿套管传播，传到地层中的声波能量非常小。因此在变密度图上出现强套管波信号，声波在套管壁上反复振荡形成前 6 至 8

个波全是套管波。传播时间由 E_1 电平触发，在套管接箍位置传播时间稍有增加，套管波幅度变小，变密度曲线在接箍处有人字纹显示。图 12-42 是一段自由套管测井曲线。第 1 道为 1m 源距的传播时间(TT2)，第 2 道为声幅曲线(CBL)，所测井的外径为 7in，自由套管的 CBL 测井值为 60mV 左右，变密度显示套管波很强，在接箍处有人字纹。

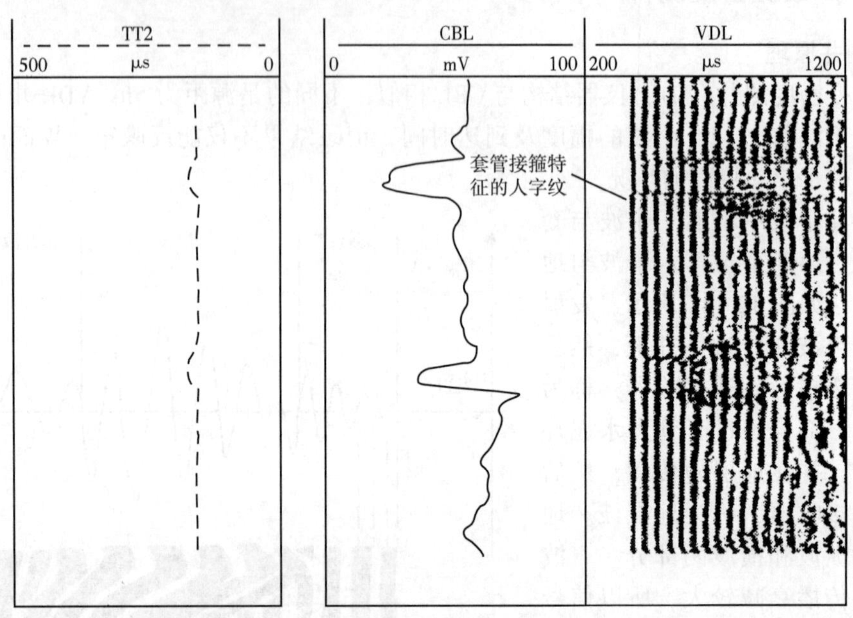

图 12-42　自由套管的声波变密度测井曲线

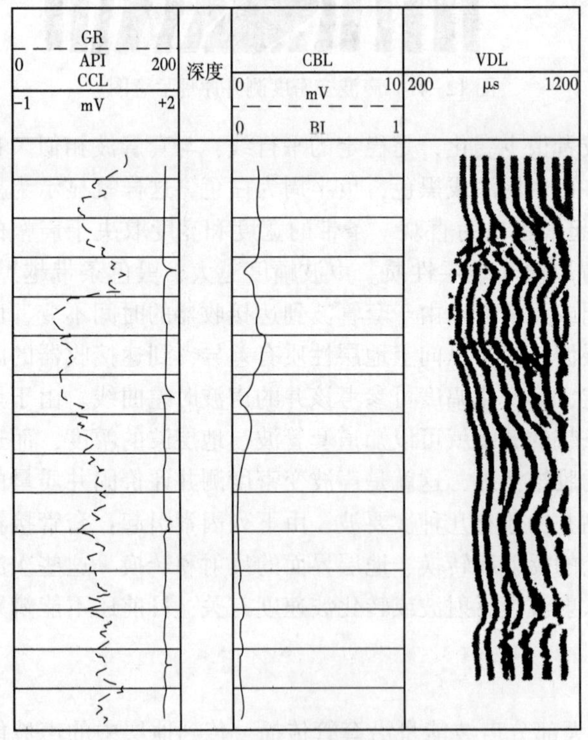

图 12-43　胶结良好的声波变密度测井曲线

(2)水泥与套管及地层胶结良好。在水泥与地层胶结都好的井段，因为水泥与钢管的声阻抗很接近，大部分声波能量穿过套管及水泥环进入地层传播。因此，在变密度图上套管波信号很弱或不存在，而地层波信号很强。甚至某些快速地层的地层波会出现在套管的位置上。图 12-43 中，第 1 道为自然伽马(GR)和接箍曲线(CCL)，第 3 道为声幅曲线(CBL)和胶结指数曲线(BI)，第 4 道为变密度曲线(VDL)。图中显示 CBL 幅度值很低，BI 全部大于 0.8，VDL 显示强地层波并与 GR 曲线变化趋势对应。

(3)水泥与地层胶结差，与套管胶结好。在这种情况下，大部分声波能量穿过套管水泥环界面进入水泥环，但传到地层中的声波能量很小，声波能量在水泥环中被衰减损耗。因此在变密度图上套管波信号很弱，以致 E_1 幅度在检测电平之下，使传播时的测量将由 E_2 触发，使得首波到达时间曲线(TT2)摇摆不定，此波称为周波跳跃。图 12-44、图 12-45 是这一情况的测井曲线，CBL 幅度值很低(E_1 很低)，第 1 道传播时间产生周波跳跃，变密度套管波很弱，地层波也很弱。解释时可参阅表 12-4 中显示的数据。

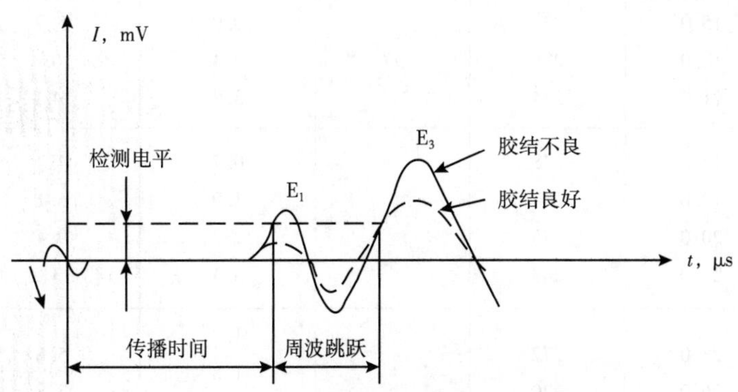

图 12-44　因 E_1 幅度而导致的周波跳跃

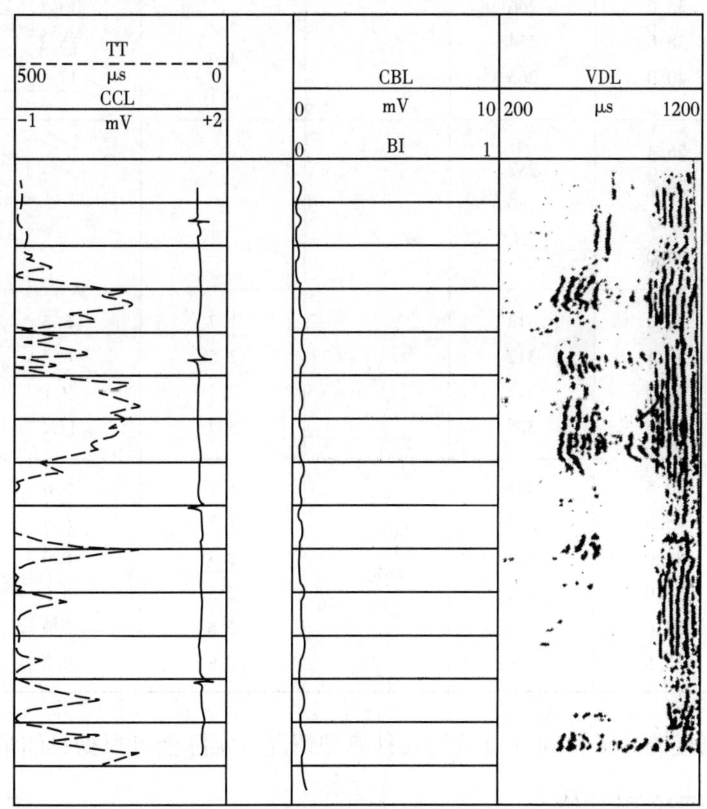

图 12-45　水泥与地层胶结不好与套管胶结好的声波变密度测井曲线

表 12-4 水泥胶结测井解释表

套管尺寸 in	重量 lb/ft	传播时间 μs	自由套管幅值 mV	H 级水泥 抗压强度 21MPa		隔离段长度 BI=0.6m
				100%胶结 mV	60%胶结截止值 mV	
5	15.0 18.0 21.0	239 236 234	77	0.9 2.4 3.8	5.7 10.4 14.7	1.5
$5\frac{1}{2}$	15.5 17.0 20.0 23.0	248 247 245 243	71	0.7 1.0 2.2 3.4	4.7 6.1 9.4 13.2	
7	23.0 26.0 29.0 32.0 35.0 38.0 40.0	272 270 269 267 266 264 263	61	1.0 1.8 2.2 2.5 3.3 3.9 4.9 6.1	5.6 7.8 9.4 11.8 13.1 15.2 17.1	3.4
$7\frac{5}{8}$	26.4 29.7 33.7 39.0	282 280 27				
$9\frac{5}{8}$	40.0 43.5 47.0 53.5	313 312 311 308	52	1.7 2.5 2.7 3.7	6.7 8.7 9.1 11.8	4.5
$10\frac{3}{4}$	40.5 45.5 48.0 51.0 54.0 55.5	334 333 331 330 329 329	50	1.1 1.7 2.3 2.5 2.6 2.8	5.0 6.5 8.0 8.5 8.9 9.2	5.2

以上是变密度测井评价固井质量的几种典型情况。实际上可根据具体情况具体解释。

三、水泥评价测井仪

1. 测量原理

水泥评价测井（CET）是斯伦贝谢公司 20 世纪 80 年代末推出的一种水泥胶结评价仪。CBL、VDL 测量沿套管的轴向声波衰减，CET 测量套管厚度模谐振，所用的传感器既是发射器又是接收器，测量时发射一个很短的声波能量脉冲并接收由套管反射回来的反射波。图 12-46 是 CET 测量原理结构图。声系有 8 个声波换能器，采用螺旋式排列，可以对套管进行扫描，在 360°的圆周上形成 45°的扇形面，超声波换能器可同时发射和接收 8 个声波信号。通过调节，每个换能器都可位于离套管壁 2in 的位置。图 12-47 是换能器发射和接收过程，声波探测器向套管发射频段为 270~650kHz 的超声脉冲，具体频率可视套管厚度确定（0.2~0.65in），采用的发射频率 f_0 与套管壁厚 D、套管纵波速度 v_p 的关系为

$$f_0=\frac{v_p}{2D} \tag{12-17}$$

采用共振频率 f_0 后可把微环影响降到最低程度，另外可以提高回波的能量幅度。图中的发射频率为 500kHz。当套管外水泥胶结良好时，由于水泥阻抗较大，回波幅度衰减很快；当套管外没有水泥时，振幅衰减的速度较慢，衰减方式为指数衰减，时间常数为

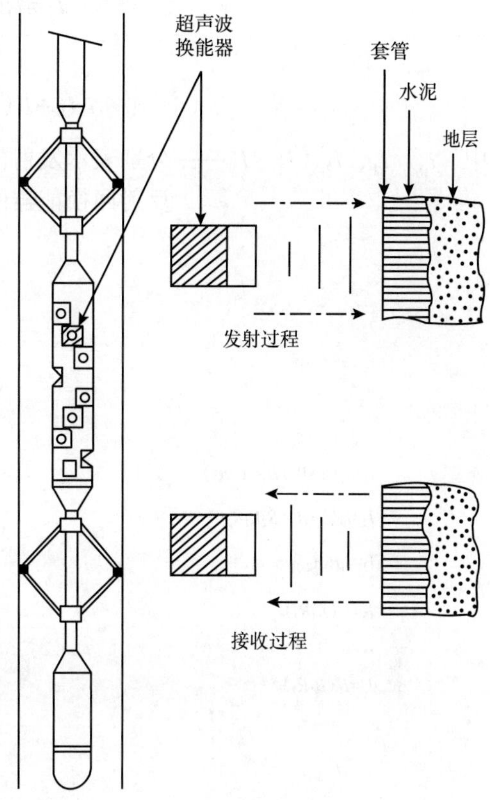

图 12-46　水泥评价测井仪测量原理

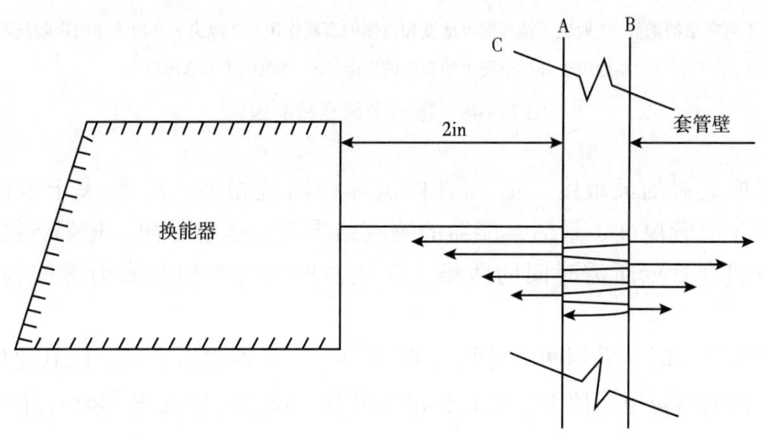

图 12-47　超声脉冲波形的传播

套管、水泥阻抗、井内流体以及水泥环空间中每一个扇形区中流体的局部阻抗的函数。如图 12-48 所示，反射过程中，声波能量的一部分进入环形空间，另一部分反射到换能器。反射过程中的能量变化如下：

$$I_1=I_0(1+R_1)R_2(1-R_1) \tag{12-18}$$

$$I_2=I_0(1+R_1)R_2R_1R_2(1-R_1)=I_1R_1R_2 \tag{12-19}$$

$$I_3=I_1(R_1R_2)^2 \tag{12-20}$$

$$\cdots$$

$$I_N=I_1(R_1R_2)^{N-2} \tag{12-21}$$

式中 I_0、I_1、I_2、I_3、I_N——分别表示发射波的能量、第一次、第二次、第三次、第 N 次反射回换能器的能量。

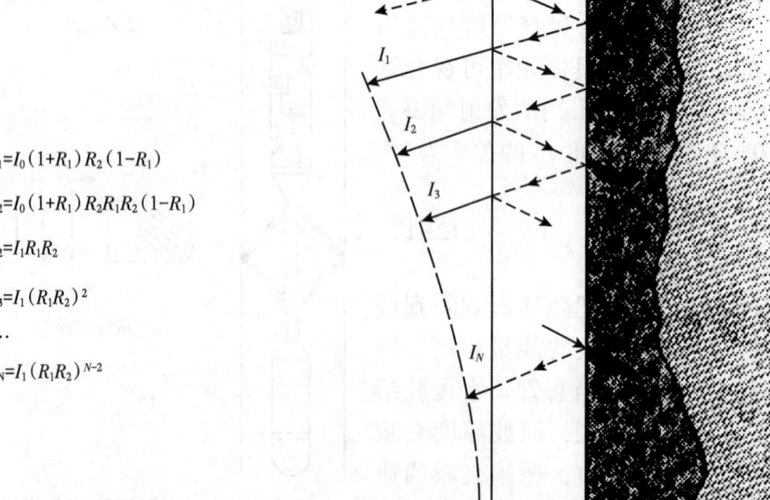

I_N是下列变量的函数：I_1取决于换能器灵敏度和流体的衰减作用；R_1取决于井内流体的声阻抗Z_f；R_2取决于环形空间中的介质的声阻抗Z；N取决于套管厚度

图 12-48 影响指数衰减的因素

I_1 取决于换能器的灵敏度，R_1 与井内流体声阻抗相关，R_2 取决于水泥的声阻抗，反射次数取决于套管厚度。最后换能器的响应结果为一连串脉冲，相邻各脉冲间的时间间隔为声波穿过套管壁所需时间的两倍。换能器的实际响应是发射脉冲与脉冲响应的褶积。

实际测量及处理时，采用两个时间门 W_1 和 W_2 记录其输出电压，取其比值$R=W_2/W_1$，并用自由套管内的测量电压值 W_{2FP}进行标准化处理。图 12-49 是 R 与管外介质声阻抗的函数曲线：

$$R=\frac{1}{W_{2FP}}\frac{W_2}{W_1} \tag{12-22}$$

图 12-49 中也给出了水泥抗压强度与声阻抗（$Z=\rho v$）二者的关系，对于纯水泥，二者呈线性关系。管外为空气时，声阻抗最小，R 值最大；管外为水时 $R=1$；管外为水泥时 Z 增大，R 下降。利用上述关系可以用测量值求得环形空间中介质的声阻抗及相应的抗压强度。实际测量时，W_1 测得的是第一反射波的幅度（mV），W_2 测得的是衰减信号的能量。采用自由套管标准化处理后，可以补偿套管厚度的影响。

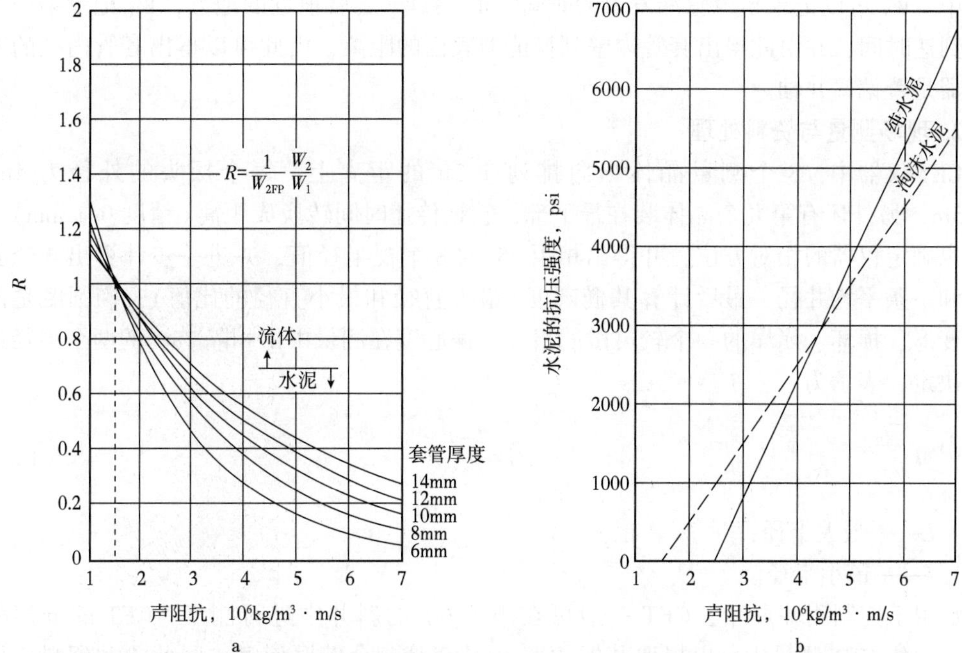

图 12-49　W_2、Z 和抗压强度间的关系

图 12-50 是 CET 在不同胶结情况下的回波记录。图 12-50b 表示胶结良好的套管回波，图 12-50a 表示自由套管的回波波衰减，图 12-50c 表示存在地层反射波的衰减。测量

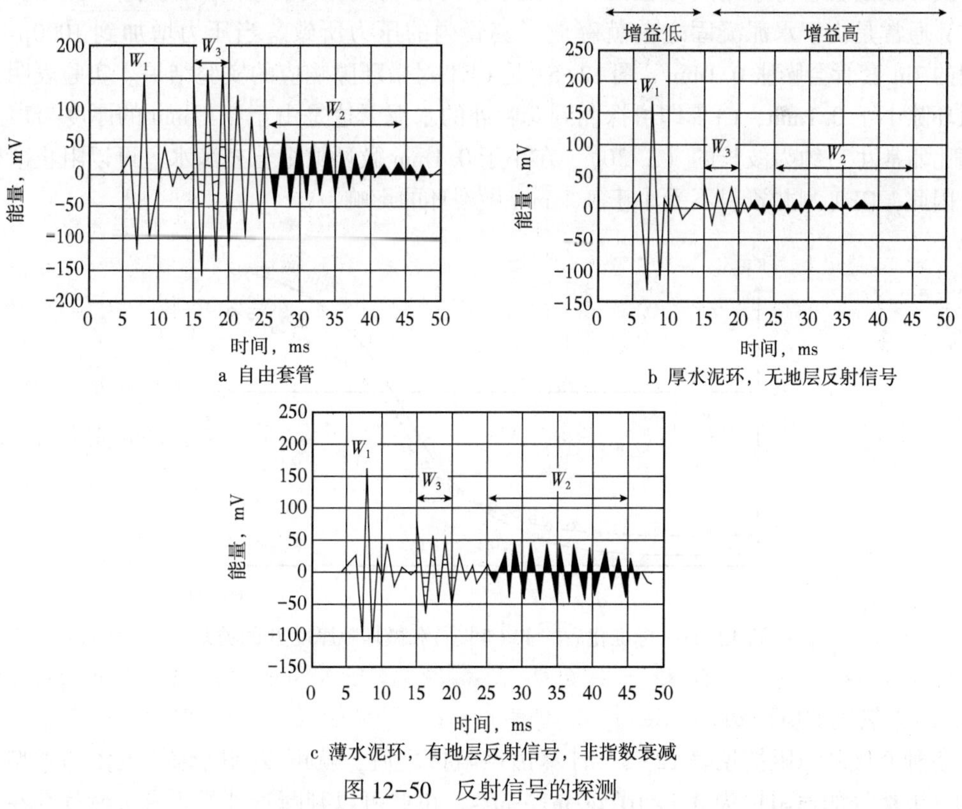

图 12-50　反射信号的探测

过程中，W_1 可以记录超声脉冲发射的时间，W_3 在 W_1 之后很近的地方，W_3 记录第一个反射波到达时间，并由此得出套管内壁到换能器表面的距离，由此可以得出套管内径的变化和仪器是否偏离井轴。

2. 现场测量与资料处理

CET 仪器中，8 个测量晶体纵向排列在 2ft 的距离上，每个探头的外径为 4in 或 3.375in，另外还有第九个晶体装在最下部，它把传播时间转换成距离（精度 0.1 mm），由此可以确定仪器的相对方位，并得出相距 45°的 8 个视半径值，并进一步计算出 4 个套管直径和一条平均井径，最后计算其椭圆度（最大直径和最小直径的比值），椭圆度是衡量套管变形、损坏、崩塌的一个较灵敏的指标。偏心度在测量中由相隔 180°的两个半径最大差值决定，表示为

$$C=\frac{L-I}{2} \tag{12-23}$$

式中 L——最大半径；

I——最小半径。

C 用于控制测井质量，CET 一般可在小于 60°的斜井中进行测量。CET 的分辨率为 0.1mm，从 CET 测量中可以提取共振频率 f_0 及套管剩余壁厚信息，因此测井资料也可用于评价套管腐蚀的情况。

1）仪器测量的特点

（1）减小微裂环的影响。

微环隙是套管与水泥间存在的一个极小的环形空间，环形空间的厚度一般为 0.1mm 左右，通常是由于水泥凝固之前就释放了套管内的压力所致。当压力增加到 1000psi 时，常用的 7in 套管会膨胀 0.1mm。图 12-51 是 CET 对微环隙响应的实验结果。实验表明，只要微环隙小于 0.1mm，CET 即可探测到套管外的水泥，这是由于 0.1 mm 的厚度与声波波长相比非常小，约为波长的（λ/30）。在小于 0.1mm 微环隙里若充满水，可以阻止窜槽发生。因此，CET 测井资料不受小于 0.1 mm 微裂环的影响。

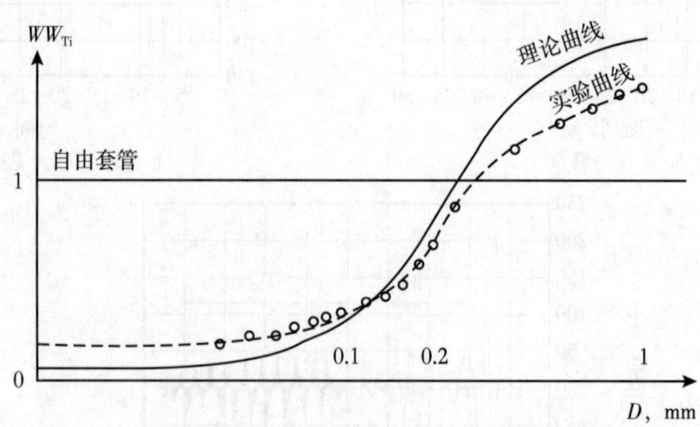

图 12-51 标准化后的 W_2（WW_{Ti}）和微环隙厚度 D 的关系

（2）天然气效应识别。

各种介质的声阻抗见表 12-5。计算出声阻抗之后，就可以判断管外流体的类型。由表知，天然气的声阻抗为 0.1×10^6kg/m^3 · m/s，由此可以判断管外是否有天然气存在。利

用 CET 所测的 W_2、W_2/W_1、W_3/W_1 及 CBL 测井所得的幅度信号进行交会可以确定管外是游离状态的天然气还是气侵水泥，如图 12-52 所示。图 12-52a 横坐标为 CBL 所得的声幅信号(V)，纵坐标为 W_2 的测井值；图 12-52b 横坐标为 W_3/W_1、纵坐标分别为 W_2/W_1、W_2/V、Z（声阻抗）。对交会图进行对比分析即可得出是否存在游离气或气侵水泥。

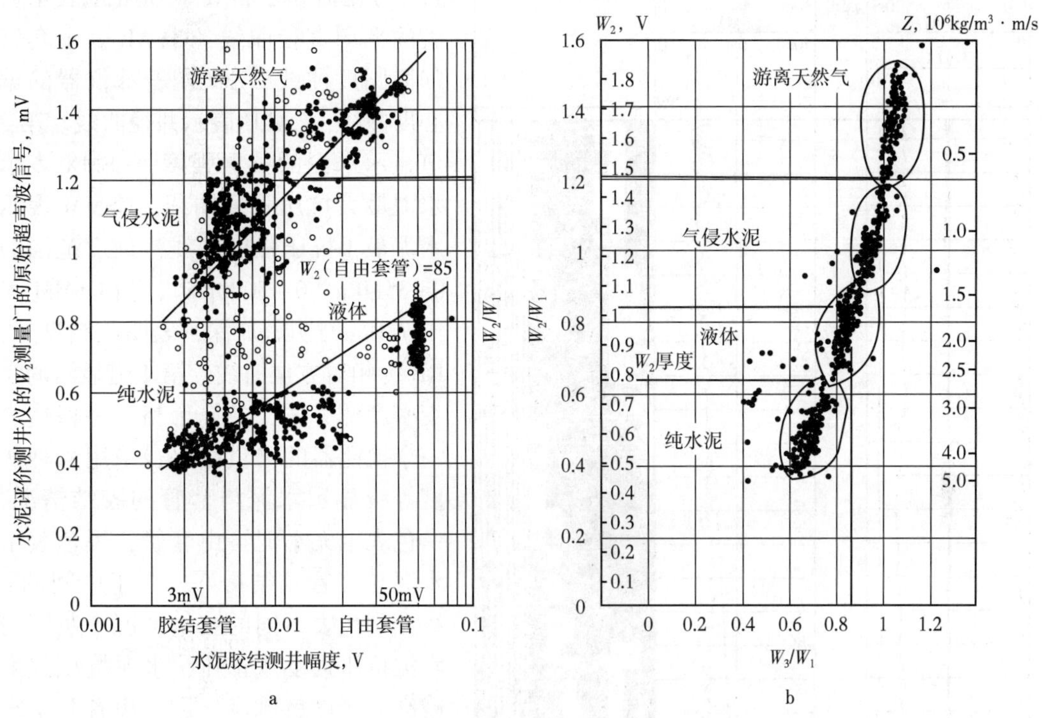

图 12-52　水泥评价测井仪对天然气的响应特征

表 12-5　一般物质的声阻抗

介　质	声阻抗，10^6kg/m³·m/s
天然气	0.1
淡　水	1.5
盐　水	2.2
钻井液	2.4
水泥浆(未固结)	2.6
水泥(抗压强度为 4000psi/in²)	5.0
砂　岩	7.0
钢	≈40

2) CET 仪器的优点

与 CBL、VDL 相比，CET 有以下优点：

(1)用 8 个换能器可以进行沿径向的水泥胶结评价；

(2)确定管外流体的抗压强度；

(3)可以消除微环的影响；

(4)可以消除环境影响，即快速地层到达波、天然气效应、双套管等。

(5)可以确定井眼的几何信息，如套管椭圆度、损坏程度等。

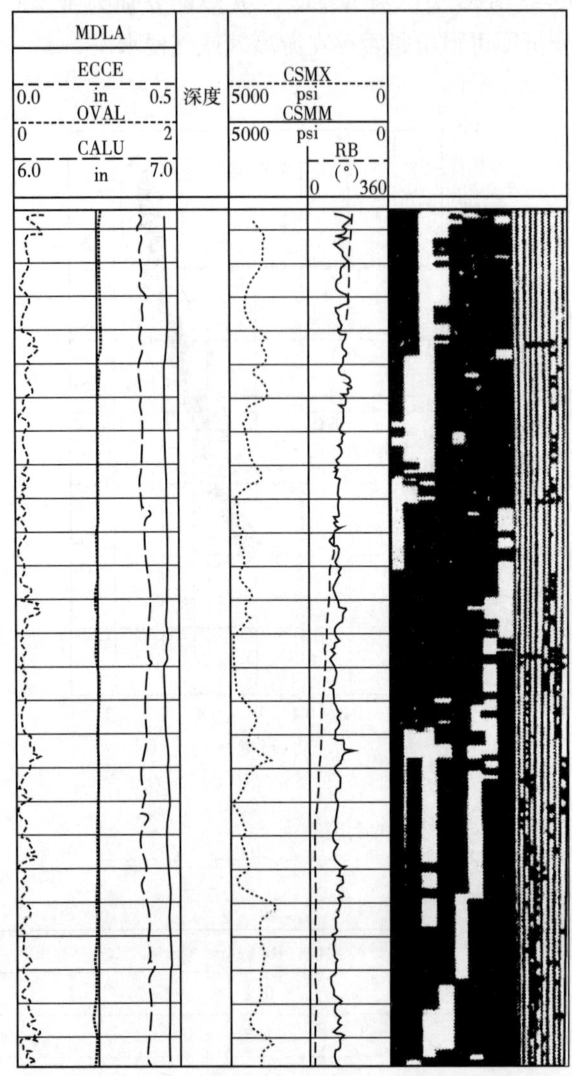

图 12-53 CET资料示意图

3) 现场实例

图 12-53 为一口井 CET 实例。第 1 道为几何显示，其中 MDLA 表示套管的平均直径曲线，OVAL 表示套管的椭圆度曲线，ECCE 表示仪器的偏心度曲线，CALU 表示井径曲线。第 3 道显示水泥的抗压强度，CSMX 表示水泥最大抗压强度曲线；CSMM 表示水泥最小抗压强度曲线，刻度范围为 0~35MPa（0~5000psi），当 CSMM 大于 7MPa 时阴影加深，表明胶结良好；RB 为相对方位曲线。第 4 道显示的是变密度测井图，共 8 个格，每格代表一个换能器的测量结果，采用六种灰度等级显示水泥与套管的胶结情况，白色表示无水泥自由套管，黑色表示水泥与套管胶结良好，介于中间的 4 级分别代表不同的胶结情况。灰度与水泥抗压强度成正比，水泥抗压强度越高，灰度就越高。最右边有几个窄格，它表示接收到第二界面(水泥与地层)回波的情况，有黑点表示收到回波的情况，无黑点表示没有收到回波。CET 只能定性评价第二界面胶结的情况。

CET 与 CBL-VDL 的主要区别，亦即 CET 的最大优点是不受水泥与套管间微间隙的影响，能正确反映第一界面的胶结情况。CET 可发射频率的范围在 360~500kHz 之间，其声波波长可跨越小于 0.3mm 的微裂缝隙。这是由于 CET 方法中水泥阻抗是套管波的纵向负载。CBL、VDL 是接收源距分别为 3ft 和 5ft 处回波某临界角入射到套管的滑行波，其水泥阻抗是套管波的切向负载，所以不管微间隙有多薄，只要其切向有间隙就会对接收信号有影响。

3. 裂缝的加压测试

若没有 CET，必须采用 CBL、VDL 时，需要采用加压的办法进行测试。微裂缝是指套管外壁与水泥之间存在极小的环空间，一般只有 0.1mm 厚。产生微环空的原因有以下三种。

(1)热致微环空：在水泥凝固时释放热量，使套管受热膨胀。固井后，温度降低，套管收缩，从而导致的环空间隙，这就是热致微环空。

(2)工程致微环空：分两种情况，一是在固井过程中由于某种原因需要加压作业，完工后，压力取消，出现微环空；二是固井后，由于再次钻井，水泥环受震动而产生微环空。

(3)次生微环空：由于固井前后静液柱压力变化产生的微环空。

一般来说0.1mm厚的间隙不会发生窜槽现象。但是在CBL、VDL曲线上，微环空与窜槽层段的曲线相似，即套管波与地层波都以中等以上的幅度出现，表现为胶结差。但是微环空不影响生产，而窜槽则影响采油和油水作业，因此在补挤水泥之前需要将二者区分开来。

从以上分析可知，微环空是由于产生微环空时套管所受压力低于产生微环空前套管所受压力而产生的。因此若对套管加压，再进行测井，对比加压前后的测井图，就可以将微环空区别出来，这就是加压测试检查的基本原理。

图12-54是某井井口压力分别为0和7MPa时所测水泥胶结测井图。图12-54a中，在2850m层段上下，胶结指数为35%，低于60%，属于胶结不好的井段，但在声波变密

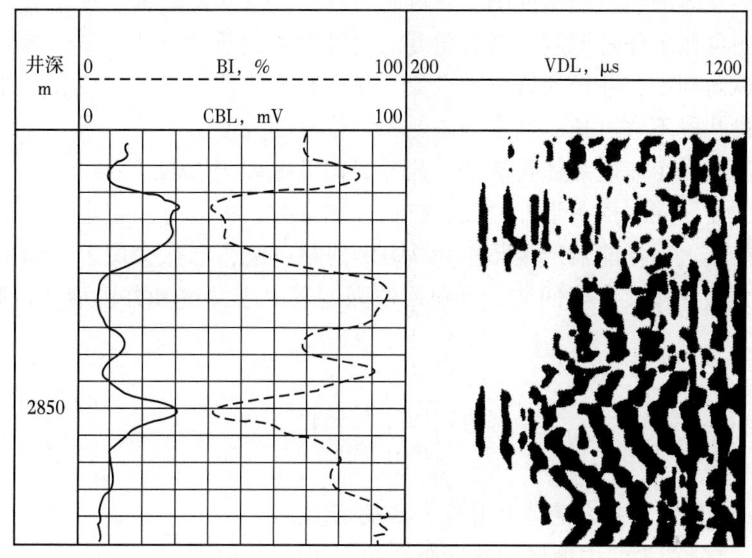

a 压力为0

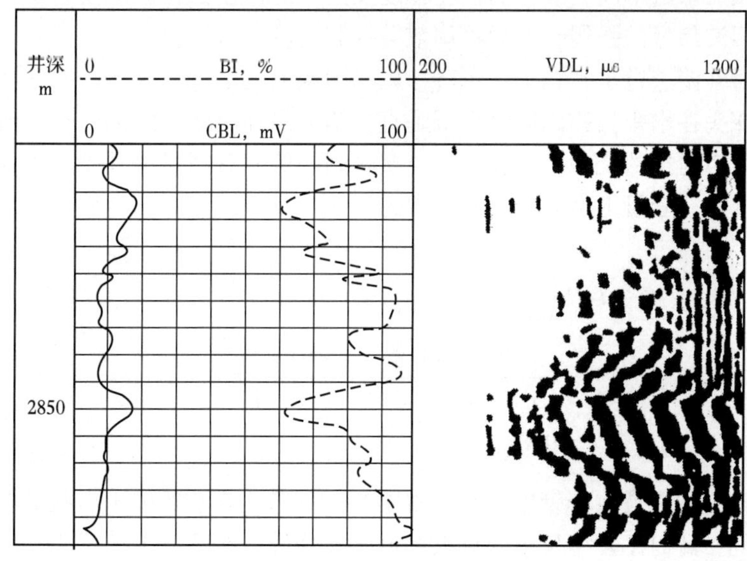

b 压力为7MPa

图12-54　水泥胶结测井解释示意图

度测井图中有中等以上的地层波，估计为微环空所致。把仪器停在 2850m 处加压，当井口压力达到 7MPa 时，声幅值由 30mV 降到 18mV 左右不再下降，计算出的胶结指数 BI 为 62%，证实该层段存在微环空，实际上不会发生窜槽现象。

第六节　井下超声电视测井

井下超声电视测井又称三维井壁超声成像测井，是利用超声波的传播特性和井壁对超声波的反射性质研究井身剖面的。既可用于裸眼井，又可用于套管井。测井结果以图像形式给出。利用计算机图像处理技术对回波幅度及时间信息进行处理，可以以三维、二维方式显示出套管的立体图、纵横截面图，并可同时测出声波井径曲线。三维图可做 360°旋转显示。横截面图可显示任意深度、任意角度的套管内壁横断面形状、纵向截面图显示以井轴为对称轴的纵向剖面，井径曲线显示最大、最小和平均井径三条曲线。测井时由于测速较低，所以测量井段不宜过长，通常与磁测井等仪器配合使用。

仪器的核心是一个压电晶体换能器，测井时向井壁发射 2MHz 的超声波换能器，并接收套管反射的回波，同时探头沿井柱旋转扫描。测量时，将具有一定重复频率的电脉冲加在压电晶体换能器上，换能器产生频率为 2MHz 的超声波，当探头位于井轴中心时，发射声波垂直入射井壁并接收反射回波。反射回波强度取决于井壁和井内液体声阻抗的比值。声强反射系数为

$$\beta=\left(\frac{\rho_1 v_1-\rho_2 v_2}{\rho_1 v_1+\rho_2 v_2}\right)^2 \tag{12-24}$$

式中　ρ_1、ρ_2——分别为井内液体和井壁介质的密度；

v_1、v_2——分别为井中液体和井壁介质的声波传播速度。

不同介质反射系数不同，井壁的粗糙程度及洞缝的存在都将影响反射系数的大小，即井壁状况控制回波信号的强弱，然后再用信号控制图像的对比度。

旋转探头对井壁进行水平扫描，每转一周在图像上表示为一条线，井壁状况以明暗显示出来。移动探头在水平扫描的同时进行垂直扫描，得到反映井壁的图像。所得到的图像取决于井壁介质声阻抗的变化，变化较大时接收到的信号有明显的差别。例如，井壁为钢管，井内为纯水时，套管上声强的反射系数为

$$\begin{aligned}\beta &=\left(\frac{\rho_2 v_2-\rho_1 v_1}{\rho_2 v_2+\rho_1 v_1}\right)^2\\ &=\left(\frac{5.8\times10^5\times7.8-1.5\times10^5\times1}{5.8\times10^5\times7.8+1.5+10^5\times1}\right)^2\\ &=0.88\end{aligned}$$

结果表示入射的声波在套管壁上有 88%被反射回来。若套管壁上有孔洞时，孔洞内和流体的介质相同，此时不发生反射，反射系数明显降低，在图像上显示为暗区。若井内存在气泡，气泡与井内液体界面处的反射系数为 1.0，此时声波不能到达套管，所以井内存在气泡时会严重影响测井结果。

与井径测井和磁测井相比，超声波用图像方式进行诊断，更为直观，是详查井壁状况的手段。对于用其他方法有疑问的诊断可采用井下超声成像测井。图 12-55 是螺纹管在测井图像上的显示结果，清楚地显示了螺纹的走向。

图 12-55　螺纹筛管照片

第七节　连续测斜仪

套管井中，连续测斜仪（GCT）可以对套管的井斜进行跟踪或检测，特别是在地磁异常地区，或者在套管损坏很严重的地区，需要知道套管损坏的精确方位。此外，斜井水平施工、井喷井漏位置确定、加密井准确的靶位确定等都需要知道准确的井底位置以及井筒轨迹。

图 12-56 是一口井的三维井筒轨迹示意图。图中目标靶的位置定义如下：

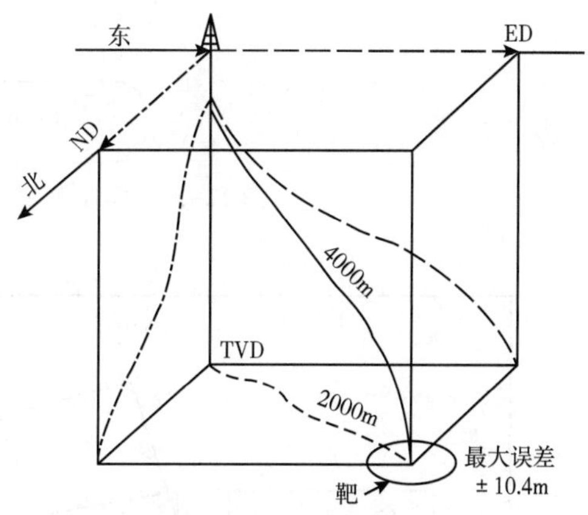

图 12-56　三维井筒轨迹的表示方法

井底某点的坐标是该点在水平面上投影在东方向和北方向上的偏移，其坐标系是以井口为原点，南北向东西向为坐标轴。垂直深度是沿垂直轴测量的实际井深。根据北极的方位、井斜和深度等测量值可以计算出北南偏移、东西偏移及垂直深度。

一、仪器结构

仪器测量原理图如图 12-57 所示，它由一个 3. 625in 的探头组成，该探头包括一个陀螺仪、一个电子线路短节、遥测电子线路短节、井下刻度固定装置及其他辅助装置组成。测量时，陀螺的旋转轴始终保持水平，其方向指向正北（地磁方向）。陀螺仪和一个两轴加速度计安装在固定的平架上，把测量值结合起来可导出井斜与方位值（图 12-58）。将井斜与方位数据结合起来就可以计算出井筒的轨迹。

测量过程中，用地磁的方向北、东和重力加速度的方向建立一个坐标系 NEV，用两个伺服加速度计的敏感轴以及探头中心轴线建立一个坐标系 XYZ，如图 12-59 所示。根据欧拉定理，可以把 XYZ 看作是由坐标系经三次转动而形成的。

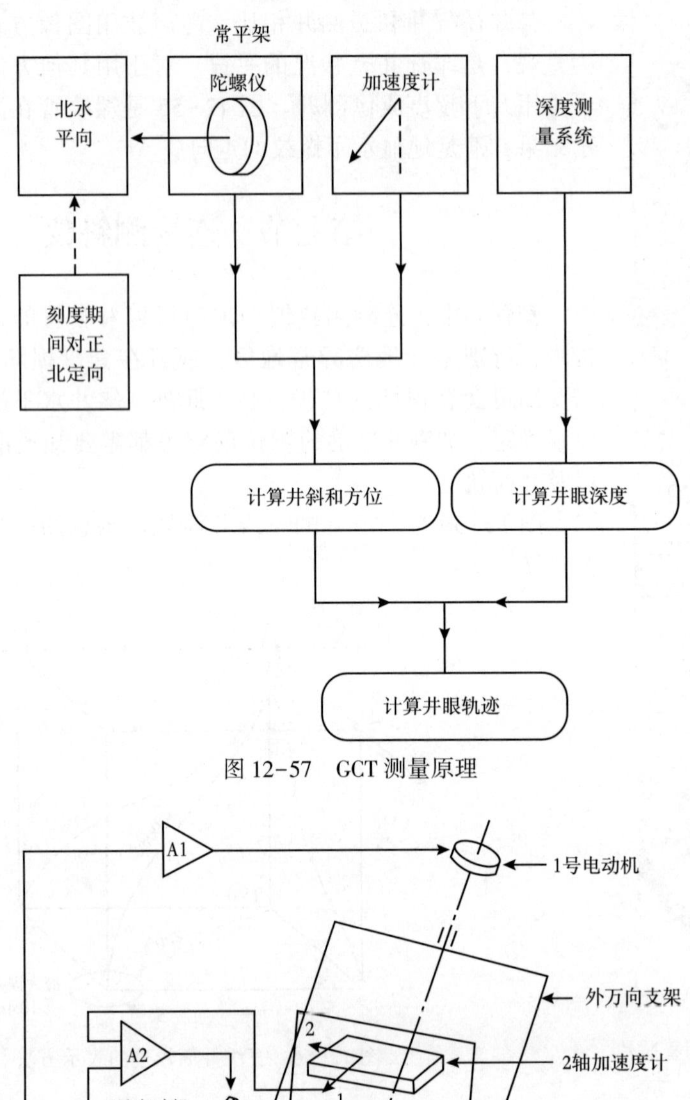

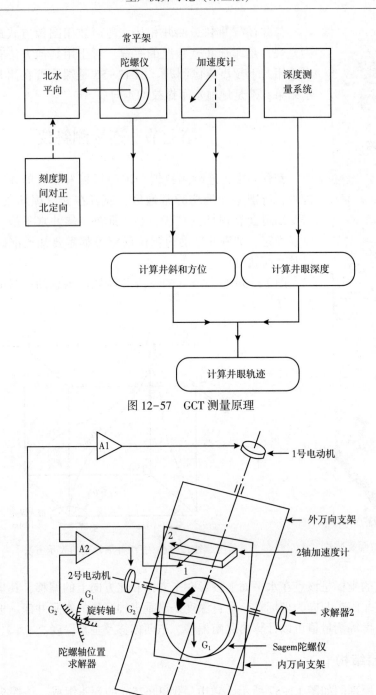

图 12-57　GCT 测量原理

图 12-58　GCT 测量系统

根据加速度计 2 和求解器 2 的输出结果得到井斜和方位数据

第一次转动是坐标系 NEV 绕 OV 轴转动 θ 角，形成坐标系 N_1E_1V。

第二次转动是坐标系 N_1E_1V 绕 OE 轴转动 λ 角，形成坐标系 N_2E_2Z。

第三次转动是坐标系 N_2E_2Z 绕 OZ 轴转动 ϕ 角，形成坐标系 XYZ。

实际上 θ 就是方位角，λ 就是倾斜角，ϕ 为探头的自转角，从 NEV 坐标系到 XYZ 的矢量转换方程为

$$\mu_{xyz}=[\phi][\lambda][\theta]V_{NEV} \tag{12-25}$$

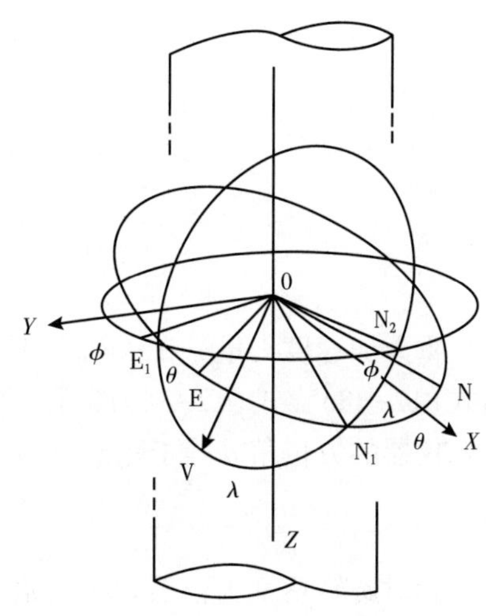

图 12-59　坐标变换图

其中第一次旋转后：

$$[\theta]=\begin{bmatrix}\cos\theta & \sin\theta & 0\\ -\sin\theta & \cos\theta & 0\\ 0 & 0 & 1\end{bmatrix} \tag{12-26}$$

第二次旋转后：

$$[\lambda]=\begin{bmatrix}\cos\lambda & 0 & -\sin\lambda\\ 0 & 1 & 0\\ \sin\lambda & 0 & \cos\lambda\end{bmatrix} \tag{12-27}$$

第三次旋转后：

$$[\phi]=\begin{bmatrix}\cos\phi & \sin\phi & 0\\ -\sin\phi & \cos\phi & 0\\ 0 & 0 & 1\end{bmatrix} \tag{12-28}$$

重力加速度矢量 g 在 X 轴、Y 轴、Z 轴方向上的分量分别用 a_x、a_y、a_z 表示，则：

$$\begin{bmatrix}a_x\\ a_y\\ a_z\end{bmatrix}=[\theta][\lambda][\phi]\begin{bmatrix}0\\ 0\\ g\end{bmatrix} \tag{12-29}$$

把式(12-26)至式(12-28)代入式(12-29)得：

$$\begin{bmatrix}a_x\\ a_y\\ a_z\end{bmatrix}=\begin{bmatrix}-g & \cos\phi & \sin\lambda\\ g & \sin\phi & \sin\lambda\\ 0 & 0 & \cos\lambda\end{bmatrix} \tag{12-30}$$

于是

$$a_x=-g\cos\phi\sin\lambda \tag{12-31}$$

$$a_y=g\sin\phi\sin\lambda \tag{12-32}$$

由式(12-31)和式(12-32)得：

$$\frac{a_y}{a_x}=-\tan\phi$$

$$\phi=\arctan\left(-\frac{a_y}{a_x}\right) \tag{12-33}$$

$$a_x^2+a_y^2=g^2\sin^2\lambda$$

$$\sin\lambda=\sqrt{\frac{a_x^2+a_y^2}{g^2}}$$

$$\lambda=\arcsin\frac{\sqrt{a_x^2+a_y^2}}{g} \tag{12-34}$$

重力加速度矢量 g 在 X 轴和 Y 轴上的分量 a_x、a_y 可由两个重力加速度计测得。因此，由式(12−33)、式(12−34)即可求得探头的自转角 ϕ 和倾斜角 λ。

仪器的方位角 θ 等于陀螺仪的相对旋转角 γ 减去探头的自转角 ϕ，即：

$$\theta=\gamma-\phi$$

相对旋转角 γ 为仪器相对起始方位偏转的方位角，起始方位在地面由罗盘确定，输入单片机记忆。γ 可直接通过陀螺仪输出，由计算机计算得出。因此，要测量仪器的方位角和倾斜角，就必须知道三个参数，即两个伺服加速度的输出及陀螺仪的输出。

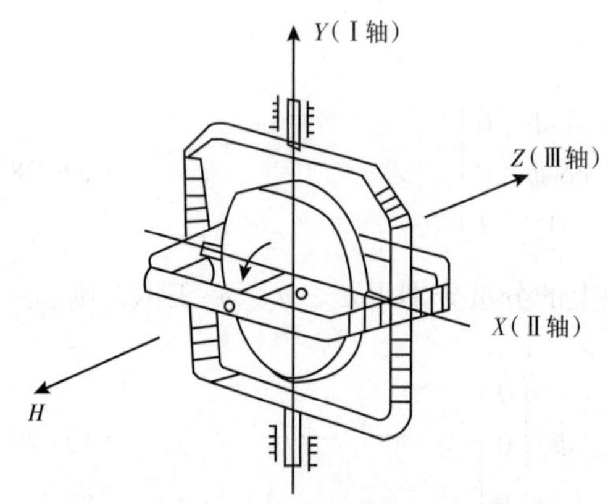

图 12−60　三自由度陀螺仪示意图

二、陀螺仪

陀螺仪是连续测斜仪的关键单元，所以单独列出进行讨论。三自由度陀螺仪是一个陀螺电机及两个框架组成(图 12−60)。框架上的圆盘高速旋转，并可以在任意位置移动，但陀螺仪的旋转轴保持固定，中心圆盘的高速旋转能使陀螺仪轴指向一个固定的方向，该方向为连续测斜仪的参考方向。当外力(地球自转和机械不平衡)对陀螺仪的圆盘施加一个力矩时，陀螺仪圆盘沿与施加力矩成 90°的方向运动，并开始进动，通过测量进动速度确定该力矩的大小。陀螺仪上有一个伺服机构，此伺服机构由两个定位传感器和两个转动电动机组成，可用它抵消外力产生的力矩，也用于平衡由陀螺仪的机械缺陷而引起的力矩和测量由地球自转而产生的进动速度。此进动速度与地球自转在陀螺仪轴向上的分量成正比，并取决于北极与陀螺仪旋转轴之间的夹角。通过测量进动运动可计算出这个角度。

测斜仪的加速计是一种摆(图 12−61、图 12−62)，用它可探测任意加速度，摆的动程与产生这种运动的重力加速度成正比，两个加速度仪可在两个相互正交的方向上运动，因而可以测量两个正交的重力分量。

由图 12−60 可知，三自由度陀螺仪是由一个陀螺电机及两个框架组成，因此它有三个自由轴，即Ⅰ轴、Ⅱ轴、Ⅲ轴，陀螺电机绕Ⅲ轴以 2150r/min 逆时针高速旋转，同时内框架可绕Ⅱ轴转动。外框架也可绕Ⅰ轴转动，三个轴互相垂直并交于一点，这一点正是陀螺的重心，这样陀螺的自重就不至于在各轴上产生重力矩，从而保证其定轴特性。高速旋转的三自由度陀螺仪有两个主要特性。

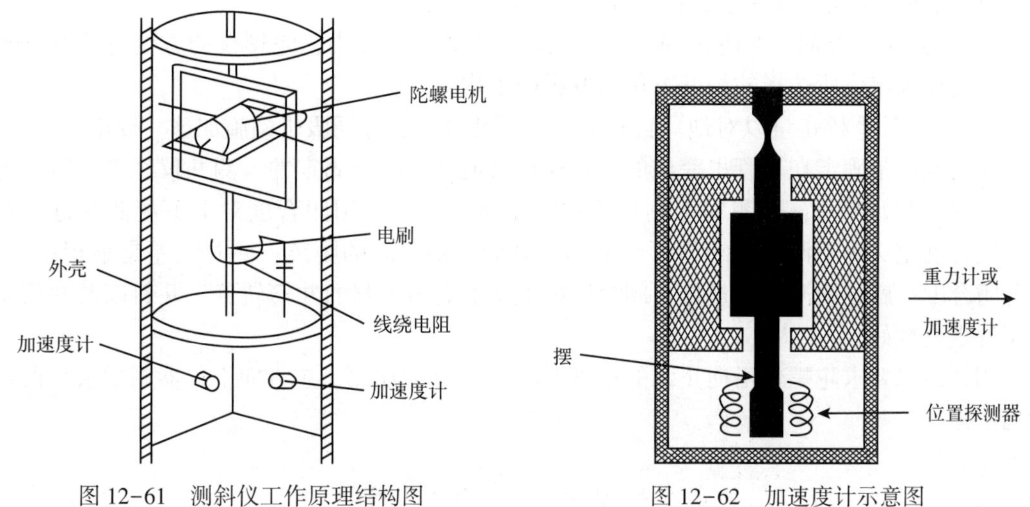

图 12-61　测斜仪工作原理结构图

图 12-62　加速度计示意图

(1)定轴特性。处于三自由度的陀螺电机高速旋转层，其转子轴能在任何一个给定的方向上保持不变，即定轴性。这是三自由度陀螺仪的主要特性，也正是利用这一特点测量方位的。

(2)进动特性。如果在旋转着的陀螺仪内框架轴(Ⅱ轴)上加一个力矩，则会使整个陀螺仪绕外框架旋转；相反，如果在外框架轴上加一个力矩，也会使陀螺仪绕内框架旋转。这种特性称为陀螺仪的进动特性。陀螺仪的进动方向与陀螺电机的旋转方向和外力矩的方向有关，它的进动角速度与加在内框架(或外框架)上力矩的大小成正比，力矩存在多长时间，进动就持续多长时间。

测量过程中，陀螺电机启动后，转子轴(Ⅲ)方向不变，连在陀螺仪外框架轴线的方位电刷也相对于轴Ⅲ方向不动，而固定在仪器外壳上的方位电位器随着仪器在井下方位的变动而变动，从而导致信号发生变化。

在测井过程中，仪器的运动会对Ⅰ轴产生干扰力矩，该力矩会使Ⅱ轴产生运动，但Ⅱ轴不是测量轴，它的少量运动并不影响测量，只有转角很大，直至Ⅲ轴和Ⅰ轴间夹角等于零时，才会失去定轴性。这样在Ⅰ轴干扰力矩的作用下会破坏Ⅲ轴的原定方向，使测量无法进行。为此利用它的进动特性设置了水平修正系统，即用伺服电机对Ⅰ轴施加一个力，这个力与使Ⅲ轴偏离水平的力方向相反，从而保证Ⅲ轴在水平位置。

同样在Ⅱ轴上有干扰力矩时Ⅰ轴也会产生进动，这就是漂移，因而出现方位误差，因此仪器设计时，也采用另外一个伺服电机加以修正。

三、刻度及现场测量

连续测斜仪在测井前需要对陀螺仪和加速度计进行车间和现场刻度。车间刻度包括以下两个方面：

(1)测量加速计和陀螺仪的增益和截距，以便在仪器响应计算中使用。

(2)测量陀螺仪的质量不平衡、气体动力摩擦以及旋转轴与加速度计 X 轴之间的共线误差等陀螺仪的缺陷。

在测井现场进行的刻度包括：

(1)对陀螺轴定位并使它指向正北。

(2)在选定的方向上对陀螺轴定位。在寻找正北的过程中，陀螺仪的方位可能有所改变，对陀螺仪定位所选择的最好方位是井眼的平均方位。

(3)必须计算校正量以对地球自转效应进行补偿。通过伺服机构施加这一校正量。

现场刻度是固定在套管里完成的，这样相对地球来说是固定的。测井仪经刻度后，把仪器下井并开始测井，下测和上测过程中记录测井曲线，用闭合度对上下测曲线进行对比。闭合度定义为下测时井的顶部与上测时井的顶部之间的距离，测井误差是累积误差，因此闭合度小就说明测井质量好。闭合度好说明上测与下测的井筒轨迹、井斜以及井筒变化率的重复性好。

测井结果要求陀螺仪指向正北的精度要小于0.1°。在北、东方向上仪器测量水平误差的精度是

$$N\text{或}E=0.4\%\frac{\cos45^\circ}{\cos L}H+0.06\%D \tag{12-35}$$

式中 N、E——分别为北、东方向上的水平误差；

H——水平偏移；

d——仪器深度；

L——纬度。

利用过井顶部与底部的轴线及与这个轴线相垂直的另一轴线也可以定义这些误差：

$$\Delta(\text{过井顶部和底部的轴})=0.06\%D \tag{12-36}$$

$$\Delta(\text{正交轴})=0.4\%H+0.06\%D \tag{12-37}$$

实际应用过程中，可以根据其他方向上的误差(0.4%H)，方位误差只影响与井筒垂直方向上的读数。

式(12-35)说明，在纬度高于70°时，偏移误差太大。这是因为在高纬度地区，陀螺仪难以找到正北方的缘故。陀螺仪应用了地球角速度的水平分量，但这一分量在地磁极附近非常小，使用光学仪器也许可克服这问题。

在井底，其精度要大于上下测曲线闭合度的一倍(图12-63)。闭合度的大小为

$$\text{闭合度}(\Delta x,\ \Delta y)<2\left(0.4\%\frac{\cos45^\circ}{\cos L}H+0.06\%D\right) \tag{12-38}$$

测井结束后，再在套管内完成一次现场刻度，把测井前的现场刻度与测井后的现场刻度做比较，可以确定陀螺仪的方位误差。

现场测井完成后，下一步是对资料进行处理，实际处理时所用到的参数包括：(1)车间刻度数据；(2)井的纬度；(3)坐标角偏移，它是地理北极与用户北极间的夹角，在NE（北东)方向上为正；(4)如果坐标原点不为0，要考虑测井原点的坐标。处理计算顺序如下：

(1)用刻度数据和纬度计算地球的自转分量，由此把陀螺仪保持在地球基准面的一个固定方向上。

(2)使用上测和下测的张力值计算电缆的拉伸长度和校正后的深度。

(3)使用刻度数据校正机械缺陷。使用加速度计测井数据计算井斜、方位和深度数据。并由此给出井筒的轨迹。

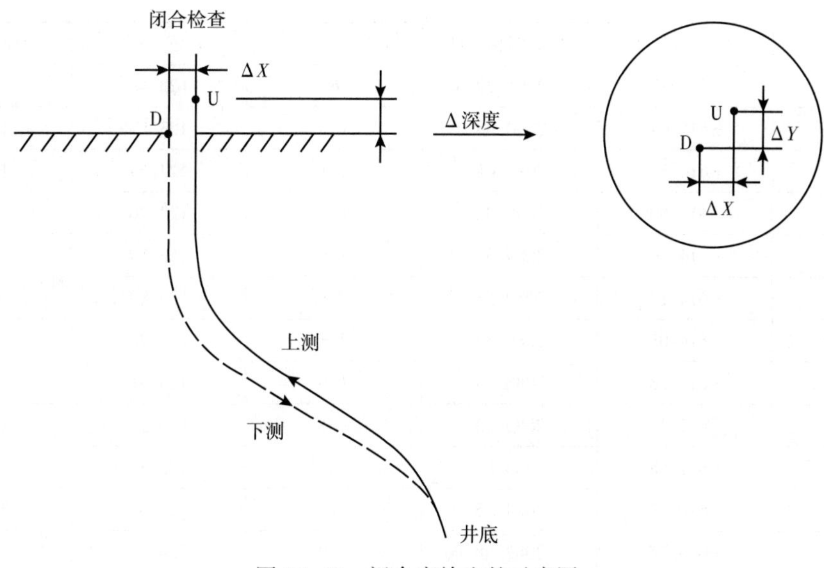

图 12-63　闭合度检查的示意图

四、应用实例

连续测斜仪的成果显示见表 12-6，表中包括深度、北向偏移、东向偏移，井眼狗腿程度、方位及井斜。成果下部输入数据为输入参数。ALIT 表示井口高度，GRAV 表示重力加速度，LATD 表示纬度，GAD 表示坐标角偏移，IDD 表示初始深度偏移，IND 表示初始北向偏移，IED 表示初始东向偏移，NRA 表示地理北极与定位所选择的旋转轴位置间的夹角。具体如图 12-64 所示。图 12-65 是该井井身在南北垂直面上的投影，该例中井的坐标原点不在零坐标处。

表 12-6　连续测斜仪成果

深度，ft	北向偏移，ft	东向偏移，ft	狗腿度，(°)	方位，(°)	井斜，(°)
9868.83	-617.70	2094.89	2.0	123.73	11.70
9868.81	-617.69	2094.88	2.0	123.74	11.70
9868.59	-617.67	2094.85	2.0	123.73	11.69
9867.34	-617.53	2094.64	2.0	123.69	11.67
9864.81	-617.25	2094.21	6	123.64	11.65
9862.35	-616.97	2093.79	6	123.58	11.64
9859.90	-616.70	2093.38	8	123.50	11.65
9857.50	-616.43	2092.98	1.5	123.44	11.68
9855.01	-616.15	2092.56	1.2	123.39	11.71
9852.47	-615.87	2092.13	9	123.38	11.73
9850.07	-615.60	2091.72	3	123.43	11.74

续表

深度，ft	北向偏移，ft	东向偏移，ft	狗腿度，(°)	方位，(°)	井斜，(°)
9847.57	-615.32	2091.29	6	123.48	11.75
9845.14	-615.04	2090.88	1.0	123.57	11.75
9842.76	-614.78	2090.48	1.1	123.69	11.75
9840.29	-614.50	2090.06	1.7	123.76	11.73
9837.27	-614.16	2089.55	1.1	123.79	11.69
9837.06	-614.13	2089.51	7.8	123.83	11.66
9836.31	-614.05	2089.39	7.8	123.70	11.64
9829.41	-613.28	2088.23	1.6	123.35	11.65
9821.75	-612.43	2086.93	-9	123.17	11.72
9814.15	-611.58	2085.63	6	123.33	11.77
9806.60	-610.73	2084.35	7	123.55	11.80
9797.99	-609.75	2082.88	2.0	124.08	11.82
9788.72	-608.68	2081.31	9	124.29	11.82
9779.47	-607.62	2079.74	1.8	124.37	11.86
9770.17	-606.52	2078.16	8	124.62	11.89
9760.78	-605.43	2076.58	1.2	124.58	11.90
9751.28	-604.31	2074.95	4	124.47	11.95
9741.89	-603.21	2073.35	1.2	124.55	11.99
9732.25	-602.07	2071.70	6	124.59	12.03
9722.21	-600.88	2069.97	6	124.29	12.02
9712.01	-599.69	2068.21	3	124.12	12.05
9701.93	-598.51	2066.47	4	124.21	12.08
9691.68	-597.30	2064.69	1	124.26	12.10
9681.56	-596.10	2062.94	4	124.25	12.13
9671.46	-594.90	2061.18	4	124.28	12.18
9661.29	-593.69	2059.40	4	124.39	12.19
9651.19	-592.48	2057.64	1.0	124.42	12.24
9640.98	-591.26	2055.85	3	124.25	12.29
NRA	106.000	(°)	GAD	0.0	(°)
IED	0.0	F	IDD	61.0000	F
LATD	70.3200	(°)	IND	0.0	F
GRAV	9.82612	m/s^2	ALIT	40.0000	F
TTRB	4.00000	℃	HTEM	120.000	℃
BHS	CASE		ENVT	FLEL	
DO	0.0	F	BS	8.50000	in
NAME	VALUE	UNIT	NAME	VALUE	UNIT

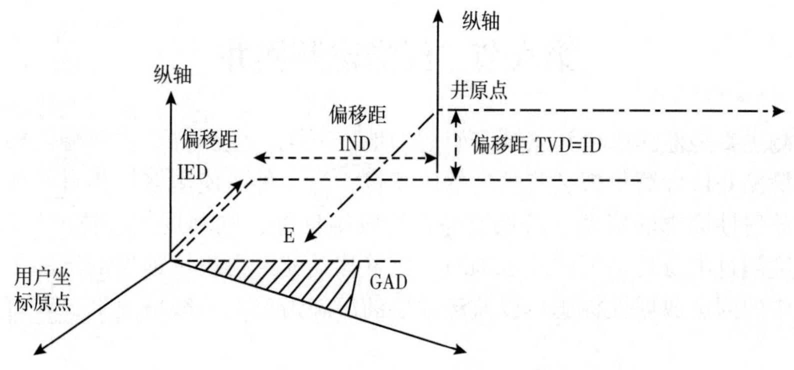

图 12-64　坐标原点偏移的示意图

图 12-66 是井身在东—西垂直面上的投影；图 12-67 是井身在水平面上的投影；图 12-68 是井身曲率(狗腿度)与垂直深度 TVD 的交会图，井身曲率用每 10m 或 100ft 井深变化的度数表示，从图中可以了解井眼弯曲程度的变化；图 12-69 是井斜与垂直深度的交会图，图中显示井斜随深度变化的情况。该仪器可测得到方位最大变化 10°/s、井斜最大变化达 10°/100m 的井身结构。

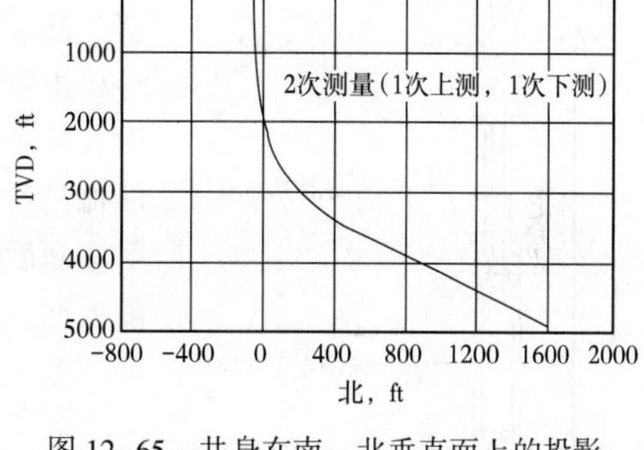

图 12-65　井身在南—北垂直面上的投影

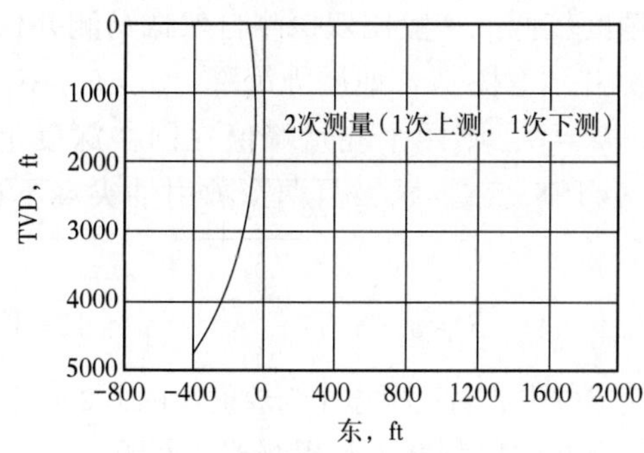

图 12-66　井身在东—西垂直面上的投影

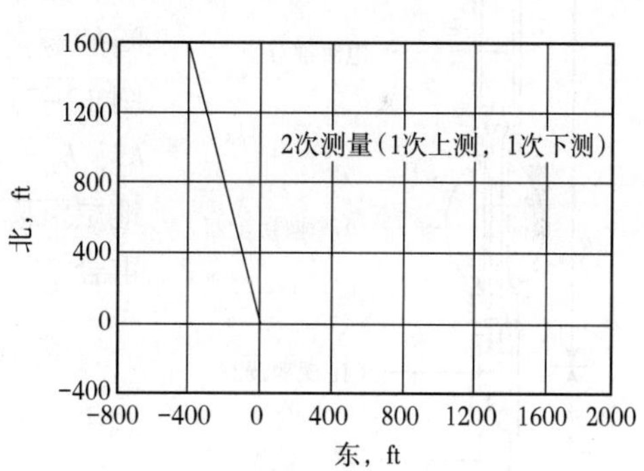

图 12-67　井身在水平面上的投影

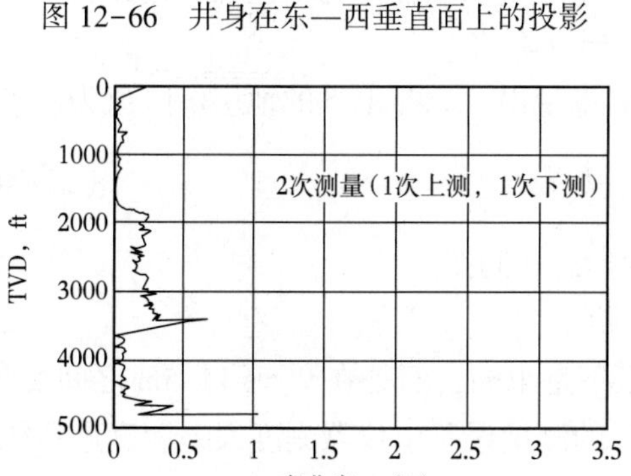

图 12-68　井身曲率剖面图

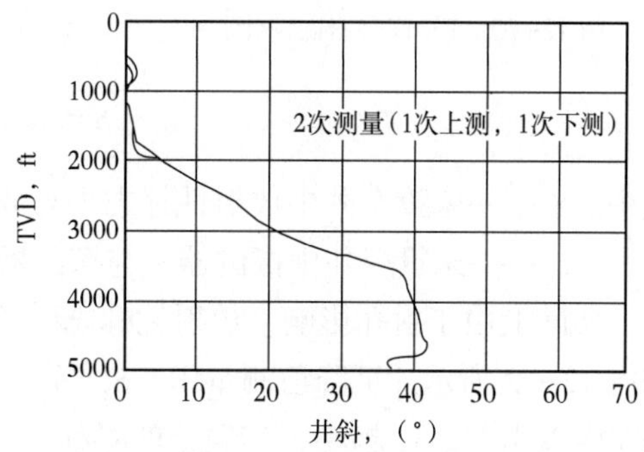

图 12-69　井斜与垂直深度交会图

第八节 沉降监测测井

沉降监测主要是监测由于油气开采引起的地层下沉，监测方法主要分两种：一种是使用多套管接箍测井仪计算每根套管长度的压缩量；另一种是使用多探头自然伽马测井仪监测地层内部放射性标志的移动。若地层与套管胶结良好，则利用接箍技术监测效果较好，但当套管长度超过本身的最大弹性范围时，接箍移动就不再表示地层的沉降了，此时测量安放在地层中的固定放射性标志可以监测地层的沉降情况。一般情况下二者可以结合起来使用。

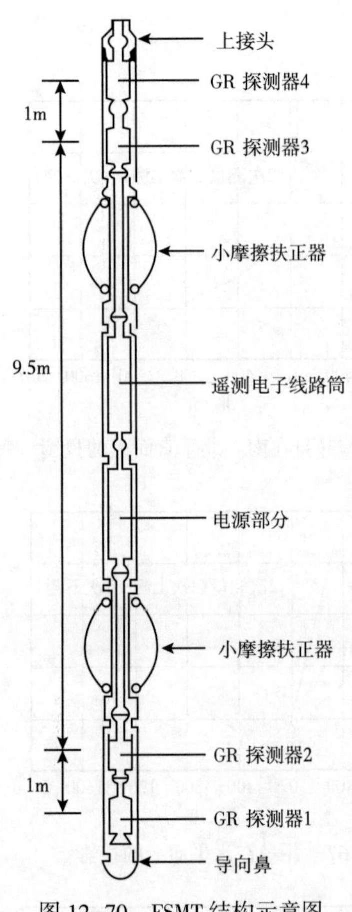

图 12-70 FSMT 结构示意图

一、测量原理

目前采用的沉降监测仪（FSMT）有四个自然伽马探测器，能够精确测定地层中放置间距为 9~12m 之间的放射性标志物的位置。如图 12-70 所示。每个放射性标志物中有一个 100mCi 的^{137}Cs 放射性源，它发射 663keV 的单能伽马射线。利用选发射孔枪把这些标志物射进地层，射入深度较大，以便不受套管/水泥系统的影响，但也不能太深，太深了 FSMT 探测不出清晰的放射性脉冲。

二、双探测器测井仪

用单探测器自然伽马测井仪可以测量放射性标志弹间的距离，但精度较低。一般用双探测自然伽马测井仪。图 12-71 是一测井示意图，若地层无沉降，$S_1=b_1$，$S_2=b_2$，$b_1=b_2$，$b_1-b_2=0$，则两个测量峰值在同一深度上，地层沉降后 S_2 小于 S_1，$S_1=b_1$，且两个放射性尖峰不再重合：

$$S_2=b_2-S \tag{12-39}$$

式中 S_2——耗空井中放射性标志 1 与放射性标志 2 间距；

b_2——耗空井中探测器 1 与探测器 2 间距；

S——地层沉降值。

S 由深度测量给出，此时求得的地层沉降值为

$$S=S_1-S_2=b_1-b_2+S \tag{12-40}$$

式中 S_1——未投产井中放射性标志 1 与放射性标志 2 间距；

b_1——未投产井中探测器 1 与探测器 2 间距。

实际上由于射孔影响，放射性标志弹的间距不是 10m，而是在 9.5~11.5m 之间变化，如图 12-72 所示。沉降前测量中，$S_1=b_1-x_1$，S_1 的测量误差由仪器刻度误差和测量系统的测量误差引起。x_1 越小，其误差就越小。

地层沉降后，$S_2=b_2-x_2$，由此计算的地层沉降值如下：

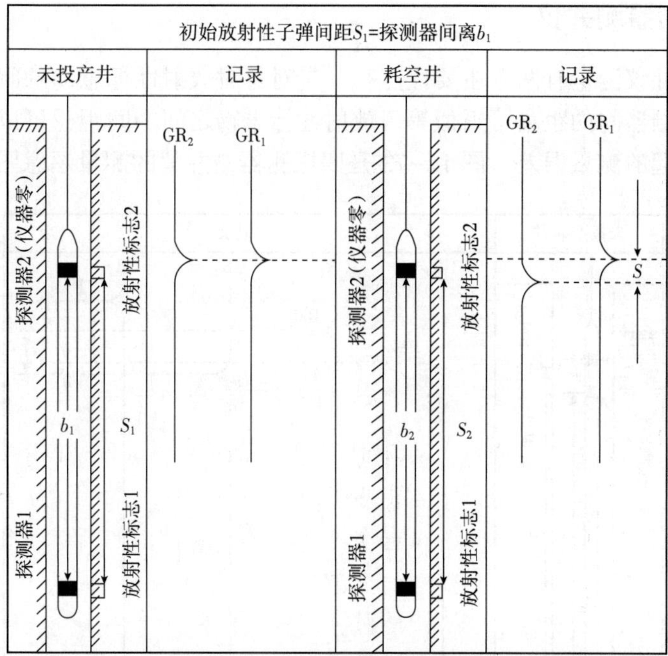

图 12-71　双探测器测井仪的理想情形

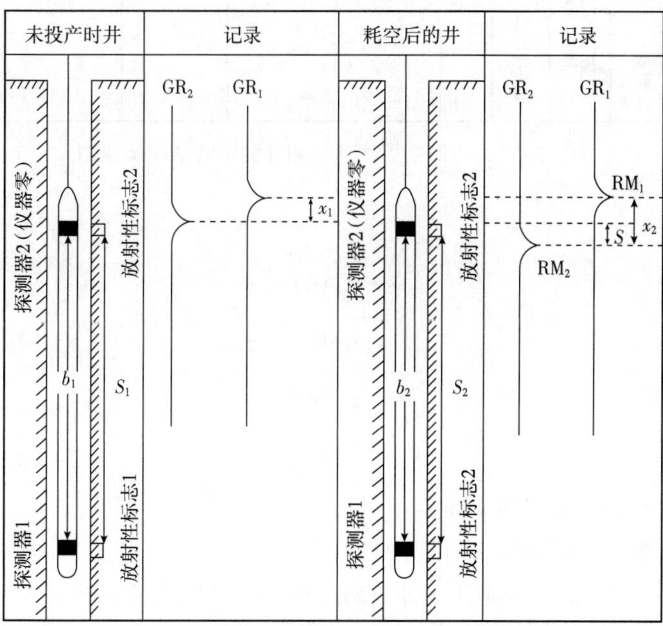

图 12-72　双探测器测井仪的正常情形

$$
\begin{aligned}
S &= S_1 - S_2 \\
&= b_1 - x_1 - (b_2 - x_2) \\
&= b_1 - b_2 - (x_1 - x_2)
\end{aligned}
\tag{12-41}
$$

引起误差的主要原因是两次测井中探测器间距的测量误差、两次测井中电缆运动的测量误差和仪器相对于地面电缆的运动误差。

三、四探测器测井仪

四探测器测井仪测量有两个主要优点：一是对每对放射性标志物的间距进行四次独立的测量；二是探测器间的距离可近似等于放射性标志物之间的间距，可以降低仪器和电缆不均匀运动而引起的测量误差。图 12-73 是四探测器测井仪的测量示意图。

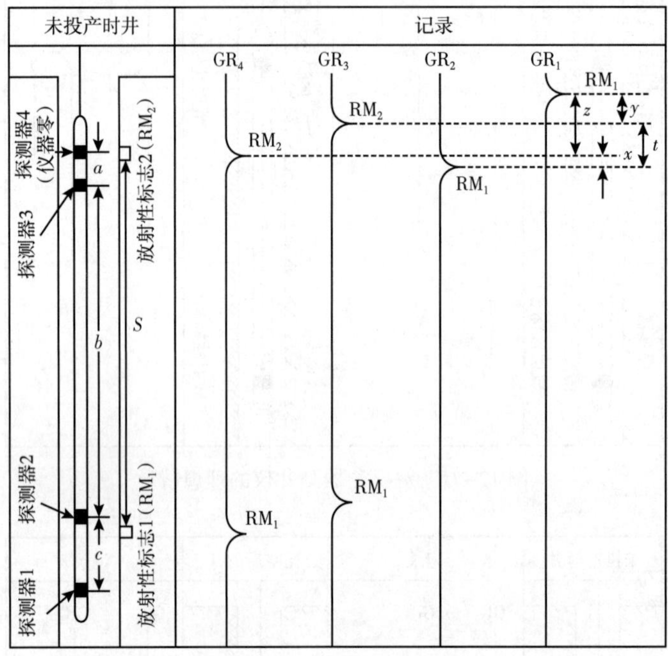

图 12-73　四探测器测井仪测井的正常情况示意图

由图 12-73 可知：

$$S=(a+b)-x \tag{12-42}$$

$$S=(a+b+c)-z \tag{12-43}$$

$$S=(b+c)-y \tag{12-44}$$

$$S=b-t \tag{12-45}$$

式中　a——探测器 3 与探测器 4 间距；

b——探测器 2 与探测器 3 间距；

x——探测器 2、探测器 4 在相邻放射性标志记录的尖峰位移；

c——探测器 1 与探测器 2 间距；

z——探测器 1、探测器 4 在相邻放射性标志记录的尖峰位移；

y——探测器 1、探测器 3 在相邻放射性标志记录的尖峰位移；

t——探测器 2、探测器 3 在相邻放射性标志记录的尖峰位移。

每种情况下，S 等于两个探测器的间距减去其在相邻放射性标志处记录的尖峰位移。S 求出后即为地层的沉降值。现场测量时，仪器以 15m/min 的测速至少测量三次。

第九节　其他工程测井

一、磁性定位器

磁性定位器属于磁测井系列，主要用于深度控制确定井下工具的下入深度，在定位、射孔中应用广泛。图 12-74 是磁性定位器的基本结构，核心是一对磁极相对的磁钢和线圈。测井时，仪器下入套管、油管或其他套柱内，此时磁力线分布稳定，当仪器沿管柱从 a 到 d 时，如遇接箍、封隔器或配水器等，磁力线的分布将发生变化，所以通过线圈的磁通量也会发生变化并在线圈中产生感生电动势，由电磁感应定律可知，电动势的大小由下式决定。

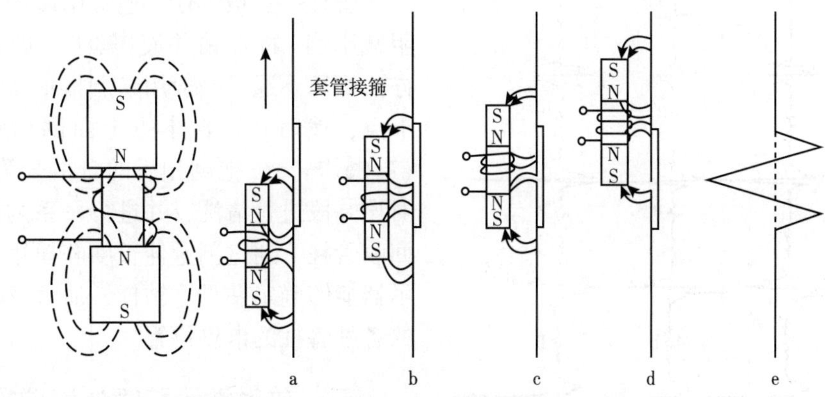

图 12-74　磁性定位器结构及工作示意图

$$\varepsilon = -K\frac{\mathrm{d}\Phi}{\mathrm{d}t} \tag{12-46}$$

式中　ε——线圈两端产生的感应电势；

K——比例系数；

Φ——磁通量；

t——时间。

磁性定位器测得的信号如图 12-74e 所示（套管接箍），磁定位器通常分为两种：一种是过油管定位器，外径为 25mm；另一种外径为 64mm，主要用于在套管中的测量。

二、卡点指示器

在施工中，如果井下工具卡在井中，需要确定卡点的深度，然后再进行解卡作业。

卡点指示器的基本原理是以硬磁性材料在弹性变形时退磁的性质为基础的。井下仪器由磁性定位器和注磁线圈组成，下接一引爆装置，以便测出卡点后立即引爆。测井前，把仪器下到预计被卡的井段内，首先测一条管柱结构基线。第二次下井，在每根钻杆接箍之间注磁，做上一个磁记号，并在该井段记录第二条注磁曲线。之后给钻杆加以最大允许拉力或扭转力，使钻杆产生弹性变形，然后在该井段再次测量得到第三条曲线（消磁曲线）。将三次测量曲线进行对比，即可判断被卡的深度，被卡井段的钻杆信号保持不变，未卡井

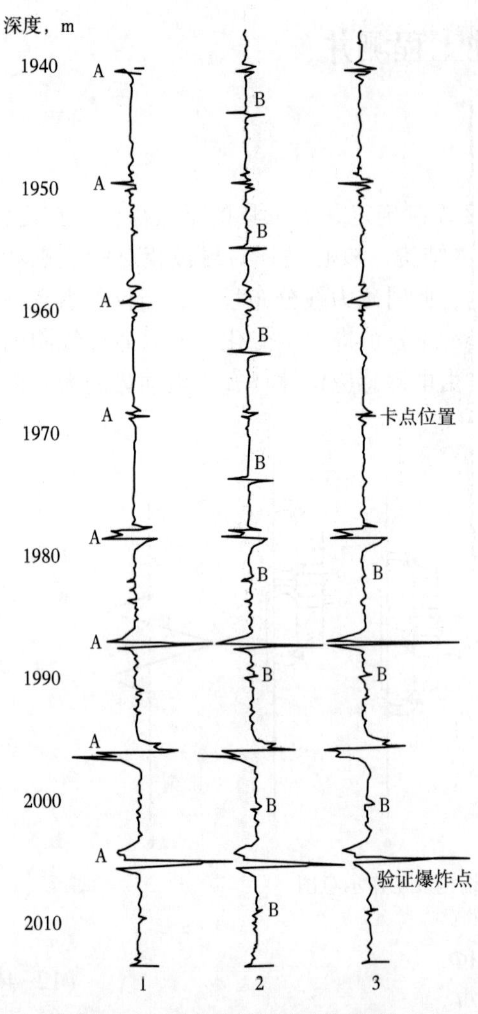

图 12-75 卡点指示曲线示意图

段信号消失或大大减小。图 12-75 是一测井实例，A 为原始接箍信号，B 为注磁信号，从第三条曲线中可以确定卡点位置在 1978m 处。

通常引起被卡的主要原因是：

(1)由重钻井液和高角度斜井引起的压差粘卡；

(2)由井身曲率引起的管柱堵卡；

(3)管柱周围未固结地层垮塌引起的遇卡；

(4)垮塌性或膨胀性泥岩引起的遇卡。

管柱一旦被卡住，通常用震击和循环摩阻减小剂(特殊钻井液)解卡，如果这两种办法都行不通，一般用卡点指示器卡住最深卡点，然后在最深卡点上面倒扣脱开套管(起爆炸药)，把倒扣后的自由套管起出后，对该井段进行清洗，并进行一系列震击，以回收管柱。通过测量伸长度和扭矩，卡点指示器能够确定钻具、钻杆、油管及套管在内的各种管柱的卡点位置。

三、放射性示踪管外流动探测

除了利用噪声、氧活化探测管外流动外，人为向井中注入放射性同位素，注入前后分别进行自然伽马测井，并对测井结果进行对比，就可以检查出窜流的位置。施工时，先测一基线，随后用^{65}Zn、^{110}Ag 配成的活化液压入找窜层段，按照一定的时间间隔，用自然伽马仪多次测井，分析曲线异常，即可确定窜槽的位置。

图 12-76 是一口注水井定时法探测窜槽测井的实例。异常 a、c、e、h 显示同位素随注入水在套管中向下流动的情形。进入 3 号砂层的活化水，一部分向地层深部渗流，这时由 i、m、e 异常位置的稳定读数可知，另一部分沿水泥环向上窜到 4 号砂层中去了，异常 f、j、n、v 清楚地显示了这一窜流过程。该井射孔底部是 2 号砂层，但由异常 l、p 可见注入水沿射孔孔眼流进水泥环后向下窜入 1 号砂层；2 号砂层对应位置没见到放射性异常，说明该层不吸水。异常 b、d、g、k 油管出口处由于涡流使一部分同位素示踪剂残积下来所致。

除了利用放射性同位素找窜外，把同位素与水泥混合在一起挤入环形空间中（套管—地层），然后再进行自然伽马测井，可以用于确定补挤水泥的位置，或者确定水泥顶的位置。

如果在压裂时把同位素加入压裂砂，压裂前后进行伽马射线测量并进行对比，即可确定压入砂的位置，常用的放射性同位素为碘 131 或铱 192。碘 131 的半衰期为 8 天，铱 192 的半衰期为 74 天，因此采用后者压裂过后几个月仍可成功地探测加砂压裂的效果。压裂

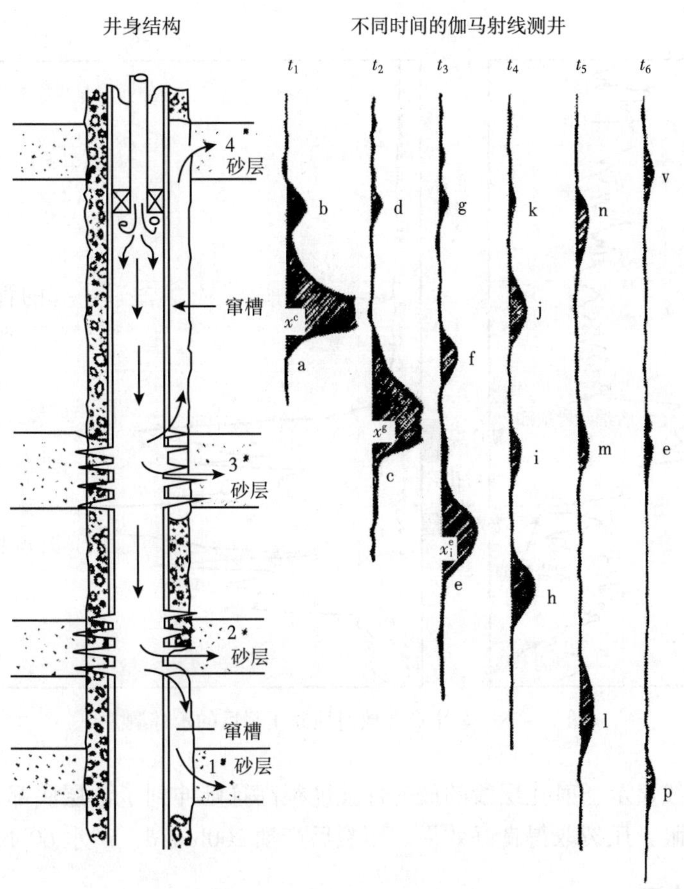

图 12-76　某井定时法探测窜槽测井示意图

砂通常分为三个阶段注入，第一阶段注入的砂较细，把放射性示踪剂和这种砂混合在一起作为前置物；第二阶段注入的是压裂砂的主体，此时放射性砂应均匀地混入压裂砂中。每千桶压裂砂的标准注入量为 0.5mCi 碘 131 或 0.3mCi 的铱 192。第三阶段注入的砂通常较粗、较密。最好不要混入放射性示踪剂，以防止污染。水力压裂示意图如图 12-77 所示。压裂液进入后，裂缝由支撑砂子支撑。

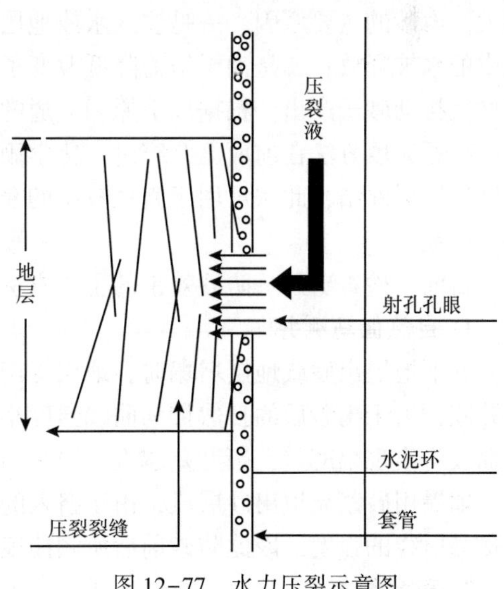

图 12-77　水力压裂示意图

如图 12-78 所示，压裂前产油 70bbl，产水 10bbl。自然伽马曲线(第 1 道)显示出砂岩的顶层和底层，第 3 道中显示了压裂前的基线和压裂后所测的自然伽马曲线。压裂中注入了 10000bbl 的中砂和 30000bbl 的细砂，最后注入 5000bbl 的粗砂。

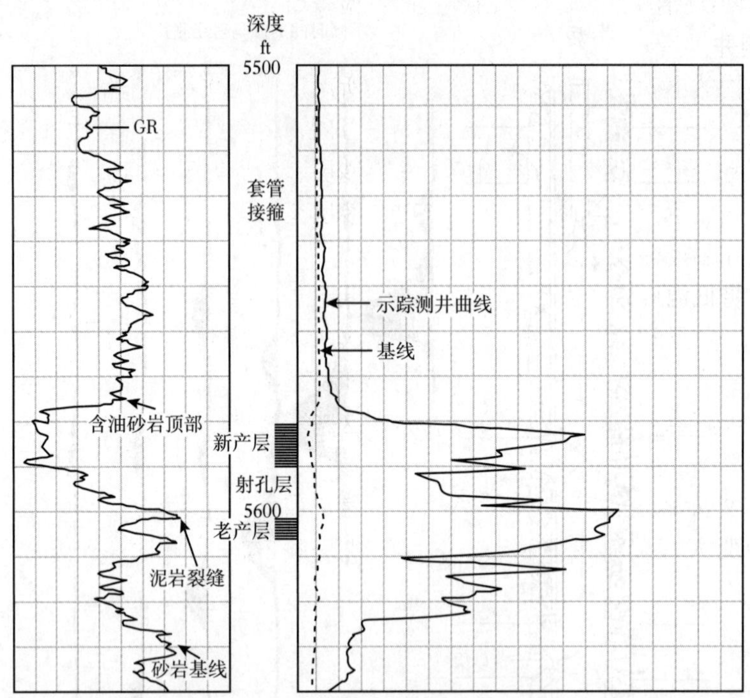

图 12-78 某生产井放射性砂压裂后的示踪测井

压裂后的曲线显示，射孔层段的放射性强度很高且延伸到了油层底部，说明压裂砂如期进入了射孔孔眼，压裂取得良好效果。压裂后产油 200bbl/d、产水 60bbl/d。

四、出砂检测

出砂、防砂是油田开发中普遍关注的问题，由于出砂导致的油井大修及设备磨损损失很大。出砂的主要原因，一是注入水或地层水使胶结物被溶解或是被约束在砂子周围的水膜中的水被释放；二是油层压力降低改变了上覆地层压力由此影响粒间的胶结；三是拖曳力增大拉动砂子产出。根据以上原因，通常采用方法是砾石充填和化学固砂。

砾石充填方法在前面已介绍过。化学固砂通常采用化学剂挤入出砂部位，以增强地层强度使砂层固结，此法可用于直径较小的套管中，砾石充填主要用于单厚层油藏，不适于多层油藏。

目前，检查出砂、防砂效果的主要方法有自然伽马测井、声波测井和井温测井。

1. 自然伽马测井

井下地层出砂或地层坍塌时，地层将产生孔隙甚至形成空穴，接着井下液体会填充这些孔隙，由于出砂后的自然伽马曲线强度小于出砂前的强度，因此出砂前后所测的自然伽马曲线将出现幅度差，幅度差越大，说明出砂越严重。

如果用砂浆充填出砂层段，由于挤入的砂浆自然伽马强度高于或近似等于原孔隙中自然伽马射线的强度，因此防砂前后所测曲线对比即可检查防砂效果。

2. 声波测井

地层出砂后，形成孔隙和孔穴，说明套管与地层胶结变差，如果进行声幅测井，则会发现套管波首波幅度变大而地层波幅度变小。而防砂时，情况正好相反。因此通过分析出砂、防砂前后两次所测的声波测井曲线，即可检查出砂地层及防砂效果。

3. 井温测井

对相同结构的出砂层，出砂状况与该地层所产流体性质及生产指数有关，产气层最易出砂。油层产出后，水会使砂层的胶结性变差，砂将随油水产出，多层开采时，高产水层往往出砂。因此产液与出砂密切相关。所以出砂层会出现温度异常。因为地层中水、油温度高，所以一般显示为正异常。如果在出砂产液层注入水，则该层为负异常。如果是产气层，出砂井段在温度曲线上也显示为负异常。

防砂时是将低温砂浆压入砂层，形成人工低温层，因而在井温曲线上出现负异常，压入的砂浆越多，负异常越大。所以防砂前后两次所测井温曲线进行对比，可以检查出砂井段及防砂效果。除了声波测井、自然伽马测井和温度测井之外。出砂、防砂层段的岩石密度、含氢指数等其他参数也会发生变化，利用这些变化进行密度、中子等测井也可以检查出砂、防砂的效果。

如图 12-79 所示，第 5 层声幅曲线为正异常，自然伽马曲线为负异常，井温曲线为正异常，微井径变大，所以该层为出砂层。第 4 层各曲线无明显差异，因此该层基本不出砂。

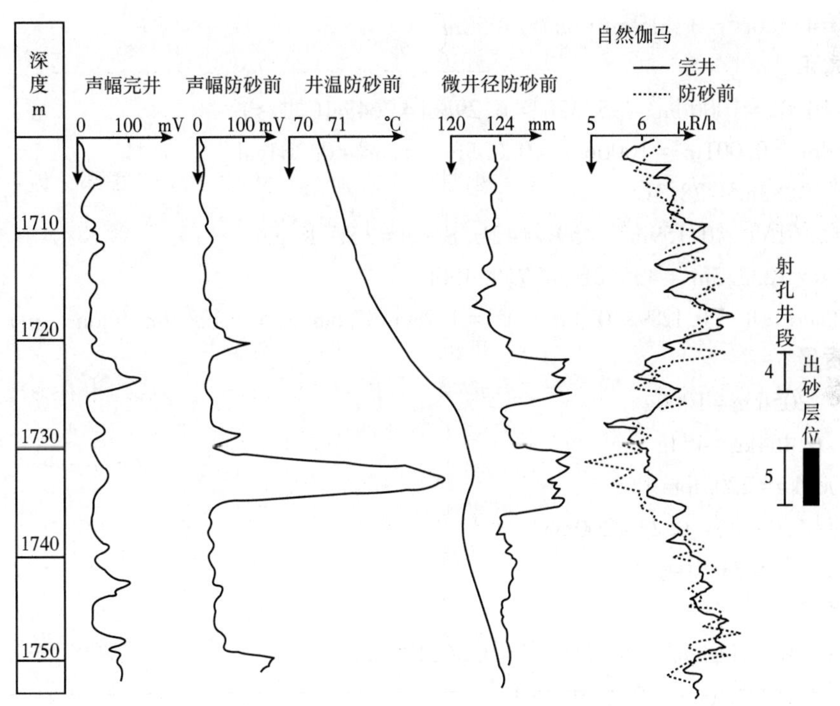

图 12-79　某井检查出砂层的测井曲线综合图

参 考 文 献

本书编写组，1985. 油气田开发测井技术与应用［M］. 北京：石油工业出版社 .

乔贺堂 . 1992. 生产测井原理及资料解释［M］. 北京：石油工业出版社 .

附录1 生产测井计算中常用单位换算关系

一、长度

1m = 100cm = 1000mm = 3. 281ft(英尺) = 39. 37in(英寸)

1ft = 0. 305m = 30. 5cm = 305mm = 12in

1km = 0. 621mile(英里); 1mile = 1. 61km

1Å(Angstrom) = 10^{-8}cm = 10^{-4}μm = 10^{-10}m

二、面积

$1m^2 = 10000cm^2 = 1000000mm^2 = 10.76ft^2 = 1549in^2$

$1km^2 = 100hm^2$ = 100ha(公顷) = 247acres(英亩)

$1hm^2$(ha) = $10000m^2$ = 2. 47acres

1sq mile(平方英里) = 1section(塞克什) = 2. 59km^2 = 259 hm^2 = 640acres

1acre = $43560ft^2$ = 0. 405hm^2(ha) = $4050m^2$

三、体积

$1m^3 = 1000L = 1000dm^3 = 35.32ft^3$ = 6. 29bbl = 264gal(加仑)

$1L = 1dm^3 = 0.001m^3 = 1000cm^3 = 0.035ft^3 = 61in^3$ = 0. 264gal

$1ft^3 = 0.0283m^3$ = 28. 3L

1bbl = 5. 615ft^3 = 0. 159m^3 = 159L = 42U. S. gal = 35U. K. gal

1acre. ft = 1233. 5m^3 = 43560ft^3 = 7758. 4bbl

1bbl/(acre · ft) = 0. 1289×10^{-3}(m^3/m^3) = 1. 289m^3/(hm^2 · m) = 128. 9m^3/(km^2 · m)

四、质量

1kg = 2. 205lbm = 1000g

1lbm = 0. 454kg = 454g

1t = 1000kg = 2205lbm

1K(克拉, Carat) = 0. 2g = 200mg

1OZ(盎司) = 31. 104g

五、密度

1kg/m^3 = 0. 001g/cm^3 = 0. 001t/m^3 = 0. 0624lb/ft^3

1lb/ft^3 = 16. 02kg/m^3 = 0. 133lb/gal

1g/cm^3 = 1000kg/m^3 = 1t/m^3 = 1kg/L = 62. 4lb/ft^3 = 8. 33lb/gal

六、力

1N = 10^5dyn = 0. 102kgf = 0. 225lbf

1kgf = 9. 81N = 9. 81×10^5dyn = 2. 205lbf

1lbf = 4. 45N = 0. 454kgf

七、压力

1MPa = 10^6Pa = 9.86923atm = 10.19716at = 145.05psi = 10bar

1atm = 0.1013MPa = 1.033at = 14.7psi；1at = 1kgf/cm^2

1psi = 0.00689MPa = 6.89kPa = 0.068atm = 0.070at

八、温度

$℃ = \frac{5}{9}(℉ - 32)$；K = ℃ + 273

℉ = 1.8℃ + 32；°R = ℉ + 460

K = °R/1.8

九、黏度

1mPa · s = 1cp（动力黏度）

1mm^2/s = 1cSt = 1.08×$10^{-5}$$ft^2$/s（运动黏度）

十、渗透率

1μm^2 = $10^{-12}$$m^2$ = 1.01325D（达西）= 1.01325×10^3mD ≈ 1D

1D（darcy）= 0.9869×$10^{-8}$$cm^2$ = 0.9869×$10^{-12}$$m^2$ = 0.9869μm^2 ≈ 1μm^2

1mD = 10^{-3}D = 0.9869×$10^{-15}$$m^2$ = 0.9869×$10^{-3}$$\mu m^2$ ≈ $10^{-3}$$\mu m^2$

1μm^2 = 1D = 1000mD = $10^{-12}$$m^2$ = $10^{-8}$$cm^2$

十一、表面（界面）张力

1mN/m = 1dyn/cm

十二、功与热

1kJ = 0.948Btu = 1000N · m = 0.239kcal

1kcal = 4.19kJ = 3.97Btu

1Btu = 1.055kJ = 0.252kcal

十三、电力

1kW = 3600kJ/h = 860kcal/h = 3451Btu/h = 1.341HP

1HP = 0.746kW = 641kcal/h = 2690kJ/h = 2545Btu/h

十四、油与气的热能当量换算关系

1t（原油）= 1111m^3（天然气）= 39218ft^3（天然气）= 4×10^7Btu
= 422×10^7J = 11708kWh = 1.9m^3（LNG）
= 0.769t（LNG）= 7.33bbl（原油）

1m^3LNG（液化天然气）= 584m^3（天然气）= 20631ft^3（天然气）
= 2.104×10^7Btu
= 221.9×10^8J = 6173kW · h
= 0.405t（LNG）
= 3.86bbl（原油）= 0.526t（原油）

1m^3Gas（天然气）= 35.31ft^3（天然气）= 3.6×10^4Btu = 3.8×10^7J
= 10.54kW · h = 0.00171m^3（LNG）
= 0.000725t（LNG）= 0.0066 bbl（原油）= 0.0009t（原油）

十五、特定单位换算关系

$$\gamma_o = \frac{141.5}{131.5 + \gamma_{API}}$$

$$\gamma_{API} = \frac{141.5}{\gamma_o} - 131.5$$

1scf/STB = 0.178m^3/m^3；1m^3/m^3 = 5.615scf/STB；

1bbl/lb · mol = 0.305m^3/kmol；1psi/ft = 0.0226MPa/m；

1MPa/m = 44.25psi/ft

附录 2　生产测井计算中常用计量单位中英文名称对照

单位符号	中文名称	英文名称
km	千米	kilometer
m	米	metre
cm	厘米	centimeter
mm	毫米	millimetre
μm	微米	micrometer
km^2	平方千米	square kilometers
m^2	平方米	square meters
cm^2	平方厘米	square centimeters
mm^2	平方毫米	square millimetres
μm^2	平方微米	square micrometers
mD($10^{-3}\mu m^2$)	毫达西[毫平方微米]	millidarcy [millisquare micrometre]
hm^2(ha)	平方百米(公顷)	square hecto metre (hectare)
m^3	立方米	cubic meters
cm^3	立方厘米	cubic centimeters
L[l]	升	litre
mL[ml]	毫升	millilitre
t	吨	ton
kg	千克	kilogram
g	克	gram
kmol	千摩尔	kilomole
MPa	兆帕	million Pascal
kPa	千帕	kilo Pascal
MN	兆牛	million Newton
mN	毫牛	milli Newton
mPa · s	毫帕秒	milli Pascal · second
s	秒	second
min	分	minute
h	小时	hour
d	天	day
mon	月	month
a	年	annum

续表

单位符号	中文名称	英文名称
f	小数	fraction
%	百分数	percent
℃	摄氏度	Celsius degree
K	开[尔文]	Kelvin
ln	以 e 为底的自然对数	Natural logarithm, base e
lg	以 10 为底的常用对数	Common logarithm, base 10

附录3　常用词头符号

一、SI制常用词头的因数与符号

因　数	词头名称		符　号
	英　文	中　文	
10^{24}	yotta	尧[它]	Y
10^{21}	zetta	泽[它]	Z
10^{18}	exa	艾[可萨]	E
10^{15}	peta	拍[它]	P
10^{12}	tera	太[拉]	T
10^{9}	giga	吉[咖]	G
10^{6}	mega	兆	M
10^{3}	kilo	千	k
10^{2}	hecto	百	h
10^{1}	deca	十	da
10^{-1}	deci	分	d
10^{-2}	centi	厘	c
10^{-3}	milli	毫	m
10^{-6}	micro	微	μ
10^{-9}	nano	纳[诺]	n
10^{-12}	pico	皮[可]	p
10^{-15}	femto	飞[姆托]	f
10^{-18}	atto	阿[托]	a
10^{-21}	zepto	泽[普托]	z
10^{-24}	yocto	幺[科托]	y

二、英制常用词头的因数与符号

因　数	英　文	中　文	符　号
10^{3}	kilo	千	k
10^{6}	million	百万	M
10^{9}	billion	十亿	B
10^{12}	trillion	万亿	T